实用地基处理

王恩远　吴　迈　编著

中国建筑工业出版社

图书在版编目(CIP)数据

实用地基处理/王恩远，吴迈编著. — 北京 ：中国建筑工业出版社，2014.8

ISBN 978-7-112-16774-6

Ⅰ. ①实… Ⅱ. ①王…②吴… Ⅲ. ①地基处理 Ⅳ. ①TU472

中国版本图书馆CIP数据核字(2014)第080892号

本书按新颁布的中华人民共和国行业标准《建筑地基处理技术规范》JGJ 79—2012及《复合地基技术规范》GB/T 50783—2012基本原则和框架编写。内容包括：总论、换填垫层法、机械压(夯)实法(重锤夯实、振动压密、小能量强夯、强夯、振冲加密、大面积填土压实)、预压法、复合地基加固法(包括复合地基基本理论、振冲桩法、砂石桩法、柱锤冲扩桩法、强夯置换碎石墩、生石灰桩、灰土(土)桩、水泥土搅拌桩、旋喷桩、夯实水泥土桩、刚性桩、多桩型复合地基)、其他地基处理方法(土工合成材料、注浆法、微型桩、桩网复合地基)、地基处理新技术(劲芯水泥土桩、柱锤冲扩水泥粒料桩、柱锤夯实扩底灌注桩)、地基处理检验与监测等共八章二十八种地基处理方法。为了适应农村城镇化中、低层建筑的要求，书中保留了目前已应用不多的处理深度较浅的工法。

本书可供从事工程地基处理的设计、施工、检测及监理等技术人员使用，也可供从事工程勘察、建筑结构设计人员及大专院校有关专业师生以及公路、交通、水利等方面技术人员参考。

责任编辑：李　明　田立平

责任设计：李志立

责任校对：张　颖　刘梦然

实 用 地 基 处 理

王恩远　吴　迈　编著

*

中国建筑工业出版社出版、发行(北京西郊百万庄)

各地新华书店、建筑书店经销

北京红光制版公司制版

北京圣夫亚美印刷有限公司印刷

*

开本：787×1092毫米　1/16　印张：42¼　字数：1048千字

2014年10月第一版　2014年10月第一次印刷

定价：**98.00**元

ISBN 978-7-112-16774-6

(25578)

前　言

我国地域辽阔、幅员广大，自然地理环境各异。从内陆到沿海，从山区到平原，分布着多种多样的地基土层，其抗剪强度、压缩性、透水性等因土的种类不同而可能有较大差别。在各种地基土层中，不少为软弱土和不良土层，如淤泥和淤泥质土、软黏土、杂填土、冲填土、松散饱和粉细砂及粉土、湿陷性黄土、膨胀土、泥炭土、红黏土、多年冻土、岩溶土洞等。在这些土层上进行工程建设时，往往需要对地基进行加固处理。

除上述外，当既有建筑增层改造、加高、纠倾加固、工厂设备更新等造成荷载增大，对原地基提出更高要求，而原地基不能满足新的要求时，或者在开挖深基坑等工程中有土体稳定、变形或渗流问题时，也需要进行地基处理。

随着基本建设的发展，其规模及荷载越来越大，对地基的要求也越来越高。加之为了节约和少占耕地，过去的沟、坑、洼地等不良土层，也不得不被用作建设用地，于是，越来越多的工程需要采用人工加固地基以满足结构对地基的要求，从而使软弱地基的涵盖面更广了，对于中低层建筑尚可直接利用的天然土层，对于高层建筑来说未必可行。因此，对于地基工程而言，当前已由天然地基转向人工地基的年代，在概念上对软弱地基要有新的认识。

由于不同结构物对地基的要求是不同的，各地区的土质条件也是千变万化的，目前国内外地基处理方法很多，每种方法都有它的适用范围和局限性。因此，在实际工程中，首先要判断是否需要采用人工加固地基；如果需要采用，又将采用什么处理方法，以及如何正确地进行设计、施工及检验。这些都已成为日益突出的问题。这不仅影响建筑物的安全和正常使用，而且对建设工期、工程造价等都有不小影响，有时甚至成为工程建设中的关键。

为了普及和推广地基处理技术，贯彻执行国家颁布的有关技术标准，作者结合个人学习的体会和多年从事地基处理工作实践和研究成果，编写了本书。本书按新颁布的中华人民共和国行业标准《建筑地基处理技术规范》JGJ 79—2012 及《复合地基技术规范》GB/T 50783—2012 基本原则和框架编写，同时遵照《建筑地基基础设计规范》GB 50007—2011、《岩土工程勘察规范》GB 50021—2001（2009 年版）、《建筑地基基础工程施工质量验收规范》GB 50202—2002 等标准，并参考其他专著和文献进行了详释和补充。

本书重点介绍了工程地基处理应遵循的基本原则，地基处理方法选择的依据以及《建筑地基处理技术规范》JGJ 79—2012 及《复合地基技术规范》GB/T 50783—2012 所推荐的各种地基处理方法的适用范围、设计、施工及检验要求。为了给广大从事地基处理工作的工程技术人员提供更多选择，本书对《建筑地基处理技术规范》JGJ 79—2012 及《复合地基技术规范》GB/T 50783—2012 未包括的其他地基处理技术及作者主持或参与开发的三种地基处理技术（劲芯水泥土桩复合地基、柱锤冲扩水泥粒料桩复合地基、柱锤夯实扩底灌注桩）进行了专门介绍。为了推动地基处理技术不断发展，本书还对各种常用地基处理方法的最新发展和存在的不足进行了综述和介绍，供设计、施工及研究参考，但在工程实践中尚应严格遵守规范的有关规定。

本书突出了实用的特点，对有关理论未作过多探讨。为方便广大设计者阅读使用，本书对地基处理设计作了较详尽的介绍，编制了各工法的设计流程图，补充了设计、施工所需要的有关技术参数和经验数据。各章编制的简化计算图表也是本书的特色之一，在计算机日益普及的今天，利用这些图表进行初步设计和方案选择，简便直观，无疑也是一种不错的选择。本书各章节均增加了计算实例和工程实录，可供读者参考。

本书内容包括：总论、换填垫层法、机械压（夯）实法（重锤夯实、振动压密、小能量强夯、强夯、振冲加密、大面积填土压实）、预压法、复合地基加固法（包括复合地基基本理论、振冲桩法、砂石桩法、柱锤冲扩桩法、强夯置换碎石墩、生石灰桩、灰土（土）桩、水泥土搅拌桩、旋喷桩、夯实水泥土桩、刚性桩、多桩型复合地基）、其他地基处理方法（土工合成材料、注浆法、微型桩、桩网复合地基）、地基处理新技术（劲芯水泥土桩、柱锤冲扩水泥粒料桩、柱锤夯实扩底灌注桩）、地基处理检验与监测共八章二十八种地基处理方法。为了适应农村城镇化中、低层建筑的要求，书中保留了目前已应用不多的处理深度较浅的工法。

本书可供从事工程地基处理的设计、施工、检测及监理等技术人员使用，也可供从事工程勘察、建筑结构设计人员及大专院校有关专业师生以及公路、交通、水利等方面技术人员参考。

本书编写过程中，除引用了有关技术标准外，尚参考了有关专著和文献资料。重点之处作了标注，并附有参考文献及有关技术标准的目录，可供读者查阅。在此谨向原著作者表示感谢。本书中工程实录除作者参与设计的，其他均摘自公开发表的专著及文献资料，限于篇幅及为了方便初学者阅读，大多均进行了缩编改写，有关参数也近似按现行规范进行了标注，敬请原著作者谅解。

本书由王恩远、吴迈编著。在编著本书过程中，河北工业大学的邱峰、赵龙、许鹏、刘晓、侯伟明、邢旗等为本书的最后成稿作了大量的文字编辑工作，在此一并表示衷心的感谢。

目　录

第一章 总　　论

第一节 地基及基础的概念

一、地基及基础的定义

房屋建筑皆由上部结构与基础两大部分组成，通常以室外地面标高为划分标准，地面标高以上的部分为上部结构，地面标高以下的部分为基础。

基础是承受上部结构荷载，并将荷载传递到地基土层上的结构；地基为基础底面以下受力土层，其深度范围通常取压缩层深度或以土的附加应力与自重应力的比值，即 $\sigma_z/\sigma_{cz}=0.1\sim0.2$ 为界。依其层位及受力大小，可分为持力层及下卧层，如图 1-1 所示。

基础
持力层
I
地基
II
z_n
下卧层
III
σ_z 等值线

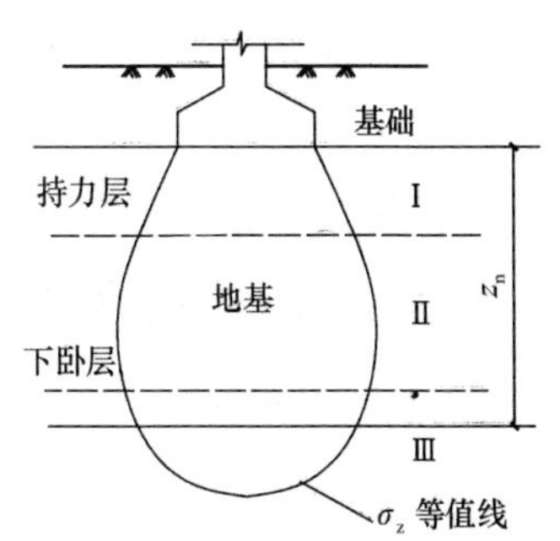

图 1-1　地基与基础示意
（Ⅰ、Ⅱ、Ⅲ为土层顺序号，z_n 为压缩层厚度）

二、地基的分类

当基础直接建造在未经加固的天然土层上时，这种地基称为天然地基。当天然地基不能满足建（构）筑物对地基承载力和变形的要求时，可采用桩基础或对地基进行处理，经过加固处理形成的地基称为人工地基。人工地基依其性状大致可分为三类：均质地基、双层地基和复合地基，如图 1-2 所示。

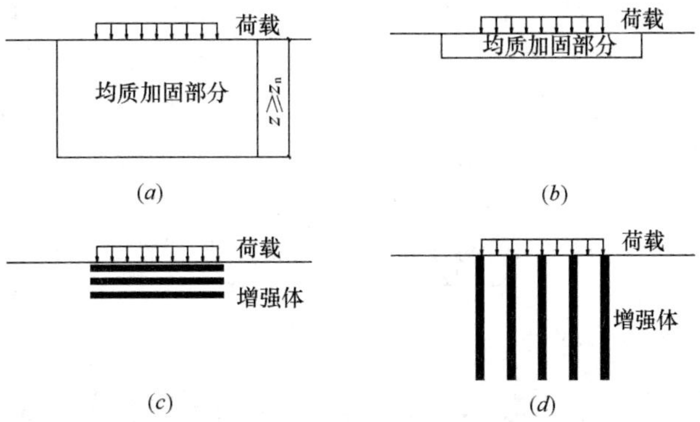

荷载
均质加固部分
$z\geq z_n$
(a)
荷载
均质加固部分
(b)
荷载
增强体
(c)
荷载
增强体
(d)

图 1-2　人工地基的分类
（*a*）均质人工地基；（*b*）双层地基；（*c*）水平向增强体复合地基；（*d*）竖向增强体复合地基

人工地基中的均质地基是指天然地基在地基处理过程中压缩层（z_n）范围内土体性质得到全面改良，加固区土体的物理力学性质基本上是相同的，所加固的区域，无论是平面范围与深度上都已满足一定的要求，如图 1-2（*a*）所示。例如天然地基采用预压法进行处理。在预压排水固结过程中，加固区范围内地基土体孔隙比减小、抗剪强度提高、压缩性减小，加固区内土体性质比较均匀；且加固区域的平面范围与荷载作用面积相应的平面范围相比较及加固深度与压缩层厚度相比较均已满足一定要求，则这种人工地基可视为均质地基。均质人工地基承载力和变形计算方法基本上与均质天然地基的计算方法相同。

人工地基中的双层地基是指天然地基经地基处理形成的均质加固区的厚度与荷载作用面积以及与压缩层厚度相比较小时，在荷载作用影响深度内，地基由两层性质相差较大的土体组成，双层地基示意图如图 1-2 (*b*)所示。采用换填垫层法或表层压（夯）实法处理形成的人工地基，通常可归属于双层地基。双层人工地基承载力和变形计算方法基本上与天然双层地基的计算方法相同。

复合地基是指天然地基在地基处理过程中部分土体得到增强，或被置换，或在天然地基中设置加筋材料，加固区是由基体（天然地基土体或被改良的天然地基土体）和增强体两部分组成的人工地基。在复合地基中，基体和增强体共同承担荷载的作用。根据地基中增强体的方向又可分为水平向增强体复合地基和竖向增强体复合地基，其示意图如图 1-2 (*c*) 和(*d*) 所示。目前在建筑工程中，竖向增强体复合地基应用较广泛。为满足工程需要，竖向增强体也可斜向布置。

三、地基基础及地基处理的重要性

（一）地基基础的重要性

地基和基础是建筑物的根本，又属于地下隐蔽工程，它的勘察、设计和施工质量直接关系着建筑物的安全。实践表明，建筑物事故的发生，很多与地基基础问题有关，而且地基基础事故一旦发生，补救十分困难。此外，基础工程费用与建筑物总造价的比例，视其复杂程度和设计、施工的合理与否，可以变动于百分之几到几十之间。因此，地基基础在建筑工程中的重要性是显而易见的。

（二）地基处理的重要地位

与采用桩基础比较，地基处理更加方便灵活，且造价较低。随着地基处理设计水平的提高、施工工艺的改进和施工设备的更新，我国地基处理技术发展很快，对于各种软弱地基及特殊土地基，经过地基处理后，一般均能满足建造大型、重型或高层建筑的要求。由于地基处理的适用范围进一步扩大，地基处理项目的增多，用于地基处理的费用在工程建设投资中所占比重不断增大。因而，地基处理在工程建设中的作用日益突出。地基处理的设计和施工必须认真贯彻执行国家的技术经济政策，做到安全适用、技术先进、经济合理、确保质量、保护环境。

第二节　地基土的分类及工程特性指标

作为建筑地基的岩土，可分为岩石、碎石土、砂土、粉土、黏性土及人工填土等。

一、岩石按坚硬程度及完整程度划分

作为建筑物地基的岩石，除应确定岩石的地质名称外，还应按表 1-1～表 1-3 划分其坚硬程度、风化程度及完整程度。

岩石坚硬程度划分　　　　**表 1-1**

类　别		饱和单轴抗压强度标准值 f_{rk}（MPa）	定性鉴定	代表性岩石
硬质岩	坚硬岩	$f_{\text{rk}}>60$	锤击声清脆，有回弹，振手，难击碎；基本无吸水反应	未风化～微风化的花岗岩、正长岩、闪长岩、辉绿岩、玄武岩、安山岩、片麻岩、石英岩、硅质砾岩、石英砂岩、硅质石灰岩等
	较硬岩	$60\geqslant f_{\text{rk}}>30$	锤击声较清脆，有轻微回弹，稍振手，较难击碎；有轻微吸水反应	1. 微风化的坚硬岩； 2. 未风化～微风化的大理岩、板岩、石灰岩、白云岩、钙质砂岩等
软质岩	较软岩	$30\geqslant f_{\text{rk}}>15$	锤击不清脆，无回弹，较易击碎；浸水后指甲可刻出印痕	1. 中风化～强风化的坚硬岩和较硬岩； 2 未风化～微风化的凝灰岩、千枚岩、砂质泥岩、泥灰岩等
	软岩	$15\geqslant f_{\text{rk}}>5$	锤击声哑，无回弹，有凹痕，易击碎；浸水后手可掰开	1. 强风化的坚硬岩和较硬岩； 2. 中风化～强风化的较软岩； 3. 未风化～微风化的泥质砂岩、泥岩页岩等
极软岩		$f_{\text{rk}}\leqslant 5$	锤击声哑，无回弹，有较深凹痕，手可捏碎；浸水后可捏成团	1. 全风化的各种岩石； 2. 各种半成岩

岩石风化程度划分　　　　**表 1-2**

名　称	风 化 特 征
未风化	结构构造未变化，岩质新鲜
微风化	结构构造、矿物色泽基本未变，部分裂隙面有铁锰质渲染
弱风化（中等风化）	结构构造部分破坏，矿物色泽较明显变化，裂隙面出现风化矿物或存在风化夹层
强风化	结构构造大部分破坏，矿物色泽明显变化，长石、云母等多风化成次生矿物
全风化	结构构造全部破坏，矿物成分除石英外，大部分风化成土块

注：本表录自《工程岩体分级标准》GB 50218。

岩体完整程度划分　　　　**表 1-3**

类　别	完整性指数	结构面组数	控制性结构面平均间距（m）	代表性结构类型
完　整	＞0.75	1～2	＞1.0	整状结构
较完整	0.75～0.55	2～3	0.4～1.0	块状结构
较破碎	0.55～0.35	＞3	0.2～0.4	镶嵌状结构
破　碎	0.35～0.15	＞3	＜0.2	碎裂状结构
极破碎	＜0.15	无序	—	散体状结构

注：完整性指数为岩体纵波波速与岩块纵波波速之比的二次方。选定岩体、岩块测定波速时应有代表性。

二、碎石土分类及密实度

碎石土为粒径大于 2mm 的颗粒含量超过全重 50％的土，具体分类见表 1-4。

碎石土的分类[1]　　表 1-4

土的名称	颗粒形状	粒组含量
漂石 块石	圆形及亚圆形为主 棱角形为主	粒径大于 200mm 的颗粒含量超过全重的 50％
卵石 碎石	圆形及亚圆形为主 棱角形为主	粒径大于 20mm 的颗粒含量超过全重的 50％
圆砾 角砾	圆形及亚圆形为主 棱角形为主	粒径大于 2mm 的颗粒含量超过全重的 50％

注：分类时应根据粒组含量栏从上到下以最先符合者确定。

碎石土的密实度[1]　　表 1-5

重型圆锥动力触探锤击数 $N_{63.5}$	密实度	重型圆锥动力触探锤击数 $N_{63.5}$	密实度
$N_{63.5} \leqslant 5$	松散	$10 < N_{63.5} \leqslant 20$	中密
$5 < N_{63.5} \leqslant 10$	稍密	$N_{63.5} > 20$	密实

注：1. 本表适用于平均粒径小于等于 50mm，且最大粒径不超过 100mm 的卵石、碎石、圆砾、角砾。对于平均粒径大于 50mm 或最大粒径大于 100mm 的碎石土，可按表 1-6 鉴别其密实度；

2. 表内 $N_{63.5}$ 为经综合修正后的平均值。

碎石土密实度野外鉴别方法　　表 1-6

密实度	骨架颗粒含量和排列	可挖性	可钻性
密实	骨架颗粒含量大于总重的 70％，呈交错排列，连续接触	锹镐挖掘困难，用撬棍方能松动，井壁一般较稳定	钻进极困难，冲击钻探时，钻杆、吊锤跳动剧烈，孔壁较稳定
中密	骨架颗粒含量等于总重的 60％～70％，呈交错排列，大部分接触	锹镐可挖掘，井壁有掉块现象，从井壁取出大颗粒处，能保持颗粒凹面形状	钻进较困难，冲击钻探时，钻杆、吊锤跳动不剧烈，孔壁有坍塌现象
稍密	骨架颗粒含量等于总重的 55％～60％，排列混乱，大部分不接触	锹可以挖掘，井壁易坍塌，从井壁取出大颗粒后，砂土立即坍落	钻进较容易，冲击钻探时，钻杆稍有跳动，孔壁易坍塌
松散	骨架颗粒含量小于总重 55％，排列十分混乱，绝大部分不接触	锹易挖掘，井壁极易坍塌	钻进很容易，冲击钻探时，钻杆无跳动，孔壁极易坍塌

注：1. 骨架颗粒系指与表 1-4 相对应粒径的颗粒；

2. 碎石土的密实度应按表列各项要求综合确定。

三、砂土的分类及密实度

砂土为粒径大于 2mm 的颗粒含量不超过全重 50％、粒径大于 0.075mm 的颗粒超过全重 50％的土，具体分类见表 1-7。

砂土的分类[1] **表 1-7**

土的名称	粒组含量	土的名称	粒组含量
砾砂	粒径大于 2mm 的颗粒含量占全重的 25%～50%	细砂	粒径大于 0.075mm 的颗粒含量超过全重的 85%
粗砂	粒径大于 0.5mm 的颗粒含量超过全重的 50%		
中砂	粒径大于 0.25mm 的颗粒含量超过全重的 50%	粉砂	粒径大于 0.075mm 的颗粒含量超过全重的 50%

注：分类时应根据粒组含量栏从上到下以最先符合者确定。

砂土的密实度[1] **表 1-8**

标准贯入试验锤击数 N	密实度	标准贯入试验锤击数 N	密实度
$N \leqslant 10$	松 散	$15 < N \leqslant 30$	中 密
$10 < N \leqslant 15$	稍 密	$N > 30$	密 实

注：当用静力触探探头阻力判定砂土的密实度时，可根据当地经验确定。

四、黏性土分类及状态指标

黏性土的分类[1] **表 1-9**

塑性指数 I_p	土 的 名 称
$I_p > 17$	黏土
$10 < I_p \leqslant 17$	粉质黏土

注：塑性指数由相应于 76g 圆锥体沉入土样中深度为 10mm 时测定的液限计算而得。

黏性土的状态[1] **表 1-10**

液性指数 I_L	状 态	液性指数 I_L	状 态
$I_L \leqslant 0$	坚 硬	$0.75 < I_L \leqslant 1$	软 塑
$0 < I_L \leqslant 0.25$	硬 塑	$I_L > 1$	流 塑
$0.25 < I_L \leqslant 0.75$	可 塑		

注：当用静力触探探头阻力或标准贯入试验锤击数判定黏性土的状态时，可根据当地经验确定。

五、其他土的分类

其他土的分类 **表 1-11**

名 称	说 明
粉 土	介于砂土与黏性土之间，塑性指数 $I_p \leqslant 10$ 且粒径大于 0.075mm 的粒径含量不超全重的 50%的土
淤泥、淤泥质土	在静水或缓慢的流水环境中沉积，并经过生物化学作用形成，其天然含水量大于液限、天然孔隙比大于或等于 1.5 的黏性土为淤泥；
泥炭、泥炭质土	当天然含水量大于液限而天然孔隙比小于 1.5 但大于或等于 1.0 的黏性土或粉土为淤泥质土； 含有大量未分解的腐殖质，有机质含量大于 60%的土为泥炭； 有机质含量大于等于 10%且小于等于 60%的土为泥炭质土

续表

名　称	说　　明
红黏土和次生红黏土	红黏土为碳酸盐系的岩石经红化作用形成的高塑性黏土，其液限一般大于50。红黏土经再搬运后仍保留其基本特征，其液限大于45的土为次生红黏土
素填土、压实填土、杂填土和冲填土	素填土为由碎石土、砂土、粉土、黏性土等组成的填土。经过压实或夯实的素填土为压实填土。杂填土为含有建筑垃圾、工业废料、生活垃圾等杂物的填土。冲填土为由水力冲填泥砂形成的填土
膨胀土	膨胀土为土中黏粒成分主要有亲水性矿物组成，同时具有显著的吸水膨胀和失水收缩特性，其自由膨胀率大于或等于40%的黏性土
湿陷性土	湿陷性土为浸水后产生附加沉降，其湿陷系数大于或等于0.015的土

六、土的基本物理性质指标

土的基本物理性质指标　　表 1-12

指标名称	符号	单位	物理意义	表达式或计算式	附　注
密　度	ρ	g/cm^3	单位体积土的质量，又称质量密度	$\rho=\frac{m}{V}$	由试验方法（一般用环刀法）直接测定。经验值1.6～2.0g/cm^3
重　度	γ	kN/m^3	单位体积土所受的重力，又称重力密度	$\gamma=\frac{W}{V}$ 或 $\gamma=\rho\cdot g$	由试验方法测定后计算求得。经验值16～20kN/m^3
相对密度	d_s		土粒单位体积的质量与4℃时蒸馏水的密度之比	$d_s=\frac{m_s}{V_s\cdot\rho_w}$	由试验方法（用比重瓶法）测定。 经验数值： 黏性土2.72～2.75； 粉　土2.70～2.71； 砂　土2.65～2.69
干密度	ρ_d	g/cm^3	土的单位体积内颗粒的质量	$\rho_d=\frac{m_s}{V}$ 或 $\rho_d=\frac{\rho}{1+w}$	由试验方法测定后计算求得。经验值1.3～1.8g/cm^3
干重度	γ_d	kN/m^3	土的单位体积内颗粒的重力	$r_d=\frac{W_s}{V}$ 或 $\gamma_d=\frac{\gamma}{1+w}$	由试验方法直接测定。经验值13～18kN/m^3
含水量	w	%	土中水的质量与颗粒质量之比	$w=\frac{m_w}{m_s}\times100$	由试验方法（烘干法）测定。经验数值20～60%
饱和密度	ρ_{sat}	g/cm^3	土中孔隙完全被水充满时土的密度	$\rho_{sat}=\frac{m_s+V_v\cdot\rho_w}{V}$ 或 $\rho_{sat}=\frac{d_s+e}{1+e}\cdot\rho_w$	经验值1.8～2.3g/cm^3
饱和重度	γ_{sat}	kN/m^3	土中孔隙完全被水充满时土的重度	$\gamma_{sat}=\rho_{sat}\cdot g$ 或 $\gamma_{sat}=\frac{d_s+e}{1+e}\cdot\gamma_w$	经验值18～23kN/m^3

续表

指标名称	符号	单位	物理意义	表达式或计算式	附 注
有效重度	γ'	kN/m^3	在地下水位以下，土体受到水的浮力作用时土的重度，又称浮重度	$\gamma'=\gamma_{sat}-\gamma_w$ 或 $\gamma'=\frac{(d_s-1)\gamma_w}{1+e}$	经验值 $8\sim13kN/m^3$
孔隙比	e		土中孔隙体积与土粒体积之比	$e=\frac{V_v}{V_s}$ 或 $e=\frac{d_s\gamma_w(1+w)}{\gamma}-1$	经验值：黏性土、粉土 0.4～1.2；砂土 0.3～0.9
孔隙率	n	%	土中孔隙体积与土的体积之比	$n=\frac{V_v}{V}\times100$ 或 $n=\frac{e}{1+e}\times100\%$	经验值：黏性土、粉土 30～60%；砂土 25～45%
饱和度	S_r	%	土中水体积与孔隙体积之比	$S_r=\frac{V_w}{V_v}\times100$ 或 $S_r=\frac{w\cdot d_s}{e}$	经验值 0～100%

注：表中，W——土的总重力（量）；W_s——土的固体颗粒重力（量）；ρ_w——蒸馏水的密度，一般取 $\rho_w=1g/cm^3$；γ_w——水的重度，近似取 $\gamma_w=10kN/m^3$；g——重力加速度，取 $g=10m/s^2$，其余符号意义见本表。

七、土的力学性能指标

（一）压缩系数

土的压缩性通常用压缩系数表示，其值由原状土的压缩试验确定，其公式如下：

$$a=1000\times\frac{e_1-e_2}{p_2-p_1} \tag{1-1}$$

式中 a——压缩系数（MPa^{-1}）；

p_1——地基中某深度处土的自重应力（kPa）；

p_2——地基中某深度处土的自重应力和附加应力之和（kPa）；

e_1、e_2——相对于 p_1、p_2 时的孔隙比。

评价地基土压缩性时，按 p_1 为 100kPa，p_2 为 200kPa，相应的压缩系数值以 $a_{1\text{-}2}$ 划分为低、中、高三种，并应按以下规定进行评价：

1. 当 $a_{1\text{-}2}<0.1MPa^{-1}$时，为低压缩性土；
2. 当 $0.1MPa^{-1}\leqslant a_{1\text{-}2}<0.5MPa^{-1}$时，为中压缩性土；
3. 当 $a_{1\text{-}2}\geqslant0.5MPa^{-1}$时，为高压缩性土。

（二）压缩模量

在工程上，也可用室内实验测定的压缩模量作为土的压缩性指标，压缩模量可按下式计算：

$$E_s=\frac{1+e_1}{a} \tag{1-2}$$

式中 E_s——土的压缩模量（MPa）；

a——从土的自重应力至土的自重加附加应力段的压缩系数（MPa^{-1}）；

e_1——自重应力 p_1 对应的孔隙比。

用压缩模量划分压缩性等级和评价土的压缩性见表 1-13。

地基土按 E_s 值划分压缩性等级的规定 **表 1-13**

室内压缩模量 E_s/MPa	压 缩 等 级
$E_s \leqslant 5$	高压缩性
$5 < E_s \leqslant 15$	中压缩性
$E_s > 15$	低压缩性

（三）抗剪强度

土的抗剪强度是指土在外力作用下抵抗剪切滑动的极限强度，其测定方法有室内直剪、三轴剪切、原位直剪、十字板剪切等方法，它是评价地基承载力、边坡稳定性、计算土压力的重要指标。

1. 抗剪强度计算

土的抗剪强度一般按下式计算：

$$\tau_f = \sigma \cdot \tan\varphi + c \tag{1-3}$$

式中 τ_f——土的抗剪强度（kPa）；

σ——作用于剪切面上的法向应力（kPa）；

φ——土的内摩擦角（°），剪切试验法向应力与剪应力曲线的切线倾斜角；

c——土的黏聚力（kPa），剪切试验中土的法向应力为零时的抗剪强度，砂类土 $c=0$。

砂土的内摩擦角一般随其颗粒度变细而逐渐降低。砾砂、粗砂、中砂的 φ 值约为 32°～40°；细砂、粉砂的 φ 值约为 28°～36°；黏性土的抗剪强度指标变化范围较大。黏性土内摩擦角的 φ 变化范围大致为 4°～30°；黏聚力 c 一般为 10～50kPa，坚硬黏土则更高。土的抗剪强度指标大小不仅与土的类别、测定方法有关，而且与土的排水固结条件有关，特别是黏性土。依试样的固结排水情况可分为：①不固结不排水剪切试验（快剪）；②固结不排水剪切试验（固结快剪）；③固结排水剪切试验（慢剪）。其中快剪指标（φ_u、c_u）最小，慢剪指标（φ_d、c_d）最大，工程应用时，应根据土体的固结排水情况选用。

2. 确定土的内摩擦角和黏聚力

采用直剪试验时，同一土样切取不少于 4 个土样进行不同垂直压力作用下的剪切试验后，用相同的比例尺在坐标纸上绘制抗剪强度 τ_f 与法向应力 σ 的相关直线，直线在 τ_f 轴上的截距即为土的黏聚力 c，砂土的 $c=0$，直线的倾斜角即为土的内摩擦角，如图 1-3 所示。

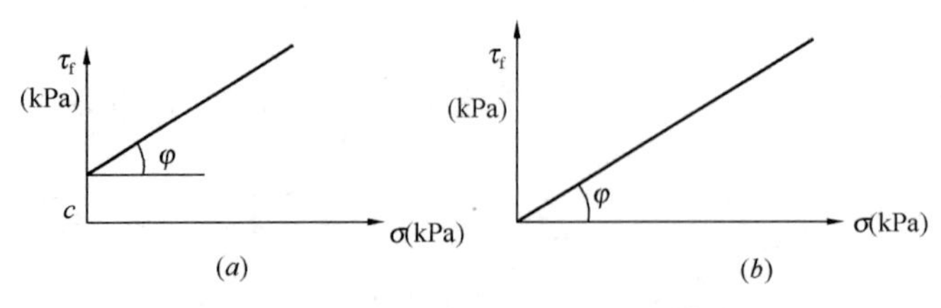

图 1-3 抗剪强度与法向应力关系曲线

（a）黏性土；（b）砂土

（四）土的物理力学性质指标经验值

黏性土物理力学性质指标的经验数据 **表 1-14**

土类		孔隙比 e	液性指数 I_L	含水量 w（%）	液限 w_L（%）	塑性指数 I_p	承载力特征值 f_{ak}（kPa）	压缩模量 E_s（MPa）	黏聚力 c（kPa）	内摩擦角 φ/(°)
一般黏性土		0.55～1.0	0～1.0	15～30	25～45	10～20	100～450	4～15	10～50	15～22
新近代黏性土		0.7～1.2	0.25～1.2	24～36	30～45	10～18	80～140	2～7.5	10～20	7～15
淤泥或淤泥质土	沿海	1～2.0	＞1.0	36～70	30～65	10～25	40～100	1.0～5.0	5～15	4～10
	内陆						50～110	2.0～5.0		
	山区						30～80	1.0～6.0		
红黏土		1.0～1.9	0～0.4	30～50	50～90	＞17	100～320	5.0～16.0	30～80	5～10

土的力学指标经验数据参考范围值 **表 1-15**

土类		孔隙比 e	天然含水量 w（%）	塑限含水量 w_p（%）	重度 γ（kN/m³）	黏聚力 c（kPa）	内摩擦角 φ（°）	变形模量 E_0（MPa）
砂土	粗砂	0.4～0.5	15～18		20.5	0	42	46
		0.5～0.6	19～22		19.5	0	40	40
		0.6～0.7	23～25		19.0	0	38	33
	中砂	0.4～0.5	15～18		20.5	0	40	46
		0.5～0.6	19～22		19.5	0	38	40
		0.6～0.7	23～25		19.0	0	35	33
	细砂	0.4～0.5	15～18		20.5	0	38	37
		0.5～0.6	19～22		19.5	0	36	28
		0.6～0.7	23～25		19.0	0	32	24
	粉砂	0.4～0.5	15～18		20.5	5	36	14
		0.5～0.6	19～22		19.5	3	34	12
		0.6～0.7	23～25		19.0	2	28	10
粉土		0.4～0.5	15～18	＜9.4	21.0	6	30	18
		0.5～0.6	19～22		20.0	5	28	14
		0.6～0.7	23～25		19.5	2	27	11
		0.4～0.5	15～18	9.5～12.4	21.0	7	25	23
		0.5～0.6	19～22		20.0	5	24	16
		0.6～0.7	23～25		19.5	3	23	13
黏性土	粉质黏土	0.4～0.5	15～18	12.5～15.4	21.0	25	24	45
		0.5～0.6	19～22		20.0	15	23	21
		0.7～0.8	26～29		19.0	5	21	12
		0.5～0.6	19～22	15.5～18.4	20.0	35	22	39
		0.7～0.8	26～29		19.0	10	20	15
		0.9～1.0	35～40		18.0	5	18	8
		0.6～0.7	23～25	18.5～22.4	19.5	40	20	33
		0.7～0.8	26～29		19.0	25	19	19
		0.9～1.0	35～40		18.0	10	17	9

续表

土类		孔隙比 e	天然含水量 w（%）	塑限含水量 w_p（%）	重度 γ（kN/m³）	黏聚力 c（kPa）	内摩擦角 φ（°）	变形模量 E_0（MPa）
黏性土	黏土	0.7～0.8	26～29	22.5～26.4	19.0	60	18	28
		0.9～1.1	35～40		17.5	25	16	11
		0.8～0.9	30～34	26.5～30.4	18.5	65	16	24
		0.9～1.1	35～40		17.5	35	16	14

注：变形模量（E_0）可由现场载荷试验直接确定，或依 E_s 计算确定。

（五）土的渗透系数

土具有被水等液体透过的性质称为土的渗透性。土的渗透性表明了水通过土孔隙的难易程度，可用渗透系数 k 来表示。

渗透系数 k 可通过室内渗透试验或野外抽水试验测定。

图 1-4 所示为砂土及黏性土室内渗透曲线。

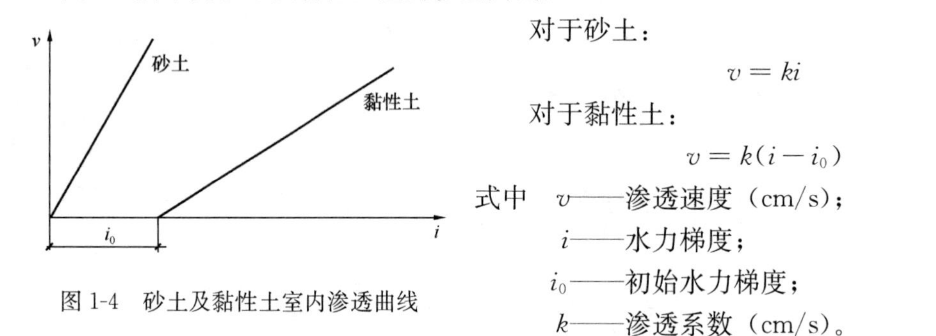

图 1-4 砂土及黏性土室内渗透曲线

对于砂土：

$$v = ki \tag{1-4}$$

对于黏性土：

$$v = k(i - i_0) \tag{1-5}$$

式中 v——渗透速度（cm/s）；

i——水力梯度；

i_0——初始水力梯度；

k——渗透系数（cm/s）。

各种土的渗透系数参考值见表 1-16。

各种土的渗透系数（k）参考值 **表 1-16**

土的名称	渗透系数 k	
	cm/s	m/d
黏土	$<6\times10^{-6}$	<0.005
粉质黏土	$6\times10^{-6}\sim10^{-4}$	0.005～0.1
粉土	$10^{-4}\sim6\times10^{-4}$	0.1～0.5
粉砂	$6\times10^{-4}\sim10^{-3}$	0.5～1.0
细砂	$10^{-3}\sim6\times10^{-3}$	1.0～5.0
中砂	$6\times10^{-3}\sim2\times10^{-2}$	5.0～20
粗砂	$2\times10^{-2}\sim6\times10^{-2}$	20～50
圆砾	$6\times10^{-2}\sim10^{-1}$	50～100
卵石	$10^{-1}\sim6\times10^{-1}$	100～500

第三节 地基基础设计原则

一、基本规定

（一）地基基础设计等级

根据地基复杂程度、建筑物规模和功能特征以及由于地基问题可能造成建筑物破坏或影响正常使用的程度，将地基基础设计分为三个设计等级，设计时应根据具体情况，按表1-17选用。

地基基础设计等级[1] 表1-17

设计等级	建筑和地基类型
甲级	重要的工业与民用建筑物 30层以上的高层建筑 体型复杂，层数相差超过10层的高低层连成一体建筑物 大面积的多层地下建筑物（如地下车库、商场、运动场等） 对地基变形有特殊要求的建筑物 复杂地质条件下的坡上建筑物（包括高边坡） 对原有工程影响较大的新建建筑物 场地和地基条件复杂的一般建筑物 位于复杂地质条件及软土地区的二层及二层以上地下室的基坑工程 开挖深度大于15m的基坑工程 周边环境条件复杂、环境保护要求高的基坑工程
乙级	除甲级、丙级以外的工业与民用建筑物 除甲级、丙级以外的基坑工程
丙级	场地和地基条件简单、荷载分布均匀的七层及七层以下民用建筑及一般工业建筑物次要的轻型建筑物 非软土地区且场地地质条件简单、基坑周边环境条件简单、环境保护要求不高且开挖深度小于5.0m的基坑工程

（二）地基基础设计要求

根据建筑物地基基础设计等级及长期荷载作用下地基变形对上部结构的影响程度，地基基础设计应符合下列规定：

1. 所有建筑物的地基计算均应满足承载力计算的有关规定。

2. 设计等级为甲级、乙级的建筑物，均应按地基变形设计。

3. 表1-18所列范围内设计等级为丙级的建筑物可不作变形验算。

如有下列情况之一时，仍应作变形验算：

（1）地基承载力特征值小于130kPa，且体型复杂的建筑；

（2）在基础上及其附近有地面堆载或相邻基础荷载差异较大，可能引起地基产生过大的不均匀沉降时；

（3）软弱地基上的建筑物存在偏心荷载时；

（4）相邻建筑距离过近，可能发生倾斜时；

（5）地基内有厚度较大或厚薄不均的填土，其自重固结未完成时。

可不作地基变形计算设计等级为丙级的建筑物范围[1]　　**表 1-18**

地基主要受力层情况	地基承载力特征值 f_{ak}（kPa）			80≤f_{ak}<100	100≤f_{ak}<130	130≤f_{ak}<160	160≤f_{ak}<200	200≤f_{ak}<300
	各土层坡度（%）			≤5	≤10	≤10	≤10	≤10
建筑类型	砌体承重结构、框架结构（层数）			≤5	≤5	≤6	≤6	≤7
	单层排架结构（6m柱距）	单跨	吊车额定起重量（t）	10～15	15～20	20～30	30～50	50～100
			厂房跨度（m）	≤18	≤24	≤30	≤30	≤30
		多跨	吊车额定起重量（t）	5～10	10～15	15～20	20～30	30～75
			厂房跨度（m）	≤18	≤24	≤30	≤30	≤30
	烟囱		高度（m）	≤40	≤50	≤75		≤100
	水塔		高度（m）	≤20	≤30	≤30		≤30
			容积（m^3）	50～100	100～200	200～300	300～500	500～1000

注：1. 地基主要受力层系指条形基础底面下深度为 $3b$（b 为基础底面宽度），独立基础下为 $1.5b$，且厚度均不小于5m的范围（二层以下一般的民用建筑除外）；

2. 地基主要受力层中如有承载力特征值小于130kPa的土层时，表中砌体承重结构的设计，应符合《建筑地基基础设计规范》GB 50007第七章的有关要求；

3. 表中砌体承重结构和框架结构均指民用建筑，对于工业建筑可按厂房高度、荷载情况折合成与其相当的民用建筑层数；

4. 表中吊车额定起重量、烟囱高度和水塔容积的数值系指最大值。

4. 对经常受水平荷载作用的高层建筑、高耸结构和挡土墙等，以及建造在斜坡上或边坡附近的建筑物和构筑物，尚应验算其稳定性。

5. 基坑工程应进行稳定性验算。

6. 当地下水埋藏较浅，建筑地下室或地下构筑物存在上浮问题时，尚应进行抗浮验算。

地基基础设计规定汇总于表 1-19。

地基基础设计规定汇总表　　**表 1-19**

计算内容	设计规定	
承载力计算	甲、乙、丙级均需计算	
变形计算	甲、乙级	均需计算
	丙级	表 1-18 内不算，其余计算
稳定计算	经常受水平荷载作用的高层建筑、高耸结构和挡土墙等，以及建造在斜坡上或边坡附近的建筑物和构筑物、基坑工程需进行计算	

（三）岩土工程勘察要求

地基基础设计前应进行岩土工程勘察，并应符合下列规定：

1. 岩土工程勘察报告应提供下列资料：

（1）有无影响建筑场地稳定性的不良地质条件及其危害程度；

（2）建筑物范围内的地层结构及其均匀性，以及各岩土层的物理力学性质；

（3）地下水埋藏情况、类型和水位变化幅度及规律，以及对建筑材料的腐蚀性；

（4）在抗震设防区应划分场地土类型和场地类别，并对饱和砂土及粉土进行液化判别；

（5）对可供采用的地基基础设计方案进行论证分析，提出经济合理的设计方案建议；提供与设计要求相对应的地基承载力及变形计算参数，并对设计与施工应注意的问题提出建议；

（6）当工程需要时，尚应提供：

1）深基坑开挖的边坡稳定计算和支护设计所需的岩土技术参数，论证其对周围已有建筑物和地下设施的影响；

2）基坑施工降水的有关技术参数及施工降水方法的建议；

3）提供用于计算地下水浮力的设计水位。

2. 地基评价宜采用钻探取样、室内土工试验、触探、并结合其他原位测试方法进行。设计等级为甲级的建筑物应提供载荷试验指标、抗剪强度指标、变形参数指标和触探资料；设计等级为乙级的建筑物应提供抗剪强度指标、变形参数指标和触探资料；设计等级为丙级的建筑物应提供触探及必要的钻探和土工试验资料。

3 建筑物地基均应进行施工验槽。如地基条件与原勘察报告不符合时，应进行施工勘察。

（四）荷载组合及抗力限值

地基基础设计时，所采用的荷载效应最不利组合与相应的抗力限值应按下列规定：

1. 按地基承载力确定基础底面积及埋深或按单桩承载力确定桩数时，传至基础或承台底面上的荷载效应应按正常使用极限状下荷载效应标准组合。相应的抗力应采用地基承载力特征值或单桩承载力特征值。

2. 计算地基变形时，传至基础底面上的荷载效应应按正常使用极限状态下荷载效应的准永久组合，不应计入风荷载和地震作用。相应的限值应为地基变形允许值。

3. 计算挡土墙的土压力、地基或斜坡稳定及滑坡推力时，荷载效应应按承载能力极限状态下荷载效应的基本组合，但其分项系数均为 1.0。

4. 在确定基础或桩台高度、支挡结构截面、计算基础或支挡结构内力、确定配筋和验算材料强度时，上部结构传来的荷载效应组合和相应的基底反力，应按承载能力极限状态下荷载效应的基本组合，采用相应的分项系数。

当需要验算基础裂缝宽度时，应按正常使用极限状态荷载效应标准组合。

5. 基础设计安全等级、结构设计使用年限、结构重要性系数应按有关规范的规定采用，但结构重要性系数 γ_0 不应小于 1.0。

荷载组合汇总详见表 1-20。

荷载组合汇总表 **表 1-20**

计算内容	荷载取值	计算表达式	备 注
地基承载力	标准组合	$S_k = S_{Gk} + S_{Q1k} + \psi_{c2} S_{Q2k} + \cdots\cdots \psi_{cn} S_{Qnk}$	
地基沉降	准永久组合	$S_k = S_{Gk} + \psi_{q1} S_{Q1k} + \psi_{q2} S_{Q2k} + \cdots\cdots + \psi_{qn} S_{Qnk}$	

续表

计算内容	荷载取值	计算表达式	备注
地基稳定	基本组合	$S_d = \gamma_G S_{Gk} + \gamma_{Q1} S_{Q1k} + \gamma_{Q2}\psi_{c2} S_{Q2k} + \cdots\cdots + \gamma_{Qn}\psi_{cn} S_{Qnk}$	γ_G、γ_Q 均为 1.0
基础内力及配筋计算	基本组合	$S_d = \gamma_G S_{Gk} + \gamma_{Q1} S_{Q1k} + \gamma_{Q2}\psi_{c2} S_{Q2k} + \cdots\cdots + \gamma_{Qn}\psi_{cn} S_{Qnk}$	γ_G、γ_Q 按现行《建筑结构荷载规范》GB 50009 的规定取值

注：1. 符号意义：

S_{Gk}——按永久荷载标准值 G_k 计算的荷载效应值；

S_{Qnk}——按可变荷载标准值 Q_{nk} 计算的荷载效应值；

ψ_{cn}——可变荷载 Q_n 的组合值系数；

ψ_{qn}——准永久值系数；

γ_G——永久荷载的分项系数；

γ_{Qn}——第 n 个可变荷载的分项系数；

ψ_{cn}、ψ_{qn} 按现行《建筑结构荷载规范》GB 50009 的规定取值。

2. 对于永久作用控制的基本组合，也可按下式简化计算，即 $S_d = 1.35S_k$。

二、地基计算

(一) 承载力计算

1. 基础底面的压力，应符合下式要求：

(1) 当轴心荷载作用时

$$p_k \leqslant f_a \tag{1-6}$$

式中 p_k——相应于荷载效应标准组合时，基础底面处的平均压力值 (kPa)；

f_a——修正后的地基承载力特征值 (kPa)。根据《建筑地基基础设计规范》GB 50007，f_a 按下式计算：

$$f_a = f_{ak} + \eta_b \gamma (b-3) + \eta_d \gamma_m (d-0.5) \tag{1-7}$$

式中 f_a——修正后的地基承载力特征值 (kPa)；

f_{ak}——地基承载力特征值 (kPa)，按《建筑地基基础设计规范》GB 50007 确定；

η_b、η_d——基础宽度和埋置深度的地基承载力修正系数，按基底下土的类别查表 1-21 取值；

γ——基础底面以下土的重度 (kN/m^3)，地下水位以下取浮重度；

b——基础底面宽度 (m)，当基础底面宽度小于 3m 时按 3m 取值，大于 6m 时按 6m 取值；

γ_m——基础底面以上土的加权平均重度 (kN/m^3)，位于地下水位以下的土层取有效重度；

d——基础埋置深度 (m)，宜自室外地面标高算起。在填方整平地区，可自填土地面标高算起，但填土在上部结构施工后完成时，应从天然地面标高算起。对于地下室，如采用箱形基础或筏基时，基础埋置深度自室外地面标高算起；当采用独立基础或条形基础时，应从室内地面标高算起。

承载力修正系数[1] **表 1-21**

土的类别		η_b	η_d
淤泥和淤泥质土		0	1.0
人工填土 e 或 I_L 大于等于 0.85 的黏性土		0	1.0
红黏土	含水比 $\alpha_w>0.8$	0	1.2
	含水比 $\alpha_w\leqslant0.8$	0.15	1.4
大面积压实填土	压实系数大于 0.95、黏粒含量 $\rho_c\geqslant10\%$的粉土	0	1.5
	最大干密度大于 $2100kg/m^3$ 的级配砂石	0	2.0
粉土	黏粒含量 $\rho_c\geqslant10\%$的粉土	0.3	1.5
	黏粒含量 $\rho_c<10\%$的粉土	0.5	2.0
e 及 I_L 均小于 0.85 的黏性土		0.3	1.6
粉砂、细砂（不包括很湿与饱和时的稍密状态）		2.0	3.0
中砂、粗砂、砾砂和碎石土		3.0	4.4

注：1. 强风化和全风化的岩石，可参照所风化成的相应土类取值，其他状态下的岩石不修正；
2. 地基承载力特征值通过深层平板载荷试验确定时 η_d 取 0；
3. 含水比是指土的天然含水量与液限的比值；
4. 大面积压实填土是指填土范围大于两倍基础宽度的填土。

（2）当偏心荷载作用时，除符合式（1-6）要求外，尚应符合下式要求：

$$p_{kmax}\leqslant1.2f_a \tag{1-8}$$

式中 p_{kmax}——相应于荷载效应标准组合时，基础底面边缘的最大压力值（kPa）。

2. 基础底面的压力，可按下列公式确定：

（1）当轴心荷载作用时：

$$p_k=\frac{F_k+G_k}{A} \tag{1-9}$$

式中 F_k——相应于荷载效应标准组合时，上部结构传至基础顶面的竖向力值（kN）；

G_k——基础自重和基础上的土重（kN）；

A——基础底面面积（m^2）。

（2）当偏心荷载作用时：

$$p_{kmax}=\frac{F_k+G_k}{A}+\frac{M_k}{W} \tag{1-10}$$

$$p_{kmin}=\frac{F_k+G_k}{A}-\frac{M_k}{W} \tag{1-11}$$

式中 M_k——相应于荷载效应标准组合时，作用于基础底面的力矩值（kN·m）；

W——基础底面的抵抗矩（m^3）；

p_{kmin}——相应于荷载效应标准组合时，基础底面边缘的最小压力值（kPa）。

3. 当地基受力层范围内有软弱下卧层时，应按下式验算：

$$p_z+p_{cz}\leqslant f_{az} \tag{1-12}$$

式中 p_z——相应于荷载效应标准组合时，软弱下卧层顶面处的附加压力值（kPa）；

p_{cz}——软弱下卧层顶面处土的自重压力值（kPa）；

f_{az}——软弱下卧层顶面处经深度修正后地基承载力特征值（kPa）。

对条形基础和矩形基础，式（1-12）中的 p_z 值可按下列公式简化计算：

条形基础：

$$p_z = \frac{b(p_k - p_c)}{b + 2z\tan\theta} \tag{1-13}$$

矩形基础：

$$p_z = \frac{lb(p_k - p_c)}{(b + 2z\tan\theta)(l + 2z\tan\theta)} \tag{1-14}$$

式中 b——矩形基础和条形基础底边的宽度（m）；

l——矩形基础底边的长度（m）；

p_c——基础底面处土的自重压力值（kPa）；

z——基础底面至软弱下卧层顶面的距离（m）；

θ——地基压力扩散线与垂直线的夹角（°），可按表 1-22 采用。

地基压力扩散角 θ（°） **表 1-22**

E_{s1}/E_{s2}	z/b					
	0.25	0.30	0.35	0.40	0.45	0.50
3	6.0	9.4	12.8	16.2	19.6	23.0
4	8.0	11.2	14.4	17.6	20.8	24.0
5	10.0	13.0	16.0	19.0	22.0	25.0
6	12.0	14.8	17.6	20.4	23.2	26.0
7	14.0	16.6	19.2	21.8	24.4	27.0
8	16.0	18.4	20.8	23.2	25.6	28.0
9	18.0	20.2	22.4	24.6	26.8	29.0
10	20.0	22.0	24.0	26.0	28.0	30.0

注：1. E_{s1} 为上层土压缩模量；E_{s2} 为下层土压缩模量；

2. $z/b<0.25$ 时一般取 $\theta=0°$，必要时，宜由试验确定；$z/b>0.50$ 时 θ 值不变。

当 E_{s1}/E_{s2} 及 z/b 超出表 1-22 所列范围时，也可参考表 1-23 确定 θ 值，以简化计算。

地基压力扩散角 θ（°）[8] **表 1-23**

E_{s1}/E_{s2}	$z=b/4$	$z=b/2$	$z\geqslant b$
1	4	12	22
3	6	22	24
5	10	25	27
10	20	30	30

注：表中 E_{s1} 及 E_{s2} 为软弱下卧层顶面上层土及软弱下卧层土的压缩模量。此处压缩模量为由压力 100kPa 至 200kPa 区段的模量值。$z<b/4$ 时取 $\theta=0$。

（二）变形计算

1. 建筑物的地基变形计算值，不应大于地基变形允许值。

2. 地基变形特征可分为沉降量、沉降差、倾斜、局部倾斜等（见表 1-24）。

地基变形特征的类型 **表 1-24**

地基变形特征	图 例	说 明	计算表达式
沉降量	—	基础中点或基础某点沉降值（如未注明一般指中点沉降）	s_0：中点沉降值； s_i：某点沉降值
沉降差		基础两点或相邻两个独立基础的沉降量之差	$\Delta s = s_1 - s_2$
倾斜		独立基础在倾斜方向基础两端点的沉降差与其距离的比值，或相邻柱基沉降差与柱距之比（$\Delta s/l$）	$\tan\theta = \dfrac{s_1 - s_2}{b}$
局部倾斜		砌体承重结构沿纵向6～10m内基础两点的沉降差与其距离的比值	$\beta_{ij} = \dfrac{s_i - s_j}{L_{ij}}$
平均沉降		独立基础或建筑物的沉降平均值	$s_m = \dfrac{\Sigma s_i A_i}{A}$ s_i：基底 i 点沉降值； A_i：i 点基底负荷面积； A：基底总面积
相对弯曲		基础沉降弯曲部分的矢高 Δ 与其长度之比	$\dfrac{\Delta}{L} = \dfrac{s_1 - \dfrac{s_2 + s_3}{2}}{L}$

3. 在计算地基变形时，应符合下列规定：

（1）由于建筑地基不均匀、荷载差异很大、体型复杂等因素引起的地基变形，对于砌体承重结构应由局部倾斜值控制；对于框架结构和单层排架结构应由相邻柱基的沉降差控制；对于多层或高层建筑和高耸结构应由倾斜值控制；必要时尚应控制平均沉降量；

（2）在必要情况下，需要分别预估建筑物在施工期间和使用期间的地基变形值，以便预留建筑物有关部分之间的净空，选择连接方法和施工顺序。一般多层建筑物在施工期间完成的沉降量，对于砂土可认为已完成其最终沉降量 80%以上，对于其他低压缩性土可认为已完成最终沉降量的 50%～80%，对于中压缩性土可认为已完成 20%～50%，对于高压缩性土可认为已完成 5%～20%。

4. 建筑物的地基变形允许值，按表 1-25 规定采用。对表中未包括的建筑物，其地基变形允许值应根据上部结构对地基变形的适应能力和使用上的要求确定。

建筑物的地基变形允许值[1] **表 1-25**

<table>
<tr><th colspan="2" rowspan="2">变形特征</th><th colspan="2">地基土类别</th></tr>
<tr><th>中、低压缩性土</th><th>高压缩性土</th></tr>
<tr><td colspan="2">砌体承重结构基础的局部倾斜</td><td>0.002</td><td>0.003</td></tr>
<tr><td colspan="2">工业与民用建筑相邻柱基的沉降差
（1）框架结构
（2）砖石墙填充的边排柱
（3）当基础不均匀沉降时不产生附加应力的结构</td><td>
$0.002l$
$0.0007l$
$0.005l$</td><td>
$0.003l$
$0.001l$
$0.005l$</td></tr>
<tr><td colspan="2">单层排架结构（柱距为 6m）柱基的沉降量（mm）</td><td>（120）</td><td>200</td></tr>
<tr><td colspan="2">桥式吊车轨面的倾斜（按不调整轨道考虑）
纵向
横向</td><td colspan="2">
0.004
0.003</td></tr>
<tr><td rowspan="4">多层和高层建筑的整体倾斜</td><td>$H_g \leqslant 24$</td><td colspan="2">0.004</td></tr>
<tr><td>$24 < H_g \leqslant 60$</td><td colspan="2">0.003</td></tr>
<tr><td>$60 < H_g \leqslant 100$</td><td colspan="2">0.0025</td></tr>
<tr><td>$H_g > 100$</td><td colspan="2">0.002</td></tr>
<tr><td colspan="2">体型简单的高层建筑基础的平均沉降量（mm）</td><td colspan="2">200</td></tr>
<tr><td rowspan="6">高耸结构基础的倾斜</td><td>$H_g \leqslant 20$</td><td colspan="2">0.008</td></tr>
<tr><td>$20 < H_g \leqslant 50$</td><td colspan="2">0.006</td></tr>
<tr><td>$50 < H_g \leqslant 100$</td><td colspan="2">0.005</td></tr>
<tr><td>$100 < H_g \leqslant 150$</td><td colspan="2">0.004</td></tr>
<tr><td>$150 < H_g \leqslant 200$</td><td colspan="2">0.003</td></tr>
<tr><td>$200 < H_g \leqslant 250$</td><td colspan="2">0.002</td></tr>
<tr><td rowspan="3">高耸结构基础的沉降量（mm）</td><td>$H_g \leqslant 100$</td><td colspan="2">400</td></tr>
<tr><td>$100 < H_g \leqslant 200$</td><td colspan="2">300</td></tr>
<tr><td>$200 < H_g \leqslant 250$</td><td colspan="2">200</td></tr>
</table>

注：1. 本表数值为建筑地基实际最终变形允许值；
2. 有括号者仅适用于中压缩性土；
3. l 为相邻柱基的中心距离（mm）；H_g 为自室外地面起算的建筑物高度（m）；
4. 倾斜指基础倾斜方向两端点的沉降差与其距离的比值；
5. 局部倾斜指砌体承重结构沿纵向 6～10m 内基础两点的沉降差与其距离的比值。

表 1-25 为现行国家标准《建筑地基基础设计规范》GB 50007 的有关规定；有地方标准的地区，尚应符合当地的有关要求，亦可依业主或设计要求确定地基变形允许值，但不应低于表 1-25 中的有关规定。

5. 计算地基变形时，地基内的应力分布，可采用各向同性均质线性变形体理论，其最终变形量可按下式计算：

$$s = \psi_s s' = \psi_s \sum_{i=1}^{n} \frac{p_0}{E_{si}}(z_i\bar{\alpha}_i - z_{i-1}\bar{\alpha}_{i-1}) \tag{1-15}$$

式中 s——地基最终变形量（mm）；

s'——按分层总和法计算出的地基变形量（mm）；

ψ_s——沉降计算经验系数，根据地区沉降观测资料及经验确定，无地区经验时可采用表 1-26 的数值；

n——地基变形计算深度范围内所划分的土层数（如图 1-5 所示）；

p_0——对应于荷载效应准永久组合时的基础底面处的附加压力（kPa）；

E_{si}——基础底面下第 i 层土的压缩模量（MPa），应取土的自重压力至土的自重压力与附加压力之和的压力段计算；

z_i，z_{i-1}——基础底面至第 i 层土、第 $i-1$ 层土底面的距离（m）；

$\bar{\alpha}_i$，$\bar{\alpha}_{i-1}$——基础底面计算点至第 i 层土、第 $i-1$ 层土底面范围内平均附加应力系数，可按《建筑地基基础设计规范》GB 50007 采用。

沉降计算经验系数 ψ_s[1] **表 1-26**

E_s（MPa）／基底附加压力	2.5	4.0	7.0	15.0	20.0
$p_0 \geqslant f_{ak}$	1.4	1.3	1.0	0.4	0.2
$p_0 \leqslant 0.75 f_{ak}$	1.1	1.0	0.7	0.4	0.2

注：$\bar{E}_s$ 为沉降计算深度范围内压缩模量的当量值，应按下式计算：

$$\bar{E}_s = \frac{\Sigma A_i}{\Sigma \frac{A_i}{E_{si}}} \tag{1-16}$$

式中 A_i——第 i 层土附加应力系数沿土层厚度的积分值。

6. 地基变形计算深度 z_n（如图 1-5 所示），应符合下式要求：

$$\Delta s'_n \leqslant 0.025 \sum_{i=1}^{n} \Delta s'_i \tag{1-17}$$

式中 $\Delta s'_i$——在计算深度范围内，第 i 层土的计算变形值（mm）；

$\Delta s'_n$——在由计算深度向上取厚度为 Δz 的土层计算变形值（mm），Δz 见图 1-5 并按表 1-27 确定。

如确定的计算深度下部仍有较软土层时，应继续计算。

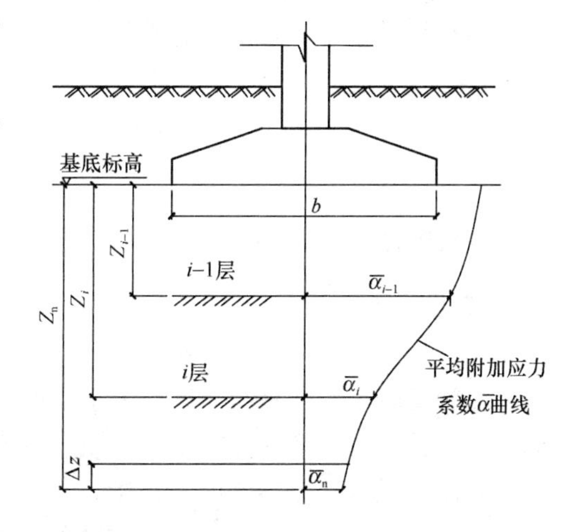

图 1-5 基础沉降计算的分层示意

Δz[1] **表 1-27**

b（m）	$b \leqslant 2$	$2 < b \leqslant 4$	$4 < b \leqslant 8$	$8 < b$
Δz（m）	0.3	0.6	0.8	1.0

7. 当无相邻荷载影响，基础宽度在 1～30m 范围内时，基础中点的地基变形计算深度也可按下列简化公式计算：

$$z_n = b(2.5 - 0.4\ln b) \tag{1-18}$$

式中 b——基础宽度（m）。b 取不同值时，z_n 计算值见表 1-28。

z_n 表（m） 表 1-28

b（m）	1	2	3	4	5	6	7	8	9	10	11	12	13	14	15
z_n	2.5	4.4	6.2	7.8	9.3	10.7	12.1	13.3	14.6	15.8	16.9	18.1	19.2	20.2	21.3
b（m）	16	17	18	19	20	21	22	23	24	25	26	27	28	29	30
z_n	22.3	23.2	24.2	25.1	26.0	26.9	27.8	28.7	29.5	30.3	31.1	31.9	32.7	33.4	34.2

在计算深度范围内存在基岩时，z_n 可取至基岩表面；当存在较厚的坚硬黏性土层，其孔隙比小于 0.5、压缩模量大于 50MPa，或存在较厚的密实砂卵石层，其压缩模量大于 80MPa 时，z_n 可取至该层土表面。

8. 计算地基变形时，应考虑相邻荷载的影响，其值可按应力叠加原理，采用角点法计算。

9. 在同一整体大面积基础上建有多栋高层和低层建筑，应该按照上部结构、基础与地基的共同作用进行变形计算。

10. 当建筑物地下室基础埋置较深时，应计算地基土回弹再压缩变形。

（三）稳定性计算

某些建筑物的独立基础，当承受较大的水平荷载和偏心荷载时，有可能发生沿基础底面的滑动、倾覆或与深层土层一起滑动。因此，对经常受水平荷载作用的高层建筑物和高耸结构以及建在斜坡上的建筑物，尚应进行稳定性的验算。

地基稳定性可采用圆弧滑动面法进行验算。最危险的滑动面上诸力对滑动中心所产生的抗滑力矩与滑动力矩应符合下式要求：

$$M_R/M_S \geqslant 1.2 \tag{1-19}$$

式中 M_S——滑动力矩（kN·m）；

M_R——抗滑力矩（kN·m）。

三、浅基础类型及选择

（一）浅基础类型

基础是建筑物中将承受的各种荷载传递给地基的下部结构，其形式有多种，通常将基础的埋置深度较小，且只需经过挖槽、排水等普通施工程序就可以建造起来的基础称作浅基础。采用桩、沉井等特殊施工方法和设备建造、埋深较大的基础称作深基础。表 1-29 列出了常规的浅基础分类及定义。

浅基础的分类及定义 表 1-29

分类依据	名　称	定　义
受力特征	无筋扩展基础（刚性基础）	由抗压强度高而抗拉、抗剪强度低的材料（如砖、毛石、混凝土、毛石混凝土、灰土和三合土等）堆砌的墙下条形基础或柱下独立基础。要求基础底部扩展部分不超过基础材料刚性角
	钢筋混凝土扩展基础	能承受一定弯曲变形的基础；通常指抗拉性能较好的柱下独立钢筋混凝土基础和墙下条形钢筋混凝土基础

续表

分类依据	名称		定义
基础材料	砖基础		用砖砌筑的无筋扩展基础
	三合土基础		用三合土做成的无筋扩展基础
	灰土基础		用灰土做成的无筋扩展基础
	毛石基础		用强度较高且未风化的毛石砌筑的无筋扩展基础
	混凝土或毛石混凝土基础		用混凝土或毛石混凝土浇筑的无筋扩展基础
	钢筋混凝土基础		用钢筋混凝土浇筑的基础
基础构造	独立基础		配制于柱或塔式、筒式整个结构物之下的无筋或配筋的单个基础
	条形基础	墙下条形基础	位于墙下的长条形基础
		柱下条形基础	为了减小基底压力而将柱下独立基础联成一起的条形基础
	联合基础	交叉条形基础	为了减小基底压力而将柱下独立基础联成一起的网格形基础
	筏板基础	墙下筏板基础	大面积整体钢筋混凝土板式或梁板式基础
		柱下筏板基础	
	箱形基础		由钢筋混凝土底板、顶板、侧墙、内隔墙组成的，具有一定高度的整体性基础，是补偿基础的一种
其他	补偿基础		建在地面下具有足够深度，挖除的基坑土重，可以明显减少由结构物荷载引起的基底压力，从而减少建筑物沉降的整体基础

（二）基础类型选择

由于不同类型浅基础的特点各异，在设计时应根据结构类型、荷载大小、土质及地下水埋藏条件以及施工条件等选择基础类型。

表 1-30 给出了几种基础类型选择条件。在实际工程中，一般遵循独立基础→条形基础→交叉条形基础→筏板基础→箱形基础的顺序来选择基础形式。当然，在选择过程中应尽量做到经济、合理和就地取材。当采用天然地基不可能或不经济时，首先应考虑采用人工加固地基，然后才考虑运用桩基等深基础的形式，以避免造成浪费。

浅基础类型选择 **表 1-30**

结构类型	岩土性质与荷载条件	基础类型
多层砖混结构	土质均匀，承载力高，无软弱下卧层，基础埋深在地下水位以上，荷载不大（五层以下建筑物）	刚性基础（条形）
	土质均匀性较差，承载力较低，有软弱下卧层，基础需浅埋时	墙下钢筋混凝土条形基础
	土质均匀性差，承载力低，荷载较大，采用条基面积超过建筑物投影面积 50%时	墙下筏板基础
框架结构（无地下室）	土质均匀，承载力较高，荷载相对较小，柱网分布均匀	柱下钢筋混凝土独立基础
	土质均匀性较差，承载力较低，荷载较大，采用独立基础不能满足要求	柱下钢筋混凝土条形基础，或柱下交叉钢筋混凝土条形基础
	土质不均匀，承载力低，荷载大，柱网分布不均，采用条形基础面积超过建筑物投影面积 50%时	柱下筏板基础

续表

结构类型	岩土性质与荷载条件	基础类型
全剪力墙10层以上住宅结构	地基土层较好，荷载分布均匀	墙下钢筋混凝土条形基础
	当上述条件不能满足时	墙下筏板基础或箱形基础
高层框架、剪力墙结构（有地下室）	可采用天然地基时	筏板基础或箱形基础

总之，究竟采用何种形式的浅基础，应根据建筑物的工程地质条件、技术经济和施工条件等因素加以综合确定。人工加固地基的基础类型，依加固后地基土层的承载力、变形特性及加固深度等综合分析确定。

第四节　地基处理的对象及其特征

地基处理对象通常指承载力低、压缩性高以及具有不良工程特性的各种软弱地基及特殊土地基。但是随着建设规模越来越大，荷载不断增加，对地基要求也越来越高，很多天然地基不经过人工加固处理将很难满足建筑（特别是高层建筑）对承载力及变形的要求，因此可以说软弱地基的含义更广泛了，天然地基是否属于软弱地基是相对的。

一、软土

（一）定义及分类

天然孔隙比大于或等于1.0，且天然含水量大于液限的细粒土应判定为软土，包括淤泥、淤泥质土、泥炭、泥炭质土等。其中泥炭和泥炭质土中含有大量未分解的腐殖质，有机质含量大于60%为泥炭；有机质含量10%～60%为泥炭质土。

河道疏浚、围海造地等冲填而成的冲填土，以及人工搬运的杂填土等高压缩性土也属于软土。

凡主要由上述软弱土层构成的地基称为软弱地基。

软土形成于第四纪晚期，属于海相、泻湖相、河谷相、湖沼相、溺谷相、三角洲相等黏性沉积物或河流冲积物。多分布于沿海、河流中下游或湖泊附近地区，如上海、广州等地为三角洲相沉积；温州、宁波地区为滨海相沉积；闽江口平原为溺谷相沉积等，也有的软黏土属新近沉积物。

（二）工程特性

软土由于其高黏粒含量、高含水量、大孔隙比，其工程性质呈现低强度、高压缩性、低渗透性、高灵敏度。

1. 触变性：灵敏度S_t在3～16之间。
2. 流变性：在剪应力作用下，土体会发生缓慢而长期的剪切变形。
3. 高压缩性：$a_{1\text{-}2}>0.5\text{MPa}^{-1}$。
4. 低强度：不排水抗剪强度小于30kPa。
5. 低透水性：竖向渗透系数$k=i\times(10^{-6}\sim10^{-8})$ cm/s。
6. 不均匀性：黏性土中常夹有厚薄不等的粉土、粉砂、细砂等。

中国软土主要分布地区软土的工程地质特征见表1-31。

中国软土主要分布地区软土的工程地质特征表[24] **表 1-31**

区划	海陆别	沉积相	土层埋深	物理力学指标（平均值）											抗剪强度（固块）		无侧限抗压强度 q_u
				天然含水率 w	重力密度 γ	孔隙比 e	饱和度 s_r	液限 w_L	塑限 w_p	塑性指数 I_p	液性指数 I_L	有机质含量	压缩系数 a_{1-2}	垂直方向渗透系数 k	内摩擦角 φ	黏聚力 c	
			m	%	kN/m³	—	%	%	%	—	—	%	MPa^{-1}	cm/s	度	kPa	kPa
北方Ⅰ地区	沿海	滨海	2-24	43	17.8	1.21	98	44	25	19.2	1.22	5.0	0.88	5.0×10^{-6}	10	11	40
北方Ⅰ地区	沿海	三角洲	5-29	40	17.9	1.11	97	35	19	16	1.35	—	0.67	—	—	—	—
中部Ⅱ地区	沿海	滨海	2-30	52	17.0	1.42	98	42	21	21	—	2.3	1.06	4.0×10^{-8}	11	4	50
中部Ⅱ地区	沿海	泻湖	1-30	50	16.8	1.56	98	47	25	22	1.34	6	1.30	7.0×10^{-8}	13	6	45
中部Ⅱ地区	沿海	溺谷	2-30	58	16.3	1.67	97	52	31	26	1.90	8	1.55	3.0×10^{-7}	15	8	26
中部Ⅱ地区	沿海	三角洲	2-19	43	17.6	1.24	98	40	23	17	1.11	—	1.00	1.5×10^{-6}	17	6	40
中部Ⅱ地区	内陆	高原湖泊	—	77	15.6	1.93	—	70	—	28	1.28	18.4	1.60	—	6	12	—
中部Ⅱ地区	内陆	平原湖泊	—	47	17.4	1.31	—	43	23	19	—	9.9	—	2×10^{-7}	—	—	—
中部Ⅱ地区	内陆	河漫滩	—	47	17.5	1.22	—	39	—	17	1.44	—	—	—	—	—	—
南方Ⅲ地区	沿海	滨海	1-20	88.2	15.0	2.35	100	55.9	34.4	21.5	2.56	6.8	2.04	3.6×10^{-7}	2.1	6	4.8
南方Ⅲ地区	沿海	三角洲	1-19	50.8	17.0	1.45	100	33.0	18.8	14.2	1.79	2.75	1.32	7.3×10^{-7}	5.2	11.6	13.8

注：区划分区详见《软土地区岩土工程勘察规范》JGJ 83—2011。

（三）工程措施

1. 对暗埋的塘、浜、沟、坑穴，当范围或厚度不大时，一般采用基础加深或换填垫层、注浆、短桩等处理；当宽度不大时，一般采用基础梁跨越处理；

2. 对大面积厚层软土地基，可采用真空预压、堆载预压排水固结或水泥土搅拌桩、石灰桩等复合地基加固法。对荷载大、沉降限制严格的建筑物，宜采用桩基。

具体处理方法详见表1-32。

软土地基主要处理方法和适用范围　　表1-32

软土地基主要处理方法	适用范围	加固效果	有效处理深度（m）
换填层法	适用于淤泥、淤泥质土、松散填土、充填土等软弱土的浅层换土处理与低洼区域的填筑	提高强度和减少变形	2～3
预压法	适用于大面积淤泥、淤泥质土、松散填土、充填土及饱和黏性土等工程地基预压处理	提高强度和减少变形	8～10
水泥土搅拌桩法	适用于淤泥、淤泥质土、充填土等地基处理	提高强度、减少变形以及防渗处理	8～12
桩土复合地基法	适用于处理淤泥、淤泥质土、饱和黏性土等地基处理	减少变形	15～25

二、人工填土

（一）定义及分类

人工填土是指由人类活动而堆填的土。

人工填土根据物质组成和堆填方式，可分为下列四类：

1. 素填土：由碎石土、砂土、粉土和黏性土等一种或几种材料组成，不含杂物或含杂物很少；

2. 杂填土：含有大量建筑垃圾、工业废料或生活垃圾等杂物；

3. 冲填土：由水力冲填泥砂形成；

4. 压实填土：按一定标准控制材料成分、密度、含水量，分层压实或夯实而成。

人工填土还可按堆填时间（年）分为老填土和新填土（见表1-33）。

黏性素填土和粉性素填土按堆填时间（年代）分类　　表1-33

土的名称	堆填时间（年）	土的名称	堆填时间（年）
老填土	超过10年的黏性土 超过5年的粉土	新填土	不超过10年的黏性土 不超过5年的粉土

（二）工程特性

1. 素填土

均匀性变化较大；密实度受堆积时间影响较大。

2. 杂填土

杂填土的主要特点是无规则堆积、成分复杂、性质各异、厚薄不均、规律性差。因而同一场地表现为压缩性和强度的明显差异，极易造成不均匀沉降，通常都需要进行地基处理。

3. 冲填土

冲填土是人为的用水力冲填方式而沉积的土。近年来多用于沿海滩涂开发及河漫滩造地。西北地区常见的水坠坝（也称冲填坝）即是冲填土堆筑的坝。冲填土形成的地基也可视为天然地基的一种，它的工程性质主要取决于冲填土的性质及冲填时间。

（三）工程措施

1. 除了控制质量的压实填土外，一般说来，填土的成分比较复杂，均匀性差，厚度变化大，利用填土作为天然地基应持慎重态度。

2. 填土的处理

（1）换土垫层适用于地下水位以上填土厚度不大的情况，可减少和调整地基不均匀沉降。

（2）机械碾压、重锤夯实、振动压密主要适用于加固浅埋的松散低塑性或无黏性填土。

（3）对深厚杂填土及素填土地基可采用强夯、振冲桩、砂石桩、柱锤冲扩桩、灰土（土）挤密桩等进行处理。

三、可液化地基

（一）液化机理及震害

粉土、粉砂或细砂地基在静荷载作用下常具有较高的强度。但是当振动荷载（地震、机械振动等）作用时，饱和松散砂土或粉土地基则有可能产生液化或大量震陷变形，甚至丧失承载力。这是因为土颗粒松散排列并在外部动力作用下使颗粒的位置产生错位，以达到新的平衡，瞬间产生较高的超静孔隙水压力，有效应力迅速降低。当有效应力趋近于零时，便产生所谓的液化。砂土（粉土）液化引起的破坏主要有以下四种形式：涌砂、滑塌、沉陷和浮起。

软土震陷是仅次于液化的地基震害，主要由于在地震力作用下软土塑性挤出造成。

（二）工程措施

1. 当液化土层较平坦且均匀时，宜按表 1-34 选用地基抗液化措施。不宜将未经处理的液化土层作为天然地基持力层。

抗液化措施[4] **表 1-34**

建筑抗震设防类别	地基的液化等级		
	轻微	中等	严重
乙类	部分消除液化沉陷，或对基础和上部结构处理	全部消除液化沉陷，或部分消除液化沉陷且对基础和上部结构处理	全部消除液化沉陷
丙类	基础和上部结构处理，亦可不采取措施	基础和上部结构处理，或更高要求的措施	全部消除液化沉陷，或部分消除液化沉陷且对基础和上部结构处理
丁类	可不采取措施	可不采取措施	基础和上部结构处理，或更高要求的措施

2. 全部消除地基液化沉陷的措施，应符合下列要求：

（1）采用桩基时，桩端伸入液化深度以下稳定土层中的长度（不包括桩尖部分），应按计算确定，且对碎石土，砾、粗、中砂，坚硬黏性土和密实粉土尚不应小于 0.5m，对其他非岩石土尚不宜小于 1.5m。

(2) 采用深基础时，基础底面应埋入液化深度以下的稳定土层中，其埋入深度不应小于 0.5m。

(3) 采用加密法（如振冲、振动加密、挤密碎石桩、强夯等）加固时，应处理至液化深度下界；振冲或挤密碎石桩加固后，桩间土的标准贯入锤击数不宜小于现行国家标准《建筑抗震设计规范》GB 50011 规定的液化判别标准贯入锤击数临界值。

(4) 用非液化土替换全部液化土层。

(5) 采用加密法或换土法处理时，在基础边缘以外的处理宽度，应超过基础底面下处理深度的 1/2 且不小于基础宽度的 1/5。

3. 部分消除地基液化沉陷的措施，应符合下列要求：

(1) 处理深度应使处理后的地基液化指数减少，当判别深度为 15m 时，其值不宜大于 4，当判别深度为 20m 时，其值不宜大于 5；对独立基础和条形基础，尚不应小于基础底面下液化土特征深度和基础宽度的较大值。

(2) 采用振冲或挤密碎石桩加固后，桩间土的标准贯入锤击数不宜小于按《建筑抗震设计规范》GB 50011 规定的液化判别标准贯入锤击数临界值。

(3) 基础边缘以外的处理宽度，应符合《建筑抗震设计规范》GB 50011 的要求。

4. 减轻液化影响的基础和上部结构处理，可综合采用下列各项措施：

(1) 选择合适的基础埋置深度。

(2) 调整基础底面积，减少基础偏心。

(3) 加强基础的整体性和刚度，如采用箱基、筏基或钢筋混凝土交叉条形基础，加设基础圈梁等。

(4) 减轻荷载、增强上部结构的整体刚度和均匀对称性、合理设置沉降缝、避免采用对不均匀沉降敏感的结构形式等。

(5) 管道穿过建筑处应预留足够尺寸或采用柔性接头等。

5. 液化等级为中等液化和严重液化的故河道、现代河滨、海滨，当有液化侧向扩展或流滑可能时，在距常时水线约 100m 以内不宜修建永久性建筑，否则应进行抗滑动验算、采取防土体滑动措施或结构抗裂措施。

注：常时水线宜按设计基准期内年平均最高水位采用，也可按近期年最高水位采用。

6. 地基主要受力层范围内存在软弱黏性土层与湿陷性黄土时，应结合具体情况综合考虑，采用桩基、地基加固处理或本部分 4 中的各项措施，也可根据软土震陷量的估计，采取相应措施。

当建筑基础底面以下非软土层厚度符合下表 1-35 的要求时，可不采取消除软土地基的震陷影响措施。

基础底面以下非软土层厚度[4] **表 1-35**

烈度	基础底面以下非软土层厚度（m）
7	≥0.5b 且≥3
8	≥b 且≥5
9	≥1.5b 且≥8

注：b 为基础底面宽度（m）。

7. 根据《软土地区岩土工程勘察规范》JGJ 83—2011 的规定，设防烈度等于或大于 7 度时，对厚层软土分布区宜判别软土震陷的可能性，并应符合下列规定：

（1）当临界等效剪切波速大于表 1-36 的数值时，可不考虑震陷的影响。

临界等效剪切波速[24]　　**表 1-36**

抗震设防烈度	7 度	8 度	9 度
临界等效剪切波速 v_{se}（m/s）	90	140	200

（2）对于采用天然地基的建筑物，当临界等效剪切波速小于或等于表 1-36 的数值时，甲级建筑物和对沉降有严格要求的乙级建筑物应进行专门的震陷分析计算；对沉降无特殊要求的乙级建筑物和对沉降敏感的丙级建筑物，可按表 1-37 的建筑物震陷估算值或根据地区经验确定。

建筑物震陷估算值[24]　　**表 1-37**

设防烈度 / 震陷估算值（mm） / 地基条件	7(0.1g～0.15g)	8(0.2g)	9(0.4g)
地基主要受力层深度内软土厚度＞3m 地基土等效剪切波速值＜90m/s	30～80	150	＞350

注：1. 当地基土实际条件与表中的两项条件相比，只要有一项不符合时，应按实际条件变化的大小和建筑物性质及结构类型，适当地减小震陷值；当地基土实际条件与表中的两项条件均不相符时，可不考虑震陷对建筑物的影响；
2. 当需要估算软土震陷量时，宜采用以静力计算代替动力分析的简化分层总和法。

四、湿陷性黄土

（一）定义及分类

在一定压力下受水浸湿，土结构迅速破坏，并产生显著附加下沉的黄土称为湿陷性黄土。我国湿陷性黄土主要分布在山西、陕西、甘肃的大部分地区，河南西部和宁夏、青海、河北的部分地区，此外，新疆维吾尔自治区、内蒙古自治区和山东、辽宁、黑龙江等省，局部地区亦分布有湿陷性黄土。

湿陷性黄土分为：自重湿陷性黄土和非自重湿陷性黄土。

在湿陷性黄土地基上进行工程建设时，必须考虑因地基湿陷引起附加沉降对工程可能造成的危害，选择适宜的地基处理方法，避免或消除地基的湿陷所造成的危害。

（二）工程特性

1. 孔隙比：变化在 0.85～1.24 之间，大多数在 1.0～1.1 之间，随深度增大而减小。在其他条件相同时，土的孔隙比越大，湿陷性越强。

2. 天然含水量：含水量低时，结构强度较高，湿陷性强烈；随含水量的增大，结构强度降低，湿陷性减弱。

3. 液限：一般当液限小于 30％时，湿陷性较强；当液限大于 30％时，湿陷性较弱。

4. 压缩性：我国湿陷性黄土的压缩系数介于 0.1～1.0MPa^{-1}之间，除土的天然含水量的影响外，地质年代是一个重要因素。Q_2 和 Q_3 早期黄土，其压缩性多为中等偏低，或低压缩性。Q_3 晚期和 Q_4 黄土，多为中等偏高压缩性。新近堆积黄土一般具有高压缩性。

（三）工程措施

在湿陷性黄土地区进行建设，应根据湿陷性黄土特点和工程要求，采取以地基处理为主的综合措施，防止地基受水浸湿引起湿陷，以保证建筑物的安全和正常使用。

1. 地基处理方法

选择地基处理方法，应根据建筑物的类别和湿陷性黄土的特性，并考虑施工设备、施工进度、材料来源和当地环境等因素，经技术经济综合分析比较后确定。湿陷性黄土地基常用的处理方法，可按表 1-38 选择其中的一种或多种相结合的最佳处理方法。

湿陷性黄土地基常用的地基处理方法[5]　　表 1-38

名　称		适用范围	可处理的湿陷性黄土层厚度（m）
垫层法		地下水位以上，局部或整片处理，采用灰土或素土	1～3
强夯法		地下水位以上，$S_r \leqslant 60\%$的湿陷性黄土，局部或整片处理	3～12
挤密法	成孔挤密	地下水位以上，$S_r \leqslant 65\%$，$w \leqslant 24\%$的湿陷性黄土，局部或整片处理	5～15
	孔内夯实挤密		5～20
预浸水法		自重湿陷性黄土场地，地基湿陷等级为Ⅲ级或Ⅳ级，可消除地面下 6m 以下湿陷性黄土层的全部湿陷性	地面下 6m 以上，尚应采用垫层或夯实方法处理
化学加固法	单液硅化法	一般用于加固地下水位以上的既有建筑物地基	≤20
	碱液加固法		≤10

除表中所述方法外，还可以采用高压注浆固结法、刚性桩法加固湿陷性黄土地基。另外在饱和黄土地区，近年来也采用粉喷桩法和深层搅拌法进行加固处理。当基底下湿陷性黄土厚度大于 20m 时，宜采用桩基础穿透湿陷性黄土层予以处理。

2. 防水措施

（1）基本防水措施：在建筑布置、场地排水、地面防水、散水、管沟敷设等方面采取措施，防止雨水或生产生活用水渗入地基内的各项措施；

（2）严格防水措施：对重要建筑场地和高等级湿陷地基，在检漏防水措施的基础上，对防水地面、排水沟、检漏管沟和检漏井等设施提高设计标准；

（3）检漏防水措施：在基本防水措施基础上，对地下管道增设检漏沟（井）。

3. 结构措施

减少建筑物的不均匀沉降，或使结构物适应地基的变形。建筑平面布置力求简单，或用沉降缝分成若干个体型简单的独立单元，用增设圈梁、构造柱等方法加强建筑物上部结构的整体刚度。

湿陷性黄土地基的勘察、设计、施工要求详见《湿陷性黄土地区建筑规范》GB 50025 有关规定。

五、膨胀土

(一) 定义及分类

含有大量亲水矿物，湿度变化时有较大体积变化，变形受约束时产生较大内应力的岩土，应判定为膨胀岩土。

对初判为膨胀土的地区，应计算土的膨胀变形量、收缩变形量和胀缩变形量，并划分胀缩等级。计算和划分方法应符合现行国家标准《膨胀土地区建筑技术规范》的规定。有地区经验时，亦可根据地区经验分级。

(二) 地基处理

1. 膨胀土地基处理可采用换土法、砂石垫层法、湿度控制法（包括预浸水法、暗沟保湿法、帷幕保湿法、全封闭法）、压实控制法、土性改良法（包括物理改良法、化学改良法和综合改良法）等方法，亦可采用桩或墩基以及土工合成材料加固法等方法。确定处理方法应根据土的膨胀等级、地方材料及施工工艺等，进行综合技术经济比较。

2. 换土可采用非膨胀土或灰土。换土厚度可通过变形计算确定。

3. 平坦场地上Ⅰ、Ⅱ级膨胀土的地基处理，宜采用砂、碎石垫层。垫层厚度不应小于300mm。垫层宽度应大于基底宽度，两侧宜采用与垫层相同的材料回填，并做好防水处理。

4. 采用桩基础时，桩尖应锚固在非膨胀土层或伸入大气影响急剧层以下的土层中；并应考虑胀切力对桩身强度的影响。

膨胀土地基的勘察、设计、施工要求详见《膨胀土地区建筑技术规范》GBJ 112 有关规定。

六、盐渍土

(一) 定义及分布

当土中的易溶盐含量大于0.3%，并具有溶陷、盐胀、腐蚀等工程特性时，应判定为盐渍土。

盐渍土在法国、西班牙、意大利等欧洲国家，美国、加拿大、墨西哥等美洲国家，蒙古、印度等亚洲国家以及非洲的许多国家和地区均有分布。

按照地理分布，我国盐渍土可分为两个大区，即内陆盐渍土区和滨海盐渍土区。在我国西北干旱地区的新疆、青海、甘肃、宁夏和内蒙古等地势低洼的盆地和平原中分布有大面积的内陆盐渍土，在华北平原、松辽平原和大同盆地也有分布。而在滨海地区的辽东湾、渤海湾、莱州湾、海州湾、杭州湾以及台湾在内的诸海岛沿岸等地则分布有相当面积的滨海盐渍土。

(二) 工程特性

盐渍土的三相组成与一般土有所不同，其液相中含有盐溶液，固相中除土粒外，还含有较稳定的难溶结晶盐和不稳定的易溶结晶盐。在温度变化和有足够多的水浸入盐渍土的条件下，其中的易溶结晶盐将会被溶解，气体孔隙也将被水填充。此时，盐渍土由三相体转变成二相体。在盐渍土由三相体转变成二相体的过程中，通常伴随着土体结构的破坏和土体的变形（通常表现为溶陷）。而当自然条件变化时，盐渍土的二相体也会转化为三相体，此时土体也会产生体积变化（通常表现为盐胀）。因此，盐渍土中组成成分相态的变化可对盐渍土的大部分物理和力学性质指标产生影响，并可能对工程造成严重的危害。

盐渍土在工程上的危害较为广泛，可以概括为3个方面：溶陷性、盐胀性和腐蚀性。滨海盐渍土因常年处于饱和状态，其溶陷性和盐胀性不明显，主要是腐蚀方面的危害；内陆盐渍土则三种危害兼而有之，且较为严重。

对盐渍土可根据含盐化学成分和含盐量按表1-39和表1-40进行分类。

盐渍土按含盐化学成分分类 **表1-39**

盐渍土名称	$\frac{c(Cl^-)}{2c(SO_4^{2-})}$	$\frac{2c(CO_3^{2-})+c(HCO_3^-)}{c(Cl^-)+2c(SO_4^{2-})}$
氯盐渍土	>2.0	—
亚氯盐渍土	1.0～2.0	—
亚硫酸盐渍土	0.3～1.0	—
硫酸盐渍土	<0.3	—
碱性盐渍土	—	>0.3

盐渍土按含盐量分类 **表1-40**

盐渍土名称	平均含盐量		
	氯及亚氯盐	硫酸及亚硫酸盐	碱性盐
弱盐渍土	0.3～1.0	—	—
中盐渍土	1.0～5.0	0.3～2.0	0.3～1.0
强盐渍土	5.0～8.0	2.0～5.0	1.0～2.0
超盐渍土	>8.0	>5.0	>2.0

渍土地基的溶陷等级，可按表1-41划分确定。

盐渍土地基的溶陷等级 **表1-41**

溶陷等级	分级溶陷量Δ（mm）
Ⅰ	$70<\Delta\leqslant150$
Ⅱ	$150<\Delta\leqslant400$
Ⅲ	$\Delta>400$

注：当Δ值小于70mm时，可按非溶陷性地基考虑。

（三）工程措施

由于盐的胶结作用，盐渍土在含水量较低的状态下，通常较为坚硬。因此，天然状态下盐渍土地基的承载力一般都比较高，可作为结构物的良好地基。但是，一旦浸水，地基土体中的易溶盐类被溶解，使得土体结构破坏，抗剪强度降低，造成地基承载力的降低。浸水后盐渍土地基承载力降低的幅度取决于土的类别、含易溶盐的性质和数量。

盐渍土地基在浸水后不仅土体的强度降低，而且伴随着土体结构的破坏，将产生较大的溶陷变形，其变形速率一般也比黄土的湿陷变形速率快，所以危害更大。

1. 设计原则

盐渍土地基上结构物的设计，应满足下列基本原则：

（1）应选择含盐量较低、类型单一的土层作为持力层，应尽量根据盐渍土的工程特性和结构物周围的环境条件合理地进行结构物的平面布置；

（2）做好竖向设计，防止大气降水、地表水体、工业及生活用水浸入地基及结构物周围的场地；

（3）对湿作业厂房应设防渗层，室外散水应适当加宽，绿化带与结构物距离应适当放大；

（4）各类基础应采取防腐蚀措施，结构物之下及其周围的地下管道应设置具有一定坡度的管沟并采取防腐及防渗漏措施；

（5）在基础及室内地面以下铺设一定厚度的粗颗粒土（如砂卵石）作为基底垫层，以隔断有害毛细水的上升，还可在一定程度上提高地基的承载力。

2. 设计、施工措施

盐渍土地基上结构物的设计措施可分为防水措施、防腐措施、防盐胀措施和地基处理措施 4 种。

（1）防水措施

1）做好场地的竖向设计，避免大气降水、洪水、工业及生活用水、施工用水浸入地基或其附近场地；

2）对湿润性生产厂房应设置防渗层；室外散水应适当加宽；

3）绿化带与结构物距离应加宽，严格控制绿化用水，严禁大水漫灌。

（2）防腐措施

1）采用耐腐蚀的建筑材料；

2）隔断盐分与建筑材料接触的途径。可视情况分别采用常规防水、沥青类防水涂层、沥青或树脂防腐层做外部防护措施；

3）在强和超强盐渍土地区，基础防腐应在卵石垫层上浇 100mm 厚沥青混凝土。

（3）防盐胀措施

1）加大基础埋深使基础埋于盐渍土层以下；

2）铺设隔绝层或隔离层，以防止盐分向上运移；

3）采取降排水措施；

4）挖除换填砂石垫层。

（4）地基处理措施

1）可采用浸水预溶法、强夯、换土垫层、桩基础法等消除或降低盐渍土地基的溶陷变形。

2）对于盐渍土的盐胀性变形可以采用：换土垫层、设变形缓冲层、设隔断层（如砂石、土工布、沥青砂等）以及采用化学方法处理等。

3）防腐处理

在盐渍土地基中的基础及地下设施以及地基加固处理等所采用的材料均应考虑采取防腐蚀及抗腐蚀措施。

4）盐化法：即在盐渍土中注入饱和盐溶液，形成新的盐结晶而填充原来的孔隙，使土孔隙比减小，渗透性降低，甚至形成完全不透水层，从而使溶陷性大大降低。

(5) 施工措施

除了以上4种设计措施外，还可结合施工措施来保证结构物的安全可靠和正常使用。盐渍土地基上结构物的施工措施主要有：

1) 做好现场的排水、防洪等措施，防止施工用水、雨水浸入地基或基础周围；

2) 先施工埋置较深、荷载较大或需采取地基处理措施的基础。基坑开挖至设计标高后应及时进行基础施工，然后及时回填，认真夯实填土；

3) 先施工排水管道，并保证其畅通，防止管道漏水；

4) 换土地基应清除含盐的松散表层，应采用不含有盐晶、盐块或含盐植物根茎的土料分层夯实；

5) 配制混凝土、砂浆应采用防腐蚀性较好的火山灰水泥、矿渣水泥或抗硫酸盐水泥；在强腐蚀的盐渍土地基中，应选用不含氯盐和硫酸盐的外加剂。

七、多年冻土地基

(一) 定义及分布

冻土是指温度等于或低于0℃，含有固态水（冰）的各类土。冻土按其保持冻结状态的时间长短可分为3类：①瞬时冻土，冻结时间小于一个月，一般为数天或数小时（夜间冻结），冻结深度从数毫米至数十毫米；②季节冻土，冻结时间等于或大于一个月，冻结深度从数十毫米至1～2m，为每年冬季冻结、夏季全部融化的周期性冻土；③多年冻土，冻结状态持续2年或2年以上。

在中国，季节冻土遍布全国各地，而多年冻土则主要分布在青藏高原、帕米尔及西部高山区——天山、阿尔泰山和祁连山等地区，在东北大、小兴安岭和其他高山的顶部也有零星分布。其总面积约为215万km^2（占我国总面积的22.3%，约占世界多年冻土面积的10%），全世界多年冻土的面积约占陆地总面积的25%。

(二) 工程特性及冻害

多年冻土地基的表层常覆盖有季节冻土（或称冻融层）。在多年冻土上建造结构物后，由于结构物传到地基中的热量改变了多年冻土的地温状态，使冻土逐年融化而强度显著降低，压缩性明显增高，从而导致上部结构破坏或妨碍正常使用。多年冻土与季节冻土不同，埋藏深而厚度大，设计中很难处理，因此有必要作为特殊土地基来考虑。

1. 多年冻土融沉性评价

多年冻土按其发展趋势，可分为发展的和退化的。如土层每年散热比吸热多，多年冻土逐渐变厚，即为发展的多年冻土；如土层每年的吸热比散热多，地温逐渐升高，多年冻土层逐渐融化变薄以至消失，即为退化的多年冻土。

多年冻土的融沉性是评价其工程性质的重要指标。冻土的融沉性可由试验测定出的融化下沉系数表示，根据融化下沉系数δ_0的大小，多年冻土可分为不融沉、弱融沉、融沉、强融沉和融陷五级。冻土的平均融化下沉系数δ_0可按下式计算：

$$\delta_0 = \frac{h_1 - h_2}{h_1} = \frac{e_1 - e_2}{1 + e_1} \times 100(\%) \tag{1-20}$$

式中　h_1、e_1——分别为冻土试样融化前的高度（mm）和孔隙比。

h_2、e_2——分别为冻土试样融化后的高度（mm）和孔隙比。

2. 多年冻土的冻融危害

（1）冻胀引起的冻害

冻胀的外观表现是土表层不均匀的升高，冻胀变形常常可以形成冻胀丘及隆起等一些地形外貌。

当地基土的冻结线侵入到基础的埋置深度范围内时，将会引起基础产生冻胀。当基础底面置于季节冻结线之下时，基础侧表面将受到地基土切向冻胀力的作用；当基础底面置于季节冻结线之上时，基础将受到地基土切向冻胀力及法向冻胀力的作用。在上述冻胀力作用下，结构物基础将明显地表现出随季节而上抬和下落的变化。当这种冻融变形超过结构物所允许的变形值时，便会产生各种形式的裂缝和破坏。

（2）融沉引起的破坏

融沉又称热融沉陷，指冻土融化时发生的下沉现象。它包括与外荷载无关的融化沉降和与外荷载直接相关的压密沉降。一般是由于自然（气候转暖）或人为因素（如砍伐与焚烧树木、房屋采暖）改变了地面的温度状况，引起季节融化层深度加大，使地下冰或多年冻土层发生局部融化所造成的。在天然情况下发生的融沉往往表现为热融凹地、热融湖沼和热融阶地等，这些都是不利于工程建筑物安全和正常运营的条件。

融沉是多年冻土地区引起结构物破坏的主要原因。结构物基础热融沉陷主要是由于施工和运营的影响，改变了原自然条件的水热平衡状态，使多年冻土的上限下降。具体原因可能有：① 施工期造成热平衡条件破坏；② 地面水渗入；③ 结构物采暖散热使多年冻土融化。

在冻土地区修建结构物，除了要满足非冻土区结构物所要求的强度与变形条件外，还要考虑以冻土作为结构物地基时，其强度随温度和时间而变化的情况。所以采取什么样的防冻胀和融沉措施来保证冻土区结构物地基的稳定，是关系到冻土区工程建设成败的关键所在。

（三）工程措施

1. 设计原则

多年冻土地基的设计，可以采取两种不同的设计原则：①保持冻结状态；②允许融化状态。

保持冻结状态即指在结构物施工和使用期间，地基土始终保持冻结状态。

允许融化状态又可以根据具体条件分为两种：逐渐融化状态（即指在结构物施工和使用期间，地基土处于逐渐融化状态）和预先融化状态（即在结构物施工之前，使地基融化至计算深度或全部融化）。

2. 多年冻土地基的处理方法

为控制地基土的变形，可根据需要采用不同的地基处理措施和结构设计方法。以多年冻土区地基设计原则为出发点，表 1-42 列举了冻土区各种地基处理方法的适用范围。为保持地基土的冻结状态，可根据地基土和结构物的具体形式选择使用架空通风基础、填土通风管基础、用粗颗粒土垫高地基、热管基础、保温隔热地板以及把基础底板延伸至计算的最大融化深度之下等措施。当采用逐渐融化状态进行设计时，以加大基础埋深、采用隔热地板、设置地面排水系统等设计措施来减小地基的变形。假如按预先融化状态设计，且融化深度范围内地基的变形量超过结构物的允许值时，可采取下列措施之一来达到减小变形量的目的：用粗颗粒土置换细颗粒土或预压加密、保持基础底面之下多年冻土的人为上限不变、加大基础埋深等。

冻土区地基处理方法分类及其适用范围　　　表 1-42

设计原则	方　法	适 用 范 围
保持冻结状态的设计原则	架空通风基础法	稳定的多年冻土区且热源较大地质条件较差（如含冰量大的强融沉性土）的房屋建筑
	填土通风管基础法	多用于多年冻土区不采暖的结构物，如油罐基础、公路或铁路路堤等
	垫层法	多用于卵石、砂砾石较多的多年冻土区
	热管基础法	热桩适用于多年冻土的边缘地带，在遇到高温冻土时，重要建筑与结构物下面的地基可用热桩隔开。而热棒是作为已有结构物在使用过程中遇到基础下冻土温度升高、变形加大等不利现象时的有效加固手段
	保温隔热地板法	多用于多年冻土地区的采暖结构物
	桩基础法或加大基础埋深	多适用于多年冻土区的桩、柱和墩基等基础的埋置
	人工冻结法	只有保护冻土才能保持结构物的稳定，但以上措施都无法使用时，可考虑采用人工冻结法
逐渐融化状态的设计原则	加大基础埋深	当持力层范围内的地基土在塑性冻结状态，或室温较高，宽度较大的结构物以及热管道及给排水系统穿过地基时，难以保持的冻结状态
	选择低压缩性土为持力层	
	设置地面排水系统	
	采用保温隔热板或架空热管道及给排水系统	适用于工业与民用建筑，热水管道以及给排水系统的铺设工程
	加强结构的整体性与空间刚度	适用于允许有大的不均匀冻胀变形的结构物，但为防止有不均匀冻胀变形而导致某一部分结构产生强度破坏，应采取措施增大基础或上部结构的刚度或整体性
	增加结构的柔性	适用于寒冷地区的公路、铁路和渠道衬砌工程中，以及在地下水位较高的强冻胀土地段工程中
预先融化状态的设计原则	用粗颗粒土置换细颗粒土或预压加密土层	
	保持多年冻土人为上限相同	
	预压加密土层	适用于压缩性较大的土
	加大基础埋深	
	结构措施	适用于工业与民用建筑等整体性较强的结构物

注：具体设计施工要求详见《冻土地区建筑地基基础设计规范》JGJ 118—2011。

八、山区地基

（一）概述

山区地基包括岩溶、土洞、红黏土及山区不均匀地基。

岩溶或称“喀斯特”，它是石灰岩、白云岩、泥灰岩、大理岩、岩盐、石膏等可溶性岩层受水的化学和机械作用而形成的溶洞、溶沟、裂隙，以及由于溶洞的顶板塌落使地表产生陷穴、洼地等现象和作用的总称。

土洞是岩溶地区上覆土层被地下水冲蚀或被地下水潜蚀所形成的洞穴。

岩溶和土洞对建（构）筑物的影响很大，可能造成地面变形，地基陷落，发生水的渗漏和涌水现象。在岩溶地区修建建筑物时要特别重视岩溶和土洞的影响。

山区地基地质条件比较复杂，主要表现在地基的不均匀性和场地的稳定性两方面。山区基岩表面起伏大，且可能有大块孤石，这些因素常会导致建筑物基础产生不均匀沉降。另外，在山区常有可能遇到滑坡、崩塌和泥石流等不良地质现象，给建（构）筑物造成直接的或潜在的威胁。在山区修建建（构）筑物时要重视地基的稳定性和避免过大的不均匀沉降，必要时需进行地基处理。

（二）岩溶

1. 分布及类型

（1）分布

岩溶作为一种不良工程地质现象，其分布极为广泛，岩溶地区占地球大陆面积约为15%，主要分布于中国西南部、地中海沿岸、欧洲东部、东南亚和美国东南部等地区。我国是世界上岩溶发育最广泛的国家之一，贵州、广西、云南、四川、湖南、湖北、山西、山东等21个省、自治区内均有较大面积岩溶出露，分布面积高达130万km^2。

（2）岩溶形态与岩溶类型

根据岩溶发育的出露情况，岩溶地貌可分为裸露式、半隐蔽式和隐蔽式三种。

常见的岩溶形态主要有如下几种形式：溶沟与溶槽、漏斗、落水洞或竖井、溶洞、地下湖、溶蚀洼地、坡立谷和溶蚀平原、暗河、土洞。

2. 岩溶对工程的不良影响

溶洞对工程的不良影响主要表现在以下几个方面：

（1）岩溶岩面起伏，导致其上覆土质地基压缩变形不均；

（2）岩体洞穴顶板变形、塌落导致地基失稳；

（3）岩溶水的动态变化给施工和结构物使用造成不良影响；

（4）土洞塌落形成地表塌陷。

3. 工程措施

（1）岩溶区结构物的设计原则

1）主要结构物的位置应尽量避开岩溶强烈发育地段；

2）避开岩溶水位高且集中的地带；

3）合理建筑规划及布局，使各类安全等级结构物布置与岩溶发育程度分区相适应，尽量减少工程处理工作量、合理确定场地地平设计标高。

（2）地基处理方法

1）洞体滑塌不稳定的处理

依洞体规模及出露情况可分别采用填埋、跨越、加固洞顶、加深或浅埋基础等方法，必要时也可采用桩基础，但应结合岩溶地区地质特点，确保桩基安全。

2）岩溶水的处治措施

对岩溶水的处理应贯彻宜疏勿堵的原则，对地表水做好有组织的排水，对地下水以疏导为主，即使堵也应留有出路，设置反滤层以减少掏蚀。

岩溶水具有与一般水流不同的特点，很难确切地掌握其水量及变化规律。因此对岩溶水水量的估计宁大勿小，相应的排水结构物也应宁宽勿窄，具体处理上疏导比堵塞好，桥梁比涵洞好，其措施可归纳为以下几类：

①截流

为达到截断岩溶水的渗入或疏干某一范围的目的，一般在与水流方向垂直的方向设置截流措施，常用的有截流盲沟、截水墙、截水洞等。

②疏导

对常流或间歇性岩溶水（尤其当流量、流速较大时）都应采取排泄处治措施。常用的措施有泄水洞、管道、桥涵及明沟排水等。

③围堰

为保持岩溶泉正常出水、消水洞消水或防止消水以提高水位引出它用，均可采用围堰围栏。

④堵塞

若地下水量小而分散时，可用砂浆、黏土及砌片石等予以堵塞。

（三）红黏土

1. 定义

颜色为棕红或褐黄，覆盖于碳酸盐岩系之上，其液限大于或等于50%的高塑性黏土，应判定为原生红黏土。原生红黏土经搬运、沉积后仍保留其基本特征，且其液限大于45%的黏土，可判定为次生红黏土。

2. 工程特性

红黏土作为特殊性土有别于其他土类，主要特征是上硬下软、表面收缩、裂隙发育，具体表现为：

（1）土的天然含水量、孔隙比、饱和度以及液限、塑限很高，但却具有较高的力学强度和较低的压缩性。

（2）各种指标的变化幅度很大，具有高分散性。

（3）具有表面收缩、上硬下软、裂隙发育的特征。

（4）透水性微弱，多为裂隙潜水和上层滞水。

3. 工程措施

（1）当采用天然地基时，基础宜浅埋。对不均匀地基宜作地基处理；对外露的石芽可用褥垫；对土层厚度、状态不均匀的地段可置换，亦可采用改变基础宽度、调整相邻地段基底压力，增减基础埋深。

（2）基坑开挖时宜采取保温保湿措施。对丙级建筑物可适当加大建筑物角端基础埋深或在基坑铺设保湿材料，并设室外排水和加宽散水。对基坑和边坡应及时维护，防止失水干缩。

（3）对基岩面起伏大、岩质坚硬的地基，可采用大直径嵌岩桩或墩基。

（四）山区不均匀地基

1. 处理原则

山区工程建设经常遇到局部岩层出露而又部分为土的地基，在红黏土地区及岩溶地区也经常会出现岩土体不均匀地基，处理这种山区不均匀地基应视岩层出露情况及现场地形地貌采用不同的处理措施，但总的原则是：在以硬为主的地段（岩石外露为主）处理软的（指土层）；在以软为主地段，则处理硬的，以减少处理工作量。处理时应以调整应力状态与调整沉降并重，并应注意处理后地基的稳定性。

2. 褥垫法

褥垫法是我国近年来在处理山区不均匀的岩土地基中常采用的简便易行而又较为可靠的方法，它主要用来处理有局部岩层出露而又部分为土层的地基，一般对条形基础效果好。

（1）原理及构造

1）采用褥垫法改造压缩性较低的地基，使它与压缩性较高的地基相适应。作到调整岩土交界部位地基的相对变形，避免由于该处应力集中而使墙体出现裂缝。

对于大块孤石或石芽周围土层的容许承载力大于 150kPa，房屋为单层排架结构或一、二层砖石承重结构时，宜在基础与岩石接触的部位，将大块孤石或石芽顶部削低，作厚度 0.3～0.5m 的褥垫，其构造如图 1-6 所示。多层砖石承重结构，应根据土质情况结合结构措施综合处理。

2）在山区或丘陵地带进行建设，由于地形高差起伏较大，在平整场地时，为了使挖方与填方尽可能平衡，常会出现较厚的填土层。为了充分利用场地面积，有些建筑物往往局部或全部建造在填土上，因此，处理填土地基也是山区建设中一个普遍性的问题，图 1-7 所示是山区半挖半填地基的典型。在工程实际中，由于填土处理不好，房屋和地坪开裂事故不少；但也有填土地基处理恰当，建成了一些较大型工程，效果较好，为国家节省了大量建设资金。

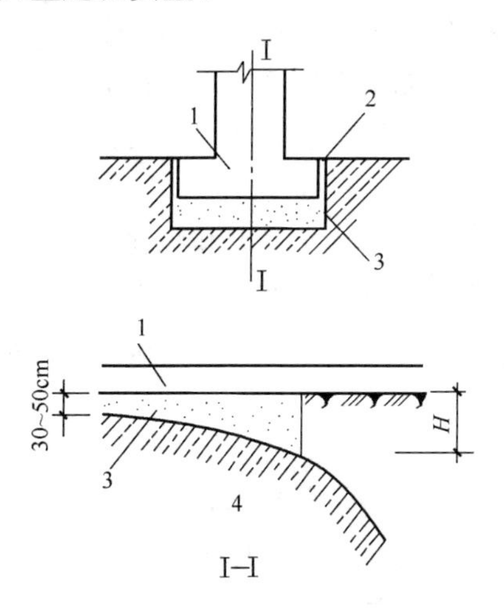

图 1-6　褥垫构造图

1—基础；2—沥青层；3—褥垫；4—基岩

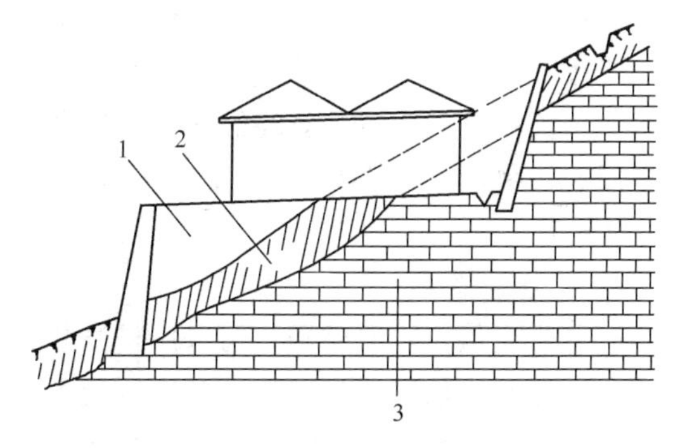

图 1-7　山区地基半挖半填示意图

1—填土；2—土层；3—岩石

（2）具体要求

1）褥垫法

如前所述，褥垫的作用在于合理地调整地基的压缩性，具体方法的选用，应从建筑要求、工期、施工条件和经济比较等各方面综合考虑后决定，即在保证建筑物安全可靠和正常使用的前提下，尽量减少处理范围，以降低造价，缩短工期，其施工的一般方法和要求是：

① 挖出露在基底的岩石凿去一定厚度，基岩应凿成斜面，基槽要稍大于基础宽度，并在基础周围与岩石之间涂上沥青。

② 回填可压缩性的材料，并分层夯实。褥垫材料一般采用粗砂、中砂、土夹碎石（碎石含量占20%～30%）、炉渣和黏性土等。但应注意：利用炉渣（颗粒级配相当于角砾时）作褥垫调整沉降幅度较大，而且不受水的影响，性质比较稳定，所以效果最好；利用黏性土作褥垫，调整沉降虽然灵活性较大，但应采取防止水分渗入的措施，以免影响褥垫的质量；如采用松散材料做褥垫，浇筑混凝土基础时，应防止水泥渗入胶结，以免褥垫失去作用。

③ 褥垫的厚度视需要调整的沉降量而定，一般可采用30～50cm，但须注意地基的过大变形。

2）山区地基换填

在山区利用填土作为建筑物地基，必须同时考虑地基的稳定、变形、强度三个方面的问题。只有在作为建筑物地基的填土层在其本身自重和建筑物重量的作用下，不致产生滑动的条件下，才能在填土层上作浅基础，这取决于建筑场地的工程地质条件。其次是变形问题，应从两方面考虑：一是预估填土地基可能产生的绝对沉降值，这主要取决于填土的压实程度，也与下卧层土的压缩性有关，另一方面是同一建筑物范围内填土地基与原状土地基的差异沉降是否会超过该类建筑物的容许值，这与地基持力层内两类土的变形模量的比值和荷载条件有关。第三是强度问题，这一方面要看作为建筑物地基的填土本身是否具有足够的强度，又取决于填土的压实程度。另一方面是下卧层土的强度，它与其性质有关。总之，在不丧失稳定的条件下，填料的性质、压实程度是决定能否作浅基础的关键。填土的压实方法可采用机械碾压压实和重锤夯实法，近年来不少工程还采用了强夯法，效果较好。采用机械压实的填土地基，应尽可能在土方工程动工之前，根据建筑物的结构类型、填料性质和现场条件提出对填土地基的质量要求，用分层压实方法处理填方。未经检验以及不符合质量要求的填土，不得作为建筑物地基。

填土土料的选择，应以就地取材为原则，如碎石、砂夹石、土夹石和黏性土都是良好的填料，但前三种要注意其颗粒级配，而后者则要注意其含水量。淤泥、耕土、冻土、膨胀土以及有机物含量大于8%的土都不得作为填料。当填料含有碎石时，碎石粒径一般不大于20cm。

3. 其他处理措施

（1）基岩起伏，岩质坚硬，可采用桩基或墩基将荷载传至下部岩层；

（2）对倾斜岩层上覆较厚土体的山区地基，可采用不同埋深阶梯状基础，以调整不均匀沉降；

（3）增加基础及上部结构刚度以及对土体进行加固处理。

第五节 地基处理方案选择

一、地基处理的目的

地基处理的目的是采取各种地基处理方法以改善地基条件，这些措施包括以下六个方面内容：

（一）提高地基承载力

地基基础设计首先必须保证在荷载作用下地基不会因为剪切破坏而失效，《建筑地基基础设计规范》GB 50007 规定，任何建（构）筑物，都必须满足地基承载力要求，因此当基底压力大，地基承载力不够时，应采取措施增加地基承载力。

（二）改善压缩特性

地基因建筑物荷载作用而产生沉降，沉降或不均匀沉降过大，不仅会影响建筑物使用，甚至会造成倾斜、开裂，危及建筑物安全。因此当建筑物沉降不满足规范要求时，应采取措施增加地基土压缩模量或进行均匀处理，以减少沉降和不均匀沉降。

（三）改善剪切特性，增加地基的稳定性

《建筑地基基础设计规范》GB 50007 规定，对经常承受水平荷载的高层建筑，高耸结构和挡土墙等，以及建造在斜坡上或边坡附近的建筑物和构筑物，尚应验算地基稳定性。

地基及土坡失稳主要由于土的抗剪强度不足，因此应采取措施提高土的抗剪强度。

（四）改善动力特性

地基的动力特性表现在地震时饱和松散粉细砂（包括部分粉土）将会产生液化；由于交通荷载或打桩等原因，使邻近地基产生振动下沉。为此，需要采取措施防止地基土液化，并改善其振动特性以提高地基的抗震性能。

（五）改善特殊土的不良工程特性

主要是指消除或减少黄土的湿陷性和膨胀土的胀缩性及多年冻土区土的冻胀（融陷）等地基处理的措施。

（六）改善透水特性

地基的透水性表现在地下水渗透及上浮力；基坑开挖工程中，因土层内常夹有薄层粉砂或粉土而产生流砂和管涌。以上都是在地下水的运动中所出现的问题。为此，必须研究需要采取何种地基处理措施使地基土变成不透水或减少其渗透性和水压力。

二、地基处理方法分类

（一）地基处理方法的分类

按时间可分为临时处理和永久处理；按处理深度可分为浅层处理（处理深度≤5m）和深层处理；按土性对象可分为砂性土处理和黏性土处理、饱和土处理和非饱和土处理；也可按处理的作用机理分为增密、置换、胶结、加筋以及冷处理等。为方便应用，本书按地基处理施工方法及所采用的加固材料进行分类，见表 1-43。

地基处理方法分类　　表 1-43

处理方法分类	加固原理	适用范围	优点及局限性
换填垫层法	将软弱土或不良土开挖至一定深度，回填抗剪强度较大、压缩性较小的材料，分层夯（压）实，形成双层地基 垫层能有效扩散基底压力，提高地基承载力，减少沉降量；消除或部分消除土的湿陷性和胀缩性，防止土的冻胀，改善土的抗液化性	软弱土层及不均匀土层的浅部处理 适用于处理浅层软弱地基、湿陷性黄土地基、膨胀土地基、季节性冻土地基、素填土和杂填土地基及浅层可液化地基	简易可行；局限于浅层处理，一般不大于 3m，换填材料可就地取材，较经济。适用于中、小型工程

续表

<table>
<tr><th colspan="2">处理方法分类</th><th>加固原理</th><th>适用范围</th><th>优点及局限性</th></tr>
<tr><td rowspan="6">机械压(夯)实</td><td>机械碾压</td><td>通过压路机、推土机、羊足碾等压实机械压实地基表层土体</td><td>浅层黏性土、湿陷性黄土、膨胀土和季节性冻土或大面积填土分层压实</td><td>简易可行；仅限于表层处理</td></tr>
<tr><td>振动压实</td><td>用振动压实机械在地基表面施加振动力来振实浅层松散土</td><td>浅层无黏性土或黏粒含量少、透水性较好的松散的杂填土或换填垫层分层压实</td><td>简易可行；仅限于表层处理</td></tr>
<tr><td>重锤夯实</td><td>用起重机械将重锤提升到一定高度，然后自由落锤，不断重复夯击以加固地基</td><td>适用于地下水位0.8m以上稍湿的黏性土、砂土、粉土、湿陷性黄土、杂填土以及分层填土地基</td><td>仅限于浅层处理；
施工时有振动和噪音</td></tr>
<tr><td>小能量强夯</td><td>夯锤质量10t以内，落距10m以内，锤从高处自由落下，一点一击，连续夯击，每间隔24小时夯击一遍，使浅层土体密实</td><td>含有碎砖、瓦砾、炉灰等非黏性土填垫的地基；浅层可液化的粉土地基；含水量低于塑限的素填土地基</td><td>适于处理浅层地基；
施工时有振动和噪音</td></tr>
<tr><td>强夯</td><td>利用强大的冲击能，迫使深层土液化和动力固结，使土体密实，用以提高地基承载力和减小沉降，消除土的湿陷性、胀缩性和液化性</td><td>碎石土、砂土、低饱和度的粉土与黏性土、湿陷性黄土、素填土、杂填土等地基</td><td>施工速度快，施工质量容易保证，经处理后土性较为均匀，造价经济，适用于处理大面积场地
施工时对周围有很大振动和噪声，不宜在市区施工</td></tr>
<tr><td>振冲加密法</td><td>利用振冲器水平振动和高压水共同作用，使松砂土层振密</td><td>黏粒含量小于10%的中砂及粗砂地基</td><td>施工简便、经济。用于纯净中、粗砂加固效果好</td></tr>
<tr><td rowspan="3">预压法</td><td>堆载预压法</td><td>通过在软土上预先堆置相当于建筑物重量的荷载，以达到预先完成或大部分完成地基沉降，并通过地基土的固结提高地基承载力</td><td rowspan="3">适用于处理厚度较大的淤泥、淤泥质土、冲填土等饱和黏性土地基</td><td rowspan="3">需要有预压时间和荷载条件及土石方搬运机械
真空预压不需堆载，施工简便，但预压荷载有限（一般不会大于80～100kPa）；抽水造成地面附加下沉，影响周围建筑及地下管网</td></tr>
<tr><td>真空预压法</td><td>通过在软土地基上铺设砂垫层，并设置竖向排水通道（砂井、塑料排水板），再在其上覆盖不透气的薄膜形成密封层。然后用真空泵抽气，使排水通道保持较高的真空度，在土的孔隙水中产生负的孔隙水压力，孔隙水逐渐被排出，使土体达到固结</td></tr>
<tr><td>真空堆载联合预压法</td><td>当真空预压达不到要求的预压荷载时，可与堆载预压联合使用，其堆载预压荷载和真空预压荷载可叠加计算</td></tr>
</table>

续表

处理方法分类		加固原理	适用范围	优点及局限性
预压法	降水预压法	通过从与透水层联接的排水井中抽水，降低地下水位以增加土的自重应力，从而达到预压效果的临时性加固措施	砂性土或透水性较好的软黏土层	无需堆载；需长时间抽水，耗电量大。使临近建筑周围产生附加下沉
	电渗排水法	通过向土中插入的金属电极通以直流电，使土中水流由正极区域流向负极区域，使正极区域土体由于水流排出而固结	饱和软黏性土、砂土	使临近建筑周围产生附加下沉
复合地基法	振冲桩法	振冲桩法对不同性质的土层分别具有置换、挤密和振动密实等作用。对黏性土主要起到置换作用，对中细砂和粉土除置换作用外还有振实挤密作用。在以上各种土中施工都要在振冲孔内加填碎石（或卵石等）回填料，制成密实的振冲桩，而桩间土则受到不同程度的挤密和振密。桩和桩间土构成复合地基，使地基承载力提高，变形减少，并可消除土层的液化	砂土、粉土、粉质黏土、素填土和杂填土等地基；也可用于可液化地基处理；对于处理不排水抗剪强度不小于20kPa的饱和黏性土和饱和黄土地基，应在施工前通过现场试验确定其适用性	有轻微振动和泥浆排放。
	干振碎石桩	利用干法振动成孔器成孔，使土体在成孔和填石成桩过程中被挤向周围土体，从而使桩周土体得以挤密，同时挤密的桩周土和碎石桩共同构成复合地基	人工填土（含杂填土）、湿陷性黄土、非饱和松软黏性土（$e>0.8$，$S_r<85\%$）	无泥浆排放，处理深度3～6m，$f_{spk}\leqslant 200$kPa；设备损耗大，有轻微振动噪声，目前已应用不多
	砂石桩	利用打桩机冲击或振动成孔并灌填砂石料。在成桩过程中由于对周围土体产生了挤密作用或振密作用，从而提高了周围土体的密度，改善了地基的承载性能和整体稳定性，减少了地基沉降	适用于挤密松散砂土、粉土、黏性土、素填土、杂填土等地基及可液化地基。饱和黏土地基慎用	有振动和挤土现象
	渣土桩	利用成孔过程中的横向水平力挤密，使土体向桩周挤密，挤密的桩间土同碎石、碎砖等建筑垃圾及其他工业废料构成的桩体共同构成复合地基，以承担上部荷载	杂填土、湿陷性黄土、黏性土、粉土等	经济，利用渣土保护环境
	土石屑桩	利用打桩机冲击或振动成孔并灌填砂石料。在成桩过程中由于对周围土体产生了挤密作用或振密作用，从而提高了周围土体的密度，改善了地基的承载性能和整体稳定性，减少了地基沉降	适用于挤密松散砂土、粉土、黏性土、素填土、杂填土等地基及可液化地基。饱和黏土地基慎用	材料为采石场废渣，较经济

续表

处理方法分类		加固原理	适用范围	优点及局限性
复合地基法	土挤密桩	利用横向挤压成孔设备成孔，使桩间土得以挤密。用素土填入桩孔内分层夯实形成土桩，并与桩间土组成复合地基	地下水位以上的湿陷性黄土、素填土和杂填土等地基，处理深度5～15m。以消除地基土的湿陷性为主	利用原土造价低
	强夯置换碎石墩	对于厚度小于6m的软弱土层，边强夯边填碎石，形成深度为3～6m，直径为2m左右的碎石墩体，与周围土体形成复合地基	高饱和度的粉土与软塑～流塑的黏性土等地基上对变形要求不严的工程	处理深度有限，施工质量不易控制，有振动
	柱锤冲扩桩	反复将柱状重锤提到高处使其自由落下冲击成孔，然后分层填料夯实形成扩大桩体，与桩间土组成复合地基。桩身填料可采用渣土等无机物料	杂填土、粉土、黏性土、素填土和黄土等，地基处理深度不宜超过6～10m	施工设备简单、有轻微振动。土层松软应加套管，可充分利用渣土等工业废料
	灰土挤密桩	利用横向挤压成孔设备成孔，使桩间土得以挤密。用灰土填入桩孔内分层夯实形成灰土桩，并与桩间土组成复合地基	地下水位以上的湿陷性黄土、素填土和杂填土等地基，处理深度5～15m。目的在于提高地基土的承载力或增强水稳定性	仅限水位以上，含水量适当土层
	石灰桩	由生石灰与粉煤灰等掺和料拌和均匀，在孔内分层夯实形成竖向增强体，通过生石灰的吸水膨胀挤密桩周土，并与桩间土组成复合地基	饱和黏性土、淤泥、淤泥质土、素填土和杂填土等	承载力提高有限，有粉尘污染
	水泥土搅拌桩	以水泥浆（湿法）或水泥粉（干法）作为固化剂的主剂，通过特制的深层搅拌机械，将固化剂和地基土强制搅拌，使软土硬结成具有整体性、水稳定性和一定强度的桩体的地基处理方法	正常固结的淤泥、淤泥质土、粉土、饱和黄土、素填土、黏性土以及无流动地下水的饱和松散砂土等地基。地基土的天然含水量小于30%、（黄土含水量小于25%）、大于70%或地下水的PH值小于4时不宜采用干法	效果显著，目前是我国软土地区建造6、7层建筑物最常用的处理方法之一。无噪声、无污染、不能用于含大块骨料杂填土
	旋喷桩	用高压水泥浆通过钻杆由水平方向的喷嘴喷出，形成喷射流，以此切割土体并与土拌和形成水泥土加固体的地基处理方法	淤泥、淤泥质土、流塑、软塑或可塑黏性土、粉土、砂土、黄土、素填土和碎石土等地基	可用以处理既有建筑物和新建建筑的地基。水泥浆冒出流失量较大，污染环境
	夯实水泥土桩	将水泥和土按照设计的比例拌和均匀，在孔内夯实至设计要求的密实度而形成的加固体，并与桩间土组成复合地基的地基处理方法	地下水位以上的粉土、素填土、杂填土、黏性土等地基。处理深度不宜超过10～15m	施工简便、直观、质量易保证
	水泥粉煤灰碎石桩	由水泥、粉煤灰、碎石、石屑或砂等混合料加水拌和形成高黏结强度桩，并由桩、桩间土和褥垫层一起组成复合地基的地基处理方式	黏性土、粉土、砂土和已自重固结的素填土等。对淤泥质土慎用	承载力提高幅度大，地基变形小，适用工程范围广。多用于中、高层建筑

续表

处理方法分类		加固原理	适用范围	优点及局限性
复合地基法	素混凝土桩	桩身材料为低标号素混凝土（$f_{cu}=7.5\sim15$MPa），加固原理与水泥粉煤灰碎石桩相同	黏性土、粉土、砂土、人工素填土。$f_{ak}\leqslant50$kPa 或 $S_t>4$ 厚层淤泥质土不宜采用	承载力提高幅度大，地基变形小，适用工程范围广。多用于中、高层建筑
	碎石压力灌浆桩	先施工碎石桩后利用压力灌浆高压喷注水泥浆形成水泥碎石桩	黏性土、粉土、砂土和已自重固结的素填土等。对淤泥质土慎用	承载力提高幅度大，地基变形小，适用工程范围广
	微型静压桩	利用静压力，将预制桩逐节压入土中，并与桩间土组成复合地基的地基处理方法	素填土、淤泥质土、黏性土、含大块骨料杂填土慎用	施工简便、直观、耗用钢材，无振动无污染，须有专用压桩设备
	劲芯水泥土桩	在水泥土搅拌桩中植入钢筋混凝土预制桩或灌注素混凝土而形成的劲芯水泥土桩复合地基	淤泥、淤泥质土、素填土；软塑～可塑黏性土、松散～中密砂土、黄土等	兼具水泥土桩及混凝土桩优点，充分利用水泥土桩侧阻及混凝土桩材料强度
	柱锤冲扩水泥粒料桩	利用柱锤冲击沉管成孔并夯填干硬性水泥粒料（如砂石、石屑、矿渣、碎砖）而形成的桩体复合地基	黏性土、粉土、砂土、素填土、杂填土、湿陷性黄土	填料可就地取材，充分利用工业废渣
	树根桩	在软弱土层中设置竖直状或斜向网状微型桩，可按桩基础也可按复合地基设计	淤泥、淤泥质土、黏性土、粉土、砂土、碎石土及人工填土	可用于新建工程及既有建筑托换工程
	注浆钢管桩	在已施工的钢管桩周进行注浆，增大桩侧阻力，提高单桩承载力	桩周软弱土层较厚，桩侧阻力较小的地基处理工程	通过注浆可增大桩侧阻力
	桩网复合地基	在钢筋混凝土等刚性桩顶设置桩帽，并铺设加筋垫层形成的复合地基	黏性土、粉土、砂土、淤泥及淤泥质土；也可用于新填土等欠固结土层	能适应路堤、堆场和机场等柔性基础
注浆法	水泥浆	通过注入水泥或化学浆液使土粒胶结，用以提高地基承载力、减少沉降、增加稳定性、防止渗漏	岩基、砂土、粉土、淤泥质黏土、粉质黏土、黏土和一般人工填土等	费用较低，强度大。效果检验困难
	化学浆液			成胶时间可以控制，隔水性能良好，较昂贵，效果难以检验
加筋法	加筋土	通过在被加固土体内铺设人工合成材料、钢带、钢条、尼龙绳或玻璃纤维作为拉筋，可承受抗拉、抗压、抗剪和抗弯作用，用以提高地基承载力、减少沉降和增加地基稳定性	人工填土的路堤和挡土墙结构	应用前景广泛，对其物理力学性质、耐久性等应进一步研究
	土工合成材料		砂土、黏性土和软土。可用作换填垫层材料	

（二）常用地基处理方法适用范围及加固效果

表 1-44 按《建筑地基处理技术规范》JGJ 79 等文献所推荐的建筑地基处理方法进行

归纳总结，可供方案选择时参考。

常用地基处理方法土质适用范围、加固效果及有效处理深度　　表 1-44

序号	处理方法		土质适用范围										加固效果				常用有效处理深度（m）
			淤泥、淤泥质土	人工填土			黏性土		无黏性土	湿陷性黄土	膨胀土	可液化土	降低压缩性	提高强度和稳定性	改善动力特性	改善浸水稳定性	
				素填土	杂填土	冲填土	饱和	非饱和									
1	换填垫层法		○	○	○	○	○	○	△	○	○	○	*	*	*	*	3～5
2	预压法	堆载预压法	○			○	○						*	*			15
		真空预压法	○			○	○						*	*			15
3	强夯法			○	○	△		○	○	○		○	*	*	*		10～15
	强夯置换法		○				○						*	*			7～10
4	振冲法	置换	+			△	△						*	*			4～18
		挤密		○	○			○	○			○	*	*	*		
		不加填料							○			○	*	*	*		
5	砂石桩法	挤密		○	○			○	○			○	*	*	*		4～20
		置换	+			△	△						*	*			
6	刚性桩法		+	○	△	○	○	○	○	○	△	○	*	*	*		20
7	夯实水泥土桩			○	○	△		○	△				*	*			6～15
8	水泥土搅拌法	干法	○	○		○	○	○	△				*	*			15
		湿法	○	○		○	○	○	△				*	*			20
9	旋喷桩法		○	○		○	○	○	○				*	*			20～30
10	石灰桩法		○	○	○	○	○						*	*			6～8
11	灰土挤密桩法			○	○			△		○			*	*		*	5～15
	土挤密桩法			○	○			△		○			*	*		*	
12	柱锤冲扩桩法			○	○	△	+	○		○			*	*			6～10
13	注浆加固			○	△	○		○	○	○			*	*		*	10～20

注：○：常用；△：有时用；+：慎用；*：有效果。

（三）地基处理方法的联合使用

实际工程中，很多情况下采用一种处理方法就可以满足设计要求，但有时只用一种处理方法，其加固效果并不能令人满意，此时就须联合使用两种甚至两种以上的处理方法。

1. 强夯与换填或复合地基联合使用

对大面积填土地基，当承载力要求不太高时，采用强夯法工程造价比较低廉。但填土不可能性质都很均匀，可能局部塑性指数偏高或含水量偏大，强夯效果不理想，局部土的强度可能达不到设计要求。此时可采用局部换土法或复合地基法再进行局部处理，也可考虑对砂石桩复合地基再施以强夯，以增加地基的加固效果。

2. 不同桩型的联合使用

作为复合地基竖向增强体的各种桩型在工程性质上具有各自的优缺点，某些情况下可以利用不同桩型的互补性联合使用进行地基加固和处理，满足工程要求。

如当建筑物荷载较大时，除了要消除地基的液化外，还要求承载力有大幅度的提高，此时，采用碎石桩虽然可以消除液化，但承载力达不到设计要求。这种情况下，可采用碎石桩和CFG桩联合使用，提高地基承载力。

如采用石灰桩与刚性桩（如CFG桩）联合使用处理地基，利用生石灰的吸水膨胀作用挤密桩间土，同时作为竖向排水通道，可加速土体的固结，消除场地液化。由于桩间土被挤密，可明显提高桩侧阻力，充分发挥刚性桩的承载力。

对湿陷性黄土，当要求处理后地基承载力较高时，也可采用灰土挤密桩消除湿陷，而后再用混凝土刚性桩进行处理。

3. 复合地基与重锤夯实/换填垫层联合使用

散体材料桩是依靠周围土体的侧阻力保持其形状并承受荷载的，因此桩周土，特别是桩顶部位桩周土的密实程度对散体材料桩承载力发挥影响很大，利用重锤夯实法压实表层松动土层，可以加强散体材料桩上部加固效果，充分发挥散体材料桩的侧向挤密和竖向排水作用，提高地基承载力。

利用换填垫层法处理表层软弱土层，再利用复合地基加固深层软弱土，或将散体材料桩复合地基桩顶松动部分挖除并换填垫层，可有效提高持力层承载力。

4. 真空预压/堆载预压及与其他方法的联合使用

由于真空预压在目前条件下承载力一般只能达到80kPa左右。当设计要求的承载力较高时，真空预压加固的地基不能满足设计要求，可考虑真空预压和堆载预压联合使用；当承载力要求更高时，还可考虑真空预压和复合地基联合使用。

5. 地基处理与加强上部结构刚度相结合

在选择地基处理方案时，应考虑上部结构、基础和地基的共同作用，并经过技术经济比较，选用处理地基或加强上部结构和处理地基相结合的方案。具体措施如下：

（1）为减少建筑物沉降和不均匀沉降，可采用下列措施：

选用轻型结构，减轻墙体自重，采用架空地板代替室内填土；设置地下室或半地下室，采用覆土少、自重轻的基础形式；调整各部分的荷载分布、基础宽度或埋置深度；对不均匀沉降要求严格的建筑物，可选用较小的基底压力。

（2）对于建筑体型复杂、荷载差异较大的框架结构，可采用箱基、桩基、筏基等加强基础整体刚度，减少不均匀沉降。

（3）对于砌体承重结构的房屋，宜采用下列措施增强整体刚度和强度：

对于三层和三层以上的房屋，其长高比L/H_f宜小于或等于2.5；当房屋的长高比为$2.5<L/H_f\leqslant 3.0$时，宜做到纵墙不转折或少转折，并应控制其内横墙间距或增强基础刚度和强度。当房屋的预估最大沉降量小于或等于120mm时，其长高比可不受限制；墙体内宜设置钢筋混凝土圈梁或钢筋砖圈梁；在墙体上开洞过大时，宜在开洞部位配筋或采用构造柱及圈梁加强；当建筑物长高比较大或体型复杂时，应设沉降缝断开。

（4）圈梁应按下列要求设置：

在多层房屋的基础和顶层处宜各设置一道，其他各层可隔层设置，必要时也可层层设置。单层工业厂房、仓库，可结合基础梁、连系梁、过梁等酌情设置；圈梁应设置在外墙、内纵墙和主要内横墙上，并宜在平面内联成封闭系统。

工程实践表明，在软土地基上采用加强上部结构的整体性和刚度的方法，能减少地基的不均匀沉降，这项技术措施，对经地基处理的工程同样适用，它会收到技术经济方面的显著效果。

三、地基处理方案的选择

（一）选择地基处理方案前应完成的工作

1. 搜集详细的岩土工程勘察资料、上部结构及基础设计资料等。

（1）地基条件

重点了解地形及地质成因、地基成层状况；软弱土层厚度、不均匀性和分布范围；持力层位置及状况；地下水情况及地基土的物理和力学性质。如勘察资料不全，则必须根据可能采用的地基处理方法所需的勘察资料作出必要的补充勘察。

各种软弱地基的性状是不同的，现场地质条件随着场地的位置不同也是多变的。即使同一种土质条件，也可能具有多种地基处理方案。

如果根据软弱土层厚度确定地基处理方案，当软弱土层厚度较薄时，可采用简单的浅层加固的方法，如换土垫层法；当软弱土层厚度较厚时，则可按加固土的特性和地下水位高低采用预压法、水泥土搅拌桩法、挤密砂石桩法、振冲法或强夯法等。

如遇砂性土地基，若主要考虑解决砂土的液化问题，则一般可采用强夯法、振冲法或挤密砂石桩法等。

如遇软土层中夹有薄砂层，则一般不需设置竖向排水井，而可直接采用堆载预压法；另外，根据具体情况也可采用挤密桩法等。

如遇淤泥质土地基，由于其透水性差，一般应采用设竖向排水井的堆载预压法、真空预压法、土工合成材料、水泥土搅拌法等。

如遇杂填土、冲填土（含粉细砂）和湿陷性黄土地基，在一般情况下采用深层密实法（如灰土（土）挤密桩法）是可行的。

地基处理采用的材料，应根据场地土质条件及环境类别确定，并应符合有关耐久性的要求。

（2）结构条件

应对建筑物的体型、刚度、结构受力体系、建筑材料和使用要求；荷载大小、分布和种类；基础类型、布置和埋深；基底压力、天然地基承载力和变形容许值等进行研究分析。

2. 调查临近建筑、地下工程和有关管线等情况；了解建筑场地的环境情况。

地基处理施工时可能对周围环境造成影响：噪声会影响附近居民休息、学习和工作；振动和挤土会导致邻近建筑物和地下管线的开裂、附加沉降和不均匀沉降；如采用强夯法和振动砂桩挤密法等施工时，振动、噪声和挤土对邻近建筑物和居民会产生影响和干扰；如采用堆载预压法时，将会有大量土石方运进输出，既要有堆放场地，又不能妨碍交通；采用真空预压法或降水预压法时，往往会使邻近建筑物地基产生附加下沉；采用高压喷射注浆法或石灰桩时，有时会污染周围环境。

总之，施工时对场地的环境影响是不能忽视的，应慎重对待和妥善处理。

3. 结合工程情况，了解当地地基处理经验和施工条件，对于有特殊要求的工程，尚应了解其他地区相似场地上同类工程的地基处理经验和使用情况等。

某一地区常用的地基处理方法往往是该地区的设计和施工经验的总结，它综合体现了材料来源、施工机具、工期、造价和加固效果。故应重视了解当地的地基处理经验及类似场地上同类工程的地基处理经验。

（1）用地条件。如施工时占地较大，对施工虽较方便，但有时却会影响工程造价甚至方案的选择。

（2）工期。从施工观点，若工期允许较长就可有条件选择缓慢加荷的堆载预压法方案。但有时要求工期较短，早日完工投产使用，这样就限制了某些地基处理方法的采用。

（3）工程用料。尽可能就地取材，如当地产砂，就应考虑采用砂垫层或挤密砂桩等方案的可能性；如当地有石料供应，则就应考虑采用碎石桩或碎石垫层等方案。

（4）其他。施工机械的有无、施工难易程度、施工管理质量控制、管理水平和工程造价等因素也是采用何种地基处理方案的关键因素。

（5）施工期间气候条件。选择地基处理方案时尚应考虑施工期间气候条件对地基处理的影响，如雨期施工换填垫层会增加施工难度，有时甚至会成为地基处理方案选择的主要影响因素；冬期施工有土体冻结问题；季节变化造成地下水位的升降及土体含水量的变化，也对地基处理方案选择产生直接和间接的影响，如粉喷桩、地基夯实等。

4. 根据工程的要求和采用天然地基存在的主要问题，确定地基处理的目的、处理范围和处理后要求达到的各项技术经济指标等。

对地基处理设计，除应满足地基土强度、变形、抗液化和抗渗等要求外，尚应确定地基处理范围，通常对散体材料桩都要较原定建筑物基础轮廓线范围外放大若干尺寸，以满足土体中的应力扩散和抗液化要求。

每一个设计人员首先必须明确，任何一种地基处理方法都不是万能的，都有它的适用范围和局限性。另外也可采用两种或多种地基处理方法的综合处理方案。

（二）地基处理方案确定步骤

地基处理方法的确定宜按下列步骤进行：

1. 根据结构类型、荷载大小及使用要求，结合地形地貌、地层结构、土质条件、地下水特征、环境情况和对邻近建筑的影响等因素进行综合分析，初步选出几种可供考虑的地基处理方案，包括选择两种或多种地基处理措施组成的综合处理方案；

2. 对初步选出的各种地基处理方案，分别从加固原理、适用范围、预期处理效果、耗用材料、施工机械、工期要求和对环境的影响等方面进行技术经济分析和对比，选择最佳的地基处理方法；

3. 对已选定的地基处理方法，宜按建筑物地基基础设计等级和场地复杂程度，在有代表性的场地上进行相应的现场试验或试验性施工，并进行必要的测试，以检验设计参数和处理效果，如达不到设计要求时，应查明原因，修改设计参数或调整地基处理方法。

现场试验最好安排在初步设计阶段进行，以便及时地为施工图设计提供必要的参数，为今后顺利施工创造条件、加速工程建设进度、优化设计、节约投资。试验性施工一般应在地基处理典型地质条件的场地以外进行，在不影响工程质量问题时，也可在地基处理范围内进行。

地基处理是经验性很强的技术工作。相同的地基处理工艺，相同的设备，在不同成因的场地上处理效果不尽相同；在一个地区成功的地基处理方法，在另一个地区使用，也需根据场地的特点对施工工艺进行调整，才能取得满意的效果。因此地基处理方法和施工参数确定时，应进行相应的现场试验或试验性施工，进行必要的测试，以检验设计参数和处理效果。

4. 地基处理方案论证过程如图 1-8 所示。

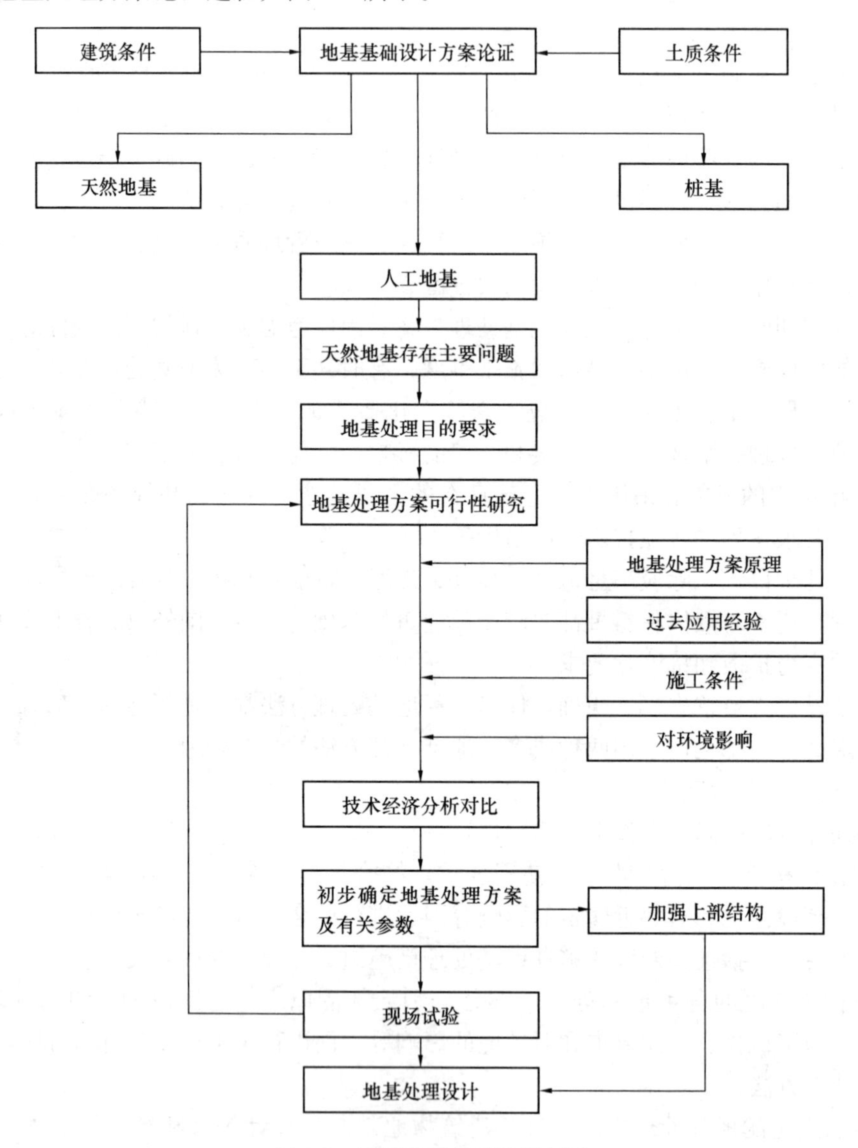

图 1-8 地基处理方案论证框图

有条件时也可应用系统工程的“量化详分法”优选地基处理方案。

四、地基处理岩土工程勘察要求

(一) 地基处理的岩土工程勘察应满足下列要求：

1. 针对可能采用的地基处理方案，提供地基处理设计和施工所需的岩土特性参数；

2. 预测所选地基处理方法对环境和邻近建筑物的影响；

3. 提出地基处理方案的建议；

4. 当场地条件复杂且缺乏成功经验时，应在施工现场对拟选方案进行试验或对比试验，检验方案的设计参数和处理效果；

5. 在地基处理施工期间，应进行施工质量和施工对周围环境和邻近工程设施影响的监测。

6. 人工加固地基除按有关要求进行质量检测外，尚应在基槽（坑）开挖后，进行基槽检验，基槽检验可采用触探或其他方法，当发现与勘察报告或设计文件、质量检测不一致或遇异常情况时，应结合地质条件提出处理意见。

（二）换填垫层法的岩土工程勘察宜包括下列内容：

1. 查明待换填的不良土层的分布范围和埋深；

2. 测定换填材料的最优含水量、最大干密度；

3. 评定垫层以下软弱下卧层的承载力和抗滑稳定性，估算建筑物的沉降；

4. 评定换填材料对地下水的环境影响；

5. 对换填施工过程应注意的事项提出建议；

6. 对换填垫层的质量进行检验或现场试验。

（三）预压法的岩土工程勘察宜包括下列内容：

1. 查明土的成层条件，水平和垂直方向的分布，排水层和夹砂层的埋深和厚度，地下水的补给和排泄条件等；

2. 提供待处理软土的先期固结压力、压缩性参数、固结特性参数和抗剪强度指标。软土在预压过程中强度的增长规律；

3. 预估预压荷载的分级和大小、加荷速率、预压时间、强度的可能增长和可能的沉降；

4. 对重要工程，建议选择代表性试验区进行预压试验；采用室内试验、原位测试、变形和孔压的现场监测等手段，推算软土的固结系数、固结度与时间的关系和最终沉降量，为预压处理的设计、施工提供可靠依据；

5. 检验预压处理效果，必要时进行现场载荷试验。

（四）强夯法的岩土工程勘察宜包括下列内容：

1. 查明强夯影响深度范围内土层的组成、分布、强度、压缩性、透水性和地下水条件；

2. 查明施工场地和周围受影响范围内的地下管线和构筑物的位置、标高；查明有无对振动敏感的设施，是否需在强夯施工期间进行监测；

3. 根据强夯设计，选择代表性试验区进行试夯，采用室内试验、原位测试、现场监测等手段，查明强夯有效加固深度，夯击能量、夯击遍数与夯沉量的关系，夯坑周围地面的振动和地面隆起，土中孔隙水压力的增长和消散规律。

（五）桩土复合地基的岩土工程勘察宜包括下列内容：

1. 查明暗塘、暗浜、暗沟、洞穴等的分布和埋深；

2. 查明土的组成、分布和物理力学性质，软弱土的厚度和埋深，可作为桩端持力层的相对硬层的埋深；

3. 预估成桩施工可能性（有无地下障碍、地下洞穴、地下管线、电缆等）和成桩工艺对周围土体、邻近建筑、工程设施和环境的影响（噪声、振动、侧向挤土、地面沉陷或隆起等），桩体与水土间的相互作用（地下水对桩材的腐蚀性，桩材对周围水土环境的污染等）；

4. 评定桩间土承载力，预估单桩承载力和复合地基承载力；

5. 评定桩间土、桩身、复合地基、桩端以下变形计算深度范围内土层的压缩性，任务需要时估算复合地基的沉降量；

6. 对需验算复合地基稳定性的工程，提供桩间土、桩身的抗剪强度；

7. 任务需要时应根据桩土复合地基的设计，进行桩间土、单桩和复合地基载荷试验，检验复合地基承载力；

8. 除应查明拟采用增强体类型的侧阻力、端阻力及土的压缩模量外，尚应根据拟采用增强体类型按表1-45查明有关地质参数。

不同增强体类型需查明的参数[25] **表1-45**

序号	增强体类型	需查明的参数
1	深层搅拌桩	含水率、pH值、有机质含量、地下水和土的腐蚀性、黏性土的塑性指数和超固结度
2	高压旋喷桩	pH值、有机质含量、地下水和土的腐蚀性、黏性土的超固结度
3	灰土挤密桩	地下水位、含水量、饱和度、干密度、最大干密度、最优含水量、湿陷性黄土的湿陷性类别、（自重）湿陷系数、湿陷起始压力及场地湿陷性评价、其他湿陷性土的湿陷程度、地基的湿陷等级
4	夯实水泥土桩	地下水位、含水量、有机质含量、PH值、地下水和土的腐蚀性，用于湿陷性地基时参考灰土挤密桩
5	石灰桩	地下水位、含水量、塑性指数
6	挤密砂石桩	砂土、粉土的黏粒含量、液化评价、天然孔隙比、最大孔隙比、最小孔隙比、标贯击数
7	置换砂石桩	软黏土的含水量、不排水抗剪强度、灵敏度
8	强夯置换墩	软黏土的含水量、不排水抗剪强度、灵敏度、液化评价、标贯或动力触探击数
9	刚性桩	地下水和土的腐蚀性、软黏土的超固结度，现场灌注还应测定软黏土的含水量、不排水抗剪强度

（六）注浆法的岩土工程勘察宜包括下列内容：

1. 查明土的级配、孔隙性或岩石的裂隙宽度和分布规律，岩土渗透性，地下水埋深、流向和流速，岩土的化学成分和有机质含量；岩土的渗透性宜通过现场试验测定；

2. 根据岩土性质和工程要求选择浆液和注浆方法（渗透注浆、劈裂注浆、压密注浆等），根据地区经验或通过现场试验确定浆液浓度、黏度、压力、凝结时间、有效加固半径或范围，评定加固后地基的承载力、压缩性、稳定性或抗渗性；

3. 在加固施工过程中对地面、既有建筑物和地下管线等进行跟踪变形观测，以控制灌注顺序、注浆压力、注浆速率等；

4. 通过开挖、室内试验、动力触探或其他原位测试，对注浆加固效果进行检验；

5. 注浆加固后，应对建筑物或构筑物进行沉降观测，直至沉降稳定为止，观测时间不宜少于半年。

第六节 地基处理设计基本要求

一、地基处理设计的总原则

(一) 地基处理设计的总原则

建筑地基处理设计的核心问题是使建造在处理地基上的建筑物满足地基承载力、地基变形和稳定性要求。所谓“建筑地基”是指建筑物下的地基，区别于堆场地基、路基等，其地基主要受力层的承载力与上部结构和基础的荷载传递特性和刚度有关，其地基变形不仅与地基处理层有关，还与下卧层有关，处理地基的稳定性计算也需考虑地基处理层与其下卧层土的计算参数的不同。

(二) 地基处理的耐久性设计

《工程结构可靠性设计统一标准》GB 50153—2008 规定：工程结构设计时，应规定结构的设计使用年限。据此《建筑地基处理技术规范》JGJ 79—2012 规定：地基处理所采用的材料，应根据场地类别符合有关标准对耐久性设计与使用的要求。

地基处理采用的材料，一方面要考虑地下土、水环境对其处理效果的影响，另一方面应符合环境保护要求，不应对地基土和地下水造成新的污染。地基处理采用材料的耐久性要求，应符合有关规范的规定。《工业建筑防腐蚀设计规范》GB 50046 对工业建筑材料的防腐蚀问题进行了规定，对各种具有胶结强度的固化材料，包括水泥、水玻璃、生石灰、碱液等，均应在土性和水的化学成分及化学作用分析的基础上，考察其可逆反应的条件和可能性。对原污染土的处理，也应遵照这一原则，必要时应通过试验确定。

《混凝土结构设计规范》GB 50010 对混凝土的防腐蚀和耐久性提出了要求，应遵照执行。对水泥粉煤灰碎石桩复合地基的增强体以及微型桩材料，应根据表 1-46 规定的混凝土结构暴露的环境类别，满足表 1-47 的要求。

混凝土结构的环境类别　　表 1-46

环境类别	条　件
一	室内干燥环境； 无侵蚀性静水浸没环境
二 a	室内潮湿环境； 非严寒和非寒冷地区的露天环境； 非严寒和非寒冷地区的与无侵蚀性的水或土壤直接接触的环境； 严寒和寒冷地区的冰冻线以下与无侵蚀性的水或土壤直接接触的环境
二 b	干湿交替环境； 水位频繁变动环境； 严寒和寒冷地区的露天环境； 严寒和寒冷地区冰冻线以上与无侵蚀性的水或土壤直接接触的环境
三 a	严寒和寒冷地区冬季水位变动区环境； 受除冰盐影响环境； 海风环境

续表

环境类别	条 件
三 b	盐渍土环境； 受除冰盐作用环境； 海岸环境
四	海水环境
五	受人为或自然的侵蚀性物质影响的环境

注：1. 室内潮湿环境是指构件表面经常处于结露或湿润状态的环境；
2. 严寒和寒冷地区的划分应符合现行国家标准《民用建筑热工设计规范》GB 50176 的有关规定；
3. 海岸环境和海风环境宜根据当地情况，考虑主导风向及结构所处迎风、背风部位等因素的影响，由调查研究和工程经验确定；
4. 受除冰盐影响环境是指受到除冰盐盐雾影响的环境；受除冰盐作用环境是指被除冰盐溶液溅射的环境以及使用除冰盐地区的洗车房、停车楼等建筑；
5. 暴露的环境是指混凝土结构表面所处的环境。

结构混凝土材料的耐久性基本要求　　表 1-47

环境等级	最大水胶比	最低强度等级	最大氯离子含量（%）	最大碱含量（kg/m³）
一	0.60	C20	0.30	不限制
二 a	0.55	C25	0.20	3.0
二 b	0.50(0.55)	C30(C25)	0.15	
三 a	0.45(0.50)	C35(C30)	0.15	
三 b	0.40	C40	0.10	

注：1. 氯离子含量系指其占胶凝材料总量的百分比；
2. 预应力构件混凝土中的最大氯离子含量为 0.06%；其最低混凝土强度等级宜按表中的规定提高两个等级；
3. 素混凝土构件的水胶比及最低强度等级的要求可以适当放松；
4. 有可靠工程经验时，二类环境中的最低强度等级可降低一个等级；
5. 处于严寒和寒冷地区二 b、三 a 类环境中的混凝土应使用引气剂，并可采用括号中的有关参数；
6. 当使用非碱活性骨料时，对混凝土中的碱含量可不作限制。

可以说，地基处理工程的耐久性设计内容，我们积累的经验和数据还相当有限，尚需进行深入研究、系统解决。

二、计算框图

地基处理设计计算框图如下（图如 1-9 所示）：

三、基础底面尺寸及地基承载力计算

（一）基础底面尺寸估算

计算公式：

矩形基础面积：

$$A \geqslant \frac{F_k}{f_a - \gamma_G \cdot d} \tag{1-21}$$

条形基础宽度：

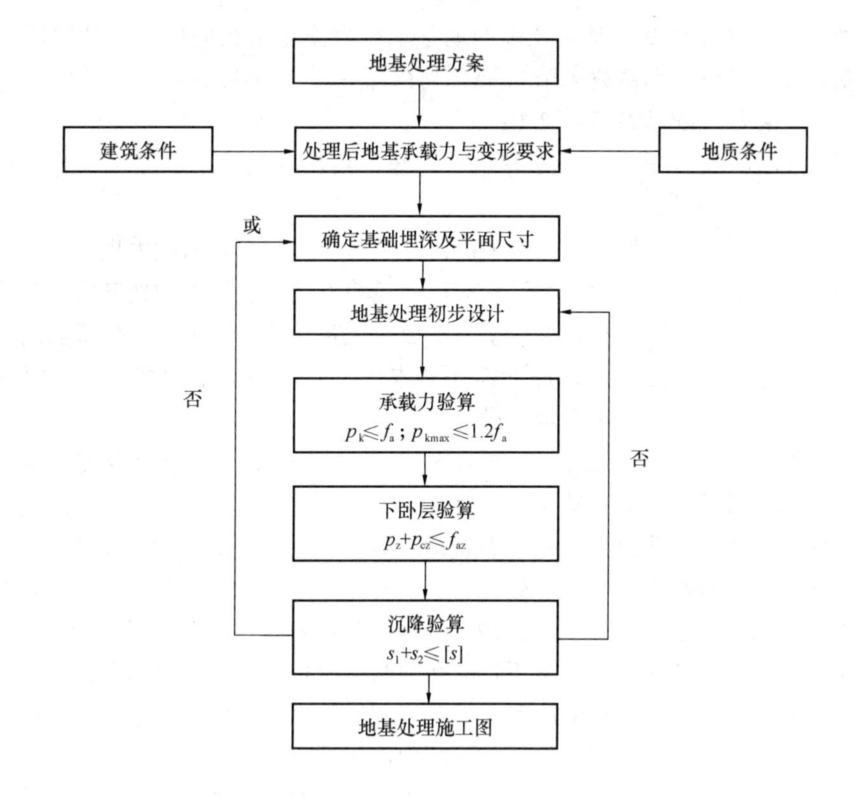

图 1-9 地基处理设计计算框图

注：1. 受较大水平荷载或位于斜坡上的建筑及构筑物，当建造在处理后的地基上时，应进行地基稳定性验算；
2. 可液化地基处理后尚应按《建筑抗震设计规范》GB 50011 有关要求进行液化判定；
3. 湿陷性黄土处理后尚应符合《湿陷性黄土地区建筑规范》GB 50025 有关要求。

$$b \geqslant \frac{F_k}{f_a - \gamma_G \cdot d} \tag{1-22}$$

式中 A——基础底面积（m^2）；

b——条形基础宽度（m）；

F_k——相应于荷载效应标准组合时，上部结构传至基础顶面的竖向力值（kN）；对条形基础为基础每米长度上的荷载（kN/m）；

f_a——修正后的人工加固地基承载力特征值（kPa）；

γ_G——基底以上基础及基础上回填土的平均重度（kN/m^3）；一般取 $\gamma_G = 20kN/m^3$（地下水位以下 $\gamma_G = 10\ kN/m^3$）；

d——基础埋置深度（基础重量计算高度）（m）。

（二）承载力计算

参考本章第三节有关内容，要求 $p_k \leqslant f_a$，$p_{kmax} \leqslant 1.2f_a$。

（三）f_a 的确定[1][9]

经处理后的地基，当按地基承载力确定基础底面积及埋深而需要对本规范确定的地基承载力特征值进行修正时，应符合下列规定：

1. 大面积压实填土地基，基础宽度的地基承载力修正系数应取零；基础埋深的地基承载力修正系数，对于压实系数大于 0.95、黏粒含量 $\rho_c \geqslant 10\%$ 的粉土，可取 1.5，对于干密度大于 2.1t/m³ 的级配砂石可取 2.0；

2. 其他处理地基，基础宽度的地基承载力修正系数应取零，基础埋深的地基承载力修正系数应取 1.0。

建筑地基承载力的基础宽度、基础埋深修正是建立在浅基础承载力理论上，对基础宽度和基础埋深所能提高的地基承载力设计取值的经验方法。经处理的地基由于其处理范围有限，处理后增强的地基性状与自然环境下形成的地基性状有所不同，处理后的地基，当按地基承载力确定基础底面积及埋深而需要对本规范确定的地基承载力特征值进行修正时，应分析工程具体情况，采用安全的设计方法。

（1）压实填土地基，当其处理的面积较大（一般应视处理宽度大于基础宽度的 2 倍），可按现行国家标准《建筑地基基础设计规范》GB 50007 规定的土性要求进行修正。

这里有两个问题需要注意：首先，需修正的地基承载力应是基础底面处经检验确定的承载力，许多工程进行修正的地基承载力与基础底面确定的承载力并不一致；其次，这些处理后的地基表层及以下土层的承载力并不一致，存在表层高以下土层可能低的情况。所以如果地基承载力验算考虑了深度修正，应在地基主要持力层满足要求条件下才能进行。

（2）对于不满足大面积处理的压实地基、夯实地基以及其他处理地基，基础宽度的地基承载力修正系数取零，基础埋深的地基承载力修正系数取 1.0。

（3）复合地基由于其处理范围有限，增强体的设置改变了基底压力的传递路径，其破坏模式与天然地基不同。复合地基承载力的修正的研究成果还很少，为安全起见，基础宽度的地基承载力修正系数取零，基础埋深的地基承载力修正系数取 1.0。

3. 经处理后的地基，f_a 按下式确定

$$f_a = f_{ak} + \eta_d \cdot \gamma_m (d - 0.5) = f_{ak} + \Delta f_a \tag{1-23}$$

式中 f_{ak}——人工地基承载力特征值（kPa），对复合地基 $f_{ak} = f_{spk}$；

η_d——基础埋深的地基承载力修正系数；

γ_m——基础底面以上土的加权平均重度（kN/m³），地下水位以下取浮重度；

Δf_a——地基承载力特征值修正值（kPa），具体数值详见表 1-48；

d——基础埋置深度（m），宜自室外地面标高算起。在填方整平地区，可自填土地面标高算起，但填土在上部结构施工后完成时，应从天然地面标高算起。对于地下室，如采用箱形基础或筏基时，基础埋置深度自室外地面标高算起；当采用独立基础或条形基础时，应从室内地面标高算起。

Δf_a 表（kPa） **表 1-48**

γ_m(kN/m³) / d (m)	12.0	13.0	14.0	15.0	16.0	17.0	18.0	19.0	20.0
1.0	6.0	6.5	7.0	7.5	8.0	8.5	9.0	9.5	10.0
1.2	8.4	9.1	9.8	10.5	11.2	11.9	12.6	13.3	14.0
1.4	10.8	11.7	12.6	13.5	14.4	15.3	16.2	17.1	18.0
1.6	13.2	14.3	15.4	16.5	17.6	18.7	19.8	20.9	22.0

续表

γ_m(kN/m³) d (m)	12.0	13.0	14.0	15.0	16.0	17.0	18.0	19.0	20.0
1.8	15.6	16.9	18.2	19.5	20.8	22.1	23.4	24.7	26.0
2.0	18.0	19.5	21.0	22.5	24.0	25.5	27.0	28.5	30.0
2.2	20.4	22.1	23.8	25.5	27.2	28.9	30.6	32.3	34.0
2.4	22.8	24.7	26.6	28.5	30.4	32.3	34.2	36.1	38.0
2.6	25.2	27.3	29.4	31.5	33.6	35.7	37.8	39.9	42.0
2.8	27.6	29.9	32.2	34.5	36.8	39.1	41.4	43.7	46.0
3.0	30.0	32.5	35.0	37.5	40.0	42.5	45.0	47.5	50.0
3.2	32.4	35.1	37.8	40.5	43.2	45.9	48.6	51.3	54.0
3.4	34.8	37.7	40.6	43.5	46.4	49.3	52.2	55.1	58.0
3.6	37.2	40.3	43.4	46.5	49.6	52.7	55.8	58.9	62.0
3.8	39.6	42.9	46.2	49.5	52.8	56.1	59.4	62.7	66.0
4.0	42.0	45.5	49.0	52.5	56.0	59.5	63.0	66.5	70.0
4.2	44.4	48.1	51.8	55.5	59.2	62.9	66.6	70.3	74.0
4.4	46.8	50.7	54.6	58.5	62.4	66.3	70.2	74.1	78.0
4.6	49.2	53.3	57.4	61.5	65.6	69.7	73.8	77.9	82.0
4.8	51.6	55.9	60.2	64.5	68.8	73.1	77.4	81.7	86.0
5.0	54.0	58.5	63.0	67.5	72.0	76.5	81.0	85.5	90.0
5.2	56.4	61.1	65.8	70.5	75.2	79.9	84.6	89.3	94.0
5.4	58.8	63.7	68.6	73.5	78.4	83.3	88.2	93.1	98.0
5.6	61.2	66.3	71.4	76.5	81.6	86.7	91.8	96.9	102.0
5.8	63.6	68.9	74.2	79.5	84.8	90.1	95.4	100.7	106.0
6.0	66.0	71.5	77.0	82.5	88.0	93.5	99.0	104.5	110.0

注：本表按 $\eta_d=1.0$ 计算，如 $\eta_d\neq1.0$ 时，表值乘 η_d。

（四）关于人工地基承载力修正的讨论[14]

1. 天然地基破坏模式及承载力确定

在荷载作用下，天然地基的破坏通常是由承载力不足而引起的剪切破坏，地基剪切破坏的形式可分为整体剪切破坏，局部剪切破坏和冲剪破坏三种。

目前工程上确定天然地基承载力的主要方法有理论公式计算、载荷试验及根据土的物理力学指标的查表法等。由理论公式可见，地基土承载力不是定值，不仅与土的物理力学指标有关，而且与基础埋深 d 和基础宽度 b 有关，基础埋深 d 越大，承载力越高。当采用浅层平板载荷试验或查表法确定天然地基承载力时，应根据实际基础埋深 d 和基础宽度 b 进行修正。修正后的地基承载力特征值 f_a 按本章公式（1-7）确定。

2. 人工地基破坏模式及承载力修正讨论

（1）人工地基破坏模式

对于通过机械压（夯）实，预压等形成的人工地基，加固前后土层成分并未改变，仅密实度增加、含水量降低、土层得到改性处理；换填垫层则是浅层软弱土被整体置换而形成双层地基。上述均质（双层）人工地基在物质组成、结构构造上与天然地基相比并无本质区别，因此在荷载作用下其破坏模式与天然地基相近，且多数发生整体剪切破坏或局部剪切破坏，而较少发生冲剪破坏。

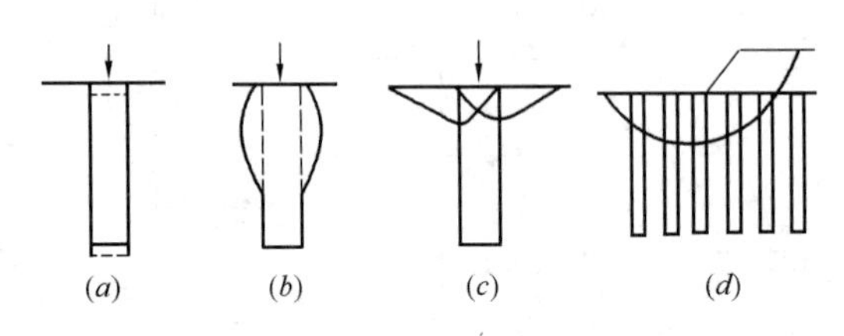

图 1-10 竖向增强体复合地基破坏模式

（a）刺入破坏；（b）鼓胀破坏；（c）桩体剪切破坏；（d）滑动剪切破坏

复合地基是介于桩基和天然地基之间的地基形式，刚性基础下竖向增强体复合地基桩体破坏模式可分为：刺入破坏、鼓胀破坏、剪切破坏和滑动剪切破坏，如图 1-10 所示。

（2）人工地基承载力修正初探

《建筑地基处理技术规范》JGJ 79 规定：地基处理后其承载力宽度修正系数 $\eta_b=0$；深度修正系数除大面积压实填土地基外，均取 $\eta_d=1.0$，从保证工程安全的角度考虑是无可非议的，但在工程设计中，往往会出现修正后的人工地基承载力特征值低于原天然地基修正后承载力特征值的不合理现象。对此，有关专家提出了不同看法，现摘录如下：

1）何广讷在其专著《振冲桩复合地基》一书中指出：《建筑地基处理技术规范》JGJ 79 的建议可能是基于被加固处理的软土多为淤泥、淤泥质软土等。然而工程中加固的土体并非全为淤泥等很软的软土，常将具有相当承载能力的较好土层进行处理形成复合地基，进一步提高地基的承载力，以承担高层和重型建筑物的巨大荷载。此时不论何种土类的土层，一律仅作深度修正，且修正系数为 1.0，则不全面，不很合理，需要进行充实与完善。

从安全的角度考虑，何广讷建议对已加固的复合土体，仍按加固前原地基土的类别及土性指标，根据《建筑地基基础设计规范》GB 50007 规定进行修正。

2）阎明礼在其专著《CFG 桩复合地基技术及工程实践》一书中指出：将复合地基的深宽修正系数与天然地基深宽修正系数进行对比可以发现，对于软弱土层，两者规定的修正系数基本相同，而对于硬土层，如密实的粉土、粉细砂、细中砂等，两者的修正系数存在很大差别。这种差别会造成当基础埋深越深、基底土质越好时，复合地基深宽修正的承载力反而可能会出现比深宽修正后天然地基承载力还要低的不合理的结果。

3）笔者在工程设计中也曾发现经修正后的人工加固地基承载力特征值远低于加固前天然地基经过修正后的承载力特征值，这从理论上讲是很难理解的。

笔者认为解决人工地基承载力的修正问题应从两方面着手：①进行不同埋深或旁侧压力人工地基的载荷试验，从中找出人工地基承载力与埋深的关系。因人工地基类别多，设计原则、施工方法、加固机理各异，因此应分别进行。目前这方面系统的试验资料较少，今后应加强这方面的试验研究；②可借鉴天然地基和桩基的研究成果，进行综合分析判断，以求得问题的解决。不论哪一种方法都应经过工程实践的检验。

从人工地基的加固机理和破坏模式可见：经过机械压（夯）实法、预压法及换填置换形成的人工地基（如经过强夯、堆载预压、真空预压处理后的地基、大面积压实填土、换填垫层等），其破坏模式与天然地基相近，当人工地基的加固深度及平面范围满足一定要求时，根据加固后土层性状按天然地基有关要求进行承载力修正应是适宜的。当前如取基础宽度承载力修正系数 $\eta_b=0$，基础埋深承载力修正系数 η_d 按加固前天然土层取值（$\eta_d\geqslant 1.0$）不仅可行也是偏于安全的。

复合地基的构造、破坏模式与天然地基不同，其加固机理及破坏模式与桩体材料、桩土相对刚度、桩间土性质、基础形式等有关，其中散体材料桩复合地基多由于桩体鼓胀破坏从而引起复合地基发生冲切下沉或剪切破坏，因此也可参照天然地基的有关规定进行承载力修正。刚性桩复合地基的承载机理与复合桩基是相近的，但复合桩基承载力与基础埋深关系不大，即不进行基础埋深的深度修正，因此对于刚性桩复合地基的承载力修正应慎重，特别是当基础埋深较大时。

3. 人工地基承载力修正建议

为了使人工地基承载力修正更加合理，作到安全、适用和节约资源，笔者建议如下：

（1）对换填垫层、预压地基、强夯地基等均质（双层）地基及散体材料桩复合地基，取 $\eta_b=0$；η_d 可按加固前土层性状按《建筑地基基础设计规范》GB 50007 规定取值，即取 $\eta_d\geqslant 1.0$；

（2）对黏结材料桩（如水泥土桩、CFG 桩）复合地基可取 $\eta_b=0$，$\eta_d=1.0$ 或取 $\eta_d=(1-m)\eta'_d$，式中 m 为桩土面积置换率；η'_d 为加固前天然土层深度修正系数；

（3）当修正后人工地基承载力特征值小于天然地基修正后承载力特征值时，应按天然地基取值；

（4）对于刚性桩复合地基，桩身强度不会因基础埋置深度加大而提高，因此应按修正后复合地基承载力特征值进行桩身强度验算，初步设计时要求：

$$f_{cu}\geqslant\frac{1}{\eta}\cdot\frac{R_a}{A_p}\left[1+\frac{\gamma_m(d-0.5)}{f_{spk}}\right] \tag{1-24}$$

式中 f_{cu}——桩体试块的立方体抗压强度平均值（kPa）；

η——桩身强度折减系数（$\eta=0.20\sim0.33$），按《建筑地基处理技术规范》JGJ 79 或《复合地基技术规范》GB/T 50783 有关规定取值；

R_a——单桩承载力特征值（kN）；

A_p——桩的截面积（m^2）；

f_{spk}——复合地基承载力特征值（kPa）。

对刚性桩复合地基，尚应根据桩位布置及桩顶实际受力情况进行桩身承载力及强度验算。

（5）为保证人工地基上建筑物的安全，采用人工地基的工程应进行承载力及变形计算，必要时尚应进行稳定分析。对高层建筑刚性桩复合地基应按变形控制设计。

（6）当建筑物地下室基础埋置较深时，对于人工地基尚需注意以下几个问题：

1）应考虑基坑开挖回弹再压缩变形的不利影响；

2）当进行地基承载力深度修正时，基础埋深 d 取值应符合《建筑地基基础设计规范》GB 50007 的有关规定；当主体建筑旁地下附属结构采用独立基础或条形基础时，主体建筑埋深 d 应按附属结构室内地坪计或近似取 $d=0$，如图 1-11（b）所示；

3）由于《建筑地基基础设计规范》GB 50007 有关承载力的深度修正均是根据浅层平

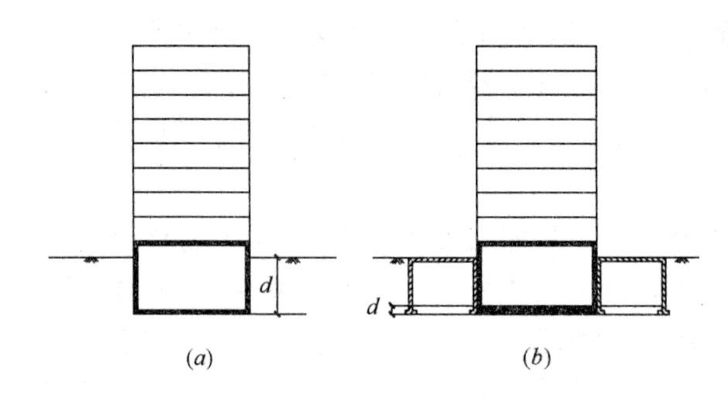

图 1-11　基础埋深 d 取值示意图

（a）无地下附属结构；（b）附属结构采用独立基础或条形基础

板载荷试验结果及理论公式计算等经对比试验确定的，平板载荷试验的结果存在一个临界埋置深度。目前《建筑地基基础设计规范》GB 50007 虽未对基础埋深 d 取值进行限定，但当基础埋深 d 较大时，还是应持慎重态度。

（7）有条件时可直接采用地基处理后土层的抗剪强度指标（φ、c）进行人工地基承载力估算；或采用深层平板载荷试验（为模拟基础埋深，可加旁载）直接测定。

四、下卧层承载力验算

经处理后的地基，当在受力层范围内仍存在软弱下卧层时，尚应验算下卧层的地基承载力（如图 1-12 所示）。

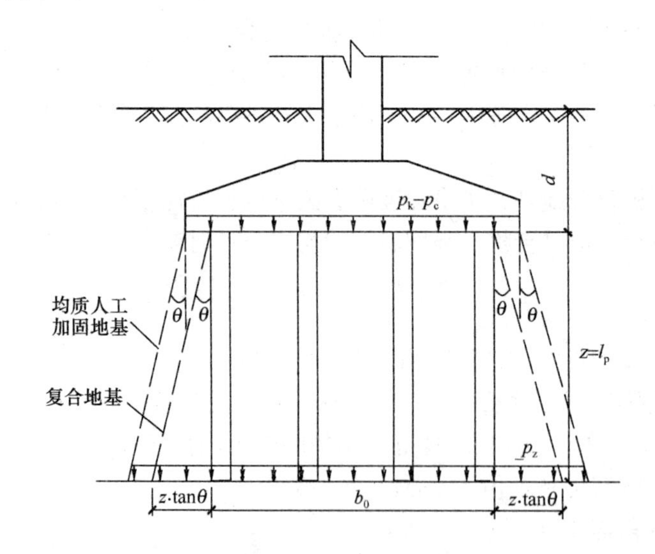

图 1-12　软弱下卧层承载力验算

（一）计算公式

$$p_z + p_{cz} \leqslant f_{az} \tag{1-25}$$

式中　p_z——相应于荷载效应标准组合时，软弱下卧层顶面处的附加压力值（kPa）；

p_{cz}——软弱下卧层顶面处土的自重压力值（kPa）；

f_{az}——软弱下卧层顶面处经深度修正后地基承载力特征值（kPa），按下式计算：

$$f_{az} = f_{ak} + \eta_d \cdot \gamma_m(d + z - 0.5) \tag{1-26}$$

式中　f_{ak}——软弱下卧层顶面处地基承载力特征值（kPa）；

η_d——下卧层承载力深度修正系数，按处理深度、下卧土层类别根据《建筑地基基础设计规范》GB 50007 确定；

γ_m——下卧层顶面以上土的加权平均重度（kN/m³），地下水位以下取浮重度，$\gamma_m = p_{cz}/(d+z)$；

z——地基处理厚度（m），对复合地基 $z=l_p$（l_p 为桩长）。

（二）p_z 计算

1. 对条形基础和矩形基础，p_z 值可分别参照本章第三节式（1-13）和式（1-14）计算。

2. 处理后土层（复合地基）压力扩散角（θ）：除换填垫层外，均可参照本章表 1-22 取值；其中 E_{s1} 为加固后土层（复合地基）的压缩模量；当 $z/b<0.25$ 时，一般取 $\theta=0$。对刚性桩复合地基也可取 $\theta \approx \varphi_p/4$，式中 φ_p 为桩长范围内土层内摩擦角平均值。

3. 当 $E_{s1}/E_{s2}<3$ 时，可近似按均质弹性地基计算 p_z，为偏于安全可取基础中点下 p_z 值，或按表 1-23 取 θ 值以简化计算。

4. 对 m（复合地基桩土面积置换率）≥20%的刚性桩及半刚性桩复合地基宜按实体深基础计算附加应力 p_z，若忽略桩体增重，对于矩形基础 p_z 可根据计算简图，如图 1-13 所示，按下式简化计算：

$$p_z \approx (p_k - p_c) - \frac{U \cdot \overline{q}_s \cdot l_p}{A} \quad (1\text{-}27)$$

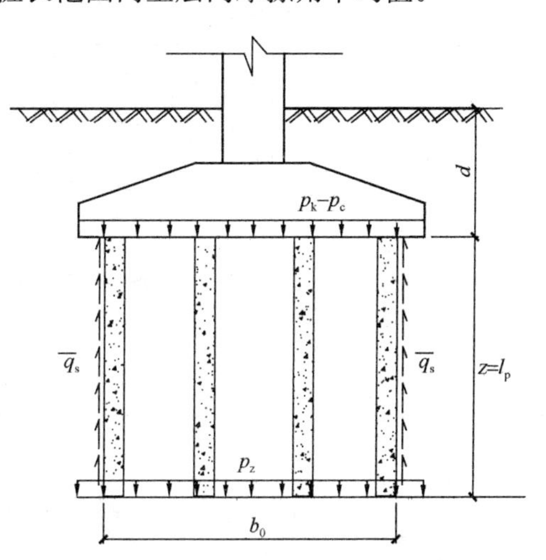

图 1-13 按实体深基础计算 p_z

式中 $\overline{q}_s$——桩长深度范围内桩侧阻力加权平均值（kPa）；

l_p——桩长（m）；

A——基础底面积（m²）；

U——实体基础截面周长（m），对矩形基础，$U=2(b_0+l_0)$。

五、地基变形计算

按地基变形设计或应作变形验算并需进行地基处理的建筑物或构筑物应对处理后的地基进行变形验算，计算简图如图 1-14 所示，变形验算及要求按《建筑地基基础设计规范》GB 50007 有关规定进行。

（一）计算公式

计算地基变形时，其最终沉降量可按下式计算：

$$s = \psi_s \cdot (s'_1 + s'_2) \quad (1\text{-}28)$$

其中 s'_1 为加固土层计算沉降量：

$$s'_1 = \sum_{i=1}^{m} \frac{p_0}{E_{spi}} (z_i \overline{\alpha}_i - z_{i-1} \overline{\alpha}_{i-1}) \quad (1\text{-}29)$$

s'_2 为加固土层以下土层计算沉降量：

$$s'_2 = \sum_{i=m+1}^{n} \frac{p_0}{E_{si}} (z_i \overline{\alpha}_i - z_{i-1} \overline{\alpha}_{i-1}) \quad (1\text{-}30)$$

式中 m——加固深度范围内所划分的土层数；

n——地基变形计算深度范围内所划分的土层数；

E_{spi}——加固深度范围内第 i 加固层的压缩模量（或复合模量）（MPa），可按《建筑地基处理技术规范》JGJ 79 或《复合地基技术规范》GB/T 50783 有关规定确定；

E_{si}——加固深度以下第 i 层土的压缩模量（MPa）；

ψ_s——按当地经验确定或按《建筑地基处理技术规范》JGJ 79 有关规定确定。

其他符号意义参见《建筑地基基础设计规范》GB 50007 或本章式（1-15）。

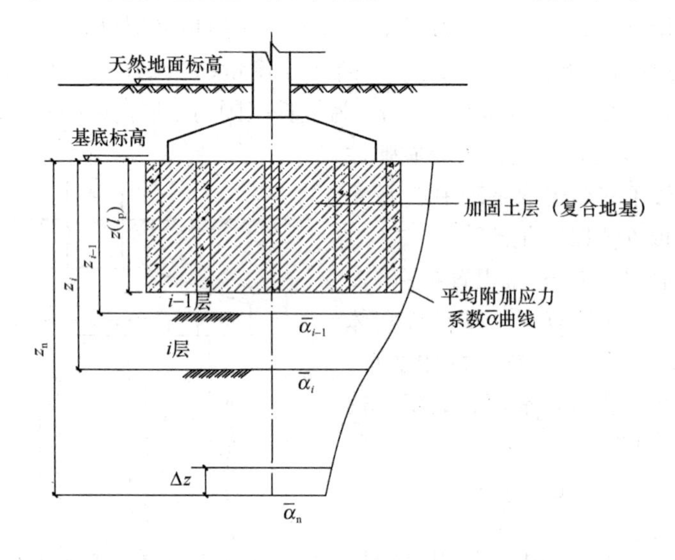

图 1-14　沉降量计算简图

（二）补充说明

1. 人工加固地基变形计算建筑物范围及变形允许值按《建筑地基基础设计规范》GB 50007 有关规定进行，或详见本章表 1-18、表 1-19、表 1-25。实测表明同比条件下人工加固地基沉降（特别是不均匀沉降）大于天然地基，所以人工地基沉降控制标准应严于天然地基。

2. 当按《建筑地基基础设计规范》GB 50007 表 3.0.3（本章表 1-18）确定可不作地基变形计算的丙级建筑物范围时，表中地基主要受力层情况，笔者认为宜按处理后土层及地基天然土层性状综合确定。

3. 加固土层变形 s'_1 除应按上述分层总和法计算外，尚应符合《建筑地基处理技术规范》JGJ 79 或《复合地基技术规范》GB/T 50783 的有关规定，也可按经验取值。

4. 计算加固土层以下土层沉降 s'_2 时，作用在下卧层上附加压力也可按压力扩散法或实体深基础法计算，具体要求详见第五章。

5. 刚度差异大的整体大面积基础地基处理，宜根据结构—基础—地基共同作用进行承载力和变形验算。

6. 复合地基及对于国家标准《建筑地基基础设计规范》GB 50007 规定需要进行地基变形验算的建筑物或构筑物，经地基处理后应进行施工期间及使用期间的变形观测。笔者认为，新技术或本地区缺乏经验时，均应进行变形计算和沉降观测，以检验地基处理效果和总结经验。

六、稳定验算

（一）处理后的地基需要进行整体稳定分析包括以下几种情况：

1. 受较大水平荷载或位于斜坡上的建筑物及构筑物；

2. 临近地下工程施工改变了原建筑物地基的设计条件，建筑物存在稳定问题时，如周边进行深基坑开挖或不同施工段基础底标高差异较大。

（二）处理后地基整体稳定分析可采用圆弧滑动法，最危险滑动面上总剪切力为 T_t，总抗剪力为 T_s，要求稳定安全系数 $K=T_s/T_t \geqslant 1.3$。

（三）对预压地基、压实填土地基、强夯处理地基、注浆加固地基等处理地基的整体稳定分析可采用与天然地基相同的方法，并应采用地基处理后的土性参数。考虑到处理后的地基土工程性质与天然地基的差异，稳定安全系数的最低要求从 1.2 提高到 1.3。

（四）建造在复合地基上的建筑物稳定分析方法及具体要求详见本书第五章。

本章附录 地基承载力特征值 f_{ak} 参考用表

根据土的物理指标及触探击数查表确定土的承载力是一种传统的经验方法，由于我国地域广阔，地质情况复杂，所以这种方法应当以当地经验或地区规范为准，在无经验地区也可参考下面的承载力表确定，并宜与载荷试验校准。本附录表格可用于天然地基及人工加固地基、加固后复合地基桩间土初步设计时参考。

碎石土承载力特征值 f_{ak}（kPa）[15] **附表 1-1**

$N_{63.5}$	3	4	5	6	8	10	12	14	16
f_{ak}	140	170	200	240	320	400	480	540	600
$N_{63.5}$	18	20	22	24	26	28	30	35	40
f_{ak}	660	720	780	830	870	900	930	970	1000

注：$N_{63.5}$为修正后重型动力触探击数。

砂土承载力特征值 f_{ak}（kPa）[15] **附表 1-2**

土类 \ N	10	15	30	50
中、粗砂	180	250	340	500
粉、细砂	140	180	250	340

注：N 为标准贯入击数。

粉土承载力特征值 f_{ak}（kPa）[15] **附表 1-3**

孔隙比 e \ 含水量 w（%）	10	15	20	25	30	35	40
0.5	410	390	365				
0.6	310	300	280	270			
0.7	250	240	225	215	205		

续表

含水量 w（%） 孔隙比 e	10	15	20	25	30	35	40
0.8	200	190	180	170	165		
0.9	160	150	145	140	130	125	
1.0	130	125	120	115	110	105	100

黏性土承载力特征值 f_{ak}（kPa）[15] **附表 1-4**

液性指数 I_L 孔隙比 e	0	0.25	0.50	0.75	1.00	1.20
0.5	450	410	370	340		
0.6	380	340	310	280	250	
0.7	310	280	250	230	200	160
0.8	260	230	210	190	160	130
0.9	220	200	180	160	130	100
1.0	190	170	150	130	110	
1.1		150	130	110	100	

粉土、黏性土承载力特征值 f_{ak}（kPa）[15] **附表 1-5**

N	3	5	7	9	11	13	15	17	19	21	23
f_{ak}	105	145	190	235	280	325	370	430	515	600	680

粉土、黏性土承载力特征值 f_{ak}（kPa）[15] **附表 1-6**

N_{10}	15	20	25	30
f_{ak}	105	145	190	230

注：N_{10}为轻便动力触探击数。

淤泥和淤泥质土承载力特征值 f_{ak}（kPa）[15] **附表 1-7**

含水量 w（%）	36	40	45	50	55	65	75
f_{ak}	100	90	80	70	60	50	40

黏性素填土承载力特征值 f_{ak}（kPa）[15] **附表 1-8**

N_{10}	10	20	30	40
f_{ak}	85	115	135	160

注：填筑时间：粉土≥5 年，黏性土≥10 年。

地基承载力特征值[24] **附表 1-9**

原位测试方法	土性	f_{ak}（kPa）	适用范围值	符号说明
静力触探试验	一般黏性土	$f_{ak}=34+0.068p_s$ $f_{ak}=34+0.077q_c$	$p_s>2000$ 取 2000 $q_c>1700$ 取 1700	p_s、q_c——分别为各土层静探比贯入阻力和锥尖阻力的平均值（kPa）
	淤泥质土	$f_{ak}=29+0.063p_s$ $f_{ak}=29+0.072q_c$	$p_s>800$ 取 800 $q_c>700$ 取 700	

续表

原位测试方法	土性	f_{ak}（kPa）	适用范围值	符号说明
静力触探试验	粉性土	$f_{ak}=36+0.045p_s$ $f_{ak}=34+0.054q_c$	$p_s>2500$ 取 2500 $q_c>2200$ 取 2200	p_s、q_c——分别为各土层静探比贯入阻力和锥尖阻力的平均值（kPa）
	素填土	$f_{ak}=27+0.054p_s$ $f_{ak}=27+0.063q_c$	$p_s>1500$ 取 1500 $q_c>1300$ 取 1300	
	冲填土	$f_{ak}=20+0.040p_s$ $f_{ak}=20+0.047q_c$	$p_s>1000$ 取 1000 $q_c>900$ 取 900	
十字板试验	饱和黏性土	$f_{ak}=10+2.5c_u$	$c_u>100$ 取 100	c_u——十字板试验的抗剪强度（kPa）
	淤泥质土	$f_{ak}=10+2.2c_u$	$c_u>50$ 取 50	
轻型动力触探试验	素填土	$f_{ak}=40+2.0N_{10}$	$N_{10}>30$ 取 30	N_{10}——轻便触探试验的锤击数（击/30cm）
	冲填土	$f_{ak}=29+1.4N_{10}$		
旁压试验	黏性土	$f_{ak}=(p_y-p_0)/1.3$ $f_{ak}=(p_L-p_0)/2.5$	—	p_0——由试验曲线和经验综合确定的侧向压力（kPa） p_y——由旁压试验曲线确定的临塑压力（kPa） p_L——由旁压试验曲线确定的极限压力（kPa）
	粉性土	$f_{ak}=(p_y-p_0)/1.4$ $f_{ak}=(p_L-p_0)/2.7$		
	砂土	$f_{ak}=(p_y-p_0)/1.6$ $f_{ak}=(p_L-p_0)/3.0$		

注：1. 表中经验公式具有一定的地区性，使用前应根据地区资料进行验证；
2. 当土质较均匀时，可取平均值；当土质不均匀时，宜取最小平均值；
3. 冲填土或素填土指冲填或回填时间超过 5 年以上者。

本章参考文献

[1]　建筑地基基础设计规范 GB 50007—2011. 北京：中国建筑工业出版社，2011.

[2]　建筑结构荷载规范 GB 50009—2012. 北京：中国建筑工业出版社，2012.

[3]　岩土工程勘察规范 GB 50021—2001(2009 年版). 北京：中国建筑工业出版社，2009.

[4]　建筑抗震设计规范 GB 50011—2010. 北京：中国建筑工业出版社，2010.

[5]　湿陷性黄土地区建筑规范 GB 50025—2004. 北京：中国建筑工业出版社，2004.

[6]　膨胀土地区建筑技术规范 GB 50112—2013. 北京：中国建筑工业出版社，2013.

[7]　盐渍土地区建筑规范 SY/T 0317—97. 北京：石油工业出版社，1998.

[8]　天津市工程建设标准. 岩土工程技术规范 DB 29—20—2000. 北京：中国建筑工业出版社，2000.

[9]　建筑地基处理技术规范 JGJ 79—2012. 北京：中国建筑工业出版社，2013.

[10]　浙江省工程建设标准. 复合地基技术规程 DB 33/1051—2008.

[11]　龚晓南. 地基处理手册(第三版). 北京：中国建筑工业出版社，2010.

[12]　何广讷. 振冲碎石桩复合地基. 北京：中国交通出版社，2001.

[13]　阎明礼，张东刚. CFG 桩复合地基技术及工程实践. 北京：水利水电出版社，2001.

[14]　王恩远，吴迈. 人工地基承载力修正初探. 建筑结构，2013，43(2).

[15] 建筑地基基础设计规范 GBJ 7—89. 北京：中国建筑工业出版社，1989.
[16] 注册岩土工程师专业考试复习教程. 北京：中国建筑工业出版社，2010.
[17] 建筑地基基础设计规范理解与应用. 北京：中国建筑工业出版社，2004.
[18] 侯兆霞，刘中欣. 特殊土地基. 北京：中国建材工业出版社，2007.
[19] 龚晓南. 复合地基理论和工程应用. 北京：中国建筑工业出版社，2002.
[20] 冻土地区建筑地基基础设计规范 JGJ 118—2011. 北京：中国建筑工业出版社，2012.
[21] 河北省工程建设标准. 河北省建筑地基承载力技术规程 DB13(J)/T 48—2005.
[22] 建筑地基基础工程表解速查手册. 北京：中国建材工业出版社，2004.
[23] 龚克崇，游浩等. 建筑地基基础工程施工验收技术手册. 北京：地震出版社，2005.
[24] 软土地区岩土工程勘察规程 JGJ 83—2011. 北京：中国建筑工业出版社，2011.
[25] 复合地基技术规范 GB/T 50783—2012. 北京：中国计划出版社，2013.

第二章　换填垫层法

第一节　概　　述

一、工法简介

换填垫层法是挖去地表浅层软弱土层或不均匀土层，回填砂石或灰土等材料，并夯压密实，形成垫层的地基处理方法。换填垫层可依换填材料不同，分为碎石垫层、砂垫层、灰土垫层，粉煤灰垫层、土工合成材料换填垫层等。对于淤泥、淤泥质土等浅层软弱土也可采用挤淤置换法（如振动挤淤、强夯挤淤、爆破挤淤、卸载挤淤、压载法等）进行施工。

由于施工简便，换填垫层法广泛应用于中小型工程浅层地基处理中。

有关土工合成材料换填垫层的设计和施工详见第六章。

二、换填垫层的作用

换填垫层的作用是：

1. 提高持力层的承载力，并将建筑物基底压力扩散到垫层以下的软弱土层，使软弱地基土中所受压力减小到该软弱地基土的承载力容许范围内，从而满足承载力要求；

2. 垫层置换了软弱土层，从而可以减少地基的变形量；

3. 当采用砂石垫层时，可以加速软土层的排水固结；

4. 调整不均匀地基的刚度，减少地基的不均匀变形；

5. 改善浅层土不良工程特性，如消除或部分消除地基土的湿陷性、胀缩性或冻胀性以及粉细砂振动液化等；

6. 当表层软弱土全部挖除换填时，可减少基础埋深、方便施工、降低造价。

三、适用范围

（一）适用于软弱土层（如淤泥、淤泥质土、素填土、杂填土等）及不均匀土层（局部沟、坑、古井、古墓、局部过软、过硬土层）的浅层处理；当软弱土层或不均匀土层较薄，可全部挖除置换；当软弱土层厚度较大，不能全部挖除换填时，也可以采用换填垫层，但应进行地基变形以及下卧层的承载力验算，并应采取增加上部结构刚度的措施。对湿陷性黄土地基尚应符合《湿陷性黄土地区建筑规范》GB 50025 的有关规定。

（二）换填垫层适用于《建筑地基基础设计规范》GB 50007 划分的丙级建筑以及一般不太重要的中小型建筑、堆场、地坪及道路等。对于体型复杂，刚度差及对不均匀沉降敏感的建筑，以及过于松软的深厚软弱土层（如 E_s<2.5MPa 土层）均不宜采用浅层局部置换的换填垫层。

采用换填垫层全部置换厚度不大的软弱土层，可取得良好的效果；对于轻型建筑、地坪、道路或堆场，采用换填垫层处理上层部分软弱土时，由于传递到下卧层顶面的附加应力较小，也可取得较好的效果。但对于结构刚度差、体型复杂、荷重较大的建筑，由于附加荷载对下卧层的影响较大，如仅换填软弱土层的上部，地基仍将产生较大的变形及不均匀变形，仍有可能对建筑造成破坏。在我国东南沿海软土地区，许多工程实例的经验或教训表明，采用换填垫层时，必须考虑建筑体型、荷载分布、结构刚度等因素对建筑物的影响，对于过于松软的深厚软弱土层，应慎用局部换填垫层法处理地基。

（三）地基处理深度

开挖基坑后，利用分层回填夯压，也可处理较深的软弱土层。但换填垫层基坑开挖过深，常因地下水位高，需要采用降水措施；坑壁放坡占地面积大或边坡需要支护；易引起临近地面、管网、道路与建筑的沉降变形破坏；再则施工土方量大、弃土多等因素，常使处理工程费用增高、工期延长、对环境的影响增大等。因此，换填垫层法的处理深度通常控制在 5m 以内较为经济。《建筑地基处理技术规范》JGJ 79 规定，换填垫层厚度不宜大于 3m，也不宜小于 0.5m。对湿陷性黄土地基不宜大于 5m。

（四）大面积填土产生的大范围地面负荷影响深度较深，地基压缩变形量大，变形延续时间长，与换填垫层法浅层处理地基的特点不同，因而大面积填土地基的设计施工应另行按《建筑地基基础设计规范》GB 50007 及本书第三章有关规定执行。

第二节 设 计

一、设计前的勘察和调研工作

（一）在用换填垫层法处理地基的设计前应进行详细的岩土工程勘察和调查工作，其主要内容有以下几方面：

1. 查明处理场地的地层构成及土的物理力学性质；

2. 查明不良地质现象和软弱土层及沟、塘、浜、坑、墓穴等分布范围及深度；查明填土的成分、范围、厚度、均匀性、填筑年限及方法等；

3. 查明地下水的埋藏条件、水位深度及变化、侵蚀性等；

4. 查明地下管线及地下障碍物的分布范围及走向；

5. 查明换填土料的来源、种类、规格、价格等，如采用粉煤灰、矿渣、工业废渣时应查明其化学成分及其对环境的影响。

（二）应根据建筑体型、结构特点、荷载性质、岩土工程条件、施工机械设备及填料性质和来源等进行综合分析，进行换填垫层的方案设计和选择施工方法。

（三）对于大面积的换填垫层尚应考虑现场施工条件，如弃土和填料的堆放、运输、地下排水及雨季施工措施等。

二、垫层材料选择

对于不同特点的工程，应分别考虑换填材料的强度、稳定性、压力扩散能力、密度、渗透性、耐久性、对环境的影响、价格、来源与消耗等。当换填量大时，尤其应首先考虑当地材料的性能及使用条件。此外还应考虑所能获得的施工机械设备类型、适用条件等综合因素，从而合理地进行换填垫层设计及选择施工方法。例如，对于承受振动荷载的地基不应选择砂垫层进行换填处理；略超过放射性标准的矿渣可以用于道路或堆场地基的换填，但不能应用于建筑换填垫层处理；长期处于地下水位以下的地基，不宜使用灰土、水泥土等水稳定性差的垫层，宜首选砂或碎石垫层；对湿陷性黄土或膨胀土地基，不得选用砂石等透水材料等。常用垫层材料为：砂石、粉质黏土、灰土、粉煤灰、矿渣、其他工业废渣、土工合成材料等。具体要求见表 2-1。

垫层材料的材质要求和适用范围　　表 2-1

<table>
<tr><th colspan="2">换填材料</th><th>材质要求</th><th>适用范围</th><th>备注</th></tr>
<tr><td rowspan="5">砂石</td><td>碎石、卵石</td><td rowspan="5">1. 级配良好，不含植物残体、垃圾等杂质
2. 当使用粉细砂或石粉（$d<0.075$mm 的部分不超过总重的 9%）时，应掺加不少于总重 30% 的碎石或卵石，使其颗粒不均匀系数不小于 5 并拌合均匀
3. 对有排水要求的砂垫层宜控制含泥量不大于 3%
4. 砂石料最大粒径不宜大于 50～100mm
5. 石屑粒径小于 2mm 的部分不超过总重的 45%，含泥量（$d<0.005$mm）不得超过总重的 3%，含粉量（粒径 $d=0.075\sim0.005$mm）不得超过总重的 9%</td><td rowspan="5">多用于中小型建筑工程的浜、塘、沟等的局部处理及软弱土层的浅层处理</td><td rowspan="5">1. 对湿陷性黄土地基，不得选用砂石等透水材料
2. 砂垫层不宜用于有地下水流速快、流量大的地基处理
3. 有振动荷载不宜采用砂垫层
4. 当采用土夹石垫层时，可采用黏性土掺入不少于 30% 碎石、卵石并拌和均匀；也可采用山区整平场地爆破或人工开挖风化岩层等碎块、粉渣及表层土混合组成，其碎石含量不少于 30%。大面积换填时，碎石最大粒径不大于 200mm</td></tr>
<tr><td>砂夹石（其中碎石、卵石占全重 30%～50%）</td></tr>
<tr><td>土夹石（其中碎石、卵石占全重 30%～50%）</td></tr>
<tr><td>中砂、粗砂、砾砂、圆砾、角砾</td></tr>
<tr><td>石屑</td></tr>
<tr><td colspan="2">粉质黏土</td><td>1. 土料中有机质含量不得超过 5%，亦不得含有冻土、盐渍土或膨胀土。当含有碎石时，其粒径不宜大于 50mm
2. 当采用粉质黏土大面积换填并使用大型机械夯压时，土料中的碎石粒径可稍大于 50mm，但不宜大于 100mm</td><td>适用于中小工程，尤其适用于大面积回填、湿陷性黄土地基处理</td><td>1. 用于湿陷性黄土或膨胀土地基的粉质黏土垫层，土料中不得夹有砖、瓦和石块
2. 应避免使用黏土和粉土作为换填材料，如采用时，应掺入不少于 30% 碎石并拌合均匀</td></tr>
<tr><td colspan="2">灰土</td><td>1. 体积配合比宜为 2∶8 或 3∶7
2. 土料宜用粉质黏土，不宜使用块状黏土和 $I_p<4$ 的砂质粉土，不得含有松软杂质，并应过筛，其粒径不得大于 15mm
3. 石灰宜用新鲜的消石灰，其粒径不得大于 5mm。石灰应消解 3～4d 并筛除生石灰块后使用
4. 灰土所用的生石灰应符合Ⅲ级以上标准，贮存期不超过 3 个月</td><td>适用于中小型工程，尤其适用于湿陷性黄土地基的处理</td><td>有经验时，也可采用双灰垫层（粉煤灰与消石灰体积比为 2∶8），具体要求参见天津市工程建设标准《岩土工程技术规范》DB 29—20</td></tr>
</table>

续表

换填材料	材 质 要 求	适用范围	备 注
粉煤灰	1. 粉煤灰材料可用电厂排放的硅铝型低钙粉煤灰，$SiO_2+Al_2O_3$ 总含量不低于 70%，烧失量不大于 12%，Ⅲ级以上 2. 粉煤灰垫层中采用掺加剂时，应通过试验确定其性能及适用条件 3. 作为建筑物垫层的粉煤灰应符合有关放射性安全标准的要求	适用于中小型建筑工程，尤其适用于厂房、道路、机场、港区陆域和堆场等中、小型工程的大面积填筑	1. 粉煤灰垫层上宜覆土 0.3～0.5m 2. 宜对垫层中的金属管网、构件采取防护措施 3. 大面积填筑应考虑对地下水和土壤的环境影响 4. 应符合《建筑材料放射防护卫生标准》GB 6566 及《建筑材料产品及建材用工业废渣放射性质控制要求》GB 6763 的有关规定作为安全使用标准
矿渣（干渣）	1. 垫层使用的矿渣是指高炉重矿渣 2. 矿渣的松散重度不小于 $11kN/m^3$，有机质及含泥总量不超过 5%。设计、施工前必须对选用的矿渣进行试验，在确认其性能稳定并符合安全规定后方可使用 3. 作为建筑物垫层的矿渣应符合对放射性安全标准的要求 4. 中小型工程垫层可选用粒径 8～40mm 与 40～60mm 的分级矿渣或 0～60mm 的混合矿渣；较大面积换填时，矿渣最大粒径不宜大于 200mm 或分层铺填厚度的 2/3	适用于中小型建筑工程。尤其适用于地坪、道路、堆场等工程大面积的地基处理和场地平整。对于受酸性或碱性废水影响的地基不得采用干渣垫层	大量使用填筑矿渣时，应考虑对地下水和土壤的环境影响以及放射性等
碎砖三合土	消石灰：土（砂）：碎砖（体积比）为 1：2：4 或 1：3：6	中小型工程	碎砖粒径 $d \leqslant 60mm$
土工合成材料	详见本书第六章		
其他工业废渣（渣土、碱渣、煤矸石）	质地坚硬、性能稳定、无腐蚀性和放射性危害的工业废渣等均可用于填筑换填垫层。被选用工业废渣的粒径、级配和施工工艺等应通过试验确定	适用于中小型工程浅层处理	有条件时也可采用土壤固化剂改良土作为垫层材料

三、设计计算

（一）计算步骤及基本要求

垫层设计应满足建筑地基的承载力和变形要求。首先垫层能换除基础下直接承受建筑荷载的软弱土层，代之以能满足承载力要求的垫层；其次荷载通过垫层的应力扩散，使下卧层顶面受到的压力满足小于或等于下卧层承载能力的条件；再者基础持力层被低压缩性的垫层代换，能大大减少基础的沉降量。因此，合理确定垫层厚度是垫层设计的主要内容。通常根据土层的情况及设计要求确定需要换填的深度，对于浅层软土厚度不大的工程，应置换掉全部软土，当软弱土层厚度较大时，应根据下卧层土的承载力确定。具体计算步骤如图 2-1 所示，利用本章编制的垫层厚度估算值（z_{min}）表，可简化确定垫层厚度（z）的试算工作。

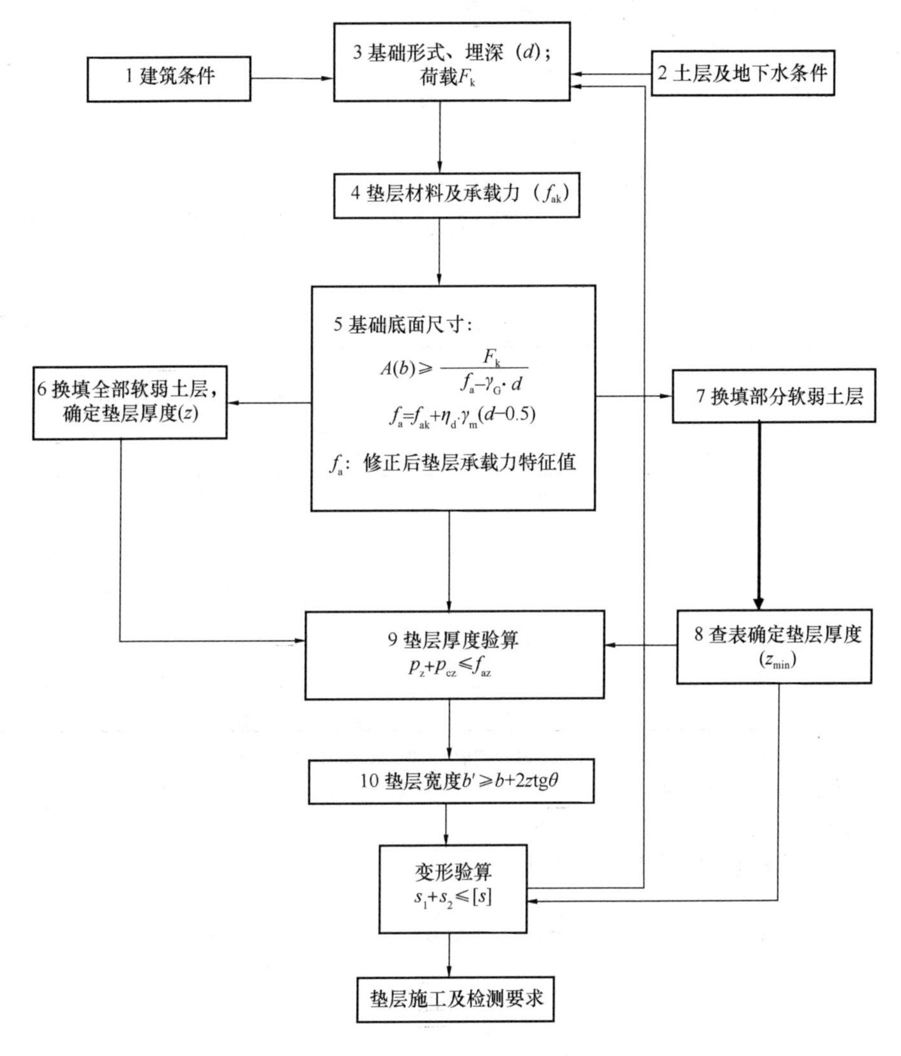

图 2-1　垫层设计计算框图

（二）垫层厚度确定

垫层的厚度应根据需置换软弱土的深度或下卧土层的承载力确定，并符合下式要求：

$$p_z + p_{cz} \leqslant f_{az} \tag{2-1}$$

式中　p_z——相应于荷载效应标准组合时，垫层底面处的附加压力值（kPa）；

p_{cz}——垫层底面处土的自重压力值（kPa），应考虑垫层增重的不利影响；

f_{az}——垫层底面处经深度修正后的地基承载力特征值（kPa）。

垫层底面处的附加压力值 p_z 可分别按式（2-2）和式（2-3）计算：

条形基础

$$p_z = \frac{b(p_k - p_c)}{b + 2z\tan\theta} \tag{2-2}$$

矩形基础

$$p_z = \frac{bl(p_k - p_c)}{(b + 2z\tan\theta)(l + 2z\tan\theta)} \tag{2-3}$$

式中 b——矩形基础或条形基础底面的宽度（m）；

l——矩形基础底面的长度（m）；

p_k——相应于荷载效应标准组合时，基础底面处的平均压力值（kPa）；

p_c——基础底面处土的自重压力值（kPa）；

z——基础底面下垫层的厚度（m）；

θ——垫层的压力扩散角（°），宜通过试验确定，当无试验资料时，可按表 2-2 采用。

垫层压力扩散角 **表 2-2**

换填材料 / z/b	中砂、粗砂、砾砂、圆砾、角砾、石屑、卵石、碎石、矿渣		粉质黏土、粉煤灰		灰土	
	θ（°）	$\tan\theta$	θ（°）	$\tan\theta$	θ（°）	$\tan\theta$
0.25	20	0.36	6	0.11	28	0.53
0.30	22	0.40	9.4	0.17		
0.35	24	0.45	12.8	0.23		
0.40	26	0.49	16.2	0.29		
0.45	28	0.53	19.6	0.36		
≥0.50	30	0.58	23	0.42		

注：1. 当 $z/b<0.25$，除灰土 $\theta=28°$外，其余材料均取 $\theta=0°$，必要时，宜由试验确定；

2. 表中未列 θ 值可内插求得；

3. 本表引自《建筑地基处理技术规范》JGJ 79；

4. 天津市工程建设标准《岩土工程技术规范》DB 29—20 规定：当 $z/b<0.25$ 时，θ 值仍按 $z/b=0.25$ 取值，可供设计参考。

5. 砂夹石及土夹石垫层压力扩散角应按载荷试验或地区经验确定，或依土与砂石比例参照本表取值。

6. 对大面积压实垫层也可按《建筑地基基础设计规范》GB 50007 依 E_{s1}/E_{s2} 确定 θ 值；其中 E_{s1} 为压实垫层压缩模量；E_{s2} 为压实垫层下土层压缩模量。

当 $\theta=0$ 时，$p_z=p_k-p_c$，垫层厚度（z）可按 $p_k+\gamma_z z\leqslant f_{az}$ 进行计算。式中 γ_z 为垫层厚度（z）范围内土的重度加权平均值（对于大面积垫层应考虑垫层增重的不利影响）。

实际设计时，首先根据垫层承载力确定基础底面尺寸和基底压力，然后根据初步确定的垫层厚度 z 或 z_{min} 按式（2-1）进行计算，最后确定垫层厚度。

（三）垫层宽度

1. 垫层底面的宽度应满足基础底面应力扩散的要求，可按下式确定：

$$b' \geqslant b + 2z\tan\theta + c \tag{2-4}$$

式中 b'——垫层底面宽度（m）；

θ——压力扩散角，可按表 2-2 采用；当 $z/b<0.25$ 时，仍按表中 $z/b=0.25$ 取值；

c——考虑施工附加宽度（≥200mm）。

其他符号同前述。

2. 垫层顶面宽度可从垫层底面两侧向上，按基坑开挖期间保持边坡稳定的当地经验放坡确定。垫层顶面每边超出基础底边不宜小于 300mm。常用垫层断面形式见图 2-2。

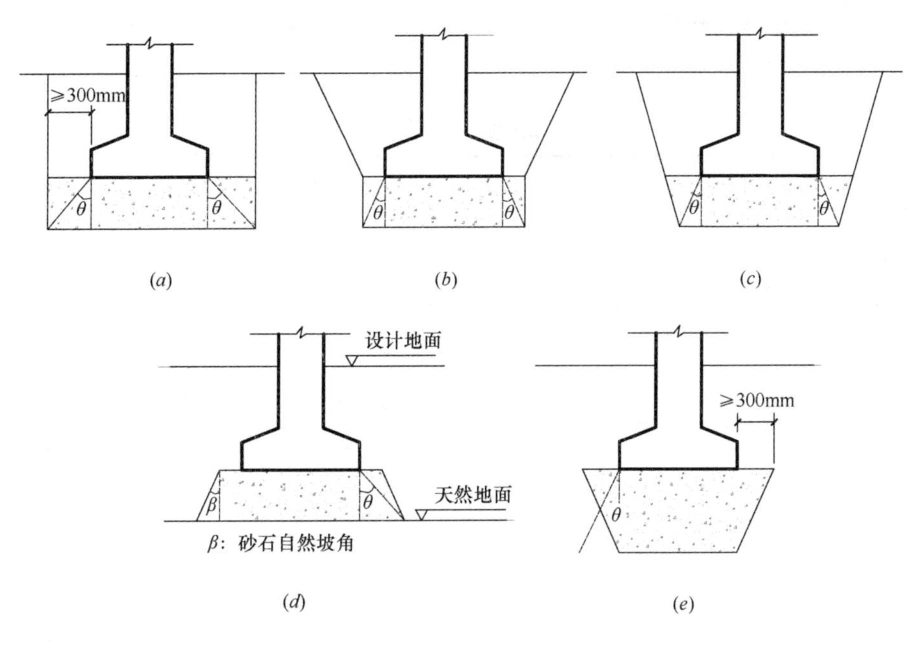

图 2-2　常用垫层断面形式

3. 确定垫层宽度时，除应满足应力扩散的要求外，还应考虑垫层侧向土的强度条件，防止垫层材料向侧边挤出而增大垫层的竖向变形量。最常用的方法依然是按扩散角法计算垫层宽度，或根据当地经验取值。当 $z/b>0.5$ 时，垫层厚度较大，按扩散角确定垫层的底面较宽，而按垫层底面应力计算值分布的应力等值线在垫层底面处的实际分布则较窄，当两者差别较大时，也可不按扩散角法确定，而根据应力等值线的形状将垫层剖面做成倒梯形，以节省换填的工程量（如图 2-2*e* 所示）。当基础荷载较大，或对沉降要求较高，或垫层侧边土较松软时，垫层宽度可适当加大。在筏基、箱基或宽大独立基础下采用换填垫层时，对垫层厚度小于 0.25 倍基础宽度的条件，计算垫层的宽度仍应考虑压力扩散角的要求。对于素土垫层，超出基础外缘的宽度不宜小于垫层厚度的 1/3，整片素土垫层不得小于 1.5m。

4. 实际施工时，垫层底面的宽度尚应根据施工要求适当加宽，以保证垫层边、角施工质量和方便施工。

（四）垫层承载力

1. 垫层的承载力应通过现场载荷试验确定，并应进行下卧层承载力的验算。

2. 经换填处理后的地基，由于理论计算方法尚不够完善，或由于较难选取有代表性的计算参数等原因，而难于通过计算准确确定垫层承载力。所以，《建筑地基处理技术规范》JGJ 79 规定经换填垫层处理的地基其承载力应通过试验，尤其是通过现场原位试验确定。对于按现行的国家标准《建筑地基基础设计规范》GB 50007 划分安全等级为丙级的建筑物及一般不太重要的、中小型、轻型或对沉降要求不高的工程，在无试验资料或经验时，当施工达到《建筑地基处理技术规范》JGJ 79 要求的压实标准后，可以按表 2-3 或表 2-4 所列的承载力特征值取用。

垫层承载力取值应与下卧层承载力匹配，否则不经济。如当下卧层承载力 f_{ak}＝60～80kPa，E_s＝3MPa 时，垫层 f_{ak}宜取 120～200kPa，E_{sp}＝14MPa，如过高会使垫层厚度加大，不利施工且不经济。

各种垫层的承载力特征值和压实标准 **表 2-3**

换填材料	承载力特征值 f_{ak}（kPa）	压实系数 λ_c
碎石、卵石	200～300	≥0.97
砂夹石（其中碎石、卵石占全重 30%～50%）	200～250	
土夹石（其中碎石、卵石占全重 30%～50%）	150～200	
中砂、粗砂、砾砂、圆砾、角砾	150～200	
粉质黏土（黏质粉土）	130～180	≥0.95
石屑	120～150	≥0.97
灰土	200～250	≥0.95
粉煤灰	120～150	≥0.95
矿渣	200～300	

注：1. 压实系数小的垫层，承载力特征值取低值，反之取高值；原状矿渣垫层取低值，分级矿渣或混合矿渣垫层取高值；

2. 压实系数 λ_c 为土的控制干密度 ρ_d 与最大干密度 ρ_{dmax} 的比值；土的最大干密度宜采用击实试验确定，碎石或卵石的最大干密度可取 2.1～2.2t/m³；

3. 表中压实系数 λ_c 系采用轻型击实试验测定，当采用重型击实试验时，对粉质黏土、灰土、粉煤灰要求 λ_c ≥0.93，其他材料要求 λ_c≥0.94；

4. 矿渣垫层的压实指标为最后二遍压实的压陷差小于 2mm；

5. 有经验时也可用压实后干密度 ρ_d 作为压实标准控制指标，如中砂 ρ_d≥1.6t/m³；粗砂 ρ_d≥1.7t/m³；粉质黏土 ρ_d≥1.5～1.55t/m³；碎石 ρ_d≥2t/m³。

各种垫层的承载力值和压实标准[2] **表 2-4**

施工方法	垫层材料类别		压实系数 λ_c 或干密度 ρ_d（t/m³）	承载力基本值 f_0（kPa）
碾压或振密	卵石		λ_c：0.94～0.97	200～300
	中砂、粗砂、砾砂、		ρ_d：1.60～1.70	150～200
	土石屑	0.4<e≤0.5	ρ_d：1.81～1.95	100～120
		e≤0.4	ρ_d>1.95	120～150
	灰土、双灰		λ_c：0.93～0.95	200～250
	黏性土		ρ_d：1.55～1.60	120～140
	粉土		ρ_d：1.60～1.65	100～120

注：本表录自天津市工程建设标准《岩土工程技术规范》DB 29—20，实际应用时可近似取 f_0＝f_{ak}。

矿渣垫层的承载力 f_{ak}和变形模量 E_0，应通过现场试验确定，当无试验资料时，可按表 2-5 选用。

矿渣垫层承载力和变形模量的参考值　　　　**表 2-5**

施工方法	矿渣类别	压密指标	f_{ak}（kPa）	E_0（MPa）
平板振动器	分级矿渣、混合矿渣	密实（压陷差<1mm）	300	30
8～12t 压路机	分级矿渣、混合矿渣	密实（压陷差<1mm）	400	40
平板振动器	原状矿渣		250	25
8～12t 压路机	原状矿渣		300	30

（五）沉降计算

1. 我国软黏土分布地区的大量建筑物沉降观测及工程经验表明，采用换填垫层进行局部处理后，往往由于软弱下卧层的变形，建筑物地基仍将产生较大的沉降量及差异沉降量。因此，应按现行的国家标准《建筑地基基础设计规范》GB 50007 中的变形计算方法计算垫层及下卧层的变形量，以保证地基处理效果及建筑物的安全使用。具体要求详见本书第一章有关内容。

2. 垫层地基的变形由垫层自身变形和下卧层变形组成。换填垫层在满足承载力及有关压实标准规定的条件下，垫层地基的变形可仅考虑其下卧层的变形。对沉降要求严的或垫层厚的建筑，应计算垫层自身的变形。

粗粒换填材料的垫层在施工期间垫层自身的压缩变形已基本完成，且量值很小；因而对于碎石、卵石、砂夹石、砂和矿渣垫层，在地基变形计算中，可以忽略垫层自身部分的变形值；但对于细粒材料的尤其是厚度较大的换填垫层，则应计入垫层自身的变形。有关垫层的模量应根据试验或当地经验确定。在无试验资料或经验时，可参照表 2-6 选用。

垫层模量（MPa）　　　　**表 2-6**

模　量 垫层材料	压缩模量 E_s	变形模量 E_0
粉煤灰	8～20	13～20
灰土	32～40	
砂	20～30	30～45
土石屑	12	
碎石、卵石	30～50	35～80
土夹石	25～39	
矿渣		35～70

注：压实矿渣的 E_0/E_s 比值可按 1.5～3.0 选用。

3. 对于垫层下存在软弱下卧层的建筑，在进行地基变形计算时应考虑邻近基础对软弱下卧层顶面应力叠加的影响。当超出原地面标高的垫层或换填材料的重度高于天然土层重度时，宜早换填，以使由此引起的大部分地基变形在上部结构施工之前完成，必要时应考虑其附加的荷载对建筑及邻近建筑的影响。

（六）换填垫层简化设计方法[7]

1. 常用设计方法及不足

换填垫层法设计的主要内容是选择垫层材料及施工方法，确定垫层的厚度 z 和基础宽

度 b 及垫层底面尺寸 b'（图 2-3）。通常根据土层的情况及设计要求确定换填的深度，对于浅层软土厚度不大的工程，应置换掉全部软土，当软弱土层厚度较大时，应根据下卧层土的承载力合理确定垫层厚度。

《建筑地基处理技术规范》JGJ 79 根据作用在垫层底面处下卧层的自重应力 p_{cz}与附加应力 p_z 之和不应大于下卧层地基承载力 f_{az}这一要求来确定垫层厚度。但是由于 p_z、p_{cz}、f_{az}均随垫层厚度 z 而变化，一般随着垫层厚度 z 的增大，f_{az}、p_{cz}增大而 p_z 减小，因而目前普遍采用的设计方法是先假定一个垫层厚度然后验算，如不能满足要求，则调整其厚度重新计算直到满足为止。这种方法虽然可行，但存在着明显的不足：若垫层厚度 z 假定的大小不适当，则须经反复试算才能得到满意的结果，计算工作量大，效率低。笔者根据《建筑地基处理技术规范》JGJ 79 的有关设计原则，提出了一种简化的换填垫层设计方法，利用本章给出的简化计算公式和图表，既能直接确定设计参数，计算精度又可满足工程设计的需要。

2. 简化设计方法

换填垫层法主要用于中、小型工程浅层地基处理，常用计算参数如图 2-4 所示。

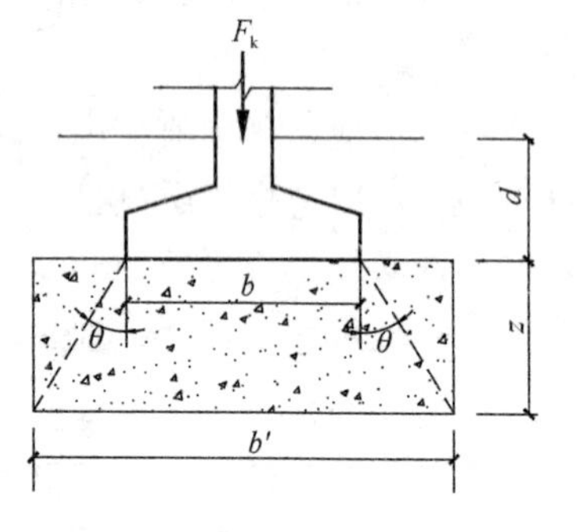

图 2-3 换填垫层计算简图

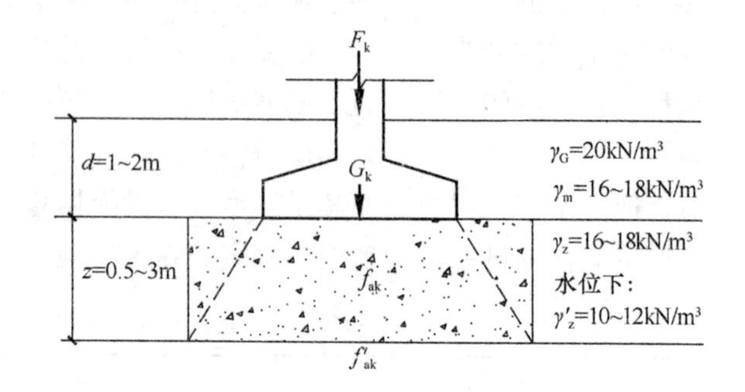

图 2-4 换填垫层简化计算参数

（1）基础底面尺寸简化计算

根据规范要求，一般可根据下式确定基础底面尺寸：

$$A(或\ b) \geqslant \frac{F_k}{f_a - \gamma_G \cdot d} \tag{2-5}$$

式中 A——基础底面积（m^2）；

b——条形基础宽度（m）；

F_k——相应于荷载效应标准组合时，上部结构传至基础顶面的竖向力值（kN）；对条形基础为基础每米长度上的荷载（kN/m）；

f_a——修正后的垫层承载力特征值（kPa）；

γ_G——基底以上基础及基础上回填土的平均重度（kN/m^3）；一般取 $\gamma_G = 20$kN/m^3；地下水位以下考虑浮力影响。

将 $f_a = f_{ak} + \eta_d \cdot \gamma_m(d - 0.5)$ 代入式（2-5）可得

$$A(或\ b) \geqslant \frac{F_k}{f_{ak} - [\gamma_G \cdot d - \eta_d \cdot \gamma_m(d - 0.5)]} \tag{2-6}$$

式中 f_{ak} ——垫层承载力特征值（kPa）；

η_d ——垫层承载力修正系数，根据《规范》$\eta_d = 1.0$。

设 $\Delta f_{ak} = \gamma_G \cdot d - \eta_d \cdot \gamma_m (d - 0.5)$，经统计计算 $\Delta f_{ak} = 11 \sim 15$ kPa，为便于计算，取 $\Delta \overline{f}_{ak} = 13$kPa 代入式（2-6）可得

$$A(\text{或}\ b) \geqslant \frac{F_k}{f_{ak} - 13} \tag{2-7}$$

利用简化公式（2-7）可确定矩形（方形）基础底面积 A 或条形基础宽度 b，经与工程实践对比，其计算误差小于 5%。

表 2-7～表 2-9 根据公式（2-7）计算整理而成，设计时可直接查阅对应的图或表以确定基础底面尺寸（b 或 A）。

条形基础宽度 b 表（m） **表 2-7**

F_k (kN/m) \ f_{ak} (kPa)	90	100	110	120	130	140	150	160	170	180	190	200	220	250	270	300
50	0.65	0.57	0.52	0.47	0.43	0.39	0.36	0.34	0.32	0.30	0.28	0.27	0.24	0.21	0.19	0.17
100	1.30	1.15	1.03	0.93	0.85	0.79	0.73	0.68	0.64	0.60	0.56	0.53	0.48	0.42	0.39	0.35
120	1.56	1.38	1.24	1.12	1.03	0.94	0.88	0.82	0.76	0.72	0.68	0.64	0.58	0.51	0.47	0.42
150	1.95	1.72	1.55	1.40	1.28	1.18	1.09	1.02	0.96	0.90	0.85	0.80	0.72	0.63	0.58	0.52
170	2.21	1.95	1.75	1.59	1.45	1.34	1.24	1.16	1.08	1.02	0.96	0.91	0.82	0.72	0.66	0.59
200	2.60	2.30	2.06	1.87	1.71	1.57	1.46	1.36	1.27	1.20	1.13	1.07	0.97	0.84	0.78	0.70
220	2.86	2.53	2.27	2.06	1.88	1.73	1.61	1.50	1.40	1.32	1.24	1.18	1.06	0.93	0.86	0.77
250	3.25	2.87	2.58	2.34	2.14	1.97	1.82	1.70	1.59	1.50	1.41	1.34	1.21	1.05	0.97	0.87
270	3.51	3.10	2.78	2.52	2.31	2.13	1.97	1.84	1.72	1.62	1.53	1.44	1.30	1.14	1.05	0.94
300	3.90	3.45	3.09	2.80	2.56	2.36	2.19	2.04	1.91	1.80	1.69	1.60	1.45	1.27	1.17	1.05
320	4.16	3.68	3.30	2.99	2.74	2.52	2.34	2.18	2.04	1.92	1.81	1.71	1.55	1.35	1.25	1.11
350	4.55	4.02	3.61	3.27	2.99	2.76	2.55	2.38	2.23	2.10	1.98	1.87	1.69	1.48	1.36	1.22
370	4.81	4.25	3.81	3.46	3.16	2.91	2.70	2.52	2.36	2.22	2.09	1.98	1.79	1.56	1.44	1.29
400	5.19	4.60	4.12	3.74	3.42	3.15	2.92	2.72	2.55	2.40	2.26	2.14	1.93	1.69	1.56	1.39
420	5.45	4.83	4.33	3.93	3.59	3.31	3.07	2.86	2.68	2.51	2.37	2.25	2.03	1.77	1.63	1.46
450	5.84	5.17	4.64	4.21	3.85	3.54	3.28	3.06	2.87	2.69	2.54	2.41	2.17	1.90	1.75	1.57
470	6.10	5.40	4.85	4.39	4.02	3.70	3.43	3.20	2.99	2.81	2.66	2.51	2.27	1.98	1.83	1.64
500	6.49	5.75	5.15	4.67	4.27	3.94	3.65	3.40	3.18	2.99	2.82	2.67	2.42	2.11	1.95	1.74

注：1. 表中 f_{ak} 为垫层承载力特征值；

2. F_k 为对应于荷载效应标准组合时，上部结构传至基础顶面的荷载。

矩形基础面积 ***A*** 表（m^2）　　**表 2-8**

f_{ak} (kPa) / F_k (kN)	90	100	110	120	130	140	150	160	170	180	190	200	220	250	270	300
100	1.30	1.15	1.03	0.93	0.85	0.79	0.73	0.68	0.64	0.60	0.56	0.53	0.48	0.42	0.39	0.35
200	2.60	2.30	2.06	1.87	1.71	1.57	1.46	1.36	1.27	1.20	1.13	1.07	0.97	0.84	0.78	0.70
300	3.90	3.45	3.09	2.80	2.56	2.36	2.19	2.04	1.91	1.80	1.69	1.60	1.45	1.27	1.17	1.05
400	5.19	4.60	4.12	3.74	3.42	3.15	2.92	2.72	2.55	2.40	2.26	2.14	1.93	1.69	1.56	1.39
500	6.49	5.75	5.15	4.67	4.27	3.94	3.65	3.40	3.18	2.99	2.82	2.67	2.42	2.11	1.95	1.74
600	7.79	6.90	6.19	5.61	5.13	4.72	4.38	4.08	3.82	3.59	3.39	3.21	2.90	2.53	2.33	2.09
700	9.09	8.05	7.22	6.54	5.98	5.51	5.11	4.76	4.46	4.19	3.95	3.74	3.38	2.95	2.72	2.44
800	10.39	9.20	8.25	7.48	6.84	6.30	5.84	5.44	5.10	4.79	4.52	4.28	3.86	3.38	3.11	2.79
900	11.69	10.34	9.28	8.41	7.69	7.09	6.57	6.12	5.73	5.39	5.08	4.81	4.35	3.80	3.50	3.14
1000	12.99	11.49	10.31	9.35	8.55	7.87	7.30	6.80	6.37	5.99	5.65	5.35	4.83	4.22	3.89	3.48
1100	14.29	12.64	11.34	10.28	9.40	8.66	8.03	7.48	7.01	6.59	6.21	5.88	5.31	4.64	4.28	3.83
1200	15.58	13.79	12.37	11.21	10.26	9.45	8.76	8.16	7.64	7.19	6.78	6.42	5.80	5.06	4.67	4.18
1300	16.88	14.94	13.40	12.15	11.11	10.24	9.49	8.84	8.28	7.78	7.34	6.95	6.28	5.49	5.06	4.53
1400	18.18	16.09	14.43	13.08	11.97	11.02	10.22	9.52	8.92	8.38	7.91	7.49	6.76	5.91	5.45	4.88
1500	19.48	17.24	15.46	14.02	12.82	11.81	10.95	10.20	9.55	8.98	8.47	8.02	7.25	6.33	5.84	5.23
1600	20.78	18.39	16.49	14.95	13.68	12.60	11.68	10.88	10.19	9.58	9.04	8.56	7.73	6.75	6.23	5.57
1700	22.08	19.54	17.53	15.89	14.53	13.39	12.41	11.56	10.83	10.18	9.60	9.09	8.21	7.17	6.61	5.92
1800	23.38	20.69	18.56	16.82	15.38	14.17	13.14	12.24	11.46	10.78	10.17	9.63	8.70	7.59	7.00	6.27
1900	24.68	21.84	19.59	17.76	16.24	14.96	13.87	12.93	12.10	11.38	10.73	10.16	9.18	8.02	7.39	6.62
2000	25.97	22.99	20.62	18.69	17.09	15.75	14.60	13.61	12.74	11.98	11.30	10.70	9.66	8.44	7.78	6.97

注：表中 f_{ak} 为垫层承载力特征值。

正方形基础宽度 ***b*** 表（m）　　**表 2-9**

f_{ak} (kPa) / F_k (kN)	90	100	110	120	130	140	150	160	170	180	190	200	220	250	270	300
100	1.14	1.07	1.02	0.97	0.92	0.89	0.85	0.82	0.80	0.77	0.75	0.73	0.70	0.65	0.62	0.59
200	1.61	1.52	1.44	1.37	1.31	1.25	1.21	1.17	1.13	1.09	1.06	1.03	0.98	0.92	0.88	0.83
300	1.97	1.86	1.76	1.67	1.60	1.54	1.48	1.43	1.38	1.34	1.30	1.27	1.20	1.13	1.08	1.02
400	2.28	2.14	2.03	1.93	1.85	1.77	1.71	1.65	1.60	1.55	1.50	1.46	1.39	1.30	1.25	1.18
500	2.55	2.40	2.27	2.16	2.07	1.98	1.91	1.84	1.78	1.73	1.68	1.64	1.55	1.45	1.39	1.32
600	2.79	2.63	2.49	2.37	2.26	2.17	2.09	2.02	1.95	1.90	1.84	1.79	1.70	1.59	1.53	1.45
700	3.02	2.84	2.69	2.56	2.45	2.35	2.26	2.18	2.11	2.05	1.99	1.93	1.84	1.72	1.65	1.56
800	3.22	3.03	2.87	2.73	2.61	2.51	2.42	2.33	2.26	2.19	2.13	2.07	1.97	1.84	1.76	1.67
900	3.42	3.22	3.05	2.90	2.77	2.66	2.56	2.47	2.39	2.32	2.25	2.19	2.09	1.95	1.87	1.77
1000	3.60	3.39	3.21	3.06	2.92	2.81	2.70	2.61	2.52	2.45	2.38	2.31	2.20	2.05	1.97	1.87
1100	3.78	3.56	3.37	3.21	3.07	2.94	2.83	2.74	2.65	2.57	2.49	2.43	2.31	2.15	2.07	1.96
1200	3.95	3.71	3.52	3.35	3.20	3.07	2.96	2.86	2.76	2.68	2.60	2.53	2.41	2.25	2.16	2.04
1300	4.11	3.87	3.66	3.49	3.33	3.20	3.08	2.97	2.88	2.79	2.71	2.64	2.51	2.34	2.25	2.13
1400	4.26	4.01	3.80	3.62	3.46	3.32	3.20	3.09	2.99	2.90	2.81	2.74	2.60	2.43	2.33	2.21

续表

F_k (kN) \ f_{ak} (kPa)	90	100	110	120	130	140	150	160	170	180	190	200	220	250	270	300
1500	4.41	4.15	3.93	3.74	3.58	3.44	3.31	3.19	3.09	3.00	2.91	2.83	2.69	2.52	2.42	2.29
1600	4.56	4.29	4.06	3.87	3.70	3.55	3.42	3.30	3.19	3.10	3.01	2.93	2.78	2.60	2.50	2.36
1700	4.70	4.42	4.19	3.99	3.81	3.66	3.52	3.40	3.29	3.19	3.10	3.02	2.87	2.68	2.57	2.43
1800	4.83	4.55	4.31	4.10	3.92	3.76	3.62	3.50	3.39	3.28	3.19	3.10	2.95	2.76	2.65	2.50
1900	4.97	4.67	4.43	4.21	4.03	3.87	3.72	3.60	3.48	3.37	3.28	3.19	3.03	2.83	2.72	2.57
2000	5.10	4.79	4.54	4.32	4.13	3.97	3.82	3.69	3.57	3.46	3.36	3.27	3.11	2.90	2.79	2.64

注：表中 f_{ak} 为垫层承载力特征值。

（2）垫层底面尺寸简化计算

垫层的厚度应满足下式要求：

$$p_z + p_{cz} \leqslant f_{az} \tag{2-8}$$

其中

$$p_{cz} = \gamma_m \cdot d + \gamma_z \cdot z \tag{2-9}$$

式中　γ_z——垫层深度范围内地基土的加权平均重度（kN/m^3）；

γ_m——基础底面以上土的加权平均重度（kN/m^3）。

对于条形基础

$$p_z = \frac{b(p_k - p_c)}{b + 2z\tan\theta} \tag{2-10a}$$

对于矩形基础

$$p_z = \frac{bl(p_k - p_c)}{(b + 2z\tan\theta)(l + 2z\tan\theta)} \tag{2-10b}$$

式中　p_k——相应于荷载相应标准组合时，基础底面处的平均压力值（kPa）；

p_c——基础底面处土的自重压力值（kPa）；

θ——压力扩散角，根据换填材料的种类及 z/b 的值确定。

1）p_z 简化计算

对于矩形基础，设 $b \cdot l = A$，$(b + 2z\tan\theta)(l + 2z\tan\theta) = A'$，代入式（2-10b）可得：

$$p_z = \frac{A(p_k - p_c)}{A'} \tag{2-11}$$

将 $p_k = \dfrac{F_k + G_k}{A}$；$G_k = \gamma_G \cdot d \cdot A$；$p_c = \gamma_m \cdot d$ 代入上式可得：

$$p_z = \frac{F_k + G_k - \gamma_m \cdot d \cdot A}{A'} = \frac{F_k + (\gamma_G - \gamma_m) \cdot d \cdot A}{A'} \tag{2-12}$$

设 $(\gamma_G - \gamma_m) \cdot d \cdot A = \Delta F_k$，经统计计算 $\Delta F_k = 8 \sim 32$ kN，取 $\overline{\Delta F_k} = 20$ kN 代入式（2-12）可得：

$$p_z \approx \frac{F_k + 20}{A'} \tag{2-13}$$

条形基础经计算 $\Delta F_k = 6 \sim 24$kN，取 $\overline{\Delta F_k} = 15$kN 代入上式可得：

$$p_z \approx \frac{F_k + 15}{b'} \tag{2-14}$$

2）f_{az} 简化计算

垫层底面处经深度修正后地基承载力特征值

$$f_{az}=f'_{ak}+\eta_d'\cdot\overline{\gamma}\cdot(d+z-0.5) \tag{2-15}$$

式中 f'_{ak}——垫层底面下卧层承载力特征值（kPa）；

η'_d——下卧层承载力深度修正系数，对于软土可近似取 $\eta'_d=1.0$。

将 $\overline{\gamma}=(\gamma_m\cdot d+\gamma_z\cdot z)/(d+z)=p_{cz}/(d+z)$ 代入式（2-15）可得

$$f_{az}=f'_{ak}+\frac{p_{cz}}{d+z}(d+z-0.5)=f'_{ak}+p_{cz}-0.5\frac{p_{cz}}{d+z} \tag{2-16}$$

3）A'、b'简化计算

对矩形或方形基础，将式（2-13）、式（2-16）代入式（2-8）得

$$\frac{F_k+20}{A'}+p_{cz}\leqslant f'_{ak}+p_{cz}-0.5\frac{p_{cz}}{d+z}$$

整理后可得：

$$\frac{F_k+20}{A'}\leqslant f'_{ak}-0.5\overline{\gamma} \tag{2-17}$$

如前所示 $\gamma_m\approx16\sim18\text{kN/m}^3$；无地下水时 $\gamma_z\approx16\sim18\text{kN/m}^3$，考虑垫层增重通常取 $\gamma_z=18\text{kN/m}^3$；当基础底面以下存在地下水时 $\gamma_z\approx10\sim12\text{kN/m}^3$，综上所述 $\overline{\gamma}$ 变化于 $12\sim18\text{kN/m}^3$，为偏于安全可取 $\overline{\gamma}=18\text{kN/m}^3$，代入式（2-17）可得

$$A'\geqslant\frac{F_k+20}{f'_{ak}-9} \tag{2-18}$$

对于方形基础可以得基础边长 $b'=\sqrt{A'}$。表 2-10 根据公式（2-18）计算整理，设计时可直接查阅选用。

正方形基础垫层底面宽度 b'表（m） **表 2-10**

F_k（kN） \ f'_{ak}（kPa）	50	60	70	80	90	100	110	120	130	140	150	160	170	180	190	200
100	1.71	1.53	1.40	1.30	1.22	1.15	1.09	1.04	1.00	0.96	0.92	0.89	0.86	0.84	0.81	0.79
200	2.32	2.08	1.90	1.76	1.65	1.55	1.48	1.41	1.35	1.30	1.25	1.21	1.17	1.13	1.10	1.07
300	2.79	2.50	2.29	2.12	1.99	1.88	1.78	1.70	1.63	1.56	1.51	1.46	1.41	1.37	1.33	1.29
400	3.20	2.87	2.62	2.43	2.28	2.15	2.04	1.95	1.86	1.79	1.73	1.67	1.62	1.57	1.52	1.48
500	3.56	3.19	2.92	2.71	2.53	2.39	2.27	2.16	2.07	1.99	1.92	1.86	1.80	1.74	1.69	1.65
600	3.89	3.49	3.19	2.96	2.77	2.61	2.48	2.36	2.26	2.18	2.10	2.03	1.96	1.90	1.85	1.80
700	4.19	3.76	3.44	3.18	2.98	2.81	2.67	2.55	2.44	2.34	2.26	2.18	2.11	2.05	1.99	1.94
800	4.47	4.01	3.67	3.40	3.18	3.00	2.85	2.72	2.60	2.50	2.41	2.33	2.26	2.19	2.13	2.07
900	4.74	4.25	3.88	3.60	3.37	3.18	3.02	2.88	2.76	2.65	2.55	2.47	2.39	2.32	2.25	2.19
1000	4.99	4.47	4.09	3.79	3.55	3.35	3.18	3.03	2.90	2.79	2.69	2.60	2.52	2.44	2.37	2.31
1100	5.23	4.69	4.28	3.97	3.72	3.51	3.33	3.18	3.04	2.92	2.82	2.72	2.64	2.56	2.49	2.42
1200	5.45	4.89	4.47	4.15	3.88	3.66	3.48	3.32	3.18	3.05	2.94	2.84	2.75	2.67	2.60	2.53
1300	5.67	5.09	4.65	4.31	4.04	3.81	3.62	3.45	3.30	3.17	3.06	2.96	2.86	2.78	2.70	2.63

续表

F_k (kN) \ f'_{ak} (kPa)	50	60	70	80	90	100	110	120	130	140	150	160	170	180	190	200
1400	5.89	5.28	4.82	4.47	4.19	3.95	3.75	3.58	3.43	3.29	3.17	3.07	2.97	2.88	2.80	2.73
1500	6.09	5.46	4.99	4.63	4.33	4.09	3.88	3.70	3.54	3.41	3.28	3.17	3.07	2.98	2.90	2.82
1600	6.29	5.64	5.15	4.78	4.47	4.22	4.00	3.82	3.66	3.52	3.39	3.28	3.17	3.08	2.99	2.91
1700	6.48	5.81	5.31	4.92	4.61	4.35	4.13	3.94	3.77	3.62	3.49	3.38	3.27	3.17	3.08	3.00
1800	6.66	5.97	5.46	5.06	4.74	4.47	4.24	4.05	3.88	3.73	3.59	3.47	3.36	3.26	3.17	3.09
1900	6.84	6.14	5.61	5.20	4.87	4.59	4.36	4.16	3.98	3.83	3.69	3.57	3.45	3.35	3.26	3.17
2000	7.02	6.29	5.75	5.33	4.99	4.71	4.47	4.27	4.09	3.93	3.79	3.66	3.54	3.44	3.34	3.25

注：表中 f'_{ak}为软弱下卧层承载力特征值。

对于条形基础，类似可得

$$b' \geqslant \frac{F_k + 15}{f'_{ak} - 9} \tag{2-19}$$

表 2-11 根据公式（2-19）计算整理，设计时可直接查阅选用。

条形基础垫层底面宽度 b'表（m）　　**表 2-11**

F_k (kN/m) \ f'_{ak} (kPa)	50	60	70	80	90	100	110	120	130	140	150	160	170	180	190	200
50	1.59	1.27	1.07	0.92	0.80	0.71	0.64	0.59	0.54	0.50	0.46	0.43	0.40	0.38	0.36	0.34
100	2.80	2.25	1.89	1.62	1.42	1.26	1.14	1.04	0.95	0.88	0.82	0.76	0.71	0.67	0.64	0.60
120	3.29	2.65	2.21	1.90	1.67	1.48	1.34	1.22	1.12	1.03	0.96	0.89	0.84	0.79	0.75	0.71
150	4.02	3.24	2.70	2.32	2.04	1.81	1.63	1.49	1.36	1.26	1.17	1.09	1.02	0.96	0.91	0.86
170	4.51	3.63	3.03	2.61	2.28	2.03	1.83	1.67	1.53	1.41	1.31	1.23	1.15	1.08	1.02	0.97
200	5.24	4.22	3.52	3.03	2.65	2.36	2.13	1.94	1.78	1.64	1.52	1.42	1.34	1.26	1.19	1.13
220	5.73	4.61	3.85	3.31	2.90	2.58	2.33	2.12	1.94	1.79	1.67	1.56	1.46	1.37	1.30	1.23
250	6.46	5.20	4.34	3.73	3.27	2.91	2.62	2.39	2.19	2.02	1.88	1.75	1.65	1.55	1.46	1.39
270	6.95	5.59	4.67	4.01	3.52	3.13	2.82	2.57	2.36	2.18	2.02	1.89	1.77	1.67	1.57	1.49
300	7.68	6.18	5.16	4.44	3.89	3.46	3.12	2.84	2.60	2.40	2.23	2.09	1.96	1.84	1.74	1.65
320	8.17	6.57	5.49	4.72	4.14	3.68	3.32	3.02	2.77	2.56	2.38	2.22	2.08	1.96	1.85	1.75
350	8.90	7.16	5.98	5.14	4.51	4.01	3.61	3.29	3.02	2.79	2.59	2.42	2.27	2.13	2.02	1.91
370	9.39	7.55	6.31	5.42	4.75	4.23	3.81	3.47	3.18	2.94	2.73	2.55	2.39	2.25	2.13	2.02
400	10.12	8.14	6.80	5.85	5.12	4.56	4.11	3.74	3.43	3.17	2.94	2.75	2.58	2.43	2.29	2.17
420	10.61	8.53	7.13	6.13	5.37	4.78	4.31	3.92	3.60	3.32	3.09	2.88	2.70	2.54	2.40	2.28
450	11.34	9.12	7.62	6.55	5.74	5.11	4.60	4.19	3.84	3.55	3.30	3.08	2.89	2.72	2.57	2.43
470	11.83	9.51	7.95	6.83	5.99	5.33	4.80	4.37	4.01	3.70	3.44	3.21	3.01	2.84	2.68	2.54
500	12.56	10.10	8.44	7.25	6.36	5.66	5.10	4.64	4.26	3.93	3.65	3.41	3.20	3.01	2.85	2.70

注：表中 f'_{ak}为软弱下卧层承载力特征值。

（3）垫层厚度 z 简化计算

1）对于条形基础，求得 b，b'后，依 $b'=b+2z\tan\theta$ 及 $z=\dfrac{b'-b}{2\tan\theta}$ 即可确定 z 值，由于 z 与 θ 为复杂的分段函数关系，需反复试算才能确定符合工程要求的 z 值。为简化计算，通过编制求解 z 值的程序，将计算结果整理成表 2-12～表 2-14，并绘制出相应曲线（图 2-5～图 2-7）。垫层最小厚度 z_{min} 可依 b'，b 及填料类别查相应表格及曲线确定。

2）对于方形基础可直接根据 b 和 b' 查相应图表初步确定垫层厚度 z_{min}；矩形基础可按等面积的方形基础查得 z_{min} 值，并进行下卧层承载力验算。

（中砂、粗砂、砾砂、圆砾、角砾、石屑、卵石、碎石、矿渣）

垫层最小厚度 z_{min} 表（m）　　**表 2-12**

b'（m） \ b（m）	1	1.2	1.4	1.6	1.8	2	2.2	2.4	2.6	2.8	3	3.2	3.4	3.6
7	5.20	5.02	4.85	4.68	4.50	4.33	4.16	3.98	3.81	3.64	3.46	3.29	3.12	2.94
6.8	5.02	4.85	4.68	4.50	4.33	4.16	3.98	3.81	3.64	3.46	3.29	3.12	2.94	2.77
6.6	4.85	4.68	4.50	4.33	4.16	3.98	3.81	3.64	3.46	3.29	3.12	2.94	2.77	2.60
6.4	4.68	4.50	4.33	4.16	3.98	3.81	3.64	3.46	3.29	3.12	2.94	2.77	2.60	2.42
6.2	4.50	4.33	4.16	3.98	3.81	3.64	3.46	3.29	3.12	2.94	2.77	2.60	2.42	2.25
6	4.33	4.16	3.98	3.81	3.64	3.46	3.29	3.12	2.94	2.77	2.60	2.42	2.25	2.08
5.8	4.16	3.98	3.81	3.64	3.46	3.29	3.12	2.94	2.77	2.60	2.42	2.25	2.08	1.91
5.6	3.98	3.81	3.64	3.46	3.29	3.12	2.94	2.77	2.60	2.42	2.25	2.08	1.91	1.75
5.4	3.81	3.64	3.46	3.29	3.12	2.94	2.77	2.60	2.42	2.25	2.08	1.91	1.73	1.62
5.2	3.64	3.46	3.29	3.12	2.94	2.77	2.60	2.42	2.25	2.08	1.91	1.73	1.60	1.50
5	3.46	3.29	3.12	2.94	2.77	2.60	2.42	2.25	2.08	1.91	1.73	1.57	1.47	1.37
4.8	3.29	3.12	2.94	2.77	2.60	2.42	2.25	2.08	1.91	1.73	1.56	1.44	1.34	1.24
4.6	3.12	2.94	2.77	2.60	2.42	2.25	2.08	1.91	1.73	1.56	1.42	1.32	1.22	1.12
4.4	2.94	2.77	2.60	2.42	2.25	2.08	1.91	1.73	1.56	1.39	1.29	1.19	1.09	0.99
4.2	2.77	2.60	2.42	2.25	2.08	1.91	1.73	1.56	1.39	1.26	1.16	1.06	0.96	0.82
4	2.60	2.42	2.25	2.08	1.91	1.73	1.56	1.39	1.24	1.14	1.04	0.94	0.82	0.55
3.8	2.42	2.25	2.08	1.91	1.73	1.56	1.39	1.21	1.11	1.01	0.91	0.81	0.55	
3.6	2.25	2.08	1.91	1.73	1.56	1.39	1.21	1.08	0.98	0.88	0.78	0.55		
3.4	2.08	1.91	1.73	1.56	1.39	1.21	1.06	0.96	0.86	0.76	0.55			
3.2	1.91	1.73	1.56	1.39	1.21	1.04	0.93	0.83	0.73	0.55				
3	1.73	1.56	1.39	1.21	1.04	0.90	0.80	0.70	0.55					
2.8	1.56	1.39	1.21	1.04	0.88	0.78	0.68	0.55						
2.6	1.39	1.21	1.04	0.87	0.75	0.65	0.55							
2.4	1.21	1.04	0.87	0.72	0.62	0.52								
2.2	1.04	0.87	0.69	0.60	0.50									
2	0.87	0.69	0.57	0.47										
1.8	0.69	0.54	0.44											
1.6	0.52	0.41												
1.4	0.39													
1.2	0.26													

（粉质黏土、粉煤灰）**垫层最小厚度** z_{min} **表**（m） **表 2-13**

b' (m) \ b (m)	1	1.2	1.4	1.6	1.8	2	2.2	2.4	2.6	2.8	3	3.2	3.4	3.6
7	7.07	6.83	6.60	6.36	6.13	5.89	5.65	5.42	5.18	4.95	4.71	4.48	4.24	4.00
6.8	6.83	6.60	6.36	6.13	5.89	5.65	5.42	5.18	4.95	4.71	4.48	4.24	4.00	3.77
6.6	6.60	6.36	6.13	5.89	5.65	5.42	5.18	4.95	4.71	4.48	4.24	4.00	3.77	3.53
6.4	6.36	6.13	5.89	5.65	5.42	5.18	4.95	4.71	4.48	4.24	4.00	3.77	3.53	3.30
6.2	6.13	5.89	5.65	5.42	5.18	4.95	4.71	4.48	4.24	4.00	3.77	3.53	3.30	3.06
6	5.89	5.65	5.42	5.18	4.95	4.71	4.48	4.24	4.00	3.77	3.53	3.30	3.06	2.83
5.8	5.65	5.42	5.18	4.95	4.71	4.48	4.24	4.00	3.77	3.53	3.30	3.06	2.83	2.59
5.6	5.42	5.18	4.95	4.71	4.48	4.24	4.00	3.77	3.53	3.30	3.06	2.83	2.59	2.36
5.4	5.18	4.95	4.71	4.48	4.24	4.00	3.77	3.53	3.30	3.06	2.83	2.59	2.36	2.12
5.2	4.95	4.71	4.48	4.24	4.00	3.77	3.53	3.30	3.06	2.83	2.59	2.36	2.12	1.88
5	4.71	4.48	4.24	4.00	3.77	3.53	3.30	3.06	2.83	2.59	2.36	2.12	1.88	1.71
4.8	4.48	4.24	4.00	3.77	3.53	3.30	3.06	2.83	2.59	2.36	2.12	1.88	1.67	1.58
4.6	4.24	4.00	3.77	3.53	3.30	3.06	2.83	2.59	2.36	2.12	1.88	1.65	1.54	1.44
4.4	4.00	3.77	3.53	3.30	3.06	2.83	2.59	2.36	2.12	1.88	1.65	1.49	1.40	1.31
4.2	3.77	3.53	3.30	3.06	2.83	2.59	2.36	2.12	1.88	1.65	1.45	1.36	1.27	1.18
4	3.53	3.30	3.06	2.83	2.59	2.36	2.12	1.88	1.65	1.41	1.32	1.22	1.13	1.04
3.8	3.30	3.06	2.83	2.59	2.36	2.12	1.88	1.65	1.41	1.27	1.18	1.09	1.00	0.91
3.6	3.06	2.83	2.59	2.36	2.12	1.88	1.65	1.41	1.23	1.14	1.05	0.96	0.86	
3.4	2.83	2.59	2.36	2.12	1.88	1.65	1.41	1.19	1.10	1.00	0.91	0.82		
3.2	2.59	2.36	2.12	1.88	1.65	1.41	1.18	1.05	0.96	0.87	0.78			
3	2.36	2.12	1.88	1.65	1.41	1.18	1.01	0.92	0.83	0.74				
2.8	2.12	1.88	1.65	1.41	1.18	0.97	0.88	0.78	0.69					
2.6	1.88	1.65	1.41	1.18	0.94	0.83	0.74	0.65						
2.4	1.65	1.41	1.18	0.94	0.79	0.70	0.61							
2.2	1.41	1.18	0.94	0.75	0.66	0.56								
2	1.18	0.94	0.71	0.61	0.52									
1.8	0.94	0.71	0.57	0.48										
1.6	0.71	0.53	0.43											
1.4	0.48	0.39												
1.2	0.35													

灰土垫层最小厚度 z_{min} 表（m）　　表 2-14

b' (m) \ b (m)	1	1.2	1.4	1.6	1.8	2	2.2	2.4	2.6	2.8	3	3.2	3.4	3.6
7	5.64	5.45	5.27	5.08	4.89	4.70	4.51	4.33	4.14	3.95	3.76	3.57	3.39	3.20
6.8	5.45	5.27	5.08	4.89	4.70	4.51	4.33	4.14	3.95	3.76	3.57	3.39	3.20	3.01
6.6	5.27	5.08	4.89	4.70	4.51	4.33	4.14	3.95	3.76	3.57	3.39	3.20	3.01	2.82
6.4	5.08	4.89	4.70	4.51	4.33	4.14	3.95	3.76	3.57	3.39	3.20	3.01	2.82	2.63
6.2	4.89	4.70	4.51	4.33	4.14	3.95	3.76	3.57	3.39	3.20	3.01	2.82	2.63	2.44
6	4.70	4.51	4.33	4.14	3.95	3.76	3.57	3.39	3.20	3.01	2.82	2.63	2.44	2.26
5.8	4.51	4.33	4.14	3.95	3.76	3.57	3.39	3.20	3.01	2.82	2.63	2.44	2.26	2.07
5.6	4.33	4.14	3.95	3.76	3.57	3.39	3.20	3.01	2.82	2.63	2.44	2.26	2.07	1.88
5.4	4.14	3.95	3.76	3.57	3.39	3.20	3.01	2.82	2.63	2.44	2.26	2.07	1.88	1.69
5.2	3.95	3.76	3.57	3.39	3.20	3.01	2.82	2.63	2.44	2.26	2.07	1.88	1.69	1.50
5	3.76	3.57	3.39	3.20	3.01	2.82	2.63	2.44	2.26	2.07	1.88	1.69	1.50	1.32
4.8	3.57	3.39	3.20	3.01	2.82	2.63	2.44	2.26	2.07	1.88	1.69	1.50	1.32	1.13
4.6	3.39	3.20	3.01	2.82	2.63	2.44	2.26	2.07	1.88	1.69	1.50	1.32	1.13	0.94
4.4	3.20	3.01	2.82	2.63	2.44	2.26	2.07	1.88	1.69	1.50	1.32	1.13	0.94	0.75
4.2	3.01	2.82	2.63	2.44	2.26	2.07	1.88	1.69	1.50	1.32	1.13	0.94	0.75	0.56
4	2.82	2.63	2.44	2.26	2.07	1.88	1.69	1.50	1.32	1.13	0.94	0.75	0.56	0.38
3.8	2.63	2.44	2.26	2.07	1.88	1.69	1.50	1.32	1.13	0.94	0.75	0.56	0.38	0.19
3.6	2.44	2.26	2.07	1.88	1.69	1.50	1.32	1.13	0.94	0.75	0.56	0.38	0.19	
3.4	2.26	2.07	1.88	1.69	1.50	1.32	1.13	0.94	0.75	0.56	0.38	0.19		
3.2	2.07	1.88	1.69	1.50	1.32	1.13	0.94	0.75	0.56	0.38	0.19			
3	1.88	1.69	1.50	1.32	1.13	0.94	0.75	0.56	0.38	0.19				
2.8	1.69	1.50	1.32	1.13	0.94	0.75	0.56	0.38	0.19					
2.6	1.50	1.32	1.13	0.94	0.75	0.56	0.38	0.19						
2.4	1.32	1.13	0.94	0.75	0.56	0.38	0.19							
2.2	1.13	0.94	0.75	0.56	0.38	0.19								
2	0.94	0.75	0.56	0.38	0.19									
1.8	0.75	0.56	0.38	0.19										
1.6	0.56	0.38	0.19											
1.4	0.38	0.19												
1.2	0.19													

注：本表适用条形及正方形基础，矩形基础可参考。

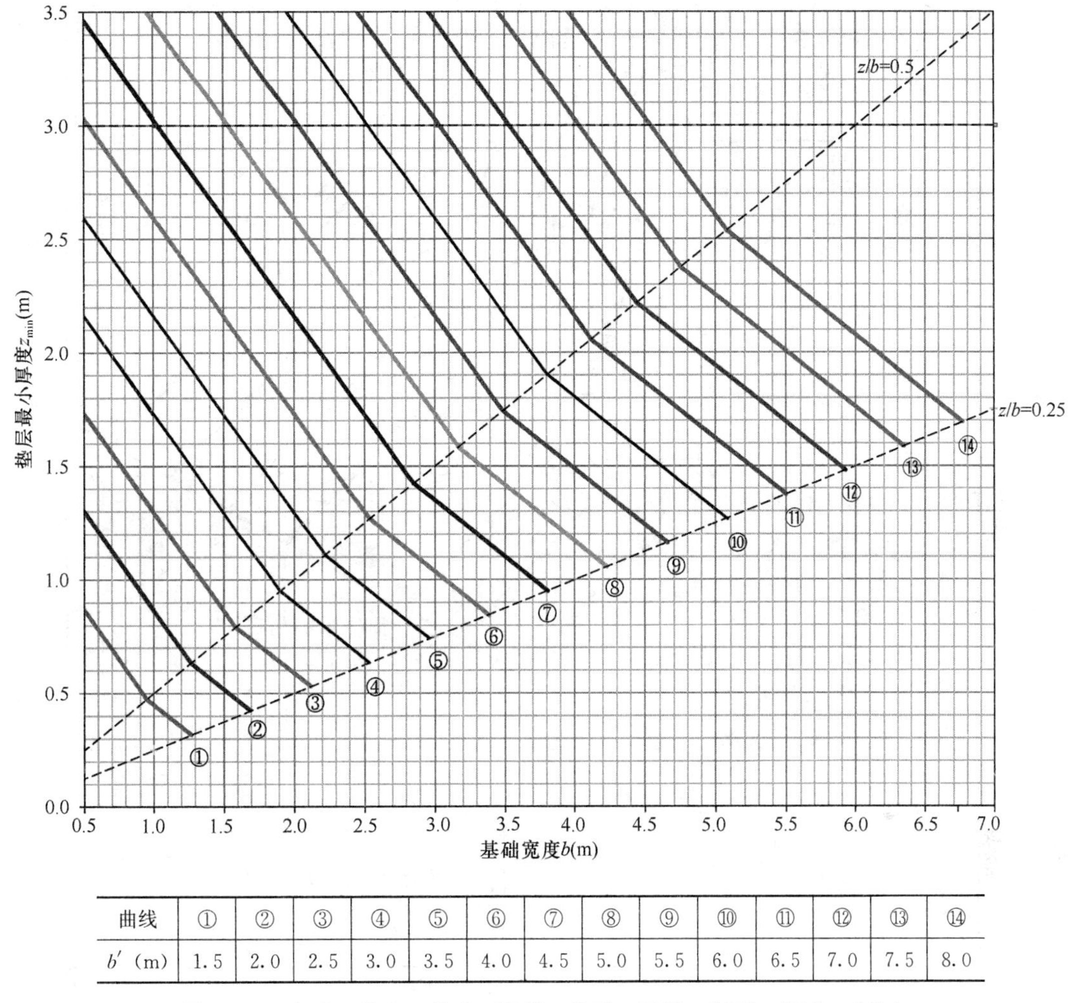

曲线	①	②	③	④	⑤	⑥	⑦	⑧	⑨	⑩	⑪	⑫	⑬	⑭
b'（m）	1.5	2.0	2.5	3.0	3.5	4.0	4.5	5.0	5.5	6.0	6.5	7.0	7.5	8.0

图 2-5 （中砂、粗砂、砾砂、圆砾、角砾、石屑、卵石、碎石、矿渣）
垫层最小厚度 z_{min} 图（m）

3. 简化计算示例

某五层砖混结构办公楼，采用墙下钢筋混凝土条形基础，作用在基础顶面荷载 $F_k=200kN/m$，基础埋深 1.3m。土层分布如下（图 2-8）：

第①层为黏性素填土，厚 1.3m，$\gamma=18kN/m^3$；

第②层为淤泥质土，厚 10m，$\gamma=17kN/m^3$，$f_{ak}=80kPa$；

第③层为粉土，厚 6m，$\gamma=19kN/m^3$，$f_{ak}=180kPa$；

地下水位距地表 2.5m。

试设计砂垫层（设砂垫层 $f_{ak}=150kPa$）。

（1）公式计算

1）确定基础宽度

利用 $b=\dfrac{F_k}{f_a-\gamma_G\cdot d}$

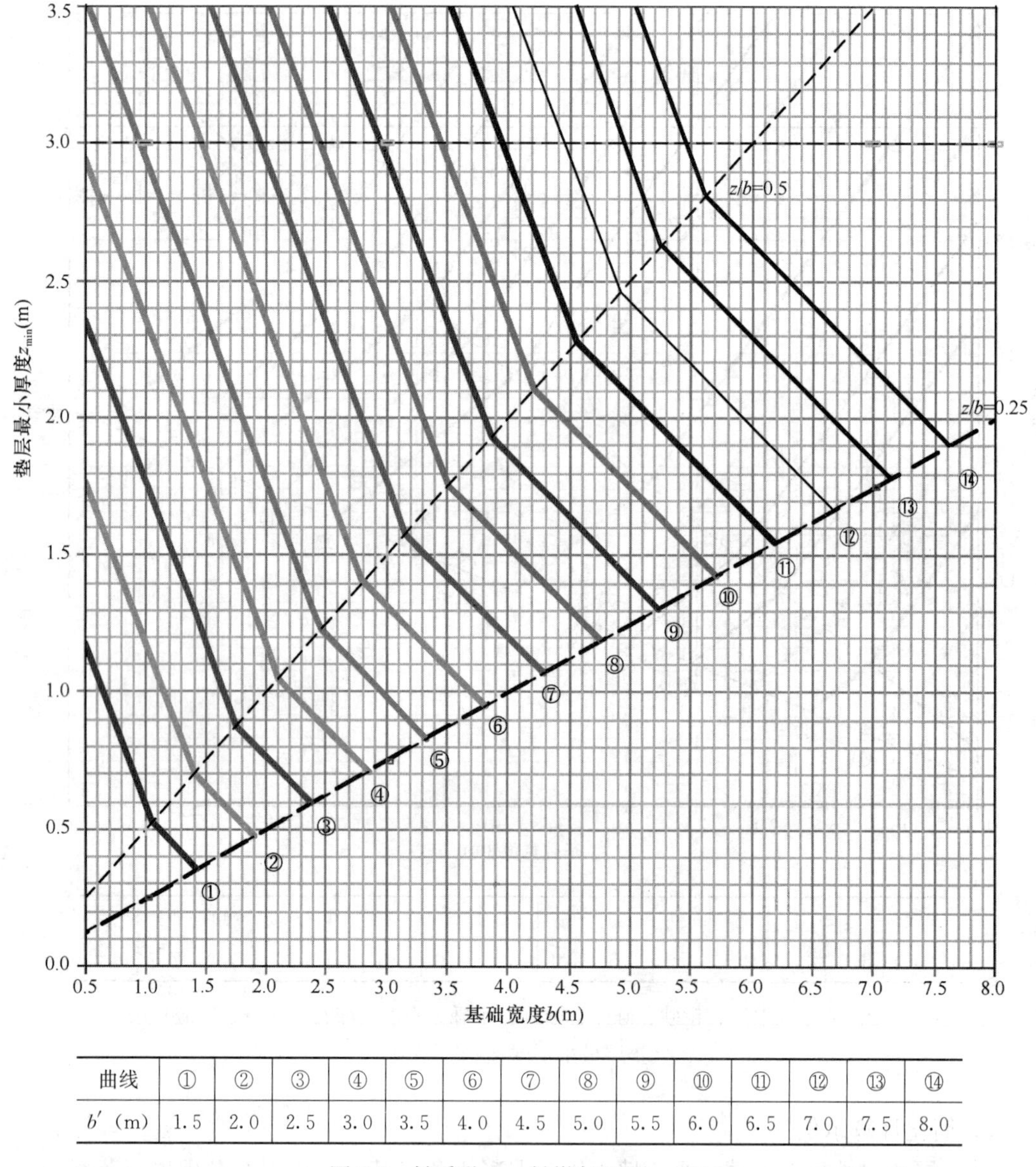

曲线	①	②	③	④	⑤	⑥	⑦	⑧	⑨	⑩	⑪	⑫	⑬	⑭
b'（m）	1.5	2.0	2.5	3.0	3.5	4.0	4.5	5.0	5.5	6.0	6.5	7.0	7.5	8.0

图 2-6　粉质黏土、粉煤灰垫层 z_{min} 图

其中 $f_a = f_{ak} + \eta_d \cdot \gamma_m(d-0.5) = 150 + 18 \times (1.3-0.5) = 164.4\text{kPa}$；$\gamma_G = 20\text{kN/m}^3$

$$b = \frac{200}{164.4-20\times1.3} = \frac{200}{138.4} = 1.445\text{m}，取 b=1.45\text{m} 计算$$

2）计算垫层底面宽度 b'

设垫层厚度为 1.0m，$z/b=0.69>0.50$，查表 2-2，$\theta=30°$，$\tan\theta=0.58$

$\therefore b' = b + 2z\tan\theta = 1.45 + 2\times1.0\times0.58 = 2.61\text{m}$

3）验算能否满足 $p_z + p_{cz} \leqslant f_{az}$

基底处 $p_c = 18\times1.3 = 23.4\text{kPa}$；

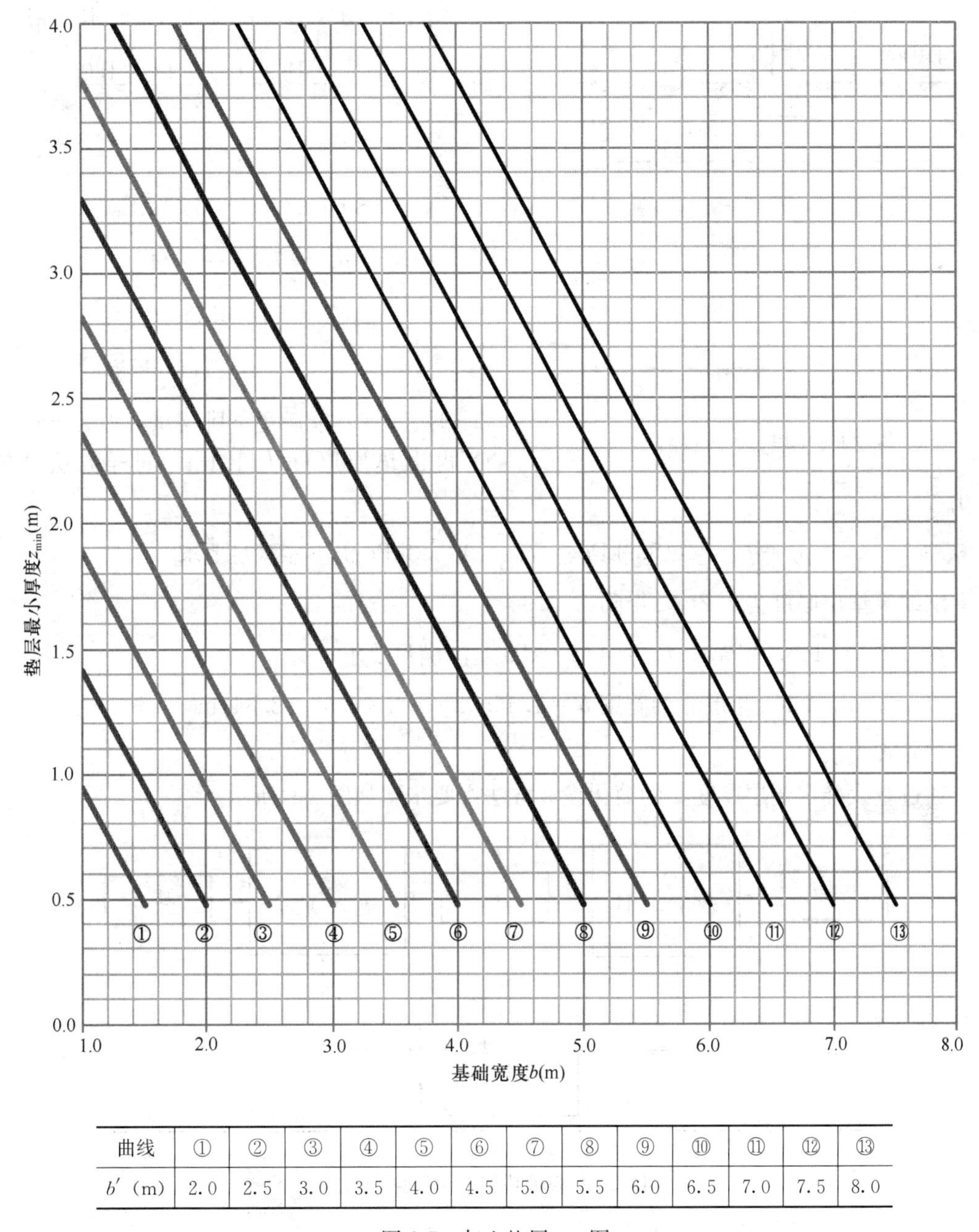

曲线	①	②	③	④	⑤	⑥	⑦	⑧	⑨	⑩	⑪	⑫	⑬
b'（m）	2.0	2.5	3.0	3.5	4.0	4.5	5.0	5.5	6.0	6.5	7.0	7.5	8.0

图 2-7 灰土垫层 z_{min}图

$$p_k = \frac{200 + 1.45 \times 1.3 \times 20}{1.45} = 164\text{kPa}$$

∴ 垫层底面处

利用
$$p_z = \frac{b(p_k - p_c)}{b + 2z\tan\theta}$$

即
$$p_z = \frac{1.45(164 - 23.4)}{2.61} = 78.1\text{kPa}$$

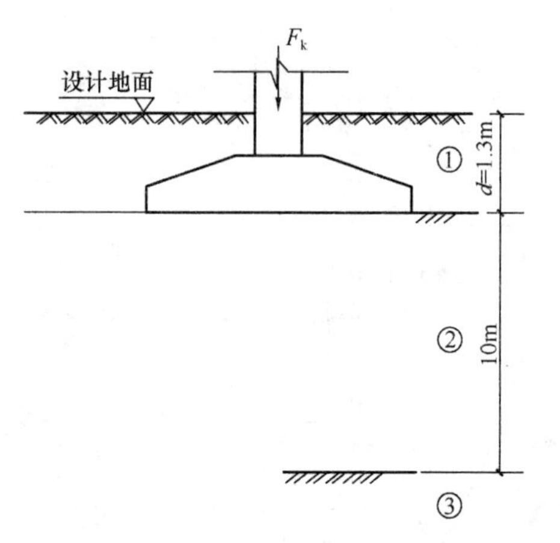

图 2-8 土层分布示意图

又 $p_{cz} = 18 \times 1.3 + 17 \times 1.0 = 40.4\text{kPa}$

而 $f_{az} = 80 + \dfrac{18 \times 1.3 + 17 \times 1.0}{2.3} \times (2.3 - 0.5)$

$= 80 + 31.6 = 111.6\text{kPa}$

显然 $p_z + p_{cz} = 78.1 + 40.4 = 118.5\text{kPa} > f_{az} = 111.6\text{kPa}$

∴ 垫层厚度不能满足下卧层承载力要求。

4）再设垫层厚度为 1.1m，同样方法计算得出

$p_z + p_{cz} = 116.9\text{kPa} > f_{az} = 113.3\text{kPa}$ 仍不能满足要求

继续设垫层厚度为 1.2m，得到

$p_z + p_{cz} = 115.5\text{kPa} \approx f_{az} = 115.0\text{kPa}$ 基本满足要求

∴ z_{min}=1.20m，垫层底面宽度 b'=1.45+2×1.2×0.58=2.842m

（2）查表法

通过查表确定垫层厚度 z 的简化设计方法主要步骤如图 2-9 所示。

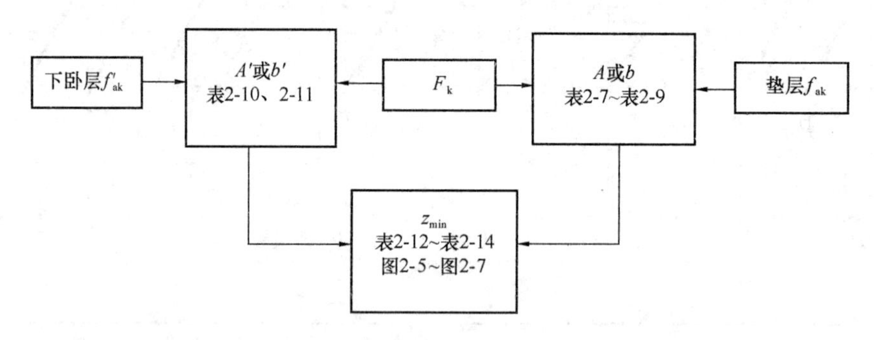

图 2-9 换填垫层简化计算步骤

已知：F_k =200kN/m；垫层 f_{ak}=150kPa；下卧层 f'_{ak}=80kPa

∴ 1）查表 2-7，根据 F_k =200kN/m 及垫层承载力 f_{ak}=150kPa 可确定基础底面宽度 b_{min}=1.46m，宜取 b=1.5m；

2）查表 2-11，根据 F_k =200kN/m 及下卧层承载力 f'_{ak}=80kPa 可确定垫层底面宽度 b'=3m；

3）查表 2-12，根据 b=1.5m 及 b'=3.0m，可确定垫层厚度 z_{min}值约为 1.30m。

通过比较可以看出，采用本手册的简化计算表格与公式计算法的结果基本一致，在实际工程中可以应用。

第三节 施 工

一、施工要点

(一) 基坑开挖

换填垫层施工前应进行土方开挖。

土方开挖前应检查定位放线、排水和降低地下水位工作（要求降至垫层底面以下0.5m），并应采取措施防止基坑土体扰动及保证边坡的稳定，临时性挖方边坡值应符合表2-15规定，土方开挖工程质量检验标准参见表2-16。对于一般黏性土，直立开挖深度不宜超过1.0～2.0m。

临时性挖方边坡值[4] 表2-15

土的类别		边坡值（高：宽）
砂土（不包括细砂、粉砂）		1∶1.25～1∶1.50
一般黏性土	坚硬	1∶0.75～1∶1.00
	硬塑	1∶1.00～1∶1.25
	软塑	1∶1.50或更缓
碎石类土	充填坚硬、硬塑黏性土	1∶0.50～1∶1.00
	充填砂土	1∶1.00～1∶1.50

注：1. 设计有要求时，应符合设计标准；
2. 如采用降水或其他加固措施，可不受本表限制，但应计算复核；
3. 开挖深度，对软土不应超过4m，对硬土不应超过8m。必要时应增设边坡支护。

土方开挖工程质量检验标准[4] 表2-16

项	序	项目	允许偏差或允许值（mm）					检验方法
			柱基、基坑、基槽	挖方场地平整		管沟	地（路）面基层	
				人工	机械			
主控项目	1	标高	−50	±30	±50	−50	−50	水准仪
	2	长度、宽度（由设计中心线向两边量）	+200 −50	+300 −100	+500 −100	+100	—	经纬仪，用钢尺量
	3	边坡	设计要求					观察或用坡度尺检查
一般项目	1	表面平整度	20	20	50	20	20	用2m靠尺和楔形塞尺检查
	2	基底土性	设计要求					观察或土样分析

注：地（路）面基层的偏差只适用于直接在挖、填方上做地（路）面的基层。

(二) 填料配制

人工配制的垫层材料应拌和均匀，并应检查填料的配比及施工含水量，雨季及冬季施工做好防雨及防冻措施。

(三) 垫层施工

1. 垫层施工应根据不同的换填材料选择施工机械。粉质黏土、灰土宜采用平碾、振动碾或羊足碾，中小型工程也可采用蛙式夯、柴油夯。砂石等宜用振动碾。粉煤灰宜采用平碾、振动碾、平板振动器、蛙式夯。矿渣宜采用平板振动器或平碾，也可采用振动碾。施工机具详见第三章第六节。

2. 为获得最佳夯压效果，宜采用垫层材料的最优含水量w_{op}作为施工控制含水量。对于粉质黏土和灰土，现场可控制在最优含水量 $w_{op}\pm2\%$ 的范围内；当使用振动碾压时，可适当放宽下限范围值，即控制在最优含水量 w_{op} 的 $-6\%\sim+2\%$ 范围内。最优含水量可按现行国家标准《土工试验方法标准》GB/T 50123 中轻型击实试验的要求求得。在缺乏试验资料时，也可近似取 0.6 倍液限值；或按照经验采用塑限 $w_p\pm2\%$ 的范围值作为施工含水量的控制值。粉煤灰垫层不应采用浸水饱和施工法，其施工含水量应控制在最优含水量 $w_{op}\pm4\%$ 的范围内。若土料湿度过大或过小，应分别予以晾晒、翻松。掺加吸水材料或洒水湿润以调整土料的含水量。对于砂石料则可根据施工方法不同按经验控制适宜的施工含水量，即当用平板式振动器时可取 15%～20%；当用平碾或蛙式夯时可取 8%～12%；当用插入式振动器时宜为饱和。对于碎石及卵石应充分浇水湿透后夯压。

3. 换填垫层的施工方法、分层铺填厚度、每层压实遍数等应根据垫层材料、施工机械设备及设计要求等通过现场试验确定，以求获得最佳夯压效果。在不具备试验条件的场合、也可参照建工及水电部门的经验数值，按表 2-19 选用。对于存在软弱下卧层的垫层，应针对不同施工机械设备的重量、碾压强度、振动力等因素，确定垫层底层的铺填厚度，使既能满足该层的压密条件，又能防止破坏及扰动下卧软弱土的结构。

4. 铺筑垫层前，应先进行验槽，检查垫层底面土质、标高、尺寸及轴线位置。垫层施工应分层进行，每层施工后应随即进行质量检验，检验合格后方可进行上层垫层施工。

垫层压实方法及施工参数汇总见表 2-17。

垫层压实方法及施工参数汇总 **表 2-17**

<table>
<tr><th rowspan="2">垫层材料</th><th rowspan="2" colspan="2">压实方法</th><th rowspan="2">施工机具</th><th rowspan="2">每层铺筑厚度（mm）</th><th rowspan="2">施工时最佳含水量（%）</th><th rowspan="2">施工要点及夯压遍数</th><th colspan="2">质量标准</th><th rowspan="2">备注</th></tr>
<tr><th>λ_c</th><th>ρ_d (t/m³)</th></tr>
<tr><td rowspan="10">砂石垫层</td><td colspan="2">平振法</td><td>平板式振动器（1.55～2.2kN）</td><td>150～250</td><td>15～20</td><td>用平板式振动器往复振捣，不少于 8～12 遍</td><td rowspan="10">0.94～0.97</td><td rowspan="10">砂垫层 1.6～1.7</td><td>不宜使用细砂或含泥量较大的砂所铺筑的砂地基</td></tr>
<tr><td colspan="2">插振法</td><td>插入式振动器</td><td>200～500 或振动器插入深度</td><td>饱和</td><td>1. 振动间距依机械振幅定
2. 不应插入下卧黏土层
3. 振后孔洞用砂填塞</td><td>同上</td></tr>
<tr><td colspan="2">水撼法</td><td>四齿钢叉：齿长 300mm，齿距 80mm，木柄长 900mm</td><td>250</td><td>浸水饱和</td><td>1. 用钢叉摇撼捣实
2. 叉点间距 100mm
3. 注水出砂面</td><td>湿陷性黄土及膨胀土地区不得使用</td></tr>
<tr><td rowspan="2">夯实法</td><td>机械</td><td>蛙式夯（重 200kg）</td><td>200～250</td><td>8～12</td><td>3～4 遍</td><td rowspan="2"></td></tr>
<tr><td>人工</td><td>木夯（重 40kg，落距 400～500mm）</td><td>150～200</td><td>8～12</td><td>一夯压半夯全面夯实</td></tr>
<tr><td rowspan="3" colspan="2">碾压法</td><td>平碾（8～12t）</td><td>200～300</td><td rowspan="3">8～12，碎石及卵石应充分浇水湿润</td><td>往复碾压，不少于 6～8 遍</td><td rowspan="3">1. 适用于大面积施工的砂和砂石地基
2. 应控制碾压速度</td></tr>
<tr><td>羊足碾（5～16t）</td><td>200～350</td><td>8～16 遍</td></tr>
<tr><td>振动碾（8～15t）</td><td>600～1300</td><td>6～8 遍</td></tr>
<tr><td rowspan="2" colspan="2">振动压密</td><td>5t 振动压密机</td><td>500～700</td><td rowspan="2">8～12</td><td>6～10 遍</td><td rowspan="2"></td></tr>
<tr><td>10t 振动压密机</td><td>1000～1200</td><td>6～8 遍</td></tr>
</table>

续表

垫层材料	压实方法	施工机具	每层铺筑厚度（mm）	施工时最佳含水量（%）	施工要点及夯压遍数	质量标准		备注
						λ_c	ρ_d（t/m³）	
粉质黏土灰土	碾压法	平碾	200～300	$w_{op}\pm2\%$	6～8遍	0.93～0.95	1.55～1.65	1. ω_{op}应按轻型击实试验确定或取$w_{op}=0.6\omega_L$ 2. 控制碾压速度 3. 拌后灰土应当日使用。压实后3d内不得受水浸泡
		羊足碾	200～350		8～16遍			
		振动碾（8～15t）	600～1300	$w_p-6\%$～$w_{op}+2\%$	6～8遍			
	夯实法	蛙式夯、柴油夯、木夯	200～250	$w_{op}\pm2\%$	4～6遍			
粉煤灰垫层	碾压法	平碾	200～300	$w_{op}\pm4\%$，底层稍低于w_{op}	6～8遍	0.93～0.95		1. 不应采用浸水饱和施工法 2. 应控制碾压速度 3. 施工时气温不低于0℃ 4. 宜当日压实
		振动碾（2～4t）	200～300		4～6遍			
		振动碾（8～15t）	600～1300		大面积施工时，先用履带式机具初压1～2遍，然后用中重型振动碾碾压3～4遍，最后用平碾碾压1～2遍			
	平振法	平板式振动器	150～250		遍数按试验确定			
	夯实法	蛙式夯	200～250		不少于3～4遍			
矿渣垫层	平振法	平板式振动器	200～250	15～20	遍数按试验确定、单位面积振动时间不少于60	—	—	1. 质量标准用最后两遍压实的压陷差小于2mm控制 2. 应控制碾压速度
	碾压法	平碾（5t）	200～300	8～12	10～12遍			
		平碾（8～12t）	300	8～10	6～8遍			
		振动碾（2～4t）	≤350	8～12	遍数按试验确定，每m²振压时间不少于1min			
		振动碾（8～15t）	600～1300	8～12	6～8			

注：1. 在地下水位以下的地基，其最下层铺筑厚度可比上表数值略有增加（+50mm）；
2. 机械碾压速度：一般平碾2km/h；羊足碾3km/h；振动碾2km/h；振动压实机0.5km/h；
3. 土夹石垫层施工要求依碎石含量参考表中相近土料执行；
4. 换填垫层的压（夯）实程度也可以采用夯填度D_h控制。夯填度D_h是指垫层压实后的厚度与虚铺厚度的比值，应根据试验或当地经验确定。无经验时可按下列指标控制施工质量：对砂石垫层可取$D_h\leqslant0.87$；土夹石$D_h\leqslant0.70$；矿渣$D_h\leqslant0.65$。天津地区利用8～12t平碾进行土石屑垫层施工，首先根据垫层设计承载力选择平碾吨位，实际施工时每层虚铺300mm，往复碾压至无轮迹及沉降为止。

二、施工注意事项

1. 当垫层底部存在古井、古墓、洞穴、旧基础、暗塘等软硬不均的部位时，应根据建筑对不均匀沉降的要求予以处理，并经检验合格后，方可铺填垫层。

对垫层底部的下卧层中存在的软硬不均点，要根据其对垫层稳定及建筑物安全的影响确定处理方法。对不均匀沉降要求不高的一般性建筑，当下卧层中不均点范围小，埋藏很深，处于地基压缩层范围以外，且四周土层稳定时，对该不均点可不做处理。否则，应予挖除并根据与周围土质及密实度均匀一致的原则分层回填并夯压密实，以防止下卧层的不均匀变形对垫层及上部建筑产生危害。

2. 基坑开挖时应避免坑底土层受扰动，可保留约200mm厚的土层暂不挖去，待铺填垫层前再分段挖至设计标高，并随即用换填材料铺填。严禁扰动垫层下的软弱土层，防止其被践踏、受冻或受水浸泡。在碎石或卵石垫层底部宜设置150～300mm厚的砂垫层或铺一层土工织物，以防止软弱土层表面的局部破坏。

3. 垫层施工时必须作好边坡防护，防止基坑边坡坍土混入垫层。

4. 换填垫层施工应注意基坑排水，除采用水撼法施工砂垫层外，不得在浸水条件下施工，必要时应采用降低地下水位的措施。

5. 在同一栋建筑下，垫层底面宜设在同一标高上，并应尽量保持垫层厚度相同；对于厚度不同的垫层，为防止垫层厚度突变，基坑底土面应挖成阶梯或斜坡搭接，并按先深后浅的顺序进行垫层施工，搭接处应夯压密实；在垫层较深部位施工时，应注意控制和调整该部位的压实系数，以防止或减少由于地基处理厚度不同所引起的差异变形。

6. 粉质黏土及灰土垫层分段施工时，不得在柱基、墙角及承重窗间墙下接缝。上下两层的缝距不得小于500mm。接缝处应夯压密实。

为保证灰土施工控制的含水量不致变化，拌合均匀后的灰土应在当日使用。灰土夯实后，在短时间内水稳定性及硬化均较差，易受水浸而膨胀疏松，影响灰土的夯压质量。因此，灰土夯压密实后3d内不得受水浸泡。

7. 粉煤灰垫层铺填后宜当天压实，分层碾压验收后，应及时铺填土层或封层，防止干燥或扰动使碾压层松胀密实度下降及扬起粉尘污染。同时应禁止车辆碾压通行。

8. 垫层竣工验收合格后，应及时进行基础施工与基坑回填。

第四节　质量检验及工程验收

一、施工前

检验换填材料质量、配合比等是否满足设计要求。

二、施工中检验内容、方法、具体要求

1. 垫层的施工质量检验必须分层进行。应在每层的压实系数符合设计要求后铺填上层填料；

2. 对粉质黏土、灰土、粉煤灰和砂石垫层的施工质量检验可用环刀法、贯入仪、静力触探、轻型动力触探或标准贯入试验检验；对砂石、矿渣垫层可用重型动力触探检验。

对垫层进行质量检验前，必须首先通过现场试验，在达到设计要求压实系数的垫层试验区内，利用贯入或触探试验测得贯入深度或击数，然后再以此作为控制施工压实系数的标准，进行施工质量检验。

压实系数也可采用环刀法、灌砂法、灌水法或其他方法检验。

3. 检验砂垫层使用的环刀容积不应小于200cm^3，以减少其偶然误差。在粗粒土垫层中的施工质量检验，可设置纯砂检验点，按环刀取样法检验，或采用灌水法、灌砂法进行

检验。

4. 垫层施工质量检验点的数量因各地土质条件和经验不同而取值范围不同。采用环刀法检验垫层的施工质量时，取样点应位于每层厚度的 2/3 深度处。检验点数量，对大基坑每 50～100m^2 不应少于 1 个检验点或每 100m^2 不少于 2 点；对基槽每 10～20m 不应少于 1 个点；每个独立柱基不应少于 1 个点。采用贯入仪或动力触探检验垫层的施工质量时，每分层检验点的间距应小于 4m。

三、质量检验标准

1. 竣工验收宜采用载荷试验检验垫层质量，当采用载荷试验检验垫层承载力时，每个单体工程不宜少于 3 点，对于大型工程则应按单体工程的数量或工程的面积确定检验点数；为保证载荷试验的有效影响深度不小于换填垫层处理的厚度，载荷试验承压板直径（d）或边长（b）不宜小于 1m 或垫层厚度的 1/3。处理厚度大也可分层进行。载荷试验具体要求按《建筑地基处理技术规范》JGJ 79 附录 C 有关规定。

2. 当试验得到的 p-s 曲线上的比例界限不明显时，也可以参考下列规定确定换填垫层地基承载力特征值：

1）土垫层，可取 s/d 或 s/b=0.010 所对应的压力（编者注：粉煤灰垫层地基亦可参考本规定执行）；

2）灰土垫层地基，可取 s/d 或 s/b=0.006 所对应的压力；

3）砂石垫层地基，宜按 s/d 或 s/b=0.008～0.010 所对应的压力。

3. 不同材料垫层质量检验标准见表 2-18 到表 2-21。

灰土垫层质量检验标准[4] **表 2-18**

项	序	检查项目	允许偏差或允许值		检查方法
			单位	数值	
主控项目	1	地基承载力	设计要求		按规定方法
	2	配合比	设计要求		按拌和时的体积比
	3	压实系数	设计要求		现场实测
一般项目	1	石灰粒径	mm	≤5	筛分法
	2	土料有机质含量	%	≤5	试验室焙烧法
	3	土颗粒粒径	mm	≤15	筛分法
	4	含水量（与要求的含水量比较）	%	±2	烘干法
	5	分层厚度偏差（与设计要求比较）	mm	±50	水准仪

砂石垫层质量检验标准[4] **表 2-19**

项	序	检查项目	允许偏差或允许值		检查方法
			单位	数值	
主控项目	1	地基承载力	设计要求		按规定方法
	2	配合比	设计要求		检查拌和时的体积比或重量比
	3	压实系数	设计要求		现场实测

续表

项	序	检查项目	允许偏差或允许值		检查方法
			单位	数值	
一般项目	1	砂石料有机质含量	%	≤5	焙烧法
	2	砂石料含泥量	%	≤5	水洗法
	3	石料粒径	mm	≤100	筛分法
	4	含水量（与最优含水量比较）	%	±2	烘干法
	5	分层厚度（与设计要求比较）	mm	±50	水准仪

粉煤灰垫层质量检验标准[4] **表 2-20**

项	序	检查项目	允许偏差或允许值		检查方法
			单位	数值	
主控项目	1	压实系数	设计要求		现场实测
	2	地基承载力	设计要求		按规定方法
一般项目	1	粉煤灰粒径	mm	0.001～2.000	过筛
	2	氧化铝及二氧化硅含量	%	≥70	试验室化学分析
	3	烧失量	%	≤12	试验室烧结法
	4	每层铺筑厚度（与设计要求比较）	mm	±50	水准仪
	5	含水量（与最优含水量比较）	%	±2	取样后试验室确定

粉煤灰垫层不产生液化所需要的标贯击数（N） **表 2-21**

垫层厚度（m）	N
≤5	≥8
5～8	≥10

注：1. 本表录自上海市工程建设标准《地基处理技术规范》DBJ08－40；
2. 本表适用地震烈度 7 度；
3. N 值未修正。

第五节　工　程　实　录

一、粉煤灰垫层工程实例[8]

（一）工程概况

上海某厂主厂房车间建筑面积为 73847m²，设计要求厂房的地坪堆放重物，回填垫层的承载力特征值 f_{ak}≥300kPa，变形模量 E_0≥10MPa，压实系数 λ_c≥0.93，经分析研究对比决定采用粉煤灰垫层填筑方案。

（二）场地地质条件

该主厂房位于长江下游平原，地势平坦低洼，地下水埋深较浅（1m 左右）。地层自上而下为：褐黄色粉质黏土层，其下为较厚淤泥质黏性土层。设计地坪标高高于原始地面标高 0.7～1.0m，持力层承载力低，满足不了设计要求。

（三）施工质量控制

1. 垫层材料选用宝钢电厂贮灰场中的湿排灰和调湿粉煤灰，粉煤灰中严禁掺入植物根茎、有机质和垃圾等杂物，粉煤灰含水量应适中，便于运输。

2. 经试样分析实验，宝钢粉煤灰基本属于粉质砂土，但加水后又有一定的黏性，其抗剪强度性能优于粉砂，通过 X 射线和扫描电镜分析粉煤灰颗粒较细，具有良好的火山灰活性。有害元素及化学成分符合国家环保要求。

3. 由室内击实实验得出 $\rho_{dmax}=1.16t/m^3$，$w_{op}=30.5\%$，设计要求的 $\lambda_c \geqslant 0.93$，所以每层施工碾压粉煤灰垫层应控制的干密度为 $\rho_d=\lambda_c \cdot \rho_{dmax}=1.08t/m^3$。粉煤灰施工最优控制含水量范围为 $w_{op}\pm4\%=30.5\%\pm4\%$。

4. 采用二轮振动压实机、三轮内燃压路机和平板振动器等机具进行压实。每层虚铺厚度为 300mm，碾压 5～6 遍，碾压密实厚度为 200mm。边角采用平板振动器压实，虚铺厚度为 200mm，振压 6～7 遍。

填筑粉煤灰垫层平均厚度为 0.7m，耗灰量 4 万吨，节约填方工程费 37 万元。投产运行迄今，在混凝土地坪上堆放大量荷载条件下，未发现任何异常情况。

（四）质量检验与工程验收

粉煤灰垫层分层质量检验采用 2.5kg 的短柄贯入仪和 200cm³ 环刀取样进行检测，检测结果表明，粉煤灰垫层分层碾压压实系数 λ_c 分布范围在 0.935～1.082 间，粉煤灰分层填筑碾压抽样点的平均压实系数 λ_c 均满足压实系数 $\lambda_c \geqslant 0.93$ 的要求。由于施工采用 12t 重型三轮压路机和 10t 振动压路机碾压，使粉煤灰垫层的碾压密实度超过室内轻型击实仪试验提出的击实密度。

粉煤灰垫层填筑工程质量的验收检测方法采用静荷载试验，试验结果见例表 1-1。

粉煤灰垫层静载荷试验结果汇总表　　例表 1-1

试验点编号	相对沉降法		比例界限荷载法		极限荷载法		回弹量 s (mm)	变形模量 E_0 (MPa)
	沉降量 $s=0.01b$ (mm)	承载力 $p_{0.01}$ (MPa)	沉降量 s_a (mm)	承载力 p_a (MPa)	沉降量 s_a (mm)	极限承载力 p_u (MPa)		
一区 1 号	5	0.60	8.9	>1.00	8.9	>1.00	−4.86	19.35
二区 2 号	5	0.61	11.30	1.15	25.7	1.60	−11.08	19.68

上表说明，粉煤灰垫层的压缩变形量控制在 5mm 条件下，其承载力的特征值为 600kPa，变形模量 E_0 为 19.35MPa，完全满足了工程设计技术要求。

二、素土及灰土垫层工程实例

（一）工程概况

某饭店二期工程为中外合资的四星级饭店，主楼高 12 层（计地下室在内），局部 13 层，裙房三层，总建筑面积约 22000m²，基底压力为 200kPa，采用框架结构，钢筋混凝土筏板基础。基础埋深在地表面下－6.5m 处。

（二）场地土工程性质

1. 场地土工程性质概况

第1～5层在场地大部分范围内各项物理力学指标变化不大，如含水量、重度、压缩性、湿陷性和承载力等指标比较接近，仅在局部地段由于地形低洼，地面雨水长期排泄不畅，指标值差异较大。第6层以下各土层的湿陷性已完全消除，同一层的物理力学指标趋于一致，随着深度的增加，重度、承载力和压缩模量亦相应增大，仅是第9层和第10层含水量较大，处于软流塑状态，承载力较低，但这两层距基础底面已10m以上，影响较小。因此，地基处理的重点应集中在第5层以上。土层厚度及承载力特征值、湿陷系数见例表2-1。

各土层的承载力值及湿陷系数 **例表2-1**

层号	厚度（m）	深度（m）	承载力特征值 f_{ak}（kPa）	湿陷系数 δ_s
2	1.4	2.5	160	0.071
3	3.9	5.9	130	0.059
4	2.1	8.0	150	0.035
5	3.4	11.5	140	0.012
6	3.0	14.5	150	0.006
7	0.7	15.3	230	—
8	1.2	16.5	230	—
9	4.7	21.3	140	—
10	2.4	23.6	160	—
11	1.2	24.5	180	—
12	1.5	26.2	220	—
13	1.8	28.0	230	—
14	1.9	29.7	230	—
15	2.6	32.8	230	—
16	1.4	33.7	250	—
17	1.3	35.0	260	—
18	3.8	37.0	260	—

2. 场地的湿陷性

根据《湿陷性黄土地区建筑规范》的判定结果如下：

湿陷类型：非自重湿陷性场地。

湿陷等级：Ⅱ～Ⅲ级非自重湿陷性场地。

湿陷性土层厚度：由地表算起的湿陷土层厚度为8.5m，也即未超过第5层底。

剩余湿陷量：当基础设置在地下6.5m时，深度为6.5～8.5m的剩余湿陷量为100mm。

（三）地基处理方案选择

该建筑物基底压力为p=200kPa，按补偿基础设计原理，当基础埋置于－6.5m处时，基底附加压力Δp=10.6kPa，因此基底附加压力小于各土层的容许承载力，更小于各土层经深度和宽度修正后的承载力。所以就承载力而言，基础底面下各土层均可用作天然地基。但是在－8.5～－6.5m的地层中尚存在100mm的剩余湿陷量。

此工程按规范可归入甲类建筑，设计要求宜消除全部湿陷量。较简便的处理方案有三种可供选择。

1. 挖除全部湿陷土层，以素土和灰土垫层加以置换；

2. 采用粉煤灰或灰土挤密桩穿透这部分湿陷地层；

3. 采用预制钢筋混凝土桩。

经分析采用挤密桩或钢筋混凝土桩消除2m厚湿陷土层是完全可行的，而采用厚度各1m的灰土和素土垫层置换2m厚的湿陷土层，必须对其承载力和沉降量进行验算。

符合压实标准的2：8灰土的容许承载力可达300kPa，再按照基础的宽度和埋深进行修正，其承载力可达355kPa，远大于基底压力200kPa。

参考规范取素土垫层承载力特征值为150kPa，经宽度和深度修正后，其承载力达228kPa，而素土垫层顶面的压力为p=217kPa，故承载力亦满足要求。

下卧天然土层主要为第5层，其容许承载力为140kPa，经基础宽度和深度修正后为243kPa，而该层顶面的压力为236kPa，故下卧层亦满足要求。

经分层总和法分析，结合以往的观测资料推断各点的沉降量范围值为10～50mm，也即沉降差不超过40mm，倾斜值不超过0.0009，因此，采用垫层置换方案时，沉降量、沉降差和倾斜值都能满足要求。

（四）基坑边坡稳定性及对相邻基础影响

垫层处理将基坑开挖8.5m深，经用泰勒的土坡稳定高度经验公式计算，基坑直立式的稳定高度为11.6m，大于开挖深度，故坑壁稳定，可不做支护。

另外，二期建筑物北侧与已有的一期建筑仅有12m之隔，经分析两基础埋深差为2.6m，两基础净距为埋深差的4.6倍，符合规范关于基础埋深的要求，因此在基坑与一期建筑物相邻一侧也可不做支护。

经上述分析，采用垫层处理地基是可行的，造价较挤密粉煤灰桩可节省一半，比预制桩可节省更多。从环境效益而言，其噪声、粉尘污染和振动都小。

素土和灰土垫层的施工从略。该建筑物自垫层回填开始到主体结构施工完成为止，最大沉降量为16mm，最小沉降量为3mm，最大沉降差为13mm，均在规范容许范围之内，与预先估算的沉降范围值10～50mm悬殊不大。建成后建筑物一切正常。施工过程中在没有支护的情况下无塌方坍落现象。原有一期建筑物也没有因基坑开挖而产生开裂或附加沉降。

（段武力、陶有恒、杜海涛、张福有，金花饭店二期工程岩土工程勘察实录1991年7月，西安市建筑设计院）

三、挤淤置换法

（一）原理及施工工艺

挤淤置换法是依靠换填材料的自重以及借助于其他外力，诸如：压载、振动、爆炸、强夯或卸荷（即及时挖除换填体周边处的淤泥）等，使软弱层遭受破坏后被强制挤出而进行的换填处理。

根据目前工程实践，挤淤置换地基适用于厚度在10m以内的流动性大，基本无硬壳层的大面积流塑状淤泥地基处理。

挤淤置换地基常采用的挤淤方法有以下几种：

1. 压载法

采用这种方法挤淤的堆石高度必须大于淤泥的堆石极限高度。可按下式计算（例图3-1）：

$$H=\frac{(2+\pi)c_{u}+2\gamma_{s}\cdot D}{\gamma}+\frac{(4c_{u}+2\gamma_{s}\cdot D)\cdot D}{\gamma\cdot B}+\frac{2\gamma_{s}\cdot D^{3}}{3\gamma\cdot B^{2}} \quad 例(3\text{-}1)$$

式中 c_u——淤泥抗剪强度（kPa）；

γ_s、γ——分别为淤泥及换填堆石重度（kN/m³）；

B——换填体的宽度（m）；

D——换填体在淤泥中下沉深度（m）。

换填体高出淤泥面的高度：

$$h=H-D \quad 例(3\text{-}2)$$

在施工中，为使挤淤换填达到设计深度，必须尽可能的高速、连续、全断面堆高块石挤淤体，填料应级配良好。

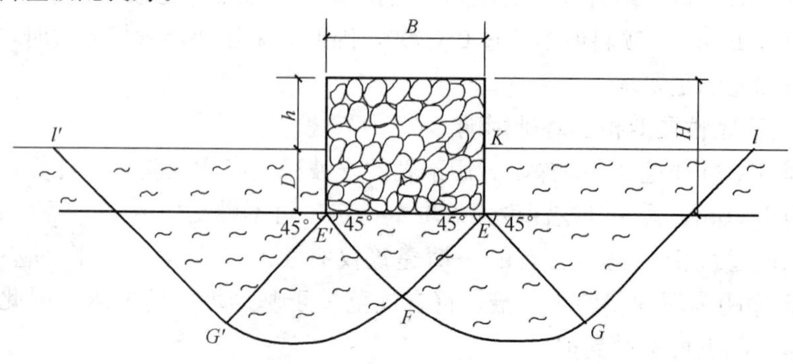

例图 3-1　压载挤淤计算简图

2. 振动挤淤

采用具有足够激振力的振动器及振动碾在挤淤换填体上振动挤淤下沉。目前由于设备条件限制，一般仅用于表面平整及压实填料。

3. 强夯挤淤

采用强夯法使换填体挤淤下沉，可按下式计算：

$$H=0.4\sqrt{\frac{W\cdot h_{s}}{10}} \quad 例(3\text{-}3)$$

式中 H——换填体挤淤深度（m）；

W——锤重（kg）；

h_s——落距（m）。

工程实践表明，采用强夯挤淤换填效果显著。

一般可采用 $W\geqslant1600$kg；$h_s=15\sim19$m。

4. 爆破挤淤

当挤淤深度超过 7m 时，采用爆破挤淤效果显著。但需注意由于爆破挤淤会使换填体突然下沉，因此爆破前需将换填体加至高出淤泥面 3m 以上。

5. 卸荷挤淤

此法主要采用吸泥泵等设备及时挖除换填体周围的淤泥，可加大换填土下沉速度及深度。

在卸荷挤淤过程中，应严格控制换填体两侧淤泥面的高差$\triangle H$（m），以利下沉位置符合要求。

$$\Delta H \leqslant \sqrt{\frac{2c_u \cdot B}{k \cdot \gamma_s \cdot S_e}} \qquad 例(3\text{-}4)$$

式中　S_e——淤泥灵敏度；

k——安全系数，取1.5～2.0；

c_u、B、γ_s——意义同前。

当采用挤淤置换法时，应根据实际情况综合运用压载、振动、强夯、爆破及卸荷等措施，使换填体穿过淤泥层沉至设计的持力层上。

（二）工程实例

某机场飞行区总面积达180万m^2，全部位于海积淤泥上，淤泥层平均厚5.5m，最大厚度9m，天然含水量82.1%～86.8%，孔隙比2.253%～2.369%，允许承载力为30kPa。该机场飞行区中的跑道、滑行道、联络道共计44万m^2淤泥地基，即采用挤淤换填法设置拦淤坝进行封闭置换处理的。该方法要点是：

将跑道、滑行道及联络道地基四周用端进抛石挤淤方法，以大量的块石构成顶部高出淤泥面，底部沉至亚黏土持力层的拦淤围坝，然后将四周封闭的围坝中的淤泥清除，分层回填石渣料，形成人工置换地基，见例图3-2。

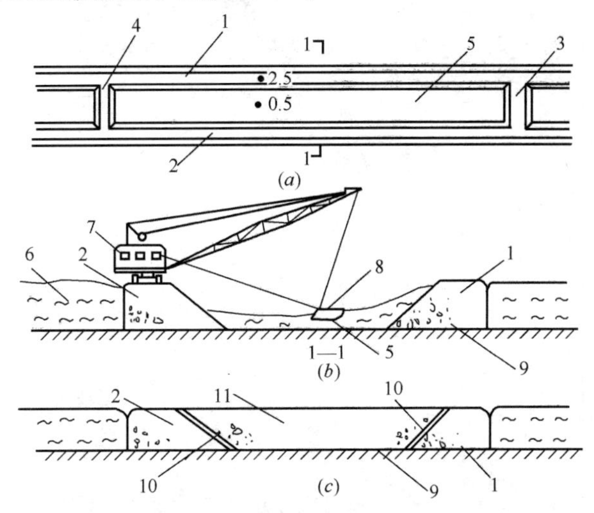

例图3-2　拦淤堤封闭式置换地基施工程序图

（a）先填筑四周拦淤堤；（b）索铲位于拦淤堤上挖淤泥；（c）填筑置换地基

1—东拦淤堤；2—西拦淤堤；3—南栏淤堤；4—北拦淤堤；5—拦淤堤形成的封闭基坑；6—淤泥堆存区；7—4m^3索铲；8—挖泥索斗；9—粉质黏土层；10—过滤料；11—置换地基回填料

（杨光煦，第二届全国地基处理学术研讨会论文集，1989）

拦淤围坝填料：干重度≥19kN/m³；内摩擦角>30°；块石最大粒径 80cm。

本 章 参 考 文 献

[1] 《建筑地基处理技术规范》JGJ 79—2012. 北京：中国建筑工业出版社，2013.

[2] 天津市工程建设标准：《岩土工程技术规范》DB 29—20—2000. 北京：中国建筑工业出版社，2000.

[3] 《湿陷性黄土地区建筑规范》GB 50025—2004. 北京：中国建筑工业出版社，2004.

[4] 《建筑地基基础工程施工质量验收规范》GB 50202—2002. 北京：中国建筑工业出版社，2002.

[5] 上海市工程建设标准：《地基处理技术规范》DBJ 08—40. 上海，1994.

[6] 江正荣. 地基基础施工手册. 北京：中国建筑工业出版社，1997.

[7] 王恩远，吴迈. 换填垫层简明设计方法，地基处理，第 20 卷第 4 期，2009.

[8] 叶书麟，叶观宝. 地基处理. 北京：中国建筑工业出版社，1997.

[9] 龚晓南等. 地基处理手册(第三版)北京：中国建筑工业出版社，2008.

[10] 林宗元等. 简明岩土工程监理手册. 北京：中国建筑工业出版社，2003.

[11] 北京土木建筑学会. 建筑地基基础工程施工操作手册. 北京：经济科学出版社，2004.

第三章　机械压（夯）实法

机械压（夯）实法包括重锤夯实、振动压密、小能量强夯、强夯、振冲加密、机械碾压等方法。除强夯法外的机械压（夯）实法，均为表层原位压（夯）实法，主要应用道路、堆场、中小型建筑的地基处理，以及换填垫层和大面积分层填土的施工。

第一节　重锤夯实法

一、原理

重锤夯实法是利用起重机械将重锤提到一定高度，自由落下，以重锤自由下落的冲击能来夯实浅层地基。经过多次重复提起、落下，使地基表面形成一层较为均匀密实的硬壳层，从而提高地基承载力，减少地基变形。

二、机具设备

1. 夯锤：其形状宜采用截头圆锥体，可用 C20 以上钢筋混凝土制作，其底部可填充废铁并设置钢底板使重心降低。常用夯锤质量约在 1.5～3.0t 之间，锤底面静压力可控制在 15～20kPa。夯锤形状见图 3-1，锤底直径 D 一般为 1.0～1.5m。夯锤落距宜大于 3m，一般采用 3～6m。

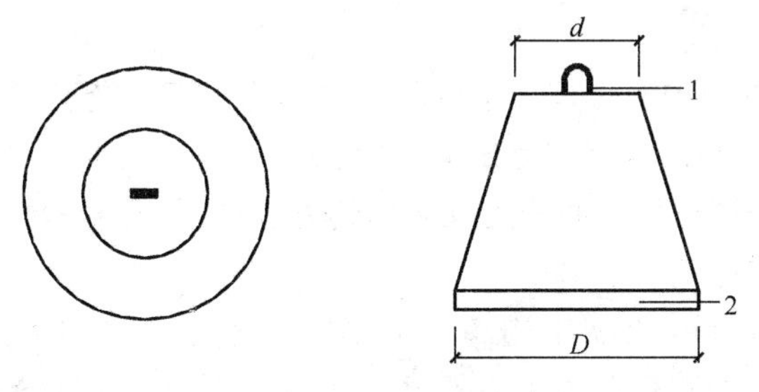

图 3-1　夯锤

1—吊环；2—钢板

2. 起重设备：宜用带有摩擦式卷扬机的起重机，当采用自动脱钩装置时，起重能力应大于锤重 1.5 倍；直接用钢丝绳悬吊夯锤时，应大于锤重 3 倍。

三、适用范围及加固效果

1. 重锤夯实适用于处理地下水位距地表（夯实面）0.8m 以上稍湿的杂填土、黏性土、砂土、饱和度 $S_r \leqslant 60\%$ 的湿陷性黄土和分层填土等地基，在有效夯实深度内存在软黏土层时不宜采用。因为饱和软黏土在瞬间冲击力作用下孔隙水不易排出，很难夯实。

2. 重锤夯实的影响深度及加固效果与夯锤质量、锤底直径、落距、夯打遍数及土质条件等因素有关。一般需要通过现场试夯来确定。根据一些地区的经验，当锤质量为1.5～3.0t，落距为3～6m时，重锤夯实的有效加固深度约为1～2m，承载力可达100～150kPa。

3. 夯实效果与土的含水量关系十分密切，只有在土处于最佳含水量的条件下，才能得到最好的夯实效果。如含水量很大，夯击时会出现橡皮土等不良现象。此外，施工宜尽量避免在雨季进行。

四、施工要点

1. 重锤夯实正式施工前，应在现场选点试夯。试夯前，应进行补充勘察，了解夯前土层性状；试夯中，应观测记录夯坑底土层沉降量；夯后应进行取土或触探试验，对比夯实前后土层密实度，含水量，湿陷性等的变化以及有效处理深度，为进行重锤夯实处理地基提供设计施工参数。当试夯达不到设计要求的密实度和加固深度时，应适当增加落距和击次，必要时可增加锤重再行试夯。

2. 采用重锤夯实分层填土地基时，每层的虚铺厚度应通过试夯确定。每层虚铺厚度一般相当于锤底直径，约为1～1.5m。

3. 基坑（槽）的夯实范围应大于基础底面。开挖时，坑（槽）每边比设计要求夯实范围加宽不宜小于0.3m，以便于夯实工作的进行。坑（槽）边坡应适当放缓。夯实前，坑（槽）底面应高出设计标高，预留土层的厚度可为试夯时的总下沉量加5～10cm。

4. 夯实前应检查坑（槽）中土的含水量，并根据试夯结果决定是否需要加水。如欲加水，则需待水全部渗入土中一昼夜后方可夯击。若土的表面含水量过大，夯击成软塑状态时，可采取铺撒吸水材料（干土、碎砖、生石灰等）、换土或其他有效措施处理。分层填土时，应取用含水量相当于最优含水量的土料。如土料含水量较低，宜加水至最优含水量。每层土铺填后应及时夯实。

5. 在基坑（槽）的周边应作好排水设施，防止坑（槽）受水浸泡。

6. 在条形基槽和大面积基坑内夯击时，宜按一夯挨一夯顺序进行；在独立柱基基坑内夯击时，一般采用先周边后中间或先外后里的方法进行；同一基坑底面标高不同时，应按先深后浅的顺序逐层夯实。

夯实宜分2～4遍进行，累计夯击10～15次，最后二击平均夯沉量，对砂土不应超过5～10mm，对黏性土和湿陷性黄土不应超过10～20mm。下一遍夯位应与上一遍错开1/2锤径，最后一遍应采用一夯压半夯打法。

7. 冬季施工时，必须保证地基在不受冻的状态下进行夯击。

8. 当夯击振动对临近建筑物、设备及施工中的砌筑工程和混凝土浇筑工程产生有害影响时，必须采取有效的预防措施。一般10～15m外影响较小。

五、质量检验及工程验收

1. 施工中应随时检查施工记录，除要求最后夯沉量符合试夯及设计要求外，同时要求表面总夯沉量不小于试夯总下沉量90%为合格，否则应补夯。

2. 竣工后主要检验夯实地基的密实度、加固深度和承载力，检验方法可采用载荷试验、标准贯入试验、动力触探、室内土工试验等。

3. 检查点数取决于土质条件及当地经验，大基坑每 50～100m² 不少于一点，基槽每 10～20m 应不少于一点，单独柱基应不少于一点。每个单体工程载荷试验不宜少于 3 点。

第二节　振动压密法[3]

一、原理及机具

1. 振动压密法是使用振动压密机来处理无黏性土或黏粒含量少、透水性较好的松散杂填土等地基的一种方法。该方法自 20 世纪 70 年代以来开始在天津市应用，取得了良好效果。

2. 自行式振动压密机（图 3-2）的工作原理是由电动机带动两个偏心块，以相同速度反向转动而产生很大的垂直振动力。这类振动机的振动力可达 50～100kN，并能通过操纵机械使它前后移动或转弯。

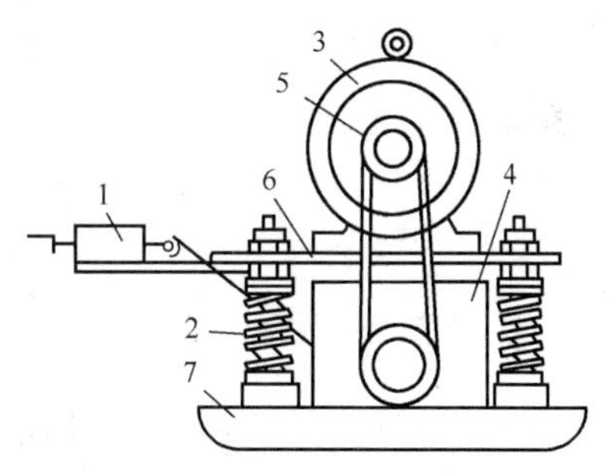

图 3-2　振动压密机示意图

1—操纵机械；2—弹簧减振器；3—电动机；4—振动器；5—振动机槽轮；6—减振器；7—振动板

3. 振动压密的效果与填土成分、振动时间等因素有关。一般振动时间越长，效果越好，但振动时间超过某一值后，振动引起的下沉基本稳定，即使再继续振动也不能起到进一步的压密作用。为此，需要施工前进行试振，得出稳定下沉量和时间的关系。对主要由炉渣、碎砖、瓦块组成的建筑垃圾，振动时间约在 1min 以上；对含炉灰等细颗粒填土，振实时间约为 3～5min，如采用振动力 100kN 的振密机，在行进速度 2m/min 时，一般需振 10 遍以上。

二、适用范围及效果

1. 振动压密法适用于处理含有炉渣、碎砖等杂填土地基以及非黏性土地基。也可用于砂、石、土石屑垫层及大面积填土的施工。处理前应查明地基土成分、厚度、均匀性及地下水位。

2. 当采用振动力为 100kN 振动压密机时，其有效振动压密深度为 1.0～1.2m；振动力为 50kN 的振动压密机，其有效振动压密深度为 0.50～0.70m。

3. 一般经过振动压密后，地基承载力可达 100～120kPa。

三、施工要点

1. 施工前应进行振动压密试验和效果检测，确定振动压密机类型、铺填厚度、振密遍数与振密效果的关系，用以指导施工及质量检测。

2. 振动压密的加固范围：应加固至基础边缘向外延伸的距离不小于 0.50 倍的地基加固深度，且不小于 2m。

3. 对于砂石、土石屑垫层或大面积填土，振动压密施工应分层进行，分层厚度应通过试验确定，一般为 0.5～1.2m；虚铺厚度与压密厚度之比为 1.10～1.30。

4. 施工时振动压密机应从基槽外围沿周边向中间运行。振动压密机底板的搭接宽度不得小于 100 mm。

5. 振动压密施工时，地下水位距振动压密机底板应不小于 500 mm。

6. 振动压密施工时，应注意振动对周围建筑的不利影响，一般情况下离建筑物距离不宜小于 3m。

四、质量检验与验收

1. 对炉渣、碎砖等杂填土地基，应采用动力触探进行检验，并与施工前的振密试验数据相对照，以确定振密效果。对砂、石、土石屑换填垫层及大面积分层填土质量检验，应按垫层等有关要求进行。发现有未达到设计要求的部位应进行补振。

2. 振动压密后地基承载力特征值应通过载荷试验确定。载荷试验点的数量宜为每 200～250m^2 左右布置一个点，且每个单体工程不应少于 3 点。

第三节　小 能 量 强 夯 法[3]

一、工法简介

国内外用强夯法多为处理深层地基，表层 2m 左右的土由于侧向约束力弱，强夯后都呈松散状态。因而浅层地基处理不能使用过大的夯击能，夯击能过大反而不利，处理浅层地基选用小能量强夯法较为适宜。

小能量连续强夯法，系指夯击能量小于或等于 1000kN · m，即锤质量在 10t 以内，落距 10m 以内，锤从高处自由落下，一点一击，连续夯击，每间隔 24 小时夯击一遍的施工方法。

该方法自 1979 年在天津市开展研究与应用以来，成功地处理了碎砖头瓦块类的拆房土地基、工业垃圾、炉灰、炉渣等填垫的地基，以及浅层可液化的粉土地基，都取得良好的工程效果。

二、机具

小能量强夯一般采用质量为 3.6t、6.5t、10.0t 的三种夯锤。锤底面积为 1.50m×1.50m 与 2.0m×2.0m 两种。锤应有上下贯通的排气孔，孔径宜为 200mm～300mm。

三、适用范围及加固效果

1. 小能量连续强夯法适用于处理浅层（≤6m）的下列地基：

1）含有碎砖、瓦砾、炉灰等非黏性土填垫的地基；

2）浅层可液化的粉土地基；

3）含水量低于塑限的黏性素填土地基。

2. 地基土加固的有效深度应根据现场试验确定，也可按下式估算：

$$z = \alpha \cdot (W_T \cdot h_0)^{\frac{1}{2}} \tag{3-1}$$

式中　z——地基土加固有效深度（m）；

W_T——锤重（kN）；

h_0——落距（m）；

α——经验系数 $\left(\frac{m}{kN}\right)^{\frac{1}{2}}$，一般取 0.1～0.2。当地基中设置排水通道时，α 可取高值。

四、施工要点

1. 夯击面与地下水位应保持一定距离。对于粉土应保持 1.70m 以上，黏性素填土应保持 4.0m 以上。必要时应采取降低地下水位措施。

2. 地基加固前应选择有代表性的地段，根据设计要求进行试夯，夯击顺序可按图 3-3 编号顺序夯打，由外向内，一点一击。每夯击一遍则用水准仪测量地面的相应沉降。采用动力触探（N_{10}或 $N_{6.3.5}$）或其他方法进行检验，选择最佳夯击遍数与最佳落距，确定最佳夯实效果与质量检验标准。

3. 地基加固的范围：应加固至基础边缘向外延伸的距离不小于 0.5 倍的地基加固深度，且不小于 2m。处理可液化地基时，自基础边缘向外延伸的距离不小于 5m。

4. 两遍夯击时间的间隔：粉土一般为 24 小时；粗颗粒土可不考虑间歇时间。

5. 夯实效果由夯实系数 α_c 确定，α_c 应大于 0.50，按下式计算：

$$\alpha_c = (V_1 - V_2)/V_1 \tag{3-2}$$

式中 V_1——被夯场地夯沉的体积（m^3）；

V_2——场地周围地面隆起的体积（m^3）。

6. 夯击时，距附近建筑物应大于 10m。在此范围内应采取适当的防振措施，如设防振沟等；在此范围以外也应注意振动的影响。

7. 小能量连续强夯的施工按如下步骤进行：

（1）清理平整施工场地；

（2）可参照图 3-3 自外围向内部标出第一遍的夯点位置，并测量场地高程；

（3）起重机就位，夯锤置于夯点位置。自第一点开始，起吊夯锤到预定高度、脱钩、夯锤自由下落；再起吊夯锤，按预定顺序逐点进行，直到最后一点；

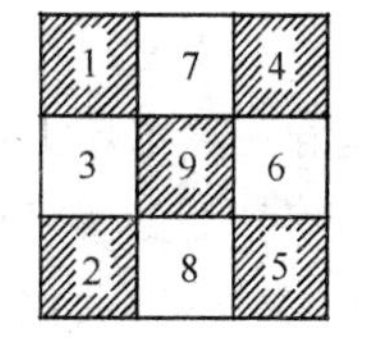

图 3-3 夯击顺序示意图（方格大小与夯锤底面积相同）

（4）推土机将场地推平，并测量场地高程；

（5）重复上述步骤，逐次完成全部夯击遍数；

（6）最后采用 200～300kN·m 的低能量普夯，将表层松散土夯实一遍，并测量夯后场地高程。

8. 一般情况下，夯击遍数为 3～4 遍。

9. 施工过程中，应随时检查各项施工参数和施工记录，不符合设计要求时，应及时采取有效措施进行补救。

五、质量检验和验收

1. 小能量连续强夯后静停一天即可进行检验。视地基土类别，可采取与试夯相同的检测手段，如动力触探（N_{10}或$N_{63.5}$）或其他手段检验其密实程度及均匀性。检验深度应不小于设计有效加固深度。

2. 地基承载力特征值应通过载荷试验确定。载荷试验点的数量宜为每200～250m^{2}左右布置1个点，且每个单体工程不应少于3点。

第四节 强 夯 法

一、概述

（一）工法简介

强夯法又名动力固结法或动力压实法。这种方法是反复将夯锤（质量一般为10～60t）提到一定高度使其自由落下（落距一般为10～40m），给地基以冲击和振动能量，从而提高地基的承载力并降低其压缩性，改善地基性状；由于强夯法具有加固效果显著、适用土类广、设备简单、施工方便、节省劳力、施工期短、节约材料、施工文明和施工费用低等优点，我国自20世纪70年代引进此法后迅速在全国推广应用。目前国内强夯单击能已达18000kN·m，在软土地区开发的降水强夯和湿陷性黄土地区采用的增湿强夯，扩宽了强夯法应用范围。国外采用的夯锤质量已高达200t，可实现40000kN·m能级强夯。

强夯不但能在陆地上施工，而且也可在水下夯实。强夯法的缺点是施工时噪音和振动较大，因而不宜在人口密集的城市内使用。

（二）加固机理

关于强夯法加固机理，由于加固土质复杂，至今尚未形成统一完善的理论。

当强夯加固法应用于非饱和土时，压密过程基本上同室内击实试验；对于饱和无黏性土，其压密过程与爆破和振动压密过程相近；而对饱和软黏土，需要破坏土的结构，产生超静孔隙水压力以及通过裂隙形成排水通道，孔隙水消散，土体才会压密。目前，对于饱和软黏土主要是用Menard的动力固结模型来分析土强度增长过程、夯击能量传递机理、孔隙水压力变化机理以及强夯的时效等。综上所述，强夯法加固机理依土性和施工工艺不同分为：

1. 动力密实

采用强夯加固多孔隙、粗颗粒、非饱和土是基于动力密实的机理，即用冲击型动力荷载，使土体中的孔隙减小，土体变得密实，从而提高地基土强度。非饱和土的夯实过程，就是土中的气相（空气）被挤出或孔隙中气泡被压缩的过程，其夯实变形主要是由于土颗粒的相对位移引起。实际工程表明，在冲击动能作用下，地面会立即产生沉降，一般夯击一遍后，其夯坑深度可达0.6～1.0m以上，夯坑底部形成一层超压密硬壳层，承载力可比夯前提高2～3倍。黏性土可达150～200kPa，施工期沉降可完成最终沉降的70%～80%，工期仅为堆载预压法的1/3。非饱和土在夯击能量≥1000～2000kN·m的作用下，主要是产生冲切变形。由于在加固深度范围内气相体积大大减少（最大可减少60%），从而使非饱和土变成饱和土，或者使土体饱和度提高。

湿陷性黄土性质比较特殊，其湿陷是由于其内部架空孔隙多、胶结强度差、遇水微结构强度迅速降低而失稳，造成孔隙崩塌而引起附加沉降，用强夯法处理湿陷性黄土破坏其结构，使微结构在遇水前崩塌，减少其孔隙。

2. 动力固结

用强夯法处理细颗粒饱和土时，则是借助于动力固结的理论，即巨大的冲击能量在土中产生很大的应力波，破坏了土体原有的结构，使土体局部发生液化并产生许多裂隙，增加了排水通道，使孔隙水顺利逸出，待超孔隙水压力消散后，土体固结。由于软土的触变性，强度得到提高，这就是动力固结。

根据土体中的孔隙水压力、动应力和应变关系，加固区内应力波对土体作用经历了加载阶段——卸载阶段——动力固结三个阶段。在强夯过程中能否产生动力排水固结和触变恢复，不仅与土质有关，而且与夯击能量密不可分，因此对饱和黏性土进行强夯，应通过试夯选择适当的夯击能量，同时又要注意设置排水条件和触变恢复条件，才能使强夯获得良好的加固效果。

强夯加固效果如图 3-4 所示。

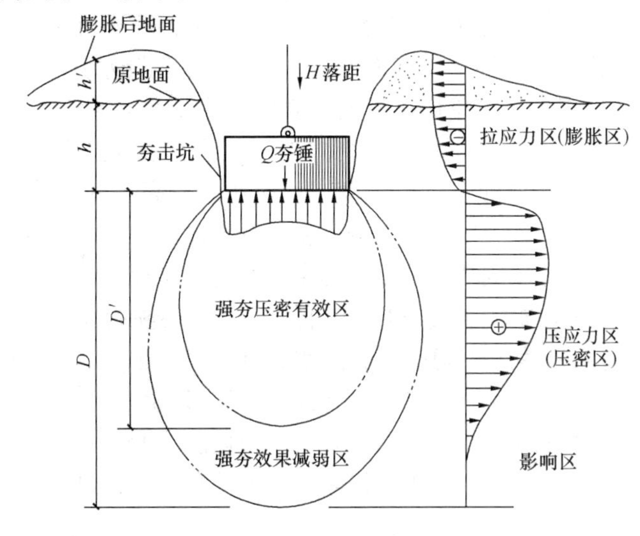

图 3-4 强夯加固机理

3. 动力置换

对于透水性极低的饱和软土，强夯使土的结构破坏，但难以使孔隙水压力迅速消散，夯坑周围土体隆起，土的体积无明显减小，因而对这种土进行强夯处理效果不佳，甚至形成橡皮土。对这种土可以先在土中设置砂井等改善土的透水性，然后进行强夯。此时加固机理类似动力固结，也可采用动力置换。

动力置换可分为整式置换和桩式置换，如图 3-5 所示。整式置换是采用强夯将碎

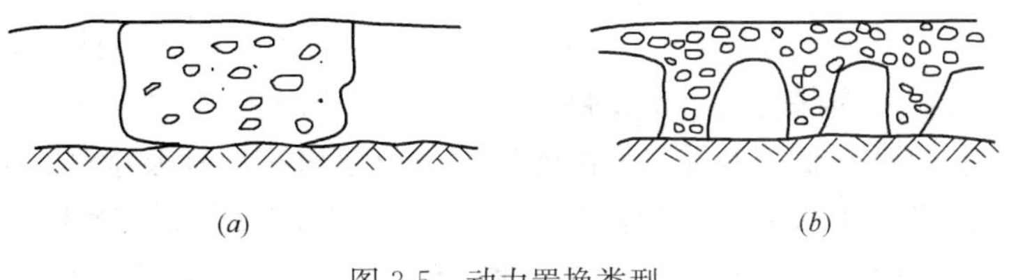

图 3-5 动力置换类型

(a) 整式置换 (b) 桩式置换

石整体挤入淤泥中，其作用机理类似于换土垫层。桩式置换是通过强夯将碎石填筑土体中，部分碎石桩（或墩）间隔地夯入软土中，形成桩式（或墩式）的碎石墩（或桩）。其作用机理类似于振冲法等形成的碎石桩，它主要是靠碎石内摩擦角和墩间土的侧限来维持桩体的平衡，并与墩间土起复合地基的作用。其具体计算详见第五章复合地基加固法。

（三）适用范围

1. 强夯法适用于处理碎石土、砂土、低饱和度的粉土与黏性土、湿陷性黄土、素填土和杂填土等地基。大量工程实例证明，强夯法用于上述地基，一般均能取得较好的效果。对于软土地基，一般来说处理效果不显著。当地下有硬夹层及大的障碍物（如大孤石）时将会影响强夯效果。

2. 强夯法虽然已经在工程中得到广泛应用，但有关强夯机理的研究至今尚未取得满意的结果。因此，目前还没有一套成熟的设计计算方法，因此在强夯设计施工前，应在施工现场有代表性的场地上，选取一个或几个试验区，进行试夯或试验性施工，确定其适用性和处理效果，为设计、施工提供有关参数。一个试验区面积不宜小于 20m×20m。

3. 对于高饱和度粉土与黏性土，有施工经验时也可采用降水强夯或袋装砂井强夯法。

4. 上海港湾软基处理公司等单位研发的高真空击密工法是强夯与真空井点抽水相结合的软基处理新技术。通过数遍高真空强制排水，并结合数遍强力夯实（或振动冲击碾压）达到降低土层含水量，增加土体密实度，从而达到提高地基承载力，减少沉降的目的。该技术适用于处理粉细砂、粉土、淤泥质粉土及夹薄层粉土、粉细砂的淤泥质土等各种软弱土。本工法为水力冲填成陆的地基，提供了经济、快速的处理方法。该工法突破了饱和软土不宜强夯的规定；扩大了真空井点在低渗透性软土中排水应用范围；缩短了强夯间隔时间，由 3～4 周缩短为 5～6d；并兼降水预压作用。该工法可节约强夯处理费用 20%～40%，缩短工期 50%，可形成超固结硬壳层 10m 以上。

5. 对采用桩基或刚性桩复合地基的湿陷性黄土地基、可液化地基、填土地基、欠固结地基，可先用强夯法进行地基预处理，消除湿陷或液化等，再进行桩基或刚性桩复合地基施工。

6. 强夯地基处理多用于机场、道路、港口、堆场、储罐、仓储、工厂和建筑工程等工程场地的地基处理。

二、设计

（一）设计程序参如图 3-6 所示。

（二）强夯参数的确定

1. 有效加固深度

（1）定义：经强夯加固后，该土层强度及变形指标等均能满足设计要求的土层范围。

（2）确定方法：加固深度大小是反映地基处理效果的重要参数，也是选择地基处理方案的重要依据，它取决于土质条件和夯击能量大小及建筑物对地基承载力和变形的要求，一般可依设备条件经现场试夯或当地经验确定。在初步设计时可按公式（3-3）估算；在缺少试验资料、经验时也可根据现行国家标准《湿陷性黄土地区建筑规范》GB 50025 和现行行业标准《建筑地基处理技术规范》JGJ79 的有关规定预估（详见表 3-1）。

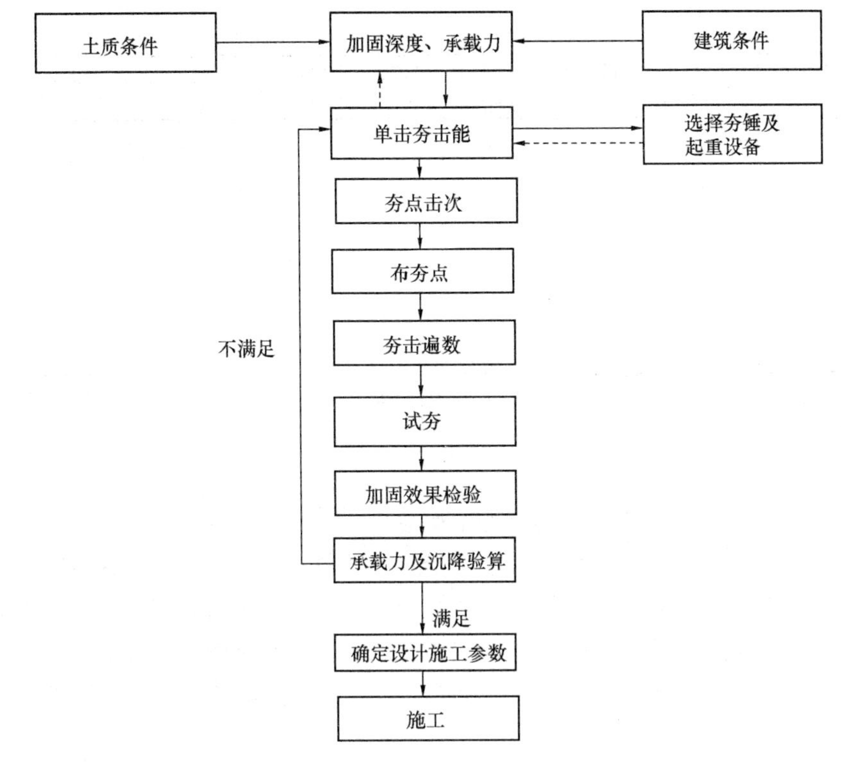

图 3-6　强夯法设计程序框图

$$h = \alpha\sqrt{WH} \tag{3-3}$$

式中　h——强夯地基有效加固深度（m）；

W——锤的质量（t）；

H——夯锤落距（m）；

α——强夯法有效加固深度修正系数。可液化砂土地基可取 0.4～0.5；湿陷性黄土地基按本章表 3-4 取值；碎石土地基、填土地基、非饱和黏性土地基，可取 0.35～0.45。

当条件允许时，也可依设计要求的加固深度选择强夯设备（夯锤及起重机），即依设计要求的有效加固深度，根据表 3-1 或式（3-3）确定单击夯击能，然后再选择夯锤及起重设备等，并与现场试夯结果校准。总之有效加固深度应依设计要求及土质条件和设备能力综合确定。

（3）实际上影响有效加固深度的因素很多，除了单击夯击能（锤重×落距）、土质以外，还与夯击次数、锤底静压力、地下水位、不同土层厚度和埋藏顺序等有关，所以必须经现场试夯确定。

（4）对特殊土（如可液化土、湿陷性黄土）尚应根据加固目的确定有效加固深度。

强夯法的有效加固深度（m）与单击夯击能关系　　　　**表 3-1**

单击夯击能 E（kN·m）	碎石土、砂土等粗颗粒土	粉土、黏性土、湿陷性黄土等细颗粒土	强夯能级划分
1000	4.0～5.0	3.0～4.0	低能级<4000kN·m
2000	5.0～6.0	4.0～5.0	
3000	6.0～7.0	5.0～6.0	

续表

单击夯击能 E (kN·m)	碎石土、砂土等粗颗粒土	粉土、黏性土、湿陷性黄土等细颗粒土	强夯能级划分
4000 5000	7.0~8.0 8.0~8.5	6.0~7.0 7.0~7.5	中等能级 4000~6000kN·m
6000 8000	8.5~9.0 9.0~9.5	7.5~8.0 8.0~8.5	高能级 6000~8000kN·m
10000 12000	9.5~10.0 10.0~11.0	8.5~9.0 9.0~10.0	超高能级>8000kN·m

注：强夯法的有效加固深度应从最初起夯面算起；单击夯击能 E 大于 12000kN·m 时，有效加固深度应通过试验确定。

2. 夯点击次

（1）夯点击次指单个夯点一次连续夯击次数。

（2）夯点的夯击次数是强夯设计中的一个重要参数，与土质有关。夯击次数应通过现场试夯确定，常以夯坑竖向压缩量最大，夯坑周围隆起量最小为确定原则。夯点的夯击次数可按现场试夯得到的夯击次数和夯沉量关系曲线确定，并应同时满足下列条件：

1）最后两击的平均夯沉量宜符合下表要求，当单击夯击能 E 大于 12000kN·m 时，应通过试验确定。

最后两击平均夯沉量（mm） **表 3-2**

单击夯击能 E (kN·m)	最后两击平均夯沉量不大于 (mm)	单击夯击能 E (kN·m)	最后两击平均夯沉量不大于 (mm)
$E<4000$	50	$8000\leqslant E<12000$	200
$4000\leqslant E<6000$	100	$12000\leqslant E<15000$	250
$6000\leqslant E<8000$	150	$E\geqslant 15000$	300

2）夯坑周围地面不应发生过大的隆起；有效夯实系数 $\left(\frac{\text{夯沉量}-\text{隆起量}}{\text{夯沉量}}\right)$ 不宜小于 0.75；

3）不因夯坑过深而发生提锤困难；

4）一般夯点击次多为 4~10 击。对粗粒土、黄土宜尽量增加夯点击次以减少夯击遍数，而对饱和软黏土，增加夯击点次效果并不好。

3. 夯点间距及布置

夯点间距及布置按地基土类别、结构类型、基底平面形状、荷载大小及要求的处理深度等综合确定。

（1）夯点间距

依土质条件及加固深度按当地经验确定，或按单位面积夯击能估算，夯点布置可有一定间隔，一般可取 1.2~2.5 倍锤底直径，低能级宜取小值，高能级及考虑能级组合时宜取大值。

当布点形式为正三角形和正方形时，夯点间距可按表 3-3 取值。

不同能级夯点间距经验值[12]　　表 3-3

能级（kN·m）	锤底面积（m^2）	锤底直径（m）	夯点间距（m）	为锤径倍数
1000	4～5	2.25～2.52	3.0	1.2～1.3
2000	5	2.52	3.5～4.0	1.587
3000	5	2.52	4.0～4.5	1.786
4000	5	2.52	4.5～5.0	2.0
5000	5	2.52	5.0～5.5	2.18
6000	5	2.52	5.5～6.0	2.38
8000	5	2.52	6.0～6.5	2.38

注：正三角形布点时取大值，正方形布点时取小值

施工时，分 2～4 遍夯实，第一遍夯击点间距可取夯锤直径的 2.5～3.5 倍；第二遍夯击点位于第一遍夯击点之间。以后各遍夯击点间距可适当减小。对处理深度较深，或单击夯击能较大的工程，第一遍夯击点间距宜适当加大。对于透水性较好的砂土等地基可采用点夯连续夯击。

单位面积夯击能（$kN \cdot m/m^2$）反映加固场地夯击能量的大小，与设计要求的处理深度，承载力及土质有关，在一般情况下宜按当地经验确定，当无经验时，对粗粒土可取 1000～3000$kN \cdot m/m^2$；对黏性土可取 1500～5000$kN \cdot m/m^2$

（2）夯点布置

夯击点布置可根据基底平面形状，采用等边三角形、等腰三角形或正方形布置。如：大面积加固应采用正方形（图 3-7）或三角形布置；条形基础可成行布置；独立基础可按柱网布置，基础下必须布置夯点。

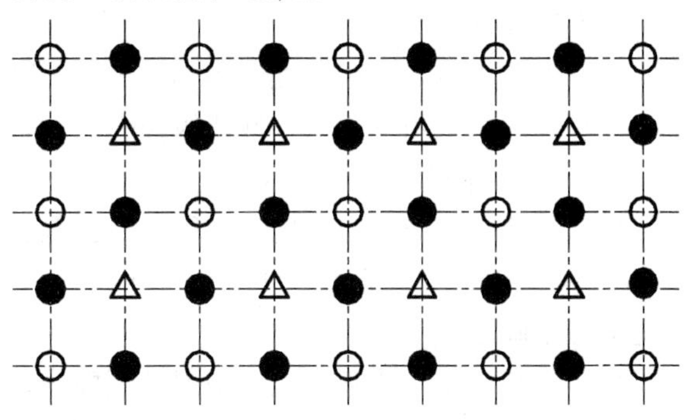

图 3-7　夯点正方形布置示意图

○：第一遍夯点；△：第二遍夯点；●：第三遍夯点

（3）强夯处理范围应大于建筑物的基底面积，每边超出基底外缘宽度宜为基底下设计处理深度的 1/2～2/3，并不应小于 3m。对可液化地基扩大范围不应小于可液化土层厚度的 1/2 并不应小于 5m。对湿陷性黄土，应满足现行国家标准《湿陷性黄土地区建筑规范》GB 50025 的有关规定。

4. 夯击遍数

（1）夯击遍数：以一定的连续击数，对整个场地的一批点，完成一个夯击过程叫一遍；点夯的夯击遍数加满夯的夯击遍数为整个场地的夯击遍数。

（2）强夯施工应分遍、间隔进行，以利于加固深部土层及孔隙水应力消散，夯击遍数应根据地基土的性质确定，可采用点夯 2～4 遍，对于渗透性较差的细颗粒土，为便于孔

隙水应力消散，施工时夯点间距不能太小，必要时夯击遍数可适当增加，以加大施工时夯点间距。最后以低能量满夯1～2遍，以加固表面土层，满夯可采用轻锤或低落距锤多次夯击，锤印搭接。

（3）两遍夯击之间应有一定的时间间隔，间隔时间取决于土中超静孔隙水压力的消散时间。当缺少实测资料时，可根据地基土的渗透性确定，对于渗透性较差的黏性土地基，间隔时间不应少于3～4周；对于渗透性好的地基可连续夯击。

（三）试夯

根据初步确定的强夯参数，提出强夯试验方案，进行现场试夯。应根据不同土质条件待试夯结束一至数周后，对试夯场地进行检测，并与夯前测试数据进行对比，检验强夯效果，确定工程采用的各项强夯参数。试夯面积不宜小于20m×20m。

（四）强夯加固地基承载力

强夯地基承载力特征值应通过现场载荷试验确定，初步设计时也可根据夯后原位测试和土工试验指标按现行国家标准《建筑地基基础设计规范》GB 50007有关规定确定。

（五）沉降计算

强夯地基变形计算应符合现行国家标准《建筑地基基础设计规范》GB 50007有关规定。夯后有效加固深度内土层的压缩模量应通过原位测试或土工试验确定。

三、特殊土地基强夯处理[12]

特殊土地基包括软土地基、湿陷性黄土地基和人工填土地基等。

（一）软土地基

软土地基处理可采用强夯置换法、降水联合低能级强夯法和碎（砂）石桩联合低能级强夯法等方法处理。

1. 软土地基采用降水联合低能级强夯法应符合下列规定：

（1）软土地基采用降水联合低能级强夯法时，适用于处理渗透系数在$i\times10^{-3}$cm/s～$i\times10^{-5}$cm/s的中细砂～粉土地基。

（2）软土地基强夯法宜采用低能级、少击数、多遍夯、先轻后重的原则进行施工，宜夯击2～4遍，单击夯击能可从400kN·m逐渐增大到2000kN·m以上，具体工艺参数应通过试夯来确定。

（3）降水联合强夯地基处理应根据处理面积、处理深度和降水设备容量划分成若干个各自独立的降水系统，小区外围3～4m处布置的封堵井点宜为1～2排，井点间距宜为1～2m。小区内按设计加固深度、土体渗透性确定井点密度和井管深度、降水时间、降水深度。井点布置成长方型或正方型网络。

2. 碎（砂）石桩联合低能级强夯适用于下部为软土、冲填土地基，上部为碎石填土的地基。上部填土应在碎（砂）石桩施工完成后回填，然后进行强夯。

3. 软土地基强夯置换法详见本书第五章。

（二）湿陷性黄土地基

湿陷性黄土地基的强夯处理应符合下列规定：

1. 湿陷性黄土地基强夯的有效加固深度（消除湿陷深度）应通过强夯试验确定。当湿陷性黄土地基含水量平均值大于或等于10%时，初步设计确定有效加固深度时，可按现行国家标准《湿陷性黄土地区建筑规范》GB 50025 的有关规定确定，也可按本章公式（3-3）估算，式中修正系数 α 可按表 3-4 取值。

湿陷性黄土 α 值 **表 3-4**

<table>
<tr><th colspan="3">粉土（$I_P \leqslant 10$）</th><th colspan="3">粉质黏土（$I_P > 10$）</th></tr>
<tr><th>I_L</th><th>α 取值范围</th><th>备注</th><th>I_L</th><th>α 取值范围</th><th>备注</th></tr>
<tr><td>$I_L < 0$</td><td>0.35～0.45</td><td>I_P 小时取大值，
I_P 大时取小值</td><td>$I_L < 0$</td><td>0.20～0.30</td><td>I_L 绝对值大时取小值，
I_L 绝对值小时取大值</td></tr>
<tr><td rowspan="2">$I_L \geqslant 0$</td><td rowspan="2">0.45～0.5</td><td rowspan="2">I_L 小时取小值，
I_L 大时取大值</td><td>$0 \leqslant I_L < 0.25$</td><td>0.36～0.45</td><td>I_L 小时取小值，
I_L 大时取大值</td></tr>
<tr><td>$0.25 \leqslant I_L < 0.5$</td><td>0.45</td><td></td></tr>
</table>

2. 采用强夯法处理湿陷性黄土地基，土的天然含水量宜低于塑限含水量 1%～3%。在拟夯实的土层内，当土的天然含水量低于 8%时，必须采取增湿措施；当土的天然含水量低于 10%时，宜对其增湿接近最优含水量；当土的天然含水量大于塑限含水量 3%以上时，宜采用晾晒或其他降低含水量的措施。

如按一定间距的方格网点并在中心加一点的布孔方式钻孔（一般以洛阳铲成孔），孔中填入生石灰块、将处理厚度内土体的含水量降至接近最优含水量。

3. 强夯地基处理湿陷性黄土地基的单位面积夯击能，应根据施工设备、黄土地质年代、湿陷性黄土层的厚度和要求消除湿陷性黄土层的有效加固深度等因素确定，宜取 $1000 \sim 5000\text{kN} \cdot \text{m/m}^2$；

4. 对于湿陷土层厚度超过 14m、含水量偏低、土质坚硬的超厚湿陷性黄土地基，应采用下列施工措施；

（1）增湿法；

（2）大夯距、多遍数、隔行隔点施工；

（3）以夯坑深度为夯击质量控制标准。第一、第二遍的夯坑深度宜大于 5m，第三、第四遍的夯坑深度宜大于 4.5m。

（三）人工填土地基强夯处理

1. 人工填土强夯地基的填料选择应符合下列要求：

（1）级配良好的粗骨料。

（2）性能稳定的工业废料、建筑垃圾。

（3）以粉质黏土、粉土作为填料时，其最优含水量可采用重型击实试验确定。

（4）潮湿多雨地区的填土地基不宜采用成分单一的粉质黏土、粉土作填料，应掺入不少于 30%的粗骨料。

（5）不得使用淤泥、耕土、冻土及有机质含量大于 5%的土。

（6）膨胀性岩土可作为地下水位以上高填方地基填筑体下部的填筑材料，并满足条件：

$$p_e \leqslant p_{cz} \tag{3-4}$$

式中 p_e——为膨胀性岩土的膨胀力（kPa）；

p_{cz}——为膨胀性填土顶面以上非膨胀性填土的自重压力（kPa）。

（7）泥岩、页岩、板岩等易软化、泥化岩石可作为地下水以上部位填土地基的材料。

在气候潮湿多雨的地区，可用于排水条件良好的高填方地带。

（8）砂岩、页岩等易风化岩作为填土材料，应考虑地基发生渗透变形和渗透破坏的可能性，并制定相应的防止渗透变形和破坏的级配控制标准、回填方法和施工措施。

（9）大块石填土材料最大粒径不应大于800mm。

2. 人工填土地基回填前的场地处理应符合下列规定：

（1）人工填土地基填筑前应先清除或处理场地填土层底面以下的耕植土和软弱土层；

（2）回填场地回填前的场地软弱土层的处理可采用抛石挤淤、强夯和强夯置换、挖除换填、振冲桩等方法。可根据现场工程地质条件、水文地质条件进行经济技术比较，择优选用；

（3）当高填方地基原地基需要加固，其天然坡度在1∶5～1∶2.5之间时，应将天然地面开挖成倒坡台阶形状，台阶宽度不应小于2m；当天然坡度陡于1∶2.5时，应验算地基整体稳定性。

3. 人工填土强夯地基的回填应符合下列规定：

（1）成分简单、粒径均匀的回填土可采用抛填；

（2）成分复杂、粒径不均匀的块石和碎石土回填地基，除抛石填海和抛石挤淤地基外，应采用分层堆填，禁止抛填。分层堆填的亚层厚度可取0.8～1.2m。

（3）强夯填土地基的填筑厚度应根据强夯的有效加固深度确定，对于填土高度较大的高填方地基，应将填土分层回填、分层强夯。除块石填土地基外，填土地基的强夯分层厚度可按表3-5确定。

填土地基强夯的分层厚度[12] **表3-5**

单击夯击能级（kN·m）	控制填土厚度（m）
3000	4
4000	6
6000	8

（4）当填土区有地下径流、泉水、裂隙水出露时，应在填筑体中构筑排水盲沟网。排水盲沟网应设在两个强夯地基处理分层的中间；排水盲沟网可根据填土区的高度设一层或数层；排水盲沟应用土工布包裹。

4. 人工填土地基分层强夯应符合下列规定：

（1）人工填土地基应根据回填土的成分、饱和度、强夯的适用条件和施工环境等因素选择强夯方法，确定强夯施工工艺，并应通过强夯试验确定其适用性和处理效果；

（2）块石填方地基的强夯有效加固深度和分层处理厚度应通过强夯试验确定；

（3）在气候潮湿多雨的地区，易软化、泥化岩块填土地基，应及时回填及时强夯，不宜久置和长期受雨水浸泡，受雨水浸泡后的泥岩填土地基表面软化层在强夯时应去除；

（4）分层强夯的填土地基地表应设置截水和排水系统。

四、施工

（一）机具设备

1. 夯锤

当锤质量为8～12t时，宜用钢板作外壳，内部焊接钢筋骨架后灌筑C30混凝土制成

（图 3-8），当锤质量大于 12t 时，宜用钢或铸铁锤或用钢板、铸钢作成组合式的夯锤（图 3-9、图 3-10），以便于使用和运输。夯锤底面有圆形和方形两种，圆形不易旋转，定位方便，稳定性和重合性好，采用较广；锤底面积宜按土的性质和锤重确定，锤底静压力值可取 25～80kPa，单击夯击能高时取大值，对于粗颗粒土（砂土和碎石土）选用较大值；对于细颗粒土（黏性土或淤泥质土）宜取较小值。常用锤底面积为 3～6m^2，同时应控制夯锤的高宽比，以免产生偏锤现象。锤质量可取 10～60t，常用夯锤质量为 15～40t，常用规格为 8t、10t、12t、16t、25t、30t、35t、40t、45t、50t、55t、60t。夯锤中宜设 2～6 个直径 300～400mm 上下贯通的排气孔，以利空气迅速排出，减小起锤时锤底与土面间形成真空产生的强吸附力和夯锤下落时的空气阻力，以保证夯击能的有效性。

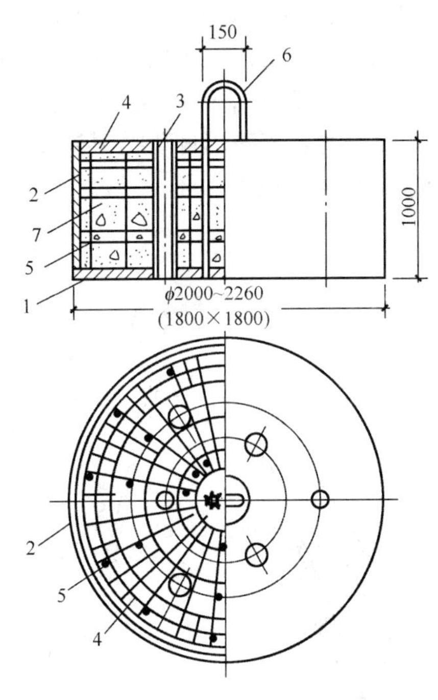

图 3-8　混凝土夯锤（圆柱形重 12t，方形重 8t）

1—钢板底板（厚 30mm）；2—钢板外壳（厚 180mm）；3—排气孔（6×ϕ159mm）；4—水平钢筋网片 ϕ16@200mm；5—骨架 ϕ14@400mm；6—ϕ50mm 吊环；7—C30 混凝土

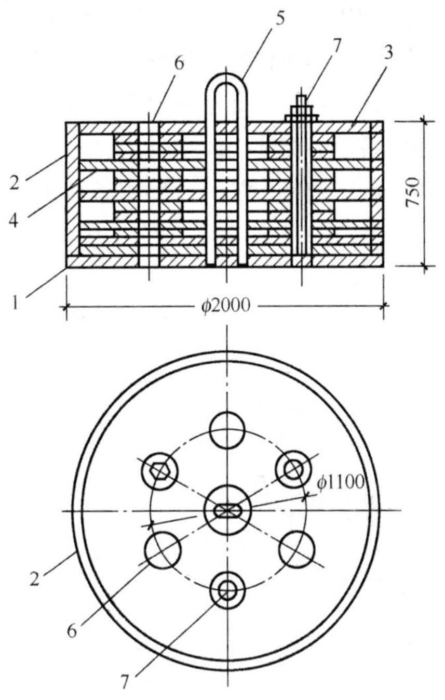

图 3-9　装配式钢夯锤（可组合成 6t、8t、10t、12t）

1—50mm 厚钢板底盘；2—15mm 厚钢板外壳；3—30mm 厚顶板；4—中间块（50mm 厚钢板）；5—ϕ50 吊环；6—ϕ200mm 排气孔；7—M48mm 螺栓

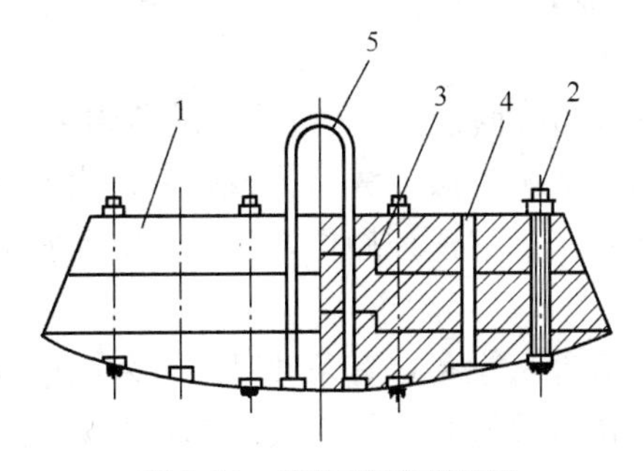

图 3-10　铸钢球形底夯锤

1—铸钢锤体；2—连接螺栓；3—防错动凸台；4—排气孔；5—吊环

夯锤规格表 表 3-6

质量（t）	底面形状	底面积（m^2）	静压力（kPa）	高宽比	排气孔	材料	备　注
10～60	圆形（常用）方形	3～6	25～80	1：2～1：3	2～6 个 ϕ300～400mm	钢筋混凝土、钢、铸铁	锤底面积参考值：砂土为 3～4m^2，黏性土为 4～6m^2

2. 起重设备

由于履带式起重机重心低，稳定性好，行走方便，多使用起重量为 15t、20t、25t、30t、50t、60t、80t、100t 等的履带式起重机（带摩擦离合器）（图 3-11）；亦可采用专用三角起重架或龙门架作起重设备。当履带式起重机起重能力不够时，为增大机械设备的起重能力和提升高度，防止落锤时臂杆回弹，亦可采取加钢辅助人字桅杆或龙门架的方法，以加大起重能力（图 3-12 和图 3-13）。起重机械的起重能力：当采用自动脱钩装置，起重能力取大于 1.5 倍锤重。当采用单缆起吊时，起重能力应大于锤重的 3～4 倍。

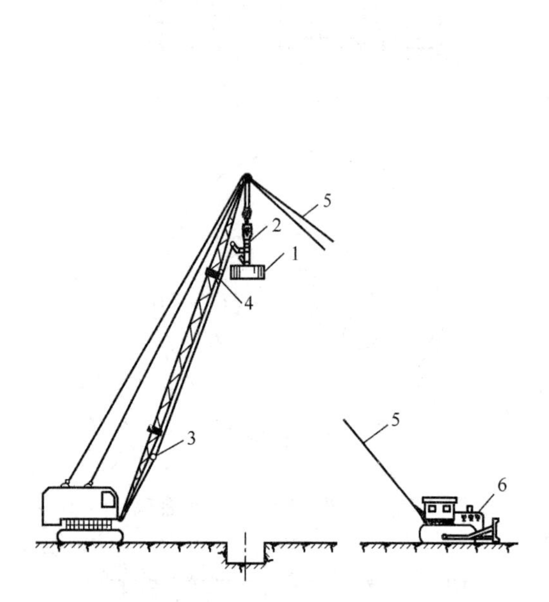

图 3-11　用履带式起重机吊夯锤进行强夯

1—夯锤；2—自动脱钩器；3—拉绳；4—废轮胎；5—锚拉绳接推土机；6—推土机锚锭

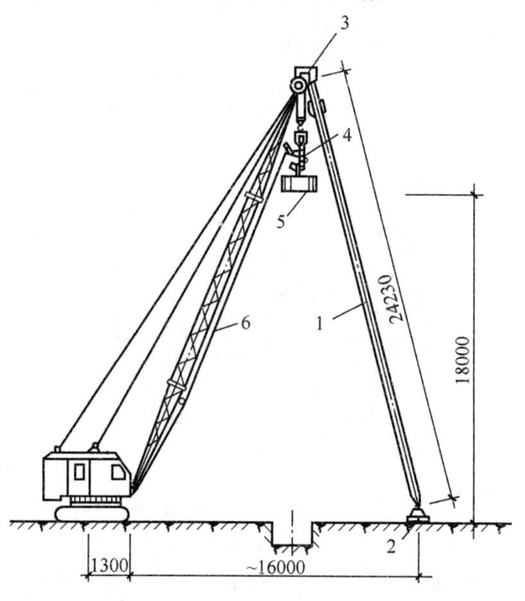

图 3-12　15t 履带式起重机加辅助桅杆

1—钢管辅助桅杆；2—底座；3—钢制弯脖街头；4—自动脱钩器；5—12t 重夯锤；6—拉绳

最近几年，国内强夯地基处理技术发展较快，随着强夯设计夯击能的提高，专门用于强夯施工的机械研发也有了较大突破，先后出现塔式、井架式、不脱钩式等若干机型。个别先进专用施工设备还实现了远程遥控操作，施工效率和安全性大大提高。

3. 脱钩装置

采用履带式起重机作强夯起重设备，有条件时，可采用单根钢丝绳提升夯锤，夯锤下落时，钢丝绳随之下落，夯击工效较高，但需使用起重能力大的起重机，工地难以解决，国内目前使用较多的是通过动滑轮组用脱钩装置来起落夯锤。脱钩装置要求有足够的强

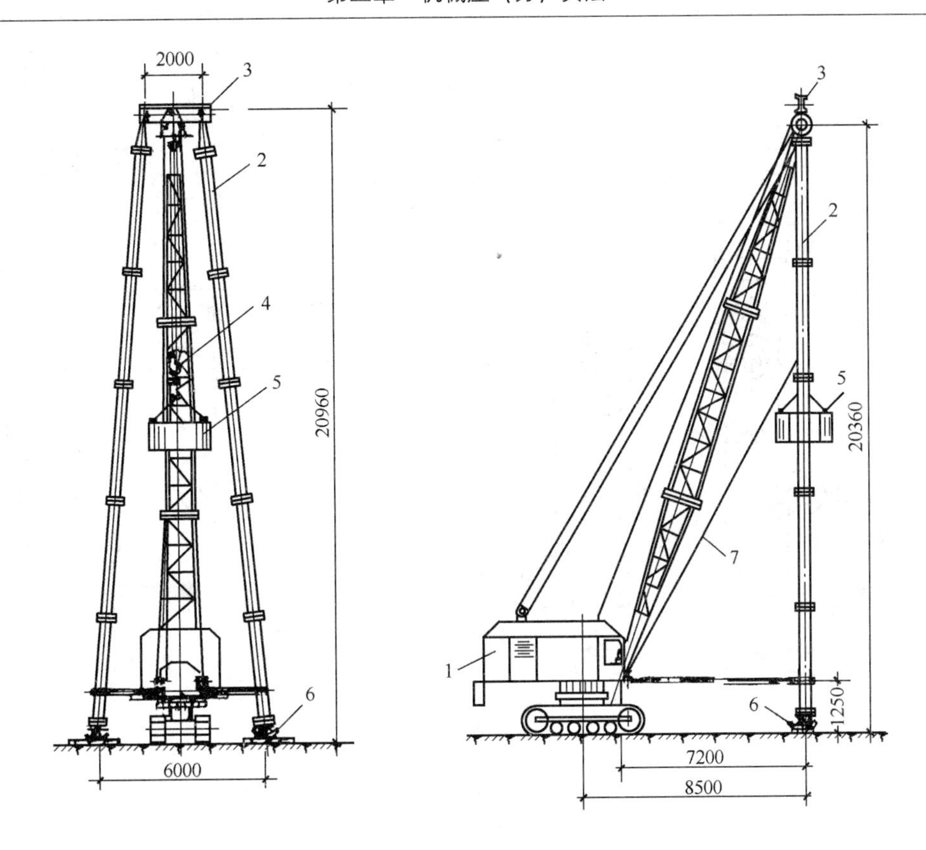

图 3-13　15t 履带式起重机加龙门架

1—15t 履带式起重机；2—钢管或型钢龙门架；3—型钢横梁；4—自动脱钩器；5—夯锤；6—底座；7—拉绳

度，使用灵活，脱钩快速、安全。常用工地自制自动脱钩器由吊环、耳板、锁环、吊钩等组成（图 3-14），系由钢板焊接制成。拉绳一端固定在锁柄上，另一端穿过转向滑轮，固定在悬臂杆底部横轴上，当夯锤起吊到要求高度，开钩拉绳随即拉开锁柄，脱钩装置开启，夯锤便自动脱钩下落，同时可控制每次夯击落距一致，可自动复位，使用灵活方便，也较安全可靠。

图 3-15 为一种简易自动脱钩器，制作简便，如取消履带式吊车上的吊钩，直接使用这种脱钩器，将可增加夯锤落距 1.2m。

采用上述脱钩装置易造成夯锤晃动偏心，影响夯击效果，如可能应研发中抓式自动脱钩装置。

4. 锚系设备

当用起重机起吊夯锤时，为防止夯锤突然脱钩使起重臂后倾和减小对臂杆的振动，应用 T_1-100 型推土机一台设在起重机的前方作地锚（图 3-11），在起重机臂杆的顶部与推土机之间用两根钢丝绳连系锚锭。钢丝绳与地面的夹角不大于 30°，推土机还可用于夯完后作表土推平、压实等辅助性工作。

当用起重三脚架、龙门架或起重机加辅助桅杆（门架支撑）起吊夯锤时，则不用设锚系设备。

加装门架支撑装置强夯设备选型参见表 3-7。

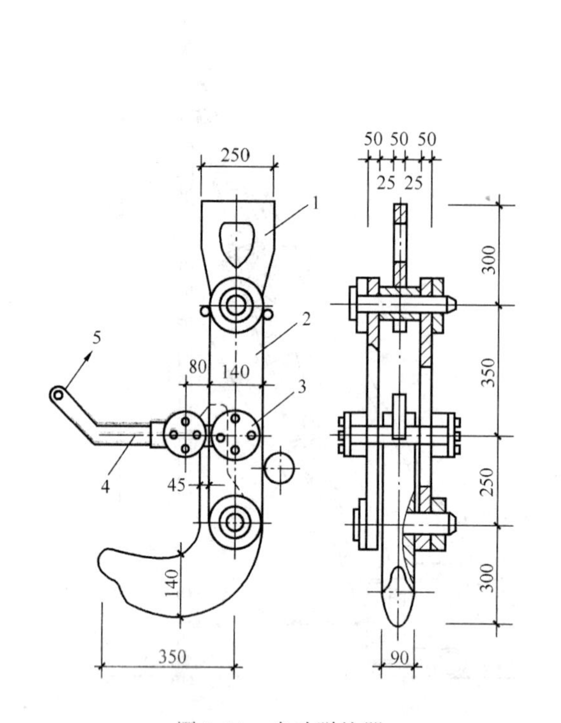

图 3-14 自动脱钩器

1—吊环；2—耳板；3—循环轴辊；4—锁环；5—拉绳

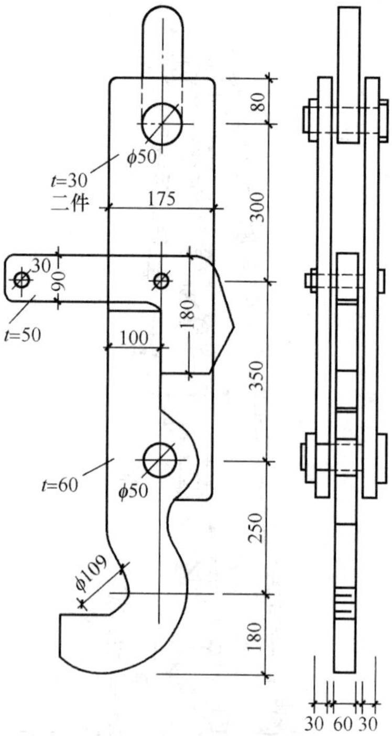

图 3-15 简易自动脱钩器

加装门架支撑装置强夯设备选型参考值[12] **表 3-7**

能级（kN·m）	锤重（kN）	落距（m）	门架高度（m）	门架断面（mm）	起重机起重量（kN）	起重臂长度（m）
1000	100～150	6.67～10	18.8	600×600	150	20
2000	150～200	10～13.3	18.8	600×600	150～200	20
3000	150～200	15～20	23.8	700×700	200	25
4000	200	20	23.8	700×700	250	25
5000	250	20	23.8	700×700	320	25
6000	250～300	20～24	23.8～26.8	800×800	360	25～28
7000	300～350	20～23.3	23.8～26.8	800×800	400	25～28
8000	350～400	20～22.8	23.8～26.8	800×800	500	25～28
10000	500	20	24	1000×1000	500	25

（二）施工要点

1. 施工前应查明场地范围内的地下构筑物和各种地下管线的位置及标高等，并采取必要的措施，以免因施工而造成损坏。

2. 当强夯施工所产生的振动对邻近建筑物或精密仪器设备会产生有害的影响时，应设置监测点，并采取挖隔振沟等隔振或防振措施。具体要求按现行国家标准《爆破安全规程》GB 6722、《城市区域环境振动标准》GB 10070 和《城市区域环境振动测量方法》GB 10071 执行。

强夯施工振动影响安全距离可参考表 3-8。

强夯施工振动影响安全距离　　**表 3-8**

单击夯击能（kN·m）	安全距离（m）
1000	≥15
5000	≥30
6000	≥40

3. 当场地地表土软弱或地下水位较高，夯坑底积水影响施工时，宜采用人工降低地下水位或铺填一定厚度的松散性材料，使地下水位低于坑底面以下 2m。这样可以在地表形成硬层，用以支承起重设备，确保机械设备通行和施工，又可加大地下水和地表面的距离，防止夯击时夯坑积水。坑内或场地积水应及时排除。

4. 对湿陷性黄土地区，当土层含水量较低时可采用增湿强夯。

5. 强夯法施工工艺设计应根据地基土类型、地基处理要求及经济技术比较，采用下列组合：

（1）按主夯、复夯、满夯的工艺组合：

1）主夯可一遍完成，也可隔行或隔行隔点分遍完成；

2）当主夯夯坑深度过大时，应增加一遍复夯，复夯能级可取主夯能级的 1/2 或按夯坑深度确定。

（2）按不同能级组合：

高能级处理深层，中能级处理中间层，低能级处理浅层，满夯处理表层的组合。

不同能级组合时，宜采用正方形布点。

第一遍高能级夯点，夯点间距可采用 2.5～3.5 倍锤底直径。

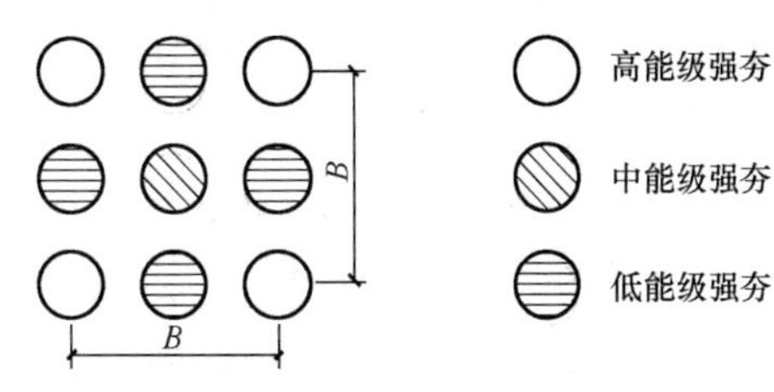

图 3-16　不同能级组合夯点间距和布点形式

第二遍中等能级夯点，正方形中间点。

第三遍低能级夯点，夯点间距取第一遍夯点间距的 1/2。

（3）不同能级组合时，可参考以下组合形式：

1）6000kN·m、4000kN·m、2000kN·m，满夯能级 1500kN·m。

2）8000kN·m、5000kN·m、3000kN·m，满夯能级 2000kN·m。

（4）满夯击数不宜低于 4 击。满夯后的地表应加一遍机械碾压，以满足地基土的压实度要求。

6. 强夯施工可按下列步骤进行：

（1）清理并平整施工场地；应根据基础埋深和试夯时所测的夯沉量确定起夯面标高。场地平整标高应预留强夯夯沉量。各能级强夯地面平均夯沉量，可参考表 3-9 预估，夯后场地标高宜高出基础底面标高 0.5m 以上。

各能级强夯地面平均夯沉量预估值 表 3-9

能级（kN·m）	平均夯沉量（m）	能级（kN·m）	平均夯沉量（m）
1000	0.3～0.4	5000	0.8～1.0
2000	0.4～0.5	6000	1.0～1.2
3000	0.5～0.6	7000	1.2～1.4
4000	0.6～0.8	8000	1.4～1.6

注：表中所指能级为主夯点的强夯能级。

（2）标出第一遍夯点位置，并测量场地高程；

（3）起重机就位，夯锤置于夯点位置；

（4）测量夯前锤顶高程；

（5）将夯锤起吊到预定高度，开启脱钩装置，待夯锤脱钩自由下落后，放下吊钩，测量锤顶高程，若发现因坑底倾斜而造成夯锤歪斜时，应及时将坑底整平；

（6）重复步骤（5），按设计规定的夯击次数及控制标准，完成一个夯点的夯击。当个别夯点未达控制标准而夯坑过深，出现提锤困难时，宜将夯坑回填 1/2 深度后，再继续夯击。

（7）换夯点，重复步骤（3）～（6），完成第一遍全部夯点的夯击；

（8）用推土机将夯坑填平，并测量场地高程；

（9）在规定的间隔时间后，按上述步骤逐次完成全部夯击遍数，最后用低能量满夯，将场地表层松土夯实，并测量夯后场地高程。

7. 施工过程中应有专人负责下列监测工作：

（1）若夯锤使用过久，往往因底面磨损而使质量减少，落距未达设计要求，也将影响单击夯击能，所以开夯前应检查夯锤质量和落距，以确保单击夯击能量符合设计要求；

（2）由于夯点放线错误情况常有发生，因此在每一遍夯击前，应对夯点放线进行复核，夯完后检查夯坑位置，发现偏差或漏夯应及时纠正；

（3）按设计要求检查每个夯点的夯击次数和每击的夯沉量。

8. 由于强夯施工的特殊性，施工中所采用的各项参数和施工步骤是否符合设计要求，在施工结束后往往很难进行检查，所以要求在施工过程中对各项参数和施工情况进行详细记录。有条件时宜采用信息化施工程序，以确保工程质量。

（三）安全措施

1. 强夯设备机组高大，稳定性较差，施工场地要平坦，道路要坚实、平整，不得高洼不平或软硬不均，或有虚填坑洞和浅层墓坑。

2. 起重机应支垫平稳，遇软弱地基，须用长枕木或路基板支垫。提升夯锤前应卡牢回转刹车，以防夯锤起吊后吊机转动失稳，发生倾翻事故。

3. 采用履带式起重机进行强夯时，为减轻起重机臂杆在夯锤落下时的晃动、反弹和避免机架倾覆，宜在吊臂端部设置撑杆系统或在起重机前端设安全缆风绳。为防止起吊夯锤或脱钩时，夯锤或吊钩、自动脱钩器碰冲起重机臂杆，应在臂杆适当高度位置绑挂汽车废轮胎加以保护。

4. 强夯开机前，应检查起重机各部位是否正常和钢丝绳有无磨损等情况；强夯时应随时注意检查机具的工作状态，经常维修和保养，发现异常和不安全情况，应及时处理。

5. 强夯机械应停稳，并将夯锤对好坑位后，方可进行作业，起吊夯锤时要平稳，速度应均匀，夯锤、自动脱钩器不得碰冲起重臂杆。

6. 施工时应设置安全警线，注意吊车、夯锤附近人员安全，防止飞石伤人，吊车驾驶室应加防护网，起锤后人员线应在10m以外并戴好安全帽，严禁在吊臂下站立。

五、质量检验

（一）施工前应检查夯锤质量、尺寸，落距控制手段，排水设施及被夯地基的土质。

（二）施工中应检查：

1. 落距、夯击次数、夯点位置、夯击范围以及夯沉量、隆起量、孔隙水压力等的监测。

2. 施工过程中的各项测试数据和施工记录，不符合设计要求时应补夯或采取其他有效措施。具体要求详见表3-10。

施工质量检验和监测项目[12] **表3-10**

序号	检查项目	允许偏差或允许值	检测方法
1	夯锤落距（mm）	±300	钢尺量，钢索设标志
2	锤重（kg）	±100	称重
3	夯击遍数及顺序	按设计要求	计数法
4	夯点间距（mm）	±500	钢尺量
5	夯击范围（超出基础宽度）	按设计要求	钢尺量
6	间歇时间	按设计要求	
7	夯击击数	按设计要求	计数法
8	最后两击夯沉量平均值	按设计要求	水准仪

（三）施工后

1. 施工结束后，检查被夯地基的强度并进行承载力检验。

2. 强夯处理后的地基竣工验收承载力检验，应在施工结束后间隔一定时间方能进行，对于碎石土和砂土地基，其间隔时间可取7～14d；粉土和黏性土地基可取14～28d。

3. 强夯处理后的地基竣工验收时，地基均匀性检验应采用原位测试和室内土工试验。如：静力触探、动力触探、标准贯入、波速法等。检测点数量应根据场地复杂程度和建筑物重要性确定，一般可按300～400m^2布置一个检测点，且不少于3点。

4. 竣工验收承载力检验的数量，应根据场地复杂程度和建筑物的重要性确定，对于简单场地上的一般建筑物，每个建筑地基的载荷试验检验点不应少于3点；对于复杂场地或重要建筑地基应增加检验点数。载荷试验压板的面积不宜小于2.0m^2。试验压板底面标高应与基础底面标高一致。

（四）检验标准

强夯地基质量检验标准应符合表3-11的规定。

强夯地基质量检验标准[4] 表 3-11

项	序	检查项目	允许偏差或允许值		检查方法
			单位	数值	
主控项目	1	地基承载力	设计要求		按规定方法
一般项目	1	夯锤落距	mm	±300	钢索设标志
	2	锤重	kg	±100	称重
	3	夯击遍数及顺序	设计要求		计数法
	4	夯点间距	mm	±500	用钢尺量
	5	夯击范围（超出基础范围距离）	设计要求		用钢尺量
	6	前后两遍间歇时间	设计要求		

第五节　不加填料振冲加密法

一、工法简介

不加填料振冲加密法是指在振冲器水平振动和高压水的共同作用下，周围砂粒自行塌入孔内，使松砂土层振密。振冲加密法适用于处理黏粒含量不大于 10%的中砂、粗砂地基，施工简便，加密效果好。

同济大学及江苏地基工程总公司通过改进传统的振冲设备、工艺及施工参数，采用多台振冲器组合机进行施工，将无填料振冲加密法成功应用于加固细砂及粉细砂地基中，扩展了不加填料振冲加密法的应用范围。

二、设计

（一）适用范围及加固目的

适用振冲加密法的土类主要是黏粒含量小于 10%，在振冲作用下砂料能自行塌入孔内的较纯净中砂、粗砂层。振冲加密目的一是加密松砂，提高承载力减少沉降；二是消除液化。

（二）基本要求

1. 由于实际土层的复杂性，所以振冲加密宜在初步设计阶段进行现场工艺试验，确定振密的可能性、孔距、振密电流值、振冲水压力、振后砂层的物理力学指标等。用 30kW 振冲器振密深度不宜超过 7m，75kW 振冲器不宜超过 15m。

2. 不加填料振冲加密孔间距视砂土的颗粒组成、密实要求、振冲器功率等因素而定。砂的粒径越细，密实要求越高，则间距越小。使用 30kW 振冲器，间距一般为 1.8～2.5m；使用 75kW 振冲器，间距可加大到 2.5～3.5m。振冲加密孔布孔宜用等边三角形或正方形。对大面积挤密处理，用前者比后者可得到更好的挤密效果。

3. 振冲加密地基承载力特征值应通过现场载荷试验确定，初步设计时也可根据加密后原位测试指标按现行国家标准《建筑地基基础设计规范》GB 50007 有关规定确定，如采用动力触探、标准贯入试验检测结果判定加密后土层密实度及承载力。

4. 振冲加密地基变形计算应符合现行国家标准《建筑地基基础设计规范》GB 50007有关规定。加密深度内土层的压缩模量应通过载荷试验或触探试验等原位测试确定。

5. 振冲加密法抗液化设计，可参考振冲桩法有关原则进行，振冲孔距应依土层抗液化标贯击数，经现场试验确定。

三、施工要点

不加填料振冲加密宜采用大功率振冲器，为了避免造孔中塌砂将振冲器抱住，下沉速度宜快，造孔速度宜为8～10m/min，到达深度后将射水量减至最小，留振至密实电流达到规定时，上提0.5m，逐段振密直至孔口，一般每米振密时间约1分钟。在粗砂中施工如遇下沉困难，可在振冲器两侧增焊辅助水管，加大造水量，但造孔水压宜小。

振冲加密孔施工顺序宜沿直线逐点逐行进行。

四、质量检验

对振冲加密处理的砂土地基，竣工验收承载力检验应采用标准贯入、动力触探、载荷试验或其他合适的试验方法。检验点应选择在有代表性或地基土质较差的地段。检验数量可为振冲点数量的1%，总数不应少于5点。

对于均匀的松砂地基，也可通过观测地表累计沉降量，判定地基的加固效果，即要求

$$\sum \Delta s \geqslant \frac{e_0 - e_1}{1 + e_0} \cdot z \tag{3-5}$$

式中 $\sum \Delta s$——累计沉降量（m）；

e_0——原土天然孔隙比；

e_1——加固后土层孔隙比；

z——加固深度（m）。

第六节 大面积填土压实

一、压实地基处理技术进展

近年来城市建设和城镇化发展迅速，人口规模和用地规模不断增长，开山填谷、炸山填海、围海造田、人造景观等大面积填土工程越来越多。据资料显示，全国每年填海造地面积约350平方公里，东部沿海和中西部地区开山填谷的面积更大。例如广东省“十一五”期间的围海造地面积超过了146平方公里，相当于5.5个澳门。天津仅滨海新区的填海造陆面积就达到了200多平方公里，山东省近年的填海造地面积超过600平方公里。陕西省延安市提出了“上山建城”的城市发展新战略，通过“开山填谷”总占地70多平方公里、平均填土厚度38m的四个城市新区将在城市周边的丘陵地带形成。

除了面积大，山区填土的厚度也屡创历史新高。目前我国填土厚度和填土边坡最大高度已经达到110多米，典型的工程如：云南某县绿东新区削峰填谷项目（填方厚度110m，挖方和填方边坡高度达105m，填料以混碎石粉质黏土为主），四川省九寨黄龙机场工程的高填方地基（最大填方厚度102m，填料以含砾粉质黏土为主），云南省昆明新机场工程挖

填方量近3亿立方米，陕西某煤油气综合利用项目填土工程（黄土，最大填土厚度70m）等。

大面积大厚度填方压实地基的工程实践成功案例很多，但工程事故也不少，不仅后果严重，带来很多环境问题，因此应引起足够的重视。

需要说明的是，本章中的压实地基适用于处理大面积填土地基。浅层软弱地基以及局部不均匀地基的换填处理应符合本书第二章换填垫层的有关规定。

大面积填土压实（高填方工程）地基处理问题，包括以下8个方面：

（1）截水与排水渗水导流问题；

（2）高填方工程原地面土基和软弱下卧层（或称基底）处理问题；

（3）填挖交界面的处理问题；

（4）填料搭配及分层填筑施工方法问题；

（5）高填方工程的分层填筑地基处理设计问题；

（6）挖方和填方高边坡加固系列问题；

（7）地基加固效果检测及评价方法问题；

（8）高填方的工后沉降量估算问题。

二、基本规定

（一）适用范围及施工方法分类

大面积填土压实适用于山区挖填场地和平原低洼场地的回填土压实，经分层回填压实后地基称为压实地基。压实地基根据不同的施工机械及工艺，可分为碾压法，振动压实法及夯实法等。

为了满足工程建设需要，近年来我国工程界从南非蓝派公司和英国BSP公司分别引进了高能量冲击碾压技术及液压高速夯实技术，该技术特别适合大面积场地（填土）的压（夯）实，加固深度大，施工速度快，已在国内得到推广应用。

冲击碾压法可用于地基冲击碾压、土石混填或填石路基分层碾压、路基冲击增强补压、旧砂石（沥青）路面冲压和旧水泥混凝土路面冲压等处理。其冲击设备、分层填料的虚铺厚度、分层压实的遍数等的设计应根据土质条件、工期要求等因素综合确定，其有效加固深度宜在3.0～4.0m内，施工前应进行试验段施工，确定施工参数。

冲击碾压技术源于20世纪中期，我国于1995年由南非引入。目前我国国产的冲击压路机数量已达数百台。由曲线为边而构成的正多边形冲击轮在位能落差与行驶动能相结合下对工作面进行静压、揉搓、冲击。其高振幅、低频率冲击碾压使工作面下深层土石的密实度不断增加，受冲压土体逐渐接近于弹性状态，具有克服地基隐患的技术优势，是大面积土石方工程压实技术的新发展。与一般压路机相比，考虑上料、摊铺、平整的工序等因素其压实土石的效率提高3～4倍。

本节重点介绍碾压法。振动压实法、夯实法等的有关要求参见本章第一节到第四节；高能量冲击碾压技术参见有关文献。

（二）基本要求

1. 地下水位以上填土的压实可采用碾压法和振动压实法，非黏性土或黏粒含量少、透水性较好的松散填土地基的压实宜采用振动压实法。

压实填土地基包括压实填土及其下部天然土层两部分，压实填土地基的变形也包括压实填土及其下部天然土层的变形。压实填土需通过设计，按设计要求进行分层压实，对其填料性质和施工质量有严格控制，其承载力和变形需满足地基设计要求。

压实机械包括静力碾压，冲击碾压，振动碾压等。静力碾压压实机械是利用碾轮的重力作用；振动式压路机是通过振动作用使被压土层产生永久变形而密实。碾压和冲击作用的冲击式压路机其碾轮分为：光碾、槽碾、羊足碾和轮胎碾等。光碾压路机压实的表面平整光滑，使用最广，适用于各种路面、垫层、飞机场道面和广场等工程的压实。槽碾、羊足碾单位压力较大，压实层厚，适用于路基、堤坝的压实。轮胎式压路机轮胎气压可调节，可增减压重，单位压力可变，压实过程有揉搓作用，使压实土层均匀密实，且不伤路面，适用于道路、广场等垫层的压实。

2. 压实地基的设计和施工方法的选择应综合分析建筑体型、结构与荷载特点、场地土层条件、变形要求及填料等因素。对大型的、重要的或场地地层复杂的工程，在正式施工前应通过现场试验确定其处理效果；

3. 当利用压实填土作为建筑工程的地基持力层时，应根据结构类型、填料性能和现场条件等，对拟压实的填土提出质量要求。未经检验以及不符合质量要求的压实填土，均不得作为建筑工程的地基持力层；

4. 大面积填土设计和施工中，应验算并采取有效措施确保大面积填土自身稳定性、填土下原地基的稳定性、承载力和变形满足设计要求。同时应验算对邻近建筑物及重要市政设施、地下管线等的变形和稳定的影响，并对填土和邻近建筑物、重要市政设施、地下管线等的变形进行监测。

三、设计

（一）填料选择

压实填土的填料可选用粉质黏土，灰土，粉煤灰，级配良好的砂土或碎石土，质地坚硬、性能稳定、无腐蚀性和无放射性危害的工业废料等，并应满足下列要求：

1. 以碎石土作填料时，分层压实时其最大粒径不宜大于 100mm；

2. 以粉质黏土、粉土作填料时，其含水量宜为最优含水量，可采用击实试验确定；

3. 不得使用淤泥、耕土、冻土、膨胀性土以及有机质含量大于 5%的土；

4. 采用振动压实法时，宜降低地下水位到振实面下 600mm。

利用当地的土、石或性能稳定的工业废渣作为压实填土的填料，既经济，又省工、省时，符合因地制宜、就地取材和保护环境、节约资源的建设原则。

工业废渣黏结力小，易于流失，露天填筑时宜采用黏性土包边护坡，填筑顶面宜用 0.3～0.5m 厚的细粒土封闭。以粉质黏土、粉土作填料时，其含水量宜为最优含水量，最优含水量的经验参数值为 20%～22%，可通过击实试验确定。

5. 粗颗粒的砂、石等材料具透水性，而湿陷性黄土和膨胀土遇水反应敏感，前者引起湿陷，后者引起膨胀，两者对建筑物都会产生有害变形。为此，在湿陷性黄土场地和膨胀土场地进行压实填土的施工，不得使用粗颗粒的透水性材料作填料。

（二）分层厚度和压实遍数

1. 碾压法和振动压实法施工时应根据压实机械的压实性能、地基土的性质、密实度、压实系数和施工含水量等来控制，选择适当的碾压分层厚度和碾压遍数。碾压分层厚度、碾压遍数、碾压范围和有效加固深度等施工参数宜由现场试验确定。初步设计时可按表3-12～表3-14选用。

填土每层铺填厚度及压实遍数[2] **表3-12**

施工设备	每层铺填厚度（mm）	每层压实遍数
平碾（8～12t）	200～300	6～8
羊足碾（5～16t）	200～350	8～16
振动碾（8～15t）	500～1200	6～8
冲击碾压（冲击势能15～25kJ）	600～1500	20～40

各种压实机械铺土厚度及压实遍数 **表3-13**

压实机械	黏土		粉质黏土	
	铺土厚度（cm）	压实遍数	铺土厚度（cm）	压实遍数
重型平碾（12～15t）	25～30	4～6	30～40	4～6
中型平碾（6～10t）	20～25	8～10	20～30	4～6
轻型平碾（3～5t）	15	8～12	20	6～10
铲运机			30～50	8～16
轻型羊足碾（5t）	25～30	12～22		
双联羊足碾（12t）	30～35	8～12		
羊足碾（13～16t）	20～40	18～24	30～40	8～10
蛙式夯（200kg）	25	3～4		
人工夯（50～60kg）	18～22	4～5		
落距（50cm）				

压实填土的每层铺垫厚度及压实遍数 **表3-14**

碾压设备	每层虚铺厚度（mm）	每层压实遍数	土质环境
平碾（8～12t）	200～300	6～8	软弱土，素填土
羊足碾（5～16t）	200～350	8～16	软弱土
蛙式夯（200kg）	200～250	3～4	狭窄场地
振动碾（8～15t）	600～1500	6～8	砂土，湿陷性黄土，碎石土等
振动压实机	1200～1500	10	
插入式振动器	200～500		
平板振动器	150～250		

2. 对于一般的黏性土，可用8～10t的平碾或12t的羊足碾，每层铺土厚度300mm左右，碾压8～12遍。对饱和性黏土进行表面压实，可考虑适当的排水措施以加快土体固结。对于淤泥及淤泥质土，一般应予挖除或者结合碾压进行挤淤充填，先堆土、块石、片石等，然后用机械压入置换和挤出淤泥，堆积碾压分层进行，直到把淤泥挤出、置换完毕为止。采用黏性土和黏粒含量$\rho_c \geqslant 10\%$的粉土作填料时，填料的含水量至关重要。在一定

的压实功下，填料在最优含水量时，干密度可达最大值，压实效果最好。填料的含水量太大，容易压成“橡皮土”，应将其适当晾干后再分层夯实；填料的含水量太小，土颗粒之间的阻力大，则不易压实。当填料含水量小于12%时，应将其适当增湿。压实填土施工前，应在现场选取有代表性的填料进行击实试验，测定其最优含水量，用以指导施工。

3. 杂填土的碾压，可先将建筑范围的设计加固深度内的杂填土挖出，开挖平面从基础纵向放出3m左右，横向放出1.5m左右，然后将槽底碾压2～3遍，再将土分层回填碾压，每层土虚铺厚度300mm左右。

对主要由炉渣、碎砖、瓦块组成的建筑垃圾，每层的压实遍数一般不少于8遍。对含炉灰等细颗粒的填土，每层的压实遍数一般不少于10遍。

4. 对已经回填完成且回填厚度超过表3-12中的铺填厚度或粒径超过100mm的填料含量超过50%时的填土地基，应采用较高性能的压实设备或采用夯实法进行加固。填土粗骨料含量高时，如果其不均匀系数小（例如小于5）时，压实效果较差，应选用压实功大的压实设备。

（三）压实填土的质量控制

1. 压实填土的质量以压实系数 λ_c 控制，并应根据结构类型和压实填土所在部位按表3-15的要求确定。

压实填土的质量控制　　表3-15

结构类型	填土部位	压实系数 λ_c	控制含水量（%）
砌体承重结构和框架结构	在地基主要受力层范围以内	≥0.97	$w_{op}\pm2$
	在地基主要受力层范围以下	≥0.95	
排架结构	在地基主要受力层范围以内	≥0.96	
	在地基主要受力层范围以下	≥0.94	

注：地坪垫层以下及基础底面标高以上的压实填土，压实系数不应小于0.94。

有地区经验时，压实填土质量也可参照表3-16按压实后填土干密度 ρ_d 控制。

压实填土控制干密度　　表3-16

填土类别	控制干密度（g/cm³）	填土类别	控制干密度（g/cm³）
黏土	1.55～1.60	粉土	1.70～1.75
重粉质黏土	1.60～1.65	砂土	1.70～1.80
粉质黏土	1.65～1.70	碎石土	2.20～2.30

土的干密度试验有室内试验和现场试验两种，室内试验应严格按照现行国家标准《土工试验方法标准》GB/T50123的有关规定，轻型和重型击实设备应严格限定其使用范围。以细颗粒黏性土作填料的压实填土，一般采用环刀取样检验其密度。而以粗颗粒砂石作填料的压实填土，采用灌水法和灌砂法测定其密度。

2. 压实实填土的最大干密度和最优含水量，宜采用击实试验确定，当无试验资料时，最大干密度可按下式计算：

$$\rho_{dmax}=\eta\frac{\rho_w d_w}{1+0.01w_{op}d_s} \tag{3-6}$$

式中 ρ_{dmax}——分层压实填土的最大干密度（t/m）；

η——经验系数，粉质黏土取0.96，粉土取0.97；

ρ_w——水的密度（t/m^3）；

d_s——土料相对密度［比重（t/m^3）］；

w_{op}——填料的最优含水量（%），对于黏性土约为塑限含水量或0.65倍液限含水量；

当填料为碎石或卵石时，其最大干密度可取2.1～2.2t/m^3。

初步设计时，压实填土w_{op}及ρ_{dmax}也可参考表3-17选用。

土的最优含水量和最大干密度参考表 **表3-17**

土的种类	变动范围	
	最优含水量w_{op}（%）	最大干密度ρ_{dmax}（g/cm^3）
黏　土	19～25及以上	1.58～1.70
粉质黏土	12～20	1.67～1.95
粉　土	16～22	1.61～1.80
砂质粉土	9～15	1.85～2.08
砂　土	8～12	1.80～1.88

注：采用重型击实标准时，ρ_{dmax}平均约提高10%，w_{op}约减少3.5%。

（四）压实填土地基设计要点

1. 设置在斜坡上的压实填土，应验算其稳定性。当天然地面坡度大于20%时，应采取防止压实填土可能沿坡面滑动的措施，并应避免雨水沿斜坡排泄。当压实填土阻碍原地表水畅通排泄时，应根据地形修筑雨水截水沟，或设置其他排水设施。设置在压实填土区的上、下水管道，应采取严格防渗、防漏措施。

2. 压实填土边坡设计应控制坡高和坡比，而边坡的坡比与其高度密切相关，如土性指标相同，边坡越高，坡比越小，坡体的滑动势就越大。为了提高其稳定性，通常将坡比放缓，但坡比太缓，压实的土方量则大，不一定经济合理。因此，坡比不宜太缓，也不宜太陡，坡高和坡比应有一合适的关系。

压实填土的边坡允许值，应根据其厚度、填料性质等因素，按照填土自身稳定性、填土下原地基的稳定性的验算结果确定。初步设计时可按表3-18的数值确定。

压实填土的边坡允许值[2] **表3-18**

填土类型	边坡坡度允许值（高宽比）		压实系数（λ_c）
	坡高在8m以内	坡高为8～15m	
碎石、卵石	1∶1.50～1∶1.25	1∶1.75～1∶1.50	0.94～0.97
砂夹石（碎石卵石占全重30%～50%）	1∶1.50～1∶1.25	1∶1.75～1∶1.50	
土夹石（碎石卵石占全重30%～50%）	1∶1.50～1∶1.25	1∶2.00～1∶1.50	
粉质黏土，黏粒含量ρ_c≥10%的粉土	1∶1.75～1∶1.50	1∶2.25～1∶1.75	

注：当压实填土厚度H大于15m时，可设计成台阶或者采用土工格栅加筋等措施验算满足稳定性要求后进行压实填土的施工。

压实填土由于其填料性质及其厚度不同，它们的边坡允许值也有所不同。以碎石等为填料的压实填土，在抗剪强度和变形方面要好于以黏性土为填料的压实填土，前者，颗粒表面粗糙，阻力较大，变形稳定快，且不易产生滑移，边坡允许值相对较小；后者，阻力较小，变形稳定慢，边坡允许值相对较大。表3-18的规定吸收了铁路、公路等部门的有关（包括边坡开挖）资料和经验，是比较成熟的。

3. 压实填土地基承载力特征值，应根据现场静载荷试验确定，在有经验的条件下可通过动力触探、静力触探等结果结合静载荷试验结果确定。其下卧层顶面的承载力应满足《建筑地基基础设计规范》GB 50007的有关规定。

压实填土的承载力是设计的重要参数，也是检验压实填土质量的主要指标之一。在现场采用静载荷试验或其他原位测试，其结果较准确，可信度高。

初步设计时，压实填土地基的承载力也可根据填料类别及施工工艺参照表3-19选用。

压实填土地基承载力　　　　**表3-19**

施工方法	填土类别	压实系数 λ_c	承载力特征值 f_{ak}（kPa）	备　注
碾压法	碎石、卵石	0.94～0.97	200～300	压实系数较小的垫层，承载力取低值，反之取高值
	砂夹石（其中砾石卵石占全重30%～50%）		200～250	
	土夹石（其中砾石卵石占全重30%～50%）		150～200	
	粉质黏土（$10<I_p\leqslant14$）、粉土（$3<I_p\leqslant10$）、细砂、中砂		130～180	
振动碾压法	灰土	0.93～0.95	200～250	
	碎石	0.95～0.97	200～400	
	土夹石（其中碎石占全重30%）		180～200	
	杂填土		100～120	

4. 压实填土地基的变形包括压实填土层变形和下卧层变形，可按现行国家标准《建筑地基基础设计规范》GB50007的有关规定计算，压缩模量应通过处理后地基的原位测试或土工试验确定。

初步设计时，也可参考表3-20选用。

压实填土压缩模量　　　　**表3-20**

填土类别	压实系数 λ_c	压缩模量 E_s（MPa）	填土类别	压实系数 λ_c	压缩模量 E_s（MPa）
卵石、砂夹石（砾石含量30%～50%）	0.94～0.97	30～45	素土	0.94～0.97	5～15
细、中砂	0.94～0.97	25～30	灰土	0.93～0.95	15～25

四、施工

(一) 施工机具

1. 装运土方机械：铲土机、自卸汽车、推土机、铲运机、翻斗车等。

2. 碾压机械：平碾、羊足碾和振动碾等。

3. 一般工具：蛙式或柴油打夯机、手推车、铁锹（平头、尖头）、筛子（孔径 40～60mm）、木耙、2m 钢卷尺、20 号铅丝、胶皮管等。

常用压实机械性能、规格及适用范围详见表 3-21～表 3-25，压实机械汇总见表 3-26。

填方压实机械作业特点及适用范围 **表 3-21**

项目	适用范围	优 缺 点
推土机	1. 运距 60m 内的推土回填 2. 短距离移挖运填，回填基坑（槽）管沟并压实 3. 堆筑高 1.5m 内的路基、堤坝 4. 拖羊足碾压实填土	操作灵活，运转方便，需工作面小，行驶速度快，易于转移，可挖土带运土、填土压实，但挖硬土需用松土机预先翻松，压实效果较压路机等差，只使用于大面积场地整平压实
铲运机	1. 运距 800～1500m 以内的大面积场地整平，挖土带运输回填、压实（效率最高为 200～350m） 2. 填筑路基、堤坝，但不适于砾石层、冻土地带及沼泽地带使用 3. 开挖土方的含水率（质量分数）应在 27%以下，行驶坡度控制在 20°以内	操作简单灵活，准备工作少，能独立完成铲土、运土、卸土、填筑、压实等工序，行驶速度快，易于转移，生产效率高，但开挖坚土回填需用推土机助铲，开挖硬土前，需用松土机预先翻松
自卸汽车	1. 运距 1500m 以内的运土、卸土带行驶压实 2. 密实度要求不高的场地整平压实 3. 弃土造地填方	利用运输过程中的行驶压实，较简单方便、经济实用，但压实效果较差，只能用于无密实度要求的场合
光碾压路机	1. 爆破石渣、碎石类土、杂填土或粉质黏土的碾压 2. 大型场地整平、填筑道路、堤坝的碾压 3. 常用压路机的技术性能见表 3-22、表 3-23	操作方便、速度较快、转移灵活，但碾轮与土壤接触面积大，单位压力较小、碾压上层密实度大于下层，适用于压实薄层填土
羊足碾、平碾	1. 羊足碾适用于黏性土壤大面积碾压，因羊足碾的羊足从土壤中拔出会使表面土壤翻松，不宜用于砂及面层的压实 2. 平碾适于黏性土和非黏性土壤的大面积压实 3. 大型场地平整，填筑道路堤坝 4. 羊足碾、平碾的技术性能见表 3-24	单位面积压力大，压实深度较同重量光面压路机更高，压实质量好，操作工作面小，机动灵活，但需要拖拉机牵引作业
平板振动器	1. 小面积黏性土壤层回填土的振实 2. 较大面积砂性土的回填压实 3. 薄层砂卵石碎石垫层的振实	为现场常备机具，操作简单轻便，但振实深度有限，最适用于薄层砂性土振实
小型打夯机	1. 小型打夯机包括蛙式打夯机、振动夯实机、内燃打夯机等，其技术性能见表 3-25，小型打夯工具包括人工铁夯、木夯、石及混凝土夯等 2. 黏性较低的土（如砂土、粉土等）小面积或较窄工作的回填夯实 3. 配合光碾压路机，对边缘或边角碾压不到之处的夯实	体积小，重量轻，构造简单，机动灵活，操作方便，夯击能量大，但劳动强度较大，夯实工效较低

续表

项目	适用范围	优　缺　点
冲击式压路机	1. 使用多边形方滚，具有静压、冲击、振动、捣实和揉搓的综合作用 2. 适用于大型填方，塌陷性土和干砂填筑工程的压实	与传统压路机比较具有生产效率高、影响深度大、对填料含水量及最大粒径要求范围宽等

静作用压路机技术性能与规格　　表 3-22

项　目	型　号				
	两轮压路机 2Y6-8	两轮压路机 2Y8/10	三轮压路机 3Y10/12	三轮压路机 3Y12/15	三轮压路机 3Y15/18
重量（t）不加载	6	8	10	12	15
加载后	8	10	12	15	18
压轮直径（mm）前轮	1020	1020	1020	1120	1170
后轮	1320	1320	1500	1750	1800
压轮宽度（mm）	1270	1270	530×2	530×2	530×2
单位线压力（kN/cm）					
前轮：不加载	0.192	0.259	0.332	0.346	0.402
加载后	0.259	0.393	0.445	0.470	0.481
后轮：不加载	0.290	0.385	0.632	0.801	0.503
加载后	0.385	0.481	0.724	0.930	0.115
行走速度（km/h）	2～4	2～4	1.6～5.4	2.2～7.5	2.3～7.7
最小转弯半径（m）	6.2～6.5	6.2～6.5	7.3	7.5	7.5
爬坡能力（%）	14	14	20	20	20
牵引力功率（kW）	29.4	29.4	29.4	58.9	73.6
转速（r/min）	1500	1500	1500	1500	1500
外形尺寸（长×宽×高）（mm）	4440×1610×2620	4440×1610×2620	4920×2260×2115	5275×2260×2115	5300×2260×2140

振动压路机技术性能与规格　　表 3-23

项　目	型　号				
	YZS0.6B 手扶式	YZ2	YZJ7	YZOP	YZJ14 拖式
重量（t）	0.75	2.0	6.53	10.8	13.0
振动直径（mm）	405	750	1220	1524	1800
振动轮宽度（mm）	600	895	1680	2100	2000
振动频数（Hz）	48	50	30	28/32①	30
触振力（kN）	12	19	19	197/137①	290
单位线压力(N/cm)					
静线压力	62.5	134	—	257	650
动线压力	100	212	—	938/652①	1450
总线压力	162.5	346	—	1195/909①	2100

续表

项 目	型 号				
	YZS0.6B 手扶式	YZ2	YZJ7	YZOP	YZJ14 拖式
行走速度（km/h）	2.5	2.43～5.77	9.7	4.4～22.6	—
牵引力功率（kW）	3.7	13.2	50	73.5	73.5
转速（r/min）	2200	2000	2200	1500/2150① 5.2	1500
最小转弯半径（m）	2.2	5.0	5.13	30	—
爬坡能力（%）	40	20	—		—
外形尺寸（长×宽×高）（mm）	2400×790×1060	2635×1063×1630	4750×1850×2290	5370×2356×2410	5535×2490×1795
制造厂	洛阳建筑机械厂	邯郸建筑机械厂	三明重型机械厂	洛阳建筑机械厂	洛阳建筑机械厂

注：①表示这种设备的型号技术性能与规格可有两个数据供选择。

平碾、羊足碾技术性能与规格　　表 3-24

项 目		型 号			
		平碾	羊足碾 YZ4-2.5 单筒	羊足碾 YZ2-3.5 双筒	羊足碾双筒
单筒有效面积（m^3）		—	1.12	0.91	—
羊足数（个）		—	64	96	96
每个羊足压实面积（cm^2）		—	15.2	15.2	29.2
滚筒重量（kg）	空筒时	2600	2500	3520	3900
	装水时	—	3620	5540	—
	装砂时	4000	4290	6450	6700
单位面积压力（MPa）	空筒时	2.00	4.11	2.78	1.34
	装水时	—	5.95	4.45	—
	装砂时	3.40	7.05	5.18	2.30
牵引功率（kW）		58.9	39.7	58.9～73.6	36.8
牵引速度（km/h）		4	3.6	4.0	4～5
压实宽度（mm）		1300	1700	2685	12220×2
最小转弯半径（m）		—	5	8	—
每班生产率（m^3）		2000	3100	5000	—
外形尺寸（长×宽×高）（mm）		2770×1910×1345	3740×1970×1620	3865×3030×1620	4000×3020×1605

蛙式打夯机、振动夯实机、内燃打夯机技术性能与规格　　表 3-25

项 目	型 号				
	蛙式打夯机 HW-70	蛙式打夯机 HW-201	振动夯实机 HZ-280	振动夯实机 HZ-400	内燃打夯机 ZH7-120
夯板面积（cm^2）	—	450	2800	2800	550
夯击次数（次/min）		140～150	1100～1200(Hz)	1100～1200(Hz)	60～70
行走速度(m/min)	—	8	10～16	10～16	—

续表

项　　目	型　　号				
	蛙式打夯机 HW-70	蛙式打夯机 HW-201	振动夯实机 HZ-280	振动夯实机 HZ-400	内燃打夯机 ZH7-120
夯头起落高度（mm）	—	145	300（影响深度）	300（影响深度）	300～500
生产率（m^3/h）	5～10	12.5	33.6	336（m^2/min）	18～27
外形尺寸（长×宽×高）（mm）	1180×450×905	1006×500×90	1300×560×700	1205×566×889	434×265×1180
重量（kg）	140	125	400	400	120

压实机械汇总[13]　　**表 3-26**

类别	系列	分类	主要结构形式	规格（总重）（t）	有效压实深度（cm）
压路机	静碾压路机	三轮静碾压路机	偏转轮转向、铰接转向	10～25	20～40
		两轮静碾压路机	偏转轮转向、铰接转向	4～16	
		拖式静碾压路机	拖式光轮，拖式羊脚轮	6～20	
	轮胎压路机	自行式轮胎压路机	偏转轮转向、铰接转向	12～40	20～50
		拖式轮胎压路机	拖式，半拖式	12.5～100	
	振动压路机	轮胎驱动单轮振动压路机	光轮振动，凸块轮振动	2～25	120～180
		串联式振动压路机	单轮振动，双轮振动	12.5～18.0	
		组合式振动压路机	光面轮胎—光轮振动	6～12	
		手扶式振动压路机	双轮振动，单轮振动	0.4～1.4	
		拖式振动压路机	光轮振动，凸块轮振动	2～18	
		斜坡振动压实机	光拖式爬坡，自行爬坡	6～20	
		沟槽振动压实机	沉入式振动，伸入式振动	8～25	
	冲击式压路机	冲击式方滚压路机	拖式	15～50	100～160
		振冲式多棱压路机	自行式	12～30	
夯实机	振动夯实机	振动平板夯实机	单向移动，双向移动	0.05～0.80	60～90
		振动冲击夯实机	电动机式，内燃机式	0.050～0.075	
	打击夯实机	爆炸夯实机	—	0.050～0.075	20～60
		蛙式夯实机	—	0.050～0.075	

（二）施工要求

压实填土地基的施工应符合下列规定：

1. 应根据使用要求、邻近结构类型和地质条件确定允许加载量和范围，按设计要求均衡地有控制地分步施加，避免大量快速集中填土。

大面积压实填土的施工，在有条件的场地或工程，应首先考虑采用一次施工，即将基础底面以下和以上的压实填土一次施工完毕后，再开挖基坑及基槽。对无条件一次施工的场地或工程．当基础超出±0.00 标高后，也宜将基础底面以上的压实填土施工完毕，并应按本条规定控制其施工质量，应避免在主体工程完工后，再施工基础底面以上的压实填土。

2. 填料前，应清除或处理场地内填土层底面以下的耕土、植被或软弱土层等。

压实填土层底面下卧层的土质，对压实填土地基的变形有直接影响，为消除隐患，铺填料前，首先应查明并清除场地内填土层底面以下的耕土和软弱土层。压实设备选定后，应在现场通过试验确定分层填料的虚铺厚度和分层压实的遍数，取得必要的施工参数后，再进行压实填土的施工，以确保压实填土的施工质量。必要时在填土底部宜设置碎石盲沟。

在斜坡上进行压实填土，应考虑压实填土沿斜坡滑动的可能，并应根据天然地面的实际坡度验算其稳定性。当天然地面坡度大于20%时，填料前，宜将斜坡的坡面挖成高、低不平或挖出若干台阶，使压实填土与斜坡坡面紧密接触，形成整体，防止压实填土向下滑动。此外，还应将斜坡顶面以上的雨水有组织地引向远处，防止雨水流向压实的填土内。

3. 压实填土施工过程中，应采取防雨、防冻措施，防止填料（粉质黏土、粉土）受雨水淋湿或冻结。

在建设期间，压实填土场地阻碍原地表水的畅通排泄往往很难避免，但遇到此种情况时，应根据当地地形及时修筑雨水截水沟、排水盲沟等，疏通排水系统，使雨水或地下水顺利排走。对填土高度较大的边坡应重视排水对边坡稳定性的影响。

设置在压实填土场地的上、下水管道，由于材料及施工等原因，管道渗漏的可能性很大，为了防止影响邻近建筑或其他工程，设计、施工应采取必要的防渗漏措施。

4. 基槽内压实时应先压实基槽两边，再压实中间。

5. 冲击碾压法施工的冲击碾压宽度不宜小于6m，工作面较窄时需设置转弯车道，冲压最短直线距离不宜少于100m，冲压边角及转弯区域应采用其他措施压实。施工时地下水位应控制到碾压面以下1.5m。

6. 性质不同的填料，应水平分层、分段填筑，分层压实。同一水平层应采用同一填料，不得混合填筑。填方分几个作业段施工时，接头部位如不能交替填筑，则先填筑区段，应按1∶1坡度分层留台阶；如能交替填筑，则应分层相互交替搭接，搭接长度不小于2m。压实填土的施工缝各层应错开搭接，在施工缝的搭接处，应适当增加压实遍数。边角及转弯区域应采取其他措施压实，以达到设计标准。

压实填土的施工缝各层应错开搭接，不宜在相同部位留施工缝。在施工缝处应适当增加压实遍数。此外，还应避免在工程的主要部位或主要承重部位留施工缝。

7. 压实地基施工场地附近有对振动敏感的精密仪器、设备、建筑物等或有其他要求时，应合理安排施工工序和时间，减少噪声与振动对环境的影响。必要时可采取挖减振沟等减振和隔振措施并进行振动和噪音监测。

如冲击碾压施工可采取以下两种减振隔振措施：①开挖宽0.5m，深1.5m左右的隔振沟进行隔振；②降低冲击压路机的行驶速度，增加冲压遍数。

振动监测：当场地周围有对振动敏感的精密仪器、设备、建筑物等或有其他需要时宜进行振动监测。测点布置应根据监测目的和现场情况确定，一般可在振动强度较大区域内的建筑物基础或地面上布设观测点，并对其振动速度峰值和主振频率进行监测，具体控制标准及监测方法可参照现行国家标准《爆破安全规程》GB6722 执行。对于居民区、工业集中区等受振动可能影响人居环境时，可参照现行国家标准《城市区域环境振动标准》GB 10070 和《城市区域环境振动测量方法》GB 10071 要求执行。

噪声监测：在噪声保护要求较高区域内可进行噪声监测。噪声的控制标准和监测方法可分别按现行国家标准《建筑施工场界噪声限值》GB 12523 和《建筑施工场界噪声测量方法》GB 12524 执行。

8. 施工过程中严禁扰动填土下卧的淤泥或淤泥质土层，防止压实填土受冻或受浸泡。压实填土施工结束经检验合格后，应及时进行基础施工。

压实填土施工结束后，当不能及时施工基础和主体工程时，应采取必要的保护措施，防止压实填土表层直接日晒或受雨水浸泡。

五、质量检验

（一）压实地基的施工质量检验应分层进行，每完成一道工序应按设计要求验收合格后方可进行下道工序。

（二）压实填土地基的质量检验应符合下列规定：

1. 在施工的过程中，应分层取样检验土的干密度和含水量。每 50～100m^2 面积内应有一个检测点，每一独立基础下至少应有一点，基槽每 20 延米至少应有一点，压实系数不得低于表 3-15 的规定。采用灌水法或灌砂法检测的碎石土干密度不得低于 2.0t/m^3。

在压实填土的施工过程中，取样检验分层土的厚度视施工机械而定，一般情况下宜按 300～500mm 分层进行检验。

2. 有地区经验时可采用动力触探、静力触探、标准贯入试验等原位试验方法结合干密度试验的对比结果进行检验。表 3-27 为利用重型动力触探检验砂、砾石、卵石密实度的参考值。

砂、砾石、卵石密实度　　**表 3-27**

重型动力触探击数 $N_{63.5}$ / 密实度 / 垫层种类	松散	稍密	中密	密实	很密
砾石、卵石、圆砾	$N_{63.5} \leq 4$	$4 < N_{63.5} \leq 7$	$7 < N_{63.5} \leq 17$	$17 < N_{63.5} \leq 30$	$N_{63.5} > 30$
砂土	$N_{63.5} \leq 4$	$4 < N_{63.5} \leq 6$	$6 < N_{63.5} \leq 10$	$10 < N_{63.5} \leq 15$	$N_{63.5} > 15$

3. 冲击碾压法施工宜分层进行变形量、压实系数、土的物理力学指标等的监测和检测；

4. 地基承载力验收检验可通过静载荷试验并结合动力触探、静力触探、标准贯入等试验结果综合判定。每个单体工程静载荷试验不宜少于 3 点，大型工程可按单体工程的数量或面积确定检验点数。

压实填土地基竣工验收应采用静载荷试验检验填土质量，静载荷试验点宜选择通过静力触探试验或轻便触探等原位试验确定的薄弱点。当采用静载荷试验检验压实填土的承载力时，应考虑压板尺寸与压实填土厚度的关系。压实填土厚度大，承压板尺寸也要相应增大，或采取分层检验。否则，检验结果只能反映土层或某一深度范围内压实填土的承载力。为保证静载荷试验的有效影响深度不小于换填垫层处理的厚度，静载荷试验承压板的边长或直径不应小于压实地基检验厚度的1/3，且不应小于1.0m。

（三）填方施工结束后，应检查地基承载力、标高、边坡坡度、压实程度等，检验标准应符合表3-28的规定。

填土工程质量检验标准（mm）　　表3-28

项	序	检查项目	允许偏差或允许值					检查方法
			桩基基坑基槽	场地平整		管沟	地（路）面基础层	
				人工	机械			
主控项目	1	地基承载力	设计要求					按规定方法
	2	分层压实系数	设计要求					按规定方法
一般项目	1	回填土料	设计要求					取样检查或直观鉴别
	2	分层厚度及含水量	设计要求					水准仪及抽样检查
	3	表面平整度	20	20	30	20	20	用靠尺或水准仪
	4	标高	−50	±30	±50	−50	−50	水准仪

第七节　工　程　实　录

一、强夯法处理大块抛石填海地基

（一）工程概况及地质条件

1985年初，中国建筑科学院地基所接受大连某厂的委托，要求解决该厂重点建设项目的地基处理问题。由于该厂已无土地可供建设，故不得不填海造地，即将开山爆破的石块，不加选择直接运到海边抛填而成。抛石层厚度约7～8m，最深处达10m。由于抛填的块石较大，级配差，堆填层又厚，所以整个场地非常疏松，且极不均匀。而新建的装置对地基沉降与不均匀沉降的要求严格，因此，采用何种方法处理地基，就成为该项目建设中的首要问题。根据设计要求，地基的承载力应达到250kPa，沉降量小于5cm。为此曾考虑采用预制桩基，但经试打，因遇大块石无法打入。国外对类似地基的处理，有采用灌浆方法的，但其施工费用较桩基更昂贵。经研究改用强夯法处理，并通过现场强夯试验确定其加固效果。

（二）现场试验及工程实践

试验区长80m、宽20m，试验场地全部由新近堆填的大块抛石所组成，块石粒径不等，最大粒径约500mm，个别颗粒达1200mm，除粒径大于300mm的颗粒，余下颗粒中大于30mm的颗粒约占82%。

试验采用低能量级（约3000kN·m）的夯击能，夯锤质量15t、直径2.3m、落距20m，试验内容包括：单点夯击、不同强夯方法的比较、有效加固深度、地基土的水平位移、夯坑周围地表变形、地基土的承载力和变形模量的确定等。试验区平面布置和各项测试点位置如例图1—1所示。

为比较不同夯击遍数的加固效果，现场划分为：第一试验区夯三遍、第二试验区夯

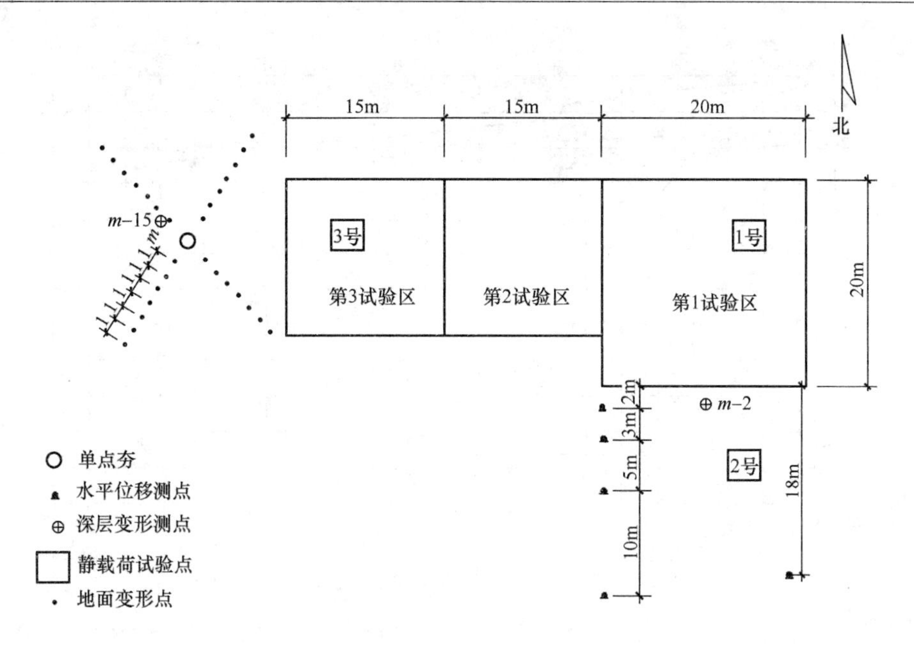

例图 1-1　试验区平面布置及各项测点位置

二遍、第三试验区夯一遍，各试验区的单位面积夯击能相同，最后一遍夯完后均以低落距（锤质量 15t、落距 5m）满夯一遍。

强夯后，第一、二、三试验区的地面夯沉量分别为 112.7cm、94.0cm 和 98.1cm，平均夯沉量 101.6cm，这说明夯前场地非常疏松，同时也表明三者的加固效果显著。

根据深层变形测管的实测结果，在深度 6.8m 处的地基变形值为 3.8cm（例图 1-2），单点夯击区在深度 6.2m 处的变形值为 1.8cm。若以地基中某点竖向变形量为地表夯沉量 5%时的深度视为有效加固深度，由例图 1-2 可得出相应深度约为 6m，说明强夯的有效加固深度已满足了工程要求。

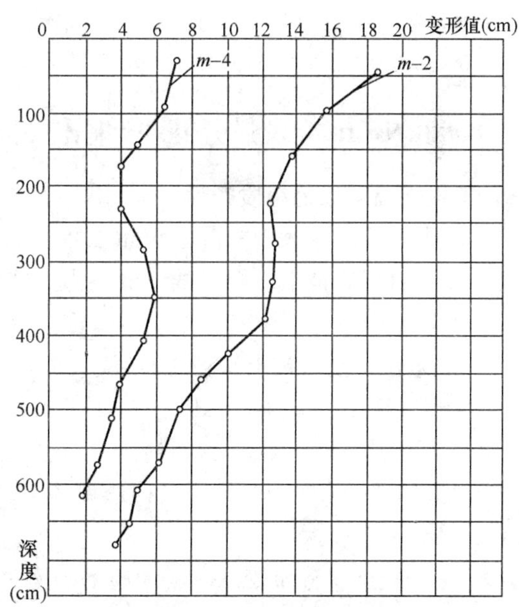

例图 1-2　不同深度的变形值

强夯后在第一、三试验区和第一试验区南侧未加固的抛石地基上，分别进行了大型载荷试验，压板面积 3m×3m。试验 *p*-*s* 曲线见例图 1-3。第一和第三试验区的 1 号和 3 号试验 *p*-*s* 曲线几乎呈直线状，未出现明显拐点，且压板差异沉降分别为 0.87cm 和 0.41cm，变形模量分别为 64.3MPa 和 50MPa，而未加固区的 2 号试验下沉量大且不均匀，压板差异沉降达 6.9cm。

由此说明，强夯试验加固效果显著，满足了工程的设计要求。根据该试验结果。于 1985 年起对大面积大块抛石填海地基进行了强夯处理及上部结构施工。工程建成后，主

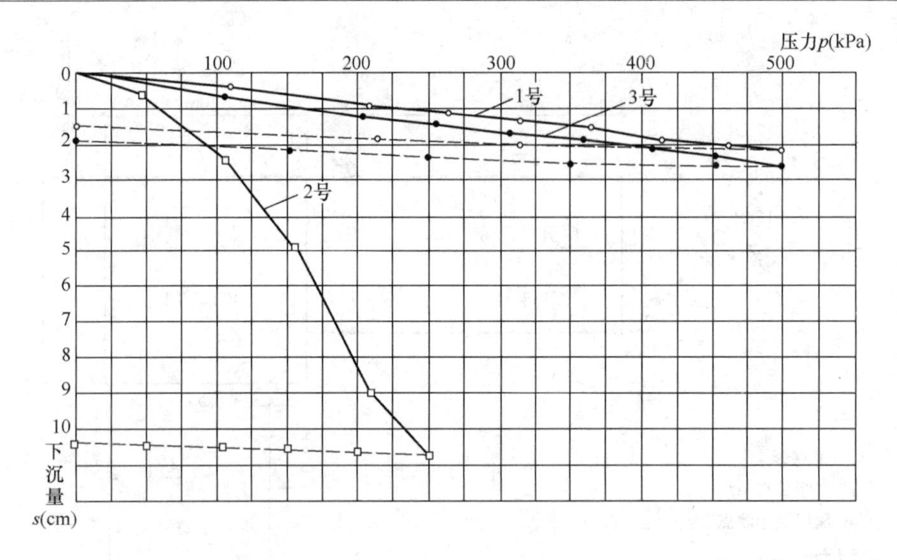

例图 1-3 静载荷试验 p-s 曲线

要装置基础下沉量仅 1cm，使用情况良好。该厂填海造地面积已超过 50 万 m^2，全部采用强夯法处理。与其他方法相比，采用强夯法不仅为国家节约大量资金，节省了大量钢材和水泥，缩短了工期，取得了很好的经济效益和社会效益，而且为在大块抛石地基上建造重要工业建筑积累了经验。目前强夯法处理大块抛石地基已在许多工程中得到了推广应用。

（张永钧、平涌潮、孔繁峰、张峰：强夯法处理大块抛石地基的试验研究，第三届全国地基处理学术讨论会论文集 1992）

二、8000kN·m 能量强夯处理湿陷性黄土地基

（一）工程概况及场地地质条件

某火电厂为国家大型能源建设重点项目之一，建设规模为 4×300MW 机组。厂址位于黄河Ⅱ、Ⅲ级阶地上，揭露的 50m 地层均为马兰黄土（$Q3^{al+pl}$），按湿陷特征自上而下主要分三层：

1. 湿陷性黄土（黄土状粉土）：浅黄色，棕黄色，湿陷性明显，厚度为 7.5～18.8m，地基承载力特征值 f_{ak} 为 100kPa；

2. 非湿陷性黄土（黄土状粉土）：浅黄色，褐黄色，该层厚 24.5～33.1m，层间夹 0.05～0.65m 厚的砂、砾石及卵石透镜体，其中黄土状粉土 f_{ak}＝200kPa，砂、砾石层 f_{ak}＝250kPa；

3. 饱和黄土：分布较深。场地地下水埋深在 50m 左右，对地基处理工程影响不大。

（二）设计要求

根据建（构）筑物要求和场地地质条件，经综合分析确定采用 8000kN·m 高能量强夯地基处理方案。

1. 在 500kPa 的试验压力下，自起夯面算起消除湿陷的最小厚度 11m，平均厚度不小于 11.8m；

2. 自起夯面以下 7m 内，地基承载力特征值 f_{ak}＝250～300kPa 以上，压缩模量 E_s ≥20MPa。

（三）强夯试验

强夯试验区的物理力学性质指标见例表 2-1。试验分两组，其中 A 组间距为夯锤直径的 2 倍（5m），B 组间距为夯锤直径的 2.5 倍（6.3m），见例图 2-1。每组试验均进行主夯、复夯和满夯。主夯为 8000kN·m，隔点跳打，分二次夯完；复夯为 3000 kN·m，夯点布置同主夯点；满夯为 3000kN·m。各遍夯击控制标准为最后三击贯入度均小于 5cm，其中主夯还增加了最大夯沉量 6m 的控制标准。实际夯击数及夯沉量统计见例表 2-2。

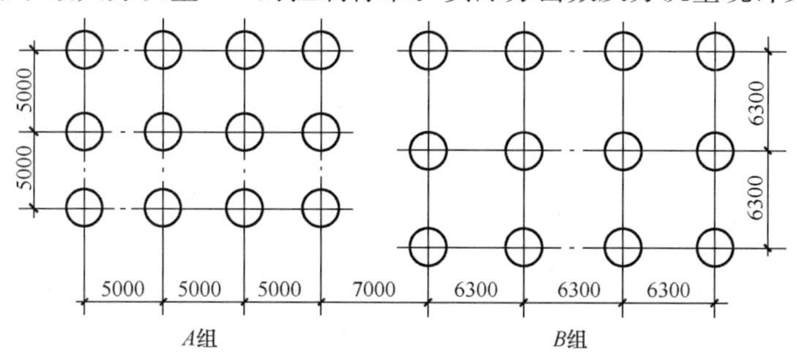

例图 2-1 夯点布置图

试验区土的物理力学性质指标 **例表 2-1**

项目	w (%)	r (kN/m³)	γ_d (kN/m³)	e	S_r (%)	w_p	w_L	I_p	I_L	a_{1-2} (MPa⁻¹)	δ_s
平均值	15.3	16.2	14.1	0.931	45.4	17.9	26.9	9.0	−0.29	0.13	0.0332
一般值	12.6～17.7	15.0～17.1	13.1～15.0	1.069～0.807	35.8～57.8	17.3～18.5	25.9～28.0	8.3～9.8	−0.65～−0.05	0.07～0.21	0.0164～0.0524

实际夯击数及夯沉量 **例表 2-2**

遍数	区域	最小～最大夯沉量 (m)	夯击数 (击)	平均夯沉量 (m)	最后三击贯入度 (mm)
主夯	A 组	4.185～7.270	10～25	5.58	26.2
	B 组	3.480～6.130	18～25	4.72	10.5
复夯	A 组	1.710～2.800	9～20	2.07	16.8
	B 组	1.390～2.170	8～12	1.73	13.8
满夯	A 组		7～8	1.20	
	B 组		5	1.00	

主夯时地面基本无隆起，但夯坑塌土严重；复夯在后几击地面稍有隆起，一般在 15cm 左右；满夯在第 3 击开始产生隆起，隆起量 20～30cm。试验区场地较小，每次整平时从四周向内推土，因此各遍夯击产生的实际场地变化较难确切反映，大致情况为：主夯第一次约 0.5m，第二次 0.4m 左右，复夯及满夯 0.4m 左右，满夯整平后上部尚有约 0.6m 的虚土层。

强夯后的地基采用探井取土、标准贯入、动静力触探、载荷试验和渗水试验等手段进行测试，部分测试结果见例表 2-3 及例表 2-4。按夯前及夯后土测试指标在深度范围内的变化程度，夯后土从上至下可分为强加密带、加密带和影响带。强加密带：自起夯面下约7～8m，受高冲击能的直接作用，土完全失去原结构，土粒重新排列极为密实，呈薄层状，压缩性、渗透性、孔隙比大幅读变小，干密度、承载力大幅度增大，土的湿陷性完全消除。加密带：自强加密带向下约2～3m，受上带的间接挤压，土层也失去原结构，薄层状不明显，密实程度降低，但承载力也有明显提高，湿陷性消除。影响带：加密带以下，土的原始结构明显，土的密实程度几乎不增加，土的结构强度降低，动静力触探、干密度等指标小于天然土或互有大小，一般消除不了湿陷性，达不到土的加固效果。

消除湿陷下限深度及相应其他指标的变化　　例表 2-3

区域	300kPa 试验压力					400kPa 试验压力	
	消除湿陷下限（m）	湿陷系数 δ_S	干重度变化 r_d（kN/m³）	孔隙比变化 e	压缩系数变化 a（MPa⁻¹）	消除湿陷下限（m）	湿陷系数 δ_S
A组	12～14	0.0150～0.0225	−0.40～+0.30	−0.046～+0.064	−0.06～+0.04	11～13	0.0165～0.0355
	13.4	0.0189	−0.02	0	+0.002	11.8	0.0243
B组	8～12	0.0160～0.0285	+0.10～1.50	−0.035～−0.205	+0.10～−0.02	8～10	0.0176～0.0305
	10.0	0.0193	+0.70	−0.097	+0.02	9.0	0.0242

注：1. γ_d，e，a 的变化值为湿陷下限深度处夯后值减去夯前值，+表示增加，−表示减少。

2. 深度自起夯面计算。

载　荷　试　验　　例表 2-4

区域	试验位置	荷载板面积（m²）	试验深度（m）	最终荷载（kPa）	累计下沉（mm）	承载力（kPa）		
						$P_{0.02}$	P_0	$P_0/1.5$
A组	夯后夯点间	2	0.5～1.0	500	50.8	280	250	330
		0.25	2	400	26.65	140	不明显	266
		0.25	4	500	15.36	310	300	>333
		0.25	6	600	9.465	440	300	>400
B组	夯后夯点间	2	0.5～1.0	700	47.95	430	400	466
		0.25	2	600	10.225	480	400	>400
		0.25	4	600	13.39	350	300	>400
		0.25	6	500	41.45	220	300	>330

实验结果表明8000 kN·m能量强夯可消除10～13.4m厚黄土的湿陷性，地基承载力可达到250kPa以上，高能量强夯方案是可行的。

（四）强夯施工及加固效果

主厂房为电厂最重要的建筑物之一，施工工艺及参数在试验基础上作了适当调整，见例表2-5。

主厂房（Ⅰ）期实际施工工艺及参数 **例表 2-5**

施工参数	施工工艺	施工控制标准
主夯 8000kN·m	1. 正方形布置，间距为 2 倍锤径（5m） 2. 隔行夯击，分两次完成	任选两项：1. 每点 20 击； 2. 夯坑深度>5.6m； 3. 最后三击贯入度均≤5cm
复夯 8000kN·m	1. 夯点间主夯 2. 一次夯击完成	每点 8～10 击
填土	分层碾压，每层厚不大于 300mm	回填厚度根据预计夯厚标高确定
单点夯 3000 kN·m	1. 夯点布置为主夯点及四夯点间 2. 一次或两次完成	每点 8～10 击
满夯 2000kN·m	1. 锤印搭接 1/3 2. 一遍	每点 3 击

主厂房（Ⅰ）期强夯后地基采用了静力触探、标准贯入、探井取土和荷载试验等手段进行自检，检测指标见例表 2-6～例表 2-10。综合以上各种检测结果；

1. 夯后地基消除湿陷土层的厚度，在 500kPa 试验压力时自起夯面计算平均厚度不小于 11.8m，在 400kPa 试验压力时全部消除；

2. 起夯面下 7m 深度范围内，地基承载力 f_{ak}=305～468kPa，压缩模量 E_s=22.0～23.9MPa，表明总体地基处理效果满足强夯设计要求，设计是合理的，施工是满意的。

夯前后静力触探试验成果表 **例表 2-6**

统计项目 / 统计值 / 分带	厚度（m）	天然土	夯后土		
		$\bar{q}_c$（MPa）	$\bar{q}_c$（MPa）	f_{ak}（kPa）	E_s（MPa）
强加密带	7.15	4.33	12.08	420	22.0
加密带	3.40	5.21	6.18	220	13.0

夯前后标准贯入试验成果表 **例表 2-7**

统计项目 / 统计值 / 分带	厚度（m）	天然土	夯后土	
		$\bar{N}$（击）	$\bar{N}$（击）	f_{ak}（kPa）
强加密带	7.95	7.90	21.6	400
加密带	2.50	8.5	10.4	190

夯后主要土工试验指标统计表 **例表 2-8**

统计项目 / 统计值 / 分带	厚度（m）	w（%）	γ_d（kN/m³）	$\bar{e}$	$\bar{w}_L$（%）	f_{ak}（kPa）	E_s（MPa）
强加密带	8.35	14.7	17.2	0.591	27.1	250	23.9
加密带	2.50	16.2	15.1	0.781	27.4	196	23.1

消除湿陷的深度 例表 2-9

探井号＼试验压力	500kPa	400kPa
1号	9.74m	全部消除（大于15m）
2号	全部消除（大于15m）	全部消除（大于15m）

注：厚度自起夯面计算。

载荷试验成果表 例表 2-10

试验点号＼项目	试验深度（m）	最大单位压力（kPa）	最大沉降（mm）	地基承载力 f_{ak}（kPa）	变形模量 E_s（MPa）
1号	1.05	850	10.14	468	59.68
2号	1.00	850	41.55	312	33.14

注：2号点强夯期间遭水管漏水和雨水浸泡。

（马立新：8000kN·m 能量强夯处理湿陷性黄土地基实践 基处理 1995（12））

三、强夯处理山区分层填土地基

（一）工程地质概况

该工程总占地面积32万 m^2，场地在整平之前的地貌由两座山所夹的一条东西向山沟以及若干条南北的冲沟与山包所组成。场地采用平山填谷方式整平，整个场区由填方区与挖方区组成。挖方区为风化板岩，强度高，压缩性低。填方区由平整场地时人工堆填的填土形成，填土成分为板岩碎块夹黏性土。板岩碎块是中风化状，少量为强风化和微风化状。由黄棕色的板岩碎石组成，其次为粉质黏土。填土内碎石含量约60%～70%，高的达90%，碎石粒径一般为20～40cm，大的粒径超过1.0m，填土厚度为5.0～17.8m。高填土以下为粉质黏土、风化岩等。

（二）强夯试验与监测

根据工程的实际回填土情况，以及工程设计的要求，提出高填土地基强夯后地基承载力要达到 $f_{ak} \geqslant 220$kPa。考虑到强夯不同能级的有效加固深度，高填土的实际回填厚度及建（构）筑物的重要性，将整个场区的高填土区分为四个区域进行试夯，见例表3-1。

强夯分区施工表 例表 3-1

强夯分区	强夯分层	下层		上层		表层满夯
		夯击能/kN·m	填土厚度/m	夯击能/kN·m	填土厚度/m	
一	二层	8000	8	8000	8	1.0～2.0m为1500kN·m满夯
二	二层	8000	9	3000	5	同上
三	一层	8000	9～12	—	—	同上
四	一层	3000	5～8	—	—	同上

根据填土厚度分高、低两种能量级进行强夯。高能量强夯8000kN·m锤重40t用于一区，分二层进行夯实；二区分二层进行夯实，下层用高能量8000kN·m夯实，上层用

低能量3000kN·m锤重17.5t夯实；三区填土厚度9～12m用高能量分一层夯实；四区因填土厚度在5.0～8.0m左右，所以分一层用低能量3000kN·m进行夯实，全部高填土地区，最后用低能量1500kN·m进行搭接满夯，以保证强夯质量。

强夯监测：在大面积高填土区，强夯施工后的工程质量检验至关重要。为此采用了大尺寸荷载板试验、重型动力触探试验及瑞利波试验，全面监测强夯的工程质量。

载荷试验监测的结果见例表3-2。

强夯地基载荷试验成果表　　**例表3-2**

分区	强夯能/kN·m	试验点位置	荷载板面积/m²	最终荷载/kPa	累计沉降/mm	承载力特征值/kPa	变形模量/MPa	压缩模量/MPa	地质概况
一	8000	夯点间	4	500	32.12	290	24	28.2	最大回填深度达17.8m的一区分两层进行加固
		夯点间	1	550	24.12	275	22.8	26.8	
		夯点	1	500	21.53	305	27.7	32.6	
二	（下）8000 （上）3000	夯点间	4	500	45.5	265	22	25.9	回填深度14m的二区分两层进行加固
		夯点间	1		16.04	305	25.3	29.8	
		夯点	1		28.30	220	18.3	21.5	
		夯点	1		49.90	230	16.9	19.9	
四	3000	夯点间	4	500	54.45	260	22.7	26.7	开山后回填的碎石土，回填深度5.0～8.0m的四区，按一层进行加固
		夯点	1	500	29.56	210	19	22.3	
		夯点间	1	500	32.40	215	21.5	25.3	

为了进一步了解强夯后深层土的加固情况，现场采用了重型动力触探和瑞利波测试，本次检测共进行51个钻孔重型动力触探试验和59条测线的瑞利波试验。

通过三种不同的检测手段，场区强夯处理后地基已达到设计要求，满足了工程需要。现将一区（生产装置区）各土层力学指标列于例表3-3。

一区（生产装置区）各土层力学性能指标　　**例表3-3**

土层名称	深度（m）	载荷试验	瑞利波试验		重型动触试验		推荐值
			v_R (m/s)	f_{ak} (kPa)	$N_{63.5}$	f_{ak} (kPa)	
填土	0～7	f_{ak}=275kPa E_s=26.8MPa	260	300	7	280	f_{ak}=250kPa E_s=20MPa
	7～9		170	200	5	200	f_{ak}=180kPa E_s=15MPa
	9以下		260	300	7	280	f_{ak}=250kPa E_s=20MPa
耕植土			170	200	5	200	f_{ak}=180kPa E_s=15MPa
粉质黏土			170	200	5	200	f_{ak}=200kPa E_s=15MPa
强风化板岩			>300		>10		f_{ak}=400kPa

(三) 加固效果与技术经济分析

强夯处理后，填土力学性质得到改善，夯后填土层可分为3个加密区，经综合分析：第一层强加密区，深度0～7.0m，f_{ak}＝260kPa，E_s＝18MPa；第二层加密区，深度7.0～10m，f_{ak}＝150kPa，E_s＝10MPa；第三层弱影响区，深度10～13m，f_{ak}＝120kPa，E_s＝5MPa。强夯效果明显，满足设计要求。

该工程1998年全部投产，实测沉降很小，以两器框架实测沉降为例，最大沉降19mm，最小沉降17mm，满足设计与生产要求。

从技术经济分析，采用强夯处理地基与桩基比较可节省工程费用40％～60％。另外，强夯处理地基至少缩短工期30％，原料工程提前投产带来的经济效益则更可观。

（徐至钧，采用分层高夯击能强夯处理高填土地基，地基基础工程（北京）1993（3））

本 章 参 考 文 献

[1] 《建筑地基基础设计规范》GB 50007—2011. 北京：中国建筑工业出版社，2011.
[2] 《建筑地基处理技术规范》JGJ 79—2012. 北京：中国建筑工业出版社，2013.
[3] 天津市工程建设标准：《岩土工程技术规范》DB 29—20—2000. 北京：中国建筑工业出版社，2000.
[4] 《建筑地基基础工程施工质量验收规范》GB 50202—2002. 北京：中国建筑工业出版社，2002.
[5] 林宗元. 岩土工程治理手册. 北京：中国建筑工业出版社，2005.
[6] 江正荣. 地基基础施工手册. 北京：中国建筑工业出版社，1997.
[7] 叶书麟. 叶观宝. 地基处理. 北京：中国建筑工业出版社，1997.
[8] 龚晓南等. 地基处理手册(第三版)北京：中国建筑工业出版社，2008.
[9] 徐至钧等. 强夯和强夯置换法加固地基. 北京：机械工业出版社，2004.
[10] 周国钧等. 岩土工程治理新技术 北京：中国建筑工业出版社，2010.
[11] 北京土木建筑学会，建筑地基基础施工操作手册 北京：经济科学出版社，2004.
[12] 《强夯地基处理技术规程》CECS279：2010. 北京：中国计划出版社，2010.
[13] 滕延京. 建筑地基处理技术规范理解与应用. 北京：中国建筑工业出版社，2013.

第四章　预　压　法

第一节　概　　述

一、工法简介

(一) 工法概况

我国沿海地区和内陆谷地分布着大量的软土地基，其特点为含水量大、压缩性高、透水性差和强度低。为确保工程的安全和正常使用，必须进行地基处理。预压法是一种有效的软土地基处理方法。

该法的实质为：在建筑物或构筑物建造前，先在拟建场地上施加或分级施加与其相当的荷载，使土体中孔隙水排出，孔隙体积变小，土体密实，以增大土体的抗剪强度，提高软土地基的承载力和稳定性；同时可减小土体的压缩性，以便在使用期间不致产生有害的沉降和沉降差。

预压法分堆载预压、真空预压及真空预压和堆载联合预压三类。

(二) 发展简史

1. 堆载预压法

堆载预压法最早于 1934 年用于处理美国加利福尼亚州的海湾公路。

我国于 1953 年首次将砂井堆载预压用于加固船台地基，1959 年应用于宁波铁路路堤试验段和舟山、宁波冷库工程，以后推广至水工建筑、工业与民用建筑、铁路路基、港湾工程与油罐的软基工程中，都获得较好的效果。在 1979 年研制成功袋装砂井，1981 年开发成功塑料排水带。塑料排水带具有重量轻、运输方便、施工设备简单、工效高、劳动强度低、费用省、产品质量稳定、对土层的扰动小、适应地基变形的性能好等优点，故塑料排水带——堆载预压发展很快，将堆载预压法推向新的高潮。

2. 真空预压法及真空预压及堆载联合预压法

真空预压法最早是瑞典皇家地质学院杰尔曼（W. Kjellman）教授于 1952 年提出的，随后有关国家相继进行了探索和研究，但因密封问题未能很好解决，又未研究出合适的抽真空装置，因此未能很好地用于实际工程。该法最早于 1958 年用于美国费城国际机场跑道扩建工程中，采用真空深井降水和砂井联合作用，抽真空 40 天，其中 18 天真空度达到 381mmHg（相当于 50kPa 等效荷载）。

我国于 20 世纪 50 年代末至 60 年代初对该法进行过研究，也因同样的原因未能解决实际工程问题。根据我国港口发展规划，沿海的大量软基必须进行加固，为此我国于 1980 年起开展了真空预压法的系统研究。1985 年通过了国家鉴定。目前，在真空度和大面积加固方面处于国际领先地位。其膜下真空度达 610～730mmHg，相当于 80～95kPa 的等效荷载，历时 40～70 天，固结度达 80%，承载力提高到 3 倍，单块膜面积已达

30000m^2，已在众多工程中推广使用，取得了满意的效果。真空预压荷载理论上最大值为100kPa（1个大气压），为了满足某些使用荷载大、承载力要求高的建筑物的需要，1983年起开展了真空——堆载联合预压法的研究，开发了一套先进的工艺和优良的设备，并从理论和实践方面论证了真空和堆载的加固效果是可以叠加的，已在软土地基上应用，均取得满意结果。

3. 低位真空预压法

（1）低位真空预压法的基本概念

低位真空预压法加固软土地基是天津市水利科学研究所于1997年提出的，2000年8月获国家知识产权局颁发的专利证书。

低位真空预压法是在传统的膜下真空预压法的基础上创新演变而成的。它的主要特点如下：

1）以泥代膜。利用清淤泥浆自身的闭气功能（渗透系数 $k<10^{-5}$cm/s）代替真空膜。

2）以管代砂。工法采用 ϕ200mm，ϕ60mm 的 PVC 管，构成干、支管网，组成水平排水系统，代替砂垫层。

3）新型真空系统。工法采用往复式真空系统，代替射流泵，提高工效5倍。

4）泥浆上插板。工法特别适用于新吹填的特软地基，在新吹填的泥浆层上（含水量 $w>60\%$）进行插板，实现既能加固地基，又能“造土”的土资源再生目的。

低位真空预压法，是由水平向排水系统（滤管网）设在泥封层之下而得名。利用真空系统使泥封层下能长期保持80kPa以上的真空负压，在真空负压的巨大吸力和泥封层产生的附加荷载双重作用下，使软土中的孔隙水迅速地通过塑料排水板、水平滤管网集水排出，在地基土发生固结的同时，泥封层也逐渐固结，经90～120d的真空负压作用后，实现地基加固与回填加高的两大目的。

（2）低位真空预压法的适用范围

低位真空预压法适用范围有以下几个方面：

1）围海造地工程。在围海造地工程中，利用低位真空预压法，具有以下优点：

①快速固结泥浆造陆，代替传统的抛石成陆，可大幅度降低工程造价，节约后续工程投资，减少后续建设工期。

②吹填泥浆造陆完成后，可利用原真空系统对海泥土壤进行脱盐，缩短盐碱土壤的改良周期。

③经过促淤后建成的围垦工程，对围内淤泥地基进行快速加固、代替换土方案。

④利用海泥浆进行造土，可提供筑堤、闭气土源。

2）在超软土地基上新挖河道的立邦处理。

3）利用江河、湖泊疏浚淤泥进行造土、提供绿化、制砖、工程用土土源。

4）防洪堤的建造及加固工程。

5）大面积堆场、料场、集装箱堆场的地基处理。

6）污水处理厂与自来水厂的泥浆水处理。

7）大型足球场以及高级绿化园林地下排水系统。

8）在超软土地基上建市政工程。

低位真空预压法的主要优点是利用江河、湖泊的疏浚清淤泥浆，就近吹填于低陆地面或公路路基填高，既治理了河道、湖泊，又减少了土方费用及运输费用，使工程造价降低。还可以利用淤泥造土，在施工过程中不需添加任何外加剂，无污染，同时又避免了清淤泥浆造成二次污染，保护生态环境。

4. 复合地基上堆载预压法

随着复合地基在公路、铁路，特别是高速铁路中的应用，为控制工后沉降速率和工后沉降值，即使采用了复合地基（包括刚性桩复合地基），仍需利用路堤填土重量进行预压，为加快沉降速率，可加设塑料排水板。目前复合地基堆载预压已多有应用，但理论和方法上尚不成熟。在复合地基的预压控制及复合地基的固结度计算等方面，尚应进行试验研究。

（三）预压法组成

预压法是由排水系统和加压系统两部分共同组合而成的。

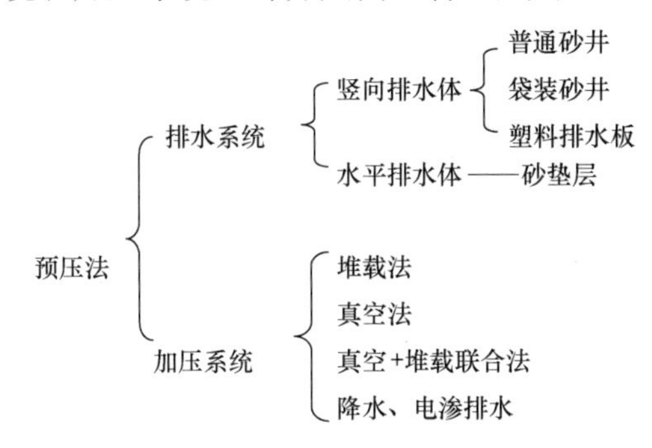

1. 排水系统

排水系统，主要在于改变地基原有的排水边界条件，增加孔隙水排出的途径，缩短排水距离。该系统是由水平排水垫层和竖向排水体构成的。当软土层较薄，或土的渗透性较好而施工工期允许较长，可仅在地面铺设一定厚度的砂垫层，然后加载，土层中的水沿竖向流入砂垫层而排出。当工程上遇到透水性很差的深厚软土层时，可在地基中设置砂井等竖向排水体，地面连以排水砂垫层，构成排水系统，加快土体固结。

2. 加压系统

加压系统，是指对地基施行预压的荷载，它使地基土的固结压力增加而产生固结。预压法的加载方法可分为堆载（土、砂石料、液体、钢锭等）、真空和堆载—真空联合预压三类。降水预压及电渗排水预压在工程中应用较少。

预压法一般根据预压目的选择加压方法：如果预压是为了减小建筑物的沉降，则应采用预先堆载加压，使地基沉降产生在建筑物建造之前；若预压的目的主要是增加地基强度，也可用自重加压（如土堤、路堤），即放慢施工速度或增加土的排水速率，使地基强度增长与建筑物荷重的增加相适应。

根据预压荷载的大小，预压法可分为等效预压、超载预压和欠载预压等情况。

（1）等效预压

所谓等效预压是指预压荷载与建筑物或构筑物的使用荷载相等。如图 4-1*a* 所示。因为在此荷载作用下，地基的最终沉降量 s_∞ 是达不到的，所以这种方法只能部分消除今后建筑物的沉降，还必然存在着一个工后沉降 s_∞-s，工后沉降的大小与预压时间有关，预压时间越长，工后沉降越小。

（2）超载预压

超载预压是指预压荷载大于实际使用荷载，如图 4-1*b* 所示。理论上，超载预压可以完全消除工后沉降，但由于卸载后土层的回弹，所以适当延长预压时间是必要的。超载量越大，预压时间越短，但增加超载量 Δp，会增加预压处理的成本。一般的做法，Δp 取为 $0.1p \sim 0.2p$ 为宜（p 为建筑物使用荷载）。

（3）对变形控制要求不严的工程也可采用欠载预压，即预压荷载在满足地基稳定的前提下，可小于建（构）筑物的使用荷载。

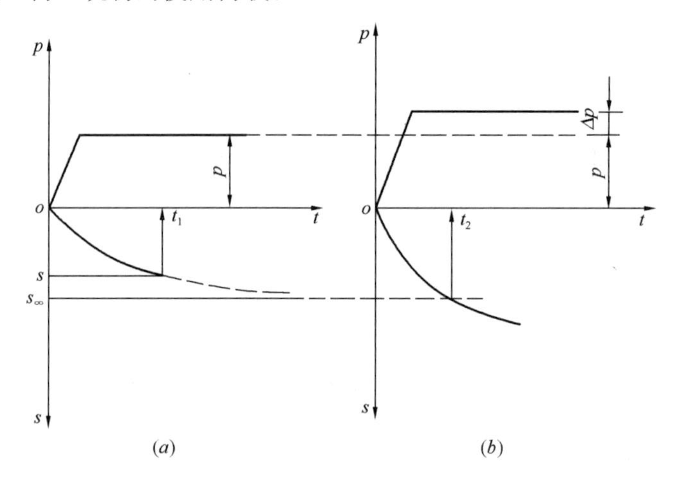

图 4-1　堆载预压

（*a*）等效预压；（*b*）超载预压

排水系统是一种手段，如没有加压系统，土孔隙中的水没有压力差就不会自然排出，地基也就得不到加固。如果只增加固结压力，不缩短土层的排水距离，则不能在预压期间尽快地完成设计所要求的沉降量，强度不能及时提高，加载也不能顺利进行。所以上述两个系统在设计时总是联系起来考虑的。

二、加固机理

（一）堆载预压法的加固机理

堆载预压法以土料、块石、砂料或建筑物本身（路堤、坝体、房屋等）作为荷载，对被加固的地基进行预压。软土地基在此附加荷载作用下，产生正的超静孔隙水压力。经过一段时间后，超静孔隙水压力逐渐消散，土中有效应力不断增长，地基土得以固结，产生垂直变形，同时强度也得到了提高。

图 4-2*a* 表示正常固结土地基用堆载预压法进行加固时的情形，土体中 A、B、C 三点加固前处于 K_0 应力状态（图 4-2*b*），由外荷产生的附加应力如图 4-2*c* 所示。加固前，与 K_0 应力状态相应的应力圆可用图 4-3 中的 D 圆表示，与其相对应的强度可近似用其平均有效应力 $p'_0 = (\sigma'_{10} + \sigma'_{30})/2$ 所对应的强度 τ_0（图 4-3 中的 E 点）来表示。

当用堆载预压法进行加固时，在土中形成的超静孔隙水压力消散完毕后，土体主固结完成，相应的有效应力圆移到 D'位置。此时

$$\sigma'_1 \approx \sigma'_{10} + \Delta\sigma'_v \tag{4-1}$$

$$\sigma'_3 \approx \sigma'_{30} + \Delta\sigma'_h \tag{4-2}$$

$$p' = (\sigma'_1 + \sigma'_3)/2 = p'_0 + (\Delta\sigma'_v + \Delta\sigma'_h)/2 \tag{4-3}$$

D'圆的圆心p'对应的强度为τ，土体的强度由E点移到E'点，可见土体的强度有了提高。当外荷卸去以后，被加固的土体由正常固结状态变成超固结状态，土体中的强度沿超固结强度包线$O'E'$返回到F点，F点与E点相比具有较高的抗剪强度，因此，经过预压加固土体的强度得到了提高。

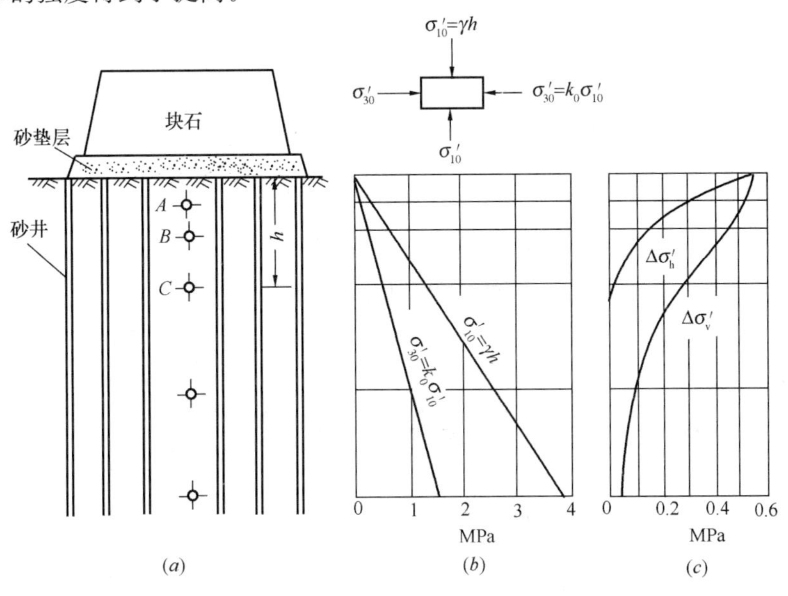

图 4-2　正常固结土的堆载预压加固应力分布

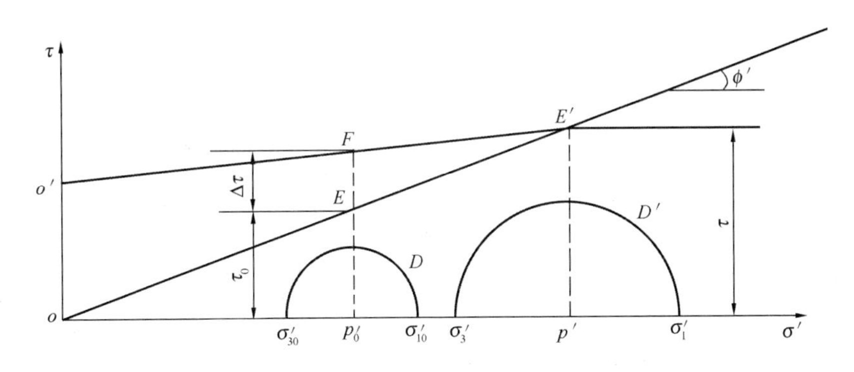

图 4-3　堆载预压加固地基强度增长示意图

从变形看（图 4-4），加荷后土体中应力由p'_0发展到p'，孔隙比发生Δe的变化。卸荷后应力又返回至p'_0，变形由C点沿回弹曲线回到A'点，扣除回弹之后，土体的压缩量为$\Delta e'$。若再受荷，土体沿再压缩曲线$A'C$发展，直至荷载超过p'后才沿初始压缩曲线发展。因此减小了建筑物在使用期间的沉降变形和差异沉降。

(二) 真空预压法的加固机理

用真空预压法加固软土地基时，在地基上施加的不是实际重物，而是把大气作为荷载。在抽气前，薄膜内外都受大气压力（p_a）作用，土体孔隙中的气体与地下水面以上都是处于大气压力状态（图 4-5）。抽气后，薄膜内砂垫层中的气体首先被抽出，其压力逐

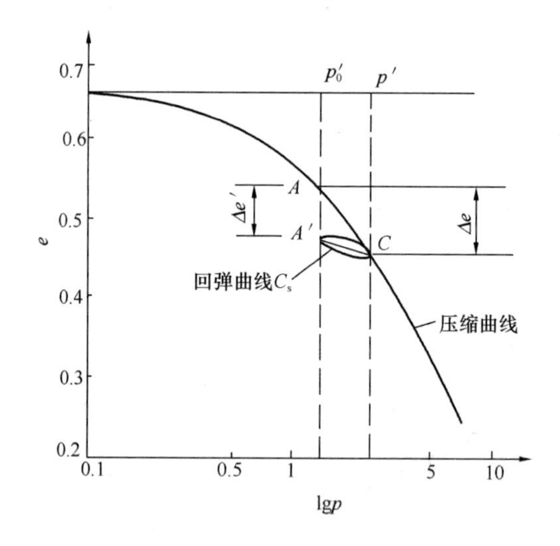

图 4-4　堆载排水预压加固地基土的压缩变形

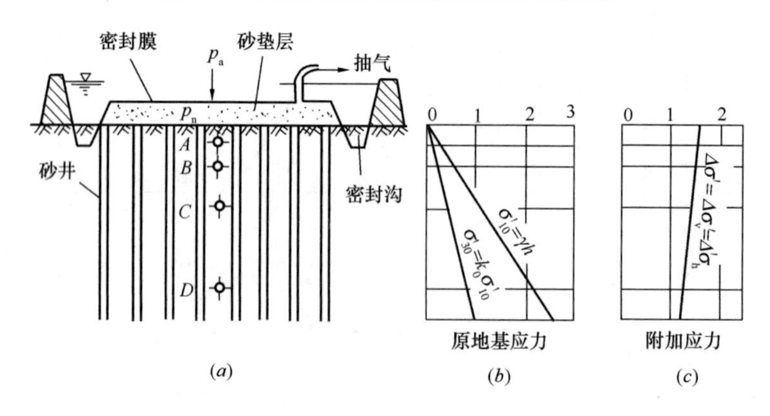

图 4-5　真空排水预压加固软土地基的应力分布

渐下降至 p_n，薄膜内外形成一个压差 Δp（即 p_a-p_n），使薄膜紧贴于砂垫层上，这个压差称之为“真空度”。砂垫层中形成的真空度，通过垂直排水通道逐渐向下延伸并向其四周的土体传递与扩展，引起土中孔隙水压力降低，形成负的超静孔隙水压力。从而使土体孔隙中的气和水由土体向垂直排水通道渗流，最后由垂直排水通道汇至地表砂垫层中被泵抽出。

从太沙基的有效应力原理来看，真空预压法加固的整个过程是在总应力没有增加，即 $\Delta\sigma=0$ 的情况下发生的。加固中降低的孔隙水压力就等于增加的有效应力，即

$$\Delta\sigma' = -\Delta u \tag{4-4}$$

或

$$\Delta\sigma = \Delta\sigma' + \Delta u = 0 \tag{4-5}$$

土体就是在该有效应力作用下得到加固的。

从以上分析可以看出，垂直排水通道在真空预压法中，不仅仅起着垂直排水、减小排水距离、加速土体固结的作用，而且起着传递真空度的作用。“预压荷载”在这里是通过垂直排水通道向土体施加的，垂直排水通道在这里是起着双重作用。

从有效应力路径分析来看，加固前地基中原有的应力状态如图 4-5*b* 所示，平均应力为

$$p'_0 = \frac{1}{2}(\sigma'_{10} + \sigma'_{30}) \tag{4-6}$$

加固中地基土体中增加的有效应力为 $\Delta\sigma'$，由于孔隙水压力是一个球应力，所以在各个方向均增加 $\Delta\sigma'$，因此

$$\sigma'_3 = \sigma'_{30} + \Delta\sigma' \tag{4-7}$$

$$\sigma'_1 = \sigma'_{10} + \Delta\sigma' \tag{4-8}$$

其有效应力圆由 D 位置向右移到 D'（图 4-6），平均应力增加到

$$p' = p'_0 + \Delta\sigma' \tag{4-9}$$

但应力圆的半径没有变化。当加固结束、“荷载”卸除后，地基土的强度沿超固结包线退到 F 点，和原有强度相比增加了 $\Delta\tau$，所以加固后土体强度亦有了提高。

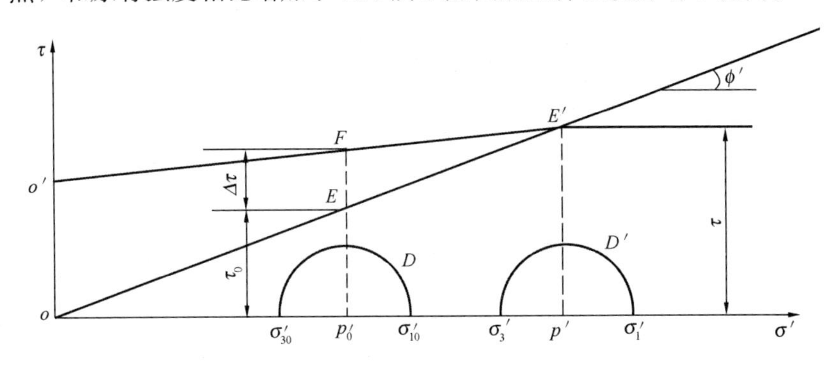

图 4-6　有效应力圆

（三）堆载预压与真空预压加固机理的区别

在分析了堆载预压法与真空预压法的加固机理之后，很容易看出两者在加固机理方面的区别。

1. 堆载预压法中，土体中的总应力是增加的，而真空预压中总应力是没有增加的。

2. 堆载预压法中，土体孔隙中形成的孔隙水压力增量是正值，即超静孔隙水压力是正值；而真空预压法中，土体孔隙中形成的孔隙水压力增量是负值。

3. 堆载预压法中，土体有效应力的增长是通过正的超静孔隙水压力的消散来实现的，而且随着超静孔隙水压力逐步消散为零，有效应力增加达到最大值；而真空预压法中，土体有效应力的增长是靠负的超静孔隙水压力的形成来实现的，随着负的超静孔隙水压力的增大，有效应力也逐渐增大，一旦负的超静孔隙水压力发生“消散”，则有效应力也随之降低。

4. 堆载预压法中，土体加固后形成的有效应力与上部施加的荷载大小有关，而且在垂直向和水平向上大小一般是不同的；真空预压法中土体有效应力的增加具有最大值，理论上最大为一个大气压，一般都低于此值，由于有效应力的增加是依赖于孔隙水压力的降低来实现的，所以土体加固过程中有效应力增加值在垂直、水平及各个方向上具有相同值。

（四）真空和堆载联合预压原理

真空联合堆载预压是利用真空预压和堆载预压两种荷载同时作用，促使土体中孔隙水加速排出，降低土中孔隙水压力，增加有效应力，加强土体固结，形成两种荷载作用的叠加。同时，由抽真空引起的负超静孔隙水压力和由堆载引起的超静孔隙水压力可以产生部分抵消应力，使土体在快速堆载时，不致产生过高的超静水压，从而也保证了工程施工的

稳定。真空联合堆载预压加固地基方法如图 4-7 所示。真空预压和堆载预压应力转换过程完全相同，因此两者可以叠加。

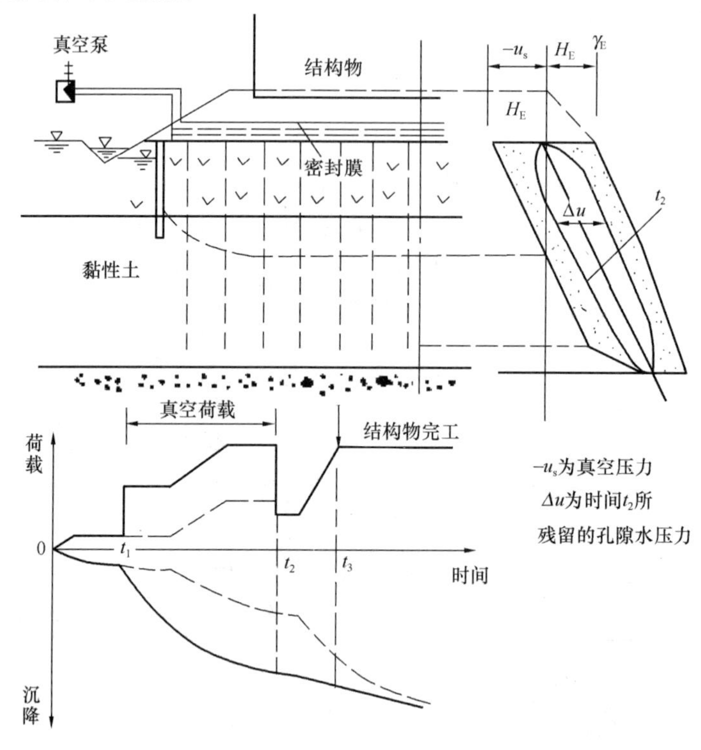

图 4-7　真空和堆载预压（引自稻田倍穗）

真空和堆载联合预压加固，两者的加固效果可以迭加，符合有效应力原理，并经工程试验验证。真空预压是逐渐降低土体的孔隙水压力，不增加总应力条件下增加土体有效应力；而堆载预压是增加土体总应力和孔隙水压力，并随着孔隙水压力的逐渐消散而使有效应力逐渐增加。当采用真空一堆载联合预压时，既抽真空降低孔隙水压力，又通过堆载增加总应力。开始时抽真空使土中孔隙水压力降低有效应力增大，经不长时间（7～10d）在土体保持稳定的情况下堆载，使土体产生正孔隙水压力，并与抽真空产生的负孔隙水压力叠加。正负孔隙水压力的叠加，转化的有效应力为消散的正、负孔隙水压力绝对值之和。现以瞬间加荷为例，对土中任一点 m 的应力转化加以说明。m 点的深度为地面下 h_m，地下水位假定与地面齐平，堆载引起 m 点的总应力增量为 $\Delta\sigma_1$，土的有效重度 γ'，水重度 γ_w，大气压力 P_a，抽真空土中 m 点大气压力逐渐降低至 p_n，t 时间的固结度为 U_t，不同时间土中 m 点总应力和有效应力见表 4-1。

土中任一点（m）有效应力一孔隙水压力随时间转换关系　　表 4-1

情况	总应力 σ	有效应力 σ'	孔隙水压力 u
$t=0$ （未抽真空未堆载）	σ_0	$\sigma'_0=\gamma' h_m$	$u_0=\gamma_w h_m+P_a$
$0\leqslant t\leqslant\infty$ （既抽真空又堆载）	$\sigma_t=\sigma_0+\Delta\sigma_1$	$\sigma'_1=\gamma' h_m+$ $[(P_a-P_n)+\Delta\sigma_1]U_t$	$u_t=\gamma' h_m+P_n+$ $[(P_a-P_n)+\Delta\sigma_1](1-U_t)$

续表

情况	总应力 σ	有效应力 σ'	孔隙水压力 u
$t \to \infty$ （既抽真空又堆载）	$\sigma_t = \sigma_0 + \Delta\sigma_1$	$\sigma'_1 = \gamma' h_m + (P_a - P_n) + \Delta\sigma_1$	$u = \gamma_w h_m + P_a$

三、适用范围

（一）预压法适用于处理淤泥质土、淤泥和冲填土等饱和黏性土地基。

对于在持续荷载作用下体积会发生很大压缩，强度会明显增长的土，预压法特别适用。对超固结土，只有当土层的有效上覆压力与预压荷载所产生的应力水平明显大于土的先期固结压力时，土层才会发生明显的压缩。竖井排水预压法对处理泥炭土、有机质土和其他次固结变形占很大比例的土效果较差，只有当主固结变形与次固结变形相比所占比例较大时才有明显效果。

必须指出，排水固结法的应用条件还需要考虑预压荷载和预压时间；预压荷载是个关键问题，因为施加预压荷载后才能引起地基土的排水固结。然而施加一个与建筑物相等的荷载，这并非轻而易举的事，少则几千吨，大则数万吨，许多工程因无条件施加预压荷载而不宜采用堆载预压处理地基，这时就必须采用真空预压法或其他方法。此外，预压时间也要满足工程工期的需要。

（二）真空预压适用于处理以黏性土为主的软弱地基。

当存在粉土、砂土等透水、透气层时，加固区周边应采取确保膜下真空压力满足设计要求的密封措施。对塑性指数大于 25 且含水量大于 85%的淤泥，应通过现场试验确定其适用性。加固土层上覆盖有厚度大于 5m 以上的回填土或承载力较高的黏性土层时，不宜采用真空预压处理。

当需加固的土层有粉土、粉细砂或中粗砂等透水、透气层时，对加固区采取的密封措施一般有打设黏性土密封墙、开挖换填和垂直铺设密封膜穿过透水透气层等方法。对塑性指数大于 25 且含水量大于 85%的淤泥，采用真空预压处理后的地基土强度有时仍然较低，因此，对具体的场地，需通过现场试验确定真空预压加固的适用性。

真空预压法与堆载预压法相比，具有加荷速度快，无需堆载材料、加荷中不会出现地基失稳现象等优点，因此它相对来说施工工期短、费用少，但是它能施加的最大压力只有 95kPa 左右，如要再高，则必须与堆载预压法等联合使用。

（三）适用预压法的工程主要是：各类仓库、储油罐、公路路基、机场跑道、集装箱码头、露天堆场、土坝等工程。

第二节 设 计

一、基本要求

（一）勘察试验要点

1. 预压法处理地基应预先通过勘察查明土层在水平和竖直方向的分布、层理变化，查明透水层的位置、地下水类型及水源补给情况等。如对于黏土夹粉砂薄层的“千层糕”状土层，它本身具有良好的透水性，不必设置排水竖井，仅进行堆载预压即可取得良好的效果。而对真空预压工程，应查明处理范围内有无透水层（或透气层）及水源补给情况，这关系到真空预压的成败和处理费用。

2. 预压法处理地基还应通过土工试验确定土层的先期固结压力、孔隙比与固结压力的关系、渗透系数、固结系数、三轴试验抗剪强度指标以及原位十字板抗剪强度等。

（二）预压试验

对重要工程，应在现场选择试验区进行预压试验，在预压过程中应进行地基竖向变形、侧向位移、孔隙水压力、地下水位等项目的监测并进行原位十字板剪切试验和室内土工试验。根据试验区获得的监测资料确定加载速率控制指标、推算土的固结系数、固结度及最终竖向变形等，分析地基处理效果，对原设计进行修正，并指导全场的设计与施工。

固结系数是预压工程地基固结计算的主要参数，通过试验区获得的竖向变形与时间关系曲线，孔隙水压力与时间关系曲线等来推算土的固结系数，并可根据前期荷载所推算的固结系数预计后期荷载下地基不同时间的变形并根据实测值进行修正，这样就可以得到更符合实际的固结系数。

（三）加载要求

对堆载预压工程，预压荷载应分级逐渐施加，确保每级荷载下地基的稳定性，而对真空预压工程，可一次连续抽真空至最大压力。当预压时间、残余沉降或工后沉降不能满足工程要求时，可采用超载预压。

（四）卸载控制标准

对预压工程，什么情况下可以卸载，这是工程上很关心的问题，特别是对变形的控制。设计时应根据所计算的建筑物最终沉降量并对照建筑物使用期间的允许变形值，确定预压期间应完成的变形量，然后按照工期要求，选择排水竖井直径、间距、深度和排列方式、确定预压荷载大小和加载历时，使在预定工期内通过预压完成设计所要求的变形量，使卸载后的残余变形满足建筑物允许变形要求。

对排水竖井穿透压缩土层的情况，通过不太长时间的预压即可满足设计要求，土层的平均固结度一般可达90%以上。对排水竖井未穿透受压土层的情况，应分别使竖井深度范围土层和竖井底面以下受压土层的平均固结度和所完成的变形量均满足设计要求。这样要求的原因是：竖井底面以下受压土层属单向排水，如土层厚度较大，则固结较慢，预压期间所完成的变形较小，难以满足设计要求。因此为提高预压效果，应尽可能增加竖井深度，使竖井底面以下受压土层厚度减小。综上所述：

1. 对主要以变形控制的建筑，当塑料排水带或砂井等排水竖井处理深度范围和竖井底面以下受压土层经预压所完成的变形量和平均固结度均符合设计要求时，方可卸载。

2. 对主要以地基承载力或抗滑稳定性控制的建筑，当地基土经预压而增长的强度满足建筑物地基承载力或稳定性要求时，方可卸载。

（五）施工安全距离

预压地基加固区边线与周边建筑物、地下管线等的距离应考虑预压施工对周边建筑物、地下管线等产生附加沉降的影响。真空预压其距离不宜小于20m，当距离较近影响较大时，应采取相应保护措施。

二、堆载预压法

（一）设计内容

堆载预压法处理地基的设计应包括下列内容：

1. 选择塑料排水带或砂井，确定其断面尺寸、间距、排列方式和深度；
2. 确定预压区范围、预压荷载大小、荷载分级、加载速率和预压时间；
3. 计算地基土的固结度、强度增长、抗滑稳定性和变形。

（二）设计流程及实用计算方法

设计程序如图 4-8 所示。

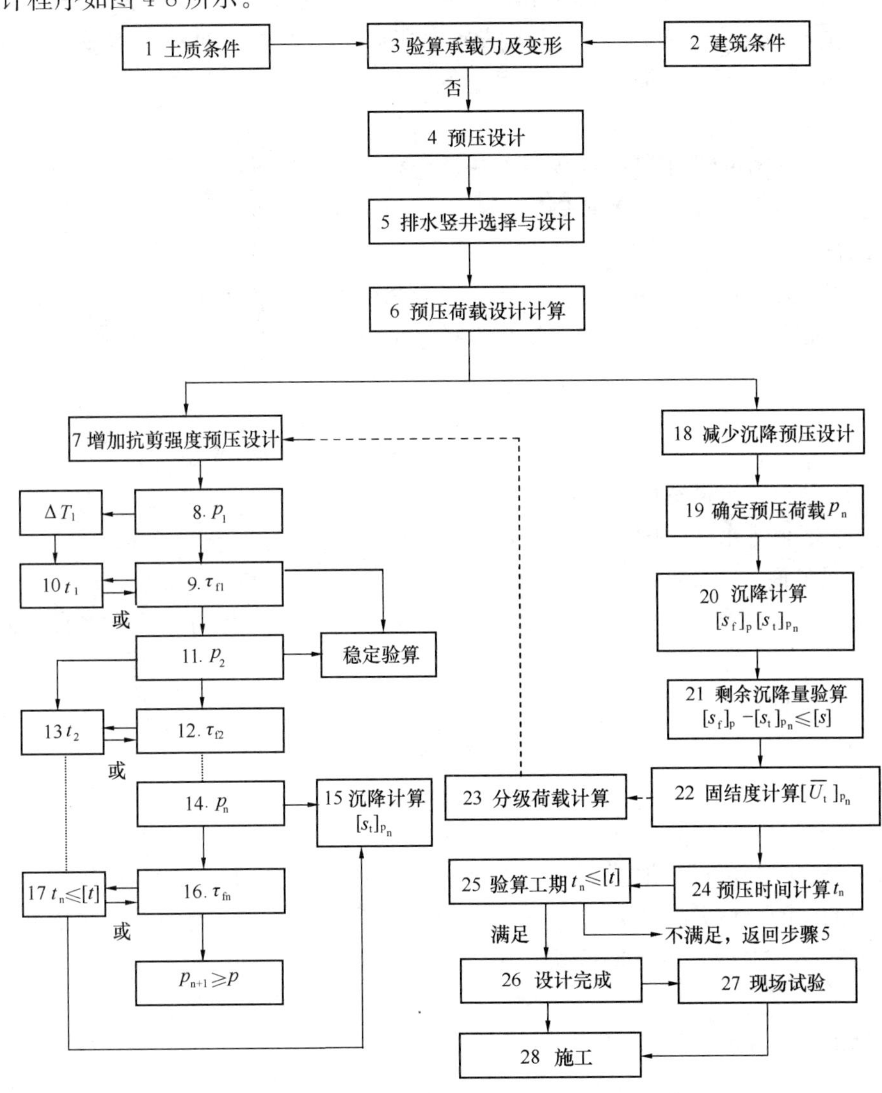

图 4-8　堆载预压设计流程图

当地基承载力及沉降不满足设计要求并经方案对比拟采用预压法进行地基处理时，首先应按土质条件及工期要求依经验或计算初步确定是否应设置排水竖井，并进而进行排水竖井设计，然后进行预压荷载的设计计算。

对于堆载预压法，应按土质条件及设计荷载大小以及设计的目的要求，进行预压设计。对以抗滑稳定性控制的工程，应首先按增加抗剪强度进行分级预压荷载设计，必要时尚应进行沉降量计算，如图 4-8 中步骤 7～17 所示。

对以变形控制的建筑，应首先按减少沉降进行预压设计，当土层不能满足预压荷载强度要求时，尚应按增加抗剪强度要求进行分级预压荷载设计，如图 4-8 中步骤 18～25 所示。

设计计算的具体要求见下述：

1. 排水竖井选择与设计要求

对深厚软黏土地基，应设置塑料排水带或砂井等排水竖井。当软土层厚度不大（≤4m）或软土层含较多薄粉砂夹层，且固结速率能满足工期要求时，可不设置排水竖井。对真空预压工程，必须在地基内设置排水竖井。

（1）排水竖井分类

目前施工中常用的排水竖井分普通砂井、袋装砂井和塑料排水带三种，除此之外尚有钢丝排水软管，用于真空预压效果更好。

（2）断面尺寸

普通砂井直径（d_w）可取 300～500mm，袋装砂井直径（d_w）可取 70～120mm。塑料排水带的规格详见表 4-13，其当量换算直径可按下式计算：

$$d_p = \frac{2(b+\delta)}{\pi} \tag{4-10}$$

式中 d_p——塑料排水带当量换算直径（mm），一般为 66～67mm；

b——塑料排水带宽度（mm）；

δ——塑料排水带厚度（mm）。

（3）平面布置

排水竖井的平面布置可采用等边三角形或正方形排列。竖井的有效排水直径 d_e 与间距 l 的关系为：

等边三角形排列

$$d_e = 1.05l \tag{4-11}$$

正方形排列

$$d_e = 1.13l \tag{4-12}$$

排水竖井的间距可根据地基土的固结特性和预定时间内所要求达到的固结度确定。设计时，竖井的间距可按井径比 n 选用（$n = d_e/d_w$，d_w 为竖井直径，对塑料排水带可取 $d_w = d_p$）。塑料排水带或袋装砂井的间距可按 n=15～22 选用，普通砂井的间距可按 n=6～8 选用。

（4）排水竖井深度

排水竖井深度主要根据土层的分布、建筑物对地基的稳定性、变形要求和工期等因素确定。

1）对以变形控制的建筑，竖井深度应根据在限定的预压时间内需完成的变形量确定。竖井宜穿透受压土层；

2）按稳定性控制的工程，如路堤、土坝、岸坡、堆料场等，竖井深度应通过稳定分析确定，且竖井深度至少应超过最危险滑动面 2.0m；

3）当软土层不厚、底部有透水层时，竖井应尽可能穿透软土层；

4）当深厚的压缩土层间有砂层或砂透镜体时，竖井应尽可能打至砂层或砂透镜体；

5）对于无砂层的深厚地基则可根据其稳定性及建筑物在地基中造成的附加应力与自重应力之比值确定（一般为 0.1～0.2）；

6）若砂层中存在承压水，由于承压水的长期作用，黏土中就存在超孔隙水压力，这对黏性土固结和强度增长都是不利的，所以宜将砂井打到砂层，利用砂井加速承压水的消散。

2. 提高抗剪强度预压设计

（1）荷载大小及范围

预压荷载（p_n）大小应根据设计要求确定。对建筑工程一般采用等载预压（取 $p_n=p$，p 为基底压力）；对于沉降有严格限制的建筑或为了减少预压时间，应采用超载预压法处理（取 $p_n>p$），超载量大小应根据预压时间内要求完成的变形量通过计算确定，并宜使预压荷载下受压土层各点的有效竖向应力大于建筑物荷载引起的相应点的附加应力；对以地基稳定性控制的工程或对沉降要求不严的工程，也可采用部分荷载预压（取 $p_n<p$），但必须保证经预压后的地基，在荷载 p 作用下的变形和稳定性满足设计要求。

预压荷载顶面的范围应等于或大于建筑物基础外缘所包围的范围。

（2）加荷速率及分级

加载速率应根据地基土的强度确定。当天然地基土的强度满足预压荷载下地基的稳定性要求时，可一次性加载，否则应分级逐渐加载，待前期预压荷载下地基土的强度增长满足下一级荷载下地基的稳定性要求时方可加载，如图 4-9 所示。

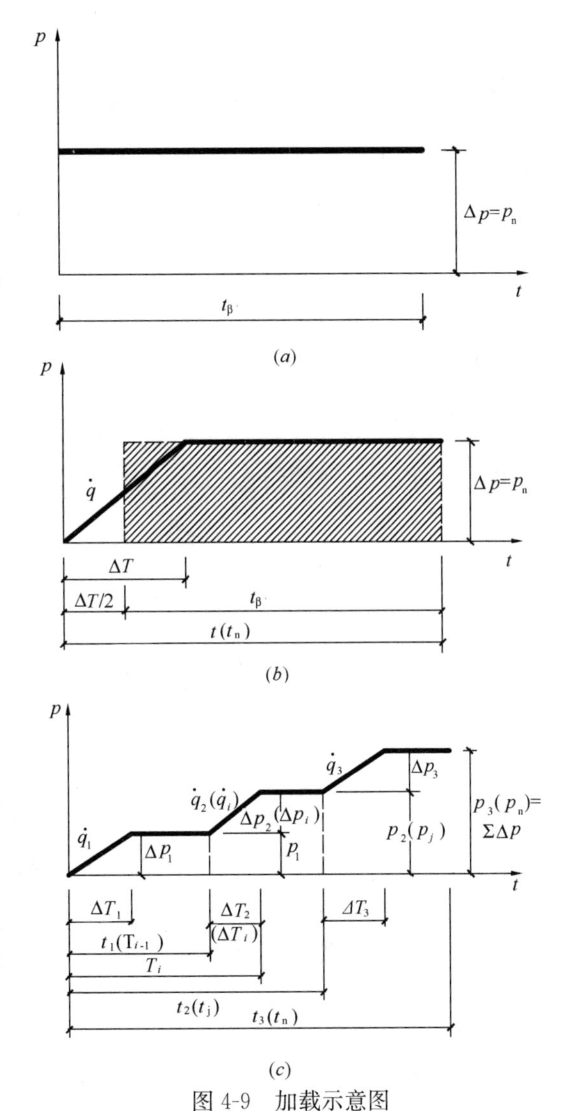

图 4-9　加载示意图

（a）瞬时加载；（b）一级等速加载；（c）多级等速加载

$p_j=\sum_{i=1}^{j}\Delta p_i$（$j=1\sim n$）；$p_n=\sum_{i=1}^{n}\Delta p_i$（可记作 $\sum\Delta p$）

1）加荷速率

$$\dot{q}_i=\Delta p_i/\Delta T_i \qquad (4\text{-}13)$$

式中　$\dot{q}_i$——第 i 级荷载加载速率，初步设计时可取 4～8kPa/d；

Δp_i ——第 i 级荷载加载增量；

ΔT_i ——第 i 级荷载加载历时，$\Delta T_i = T_i - T_{i-1}$；

T_{i-1}，T_i ——分别为第 i 级荷载加载的起始和终止时间（从零点算起）。

2）分级荷载估算

①估计第一级容许施加的荷载 p_1，一般可按斯开普顿极限承载力半经验公式或当地经验确定，对饱和软黏土可近似按式（4-14）计算：

$$p_1 \approx 5.52\tau_{f0}/K \tag{4-14}$$

式中 τ_{f0} ——天然地基不排水抗剪强度，成层土可采用加权平均值（按十字板剪切试验实测或依土的自重应力 σ_{cz} 及三轴固结不排水试验指标 φ_{cu}、c_{cu} 计算）；

K——安全系数，建议取 K=1.3～1.5。

②计算 p_1 作用下，达到固结度 $\overline{U}_{t1}$ 时，土的抗剪强度 τ_{f1}：

$$\tau_{f1} = \tau_{f0} + p_1 \cdot \overline{U}_{t1} \cdot \tan\varphi_{cu} \tag{4-15}$$

式中 φ_{cu} ——原地基土三轴固结不排水压缩试验求得的内摩擦角；

$\overline{U}_{t1}$ ——第一级预压荷载（p_1）作用下，t_1 时间地基平均固结度，设计时可初步设定，或依加荷历时反求。

③计算第二级容许施加的荷载 p_2：

$$p_2 \approx 5.52 \cdot \tau_{f1}/K \tag{4-16}$$

如果第二级荷载 p_2 尚未达到预压荷载 p_n，可按上述原理，重复计算第三、四……，直至第 n 级容许施加荷载，要求 $p_n \geqslant p$ 或 $p_{n+1} \geqslant p$。

④计算第 j 级容许施加荷载 p_j 的通用计算公式：

$$p_j \approx 5.52 \cdot \tau_{f(j-1)}/K \tag{4-17}$$

$$\tau_{f(j-1)} = \tau_{f0} + p_{j-1} \cdot \overline{U}_{t(j-1)} \cdot \tan\varphi_{cu} \tag{4-18}$$

$$\tau_{fj} = \tau_{f0} + p_j \cdot \overline{U}_{tj} \tan\varphi_{cu} \tag{4-19}$$

式中 p_j ——第 j 级荷载累计值（$p_j = \sum_{i=1}^{j} \Delta p_i$）；

Δp_i ——第 i 级荷载增量；

$\tau_{f(j-1)}$ ——施加第 j 级荷载前地基土抗剪强度；

τ_{fj} ——施加第 j 级荷载后地基土抗剪强度；

$\overline{U}_{tj}$ ——预压荷载 p_j 作用下，t_j 时刻地基达到的平均固结度，可初步设定，或依加荷历时反求。

⑤初步设计时可设 $\overline{U}_{tn} \geqslant 0.90$，且应在现场检测的变形速率明显变缓时方可卸载。

式中 $\overline{U}_{tn}$ 为预压荷载 p_n 作用下，t_n 时间地基平均固结度，可记作 $\overline{U}_t$。

（3）预压时间估算

1）瞬时加荷

$$t_\beta = \frac{1}{\beta}\ln\frac{8}{\pi^2(1-\overline{U}_t)} = \frac{\alpha_t}{\beta} \tag{4-20}$$

式中 $\alpha_t = \ln\frac{8}{\pi^2(1-\overline{U}_t)}$，可依 $\overline{U}_t$ 值查表 4-2；

β——固结参数，依固结条件查表 4-3；

t_β——瞬时加荷达到设计固结度（$\overline{U}_t$）要求时的预压时间（d）。

α_t　表　　　　**表 4-2**

$\overline{U}_t(\overline{U}_{tj})$	0.50	0.60	0.70	0.80	0.90	0.92	0.94	0.96	0.98	1.0
α_t	0.483	0.706	0.994	1.399	2.093	2.316	2.603	3.009	3.702	∞

2）一级等速加荷

$$t=\frac{1}{\beta}\ln\frac{8}{\pi^2(1-\overline{U}_t)}+\frac{\Delta T}{2}=t_\beta+\frac{\Delta T}{2} \tag{4-21}$$

式中　t——一级等速加荷达到设计固结度$\overline{U}_t$要求的预压时间（从零点算起）；

ΔT——加载历时。

3）多级等速加荷

$$t_n=t_\beta+\sum_{i=1}^{n}\frac{\Delta p_i\left(\frac{T_i+T_{i-1}}{2}\right)}{p_n} \tag{4-22}$$

$$t_j=t_{\beta j}+\sum_{i=1}^{j}\frac{\Delta p_i\left(\frac{T_i+T_{i-1}}{2}\right)}{p_j} \tag{4-23}$$

$$t_{\beta j}=\frac{1}{\beta}\ln\frac{8}{\pi^2(1-\overline{U}_{tj})} \tag{4-24}$$

式中　t_n——分级加荷达到设计固结度（$\overline{U}_t$）要求时的累计预压时间（d）（从零点算起）；

t_j——分级加荷达到固结度$\overline{U}_{tj}$要求时的累计预压时间（d）（从零点算起）；

$t_{\beta j}$——瞬时加荷达到固结度$\overline{U}_{tj}$要求时的预压时间（d）。

（4）对有变形限制的建筑，尚应进行预压后沉降量验算，并根据在限定时间内需完成的沉降量，确定最后一级荷载的卸载时间，具体要求详见下述。

（5）对多级等速加荷按上述要求初步确定出加荷计划后，必要时尚应按公式（4-48）进行校核。

3. 消除沉降预压设计

（1）沉降计算目的

对于以稳定控制的工程，如堤、坝、公路路堤等，通过沉降计算可以预估施工期间由于基底沉降而需增加的土方量；还可以估计工程竣工后的工后沉降量，作为堤、坝预留沉降高度及路堤顶面加宽的依据。对于以沉降控制的建筑物，沉降计算的目的在于估算为消除预定沉降所需施加的荷载及所需的预压时间，以及预压过程中各时期沉降发展情况，以调整排水系统和加荷系统，为消除沉降提出预压方案。

（2）设计原理及步骤

消除沉降预压设计的原理如图 4-10 所示，预压消除沉降是通过施加预压荷载 p_n，使地基在预压期（t_n）内排水固结达到沉降$[s_t]_{p_n}$，然后卸去荷载再建造建筑物。此时，预压产生的那部分沉降已经"消除"，建筑物在荷载 p 作用下的地基沉降是由于超载作用后土的再压缩，相当于下式中的$[s_f]_p-[s_t]_{p_n}$。按照建筑物允许沉降的要求，以预压消除沉降的设计应满足式（4-25）和式（4-26）的要求：

$$[s_f]_p-[s_t]_{p_n}\leqslant[s] \tag{4-25}$$

$$t(\text{或 } t_n) \leqslant [t] \tag{4-26}$$

式中 $[s]$——建筑物的允许沉降值；

t(或 t_n)，$[t]$——预压历时和施工期预压的允许历时；

$[s_f]_p$——设计荷载 p 作用下基础的最终沉降值；

$[s_t]_{p_n}$——预压荷载 p_n 作用下，计划完成的沉降值（未计卸载回弹）。

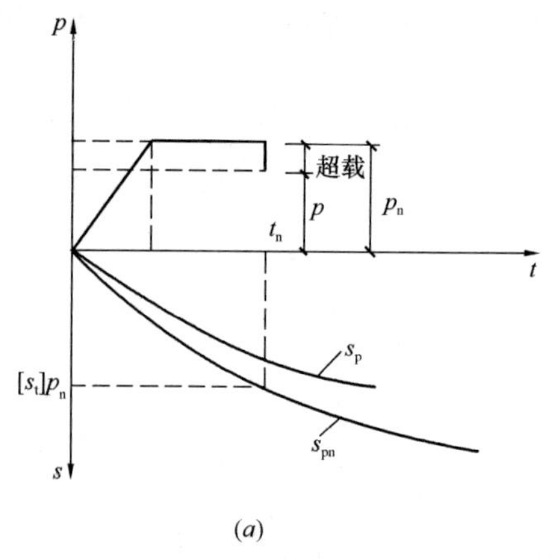

（3） $[s_f]_p$ 计算

$$[s_f]_p = \xi \sum_{i=1}^{n} \frac{e_{0i} - e_{1i}}{1 + e_{0i}} \cdot h_i \tag{4-27}$$

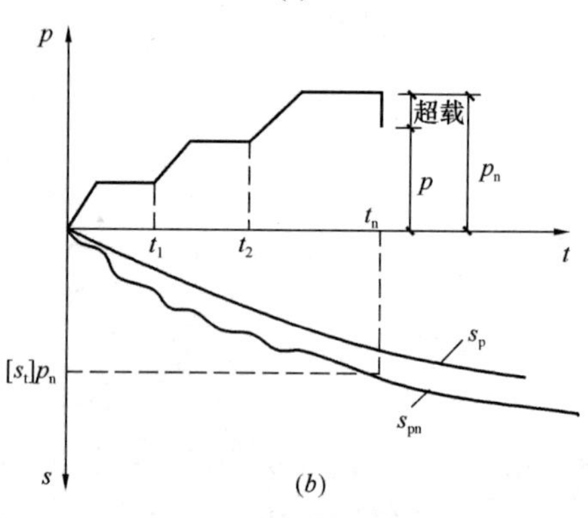

图 4-10 超载预压消除沉降

（a）一级加荷；（b）分级加荷

式中 ξ——经验系数，可按地区经验确定，无经验时，对正常固结饱和黏性土地基可取 $\xi = 1.1 \sim 1.4$，荷载较大、地基软弱土层厚度大时取较大值，否则取较小值；

e_{0i}——第 i 层中点土自重应力所对应的孔隙比，由室内固结试验 e-p 曲线查得；

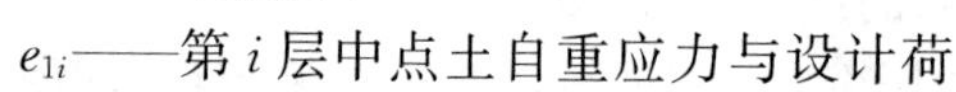

e_{1i}——第 i 层中点土自重应力与设计荷载 P 作用下附加应力之和所对应的孔隙比，由室内固结试验 e-p 曲线查得；

h_i——第 i 层土层厚度（m）。

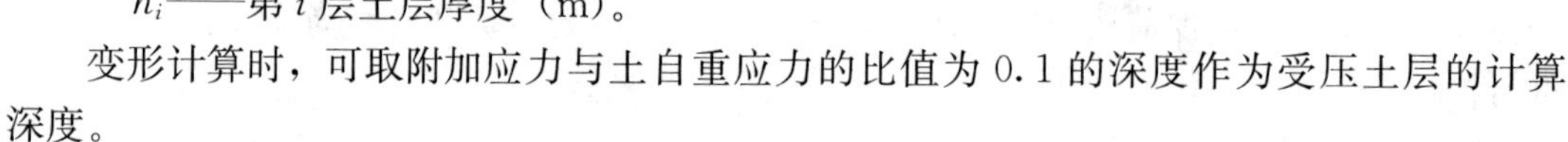

变形计算时，可取附加应力与土自重应力的比值为 0.1 的深度作为受压土层的计算深度。

（4） $[s_t]_{p_n}$ 及 $[\overline{U}_t]_{p_n}$ 计算

$$[s_t]_{p_n} = s_d + [\overline{U}_t]_{p_n} \cdot \frac{[s_f]_{p_n}}{\xi} \tag{4-28}$$

式中 s_d——瞬时沉降；

$[s_f]_{p_n}$——预压荷载 p_n 作用下最终沉降量；

$[\overline{U}_t]_{p_n}$——预压荷载 p_n 作用下，相应于沉降 $[s_t]_{p_n}$ 时地基的固结度。

将 $s_d = [s_f]_{p_n} - \dfrac{[s_f]_{p_n}}{\xi}$ 代入上式可得：

$$[s_t]_{p_n} = ([\overline{U}_t]_{p_n} + \xi - 1) \cdot [s_f]_{p_n} \cdot \frac{1}{\xi} \tag{4-29}$$

依设计要求：

$$[s_t]_{p_n} = [s_f]_p - [s] \tag{4-30}$$

代入上式可得 $[\overline{U}_{t}]_{p_n}$

$$[\overline{U}_{t}]_{p_n}=\frac{([s_f]_p-[s])\cdot\xi}{[s_f]_{p_n}}+(1-\xi) \tag{4-31}$$

式中 $[s_f]_{p_n}$ 可用式（4-27）求得，其附加压力按 p_n 计算确定。对沉降要求严格的建筑，宜使 $[\overline{U}_{t}]_{p_n}\geqslant\frac{p}{p_n}$。

（5）预压历时 t_n 可按式（4-20）至式（4-24）计算，取式中 $\overline{U}_t=[\overline{U}_{t}]_{p_n}$。

如果所得固结历时 t_n 满足式（4-26）的要求，则设计完毕。否则需另设一预压荷载或重新选择竖向排水体计算，直到满足上述设计要求为止。

在实际工程中，除上述计算外，还要求埋设沉降、水平位移、孔隙水压力等仪器设备、监测地基预压动态发展，防止地基剪切破坏；利用实测沉降结果，检查实际的固结度，预测最终沉降值，以便确定预压持续时间的长短和预压荷载的大小；对于重要工程还要预留十字板试验孔，检查地基强度的增长，验算地基的稳定性。

4. 稳定性验算

稳定分析是路堤、土坝以及岸坡等以稳定为控制条件的工程设计中的一项重要内容。对预压工程，在加荷预压过程中，每级荷载下地基的稳定性也应进行验算以保证工程安全。通过稳定分析可解决以下问题：

（1）地基在天然抗剪强度条件下的最大堆载；

（2）预压过程中各级荷载下地基的稳定性；

（3）最大许可预压荷载；

（4）理想的堆载计划。

在软黏土地基上筑堤、坝或进行堆载预压，其破坏往往是由于地基的不稳定所引起。当软土层较厚时，滑裂面近似的为一圆筒面，而且切入地面以下一定深度。对于砂井地基或含有较多薄粉砂夹层的黏土地基，由于具有良好的排水条件，在进行稳定分析时应考虑地基在填土等荷载作用下会产生固结而使土的强度提高。稳定分析可采用圆弧滑动法或极限荷载法。

三、固结度计算

固结度计算在堆载预压法加固设计中是一项非常重要的内容，因为只有知道了不同时间的固结度，才可以进一步推算强度增长和加固期间地基的沉降以及预压的时间等。固结度是决定施工的重要参数：如是否需要设竖直排水井，排水井深度、间距、布置等都与固结度有关，同时它也是判断加固效果的重要参数。

固结度计算依加载方式不同可分为瞬时加荷、一级或多级等速加荷；依是否设置排水竖井可分为竖向排水固结（U_z）和向内径向排水固结（U_r）及竖向和向内径向排水固结（U_{rz}）等类型。

一般地基加固要求达到的固结度，都是事先根据使用要求确定的，设计计算就是按此要求通过试算确定垂直排水通道类型、深度、间距及布置形式以及加荷计划、历时等。

依不同加载方式，固结度的通用计算方法如下：

（一）瞬时加荷（真空预压）

$$\overline{U}_t = 1 - \alpha \cdot e^{-\beta t} \tag{4-32}$$

式中 $\overline{U}_t$——t 时间地基的平均固结度（可采用图表简化计算）；

α、β——参数，根据地基土排水固结条件按表 4-3 采用。

（二）分级等速加荷时地基固结度计算

计算固结度的理论公式是假定荷载是在瞬时一次施加的，但在实际工程中的荷载是分级逐渐施加的，因此对理论公式计算的结果必须进行修正。修正计算时，按实际加荷曲线将荷载分成一级或数级等速加荷的情况进行。目前工程上常用计算方法有改进太沙基法及改进高木俊介法（《建筑地基处理技术规范》JGJ79 推荐方法）。

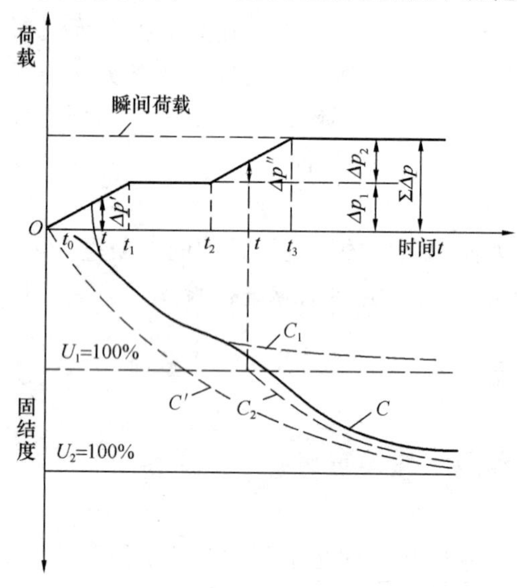

图 4-11 两级等速加荷固结度修正法示意图

1. 改进太沙基法

改进太沙基法的基本假定是：每一级荷载增量所引起的固结过程是单独进行的，和上一级或下一级荷载增量所引起的固结无关；每级荷载是在加荷起讫时间的中点一次瞬时加足的；在每级荷载 Δp_n 加荷起讫时间 t_{n-1} 和 t_n 以内任意时间 t 时的固结状态与 t 时相应的荷载增量（如图 4-11 中的 $\Delta p''$）瞬间作用下经过时间（$t-t_{n-1}$）/2 的固结状态相同，时间 t 大于 t_n 时的固结状态与荷载 Δp_n 在加荷期间（t_n-t_{n-1}）的中点瞬间施加的情况一样；某一时间 t 时总平均固结度等于该时各级荷载作用下固结度的叠加。

对于两级等速加荷的情况，如图 4-11 所示，每级荷载单独作用所产生的固结度与时间关系曲线为 C_1，C_2，根据上述假定按下式可计算出修正后的总固结度与时间的关系曲线 C。

当

$$\left.\begin{aligned} t_0<t<t_1 \quad & \overline{U}_t = \overline{U}_{rz\left(t-\frac{t+t_0}{2}\right)} \frac{\Delta p'}{\Sigma \Delta p} \\ t_1<t<t_2 \quad & \overline{U}_t = \overline{U}_{rz\left(t-\frac{t_1+t_0}{2}\right)} \frac{\Delta p_1}{\Sigma \Delta p} \end{aligned}\right\} \tag{4-33}$$

$$\left.\begin{aligned} t_2<t<t_3 \quad & \overline{U}_t = \overline{U}_{rz\left(t-\frac{t_1+t_0}{2}\right)} \frac{\Delta p_1}{\Sigma \Delta p} + \overline{U}_{rz\left(t-\frac{t+t_2}{2}\right)} \frac{\Delta p''}{\Sigma \Delta p} \\ t_3<t \quad & \overline{U}_t = \overline{U}_{rz\left(t-\frac{t_1+t_0}{2}\right)} \frac{\Delta p_1}{\Sigma \Delta p} + \overline{U}_{rz\left(t-\frac{t_2+t_3}{2}\right)} \frac{\Delta p_2}{\Sigma \Delta p} \end{aligned}\right\} \tag{4-34}$$

多级等速加荷可以依此类推，并归纳为以下通式：

$$\overline{U}_t = \sum_1^n \overline{U}_{rz\left(t-\frac{t_n+t_{n-1}}{2}\right)} \frac{\Delta p_n}{\Sigma \Delta p} \tag{4-35}$$

式中 $\overline{U}_t$——多级等速加荷，t 时刻修正后的平均固结度；

$\overline{U}_{rz}$——瞬间加荷条件的平均固结度；

t_{n-1}，t_n——分别为每级等速加荷的起点和终点时间（从时间 0 点起算），当计算某一级

荷载加荷期间 t 时刻的固结度时，则 t_n 改为 t；

Δp_n——第 n 级荷载增量，如计算加荷过程中某一时刻 t 的固结度时，则用该时刻相对应的荷载增量。

2. 改进的高木俊介法

日本高木俊介（1955）提出，对于任意变速加荷情况，如图 4-12，设 $\dot{q}_\tau$ 为任意时刻 τ 时的加荷速率，$\dot{q}_\tau d_\tau$ 即为时间间隔 d_τ 内的荷载增量 d_p，t 时刻的固结度为 t 时以前各荷载增量 d_p 对 t 时固结度之和除以 t 时的荷载 p（p 就是 t 时刻以前各荷载增量之和），即

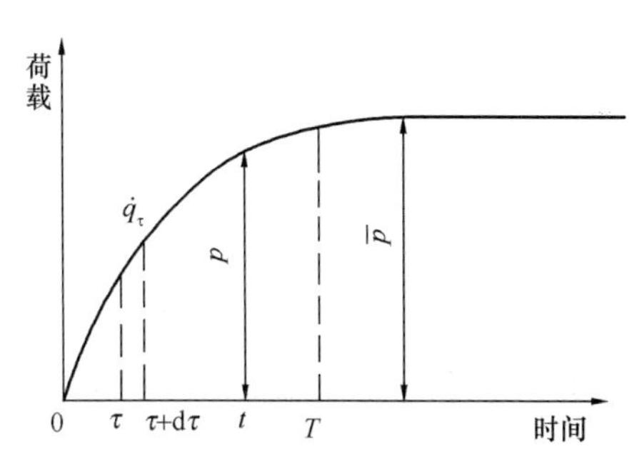

图 4-12 荷载—时间曲线

当 $0<t<T$ 时，对 p 而言的固结度为

$$\overline{U}_t=\frac{1}{p}\int_0^t\overline{U}_{(t-\tau)}\dot{q}_\tau d_\tau \tag{4-36}$$

当 $t>T$ 时，对 $\overline{p}$ 而言的固结度为

$$\overline{U}_t=\frac{1}{\overline{p}}\int_0^T\overline{U}_{(t-\tau)}\dot{q}_\tau d_\tau \tag{4-37}$$

式中 $\overline{U}_{(t-\tau)}$——瞬间加荷固结度理论解；

T——加荷终点时间。

以上两式实质上就是对一次瞬间加荷的固结度理论解作了变速加荷的修正。高木俊介的公式仅考虑砂井的径向排水固结，忽略了竖向排水固结。$\overline{U}_{(t-\tau)}$ 系引用 Barron 的“等应变”理论解 $\overline{U}_r$。曾国熙（1975）对高木俊介方法作了改进，考虑了竖向排水固结度 $\overline{U}_z$，把 $\overline{U}_r$ 和 $\overline{U}_z$ 两者联合起来得出 $\overline{U}_{rz}$，并且固结度理论解用以下的普遍式来表示：

$$\overline{U}=1-\alpha e^{-\beta t} \tag{4-38}$$

改进的高木俊介法对于仅竖向排水固结或竖向排水与径向排水联合作用的固结都可适用。对于不同的排水条件都可用以上普遍式表达，所不同的在于 α 与 β 两个参数。把式（4-36）和式（4-37）中的 $\overline{U}_{(t-\tau)}$ 用普遍式（4-38）代替，然后进行积分即可求得变速加荷条件下的固结度计算式。

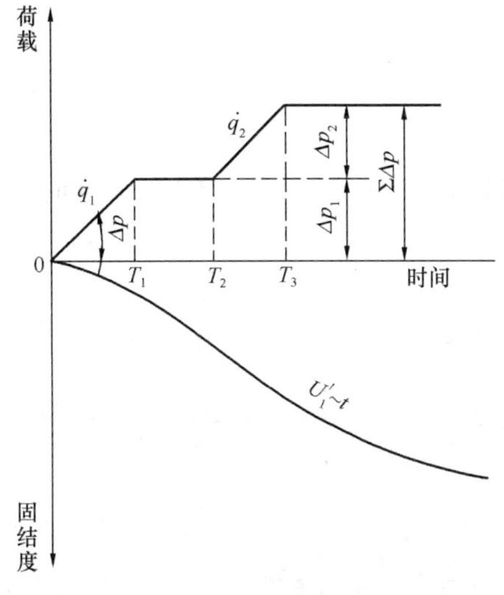

图 4-13 两级等速加荷情况下固结度修正法示意图

现以图 4-13 两级等速加荷为例，图中 $\dot{q}_1$ 和 $\dot{q}_2$ 分别为两级等速加荷的速率，都是常数，根据式（4-36）和（4-37）可得：

当 $0<t<T_1$ 时，对 Δp 而言的固结度

$$\overline{U}_t=\frac{1}{t}\left[t-\frac{\alpha}{\beta}(1-e^{-\beta t})\right] \tag{4-39}$$

对 Δp_1 而言的固结度

$$\overline{U}_t=\frac{1}{T_1}\left[t-\frac{\alpha}{\beta}(1-e^{-\beta t})\right] \tag{4-40}$$

对$\Sigma\Delta p$ 而言的固结度

$$\overline{U}_t = \frac{\Delta p_1}{T_1 \Sigma \Delta p}\left[t - \frac{\alpha}{\beta}(1 - e^{-\beta t})\right] \tag{4-41}$$

当 $T_1 < t < T_2$ 时，对 Δp_1 而言的固结度

$$\overline{U}_t = 1 + \frac{\alpha}{\beta T_1}[e^{-\beta t} - e^{-\beta(t-T_1)}] \tag{4-42}$$

对$\Sigma \Delta p$ 而言的固结度

$$\overline{U}_t = \frac{\Delta p_1}{\Sigma \Delta p}\left\{1 + \frac{\alpha}{\beta T_1}[e^{-\beta t} - e^{-\beta(t-T_1)}]\right\} \tag{4-43}$$

当 $T_2 < t < T_3$ 时，对 $\Sigma \Delta p$ 而言的固结度

$$\overline{U}_t = \frac{\dot{q}_1}{\Sigma \Delta p}\left\{T_1 + \frac{\alpha}{\beta}[e^{-\beta t} - e^{-\beta(t-T_1)}]\right\} + \frac{\dot{q}_2}{\Sigma \Delta p}\left\{(t - T_2) - \frac{\alpha}{\beta}[1 - e^{-\beta(t-T_2)}]\right\} \tag{4-44}$$

当 $t > T_3$ 时，对 Σp 而言的固结度

$$\overline{U}_t = \frac{\dot{q}_1}{\sum \Delta p}\left\{T_1 + \frac{\alpha}{\beta}[e^{-\beta t} - e^{-\beta(t-T_1)}]\right\} + \frac{\dot{q}_2}{\Sigma \Delta p}\left\{(T_3 - T_2) + \frac{\alpha}{\beta}[e^{-\beta(t-T_2)} - e^{-\beta(t-T_3)}]\right\} \tag{4-45}$$

根据上述原则可归纳出一级等速加荷及多级等速加荷条件下，相对于某一累加荷载（$\Sigma \Delta p$）地基的平均固结度 $\overline{U}_t$。

（1）一级等速加荷

一级等速加荷条件下，当固结时间为 t 时，对应荷载 p 的地基平均固结度可按下式计算：

$$\overline{U}_t = \frac{\dot{q}}{p}\left[T_1 - \frac{\alpha}{\beta}e^{-\beta t}(e^{\beta T_1} - 1)\right] \tag{4-46}$$

或

$$\overline{U}_t = 1 - \frac{1}{\Delta T} \cdot \frac{\alpha}{\beta}e^{-\beta t}(e^{\beta \Delta T} - 1) \tag{4-47}$$

式中　ΔT——荷载加载历时（d）；

$\dot{q}$——荷载的加载速率（kPa/d）；

p——荷载的累加值（kPa）；

T_1——为加载的终止时间（d），当计算加载过程中某时间 t 的固结度时，式(4-46)中 T_1 改为 t。

（2）多级等速加荷

多级等速加荷条件下，当固结时间为 t 时，对应某一累加荷载（$\Sigma \Delta p$）的地基平均固结度可按下式计算

$$\overline{U}_t = \sum_{i=1}^{n} \frac{\dot{q}_i}{\Sigma \Delta p}\left[(T_i - T_{i-1}) - \frac{\alpha}{\beta}e^{-\beta t}(e^{\beta T_i} - e^{\beta T_{i-1}})\right] \tag{4-48}$$

或

$$\overline{U}_t = 1 - \sum_{i=1}^{n} \frac{\dot{q}_i}{\Sigma \Delta p} \cdot \frac{\alpha}{\beta}e^{-\beta t}(e^{\beta T_i} - e^{\beta T_{i-1}}) \tag{4-49}$$

式中　n——荷载分级数；

$\dot{q}_i$——第 i 级荷载的加载速率（kPa/d）；

$\sum\Delta p$——与加荷历时 t 对应的各级荷载的累加值（kPa）；

T_{i-1}, T_i——分别为第 i 级荷载加载的起始和终止时间（从零点起算）（d）。当计算第 i 级荷载加载过程中某时间 t 的固结度时，式（4-48）中 T_i 改为 t。

（3）改进的高木俊介法，在理论上是精确解，无需先计算瞬时加载条件下的固结度，然后根据逐渐加载条件进行修正，而是两者合并计算出修正后的平均固结度。而且公式适用于多种排水条件，可应用于考虑井阻及涂抹作用的径向平均固结度计算。

理论分析及计算对比表明，当加荷过程都简化成直线形式，改进的高木俊介法与太沙基法二者实质上没有区别，两种方法计算结果也是一致的。相比之下，改进太沙基法计算过程简单，可查图表手算，而高木俊介法更适合电算及复杂加荷条件下固结度计算。但二者都采用了土的固结过程中的固结系数不变的假设，而在实际预压过程中土的固结系数是非线性变化的。

3. 排水竖井未穿透受压土层固结度计算

对排水竖井未穿透受压土层之地基，应分别计算竖井范围土层的平均固结度和竖井底面以下受压土层的平均固结度，通过预压使该两部分固结度和所完成的变形量满足设计要求（如图 4-14 所示）。

$$\overline{U}_{t} = Q \cdot \overline{U}_{rz} + (1 - Q) \cdot \overline{U}_{z} \tag{4-50}$$

$$Q = \frac{H_1}{H_1 + H_2} \tag{4-51}$$

或取

$$Q = \frac{S_{fH_1}}{S_{fH_1} + S_{fH_2}} \tag{4-52}$$

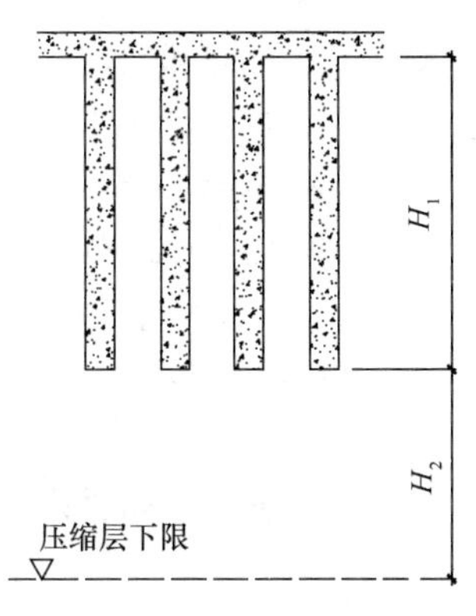

图 4-14　砂井未穿透受压土层示意图

式中　$\overline{U}_t$——整个压缩土层的平均固结度；

$\overline{U}_{rz}$——排水竖井部分土层的平均固结度；

$\overline{U}_z$——排水竖井以下部分土层固结度（假设排水竖井底面为排水面）；

H_1——砂井长度（图 4-14）；

H_2——砂井以下压缩层范围内土层的厚度（图 4-14）；

S_{fH_1}——预压荷载作用下排水竖井部分土层最终沉降量；

S_{fH_2}——预压荷载作用下排水竖井底面以下土层最终沉降量。

（三）固结参数 α、β 计算

1. α、β 取值

α、β 值汇总表　　**表 4-3**

排水固结条件 \ 参数	天然地基竖向排水固结 $\overline{U}_t = \overline{U}_z$, $\overline{U}_z > 30\%$	竖井排水固结			
		向内径向排水固结（$\overline{U}_t = \overline{U}_r$）		竖向和向内径向排水固结 $\overline{U}_t = \overline{U}_{rz}$（竖井穿透受压土层）	
		不考虑井阻、涂抹	考虑井阻、涂抹	不考虑井阻、涂抹	考虑井阻、涂抹
α	$\frac{8}{\pi^2}$	1	1	$\frac{8}{\pi^2}$	$\frac{8}{\pi^2}$

续表

排水固结条件 / 参数	天然地基竖向排水固结 $\overline{U}_t=\overline{U}_z, \overline{U}_z>30\%$	竖井排水固结			
		向内径向排水固结 ($\overline{U}_t=\overline{U}_r$)		竖向和向内径向排水固结 $\overline{U}_t=\overline{U}_{rz}$（竖井穿透受压土层）	
		不考虑井阻、涂抹	考虑井阻、涂抹	不考虑井阻、涂抹	考虑井阻、涂抹
β	$\frac{\pi^2 c_v}{4H^2}$	$\frac{8c_h}{F_n d_e^2}$	$\frac{8c_h}{F d_e^2}$	$\frac{8c_h}{F_n d_e^2}+\frac{\pi^2 c_v}{4H^2}$	$\frac{8c_h}{F d_e^2}+\frac{\pi^2 c_v}{4H^2}$

注：①当排水竖井采用挤土方式施工时，应考虑涂抹对土体固结的影响。当竖井的纵向通水量 q_w 与天然土层水平向渗透系数 k_h 的比值较小，且长度又较长时，尚应考虑井阻影响。为简化计算也可取考虑井阻及涂抹时固结度 $\overline{U}'_t=(0.8\sim0.95)\overline{U}_t$。

②表中各符号含义：

$\overline{U}_r$——固结时间 t 时竖井地基径向排水平均固结度；

$\overline{U}_{rz}$——竖向和向内径向排水平均固结度；

$\overline{U}_z$——双面排水土层或固结应力均匀分布的单面排水土层平均固结度；

H——土层竖向排水距离（cm），双面排水时 H 为土层厚度的一半，单面排水时 H 为土层厚度；

c_h——土的径向排水固结系数（cm^2/s）

$$c_h=\frac{k_h(1+e)}{a\gamma_w} \tag{4-53}$$

c_v——土的竖向排水固结系数（cm^2/s）

$$c_v=\frac{k_v(1+e)}{a\gamma_w} \tag{4-54}$$

k_h——天然土层水平向渗透系数（cm/s）；

k_v——天然土层竖向渗透系数（cm/s）；

e——天然土层的天然孔隙比；

a——天然土层的压缩系数；

F_n——与井径比 n 有关的参数

$$F_n=\frac{n^2}{n^2-1}\ln(n)-\frac{3n^2-1}{4n^2} \tag{4-55}$$

当 $n\geqslant15$ 时取 $F_n=\ln(n)-\frac{3}{4}$

F——考虑井阻与涂抹作用的参数

$$F=F_n+F_s+F_r \tag{4-56}$$

涂抹因子：

$$F_s=\left[\frac{k_h}{k_s}-1\right]\ln(s) \tag{4-57}$$

井阻因子：

$$F_r=\frac{\pi^2 L^2}{4}\cdot\frac{k_h}{q_w} \tag{4-58}$$

k_s——涂抹区土的水平向渗透系数，可取 $k_s=\left(\frac{1}{3}\sim\frac{1}{5}\right)k_h$（cm/s）；

s——涂抹区直径 d_s 与竖井直径 d_w 的比值，可取 $s=2.0\sim3.0$，对中等灵敏黏性土取低值，对高灵敏黏性土取高值；

L ——竖井深度（cm）；

q_w ——竖井纵向通水量，为单位水力梯度下单位时间的排水量（cm^3/s），可取 $q_w = \frac{1}{4}\pi d_w^2 \cdot k_w$（$k_w$ 为排水竖井渗透系数）。

2. 固结参数 β 计算框图及简化计算图表

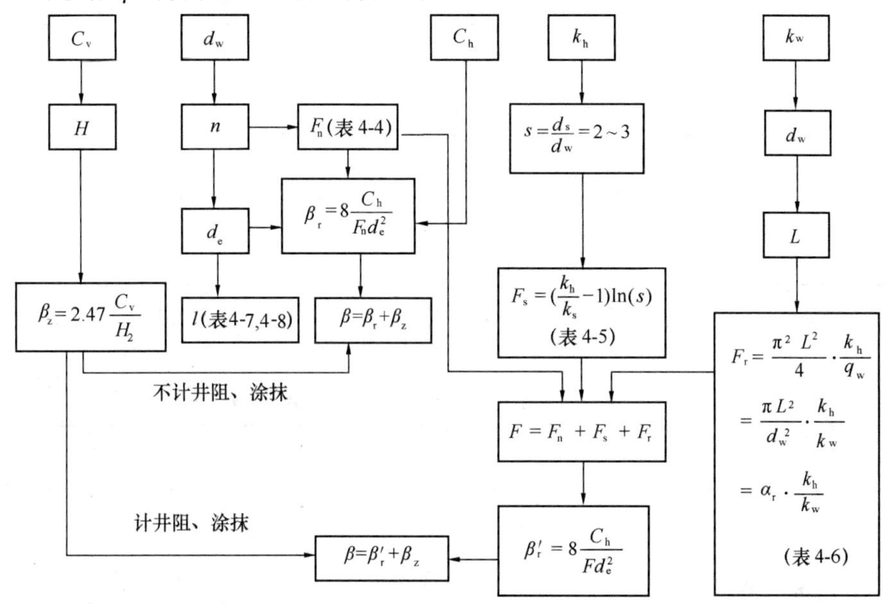

图 4-15 β 计算框图

F_n 表 **表 4-4**

n	6	7	8	9	10	11	12	13	14	15
F_n	1.100	1.242	1.366	1.478	1.578	1.670	1.754	1.832	1.904	1.971
n	16	17	18	19	20	21	22	23	24	25
F_n	2.034	2.094	2.150	2.203	2.254	2.302	2.348	2.392	2.434	2.474

F_s 表 **表 4-5**

s \ k_h/k_s	3	4	5
2	1.39	2.08	2.77
2.5	1.83	2.75	3.67
3	2.20	3.30	4.39

α_r 表（$\times10^5$） **表 4-6**

d_w(mm) \ L(m)	5	6	7	8	9	10	12	14	16	18	20	22	24	26	28	30	35
60	0.22	0.31	0.43	0.56	0.71	0.87	1.26	1.71	2.23	2.83	3.49	4.22	5.02	5.90	6.84	7.85	10.68
70	0.16	0.23	0.31	0.41	0.52	0.64	0.92	1.26	1.64	2.08	2.56	3.10	3.69	4.33	5.02	5.77	7.85
80	0.12	0.18	0.24	0.31	0.40	0.49	0.71	0.96	1.26	1.59	1.96	2.37	2.83	3.32	3.85	4.42	6.01
90	0.10	0.14	0.19	0.25	0.31	0.39	0.56	0.76	0.99	1.26	1.55	1.88	2.23	2.62	3.04	3.49	4.75

续表

L(m) / d_w(mm)	5	6	7	8	9	10	12	14	16	18	20	22	24	26	28	30	35
100	0.08	0.11	0.15	0.20	0.25	0.31	0.45	0.62	0.80	1.02	1.26	1.52	1.81	2.12	2.46	2.83	3.85
110	0.06	0.09	0.13	0.17	0.21	0.26	0.37	0.51	0.66	0.84	1.04	1.26	1.49	1.75	2.03	2.34	3.18
120	0.05	0.08	0.11	0.14	0.18	0.22	0.31	0.43	0.56	0.71	0.87	1.06	1.26	1.47	1.71	1.96	2.67

注：$\alpha_r = \pi L^2/d_w^2$

普通砂井正三角形布置 l 表（m） **表 4-7**

d_w（mm） / n	300	350	400	450	500	600
6	1.7	2.0	2.3	2.6	2.9	3.4
7	2.0	2.3	2.7	3.0	3.3	4.0
8	2.3	2.7	3.0	3.4	3.8	4.6

注：正方形布置，表中值乘 0.93。

袋装砂井（排水带）正三角形布置 l 表（m） **表 4-8**

d_w（mm） / n	60	70	80	90	100	110	120
15	0.86	1.00	1.14	1.28	1.43	1.57	1.71
16	0.91	1.06	1.22	1.37	1.52	1.67	1.82
17	0.97	1.13	1.29	1.45	1.62	1.78	1.94
18	1.03	1.20	1.37	1.54	1.71	1.88	2.05
19	1.08	1.26	1.44	1.62	1.81	1.99	2.17
20	1.14	1.33	1.52	1.71	1.90	2.09	2.28
21	1.20	1.40	1.60	1.80	2.00	2.19	2.39
22	1.25	1.46	1.67	1.88	2.09	2.30	2.51

注：正方形布置，表中值乘 0.93。

四、真空预压法设计要点

1. 设计前特别要查明透水层位置及范围和地下水状况等，它往往决定真空预压是否适用或需采取附加密封措施以及垂直排水通道的打设深度。对于表层存在良好的透气层或在处理范围内有充足水源补给的透水层时，应采取有效措施隔断透气层或透水层。

2. 真空预压法处理地基必须设置排水竖井。设计内容包括：竖井断面尺寸、间距、排列方式和深度的选择；预压区面积和分块大小；真空预压工艺；要求达到的真空度和土层的固结度；真空预压和建筑物荷载下地基的变形计算；真空预压后地基土的强度增长计算等。

3. 排水竖井的间距确定方法与堆载预压法相同。

（1）砂井的砂料应选用中粗砂，其渗透系数 k_w 应大于 1×10^{-2}cm/s。

（2）真空预压竖向排水通道宜穿透软土层，但不应进入下卧透水层。软土层厚度较大、且以地基抗滑稳定性控制的工程，竖向排水通道的深度至少应超过最危险滑动面

2.0m。对以变形控制的工程，竖井深度应根据在限定的预压时间内需完成的变形量确定，且宜穿透主要受压土层。

（3）排水竖井不仅起排水、减少土体排水距离及加速土体固结作用，而且起着传递真空度作用。实践证明采用塑料排水带效果比砂井好。

4. 真空预压区边缘应大于建筑物基础轮廓线，每边增加量不得小于3.0m。宜使加固区形状接近正方形，加固面积尽可能大。

5. 真空预压的膜下真空度应稳定地保持在650mmHg（约86.7kPa）以上，且应均匀分布，竖井深度范围内土层的平均固结度应大于90%。膜下真空度达到设计要求后的预压时间不宜低于90d。

6. 真空预压加固面积较大时，宜采取分区加固，每块预压面积应尽可能大且呈方形，分区面积宜为20000～40000m²。

7. 真空预压地基最终竖向变形可按本书式（4-27）计算，其中 ξ 可取1.0～1.3。对于新近吹填超软地基，尚应考虑插板期间所产生的沉降。

8. 真空预压地基中某点强度增长估算可按式（4-59）进行。真空预压法强度增长是通过等向固结过程实现的，不会产生剪切蠕动现象。

$$\tau_{ft} = \tau_{f0} + \Delta\sigma_z \cdot U_t \tan\varphi_{cu} \tag{4-59}$$

式中 τ_{ft}——t 时刻该点土的抗剪强度（kPa）；

$\Delta\sigma_z$——真空预压荷载引起的该点的附加应力（kPa），当计算加固土层中某深度处土的强度增长值时，$\Delta\sigma_z$ 用相应深度垂直排水通道中真空度值；

U_t——在 $\Delta\sigma_z$ 作用下，该点土的固结度；

φ_{cu}——相应土层三轴固结不排水压缩试验内摩擦角（°）。

当估算整个土层强度增长值时，φ_{cu} 可用加权平均值；U_t 用设计要求达到的平均固结度 $\overline{U}_t$ 值；$\Delta\sigma_z$ 用膜下真空度值。

9. 真空预压固结度及固结时间计算：

真空预压为瞬时加荷且均设有排水竖井，所以固结度及固结时间计算可按瞬时加荷有关公式计算。$\overline{U}_t$ 也可按 $\overline{U}_t = \overline{U}_{rz} = \overline{U}_r + \overline{U}_z - \overline{U}_r \cdot \overline{U}_z$ 或 $\overline{U}_t = 1-(1-\overline{U}_z)\cdot(1-\overline{U}_r)$ 计算。

（1）不考虑井阻、涂抹作用：

1）t 时间地基的平均固结度 $\overline{U}_t$

当不计竖向排水作用时，可取 $\overline{U}_t = \overline{U}_r$。

$$\overline{U}_t \approx \overline{U}_r = 1 - e^{-\frac{8}{F_n}\cdot\frac{c_h}{d_e^2}\cdot t} = 1 - e^{-\frac{8}{F_n}\cdot T_h} \tag{4-60}$$

式中

$$T_h = \frac{c_h \cdot t}{d_e^2} \tag{4-61}$$

2）达到固结度 $\overline{U}_t$ 时所需固结历时：

$$t = \frac{T_h \cdot d_e^2}{c_h} \tag{4-62}$$

式中

$$T_h = -\ln(1-\overline{U}_t) \cdot F_n/8 \tag{4-63}$$

（2）当考虑井阻、涂抹作用时，可将上述有关公式中 F_n 用 F 代替，F 计算详见前述堆载预压法。

（3）为简化计算，$\overline{U}_z$、$\overline{U}_r$、$\overline{U}_{rz}$ 可查图 4-16、图 4-17，图 4-18 等有关图表。

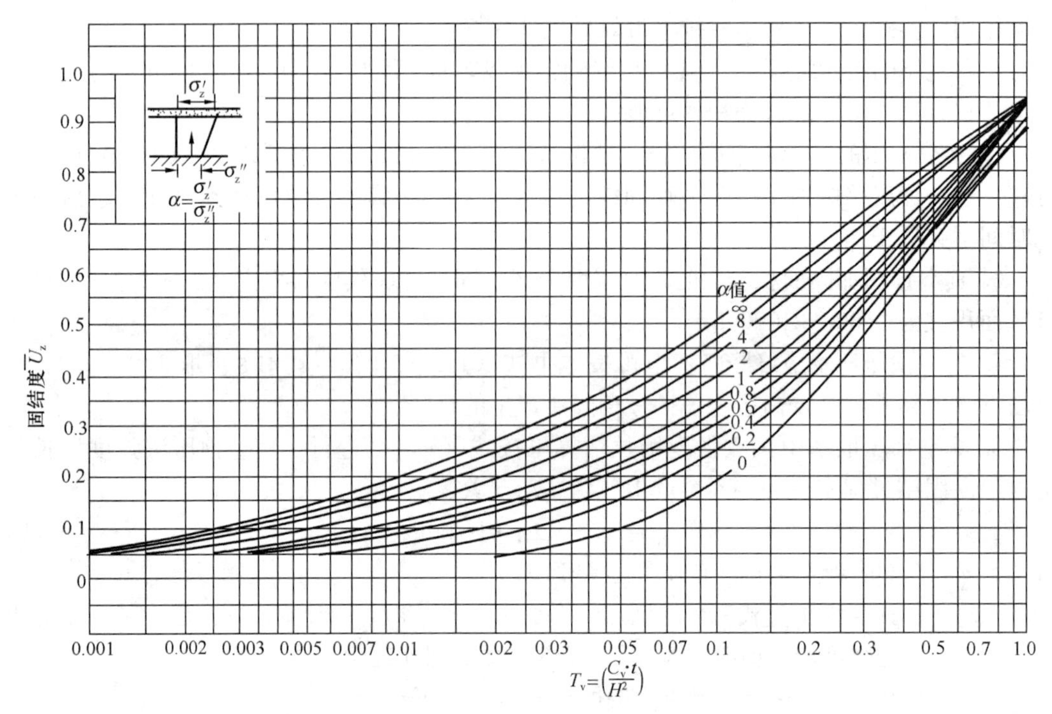

图 4-16　瞬时加荷竖向固结度 $\overline{U}_z$ 与时间因数 T_v 的关系

$$\left(\overline{U}_z = 1 - \frac{8}{\pi^2} e^{-\frac{\pi^2}{4} T_v}\right)$$

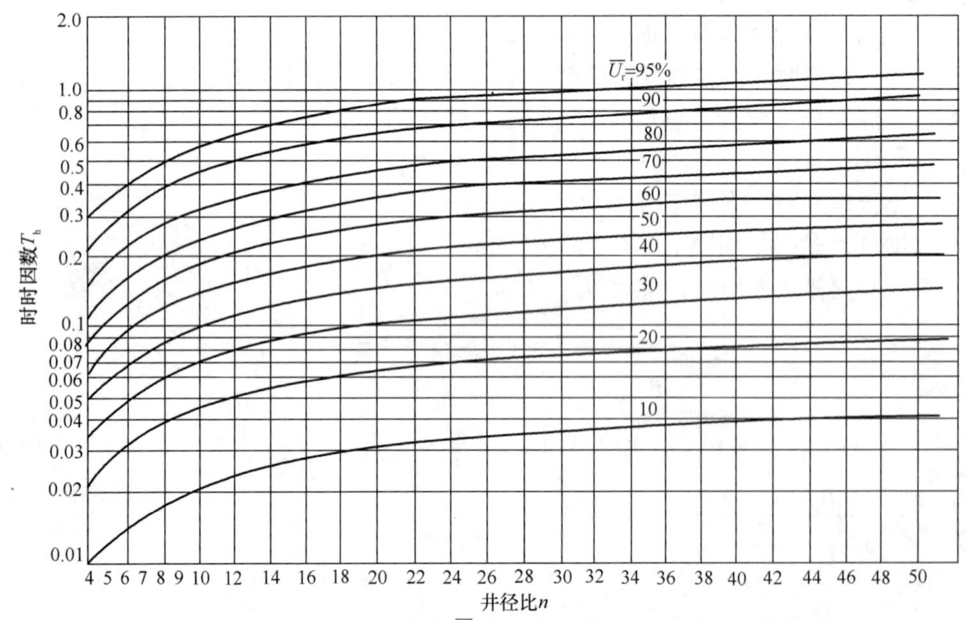

图 4-17　瞬时加荷径向固结度 $\overline{U}_r$ 与时间因数 T_h 及井径比 n 的关系

$$\left(T_h = \frac{C_h \cdot t}{d_e^2};\overline{U}_r = 1 - e^{-\frac{8}{F_n} \cdot T_h};n = \frac{d_e}{d_w}\right)$$

五、真空和堆载联合预压

当设计地基预压荷载大于 80kPa，仅进行真空预压处理达不到设计要求时，可在真空预压抽真空的同时再施加堆载，进行真空和堆载联合预压处理。具体要求如下：

1. 堆载体的坡肩线宜与真空预压边线一致。

2. 对于一般软黏土，当膜下真空度稳定地达到 650mmHg 后，抽真空 10d 左右可进行上部堆载施工，即边抽真空，边施加堆载。对于高含水量的淤泥类土，当膜下真空度稳定地达到 650mmHg 后，一般抽真空 20～30d 后可进行堆载施工。

3. 当堆载较大时，真空和堆载联合预压应提出堆载分级施加要求，分级数应根据地基土稳定计算确定。分级加载时，应待前期预压荷载下地基土的强度增长满足下一级荷载下地基的稳定性要求时方可增加堆载。

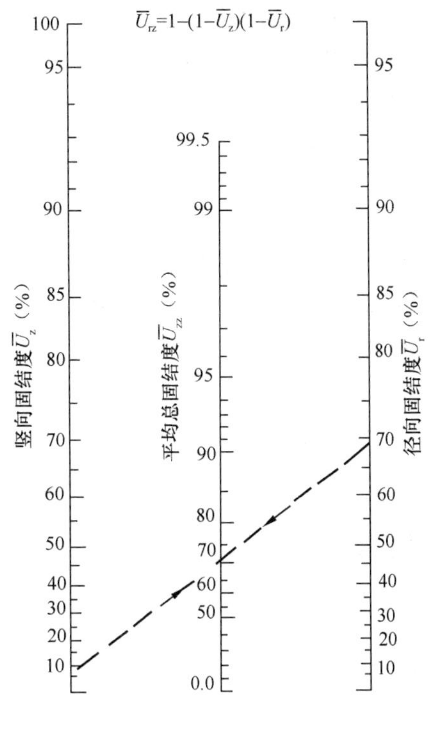

图 4-18　$\overline{U}_t=\overline{U}_{rz}$ 计算图

4. 真空和堆载联合预压地基固结度和强度增长的计算可按式（4-48）、式（4-19）及式（4-59）计算。

5. 真空和堆载联合预压以真空预压为主时，最终竖向变形可按式 4-27 计算，其中 ξ 应按当地经验确定，如无经验时，可取 1.0～1.3。

六、计算实例

（一）堆载预压法算例

已知：某建筑物建于深厚淤泥质黏土层上，基底平均压力 p=150kPa，土质情况如下图示：

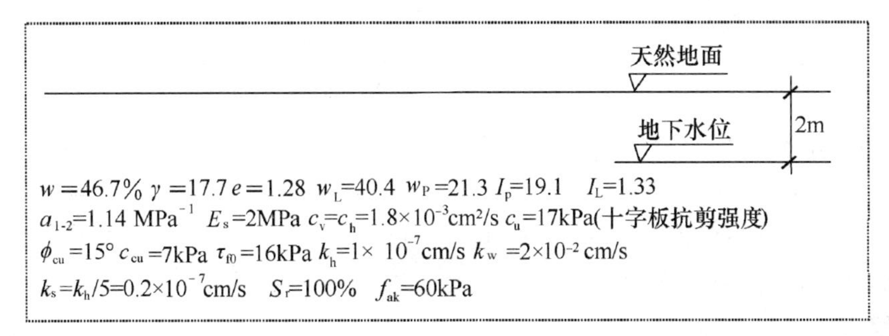

设计要求：由于地基承载力不满足基底压力 p=150kPa 要求，且土质为深厚淤泥质土层，经方案比较采用砂井堆载预压进行地基加固。预压允许工期 [t] =120d。

设计计算：

1. 排水竖井选择及设计

1）采用袋装砂井，直径 $d_w=70$mm；按等边三角形排列，取 $n=d_e/d_w=21$，查表4-8，砂井间距 $l=1.40$m；

2）排水竖井深度

根据 $\frac{\sigma_z}{\sigma_{cz}}=0.1\sim0.2$ 确定受压土层厚度 $H=20$m，砂井底部为不透水层，砂井打穿受压土层。

2. 制定预压加荷计划

根据图4-8，按增加抗剪强度进行预压设计。设预压荷载 $p_n=100$kPa，$t=[t]=120$d。

（1）不计井阻

1）确定计算参数

固结度计算参数 α、β 根据表4-3确定。

$\alpha=\frac{8}{\pi^2}=0.81$；

$n=21$，查表4-4，$F_n=2.30$

$\therefore \beta=\frac{8c_h}{F_n d_e^2}+\frac{\pi^2 c_v}{4H^2}=0.0251/d$；

2）第一级荷载作用计算

①求天然地基可能承受的荷载（第一级容许施加的荷载）p_1

据式（4-14），$p_1\approx5.52\tau_{f0}/K$

K 为安全系数，取 $K=1.3$，即

$p_1=5.52\times16/1.3=67.9$kPa，取 $p_1=60$kPa。

②确定第一级荷载作用下的固结度 $\overline{U}_{t1}$

据式（4-13），取加荷速率 $\dot{q}_1=6$kPa/d，$\Delta p_1=60$kPa 加载持续时间 $\Delta T_1=\Delta p_1/\dot{q}_1=60/6=10$d。设 $t_1=30$d，利用式（4-47），

$$\overline{U}_t=1-\frac{1}{\Delta T}\cdot\frac{\alpha}{\beta}e^{-\beta t}(e^{\beta\Delta T}-1)$$

计算 $t_1=30$d 时对应于 $p_1=60$kPa 的固结度：

$$\overline{U}_{t1}=1-\frac{1}{10}\times\frac{0.81}{0.0251}\times e^{-0.0251\times30}(e^{0.0251\times10}-1)=0.566$$

③计算施加第一级荷载后土的抗剪强度 τ_{f1}：

将 $\tau_{f0}=16$kPa，$p_1=60$kPa，$\overline{U}_{t1}=0.566$，$\varphi_{cu}=15°$ 代入式（4-15）得，

$$\tau_{f1}=\tau_{f0}+p_1\cdot\overline{U}_{t1}\cdot\tan\varphi_{cu}=16+60\times0.566\times\tan15°=25.1\text{kPa}$$

3）第二级荷载作用计算

①计算第二级容许施加的荷载 p_2：

将 $\tau_{f1}=25.1$kPa，$K=1.3$ 代入式（4-16）得

$$p_2\approx5.52\tau_{f1}/K=5.52\times25.1/1.3=106.6\text{kPa}$$

取 $p_2=100$kPa

②确定第二级荷载作用下的固结度 $\overline{U}_{t2}$

第二级荷载加到 $p_2=100\text{kPa}$.，则 $\Delta p_2=100-60=40\text{kPa}$。取加荷速率 $\dot{q}_2=4\text{kPa/d}$。加载持续时间：$\Delta T_2=T_2-T_1=\Delta p_2/\dot{q}_2=40/4=10\text{d}$。取 $t_2=[t]=120d$，代入式（4-48）得

$$\overline{U}_{t2}=\sum_{i=1}^{n}\frac{\dot{q}_i}{\sum\Delta p}\left[(T_i-T_{i-1})-\frac{\alpha}{\beta}e^{-\beta t}(e^{\beta T_i}-e^{\beta T_{i-1}})\right]$$

计算 $t=120\text{d}$ 时对应于 $p_2=100\text{kPa}$ 的固结度：

$$\begin{aligned}\overline{U}_{t2}&=\frac{6}{100}\times\left[(10-0)-\frac{0.81}{0.0251}\times e^{-0.0251\times120}(e^{0.0251\times10}-e^{0.0251\times0})\right]\\&\quad+\frac{4}{100}\left[(40-30)-\frac{0.81}{0.0251}\times e^{-0.0251\times120}\times(e^{0.0251\times40}-e^{0.0251\times30})\right]\\&=0.06\times[10-32.27\times0.0492\times0.2853]\\&\quad+0.04\times[10-32.27\times0.0492\times(2.73-2.123)]\\&=0.573+0.361\\&=0.934\end{aligned}$$

③计算施加第二级荷载后地基抗剪强度 τ_{f2}，利用式（4-19），

$$\tau_{f2}=\tau_{f0}+p_2\cdot\overline{U}_{t2}\cdot\tan\varphi_{cu}=16+100\times0.934\times\tan15^\circ=41.03\text{kPa}$$

4）计算 120d 后容许施加的荷载 p_3：$p_3\approx5.52\tau_{f2}/K=5.52\times41.03/1.3=174.2\text{kPa}>150\text{kPa}$，即加荷计划满足设计要求。具体加荷计划见例图 4-1。

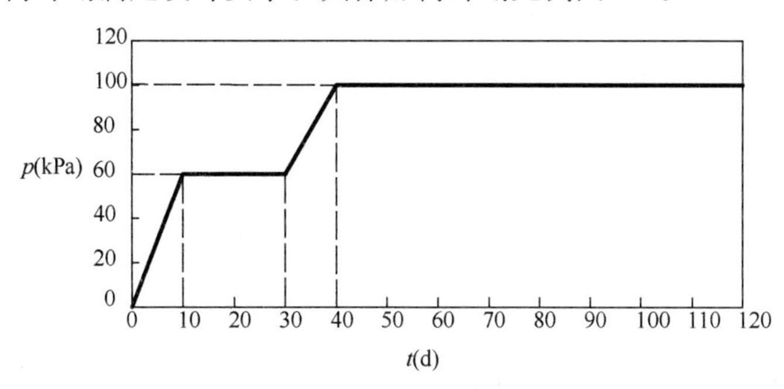

例图 4-1　加荷过程

（2）计井阻

1）确定计算参数 α、β（按框图 4-15 简化计算）

①确定计算参数 F

设涂抹区直径 d_s 与竖井直径 d_w 的比值 $s=2$，计算 $F=F_n+F_s+F_r$。

$F_n=2.30$；

$F_s=\left[\frac{k_h}{k_s}-1\right]\cdot\ln s$，根据 $k_h/k_s=5$，$s=2$，查表 4-5：$F_s=2.77$；

$$F_r=\alpha_r\cdot\frac{k_h}{k_w}$$

竖井深度 $L=20\text{m}$，砂井直径 $d_w=70\text{mm}$，查表 4-6 得 $\alpha_r=2.56$。

将 $\alpha_r=2.56$，$k_h=1\times10^{-7}\text{cm/s}$，$k_w=2\times10^{-2}\text{cm/s}$ 代入上式得：$F_r=1.28$。

因此 $F=F_n+F_s+F_r=2.302+2.77+1.28=6.347$

②计算 α、β 值

$$\alpha=\frac{8}{\pi^2}=0.81;\beta=\frac{8c_h}{Fd_e^2}+\frac{\pi^2 c_v}{4H^2}=0.0092(1/d)$$

2）第一级荷载作用计算

①确定第一级荷载作用下的固结度 $\overline{U}_{t1}$

与不计井阻相同，仍取 $p_1=60\text{kPa}$；取加荷速率 $\dot{q}_1=6\text{kPa/d}$，则加载持续时间 $\Delta T_1=10\text{d}$，设 $t_1=30\text{d}$，利用式（4-47）计算 $\overline{U}_{t1}$，则：

$$\begin{aligned}\overline{U}_{t1}&=1-\frac{1}{\Delta T}\cdot\frac{\alpha}{\beta}\cdot e^{-\beta t}(e^{\beta\Delta t}-1)\\&=1-\frac{1}{10}\times\frac{0.81}{0.0092}\times e^{-0.0092\times30}(e^{0.0092\times10}-1)\\&=0.359\end{aligned}$$

②计算施加第一级荷载后土的抗剪强度 τ_{f1}。

$$\tau_{f1}=\tau_{f0}+p_1\times\overline{U}_{t1}\times\tan\varphi_{cu}=16+60\times0.359\times\tan15^\circ=21.8\text{kPa}$$

3）第二级荷载作用计算

①计算第二级容许施加的荷载 p_2

$p_2\approx5.52\tau_{f1}/K=5.52\times21.8/1.3=92.6\text{kPa}$，取 $p_2=80\text{kPa}$；

②确定第二级荷载作用下的固结度 $\overline{U}_{t2}$

取 $\Delta T_2=5\text{d}$，加荷速率 $\dot{q}_2=4\text{kPa/d}$；$T_1=30\text{d}$，$T_2=35\text{d}$，设 $t_2=70\text{d}$。按式（4-49）：

$\overline{U}_t=1-\sum_{i=1}^{n}\frac{\dot{q}_i}{\sum\Delta p}\cdot\frac{\alpha}{\beta}e^{-\beta t}(e^{\beta T_i}-e^{\beta T_{i-1}})$ 计算，即

$$\begin{aligned}\overline{U}_{t2}=&1-\left[\frac{6}{80}\times\frac{0.81}{0.0092}\times e^{-0.0092\times70}(e^{0.0092\times10}-1)\right]\\&-\left[\frac{4}{80}\times\frac{0.81}{0.0092}\times e^{-0.0092\times70}\times(e^{0.0092\times35}-e^{0.0092\times30})\right]\\=&0.524\end{aligned}$$

③计算第二级荷载作用下土的抗剪强度：

$$\tau_{f2}=\tau_{f0}+p_2\times\overline{U}_{t2}\times\tan\varphi_{cu}=16+80\times0.524\times\tan15^\circ=27.23\text{kPa}$$

4）第三级荷载作用计算

①计算第三级容许施加荷载 p_3

$$p_3\approx5.52\tau_{f2}/K=5.52\times27.23/1.3=115.6\text{kPa}，取\ p_3=100\text{kPa}$$

②确定第三级荷载作用下的固结度 $\overline{U}_{t3}$

取 $\Delta T_3=5\text{d}$，加荷速率 $\dot{q}_3=4\text{kPa/d}$，$T_2=70\text{d}$，$T_3=75\text{d}$，$t_3=[t]=120\text{d}$，则利用式（4-49）：

$\overline{U}_t=1-\sum_{i=1}^{n}\frac{\dot{q}_i}{\sum\Delta p}\cdot\frac{\alpha}{\beta}e^{-\beta t}(e^{\beta T_i}-e^{\beta T_{i-1}})$ 计算，即

$$\begin{aligned}\overline{U}_{t3}=&1-\frac{6}{100}\times\frac{0.81}{0.0092}\times e^{-0.0092\times120}(e^{0.0092\times10}-1)\\&-\frac{4}{100}\times\frac{0.81}{0.0092}\times e^{-0.0092\times120}(e^{0.0092\times35}-e^{0.0092\times30})\end{aligned}$$

$$-\frac{4}{100}\times\frac{0.81}{0.0092}\times e^{-0.0092\times120}(e^{0.0092\times75}-e^{0.0092\times70})$$

$$=0.655$$

5）预压完成后地基土的抗剪强度和承载力

①预压完成后地基土的抗剪强度：

$$\tau_{f3}=\tau_{f0}+p_3\cdot\overline{U}_{t3}\cdot\tan\varphi_{cu}=16+100\times0.655\times\tan15°=33.6\text{kPa}$$

②预压完成后地基承载力：

$p_4\approx5.52\tau_{f3}/K=5.52\times33.6/1.3=142.6\text{kPa}<150\text{kPa}$，不能满足设计要求，应重新调整加荷计划。

6）加荷计划调整

为满足设计要求，可重新选择竖向排水体，也可延长最后一级加载时间或改变预压计划。本例采用延长 p_3 作用时间的方法。

①设 $p_4=p=150\text{kPa}$，则根据 $p_4\approx5.52\tau_{f3}/K$，调整后的地基土抗剪强度 τ'_{f3} 应满足 $\tau'_{f3}\geqslant p_4\cdot K/5.52=150\times1.3/5.52=35.32\text{kPa}$，取 $\tau'_{f3}=36\text{kPa}$。

根据 $\tau'_{f3}=\tau_{f0}+p_3\cdot\overline{U}_{t3}\cdot\tan\varphi_{cu}=36\text{kPa}$ 反求 $\overline{U}'_{t3}=0.75$

②利用式（4-24），

$$t_{\beta j}=\frac{1}{\beta}\ln\frac{8}{\pi^2(1-\overline{U}_{tj})}。$$

及式（4-22），

$$t_n=t_\beta+\sum_{i=1}^{n}\frac{\Delta p_i\left(\frac{T_i+T_{i-1}}{2}\right)}{p_n}$$ 估算第三级荷载的持续时间 t'_3。

$$t_\beta=\frac{1}{\beta}\ln\frac{8}{\pi^2(1-\overline{U}_{tj})}=\frac{1}{0.0092}\ln(3.19)=108.69\times1.16=126\text{d}$$

$$t'_3=t_\beta+\sum_{i=1}^{n}\frac{\Delta p_i\left(\frac{T_i+T_{i-1}}{2}\right)}{p_n}=126+30=156\text{d}。$$

③计算 $t'_3=156\text{d}$ 的固结度，利用式（4-49）：

$$\overline{U}_t=1-\sum_{i=1}^{n}\frac{\dot{q}_i}{\Sigma\Delta p}\cdot\frac{\alpha}{\beta}e^{-\beta t}(e^{\beta T_i}-e^{\beta T_{i-1}})$$ 计算，即

$$\overline{U}_{t3}=1-\frac{6}{100}\times\frac{0.81}{0.0092}\times e^{-0.0092\times156}(e^{0.0092\times10}-1)$$

$$-\frac{4}{100}\times\frac{0.81}{0.0092}\times e^{-0.0092\times156}(e^{0.0092\times35}-e^{0.0092\times30})$$

$$-\frac{4}{100}\times\frac{0.81}{0.0092}\times e^{-0.0092\times156}(e^{0.0092\times75}-e^{0.0092\times70})$$

$$=1-0.121-0.052-0.075=0.752$$

所以第三级荷载 $p_3=100\text{kPa}$ 应持续到 $t'_3=156\text{d}$，才能满足设计承载力要求。具体加荷计划见例图 4-2。

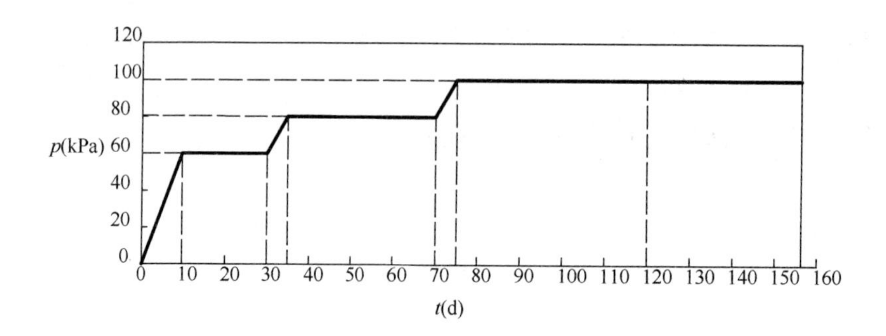

例图 4-2 加荷过程（计井阻）

（二）真空预压法算例

设计参数：与堆载预压计算实例相同，设抽真空预压荷载为 80kPa，[t] =120d。

1. 不考虑井阻

(1) 计算固结度

1) 确定径向固结度 $\overline{U}_r$：$\overline{U}_r = 1 - e^{-\frac{8}{F_n} \cdot T_h}$

确定时间因数：$T_h = \frac{c_h \cdot t}{d_e^2} = \frac{155.52 \times 120}{147^2} = 0.86$，井径比 n=21；

查图 4-17 得 $\overline{U}_r = 0.95$；

2) 确定竖向固结度 $\overline{U}_z$

时间因数：$T_v = \frac{c_v \cdot t}{H^2} = \frac{155.52 \times 120}{2000^2} = 0.00467$

按 $\alpha = \infty$，根据 $T_v = 0.00467$ 查图 4-16，$\overline{U}_z \approx 0.12$

3) 确定 $\overline{U}_t = \overline{U}_{rz}$

根据 $\overline{U}_r = 0.95$，$\overline{U}_z = 0.12$，查图 4-18 得：$\overline{U}_t = \overline{U}_{rz} \approx 0.95$

∴ $\overline{U}_z$ 可忽略不计。

(2) 计算预压完成后地基抗剪强度及承载力

$\tau_{ft} = \tau_{f0} + \Delta\sigma_z \cdot U_t \tan\varphi_{cu} = 16 + 80 \times 0.95 \times \tan 15° = 36.4\text{kPa}$

$p \approx 5.52\tau_{ft}/K = 5.52 \times 36.4/1.3 = 154.5\text{kPa} > 150\text{kPa}$ 满足设计要求。

2. 考虑井阻

(1) 计算径向固结度

确定计算参数：时间因数 $T_h = 0.86$，F =6.347 因此 $\overline{U}_r = 1 - e^{-\frac{8}{F} \cdot T_h} = 1 - e^{-\frac{8 \times 0.86}{6.347}} = 1 - 0.338 = 0.662$

(2) 确定竖向固结度

过程与堆载预压法相同，$\overline{U}_z \approx 0.12$。

(3) 固结度计算

根据 $\overline{U}_r = 0.662$，$\overline{U}_z \approx 0.12$，查图 4-18 得 $\overline{U}_t = \overline{U}_{rz} \approx 0.7$

(4) 计算预压完成后地基抗剪强度及承载力

$$\tau_{ft} = \tau_{f0} + \Delta\sigma_z \cdot U_t \tan\varphi_{cu} = 16 + 80 \times 0.7 \times \tan 15 = 31\text{kPa}$$

$p \approx 5.52\tau_{ft}/K = 5.52 \times 31/1.3 = 131.7\text{kPa} < 150\text{kPa}$，不能满足设计要求。所以应调整加载方案。

(5) 加载方案调整

通过延长加载时间以满足设计要求。

1) 确定满足设计要求的固结度

根据 p=150kPa 及 $p_t \approx 5.52\tau_{ft}/K$，设 $p_t = p$，调整后的地基土抗剪强度 τ'_{ft} 应满足 $\tau'_{ft} \geqslant p \cdot K/5.52 = 150 \times 1.3/5.52 = 35.32\text{kPa}$，取 $\tau'_{ft} = 36\text{kPa}$。

根据 $\tau'_{ft} = \tau_{f0} + \Delta\sigma_z \cdot \overline{U}'_t \cdot \tan\varphi_{cu} = 36\text{kPa}$ 及 $\tau_{f0} = 16\text{kPa}$，$\Delta\sigma_z = 80\text{kPa}$，$\varphi_{cu} = 15°$ 反求 $\overline{U}'_t = 0.933$ 才能满足设计要求。

2) 计算加载时间 t'

根据式 4-20：

$$t_\beta = \frac{1}{\beta}\ln\frac{8}{\pi^2(1-\overline{U}_t)} = \frac{\alpha_t}{\beta}$$

式中：

$\alpha_t = \ln\dfrac{8}{\pi^2(1-\overline{U}_t)} = 2.49$（或根据 $\overline{U}_t = 0.933$ 查表 4-2）；

$\beta = \dfrac{8c_h}{Fd_e^2} + \dfrac{\pi^2 c_v}{4H^2} = 0.0092(1/\text{d})$（同堆载预压）

将 α_t、β 代入上式得

得 $t' = t_\beta = \dfrac{\alpha_t}{\beta} = \dfrac{2.49}{0.0092} = 270\text{d}$。

3. 说明

在本例中，若真空度保持不变，达到设计要求则加荷时间过长，若不能满足工程要求，可重新选择竖向排水体、增加真空度或采用真空——堆载联合预压法施工。

第三节 施 工

一、堆载预压法

实践证明，要保证堆载预压法加固效果，主要作好以下三个环节：铺设水平排水砂垫层；设置竖向排水体，施加固结压力。

(一) 水平排水垫层施工

排水垫层的作用是使在预压过程中，从土体进入垫层的渗流水迅速地排出，使土层的固结能正常进行，防止土颗粒堵塞排水系统。因此预压法处理地基必须在地表铺设与排水竖井相连的砂垫层。

1. 垫层材料

垫层材料应采用透水性好的砂料，其渗透系数一般不低于 1×10^{-2}cm/s，同时能起到一定的反滤作用。通常采用级配良好的中粗砂，含泥量不大于 3%，砂粒中可混有少量粒径小于 50mm 的砾石，砂垫层的干密度应大于 1.5g/cm³。在预压区边缘应设置排水沟，

在预压区内宜设置与砂垫层相连的排水盲沟。排水盲沟的材料一般采用粒径为 3～5cm 的碎石或砾石。

2. 垫层尺寸

（1）确定排水垫层平面尺寸和厚度时，须考虑加固场地的面积、加固地基单位时间的排水量、排水层材料的渗透系数和地基处理所采用的施工工艺。排水垫层的厚度首先要满足从土层渗入垫层的渗流水能及时地排出；另一方面能起到持力层的作用。一般情况下砂垫层厚度不应小于 50cm，水下垫层为 80～100cm。对新吹填不久的或无硬壳层的软黏土及水下施工的特殊条件，应采用厚的或混合料排水垫层。

（2）排水层兼作持力层，则还应满足承载力的要求。对于天然地面承载力较低而不能满足正常施工的地基，可适当加大砂垫层的厚度。

（3）排水砂垫层宽度等于铺设场地宽度，砂料不足时，可用砂沟代替砂垫层。

（4）砂沟的宽度为 2～3 倍砂井直径，一般深度为 40～60cm。

3. 垫层施工

水平排水垫层的施工与铺设方法见表 4-9。

水平排水垫层施工 **表 4-9**

施工要求	砂垫层铺设方法		备　注
	按砂源供应情况采用	按场地情况采用	
①垫层平面尺寸和厚度符合设计要求。厚度误差为 $\pm h/10$（h 为垫层设计厚度），每 $100m^2$ 挖坑检验； ②与竖向排水通道连接好，不允许杂物堵塞或割断连接处； ③不得扰动天然地基 ④不得将泥土或其他杂物混入垫层； ⑤真空预压垫层，其面层 4cm 厚度范围内不得有带棱角的硬物	①一次铺设：砂源丰富时，可一次铺设砂层至设计厚度； ②分层铺设；砂源供应不及时，可分层铺设，每次铺设厚度为设计厚度的 1/2，铺完第 1 层后，进行垂直排水通道施工，再铺第 2 层	①机械施工法：地基能承受施工机械运行时，可用机械铺砂； ②人力铺设法：地基较软不能承受机械碾压时，可用人力车或轻型传递带由外向里（或由一边向另一边）铺设，当地基很软施工人员无法上去施工时，可采用铺设荆笆或其他透水性好的土工编织物的方法	不论采用何种施工方法，都应避免对软土表层的过大扰动，以免造成砂和淤泥混合，影响垫层的排水效果。另外，在铺设砂垫层前，应清除干净砂井顶面的淤泥或其他杂物，以利砂井排水

（二）竖向排水体施工

竖向排水体在工程中的应用有：普通砂井；袋装砂井；塑料排水带。

砂井的砂料应选用中粗砂，含泥量小于 3%，其渗透系数应大于 1×10^{-2}cm/s。

1. 砂井施工

砂井施工要求：①保持砂井连续和密实，并且不出现缩颈现象；②尽量减小对周围土的扰动；③砂井的长度、直径和间距应满足设计要求。

砂井施工一般先在地基中成孔，再在孔内灌砂形成砂井。表 4-10 为砂井成孔和灌砂方法。选用时应尽量选用对周围土扰动小且施工效率高的方法。

砂井成孔和灌砂方法　　**表 4-10**

<table>
<tr><th>类　型</th><th colspan="2">成孔方法</th><th colspan="2">灌砂方法</th></tr>
<tr><td rowspan="3">使用套管</td><td rowspan="2">管端封闭</td><td>冲击打入
振动打入</td><td>用压缩空气</td><td>静力提拔套管
振动提拔套管</td></tr>
<tr><td>静力压入</td><td>用饱和砂</td><td>静力提拔套管</td></tr>
<tr><td>管端敞口</td><td>射水排土
螺旋钻排土</td><td>浸水自然下沉</td><td>静力提拔套管</td></tr>
<tr><td>不使用套管</td><td>旋转、射水
冲击、射水</td><td colspan="3">用饱和砂</td></tr>
</table>

砂井的灌砂量，应按井孔的体积和砂在中密状态时的干密度计算，其实际灌砂量不得小于计算值的 95%。

为了避免砂井缩颈或夹泥现象，可用灌砂的密实度来控制灌砂量。灌砂时可适当灌水，以利密实。

砂井位置的允许偏差为该井的直径，垂直度的允许偏差为 1.5%。

2. 袋装砂井施工

袋装砂井是普通砂井的改良和发展。普通砂井已有 70 余年的使用历史，而袋装砂井在 20 世纪 60 年代末期才开始应用，目前国内外已广泛使用。

袋装砂井是用具有一定伸缩性和抗拉强度很高的聚丙烯或聚乙烯编织袋装满砂子，它基本上解决了大直径砂井中所存在的问题（如涂抹扰动、错位、缩径、夹泥等），使砂井的设计和施工更加科学化，保证了砂井的连续性；设备实现了轻型化；比较适应在软弱地基上施工；用砂量大为减少；施工速度加快、工程造价降低，是一种比较理想的竖向排水体。

（1）施工机具和工效

在国内，袋装砂井成孔的方法有锤击打入法、水冲法、静力压入法、钻孔法和振动贯入法五种，详见表 4-11。

各种带装砂井成孔施工方法所用的机具和工效　　**表 4-11**

成孔方法	机具总重（kg）	主要机械设备	平均成孔时间	平均工效
打入法	1000	1t 卷扬机一台 55kW 电机一台 600kg 锤一个	12′43″	22′54″
水冲法	500	0.5t 卷扬机一台 75TSW-7 水泵一台	10′00″	15′32″
压入法	4000	1t 卷扬机 2 台 3t 卷扬机 2 台	15′	30′
钻孔法	1000	100 型钻机一台	60′	75′
振动贯入法		KM2-12000A 型振动打桩机一套	30″	8′

（2）砂袋材料的选择

砂袋材料必须选用抗拉力强、抗腐蚀和抗紫外线能力强、透水性能好、韧性和柔性好、透气、并且在水中能起滤网作用和不外露砂料的材料制作。国内采用过的砂袋材料有麻布袋和聚丙烯编织袋，其力学性能见表 4-12。

砂袋材料力学性能表 **表 4-12**

材料名称	拉伸试验		弯曲 180 度试验			渗透性（cm/s）
	抗拉强度（MPa）	伸长率（%）	弯心直径（cm）	伸长率（%）	破坏情况	
麻袋布	1.92	5.5	7.5	4	完整	>0.01
聚丙烯编织袋	1.70	25	7.5	23	完整	>0.01

（3）施工要求

灌入砂袋的砂宜用干砂，并应灌制密实。砂袋长度应较砂井孔长度长 50cm，使其放入井孔内后能露出地面，以便埋入排水砂垫层中。即保证袋装砂井砂袋埋入砂垫层中的长度不应小于 500mm。

袋装砂井施工所用套管内径宜略大于砂井直径，以减小施工过程中对地基土的扰动。另外，拔管后带上砂袋的长度不宜超过 500mm。

袋装砂井施工时，平面井距偏差不应大于井径，垂直度偏差不应大于 1.5%，深度不得小于设计要求。

3. 塑料排水带施工

塑料带排水法是将带状塑料排水带用插带机将其插入软土中，然后在地基面上加载预压（或采用真空预压），土中水沿塑料带的通道溢出，从而使地基土得到加固的方法。

塑料带排水法是由纸板排水发展和演变而来的。其特点是单孔过水断面大，排水畅通、质量轻、强度高、耐久性好，耐酸、耐碱，滤膜与土体接触后有滤土能力，是一种较理想的竖向排水体。

（1）塑料排水带类型

塑料排水带由于所用材料不同，断面结构型式各异（图 4-19）。根据结构型式，可归纳为两大类，即多孔质单一结构型和复合结构型。

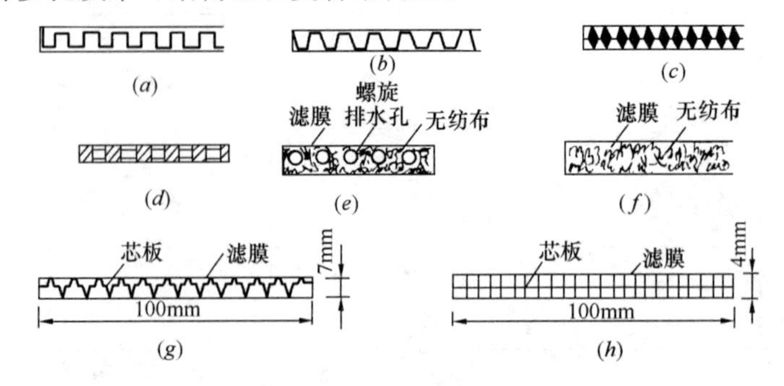

图 4-19 塑料排水带端面结构图

(*a*) Ⅱ槽型料带；(*b*) 梯形槽塑料带；(*c*) △槽塑料带；(*d*) 硬透水膜塑料带；(*e*) 无纺布螺旋孔排水带；(*f*) 无纺布柔性排水带；(*g*) SVD 型塑料带；(*h*) 口琴式排水带

（2）塑料排水带性能

各种塑料排水带性能详见表 4-13。

塑料排水带的基本技术要求　　　　表 4-13

项　目		型号规格				
		SPB-A	SPB-A_0	SPB-B	SPB-B_0	SPB-C
材质	芯带	高密度聚乙烯、聚丙烯等				
	滤膜	材料为涤纶、丙纶等无纺织物；单位面积质量宜大于 85g/m^2				
复合体	抗拉强度（干态），kN/10cm（延伸率为 10%的强度）	>1.0	>1.0	>1.2	>1.2	>1.5
	延伸率（%）	>4				
纵向通水量 q_w，cm^3/s（侧压力为 350kPa）		≥25	≥25	≥30	≥30	≥40
滤膜的拉伸强度，kN/m	干拉强度	1.5	1.5	2.5	2.5	3.0
	湿拉强度	1.0	1.0	2.0	2.0	2.5
芯板压屈强度（kPa）		>250			>350	
滤膜渗透	渗透系数（cm/s）	$k_g \geq 5\times10^{-4}, k_g \geq 10k_s$				
反滤特性	等效孔径 O_{95}（mm）	<0.075				

注：1. k_g——滤膜的渗透系数；k_s—— 地基土的渗透系数；

2. 塑料排水带滤膜干拉强度为延伸率 10%的纵向抗拉强度，湿拉强度为浸泡 24h 后，延伸率 15%的横向抗拉强度。

塑料排水带的性能指标必须符合设计要求。塑料排水带在现场应妥加保护，防止阳光照射、破损或污染，破损或污染的塑料排水带不得在工程中使用。

（3）塑料排水带施工

1）插带机械：塑料排水带的施工质量在很大程度上取决于施工机械的性能，有时会成为制约施工的重要因素。

用于插设塑料带的插带机，种类很多，性能不一。由于大多在软弱地基上施工，因此要求行走装置具有：机械移位迅速，对位准确；整机稳定性好，施工安全；对地基土扰动小，接地压力小等性能。常见的几种打设机性能见表 4-14。

打设机性能表　　　　表 4-14

打设机型号	用　途	行进方式	套管驱动方式	整机质量	整机外形尺寸（长×宽×高）（m）	接地压力（kPa）	打设深度（m）	打设效率（m/台班）
RC-110	打设塑料排水带和带装砂井	履带	链条静压式	13.0t		11.0	10.5	
SM-1500A	打设塑料排水带和带装砂井	浮箱履带	振动式	81.6t		29.0 31.4	20.0	
QDS22	打设塑料排水带和带装砂井	轨道式	振动式	12.0t	8×6.35×26	15.0	22.0	1500

续表

打设机型号	用 途	行进方式	套管驱动方式	整机质量	整机外形尺寸（长×宽×高）（m）	接地压力（kPa）	打设深度（m）	打设效率（m/台班）
IJB-16	打设塑料排水带和带装砂井	步履式	振动式	15.0t	7.6×5.3×15	50.0	10.0	1000
SSD-20	打设塑料排水带和带装砂井	履带	振动式	34.0t	12×12.75×26.6	10.0	20.0	1500
ZM-19门式架	打设塑料排水带和带装砂井	轨道	振动式	18.0t	9×8×23	23.0	20.0	1000
浮箱式	打设塑料排水带和带装砂井	履带浮箱	振动式	32.0t	10×6×22	14.7	21.7	2000

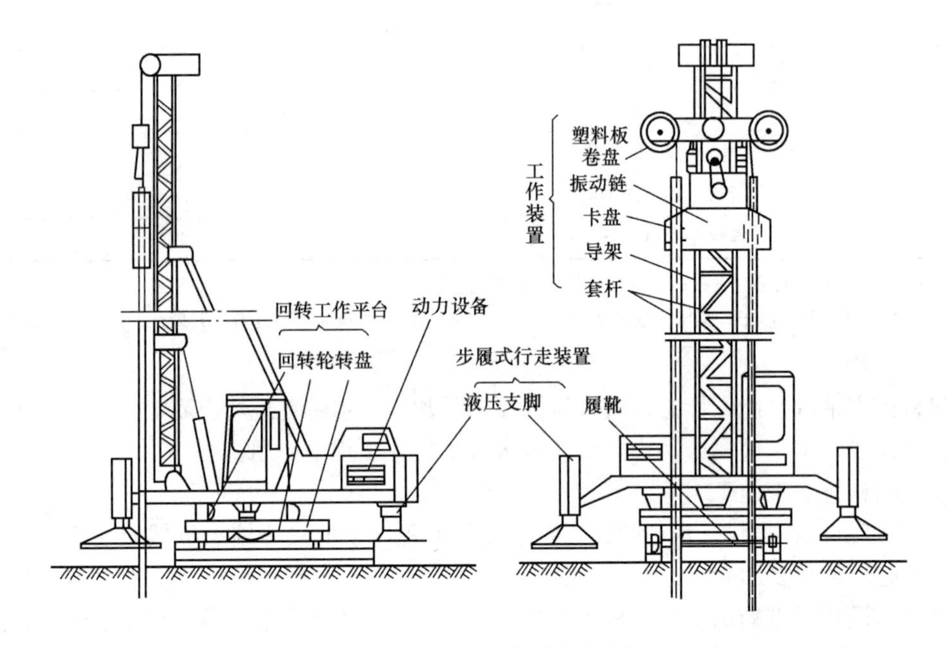

图 4-20　IJB-16 型步履式插板机

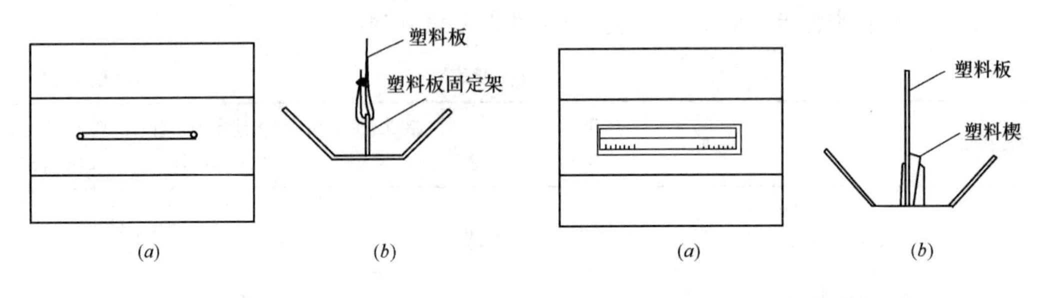

图 4-21　倒梯形桩尖　　　　图 4-22　楔形固定桩尖

2）插带的施工工艺：塑料排水带打设顺序包括：定位；将塑料带通过套管从管靴穿出；将塑料带与桩尖连接固定；桩尖对准桩位；插入塑料带至设计深度；拔管剪断塑料带等。

在施工中应注意以下几点：

①塑料排水带施工时，宜配置能检测其深度的设备；

②塑料带与桩尖连接要牢固，避免提管时脱开，将塑料带拔出；桩尖可采用混凝土圆形桩尖或倒梯形金属（塑料）桩尖；

③塑料带需接长时，为减小带与导管阻力，应采用滤膜内芯带平搭接的连接方法，为保证排水畅通应有足够的搭接强度，搭接长度宜大于200mm；

④塑料排水带施工所用套管应保证插入地基中的带子不扭曲，以防止塑料排水带纵向通水量减小，施工时所用套管应采用菱形断面或出口段扁矩形断面，不应全部都采用圆形断面；

⑤塑料排水带施工时，平面井距偏差不应大于井径，垂直度偏差不应大于1.5%，深度不得小于设计要求；

⑥塑料排水带埋入砂垫层中的长度不应小于500mm。

（三）预压荷载施工

1. 利用建筑物自重加压

利用建筑物本身重量对地基加压是一种经济而有效的方法。此法一般应用于以地基的稳定性为控制条件，能适应较大变形的建筑物，如路堤、土坝、贮矿场、油罐、水池等。特别是对油罐或水池等建筑物，先进行充水加压，一方面可检验罐壁本身有无渗漏现象，同时，还利用分级逐渐充水预压，使地基土强度得以提高，满足稳定性要求。对路堤、土坝等建筑物，由于填土高、荷载大，地基的强度不能满足快速填筑的要求，工程上都采用严格控制加荷速率，逐层填筑的方法以确保地基的稳定性。

目前我国高速公路采用的薄层轮加法填筑技术比一般的堆载预压法省时70%左右。如6m填土高度，每层填土厚300～400mm，每层需施工7天，则4～6个月可完成。

对整片基础的建（构）筑物，如果工期许可，在建造过程中，可以先在未经预压的天然软土地基上直接建造一部分建筑物，但该部分施工的分级荷重不能超过天然地基承载力，在该级荷载作用下，天然软土地基得到加固，土体强度得以提高，然后建造下一部分建筑物，土体强度得以进一步提高，依次进行。随着建筑物的建造，天然地基土的强度不断提高，最终达到设计承载力。

利用建筑物自重预压处理地基，应考虑给建筑物预留沉降高度，保证建筑物预压后，其标高满足设计标高。

在处理油罐等容器地基时，应保证地基沉降的均匀度，保证罐基中心和四周的沉降差异在设计许可范围内，否则应分析原因，在加载预压同时采取措施进行纠偏。

2. 堆载预压

堆载预压的材料一般以散料为主，如石料、砂、砖等。大面积施工时通常采用自卸汽车与推土机联合作业，对超软地基的堆载预压，第一级荷载宜用轻型机械或人工作业。当预压荷载不太大时，也可以采用加水（袋）预压。

施工时应注意以下几点：

（1）堆载面积要足够。堆载的顶面积不小于建筑物底面积。堆载的底面积也应适当扩大，以保证建筑物范围内的地基得到均匀加固。

（2）堆载要求严格控制加荷速率，保证在各级荷载下地基的稳定性，同时要避免部分堆载过高而引起地基的局部破坏。

（3）堆载预压地基设计的平均固结度要求不宜低于90%，且应在现场检测的变形速率明显变缓时方可卸荷。

（4）对超软黏性土地基，荷载的大小、施工工艺更要精心设计，以避免对土的扰动和破坏。

不论利用建筑物荷载加压还是堆载预压，最为危险的是急于求成，不认真进行设计，忽视对加荷速率的控制，施加超过地基允许承载力的荷载。特别对打入式砂井地基，未待因打砂井而使地基减小的强度得到恢复就进行加载，这样就容易导致工程的失败。从沉降角度来分析，地基的沉降不仅仅是固结沉降，由于侧向变形也产生一部分沉降，特别是当荷载大时，如果不注意加荷速率的控制，地基内产生局部塑性区而因侧向变形引起沉降，从而增大总沉降量。

对堆载预压工程，在加载过程中应满足地基强度和稳定控制要求。在加载过程中应进行竖向变形、边桩水平位移及孔隙水压力等项目的监测，且根据监测资料控制加载速率。对竖井地基，最大竖向变形量每天不应超过15mm，对天然地基，最大竖向变形量每天不应超过10mm，边桩水平位移每天不应超过5mm，并且应根据上述观察资料综合分析、判断地基的稳定性及发展趋势，对铺设有土工织物的堆载工程，要注意破坏的突发性。

二、真空预压法

运用真空预压法加固软土地基，要取得良好的效果，实施合理的施工工艺是十分重要的，主要包括排水系统、抽真空系统和密封系统这三方面的施工工艺。另外对材料的选择、设备选用、现场的施工管理和监测等也很重要。

（一）施工流程图

真空预压法基本工艺流程如图4-23所示。真空预压边缘应大于基础边线加3.0m。

（二）排水系统

排水系统包括水平向和垂直向两个系统，前者一般指砂垫层，后者一般指垂直排水通道，即塑料排水带或袋装砂井。

1. 垂直排水系统

对于真空预压法，对垂直排水通道所用材料的总体要求是：要具有一定的拉伸强度，良好的适应地基变形能力，能透水隔土、不淤堵；此外就是要有良好的通水能力，对真空预压来说这一点尤其重要，前面已经叙述了垂直排水通道，它不仅有排水作用，而且是真空度的主要传递通道，真空荷载是通过它来施加的。所以通道内的阻力越小越好，而通水能力大小恰好能反映传递阻力的大小。目前采用较多的垂直排水通道型式有袋装砂井和塑料排水带两种。

垂直排水系统的施工方法参考堆载预压有关内容。

2. 水平排水系统——砂垫层

砂垫层主要起水平排水和传递真空度的双重作用。由于砂垫层上面有密封薄膜铺盖，一般它的厚度不需太厚。据工程经验，场地平整得好，只要有40cm厚就能满足要求；若原地面上已先铺设了一层土工布（针刺无纺型的，规格200g/cm^{2}即可）则砂垫层还可减至30cm厚，而且水平排水效果也会更好。至于如何组合使用，则要通过进行技术经济比较来确定。

砂垫层用砂与袋装砂井用砂要求相同，只是由于砂垫层用砂量大，可以采用中偏粗的洁净砂。在那些砂源十分匮乏的地区，也可用洁净细碎石垫层代替砂垫层，细碎石的最大粒径一般小于5mm，控制在0.5～4mm的范围内为宜，渗透系数能达到10^{-2}cm/s量级为佳。由于碎石棱角锋利，抽真空时易戳破薄膜，所以应在细碎石垫层上加铺一层无纺土工布，以期保护薄膜，同时也能加强水平排水和传递真空度的能力。

砂垫层或细碎石垫层在铺设时，应将其中混有的铅丝、玻璃、其他锋利物等清除干净，对高出砂垫层的塑料排水带应予剪断或埋于砂垫层中。铺设时要厚度均匀，把滤管盖住，使垂直排水通道、滤管通过砂垫层真正联结起来，能形成一个通畅的排水系统和真空压力传递系统。

（三）抽真空系统

抽真空系统包括：主、滤管，主管出膜装置；抽真空设备。

1. 主、滤管及其布置

真空管路设置应符合如下规定：

（1）真空管路的连接应严格密封，在真空管路中应设置止回阀和截门。防止真空泵因故停止工作而使膜内真空度迅速降低，影响预压效果并延长预压时间。

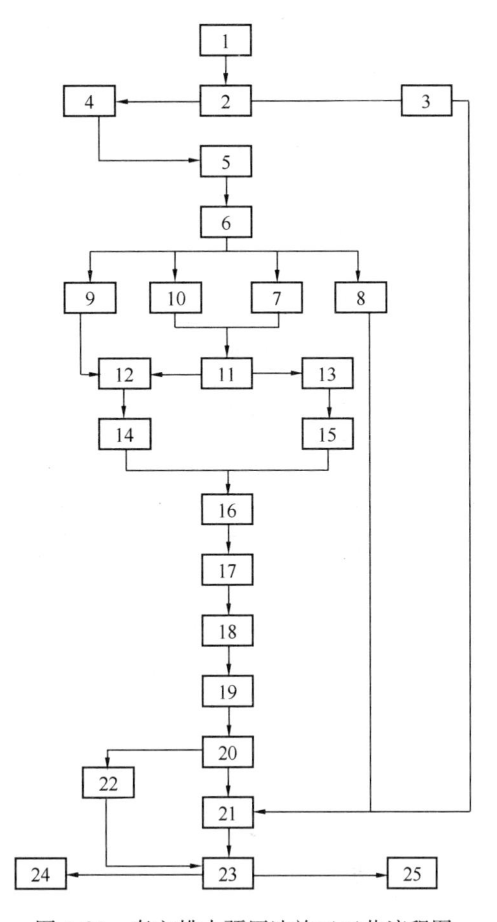

图4-23　真空排水预压法施工工艺流程图

1—平整场地；2—量测地面起始高程；3—埋设施工沉降观测板和土中原型观测仪器；4—铺设砂垫层厚度的一半；5—打设垂直排水通道；6—铺设砂垫层厚度的另一半；7—铺设主管、滤管；8—埋设砂垫层中的真空度测头；9—挖密封沟；10—安置主管出膜装置；11—量测施工沉降量；12—铺密封膜；13—安装抽真空装置；14—回填密封沟；15—联接主管到抽真空装置；16—设置膜上沉降标；17—测沉降初值；18—试抽真空；19—检查膜上及密封沟漏气情况；20—正式抽真空开始；21—施工监测开始；22—围堤复水；23—抽真空结束；24—测地表回弹量；25—进行加固后效果检验

由于各种原因射流真空泵全部停止工作，膜内真空度随之全部卸除，这将直接影响地基预压效果，并延长预压时间，为避免膜内真空度在停泵后很快降低，在真空管路中应设置止回阀和截门。当预计停泵时间超过24h时，则应关闭截门。所用止回阀及截门都应符合密封要求。

（2）埋于砂垫层中的管道分主管和滤管（又叫支管）两种，其作用是传递真空压力和将从土中已排至砂垫层中的水，通过这两种管道输送到膜外抽真空装置的水箱内。

关于主管、滤管的布置方式主要考虑两方面因素：一是最大限度地减少气、水流体在这些管路中的阻力，使气、水流动顺畅；二要考虑加固区的形状和大小。

水平向分布滤水管可采用条状、梳齿状及羽毛状等形式，滤水管布置宜形成回路。滤水管应设在砂垫层中，其上覆盖厚度100～200mm的砂层。滤水管可采用钢管或塑料管，外包尼龙纱或土工织物等滤水材料。常见的主管、滤管布置方式如图4-24所示。

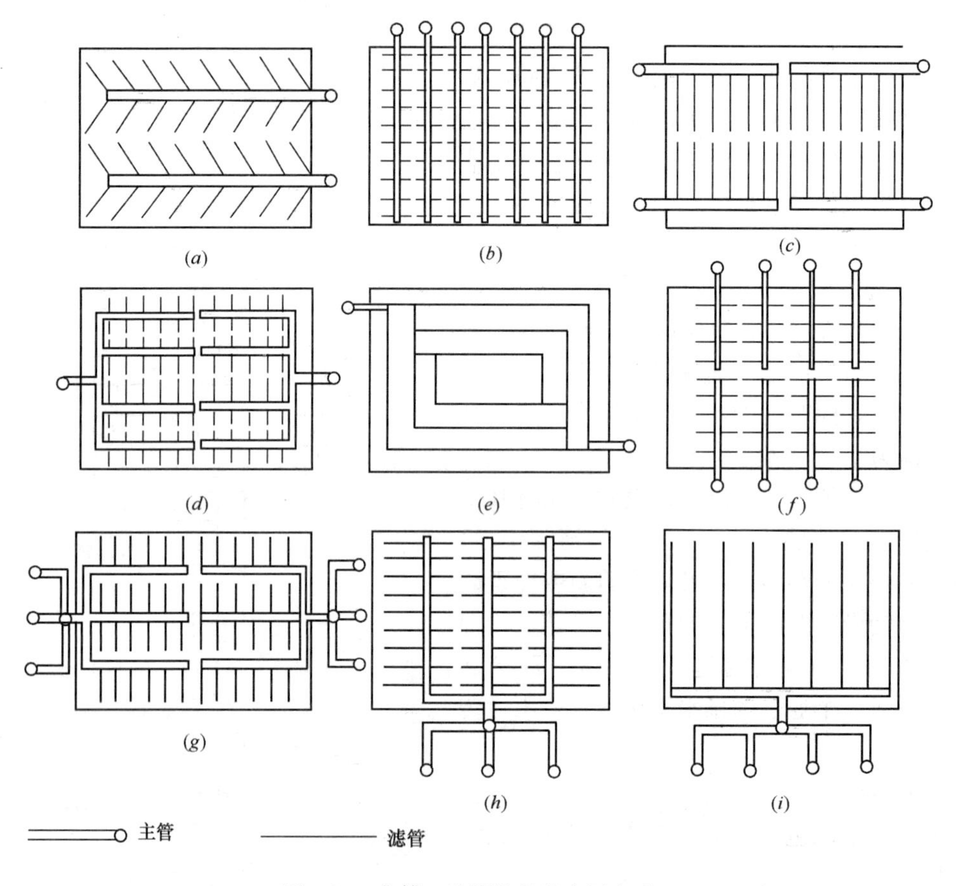

图 4-24　主管，滤管的几种布置方式

2. 主管的出膜装置

所谓“出膜装置”是指膜下的主管与膜外的抽真空装置相联接的一种装置。该装置使整个膜内、膜外抽真空系统形成一个有机整体，使管路系统连续、通畅，同时又不使薄膜漏气。结构如图 4-25 所示。

3. 抽真空装置

抽真空装置一般由离心泵、射流喷嘴、循环水箱组成，如图 4-26 所示。

抽真空装置的工作原理是，先将水箱（12）装满水，开动离心泵（1），水箱中的水通过管（2）、（4）被泵打入喷嘴（10），这时水的压力、流速都很大，在喷射水流的带动下，在喷嘴（10）周围的真空吸管（11）内形成负压区，在橡胶管（9）内的气体随之被射流吸走，形成一定真空，由此逐步延伸到加固区内。

真空预压的抽气设备（离心泵）宜采用射流真空泵，空抽时必须达到 95kPa 以上的真空吸力，真空泵的设置应根据预压面积大小和形状、真空泵效率和工程经验确定，但每块预压区至少应设置两台真空泵。

根据经验，对加固对象是淤泥质土和淤泥来说，要在膜下达到 650mmHg 以上的真空度，且应均匀分布，一台真空泵可抽真空的面积为 800～1000m^2；若要在膜下达到 660～700mmHg 的真空度，那平均每套抽真空装置只能担负 500～600m^2 的面积了；一般情况下可按一套设备可抽空的面积为 1000～1500m^2 确定。

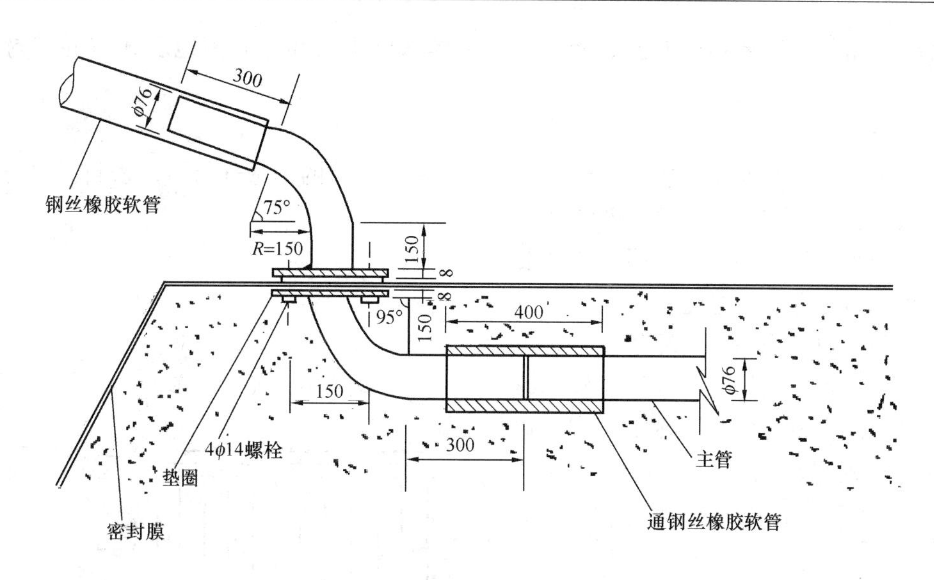

图 4-25　主管的出膜装置

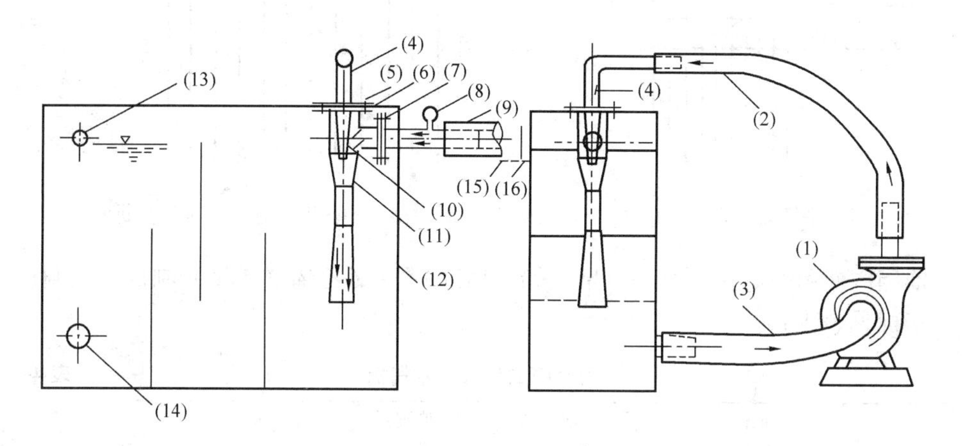

图 4-26　抽真空装置

图中：

编号	名称	规格	备注	编号	名称	规格	备注
(1)	离心泵	3BA-9	7.5kW	(9)	连结橡胶软管	ϕ3.0in（76mm）	钢丝软管
(2)	钢丝软管	ϕ2.5in（64mm）		(10)	射流喷嘴		
(3)	钢丝软管	ϕ3.0in（76mm）		(11)	真空吸管		
(4)	连接软管	ϕ2.5in（64mm）	带法兰盘	(12)	水箱		
(5)	联结螺栓	M16	6 对	(13)	溢流口		
(6)	密封胶圈	厚度 5mm	橡胶	(14)	出水口		与泵连接
(7)	联结螺栓	M16	6 对	(15)	止回阀	ϕ3.0in（76mm）	一个
(8)	真空表	0～－760	mmHg	(16)	截止阀	ϕ3.0in（76mm）	一个

（四）密封系统

密封也是真空预压法成功与否的关键，因此在运用本加固方法时，密封问题应引起高度的注意。密封系统包括密封膜、密封沟、土体深层密封和加固中地表开裂的密封等诸方面。

1. 密封膜

密封膜应采用抗老化性能好、韧性好、抗穿刺性能强的不透气材料。密封膜热合时宜采用双热合缝的平搭接，搭接宽度应大于15mm。

密封膜宜铺设三层，因下层与砂垫层接触易被刺破，上层易老化，仅中间一层较安全。膜周边可采用挖沟埋膜、平铺并用黏土覆盖压边、围捻沟内及膜上覆水等方法进行密封，如图4-27和图4-28所示。就密封效果而言，以膜上全面覆水最好。

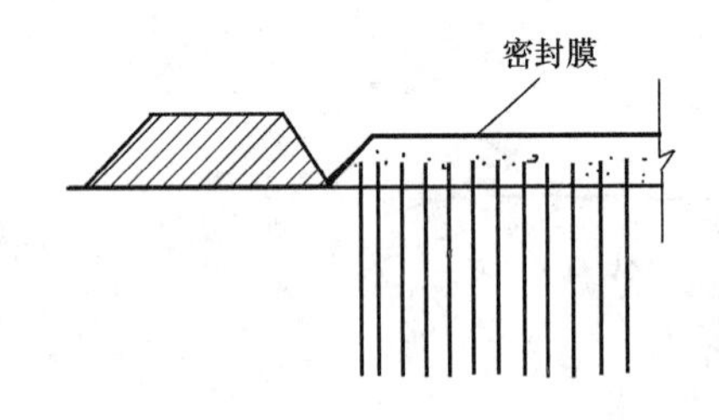

图4-27 平铺膜的密封

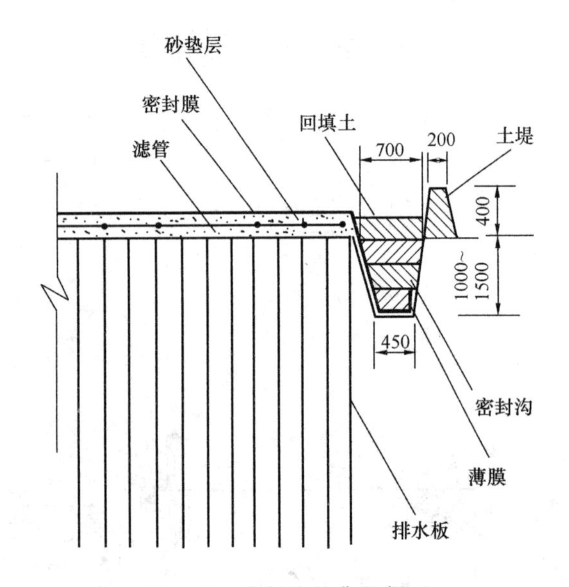

图4-28 密封沟的典型断面

目前国内使用的薄膜大都是由聚乙烯（PE）或聚氯乙烯（PVC）制成。密封膜的参考技术指标见表4-15。

密封膜的参考技术指标 **表4-15**

项目	厚度（mm）	拉伸强度（MPa）		纵、横向断裂伸长率（%）	直角撕裂强度（纵向）（MPa）	低温伸长率（纵、横向）（%）	微孔（个/m²）	门幅（mm）
		纵向	横向					
标准	0.14±0.02	≥18.5	≥16.5	≥220	≥4.0	20～45	≤10	1200±20

2. 密封沟

密封沟是指在加固区四周挖一定深度用于埋设密封膜的沟槽，其典型断面如图4-28所示。沟的深度在1.0～1.5m之间。当被加固土的表层其黏粒含量较高、渗透性较差时，可以取较小值。沟的宽度主要视挖掘方式和铺膜决定，一般最小为600～700mm。

3. 土层深部的密封

当被加固的地基土层渗透性强时或地层表面以下不太深（一般3～5m）的位置，有一层厚度不大（如2～3m）的透水层（如粉细砂）存在，在运用真空预压法进行加固表层或透水层下的软土层时，就应考虑对该透水层进行密封处理。

密封处理目前一般有以下几种方法：

（1）钢板桩法，以钢板切断透水层在水平方向上的联系，有时在钢板桩周围再灌注一些黏土液或膨润土液；

(2) 灌浆法，即在加固区四周按一定间距打设灌浆孔，压力灌注黏土浆或水泥黏土浆，以充填透水层颗粒间的孔隙，形成挡水帷幕，封堵透水层在水平方向上的渗透路径；

(3) 深层搅拌法（黏土密封墙），在加固区四周打一圈黏土搅拌桩或水泥黏土搅拌桩，桩体互相搭接，形成隔水帷幕，把透水层切断，以保证加固区的气密性。搅拌桩直径不宜小于 700mm，双排设置，搭接 200～300mm，其渗透系数应满足设计要求。

4. 加固过程中对地表裂缝的处理

运用真空预压法对软土地基加固时，加固区外的土层向着加固区移动。土体移动会使地表产生一些裂缝。随加固过程的进行，裂缝宽度不断扩大并向下延伸，由加固区边缘向外发展，以致形成多条裂缝。裂缝的形状大致成弧状，如图 4-29 所示。这些裂缝发展到一定深度也会成为漏气的通道，使膜下真空度降低，因此也必须采取措施予以密封。一般的做法是发现有漏气时，将拌制一定稠度的黏土浆倒灌到裂缝中，泥浆会在重力和真空吸力的作用下向裂缝深处钻进，泥浆会慢慢充填于裂缝中，堵住裂缝达到密封的效果。

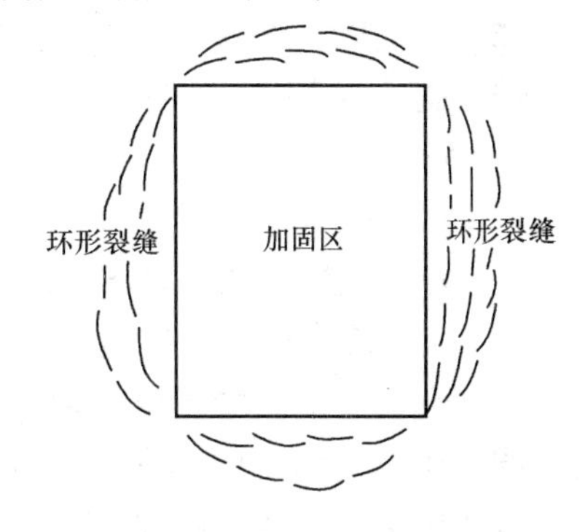

图 4-29 加固过程裂缝分布

(五) 加固过程中管理及施工监测

1. 管理工作

除了做好上述各项工作，在加固的过程中实行科学严格的管理，是保证加固取得良好效果的一个重要环节。主要包括以下几个方面的内容：

(1) 可靠的供电

电力供应的连续不断是保证抽真空装置连续工作的必要条件，因此在现场安装设备前，要弄清电源的供应方式和供应能力。在有条件的地方能考虑双回路供电方式最好；若没有条件时，适当配置一些柴油发电机，以备电网停电时用。

(2) 保证密封效果

随着加固过程的进行，地基将发生连续不断的变形，它包括垂直和水平两个方向上的变形。因此在加固区周围的地方及覆盖于加固区上的薄膜等都会出现这样那样的情况：如地面产生裂缝，膜被拉破或被砂垫层中的异物顶破，或在加固区中的出膜装置附近、在分层沉降管附近、在量测地下水位管附近的膜都有可能被拉破。这些都会引起漏气，导致真空度下降，管理中就是随时注视这些情况的出现，并及时采取相应的措施予以补救，保证加固区的密封效果。

(3) 建立严格的值班制度

现场中自抽真空开始就必须进行连续不断的 24 小时值班，除对上述情况进行检查、注视和处理之外，对现场的原型观测如真空度、沉降、水平位移、孔隙水压力等的变化也得做好详细记录，对工地上发生的一切正常和异常情况也要做好详细记录。

2. 施工监测

(1) 膜下真空度的监测

膜下真空度的量测有助于了解膜下真空压力随时间的变化情况，可以得到真空荷载随时间的变化过程线。因此需要在膜下安装真空度测头，量测膜下真空度。

在一块加固面积上，膜下真空度测头最少放置五个；若面积较大，则一般平均每 600～800m^2 上要放置一个。

抽气开始的头几天，每隔 2h 测读一次，以便能准确地测出真空压力的上升过程和有利于检查密封情况；当真空压力达到设计要求之后，可每 4～6h 测读一次并绘制成膜下真空度的时间过程线。

（2）垂直排水通道与加固土层中真空度的量测

进行这一内容监测的目的有二个，其一是了解真空度沿垂直排水通道中的传递规律，了解真空度在垂直排水通道中的传递损失，从而判断真空荷载在垂直方向上的分布情况、影响深度、判断有效加固深度；其二，了解在加固土层中真空度随时间的发展过程，从而可以判断加固土层的预压效果，判断加固土层的固结程度。

（3）负孔隙水压力的量测

在真空预压加固中，由于加固时不需要分级加荷，土体在加荷过程当中不会出现稳定问题，所以量测土中的孔隙水压力的目的就不是控制加荷速率的问题，而是了解土体中有效应力发展变化的情况与过程。量测到的负超静孔隙水压力就是增加的有效应力。通过检测，可以知道土体中有效应力随时间的变化过程，也可知道土体中强度增长的情况，同时也可利用观测到的资料作沉降计算和反推土层的固结系数，求得土层的固结度。

（4）地表面的沉降观测

表面沉降观测一般分为施工沉降观测和抽气膜面沉降观测。施工沉降主要指打设垂直排水通道、铺设砂垫层、安装滤管等引起的沉降量。

抽气膜面沉降观测是在铺好的薄膜上预先放置一些沉降标来完成的。大约每 500m^2 放置一个，施放位置最好能比较均匀，以便测得的沉降量的平均值能较真实地反映实际情况。另外，在加固区外，也要设置一定的沉降标，监测预压施工对周围环境和建筑物的影响。

抽真空初期一般每天测量一次，等沉降量发展到一定程度，如沉降速率小于 2.0mm/d 及以下时，可 2～3 天测一次；若沉降速率减缓到 1.0mm/d 及以下时，可 3～5 天测一次。

加固结束、停止抽真空时，则要进行膜面回弹观测及膜面整个区域表面沉降变形的量测，绘出等沉线，便于进一步分析，判断加固效果。

（5）土层深部沉降观测

土体深层沉降就是在加固区内（一般位于中央）钻一深孔，在孔内土体的不同深度上埋置一些测量环。在加固过程当中，土体发生压缩沉降，这些钢环也随着一起下降，当我们在不同时间去测量时，就可得到不同深度的土层在加固过程中的沉降过程曲线，也可从中了解到各土层的压缩情况，可以判断加固达到的有效深度及各个深度土层的固结程度，也可为计算沉降的研究及设计提供验证的资料。

（6）土层深部水平位移观测

本项监测主要是量测土体在加固过程当中的侧向（水平）位移情况，一方面是了解土体侧向移动量的大小，判断侧向位移对土体垂直变形的影响；另外也可了解土体侧向移动对邻近建筑物的影响。在堆载预压中，它主要是作为控制加荷速率、保证堆载能安全进行的一种监测手段。而在真空预压加固当中，被加固地基不存在有稳定问题，地基土的侧向变形是朝向加固区的，呈收缩的趋势，这种收缩变形的结果会在加固区周围出现一些环状裂缝。此外，真空预压的加固也会使邻近地区的地下水位有所下降，这也会引起周围地表面的垂直与水平变位，所有这些对加固区邻近的已有建筑物均会产生不利影响，因此监测加固区外土体的侧向位移变化情况就很有必要了。

一般土体水平位移监测位置设在加固区长边的中轴线上，距离加固区边缘大于 5m，一般每侧可设 1～2 个观测孔。

量测土体深部水平位移的仪器，目前用得较多的是国产活动应变式测斜仪和伺服加速度计式测斜仪。

（7）地下水位观测

真空预压加固软黏土地基时，进行地下水位观测有二种情况：其一，是观测孔设在加固区外，主要了解加固当中加固区对周围地下水位的影响；其二，观测孔设在加固区内膜下，以了解加固区内地下水位的变化规律，为分析加固效果和设计计算提供资料与依据。

（8）真空预压的膜下真空度达到要求后的预压时间不宜低于 90d。

三、真空和堆载联合预压

1. 采用真空和堆载联合预压时，先进行抽真空，当真空压力达到设计要求并稳定后，再进行堆载，并继续抽真空。

2. 堆载前需在膜上铺设土工编织布等保护层。保护层可采用编织布或无纺布等，其上铺设 100～300mm 厚的砂垫层。堆载施工应保护真空密封膜，采取必要的保护措施。

堆载时应采用轻型运输工具，并不得损坏密封膜。

3. 在进行上部堆载施工时，应密切观察膜下真空度的变化，发现漏气应及时处理。

4. 堆载加载过程中，应满足地基稳定性控制要求，并应进行竖向变形、边缘水平位移及孔隙水压力等项目的监测，并应满足如下要求：

（1）地基向加固区外的侧移速率不大于 5mm/d；

（2）地基竖向变形速率不大于 10mm/d；

（3）根据上述观察资料综合分析、判断地基的稳定性。

真空和堆载联合预压施工除上述规定外，尚应符合堆载预压和真空预压的有关规定。

第四节 质 量 检 验

一、施工前

施工前应检查施工监测措施，沉降、孔隙水压力等原始数据，排水设施，砂井（包括袋装砂井）、塑料排水带等位置。塑料排水带的质量标准应符合本章表 4-13 的规定。

二、施工中

施工过程质量检验和监测应包括以下内容：

1. 塑料排水带必须在现场随机抽样送往实验室进行性能指标的测试，其性能指标包括纵向通水量、复合体抗拉强度、滤膜抗拉强度、滤膜渗透系数和等效孔径等。

2. 对不同来源的砂井和砂垫层砂料，必须取样进行颗粒分析和渗透性试验。

3. 对于以抗滑稳定控制的重要工程，应在预压区内选择代表性地点预留孔位，在加载不同阶段进行原位十字板剪切试验和取土进行室内土工试验，根据试验结果验算下一级荷载作用下地基的抗滑稳定性，同时也检验地基的处理效果。加固前的地基土检测应在打设排水竖井前进行。

4. 对预压工程，应进行地基竖向变形、侧向位移和孔隙水压力等项目的监测。堆载施工应检查堆载高度、沉降速率。

5. 真空预压工程和真空—堆载联合预压工程除应进行地基变形、孔隙水压力的监测外，尚应检查密封膜的密封性能、进行膜下真空度和地下水位的量测。真空预压区周边有建筑物时，还应进行深层侧向位移和地表边桩位移监测。

6. 在预压期间应及时整理竖向变形与时间，孔隙水压力与时间等关系曲线，并推算地基的最终竖向变形、不同时间固结度以分析地基的处理效果，并为确定卸载时间提供依据。工程上往往利用实测变形与时间关系曲线按以下公式推算最终变形 s_f 及参数 β 值：

$$s_f=\frac{s_3(s_2-s_1)-s_2(s_3-s_2)}{(s_2-s_1)-(s_3-s_2)} \tag{4-64}$$

$$\beta=\frac{1}{t_2-t_1}\cdot\ln\frac{s_2-s_1}{s_3-s_2} \tag{4-65}$$

式中 s_1、s_2、s_3 为加荷停止后时间 t_1、t_2、t_3 相应的竖向变形量，并取 $t_2-t_1=t_3-t_2$。停荷后预压延续时间越长推算的结果越可靠。

有了 β 值即可算出受压土层任一时间的固结度 $\overline{U}_t$ 及受压土层的平均固结系数。

为了解加荷过程中，地基不同深度处固结情况，可以测定加载停歇时间的孔隙水压力与时间 t 的关系曲线并按下式计算参数 β：

$$\beta=\frac{\ln\left(\frac{u_1}{u_2}\right)}{t_2-t_1} \tag{4-66}$$

式中 u_1、u_2 为相应时间 t_1、t_2 某深度处实测孔隙水压力值，β 值反映了孔隙水压力测点附近土体的固结速率，而按式（4-65）计算的 β 值则反映了受压土层的平均固结速率。

7. 有条件时也可以采用应力路径分析法研究预压施工中土体强度、变形及稳定问题，有利于信息化施工和监测。

三、竣工验收

预压法竣工验收检验应符合下列规定：

1. 排水竖井处理深度范围内和竖井底面以下受压上层，经预压所完成的竖向变形和平均固结度应满足设计要求。

2. 应对预压的地基土进行原位十字板剪切试验或静力触探试验和室内土工试验。加固后的检测，应在卸荷后 3～5d 后进行。每个处理分区的试验数量不应少于 6 点。对按稳定控制的加固场地，应增加检测数量。

3. 预压处理后的地基，尚应进行现场载荷试验，试验方法按《建筑地基处理技术规范》JGJ79 进行，每个处理分区试验数量不应少于 3 点。

四、验收标准

预压地基和塑料排水带质量检验标准应符合表 4-16 的规定。

预压地基和塑料排水带质量检验标准[12]　　　**表 4-16**

项	序	检查项目	允许偏差或允许值		检查方法
			单位	数值	
主控项目	1	预压荷载	%	≤2	水准仪
	2	固结度（与设计要求比）	%	≤2	根据设计要求采用不同的方法
	3	承载力或其他性能指标	设计要求		按规定方法
一般项目	1	沉降速率（与控制值比）	%	±10	水准仪
	2	砂井或塑料排水带位置	mm	±100	用钢尺量
	3	砂井或塑料排水带插入深度	mm	±200	插入时用经纬仪检查
	4	插入塑料排水带时的回带长度	mm	≤500	用钢尺量
	5	塑料排水带或砂井高出砂垫层距离	mm	≥200	用钢尺量
	6	插入塑料排水带的回转根数	%	<5	目测，检查记录

注：如真空预压，主控项目中预压荷载的检查为真空度降低值<2%。

第五节　工　程　实　录

一、浙江炼油厂油罐地基——充水预压处理[13]

（一）工程概况

浙江炼油厂位于浙江省东部沿海的镇海县，整个厂区坐落在杭州湾南岸的海涂上，厂区大小油罐共 60 个，其中 1 万 m^3 的油罐 10 个，罐体采用钢制焊接固定拱顶的结构型式。1 万 m^3 油罐直径 D=31.28m，高 14.07m，采用钢筋混凝土环形基础，环基高度取决于油罐沉降大小和使用要求，本设计环基高 h=2.30m，其中填砂。

罐区地基土属第四纪滨海相沉积的软黏土，土质十分软弱，而油罐基底压力 p=191.4kN/，所以油罐地基决定采用砂井并充水预压处理，油罐砂井地基断面如例图 1-1 所示。

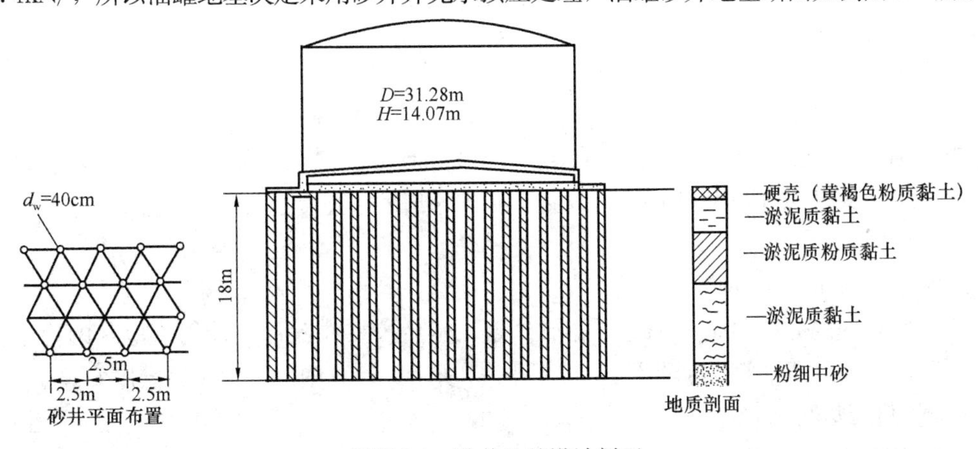

例图 1-1　砂井地基设计剖面

（二）工程地质条件

场地地基土层从上而下分为以下几层：第一层为黄褐色粉质黏土硬壳层，为超固结土，厚度1m左右；第二层为淤泥质黏土，厚度约3.2m；第三层为淤泥质粉质黏土，其中夹有薄层粉砂，平均厚度为4.0m；第四层为淤泥质黏土，其中含有粉砂夹层，下部粉砂夹层逐渐增多而过渡到粉砂层，平均厚度为9.3m；第五层为粉、细、中砂混合层，其中以细砂为主，并混有黏土，平均厚度为8.0m；第五层以下为黏土、粉质黏土及淤泥质黏土层，距地面50m左右为厚砂层，基岩在80m以下。各土层的物理力学性指标见例表1-1。从土工实验资料分析，主要持力层土含水量高（超过液限），压缩性高，抗剪强度低。第三、第四层由于含有薄粉砂夹层，其水平向渗透系数大于竖向渗透系数，这对加速土层的排水固结是有利的。

各土层的主要物理力学性指标 **例表 1-1**

层序	土层名称	含水量（%）	重度（kN/m³）	孔隙比	液限（%）	塑限（%）	塑性指数	液性指数	压缩系数（MPa⁻¹）	固结系数 10^{-8}（cm²/s）		三轴固结快剪		十字板强度（kN/m²）
										竖向 c_v	径向 c_h	c'（kN/m³）	φ'	
1	粉质黏土	31.3	19.1	0.87	34.7	19.3	15.5	0.78	0.36	1.57	1.82			
2	淤泥质黏土	46.7	17.7	1.28	40.4	21.3	19.1	1.33	1.14	1.12	1.91	0	26.1°	17.5
3	淤泥质粉质黏土	39.1	18.1	1.07	33.1	19.0	14.1	1.42	0.66	3.40	4.81	11.4	28.9°	24.8
4	淤泥质黏土	50.2	17.1	1.40	41.4	21.3	20.1	1.43	1.02	0.81	3.15	0	25.7°	11.0
5	细粉中砂	30.1	18.4	0.90					0.23					
6a	粉质黏土	32.3	18.4	0.90	29.0	17.9	11.1	1.29	0.38	3.82	6.28			
6b	淤泥质黏土	41.2	17.6	1.20	41.0	21.3	19.7	1.01	0.61					
7	黏土	44.4	17.3	1.28	46.7	25.3	21.4	0.89	0.45					
8	粉质黏土	32.4	18.3	0.97	33.8	20.7	13.1	0.89	0.28					

（三）设计计算

1. 砂井布置

砂井直径40cm、间距2.5m，等边三角形布置，井径比$n=6.6$. 考虑到地面下17m处有粉、细、中砂层，为便于排水，砂井长度定为18m，砂井的范围一般比构筑物基础稍大为好，本工程基础外设两排砂井，以利于基础外地基土强度的提高和减小侧向变形。砂井布置见例图1-1。

2. 制订充水预压计划

首先用简便的方法确定一个初步加荷计划，然后校核在此加荷计划下地基的稳定性，并进行沉降计算，所估算的加荷计划如例图1-2所示，计算中假定地基固结度$\overline{U}_t=70\%$，

3. 地基固结度的计算

分级等速加荷条件下，地基平均固结度按改进太沙基法计算：

$$\overline{U}_{\mathrm{t}}=\sum_{1}^{n}\overline{U}_{\mathrm{rz}}\left(t-\frac{t_{n}+t_{n-1}}{2}\right)\frac{\Delta p_{n}}{\sum\Delta p} \tag{例 1-1}$$

$\overline{U}_{\mathrm{rz}}$为一次瞬间加荷条件下地基的平均固结度，它是$C_{\mathrm{h}}$、$C_{\mathrm{v}}$、$H$、$n$和时间$t$的函数。在实际计算中可先作出$\overline{U}_{\mathrm{rz}}$-$t$的关系曲线，然后计算分级等速加荷条件下地基的平均固结度，这样做会方便得多。例图 1-3 为计算所得的$\overline{U}_{\mathrm{rz}}$-$t$关系曲线。

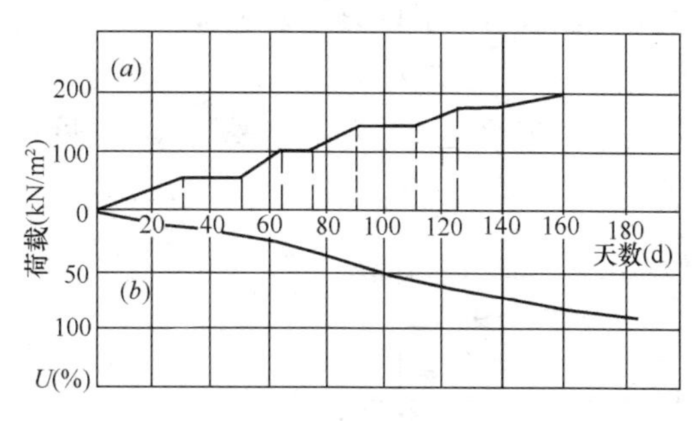

例图 1-2 加荷过程

固结度计算公式中之固结系数，根据例表 1-1 的数值取砂井范围内的加权平均值。$\bar{c}_{\mathrm{v}}=1.1\times10^{-3}\ \mathrm{cm^2/s}$，$\bar{c}_{\mathrm{h}}=3.22\times10^{-3}\mathrm{cm^2/s}$，并径比$n=6.55$，竖向排水距离$H=9.0\mathrm{m}$。有了$\overline{U}_{\mathrm{rz}}$-$t$关系，然后按照例图 1-2 的加荷计划计算任意时间地基的平均固结度。例如充水至 14.07m，时间为 160 天的固结度见例表 1-2。其中第Ⅰ级荷载为砂垫层及罐自重，第Ⅱ至第Ⅴ级为充水荷载。

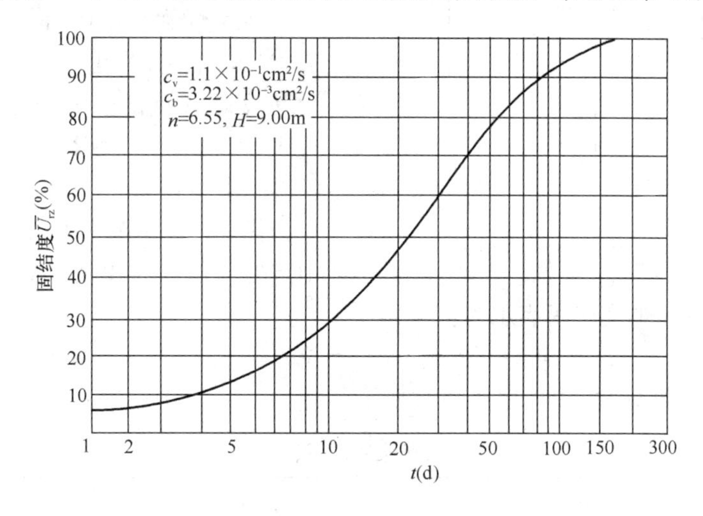

例图 1-3 $\overline{U}_{\mathrm{rz}}$-$t$ 关系曲线

充水 14.07m，160d 之固结度 **例表 1-2**

项 目 \ 加荷分级	Ⅰ	Ⅱ	Ⅲ	Ⅳ	Ⅴ	附 注
各级荷载增量 Δp_{n}（kN/m³）	50.7	50	40	30	20.7	
各级荷载始终时间 $t_{\mathrm{n-1}}-t_{\mathrm{n}}$（d）	0～30	50～64	74～90	110～124	140～160	$t=160$d
$t-\frac{t_{\mathrm{n}}+t_{\mathrm{n-1}}}{2}$（d）	145	103	78	43	10	
各级荷载固结度 $\overline{U}_{\mathrm{rz}}$（%）	98	95	90	70	30	
$\Delta p_{\mathrm{n}}/\sum\Delta p$	0.265	0.261	0.210	0.156	0.104	
修正后的固结度 $\overline{U}_{\mathrm{t}}$（%）	25.9	24.7	18.9	10.9	3.2	$\sum=83.6$

4. 地基强度增长的预估

计算地基强度增长的目的，主要在于验算地基在各级荷载下的稳定性。计算时该地基中某一点的强度为：

$$\tau_{ft} = \eta(\tau_{f0} + \Delta\tau_{fc})$$

式中　τ_{f0}——天然地基抗剪强度（kPa）

本设计采用十字板剪切试验强度。7个孔的十字板试验强度按最小二乘法整理，其表达式为：

$$\tau_{f0} = 9.2 + 2.73z$$

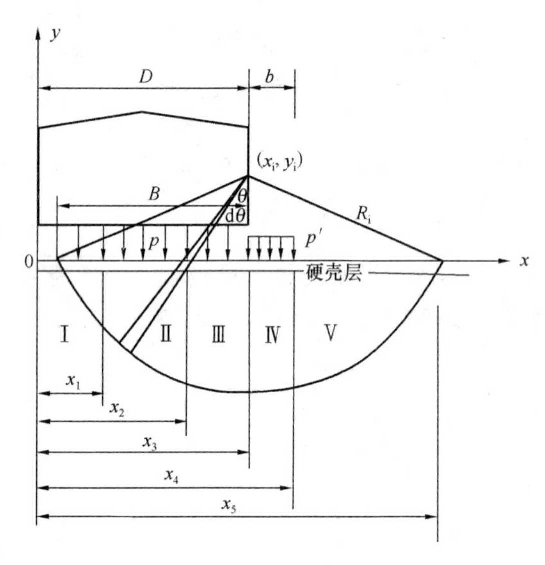

例图 1-4　稳定分析计算简图

式中 z 为距地表的深度，η 为强度折减系数，本工程采用0.9。

由于地基固结而增长的强度 $\Delta\tau_{fc} = \Delta\sigma_z \cdot U_t \cdot \tan\varphi_{cu}$。

由于油罐下地基中各点应力不同，各点的强度增长也不同，在进行稳定分析前，应对油罐地基根据强度变化适当分区，如例图 1-4 所示。

距离油罐中心 $0.4R$（油罐半径 $R=15.64$m）范围为Ⅱ区，并以距罐中心 $0.2R$ 处沿深度的强度变化作为该地区的代表；$0.4R$ 至 $1.0R$ 为Ⅰ、Ⅲ区，该两区以距罐中心 $0.7R$ 处沿深度的强度变化作为代表；反压范围为第Ⅳ区，并以该区中点处的强度为代表；Ⅴ区为天然地基。

任一区 i 强度沿深度的变化可表示为：

$$\tau_{fi} = \tau_{oi} + \lambda_i z \qquad (例 1\text{-}2)$$

各区在不同荷载下推算的强度如例表 1-3 所示。

各区推算的强度　　**例表 1-3**

项目（荷载分级 / 强度分区）		Ⅲ $p=140.7$kN/m²				Ⅳ $p=170.7$kN/m²				Ⅴ $p=191.4$kN/m²			
		Ⅱ	Ⅰ、Ⅲ	Ⅳ	Ⅴ	Ⅱ	Ⅰ、Ⅲ	Ⅳ	Ⅴ	Ⅱ	Ⅰ、Ⅲ	Ⅳ	Ⅴ
表层硬壳层强度 $z<1.3$m	τ_o	57.0	58.6	37.4	39	66.5	66.4	39.2	39	75	75	38.4	39
	λ												
深层强度 $z>1.3$m	τ_o	30.5	29.8	12.1	9.2	42	40.6	14	9.2	51.5	49.6	12.5	9.2
	λ	2	1.82	2.6	2.73	1.65	1.36	2.6	2.73	1.4	1.1	3.0	2.73

注：τ_0 为强度沿深度增长线在地面的截距，单位为 kN/m²；λ 为强度沿深度增长线的斜率，单位为 kN/m²。

5. 稳定分析

稳定分析的目的在于校核所拟订的加荷计划下地基的稳定性，如果验算的结果不符合要求，则应另行拟订加荷计划，甚至改变地基处理方案。

根据以上油罐地基强度分区，按下式计算稳定安全系数 K'（参照例图 1-4）。

$$K' = \frac{M_{抗}}{M_{滑}} \qquad (例 1\text{-}3)$$

（1）抗滑力矩计算

硬壳层抗滑力矩 $M_{抗}$：

$$M_{抗} = R_j^2(\tau_0 + \tau'_0)\theta_0$$

式中　τ_0——罐内硬壳层土平均抗剪强度（kPa）；

τ'——罐外硬壳层土平均抗剪强度（kPa）；

θ_0——滑弧所切割硬壳层部分所对应的圆心角（°）。

硬壳层以下软土层的抗滑力矩；

各分区地基土抗剪强度沿深度的变化如式例 1-2 所示，以Ⅱ区抗滑力矩为例。该区地基土抗剪强度随深度的变化为：

$$\tau_{f2} = \tau_{02} + \lambda_2 z$$

$$z = R_j\cos\theta - y_i$$

令

$$\theta'_2 = \sin^{-1}\frac{D - x_2}{R_j}$$

$$\theta'_1 = \sin^{-1}\frac{D - x_1}{R_j}$$

故其抗滑力矩为：

$$M_{0抗} = \int_{\theta'_2}^{\theta'_1} \tau_f \cdot R_j \cdot R_j d\theta$$

$$= R_j^2 \int_{\theta'_2}^{\theta'_1} [\tau_{02} + \lambda_2(R_j\cos\theta - y_i)]d\theta$$

$$= R_j^2\left[(\tau_{02} + \lambda_2 y_i)\left(\arcsin\frac{D - x_1}{R_j} - \arcsin\frac{D - x_2}{R_j}\right) + \lambda_2(x_2 - x_1)\right]$$

同理可计算出其他地区的抗滑力矩。

反压荷载所引起的抗滑力矩为：

$$M'_{抗} = \frac{1}{2}p'b^2$$

式中　p'——反压荷载压力（kPa）；

b——荷载宽度（m）。

（2）滑动力矩计算

由于油罐荷载产生的滑动力矩为：

$$M_{滑} = \frac{1}{2}pB^2$$

式中　p——油罐荷载（kPa）；

B——滑弧切割罐底的宽度（m）。

最后可按式例 1-3 计算出稳定安全系数，然后选取不同圆心、不同半径的滑弧重复计算，即可求出最小稳定安全系数。

根据上述原理，分别验算了油罐地基的整体稳定（滑弧切过油罐边缘，即 $B=D$）和局部稳定（滑弧切过罐底），局部稳定分别验算了滑弧切过 $B=0.2D$、$0.4D$、$0.6D$ 处。第三、第四和第五级荷载下地基稳定性的验算结果见例表 1-4。

稳定性安全系数 **例表 1-4**

荷载分级	安全系数 / 局部破坏 / 荷载	K'				说　明
		D	$0.6D$	$0.4D$	$0.2D$	
Ⅲ	140.7kN/m²	2.08 2.36	1.65 1.66	1.45 1.45	1.42 1.38	上为滑弧分析法所求得的 K' 下为按 Skempton 极限承载力公式计算的 K'
Ⅳ	170.7kN/m²	1.86 2.08	1.41 1.48	1.34 1.35	1.42 1.27	
Ⅴ	191.4kN/m²	1.71 1.93	1.50 1.57	1.30 1.31	1.33 1.26	

从表中结果来看，各级荷载下地基的稳定性满足设计要求，说明以上的加荷计划基本上是合理的。

需说明的一点是，以上滑弧稳定计算公式是根据平面问题导得的，面对油罐地基来说，它的破坏属于空间问题，因此，按以上方法计算所得的安全系数应乘上底面形状因数 $\left(1+0.2\dfrac{B}{l}\right)$，才得到真正的抗滑稳定安全系数 K_h，即

$$K_h=\left(1+0.2\frac{B}{l}\right)K'$$

对于整个底宽破坏时，$\dfrac{B}{l}=1$。对于局部底宽破坏，此时地面为一弓形，l 取弓形的弦长。

对饱和软黏土地基上的油罐基础的承载力，还可采用 Skempton 极限承载力半经验公式计算。

6. 沉降计算

沉降计算的内容包括：(1) 油罐中心和边缘的最终沉降。以便确定基础的预抬高和控制不均匀沉降；(2) 计算加荷过程中的沉降量，以便估计砂井地基预压效果，并推算加荷结束后可能继续发生的沉降量，以确定所需的预压时间。

最终沉降采用下式计算

$$s_\infty=s_d+s_c=\psi_s s_c \tag{例 1-4}$$

$$s_c=\sum_1^n\frac{e_{0i}-e_{1i}}{1+e_{0i}}\Delta h_i$$

所计算的油罐中心点、罐边缘两对称点（分别为边$_{38}$、边$_{43}$，数字 38、43 表示钻孔号）以及中心和罐边缘之间两对称点（距中心点 $0.5R$ 处）的沉降，如例表 1-5 所示。

罐中心和罐边缘沉降 **例表 1-5**

计算项目 位置	距罐中心距离	s_c (cm)	ψ_s	s_∞ (cm)	中～边沉降差 (cm)	边～边沉降差 (cm)
中心	0	135.9	1.4	190.26		
边$_{38}$	R	79.57	1.4	111.40	78.86	3.18
边$_{43}$	R	77.30	1.4	108.22	82.04	
中～边间 1～38	0.5R	130.8	1.4	183.12		10.36
中～边间 1～43	0.5R	123.4	1.4	172.76		

根据上述固结度的计算结果，可按下式推算加荷过程中的不同时间的沉降 S_t：

$$s_t = \left[(\psi_s - 1)\frac{p_t}{\sum \Delta p} + \overline{U_t}\right] s_c$$

推算结果如例图 1-5 所示。

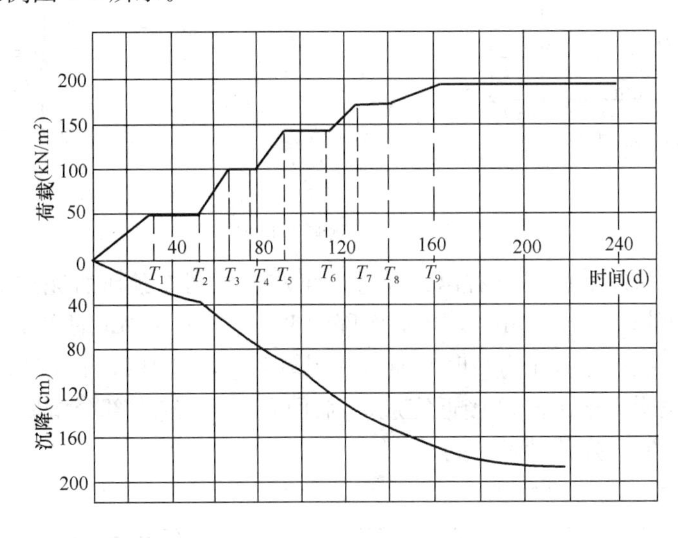

例图 1-5 推算的沉降过程线

(四) 砂井施工

本工程采用高压水冲法施工，即在普通钻机钻杆上接上喷水头，外面罩上一定直径的切土环刀，由高压水和切土环刀切土，把泥浆泛出地面从排水沟排出，当孔内水含泥量较少时，倒入砂子形成砂井。该法机具简单、成本低、对土的结构扰动小，缺点是砂井的含泥量较其他施工方法为大。场地上泥浆多，在铺砂垫层前必须进行清理。

(五) 质量检验

为检验质量和了解效果，本工程进行了下述项目的检测：(1) 沉降观测：包括油罐周边、罐底板和罐外地面的沉降；(2) 孔隙水压力的观测：包括浅层和深层；(3) 压力和应力观测：包括油罐基底压力、环梁侧壁土压力、环梁中钢筋应力。观测点的布置见例图 1-6 所示。

(六) 技术经济效果

1. 沉降观测结果与分析

预压期间沉降与时间关系曲线如例图 1-7 所示。曲线 a、b、c 分别为罐周最大、最小

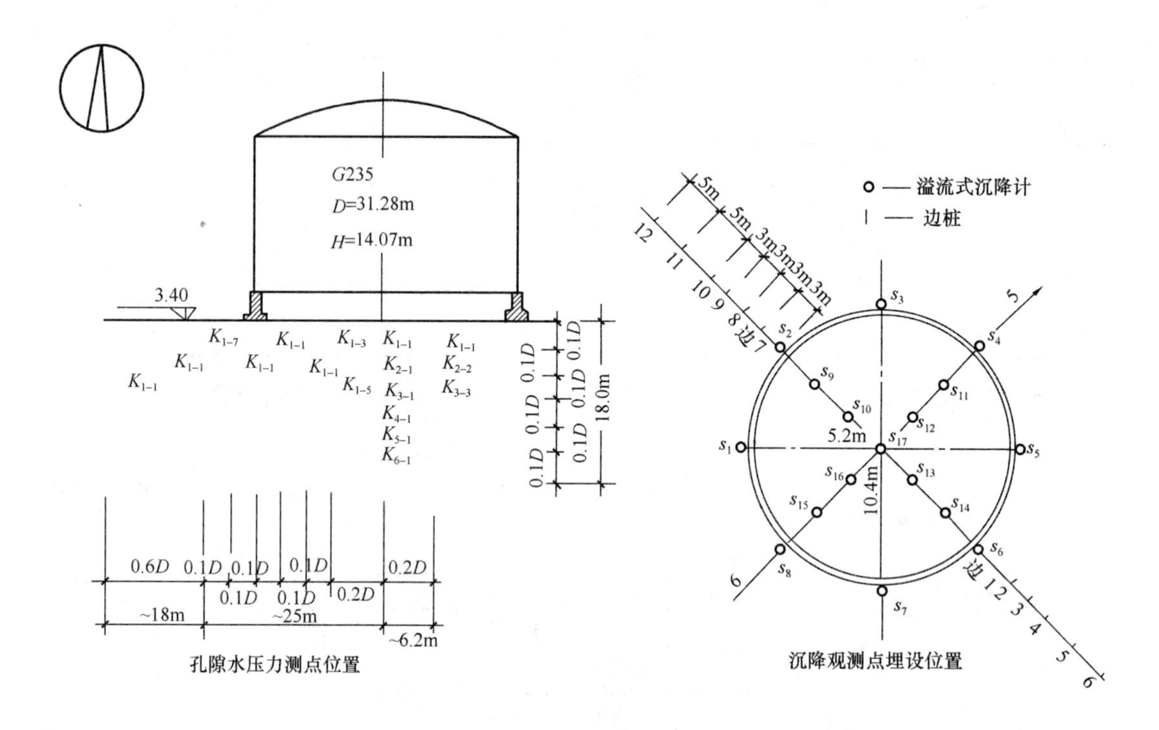

例图 1-6　观测测点布置图

及平均沉降曲线。从以上曲线可看出，经过半年左右时间的预压所完成的沉降量是可观的，罐边缘平均沉降约为 1.70m，罐中心沉降约 1.80m。且从沉降曲线看，在放水前，曲线已趋于平缓，对照孔隙水压力与时间曲线（例图 1-8），自 1977 年 6 月 30 日以后孔隙水压力已很小，这说明固结沉降已接近完成，因而可认为，绝大部分沉降在预压期间已完成，油罐试用期间的沉降预计是小的。

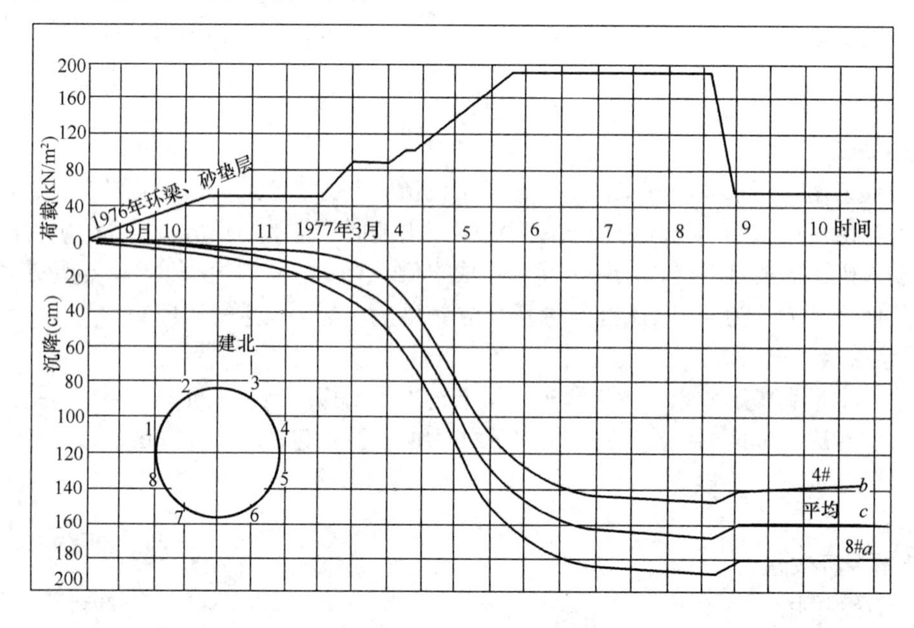

例图 1-7　沉降-时间曲线

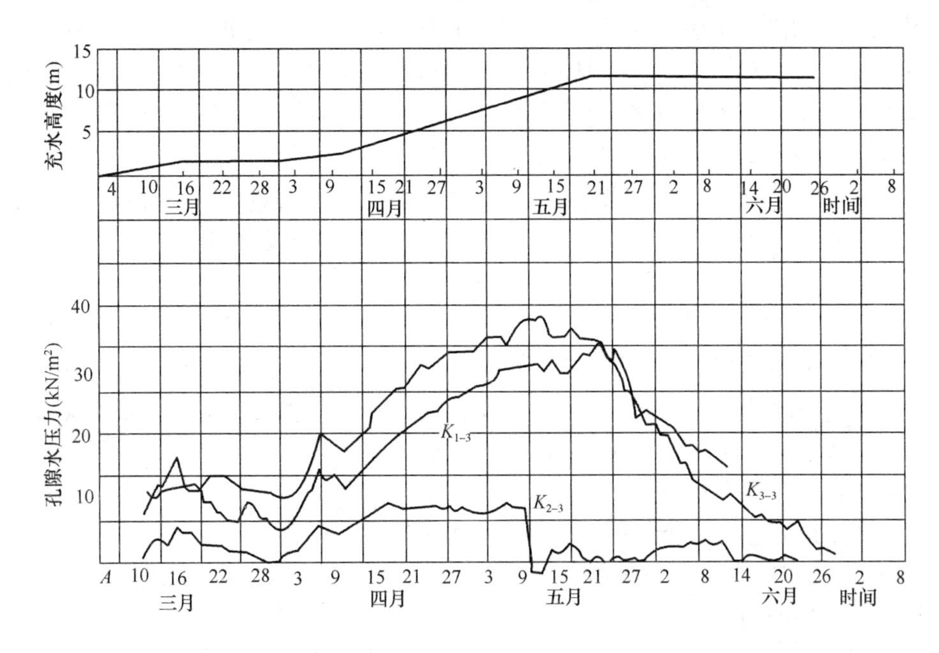

例图 1-8 孔隙水压力-时间曲线

2. 孔隙水压力观测结果与分析

孔隙水压力与时间关系曲线如例图 1-8 所示。从图可看出：(1) 孔隙水压力随荷载的增加而逐渐上升，停荷后即迅速消散，这说明砂井的效果是显著的；(2) 土层的渗透性对孔隙水压力的增长和消散有显著的影响。如埋置于淤泥质黏土层中的第一排与第三排测头，孔隙水压力随荷载的增长和停荷后的消散，变化幅度较大，而埋置于淤泥质粉质黏土层的测头，由于该层含有薄粉砂夹层，孔隙水压力的变化幅度不大，说明该土层孔隙水压力消散很快，由此可见夹有粉砂薄层的土层对砂井的固结效果起着重要的作用。

3. 从实测资料反算固结系数

根据沉降与时间、孔隙水压力与时间关系曲线反算的固结系数值，列于例表 1-6，为便于比较，室内试验的结果也列于表中。从表中可看出，由实测资料反算的固结系数约为室内试验的 1.5～2 倍。

根据实测资料反算所得的固结系数 **例表 1-6**

计算方法 / 固结系数 C_h	应用沉降曲线反算结果 (cm^2/s)	应用孔隙水压力反算结果 (cm^2/s)	实验室试验结果 (cm^2/s)
第一级停荷段	4.61×10^{-3}	6.3×10^{-3}	3.24×10^{-3}
第三级停荷段	4.86×10^{-3}	$5.1\sim6.5\times10^{-3}$	3.24×10^{-3}

综观现场观测结果，说明固结效果是显著的，因此，该工程采用砂井充水预压是成功的。

二、天津新港四港池后方软土地基真空预压加固[3]

虽然本实例并不宏大，然而它却是我国第一个将真空排水预压加固技术用于工程的实例，取得重大进展，是一次历史性的突破。它的成功，使我国该项加固技术达到了国际先水平，从此该项加固技术便进入了大面积的实用阶段。该项目是由天津一航局科研所的科研人员在 1982 年完成的。当时在现场进行了 11m×24m 的探索试验和 1250m^2 及 1550m^2 的中间试验。试验场地的地质情况如下：

第一层，为表层 2m 厚的人工吹填土，含砂粒较多，为粉土；

第二层，16m 左右厚的淤泥质黏土层，属软塑～可塑状态，中间夹有粉质黏土层；

第三层，厚度 3m 左右的粉质黏土层，可塑状态，夹有粉砂薄层：

第四层，厚度 2m 左右的粉土层，密实。

试验场地上打设了直径为 7cm、长度 10m、间距为 1.3m 的袋装砂井，与铺设厚为 30cm 的砂垫层相接。滤管也铺在砂垫层中，由主管与其连接，并透过覆盖于砂垫层上的薄膜伸出膜外，与抽真空装置相连。所用薄膜为 PVC 材质制成，铺设时将薄膜周边放入开挖深度达 0.8～0.9m 的沟槽中，之后用黏土进行回填密封。

抽气 10 天后，膜下真空度即可稳定在 81.6kPa（即 600mmHg 柱），最高可达 9lkPa（即 670mmHg 柱），整个膜下加固范围内真空度分布均匀，都在 600mmHg 柱以上。连续抽气 60 天后，加固区内发生的平均沉降为 57cm；相应的固结度为 70%左右，停抽后地面回弹很小，平均值为 2cm。

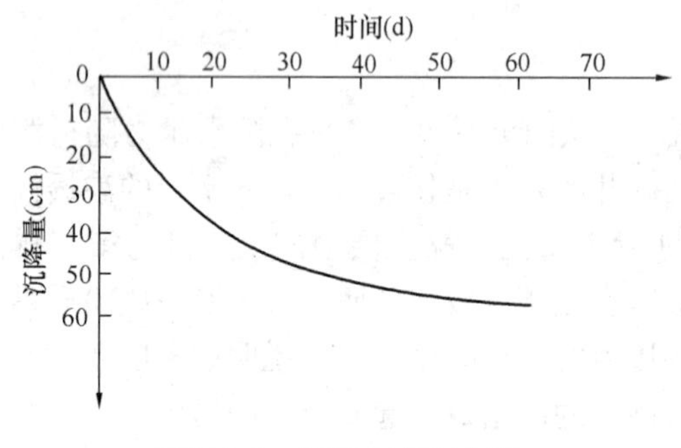

例图 2-1　沉降-时间过程线

现场的原型观测结果表明：

1. 抽真空的前 40 天，地表沉降发生迅速，日均达 8.4mm，至 40～60 天这段时间沉降发生缓慢，见例图 2-1，曲线平缓，日均仅为 1.5mm。

2. 深层沉降观测表明，沉降大部分发生在打设袋装砂井的地层上部，地表 10m 以下的沉降值仅占总沉降量的 25%。

3. 地层的水平变形是向着加固区的，与堆载预压时正好相反。

4. 抽气后，加固区外地下水位下降 1m 以上，薄膜外水向加固区流动，形成以加固区为中心的降水漏斗，影响范围达 18m。

加固后进行了加固效果的检测，做过十字板强度的测定和载荷试验。十字板强度的检测结果表明，强度的增长是明显的，增幅在 8～13.8kPa 之间，增率达到 31%～91%；上部的增幅大，见例表 2-1。这与上部土体固结沉降量大是一致的，0.5m^2 和 4.0m^2 两种规格的载荷试验结果表明，经真空排水预压加固后，承载力提高了 2 倍，而且大大高于堆载预压后的值，见例表 2-2。

加固前后十字板强度值　　　　**例表 2-1**

深度（m）	加固前平均值（kPa）	加固后平均值（kPa）	强度增量（kPa）	强度增率（100%）
2.0～3.5	11.3	21.5	10.2	91
6.0～10.5	23.4	37.2	13.8	59
11.0～15.0	25.6	33.6	8.0	31

加固前后承载力对比　　例表 2-2

项　目	0.5m² 荷载板					4.0m² 荷载板		
	加固前		加固后			加固前	加固后	
			真空预压		堆载预压		真空预压	堆载预压
承载力（kPa）	$P_{0.02}$	$P_{cu/2}$	$P_{0.02}$	$P_{cu/2}$	$P_{0.02}$	$P_{cu/2}$	$P_{cu/2}$	$P_{cu/2}$
	74	63	221	227	104	33.4	119.7	77

本次现场试验得到以下几点有益的结论，为该法的推广应用奠定了良好的基础。

1. 加固效果显著，可产生相当于 80kPa 的堆载压力，可替代同样荷载要求的堆载预压，能满足生产上的需要；

2. 真空预压时，真空度可一次抽到最大值，节省了加固时间，荷载无须分级施加，缩短了固结时间，达到相同固结度时所需的时间大约为堆载预压的 1/3～2/3（天津新港地区）；

3. 该法工艺简单，操作方便，可一套设备加固几块较小的地基，也可几套设备加固一块较大的地基；

4. 施工单价大大低于堆载预压法，尤其在缺乏堆载材料的地区，耗能为堆载排水预压法的 62%；

5. 该法能施加的荷载小于 100kPa，对饱和软黏土的仓库、堆场加固最为合适。

（叶伯荣等，袋装砂井——真空预压法加固软土地基，港口工程 1983（1））

三、福州某办公楼工程软土地基真空预压加固[3]

本工程为一幢五层混合结构加构造柱的办公楼，占地面积 400m²。拟建地原为一旧池塘，地表以下 1.7m 为密实度很差的黏土；其下为厚度 17m 呈流塑—软塑状态的高压缩性淤泥土层（含水量达 65%～85%），再往下是可塑—硬塑状态的黏土。淤泥土层的物理力学指标沿深度的变化见例图 3-1。

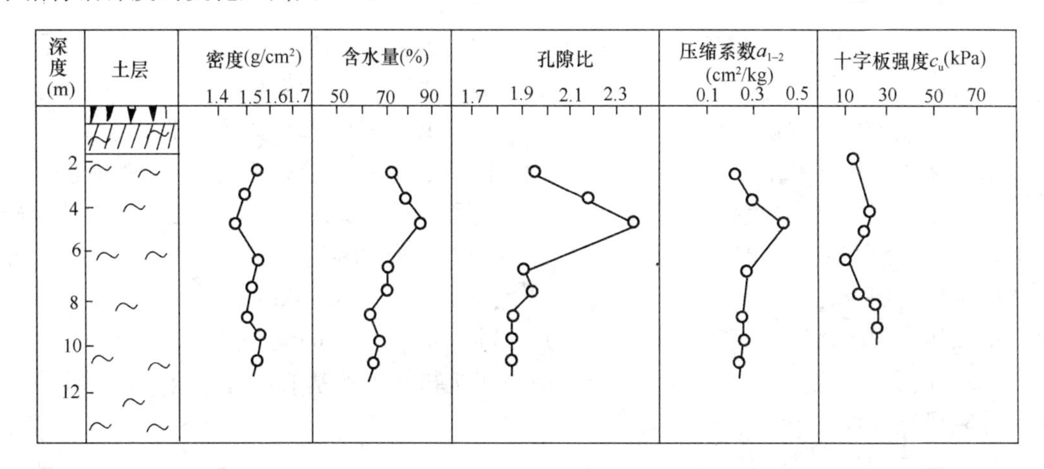

例图 3-1　淤泥土物理力学指标沿深度的变化

建筑物的荷载大约为 90kPa，根据场地土层分布和其力学性质来看，若不对上部土层进行浅层加固，则不宜采用浅基础方案，只能采用桩基础方案（因为邻近该办公楼东侧的一幢五层住宅因未处理浅层土层已产生整体倾斜，沉降达20cm之多）。

方案比较之后，决定采用真空排水预压法对浅层土进行加固，加固范围为18m×36m，垂直排水通道采用袋装砂井，长10m，直径10cm，间距1.2m，呈梅花形布置。

该工程在加固过程中设立了膜下真空度、地表沉降、深层沉降和加固边缘土体水平位移等观测项目，取得了宝贵的资料。

1. 膜下真空度的观测结果指出，加固区的密封效果与抽真空装置的工作性状都是很好的。抽气6h，加固区中心点的真空度就上升到570mmHg柱，16h达到600mmHg，到达48h以后就稳定在660mmHg柱，相当预压荷载为88kPa，这说明“荷载”短时间内就施加完成，可以看成瞬间加载。

2. 经过55天的预压，地面最大沉降发生在中心点，达60cm，地面平均沉降为46cm，卸荷后平均回弹为3.2cm，中心点为4.2cm，地面变形呈中间大、四周小的锅底状，推算土层的固结度为82%。

3. 加固后对加固场地进行了检测。对土的力学性检测的结果表明，土体强度和压缩性都有了较大的改善，见例表3-1，允许承载力提高33%～100%不等，而压缩模量提高100%～140%，一般随深度加大，增长率变小，在0～6m范围内变化比较显著。

加固前后地基承载力与压缩性的变化 **例表3-1**

深度（m）	承载力			压缩模量 E_{s1-2}		
	预压前（kPa）	预压后（kPa）	增长率（%）	预压前（kPa）	预压后（kPa）	增长率（%）
0～1.5	80	160	100	2.5	6.0	140
1.5～3.0	55	100	82	1.0	2.5	150
3.0～4.0	55	90	64	1.0	2.3	130
4.0～5.0	55	85	54.5	1.0	2.2	120
5.0～10.0	60	80	33	1.1	2.2	100
说明	深度一栏为预压后的土层深度					

4. 近一年的时间办公楼建成，施工期间的平均沉降量为17.5cm，到一年半后累计沉降量为36cm，之后趋于稳定。沉降观测结果表明，建筑物的沉降十分均匀，沉降差小于2cm。而距办公楼的西侧9m远的一幢六层住宅楼，未经真空排水预压处理，仅用块石加砂垫层作碾压处理，再作片筏基础，与办公楼同时开工，在一层完工之后才开始观测，到建成一年半后，累计沉降量已大于50cm，不均匀沉降大于10cm，外墙及楼层地面的瓷砖已开始大量剥落和隆起，严重影响建筑物的正常使用。这两幢建筑物的高度基本一样，办公楼的基底附加压力为90kPa，而六层住宅楼的附加压力仅为45kPa左右。这充分显示出经真空预压加固后地基具有良好的承载能力和抵抗不均匀变形的能力。

（戴一鸣等，袋装砂井——真空预压法加固建筑物软土地基的可行性研究，福建省建筑设计院研究报告，1987）

四、真空排水预压法加固水下软土地基[3]

运用真空排水预压法加固水下软基是真空排水预压法加固软土技术在陆上应用的一个扩展。由于加固是在水下进行的，工艺上有其特殊性，与陆上相比有它的难度。这里介绍天津一航科研所杨国强等人的实践。

加固地点在天津新港高桩码头区，试验地点属潮间带，大部分时间处于水下，水深达2.5m，加固面积为30m×20m，位于高桩码头接岸结构的漫滩上。加固地点的土层分为：

第一层，标高+1.5～-3.0m，为淤泥夹较多粉砂薄层，-2.0m为自1984年以来沉积形成，土质极软，强度很低，但渗透性尚好；

第二层，-3.0～-6.0m，为淤泥质黏土层，夹粉砂薄层，土质强度低；

第三层，-6.0～-10.0m，为淤泥，土质结构非常均匀，黏粒含量高达70%以上，土质软、强度低、渗透性差；

第四层，-10.0～-14.0m，为淤泥质黏土层，夹极少量粉砂斑，下部夹少量碎贝壳。

各层土物理力学指标见例表4-1。

土层的物理力学性质 **例表4-1**

土层	物理性指标					力学性指标					
	ω (%)	ρ (g/cm)^3	e	I_p	I_L	Φ_{cu} (°)	C_{cu} (kPa)	q_u (kPa)	C_u (kPa)	a_{v1-2} (MPa^{-1})	C_v (cm^2/s) $\times10^{-4}$
第一层	58.6	1.64	1.70	22.8	1.56	15.0	12.6	15.8	8.73	0.71	15
第二层	49.0	1.74	1.42	22.0	1.41	17.0	13.0	19.6	14.90	0.79	15
第三层	57.4	1.66	1.60	27.7	1.27	15.0	11.0	32.7	20.18	1.40	5.3
第四层	46.2	1.76	1.27	22.2	1.15	14.0	15.1	37.8	26.93	1.10	10

加固地点打设直径8.5cm的袋装砂井，间距距1.3m，深度为15.5m。现场抽真空工艺布置，见例图4-1。

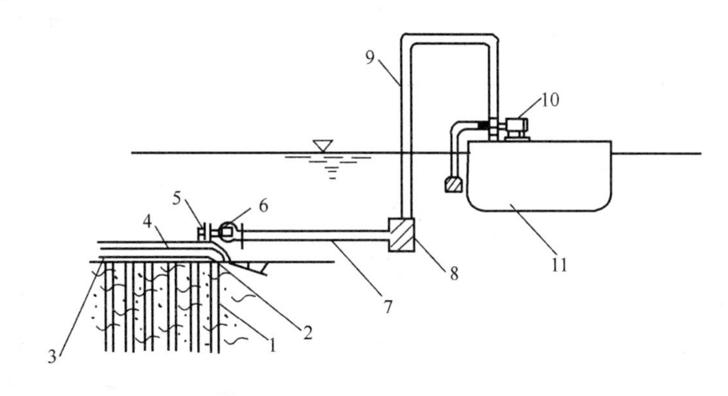

例图4-1 水下真空排水预压法工艺

1—袋装砂井；2—砂垫层；3—滤管；4—密封膜；5—超低出膜口；6—止回阀；7—真空抽气管；8—水下射流泵；9—水下射流供水管；10—离心泵；11—船（方驳）

从图中可以看出，在水下真空排水预压的实施过程中，要解决好以下几个问题：

1. 水下垂直排水通道的打设方法、与剪板技术（日前浙江围海公司在玉环海堤地基加固中解决得较好，水深达20m）；

2. 水平排水层材料与铺设方法，难在定位准确、厚度均匀；

3. 水下密封膜的铺设与密封技术，铺设中要克服潮流的影响，面积若再大、膜的粘接与铺设将会更困难；

4. 抽真空装置的水下应用，与陆上相比，一要将离心泵装在船上，工作起来不受水位变化的影响；二是将离心泵与射流装置分开设立、射流装置的位置应尽可能低，以减少真空度的损失，这当中止回阀的设立可能是必不可少的。

加固过程中，泵上真空压力保持在 95.2kPa（700mmHg 柱），膜下真空度保持在 73.4～82.7kPa（550mmHg～620mHg 柱），预压荷载长期稳定在 80kPa。

经过 94 天的预压加固，最大沉降量达到 90cm，64 天时加固区内 13 点的平均沉降量也达到 728.6mm。94 天的预压加固使地基土的强度也得到较大的增长，十字板检测的结果见例表 4-2 所示。可以看到尤其是表层 5m 范围内强度有了大幅度提高，这对提高码头岸坡及其后方的稳定性是大有益处的。稳定分析验算的结果也证明了这一点，方案实施后使岸坡的边坡由原先的 1∶3 增大到 1∶2.5，承台宽度达到 42m，其最小整体稳定安全系数也超过 1.2，满足整体稳定要求。与板桩法和 MDM 法相比，分别节省 592 万元和 1514 万元的资金，经济效益是相当显著的。

加固前后地基强度的增长表 **例表 4-2**

土层名称	加固前（kPa）	加固后（kPa）	增长率（%）
淤泥+1.5～-3.0	8.37	38.00	335
淤泥质黏土-3.0～-6.0	14.9	40.10	169
淤泥-6.0～-10.0	20.18	30.30	50
淤泥质黏土-10.0～-14.0	26.93	41.70	55

强度实测值与计算值的比较 **例表 4-3**

主层名称	自重应力（kPa）	附加应力（kPa）	强度参数		固结度 U_t（%）	十字板强度（kPa）			
			Φ_{cu}（°）	C_{cu}（kPa）		天然 C_u	理论计算		实测值
							ΔC_u	C_u	
淤泥 +1.5～-3.0	14.4	78.3	15.0	12.6	91.4	8.73	19.1	27.8	38.0
淤泥质土 -3～-6	39.9	73.1	17.0	13.0	91.4	14.9	20.4	37.0	40.1
淤泥 -6～-10	64.2	63.3	15.0	11.0	48.3	20.18	8.0	28.2	30.3
淤泥质黏土 -10～-14	91.8	51.0	14.0	15.0	79.8	26.93	10.9	37.3	41.7

（杨国强、李莉、徐树华，水下真空预压法加固效果，第五届全国土力学及基础工程学术会议论文，1987）

本章参考文献

[1] 《建筑地基处理技术规范》JGJ 79. 北京：中国建筑工业出版社，2013.
[2] 天津市工程建设标准：《岩土工程技术规范》DB 29—20. 北京：中国建筑工业出版社，2000.
[3] 娄炎. 真空排水预压法加固软土地基. 北京：人民交通出版社，1998.

[4] 杨位洸等. 地基及基础. 北京：中国建筑工业出版社，1998.
[5] 滕延京. 建筑地基处理技术规范理解与应用. 北京：中国建筑工业出版社，2013.
[6] 赵维炳. 排水固结加固软基技术指南. 北京：人民交通出版社，2005.
[7] 叶书麟，叶观宝. 地基处理. 北京：中国建筑工业出版社，1997.
[8] 龚晓南. 地基处理手册(第三版). 北京：中国建筑工业出版社，2010.
[9] 龚晓南等. 高速公路地基处理理论与实践. 北京：人民交通出版社，2005.
[10] 上海市工程建设标准.《地基处理技术规范》DBJ 08—40. 上海建设委员会，1994.
[11] 河海大学等. 交通土建软土地基工程手册. 北京：人民交通出版社，2001.
[12] 《建筑地基基础工程施工质量验收规范》GB 50202. 北京：中国建筑工业出版社，2002.
[13] 叶书麟. 地基处理工程实例应用手册. 北京：中国建筑工业出版社，1998.
[14] 《真空预压加固软土地基技术规程》JTS 147-2—2009. 北京：人民交通出版社，2009.

第五章　复合地基加固法

第一节　复合地基基本理论

一、复合地基的定义和分类

（一）定义

复合地基是指天然地基在地基处理过程中部分土体得到加强或被置换，或在天然地基中设置加筋材料。加固区是由基体（天然地基土体或被改良的天然地基土体）和增强体两部分组成的人工地基。在荷载作用下，基体和增强体共同承担荷载。根据地基中增强体方向又可分为水平向增强体复合地基和竖向增强体复合地基（桩体复合地基）。

复合地基通常由桩（增强体）、桩间土（基体）和褥垫层组成（如图 5-1 所示）。

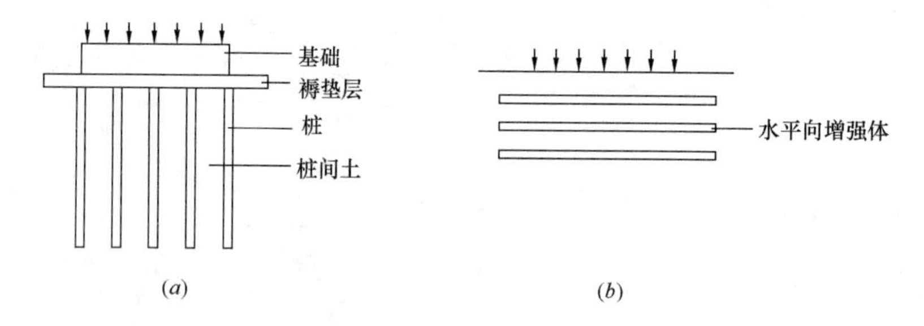

图 5-1　复合地基的形式

（a）竖向增强体复合地基；（b）水平向增强体复合地基

（二）桩体复合地基分类

桩体复合地基可以根据其增强体的不同特性进行分类如下：

1. 按增强体材料：分为散体材料（砂石、矿渣、渣土等）、石灰、灰土、水泥土、混凝土及土工合成材料等。

2. 按增强体黏结性：分为无黏结性（散体材料）和黏结性两大类，其中黏结性的又可根据黏结性的大小分为：低黏结强度（石灰、灰土等）、中等黏结强度（水泥土）、高黏结强度（混凝土、CFG 桩等）。

3. 按增强体相对刚度：分为柔性（如石灰、灰土）、半刚性（水泥土）、刚性（混凝土、CFG 桩等）。

4. 按增强体方向：分为竖向、斜向和水平向（如加筋土复合地基）三种。

5. 按增强体形式：分为单一型（桩身材料、断面尺寸、长度相同）（如图 5-1*a* 所示）、复合型（如混凝土芯水泥土组合桩复合地基）（如图 5-2*a* 所示）、多桩型（如碎石——CFG 桩复合地基等）（如图 5-2*b* 所示）、长短桩结合型（如图 5-2*c* 所示）。

上述分类方法汇总见表 5-1。

对于增强体刚度及黏结性大小的划分，目前工程上尚无统一的定量标准，上述定性划分原则仅供参考。如水泥土桩，桩身刚度及黏结性会因桩身水泥土强度不同而有较大变化，当水泥掺入量较低时，可能属于低黏结强度的柔性桩，而对于高强度的水泥土，力学特性又会接近于低标号混凝土，亦有文献将散体材料桩并入柔性桩进行分析，或将灰土桩、生石灰桩等低黏结强度桩视为散体材料桩。

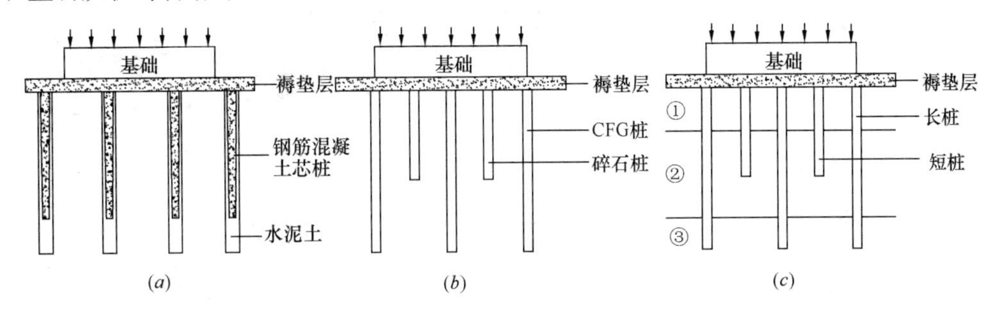

图 5-2　复合地基的不同类型

(*a*) 混凝土芯水泥土组合桩复合地基；(*b*) 多桩型复合地基；

(*c*) 同一桩体材料、不同桩长组成的复合地基

按照复合地基增强体工程特性进行的分类　　表 5-1

黏结性		刚度	材料类型	分类名称		桩体材料
无黏结性			散体材料类	碎石桩	振冲碎石桩	碎石
					干振碎石桩	
					沉管碎石桩	
					强夯置换碎石桩	
					袋装碎石桩	
				砂桩		中、粗砂
				矿渣桩		钢渣
				柱锤冲扩桩		碎砖三合土、渣土、矿渣、砂石等
				土桩		黏性土
黏结性	低黏结性	柔性	石灰、灰土类	灰土桩（灰土井柱）		消石灰∶土（2∶8或3∶7）
				双灰桩		粉煤灰、消石灰、土
				生石灰粉喷桩		生石灰粉、原土
				石灰浆搅拌桩		石灰浆、原土
				石灰桩		生石灰、掺和料（粉煤灰、矿渣等）
	中等黏结性	半刚性	水泥土类	水泥土搅拌桩	干法（粉喷桩）	水泥粉、原土
					湿法（深层搅拌桩）	水泥浆、原土
				混凝土芯水泥土组合桩		水泥土，预制或现浇钢筋混凝土芯
				夯实水泥土桩		干硬水泥土
				旋喷桩（高压喷射注浆）		水泥浆、原土
				干振复合桩		粉煤灰、石灰、磷石膏加少量水泥及粗、细骨料

续表

黏结性		刚度	材料类型	分类名称	桩体材料
黏结性	高黏结性	刚性	混凝土类	水泥粉煤灰碎石桩（CFG桩）	水泥、粉煤灰、碎石、石屑（砂）
				素混凝土桩	水泥、砂、碎石
				二灰（石灰、粉煤灰）混凝土桩	石灰、粉煤灰、水泥、砂
				柱锤冲扩水泥砂石桩	干硬性水泥砂石料
				钢筋混凝土桩	预制钢筋混凝土桩、预应力管桩
				碎石压力灌浆桩	水泥、砂、石
				现浇混凝土大直径管桩	现浇混凝土管桩，桩径 $d=1000\sim1250$mm
				树根桩	细石混凝土、水泥砂浆、桩径 $d=150\sim300$mm
				注浆钢管桩	钢管、水泥浆

注：桩的刚柔是相对的，不能只由桩体模量确定。桩的刚柔主要与桩土模量比和桩的长细比有关，可按桩土相对刚度来进行分类。桩土相对刚度可按下式计算：

$$K=\sqrt{\frac{E_p}{G_s}}\cdot\frac{r}{l_p} \tag{5-1}$$

式中 E_p——桩体压缩模量（MPa）；

G_s——桩间土剪切模量（MPa）；

l_p——桩长（m）；

r——桩体半径（m）。

有人建议当 K 大于 1 时可视为刚性桩，小于 1 时可视为柔性桩。在工程上刚性桩和柔性桩没有严格的界限。

（三）褥垫层

桩和桩间土协调变形，桩间土始终处于受力状态，桩和桩间土共同承担荷载是形成复合地基的必要条件。

散体材料桩由于受荷后产生鼓胀变形，可保证桩和桩间土共同受力；对于刚性桩及半刚性桩，应设置褥垫层，以保证桩、土共同作用。

1. 刚性基础下复合地基褥垫层的作用

（1）具有应力扩散作用，减少基础底面的应力集中。

（2）调整桩、土垂直荷载和水平荷载的分担，如 CFG 桩，褥垫层越厚，桩所承担的垂直和水平荷载占总荷载的百分比越小。

（3）排水固结作用：砂石垫层具有较好的透水性，可以起到水平排水的作用，有利于施工后土层加快固结，土的抗剪强度增长。

（4）保证桩间土受力：对于刚性桩和半刚性桩，桩体变形模量远大于土的变形模量，设置褥垫层可以通过流动补偿和桩的上刺入来调整基底压力分布，使荷载通过垫层传到桩和桩间土上，保证桩间土承载力的发挥，并可改善桩体上端受力状态。

（5）整平增密：对于散体材料桩，桩顶往往密实度较差，设置褥垫层可整平增密、改善桩顶受力状况及施工条件。

2. 设置要求

为了充分发挥褥垫层的上述作用，工程中要保证合理的褥垫层厚度，厚度太小，桩间土承载力不能充分发挥，桩对基础将产生显著的应力集中，导致基础加厚，造成经济上的浪费；厚度太大，会导致桩土应力比减小，桩承担荷载减小，增强体的作用不明显，复合地基承载力提高不明显，建筑物变形也大，所以要确定合理的、最佳的褥垫层厚度，根据工程经验，常用褥垫层厚度为200～300mm，垫层材料以砂石料为主，应夯压密实。其夯填度（夯实厚度与虚铺厚度比值）不应大于0.90。柔性基础（如路堤）复合地基，应设置刚度大的垫层，如土工格栅加筋垫层。为防止褥垫层侧向挤出，基础底面两侧褥垫尺寸应适当加宽，每边超出基础外边缘的宽度宜为200～300mm。当混凝土基础下复合地基桩土相对刚度较小，或桩体强度足够时，也可不设褥垫层，如石灰桩复合地基。

二、复合地基加固机理和破坏模式

（一）加固机理（效用）

复合地基中桩间土的性状不同，桩体材料不同，成桩工艺不同，复合地基的加固机理也不相同，了解复合地基的加固机理，对认识复合地基，选择合理的处理方法和施工工艺都是很重要的。综合各种桩型的复合地基的加固机理，主要有以下8个方面：

1. 置换作用（桩体效应）

复合地基中桩体的强度和模量比桩间土大，在荷载作用下，桩顶应力比桩间土表面应力大。桩可将承受的荷载向较深的土层中传递并相应减少了桩间土承担的荷载。这样，由于桩的作用使复合地基承载力提高、变形减小，工程中称之为置换作用或桩体效应。

工程实践表明，复合地基置换作用的大小，主要取决于桩体材料的组成。散体桩置换作用最小，高黏结强度桩置换作用最大。散体桩，增加桩的长度，对复合地基置换作用影响不大；黏结强度桩，特别是高黏结强度桩，加大桩长可使复合地基置换作用明显提高。

2. 垫层作用

桩与桩间土复合形成的复合地基，在加固深度范围内形成复合层，它可起到类似垫层的换土、均匀地基应力和增大应力扩散角等作用，在桩体没有贯穿整个软弱土层的地基中，垫层的作用尤其明显。

3. 挤密、振密作用

对松散填土、松散粉细砂、粉土，采用非排土和振动成桩工艺，可使桩间土孔隙比减小、密实度增加，提高桩间土的强度和模量。如振动沉管挤密砂石桩、振冲碎石桩、振动沉管CFG桩、柱锤冲扩桩等，对上述类型的土具有挤密、振密效果。处在地下水位以上的湿陷性黄土、素填土等地基采用灰土或土挤密桩法加固时，其成孔过程中对桩间土的横向挤密作用是非常显著的。

此外，如石灰桩，即使采用了排土成桩工艺，由于生石灰吸水膨胀，也会使桩间土局部产生挤密作用。桩间土挤密、振密是使复合地基承载力提高的一个组成部分。

需要指出的是，对饱和软黏土、坚硬的黏性土；密实砂土、粉土等密实坚硬土层，振动成桩工艺不仅不能使桩间土挤密、振密，反而使土体结构强度丧失，孔隙比增大、密实度减小、承载力降低。

4. 排水作用

复合地基中的桩体，很多具有良好的透水性。例如碎石桩、砂桩是良好的排水通道；由生石灰和粉煤灰组成的石灰桩，也具有良好的透水性，其渗透系数相当于粉细砂的量级；振动沉管CFG桩在桩体初凝以前也具有相当大的渗透性。可使振动产生的超孔隙水压力通过桩体得以迅速消散。

桩体的排水作用，有利于孔隙水压力消散、有效应力增长、使桩间土强度和复合地基承载力提高，并可减少地基沉降稳定的时间。

5. 减载作用

对排土成桩工艺，用轻质材料取代原土成桩，在加固土层范围内，复合土层的有效重度将比原土有明显的降低，这就是复合地基的减载作用。

例如，石灰桩复合地基，生石灰干密度为 0.8g/cm^3 左右、粉煤灰干密度为 0.6～0.8g/cm^3，饱和重度一般为 14kN/m^3 左右，比天然土体重度小 30%左右。当置换率为 25%时，1m 厚的复合土体自重压力将减少 1.5kPa。若桩长按 5m 计，桩端部自重压力将减小 7.5kPa。显然这种减载作用对减小建筑物的沉降是有益的。

6. 桩对土的约束作用

在群桩复合地基中，桩对桩间土具有阻止土体侧向变形的作用。相同荷载水平条件下，无侧向约束时土的侧向变形大，从而使垂直变形加大；由于桩对土体侧向变形的限制，减少了侧向变形，也就减小了垂直变形，使复合地基抵抗垂直变形的能力有所加强。

7. 物理化学反应

石灰桩，水泥土桩和灰土桩中的石灰、水泥等具有吸水、发热、膨胀作用，除对桩间土产生挤密效果外，还可以减小桩间土的含水量，渗入土孔隙中的水泥、石灰还与土发生化学反应，从而改善桩间土性状，提高桩间土的强度。

8. 加筋作用

在复合地基的整体稳定分析中，增强体具有加筋作用，使复合地基的抗剪强度比天然地基有较大提高。

表 5-2 列出了《建筑地基处理技术规范》JGJ 79 及《复合地基技术规程》GB/T 50783 中不同桩型复合地基的加固机理。需要指出的是，不同工程地质条件下，不同型式的复合地基具有不同的加固机理，应具体问题具体分析。

不同桩型复合地基加固机理 **表 5-2**

<table>
<tr><th colspan="2" rowspan="2">桩 型</th><th colspan="7">加固机理</th></tr>
<tr><th>置换作用</th><th>挤密振密作用</th><th>排水作用</th><th>减载作用</th><th>约束作用</th><th>物理化学反应</th><th>垫层作用</th></tr>
<tr><td colspan="2">振冲桩</td><td>○</td><td>○</td><td>○</td><td></td><td>○</td><td></td><td>○</td></tr>
<tr><td colspan="2">砂石桩</td><td>○</td><td>○</td><td>○</td><td></td><td>○</td><td></td><td>○</td></tr>
<tr><td rowspan="2">刚性桩</td><td>长螺旋钻孔</td><td>○</td><td></td><td></td><td></td><td>○</td><td></td><td></td></tr>
<tr><td>振动沉管</td><td>○</td><td>○</td><td></td><td></td><td>○</td><td></td><td></td></tr>
<tr><td colspan="2">夯实水泥土桩</td><td>○</td><td>○</td><td></td><td></td><td>○</td><td>○</td><td></td></tr>
<tr><td colspan="2">水泥土搅拌桩</td><td>○</td><td></td><td></td><td></td><td>○</td><td>○</td><td></td></tr>
<tr><td colspan="2">旋喷桩</td><td>○</td><td></td><td></td><td></td><td>○</td><td>○</td><td></td></tr>
<tr><td colspan="2">石灰桩</td><td>○</td><td>○</td><td>○</td><td>○</td><td>○</td><td>○</td><td>○</td></tr>
<tr><td colspan="2">土挤密桩</td><td>○</td><td>○</td><td></td><td></td><td>○</td><td></td><td>○</td></tr>
<tr><td colspan="2">灰土挤密桩</td><td>○</td><td>○</td><td></td><td></td><td>○</td><td>○</td><td>○</td></tr>
<tr><td colspan="2">柱锤冲扩桩</td><td>○</td><td>○</td><td>○</td><td></td><td>○</td><td>○</td><td>○</td></tr>
</table>

(二) 破坏模式

竖向增强体复合地基和水平向增强体复合地基破坏模式是不同的，下面简介竖向增强体复合地基的破坏模式。

对竖向增强体复合地基，刚性基础下和柔性基础下破坏模式也有区别。

竖向增强体复合地基的破坏形式首先可以分成下述两种情况：一种是桩间土首先破坏进而发生复合地基全面破坏，另一种是桩体首先破坏进而发生复合地基全面破坏。在实际工程中，桩间土和桩体同时达到破坏是很难遇到的。大多数情况下，刚性基础下桩体复合地基都是桩体先破坏，继而引起复合地基全面破坏，而柔性基础下则土会先破坏。

竖向增强体复合地基中桩体破坏的模式可以分成下述 4 种型式：刺入破坏、鼓胀破坏、桩体剪切破坏和滑动剪切破坏，如图 5-3 所示。

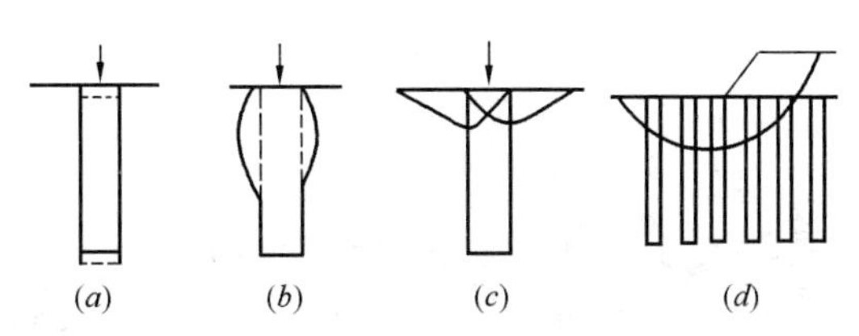

图 5-3　竖向增强体复合地基破坏模式

(*a*) 刺入破坏；(*b*) 鼓胀破坏；(*c*) 桩体剪切破坏；(*d*) 滑动剪切破坏

1. 刺入破坏

桩体发生刺入破坏如图 5-3 (*a*) 所示。桩体刚度较大，地基土承载力较低的情况下较易发生桩体刺入破坏。桩体发生刺入破坏，承担荷载大幅度降低，进而引起复合地基桩间土破坏，造成复合地基全面破坏。刚性桩复合地基较易发生刺入破坏模式。特别是柔性基础下（填土路堤下）刚性桩复合地基更容易发生刺入破坏模式。若处在刚性基础下，则可能产生较大沉降，造成复合地基失效。

2. 鼓胀破坏

桩体鼓胀破坏模式如图 5-3 (*b*) 所示。在荷载作用下，桩周土不能提供桩体足够的围压，使桩体发生过大的侧向变形，产生桩体鼓胀破坏。桩体发生鼓胀破坏造成复合地基全面破坏，散体材料桩复合地基较易发生鼓胀破坏模式。在刚性基础下和柔性基础下散体材料桩复合地基均可能发生桩体鼓胀破坏。

3. 桩体剪切破坏

桩体剪切破坏模式如图 5-3 (*c*) 所示。在荷载作用下，复合地基中桩体发生剪切破坏，进而引起复合地基全面破坏。低强度的半刚性桩及柔性桩较容易产生桩体剪切破坏。刚性基础下和柔性基础下低强度的半刚性桩及柔性桩复合地基均可产生桩体剪切破坏。相比较柔性基础下发生的可能性更大。

4. 滑动剪切破坏

滑动剪切破坏模式如图 5-3 (*d*) 所示。在荷载作用下，复合地基沿某一滑动面产生滑动破坏。在滑动面上，桩体和桩间土均发生剪切破坏。各种复合地基均可能发生滑动剪切破坏模式，柔性基础下比刚性基础下发生的可能性更大。

复合地基破坏模式与桩体材料、刚度、桩间土性质及基础形式、加载方式等因素有关，应进行综合分析判断。刚性基础下复合地基失效主要不是地基失稳而是沉降过大或不均匀沉降造成的。路堤或堆场下复合地基失效首先要重视地基稳定性问题，然后是变形问题。

根据试验研究及理论分析，基础刚度对复合地基破坏模式有影响，同比条件下刚性基础下复合地基比柔性基础下复合地基承载力大，变形小。

三、复合地基桩型选择

采用复合地基的目的：①提高承载力；②减少沉降；③两者兼而有之；④改善或消除不良土层工程特性（如黄土湿陷性、砂土液化等）。

考虑影响复合地基承载力的各种因素，复合地基承载力可用下式表示：

$$f_{spk} = f_{ak} + \Delta f \tag{5-2}$$

$$\Delta f = \Delta f_1 + \Delta f_2 + \Delta f_3 \tag{5-3}$$

式中 f_{ak}——天然地基承载力；

Δf——承载力提高值；

Δf_1——成桩对桩间土挤密或胶结作用引起的承载力提高值；

Δf_2——桩的置换作用引起的承载力提高值；

Δf_3——成桩的时间效应引起的承载力提高值。

影响 Δf 的因素很多，除设计参数外，土的性质、施工机械及方法、桩体材料等均与 Δf 密切相关，归纳起来，桩型选用应考虑如下几个主要因素：

1. 天然地基承载力的大小及处理后承载力需要提高的幅值 Δf 及地基处理的目的；

2. 土的性质，特别是土的挤密性和灵敏度。如软黏土，除注浆法外，处理前后 Δf_1 及桩间土承载力变化不大，而砂性土挤密效果好，Δf_1 变化大；

3. 成桩时施工设备、方法是否对桩间土产生扰动或挤密；

4. 材料特性（如黏结性、刚度、透水性、强度等）、材料产地、单价等。对刚性桩通过增加桩径及桩长，单桩承载力及复合地基承载力会有较大提高，而散体材料桩则效果不明显。

对挤密性好的土，采用挤土成桩工艺或振动成桩工艺，以土的挤密为主，桩体材料视工程要求的 Δf 大小而定，Δf 小时可选用模量较低的散体材料，Δf 大时选用桩体模量较高的黏结性材料；对挤密性很差的土采用非挤土成桩工艺，选用黏结性材料，以置换为主；对挤密性不很好，但属于可挤密的土则以挤密置换兼顾，视 Δf 大小选用桩体材料及施工方法；对可液化土层应选用振动成桩工艺，桩体填料宜选用渗透性好的砂石料；对湿陷性黄土，则应选用挤土成孔（桩）工艺，挤密桩间土消除湿陷性。

减少沉降主要是减少桩端下下卧土层沉降变形，因此增加桩长比单纯增加桩数及桩身强度效果更明显。

四、复合地基设计基本要求

（一）复合地基设计前，应具备岩土工程勘察、上部结构及基础设计和场地环境条件等有关资料。

（二）应根据上部结构对地基处理的要求、工程地质和水文地质条件、工期、地区经验和环境保护要求等，提出技术上可行的复合地基方案，经过技术经济比较，选用合理的复合地基形式。当地基土层为欠固结土、湿陷性黄土、膨胀土、可液化土等特殊土时，要综合考虑土体的特殊性质，选用适当的增强体和施工工艺，消除欠固结性、膨胀性、湿陷性、液化性等，才能形成复合地基。

（三）复合地基承载力特征值应通过现场复合地基载荷试验确定，或采用增强体载荷试验结果和其周边土的承载力特征值结合经验确定。

（四）刚性基础下的复合地基设计应进行承载力和沉降计算，填土路堤和堆场等柔性基础下的复合地基除应进行承载力和沉降计算，还应进行稳定分析。对位于坡地、岸边的复合地基均应进行稳定分析。

（五）复合地基设计中应根据各类复合地基的荷载传递特性，保证复合地基中桩体和桩间土在荷载作用下能够共同承担荷载。复合地基中桩体采用刚性桩时应选用摩擦型桩。

（六）复合地基设计宜符合下列规定：

1. 根据建筑物的结构类型、荷载大小及使用要求，结合工程地质和水文地质条件、基础型式、施工条件、工期要求及环境条件进行综合分析，并进行技术经济比较，选用一种或几种可行的复合地基方案，也可采用综合处理方案；

2. 对大型重要工程，应对已经选用的复合地基方案，在有代表性的场地上进行相应的现场试验或试验性施工，以检验设计参数和处理效果。通过分析比较选择和优化设计方案，然后进行设计。复合地基处理的设计、施工有很强的地区性，因此对于重要工程及没有地区经验时应进行现场试验及试验性施工。

3. 在施工过程中应进行监测。当监测结果未达到设计要求时，应及时查明原因，修改设计或采用其他必要措施。

（七）复合地基应按上部结构、基础和地基共同作用的原理进行设计；对工后沉降控制较严的复合地基宜按沉降控制的原则进行设计。

（八）刚性基础下的复合地基宜设置100～500mm厚砂石褥垫层。填土路堤和堆场等柔性基础下的复合地基应设置刚度较大垫层，如土工格栅加筋垫层、灰土垫层等。

（九）复合地基施工应重视环境效应，避免造成不良影响。

（十）复合地基设计中应对场地中水、土等对复合地基中所用钢材、混凝土和土工合成材料等材料的腐蚀性进行评价。

（十一）复合地基中桩体质量验收应符合现行国家标准《建筑地基基础施工质量验收规范》GB 50202的规定。对散体材料复合地基增强体应进行密实度试验；对有黏结强度复合地基增强体应进行强度及桩身完整性检验。这是对复合地基施工后增强体的检验要求。增强体质量是保证复合地基工作、提高地基承载力、减少变形的必要条件，其施工质量必须得到保证。

（十二）复合地基承载力的验收检验应采用复合地基载荷试验，对有黏结强度的复合地基增强体（水泥土桩及混凝土桩等）尚应进行单桩静载荷试验。

上述规定是对复合地基承载力设计和工程验收的检验要求。复合地基承载力的确定方法，一般采用复合地基静载荷试验的方法。桩体的强度较高的增强体，可以将荷载传递到桩端土层。当桩较长时，由于静载荷试验的荷载板较小，不能全面反映复合地基的承载特性。因此单纯采用单桩复合地基静载荷试验的结果确定复合地基承载力特征值，可能由于试验的荷载板面积较小或由于褥垫层厚度对复合地基静载荷试验结果产生影响，从而不能反映下部加固土层承载性状。对有黏结强度增强体（刚性桩及半刚性桩）复合地基的增强体进行单桩静载荷试验，是保证复合地基工作的必要条件。

（十三）复合地基增强体单桩的桩位施工偏差验收标准应满足以下规定：对条形基础的边桩沿轴线方向不得大于1/4桩径，沿垂直轴线方向不得大于1/6桩径；其他情况桩位的施工偏差不得大于0.4倍桩径。施工桩位放线偏差不应大于20mm；成孔桩位偏差不宜大于50mm，桩身施工的垂直度偏差不得大于1%～1.5%。

（十四）复合地基上的建筑物应在施工期间及使用期间进行沉降观测，直至沉降达到稳定为止。

五、复合地基置换率、桩土应力比、荷载分担比、复合模量的概念

（一）桩土面积置换率

1. 定义：复合地基中桩体的横断面积与其所分担的地基处理面积之比，称为桩土面积置换率，用m表示，即：

$$m=\frac{A_p}{A_e}=\frac{d^2}{d_e^2} \tag{5-4}$$

式中 A_p——桩的横断面积（m^2）；

A_e——一根桩所分担的地基处理面积（m^2）；

d——桩的直径（mm）；

d_e——一根桩所分担的地基处理面积的等效圆的直径（mm）。

2. 置换率 m 的计算

根据桩体在平面上的布置形式（如图5-4所示），可以计算相应的 m、A_p、A_e 和 d_e、s 值（见表5-3）。

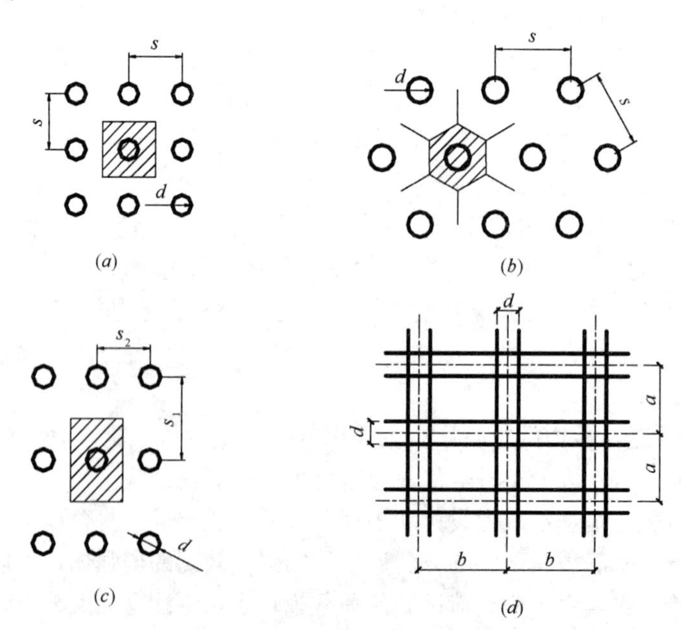

图5-4 桩体平面布置形式

（a）正方形布置；（b）等边三角形布置；（c）长方形布置；（d）网格状布置

注：图中阴影表示一根桩分担的地基处理面积

布桩方式及计算参数　　表 5-3

布置方式	桩土面积置换率（m）	A_p	A_e	d_e	s
正方形	$m=\frac{\pi d^2}{4s^2}=\frac{0.785d^2}{s^2}$	$\frac{\pi d^2}{4}=0.785d^2$	s^2	$1.13s$	$0.89d\sqrt{\frac{1}{m}}$
等边三角形	$m=\frac{\pi d^2}{2\sqrt{3}s^2}=\frac{0.907d^2}{s^2}$	$\frac{\pi d^2}{4}=0.785d^2$	$\frac{\sqrt{3}s^2}{2}=0.866s^2$	$1.05s$	$0.95d\sqrt{\frac{1}{m}}$
长方形	$m=\frac{\pi d^2}{4s_1s_2}=\frac{0.785d^2}{s_1s_2}$	$\frac{\pi d^2}{4}=0.785d^2$	$s_1\cdot s_2$	$1.13\sqrt{s_1\cdot s_2}$	$s_1s_2=\frac{0.785d^2}{m}$
网格状	$m=\frac{(a+b-d)d}{ab}$	$(a+b-d)d$	$a\cdot b$		

（二）桩土应力比

1. 定义：桩土应力比是指复合地基加固区上表面上桩体竖向应力和桩间土竖向应力之比，用 n 表示，即：

$$n=\frac{\sigma_p}{\sigma_s} \tag{5-5}$$

式中　σ_p——桩体竖向应力；

σ_s——桩间土竖向应力。

桩土应力比是反映复合地基中桩体与桩间土协同工作的重要指标，关系到复合地基承载力和变形的计算，桩土应力比对某些桩型（例如碎石桩）也是复合地基的设计参数。但在复合地基设计中将桩土应力比作为设计参数较难把握。

2. 影响 n 值因素

桩土应力比的影响因素很多，荷载水平、桩土模量比、桩长、桩土面积置换率、原地基土强度、褥垫层设置、荷载作用时间等因素对桩土应力比的大小都将产生影响。

（1）荷载水平影响

荷载作用初期，荷载通过褥垫层比较均匀地传递到桩和桩间土上，随着桩和桩间土变形的发展，桩间土应力逐渐向桩上集中，荷载逐渐增大，复合地基变形也逐渐增大，桩上应力加剧，桩土应力比随之增大；随着荷载继续增大，桩体首先进入塑性状态，桩体变形加大，桩上应力就会逐渐向桩间土上转移，桩土应力比反而减小，直到桩和桩间土共同进入塑性状态，复合地基趋向破坏。

（2）桩土模量比（E_p/E_s）

随着 E_p/E_s 值的增大，桩土应力比近于呈线性的增长。在刚性基础下，桩和桩间土变形协调，即

$$\varepsilon_s=\varepsilon_p \tag{5-6}$$

又由于式（5-5）及

$$\sigma_p=E_p\cdot\varepsilon_p \tag{5-7}$$

$$\sigma_s=E_s\cdot\varepsilon_s \tag{5-8}$$

所以

$$n = \frac{E_p}{E_s} \tag{5-9}$$

（3）桩土面积置换率 m

桩土应力比 n 随置换率 m 的减小而增大。

（4）原地基土强度

地基土的强度大小直接影响桩体的强度和刚度，因此即使对于同一类桩，不同的地基土也将会有不同的桩土应力比。原地基土的强度低，其桩土应力比就大，而原地基土强度高，桩土应力比就小。

（5）桩长

对黏结性桩，n 随桩长的增加而增大，但当桩长达到有效桩长（l_0）后，n 值不再增大。

有效桩长 l_0 与 E_p/E_s 大小有关，如无经验时，可参考以下取值范围：如 $E_p/E_s = 10 \sim 50$，$l_0 = (8 \sim 20)d$；$E_p/E_s = 50 \sim 100$，$l_0 = (20 \sim 25)d$；$E_p/E_s = 100 \sim 200$，$l_0 = (25 \sim 35)d$。

（6）时间影响

荷载作用时间越长，桩间土会产生固结和蠕变，荷载会向桩体集中，桩土应力比会增大。

（7）褥垫层影响：设置褥垫层会对 n 值产生影响。一般设置褥垫层后，n 值减小。

3. 不同桩型的桩土应力比

初步设计时，不同桩型桩土应力比取值可参考表 5-4。

桩土应力比 n 值表 **表 5-4**

复合地基类型	规范推荐值	经验值
振冲桩	黏性土 2～4 粉土 1.5～3	—
砂石桩	黏性土 2～4 粉土 1.5～3	—
石灰桩	—	2.5～5
灰土桩	—	4～8
柱锤冲扩桩	2～4	2～6
水泥土桩	—	5～16
混凝土桩	—	20～100

（三）荷载分担比

1. 定义：在荷载作用下，复合地基中桩体承担的荷载、桩间土承担的荷载与总荷载之比，称为桩、土的荷载分担比，分别用 δ_p、δ_s 表示：

$$\delta_p = \frac{p_p}{p} \tag{5-10}$$

$$\delta_s = \frac{p_s}{p} \tag{5-11}$$

式中　p_p——桩承担的荷载；

p_s——桩间土承担的荷载；

p——总荷载。

2. 荷载分担比与桩土应力比的关系

当 m 确定后，桩土荷载分担比和桩土应力比可以相互换算。换算公式：

$$n = \frac{\sigma_p}{\sigma_s} = \frac{(1-m)\delta_p}{m\delta_s} \tag{5-12}$$

$$\delta_p = \frac{mn}{1+m(n-1)} \tag{5-13}$$

$$\delta_s = \frac{1-m}{1+m(n-1)} \tag{5-14}$$

（四）复合模量

1. 定义

复合地基加固区是由增强体和基体两部分组成的，是非均质的。在复合地基计算中，有时为了简化计算，将加固区视作一均质的复合土体，用假想的等价的均质复合土体代替真实的非均质复合土体。与真实非均质复合土体等价的均质复合土体的模量称为复合地基土体的复合模量。复合模量在数值上等于某一应力水平时复合土体在完全侧限条件下竖向附加应力与相应应变的比值，即：

$$E_{sp} = \frac{\sigma_{sp}}{\varepsilon_{sp}} \tag{5-15}$$

2. 确定方法

（1）载荷试验

根据复合地基载荷试验结果（p-s）曲线（如图 5-5 所示），可以按照以下方法计算复合地基土体的复合模量：

复合地基的变形模量：

$$E_0 = \omega \cdot (1-\mu^2) \cdot \frac{p_1}{s_1} \cdot b \tag{5-16}$$

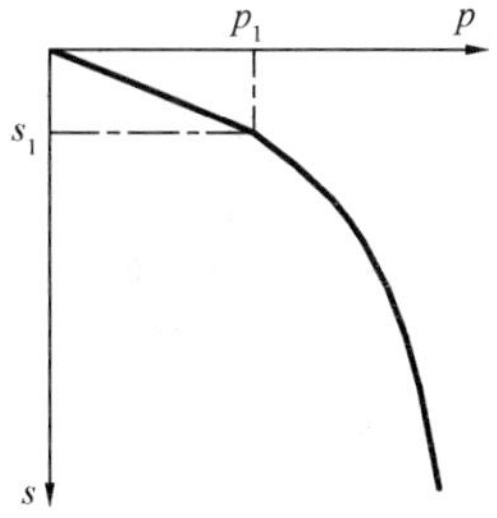

图 5-5　复合地基载荷试验 p-s 曲线

式中　E_0——复合地基的变形模量；

ω——沉降影响系数，正方形压板取 ω=0.88；圆形压板取 ω=0.79；

b——承压板的边长或直径；

μ——复合土层泊松比；

p_1——p-s 曲线上的比例界限（如图 5-5 所示）；

s_1——与比例界限 p_1 相对应的沉降，当无明显比例界限荷载时，可按照相对变形及其对应荷载为 p_1 计算。

复合地基的复合模量：

$$E_{sp}=\frac{E_0}{\beta} \tag{5-17}$$

式中 β 可按当地经验确定，如无经验时也可按下式计算。

$$\beta=1-\frac{2\mu^2}{1-\mu} \tag{5-18}$$

根据土力学理论，$\beta<1.0$，即 $E_{sp}>E_0$，但工程实践证明，有时 $E_{sp}\leqslant E_0$，所以 β 值宜按当地经验或试验确定。

（2）根据沉降观测结果推算

计算公式：

$$E_{sp}=\frac{\overline{\sigma_z}}{s_{sp}}l_p \tag{5-19}$$

式中 $\overline{\sigma_z}$——复合土层平均附加应力；

s_{sp}——复合土层平均沉降观测值；

l_p——复合土层厚度（桩长）。

（3）室内压缩试验

按不同的桩土置换率制作复合土体试样进行室内压缩试验，得到复合土体竖向荷载 p 与压缩变形量 s 关系曲线，可以计算不同应力水平下复合土体的复合模量。例如，水泥土桩复合地基的复合土样可以采取如图 5-6 所示的形式。

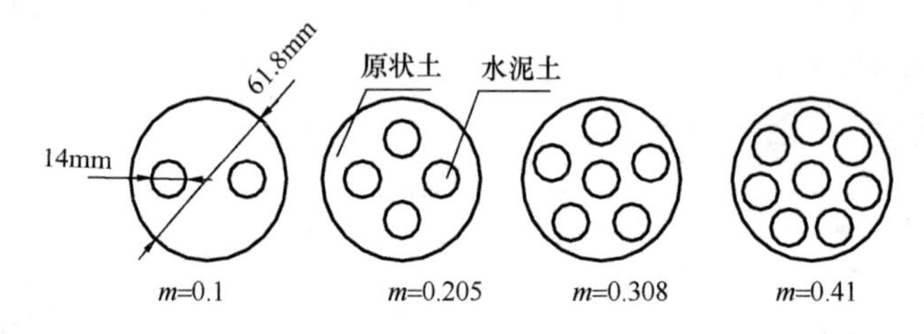

图 5-6 复合土体试样

（4）公式计算

1）等应变法（面积加权平均法）

竖向增强体复合地基复合土层压缩模量 E_{sp} 通常可采用面积加权平均法计算，即：

$$E_{sp}=mE_p+(1-m)E_s \tag{5-20}$$

式中 E_{sp}——复合模量；

E_p——桩体压缩模量，可通过室内或现场原位试验测定；

E_s——桩间土压缩模量，可通过室内压缩试验或现场原位试验测定；

m——桩土面积置换率。

该式按基础为绝对刚性；不考虑褥垫层影响；竖向增强体及桩间土假设为模量分别为 E_p 及 E_s 的弹簧；在上部荷载作用下，桩和桩间土协调变形，应变趋于一致而导出，是复合模量 E_{sp} 计算的基本公式。

该式为《复合地基技术规范》GB/T 50783 推荐的方法，主要适用于散体材料桩、灰土桩、石灰桩及水泥土桩等。

2）模量比法（应力比法）

如设 $\frac{E_p}{E_s}=n$，则有：

$$E_{sp}=[1+m(n-1)]E_s \tag{5-21}$$

式中　n——桩土应力比。

该式适用于散体材料桩复合地基。

3）承载力比法

对比式（5-21）及式（5-25）可得：

$$E_{sp}=\frac{f_{spk}}{f_{sk}}E_s \tag{5-22}$$

式中　f_{spk}——复合地基承载力特征值（kPa）；

f_{sk}——处理后桩间土承载力特征值（kPa），可通过室内试验或现场原位测试确定。

4）规范法

为简化计算，设 $E_s=\alpha \cdot E'_s$，$f_{sk}=\alpha \cdot f_{ak}$，式（5-22）可改写为：

$$E_{sp}=\frac{f_{spk}}{f_{ak}}E'_s \tag{5-23}$$

式中　f_{ak}——基础底面下天然地基承载力特征值（kPa）；

E'_s——基础底面下天然地基压缩模量（MPa）。

式（5-23）为《建筑地基基础设计规范》GB 50007 及《建筑地基处理技术规范》JGJ 79 推荐的方法，是 E_{sp}估算的通用方法，适用于各种类型复合地基。工程中应由现场试验测定的 f_{spk}和基础底面下第一层土的天然地基承载力 f_{ak}确定。若无试验资料时，初步设计可由地质报告提供的地基承载力特征值 f_{ak}，以及计算得到的满足设计承载力和变形要求的复合地基承载力特征值 f_{spk}按式（5-23）计算。笔者认为：上式实际上是式（5-22）的简化，在理论上仍属等应变法的范畴，当桩间土为正常固结的土层时，应用式（5-23）计算 E_{sp}比较方便。但当桩间土为杂填土、新填土、可液化土层、湿陷性黄土、膨胀土等特殊土层时，似用式（5-22）或其他公式进行 E_{sp}计算更妥。

六、复合地基承载力简化计算

（一）概述

复合地基承载力特征值应通过现场复合地基载荷试验确定，初步设计时也可采用单桩和处理后桩间土承载力特征值用简化公式估算。

复合地基承载力由两部分组成——桩的承载力和桩间土的承载力，合理估计两者对复合地基承载力的贡献是桩体复合地基承载力计算的关键。

桩体复合地基中，散体材料桩、柔性桩、半刚性桩和刚性桩荷载传递机理是不同的。同时，基础刚度大小、是否铺设垫层、垫层厚度等因素对复合地基受力性状也有较大影响。下面重点介绍刚性基础复合地基承载力计算。

(二) 简化计算公式

1. 黏结强度桩复合地基承载力特征值可按下述简化公式进行计算：

$$f_{spk}=\lambda \cdot m \cdot f_{pk}+\beta(1-m)f_{sk} \tag{5-24}$$

如设 $\frac{f_{pk}}{f_{sk}}=n$，$\lambda=1.0$，$\beta=1.0$，对于散体材料桩复合地基应按下式计算：

$$f_{spk}=[1+m(n-1)]f_{sk} \tag{5-25}$$

式中 f_{spk}——复合地基承载力特征值（kPa）；

m——桩土面积置换率；

f_{pk}——桩体单位截面积承载力特征值（kPa）；宜通过单桩载荷试验确定，或依土的支承力及桩身材料强度进行估算；

β——桩间土承载力发挥系数，宜按试验或当地经验取值，对散体材料桩及柔性桩复合地基取 $\beta=1.0$；刚性桩及半刚性桩复合地基取 $\beta\leqslant1.0$；

f_{sk}——处理后桩间土承载力特征值（kPa），可通过室内试验或现场载荷试验确定；也可根据桩间土挤密情况按 $f_{sk}=\alpha \cdot f_{ak}$ 估算。式中 α 为桩间土承载力提高系数，$\alpha\geqslant1.0$，可依桩间土质及施工工艺确定。当桩间土层为成层土时，笔者建议：f_{sk} 可按厚度加权平均，当浅层土软弱时可按 3d 且不超过 2m 内土层取值。当无试验资料时，除灵敏度较高的土外，也可按天然地基承载力特征值 f_{ak} 取值；

n——桩土应力比；

λ——桩身承载力发挥系数，宜按试验或当地经验取值。

式（5-24）中，参数 λ 的力学意义是：荷载达到复合地基承载力特征值时，桩顶受力与单桩承载力特征值（R_a）的比值；参数 β 为桩间土受力与桩间土承载力之比。根据 CFG 桩复合地基的试验结果，褥垫层愈厚，β 愈大，λ 愈小；褥垫层愈薄，β 愈小，λ 愈大。褥垫层厚度与桩径之比（厚径比）在 0.4～0.6 之间时，桩和桩间土承载力发挥较充分合理。

复合地基承载力的计算表达式对不同的增强体和地基土情况，大致可分为两种：散体材料桩复合地基和黏结强度增强体复合地基。散体材料桩复合地基计算时，桩土应力比 n 应按试验取值或按地区经验取值。但应指出，由于地基土的固结条件不同，在长期荷载作用下的桩土应力比与试验条件时的结果有一定差异，设计时应充分考虑。对黏结强度增强体复合地基，《建筑地基处理技术规范》JGJ 79 根据试验结果增加了增强体单桩承载力发挥系数和桩间土承载力发挥系数，其基本依据是，在复合地基静载荷试验中取 s/b 或 s/d 等于 0.01 确定复合地基承载力时，桩间土和单桩承载力发挥程度的试验结果。一般情况下，复合地基设计有褥垫层时，桩间土承载力的发挥是比较充分的。

应该指出，复合地基承载力设计时取得的设计参数可靠性对设计的安全度有很大影响。当有充分试验资料作依据时，可直接按试验的综合分析结果进行设计。对刚度较大的增强体，在复合地基静载荷试验取 s/b 或 s/d 等于 0.01 确定复合地基承载力以及增强体单桩静载荷试验确定单桩承载力特征值的情况下，增强体单桩承载力发挥系数 λ

为 0.7～0.9，而桩间土承载力发挥系数 β 为 1.0～1.1。对于工程设计的大部分情况，采用初步设计的估算值进行施工，并要求施工结束后达到设计要求，设计人员的地区工程经验非常重要。首先，复合地基承载力设计中增强体单桩承载力发挥和桩间土承载力发挥与桩、土相对刚度有关，相同褥垫层厚度的变形条件下，相对刚度差值越大，刚度大的增强体在加荷初始发挥较小，后期发挥较大；其次，由于采用勘察报告提供的参数，其对单桩承载力和天然地基承载力在相同变形条件下的富余程度不同，使得复合地基工作时增强体单桩承载力发挥和桩间土承载力发挥存在不同的情况，当提供的单桩承载力和天然地基承载力存在较大的富余值，增强体单桩承载力发挥系数和桩间土承载力发挥系数均可达到 1.0，复合地基承载力载荷试验检验结果也能满足设计要求。同时复合地基承载力载荷试验是短期荷载作用，应考虑长期荷载作用的影响。总之复合地基设计要根据工程的具体情况，采用相对安全的设计。初步设计时，增强体单桩承载力发挥系数和桩间土承载力发挥系数的取值范围在 0.8～1.0 之间，增强体单桩承载力发挥系数取高值时桩间土承载力发挥系数应取低值，反之，增强体单桩承载力发挥系数取低值时桩间土承载力发挥系数应取高值。所以，没有充分的地区经验时应通过试验确定设计参数。

2. 单桩承载力特征值 R_a 简化计算

复合地基竖向增强体单桩承载力特征值应通过单桩竖向抗压载荷试验确定，初步设计时也可以按以下方法计算。

（1）黏结材料桩

$$R_a = u_p \sum_{i=1}^{n} q_{si} \cdot l_{pi} + \alpha_p \cdot q_p \cdot A_P \tag{5-26}$$

$$f_{pk} = \frac{R_a}{A_p} \tag{5-27}$$

式中　R_a——单桩承载力特征值（kN）；

A_p——桩的截面积（m^2）；

u_p——桩的周长（m）；

q_{si}——桩周第 i 层土侧阻力特征值（kPa），对刚性桩当桩端土为密实的卵石层及坚硬黏性土等时，桩顶 3d 范围内 q_{si} 应折减；

l_{pi}——桩长范围内第 i 层土的厚度（m），对于半刚性桩应考虑有效桩长对 R_a 的影响；

q_p——桩端土端阻力特征值（kPa），按照现行国家标准《建筑地基基础设计规范》GB 50007 有关规定确定；

α_p——桩端阻力折减系数（$\alpha_p \leqslant 1.0$），具体取值可按地区经验或试验确定；

f_{pk}——桩身单位面积承载力特征值（kPa）。

按照上式计算单桩承载力，尚需要对桩身强度进行验算，要求

$$f_{cu} \geqslant \frac{R_a}{\eta \cdot A_p} \tag{5-28}$$

或取

$$R_a = \eta \cdot f_{cu} \cdot A_p \tag{5-29}$$

并与式（5-28）比较，取其中较小值为单桩承载力特征值。

式中 f_{cu}——桩体材料室内试块的立方体抗压强度平均值（kPa）；

η——桩身强度折减系数，根据增强体不同依《建筑地基处理技术规范》JGJ 79 或《复合地基技术规范》GB/T 50783 取值。

当基础埋深较大，尚应考虑因复合地基承载力经深度修正后导致桩顶荷载的增加。增强体的强度验算应按实际基底压力验算，初步设计时可按《建筑地基处理技术规范》JGJ 79 规定计算，即要求：

$$f_{cu} \geqslant \frac{1}{\eta} \cdot \frac{\lambda \cdot R_a}{A_p}\left[1+\frac{\gamma_m(d-0.5)}{f_{spa}}\right] \tag{5-30}$$

式中 d——基础埋深（m）；

γ_m——基础底面以上土的加权平均重度（kN/m^3）；

f_{spa}——深度修正后的复合地基承载力（kPa）。

笔者认为，公式（5-30）中，f_{spa}采用 f_{spk}似较妥。

（2）散体材料桩

与黏结材料桩不同，散体材料桩是依靠周围土体的侧限阻力保持其形状并承受荷载的。散体材料桩的承载能力除与桩身材料的性质及其紧密程度有关外，主要取决于桩周土体的侧限能力。在荷载作用下，散体材料桩发生鼓胀变形，依靠桩周土提供的被动土压力维持桩体平衡，承受上部荷载的作用。所以除了通过载荷试验确定单桩承载力外，还可以通过计算桩间土侧向极限应力来计算单桩极限承载力。计算单桩极限承载力的一般表达式可用下式表示：

$$f_{pu} = \sigma_{ru} \cdot K_P \tag{5-31}$$

式中 f_{pu}——单桩单位面积极限承载力（kPa）；

σ_{ru}——桩侧土能提供的侧向极限应力，计算方法主要有：Brauns（1978）计算式、圆筒形孔扩张理论计算式、Wong. H. Y.（1975）计算式、Hughes 和 Withers（1974）计算式以及被动土压力法等；

K_p——桩体材料的被动土压力系数，$K_p = \tan^2\left(45° + \frac{\varphi_p}{2}\right)$，$\varphi_p$ 为桩体材料内摩擦角（对于碎石桩 $\varphi_p = 35° \sim 45°$）。

桩身单位面积承载力特征值 f_{pk}可近似取 f_{pu}除以安全系数 K 确定（$K=2\sim3$），为简化计算一般可采用下式估算桩身单位面积承载力特征值：

$$f_{pk} = 2c_u \cdot \tan^2\left(45° + \frac{\varphi_p}{2}\right) \tag{5-32}$$

式中 c_u——桩间土的不排水抗剪强度。

当桩间土为淤泥、淤泥质土、饱和软黏土时，砂石桩也可按 $f_{pk} = 20.8 \cdot c_u/K$ 估算（$K=2\sim3$）。

散体材料桩桩体承载力计算汇总详见表 5-5。

散体材料桩桩体单位面积承载力计算　　　　**表 5-5**

方法	序号	公　式	符　号
侧向极限应力法	1	$f_{pu}=\sigma_{ru}\cdot K_P, K_p=\tan^2(45+\varphi_p/2)$	f_{pu}——桩体极限承载力（kPa）； σ_{ru}——桩体侧向极限应力（kPa）； φ_p——桩柱体的内摩擦角（°）； α——常量； α'——系数； c_u——桩间土的不排水抗剪强度（kPa）； γ——土的重力密度（kN/m^3）； q——桩间土上竖向荷载（kPa）； z——桩体的鼓胀深度（m）； φ_s——桩间土的内摩擦角（°）； c——桩间土黏聚力（kPa）； δ——滑动面与水平夹角（°）； I_r——桩间土的刚度指数； I_{rr}——修正刚度指数； G——桩间土的剪切模量（kPa）； E——桩间土的弹性模量（kPa）； μ——桩间土泊松比； p_0——桩间土的初始（径向）有效压力（kPa）； u_0——桩间土的初始孔隙水压力（kPa）； d——桩径（m）； l_p——桩长（m）； f_{pk}——桩身单位面积承载力特征值（kPa）
	2	$f_{pu}=(\sigma_{ru}+\alpha\cdot c_u)\cdot K_p=\alpha'\cdot K_p\cdot c_u$	
	3	$f_{pu}=(14\sim25)c_u$	
被动土压力法	4	$f_{pu}=[(\gamma\cdot z+q)K_s+2c_u\cdot\sqrt{K_s}]K_p$ $K_s=\tan^2(45°+\varphi_s/2)$	
Brauns 法	5	$f_{pu}=\left(q+\frac{2c_u}{\sin2\delta}\right)\cdot\left(\frac{\sqrt{K_p}}{\tan\delta}+1\right)K_p$ $\sqrt{K_p}=\tan(45°+\varphi_p/2)=\frac{1}{2}\tan\delta(\tan^2\delta-1)$	
	6	$f_{pu}=20.8c_u$	
圆孔扩张计算法	7	$f_{pu}=c_u(\ln I_r+1)K_p$　　$(\varphi_s=0)$ $f_{pu}=[(p_0+c\cdot\cot\varphi_s)\cdot(1+\sin\varphi_s)\cdot(I_{rr}\cdot\sec\varphi_s)^{\frac{\sin\varphi_s}{1+\sin\varphi_s}}-c\cdot\cot\varphi_s]K_p$　　$(\varphi_s\neq0)$ $I_r=G/c_u$；$G=\frac{E}{2(1+\mu)}$	
	8	$f_{pu}=4K_p\cdot c_u$；$f_{pu}=16.8c_u$	
Hughes-Withers 法	9	$f_{pu}=(p_0+u_0+4c_u)K_p$	
	10	$f_{pu}=6K_p\cdot c_u$；$f_{pu}=25.2c_u$	
Wong 法	11	$f_{pk}=(1.5c_u\cdot K_s+2c_u\sqrt{K_s})/K_1$　　要求较小沉降 $K_1=\tan^2(45°-\varphi_p/2)$	
	12	$f_{pk}=[2.25c_u\cdot K_s+2c_u\sqrt{K_s}+\frac{3}{4}d\cdot\gamma\cdot K_s]/\left[\left(1-\frac{3d}{4l_p}\right)K_2\right]$　　要求中等沉降 $K_2=(K_1+K_3)/2$	
	13	$f_{pk}=2[3c_u\cdot K_s+2c_u\sqrt{K_s}+\frac{3}{2}d\cdot\gamma\cdot K_s]/\left[\left(1-\frac{3d}{4l_p}\right)K_3\right]$　　要求较大沉降 $K_3=(1-\sin^2\varphi_p)/(1+\sin^2\varphi_p)$	
	14	$f_{pu}=(K_s\cdot q+2c_u\sqrt{K_s})K_p$	
Bell 法	15	$f_{pk}=(\gamma\cdot z+2c_u)K_p$	
	16	$f_{pk}=2K_p\cdot c_u=8.4c_u$	

注：1. 目前散体材料桩桩体承载力理论计算公式较多，同比条件下计算结果并不完全一致，应结合当地经验和实测结果合理选用。

2. $R_a=f_{pk}\cdot A_p$；$f_{pk}=f_{pu}/K(K=2\sim3)$。

七、复合地基的承载力及单桩承载力验算

（一）《建筑地基基础设计规范》GB 50007 的有关规定

复合地基承载力应满足《建筑地基基础设计规范》GB 50007 的有关规定，即：

1. 当轴心荷载作用时

$$p_{k} \leqslant f_{spa} \tag{5-33}$$

式中 p_k——相应于作用的标准组合时，基础底面处的平均压力值（kPa）；

f_{spa}——修正后的复合地基承载力特征值（kPa），按下式确定：

$$f_{spa} = f_{spk} + \gamma_{m}(d - 0.5) \tag{5-34}$$

2. 当偏心荷载作用时，除符合式（5-33）的要求外，尚应符合下式规定：

$$p_{kmax} \leqslant 1.2 f_{spa} \tag{5-35}$$

式中 p_{kmax}——相应于作用的标准组合时，基础底面边缘的最大压力值（kPa）。

在地震区尚应符合《建筑抗震设计规范》GB 50011 有关规定。

（二）黏结强度桩复合地基单桩承载力（R_a）及桩身强度验算的实用计算法

《建筑地基处理技术规范》JGJ 79—2012（以下简称规范）第 3.0.6 条说明指出：对于具有一定黏结强度增强体复合地基，由于增强体布置不同，分担偏心荷载时增强体上的荷载不同，应同时对桩、土作用的力加以控制，满足建筑物在长期荷载作用下的正常使用要求。

规范第 7.1.6 条说明特别强调：复合地基增强体的强度是保证复合地基工作的必要条件，必须保证其安全度。对具有黏结强度的复合地基增强体应按建筑物基础底面作用在增强体上的压力进行验算，当复合地基承载力验算需要进行基础埋深的深度修正时，增强体的强度验算应按基底压力验算。规范本次修订给出了验算方法。

笔者认为：黏结强度增强体复合地基，特别是刚性桩复合地基，其承载机理与复合桩基是相近的，基桩承载力及桩身强度与基础埋深关系不大，因此对于黏结强度桩复合地基，特别是刚性桩复合地基，在偏心荷载作用下或复合地基进行深度修正后，进行单桩承载力及强度验算十分必要，规范给出了桩身强度验算方法，但对单桩承载力验算规范并未作出具体规定。

笔者根据规范的有关规定，提出下述简化计算方法，供设计参考。

1. 复合地基承载力深度修正后单桩承载力 R'_a 及桩身强度（f'_{cu}）计算

（1）R'_a 计算

修正后复合地基承载力

$$f_{spa} = f_{spk} + \gamma_{m}(d - 0.5) \tag{5-36}$$

$$f_{spk} = m\frac{R_a}{A_p} + \beta(1 - m)f_{sk} \tag{5-37}$$

$$f_{spa} = m\frac{R'_a}{A_p} + \beta(1 - m)f'_{sk} \tag{5-38}$$

式中 R'_a——经深度修正后单桩承载力设计值（kN）；

f'_{sk}——经深度修正后桩间土承载力（kPa）。

由式（5-38）可得：

$$R'_a = [f_{spa} - \beta(1 - m)f'_{sk}]\frac{A_p}{m} = \alpha \cdot R_a \tag{5-39}$$

式中 $\alpha = 1 + \dfrac{\gamma_{m}(d - 0.5)}{f_{spk}}$。

由式（5-39）可知，如 R_a 或 f'_{sk} 已知，则可求出 R'_a。并需满足：

$$u_p \sum_{i=1}^{n} q_{si} \cdot l_{pi} + \alpha_p \cdot q_p \cdot A_P \geqslant R'_a \tag{5-40}$$

实际设计时，在不改变桩身直径 d 及置换率 m 及桩位布置前提下，可通过增加桩长使之满足式（5-40）要求，如因土质条件或设备原因不宜增加桩长时，则应重新设计。

（2）f'_{cu}计算

深度修正后，复合地基承载力提高，因此单桩承载力设计值（单桩所受压力）也相应增加，依规范有关要求，桩身强度应满足下式要求：

$$f'_{cu} \geqslant 4\frac{R'_a}{A_p} = \alpha \cdot f_{cu} \tag{5-41}$$

式中　f'_{cu}——修正后桩身强度设计值（kPa）。

（3）修正后桩间土承载力 f'_{sk}计算

依 $f_{spk}=[1+m(n-1)]f_{sk}$ 及 $f_{spa}=[1+m(n-1)]f'_{sk}$ 可得：

$$\frac{f_{spk}}{f_{sk}} = 1+m(n-1) \tag{5-42}$$

$$\frac{f_{spa}}{f'_{sk}} = 1+m(n-1) \tag{5-43}$$

假设深度修正后桩土应力比 n 不变，则可得：

$$\frac{f_{spk}}{f_{sk}} = \frac{f_{spa}}{f'_{sk}} \tag{5-44}$$

整理后可得

$$f'_{sk} = \frac{f_{spa}}{f_{spk}}f_{sk} = [1+\frac{\gamma_m(d-0.5)}{f_{spk}}]f_{sk} = \alpha \cdot f_{sk} \tag{5-45}$$

实际设计时可依式（5-45）求出 f'_{sk}，然后求 R'_a及 f'_{cu}，进而进行单桩受力验算。

2. 单桩受力验算

设 A 为基础底面（m^2），$\sum n \cdot A_p$ 为基础底面（A）内桩身总截面积（m^2），A_s 为桩间土面积（m^2），则 $A_s=A-\sum n \cdot A_p$。扣除桩间土承担的荷载（F_{sk}）后，即可按桩基有关公式，进行黏结强度桩竖向增强体受力验算。即要求：

$$N_k = \frac{F_k+G_k-F_{sk}}{\sum n} \leqslant R'_a \text{ 或}(\leqslant R_a) \tag{5-46}$$

式中　F_{sk}——桩间土分担的荷载（kN），$F_{sk}=A_s \cdot f_{sk}$；

经深度修正后 $F_{sk}=A_s \cdot f'_{sk}$。

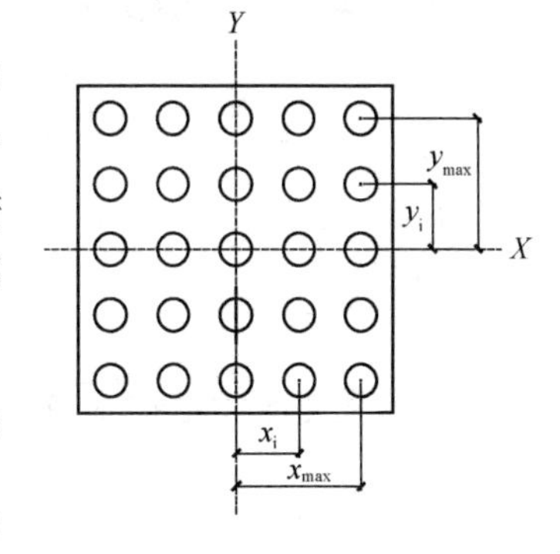

图 5-7　单桩承载力验算示意

设偏心荷载作用（M）仅由桩承担（偏于安全）则可得：

$$N_{kmax} = \frac{F_k+G_k-F_{sk}}{\sum n} \pm \frac{M_{xk} \cdot Y_{max}}{\sum Y_i^2} \pm \frac{M_{yk} \cdot X_{max}}{\sum X_i^2} \leqslant 1.2R'_a \text{ 或}(\leqslant 1.2R_a) \tag{5-47}$$

式中　F_k——荷载效应标准组合下，作用于基础顶面的竖向力；

G_k——基础和基础上土自重标准值，对稳定的地下水位以下部分应扣除水的浮力；

M_{xk}、M_{yk}——荷载效应标准组合下，作用于基础底面，绕通过桩群形心的 x、y 主轴的力矩；

X_i、Y_i——第 i 桩至 y、x 轴的距离；

X_{max}、Y_{max}——最外排桩至 y、x 轴的距离（m）；

N_k——荷载效应标准组合轴心竖向力作用下，复合地基中单桩的平均竖向力（kN）；

N_{kmax}——荷载效应标准组合偏心竖向力作用下，复合地基中单桩桩顶最大竖向力（kN）；

$\sum n$——桩数。

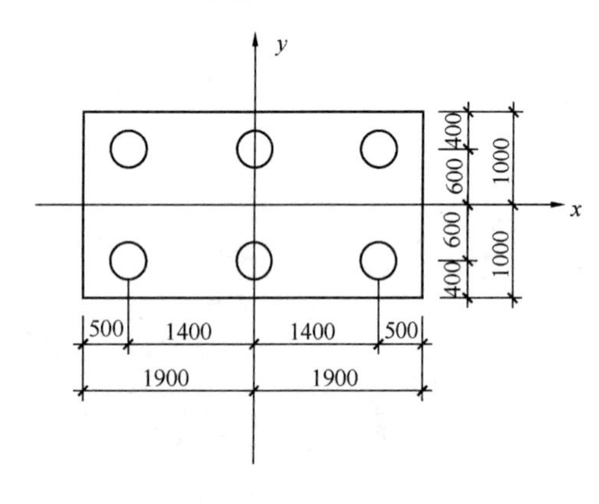

例图1　桩位示意图

在地震地区尚应符合《抗震设计规范》GB 50011 的有关规定。

3. 计算示例

（1）已知：

基础埋深 $d=6.5\text{m}$，$\gamma_m=18\text{kN/m}^3$，$f_{sk}=100\text{kPa}$。采用 CFG 桩：桩径 $d=400\text{mm}$，$A_p=0.126\text{m}^2$，桩长 $l_p=10\text{m}$，$R_a=400\text{kN}$，$f_{cu}=13.1\text{MPa}$，$m=0.1$。基础底面尺寸及桩位布置如图所示，$F_k=2800\text{kN}$，$G_k=988\text{kN}$，$M_{yk}=480\text{kN}\cdot\text{m}$。

（2）单桩受力及强度验算

1）设 $\lambda=1.0\quad\beta=0.9$，则

$$f_{spk}=m\frac{\lambda\cdot R_a}{A_p}+\beta(1-m)f_{sk}=0.1\frac{400}{0.126}+0.9(1-0.1)\times100=398.5\text{kPa}$$

2）$f_{cu}=4\dfrac{\lambda\cdot R_a}{A_p}=4\dfrac{400}{0.126}=12.7\text{MPa}$

3）$f_{spa}=f_{spk}+\gamma_m(d-0.5)=398.5+18(6.5-0.5)=506.5\text{kPa}$

4）$f'_{sk}=\dfrac{f_{spa}}{f_{spk}}\cdot f_{sk}=\dfrac{506.5}{398.5}\cdot100=127.1\text{kPa}$

5）$R'_a=[f_{spa}-\beta(1-m)\cdot f'_{sk}]\times\dfrac{A_p}{m}=[506.5-0.9(1-0.1)\cdot127.1]\times\dfrac{0.126}{0.1}=$ 508.5kN

单桩承载力需满足式（5）要求，即：$u_p\sum_{i=1}^{n}q_{si}\cdot l_{pi}+\alpha_p\cdot q_p\cdot A_P\geqslant R'_a$。

①原桩长 $l_p=10\text{m}$、$u_p=1.26\text{m}$，$q_s=24\text{kPa}$，$A_p=0.126\text{m}^2$，$\alpha_p=1.0$，$q_p=800\text{kPa}$。

$1.26\times24\times10+1.0\times800\times0.126=302.4+100.8=403.2\text{kN}<508.5\text{kN}$，不能满足式 5）要求。

②按 $R'_a=508.5\text{kN}$ 增加桩长 $l_p=13.5\text{m}$ 重新计算：

$$1.26\times24\times13.5+1.0\times800\times0.126=408.2+100.8=509\text{kN}>R'_a$$

故桩长调整为 13.5m，可以满足设计要求。

6）$f'_{cu}=4\dfrac{R'_a}{A_p}=4\times\dfrac{508.5}{0.126}=16.14\text{MPa}$

注：在偏心荷载下，尚应考虑荷载偏心的不利影响。

7）单桩受力验算

依例图 1，$A=2\times3.6=7.6\text{m}^2$；$A_s=A-\sum n\cdot A_p=7.6-6\times0.126=6.84\text{m}^2$

① $P_k=\dfrac{F_k+G_k}{A}=\dfrac{2800+988}{7.6}=498\text{kPa}<f_{spa}=506.5\text{kPa}$

② $P_{kmax}=\dfrac{F_k+G_k}{A}+\dfrac{M_{yk}}{W}=498+\dfrac{480}{\dfrac{2\times3.8^2}{6}}=598\text{kPa}<1.2f_{spa}=608\text{kPa}$

③ $N_k=\dfrac{F_k+G_k-F_{sk}}{\sum n}=\dfrac{2800+988-6.84\times127.1}{6}=486.4\text{kN}<R'_a=508.5\text{kN}$

④ $N_{kmax}=\dfrac{F_k+G_k-F_{sk}}{\sum n}+\dfrac{M_{yk}\cdot X_{max}}{\sum X_i^2}=486.4+\dfrac{480\times1.4}{4\times1.4^2}=572\text{kN}<1.2R'_a=$ 610kN

4. 说明

本简化计算方法适用于水泥土桩及水泥粉煤灰碎石桩等粘结强度桩复合地基考虑偏心荷载作用及考虑深度修正后单桩承载力验算及桩身强度 f_{cu}的计算。

规范第 3.0.4 条指出：复合地基由于其处理范围有限，增强体的设置改变了基底压力的传递路径，其破坏模式与天然地基不同，复合地基承载力的修正的研究成果还很少，为安全起见，基础宽度的地基承载力修正系数取零，基础埋深的承载力修正系数取 1.0.

笔者认为：规范的说明是重要而正确的，目前复合地基承载力经深度修正后，其桩间土及桩身承载特征实测资料很少，特别是桩间土经深度修正后承载特性与天然地基的关系尚不够清楚，因此为确保安全，复合地基承载力深度修正系数取 1.0 是必要的，但当基础埋深较大，仅增加桩身强度似仍有安全隐患，为此笔者提出在对复合地基承载力进行修正后，除应对桩身强度 f_{cu}重新进行计算外，尚应同时对修正前的单桩承载力重新进行复核。由于缺乏实际工程的检验，因此本书提出的方法仅供参考。

（三）下卧层承载力验算

1. 复合地基处理范围以下存在软弱下卧层时，应按下式进行下卧层承载力验算：

$$p_z+p_{cz}\leqslant f_{az} \tag{5-48}$$

式中　p_z——荷载效应标准组合时，软弱下卧层顶面处的附加压力值（kPa）；

p_{cz}——荷载效应标准组合时，软弱下卧层顶面处土的自重压力值（kPa）；

f_{az}——荷载效应标准组合时，软弱下卧层顶面处经深度修正后的地基承载力特征值（kPa）。

2. 对散体材料桩复合地基，软弱下卧层顶面附加压力 p_z 可按压力扩散法进行计算，压力扩散角 θ 可按《建筑地基基础设计规范》GB 50007 的有关规定确定。

3. 对于置换率 $m\geqslant20\%$的刚性桩复合地基，也可按等效实体深基础法进行桩底附加压力计算，并进行下卧层承载力验算。根据数值分析的结果，材料刚度和强度较大的增强体复合地基，传递到增强体桩端地基土的附加应力扩散角在 $\varphi/4\sim\varphi/3$（φ 为桩长范围内土层压力扩散角平均值）之间，通过工程算例说明取 $\varphi/4$ 作为刚性桩复合地基的附加应力扩散角进行工程校核偏于安全。

八、复合地基沉降简化计算

（一）概述

采用复合地基技术可以提高地基承载力，减小地基沉降。深厚软土地基建筑工程事故不少是由于沉降过大，特别是不均匀沉降过大引起的。不少工程采用复合地基主要是为了减小沉降，因此复合地基沉降计算在复合地基设计中具有很重要的地位。特别是采用按沉降控制设计，沉降计算在设计中的地位就更为重要。但就目前认识水平，复合地基沉降计算水平远低于复合地基承载力的计算水平，也远远落后工程实践的需要。目前，对各类复合地基在荷载作用下应力场和位移场的分布情况研究较少，实测资料更少，复合地基沉降计算理论还很不成熟，正在发展之中。

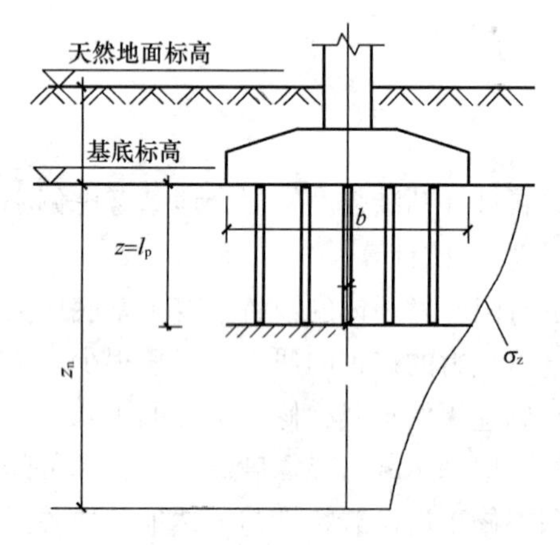

图 5-8　复合地基沉降量计算示意图

在各类实用计算方法中，通常把复合地基沉降量分为两部分，如图 5-8 所示。图中 l_p 为复合地基加固区厚度，z_n 为荷载作用下地基压缩层厚度。复合地基加固区的压缩量记为 s_1，地基压缩层厚度内加固区下卧层厚度为 $(z_n - l_p)$，其压缩量记为 s_2。

在荷载作用下复合地基的总沉降量 s 可表示为两部分之和，即

$$s = s_1 + s_2 \tag{5-49}$$

若复合地基设置有褥垫层，通常认为褥垫层压缩量很小，可以忽略不计。

至今提出的复合地基沉降实用计算方法中，对下卧层压缩量 s_2 大都采用分层总和法计算，而对加固区范围内土层的压缩量 s_1 则针对各类复合地基的特点采用一种或几种计算方法计算。下面首先介绍计算加固区范围内土层压缩量 s_1 的几种主要计算方法，然后介绍下卧层压缩量 s_2 的计算方法。在介绍 s_2 的计算过程中，着重介绍加固区下卧土层上作用荷载或下卧土层中附加应力的计算方法。

（二）加固区土层压缩量 s_1 的计算方法

1. 复合模量法（E_{sp}法）

将复合地基加固区中增强体和基体两部分视为一复合土体，采用复合压缩模量 E_{sp}来评价复合土体的压缩性，并采用分层总和法计算加固区土层压缩量。在复合模量法中，将加固区土层分成 n 层，每层复合土体的复合压缩模量为 E_{spi}，加固区土层压缩量 s_1 表达式为

$$s_1 = \psi_{s1} \sum_{i=1}^{n} \frac{\overline{\sigma_{zi}}}{E_{spi}} H_i \tag{5-50}$$

式中　$\overline{\sigma_{zi}}$——第 i 层复合土层上附加应力平均值；

H_i——第 i 层复合土层的厚度；

ψ_{s1}——复合地基加固区复合土层压缩变形计算经验系数，应按地区实测资料及经验确定。

竖向增强体复合地基复合土压缩模量 E_{spi}通常采用面积加权平均法（等应变法）有关

公式计算。公式（5-50）适用于散体材料桩及柔性桩复合地基 s_1 计算。

2. 应力修正法（E_s 法）

根据桩间土分担的荷载，按照桩间土的压缩模量，采用分层总和法计算加固区土层的压缩量。

当设 $E_{sp}=[1+m(n-1)]E_s$ 时，s_1 可按下式计算：

$$s_1=\psi_{s1}\cdot\mu_s\sum_{i=1}^{n}\frac{\bar{\sigma}_{zi}}{E_{si}}H_i \tag{5-51}$$

式中　μ_s——应力修正系数，$\mu_s=\dfrac{1}{1+m(n-1)}$；

m——桩土面积置换率；

n——桩土应力比；

$\bar{\sigma}_{zi}$——第 i 层复合土层上附加应力平均值；

E_{si}——第 i 层桩间土压缩模量。

因为 $\mu_s\cdot\overline{\sigma_{zi}}$ 表示第 i 层桩间土承担的附加应力平均值 $\overline{\sigma_{zsi}}$，所以该方法称为应力修正法，但其实质与复合模量法相同。

3. 桩身压缩量法（E_p 法）

在荷载作用下，桩身压缩量为

$$s_p=\psi_{s1}\frac{(\mu_p\cdot p+p_{pz})}{2E_p}l_p \tag{5-52}$$

式中　μ_p——应力集中系数，$\mu_p=\dfrac{n}{1+m(n-1)}$；

l_p——桩长，即加固区厚度；

E_p——桩体压缩模量；

p——复合地基上单位面积压力；

$\mu_p\cdot p$——桩顶单位面积压力；

p_{pz}——桩端单位面积承压力（可依 $\mu_p\cdot p$ 及桩侧阻力估算）；

加固区土层压缩量表达式为：

$$s_1=s_p+\Delta \tag{5-53}$$

式中　Δ——桩底端刺入下卧层土体中的刺入量。

若刺入量 $\Delta=0$，则桩身压缩量就是加固区土层压缩量。

采用应力修正法和桩身压缩量法计算时，在选用桩土应力比 n 值时往往遇到困难。桩土应力比的影响因素很多，桩土模量比、置换率、桩长、时间、荷载水平等均对其有较大影响，而且桩中和土体中应力并不是均匀的，桩土应力比只能是个平均的概念，因此，测定很困难。

在桩身压缩量法中，桩端单位面积承压力 p_{pz} 和桩底刺入下卧土层中刺入量 Δ 也很难计算，相比较而言，复合模量法使用比较方便。对刚性桩复合地基沉降也可采用改进的 Geddes 方法计算。总的来说，复合地基加固区压缩量数值不是很大，特别是在深厚软土地基中，加固区沉降所占比例较小，因此加固区压缩量采用上述方法计算带来的误差对工程设计影响不会很大。

《复合地基技术规范》GB/T 50783 建议按下式计算刚性桩复合地基加固区压缩量（s_1）：

$$s_1 = \psi_p \frac{Q \cdot l_p}{E_p \cdot A_p} \tag{5-54}$$

式中 Q——刚性桩桩顶附加荷载（kN）；

l_p——刚性桩桩长（m）；

E_p——桩身压缩模量（kPa）；

A_p——单桩截面积（m^2）；

ψ_p——刚性桩桩身压缩经验系数，综合考虑刚性桩长径比，桩端刺入量，根据地区实测资料及经验确定。

（三）下卧层（加固区下受压土层）压缩变形 s_2 计算方法

1. 计算公式

复合地基加固区下卧层压缩量 s_2 通常采用分层总和法计算，即：

$$s_2 = \psi_{s2} \sum_{i=1}^{n} \frac{\bar{\sigma}_{zi}}{E_{si}} H_i \tag{5-55}$$

式中 n——下卧层计算深度范围内所划分的土层数；

$\bar{\sigma}_{zi}$——下卧层第 i 层土的附加应力平均值；

E_{si}——下卧层第 i 层土的压缩模量；

H_i——下卧层第 i 层土的厚度；

ψ_{s2}——复合地基加固区下卧层压缩变形计算经验系数，根据实测资料及经验确定。

2. 下卧层中附加应力计算

在计算下卧层土层压缩量 s_2 时，作用在下卧层上的荷载和下卧层中的附加应力是比较难以精确计算的。目前在工程应用上，常采用下述几种方法计算。

（1）压力扩散法

若复合地基上作用的附加荷载为 p_0，复合地基加固区压力扩散角为 θ，则作用在下卧土层上的荷载 p_z 可用下式计算（如图 5-9 所示）：

$$p_z = \frac{b \cdot l \cdot p_0}{(b_0 + 2z \cdot \tan\theta)(l_0 + 2z \cdot \tan\theta)} \tag{5-56}$$

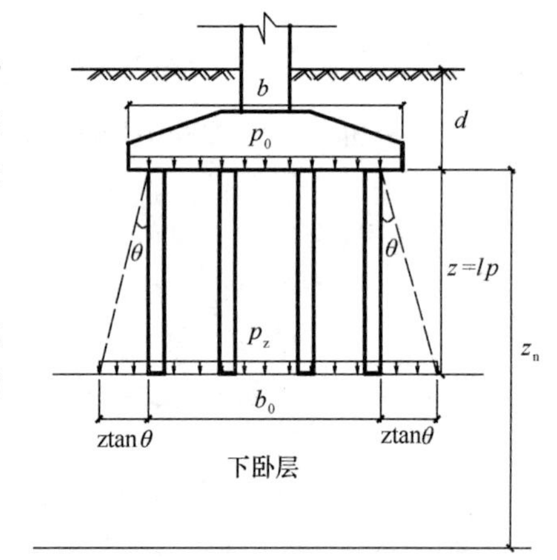

图 5-9　应力扩散法示意图

式中 b——复合地基上荷载作用宽度（m）；

b_0——基础宽度方向桩的外包尺寸（m）；

l——复合地基上荷载作用长度（m）；

l_0——基础长度方向桩的外包尺寸（m）；

z——复合地基加固区厚度（桩长）（m）。

对条形基础，仅考虑宽度方向扩散，上式可以写为：

$$p_z = \frac{b \cdot p_0}{b_0 + 2z \cdot \tan\theta} \tag{5-57}$$

计算出 p_z 后，可以按均质弹性地基计算下卧层中附加应力 σ_z 和 $\overline{\sigma_{zi}}$。

采用应力扩散法计算的关键是压力扩散角 θ 的合理选用，无经验时可依 E_{sp}/E_{s2} 的值参照《建筑地基基础设计规范》GB 50007有关规定（或本书表1-22）近似确定，并应结合工程经验作出判断。表中 $E_{s1}=E_{sp}$，E_{s2} 为下卧层土的压缩模量。应力扩散法适用于 $E_{sp}/E_{s2}\geqslant 3$ 的散体材料桩或柔性桩复合地基。

但应注意的是：将复合地基视为双层地基，有可能低估了下卧层中附加应力值，特别是当 l_p/b 及 E_{sp}/E_{s2} 较大时，在工程上可能偏于不安全，所以应重视压力扩散角的合理选用。

（2）等效实体法

对于刚性桩及半刚性桩复合地基，当桩土置换率 $m\geqslant 20\%$ 时，宜按等效实体法计算下卧层上的附加压力 p_z，具体步骤如下：

将复合地基加固区视为一等效实体深基础，作用在下卧层上的荷载作用面积与作用在复合地基上的相同，如图5-10所示。复合地基上附加压力为 p_0，在等效实体四周作用有侧摩阻力平均值 $\overline{q_s}$，则复合地基加固区下卧土层上附加压力 p_z 可用下式计算：

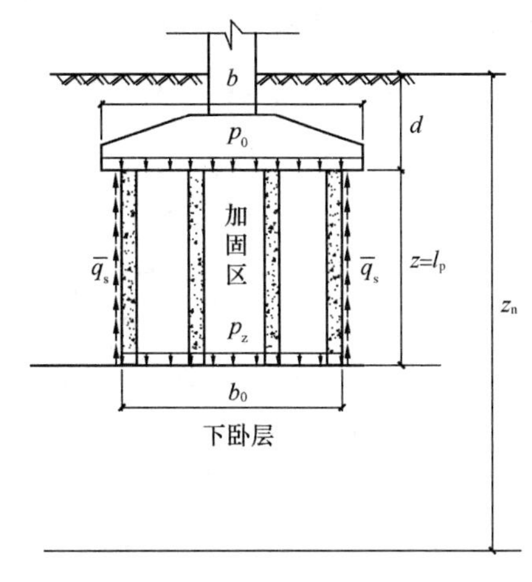

图5-10　等效实体法

$$p_z=\frac{b\cdot l\cdot p_0-2(b_0+l_0)z\cdot\overline{q_s}}{b\cdot l}\tag{5-58}$$

对条形基础，上式可写成：

$$p_z=p_0-\frac{2z}{b}\overline{q_s}\tag{5-59}$$

计算出 p_z 后，可以按均质弹性地基计算下卧层中附加应力 σ_z 和 $\overline{\sigma_{zi}}$。

等效实体法计算关键是 $\overline{q_s}$ 的确定，误差主要来自侧摩阻力 $\overline{q_s}$ 的合理选用，当桩土相对刚度较小时，$\overline{q_s}$ 选取较困难。当缺乏经验时，可近似按桩侧阻力特征值确定，并结合工程经验做出判断。

有工程经验时，对于刚性桩复合地基也可以近似按应力扩散角 $\theta=\varphi_p/4$ 进行 p_z 计算，其中 φ_p 为桩长范围内土层内摩擦角平均值。

（3）改进 *Geddes* 法

复合地基总荷载为 p，桩体承担的荷载为 p_p，桩间土承担的荷载为 $p_s=p-p_p$，桩间土承担的荷载 p_s 在地基中所产生的竖向应力为 σ_{z,p_s}，其计算方法和天然地基中应力计算方法相同，应用布辛奈斯克解。桩体承担的荷载 p_p 在地基中所产生的竖向应力采用 *Geddes* 法计算。然后叠加两部分应力得到下卧层地基中总的竖向应力 σ_z 和 $\overline{\sigma_{zi}}$。再采用分层总和法计算复合地基加固区下卧层土层压缩量 s_2。

改进 *Geddes* 法适用于刚性桩复合地基沉降计算。

（4）有限单元法

复合地基沉降计算也可采用有限单元法计算。在几何模型处理上大致上可以分为两类：一类在单元划分上把单元分为二种，增强体单元和土体单元，并根据需要在增强体单元和土体单元之间设置或不设置界面单元。另一类是在单元划分上把单元分为加固区复合土体单元和非加固区土体单元，复合土体单元采用复合体材料参数。

(四) 规范方法

按《建筑地基处理技术规范》JGJ 79 要求，复合地基沉降可按照《建筑地基基础设计规范》GB 50007 有关规定计算：

$$s=\psi_s(s'_1+s'_2)=\psi_s\left[\sum_{i=1}^{m}\frac{p_0}{E_{spi}}(z_i\bar{\alpha}_i-z_{i-1}\bar{\alpha}_{i-1})+\sum_{j=m+1}^{n}\frac{p_0}{E_{sj}}(z_j\bar{\alpha}_j-z_{j-1}\bar{\alpha}_{j-1})\right] \tag{5-60}$$

式中 s——复合地基最终沉降量（mm）；

s'_1——按分层总和法计算出的复合地基加固区沉降量（为简化计算也可按一层计算或依经验预估）（mm）；

s'_2——按分层总和法计算出的复合地基下卧层沉降量（mm）；

ψ_s——沉降计算经验系数，根据地区沉降观测资料及经验确定，也可按《建筑地基处理技术规范》JGJ 79 或表 5-6 确定；

$z_i(z_j),z_{i-1}(z_{j-1})$——基础底面至第 $i(j)$ 层土、第 $i-1(j-1)$ 层土底面的距离（m）；

$\bar{\alpha}_i(\bar{\alpha}_j),\bar{\alpha}_{i-1}(\bar{\alpha}_{j-1})$——基础底面计算点至第 $i(j)$ 层土、第 $i-1(j-1)$ 层土底面范围内平均附加应力系数，可按 GB 50007 附录采用；

n——地基沉降计算深度范围内所划分的土层数（如图 5-11 所示）；

m——复合地基加固区所划分的土层数；

p_0——对应于荷载效应准永久组合时的基础底面处的附加压力（kPa）；

E_{spi}——复合地基加固区第 i 层的压缩模量（MPa），按《建筑地基处理技术规范》JGJ 79 有关规定计算；

E_{sj}——复合地基下卧层第 j 层土的压缩模量，按实际应力范围取值（MPa）。

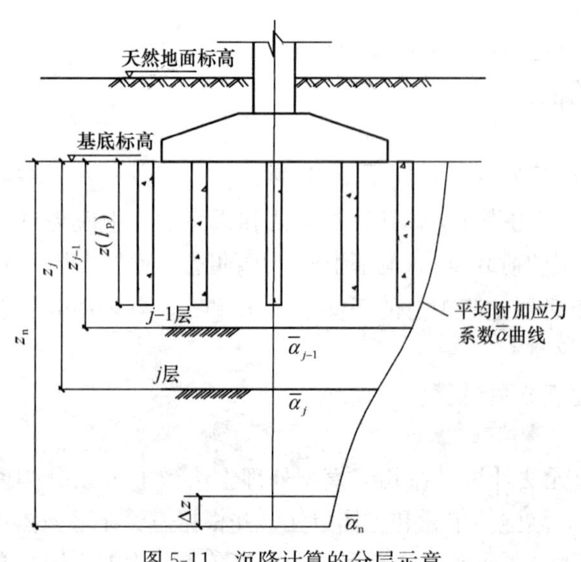

图 5-11 沉降计算的分层示意

复合地基变形计算经验系数 ψ_s[JGJ 79]

表 5-6

$\bar{E}_s$（MPa）	4.0	7.0	15.0	20.0	35.0
ψ_s	1.0	0.7	0.4	0.25	0.2

注：$\bar{E}_s$ 为变形计算深度范围内压缩模量的当量值，应按下式计算：

$$\bar{E}_s=\frac{\sum_{i=1}^{m}A_i+\sum_{j=m+1}^{n}A_j}{\sum_{i=1}^{m}\frac{A_i}{E_{spi}}+\sum_{j=m+1}^{n}\frac{A_j}{E_{sj}}}$$

式中 A_i——加固土层第 i 层土附加应力系数沿土层厚度的积分值；

A_j——加固土层下第 j 层土附加应力系数沿土层厚度的积分值。

九、复合地基稳定分析

（一）复合地基稳定性分析中，采用的稳定分析方法，分析中的计算参数，计算参数的测定方法，稳定性安全系数取值四者应保持一致。目前不少规范规程，特别是商用岩土工程稳定分析软件中不重视上述四者相匹配，使稳定分析失去意义，甚至酿成工程事故，应引起重视。

（二）复合地基稳定性可采用圆弧滑动总应力法进行分析。最危险滑动面上的总剪切力为（T_t），总抗剪切力为（T_s），则稳定性安全系数由下式计算：

$$K=\frac{T_s}{T_t} \tag{5-61}$$

式中　T_t——荷载效应标准组合时最危险滑动面上的总剪切力（kN）；

T_s——最危险滑动面上的总抗剪切力（kN）；

K——安全系数（不小于 1.30）。

（三）复合地基竖向增强体长度应超过与设计要求安全度对应的危险滑动面下 2.0m。

（四）复合地基稳定性分析方法宜根据复合地基类型合理选用。

1. 在散体材料桩复合地基稳定分析中，最危险滑动面上的总剪切力按传至复合地基面上的总荷载确定，最危险滑动面上的总抗剪切力计算中，复合地基加固区强度指标可按面积置换率折算为复合土体综合抗剪强度指标，也可分别采用桩体和桩间土的抗剪强度指标计算；未加固区采用天然地基土体抗剪强度指标。

2. 对柔性桩复合地基可采用上述散体材料桩复合地基稳定分析方法。在柔性桩复合地基稳定分析方法中，视桩土模量比大小对抗力的贡献作适当折减。

3. 在刚性桩复合地基稳定分析中，最危险滑动面上的总剪切力可只考虑传至复合地基桩间土面上的荷载，最危险滑动面上的总抗剪切力计算中，可只考虑复合地基加固区桩间土和未加固区天然地基土体对抗力的贡献，其稳定分析安全系数可适当提高。

（五）采用无配筋的竖向增强体地基处理，其提高稳定安全性的能力是有限的。工程需要时应配置钢筋，增加增强体的抗剪强度；或采用设置抗滑构件的方法满足稳定安全性要求。

十、复合地基动力特性和固结特性

（一）复合地基动力特性

处理后的复合地基可以改善地基的动力特性，提高地基的抗震性能。地基的动力特性表现在地震时饱和松散粉细砂（包括部分粉土）将会产生液化或由于振动荷载或打桩等原因使临近地基产生振动下沉。复合地基抗地震液化的作用表现在以下几个方面。

1. 桩体振挤密实作用

饱和疏松、结构不甚稳定的砂土或粉土等经成桩时的振动、挤实，使原来容易产生液化的疏松土体成为密实土体，减小或消除了其振密性，于以后的地震动作用下不致产生或很少产生超孔隙水压力。

2. 桩体的应力集中效应

由于桩体的刚度和强度均远大于桩间土，当其协调共同工作时，地震剪应力按刚度分配多集中于桩上，桩间土上的地震剪应力随之大为减小，即减弱了作用于土体上使土振密的驱动力强度，也就减小了产生液化的超孔隙水压力。

3. 排水减压的功效

复合地基中的砂石桩为透水性很好的碎石或砾砂或粗砂等构成，为很好的排水减压通道，且随桩距减小，渗水路径相对缩短，可以较快地排水减压，难以聚集形成土体液化的超孔隙水压力。

4. 预震效应

可液化土体不仅松散，且其土粒骨架多属稳定性差的结构，在地震力驱动下极易产生密实趋势，形成较强的超孔隙水压力。但在成桩时的预震后其骨架结构改变为稳定性的结构，提高了抗液化的能力。

5. 桩体约束作用

桩体可限制液化土的侧向流动及下沉，如水泥土桩采用隔栅状布置时，抗液化效果更明显。

（二）复合地基的固结特性

不少竖向增强体或水平向增强体，如碎石桩、砂桩等，都具有良好的透水性，是地基中的排水通道。在荷载作用下，地基土体中会产生超孔隙水压力；由于这些排水通道有效地缩短了排水距离，加速了桩间土的排水固结；桩间土排水固结过程中土体抗剪强度得到增长，而且减少了沉降稳定的时间。散体材料桩固结计算，可参考砂井地基有关规定进行。

第二节　振冲桩复合地基

一、概述

（一）工法简介

振冲桩法是指在振冲器水平振动和高压水的共同作用下，在软弱土层中成孔，然后回填碎石等粗粒料形成桩柱，并和原地基土组成复合地基的地基处理方法。

振冲桩法是以起重机吊起振冲器，启动潜水电机带动偏心块，使振冲器产生高频振动，同时开动高压水泵，使高压水由喷嘴射出，在振冲作用下，将振冲器逐渐沉入土中的设计深度。清孔后即从地面向孔内逐段填入碎石。每一填石段为 30～50cm，不停地投石振冲，经振挤密实达到设计要求后方提升振冲器，再填筑另一桩段。如此重复填料和振密，直到地面，由此在地基中构成大直径的密实碎石桩体，形成桩体与桩间土共同工作的复合地基。建筑物及其承担的荷载即由地基中的碎石桩和振密了的土体共同承担。因此，复合地基的承载力较原松软地基大为提高，而沉降与不均匀沉降将显著地减小。振冲桩法施工过程的示意如图 5-12 所示。

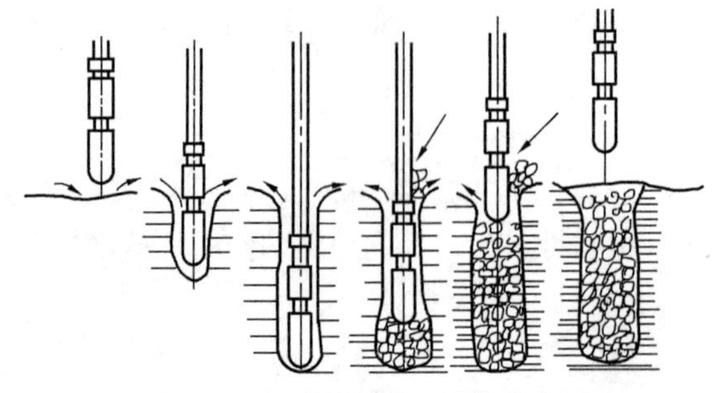

图 5-12　振冲桩法施工顺序示意图

振冲桩法于 1937 年首次用于处理柏林某大楼深达 7m 的松砂地基；20 世纪 50 年代末推广应用于处理软黏土地基。

我国从 1977 年开始引进振冲桩法技术后即获得迅速的推广，目前已大量运用于土建、水利、冶金和交通等工程的地基与土构筑物的加固处理，几乎对各种松软土的处理都可采用这一技术，处理深度达 20m，处理后地基承载力最高可达 400kPa，并广泛应用于可液化地基处理中，成为一种重要的抗液化措施。

（二）加固机理

振冲桩法对不同性质的土层分别具有置换、挤密和振动密实等作用。对黏性土主要起到置换作用，对中密及松散的砂土和粉土等除置换作用外还有振实挤密作用。在以上各种土中施工都要在振冲孔内加填碎石（或卵石等）回填料，制成密实的振冲桩，而桩间土则受到不同程度的挤密和振密。桩和桩间土构成复合地基，使地基承载力提高，变形减少，并可消除土层的液化。

此外，振冲桩法还具有预振效应及排水减压、加速软土排水固结的作用，并能消除膨胀土地基的胀缩变形等。

综上所述，依其加固机理，可将振冲桩法分为：挤密振冲桩复合地基及置换振冲桩复合地基两大类。

（三）适用范围

1. 振冲桩法适用于处理松散砂土、粉土、粉质黏土、素填土和杂填土、粉煤灰等可挤密土层以及可液化地基。对于处理不排水抗剪强度不小于 20kPa 且灵敏度不大于 4 的饱和黏性土和饱和黄土地基，可采用振冲置换法进行处理，并应在施工前通过现场试验确定其适用性。

2. 振冲桩法处理设计目前还处在半理论半经验状态，这是因为一些计算方法都还不够成熟，某些设计参数也只能凭工程经验选定。因此，对大型的、重要的或场地地层复杂的工程，在正式施工前应通过现场试验确定其适用性。

3. 国内外的工程经验证明，振冲桩法用于处理松散砂土及填土地基效果均较好，而软黏土应慎用。

4. 采用振冲法还应考虑振动、噪声、挤土、泥浆排放等对环境的不利影响，当地基土中有难以穿透的较厚砂层或地基承载力较高（如密实砂土、坚硬黏土）也不宜采用振冲桩进行处理。

二、设计

（一）设计要点

1. 主要资料及设计参数

（1）有关建筑物的资料与要求

建筑物的基础类型、建筑物的平面布置图、荷载大小、工程要求（如地基的承载力、稳定性或液化势以及沉降量与不均匀沉降量的限制等）。

（2）加固场地的工程地质勘察资料

各土层的物理力学性质及其指标参数，如各土层层厚及标高、地下水位、土的密度、天然孔隙比、最大（小）孔隙比、含水量、塑限、液限及稠度；压缩模量及竖向、径向固结系数；十字板抗剪强度和各种典型排水条件下土的黏聚力和内摩擦角，以及各土层的承载力特征值等。由此判断采用振冲碎石桩法的可行性及其难易程度；需注意的问题和经济、技术的合理性。

2. 加固范围

振冲桩处理范围应根据建筑物的重要性和场地条件确定，当用于多层建筑和高层建筑时，宜在基础外缘扩大1～3排桩。当要求消除地基液化时，在基础外缘扩大宽度不应小于基底下可液化土层厚度的1/2，且不小于5m。

《复合地基技术规范》GB/T 50783规定：对于置换振冲桩复合地基上的独立基础或条形基础，可仅在基础底面内布桩或适当超出基础底面。

3. 处理深度（桩长）的确定

当相对硬层埋深不大时，应按相对硬层埋深确定；当相对硬层埋深较大时，按建筑物地基变形允许值确定，并应满足软弱下卧层承载力要求；在可液化地基中，桩长应按要求的抗震处理深度确定。桩长不宜小于4m，也不宜大于20～25m。当存在稳定问题时，桩长应穿越潜在滑动面以下不小于2.0m。

4. 桩身直径选择

振冲桩的平均直径可按每根桩所用填料量计算。填料充盈系数β=1.2～1.4。初步设计时可依原土f_{ak}及振冲器型号按表5-7选择。

对于置换振冲桩复合地基，当采用30kW振冲器时，成桩直径约为800mm；55kW约为1000mm；75kW约为1500mm。常用桩直径800～1200mm。振冲桩直径与振冲器功率及土质有关，一般振冲器功率越大，土越松软，成桩直径越大。

桩身直径参考值[12]（m）　　**表5-7**

原土f_{ak}（kPa）	40～80	90～140	150～200	备注
30kW振冲器	1.0～0.9	0.9～0.8	0.8～0.7	桩长≤8m
75kW振冲器	1.5～1.0	1.0～0.9	0.9～0.8	桩长≤20m

5. 桩位布置

对大面积满堂处理，宜用等边三角形布置；对单独基础，宜用正方形、矩形或等腰三角形布置。对条形基础可沿轴线采用单排或多排布置。圆形或环形基础可采用放射状布置。

6. 桩间距

振冲桩的间距应根据上部结构荷载大小和场地土层情况，并结合所采用的振冲器功率大小综合考虑。30kW振冲器布桩间距可采用1.3～2.0m；55kW振冲器布桩间距可采用1.4～2.5m；75kW振冲器布桩间距可采用1.5～3.0m，见表5-8。荷载大或对黏性土宜采用较小的间距，荷载小或对砂土宜采用较大的间距。

桩间距参考值[12]　　**表5-8**

振冲器功率（kW）	30	55	75
桩间距s（m）	1.3～2.0	1.4～2.5	1.5～3.0

对于置换振冲桩复合地基，也可按成桩直径及面积置换率m计算所需的桩间距，m

可采用0.15～0.30。对于挤密振冲桩复合地基，应视砂土颗粒组成、振冲器功率及桩间土挤密要求确定。桩间土密实度要求越高，桩间距越小。对于同一型号振冲器，存在一个最佳振冲间距，并非间距越小加固效果越好。

7. 桩体材料

桩体材料可用含泥量不大于5%的碎石、卵石、角砾、圆砾、粗砂、中砂、石屑、矿渣或其他性能稳定的硬质材料（如碎砖等），不宜使用风化易碎的石料。常用的填料粒径为：30kW振冲器20～80mm；55kW振冲器30～100mm；75kW振冲器40～150mm。

填料的作用，一方面是填充在振冲器上拔后在土中留下的孔洞，另一方面是利用其作为传力介质，在振冲器的水平振动下通过连续加填料将桩间土进一步振挤加密。

只要在振冲桩孔中不发生卡料现象，不影响施工进度，理论上填料粒径愈粗，挤密和成桩效果愈好。桩身填料不宜用单级配石料。R. E Brown（1977）由实践中提出了一个评价石料适用程度的指标——“适宜数”（Suitability number）S_n，其计算式如下：

$$s_n = 1.7\sqrt{\frac{3}{(D_{50})^2}+\frac{1}{(D_{20})^2}+\frac{1}{(D_{10})^2}} \tag{5-62}$$

式中 D_{50}、D_{20}、D_{10}——分别为粒径级配曲线上对应于50%、20%、10%的填料粒径(mm)。

基于适宜数评价石料适用的程度见表5-9。

填料适宜数相应适应程度的类别 **表5-9**

适宜数	0～10	10～20	20～30	30～50	>50
适用程度	很好	好	一般	不好	不适用

在软土中施工，宜选用较大粒径碎石或卵石。为降低工程造价，桩孔填料不仅要易于施工，还要便于就地取材。

8. 桩顶部处理及褥垫层设置

桩顶部约1m范围内，由于所承受地基土的上覆压力小，该处的约束力也就小，制桩时桩体的密实程度很难达到要求。故应于全部振冲碎石桩制筑完毕后，采用振动碾压等方法使之密实。对于小面积的施工场地，不便进行振动碾压，也可将顶部1.0～1.5m段桩体挖除，不过此时需事先留出相应的预留段。不论采用何种方法处理后的复合地基上面一般要铺一层300～500mm厚的砂石垫层，以改善传力条件，使荷载传递较为均匀。垫层材料宜用中砂、粗砂、级配砂石和碎石等，含泥量不应大于5%，最大粒径不宜大于50mm。垫层本身亦需要压实，其夯填度（夯实后厚度与虚铺厚度比值）不应大于0.90。

碎石垫层起水平排水的作用，有利于施工后土层加快固结，另外在碎石桩顶部采用碎石垫层可以起到明显的应力扩散作用，降低碎石桩和桩周围土的附加应力，减少碎石桩侧向变形，从而提高复合地基承载力，减少地基变形量，在大面积振冲处理的地基中，如局部基础下桩间土较软弱时应考虑加大垫层厚度。

9. 复合地基承载力特征值确定

(1) 振冲桩复合地基承载力特征值应通过现场复合地基载荷试验确定，初步设计时也可用单桩和处理后桩间土承载力特征值按下式估算：

$$f_{spk} = mf_{pk} + (1-m)f_{sk} \tag{5-63}$$

$$m = \frac{d^2}{d_e^2} \tag{5-64}$$

式中 f_{spk}——振冲桩复合地基承载力特征值（kPa）；

f_{pk}——桩体承载力特征值（kPa），由单桩竖向抗压载荷试验确定；

f_{sk}——处理后桩间土承载力特征值（kPa），由桩间土地基竖向抗压载荷试验确定；

m——桩土面积置换率；通常取 m=0.10～0.40；

d——桩身平均直径（m）；

d_e——一根桩分担的处理地基面积的等效圆直径（m）。

等边三角形布桩：$d_e=1.13s$

正方形布桩：$d_e=1.13s$

矩形布桩：$d_e=1.13\sqrt{s_1 s_2}$

s、s_1、s_2 分别为桩间距、纵向间距和横向间距。

对中小型工程如无现场载荷试验资料，初步设计时复合地基的承载力特征值也可按下式估算：

$$f_{spk} = [1 + m(n-1)]f_{sk} \tag{5-65}$$

式中 n——桩土应力比，在无实测资料时，对于黏性土可取 2～4，对于砂土、粉土可取 1.5～3.0。原土强度低取大值，原土强度高取小值。

对饱和软黏土也可按下式计算：

$$f_{spk} = [1 + m(n-1)] \cdot 3c_u \tag{5-66}$$

式中 c_u——桩间土不排水抗剪强度（kPa）。

（2）桩体承载力特征值 f_{pk}确定

1）通过单桩载荷试验确定。

2）对黏性土可按散体材料桩近似理论公式计算：

$$f_{pk} = 2c_u \tan^2\left(45° + \frac{\varphi_p}{2}\right) \tag{5-67}$$

或按下式计算：

$$f_{pk} = 20.8c_u/K \tag{5-68}$$

式中 φ_p——桩体材料内摩擦角，对碎石桩 φ_p=35°～45°（一般取 38°）；

c_u——桩间土不排水抗剪强度（kPa）；

K——安全系数，K=2～3。

3）初步设计时也可根据振冲器型号及地基土性状查表 5-10 确定。

桩身强度 f_{pk} 经验值[12]（kPa） **表 5-10**

30kW 振冲器			75kW 振冲器		
软黏土	一般黏土	粉质黏土	软黏土	一般黏土	粉质黏土
300～400	400～500	500～700	400～500	500～600	600～900

（3）桩间土承载力特征值 f_{sk} 确定

1）通过桩间土载荷试验确定。

2）根据原土性状及振冲挤密情况按下式估算：

$$f_{sk} = \alpha \cdot f_{ak} \tag{5-69}$$

式中　α——桩间土承载力提高系数，黏性土 α=1～1.2；粉土、松散砂土、粗粒填土 α=1.2～1.5；原土强度低取大值；

f_{ak}——处理前天然地基承载力特征值（kPa）。

3）依土质条件按当地经验或经现场对比试验确定。

10. 软弱下卧层验算

经振冲处理后的地基，当在桩底以下受力层范围内存在软弱下卧层时（振冲桩未穿透剩余软土层，或其下尚有未加固软土层），尚应验算下卧层的地基承载力。下卧层验算具体方法参见本书第一章内容。

11. 振冲处理地基的沉降计算

（1）振冲处理地基的变形计算应符合现行国家标准《建筑地基基础设计规范》GB 50007 有关规定。具体计算方法详见本章第一节内容。振冲挤密碎石桩复合土层的压缩模量可按下式计算：

$$E_{sp} = [1 + (n - 1)]E_s \tag{5-70}$$

式中　E_{sp}——复合土层压缩模量（MPa）；

E_s——桩间土压缩模量（MPa），宜按当地经验取值，如无经验时，可取天然地基压缩模量。

公式中的桩土应力比，在无实测资料时，对黏性土可取 2～4，对粉土和砂土可取 1.5～3，原土强度低取大值，原土强度高取小值。

（2）复合土层压缩模量 E_{sp} 也可按下式计算：

$$E_{sp} = \frac{f_{spk}}{f_{ak}} \cdot E'_s \tag{5-71}$$

式中　E'_s——处理前天然地基压缩模量（MPa）。

由于碎（砂）石桩向深层传递荷载的能力有限，当桩长较大时，复合地基的地基变形计算，不宜全桩长加固土层压缩模量采用统一的放大系数。桩长超过 $12d$ 以上的下部加固土层压缩模量的取值，对于砂土、粉土宜按挤密后桩间土的模量取值；对于黏性土不宜考虑挤密效果，但有经验时也可按排水固结后检验的桩间土的模量取值。

（3）对振冲置换砂石桩复合地基，复合土层压缩模量也可按下式计算：

$$E_{sp} = m \cdot E_p + (1 - m)E_s$$

式中　E_p——桩体压缩模量（MPa）。

（二）振冲密实碎石桩抗液化设计

1. 振冲密实碎石桩复合地基抗地震液化功效

（1）振冲碎石桩振挤密实作用

饱和疏松、结构不甚稳定的砂土或粉土等经振冲碎石桩的振动、挤实，使原来容易产生液化的疏松土体成为密实土体，减小或消除了其振密性，于以后的地震动作用下不致产生或很少产生超孔隙水压力。

（2）碎石桩的应力集中效应

由于碎石桩体的刚度和强度均远大于桩间土，当其协调共同工作时，地震剪应力按刚度分配多集中于碎石桩上，桩间土上的地震剪应力随之大为减小，即减弱了作用于土体上使土振密的驱动力强度，也就减小了产生液化的超孔隙水压力。

（3）排水减压的功效

复合地基中的碎石桩为透水性很好的碎石或砾砂或粗砂等构成，为很好的排水减压通道，且随桩距减小，渗水路径相对缩短，可以较快地排水减压，难以聚集形成土体液化的超孔隙水压力。

（4）预震效应

可液化土体不仅松散，且其土粒骨架多属稳定性差的结构，在地震力驱动下极易产生密实趋势，形成较强的超孔隙水压力。但在振冲的预振后其骨架结构改变为稳定性的结构，提高了抗液化的能力。

由于振冲碎石桩复合地基具有上述抗地震液化的多种功效，已广泛作为一种抗液化的重要工程措施，国内外采用这种抗液化措施的许多工程都取得成功，具有良好的效果。实践证明，振冲碎石桩复合地基确实具有抗地震液化的显著功效。

2. 抗地震液化设计步骤及要求

设计框图如图 5-13 所示。

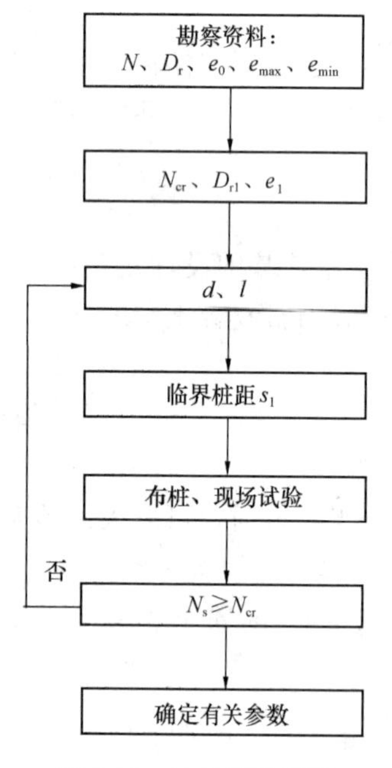

图 5-13 液化设计框图

采用振冲碎石桩处理可液化地基时，应处理至液化深度下限；处理后桩间土的标准贯入锤击数不宜小于《建筑抗震设计规范》GB 50011 规定的液化判别标准贯入锤击数的临界值，即要求

$$N_s \geqslant N_{cr} \tag{5-72}$$

式中 N_s——处理后桩间土标贯击数，依挤密后桩间土经现场经验确定；

N_{cr}——液化判别标准贯入锤击数的临界值。

在地面下 20m 深度范围内，可按下式计算：

$$N_s = N_0\beta[\ln(0.6d_s + 1.5) - 0.1d_w]\sqrt{3/\rho_c} \tag{5-73}$$

式中 N_{cr}——液化判别标准贯入锤击数临界值；

N_0——液化判别标准贯入锤击数基准值，可按表 5-11 采用；

d_s——饱和土标准贯入点深度（m）；

d_w——地下水位（m）；

ρ_c——黏粒含量百分率，当小于 3 或为砂土时，应采用 3；

β——调整系数，设计地震第一组取 0.80，第二组取 0.95，第三组取 1.05。

液化判别标准贯入锤击数基准值 N_0[抗震规范] **表 5-11**

设计基本地震加速度（g）	0.10	0.15	0.20	0.30	0.40
液化判别标准贯入锤击数基准值	7	10	12	16	19

具体设计步骤如下：

（1）按《建筑抗震设计规范》GB 50011 有关要求，确定液化判别标贯击数临界值（N_{cr}）；

（2）依对比试验或当地经验确定振冲挤密后桩间土相对密度 D_{r1} 或孔隙比 e_1，D_{r1} 一般可取 0.70～0.85，e_1 可依 D_{r1} 反算或根据要求的 N_{cr} 值依对比试验确定。

（3）抗液化振冲碎石桩布置

桩径选择及桩位布置要求如前述，当采用振冲桩挤密大面积松砂地基时，采用等边三角形布桩挤密效果较好。

桩距可依布桩形式按下式计算：

等边三角形布桩：

$$s_1 = 0.95\xi \cdot d\sqrt{\frac{1+e_0}{e_0-e_1}} \tag{5-74}$$

或

$$s_1 = 0.95\xi \cdot d\sqrt{\frac{\rho_{d1}}{\rho_{d1}-\rho_{d0}}} \tag{5-75}$$

正方形布桩：

$$s_1 = 0.89\xi \cdot d\sqrt{\frac{1+e_0}{e_0-e_1}} \tag{5-76}$$

或

$$s_1 = 0.89\xi \cdot d\sqrt{\frac{\rho_{d1}}{\rho_{d1}-\rho_{d0}}} \tag{5-77}$$

地基挤密后要求达到的孔隙比：

$$e_1 = e_{max} - D_{r1}(e_{max} - e_{min}) \tag{5-78}$$

式中　s_1——抗液化临界桩距（mm）；

d——振冲桩直径（mm）；

ξ——修正系数，当考虑振动下沉密实作用时，可取 1.1～1.2；不考虑振动下沉密实作用时，可取 1.0；

e_0——地基处理前砂土的孔隙比，可按原状土样试验确定，也可根据动力或静力触探等对比试验确定；

e_{max}、e_{min}——砂土的最大、最小孔隙比，可按现行国家标准《土工试验方法标准》GB/T 50123 的有关规定确定；

ρ_{d0}——地基处理前桩间土的天然干密度（kN/m^3）；

ρ_{d1}——设计要求桩间土的干密度（kN/m^3）；

D_{r1}——桩间土经挤密后要求达到的临界相对密度，可取 0.70～0.85。

实际工程中，只要勘察报告给出原土孔隙比 e_0，最大、最小孔隙比 e_{max}、e_{min} 以及桩间土振密后抗液化临界孔隙比 e_1 即可估算出抗液化临界桩距 s_1，设计的振冲桩桩距 $s \leqslant s_1$ 即可。有经验时，也可依 N_{cr} 及天然砂土层标贯击数 N_0 查图 5-14 确定振冲碎石桩面积置换率 m，进一步确定桩径 d 及桩距 s_1。

（4）桩身填料量估算

为了保证桩间土挤密效果及振冲桩本身的密实度，桩身每延米填料量应满足下式要求

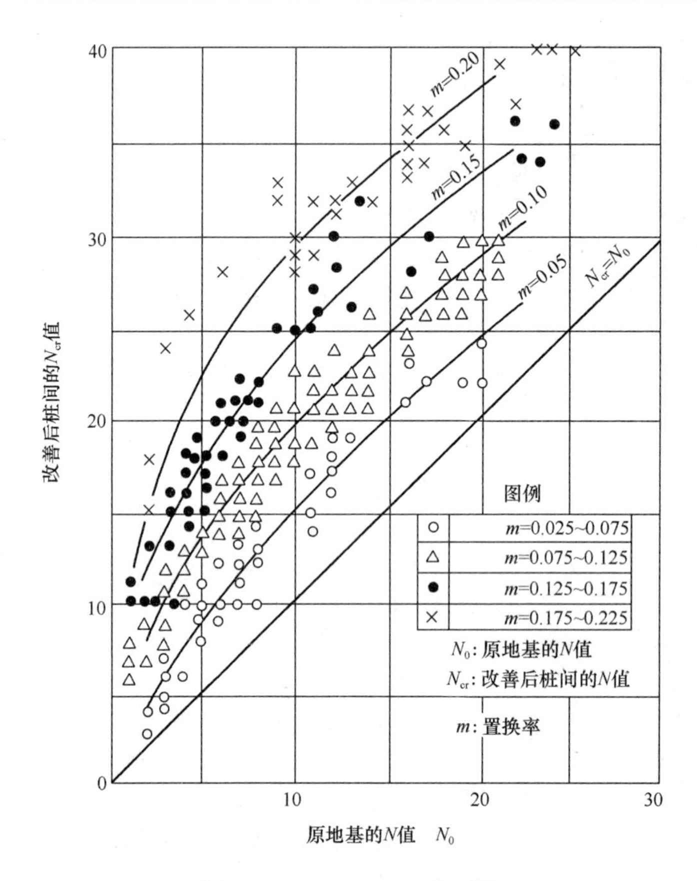

图 5-14 $N_{cr}-N_0-m$ 关系图

$$V_P \geqslant \beta \cdot \frac{e_0 - e_1}{1 + e_0} A_e \tag{5-79}$$

式中 V_P——桩身每延米填料量（m^3）；

β——充盈系数，可取 1.2～1.4；

e_0——地基处理前砂土的孔隙比，可按原状土样试验确定，也可根据动力或静力触探等对比试验确定；

e_1——地基挤密后要求达到的孔隙比；

A_e——一根砂石桩分担的处理地基面积。

3. 抗地震液化设计讨论

碎(砂）石加固后的可液化地基，在地震时，地震剪应力是由碎（砂）石桩和桩间土共同承担的，并且碎（砂）石桩的剪切刚度大于同面积的桩间土的剪切刚度，地震剪应力会在桩身发生应力集中现象，也就意味着在同样地震烈度作用下桩间土所承受的剪应力会较未经碎（砂）石桩加固的地基大大减少。此外，碎（砂）石桩桩体还加速了地震引起的超静孔隙水压力的消散，使液化的可能性大为降低。因此，采用天然地基抗液化判别式计算所得到的液化判别标准贯入锤击数临界值 N_{cr}，显然是偏于安全的。

由于未考虑振冲碎石桩本身抗液化功效，因此上述仅按桩间土挤密效果进行振冲碎石桩抗液化设计是偏于保守的。

何广讷[19]建议按下式计算振冲碎石桩复合地基的液化判别临界标贯击数 $(N_{cr})_F$，即

$$(N_{cr})_F = \frac{0.57k_1 \cdot k_2}{1+m(n-1)}\left(\frac{1}{m \cdot I}\right)^{\frac{1}{2}} \cdot N_{cr} \tag{5-80}$$

要求

$$N_s \geqslant (N_{cr})_F \tag{5-81}$$

式中　$(N_{cr})_F$——按功效当量标贯法确定的碎石桩复合地基抗液化判别临界标贯击数；

N_{cr}——按《建筑抗震设计规范》GB 50011 确定的液化判别标贯击数临界值；

k_1——桩体应力集中效应的分项安全系数（1.1～1.3）；

k_2——综合安全系数（1～1.5）；

m——桩土面积置换率；

n——桩土应力比；

I——地震烈度（I=7～9 度）。

为简化计算笔者建议也可按面积加权平均法计算复合地基标贯击数实测值，即

$$N = m \cdot N_p + (1-m)N_s \tag{5-82}$$

式中　N_p——桩身标贯击数；

N_s——振密后桩间土标贯击数。

要求 $N \geqslant N_{cr}$。

（三）设计算例

1. 建筑条件

某 10 层办公楼为框架结构，采用柱下筏片基础，基础埋深自现地坪下 2.0m，基底面积 24m×46m，基底平均压力 p_k=180kPa。

2. 土质条件

土层	参数	厚度
①杂填土	γ=16.7kN/m³	0.8m
②淤泥质粉质黏土	w=38%　γ=17.8kN/m³　e=1.08　I_p=14.3　I_L=1.12 φ=10°　c=26kPa　E_s=3.7MPa　f_{ak}=70kPa	1.0m
③粉质黏土	w=29.4%　γ=19.5kN/m³　e=0.81　I_L=0.90　E_s=5.2MPa φ=20°　c=6kPa　I_p=13.4　f_{ak}=120kPa	6.0m
④粉砂	w=24%　γ=20kN/m³　e=0.67　E_s=10MPa φ=25°　N=4　f_{ak}=140kPa	4.0m
⑤粗砂	$N_{63.5}$=8　φ=31°　E_0=19MPa　f_{ak}=320kPa	

3. 设计计算

根据本书附录 C 散体材料桩及柔性桩复合地基通用设计流程图进行设计。

（1）确定复合地基承载力特征值 f_{spk}

根据 $p_k \leqslant f_a$ 即

$$f_{spa} = f_{spk} + \eta_d \gamma_m (d - 0.5) \geqslant p_k = 180\text{kPa}$$

而 $$\gamma_m = \frac{16.7 \times 0.8 + 17.8 \times 1.0 + 19.5 \times 0.2}{2.0} = 17.53\text{kN/m}^3$$

∴ $$f_{spk} \geqslant p_k - 1.0 \times 17.53 \times 1.5 = 180 - 26.3 = 153.7\text{kPa}$$

取 $$f_{spk} = 160\text{kPa}$$

（2）确定桩径 d，桩长 l_p

采用 55kW 振冲器，查表 5-7，可取 d=1.0m；桩长 l_p=10.0m，桩端落在土层⑤上，f_{ak}=320kPa。

（3）确定桩间土承载力特征值 f_{sk} 及桩土应力比 n

处理后桩间土承载力 f_{sk} 可取天然土地基承载力特征值 f_{ak}=120kPa；桩体填碎石，根据表 5-4，桩土应力比 n 取 2～4。

（4）桩土面积置换率 m 计算

1）按 $m = \dfrac{(f_{spk} - f_{sk})}{(n-1) f_{sk}}$ 计算

根据 f_{sk}=120kPa；取 n=3 及 f_{spk}=160kPa，查本书附表 E-5，得 m=0.17。

2）按 $m = \dfrac{(f_{spk} - f_{sk})}{(f_{pk} - f_{sk})}$ 计算

根据 f_{spk}=160kPa，查表 5-10 取 f_{pk}=500kPa；f_{sk}=120kPa，查本书附表 E-6，得 m=0.11。

3）综合 1）、2）计算结果，取 m=0.17 进行布桩。

（5）桩距计算及布桩

依 m=0.17 查本书附表 E-7，正三角形满堂布桩，α_s=2.31；桩距 $s = \alpha_s \cdot d$=2.31×1.0=2.31m，按 s=2.0m 布桩如图 5-15 所示。

（6）软弱下卧层验算及沉降计算（略）。

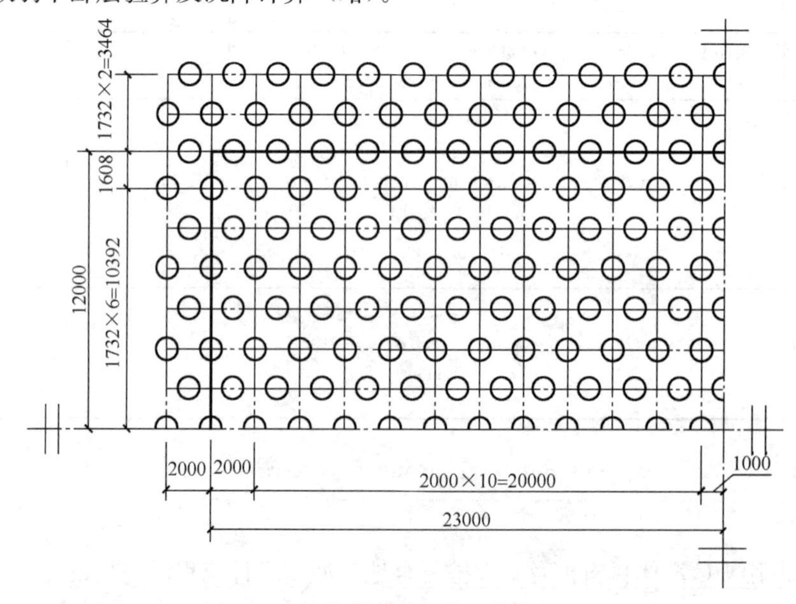

图 5-15　桩位布置平面图（单位：mm）

三、施工

振冲碎石桩复合地基的施工，包括施工机具与设备、施工前的准备工作，施工工艺、施工中的质量控制以及施工中常见问题的处理等。

(一) 施工机具与设备

振冲施工主要的机具与设备为振冲器、起吊机械、供水系统、排污系统、填料机械、电控系统以及维修机具等。振冲施工应根据荷载大小、原土性状、桩长等选用不同功率振冲器。升降振冲器的机械可采用起重机、自行井架式施工平车等；施工设备应配有电流、电压及留振时间自动信号仪表，具体要求如下：

1. 振冲器

振冲器是利用自激振动配合高压水冲击进行作业的工具，是振冲施工的核心设备如图 5-16 所示。

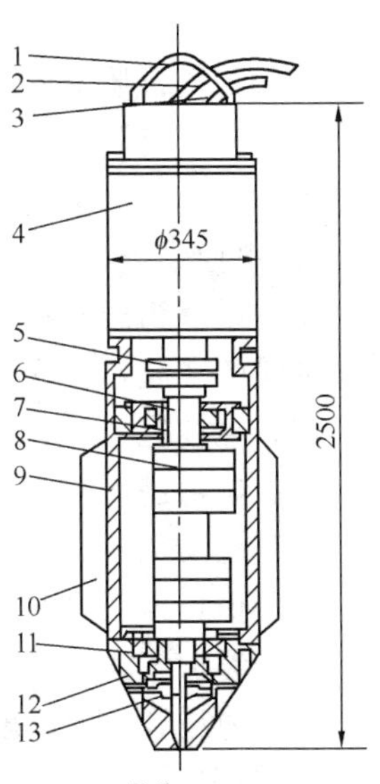

图 5-16　振冲器的构造示意图
1—吊具；2—水管；3—电缆；4—电机；5—联轴器；6—轴；7—轴承；8—偏心块；9—壳体；10—翅片；11—轴承；12—头部；13—水管

振冲器的工作原理是依靠电机运转，带动偏心块产生离心力使壳体产生水平振动，并借助射水冲力下沉成孔，在振密桩身填料的同时，使桩间粗粒土也得到振动挤密。

目前国内振冲器型号见表 5-12 和表 5-13。

振冲器主要技术参数　　表 5-12

型　号	电机功率 (kW)	电机转速 (r/min)	偏心力矩 (N·m)	激振力 (kN)	头部振幅 (mm)	外形尺寸 (mm)	质量 (kg)
ZCQ13	13	1450	14.9	35	3	φ273×1965	540
ZCQ30	30	1450	38.5	90	4.2	φ351×2150	940
ZCQ55	55	1460	55.4	130	5.6	φ351×2790	1130
ZCQ75C	75	1460	68.3	160	6.5	φ426×3162	1800
ZCQ75Ⅱ	75	1460	68.3	160	7.5	φ402×3084	1600

大功率振冲器主要技术参数　　表 5-13

型　号	电机功率 (kW)	振动频率 (Hz)	激振力 (kN)	头部振幅 (mm)	外形尺寸 (mm)	质量 (kg)
ZCQ100A	100	24.6	190	7	φ402×3215	1180
ZCQ125A	125	24.6	220	6	φ402×3850	2320
ZCQ180A	180	24.6	300	7	φ402×4470	2820

振冲施工选用振冲器要考虑设计荷载的大小、工期、工地电源容量及地基土天然强度的高低等因素。30kW 功率的振冲器每台机组约需电源容量 75kW，其制成的碎石桩径约 0.8m，桩长不宜超过 8m，因其振动力小，桩长超过 8m 加密效果明显降低；75kW 振冲器每台机组需要电源电量 100kW，桩径可达 0.9～1.2m，振冲深度可达 20m。目前国内

已开发出 90kW 大功率振冲器及双向振动的振冲器，并在工程中应用，使振冲法应用范围更加广阔，成桩质量更加可靠。

在邻近既有建筑物场地施工时，为减小振动对建筑物的影响，宜用功率较小的振冲器。

2. 电控系统

电控系统为振冲施工的主要设备体系之一，担负着整个场地的施工供电，还具有控制施工质量的功能，主要由三部分组成。

(1) 电控柜

电控柜由进户电源、继电器、各种按钮、磁力起动器以及指示灯等主要部件组成。

(2) 起动柜

起动柜是为克服振冲器起动时电压过高，而采用自耦变压器进行振冲器降压起动。

(3) 保护装置

主要为过载保护、短路保护、欠压保护以及漏电保护等装置。

3. 给水设备

由于振冲作业需用大量水冲，而且水压较高，故振冲施工中一般采用二级供水系统。一级为自水源至施工用水箱，二级为由水箱至振冲器。一级供水采用潜水泵，二级供水采用多段清水泵。

施工中要求供水泵供水量为 15～25m^3/h，潜水泵的扬程根据水源距离远近选择，清水泵的出口水压要求 400～1000kPa。供水压力的调节系采用人工控制回水大小来实现。

4. 起吊设备

起吊设备可用汽车吊、履带吊或自行井架式专用车（如图 5-17 所示），抗扭胶管式专用汽车（如图 5-18 所示）。有的单位亦采用扒杆打桩机等。汽车吊操作灵活、移动方便、起升高度范围大，可适应不同桩长的需要，采用的较多，8～25t 汽车吊可振冲 5～20m

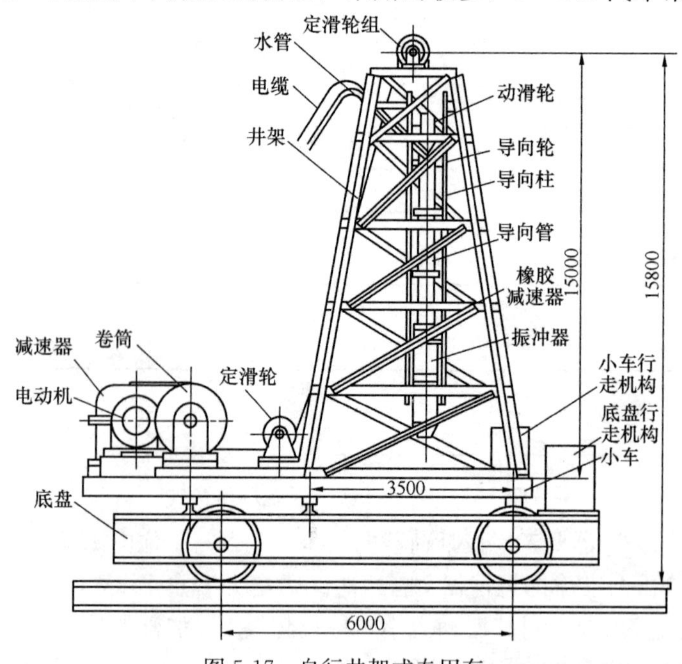

图 5-17　自行井架式专用车

长桩。

通常 30kW 振冲器采用 16t 吊，75kW 振冲器采用 20t 吊。

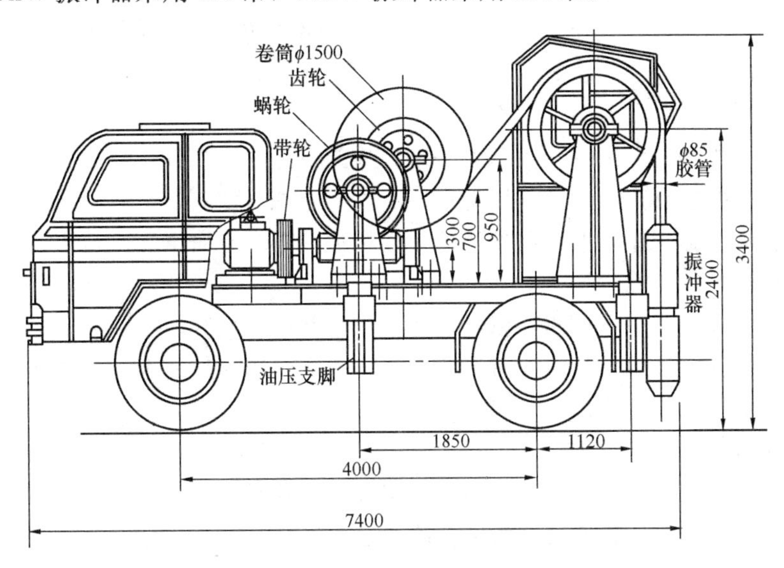

图 5-18　抗扭胶管式专用汽车

5. 装载机

装载机主要用于制桩填料，一般斗容量为 1.0～2.0m^3。30kW 振冲器可配 0.5m^3 以上的装载机，75kW 振冲器宜配 1.0m^3 以上的装载机。孔口填料除装载机外宜辅以人工下料。

6. 排污系统

振冲作业产生大量污水，影响周围环境和施工场地。为满足环保要求与文明施工，必须在施工设计中安排好排污系统，满足环保要求。应根据现场情况挖掘排污沟渠、集污池、储放污泥坑或运送到指定地点等。需根据排浆量和排浆距选用合适的排浆泵，宜准备多台不同规格的污水泵或泥浆泵。施工现场宜设置沉淀池，重复使用上部清水。

（二）施工前准备工作

1. 首先对施工现场进行勘察，了解其地形、地物等情况。尤其注意地下有无障碍物，能否清除或处置，以便顺利地进行“三通一平”。

施工现场的“三通一平”是指通水、通电、通料和平整场地，以保证正式施工顺利进行。电源、水源均需接到场地附近。

（1）通水

由于振冲施工需用大量的水，同时产生大量的泥浆污水，所谓通水就是既要保证供应充足的用水，又要及时将污水排走，故需根据现场具体情况，设置相应的给水系统与排污系统。同时施工时应尽可能设置泥浆沉淀池，以重复使用上部清水。

（2）通电

电源电量应满足振冲器、供水泵、污水泵及照明要求。电压为 380±20V，电压过低或过高都会影响施工或损坏振冲器的潜水电机。为保证施工质量，电源电压低于 350V 应停止施工。

（3）通料

为使振冲施工顺利进行不发生停工待料的现象，于加固区附近应设置若干个堆料场。料场的位置既要满足由料场至各施工点的运距短，又要防止运料路线干扰施工作业。各料场需备有足够的填料，并配备足够的运料工具。

（4）场地平整

场地平整，指场地清理并使其基本平整、道路畅通。当场地土质过软，可铺以适当的垫层，使施工机械能够行走。若遇场地地下有障碍物如大块石、巨大的建筑垃圾等，必须清除，否则它们会影响振冲器的工作，甚至损坏振冲器，有时会无法贯入，难以施工。

2. 成桩试验

施工前尚应在现场进行试验，以确定有关施工参数。

振冲碎石桩施工技术参数主要有造孔电流、造孔水压、加密电流、加密水压、留振时间、填料量和加密段长度等。

（1）造孔电流与造孔水压

造孔电流和造孔水压为造孔阶段给定的电流、水压值。这两个参数与土层软硬情况、振冲器功能大小等有关，它们关系着造孔能否顺利进行。

一般条件下30kW振冲器的造孔电流可选为50～60A，造孔水压可为400～600kPa。75kW振冲器的造孔电流可为100～140A，造孔水压为400～800kPa。土层硬者取大值，软者取小值。最后由试桩试验确定。

（2）加密电流和加密水压

加密电流和加密水压是碎石桩加密碎石所采用的电流值与水压值。一般情况下30kW振冲器的加密电流值为45～60A，加密水压值为400～600kPa；55kW振冲器加密电流为75～85A，加密水压值为400～600kPa；75kW振冲器加密电流为80～100A，加密水压值为400～600kPa。

（3）留振时间

为保证加密段的碎石密实度确实达到设计的要求，防止由于振冲器瞬时较快地进入石料并产生瞬时电流高峰，从而发出达到密实要求的虚假信号；再者，对于振挤密实砂土来说，当达到规定的加密电流后还需一定的留振时间，使地基中的砂土于振冲下形成足够大的液化区，停振后砂粒将重新排列致密；至于振冲置换的碎石桩也需在达到规定的加密电流后，再留振一定时间方能将桩体石料振挤密实，故在获得加密电流达到规定数值的信号后，仍将振冲器停留原位继续加密一段时间。该时间即称为留振时间，一般为10～20s。

（4）加密段长度

加密段长度为每段填料加密的长度，是控制碎石桩体密实度的重要参数之一。一般加密段长度为300～500mm，即每成桩300～500mm留振10～20s。

（5）填料量

填料量是指每米桩长平均填入碎石的方量，与桩径、土的软硬情况、加密电流、加密水压等有关。一般每延米桩的填料量不小于0.9m^3，每次填料厚度不宜大于0.5m。施工时加填料不宜过猛，原则上应“少吃多餐”，即要勤加料，但每批不要加的太多。实际成桩时桩底部用料量会比其他桩段增多。

试桩时基于上述参数的经验值，拟定几个可采用的数值进行试桩。根据试桩结果分析，优化出正式施工作业所采用的合理数据。

（三）施工步骤及技术要求

1. 振冲桩法施工作业步骤可分为造孔、清孔、填料和振密等，具体要求可按下列步骤进行：

（1）清理平整施工场地，布置桩位；桩位放线偏差不宜超过 20mm。

（2）施工机具就位，使振冲器对准桩位。有条件时可在桩点安放钢护筒。

（3）启动供水泵和振冲器，水压可用 200～600kPa，水量可用 200～400L/min，将振冲器徐徐沉入土中，造孔速度宜为 0.5～2.0m/min，直至达到设计深度。记录振冲器经各深度的水压、电流和留振时间。接近孔底应降低水压，防止破坏桩底土，维持孔口有一定回水即可。

（4）造孔后边提升振冲器边冲水直至孔口，再放至孔底，重复两三次扩大孔径并使孔内泥浆变稀，开始填料制桩。

（5）大功率振冲器投料可不提出孔口，小功率振冲器下料困难时，可将振冲器提出孔口填料，每次填料厚度不宜大于 50cm。将振冲器沉入填料中进行振密制桩，当电流达到规定的密实电流值和规定的留振时间后，将振冲器提升 30～50cm。填料成桩分连续下料法及间断下料法。对软黏土不宜采用连续加料，应经常上提振冲器清孔，即先护壁后成桩。

（6）重复以上步骤，自下而上逐段制作桩体直至孔口，记录各段深度的填料量、最终电流值和留振时间，并均应符合设计规定。

（7）关闭振冲器和水泵。

振冲桩施工工艺流程图如图 5-19 所示。

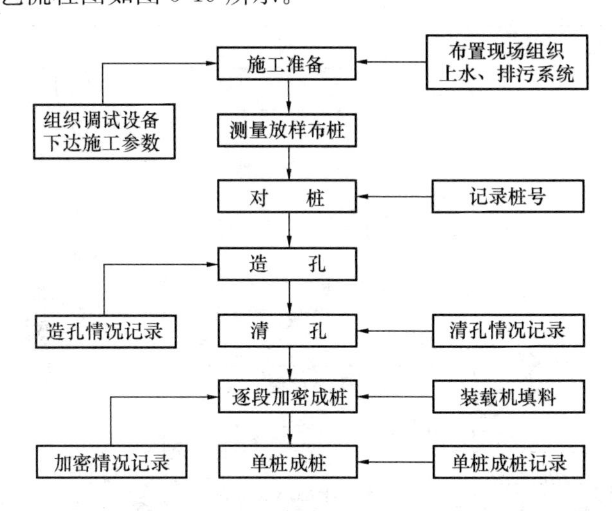

图 5-19　振冲桩施工工艺流程图

2. 为了保证桩顶部的密实，振冲前开挖基坑时应在桩顶高程以上预留一定厚度的土层。一般 30kW 振冲器应留 0.7～1.0m，75kW 应留 1.0～1.5m。当基槽不深时可振冲后开挖。

（四）施工顺序

振冲桩一般采用“由里向外”顺序施工，如图 5-20（*a*）所示，或“由一边向另一边”的顺序施工，如图 5-20（b）所示。这种顺序易挤走部分软土，便于制桩。若“由外向里”制桩，则中心区制桩即很困难。

在强度较低的软土地基中施工时，为减少制桩过程对桩间土的扰动，宜采用间隔振冲的方式施工，如图 5-20（c）所示，或采用分期加固。

当振冲加固区毗邻其他建筑物时，为减少对建筑物的振动影响，可按图 5-20（d），先从邻近建筑物的一边逐步向外推移施工。必要时可采用功率小的振冲器如 ZCQ-30 振冲器振冲靠近建筑物的边桩。

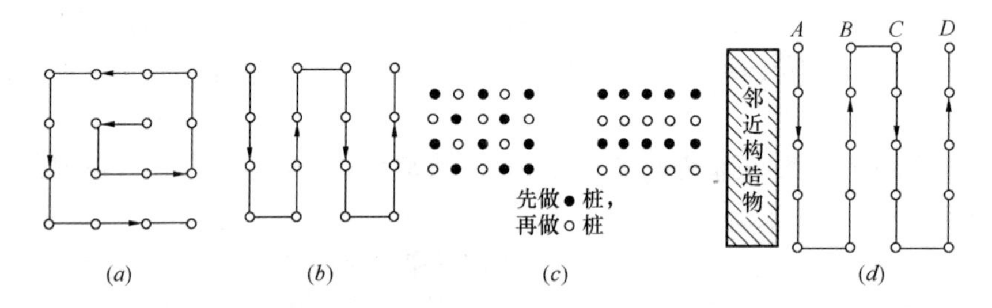

图 5-20　施工顺序示意图

（a）由里向外方式；（b）一边推向另一边方式；（c）间隔跳打方式；（d）减小对临近建筑物振动影响的施工顺序

（五）施工中常见问题的处理

施工中常出现的一些问题及其产生的原因，以及相应的处理方法，简要地归纳于表 5-14。

施工常见问题及处理　　表 5-14

类别	问　题	原　因	处理方法
成孔	①振冲器下沉速度太慢	土质硬，阻力大	①加大水压；②使用大功率振冲器
	②振冲器造孔电流过大	①贯入速度过快；②振动力过大；③孔壁土石坍塌造成	①减慢振冲器下沉速度；②减小振动力
	③孔口不返水	①水量不够；②遇强透水层	①加大水压；②穿过透水层
填料	石料填不下去	①孔口太小	①清孔；②把孔口土挖除
		②一次加料太多，造成孔道堵塞	①加大水压，提拉振冲器，打通孔道；②每次少加填料，做到“少吃多餐”
		③地基有流塑性黏土造成缩孔堵塞孔道	①先固壁，后填料；②采用强迫填料工艺（75kW 振冲器）
加密	①振冲器电流过大	间断填料，上部形成卡壳	①加大水压、水量，慢慢冲开堵塞处；②每次填料要少；③采用连续填料工艺
	②密实电流难达到	①土质软；②填料量不足	①续填料振密；②提拉振冲器加速填料

（六）注意事项

1. 振冲施工时应注意振动对周围建筑物及地下管网的不利影响，振动影响安全距离$\geqslant$3m，必要时应采用防振措施。

2. 振冲施工应控制施工速度，必要时应采取防挤土措施。

四、质量检验和工程验收

振冲桩质量检验和工程验收应按《建筑地基处理技术规范》JGJ 79 和《建筑地基基础工程施工质量验收规范》50202 有关要求进行，具体要求如下：

（一）施工前

施工前应检查振冲器的性能，电流表、电压表的准确度及填料的性能。

（二）施工中

1. 施工中应检查密实电流、供水压力、供水量、填料量、孔底留振时间、振冲点位置、振冲施工参数等（施工参数由振冲试验或设计确定）。

2. 检查振冲施工各项施工记录，如有遗漏或不符合规定要求的桩或振冲点，应补做或采取有效的补救措施。

（三）施工后

施工结束后，应在有代表性的地段做地基强度或地基承载力检验。具体要求为：

1. 振冲施工结束后，应间隔一定时间后方可进行质量检验。对粉质黏土地基间隔时间可取 21～28d，对粉土地基可取 14～21d，对砂土和杂填土不宜小于 7d。

2. 振冲桩的施工质量检验可采用单桩载荷试验，检验数量为桩数的 0.5%，且不少于 3 根。对碎石桩体检验可用重型动力触探进行随机检验。对桩间土的检验可在处理深度内用标准贯入、动力触探、十字板剪切、静力触探等进行检验。检测数量不应少于桩孔总数 2%且不宜少于 6 组。桩身密实度及桩间土加固效果评价应经对比试验或当地经验确定，或参考表 5-15 按重型动力触探锤击数判定桩身密实度。

桩身密实度判定标准　　表 5-15

$N_{63.5}$	>15	10～15	7～10	5～7	<5
密实程度	很密实	密实	较密实	不够密实	松散

3. 振冲处理后的地基竣工验收时，承载力检验应采用复合地基载荷试验。

4. 竣工验收时，复合地基载荷试验检验数量不应少于总桩数的 1.0%，且每个单体工程不应少于 3 点。

（四）质量检验标准

振冲地基质量检验标准应符合表 5-16 的规定。

振冲地基质量检验标准[30]　　表 5-16

项	序	检查项目	允许偏差或允许值		检查方法
			单位	数值	
主控项目	1	填料粒径	设计要求		抽样检查
	2	密实电流（黏性土） 密实电流（砂性土或粉土） （以上为功率 30kW 振冲器） 密实电流（其他类型振冲器）	A A A_0	50～55 40～50 1.5～2.0	电流表读数 电流表读数，A_0 为空振电流
	3	地基承载力	设计要求		按规定方法

续表

项	序	检查项目	允许偏差或允许值		检查方法
			单位	数值	
一般项目	1	填料含泥量	%	<5	抽样检查
	2	振冲器喷水中心与孔径中心偏差	mm	≤50	用钢尺量
	3	成孔中心与设计孔位中心偏差	mm	≤100	用钢尺量
	4	桩体直径	mm	<50	用钢尺量
	5	孔深	mm	±200	量钻杆或重锤测

注：主控项目除承载力及桩身强度检验数量为总桩数的0.5～1.0%且不少于3根外，其他主控项目和一般项目可随意抽查，但桩身质量至少抽查20%。

五、工程实录

(一) 振冲法在软弱杂填土地基中的应用[12]

1. 工程概况及工程地质条件

(1) 工程概况

场地原为养鱼池，近1～2年填平。拟建建筑为4幢5～6层砖混住宅。

(2) 工程地质条件

① 杂填土：很湿～饱和，含有碎砖、粉质黏土、炉灰渣、塑料袋、布条、生活垃圾，承载力较低，厚1.5～7.20m。

② 粉质黏土：饱和，中压缩性，含5%左右2～10mm砾石，$f_{ak}=137$kPa。

③ 全风化泥岩：稍湿、稍密，风化裂隙极发育，用手可捻成粉末状，遇水软化，$f_{ak}=150\sim250$kPa。

④ 强风化泥岩：稍湿、密实、坚硬，手可折断，裂隙较发育，$f_{ak}=250\sim500$kPa。

2. 振冲加固设计

依场地土质条件，重点对①杂填土进行加固处理，要求处理后复合地基承载力 $f_{spk}\geqslant180$kPa。

设计振冲桩平均桩径不小于0.9m。据以往的施工经验，采用条形基础下单排布桩，独立基础下梅花形或矩形布桩的布桩形式，根据《建筑地基处理技术规范》JGJ 79：

$$f_{spk}=mf_{pk}+(1-m)f_{sk} \quad \text{(例 1-1)}$$

式中 f_{spk}——地基经振冲加固后复合地基承载力特征值（kPa）；

f_{pk}——碎石桩体承载力特征值（kPa）；

f_{sk}——桩间土承载力特征值（kPa）；

m——面积置换率，$m=\dfrac{A_p}{A_e}$；

A_p——桩截面面积（m^2）；

A_e——单桩所分担的加固面积（m^2）。

对该地基加固工程，按设计要求 $f_{spk}=180$kPa，取 $f_{pk}=420$kPa，$f_{sk}=70$kPa，则 $m\geqslant0.31$。本工程按置换率 $m\geqslant0.31$ 控制桩距，$s=1.3\sim1.5$m。桩打至 $f_{ak}=137$kPa 的粉质黏土层，桩长 $l_p=4.5\sim6.0$m。

3. 振冲加固施工

（1）施工机械

本工程有二套机组同时施工，主要机械设备见例表 1-1。

主要机械设备表　　例表 1-1

设备名称	振冲器	吊车	装载机	清水泵	污水泵	滑水泵	电控设备
型号	ZCQ30	QY16T QY20T	ZL20A ZL30A	22kW	3.0kW	2.5kW	
数量	3（台）	2（台）	2（台）	2（台）	5（台）	2（台）	2（套）
备注	一台备用						

（2）施工技术参数的确定

地基振冲加固施工技术参数的确定，直接关系到地基加固质量，因此，施工技术参数选择是否合理，将成为地基振冲加固的首要问题。本工程为安全起见，根据现场试桩情况确定如例表 1-2 所示的施工技术参数。

施工技术参数　　例表 1-2

类　　别	造孔水压（MPa）	造孔电流（A）	加密水压（MPa）	加密电流（A）	填料量（m^3/m）
数量	0.5～0.6	60	0.4	55	1.04

由上述施工技术参数可知，平均填料量为 1.04m^3/m，按 0.7 系数折算成密实桩体计算，平均桩径可达 0.96m，超过设计桩径，满足设计要求。为保证桩体加密质量和均匀性，每个加密段不大于 0.3m。

4. 加固效果检测及试验结果分析

（1）检测试验

地基振冲加固效果检测方法较多，但是，目前最能反映实际结果的检测方法为静载荷试验法。本工程采用了直径 1.4m 的大压板，进行了复合地基静荷载试验，试验结果如例图 1-1 所示。

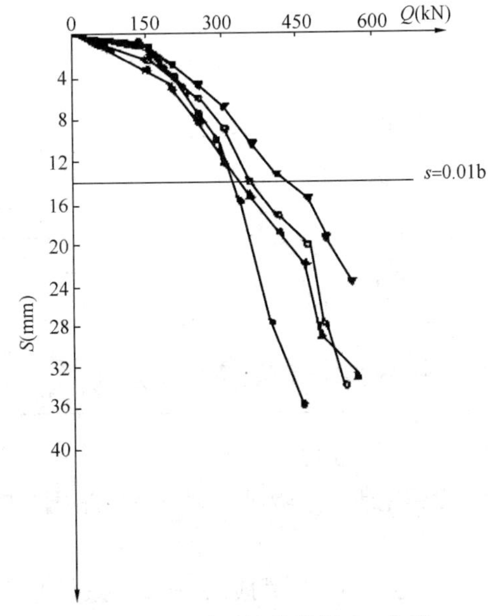

例图 1-1　碎石桩静载荷 Q-s 曲线

（2）试验结果分析

例图 1-1 所示的 Q-s 曲线表明，Q-s 曲线为一比较平缓的曲线，无明显拐点，故该场地复合地基承载力应按荷载板的沉降比控制，为安全起见，取复合地基承载力特征值：

$$f_{spk}=f_{0.01b}$$

式中　$f_{0.01b}$——对应荷载板沉降比 $s/b=0.01$ 时的复合地基承载力；

s——荷载板的沉降量（mm）；

b——圆形荷载板直径（mm）。

由例图 1-1 所示试验结果可得：

$$f_{spk}=233\text{kPa}$$

四个试验结果 f_{spk} 最大相对误差为 27.68%＜30%，故试验结果均有效。

（3）地基加固后实际承载力的估算

由于荷载板直径为 1.4m，桩径按设计桩径 0.9m 计算，桩间土 f_{sk} 取 70kPa，则 $m=0.42$，又 $f_{spk}=233.44$kPa，将上述结果代入式（例 1-1），则 $f_{pk}=459.1$kPa。

实际设计复合地基的 $m=0.31$，则由式（例 1-1），实际复合地基承载力设计值 $f_{spk}=190.6$kPa＞180kPa，满足设计要求。

（二）振冲法在淤泥质土中的应用[12]

1. 前言

某中学建筑物结构形式为五层砖混结构，局部大厅为框架结构，基础为毛石砌体的条形基础。由于场地天然地基主要属淤泥质土和淤泥软土地基，其承载能力不能满足上部建筑的要求，因此必须进行地基加固处理。

2. 场地工程地质概况

建设场地地势平坦，属于海相沉积层、阶地地貌类型，地层情况自上而下见例表 2-1。

工程地质一览表 **例表 2-1**

层号	工程地质	层厚（m）	层底深度（m）	描　述	承载力特征值 f_{ak}（kPa）
1	表土	0.5～1.5	1.0	黑褐色至黄褐色，主要由黏性土及粉细砂组成，含有大量碎石、淤泥及植物根	—
2	淤泥质粉土	0.7～1.9	2.5	呈褐色至蓝灰色，粉土及淤泥组成。湿、疏松，偶含亚圆状砾石	60～80
3	砾砂	0.8～1.0	3.5	呈褐至黑褐色，砾石为石英质，含量 80%，粒径 5～10mm，粒间填砂及淤泥	180
4	淤泥	1.0～1.8	4.2	呈黑色，含水量极高，呈流塑状态	40
5	淤泥质土	1.0～1.7	5.5	呈蓝灰至黑褐色，含水量约 40%，呈软塑状态	70
6	淤泥质粉土	0.6～1.8	6.5	呈褐至蓝灰色，由粉土及少少量淤泥组成，呈稍湿～湿，砂质稍密	80～100
7	粉土	1.9～3.7	8.8	呈黄褐色，主要由粉细砂及少量黏性土组成，含水量 35%～25%，偶含砾石，较密实	120～150
8	粉质黏土	＞7.5	16.5 未钻透	呈黄褐色，黏性好，含水量约 25%，呈硬塑～可塑状态	200

3. 地基处理方案选择

曾后先研究过数种处理方案，根据当时客观实际条件经筛选，确定两个可行方案进行比较：

第一方案：采用预制桩（摩擦桩）方案，需要总桩数为 420 根，桩的打入深度为 19m。需投资 160 万元。

第二方案：采用振冲置换法方案，需要制作碎石桩 584 根，处理深度 7.5m（其中部分护桩为 5m），经处理后的复合地基承载可达 200kPa，需投资 80 万元左右。

经比较可见，第二方案比第一方案具有诸多的优越性：

（1）就地取材方便，不需要钢筋、水泥等外运材料，只需要当地到处可见的海卵石及砂砾石。

（2）振冲置换法的施工用水．可以采用海水。

（3）振冲置换法不需要桩的预制过程，因此施工的时间短。

（4）振冲置换法处理后的地基，上部结构可以使用毛石基础，不需要钢筋混凝土的承台梁。

（5）振冲置换法可以节省投资近 50%（80 万元）。

分析研究后，采用第二方案——振冲置换法进行该工程地基处理。

4. 加固设计

（1）布桩方案

1）布桩形式：教学楼工程为条形基础，因此沿建筑物轴线单排布桩，间距 $s=1.6$m。局部独立基础采用了三角形布桩。考虑到场地上部土质较弱，为了保证加固效果布置了部分护桩。

2）桩长：碎石桩长度系根据工程地质剖面图确定：主桩要进入到第七层粉土中，故确定桩长自地表算起为 7.5m，护桩为 5.0m。

3）毛石基础最小宽度宜≥1.0m。

（2）加固效果测算

碎石桩径 $d=1.1$m；碎石桩间距 $s=1.6$m；碎石桩承载力 $f_{pk}=450$kPa；桩间土承载力 $f_{pk}=60$kPa。

由以上条件则得：置换率 $m=0.373$，复合地基承载力特征值 f_{spk}按下式计算：

$$
\begin{aligned}
f_{spk} &= m \cdot f_{pk} + (1-m) \cdot f_{sk} \\
&= 0.373 \times 450 + (1-0.373) \times 60 \\
&= 205.5\text{kPa}
\end{aligned}
$$

取 $f_{spk}=200$kPa。

5. 加固施工

（1）施工机具

施工中使用的主要机械设备如下：75kW 振冲器(型号 BJ-75)1 台；25t 汽车吊(北京三菱 15T)1 台；装载机(ZL30)1 台；高压水泵(D25-30×5×7)1 台；电器控制箱 1 套；泥浆泵 3 台(其中 2 台备用)；潜水泵 1 台；电焊机(20kVA)1 台；其他配套设备 1 套。

（2）施工方法

本工程施工采用连续填料施工方法。首先根据建设单位提供的位置坐标控制点，测放出轴线和桩位，由吊机起吊振冲器，对准桩位后启动振冲器，利用振冲器本身的自重和强力振动，再加上高压水冲作用进行造孔。当造孔达到设计要求深度后，清孔二次，然后由装载机开始连续回填碎石料。自控系统自动发出密实信号后，吊机操作人员方可起拔振冲器，再进行下一段次的加密。这样逐段加密，逐段起拔（每次加密段长为 300～500mm），直至孔口成桩。

（3）质量控制方法及标准

碎石桩质量控制的主要依据是加密电流的大小，加密电流的变化可直接影响到桩体的密实程度和成桩直径的大小。

本工程所使用的加密电流控制是一套自动控制系统，它可以排除人为因素，为成桩质量提供了可靠的保证。

在本工程的实际施工中，根据工程地质条件和设计要求，结合电压变化情况，加密电流控制在 80～85A 之间。

施工控制参数：造孔水压：0.7MPa；加密水压：0.5MPa；造孔电流：＜150A；加密电流：85A；留振时间：10s；平均填料量：≥1.5m^3/m。

6. 加固效果检验

静载试验结果见例表 2-2。

静载试压结果 **例表 2-2**

试验组号	复合地基承载力特征值 f_{spk}（kPa）	备　注
1	279	
2	240	
3	243	
平均值	254	

试验结论：本次试验振冲加固复合地基承载力的特征值可取：f_{spk}＝250kPa。试验证明，实际复合地基承载力超过了原设计的复合地基承载力，完全满足设计要求。

（三）秦皇岛港务局十八层综合办公楼地基振冲法加固工程

1. 工程概况

秦皇岛港务局综合办公楼位于河北省秦皇岛市海滨路，是一幢 18 层建筑物，主楼 16 层，地下室 2 层，高 60m，采用框剪结构，箱型基础。基础埋深为地面下 6m，基底面土为淤泥、粉质黏土、黏质粉土和粗砂。地基土采用振冲碎石桩加固。

2. 工程地质条件

场地地基土分为 6 层，其主要物理力学指标见例表 3-1。地下水位在地表下 0.4～0.8m 之间。

场地土主要力学指标 **例表 3-1**

土层名称	厚度 H(m)	底层埋深(m)	承载力特征值 f_{ak}(kPa)
①杂填土（以黏土为主，含大量碎砖、煤渣）		0.6～1.2	
②粉细土（稍密～中密）	5.0	4.5～6.1	150
③$_1$ 淤泥及淤泥质粉质黏土（流塑）	3.0	8.0～10.0	60
③$_2$ 粉质黏土（可塑，中等压缩性）			160
③$_3$ 黏质粉土（可塑，中等压缩性）			180
④粗砂（松散，含砾砂、中砂、细砂）	4.0	13.2～15.2	160
⑤粗砂（含砾砂及粉质黏土）	8.0	23.2～25.1	350
⑥风化花岗岩（中～强风化）			500

3. 设计计算

综合办公楼地面以上 16 层，地下室 2 层，地基承载力设计值为 350kPa。

据例表 3－1，④层以下地基承载力已达 350kPa。④层土为粗砂，采用振冲法加密，承载力能达到 350kPa。据设计，基础埋深在地表下 6m，正好落在③层土上，而③层土的地基承载力均小于 350kPa，能否将③层土加固后承载力提高到 350kPa 是地基加固的关键。

对于③$_2$ 层粉质黏土，其承载力特征值为 160kPa，取桩土应力比 $n=4$。当置换率为 $m=0.4$ 时，可按下式计算出复合地基承载力

$$f_{spk}=[m(n-1)+1]f_{sk}$$

式中 f_{spk} 及 f_{sk} 分别为复合地基及原状土的承载力特征值。计算得复合地基承载力为 352kPa，满足 350kPa 的要求。③$_3$ 层黏质粉土承载力特征值为 180kPa，按 $m=0.4$ 设计，振冲后的复合地基承载力亦可满足要求。③$_1$ 层淤泥承载力特征值仅为 60kPa，考虑到淤泥在地基表层，分布范围小，且厚度仅有 0～1.5m，振冲置换后即使达不到要求，留下的淤泥数量很小，处理也容易进行。权衡利弊，以不挖深为佳。

设计桩距，主桩按 2.1m 正方形布桩，桩长从地表计为 14.5～15.5m，桩底穿过④层粗砂层达到⑤层粗砂。副桩在主桩正方形中心处，桩长 10m，穿透③层进入④层粗砂。基础外缘布两排护桩，第一排桩长 14m，第二排桩长 11m。主桩和副桩因开挖深度达 6.5m，故地面下 5m 以内的桩体不加密，护桩加密到地面作为基坑开挖的护坡桩。另外，根据设计要求，为满足置换率 $m=0.4$，③层土中碎石桩直径≥1.10m。

4. 施工方法

因加密粗砂层，30kW 振冲器难以贯入，本工程采用 ZCQ-75 型大功率振冲器施工。施工顺序为先打护桩，后打主、副桩。在基础内施工采用跳打，即隔一排，打一排，先打周围四根主桩，再打中间副桩。

质量控制标准主要依据加密电流值和填料量。通过试验确定加密电流值为 80A，填料量因地质条件变化而不同，一根桩的最大填料量可达 $37m^3$，最小仅为 $10m^3$。平均桩径大于 1.10m。

5. 质量检验

地基加固工程结束后，采用重型Ⅱ动力触探进行桩身及桩间土加固效果检验。

基坑开挖后，进行静载试验，得③$_2$ 粉质黏土层复合地基承载力特征值为 337kPa，考虑开挖深度 6.5m，地下水位接近地表，经修正后大于设计值 350kPa，满足设计要求。

大楼于 1994 年 5 月封顶，施工中实测沉降量 20mm。考虑前期和后期沉降，最终沉降量按 40mm 计算。地基变形模量大于 25MPa，说明加固处理是成功的。采用大功率振冲器通过增大置换率形成的复合地基，可作为高层建筑地基。

（尤立新、韦伟、邱大进，1995，第四届全国地基处理学术讨论会论文集）

（四）干振碎石桩加固杂填土地基

1. 工程概况

某六层砖混结构，建筑面积 $3188m^2$，该楼的条形基础位于厚 2～4m 的杂填土地基上，经现场勘察，其天然地基承载力特征值为 105kPa，不能满足设计要求的 180kPa，地基需加固处理。

经方案论证，决定采用干振碎石桩加固地基，该楼为首次采用干法振动加固地基的试点工程。该楼地基加固工程于1982年上半年完成，1983年工程竣工交付使用。从实际使用情况来看，地基加固效果良好。

2. 工程地质条件

根据勘察结果，场地地基土从上至下分为以下三层：

① 填土：深度0～－4.0m，以生活垃圾和建筑垃圾为主。

② 砂砾石、卵石层：深度－4.0～－10.8m，冲积形成，矿物成分由石英、长石、片麻岩、花岗岩碎屑组成。

③ 安山岩：顶部为1.0m强风化层，其下风化较弱。

3. 加固设计

按设计要求，地基承载力特征值需达180kPa。加固方案选定为在条形基础范围内打设干振碎石桩，条基宽度1.0～1.2m，正三角形布桩，桩距1.10～1.20m，设计要求每根桩都穿透杂填土层，打至砂砾石、卵石层上。

该综合楼共制桩550根，每根桩平均加固地基1.18m^2，基础底面下平均桩长为2.3m。

4. 施工方法

施工前，首先进行现场勘察，然后进行场地平整、放线、平面布桩。由于是第一项试点工程，振孔器为45kW试验样机，吊车为起重力80kN的轮胎式起重机。填料为当地河卵石，自然级配。

制桩顺序为：依靠振孔器自重力和激振力挤土成孔→向孔内倒入填料→用振孔器振捣填料，直至桩顶。

施工中应严格控制保证加固地基质量的“三要素”——密实电流、留振时间和填料量。成孔和振捣填料时，密实电流控制在80～100A，振捣填料的留振时间为10～15s，每米桩长平均填料0.17m^3，成孔速度控制在0.5～1.0m/min，振捣速度为0.5～0.8m/min。

5. 质量检验

（1）载荷试验

载荷试验采用平板加荷装置，荷载板为1.20m×1.20m（如例图4-1所示）；加荷为重量420kg相同规格的钢锭；观测系统采用百分表，载荷板四角各安装一个百分表。实测天然地基和复合地基在各级荷载下所对应的沉降量见例表4-1。

各级荷载对应的沉降量 **例表4-1**

天然地基		复合地基	
荷载 p (kPa)	沉降量 s (mm)	荷载 p (kPa)	沉降量 s (mm)
47	1.272	51	0.476
74	5.180	77	1.868
100	10.160	103	3.868
126	22.706	129	4.317

续表

天然地基		复合地基	
荷载 p (kPa)	沉降量 s (mm)	荷载 p (kPa)	沉降量 s (mm)
		156	5.752
		182	7.254
		209	9.120
		233	12.250
		260	12.965
		286	14.934
		308	15.562

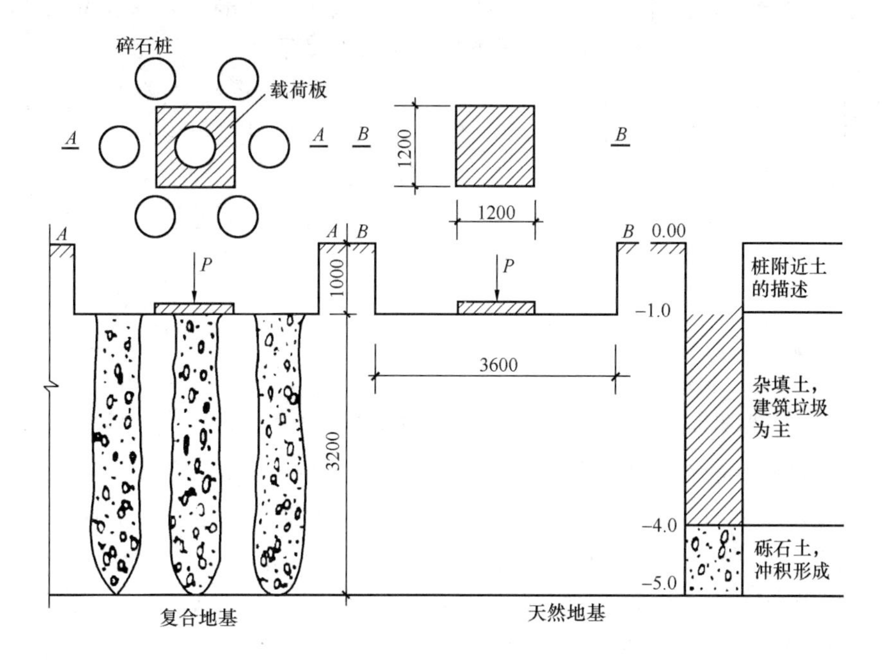

例图 4-1　载荷试验平面图

从例表 4-1 可见，复合地基比天然地基承载力有明显提高。因试验中荷重不够，复合地基荷载试验没有达极限荷载。取 $s/b=0.01$ 所对应的荷载作为地基土的承载力特征值，从而求得：天然地基 $f_{ak}=105$kPa；复合地基 $f_{spk}=230$kPa>180kPa。

（2）沉降观测

从 1982～1984 年，历时三年，对该工程进行了 6 次沉降观测，实测最大沉降量 26mm，最小沉降量 23mm，外形观察无异常变形。这说明，干振加固工程是成功的。

6. 技术经济效果

采用干振法加固地基，克服了振冲法排污造成的不便，与大面积换土或混凝土桩对比，可加快施工进度，节约大量水泥和钢材。加固每平方米地基，干法振动加固地基的费用是换土法的 18%～38%，是灌注桩法的 35%～60%。

（刘亚庄，1990，干法振动加固地基，北京：原子能出版社）

(五) 振冲法处理可液化地基

1. 工程概况

本工程为某计算中心的两幢大楼，位于河北省石家庄北部滹沱河河漫滩上。场地属 7 度烈度地震区。根据勘探和试验结果，判别地基砂层为可液化土，为此需进行处理。设计要求地基承载力从原有的 120kPa 提高至 180kPa 并消除砂层液化。选用加填料的振冲密实法加固。共完成振冲孔 1212 孔，总进尺 6257.2m，用去卵、碎石填料 3125.8m^3。振冲施工于 1980 年 2 月 11 日开始至同年 5 月 1 日结束，历时 81 天。

2. 土层分布

地表以下顺序为第一层厚 2.5～3.5m 粉细砂，D_{10}、D_{50}、D_{60} 分别为 0.09、0.22 和 0.25mm，天然孔隙比 0.84，标贯击数 4～13 击；第二层厚 0.4～2m 中砂，标贯击数 3～13 击；第三层厚 1.1～3.5m 中密细砂，标贯击数 6～24 击；第四层厚 0.5～1.0m 粉质黏土；第五层稍密至中密的中砂，厚度不详，标贯击数 7～19 击。地下水位在－3.2～－3.6m 处，平均－3.4m，但在上游水库放水时，上升幅度很大。

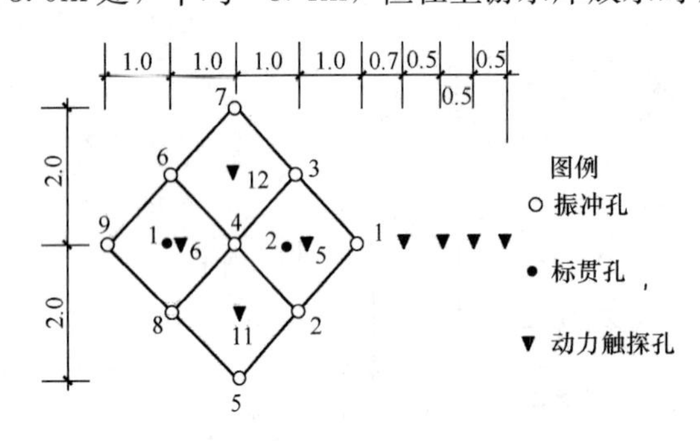

例图 5-1　振冲孔和试验孔的布置

3. 施工概况

施工前在甲楼区进行了试验。通过试验选定孔距 2m、排距 1m 的等腰三角形布置。加固深度穿过第三层，约 6m 左右。用 ZCQ-30 型振冲器施工，规定密实电流为 55～60A，水压 450kPa。填料为粒径 0.5～10cm 的碎石和 0.5～5cm 的卵石。

试验区布置 9 个振冲孔。振冲前后用标准贯入和动力触探两种试验检验振密效果。振冲孔和试验孔的布置如例图 5-1 所示，施工情况统计见例表 5-1，振冲前后桩间土标贯击数变化示于例图 5-2 中。此外，在桩间砂和碎石桩顶面上还进行了载荷试验，圆形压板，直径 0.7m，压板底面位于原地面以下 1.5m 处。压力沉降关系线见例图 5-3，荷载加到 700kPa 碎石桩和桩间砂均未达到极限状态。由例图 5-3 可见经振冲密实后，地基承载力有明显提高，例如压力 200kPa 以下，未经处理的砂层沉降量为 1.86cm，而在处理后碎石桩和桩间砂的对应沉降量分别为 0.09cm 和 0.33cm。在进行载荷试验的同时，还取样测定了砂层的容重和孔隙比，测定结果见例表 5-2。从该表可见处理后的细砂孔隙比均小于 0.70，已属密实状态。

振冲孔施工情况统计　　　　例表 5-1

孔号	孔深 (m)	造孔时间 (min)	制桩时间 (min)	填料量 (m^3)	每米桩长填料量 (m^3/m)
1	5.0	23	17	3.6	0.72
2	4.9	16	15	3.6	0.73
3	5.0	22	12	3.6	0.72
4	5.2	9	9	2.6	0.50
5	5.0	9	12	2.9	0.58

续表

孔号	孔深 (m)	造孔时间 (min)	制桩时间 (min)	填料量 (m^3)	每米桩长填料量 (m^3/m)
6	4.9	10	13	2.4	0.49
7	4.9	8	10	2.4	0.49
8	5.0	8	13	2.6	0.52
9	5.3	7	12	2.4	0.45

注：孔号1～3表层有0.5m冻土，水压250kPa；孔号4～9表层有0.5m冻土，水压450kPa。

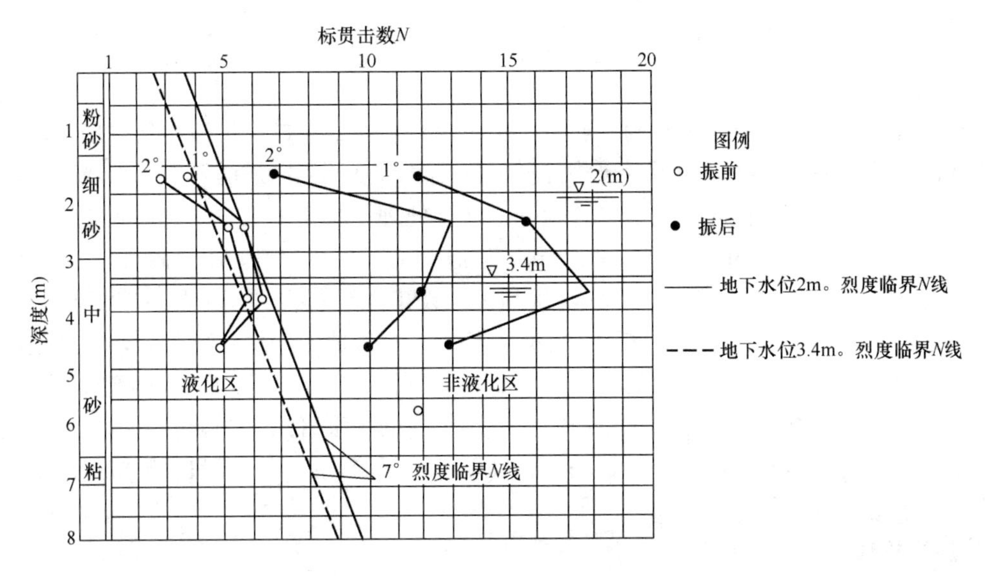

例图 5-2　振冲前后桩间土标贯击数

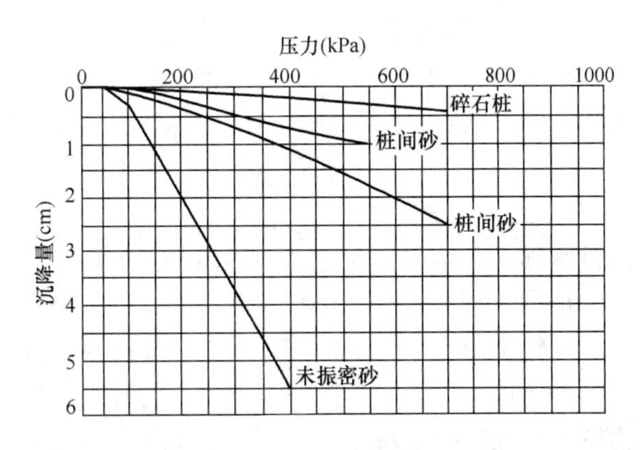

例图 5-3　压力～沉降关系曲线

细砂的干重度和孔隙比　　**例表 5-2**

试坑编号	Ⅰ	Ⅱ	Ⅲ	Ⅳ
土样来源	桩间细砂	桩侧细砂	未处理细砂	桩间细砂
干重度（kN/m^3）	15.9	16.9	14.5	16.0
孔隙比	0.679	0.599	0.841	0.669

4. 效果及评价

施工检验结果表明振密后标贯击数在各深度上的平均值最小 9.5 击，最大 15 击，均超过《工业与民用建筑抗震设计规范》（TJ 11—74）关于 7 度地震烈度时所要求的临界击数。

（康景俊，1980，水电部北京勘测设计院施工总结）

第三节　砂石桩复合地基

一、概述

（一）工法简介

碎石桩、砂桩和砂石桩总称为砂石桩，又称粗颗粒土桩。砂石桩法是指采用振动、冲击或水冲等方式在地基中成孔后，再将碎石、砂或砂石挤压入已成的孔中，形成砂石所构成的密实桩体，并和原桩周土组成复合地基的地基处理方法。

碎石桩最早在 1835 年由法国在 Bayonne 建造兵工厂车间时曾使用；砂桩技术自 20 世纪 50 年代引进我国后，在交通、土建及水利等建设工程中都得到了应用。砂石桩法早期主要用于挤密砂土，随着研究和实践的深化，特别是高效能专用机具出现后，应用范围不断扩大。为提高其在黏性土中的处理效果，砂石桩填料由砂扩展到砂、砾及碎石。

砂石桩的施工方法多种多样，目前国内应用较多的是沉管法（振动或锤击）、振冲法、锤击夯扩等方法。本节重点介绍沉管法砂石桩复合地基的设计、施工和质量检验。振冲桩法详见本章第二节。

（二）加固机理

砂石桩用于松散砂土、粉土、黏性土、素填土及杂填土地基，主要靠桩的挤密和施工中的振动作用使桩周围土的密度增大，从而使地基的承载能力提高，压缩性降低。国内外的实际工程经验证明砂石桩法处理砂土及填土地基效果显著，并已得到广泛应用。

砂石桩处理可液化地基的有效性已为国内外不少实际地震和试验研究成果所证实。

砂石桩法用于处理软土地基，国内外也有较多的工程实例；但应注意由于软黏土含水量高、透水性差，砂石桩很难发挥挤密效用，其主要作用是部分置换并与软黏土构成复合地基，同时加速软土的排水固结，从而增大地基土的强度，提高软基的承载力。

综上所述，砂石桩的加固机理主要有：挤密、置换、排水、垫层和加筋。对于粉土和砂土主要是挤密；而对于黏性土由于桩间土挤密效果不明显，因此砂石桩的置换作用是主要的。对于用砂桩处理的砂土地基，二者均属同类土料，物理、力学指标无明显差异，桩体作用不明显，可视为厚度较大的砂垫层。

依加固机理砂石桩可分为：挤密砂石桩复合地基和置换砂石桩复合地基。

（三）适用范围

挤密砂石桩法适用于处理松散砂土、粉土、粉质黏土、素填土、杂填土等地基。置换砂石桩法适用于处理粉土、粉质黏土、素填土及粉煤灰地基。饱和黏土及饱和黄土地基上对变形控制要求不严的工程也可采用砂石桩置换处理，但不排水抗剪强度不宜小于 20kPa，且灵敏度不宜大于 4。应在施工前通过现场试验确定其适宜性。砂石桩法也可用于处理可液化地基。

在软黏土中应用砂石桩法有成功的经验，也有失败的教训，因而不少人对砂石桩处理软黏土持有疑义，认为黏土透水性差，特别是灵敏度高的土在成桩过程中，土中产生的孔隙水压力不能迅速消散，同时天然结构受到扰动将导致其抗剪强度降低，如置换率不够高是很难获得可靠的处理效果的。此外，认为如不经过预压，处理后地基仍将发生较大的沉降，对沉降要求严格的建筑结构难以满足允许的沉降要求。所以，用砂石桩处理饱和软黏土地基及黏粒含量较高（黏粒含量大于10～20%）的砂性土地基，应按建筑结构的具体条件区别对待，最好是通过现场试验后再确定是否采用。不建议在软黏土中使用处理效果不明显的碎石桩。对于塑性指数较高的硬黏性土及密实砂土也不宜采用砂石桩。

根据国内外碎石桩和砂桩的使用经验，砂石桩可适用在下列工程：

（1）中小型工业与民用建筑物；

（2）港湾构筑物，如码头、护岸；

（3）机场，公路；

（4）材料堆置场等。

目前，砂石桩成桩深度可达25m，桩径 d 可达600mm，国外最大成桩深度达44m。

二、设计

（一）主要资料及设计参数

采用砂石桩法处理地基除应按一般规定中要求收集详细的岩土工程勘察资料外，针对砂石桩法的特点还应补充一些设计和施工所需资料。

1. 对黏性土地基，应有地基土的不排水抗剪强度指标；对砂土和粉土地基应有地基土的天然孔隙比、砂土的最大、最小孔隙比、相对密实度或标准贯入击数。

2. 施工采用的机械及方法是进行设计和施工的基本前提，不同的机具具有不同的特性参数和性能，它关系到砂石桩的布置、桩距及用料的确定以及效果的预测等，必须事前有所了解。

3. 砂石桩填料用量大并有一定的技术规格要求，故应预先勘察确定取料场及储量、材料的性能、运距等。

（二）处理范围

由于基础的压力向基础外扩散，砂石桩处理范围应大于基底范围，处理宽度宜在基础外缘扩大1～3排桩。重要的建筑以及要求荷载较大的情况应加宽多些。

对可液化地基，在基础外缘扩大宽度不应小于基底下可液化土层厚度的1/2，并不应小于5m。砂石桩法用于处理液化地基，必须确保建筑物的安全使用。基础外应处理的宽度目前尚无统一的标准。美国经验取等于处理的深度，但根据日本和我国有关单位的模型试验得到的结果应为处理深度的2/3。另外由于基础压力的影响，使地基土的有效压力增加，抗液化能力增大，故这一宽度可适当降低，同时根据日本用挤密桩处理的地基经过地震考验的结果，说明需处理的宽度也比处理深度的2/3小，据此定出每边放宽不宜小于处理深度的1/2，同时不宜小于5m。

《复合地基技术规范》GB/T 50783规定：对置换砂石桩复合地基上的单独基础和条形基础可仅在基础底面内布桩或适当超出基础底面。

(三) 处理深度 (桩长) 的确定

砂石桩桩长可根据工程要求和工程地质条件通过计算确定：

1. 当松软土层厚度不大时，砂石桩桩长宜穿过松软土层。

2. 当松软土层厚度较大时，对按稳定性控制的工程，砂石桩桩长应不小于最危险滑动面以下 2m 的深度；对按变形控制的工程，砂石桩桩长应满足处理后地基变形量不超过建筑物的地基变形允许值，并满足软弱下卧层承载力的要求。

3. 对可液化的砂层，为保证处理效果，一般桩长应穿透液化层，如可液化层过深，则应按现行国家标准《建筑抗震设计规范》GB 50011 有关规定确定。

4. 根据砂石桩单桩荷载试验表明，砂石桩桩体在受荷过程中，在桩顶 4 倍桩径范围内将发生侧向膨胀，因此设计深度应大于主要受荷深度，即不宜小于 4.0m 及 4 倍桩径。

为了调整不均匀沉降，也可依设计要求，分区采用不同桩长进行加固。另外桩长及处理深度尚应考虑施工方法及设备能力。

(四) 桩身直径选择及桩位布置

砂石桩孔位宜采用三角形、正方形或矩形布置。条形基础可沿轴线单排或多排布置。

振动沉管砂石桩直径可采用 300～800mm，可根据地基土质情况和成桩设备等因素确定。对饱和黏性土地基宜选用较大的直径。桩身平均直径也可按每根桩实际填料量估算。

对于砂土地基，因靠砂石桩的挤密提高桩周土的密度，所以采用等边三角形更有利，它使地基挤密较为均匀。对于软黏土地基，主要靠置换，因而选用任何一种均可。

砂石桩直径的大小取决于施工设备桩管的大小和地基土的条件。小直径桩管挤密质量较均匀但施工效率低；大直径桩管需要较大的机械能力，工效高，采用过大的桩径，一根桩要承担的挤密面积大，通过一个孔要填入的砂料多，不易使桩周土挤密均匀。对于软黏土宜选用大直径桩管以减小对原地基土的扰动程度，同时置换率较大可提高处理的效果。沉管法施工时，设计成桩直径与套管直径比不宜大于 1.5，主要考虑振动挤压时如扩径较大，会对地基土产生较大扰动，不利于保证成桩质量；另外，成桩时间长，效率低给施工也会带来困难。目前使用的桩管直径一般为 300～800mm，但也有小于 300mm 或大于 800mm。

(五) 桩间距

砂石桩的间距应通过现场试验确定。采用振动沉管法施工时，对粉土和砂土地基，不宜大于砂石桩直径的 4.5 倍；对黏性土地基宜取砂石桩直径的 3 倍，桩距一般可控制在 3d～4.5d 之内。初步设计时，砂石桩的间距也可按下列公式估算。

1. 松散粉土和砂土地基可根据挤密后要求达到的孔隙比 e_1 来确定。

等边三角形布桩：

$$s = 0.95\xi d\sqrt{\frac{1+e_0}{e_0-e_1}} = 1.07\alpha_s\xi d \tag{5-83}$$

正方形布桩：

$$s = 0.89\xi d\sqrt{\frac{1+e_0}{e_0-e_1}} = \alpha_s\xi d \tag{5-84}$$

地基挤密后要求达到的孔隙比

$$e_1 = e_{max} - D_{r1}(e_{max} - e_{min}) \tag{5-85}$$

式中　s——砂石桩间距（m）；

d——砂石桩直径；

ξ——修正系数，当考虑振动下沉密实作用时，可取 1.1～1.2；不考虑振动下沉密实作用时，可取 1.0；

e_0——地基处理前砂土的孔隙比，可按原状土样试验确定，也可根据动力或静力触探等对比试验确定；

e_{max}、e_{min}——砂土的最大、最小孔隙比，可按现行国家标准《土工试验方法标准》GB/T 50123 的有关规定确定；

D_{r1}——桩间土经挤密后要求达到的临界相对密度，可取 0.70～0.85；

α_s'——桩距计算系数，查表 5-17

正方形布桩桩距计算系数 α_s　　表 5-17

e_1 \ e_0	0.8	0.9	1.0	1.1	1.2
0.5	2.18	1.94	1.78	1.67	1.58
0.6	2.67	2.24	1.99	1.82	1.70
0.7	3.78	2.74	2.30	2.04	1.87
0.8	—	3.88	2.81	2.35	2.09

根据地区经验，当地基土层为中粗砂时 e_1＝0.6～0.75，为粉细砂时 e_1＝0.7～0.85。

砂石桩处理松砂地基的效果受地层、土质、施工机械、施工方法、填砂石的性质和数量、砂石桩排列和间距等多种因素的综合影响，较为复杂。国内外虽已有不少实践，并曾进行过一些试验研究，积累了一些资料和经验，但是有关设计参数如桩距、灌砂石量以及施工质量的控制等仍须通过施工前的现场试验才能确定。

桩距不能过小，也不宜过大，根据经验提出桩距一般可控制在 3.0～4.5 倍桩径之内。合理的桩径取决于具体的机械能力和地层土质条件。当合理的桩距和桩的排列布置确定后，一根桩所承担的处理范围即可确定，土层密度的增加靠其孔隙的减小，把原土层的密度提高到要求的密度，孔隙要减小的数量可通过计算得出。这样可以设想只要灌入的砂石料能把需要减小的孔隙都充填起来，那么土层的密度也就能够达到预期的数值。据此，如果假定地层挤密是均匀的，同时挤密前后土的固体颗粒体积不变，则可推导出本条所列的桩距计算公式。

对粉土和砂土地基，以上公式推导是假设地面标高施工后和施工前没有变化。实际上，很多工程都采用振动沉管法施工，施工时对地基有振密和挤密双重作用，而且地面下沉，施工后地面平均下沉量可达 100～300mm。因此，当采用振动沉管法施工砂石桩时，桩距可适当增大，修正系数（ξ）建议取 1.1～1.2。

地基挤密要求达到的密实度是从满足建筑结构地基的承载力、变形或防止液化的需要而定的，原地基土的密实度可通过钻探取样试验，也可通过标准贯入、静力触探等原位测试结果与有关指标的相关关系确定。各有关的相关关系可通过试验求得，也可参考当地或其他可靠的资料。

这种计算桩距的方法，除了假定条件不完全符合实际外，砂石桩的实际直径也较难准确地定出，因而有的资料把砂石桩直径（d）改为灌砂石量，即只控制砂石量，不必注意桩的直径如何。其实两者基本上是一样的。

桩间距与要求的复合地基承载力及桩和原地基土的承载力有关。如按要求的承载力算出的置换率过高，桩距过小不易施工时，则应考虑增大桩径和桩距。在满足上述要求条件下，一般桩距应适当大些，可避免施工过大地扰动原地基土，影响处理效果。

2. 黏性土地基

置换砂石桩复合地基，可按桩身直径和设计要求的面积置换率 m 计算桩间距，m 可采用 0.15～0.30。

等边三角形布置：

$$s = 1.08\sqrt{A_e} \tag{5-86}$$

正方形布置：

$$s = \sqrt{A_e} \tag{5-87}$$

式中 A_e——一根砂石桩承担的处理面积（m^2）；

$$A_e = \frac{A_p}{m} \tag{5-88}$$

式中 A_p——砂石桩的截面积（m^2）；

m——面积置换率，可按振冲桩法有关公式确定。

3. 素填土和杂填土地基

用砂石桩挤密素填土和杂填土等地基的设计尚应符合本章第七节中灰土挤密桩法和土挤密桩法的有关规定。有经验时也可采用加固前后桩间土重度确定桩间距 s，即按下式计算：

等边三角形布桩：

$$s = 0.95\xi \cdot d\sqrt{\frac{\gamma_1}{\gamma_1 - \gamma_0}} \tag{5-89}$$

正方形布桩：

$$s = 0.89\xi \cdot d\sqrt{\frac{\gamma_1}{\gamma_1 - \gamma_0}} \tag{5-90}$$

式中 γ_0——天然土的重度（kN/m^3）；

γ_1——处理后桩间土的重度（kN/m^3）。

（六）桩体填料要求

1. 桩体材料可用碎石、卵石、角砾、圆砾、砾砂、粗砂、中砂或石屑等硬质材料，含泥量不得大于 5%，当采用沉管法施工时，最大粒径不宜大于 50mm。

关于砂石桩用料的要求，对于砂土地基，条件不很严格，只要比原土层砂质好同时易于施工即可，一般应注意就地取材。按照各有关资料的要求最好用级配较好的中、粗砂，当然也可用砂砾及碎石。对饱和黏性土因为要构成复合地基，特别是当原地基土较软弱、侧限不大时，为了有利于成桩，宜选用级配好、强度高的砂砾混合料或碎石。填料中最大颗粒尺寸的限制取决于桩管直径和桩尖的构造，以能顺利出料为宜。本条规定最大不应超过 50mm。考虑有利于排水，同时保证具有较高的强度，规定砂石桩用料中小于 0.005mm 的颗粒含量（即含泥量）不能超过 5%。填料含水量一般为 7%～9%。

2. 砂石桩桩孔内的填料量应通过现场试验确定，估算时可按设计桩孔体积乘以充盈系数β确定，β可取1.2～1.4。如施工中地面有下沉或隆起现象，则填料数量应根据现场具体情况予以增减。

砂石桩孔内的填料量应通过现场试验确定。考虑到挤密砂石桩沿深度不会完全均匀，实践证明砂石桩施工挤密程度较高时地面要隆起，另外施工中还会有所损失等，因而实际设计灌砂石量要比计算砂石量增加一些。根据地层及施工条件的不同增加量约为计算量的20%～40%。

砂石桩施工结束后，当设计或施工投砂石量不足时地面会下沉；当投料过多时地面会隆起，同时表层0.5～1.0m常呈松软状态。如遇到地面隆起过高也说明填砂石量不适当。实际观测证明，砂石在达到密实状态后进一步承受挤压又会变松，从而降低处理效果。遇到这种情况应注意适当减少填砂石量。

3. 对松散砂土和粉土地基可按下式计算桩每延米填料量：

$$q=\frac{e_0-e_1}{1+e_0}\cdot A_e \tag{5-91}$$

式中　q——桩身每延米填料量（m^3/m）；

e_0——地基处理前砂土的孔隙比，可按原状土样试验确定，也可根据动力或静力触探等对比试验确定；

e_1——地基挤密后要求达到的孔隙比；

A_e——一根砂石桩分担的处理地基面积（m^2）。

灌入桩孔每延米填料量q'（t/m）也可按下式估算：

$$q'=\frac{d_s}{1+e_p}\cdot(1+w)\cdot A_p\cdot\rho_w \tag{5-92}$$

式中　d_s——填料相对密度；

e_p——桩身填料孔隙比，一般$e_p\leqslant e_1$；

w——填料含水量；

A_p——桩截面积（m^2）；

ρ_w——4℃时蒸馏水的密度（$1t/m^3$）。

（七）桩顶部处理及褥垫层设置

1. 砂石桩桩顶部施工时，由于上覆压力较小，因而对桩体的约束力较小，桩顶形成一个松散层，基础施工前应加以处理（挖除或碾压）才能减少沉降量，有效地发挥复合地基作用。

2. 砂石桩顶部宜铺设一层厚度为300～500mm的砂石垫层。

（八）加固后复合地基承载力特征值确定

应通过现场复合地基载荷试验确定，初步设计时，也可通过下列方法估算：

1. 按挤密后桩间土密实度估算

对于采用砂桩处理的砂土地基，可以根据原土类别及挤密后砂土的密实状态，按现行国家标准《建筑地基基础设计规范》GB 50007的有关规定确定。即根据挤密后桩间土的密实度指标孔隙比e_1或相对密度D_{r1}、标贯击数N、动力触探击数$N_{63.5}$等按当地经验或通过对比试验确定，也可查有关表格确定。

2. 按复合地基计算

除上述砂桩处理的砂土地基外，一般砂石桩法均可按复合地基进行承载力估算，即

$$f_{spk} = m \cdot f_{pk} + (1-m) f_{sk} \tag{5-93}$$

或
$$f_{spk} = [1+m(n-1)] \cdot f_{sk} \tag{5-94}$$

式中符号意义详见本章第二节有关说明，有关计算参数的确定可参照振冲桩法的有关规定执行。其中桩间土承载力 $f_{sk}=\alpha \cdot f_{ak}$，对于松散砂土和粉土，$\alpha$ 可取 1.2～1.5。原土强度低取大值。

3. 当用砂石桩挤密素填土和杂填土地基时，处理后复合地基承载力特征值不宜大于处理前的 1.4～2.0 倍；并不宜大于 180～250kPa，原土强度低时取低值。

（九）变形计算

砂石桩处理地基的变形计算，可按振冲碎石桩的规定计算；对于砂桩处理的砂土地基，应按现行国家标准《建筑地基基础设计规范》GB 50007 的有关规定计算，加固后土层压缩模量可按挤密后桩间土确定。

（十）稳定性验算

当砂石桩用于处理路堤等堆载地基时，应按现行国家标准《建筑地基基础设计规范》GB 50007 有关规定进行抗滑稳定性验算。

（十一）抗液化设计

砂石桩法抗液化设计可按本章第二节振冲法有关规定进行。

三、施工

（一）施工方法及施工机械

1. 施工方法

砂石桩施工方法很多，如沉管法、锤击法、干振法、袋装碎石桩法、强夯置换法、柱锤冲扩法等。

砂石桩施工方法分类见下表 5-18。

砂石桩施工方法分类 **表 5-18**

分类	施工方法	成桩工艺	适用土类
挤密法	振冲挤密法	采用振冲器振动水冲成孔，再振动密实填料成桩，并挤密桩间土	砂性土、粉土、非饱和黏性土、以炉灰、炉渣、建筑垃圾为主的杂填土，松散的素填土
	沉管夯扩法	采用振动或锤击沉管成孔，振动或锤击填料，并进行夯扩成桩，挤密桩间土	
	干振法	采用振孔器成孔，再用振孔器振动密实填料成桩，并挤密桩间土	
	柱锤冲扩法	采用柱锤冲击成孔，分层填料夯实成桩，并挤密桩间土	
置换法	振冲置换法	采用振冲器振动水冲成孔，再振动密实填料成桩	饱和黏性土
	沉管或钻孔置换法	采用沉管及钻孔取土方法成孔，锤击填料成桩	
排土法	振动气冲法	采用压缩气体成孔，振动或锤击填料成桩	饱和软黏土
	沉管法	采用沉管成孔，振动或锤击填料成桩	
	强夯置换法	采用强夯夯击填料成桩	

续表

分类	施工方法	成桩工艺	适用土类
制约法	水泥碎石桩法	在碎石内加水泥和膨润土制成桩体	饱和软黏土
	裙围碎石桩法	在群桩周围设置刚性的（混凝土）裙围来约束桩体的侧向鼓胀	
	袋装碎石桩法	将碎石装入土工聚合物袋而制成桩体，土工聚合物可约束桩体的侧向鼓胀	

目前，砂石桩施工多采用振冲、振动沉管、锤击沉管或冲击成孔等成桩法，近年来发展了多种采用锤击夯扩碎石桩的施工方法。当用于消除粉细砂及粉土液化时，多用振动沉管成桩法。

2. 施工机械

砂石桩的施工，应选用与土质及处理深度相适应的机械。可用的砂石桩施工机械类型很多，除专用机械外还可利用一般的打桩机改装。砂石桩机械主要可分为两类，即锤击式砂石桩机和振动式砂石桩机。此外，也有用振捣器或叶片状加密机，但应用较少。

用垂直上下振动的机械施工的称为振动沉管成桩法，振动沉管成桩法的处理深度可达 25m，最大可达 40m。用锤击式机械施工成桩的称为锤击沉管成桩法，锤击沉管成桩法的处理深度可达 10～15m。砂石桩机通常包括桩机架、桩管及桩尖、提升装置、挤密装置（振动锤或冲击锤）、上料设备及检测装置等部分。为了使砂石有效地排出或使桩管容易打入，高能量的振动砂石桩机配有高压空气或水的喷射装置，同时配有自动记录桩管贯入深度、提升量、压入量、管内砂石位置及变化（灌砂石及排砂石量），以及电机电流变化等检测装置。国外有的设备还装有微机，根据地层阻力的变化，自动控制灌砂石量并保证沿深度均匀挤密达到设计标准。上海宝钢为加固原料堆场曾从日本引进振动砂桩施工机械，如图 5-21 所示。

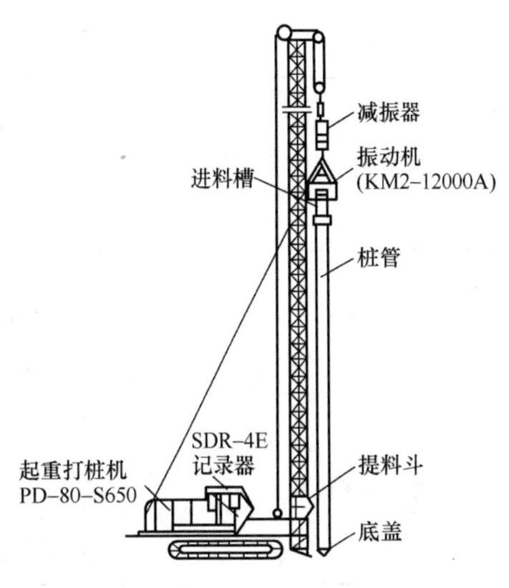

图 5-21　振动式砂石桩机

锤击成桩法施工设备　　表 5-19

分　类	型号名称	技术性能		适用桩径直径（cm）	最大桩孔深度（m）	备　注
		锤重（t）	落距（cm）			
柴油锤打桩机	D_1-6	0.6	187	30～35	5～6.5	安装在拖拉机或履带式吊车上行走
	D_1-12	1.2	170	35～45	6～7	
	D_1-18	1.8	210	45～57	6～8	
	D_1-25	2.5	250	50～60	7～9	
电动落锤	电动落锤打桩机	0.75～1.5	100～200	30～45	6～7	

导杆式柴油锤主要技术参数和性能　　表 5-20

型　号		DD2	DD4	DD6	DD12	DD18	DD25
桩最大长度（m）		5	6	8	10	12	16
桩最大直径（mm）		200	250	300	350	400	450
锤击部分质量（kg）		220	400	600	1200	1800	2500
锤击部分跳高（mm）		1300	1500	1800	2100	2100	2100
气缸孔径（mm）		120	200	200	250	290	370
最大锤击能量（kJ）		3	6	11	25	29.6	41.2
桩锤外形尺寸	长	460	560	750	750	850	970
	宽	460	600	680	750	800	960
	高	2080	2400	3300	4700	4740	4920
桩锤质量（kg）		7.4	9.2	11.4	15.0	17.5	21.9

振动成桩法施工设备　　表 5-21

分　类	型号名称	技术性能	适用桩径直径（mm）	最大桩孔深度（m）
轻型振动沉桩机	7～8t 振动沉桩机	激振力 70～80kN	30～35	5～6
	10～15t 振动沉桩机	激振力 100～150kN	35～40	6～7
	15～20t 振动沉桩机	激振力 150～200kN	40～50	7～8
大功率振动沉桩机	DZ45 振动沉桩机	激振力 277～363kN	50～60	20
	DZ60 振动沉桩机	激振力 335～486kN	60～65	20～25
	DZ90 振动沉桩机	激振力 450～570kN	65～70	25
	DZ120 振动沉桩机	激振力 657～786kN	70～80	25

注：1. 轻型振动沉桩机：安装在拖拉机或履带式吊车上行走。
2. 大功率振动沉桩机：目前国内多采用 JZB 系列步履式多功能桩架及 JZL 系列履带式多功能桩机。起重机应根据桩管、桩长等情况选择具有起重力 15～50t 履带起重机。振动桩锤有单电机及双电机两种，砂石桩施工时使用的电机功率为 30～90kW（2×15～2×45kW）国内生产的振动锤有 DZ 系列抗振和耐振振动锤，激振力为 260～1075kN。

3. 成桩工艺试验

不同的施工机具及施工工艺用于处理不同的地层会有不同的处理效果。常遇到设计与实际情况不符或者处理质量不能达到设计要求的情况，因此施工前在现场的成桩试验具有重要的意义。

通过现场成桩试验检验设计要求和确定施工工艺及施工控制要求，包括填砂石量、提升高度、挤压时间等。为了满足试验及检测要求，试验桩的数量应不少于 7～9 个。正三角形布置至少要 7 个（即中间 1 个，周围 6 个）；正方形布置至少要 9 个（3 排 3 列每排每列各 3 个）。如发现问题，则应及时会同设计人员调整设计或改进施工。

（二）振动沉管成桩法施工要点

振动沉管成桩法可分为一次拔管法、逐步拔管法、重复压拔管法等，目前采用分段填料逐步拔管法较多，其成桩步骤如下：

1. 成桩步骤

（1）移动桩机及导向架，把桩管及桩尖对准桩位；桩位放线偏差不应大于 20mm。施工时桩位水平偏差不应大于 0.3 倍套管外径；套管垂直度偏差不应大于 1%；

（2）启动振动锤，把桩管下到预定的深度；

（3）向桩管内投入规定数量的砂石料（根据施工试验的经验，为了提高施工效率，装砂石也可在桩管下到便于装料的位置时进行）；

（4）把桩管提升一定的高度（下砂石不顺利时提升高度不超过 1～2m），提升时桩尖自动打开，桩管内的砂石料流入孔内；

（5）降落桩管，利用振动及桩尖向下的挤压作用使砂石密实；一般停拔振动 20～30s，振动力不必太大，一般 30～70kN 为宜；

（6）重复（4），（5）两工序，桩管上下运动，砂石料不断补充，砂石桩不断增高；

（7）桩管提至地面，砂石桩完成。

2. 成桩质量控制

振动沉管成桩法施工应根据沉管和挤密情况，控制填砂石量、提升高度和速度、挤压次数和时间、电机的工作电流等。

施工中，电机工作电流的变化反映挤密程度及效率。电流达到一定不变值，继续挤压将不会产生挤密效能。施工中不可能及时进行效果检测，因此按成桩过程的各项参数对施工进行控制是重要的环节，必须予以重视，有关记录是质量检验的重要资料。

施工场地土层可能不均匀，土质多变，处理效果不能直接看到，也不能立即测出。为了保证施工质量，使在土层变化的条件下施工质量也能达到标准，应在施工中进行详细的观测和记录。观测内容包括桩管下沉随时间的变化；灌砂石量预定数量与实际数量；桩管提升和挤压的全过程（提升、挤压、砂桩高度的形成随时间的变化）等。有自动检测记录仪器的砂石桩机施工中可以直接获得有关的资料，无此设备时须由专人测读记录。根据桩管下沉时间曲线可以估计土层的松软变化随时掌握投料数量。

3. 桩尖结构选择

施工中应选用能顺利出料和有效挤压桩孔内砂石料的桩尖结构。当采用活瓣桩靴时，对砂土和粉土地基宜选用尖锥型；对黏性土地基宜选用平底型；一次性桩尖可采用混凝土锥形桩尖。

（三）锤击沉管成桩法施工要点

锤击沉管施工的机械设备主要有蒸汽或柴油打桩机、起重机或简易打桩机，以及底部开口的外管及底部封口的芯管或柱锤等组成。

锤击法施工有单管法和双管法两种。

双管法施工工艺可分为内击沉管法及双管压实法，内击沉管法与弗兰克桩工艺相似，具体要求如下：

1. 成桩步骤：

（1）将内外管安放在预定的桩位上，将用作桩塞的砂石投入外管底部；

（2）以内管做锤冲击砂石塞，靠摩擦力将外管打入预定深度，也可用柱锤代替内管冲击；

（3）固定外管将砂石塞击入土中；

(4) 提内管并向外管内投入砂石料;

(5) 边提外管边用内管或柱锤将管内砂石击出夯实;

(6) 重复(4)、(5)步骤;

(7) 外管拔出地面，砂石桩完成。

若采用双管压实法，应采用打桩机将内外管同时沉入至预定深度，拔起内管，在外管内分层填料；放下内管、上拔外管，同步夯击内管和外管将填料压实，该法用于易塌孔松软土层效果较好。当采用双管锤击成孔压实，填料密实度宜用等贯入度控制。

当采用单管法，也可以采用柱锤边冲孔边压护筒，然后逐步拔管、分层填料、用柱锤夯扩成桩。

2. 成桩质量控制

锤击沉管成桩法质量控制要点是分段填料量及相应成桩长度，用贯入度和填料量两项指标双重控制成桩的直径和密实度，对于以提高承载力为主要目的的非液化土层，以填料量控制为主，填料量和贯入度可通过试桩确定。其他施工控制和检测记录参照振动法施工的有关规定。

3. 锤击沉管成桩法的优点是砂石的压入量可随意调节，施工灵活，特别适合小型工程。

(四) 施工顺序

1. 以挤密为主的砂石桩施工时，应间隔（跳打）进行，并宜由外侧向中间推进；对黏性土地基，砂石桩主要起置换作用，为了保证设计的置换率，宜从中间向外围或隔排施工；在既有建（构）筑物邻近施工时，为了减少对邻近既有建（构）筑物的振动影响，应背离建（构）筑物方向进行。施工时与既有建筑的安全距离一般为8～10m。

2. 砂石桩施工后，应将基底标高下的松散层挖除或夯压密实，随后铺设并压实砂石垫层。

3. 砂石桩施工应控制施工速度，必要时采取防挤土措施。

四、质量检验和工程验收

砂石桩质量检验和工程验收按《建筑地基处理技术规范》JGJ 79和《建筑地基基础工程施工质量验收规范》GB 50202有关要求进行。

(一) 施工前

施工前应检查砂石料的含泥量及有机质含量、砂石桩的放线位置等。

(二) 施工中

1. 施工中检查每根砂石桩的桩位、灌料量、标高、垂直度等;

2. 应在施工期间及施工结束后，检查砂石桩的施工记录。对沉管法，尚应检查套管往复挤压振动次数与时间、套管升降幅度和速度、每次填砂石料量等项施工记录。

砂石桩施工的沉管时间、各深度段的填砂石量、提升及挤压时间等是施工控制的重要手段，这些资料本身就可以作为评估施工质量的重要依据，再结合抽检便可以较好地做出质量评价。

(三) 施工后

1. 施工结束后，应检验被加固地基的强度或承载力。

2. 施工后应间隔一定时间方可进行质量检验。对饱和黏性土地基应待孔隙水压力消散后进行，间隔时间不宜少于 28d；对粉土地基不少于 14d，对砂土和杂填土地基，不宜少于 7d。

由于在制桩过程中原状土的结构受到不同程度的扰动，强度会有所降低，饱和土地基在桩周围一定范围内，土的孔隙水压力上升；待休置一段时间后，孔隙水压力会消散，强度会逐渐恢复。恢复期的长短是根据土的性质而定。原则上应待孔压消散后进行检验。黏性土孔隙水压力的消散需要的时间较长，砂土则很快。根据实际工程经验规定对饱和黏性土为 28d，粉土、砂土和杂填土可适当减少。对非饱和粗粒土不存在此问题，一般在桩施工后 3～5d 即可进行。

3. 砂石桩的桩身施工质量检验可采用单桩载荷试验，也可采用动力触探试验进行检测。当桩间土为粉土、砂土和杂填土时可采用标准贯入、静力触探、动力触探或其他原位测试等方法进行检测。当桩间土为饱和软黏土时，可采用十字板剪切、静力触探等进行检测。桩间土质量的检测位置应在等边三角形或正方形的中心。检测数量不应少于桩孔总数的 2%。

砂石桩处理地基最终是要满足承载力、变形或抗液化的要求，标准贯入、静力触探以及动力触探可直接提供检测资料，所以可用这些测试方法检测砂石桩及其周围土的挤密效果。

应在桩位布置的等边三角形或正方形中心进行砂石桩处理效果检测。由于该处挤密效果较差，只要该处挤密达到要求，其他位置就一定会满足要求。此外，由该处检测的结果还可判明桩间距是否合理。

如处理可液化地层时，可按标准贯入击数来衡量砂性土的抗液化性，使砂石桩处理后的地基实测标准贯入击数大于临界贯入击数。这种液化判别方法只考虑了桩间土的抗液化能力，而未考虑砂石桩的作用，因而在设计上是偏于安全的。

桩身密实度及施工质量用重型动力触探进行检测时，一般要求$\overline{N}_{63.5}\geqslant 8 \sim 10$，$N_{63.5\min}$不小于 0.7 倍$\overline{N}_{63.5}$，低于$\overline{N}_{63.5}$桩段长度累计不大于 $l_p/3$，每段连续长度不大于 1.0m。

4. 砂石桩地基竣工验收时，承载力检验应采用复合地基载荷试验。

5. 复合地基载荷试验数量不应少于总桩数的 1.0%，且每个单体建筑不应少于 3 点。

（四）质量检验标准

砂石桩地基的质量检验标准应符合表 5-22 的规定。

砂石桩地基的质量检验标准[30]　　　　**表 5-22**

项	序	检查项目	允许偏差或允许值		检查方法
			单位	数值	
主控项目	1	灌料量	%	≥95	实际用砂量与计算体积比
	2	地基强度	设计要求		按规定方法
	3	地基承载力	设计要求		按规定方法
一般项目	1	砂石料的含泥量	%	≤5	试验室测定
	2	砂石料的有机质含量	%	≤5	焙烧法
	3	桩位	mm	≤0.3d	用钢尺量
	4	砂桩标高	mm	±150	水准仪
	5	垂直度	%	≤1.5	经纬仪检查桩管垂直度

五、工程实录

（一）振动沉管砂石桩法处理松散粉土地基

1. 工程概况

某住宅小区由 9 幢建筑组成，均为 7 层底框砖混结构设半地下车库的商住公寓楼，建筑高度 22m，最大单柱荷载 2500kN，最大线荷载 230kN/m，总建筑面积 36.44 万 m^2。

2. 工程地质条件

本场地地势平坦，开阔，地表第①层人工填土层；下为第②层近代冲积沉积的粉土，地基承载力 $f_{ak}=105\sim140$kPa，一般深 10m 左右，较松散，易液化；10m 以下为第③层早期沉积的粉土，稍密至中密，总层厚 20m 左右，$f_{ak}=105\sim180$kPa；其下为淤泥质黏性土，厚 4m 左右；再下为陆相沉积的粉质黏土。

3. 加固机理

振动沉管砂石桩对松散粉土的加固机理是通过对周围粉土的横向挤密作用使沉管周围一定范围的粉土密实度增大，孔隙比减小，提高地基承载力，降低压缩性。并通过沉管时振动锤的强烈振动，促使沉管周围疏松的粉土预震，充分液化，使土粒重新排列增密，使填入的级配砂石料在挤密的同时获得增密置换，防止液化。

4. 设计计算

采用振动沉管砂石桩复合地基加固后，做浅埋条基的设计方案，具体设计计算是：

桩径：采用 ϕ377mm 振动沉管成孔。

桩长：根据地质报告及有关规定，以消除液化土（深 10m 以内的土层，轻微液化～中等液化）为加固目的，确定桩长为 10.0～12.0m，以③层砂质粉土为桩端持力层。

桩距：根据以往工程实践经验以及本工程建筑规模，要求复合地基承载力设计值≥120kPa。

按正方形布置公式 $s=0.90\sqrt{(1+e_0)/(e-e_1)}$（式中 s 为桩距，d 为桩径，e_0 为处理前孔隙比，e_1 为处理后要求孔隙比）验算，以不大于砂石桩径 4 倍为控制，经计算 $s=1.2\sim1.5$m。

布桩形式：均为建筑物下满堂布桩，四周条基边线外，外挑放出 2.5m，即二排。

桩身材料：均为中粗砂与碎石混合料，其级配按质量比 3∶7（砂：石），其中碎石粒径不大于 50mm，砂含泥量（小于 0.01 的土粒）不大于 5%。

单桩砂石灌入量：按 $q=\pi r^2\cdot l_p\cdot\beta$ 计算，r 为桩孔半径（m），l_p 为设计桩长（m），β 为充盈系数，要求 $\beta\geq1.15$，得单桩砂石灌入量为 1.28m^3（10m 桩长）及 1.54m^3（12m 桩长）。

基底垫层：桩施工完毕后，要求场地平整至基底下 0.3m，然后用砂性素土或砂垫层分批碾压至基底，以起到表层改良增密及水平向固结排水作用。

质量控制标准：桩与地基土改良处理完成后，要求对场地土进行随机抽样质量检查，原位测试点每单元体不少于 2 点，深度 15m，当用标贯测试时其 N 值应≥15 击/30cm；当用静力触探测试时其 q_c 值应≥6.5MPa；必要时应做平板荷载试验，承压板面积应≥2m^2，复合地基承载力应≥120kPa，地基土压缩模量应≥8MPa。

5. 质量检验

每幢单体建筑砂石挤密桩施工完毕 7d 后进行了地基加固效果测试检验，由于施工工期较紧，未做承压板静载试验，主要测试手段采用了钻孔与标准贯入试验和双桥静力触探试验，然后按经验公式计算出复合地基承载力。桩身质量则按单桩实际砂石灌入量应大于理论计算单桩砂石灌入量，控制充盈系数。

（1）标准贯入测试

标贯试验在桩间土中进行，深度 15m，每米测一点次，测点随机抽样，由设计与监理确定，每单元体不少于 2 个测点。经测试检验合格后才能进行下一工序施工，测试结果证明符合设计要求。

（2）静力触探测试

测试的选定与要求同标贯试验，采用双桥 15cm^2 静力触探头连续贯入测试，深度 12cm。由于加固后桩间土密实且含碎石，反力土锚下设困难，大部分测试改用钻孔加标贯，为取得加固前后静探测试效果数据，对 B1 幢用 20t 静控车装设备测试。

（3）检验效果实测值见例表 1-1。

检验效果实测值　　　　**例表 1-1**

楼幢	测试点深度 H（m）	统计点次	标贯试验回归统计值 N（击/30cm）	加固后的复合地基承载力 f_{spk}（kPa）	加固后的压缩模量值 E_s（MPa）	加固后各土层液化判别情况
B1	1.8～2.8	11	8.8	140	7.0	不液化
	2.8～4.0	8	19.0	180	10.0	不液化
	4.0～10.0	20	25.8	220	13.0	不液化
	10.0～12.0	10	30.8	230	14.0	不液化
A5	0～0.3	3	6.8	130	6.5	不液化
	3～12.0	13	17.0	180	10.0	不液化

6. 沉降观测

每幢建筑从地下室顶板浇毕即±0.00 开始，每施工一层都进行了系统的沉降观测，直至七层封顶竣工验收为止，从沉降观测结果看，各幢建筑沉降均匀，竣工后总沉降量仅 30mm 左右，为掌握建成使用后沉降情况，与 1999 年 7 月下旬又全部观测沉降一次，表明建成两年后建筑总沉降量仅 40mm 左右。见例表 1-2。

各幢建筑沉降观测结果一览表　　　　**例表 1-2**

幢号	沉降观测点数	观测开始时间	竣工验收时沉降情况				竣工后至今沉降情况					竣工时占总沉降量	竣工后至今占总沉降
			观测时间	历时	幢平均沉降	速率	观测时间	历时	幢平均沉降	沉降速率	总沉降量		
				（天）	（mm）	（mm/天）		（天）	（mm）	（mm/天）	$\sum s$（mm）	（%）	（%）
B	20	96.12.20	97.04.08	109	27.40	0.350	99.07.26	839	28.80	0.034	56.20	48.8	51.2
A2	6	96.05.11	97.01.20	254	23.40	—	99.07.26	886	16.25	0.018	39.25	59.6	40.4
A3	6	96.05.11	97.01.20	254	31.80	0.060	99.07.26	886	21.20	0.024	53.00	60.0	40.4

续表

幢号	沉降观测点数	观测开始时间	竣工验收时沉降情况				竣工后至今沉降情况					竣工时占总沉降量	竣工后至今占总沉降
			观测时间	历时	幢平均沉降	速率	观测时间	历时	幢平均沉降	沉降速率	总沉降量		
				(天)	(mm)	(mm/天)		(天)	(mm)	(mm/天)	$\sum s$ (mm)	(%)	(%)
A4	6	96.12.17	97.08.27	253	31.80	0.055	99.07.26	698	7.00	0.002	38.80	82.0	18.0
A5	6	96.12.17	97.09.20	277	37.00	0.029	99.07.26	974	23.50	0.035	60.05	61.2	38.8
C6	12	96.05.11	97.01.20	254	34.67	0.090	99.07.26	886	19.30	0.022	53.97	64.2	35.8
C7	12	97.07.03	97.10.17	106	21.25	0.078	—	—	—	—	—	—	—
C8	12	98.02.18	98.10.20	244	33.80	0.039	99.07.26	278	18.57	0.067	52.37	64.5	35.5
C9	12	97.12.30	98.10.10	284	33.40	0.061	99.07.26	288	13.25	0.046	46.65	71.6	28.4

7. 技术经济效果分析

(1) 振动沉管砂石挤密桩对加固改良饱和松散易液化粉土有很好的工程效果，尤其在增密浅部土体、提高复合地基承载力、减少地基变形、消除液化等方面具有明显的作用，而且施工场地干净、工程质量易控制。

(2) 从加密处理监测情况看，其标贯 N 值增大一倍左右；其静力触探 q_c 值有 1～3 倍的提高，原易液化土液化消除，所有 N 值、q_c 值、复合地基承载力 f_{spk}、压缩模量 E_s 等值均能满足设计要求。从竖向变化看，地表 1～2m 由于无上覆压力，经振动后反而变松，须经表层碾压加密补处理；深 2m 以下，随深度增加密实度明显递增。

(3) 单桩的砂石料可灌入量与充盈系数等与碎石粒径（≤50mm）、砂石级配（3∶7）、砂含泥量（≤5%）及振拔速率等密切相关，当充盈系数未达到 1.15，管内不能顺利下料，可适当往管内加水助灌。

(4) 砂石挤密桩的布置排列与桩距的确定，其实是砂石桩置换率与复合地基承载力之间优化选择的过程，宜先外后内跳打，桩距在 1.6m 时复合地基承载力 f_{spk} 在 140～160kPa；桩距 1.2m 时 f_{spk} 在 180～200kPa，且桩距不宜大于 $4d$（d 为桩径）。但是由于每个建筑物工程地质条件、砂石料规格与配比、桩径、沉桩施工顺序等等情况各异，工程质量控制标准及复合地基承载力尚应通过平板静载试验或原位测试标贯与静力触探最终确定。

(5) 从技术经济效果看，就本工程而言，采用振动沉管砂石挤密桩处理，地基处理费用，仅相当于夯扩混凝土桩的 60%左右，预制桩的 40%左右，其技术经济效果是明显的。

（摘录：顾关强等，地基处理 10 (4)，1999.）

(二) 挤密碎石桩处理饱和细砂可液化地基[5]

1. 工程概况

北京市某乡村投资兴建的高尔夫球场工程。结构设计要求地基处理后达到：(1) 消除场地第③层（饱和细砂层）地震时产生液化的可能性；(2) 地基处理后土层的标准贯入锤击数实测值大于 15，且地基承载力特征值达到 200kPa。经分析研究，为满足设计要求，拟定采用振动沉管碎石桩施工，处理面积 2528.03m^2，共施工挤密碎石桩 1370 根。经检测达到了设计要求。

2. 工程地质条件

（1）地质构成

钻探结果表明：构成拟建建筑物地基土的均为第四系全新统冲积层（Q_{al}），其岩性主要为砂类土，根据野外特征分述如下：

① 层素填土。主要为粉土，褐黄色，松散、稍湿，含少量碎石砖碴及植物根。层厚0.8～1.0m。

② 层粉土。黄褐色，稍湿、松散，内含少量植物根，层厚1.10～1.20m。

③ 层细砂。灰—黄褐色，主要成分为石英、长石、云母，砂质纯净，湿—饱和，松散，本层厚度不太均匀，埋深在2.1～7.1m。在细砂层中，分布有厚约10～20cm的粉土透镜体。该夹层深灰色，可塑，有臭味，主要分布在深度为5m左右，其他深度内有少量分布。

④ 层中砂。黄褐色，主要成分为石英、长石、云母，见个别砾砂和卵石，饱和、中密，层厚在1.0～2.0m。

⑤ 层卵石。杂色，主要成分为石英岩、砂岩、矽化灰岩等组成，饱和、中密。直径一般在2.0～4.0cm，含矽量为20%～30%。

（2）水文地质

钻探结果表明：该场区地下水为潜水类型，初见水位在3.7～4.5m间，标高为29.39～28.29m，静止水位深度为2.90～3.25m，标高为30.46～29.54m，地下水主要补给来源为大气降水，并与潮白河水位涨落存在密切的联系。

水分析结果为pH值=7.60，游离CO_2=8.80mg/L，侵蚀性CO_2=0.06mg/L，SO_4^{2-}=25mg/L，HCO_2^{+}=4.327mg/L，对混凝土不具侵蚀性。

3. 设计计算

对工程现场进行工程地质勘察及现场标贯试验结果，并按国家标准《建筑抗震设计规范》GB 50011规定进行计算，场地内第③层（饱和细砂层）属于可液化层，①、②、③、④层天然地基承载力特征值f_{ak}分别为：120kPa、120kPa、120kPa、300kPa。根据场地的工程地质条件及设计要求，确定采用振动沉管挤密碎石桩处理。

桩长：按照要求处理的第三层埋深拟定桩长为8m。

桩径：选用外径ϕ=325mm桩管，成桩直径要求达到400mm。

布桩形式：采用矩形布桩，如例图2-1所示。

桩距：根据类似经验及试桩确定间距为1.2～1.4m。

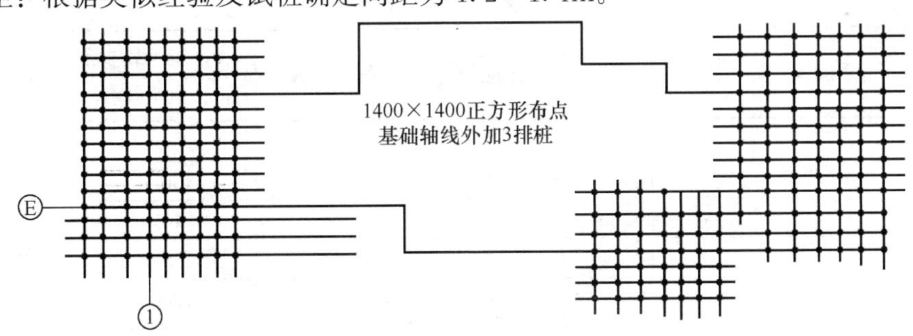

例图2-1　布桩形式示意图

4. 施工方法

施工准备：选用45kW振动沉拔桩机，距施工现场50m内配备容量大于90kVA、电压为380～400V的电源和水压为20N/cm^{2}的供水装置。

放线布桩：按设计桩距布桩，桩位中心偏差不大于10mm。

桩机就位：定位时，导向架垂直地面，采用人工合拢活瓣桩尖，桩尖与桩位偏差小于桩径的50%。

沉管成孔：启动振动沉拔桩机，使桩管贯入土中达到设计要求的深度后，加填石料。

填料：石料规格为20～40mm碎石，并掺入20%的石屑，石料含泥量小于5%。由于振动时产生超静孔隙水压力，影响下料，为平衡超静孔隙水压力，施工时自桩管向下注入适量的压力水。

提升桩管成桩：开始时以较快速度提升桩管，当提升至0.3～0.5m时悬振20～30s，然后再慢速提升，以防缩径或断桩。

5. 质量检验

在工程施工完三周后，采用标准贯入试验对处理效果进行了检验。共进行了4个标贯试验，孔深6～8m，试验点分布如例图2-2所示。由于地下水量较大，在孔深6m以下均有严重坍孔现象，致使4个标贯在孔深7m处标贯器不能达到预定深度。标贯试验数据见例表2-1。

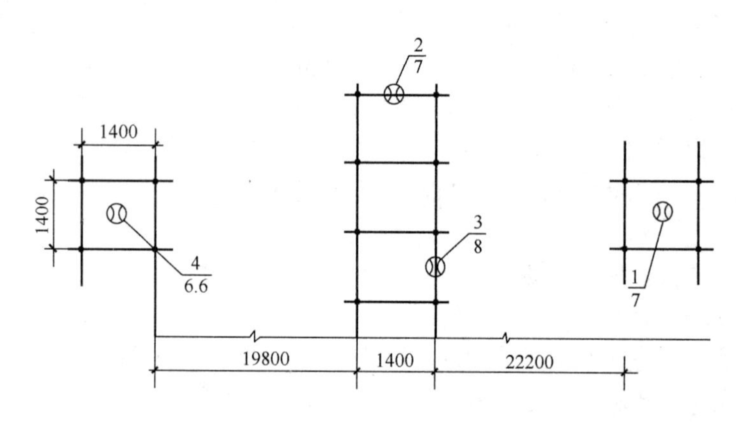

例图2-2　试验点位置分布示意图

标准贯入试验数据表　　**例表2-1**

标贯孔号	试验深度	土质描述	实测击数	修正击数	桩间土承载力特征值（kPa）	备　注
1	1	粉土	7	7	200	含粉土夹层
	2	细砂	9	9	130	
	3	细砂	16	16	210	
	4	细砂	24	22	260	
	5	中砂	16	15	180	
	6	中砂	17	15	180	

续表

标贯孔号	试验深度	土质描述	实测击数	修正击数	桩间土承载力特征值（kPa）	备　注
2	1	粉土	4	4	140	含粉土夹层
	2	细砂	11	11	150	
	3	细砂	14	13	160	
	4	细砂	14	13	160	
	5	中砂	18	17	240	
	6	中砂	27	24	280	
3	1	粉土	6	6	180	含粉土夹层
	2	粉土	10	10	260	
	3	细砂	12	12	170	
	4	细砂	8	7	100	
	5	细砂	24	22	260	
	6	中砂	26	23	260	
4	1	粉土	8	8	220	含粉土夹层
	2	细砂	14	14	170	
	3	细砂	9	9	130	
	4	细砂	10	9	130	
	5	细砂	14	13	160	

6. 试验结果分析

(1) 复合地基承载力计算

依 $f_{spk}=[1+m(n-1)]\cdot f_{sk}$ 进行计算。基础埋置深度为 1.5m，基础底面复合地基桩间土承载力特征值取深度为 1.15～1.45m 处的 $N_{63.5}$ 的修正值计算，桩土应力比 n 取 3，按桩距 1.4m×1.2m 计算，f_{spk}=180～260kPa。

(2) 砂土液化判别

根据《建筑抗震设计规范》GB 50011 规定，应用标贯试验确定，若

$$N_{63.5}<N_{cr} \tag{例 2-1}$$

$$N_{cr}=N_0[0.9+0.1(d_s-d_w)]\cdot\sqrt{\frac{3}{\rho_c}} \tag{例 2-2}$$

则可判定为可液化土层。

式中　$N_{63.5}$——实测饱和土标准贯入试验锤击数；

N_{cr}——液化判别的标准贯入试验锤击数的临界值；

N_0——液化判别标准贯入试验锤击数基准值，本工程为 10；

d_w——地下水位深度（m）；

d_s——饱和土标准贯入试验点深度（m）；

ρ_c——黏粒含量百分比，本工程取 3。

则可得出临界液化值与深度的变化关系计算结果见例表 2-2。

d_s—N_{cr}变化关系 **例表 2-2**

d_s（m）	2	3	4	5	6
N_{cr}	8.25	9.5	10.75	12	13

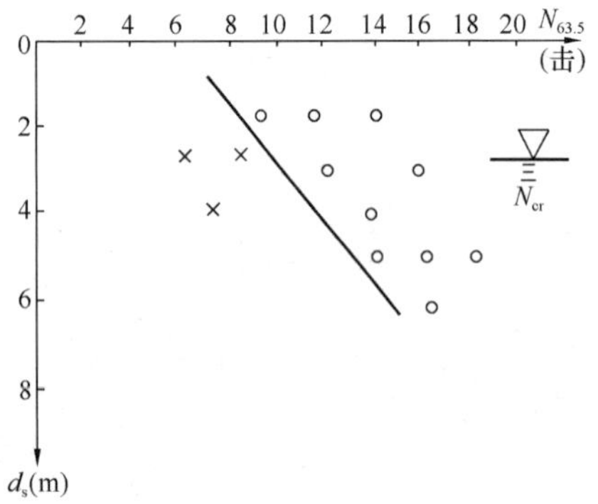

例图 2-3 $d_s-N_{63.5}$液化散点图

×—液化点 ○—非液化点

当 $N_{63.5}>N_{cr}$ 时不液化。d_s—$N_{63.5}$ 液化散点如例图 2-3 所示。由图知，实测 $N_{63.5}$ 值基本上处于非液化区。只有 3～4m 深度的 3 个点击数稍低于 N_{cr}。主要原因是：①地下水位低；②细砂层中夹有 10～20cm 的粉土透镜体，使标贯击数偏低。

又根据液化指数 I_{LE} 计算公式

$$I_{LE}=\sum_{i=1}^{n}\left(1-\frac{N_i}{N_{cri}}\right)d_i w_i \qquad (例 2\text{-}3)$$

计算四个标贯孔的液化指数为：1 号 $I_{LE}=0$；2 号 $I_{LE}=1.63$；3 号 $I_{LE}=1.82$；4 号 $I_{LE}=0.83$。四个孔的液化指数 I_{LE} 均小于 5，按液化指数 $0<I_{LE}\leqslant 5$ 判定其液化等级为轻微，可知液化危害性很小，一般不引起明显震害。

7. 技术经济效果

本工程经振动沉管挤密碎石桩处理后，细砂层在 8 度地震下产生液化的可能性已消除，复合地基承载力特征值 $f_{spk}=200$kPa，达到了设计要求。

经估算，本工程采用挤密碎石桩处理地基，其造价仅为混凝土预制桩的 43.5%。

（三）挤密碎石桩与强夯结合处理较大厚度自重湿陷性黄土地基

1. 工程概况

某工程由 21m 跨精矿车间和 15m 跨脱水干燥车间组成，全长 108m。精矿车间为排架结构，磷铁精矿堆积高度 7.5m，属大面积堆载。脱水干燥车间为框排架结构多层厂房，车间内经常有水，受水浸泡可能性大，结构对大面积堆载引起的不均匀沉降和柱基的倾斜较为敏感。本工程其他场地均采用强夯法处理，满足了设计要求。但精矿车间和脱水干燥车间地基黄土湿陷深度达 13m，就现场强夯设备条件，仅采用强夯很难满足设计要求。为消除 10m 以内自重湿陷性黄土的湿陷性，提高地基承载力，采用振动沉管碎石桩与强夯结合处理的方案，共打碎石桩 5210 根，约 6 万延米长。成桩完成 30 天后，又对场地进行了 2800kN·m 能量强夯，收到了较好技术和经济效果。

2. 工程地质条件

地基土为山前冲洪积湿陷性黄土，属Ⅲ级自重性湿陷，总湿陷量 49.85cm，湿陷土层厚 13m，分层叙述如下：

持力层 Q_4^{2-1}，承载力为 70～80kPa，压缩模量为 2.0～4.0MPa，高压缩性属新近堆积黄土，厚 2.0m 左右。

下卧层 Q_4^{2-1} 分两层：上层为软弱层，承载力为 110～130kPa，压缩模量为 3.0～5.0MPa，高压缩性，厚 2.0～4.0m，下层较好，承载力为 180～200kPa，压缩模量为 70～80MPa。

基底下 13m 有一层黏土砾石层，无湿陷性，砾石含量 20%。

3. 设计计算

方案选定为先打碎石桩消除黄土湿陷性，再用低能量强夯，提高持力层承载力。

桩径：依现有桩管直径选择，桩径为 400mm。

桩长：穿透湿陷性黄土层，打至黏土砾石层，根据湿陷深度确定桩长为 11～13m。

桩距：为确定合理桩距，参考类似工程经验，选择 1m 及 1.2m 两种桩距进行试验。共打试验桩 253 根，经检测桩距为 1.0m 的复合地基承载力特征值 $f_{spk}=300$kPa；桩距 1.2m 的碎石桩地基承载力 $f_{spk}=280$kPa，因此选择桩距为 1m。

布桩形式：采用正方形满堂布桩，外加 3 排桩。

碎石料：填充料采用粒径为 20～50mm 碎石，含泥量<5%。

强夯：夯点间距 6m，采用梅花形布置夯点，第一、二遍夯击能 2800kN·m，每坑 5 击，第三遍满夯 1500kN·m，每坑 3 击。

4. 施工方法

挤密碎石桩用 DZ-60 型振动打桩机振动沉孔。成桩采用逐步拔管法，遇到软弱土层，为防止缩颈及断桩，采用重复压拔法。在遇有硬层部位，桩管沉入困难时，辅以高压射水，以提高沉管速度。

逐步拔管法的基本过程如下：

（1）在地表上将桩管的位置确定好，对正桩位；

（2）开动振动锤同时加压，将桩管沉入土层中，在 6～7m 如遇硬层难沉入的土层，辅以高压射水；

（3）当桩管沉入到预定的深度后，再由装载机送料投入桩管，投料量为 1.35m³ 的碎石料；

（4）将桩管提升 2.5m，停拔后继续振 10s，再继续拔 2.5m，重复 2～4 次，直到成桩 7～8m，管内碎石料全部排空为止；

（5）上部 3m 左右用两轮推车填料，每车 0.16m³ 共 4 车，如遇灌入量不够，用桩管反复振密，再补够碎石为止。

重复压拔法是在成桩过程中将桩管每提升 1.5m 后压入 1.0m，成桩后桩径达 0.5m，反复 2～3 次直到超过软弱土层，然后慢速提管，改用逐步拔管法施工，边拔边振。

强夯施工方法（略）。

5. 质量检验

检测工作分三部分进行：（1）探井取土做土工试验；（2）标准贯入试验；（3）载荷试验。

（1）土工试验

地基处理前后土的主要物理力学指标见例表 3-1。可见 10cm 以内湿陷性已全部消除。干密度在 10m 以内提高较大，6m 以内大于 1.5t/m³，压缩模量由原来 8.11MPa 提高到 21.7MPa，孔隙比由 0.988～1.064 降低到 0.46～0.92，在 8m 以内尤为显著。压缩系数小于0.1MPa^{-1}为低压缩性。压缩模量提高幅度较大。

地基处理前后土的主要物理力学指标比较 **例表 3-1**

物理力学指标 / 深度（m）	ρ_d（t/m^3）		e		E_s（MPa）		α_{1-2}（MPa^{-1}）		δ_s	
	加固前	加固后	加固前	加固后	加固前	加固后	加固前	加固后	加固前	加固后
1	1.31	1.85	1.064	0.46	7.00	18.30	0.29	0.08	0.153	0.0002
2	1.40	1.82	0.923	0.49	5.20	21.30	0.36	0.07	0.056	0.001
3	1.37	1.71	0.961	0.58	5.20	39.40	0.37	0.04	0.086	0.0005
4	1.36	1.63	0.966	0.67	4.40	24.40	0.44	0.07	0.082	0.0006
5	1.42	1.56	0.900	0.74	6.00	17.60	0.31	0.10	0.034	0.0037
6	1.39	1.57	0.938	0.73	11.20	22.00	0.17	0.09	0.016	0.0025
7	1.38	1.45	0.960	0.87	12.90	26.30	0.15	0.07	0.037	0.0031
8	1.37	1.46	0.960	0.86	12.90	13.10	0.15	0.14	0.012	0.0044
9		1.40		0.94		21.30		0.09		0.0038
10	1.35	1.41	0.988	0.92	16.30	19.20	0.12	0.10	0.063	0.020
11		1.40		0.94		16.10		0.12		0.043
12	1.42	1.44	0.907	0.87	14.50		0.13	0.04		0.011

（2）标准贯入试验（$N_{63.5}$）

标贯试验结果见例表 3-2，可见，6m 以上地基土的标贯击数很高，表明桩间土有较高的承载力。

标贯试验结果（$N_{63.5}$）击数 **例表 3-2**

钻入深度（m）	标贯深度（m）		标贯击数（击）	修正后击数（击）	钻入深度（m）	标贯深度（m）		标贯击数（击）	修正后击数（击）
	起	止				起	止		
1	1.15	1.45	26	24	4	4.15	4.45	26	24
2	2.15	2.45	27	24.8	5	5.15	5.45	24	22
3	3.15	3.45	26	24	6	6.15	6.45	26	24

（3）载荷试验

载荷试验承压板面积 1m×2m。载荷试验没有做到破坏阶段，荷载压到 500kPa 稳定后即停止试验。p-s 曲线和 s-t 曲线如例图 3-1 和例图 3-2 所示。p-s 曲线上无明显拐点，设计荷载 300kPa，稳定时间为 7h，试验最终荷载 500kPa，稳定时间为 10h，取 $s/b=0.015$ 对应承载力为 318kPa，对应 500kPa 荷载时稳定沉降量为 28mm，设计取用承载力为 300kPa，对应沉降量为 15mm，框架结构容许极限不均匀沉降为 0.0021，脱水干燥车间 $l=7500$mm，容许极限不均匀沉降量为 15mm，满足设计沉降要求。

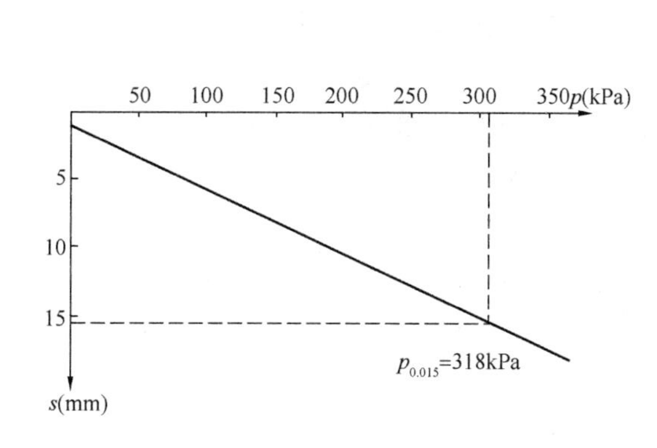

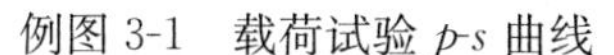

例图 3-1 载荷试验 p-s 曲线

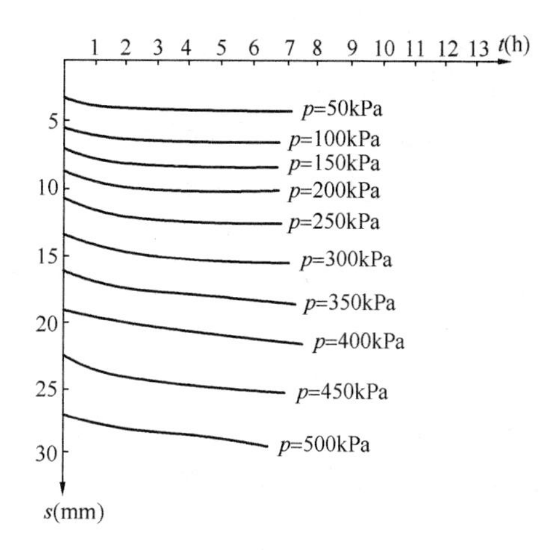

例图 3-2 载荷试验 s-t 曲线

6. 技术经济效果

本工程经挤密碎石桩与强夯结合处理后，消除了 10m 以上黄土的湿陷性，地基承载力由原始的 70kPa 提高到 318kPa，为原来的 4.5 倍，压缩模量由 8.11MPa 提高到 21.7MPa，为原来的 2.7 倍，干密度和孔隙比变化显著，地基处理效果较好。

从经济效益而言，采用两种方法结合处理比单用高能量强夯处理，节约工程造价 16 万元。

（摘录：陈延华、李在卿等，1992，第三届全国地基处理学术讨论会论文集）

（四）振动挤密碎石桩处理黏性土填土地基

1. 工程概况

某厂区辅助厂房场区范围 6～8m 深度内为新近填土层，地基土层不能满足建筑物对承载力和变形的要求，需要对填土层进行加固处理，并使地基沉降得到有效控制。经过综合比较，选用振动沉管挤密碎石桩加固填土地基，可以满足地基承载力和变形要求，而且造价低，经济效果好。

2. 场地地层条件

拟建场区地貌为长江二级阶地坳沟，表层有厚达 6～8m 的新近填土层，主要由粉质土组成，夹有灰色淤泥质土及少量碎砖、瓦砾、岩石碎屑等，其下为粉质黏土和粉土，土层分布及主要性质见例表 4-1。

场区土层分布及物理力学指标 **例表 4-1**

层序	土层名称	层厚 (m)	w (%)	γ (kN/m³)	e	$E_{s(1-2)}$ (MPa)	c_k (kPa)	φ_k (°)	f_{ak} (kPa)
0	素填土	0.3～8.0	25.9	19.5	0.769				50
1A	粉质黏土	0.7～8.1	25.3	19.6	0.753	5.5	44	13.6	140
1B	粉质黏土	1.5～9.7	27.5	19.4	0.793	5.0	23	10.3	120
1C	粉土	6.0～8.8	27.7	19.4	0.785	5.5	16	7.0	110
1D	粉质黏土	1.4～9.0	27.3	19.5	0.790	5.5	29	8.1	140
2A	粉质黏土	1.2～7.3	22.5	20.1	0.674	10.0	78	16.6	250
2B	粉质黏土	2.0～10.5	26.7	19.6	0.776	8.0	47	11.1	180
2C	粉质黏土	0.9～4.8	20.3	20.7	0.592	11.5	71	16.2	280

3. 挤密碎石桩的设计

按设计要求地基承载力需达到130kPa，填土层的地基承载力不能满足要求，需要对填土层进行加固处理，以提高地基承载力，并使地基变形控制在一定范围内。

（1）填土不排水抗剪强度

由勘察报告可知填土的锥尖阻力 q_c 为990kPa，由经验公式：$c_u=0.0543q_c+4.8$，可得 $c_u=58.56$kPa，因为本工程新填土为欠固结土，取 $c_u=40$kPa。

（2）碎石桩设计

设计取碎石桩桩长为 $l_p=7$m，桩径为500mm，等边三角形布置，桩距1.06m，排距0.93m，置换率 $m=22.7\%$，桩身承载力计算采用Brauns公式计算。取碎石内摩擦角 $\varphi_p=38°$，安全系数 $K=2.0$，则：

$f_{pu}=20.8\cdot c_u=832\text{kPa}$，$f_{pk}=f_{pu}/\text{K}=416\text{kPa}$；

$$
\begin{aligned}
f_{spk} &= m\cdot f_{pk}+(1-m)f_{sk}\\
&=0.227\times416+(1-0.227)\times50\\
&=94+39\\
&=133\text{kPa}
\end{aligned}
$$

可得碎石桩复合地基承载力特征值大于130kPa。

（3）复合地基沉降估算

采用分层总和法计算复合地基沉降量。当桩径为500mm时，取 $E_s=5.0$MPa，$n=4$，则复合模量 E_{sp} 为

$$E_{sp}=[1+m(n-1)]E_s=[1+0.227(4-1)]\times5.0=8.4\text{MPa}$$

复合地基沉降计算公式为

$$s=s_1+s_2=\sum_{i=1}^{m}\frac{p_0}{E_{spi}}(z_i a_i-z_{i-1}a_{i-1})+\sum_{j=m+1}^{n}\frac{p_0}{E_{sj}}(z_j a_j-z_{j-1}a_{j-1})$$

将复合土层分7层，每层1m，算得 $s_1=23$mm，其下卧层沉降计算（略）。

4. 施工工艺的确定

为了确定正确的施工工艺，工程桩施工前在加固区范围内选3个点施打了10根挤密碎石桩，进行了3组复合地基静载试验，试桩桩长为7.8m。复试1施工工艺为：采用预制混凝土桩尖，复打一次。先预埋混凝土桩尖，沉管深度7.8m，投入5～20cm石料1.3t。然后在原位再施打一次，沉管深度7.8m，投入与第一次施打等量的石料。一根桩共投石料2.6t。复试2施工工艺为：采用铰链式活瓣桩尖，预制混凝土桩尖，复打一次。先预埋桩尖，沉管深度7.8m，投入5～20cm石料1.3t，然后在原位再施打一次，沉管深度7.8m，投入与第一次施打等量的石料2.6t。复试3采用铰链式活瓣桩尖。沉管深度7.8m，投入5～20cm石料0.78t，单打。施工7d后进行复合地基静载试验，试验 p-s 曲线如例图4-1所示。

由例图 4-1 可见，复试 1 的 p-s 曲线为缓变型，卸荷回弹率为 20%，无明显的比例极限，其极限荷载取其最大加载值 260kPa，基本值取极限荷载的一半即 130kPa，如按相对变形取值，对黏性土为主的地基，可取 $s/b=0.02$ 所对应的荷载，为 130kPa。复试 2 的 p-s 曲线为陡降型，取 $s/b=0.02$ 所对应的荷载，为 109kPa。复试 3 的 p-s 曲线为陡降型，取 $s/b=0.02$ 所对应的荷载，为 74kPa。三根试桩的试验结果见例表 4-2。

试桩试验结果汇总表　　　　**例表 4-2**

序号	桩径（mm）	加载（kPa）		沉降量（mm）		承载力特征值（kPa）	
		要求	实际	累计	残余	设计要求	实测
复试 1	ϕ500	260	260	77.11	61.70	130	130
复试 2	ϕ500	260	208	122.91	110.84	130	109
复试 3	ϕ500	260	156	119.51	103.51	130	74

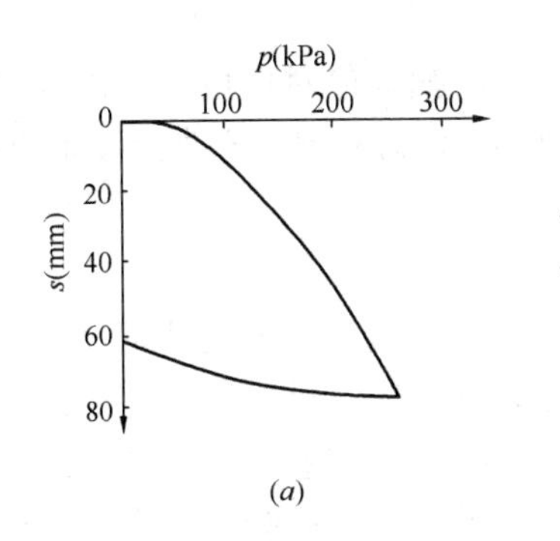

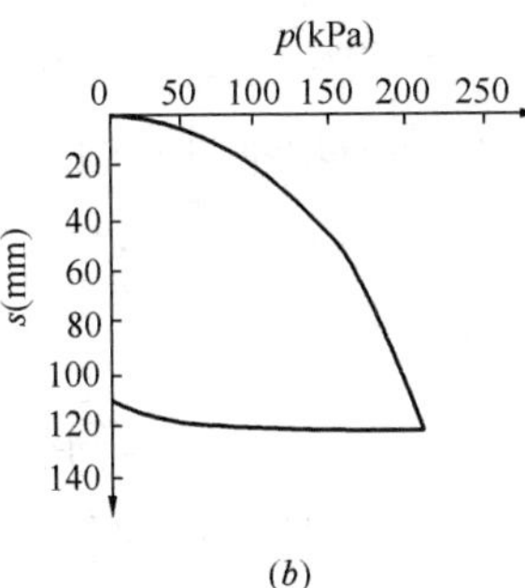

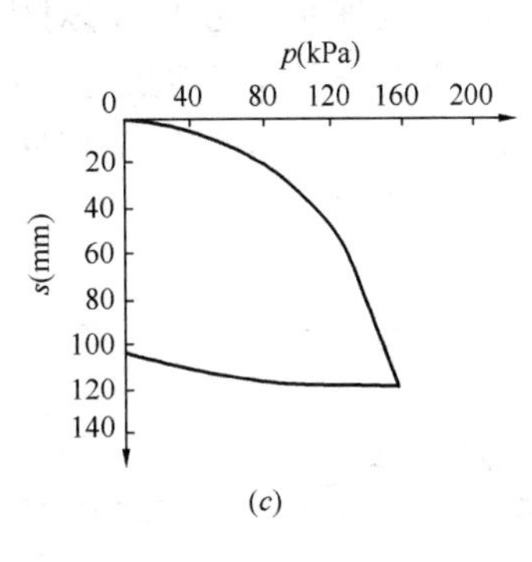

例图 4-1　复合地基试验 p-s 曲线

（a）复试 1；（b）复试 2；（c）复试 3

由于三根桩的施工工艺不同，投料差异较大，所以试验结果相差较大。采用复试 1 的施工工艺，工程桩施工时使用预制桩尖，严格控制投料，可以满足设计要求。本工程共施打了 2799 根碎石桩，桩长按设计要求和最后贯入度控制。

5. 加固效果分析

（1）复合地基承载力检测

为了检验地基处理的效果，为设计提供必要的依据，碎石桩施工结束后，对复合地基进行了两组静载荷试验，试验成果见例表 4-3，试验 p-s 曲线如例图 4-2 所示。

复合地基静载荷试验结果汇总表　　　　**例表 4-3**

序号	桩径（mm）	加载（kPa）		沉降量（mm）		复合地基承载力特征值（kPa）	
		要求	实际	累计	残余	设计	取值
复试 4	ϕ500	260	260	52.75	41.43	130	155
复试 5	ϕ500	260	208	51.91	43.59	130	160
备注	按相对变形取值，对黏性土为主的地基，可取 $s/b=0.02$ 所对应的荷载						

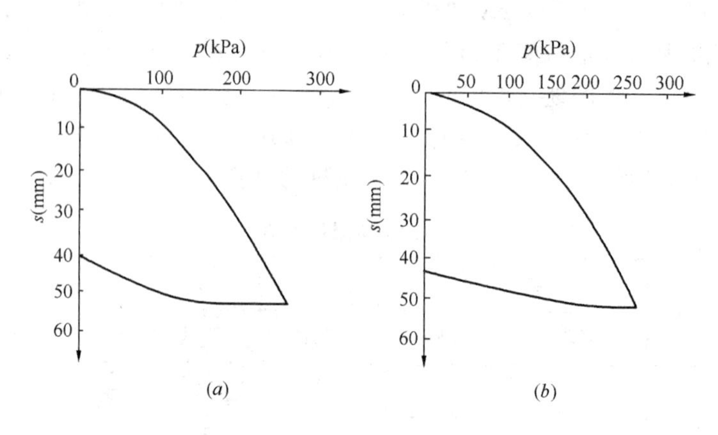

例图 4-2　复合地基静载试验 p-s 曲线

（a）复试 4；（b）复试 5

（2）处理前后地基沉降对比

处理前曾对天然地基进行了静荷载试验，通过处理前后 p-s 曲线的对比可以看出（如例图 4-3 所示），相同荷载条件下，处理后地基沉降明显减小，沉降得到有效控制，能够满足设计要求。

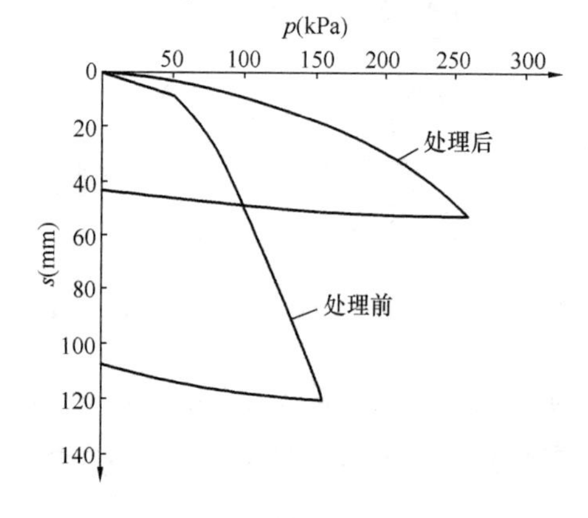

例图 4-3　处理前后 p-s 曲线对比

6. 结论

振动挤密碎石桩处理新近填土地基是一种行之有效的处理方法，该方法通过对地基土的挤密和置换作用使地基承载力和变形得到明显的改善。挤密碎石桩施工前应通过试验确定合理的施工工艺，并在施工完成后采用适当的方法检验处理效果。

（摘录：谢晨光等 2000，江苏建筑 2000(2).）

（五）振动挤密碎石桩法在粉煤灰地基处理中的应用

1. 工程概况

青岛陆通化工有限公司沥青厂厂区内主要装置设施有沥青装置、锅炉房、变电站、污水处理场、原油卸车区、沥青装车区、原油罐区、汽柴油罐区、沥青罐区及泵站、综合办公楼等。该工程设计要求地基承载力 120～200kPa，而厂区地基土上部为吹填粉煤灰，下部为粉土夹淤泥质土，其承载力特征值为 50～70kPa，远远不能满足上部建（构）筑物的设计要求，必须进行地基处理，而地基处理必须在 70d 内完成。所以地基处理方案的选择直接关系到工程项目能否按时投产和正常运营。

2. 工程地质条件

场区原为海边养虾池，征地后筑堤并吹填黄岛电厂的粉煤灰，表层回填了厚度不等的风化花岗岩。由于吹填时间仅 4 个月，而粉煤灰层自然固结需 1～2 年，预计沉降量将达 50cm 以上。因此，该场区工程地质条件极差。

据岩土工程勘察报告，场区内地基土自上而下可分为 4 层（如例图 5-1 所示）：

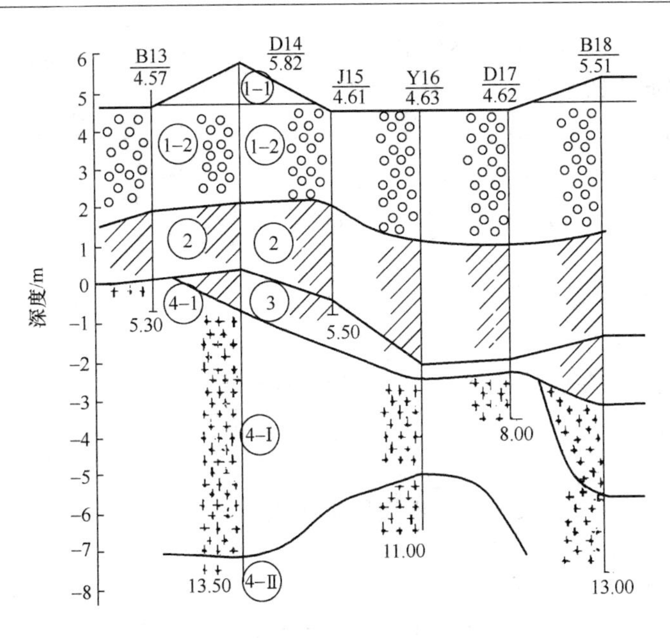

例图 5-1　工程地质剖面图

① 吹填粉煤灰：深灰色，饱和，极松散，具振动析水性，欠固结，厚度 2.0～5.4m，f_{ak}=50kPa，表层为 20～50cm 厚的风化花岗岩回填层（1-1）。

② 粉土夹淤泥质土：局部夹粉砂薄层，该层原为养虾池底部，成分复杂，含壳类化石及有机质、腐殖质，呈灰黑色，淤泥呈饱和流塑状态，厚度 1.7m～6.0m，平均厚度 3.65m，f_{ak}=70kPa。

③ 粉土：灰黄色，稍密，饱和，平均厚度 1.89m，场区西部缺失，f_{ak}=220kPa。

④ 基岩：为燕山晚期的块状花岗岩。可分为两个风化带：

④-Ⅰ强风化带：最大厚度 9.0m，f_{ak}=600kPa。

④-Ⅱ中风化带：未揭穿，f_k= 3200kPa。

场区地基土中粉煤灰吹填层在地震烈度为 7 度时，存在液化可能性，且地下水位仅 0.6m，含盐量高，对混凝土及钢管具有强腐蚀性。场地土类型属软弱土，建筑场地类别为Ⅲ类。

3. 地基处理方案选择

由于地基土为软弱土，承载力低，粉煤灰固结后沉降量较大，且地基土和地下水对钢管和混凝土具有强腐蚀性，工期要求非常短，为达到既提高地基土承载力，又消除其地震液化可能性且经济合理的目的，经反复比较各种地基处理方案后认为：振动挤密碎石桩方案最合理，而沥青装置、锅炉房等重要建（构）筑物建议采用预制桩，否定了设计单位全部采用混凝土预制桩的设计方案，仅此一项就节约地基处理费用 1/3 左右。

4. 方案设计

挤密碎石桩设计桩尖进入第③层 0.5m 或基岩风化层内，设计桩径 0.4m，等边三角形布桩。由于各装置区地基土层厚度、基岩埋深及要求承载力值各不相同，所以各装置区设计的桩长及桩距各不相同。桩间距 s 由下式确定：

$$f_{spk}=[1+m(n-1)]f_{sk}$$

式中 f_{spk}——处理后复合地基应达到的承载力设计值；

f_{sk}——桩间土的承载力标准值；

m——面积置换率，$m=d^2/d_e^2$；

d——桩直径；

d_e——一根桩所分担的地基处理面积的等效圆直径。

$$d_e = 1.05s$$

s——设计桩间距；

n——桩土应力比，取3。

经计算，处理后的复合地基承载力要达到设计要求的120～200kPa，则设计桩间距s为1.0～1.30m。

5. 施工工艺

由于场区地基土为饱和状态，工程地质特性极差，而①层粉煤灰吹填时间短，欠固结，施工时易产生振动液化；②层粉土及淤泥成桩较困难，影响处理效果和施工进度，目前也未见在该类地层中施工的先例和经验。为取得在该类地层中施工经验及可靠合理的施工工艺、充盈系数，验证设计方案的可行性，确定在101罐和402罐进行两种桩间距类型桩的工程试桩。桩径为0.4m；充盈系数为1.4。使用2～5cm新鲜碎石。

由于②层土中含大量淤泥，桩尖不易打开，填料时采取2～3次填料，复打4～5次，最后复压1～2m，确保达到设计桩径和桩体密实度。施工时桩体的挤密效果和排水效果较好，大量地下水沿桩体排到地面，达到了预期效果。

6. 加固效果检测

试桩施工结束15日后，对桩体和复合地基进行检测。检测采用重型Ⅱ动力触探和静力载荷试验两种方法。动力触探试验在101罐检测了18个桩身点和14个桩间土点；在402罐检测了8个桩身点和4个桩间土点。从检测结果来看，复合地基桩间土密实度较原地基土有大幅度提高，上部3.50m地基土为粉煤灰，挤密及成桩效果最好，中部3.5～6.5m，由于地层中含大量淤泥，处理效果一般；下部为粉土或风化岩，检测密实度高，承载力特征值达200kPa以上。复合地基的上述垂直分带规律性与原始地基土性质及施工机具、施工工艺有关，但最主要因素是原始地层性质。检测结果表明：经碎石桩处理后复合地基承载力101罐达170～350kPa；402罐达130～200kPa，均可满足设计要求，达到预期效果。静力载荷试验在101罐和402罐各检测3个点，检测深度0.6m，与基础设计深度相等。承压板面积分别与一根桩承担的加固面积相等。采用慢速维持荷载法进行试验。101罐3个试验点s-p曲线呈直线关系，说明在各阶段荷载作用下，复合地基均处于初级阶段的压密状态。从各试验点s-p曲线发展趋势看，均未达到比例极限，在每段荷载作用下，均能够较快达到沉降的相对稳定，累计沉降量也非常少。101罐复合地基承载力特征值$f_{spk}>355.5$kPa（如例图5-2所示）；402罐取比例极限对应的荷载作为复合地基承

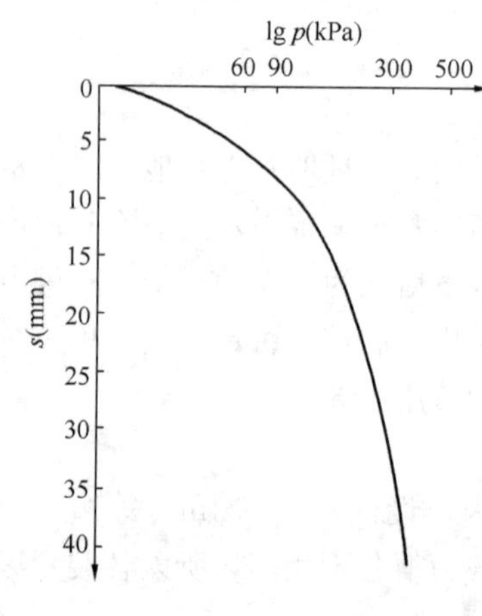

例图5-2 101罐复合地基静载试验s-lg$p$曲线

载力特征值 f_{spk}=228kPa。试桩成功后，在取得合理的施工工艺及设计参数基础上，开始了工程桩的施工，处理效果较好，达到了预期设计目的。

7. 结论

(1) 采用振动挤密碎石桩法对新近吹填粉煤灰地基土进行加固处理，切实可行，经济合理，比采用水泥预制桩工程造价降低50%。

(2) 处理效果比较理想，尤其是对罐区处理效果最佳，复合地基承载力可提高一倍以上。

(3) 工程桩进行施工前应进行试桩和检测，取得最合理的设计参数和施工工艺。

(摘录：张志豪等2000，岩土工程界2000(3).)

第四节　柱锤冲扩桩复合地基

一、概述

(一) 工法简介

柱锤冲扩桩技术由河北工业大学、沧州市机械施工有限公司等单位从1989年开始进行开发研究，并先后通过河北省和建设部的鉴定。1994年获河北省科技进步三等奖；1996年列入建设部科技成果重点推广计划；1997年正式颁布了河北省工程建设标准《柱锤冲孔夯扩桩复合地基技术规程》DB13 (J) 10—97。中华人民共和国行业标准《建筑地基处理技术规范》JGJ 79—91修订时增加了这一内容，并首次将该工法最终命名为“柱锤冲扩桩法”，编入《建筑地基处理技术规范》JGJ 79—2002，同时，对其定义、适用范围、设计、施工、质量检验等做出明确规定。

该工法是在土桩、灰土桩、强夯置换等工法的基础上发展起来的。实施柱锤冲扩桩复合地基主要是采用直径300～500mm、长2～6m、质量2～10t的柱状细长锤（长径比L/d=7～12，简称柱锤）、提升5～10m高，将地基土层冲击成孔，反复几次达到设计深度，边填料边用柱锤夯实形成扩大桩体，并与桩间土共同工作形成复合地基。

(二) 技术特点

柱锤冲扩桩法地基处理技术和其他技术相比具有以下突出的特点。

1. 柱锤冲扩桩法能够用于各种复杂地层的加固处理，适用范围广：目前，该技术已应用在杂填土、素填土、粉土、黏性土、黄土、液化土、湿陷性土等各类软弱土地基。特别是对人工填筑的沟、坑、洼地、浜塘等欠固结松软土层和杂填土的处理，更显示出特有的优越性。

2. 冲击成孔与补充勘察相结合，可消除工程隐患：在柱锤冲扩桩施工过程中，冲击成孔的难易程度可以反映施工现场的地层状况，因此起到了对地层进行补充勘察的作用，可以发现工程勘察中没有探测到的局部软弱土层，消除工程隐患。如天津市华苑居住区居华里小区，原为3m左右填坑，局部有深6～8m淤泥深沟，但勘察报告未完全标明，工程设计一般处理深度3～4m。实际施工中，本工法冲孔时及时发现了局部过深软弱土层的存在，故局部增加桩长从而避免了工程事故的发生，而采用水泥粉喷桩、石灰桩的工程，因桩长不变均出现了问题。

3. 桩身直径随土软硬自行调整，桩身与桩间土紧密咬合协同工作：在相同冲击能量及等填料量情况下，桩身直径随桩间土软硬自行变化，土软处桩径大，桩身成串珠状，与桩间土呈咬合抱紧的镶嵌挤密现象，使地基处理后均匀密实，协同工作。

4. 用料广泛，可就地取材：柱锤冲扩桩法桩身填料可以采用各种无污染的无机固体材料，可就地取材，不需严格加工。例如渣土（碎砖瓦、混凝土块、拆房土）、碎砖三合土、级配砂石、土夹石（丘陵及山坡堆积物）、矿渣、石灰土、水泥混合料、干硬性混凝土、工业废渣及其混合物等。设计可依据工程需要及材料来源就地取材。

5. 施工简便易行：柱锤冲扩桩复合地基施工过程使用的设备简单，操作方便、直观，便于控制，因此简便易行。由于锤底面积小，锤底静接地压力大，所以采用低能级夯击可以达到强夯中能级至高能级夯击的效果。

6. 工程造价低，社会及经济效益好：柱锤冲扩桩法因所用设备简单，桩身填料可就地取材，因此工程造价低。与混凝土灌注桩相比，一般可减少地基处理费用50%以上。同时，当采用渣土、碎砖三合土作为桩身填料时，可以大量消耗建筑垃圾，不仅节约建筑垃圾的运费，避免占用土地，而且减少污染、保护环境，所创造的直接、间接经济效益和社会效益均相当可观。如天津市河北区东于庄住宅小区，原为一片旧民居，采用该工法将拆房土料就地拌合，加少量生石灰，作为桩身填料，仅建筑垃圾外运一项就节约了上百万元。

7. 振动及噪声小：柱锤冲扩桩法与强夯比较，振动及噪声要小很多。因柱锤底面积小，所以冲孔夯击以冲切为主，振动很小。填料夯实在孔内进行振动也不大，但是在桩顶填料夯实成桩时，会有轻微振动及噪声，因此在居民区应慎用。另外在饱和软土地区施工时，由于孔隙水应力来不及消散，成桩时会发生隆起，造成邻桩位移上浮及桩间土松动，从而影响表层加固效果，设计施工时应采取必要措施。

8. 该工法无论桩身填料还是施工工艺均较粗放，这一点既是优点又是缺点，因此，精心设计、精心施工、加强施工过程中的检测十分必要。

（三）工程应用概况

1. 初期（1994年以前）主要用于浅层松软土层（≤4m），桩身填料主要是渣土或2∶8灰土，建筑物多为4～6层砖混住宅。主要在河北省沧州地区、衡水地区及山东、河南等地应用，加固机理以挤密为主。

2. 20世纪90年代中期引进天津，多用于沟、坑、洼地、水塘等松软土层或杂填土等地基的处理。为解决坍孔及提高地基处理效果，对成孔工艺及桩身填料进行改进，开发出复打成孔及套管成孔新工艺。借鉴生石灰桩的加固机理，在桩身填料中加入生石灰（即《建筑地基处理技术规范》JGJ 79—2002 中推荐采用的碎砖三合土），实践证明加固效果良好，加之造价较低（仅相当于混凝土灌注桩的40%），因此争相被业主采用。仅天津市华苑居住区（建设部示范小区）就达40万m^2建筑面积。其加固机理主要是置换及生石灰的水化胶凝反应。在这一时期还曾用于基坑（4～5m）护坡，效果也较好。

3. 上世纪末，由于市场形势变化，柱锤冲扩桩在原有基础上开始向深、强方向发展。桩身填料除了渣土、碎砖三合土及灰土以外，级配砂石、水泥土、干硬性水泥砂石料、低标号混凝土等也开始采用。柱锤冲孔静压沉管—分层填料柱锤夯扩成桩工艺及中空锤振动沉管—分层填料柱锤夯扩成桩工艺的采用，使得地基处理深度大大加深，桩身强度及复合地基承载力也大大提高。除建筑工程外，公路工程地基处理、堆场等也开始采用这一地基处理方法。

4. 近几年来，柱锤冲扩桩法应用领域进一步扩大。工程实践表明，柱锤冲扩挤密灰土（土）桩可用于湿陷性黄土地区。通过合理确定设计参数，并经试桩施工及桩间土检测，证明该技术可以有效地消除黄土的湿陷性，处理深度可达15～20m。据笔者调查，近年来用柱锤冲扩桩法处理湿陷性黄土已被广泛采用，《湿陷性黄土地区建筑规范》GB 50025推荐使用的夯扩挤密法，其施工工艺即柱锤冲扩桩法。如山西祁县电厂采用柱锤冲扩挤密灰土（土）桩处理湿陷性黄土，柱锤质量3.5吨，落距5m，分层填料0.1m^3，夯击3次。成孔直径400mm，成桩直径600mm，桩长15m，桩距约为1m，填料充盈系数β=1.5，桩身填料压实系数$\lambda_c \geqslant 0.97$。经检测可消除全部湿陷。采用夯扩挤密（柱锤冲扩桩法）处理湿陷性黄土与以往冲击法不同的是，不仅冲击成孔时使桩间土挤密，在填料成桩时同样可以挤密桩间土。对硬夹层或加固土层较深时，还可以采用预钻孔然后分层填料用柱锤冲扩成桩挤密桩间土，从而消除黄土湿陷，其冲击能量比以往冲击法大大提高。当桩身填料采用干硬性水泥砂石料时，可使一桩两用。既可消除黄土湿陷性又可大大提高地基承载力。

5. 此外，北京周边地区广泛采用柱锤冲扩挤密砂石桩消除砂土液化效果良好，处理深度达6～8m。在山区不均匀地基处理中，柱锤冲扩桩法也得到了广泛应用。

6. 柱锤冲扩散体材料桩与混凝土刚性桩联合应用，用于处理杂填土及新填土等松软土层前景广阔。

（四）加固机理

1. 加固机理综述

柱锤冲扩桩法的加固机理主要有以下四点：

（1）成孔及成桩过程中对原土的动力挤密作用；

（2）对原土的动力固结作用；

（3）冲扩桩充填置换作用（包括桩身及挤入桩间土的骨料）；

（4）生石灰等胶结材料的水化和胶凝作用（化学置换）。

上述作用依不同土类而有明显区别。对地下水位以上杂填土、素填土、粉土及可塑状态黏性土、黄土等，在冲孔过程中成孔质量较好，无坍孔及缩颈现象，孔内无积水，成桩过程中地面不隆起甚至下沉，经检测孔底及桩间土在成孔及成桩过程中得到挤密，试验表明挤密土影响范围约为2～3倍桩径。其加固功效相当于孔内深层强夯。而对地下水位以下饱和松软土层冲孔时坍孔严重，有时甚至无法成孔，因此在地下水位以下饱和松软土层中应用时，其加固机理主要是置换及生石灰的水化和胶凝作用。

2. 夯实挤密效应（动力挤密）

柱锤冲扩桩法加固机理与桩间土性状、桩身填料类型、加固深度、成桩工艺、柱锤类型等密切相关。与一般桩体复合地基的加固机理有共同之处，也有其自身的特点。如复合地基的桩体作用，柱锤冲扩桩也同样存在。特别是桩体采用黏结材料时，如水泥土、水泥砂石料等，其桩体作用更加明显。而柱锤冲扩桩法自身的特点主要是冲孔及填料成桩过程中对桩底及桩间土的夯实挤密作用（二次挤密）。由于柱锤的质量比以往灰土桩、挤密碎石桩所用夯锤大，底面积比强夯又小得多，所以锤底单位面积夯击能大大提高，因此，本工法还具有高动能、高压强、强挤密的特点。此外，当柱锤冲扩桩法处理浅层松软土层时，通过填料复打置换挤淤可形成柱锤冲扩换填垫层，起到类似垫层的换土、均匀地基应力及增大应力扩散的作用。

（1）冲击荷载作用分析

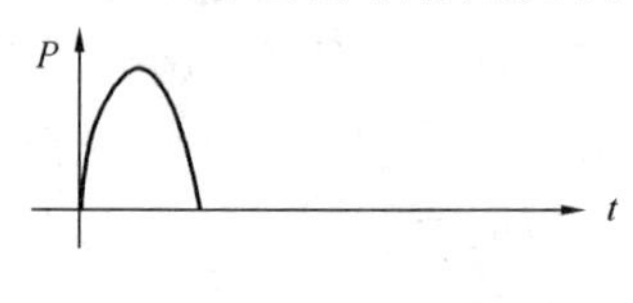

图 5-22　冲击荷载

柱锤冲扩桩法施工中，其冲孔、填料夯实的作用可看作重复性（短脉冲）冲击荷载，如图 5-22 所示。柱锤对土体的冲击速度可达 1～25m/s。这种短时冲击荷载对地基土是一种撞击作用，冲击次数愈多，成孔愈深，累积的夯击能就愈大。

由于本工法所使用柱锤的底面积小，因此不同锤型的锤底静接地压力值普遍大于 100kPa，最高可达 500kPa 以上，而强夯锤底静接地压力值仅为 25～40kPa。在相同锤重及落距情况下，柱锤冲扩地基土的单位面积夯击能量比强夯大很多。对比计算结果见表 5-23 和表 5-24。

常用柱锤单位面积夯击能计算　　**表 5-23**

序号	柱锤直径（mm）	柱锤底面积（m^2）	柱锤质量（t）	锤底静压力（kPa）	单位面积夯击能（$kN \cdot m/m^2$）	
					落距 5m	落距 10m
1	325	0.083	1.0～4.0	121～482	591～2364	1182～4728
2	377	0.112	1.5～5.0	134～446	659～2196	1318～4392
3	500	0.196	3.0～9.0	153～459	749～2247	1498～4494

注：目前柱锤质量已达 15～20t，单位面积夯击能高达 $18000kN \cdot m/m^2$。

强夯单位面积夯击能（$kN \cdot m/m^2$）　　**表 5-24**

锤底静压力（kPa）	落距（m）			
	10	20	30	40
25	250	500	750	1000
30	300	600	900	1200
35	350	700	1050	1400
40	400	800	1200	1600

注：强夯法夯锤质量一般为 10～40t，落距 10～40m，锤底单位面积静压力为 25～40kPa。

由表中数据可知，柱锤冲扩桩法柱锤的单位面积夯击能可达 $600 \sim 5000kN \cdot m/m^2$，与同比条件下强夯比较，是一般强夯单位面积夯击能的 10～20 倍。用柱锤冲击成孔时，冲击压力远远大于土的极限承载力，从而使土层产生冲切破坏。柱锤向土中侵彻过程中，孔侧土受冲切挤压，孔底土受夯击冲压，对桩间及桩底土均起到夯实挤密的效应。

柱锤冲孔时，地基土受力情况如图 5-23 所示。图中 q_s 为冲孔时柱锤作用在孔壁上的侵彻切应力，P_x 为冲孔时侧向挤压力，P_d 是由柱锤冲孔引起的锤底冲击压力。P_d 的大小与夯击能、成孔深度、土质等有关。

柱锤对土体不仅产生侧向的挤压，而且对锤底的地基土产生冲击压力。柱锤冲扩产生冲击波及应力扩散的双重效应，可使土产生动力密实。当冲扩深度较小时，对于饱和软土及中密以上土层，由于埋深浅、桩孔周围土层覆盖压力小，冲击压力较大时可能会产生隆起，造成局部土体松动破坏，因此，采用柱锤冲扩桩法时，桩顶以上应有一定覆盖土重。

（2）柱锤冲孔的侧向挤密作用机理（一次挤密）

柱锤冲孔对桩间土的侧向挤密作用可采用圆筒形孔扩张理论来描述。

圆筒形孔扩张理论来自于魏西克关于孔扩张的理论。孔扩张的理论以摩尔—库仑条件为依据，在具有内聚力 c、内摩擦角 φ 的无限土体中，给出了圆筒形孔扩张的一般解。如图 5-24 所示，具有初始半径为 R_i 的圆筒形孔，被均匀分布的内压力 P_x 所扩张。当这个压力增加时，围绕着孔的圆筒形区将成为塑性区。这个塑性区将随着内压力 P_x 的增加而不断的扩张，一直达到最终值 p_u 为止。这时，孔的半径为 R_u；而围绕着孔的塑性区的半径则扩大到 R_p，该塑性区内土体可视为可压缩的塑性固体。在半径 R_p 以外的土体仍保持为弹性平衡状态。因此，塑性区半径 R_p 即可看作圆孔扩张的影响半径，其表达式为：

$$R_p = R_u\sqrt{\frac{I_r \cdot \sec\varphi}{1 + I_r \cdot \Delta \cdot \sec\varphi}} \tag{5-95}$$

$$I_r = \frac{G}{S} = \frac{E}{2(1+\mu)(c + q \cdot \tan\varphi)} \tag{5-96}$$

式中　R_p——塑性区半径；

R_u——扩张孔的半径；

I_r——地基土的刚度指标；

Δ——塑性区内土体积应变的平均值；

G——地基土的剪切模量；

S——地基土的抗剪强度；

E——土的变形模量；

μ——土的泊松比；

c——土的内聚力；

φ——土的内摩擦角；

q——地基中原始固结压力。

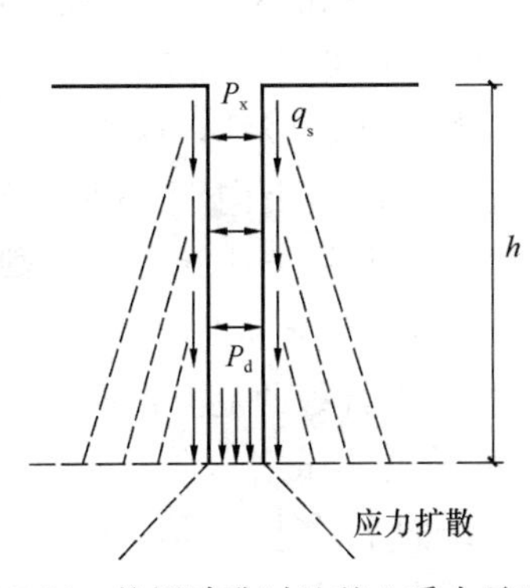

图 5-23　柱锤冲孔时地基土受力示意图

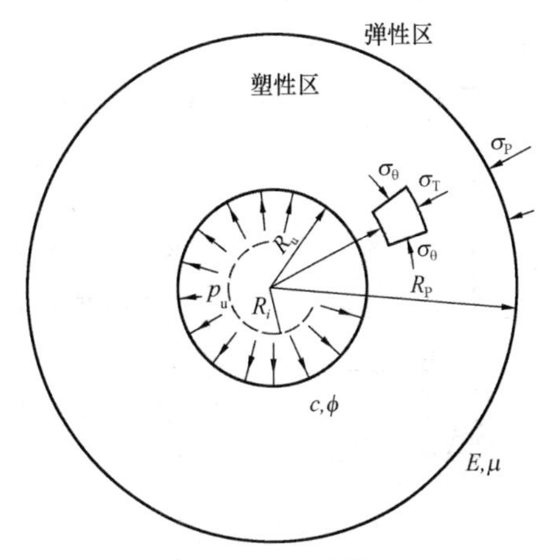

图 5-24　孔的扩张

当塑性区体积应变平均值$\Delta=0$时，塑性区半径R_p的表达式为：

$$R_p = R_u\sqrt{\frac{E}{2(1+\mu)(c\cdot\cos\varphi+q\cdot\sin\varphi)}} \tag{5-97}$$

由式（5-97）可知，塑性区半径与桩孔半径成正比，并与土的变形模量、泊松比、抗剪强度指标有关。

根据上述理论，在扩张应力的作用下，柱锤冲扩挤压成孔，桩孔位置原有土体被强制侧向挤压，塑性区范围内的桩侧土体产生塑性变形，因此使桩周一定范围内的土层密实度提高。实践证明，柱锤冲击成孔时，柱锤冲扩桩法桩间土挤密影响范围约为（1.5～2.0）d_0（成孔直径）。

对于松散填土以及达到最优含水量的黏性土，挤密效果最佳。当土的含水量偏低，土呈坚硬状态时，有效挤密区减小；当含水量过高时，由于挤压引起超孔隙水应力，土难以挤密，提锤时，由于应力释放，易出现缩颈甚至坍孔。对于非饱和的黏性土、松散粉土、砂土以及人工填土，冲孔挤密效果佳。而对淤泥、淤泥质土及地下水位下的饱和软黏土冲孔挤密效果差，同时，孔壁附近土强度因受扰动反而会降低，且极易出现缩颈、坍孔和地表隆起。不同土层冲孔时地表土体变形情况如图 5-25 所示。

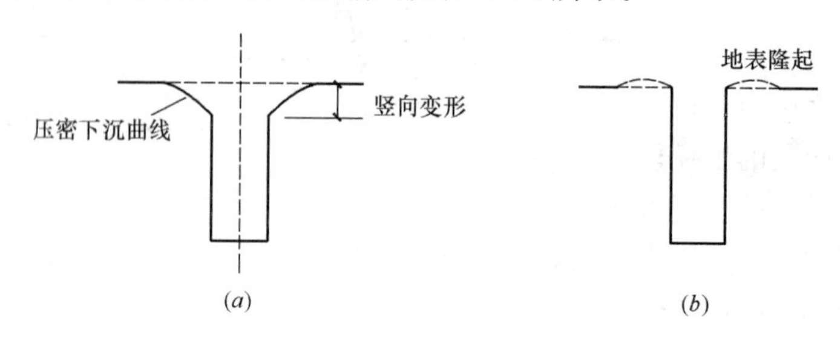

图 5-25　柱锤冲孔时地表土体变形示意图

（a）松土、可挤密土；（b）饱和软土

（3）孔内强力夯实的作用机理

随着柱锤冲扩深度的不断增长，上覆土压力不断增加，其夯实效果不断增强。柱锤孔内夯实的作用机理与强夯不同。强夯是在地表对土层进行夯实，夯实效果与深度直接相关，一般有效加固深度不到 10m，且噪声和振动很大，地表易隆起松动，夯实挤密效果随深度增加逐渐减弱。柱锤冲扩是在地表一定深度以下对土层（或通过填料）进行强力夯击。当成孔达到一定深度以后，由于上覆土压力及桩侧土的约束，夯实压密效果较好。

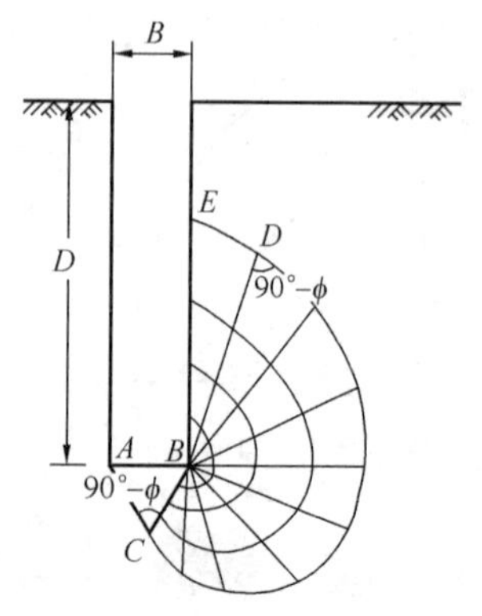

图 5-26　梅耶霍夫假定的滑动面图形

柱锤冲孔时，孔内土体发生冲切破坏，产生较大的瞬时沉降，柱锤底部土体形成锥形弹性土楔向下运动。此时土体的受力情况可用土力学中梅耶霍夫关于地基极限承载力的理论来描述。梅耶霍夫假定的滑动面图形如图 5-26 所示，孔底 AB 面以下形成一锥形压密核。结合魏西克空洞扩张理论，柱锤在孔内强力夯击时，锤底形成的压密核将土向四周挤出，如图 5-27 所示，则 BD 及 AE 面上的土必须向外侧移动，柱锤才能继续贯入，从而对柱锤底部及四周的地基土起到强力夯实挤密的作用。

对于松散填土、粉土、砂土及低饱和度黏性土层等，随着冲孔（自上而下）夯击及填料（自下而上）夯击，桩底及桩间土不断被动力挤密，且范围不断扩大。但是，柱锤在不同深度冲扩时，土体的变形模式是不同的。如图 5-28 所示，在地面下浅层处，柱锤冲孔夯扩时，土体是以剪切变形为主。随着冲孔深度不断增加，土的侧向约束应力增大，因此，剪切机理已失去主导地位，并逐渐让位于压缩机理。

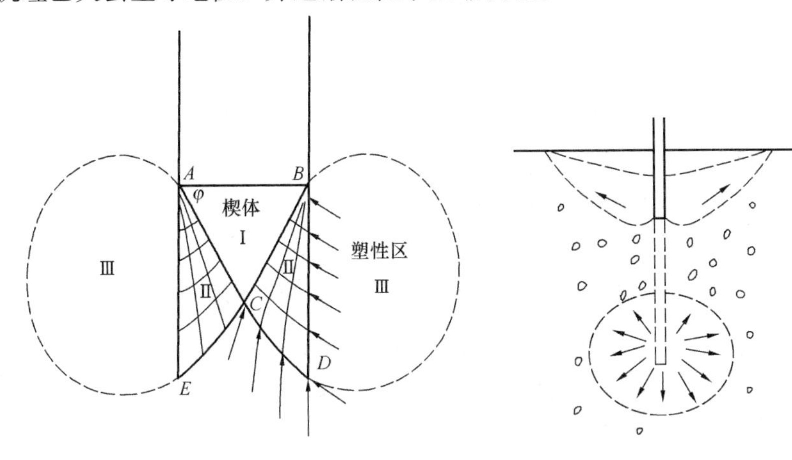

图 5-27　柱锤冲孔孔内夯击示意图　　图 5-28　柱锤在不同深度冲扩时的土体变形模式

在压缩机理的作用下，柱锤对孔底及其四周的土体进行夯实挤密。夯实程度与土体的种类有关。不同土体中，柱锤底部土体的位移场如图 5-29 所示。由图可知，在较松散的土中，柱锤夯击所引起的位移场主要集中在柱锤的正下方，侧向影响范围不大。随着密度的增大，侧向及正下方影响范围逐渐扩大。

综上所述，柱锤冲扩夯击的地基加固模式如图 5-30 所示。在浅层，桩孔中的土在剪切作用下被侧向挤出，形成被动破坏区。表层桩间土在被动土压力作用下隆起。随着冲扩深度的加大，柱锤在孔内形成强力夯实作用，孔底下土体在压缩机理的作用下形成主压实区、次压实区。冲孔深度越大，则压实范围越大。

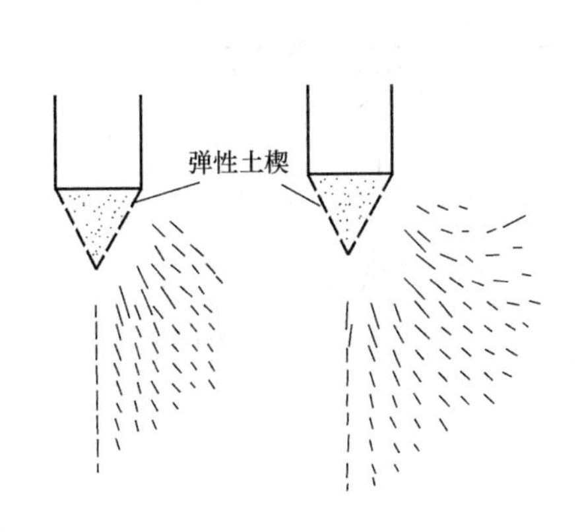

图 5-29　柱锤冲扩时在土中引起的位移场

(a) 松软土；(b) 密实土（或夯实挤密土）

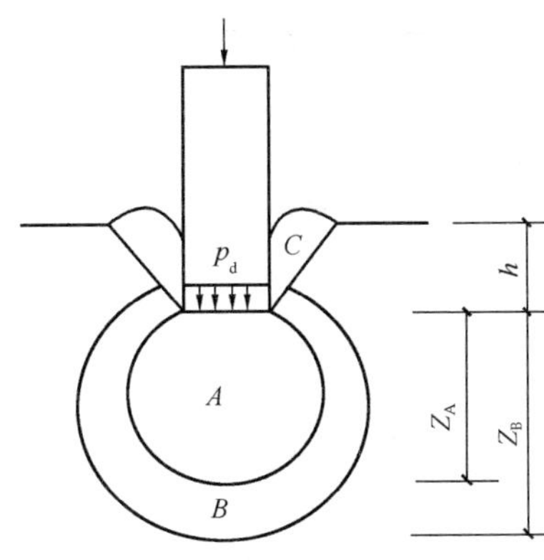

图 5-30　柱锤冲扩地基加固示意图

A：主压实区；B：次压实区；C：松动区及挤密区

此外，对于地下水位以下饱和松软土层，其冲孔及填料夯扩的动力密实作用虽不明显，但在孔内强力夯击过程中会产生动力固结效应（这也是一般挤密桩法不具备的）。施工时，桩孔及附近地表开裂出现涌水冒砂现象（如天津市福东北里住宅小区），表明这一效应是客观存在的。柱锤冲扩桩法对各种不同土层均有夯实挤密效应，仅程度有所不同。对饱和松软土层应待超静孔隙水应力消散，土层强度恢复后再进行基础施工，修建上部结构。

（4）填料冲扩的二次挤密效应及镶嵌作用

一般散体材料挤密桩的桩间土挤密主要发生在成孔过程中的横向挤密，桩身填料夯实采用的锤重及落距较小，如采用偏心轮夹杆式夯实机或提升式夯实机，锤重一般是 0.5～2.0t（有的甚至更少），落距 1～2m。由于夯击能量较小，所以填料夯实主要为保证桩身密实度，而对桩间土挤密效果并不明显。

柱锤冲扩桩法与其他挤密桩（灰土桩、土桩、砂石桩）相比较，虽然成孔挤密效应相近，但由于柱锤冲扩桩夯击能量远比冲击成孔的灰土（土）桩、砂石桩大（见表 5-23 及表 5-25），因此，其加固机理特别是填料夯扩挤密效应并不相同。

灰土（土）桩单位面积夯击能计算示例 **表 5-25**

序号	夯锤直径（mm）	夯锤底面积（m^2）	夯锤质量（t）	单位面积夯击能（kN·m/m^2）	
				落距 1m	落距 2m
1	340	0.091	0.5～2.0	55～220	110～440
2	426	0.142	0.5～2.0	35～141	70～282

柱锤冲扩桩法在填料夯实挤密过程中，由于夯击能量很大，桩径不断扩大，迫使填料向周边土体中强制挤入，桩间土也被强力挤密加固，即二次挤密。如成孔直径 400mm，成桩后桩径 d 可达 600～1000mm，甚至更大，最大可达 2.5m，这是其他挤密桩所不具备的。

在湿陷性黄土地区，利用螺旋钻引孔，然后填料用柱锤夯扩挤密桩间土，也可达到消除湿陷性的目的。这一工法已被列入《湿陷性黄土地区建筑规范》GB 50025 之中。

当被加固的地基土软硬不均时，在相同夯击能量及填料量情况下成桩直径会有很大不同。土软部分成桩直径增大，且会有部分粗骨料挤入桩间土，使桩身与桩间土镶嵌咬合、密切接触，共同受力。经过填料夯击二次挤密作用后，柱锤冲扩桩对地基土的加固效果如图 5-31 所示。

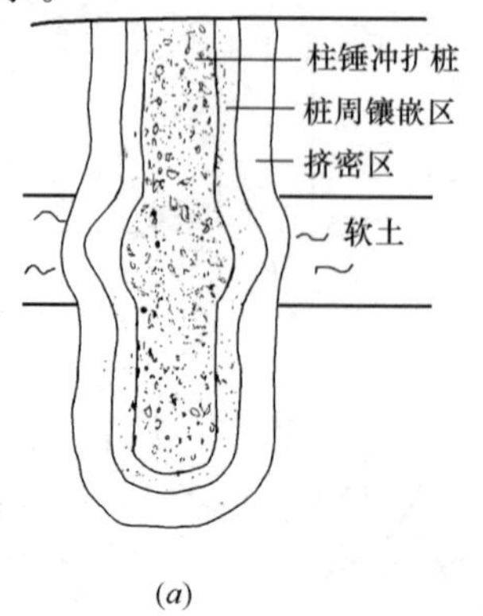

(a)

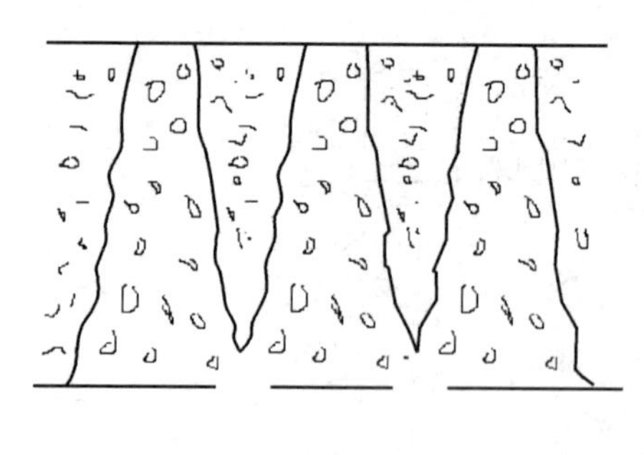

(b)

图 5-31　柱锤冲扩桩加固示意图

(a) 局部软土；(b) 深厚软土（福东北里）

3. 小结

通过对柱锤冲扩桩法地基处理技术的理论分析及工程应用实践，可将其加固机理概括为以下几点：

(1) 柱锤冲孔及填料夯实过程中的侧向挤密和镶嵌作用，这一作用在软弱土地基中发挥显著。同时，冲孔过程中，圆形柱锤对孔壁有涂抹效应，从而起到止水作用。

(2) 在冲孔及填料成桩过程中，柱锤在孔内有深层强力夯实的动力挤密及动力固结作用。在饱和软黏土中动力固结作用尤为突出。桩身的散体材料可起到排水固结的作用。

(3) 柱锤冲扩桩对原有地基土进行动力置换，形成的柱锤冲扩桩具有一定桩身强度，起到桩体效应。这种桩式置换依靠桩身强度和桩间土的侧向约束维持桩体的平衡，桩与桩间土共同工作形成柱锤冲扩桩复合地基。当桩身填料采用干硬性水泥砂石料等粘结性材料时，桩体效应更加明显。

(4) 当饱和土层较厚且极其松软时，柱锤冲扩桩的侧向挤压作用范围扩大，桩身断面自上而下逐渐增加，至一定深度后基本连成一体，桩与桩间土已没有明显界限，形成整式置换。

(5) 桩身填料的物理化学反应。在含水量较高的软土地基中，当桩身填料采用生石灰或碎砖三合土时，碎砖三合土中的生石灰遇水后消解成熟石灰，生石灰固体崩解，孔隙体积增大，从而对桩间土产生较大的膨胀挤密作用。由于这种胶凝反应随龄期增长，所以可提高桩身及桩间土的后期强度。此外，当桩身填料含有水泥时，水泥的水化胶凝作用也会增加桩身强度。

(6) 不同锤形加固机理及效果也不尽相同，应依土质及设计要求进行选择。

(五) 适用范围

1. 柱锤冲扩桩法适用于处理地下水位以上的杂填土、粉土、黏性土、素填土和黄土等地基，对地下水位以下饱和松软土层，应通过现场试验确定其适用性。当采用自动脱钩柱锤冲孔夯扩成桩法，地基处理深度不宜超过10m，桩身填料为碎砖三合土或渣土时，复合地基承载力特征值 f_{spk} 不宜超过 200kPa。当桩身填料为水泥混合土、干硬性水泥砂石料等黏结性材料时，承载力特征值 f_{spk} 应依试验结果或当地经验确定。

2. 柱锤冲扩桩法主要用于地下水位以上各种松软土层，对其他土层当冲孔后无地下水渗入且成孔质量较好时也可以采用；对于地下水位以下饱和松软土层，由于冲孔时坍孔严重，桩身质量较难保证，因此应慎用；有施工经验时可以采用填料复打成孔或加套管进行施工；有条件时也可先降水再夯扩成桩；对于厚度不大的超软土层（≤2m）也可采用整式置换进行处理。

3. 当采用套管成孔，桩长依采用设备和设计要求确定，地基处理深度可不受上述限制。

4. 对湿陷性黄土地区，其地基处理深度及复合地基承载力特征值可按当地经验确定。

5. 柱锤冲扩桩法，由于冲击能量较大，冲孔及填料成桩时会产生地面振动，因此应注意施工振动对周围环境的影响。

二、设计

(一) 主要资料及设计参数

1. 采用柱锤冲扩桩处理地基，应具有施工区域的工程地质详勘报告，并对地基处理目的、处理范围和处理后要达到的技术指标有明确要求。

2. 对于拟采用柱锤冲扩桩复合地基的工程，除常规的工程地质勘察要求外，尚应特别注意查明：

（1）场地内的沟、塘、坑、古河道的位置、深度和填土的物质成分。除钻探取土外，应配合采用静力触探、动力触探等测试方法，综合评价场地的工程地质条件。

（2）对软塑、流塑状态的黏性土及淤泥和淤泥质土分布范围及厚度应详细查明。

（3）查明初见地下水位。

如资料不全，应在施工前进行补充勘察，一般可按幢号进行动力触探或静力触探试验。

3. 对大型的、重要的或场地复杂的工程，在正式设计和施工前，应在有代表性的场地上进行试验。

柱锤冲扩桩法目前还处于半理论半经验状态，成孔和成桩工艺及地基加固效果直接受到土质条件的影响，因此在正式施工前进行成桩试验及试验性施工十分必要。根据现场试验取得的资料修改设计，制定施工及检验要求。

现场试验主要内容：成孔及成桩试验、试验性施工、复合地基承载力对比试验（载荷试验及动力触探试验）。

（二）处理范围

当桩身采用散体材料时，处理范围应大于基底面积，对一般地基，在基础外缘应扩大1～2排桩，并不应小于基底下处理土层厚度的1/2。对可液化地基，处理范围可按上述要求适当加宽。并应符合《建筑抗震设计规范》GB 50011的有关规定。

地基处理的宽度超过基础底面边缘一定范围，主要作用在于增强地基的稳定性，防止基底下被处理土层在附加应力作用下产生侧向变形，因此原天然土层越软，加宽的范围应越大。通常按压力扩散角$\theta=30°$来确定加固范围的宽度，并不少于1～2排桩。

用柱锤冲扩桩法处理湿陷性黄土地基，应符合《湿陷性黄土地区建筑规范》GB 50025有关规定。对于上部荷载较小的室内非承重墙及单层砖房可仅在基础范围内布桩。

当桩身采用水泥混合料等黏结材料时，可仅在基础范围内布桩。

（三）处理深度

1. 地基处理深度可根据工程地质情况及设计要求确定。对相对硬层埋藏较浅的土层，应深达相对硬土层；当相对硬层埋藏较深时，应按下卧层地基承载力及建筑物地基的变形允许值确定；对可液化地基，应按现行国家标准《建筑抗震设计规范》GB 50011的有关规定确定。

地基处理深度的确定应考虑：①软弱土层厚度；②可液化土层及湿陷性土层厚度；③地基变形要求；④设备条件。

限于设备条件，当采用自动脱钩冲扩施工时，柱锤冲扩桩法适用于10m以内的浅层处理。

2. 如采用沉管法进行夯扩施工或采用钢丝绳牵引柱锤冲扩施工且成孔质量较好时，地基处理深度可不受上述限制。

3. 对于湿陷性黄土地区，其地基处理深度及复合地基承载力特征值按当地经验确定，并应符合《湿陷性黄土地区建筑规范》GB 50025的有关规定。

(四) 桩身直径选择及桩位布置

1. 桩径

柱锤冲扩桩法有以下三个直径：

(1) 柱锤直径：它是柱锤实际直径，现已经形成系列，常用直径为 300～500mm，如公称 ϕ377 锤，就是 377mm 直径的柱锤。

(2) 冲孔直径：它是冲孔达到设计深度时，地基被冲击成孔的直径，对于可塑状态黏性土其成孔直径往往比锤直径要大。

(3) 桩径：它是桩身填料夯实后的平均直径，它比冲孔直径大，如 ϕ377 柱锤夯实后形成的桩径可达 600～800mm。因此，桩径不是一个常数，在一定的夯击能量下，当土层松软时，桩径就大，当土层较密时，桩径就小。桩径可根据实际填料量估算。

设计时一般先根据经验假设桩径，假设时应考虑柱锤规格、土质情况及复合地基的设计要求，一般常用 d=400～1000mm，经试成桩后再调整桩径。

2. 桩位布置

桩位布置可采用正方形、矩形、三角形布置。桩间距与设计要求的复合地基承载力及原地基土的承载力有关，根据经验，常用桩距为桩径的 2～5 倍。

对于可塑状态黏性土、黄土等，因靠冲扩桩的挤密来提高桩间土的密实度，所以采用等边三角形布桩有利，可使地基挤密均匀。对于软黏土地基，主要靠置换，因而选用任何一种布桩方式均可。考虑到施工方便，以正方形或正方形中间补桩一根（等腰三角形）的布桩形式最为常用。

(五) 桩身填料要求

1. 桩体材料可采用碎砖三合土、级配砂石、矿渣、灰土、生石灰、水泥混合料或干硬性混凝土等。当采用碎砖三合土时，其配合比（体积比）可采用生石灰：碎砖：黏性土为 1：2：4。当采用其他材料时，应经试验确定其适用性和配合比以及有关设计、施工参数。

2. 桩体材料推荐采用以拆房土为主组成的碎砖三合土，主要是为了降低工程造价，减少杂土丢弃对环境的污染。有条件时也可以采用级配砂石、矿渣、灰土、生石灰、水泥混合料等，当缺乏工程经验时，应经试验确定其适用性和配合比等有关参数。

碎砖三合土的配合比（体积比）除设计有特殊要求外，一般可采用 1：2：4（生石灰：碎砖：黏性土）。对地下水位以下流塑状态松软土层，宜适当加大碎砖及生石灰用量。碎砖三合土中的石灰宜采用块状生石灰，CaO 含量应在 80%以上。碎砖三合土中的土料，尽量选用就地基坑开挖出的黏性土料，不应含有机物料（如油毡、苇草、木片等），不应使用淤泥质土、盐渍土和冻土。土料含水量对桩身密实度影响较大，因此应采用最佳含水量进行施工，考虑实际施工时土料来源及成分复杂，根据大量工程实践经验，采用目力鉴别，即手握成团、落地开花即可。

为了保证桩身均匀及触探试验的可靠性，碎砖粒径不宜大于 120mm，如条件容许碎砖粒径控制在 60mm 左右最佳，成桩过程中不得使用粒径大于 240mm 或成孔直径 1/3 的砖料及混凝土块等。

3. 为保证桩身密实度，要求桩身填料充盈系数 $\beta \geqslant 1.5$。

4. 近几年来，除了建筑渣土、碎砖三合土仍广泛采用以外，其他各种无机物料及粘结性材料的应用也多有报道。如为了消除砂土液化，北京周边地区广泛采用柱锤冲扩挤密砂石桩，处理深度达 6～8m。江西利用土夹石（山皮土）柱锤强夯置换成桩，直径可达 1m，处理深度达 10m 左右。西北地区广泛采用柱锤冲扩灰土（土）桩挤密桩间土，消除黄土湿陷性，深度达 15～20m。目前这种方法已广泛应用于湿陷性黄土地区的湿陷处理，并且已被《湿陷性黄土地区建筑规范》GB 50025 增编。河北工业大学与沧州机械施工有限公司合作，利用干硬性水泥砂石料及干硬性水泥土柱锤冲扩成桩也取得了成功，桩身直径可达 0.6m，处理深度可达 10～20m。综上所述，桩身填料及配比见表 5-26，供工程参考应用。

柱锤冲扩桩桩身填料汇总表 **表 5-26**

填料	碎砖三合土	级配砂石或土石屑	灰土	水泥混合土	水泥砂石料（或干硬性混凝土）	土夹石（或砂夹石）	二灰	渣土
配合比	生石灰：碎砖：黏性土=1：2：4（体积比）	石子：砂=1：0.6～0.9 或土石屑	消石灰：土=1：3～4（体积比）	水泥：土=1：5～9（体积比）	水泥：骨料=1：5～10（重量）；骨料=砂：碎石=1：2～3（重量）；水灰比=0.2～0.4；骨料也可用土石屑	其中碎石含量不小于 30%～50%	生石灰：粉煤灰=1：2～1.5：1（体积比）	土、碎砖瓦、砂、石料、混凝土块、无害的工业废料及其混合物
填料要求	①碎砖 d_{max}≤240mm ②土料不含有机物料 ③块状生石灰Ⅲ级以上 ④含水量适中	①d_{max}≤50mm ②含泥量≤5% ③土石屑：d<2mm 颗粒不宜超过全重 50%，C_u>0.5	①新鲜生石灰不低于Ⅲ级，消解 3～4d，d_{max}≤5mm ②素土 d_{max}≤15mm，有机质<5% ③含水量 w 约 10%	①素土 d_{max}≤20mm，有机质<5% ②水泥 32.5 ③含水量 w 约 16% ④土料采用黏性土、粉土	①d_{max}≤40mm ②含泥量≤5% ③水泥 32.5 ④砂：（砂+石）约为 0.33	①d_{max}≤1/3 桩径 ②不含植物残体 ③含水量适中	①新鲜生石灰块 d_{max}≤70mm ②粉煤灰含水量 w 约 30%	①d_{max}≤0.33 倍成孔直径 ②含水量适中 ③不含有机杂质
夯实要求	$N_{63.5}$≥10；填料充盈系数 β≥1.5	$N_{63.5}$≥10；填料充盈系数 β≥1.2～1.4	压实系数 λ_C≥0.96；干密度 ρ_d≥1.5t/m^3	压实系数 λ_C≥0.93；干密度 ρ_d≥1.6t/m^3；N_{10}≥40	压实系数 λ_C≥0.93；夯沉量 S_g≤[S_g]	$N_{63.5}$≥10；λ_C≥0.94 β≥1.5	填料充盈系数 β=1.5～2；N_{10}≥30	$N_{63.5}$≥10，填料充盈系数 β≥1.5

注：1. 根据柱锤冲扩桩受力特点，当桩身采用散体材料时，可在上部桩身改用粘结性材料或加入少量水泥。如下部采用碎石桩，上部采用水泥砂石桩，实践证明加固效果良好，且可降低造价。

2. 表中符号说明：d_{max}为填料最大粒径；$N_{63.5}$为重型动力触探击数；C_u 为不均匀系数；[S_g] 为允许夯沉量（mm/击）；N_{10}为轻型动力触探击数。

3. 桩身填料采用水泥混合料时，应控制混合料含水量，使其接近其最优含水量 w_{op}。

（六）桩顶部处理及褥垫层设置

柱锤冲扩桩法是从地下向地表进行加固，由于地表约束减少，加之成桩过程中桩间土隆起造成桩顶及槽底土质松动，因此为保证地基处理效果及扩散基底压力，对低于槽底的松散桩头及松软桩间土应予以夯实或清除，换填砂石垫层。

砂石垫层厚度一般为200～300mm。在湿陷性黄土地区应采用灰土垫层。

（七）复合地基承载力特征值确定

1. 复合地基承载力特征值应依设计要求经现场复合地基载荷试验确定；

2. 初步设计时可按下式进行估算：

$$f_{spk} = m \cdot f_{pk} + \beta(1-m)f_{sk} = m\frac{R_a}{A_p} + \beta(1-m)f_{sk} \tag{5-98}$$

对散体材料桩复合地基，也可按下式估算：

$$f_{spk} = [1+m(n-1)] \cdot f_{sk} \tag{5-99}$$

式中符号意义详见本章第一节的有关说明。

3. 有关计算参数取值

（1）m 可取0.1～0.5，散体材料桩取大值；对于整式置换取 $m=1.0$；

（2）$n=2\sim5$，桩间土承载力低时取大值；

（3）β：桩间土承载力发挥系数，可依土质及桩身填料情况取 $\beta=0.8\sim1.0$，散体材料桩取 $\beta=1.0$；

（4）对散体材料桩，f_{pk} 可按当地经验或经对比试验确定，也可依桩身重型动力触探击数（$\overline{N}_{63.5}$）查表5-27，初步设计时可取 $f_{pk}=(3\sim5)f_{ak}$。

桩身 $\overline{N}_{63.5} \sim f_{pk}$[11]　　　　**表 5-27**

碎砖三合土配合比									
碎砖三合土配合比 生石灰：碎砖：土 =1：2：4	$\overline{N}_{63.5}$	6	8	10	12	14	16	18	20
	f_{pk}（kPa）	180	240	300	360	420	480	500	520
	密实程度	稍密		中密			密实		

注：1. 表中 $\overline{N}_{63.5}=\frac{\sum_{i=1}^{n}N_{63.5i}}{n}$，计算时应去掉10%极大值。当触探深度大于6m时，$N_{63.5i}$ 应乘以0.8折减系数；

2. 如桩身为2：8灰土，表中 f_{pk} 值应乘以1.2增大系数；渣土乘0.8～0.9折减系数；

3. 桩身承载力取值不宜大于相应桩间土承载力4倍；

4. 本表也可作为桩身质量评定标准；

5. 当采用其他填料时，上表可参考使用，或经对比试验确定桩身承载力 f_{pk} 值。

（5）当桩身填料采用水泥混合料等黏结性材料时，桩身承载力 f_{pk}（或 R_a）可按桩身填料类别按《建筑地基处理技术规范》JGJ 79有关规定或本书第七章中柱锤冲扩水泥粒料桩的有关规定确定。

（6）f_{sk} 应根据土质条件按当地经验或经现场对比试验确定；当天然地基承载力特征

值 $f_{ak}\geqslant 80$kPa 时，可取 $f_{sk}=(1.1\sim1.3)f_{ak}$；无经验的地区也可查表 5-28 进行估算。

桩间土 f_{sk} 表　　表 5-28

$\overline{N}_{10}$	8	10	15	20	30	40
f_{sk}（kPa）	70	80	100	120	130	140
$\overline{N}_{63.5}$	2	3	4	5	6	7
f_{sk}（kPa）	80	110	130	140	150	160

注：1. 计算$\overline{N}_{10}$及$\overline{N}_{63.5}$时应去掉 10%的极大值和极小值，当触探深度大于 6m 时，$N_{63.5i}$或 N_{10i}应乘以 0.9 折减系数；

2. 杂填土及淤泥质土，表中 f_{sk}应乘以 0.9 折减系数；

3. 本表也可作为桩间土加固效果评价标准。

（八）变形计算

地基处理后的变形计算应按现行国家标准《建筑地基基础设计规范》GB 50007 的有关规定执行。对散体材料桩，初步设计时复合土层的压缩模量可按下式计算：

$$E_{sp}=[1+m(n-1)]E_s \tag{5-100}$$

式中　E_{sp}——复合土层压缩模量（MPa）；

E_s——桩间土压缩模量（MPa），宜按当地经验取值，或根据加固后桩间土重型动力触探击数$\overline{N}_{63.5}$或轻型动力触探击数$\overline{N}_{10}$参考表 5-29 确定。

桩间土 E_s 表　　表 5-29

$\overline{N}_{10}$	10	15	25	35	45
$\overline{N}_{63.5}$	2	3	4	5	6
E_s（MPa）	4.0	5.0	6.0	7.0	8.0

当桩身填料为水泥混合料等黏结材料时，E_{sp}可按下式确定：

$$E_{sp}=\frac{f_{spk}}{f_{sk}}E_s \tag{5-101}$$

式中　f_{sk}——桩间土承载力特征值（kPa），可按天然地基取值；

E_s——桩间土压缩模量（MPa），可按天然地基取值。

（九）下卧层验算

当柱锤冲扩桩处理深度以下存在软弱下卧层时，应按现行国家标准《建筑地基基础设计规范》GB 50007 的有关规定进行下卧层地基承载力验算。

（十）补充说明

当桩身填料采用灰土、干硬水泥土、干硬混凝土时，尚应符合灰土桩、夯实水泥土桩、刚性桩复合地基的有关规定。

三、施工

（一）施工前准备工作

1. 正式施工前施工单位应具备下列文件资料：

（1）工程地质详细勘察资料（包括加固深度内松软土层的动力触探资料）；

（2）建筑物基础平面布置图及有关标高；

（3）柱锤冲扩桩桩位平面布置图及设计施工说明；

（4）施工前应编制施工组织设计，对机械配置、人员组织、场地布置、施工顺序、进度、工期、质量、安全及季节性施工措施等进行合理安排；

（5）应具有根据总平面图设置的永久性或半永久性建筑物方位及标高控制桩。

2. 施工前应整平场地，清除地上及地下障碍物。当表层土过于松软时应碾压夯实。场地整平后，桩顶设计标高以上应预留 0.5～1.0m 厚土层。

3. 试成桩时发现孔内积水较多且坍孔严重时宜采取措施降低地下水位。

4. 桩位放线定位前应按幢号设置建筑物轴线定位点和水准基点，并采取妥善措施加以保护。

5. 根据桩位设计图在施工现场布设桩位，桩位布置与设计图误差不应大于 20～50mm（黏结材料桩取小值），并经监理复验后方可开工，在施工过程中尚应随时进行检查校验。

6. 成桩前应测量场地整平标高，并根据设计要求及动力触探结果计算成桩深度及桩长。施工过程中尚应测量地面标高变化并随时调整成桩深度。

7. 对于大型工程，应设专用料场进行集中拌料；桩身填料质量及配合比应符合设计要求。

（二）施工机具

1. 柱锤

（1）柱锤类型

经过多年来的生产实践，柱锤冲扩桩法采用的柱锤可分为等截面杆状柱锤、变截面柱锤两大类。每一类柱锤中的锤尖、锤体的形式也有所不同，具体归纳见表 5-30 所示。

柱　锤　类　型　　　　**表 5-30**

类型参数	等截面杆状柱锤					变截面柱锤	
	平底或凹底	锥形底	半球形底	方形断面	活动锤尖	纺锤形	扩底锤
直径（mm）	300～500	300～500	300～500	300～500	300～500	500～1000	300～600
质量（t）	2～10	2～10	2～10	2～10	2～10	10～20	2～10
适用范围	一般软土	较硬土层	扩底桩	饱和软黏土	饱和软黏土	大直径桩	一般软土

（2）不同锤型加固效果对比

在柱锤冲扩桩法施工过程中，不同锤型对地基土的作用效应是不同的，因此，应根据土质及设计施工要求进行选择。

柱锤冲扩桩法加固一般软土地基主要使用等截面圆形平底或凹底杆状柱锤。尖锥形杆状柱锤及变截面柱锤等也有应用。

1）等截面杆状柱锤

目前，等截面杆状柱锤最常用的是等截面圆形柱锤。这类柱锤制作简单，在软土地基中冲孔时，有很好的涂抹护壁作用，并可止水、防止坍孔。但是，圆形柱锤冲孔时所受的摩阻力大，消耗夯击能较多，使得桩孔下部土层所受的冲击力有所减小。同时，由于孔底的气闭作用，柱锤冲击效率也会受到影响，在提锤过程中所受的阻力也较大，因此，在实际工程中所采用杆状柱锤的圆形截面周边多为凹凸状。

①平底或凹底杆状柱锤

与一般等截面圆形平底柱锤相比，等截面圆形凹底杆状柱锤对地基土的作用效果并不完全相同，其作用力示意图如图 5-32 所示。

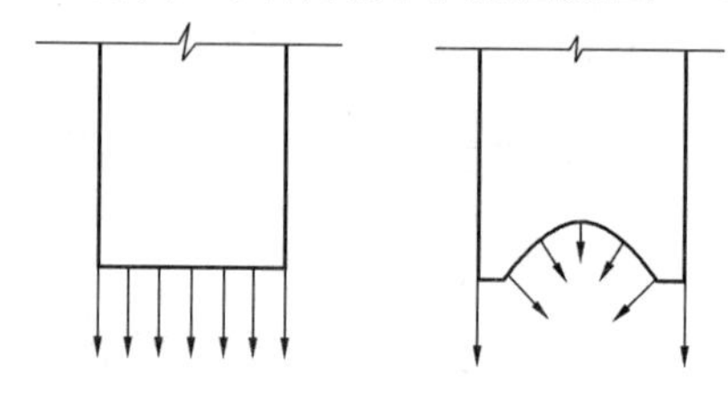

图 5-32　平底与凹底柱锤锤底对土的作用力示意图

由图可知，平底柱锤底面对土的的作用力是均匀的，而凹底柱锤在和土壤接触时底面作用力是边缘大而中心较小，作用力方向也不相同。因此，在相同的提升高度下，相同质量、相同锤体半径的平底柱锤和凹底柱锤相比较，凹形柱锤向下的侵彻力要小于平底柱锤。凹底柱锤底面边缘作用力有冲切作用，中间斜向作用力的垂直分力有向下的冲切压实作用，而水平分力有向锤中心聚能的作用，因此，易在柱锤底部形成弹性土楔，有利于柱锤冲击下沉，并可减少浅层土的侧向挤出，从而增加对地基土的强力夯实效果。同时，由于凹底内会残留部分空气，使得柱锤底面和土不能完全接触，这虽然会对向下的作用力有所影响，但是在处理软黏土时，相对于平底柱锤要容易拔锤且可减少坍孔。另外，在浅层冲扩施工时，凹底柱锤与平底柱锤比较，不易发生倾倒。平底柱锤由于加工简单，所以目前工程上也多有应用。

②锥形底柱锤

锥形底柱锤分尖锥形及截锥形两种。尖锥形底柱锤如图 5-33 所示。

由于尖锥形底柱锤的头部和土的接触面积小，所以拔锤阻力小。更为重要的是，尖锥形底柱锤在冲孔过程中有劈裂侧挤作用，使冲孔阻力小，成孔速度快。在填料成桩过程中，对下层填料是深层动力压实作用，对上层新填料除了动力压密还有侧向挤密作用。通过锤的动力夯击，在锤侧面产生较大的动态被动土压力，柱锤推土迫使填料向周边挤出，桩间土也被强力挤密加固，因此尖锥形底柱锤更适用于较硬土层、有硬夹层或大块粗骨料的地基土加固处理工程中。

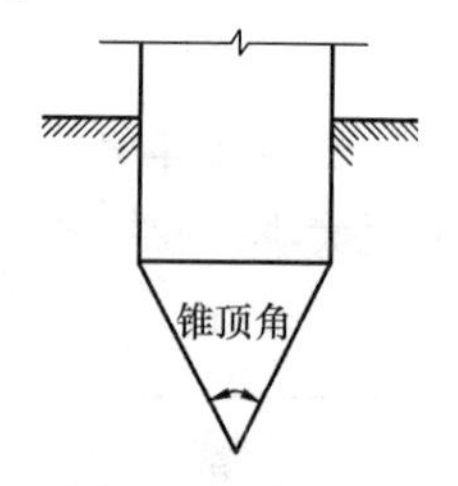

图 5-33　尖锥形柱锤

根据土动力学中侵彻理论，柱锤底部锥形顶角越大，柱锤在侵彻过程中所受到的侵彻阻力也越大，而最终侵彻深度越小。由此可知，柱锤底部越尖锐，在冲孔侵彻过程中侵彻效率越显著。因此，锥形底柱锤要比平底和凹底柱锤的侵彻效率高。通过对柱锤底部锥形顶角大小与柱锤最终侵彻深度的理论计算分析，锥形顶角在 60～120°时，尖锥形底柱锤对地基土的冲击侵彻效率较高。当采用跟管成孔而桩身填料为碎石等粗骨料时，平底或凹底柱锤易卡锤，而采用锥形底柱锤效果较好。

③半球形底杆状柱锤

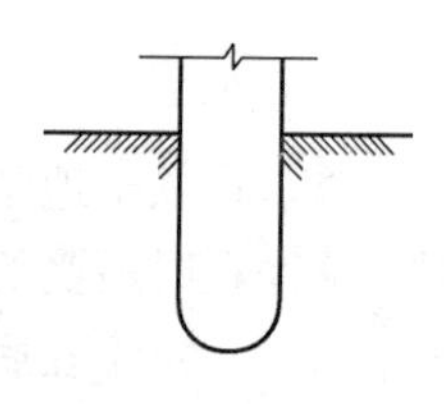

图 5-34　半球形底柱锤

图 5-34 所示，半球形底柱锤锤底冲击力向外扩散，因此夯击影响范围大，与尖锥形底柱锤具有相似的冲切侵彻效果，更适用于桩底夯扩施工。

④方形断面杆状柱锤

图 5-35 所示，与圆形杆状柱锤相比，方形断面杆状柱锤冲孔所受阻力小，且方形断面锤四周透气，容易拔锤。但是，由于方形断面柱锤与桩孔之间存在缝隙，当地基土中有粗骨料时，提锤时容易被粗

骨料卡住。因此，方形断面杆状柱锤适用于粘聚力较大的软黏土。实际施工中，可下部采用圆形而上部改用方形断面。

2）变截面柱锤

图 5-36 所示，与等截面柱锤相比，变截面柱锤重心低，锤径大，重量大，因此适用于大直径桩的施工。在柱锤成孔及填料成桩的过程中，通过二次挤密的作用，桩身直径可达 2.5m。同时，在冲孔过程中，因锤侧所受的摩阻力小，起锤容易，不易卡锤，所以地基处理深度较大。

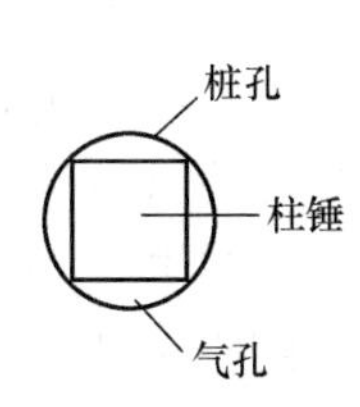

图 5-35　方形断面柱锤

图 5-36　纺锤形柱锤

（3）常用柱锤汇总

目前生产上采用的系列柱锤见表 5-31。

常用柱锤明细表　　**表 5-31**

序号	规格				锤底形状	锤底静压力（kPa）	单位面积夯击能（kN·m/m²）	
							落距	
	直径（mm）	锤底面积（m²）	长度（m）	质量（t）			5m	10m
1	325	0.082	2～6	1.0～4.0	可采用平底、凹形底或锥形、半球形	120～480	591～2364	1182～4728
2	377	0.112	2～6	1.5～5.0		134～447	659～2196	1318～4392
3	500	0.196	2～6	3.0～9.0		153～459	749～2247	1498～4494

注：1. 封顶或拍底时，可采用质量 2～5t 的扁平重锤进行；

2. 有经验地区锤型可按当地经验采用。

3. 目前柱锤质量已达 15～20t，单位面积夯击能高达 18000kN·m/m²。

柱锤可用钢材制作或用钢板为外壳内部浇筑混凝土制成，也可用钢管作外壳内部浇铸铁制成。

为了适应不同工程的要求，钢制柱锤可制成装配式，由组合块和锤顶两部分组成，使用时用螺栓连成整体，调整组合块数（一般 0.5t/块），即可按工程需要组合成不同质量和长度的柱锤。为防止冲扩时出现负压，可采用活动桩尖及通气孔等措施。

锤型选择应按土质软硬、处理深度及成桩直径经试成桩后加以确定。当采用自动脱钩装置时，柱锤长度不宜小于处理深度，以免冲孔时挂钩困难。

2. 冲扩桩机

（1）吊车型冲扩桩机

吊车型冲扩桩机由吊车、柱锤、卷扬机、自动脱钩装置等组成，适用于桩长在 6m 以内的桩体施工。

吊车可选用带有自动脱钩装置的履带式起重机或其他专用设备。起重能力应通过计算或现场试验，按锤重及成孔时土层对柱锤的吸附力确定，一般不应小于锤重的3～4倍。必要时也可增设辅助桅杆或锚拉设备，以防止落锤时机架倾覆。

自动脱钩装置由钢板制成，要求有足够的强度，使用灵活。当柱锤提升到预定高度时，能自动脱钩下落。如图5-37所示。柱锤应比成孔深度长500mm，防止冲击成孔后挂锤困难。

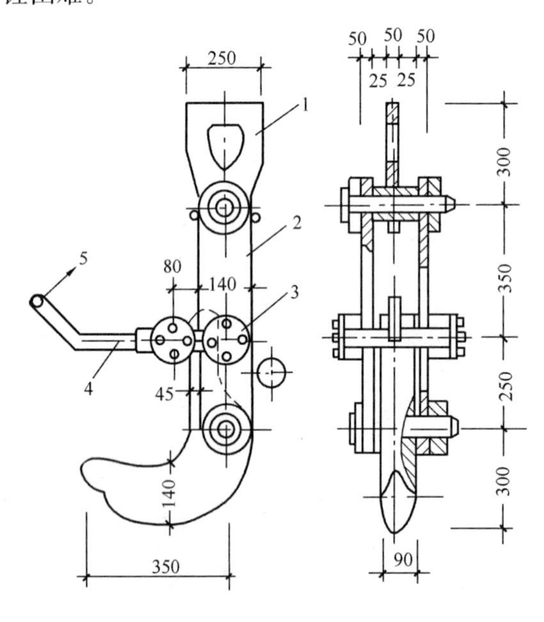

图5-37　自动脱钩器

1—吊环；2—耳板；3—循环轴辊；4—锁环；5—拉绳

（2）多功能冲扩桩机

多功能冲扩桩机由沧州市机械施工有限公司及河北工业大学联合研制。整机为液压步履式（分为前置式及中置式），可完成柱锤冲扩、沉管及螺旋钻取土等作业。如图5-38所示，该桩机由液压步履行走底盘、机架、柱锤、钢护筒、主副卷扬机、配电箱、液压夹持器等组成。必要时，配有长螺旋取土钻头及振动装置。

当冲孔过程中坍孔不严重时，可利用钢丝绳起吊柱锤完成冲孔及填料夯扩。必要时可利用护筒导向及孔口防护。在地下水位以下或冲孔过程中坍孔严重时，可采用跟管成孔，即：一边用柱锤冲孔一边下压护筒（分液压抱压式及绳索式加压），以防止孔壁坍塌。成桩时边提护筒边填料冲扩成桩。当遇到硬夹层或为防止冲孔产生挤土造成地面发生隆起时，也可换上螺旋钻头先引孔再冲扩成桩。

护筒采用钢管制作，其外径及长度依设计要求确定。常用护筒外径为ϕ325、ϕ377、ϕ426、ϕ477等。在护筒上部应开加料口，加焊提筒吊耳，护筒上应设明显的深度标记。护筒内径应比柱锤直径大50～100mm（使用护筒长度较大时取大值）。

多功能冲扩桩机的研制实现了一机多用。适用于桩长15m以内的桩体施工。

（3）振动沉管冲扩桩机

振动沉管夯扩桩机由一般振动沉管桩机改制而成，通常由沉管拔管设备、中空双电机振锤、柱锤、沉管、卷扬机等组成，适用于桩长在20m以内的桩体施工。

3. 其他机具

为了便于填料的运输及拌和，应配置翻斗汽车、铲车、推土机、手推

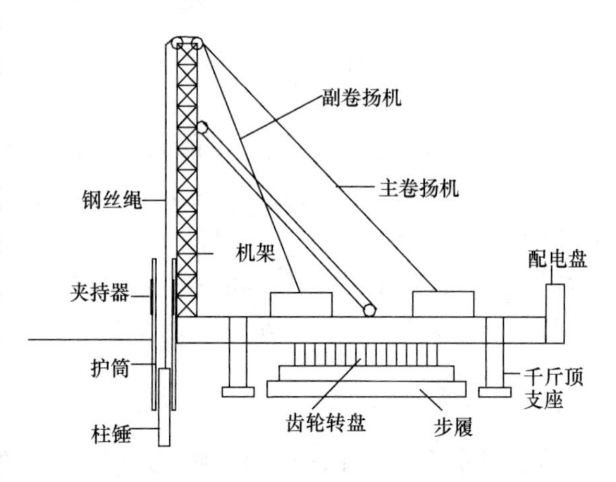

图5-38　前置式多功能冲扩桩机示意图

车、水泥混合料搅拌机、磅秤等机具。为了测计填料量及成桩深度，尚应配置量方料斗及长度不小于成孔深度的量尺（也可在护筒及柱锤或钢丝绳上作出标记进行测量）及测量仪器等。

（三）施工作业

柱锤冲扩桩施工流程为：桩机就位→成孔→填料夯实成桩→桩机移位，重复上述步骤进行下一根桩施工，如图5-39所示。

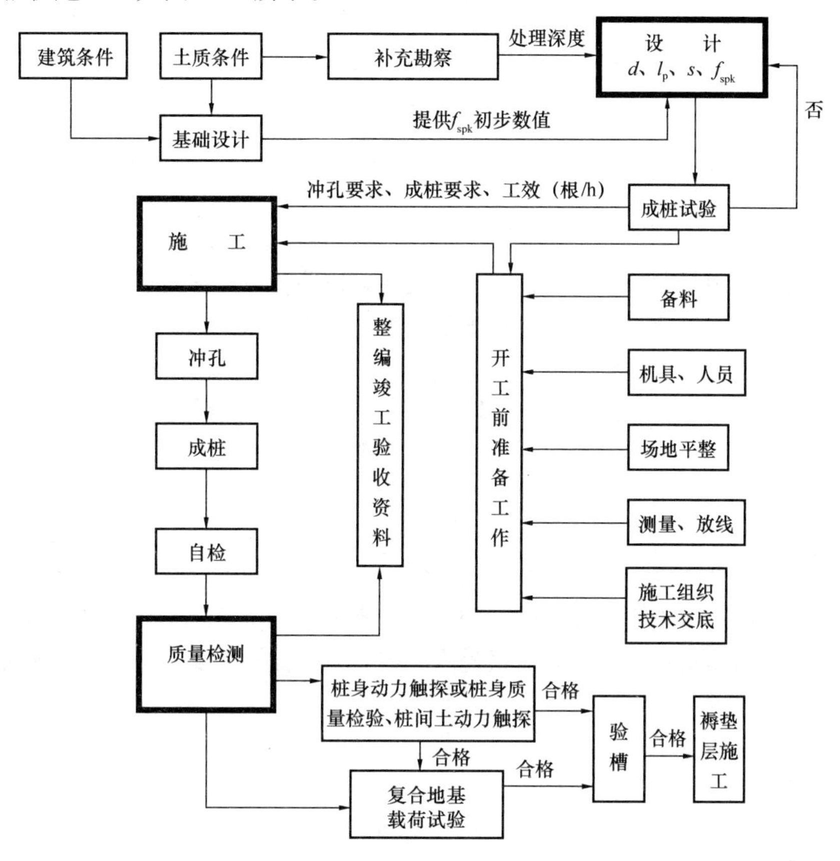

图5-39　柱锤冲扩桩设计、施工、检测流程图

1. 成孔

（1）冲击成孔

根据土质及地下水情况可分别采用下述三种成孔方式：

1）冲击成孔：适用于地下水位以上不坍孔土层。成孔时将柱锤提升一定高度，自动脱钩或用钢丝绳吊起下落冲击土层，如此反复冲击，接近设计成孔深度时，可在孔内填少量粗骨料继续冲击，直到孔底被夯密实。冲击成孔可采用吊车型冲扩桩机或多功能冲扩桩机进行。

2）填料冲击成孔：成孔时出现缩径或坍孔时，可分次填入碎砖和生石灰块，边冲击边将填料挤入孔壁及孔底，当孔底接近设计成孔深度时，夯入部分碎砖挤密桩端土。

3）复打成孔：当坍孔严重、难以成孔时，可提锤反复冲击至设计孔深，然后分次填入碎砖和生石灰块，待孔内生石灰吸水膨胀、桩间土性质有所改善后，再进行二次冲击复打成孔。

当采用上述方法仍难以成孔或成孔速度较慢时，可采用跟管成孔。

（2）跟管成孔

1）内击沉管

适用于10m以下桩长施工，可采用多功能冲扩桩机进行。施工步骤为如下：①挖桩位孔，孔深0.4～0.6m；②放入护筒，在护筒中加入0.4～0.6m高碎砖等粗骨料制成砖塞；③将柱锤吊入护筒进行冲击，直至护筒达到设计标高。

在柱锤冲击过程中，需保证砖塞不被击出护筒，并根据施工情况随时填加碎砖。沉管过程应作好施工记录，管底标高依设计要求及终孔时护筒贯入阻力确定。填料夯扩前应将砖塞击出护筒。

2）柱锤冲孔、静压沉管

适用于15m以下桩长施工，可采用多功能冲扩桩机进行。施工步骤为如下：①桩机就位，将护筒及柱锤置于桩点；②柱锤冲击成孔，边冲孔边压护筒至设计标高，管底标高依设计要求及终孔时柱锤最后贯入深度确定。

3）振动沉管

①桩机就位，将预制桩尖置于桩点凹坑中；②振动沉管。管底标高依设计要求及终孔时最后30s密实电流确定，电流值根据试桩或当地经验确定。填料夯扩前应将预制桩尖夯入土中。对较硬土层，也可采用边柱锤冲孔边振动沉管。

（3）螺旋钻引孔

螺旋钻引孔成孔速度快，噪声及振动小，易通过土中硬夹层，但成孔挤密效果差。多用于局部硬夹层引孔或土质坚硬且深度较大时。当地下水位较浅，且水量丰富时，不宜采用。若采用则需进行有效止水或采取预先降水措施。具体施工要求详见《建筑桩基技术规范》JGJ 94有关规定。

（4）成孔施工质量要求

成孔过程中的检查项目主要包括：孔位、沉管最后30s的密实电流或终孔时锤击阻力、孔底标高、桩架垂直度等。孔位中心偏差不应大于50mm；成孔深度不应小于设计深度；垂直度偏差不应大于1％～1.5％（黏结材料桩取小值）；孔内无积水，孔底密实。

2. 填料成桩

（1）孔底夯实

进行桩身填料前孔底应夯实；当孔底土质松软时可夯填碎砖、生石灰挤密。

（2）成桩方法

依据成孔方法及采用的施工机具不同分为四种方法。

1）孔内分层填料夯扩：采用柱锤冲击成孔或螺旋钻引孔达到预定深度以后，可在孔底填料夯实，然后在孔内自下而上分层填料夯扩成桩。

2）逐步拔管填料夯扩：当采用跟管成孔达到预定深度以后，可采用边填料、边拔管、边由柱锤夯扩的方法成桩。

3）扩底填料夯扩：当孔底地基土层较软时，可在孔底进行反复填料夯扩形成扩大端，待孔底夯击贯入度满足要求时，再自下而上分层填料夯扩成桩。当桩身采用水泥砂石料等粘结性材料且桩底土质较硬时，为提高单桩承载力也可以实施扩底。

4）边冲孔边填料、柱锤强力夯实置换法：对于过于松软土层（厚度≤3m），当采用上述方法仍难以成孔及填料成桩时，可采用边冲孔边填料、柱锤强力夯实置换法。

（3）夯填要求

用标准料斗或运料车将拌和好的填料分层填入桩孔夯实。柱锤的质量、锤长、落距、分层填料量、分层夯填度（夯实后填料厚度与虚铺厚度的比值）、夯击次数、总填料量、桩身密实度等应根据试验或按当地经验确定。每个桩孔应夯填至桩顶设计标高以上0.2～0.5m（散体材料桩取大值），其上部桩孔宜用原槽土夯封。施工中应作好记录，并对发现的问题及时进行处理。

（4）成桩顺序

成桩顺序依土质情况决定。当地基土经柱锤冲扩后地面不隆起时，采用自外向内成桩；当地基土经柱锤冲扩后地面有隆起时，采用自内向外成桩；当地基土经柱锤冲扩后地面隆起严重时，可隔行跳打或先用长螺旋钻引孔，再施工柱锤冲扩桩。即当采用夯扩挤密法成桩时，可采用自外向内成桩，当采用夯扩置换法成桩或成桩时地面隆起严重时，应采用自内向外或间隔成桩。当一侧毗邻建筑物时，应由毗邻建筑物向另外一方向施打。

3. 施工中注意事项

（1）当试成桩时发现孔内积水较多且坍孔严重，宜采取措施降低地下水位。

（2）柱锤冲扩桩施工过程中，如果出现缩颈和坍孔，采取分次填碎砖和生石灰，边冲击边将填料挤入孔壁及孔底时，柱锤的落距应适当降低，冲孔速度也应适当放慢，使碎砖和生石灰与孔内松软土层强行拌合，生石灰吸水膨胀，改善孔壁土的性质。

（3）当采用填料冲击成孔或二次复打成孔仍难以成孔时，对散体材料桩也可以采用边冲孔边填料方法成桩，桩底标高（桩长）应经重型动力触探试验确定。

（4）柱锤冲扩桩施工质量关键在于桩体密实度，即分层填料量、分层夯填度及总填料量的控制。施工时应随时记录每分层填料量及成桩厚度。如果密实度达不到设计要求，应增大击次或采用其他有效措施。有经验时也可采用等分层填料量、等贯入度进行桩身密实度控制。

（5）当柱锤冲扩桩夯实桩体施工至设计桩顶标高以上时，为了防止倒锤，余下桩体的夯实对散体材料桩可改用平锤夯封。

（6）施工时应注意地面隆起造成的标高变化，并应根据实际地面标高调整成孔深度。

（7）当桩身填料为水泥混合料时，应采用机械拌制，并宜在1h内填入桩孔夯实成桩。

（四）安全措施

当采用吊车型冲扩桩机时，安全措施如下：

1. 起重机进行冲扩作业时，应有足够的工作场地，起重机臂起落及回转半径内应无障碍物。

作业时必须对施工现场周围环境、行驶道路、架空电线、地下管道、建筑物等情况进行全面了解。

操作人员在进行起重机回转、变幅、行走和吊钩升降等动作前应鸣声示意。司机必须有驾驶证才能上岗。

2. 信号工必须经过培训取得合格证后方可担任指挥，作业时应与操作人员密切配合。操作人员应严格执行信号工的信号，如信号不清或错误时，操作人员可拒绝执行。由于指挥失误而造成的事故，应由信号工负责。

3. 起重机的变幅指示器、力矩限制器以及各种行程开关等安全保护装置，必须齐全完整、灵敏可靠，不得随意调换和拆除。

4. 担任冲扩作业的起重机应按夯锤规格及现场土质情况经过计算或现场试验选用，严禁超载作业。

5. 变换桩位后，应先将柱锤提升 100～300mm，检查整机稳定性，确认可靠后方可作业。

夯锤上升接近规定高度时，必须加强观察，防止自动脱钩失灵、夯锤提升过高而发生事故。

夯锤下落，吊钩尚未降至夯锤吊环附近时，操作人员不得提前靠近挂钩以防砸伤。

6. 当现场土质过软，造成夯锤吸附力过大时，应采取措施排除，不得强行提锤，以防起重机超载而倾覆。

7. 起重机冲扩作业时，夯锤下不得有人停留或通行，作业后应将夯锤放稳或平放在地面上，严禁在非作业时将夯锤悬挂在空中。

8. 遇有六级以上大风或大雪、大雨、大雾等恶劣天气时，应停止冲扩作业。

9. 作业完毕，起重臂杆应转至顺风方向，并降至 40～60°之间。吊钩提升接近顶端的位置、伸缩式臂杆应全部缩回放妥、挂好吊钩、各部制动器都应加保险固定、操作室和机棚均要关门加锁。

当采用多功能冲扩桩机或振动沉管冲扩桩机时，可参照上述要求执行。

四、质量检验和工程验收

（一）施工前

施工前应对柱锤规格（质量、长度、直径）、填料质量及配合比、桩孔放样位置等做检查。

（二）施工中

施工过程中应对成孔深度、孔底密实度、桩身填料夯实情况等进行检查，并对照预定的施工工艺标准，对每根桩进行质量评定、对质量有怀疑的散体材料工程桩，用重型动力触探进行自检。当桩身填料为水泥混合料时，须按要求制作击实试件，并测定其抗压强度，每台班不应少于 1 组，每组 3 件。

（三）施工后

施工后应对桩身及桩间土密实度及复合地基承载力进行检验，具体要求如下：

1. 对散体材料桩，冲扩桩施工结束 7～14d 后，对桩身及桩间土进行抽样检验，可采用动力触探进行，并对处理后桩身质量及复合地基承载力作出初步评价。检验点数可按冲扩桩总数的 2%计。每一单体工程桩身及桩间土总检验点数均不应少于 6 点。

采用柱锤冲扩桩法处理的地基，其承载力是随着时间增长而逐步提高的，因此要求在施工结束后休止 7～14d 再进行检验，实践证明这样不仅方便施工也是偏于安全的。对非饱和土和粉土休止时间可适当缩短。

桩身及桩间土密实度检验，对散体材料桩，宜优先采用重型动力触探进行。检验点应随机抽样并经设计或监理认定，检测点不少于总桩数的2%且不少于6组（即同一检测点桩身及桩间土分别进行检验）。当土质条件复杂时，应加大检验数量。

柱锤冲扩桩复合地基质量评定主要是地基承载力大小及均匀程度。复合地基承载力与桩身及桩间土动力触探击数的相关关系，应经对比试验按当地经验确定或查本节表5-21及表5-22。实践表明采用柱锤冲扩桩法处理的土层往往上部及下部稍差而中间较密实，因此有必要时可分层进行评价。

2. 对黏结材料桩，应在施工结束28d后进行桩身质量检测，具体检测方法可依桩身填料类别，按《建筑地基处理技术规范》JGJ 79有关规定进行。当桩身为水泥混合料时，可采用动测法进行桩身完整性检测。

3. 柱锤冲扩桩地基竣工验收时，承载力检验应采用复合地基载荷试验。检验数量为总桩数的1.0%，且每一个单体工程不应少于3点。载荷试验应在成桩14d或28d（黏结材料桩）后进行。

4. 基槽开挖后，应检查桩位、桩径、桩数、桩顶密实度及槽底土质情况。如发现漏桩、桩位偏差过大、桩头及槽底土质松软等质量问题，应采取补救措施。

基槽开挖检验的重点是桩顶密实度及槽底土质情况。由于柱锤冲扩桩法施工工艺的特点是冲孔后自下而上成桩，即由下往上对地基进行加固处理，由于顶部上覆压力小，容易造成桩顶及槽底土质松动，而这部分又是直接持力层，因此应加强对桩顶特别是槽底以下1～2m厚范围内土质的检验，检验方法可采用轻便触探进行。桩位偏差不宜大于0.2～0.5倍桩径（散体材料桩取大值），桩径负偏差不宜大于20～50mm，桩数应满足设计要求。

（四）质量检验标准

柱锤冲扩桩复合地基质量检验标准可参考表5-32进行。

柱锤冲扩桩复合地基质量检验标准（供参考）　　**表5-32**

项	序	检查项目	允许偏差或允许值		检查方法
			单位	数值	
主控项目	1	单桩或复合地基承载力	设计要求		载荷试验
	2	桩身密实度或完整性	设计要求或《建筑基桩检测技术规范》JGJ 106规定		动力触探或《建筑基桩检测技术规范》JGJ 106规定
	3	填料配合比	设计要求		施工记录、现场取样
	4	桩身强度	设计要求		查28d击实试样强度
一般项目	1	桩位偏差	0.2～0.4d（d为桩径）		用尺量，黏结材料桩取小值
	2	桩身垂直度	%	≤1～1.5	散体材料桩取大值，用铅垂或经纬仪测桩管
	3	桩径	mm	−20～−50	用尺量或依填料量反算，散体材料取大值
	4	桩长	mm	−200	测桩管长或孔深
	5	骨料最大粒径	mm	设计要求	用尺量

五、柱锤冲扩桩施工监理流程图

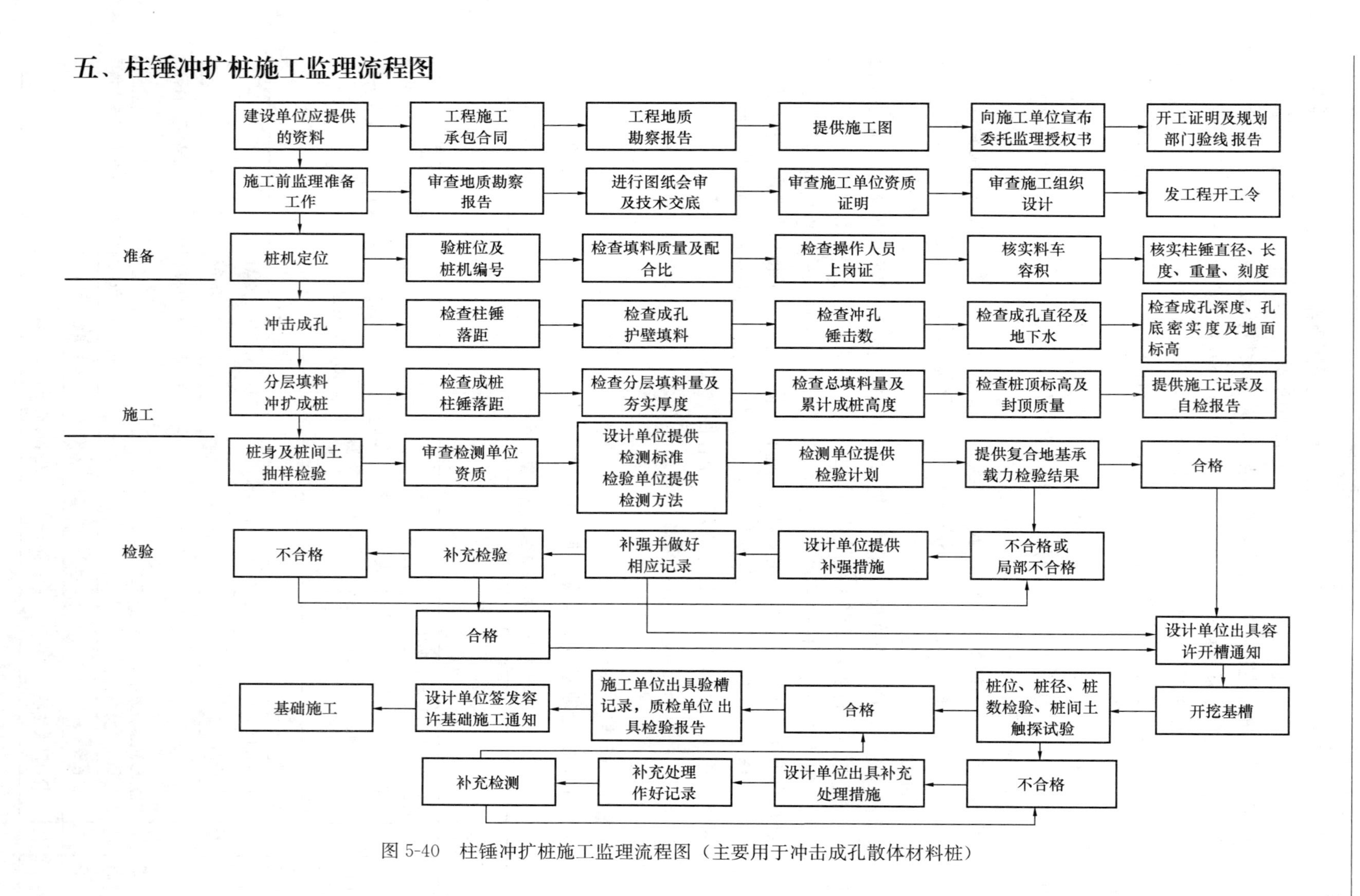

图 5-40　柱锤冲扩桩施工监理流程图（主要用于冲击成孔散体材料桩）

六、工程实录

多年以来，柱锤冲扩桩技术已广泛应用于工程实践之中，其可处理的复杂地基范围不断扩大。例如：深厚杂填土地基、地震液化砂土地基、深厚湿陷性黄土地基、软黏土地基、埋藏有人防工事基础的软硬夹层地基、下卧基岩起伏的松软地基以及各种难处理的地基。因此，柱锤冲扩桩技术不仅应用于多高层住宅、办公楼、厂房等建筑工程领域，而且也广泛应用在堆场、大型储罐、烟囱、公路工程地基处理等诸多工程领域。目前，在河北、山东、河南、北京、天津、山西、陕西、甘肃、新疆等地均有应用的工程实例。

（一）柱锤冲扩三合土桩处理饱和松软土层

1. 工程及地质概况

该工程为天津市福东北里住宅小区三期工程（经济适用房）。该场区原为砖厂取土坑，后为养鱼池，坑深4～5m左右。底部冲填黏土及粉质黏土，局部含粉煤灰，上部为施工前刚刚填筑的饱和软黏土（局部为杂填土）。因填土时未采取抽水措施，所以土中含水量很大，局部尚有冰夹层。拟建物为六层砖混住宅，采用柱锤冲扩三合土桩复合地基，条形基础或筏片基础。

场区地层岩性特征见例表1-1。

福东北里地层岩性特征　　　　例表1-1

成因年代	层号	层面埋深（m）	层面标高（m）	厚度（m）	岩性	土质特征及说明
人工填土	1		3.19～4.28	3.0～5.4	新填土及冲填土，局部为杂填土	该层上部为新近填筑黏性素填土，黄褐色～灰褐色，属欠固结高压缩性土，下部0.6～2.2m厚为灰褐～黑灰色冲填土，属高压缩性土，局部中部夹冰层0.3m厚，为冬季填土所致。局部为粉煤灰冲填土。
上部陆相沉积层	2	3.0～5.4	0.77～1.35	0.0～1.5	粉土及粉质黏土	灰褐～灰黄色，可塑，中压缩性，f_{ak}=125kPa
海相沉积层	3	4.2～5.4	−0.21～1.35	9.5～10.6	粉质黏土夹淤泥质土及粉土	灰色，软可塑，中压缩性土。f_{ak}=110～130kPa，淤泥质土f_{ak}=85kPa
下部陆相冲积层	4	14.0～15.2	−10.64～−11.16	4.0	粉质黏土夹粉土	浅灰～黄褐色，可塑，中压缩性土。f_{ak}=150kPa
下部沼泽沉积层	5	18.0～19.0	−14.64～−14.89		粉土及粉质黏土夹粉细砂	灰褐～黄褐色，可塑，中压缩性土。f_{ak}=180kPa

注：场区施工时地下水位于现地面下0.5～1.5m左右。

该场区一期、二期六层砖混住宅工程采用振动沉管钢筋混凝土灌注桩和深层搅拌桩处理地基。建成后一层地面及室外下沉严重，部分建筑物墙体开裂。三期住宅工程采用柱锤冲扩三合土桩处理地基，效果良好。竣工一年后沉降小于 3cm，至今未见墙体开裂及地面下沉现象发生。

2. 成桩试验

为获取设计及施工有关参数，正式设计施工前在施工现场进行了成桩试验。试验场区土质较差。地表 4～5m 范围内，除表层 1m 左右经压实及浸水下沉承载力较初填时有所提高外，其下部填土仍为软塑～流塑状，承载力 f_{ak}=40～50kPa，土层极其松软，是地基加固的主要范围。

(1) 成桩试验方案简介

成桩试验布桩方案共三种，其对应的试验区桩位布置如例图 1-1 和例图 1-2 所示。

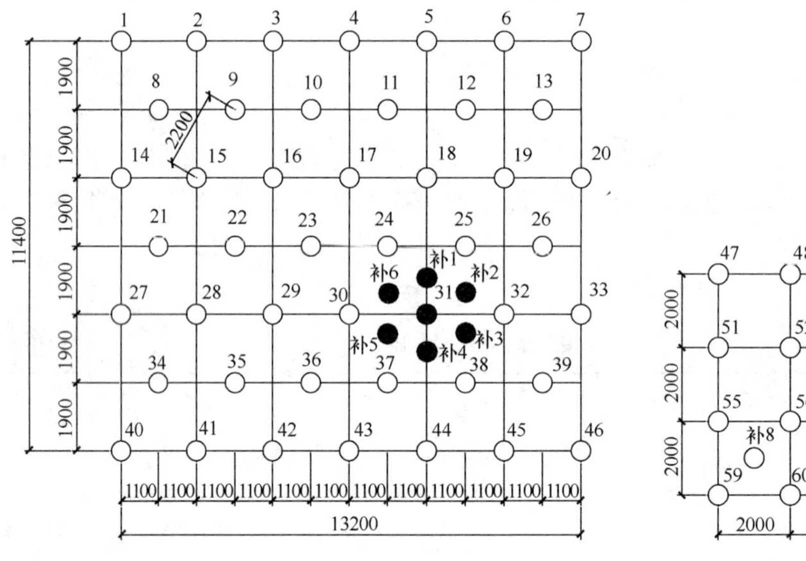

例图 1-1 试验区桩位布置图（方案一、方案二）

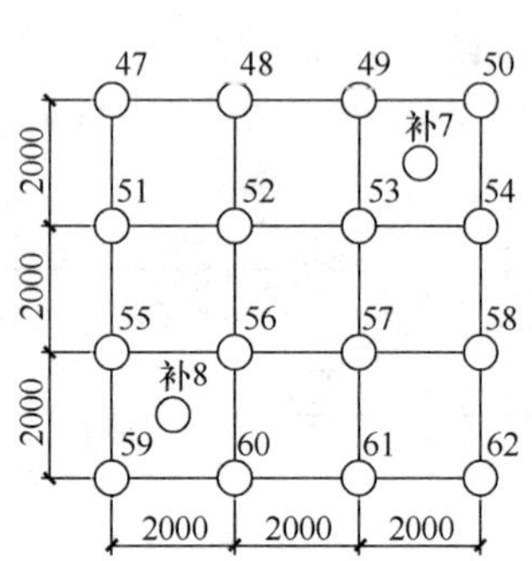

例图 1-2 试验区桩位布置图（方案三）

方案一：三角形布桩，桩间距 2.2m。成桩直径不小于 800mm，有效桩长大于 3.5m，桩身填料为碎砖三合土（石灰为消石灰）。按成桩直径 800mm 计算，置换率 m=12 %。

方案二：在方案一基础上，在 31 号桩周围的三角形重心处重新补桩，桩长、桩径、桩身填料不变，置换率 m=36 %。

方案三：按方格网 2.0m×2.0m 布桩，中间加桩一根，桩长、桩径与方案一相同，置换率 m=25%。成孔改用边填料边冲击成孔工艺，白灰改用生石灰块，一次性连续施工。

成桩试验施工采用柱锤直径 380mm，长度 4.0m，质量 3.0t。每根桩的总投料量不应小于 1.5～2.0 倍桩身体积。加固后复合地基承载力要求达到 f_{spk}=140kPa。

(2) 桩间土挤密效果及承载力评价

经采用不同置换率及成桩工艺进行冲扩置换处理，桩间土承载力较加固前有了明显提高，具体结果如下：

方案一：三角形布桩，桩间距 2.2m，成桩直径 800～900mm，桩底深度 4.2m 左右，置换率 m=12%。成桩时，先冲击成孔，分层填料冲击夯扩，每延米填料量 1m^3 左右，连续施工。经用轻便动力触探检测，加固后土层承载力有了不同程度的提高，但土层①中部新填土的承载力仅为64～85kPa，仍偏低且存在软弱夹层。

方案二：置换率m=36%。经用轻便动力触探及重型动力触探检测，加固效果较方案一有了明显提高，土层①中部新填土的承载力达到102～196kPa，基本达到预期要求。

方案三：方格网2.0m×2.0m布桩，中间加桩一根，置换率m=25%，经过重型动力触探检测，加固效果较上述两种方案有较大提高。土层①中部新填土的承载力达到190kPa。

（3）成桩工艺及桩身施工质量

本次试验成桩工艺分为两种：一种是先冲击成孔后填料成桩；另一种是边冲击边填料边成孔，然后再填料成桩。前一种方法成孔速度快、孔深易保证，但坍孔较严重，致使桩身填料与泥土混杂，填料配比不易保证。后一种方法由于成孔过程中逐次填料挤入孔壁，因此成孔质量好，桩身填料配比及密实度易保证，但实际有效成孔深度不太明确。

经过重型动力触探检测，桩身重型动力触探击数通常较相应范围土层击数提高数倍以上。只是桩身部分区段，特别是下部尚有欠密实之处。

（4）复合地基及桩身静载试验结果

成桩试验后分别进行了单桩复合地基静载试验、桩身静载试验及桩间土静载试验。经试验，复合地基承载力特征值为253kPa（m=36%），单桩容许承载力为279～324kPa，桩间土承载力特征值为216kPa（因表层压实，结果偏高）。

（5）设计及施工建议

1）地基加固前，应用轻便动力触探摸清各幢号软土层厚度，以便确定具体加固深度。

2）建议采用边冲击边填料的成孔工艺，即边冲孔边填料直至孔底设计标高，要求孔壁直立不坍塌、不涌土。土质较好地段也可采用先冲击成孔后填料成桩工艺。正式施工前应编制出具体施工措施。

3）桩身填料应视软土层厚度及成孔质量灵活掌握。一般可在底部夯填碎砖形成扩大端；中部采用碎砖三合土，白灰宜用新鲜生石灰块；上部可采用2∶8或3∶7灰土封顶。

4）要求成桩终止直径大于800mm。桩身成孔后总填料量大于（1.5～2.0）倍桩身体积，每延米填料量以不小于1m^{3}为宜。

5）建议桩间距s≤2.0m，按方格网布置并在方格网中间加桩一根。

6）成桩顺序建议采用自中间向外逐行进行，同行之间可隔打，方格网中间桩孔最后补打。成桩过程中应随时观测地面变形情况，防止地面过分隆起并不得发生涌土及翻浆现象。

7）成桩后即可进行基槽开挖，槽底宜用低落距小强夯夯击1～2遍，然后进行质量检测。质量检测合格后方可进行下部施工。

3. 设计及施工参数

根据成桩试验结果，柱锤冲扩桩设计桩径800mm。桩长3～5m。方格网2.0m×2.0m布桩，中间加桩一根，面积置换率约m=0.25。桩身材料为碎砖三合土，即生石灰∶碎砖∶黏性土为1∶2∶4。

加固土层复合地基承载力要求达到f_{spk}≥135kPa。桩身及桩间土采用重型动力触探进行检测，检测数量不少于总桩数的2%。桩身重型动力触探击数$N_{63.5min}$≥5，每延米$\overline{N}_{63.5}$

≥8。桩间土重型动力触探击数 $N_{63.5min}$≥1～2，每延米 $N_{63.5}$≥2～3，或轻便动力触探击数 $\overline{N}_{10}$≥10。

4. 质量检验

动力触探检测结果表明，桩身及桩间土质量均达到设计要求。根据桩身及桩间土动力触探击数估算的加固土层的复合地基承载力特征值平均为 171kPa，达到设计要求（由于工期紧，竣工验收未再进行复合地基载荷试验）。

5. 沉降观测结果

本工程沉降观测工作从建筑物主体砌筑开始，工程竣工业主入住后又连续观测四年，前后持续共五年时间。采用柱锤冲扩三合土桩条形基础的住宅在工程竣工时平均沉降量为 85.20mm，使用四年后平均沉降量为 104.57mm，此时沉降速率平均值为 0.007mm/d，已达到稳定。采用柱锤冲扩三合土桩筏片基础的住宅在工程竣工时平均沉降量为 47.17mm，使用三年后平均沉降量为 55.93mm，此时沉降速率平均值为 0.0035mm/d，已达到稳定。

福东北里 6 号楼 A 单元柱锤冲扩三合土桩条形基础的沉降观测曲线如例图 1-3 所示，15 号楼柱锤冲扩三合土桩筏片基础的沉降观测曲线如例图 1-4 所示。

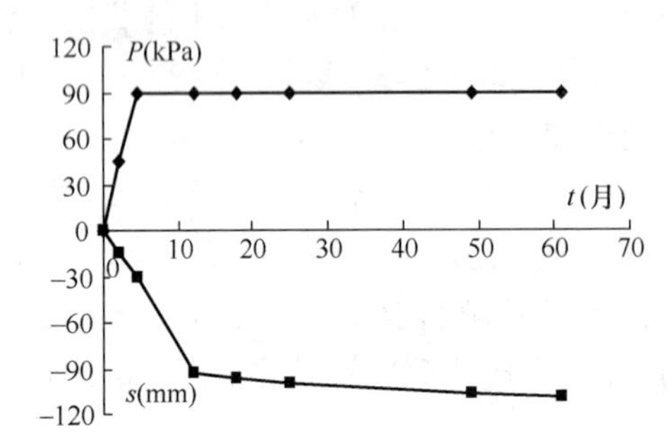

例图 1-3　福东北里 6 号楼 A 单元 *P-t-s* 曲线

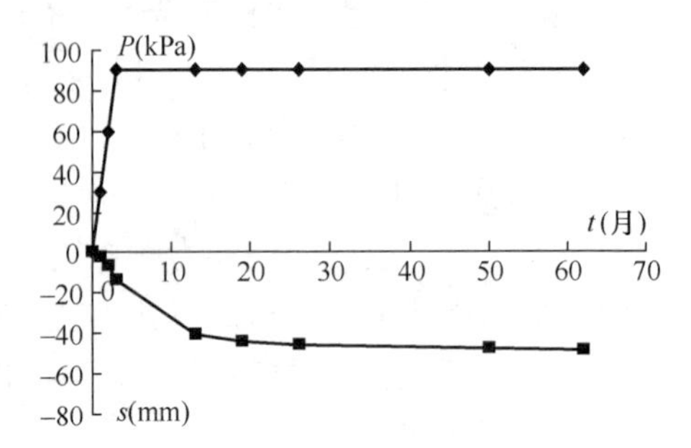

例图 1-4　福东北里 15 号楼 *P-t-s* 曲线

6. 经济效益分析

福东北里 20 号住宅楼建筑面积为 4595.0m²，原柱锤冲扩桩单位建筑面积造价为 35 元/ m²，包括开槽、设计、检测、降水等费用，总计 16.1 万元。条形基础部分费用折合单位建筑面积造价为 60.26 元/ m²，条形基础钢筋用量为 15.72 吨，水泥用量为 38.5 吨，石子用量为 451.2 m³。

由于工期原因改为沉管灌注桩施工方案，设计桩径为 377mm，桩长 16 米，设计桩数为 272 颗。甲方实际支付打桩费用为 31 万元，折合单位建筑面积造价为 67.44 元/m²；混凝土造价为 674.25 元/ m³；实际使用钢筋 18 吨，水泥 225 吨，石子 614 m³。

20 号楼载荷试验检测费用支出 24000.00 元，折合单位建筑面积造价为 5.22 元/ m²。

20 号楼承台梁实际发生费用折合单位建筑面积造价为 56.55 元/ m²；实际钢筋用量为 16 吨，水泥 83 吨，石子 203m³。

由此可知，采用柱锤冲扩桩加条形基础的单位建筑面积总造价为 95.26 元/ m²，而采用沉管灌注桩加承台梁基础的实际发生费用折合单位建筑面积造价为 129.21 元/m²。冲扩桩比灌注桩每平方米建筑面积节约 34 元/m² 左右。具体对比结果见例表 1-2。

福东北里20号住宅楼柱锤冲扩桩与沉管灌注桩经济指标对比　　例表1-2

方案＼指标	单方造价（元/m²）	单方混凝土造价（元/m²）	总造价（万元）	钢筋（吨）	水泥（吨）	石子（吨）	白灰（吨）	备　注
柱锤冲扩桩	35.00		16.10				400	包括开槽、设计及检测费，占灌注桩52%
沉管灌注桩	67.44	674.25	31.00					不包括开槽及设计费用
柱锤冲扩桩＋条基	35＋60.26＝95.26		43.77	15.72	38.50	451.2	400	
沉管灌注桩＋承台梁	67.44＋56.55＋5.22＝129.21		59.37	34.00	308.0	817		

注：1. 本表数据根据甲方决算结果，由天津市房管局定额站协助完成；
2. 表中价格按1991年定额及有关调资文件计算。
3. 本表引自“重锤冲孔夯扩置换三合土桩复合地基”科研鉴定材料之六——经济效益分析及用户报告（完成单位：河北工业大学，沧州市机械施工有限公司），1996年12月。

7. 本工程实践经验总结

（1）利用柱锤冲扩桩法处理地下水位以下松软土层，该工程在天津是首例。经质量检验和沉降观测证明只要精心设计、精心施工，采用该工法是完全可行的。填料中加入生石灰块可以起到类似生石灰桩的效应；填料复打成孔很好地解决了松软土层坍孔问题，从而保证了成桩质量。

（2）该场区部分地段用粉煤灰吹填，且夹有淤泥、建筑垃圾，土层含水丰富，根本无法成孔，最后采用多次填料复打施工工艺，桩间软土被填料置换（置换率 m＝50%～100%）。经开挖检查，桩顶标高1m以下的桩体已基本连成一体，其性状已接近换填垫层。

工程实践证明，对于地下水位以下极其松软的土层，当软弱土层厚度不超过3m时，即便成孔困难，采用多次填料复打，用填料强行置换松软土层，柱锤冲扩桩法同样是行之有效的。

（3）桩身及桩间土动力触探试验是适用于施工自检及竣工验收的检测手段，经与载荷试验对比，可作为复合地基承载力评价的依据。

（二）柱锤冲扩桩复合地基处理深大填土坑

1. 工程概况

某拟建道路工程，全长2.6km，线路穿越一个大的采砂坑，现大部分砂坑已回填至自然地面，砂坑填土层厚度最大约22m，最浅约2m。由于拟建道路主路位于原有的采砂石填土坑范围内，现已回填至自然地面，目前砂坑自然地面平均标高在50.5m左右，主要为新近1～2年回填的房渣土、建筑垃圾及部分砂、卵石等杂填土，填土厚度大，成分复杂且不均匀，呈严重欠固结状态，承载力及沉降量不能满足路基的使用要求，必须进行加固处理。地基加固的设计要求：①承载力要求：不低于120kPa；②沉降要求：桥后50m范围内不大于5cm。

2. 场地工程地质及水文地质条件

拟建场地位于永定河冲积扇顶部，以第四纪冲洪积层为主，根据岩土工程勘察报告，砂坑填土层最深为22.0m，地层由上至下依次为：

①层：低液限黏性填土，黄褐色～褐黄色，稍湿～湿，可塑～硬塑，含砖渣、白灰；

$①_1$层：建筑垃圾，杂色，湿，松散，含砖渣、白灰、树根等；

$①_2$层：级配良好砂填土，黄褐色～褐黄色，稍湿～湿，松散～稍密，含砖渣、白灰；

$①_3$层：级配不良砾填土，杂色，稍湿，稍密，一般粒径3～10mm，最大粒径120mm，粒径大于2mm的颗粒约占全重的85%，含砖渣、白灰。这些人工堆积地层层底标高为46.25～51.99m，其下为级配良好的砂、卵石。勘探期间，各钻孔均未见到地下水。根据场地东侧以及场地内的机井资料，本场地地下水位标高为28.50m左右。近3～5年最高地下水水位标高为32.0m。由于本场地地下水埋藏较深，在进行地基设计时，可不考虑地下水的影响。

3. 柱锤冲扩桩复合地基设计计算

拟采用先将填土表层较浅的填土挖除掉，再在坑下施工柱锤冲扩挤密白灰渣土桩，最后再回填碾压灰渣土至地面。

(1) 柱锤冲扩挤密灰渣土桩复合地基承载力计算：柱锤冲扩挤密灰渣土桩复合地基承载力按照下式进行计算：

$$f_{spk}=m\cdot f_{pk}+\beta\cdot(1-m)\cdot f_{sk}$$

其中 f_{pk} 为桩体承载力特征值（kPa），取800kPa，乘以桩体面积得单桩承载力特征值 R_a 为190kN；m 为灰渣土桩面积置换率 m 为0.11；f_{sk} 为桩间土承载力特征值，取80kPa；经计算，柱锤冲扩灰渣土桩复合地基承载力特征值 f_{spk} 为159kPa，满足设计要求。

(2) 柱锤冲扩挤密灰渣土桩复合地基沉降计算：根据《建筑地基基础设计规范》GB 50007—2002，按照下式进行复合地基沉降量计算。

$$s=\varphi_s\cdot\sum_{i=1}^{n}\frac{p_0}{E_{spi}}(Z_i\bar{\alpha}-Z_{i-1}\bar{\alpha}_{i-1})$$

其中各复合土层压缩模量按下式计算：

$$E_{sp}=\xi\cdot E_s$$

根据同类工程经验，取经过夯扩挤密后的地基土压缩模量为8.0MPa，则复合土层压缩模量为15.0MPa。中心点最大沉降计算结果为45mm，满足设计要求。

(3) 柱锤冲扩挤密灰渣土桩复合地基设计参数：结合本工程地质条件和设计要求，经设计计算得主要设计参数如例表2-1。

柱锤冲扩挤密灰渣土桩设计参数 **例表 2-1**

桩数/根	设计桩长（m）	桩间距（m）	布桩型式	设计桩径（mm）	面积置换率	总延米（m）	总方量（m^3）
7117	7～12	1.6×1.35	梅花	550	0.11	71200	20292

注：1. 灰渣土采用二八灰土，白灰为块灰现场消解，渣土为现场开挖的填土，去除大块（≥10cm）以及有机质土；
2. 由于灰土桩桩身强度较低，桩土应力比较小不设置褥垫层，这样有利于减少水的渗透。

4. 施工工艺

因本工程需要处理的面积较大，填土深度不同，地基处理设计施工方案较为复杂，为此安排本工程施工总体部署如下：先进行路基基槽开挖，开挖出的土现场堆放。用起重机将柱锤提升到一定高度（6～8m），使之自由下落，夯击路基基槽成孔至不同的深度（7～12m），用人力推车每次向孔中填拌合好的灰渣土等建筑垃圾，再次提升柱锤夯击孔内的建筑垃圾，使之打入土中，逐步形成柱锤冲扩挤密灰渣土桩。施工中间可以穿插进行复合地基检测，打桩结束后，将面层扰动土整平后再进行回填碾压施工。

5. 复合地基检测

依据《建筑地基基础设计规范》GB 50007 及《建筑桩基技术规范》JGJ 94，采用慢速维持荷载法进行静力载荷试验，检测结果如例表 2-2～例表 2-4。

复合地基载荷试验结果汇总表　　**例表 2-2**

点号	终止荷载（kN）	总沉降量（mm）	试验点承载力特征值（kPa）	对应沉降量（mm）	对应 s/b	复合地基承载力特征值（kPa）
1号	600	12.79	120	2.33	0.0017	120
2号	600	15.18	120	2.78	0.0020	

单桩竖向抗压静载试验及桩间土静载试验结果汇总表　　**例表 2-3**

点号	终止荷载（kN）	总沉降量（mm）	竖向抗压极限承载力（kN）	竖向抗压承载力特征值（kN）
单桩 1 号	640	29.07	560	280
单桩 2 号	640	26.62	560	280
单桩 3 号	800	35.66	720	360
天然土 7 号	96	29.53	168	84
天然土 2 号	108	24.11	192	96
桩间土 1 号	110	44.80	200	100
桩间土 2 号	120	38.03	220	110

桩间土浸水静载试验结果汇总表　　**例表 2-4**

点号	终止荷载（kN）	总沉降量（mm）	附加湿陷量（mm）	附加湿陷量与压板直径之比	极限承载力（kPa）	承载力特征值（kPa）
1号	105	36.07	9.26	0.0116	180	90
2号	120	29.28	5.40	0.0068	210	105
3号	120	21.00	3.54	0.0044	210	105

由检测结果可知：

（1）该场地 1 号、2 号试桩单桩复合地基承载力特征值满足 120kPa；

（2）该场地 1 号、2 号试桩单桩承载力特征值为 280kN，3 号试桩单桩承载力特征值为 360kN；

（3）该场地 1 号、2 号天然土试点的承载力特征值分别为 84kPa、96kPa；1 号、2 号桩间土试点的承载力特征值分别为 100kPa，110kPa；

(4) 通过桩间土浸水载荷试验，该场地在 120kPa 压力下的附加湿陷量与承压板直径之比小于 0.023，经处理后该场地不具湿陷性。

6. 技术经济效果分析

本工程拟采用不同的地基处理方案进行处理时的技术经济效果对比见例表 2-5。

不同工法地基处理的技术经济效果分析 **例表 2-5**

方案	主要工程量	造价（万元）	工期（d）	社会效益
振冲桩	桩数 1867 根，桩径 1000m，平均桩长 12.0m，总方量 22486m^3	855	100	0
柱锤冲扩桩	桩数 7117 根，桩径 550m，平均桩长 11.0m，总方量 20292m^3	599	85	消纳施工现场的建筑垃圾 20292m^3
大开挖分层碾压	开挖土方 24 万 m^3，回填灰渣土 24 万 m^3	2194	200	0
分层强夯	开挖土方 14 万 m^3，回填灰渣土 14 万，强夯面积 3.15 万 m^2	874	125	0

由上表可以看出：柱锤冲扩桩复合地基不但可以消纳大量原有的建筑垃圾等工程废料，具有良好的社会效益，而且可以节省工程造价 30%～73%，工期可以缩短 15%～58%，工程造价及施工工期均具有明显的优势。（岩土工程界 第 11 卷 第 5 期，郭红梅，刘润平）

第五节 强夯置换碎石墩复合地基

一 概述

（一）工法简介

强夯置换法是指将夯锤提到高处使其自由落下形成夯坑，并不断夯击坑内回填的砂石、钢渣等硬粒料，使其形成密实的墩体的地基处理方法。

强夯置换法是在强夯法基础上发展起来的，由于对高饱和度软黏土强夯效果不明显，因此自 20 世纪 80 年代以来有人采用在夯坑内回填块石、碎石或其他粗颗粒材料，强行夯入并排开软土，形成砂石墩复合地基。国外曾用强夯置换法处理过泥炭、淤泥、有机粉土等地基，形成深达 12m，直径达 2～7m 的砂石墩；该工法在我国 1988 年首次在填海造地的某污水处理工程中进行了试验和应用，随后 1989 年在深圳机场的跑道、滑行道工程中又成功地发展应用了强夯置换挤淤沉堤方法，将总长 18km 的填料筑堤的堤身顺利地穿过 6～10m 厚的海积淤泥层，沉落到下卧坚实的持力层上，目前已有一系列工程采用强夯置换软土或液化地基。其模式也有多种，其中以单点或有足够间距的群点置换而形成单体或群体的置换碎石桩（墩），用作建（构）筑物的复合持力层的模式最为普遍。涉及的工程类别有机场、材料堆场、公路、房屋建筑、油罐工程等。

(二) 加固机理

1. 强夯置换法加固地基的机理与强夯法是截然不同的。强夯法是通过巨大的夯击能改变被加固土体的本身性质，主要是提高密度，从而改善其工程力学性质，处理后的地基独立发挥地基的持力作用。而强夯置换法是通过夯击和填料形成置换体，使置换体和原地基土构成复合地基来共同承受荷载。其加固机理如图 5-41 所示：

当圆柱体形的重锤自高空落下，接触地面的瞬间夯锤刺入并深陷于土中，此时释放出来的大量能量，对被加固土体产生的作用主要有三个方面：①直接位于锤底面下的土，承受到锤底的巨大冲击压力，使土体积压缩并急速地向下推移，在夯坑底面以下形成一个压密体（图中（*a*）区域）其密度大为提高；②位于锤体侧边的土，瞬息间受到锤底边缘的巨大冲切力而发生竖向剪切破坏，形成一个近乎直壁的圆柱形深坑（图中（*b*）区域）；③锤体下落冲压和冲切土体形成夯坑的同时，还产生强烈震动，以三种震波的形式（P 波、S 波、R 波）向土体深处传播，基于多种机理（震动液化、排水固结和震动挤密等）的联合作用，使置换体周围的土体也得到加固。

张咏梅等（2004）通过一系列室内模型试验及野外原位测试，得出在高饱和度黏性填土上置换体的典型剖面如图 5-42 所示。图中 d 为夯坑的直径；h 为每次置换的夯坑深度；D_p 为置换碎（块）石墩体的直径；H_p 为置换体的深度；D_c、H_c、S_c 分别为置换体下方冠形挤密区的直径、深度和底部厚度。

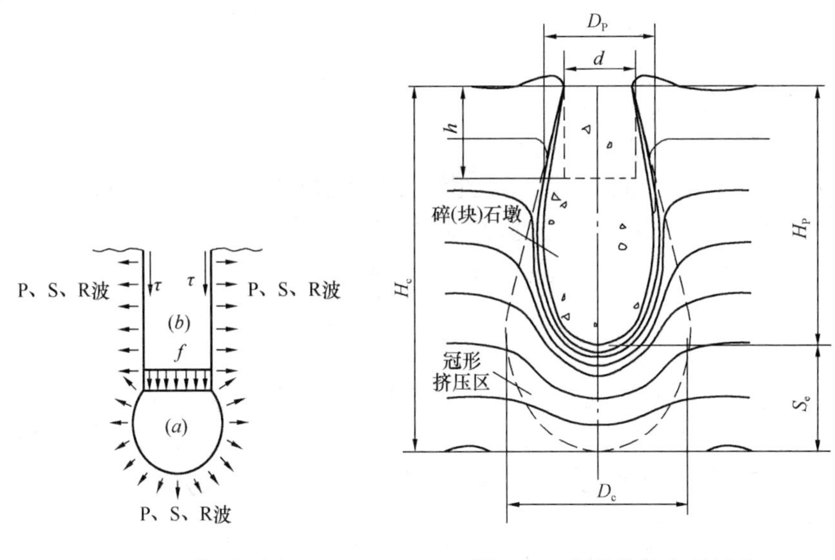

图 5-41　置换原理图　　　　图 5-42　置换体的典型剖面

2. 置换体的形状、尺寸和施工工艺有密切关系：

（1）置换体呈碗底形的圆柱体形，其直径、深度与夯击能量直接相关。要求置换深度大，必须提高夯击能，有效地增加每次的置换深度，并增加置换次数。

（2）要求置换体的直径小，深径比大，除了采用小直径夯锤外，还必须提高单击夯能，有效地增加每一锤的贯入深度。置换体的直径一般为 1.5～1.8 倍锤径，依单击能量的大小，被置换土体和置换材料的性质而定。

（3）置换填料的性质对置换体的形状有很大影响，碎（块）石等粗粒材料的置换效果良好，置换体的轮廓清晰，当被置换土层为饱和的软土时，不适宜用砂、砾、山皮土作置换料。

（4）被置换土体紧紧地被压缩在置换体下方形成一个冠形挤密区。其轮廓范围十分清晰。

（5）置换地面的隆起量可以反映置换的效果和被置换土体的挤密情况。地面隆起量愈大，说明原土被挤密的程度愈差，愈接近于单纯的挤出置换过程。图 5-42 所示置换体下方存在着很宽厚的冠形挤密区，表明置换对原土有很好的挤密加固作用。当被置换土体为不易挤密的饱和软土或原土已经达到不可再挤密的程度时，地面就会发生隆起。

（三）适用范围

1. 强夯置换法适用于高饱和度的粉土与软塑～流塑的黏性土、淤泥、淤泥质土及有软弱下卧层的填土等地基上对变形控制要求不严的工程。经强夯置换可形成强夯置换碎石墩复合地基；另外利用强夯整式置换可用来构筑碎石垫层，或置换挤淤构筑路基、堤基等。

2. 强夯置换法在设计前必须通过现场试验确定其适用性和处理效果。

强夯置换法具有加固效果显著、施工期短、施工费用低等优点，目前已用于堆场、公路、机场、房屋建筑、油罐等工程，一般效果良好，个别工程因设计、施工不当，加固后出现下沉较大或墩体与墩间土下沉不等的情况。因此，《建筑地基处理技术规范》JGJ 79 强调采用强夯置换法前，必须通过现场试验确定其适用性和处理效果，否则不得采用。

有关设计参数如单墩及复合地基承载力特征值、桩径、桩身填料夯实的有关参数等均应通过试验确定。一个试验区面积不宜小于 20m×20m。

3. 强夯置换碎石墩施工时，对周围环境有噪声和振动影响，方案选择时应重视施工环境的适应性。

4. 对于饱和度较高的湿陷性黄土、红黏土、高饱和度的粉土及一般黏性土等可夯实加密土层，也可采用强夯半置换法进行加固处理，墩体深度不应小于土层处理总深度的 1/2～2/3。墩体下拟处理土层深度及夯实加密效果，应通过现场试验确定。

二、设计

强夯置换法最终形成碎石桩复合地基，因此本书将其放入复合地基加固法中。有关复合地基的设计计算原理与方法，对强夯置换法也是完全适用的，下面结合《复合地基技术规程》GB/T 50783 及《建筑地基处理技术规范》JGJ 79 的有关规定综述如下。

（一）设计内容

强夯置换墩复合地基的设计包括下列主要内容：

1. 强夯置换深度；
2. 强夯置换处理的范围；
3. 墩体材料的选择；
4. 夯击能，夯锤参数；
5. 夯点的夯击遍数、击数、停锤标准、两遍夯击之间的时间间隔；
6. 夯点平面布置形式；
7. 强夯置换墩复合地基的变形和承载力要求；
8. 周边环境保护措施；

9. 现场监测和质量控制措施；

10. 施工垫层；

11. 检测方法、参数、数量等要求。

（二）处理深度

1. 强夯置换墩的深度由土质条件决定，除厚层饱和粉土外，应穿透软土层，到达较硬土层上。深度不宜超过 10m。这一深度是根据国内采用夯击能已达 10000kN·m 提出的，国外有置换深度达到 12m，锤质量超过 40t 的工程实例。

2. 对淤泥、泥炭等黏性软弱土层，置换墩应穿透软土层并应着底在较好土层上，因墩底竖向应力较墩间土高，如果墩底仍在软弱土中，则可能因承受不了墩底较高竖向应力而产生较多下沉。

3. 对深厚饱和粉土、粉砂，墩身可不穿透该层，因墩下土在施工中密度变大，强度提高有保证，故可允许不穿透该层。

4. 墩间的和墩下的粉土或黏性土通过排水与加密，其密度及状态可以改善。由此可知，强夯置换的加固深度由二部分组成，即置换深度和墩下加密范围。墩下加密范围，应通过现场试验确定。

（三）墩位布置及间距

1. 墩位布置宜采用等边三角形或正方形。对独立基础或条形基础可根据基础形状与宽度相应布置。

2. 墩间距应根据荷载大小和原土的承载力选定，当满堂布置时可取夯锤直径的 2～3 倍。对独立基础或条形基础可取夯锤直径的 1.5～2.0 倍。

3. 墩的计算直径可取夯锤直径的 1.1～1.2 倍，宜通过现场试验确定。

4. 当墩间距较大时，应增加基础及上部结构刚度。

（四）处理范围

强夯置换处理范围应大于建筑物基础范围，每边超出基础外缘的宽度宜为基底下设计处理深度的 1/2 至 2/3，并不宜小于 3m。当要求消除地基液化时，在基础外缘扩大宽度不应小于基底下可液化土层厚度的 1/2，且不小于 5m。对独立柱基，当柱基面积不大于夯墩面积时，也可以采用柱下单点夯，一柱一墩。

（五）墩体填料要求

1. 墩体材料可采用级配良好的块石、碎石、矿渣、建筑垃圾等坚硬粗颗粒材料，墩体材料级配不良或块石过多过大，均易在墩中留下大孔，在后续墩施工或建筑物使用过程中使墩间土挤入孔隙，下沉增加。因此粒径大于 300mm 的颗粒含量不宜超过全重的 30%，最大粒径不应大于 1/3 夯锤直径。有地区经验时，也可在墩体填料中加入少量生石灰吸水挤密。

2. 填料夯实要求

按填料量及累计夯击次数控制。可用重型动力触探对桩身密实度及着底情况进行检测，桩身填料采用碎石时，可参考本章表 5-15 或表 5-27 对桩身密实度进行评价。

（六）夯击参数

1. 单击夯击能及有效加固深度

强夯置换法的有效加固深度为墩长及墩底压密土厚度之和，应根据现场试验确定。

在可行性研究或初步设计时也可按图 5-43 中的实线①（平均值）与虚线②（下限）所代表的公式估计：

较适宜的夯击能：

$$\overline{E}=940(H_1-2.1) \tag{5-102}$$

夯击能最低值：

$$E_w=940(H_1-3.3) \tag{5-103}$$

式中　H_1——置换墩深度（m），应从夯击面算起。

初选夯击能宜在 $\overline{E}$ 与 E_w 之间选取，高于 $\overline{E}$ 则可能浪费，低于 E_w 则可能达不到所需的置换深度。图 5-43 所示是国内外 19 个工程的实际置换墩深度汇总而来，由图中看不出土性的明显影响，估计是因强夯置换的土类多限于粉土与淤泥质土，而这类土在施工中因液化或触变，抗剪强度都很低之故。

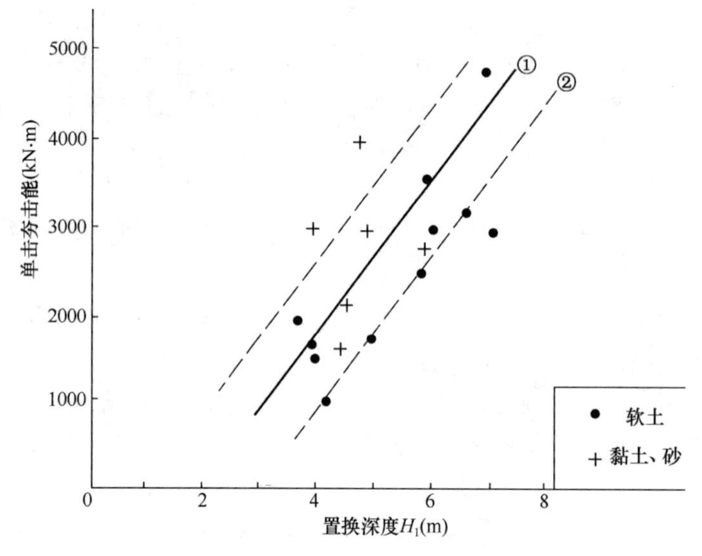

图 5-43　夯击能与实测置换深度的关系

实线①：$\overline{E}=940(H_1-2.1)$；虚线②：$E_w=940(H_1-3.3)$

强夯置换宜选取同一夯击能中锤底静压力较高的锤施工，图 5-43 中二根虚线间的水平距离反映出在同一夯击能下，置换深度却有不同，这一点可能多少反映了锤底静压力的影响。

$\overline{E}(E_w)\sim H_1$ 关系见表 5-33。

$\overline{E}$（E_w）～H_1 关系[1]　　　　表 5-33

H_1（m） \ E（kN·m）	$\overline{E}$	E_w
4	1786	658
5	2726	1598
6	3666	2538
7	4606	3478
8	5546	4418

根据土质条件及设计墩长，单击夯击能也可按下表选用。图 5-44 表示强夯置换主夯能级与置换墩长度的实测值。

单击夯击能与置换深度关系表[2]　　**表 5-34**

主夯击能（kN·m）	饱和粉土、软塑～流塑的黏性土	主夯击能（kN·m）	饱和粉土、软塑～流塑的黏性土
3000	3～4m	12000	8～9m
6000	5～6m	15000	9～10m
8000	6～7m	18000	10～11m

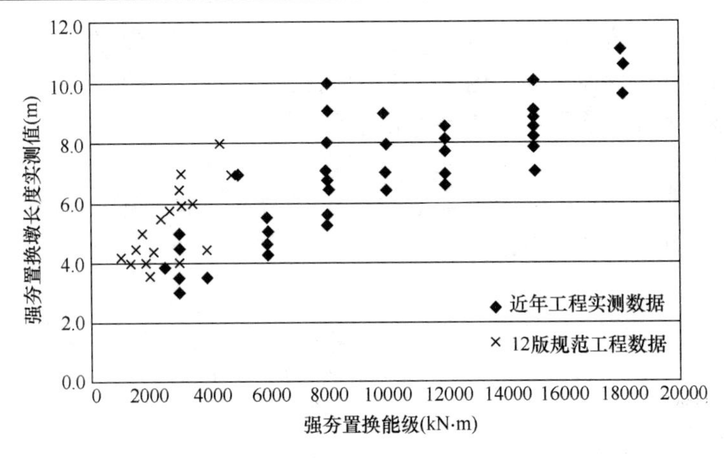

图 5-44　强夯置换主夯能级与置换墩长度的实测值

2. 夯点击次

夯点的夯击次数应通过现场试夯确定，且应同时满足下列条件：

（1）墩底穿透软弱土层，且达到设计墩长。可通过重型或超重型动力触探检查；

（2）累计夯沉量为设计墩长的 1.5～2.0 倍；

累计夯沉量指单个夯点在每一次夯击下夯沉量的总和，累计夯沉量为设计墩长的 1.5～2.0 倍以上，主要是保证夯墩的密实度与着底，实际是充盈系数的概念，此处以长度比代替体积比。

（3）最后两击的平均夯沉量可参照强夯法有关规定确定，具体要求见表 5-35。

强夯置换墩收锤条件[2]　　**表 5-35**

单击夯击能	最后两击夯沉量（mm）	单击夯击能	最后两击夯沉量（mm）
＜4000kN·m	50	8000kN·m≤单击夯击能＜12000kN·m	200
4000kN·m≤单击夯击能＜6000kN·m	100	12000kN·m≤单击夯击能＜15000kN·m	250
6000kN·m≤单击夯击能＜8000kN·m	150	≥15000kN·m	300

（七）强夯置换墩复合地基承载力特征值确定

1. 软黏性土

确定软弱黏性土中强夯置换墩复合地基承载力特征值时，可只考虑墩体，不考虑墩间土的作用，其承载力应通过现场单墩载荷试验确定。

对淤泥或流塑的黏性土中的置换墩不考虑墩间土的承载力，按单墩载荷试验的承载力除以单墩加固面积取为加固后的复合地基承载力，主要是考虑：

（1）淤泥或流塑软土中强夯置换国内有个别不成功的先例，为安全起见，须积累足够工程经验后再行修正，以利于此法的推广应用。

（2）某些国内工程因单墩承载力已够，而不再考虑墩间土的承载力。

（3）强夯置换法在国外亦称为“动力置换与混合”法，因为墩体填料为碎石或砂砾时，置换墩形成过程中大量填料与墩间土混合，越浅处混合的越多，因而墩间土已非原来的土而是一种混合土，含水量与密实度改善很多，可与墩体共同组成复合地基，但目前由于对填料要求与施工操作尚未规范化，填料中块石过多，混合作用不强，墩间的淤泥等软土性质改善不够，因此目前暂不考虑墩间土的承载力较为稳妥。

2. 饱和粉土

对饱和粉土，当处理后墩间土能形成 2.0m 以上硬壳层时，其复合地基承载力可通过现场单墩复合地基载荷试验确定。

初步设计时可取

$$f_{spk} = m \cdot f_{pk} + (1-m) f_{sk} \tag{5-104}$$

f_{pk}按单墩载荷试验确定；f_{sk}可依桩间土静力触探或动力触探击数（$N_{63.5}$）经对比试验或当地经验确定，也可查有关表格。

（八）强夯置换复合地基变形计算

1. 强夯置换地基的变形计算，应符合现行国家标准《建筑地基基础设计规范》GB 50007 的有关规定，复合土层的压缩模量可按《建筑地基处理技术规范》确定，也可按下式计算：

$$E_{sp} = [1 + m(n-1)] E_s \tag{5-105}$$

式中　n——桩土应力比。无实测资料时，对黏性土可取 2～4；粉土可取 1.5～3，原土强度低取大值。

2. 强夯置换地基的变形也可按单墩承受的荷载，采用单墩静载荷试验确定的变形模量计算加固区的地基变形，对墩下地基土的变形可按置换墩材料的压力扩散角计算传至墩下土层的附加应力，按现行国家标准《建筑地基基础设计规范》GB 50007 的有关规定计算确定；对饱和粉土地基，当处理后墩间土能形成 2.0m 以上厚度硬层时，可按《建筑地基处理技术规范》JGJ 79 的有关规定计算确定。

3. 强夯置换处理后的地基情况比较复杂。不考虑墩间土作用计算地基变形时，如果采用的单墩静载荷试验的载荷板尺寸与夯锤直径相同时，其地基的主要变形发生在加固区，下卧土层的变形较小，但墩的长度较小时应计算下卧土层的变形。强夯置换处理地基的建筑物沉降观测资料较少，各地应根据地区经验确定变形计算参数。

（九）下卧层承载力验算

强夯置换墩底未达硬持力层时，应验算下卧层承载力。

（十）压实垫层

墩顶应铺设一层厚度不小于 500mm 的压实垫层，垫层材料可与墩体相同，粒径不宜大于 100mm。

三、施工

（一）施工设备

1. 夯锤

（1）强夯置换夯锤应采用圆形夯锤，质量可取 10～60t，锤底静接地压力值宜大于 80kPa，可取 100～300kPa。锤底直径、锤质量应根据设计墩直径、置换墩深度以及起重能力等进行确定。锤的底面宜设置若干个与顶面贯通的排气孔或侧面设置排气凹槽，孔径或槽径可取 250～400mm。目前国内最高的强夯置换夯击能级已达到 18000kN·m。施工用夯锤可采用平锤，也可采用柱锤，柱锤接地静压力大，置换深度易保证，常用柱锤直径大多在 1.1～1.6m。工程实践表明，并非锤底静压力越大越好，当能级超过 8000kN·m 后，适当增大锤底面积，对增加置换墩长度有利。

（2）常用夯锤规格见表 5-36。

常用夯锤规格　　表 5-36

序号	质量（t）	锤底静压力（kPa）	夯锤规格				备　注
			截面积（m²）	直径（m）	高度（m）	高径比	
1	10	100	1.000	1.129	1.379	1.222∶1	1. 夯锤材料：铸铁，密度 7250kg/m³； 2. 锤直径不宜大于 2.0m。锤底可采用平底，也可采用锥形或球形底，以利于深层加固
		150	0.667	0.922	2.069	2.245∶1	
		200	0.500	0.798	2.759	3.457∶1	
2	15	150	1.000	1.129	2.069	1.833∶1	
		200	0.750	0.977	2.759	2.822∶1	
3	20	150	1.333	1.303	2.069	1.588∶1	
		200	1.000	1.129	2.759	2.444∶1	
4	25	150	1.667	1.457	2.069	1.420∶1	
		200	1.250	1.262	2.759	2.186∶1	
5	30	150	2.000	1.596	2.069	1.296∶1	
		200	1.500	1.382	2.759	1.996∶1	
6	35	150	2.333	1.724	2.069	1.200∶1	
		200	1.750	1.493	2.759	1.848∶1	
7	40	150	2.667	1.843	2.069	1.123∶1	
		200	2.000	1.596	2.759	1.728∶1	
8	45	200	2.250	1.693	2.759	1.630∶1	
		300	1.500	1.382	4.138	2.994∶1	
9	50	200	2.500	1.784	2.759	1.546∶1	
		300	1.667	1.457	4.138	2.841∶1	
10	55	200	2.750	1.871	2.759	1.474∶1	
		300	1.833	1.528	4.138	2.708∶1	
11	60	200	3.000	1.954	2.759	1.411∶1	
		300	2.000	1.596	4.138	2.593∶1	

2. 起重设备

施工机械宜采用带有自动脱钩装置的履带式起重机或其他专用设备（如塔式、井架式、不脱钩式等）。采用履带式起重机时，可在臂杆端部设置辅助门架，或采取其他安全措施，防止落锤时机架倾覆。国内用于夯实法地基处理施工的起重机械以改装后的履带式起重机为主，施工时一般在臂杆端部设置门字型或三角形支架，提高起重能力和稳定性，降低起落夯锤时机架倾覆的安全事故和风险，实践证明，这是一种行之有效的办法。但同时也出现改装后的起重机实际起重量超过设备出厂额定最大起重量的情况，这种情况不利于施工安全，因此应予以限制。

（二）施工要点

1. 施工步骤

强夯置换施工可按下列步骤进行：

（1）清理并平整施工场地，当表土松软机械无法行走时可铺设一层厚度为1.0～2.0m的砂石或矿渣施工垫层；

（2）标出夯点位置，并测量场地高程；设计时应预留地面抬高值，并经试夯后校正。

（3）起重机就位，夯锤置于夯点位置；

（4）测量夯前锤顶高程；

（5）夯击并逐击记录夯坑深度。当夯坑过深而发生起锤困难时停夯，向坑内填料直至与坑顶平或填至1/3～1/2坑深，记录填料数量，如此重复直至满足规定的夯击次数及控制标准完成一个墩体的夯击。当夯点周围软土挤出影响施工时，可随时清理并在夯点周围铺垫碎石，继续施工；

（6）按由内而外，先中间后四周和单向前进原则完成全部夯点的施工；当隆起过大宜隔行跳打，当收锤困难时宜分次夯击；

（7）推平场地，用低能量满夯，将场地表层松土夯实，并测量夯后场地高程；

（8）铺设垫层，并分层碾压密实。

2. 注意事项

（1）施工前应查明场地范围内的地下构筑物和各种地下管线的位置及标高等，并采取必要的措施，以免因施工而造成损坏。

（2）当强夯置换施工所产生的振动对邻近建筑物或设备会产生有害的影响时，应设置监测点，并采取设隔振沟等隔振或防振措施，并应采取背离既有建筑进行施工。

（3）施工过程中应对各项参数及情况进行详细记录，并抽验置换深度及墩体密实度。

（4）当场地表土软弱或地下水位较高，夯坑底积水影响施工时，宜采用人工降低地下水位或铺设一定厚度砂石垫层，使地下水位低于夯坑底面以下一定距离。

四、质量检验和工程验收

（一）施工前

施工前应检查夯锤质量、底面积，落距控制手段及填料成分。

（二）施工中

施工中应检查夯点位置、落距、夯击次数、填料量、墩体直径以及置换深度、置换墩着底情况。墩体着底情况可采用钻探、动力触探、地质雷达等方法进行测定。

（三）施工后

施工结束后应检查单墩或复合地基承载力并检查置换墩着底情况及密度变化。

1. 饱和粉土地基应进行单墩复合地基载荷试验；

2. 淤泥或流塑软黏性土应进行单墩载荷试验；

3. 承载力检测数量不少于墩点的1%，且不少于3点；置换墩着底情况及墩身密实度检测数不少于墩点数 3%且不少于 3 点。

4. 检测时间应在施工结束 28d 后进行。对粉土可在 21d 后进行。

（四）质量检验标准

强夯置换法质量检验标准见表 5-37。

强夯置换法质量检验标准　　表 5-37

项目	序号	检查项目	允许偏差或允许值		检查方法
			单位	数值	
主控项目	1	地基承载力	设计要求		按规定方法
	2	置换墩着底情况	设计要求		重型或超重型动力触探
一般项目	1	夯锤落距	mm	±300	钢索设标志
	2	锤质量	kg	±100	称重
	3	夯击次数	设计要求		计数法
	4	墩位偏差	（0.2～0.3）d		用钢尺量
	5	填料量	设计要求		计数法
	6	墩直径	mm	−100	用钢尺量

五、强夯置换设计、施工、检验流程图

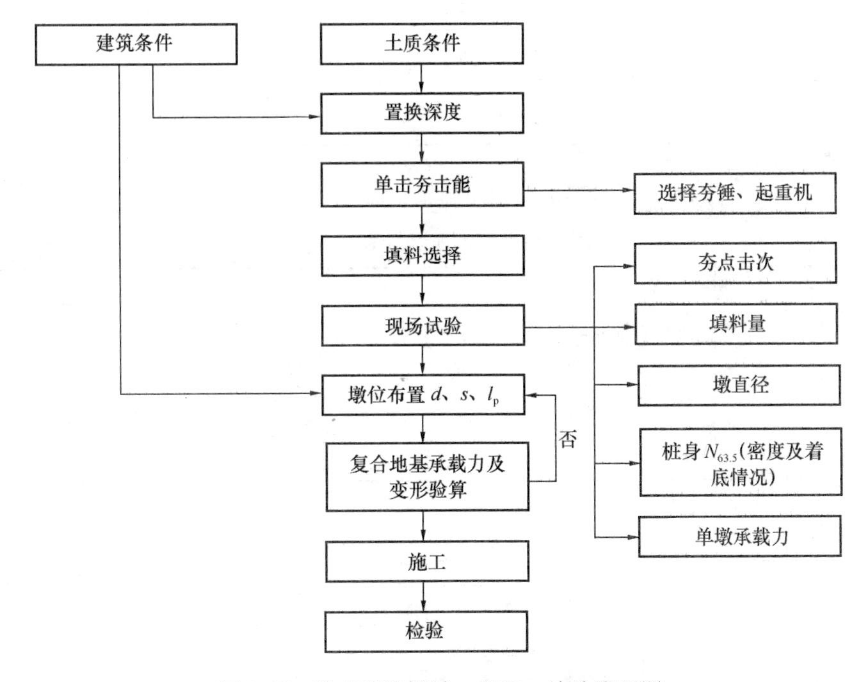

图 5-45　强夯置换设计、施工、检验流程图

六、工程实录

（一）强夯置换法处理饱和黏性填土地基[4]

1. 工程概况和场地特点

深圳某工程是一个由山沟填土后形成的住宅小区，占地 6 万多 m^2，总建筑面积 14 万

m^2，以8层框架结构住宅为主。场地内填土都是近期形成的松填黏性土，厚度很不均匀，最大填土厚10m左右，土质以粉质黏土为主，局部不均匀分布有大块石，填土结构松散，未经碾压。部分填土下有鱼塘和有机质粉土软弱下卧层，厚2～3m。场地的典型工程地质剖面如例图1-1所示，土质特性见例表1-1。场地内地下水主要由大气降水补给，由于山沟填土后将地表水位抬高，填土含水呈饱和状态，饱和度达95%左右。由于场地内大面积填土厚度大，分布不均匀，结构松软，因此不仅建筑物的地基需要处理，而且小区内道路、管沟、广场地基也必须作适当处理，否则均将遭受填土不均匀沉降的危害。

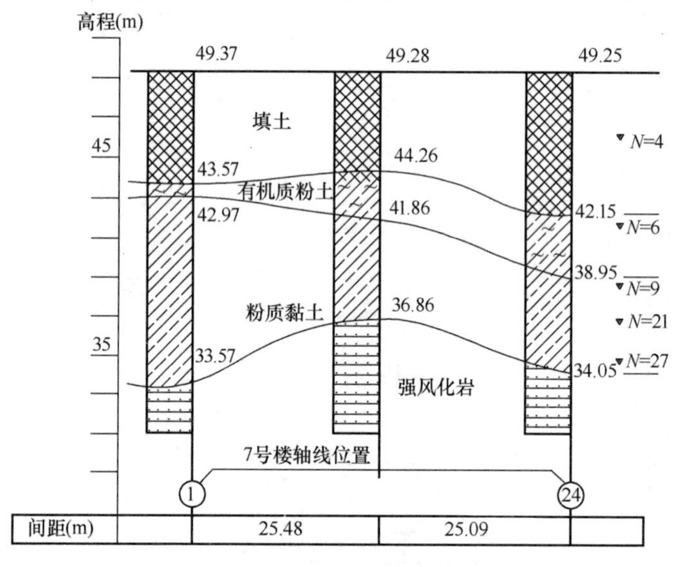

例图1-1　工程地质剖面

土层物理力学性质统计表　　**例表1-1**

地层代号	土层名称	统计值	天然含水量 w (%)	质量密度 ρ (g/cm³)	饱和度 S_r (%)	孔隙比 e	塑性指数 I_P	液性指数 I_L	变形模量 E_0 (MPa)	压缩模量 E_S (MPa)	标贯 N (击数)	承载力 f_{ak} (kPa)	附注
Q_{ml}	填土	范围值	24.7～38.5	1.83～1.97	87.9～99.9	0.588～1.011	6.8～13.3	0.24～0.70			2～7		填土厚6～11.2m结构松散
		平均值	28.8	1.9	94.5	0.792	10.5	0.46	4.0	3.0	4	60	
Q_{nl}	含有机质粉土	范围值	16.5～28.1	1.86～2.08		0.428～0.846	5.2～10.2	0.4～0.84			2～16		层厚0.5～5.0m
		平均值	21.1	2.04		0.588	7.32	0.67	7.0	4.5	7	140	
Q_{el}	粉质黏土	范围值	18.4～41.2	1.74～2.04		0.544～1.126	5.5～12.1	0.16～1.09			10～29		层厚1.1～9.4m
		平均值	28.3	1.9		0.80	10.3	0.507	14.0	7.0	20	220	

2. 地基处理方案的确定

根据上述情况，对大面积填土的处理，曾提出以下几种处理方案：(1) 强夯；(2) 预制桩基础；(3) 振冲碎石桩或水泥搅拌桩复合地基；(4) 人工挖孔桩基础等。

(1) 强夯方案

主要疑问有下述几点：①填土为饱和状态的黏性土，强夯效果不会理想，质量难于保证。② 填土厚度大，最厚处达 10m 左右，而且填土下还有一层有机质粉土软弱下卧层，强夯的影响深度难于达到。③深圳地区的雨季长，雨量大，强夯的作业时间少，而黏性土内超静孔隙水压力的消散又需要较长时间，因此工期难于满足业主要求。

(2) 预制桩基础方案

如果采用预制桩基础，也存在一些难于解决的问题：因填土时未对土料成分进行控制，填土内含有不均匀分布的大块石，采用打入式桩时，施工会遇到困难，工期和费用难于控制。

(3) 振冲碎石或水泥搅拌桩复合地基处理方案

因填土松散，尚未完成自重固结，需要的置换率较高、费用也高，而且施工时也会遇到填土内大块石的干扰。

(4) 人工挖孔桩基础方案

本住宅工程框架的柱网较密，如采用人工挖孔桩方案时，桩的承载力利用率低、造价偏高。统计比较表明：本工程条件下，以建筑物底面积为准的桩基造价均在 500 元/m^2 左右（不包括桩顶拉梁和承台的造价）。

经过上述分析比较，并结合当地开山石容易取得、费用较低（送至工地的单价为30～40 元/m^3）的情况，最后决定采用强夯块石墩复合地基的处理方案，其综合造价（包括排水和大型荷载试验等内容）以建筑底面积为准的造价不会超过 200 元/m^2。实践表明，强夯置换块石墩复合地基方案对处理高含水量的黏性类填土，具有较好的适应性和显著的技术经济效益。

3. 块石墩复合地基的设计

本次设计时参照规范中对黏性类土的要求，取单击夯击能 $M=3000\text{kN}\cdot\text{m}$/击，单位面积夯能 $Q=4000\sim4500\text{kN}\cdot\text{m/m}^2$，夯点按 3.5m×4m 的网格布置。有效加固深度 h 的预估按 Menard 公式计算，修正系数 $K=0.5\sim0.6$，则 $h=K\cdot\sqrt{M}=(0.5\sim0.6)\sqrt{300}=8.7\sim10.4\text{m}$。

本工程上部结构对地基承载力要求大于 180kPa，强夯块石墩复合地基的承载力 f_{spk} 按 $f_{spk}=m\cdot f_{pk}+(1-m)\cdot f_{sk}$ 进行计算，取墩间土承载力标准值 $f_{sk}=150\text{kPa}$，墩体承载力标准值 $f_{pk}=300\text{kPa}$，面积置换率 $m=0.25$，则

$$f_{spk}=187.5\text{kPa}>180\text{kPa}$$

满足了上部结构要求，但夯后必须经土样检测和大面积荷载试验验证。

4. 块石墩复合地基的施工

施工按设计要求的参数进行控制，开工前作试夯。夯锤重 16t，落高约 18m，单击夯能 3000kN·m，夯锤直径 2m，夯点按 3.5m×4m 网格布置，单点夯击 18～24 击不等，一般分三阵进行，每阵 6 击左右，每阵完后向夯坑内填石，夯坑深一般为 1.5m 左右，夯坑过深时提锤有困难，夯坑填石后继续夯击，直至满足收锤标准为止。为了增加强夯的影响深度，第一遍按跳格夯进行，第二遍即完成全部夯点，对夯沉量大的点，根据情况再作

第三遍夯击。地基的均匀性是通过制订统一的收锤标准和适当调整夯击遍数而实现的。本工程实践发现，规范中要求的最后两击平均夯沉量不大于 10cm 这一点难于达到，最后作了适当放宽。本工程各夯点夯坑的累计坑深约 4～5m 不等，凡填土层厚度大、原始填土松软，累计坑深就大一些。由各夯点累计坑深统计的块石消耗量和现场实际发生的块石用量相比较，得出的块石墩平均入土深度为 4.5m 左右，如再计入强夯作业面在自然地表下 1.5m 后，块石墩底面标高的平均值已在原地面下 6m 左右，接近场地填土层的平均厚度。由夯击面标高变化和块石夯墩置换填土体积等参数测算到的填土强夯压缩量为 18%左右，可见本工程强夯的效果是明显的。由于业主要求的工期紧，也考虑到块石墩的排水条件好，分遍夯击之间基本上是连续进行的，如能多留些间歇时间，强夯效果会更好些。施工过程中夯墩内有较多渗水流出，说明填土内孔隙水的渗排路径畅通。点夯完成后，将地面推平再作 2 遍满夯，每点 2 击，夯印搭接 30cm 左右。

5. 强夯块石墩复合地基加固效果的检测与评估

因工期紧，强夯效果检测是在强夯完成后 10 天左右进行的，检测工作采用三种手段。①钻探取土，对土样作常规物理力学性能分析，并与强夯前的资料进行对比，分析对比结果见例表 1-2。②标贯试验，各取土点沿深度每米试一次，并重新评价地基土的承载能力。③作静载试验。为正确把握强夯效果，分别作了 $1m^2$、$3m^2$、$4m^2$ 的大型静载试验，每幢楼的测试点不少于 3 处，4 幢楼共做了 12 个静载试验，部分试验的 p-s 曲线如例图 1-2和例图1-3所示。由于受工期和费用限制，静载试验未达到地基土或块石墩承载能力

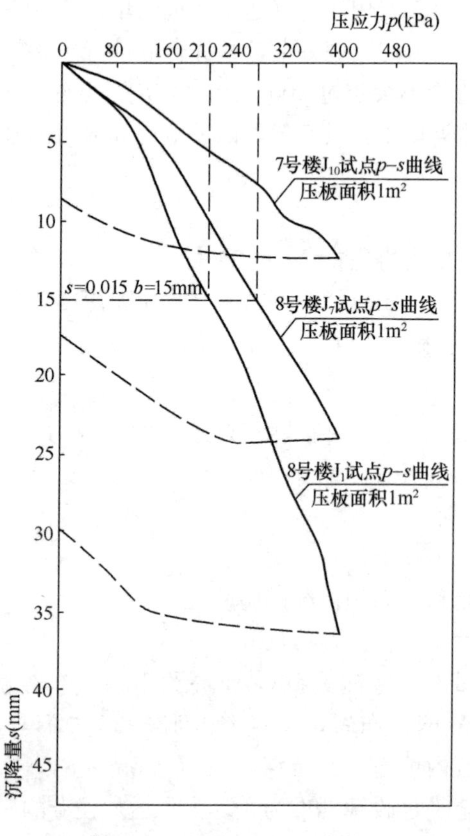

例图 1-2　墩间土 p～s 曲线

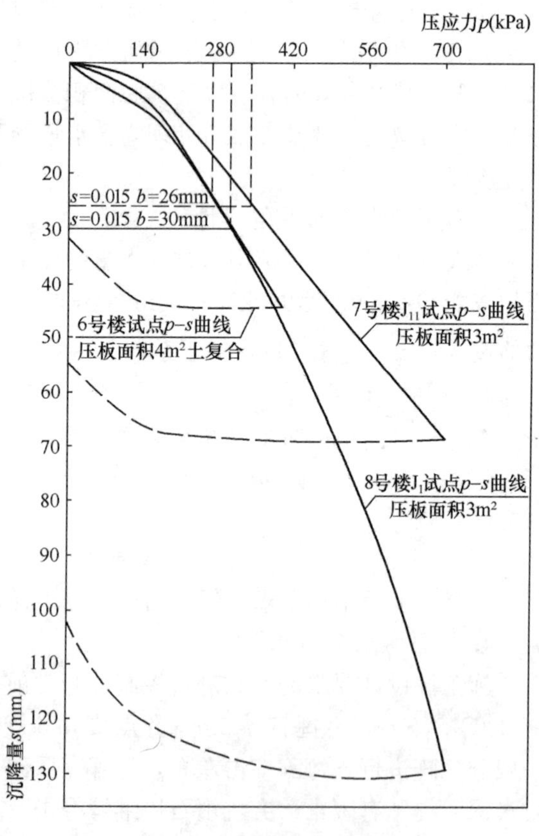

例图 1-3　块石墩 p～s 曲线

的极限值，但 12 个点的荷载试验表明，承载能力 f_{spk} 均已大于设计要求的 180kPa。

从夯前夯后的物理力学指标及标准贯入试验来看，填土层的力学指标有明显改善，沿竖向及水平向，填土的均匀性较好，重新评价夯后承载能力，均达到设计要求。填土层下部的软弱层有机质粉土的标贯击数有改善，但含水量及孔隙比未见改善，详见例表 1-2，这可能和固结时间短和取样受到扰动等因素有关，经过一段时间的恢复，其力学性能一定会得到进一步改善。由沉降观测可知，沉降量和不均匀沉降量均比较正常，而且沉降值正在逐渐收敛，建筑物墙体也未发现任何开裂情况，说明强夯块石墩复合地基的工程效果良好。

夯前、夯后土物理力学指标比较　　例表 1-2

土物理指标 \ 土层名称		素填土		含有机质粉土	
		夯前	夯后	夯前	夯后
6 号楼	含水量 ω（%）	28.8	21.43	21.10	24.0
	孔隙比 e	0.792	0.711	0.588	0.544
	压缩模量 E_S（MPa）	3.0	7.85	4.50	4.40
	标准贯入击数 N	4	9	7	7
	承载力 f_k^1（kPa）	60	291	140	220
	承载力 f_k^2（kPa）	60	244	140	209
	承载力 f_k^3（kPa）	—	>200		
7 号楼	ω（%）	28.8	22.30	21.1	24.1
	e	0.792	0.78	0.588	—
	E_S（MPa）	3.0	6.38	4.5	7.08
	N	4	10	7	10
	f_k^1（kPa）	60	254	140	250
	f_k^2（kPa）	60	207.4	140	230
	f_k^3（kPa）	—	>200		
8 号楼	ω（%）	28.8	25.2	21.1	24.1
	e	0.792	0.766	0.588	0.689
	E_S（MPa）	3.0	5.35	4.5	5.39
	N	4	10	7	8
	f_k^1（kPa）	60	257.5	140	300
	f_k^2（kPa）	60	192.2	140	202
	f_k^3（kPa）	—	>200		

注：f_k^1：由物理指标确定的承载力标准值（按广东省标准 DBJ—3—91）。

f_k^2：由标贯确定的承载力标准值。

f_k^3：由荷载试验确定的承载力标准值。

6. 经济分析和评价

例表 1-3 为本工程与深圳月清园工程的综合造价比较，由比较可知，强夯块石墩的综合处理费用比钢筋混凝土灌注桩的费用省很多，也要比水泥搅拌桩或碎石桩等处理方案造价低。在南方多雨地区，处理含水饱和的黏性填土或浅层淤泥土时，强夯块石墩工法具有较强的竞争力。另外，根据被加固土层的具体情况，还可采用不同底面积的夯锤和不同粒径的填料，以形成不同深度和形状的块石墩。强夯块石墩的设计、施工、检测和理论研究等尚在不断完善和发展之中，随着工程实践经验的不断积累，一定会越来越显示出这种复合地基加固技术的强大生命力。

综合造价比较 **例表 1-3**

费用名称	工程名称 做法	本工程	深圳月清园工程
结构基础	钢筋混凝土带基	487.5 元/m^2	—
	承台及拉梁等	—	303/m^2
地基处理	强夯块石墩	150～200/m^2	—
	钢筋混凝土灌注桩	—	521/m^2
综合价格		637～687/m^2	824/m^2

（二）强夯置换碎石墩在工业厂房中应用[6]

1. 工程 1

深圳某工程厂房位于海滩填筑地，人工填土厚度 4.5m，填土下卧海积淤泥 0.5m。厂房为四层钢筋混凝土框架结构，基础形式为柱下独立基础，由于原地基承载力满足不了设计要求，需对地基进行处理，经过多个地基处理方案比较后决定采用强夯置换碎（块）石墩处理。在每个柱基下布置 2～4 根强夯置换碎（块）石墩，要求每根强夯置换碎（块）石墩单墩承载力不小于 1000kN。

本工程共布置强夯置换碎（块）石墩 109 根，强夯单击夯击能采用 2340kNm，夯锤直径 2.0m，击数 20～50 击并分若干次添加碎石料，以最后连续两击夯沉量小于 5cm 为停夯标准。施工完成后对强夯置换碎（块）石墩进行荷载试验，试验结果表明：强夯置换碎（块）石墩墩顶单位面积承载力 $f_{pk} \geqslant 500$kPa，变形模量 $E_0 = 26.4$MPa。强夯置换碎（块）石墩单墩承载力不小于 1500kN。

2. 工程 2

深圳某厂位于填海区，场地原为海湾潮间带，后经人工回填，填土为素填土并夹大小块石，厚度 1.5～7.0m，填土下部为淤泥及淤泥质砾砂，厚度为 0.7～4.4m。

拟建建筑物为单层多跨厂房，结构形式为框架结构，基础形式为柱下钢筋混凝土独立基础，厂房中原料跨储料槽长度为 70m，宽度为 20m。堆放的材料为钢卷材，地面荷载为 250kPa，荷载试验表明原地基土的承载力特征值 $f_{ak} = 100$kPa，变形模量 $E_0 = 3.86$MPa，无法满足使用要求。

本工程采用强夯置换复合地基加固的方法来处理本场地的地基，取得了满意的效果。储料槽按 6m×8m 中间插一点布置强夯置换碎（块）石墩点，置换率为 0.42，墩顶设置 1.5m 厚碎、块石垫层。强夯单击夯击能为 2700～3300kN・m。以最后两击平均夯沉量小于 50mm 为停夯标准，施工时每个夯点的击数一般为 20 击，部分 40～70 击，最多 109 击，并多次加石料到夯坑，每个夯坑累计夯沉量 9～16m。施工完成后对强夯置换复合地基进行荷载试验，荷载板面积为 6m×8m，试验结果表明：加固后强夯置换复合地基承载

力特征值满足 $f_{spk}=250$kPa，变形模量 $E_0=9.34$MPa，建筑物建成投产一年后沉降量为 2.1～6.2cm，至今使用正常。

3. 强夯整体置换工程

深圳机场飞行区位于海积淤泥滩地上，占地面积约 180 万 m^2，有 3400m 长，60m 宽跑道一条，3400m 长，44m 宽滑行道一条，快速滑行联络道 5 条和端联络道 2 条。由于该场地顶部有一层 5～9m 厚的流塑状淤泥（黏土含量 71%，有机质含量 0.36%～3.16%，含水量平均 84%，孔隙比平均 2.32），这种流塑状的淤泥具有含水量高、强度低、灵敏度高的特点，无法满足使用要求。通过反复论证，决定采用"拦淤堤封闭式挖淤换填"的地基处理方案，要求处理后的地基剩余沉降量小于 5cm，要实现该方案的最关键技术，就是要使长达 18217m，顶宽不小于 13m，高 7～11m 的堆石拦淤堤整体穿过 5～9m 厚的淤泥沉至下卧的粉质黏土层上，起到挡淤的作用。

原采用在端部进行抛石挤淤，采用端部抛石挤淤拦淤堤仅沉入淤泥中 2.5～3.0m，再采用两侧挖淤和卸荷挤淤，又可下沉 1.0～1.5m。拦淤堤底部距下卧的粉质黏土仍有 1.5～3.0m 厚的淤泥。为将拦淤堤整体沉至下卧的粉质黏土层，采用了强夯置换挤淤沉堤，强夯单击夯击能为 2500～5000 kN・m，夯锤直径 1.4～1.6m，夯点间距 2.75m，每点击数 10～13 击，最后一击夯沉量不大于 5cm，堤身累计单位面积夯击能为 3609～5554kN・m，全部拦淤堤填筑量达 1899000m^3，在不到 9 个月的时间内全部完成，达到安全挡淤和形成换填道基施工的目的。

第六节　石灰桩复合地基

一、概述

（一）工法简介

1. 石灰桩法是指由生石灰或生石灰与粉煤灰等掺合料拌合均匀，在孔内分层夯实形成竖向增强体，并与桩间土组成复合地基的地基处理方法。

石灰桩是指桩体材料以生石灰为主要固化剂的低黏结强度桩，属低强度和桩体可压缩的柔性桩。

石灰桩的桩体材料由生石灰（块状或粉状）和掺合料（粉煤灰、炉渣、火山灰、矿渣、砂、黏性土等常用掺合料以及少量附加剂如石膏、水泥等）组成。掺合料可因地制宜选用上述材料中的某一种。附加剂仅在为提高桩体强度或在地下水渗透速度较大时采用。

早期的石灰桩采用纯生石灰作桩体材料，当桩体密实度较差时，常出现桩中心软化，即所谓的"糖心"现象。20 世纪 80 年代初期，我国已开始在石灰桩中加入火山灰、粉煤灰等掺合料。实践证明掺合料可以充填生石灰的空隙，有效发挥生石灰的膨胀挤密作用，还可节约生石灰。同时含有活性物质（SiO_2、AL_2O_3）的掺合料有利于提高桩身强度。80 年代末期，随着应用石灰桩的单位的增多，有的将使用掺合料的桩叫做"二灰桩"、"双灰桩"等。按照最早使用掺合料的江苏、浙江、湖北等地以及国外的习惯，考虑命名的科学性，在此仍将上述桩叫做石灰桩。

石灰桩使用大量的掺合料，而掺合料不可能保持干燥，掺合料与生石灰混合后很快发生吸水膨胀反应，在机械施工中极易堵管。所以日本采用旋转套管法施工时，桩体材料仍为纯生石灰，未加掺合料的石灰桩造价高，桩体强度偏低。

我国是研究应用石灰桩最早的国家。在20世纪50年代初期，天津地区已开展了石灰桩的研究。其目的是利用生石灰吸水膨胀挤密桩间土的原理加固饱和软土或淤泥。尔后很多大专院校、科研、设计及施工单位相继进行了石灰桩的研究和应用。1987年建设部下达了石灰桩成桩工艺及设计计算的重点研究课题计划，由湖北省建筑科学研究设计院、中国建筑科学研究院地基所、江苏省建筑设计院承担课题研究。经过系统的室内大型模拟试验、现场测试，对石灰桩的作用机理、承载特性以及计算方法进行了较为全面地研究、分析和总结。提出了石灰桩水下硬化的机理及复合地基加固层的减载效应等新观点，根据石灰桩复合地基变形场的性状提出了承载力及变形的计算方法，进一步完善了石灰桩复合地基的理论与实践。

目前，全国已有包括台湾在内的近二十个省市自治区有石灰桩研究应用的历史，用石灰桩处理地基的建（构）筑物超过1000栋。石灰桩还用于既有建筑物地基加固、路基加固、大面积堆载场地加固以及基坑边坡工程之中，取得了良好的社会效益和经济效益，是一项具有我国特色的地基处理工艺。

2. 技术特点

（1）能使软土迅速固结，对淤泥等超软土的加固效果独特；

（2）可大量使用工业废料，社会效益显著；

（3）造价低廉；

（4）设备简单，可就地取材，便于推广；

（5）施工速度快。

近几年由于其他地基处理方法的发展，以及由于石灰桩本身存在的不足，如：采用纯生石灰造价高；掺加掺合料后由于掺合料不易保持干燥，与生石灰拌合后体积膨胀，造成堵管；另外填料重量轻也不利自重下料，因此除人工洛阳铲成孔法外，其他施工工艺均不完善，施工工艺已严重阻碍了石灰桩技术的发展；加之少数工程出现事故，部分地区限制了石灰桩的应用。另外由于桩身填料采用块灰或磨细度不够易造成水化反应不充分，甚至出现软芯或硬化不充分的情况。目前石灰桩主要用于地坪填土加固及道路路基的浅层加固。开发适合我国国情的轻型石灰桩施工机械已成为当务之急。

（二）加固机理

石灰桩的加固机理分为物理和化学两个方面。

物理方面有成孔中挤密桩间土、生石灰吸水膨胀挤密桩间土、桩和地基土的高温效应、置换作用、桩对桩间土的遮拦作用、排水固结作用以及加固层的减载效应。

化学方面有桩身材料的胶凝反应、石灰与桩周土的化学反应（离子化作用、离子交换一水胶连结作用、固结反应、碳酸化反应等）。

所谓加固层的减载效应，是指以石灰桩的轻质材料（掺合料为粉煤灰时桩身材料饱和重度为14kN/m^{3}左右）置换重度大的土，使加固层自重减轻，减少了桩底下卧层顶面的附加压力。此种特性在深厚的软土中具有重要意义，此时石灰桩可能作成“悬浮桩”而沉降小于其他地基处理工艺。

所谓桩对桩间土的遮拦作用，系指由于密集的石灰桩群对桩间土的约束，使桩间土整体稳定性和抗剪强度增加，在荷载作用下不易发生整体剪切破坏，复合土层处于不断的压密过程，复合地基具有很高的安全度。同时由于土对石灰桩的约束，使石灰桩身抗压强度增大，在桩身产生较大压缩变形时不破坏，桩顶应力随荷载增大呈线性增大。荷载试验表明，桩身压缩量为桩长的4%，膨胀变形为桩直径的2.5%时，桩身未产生破坏。综上所述，石灰桩对软弱土的加固作用主要表现在以下几个方面：

1. 成孔挤密——其挤密作用与土的性质有关。在杂填土中，由于其粗颗粒较多，故挤密效果较好；黏性土中，渗透系数小的，挤密效果较差。处理后桩间土的重度增加20%以上，孔隙比减少15%～40%。

2. 吸水作用——实践证明，1kg纯氧化钙消化成为熟石灰可吸水0.32kg。对石灰桩桩体，在一般压力下吸水量约为65%～70%。根据石灰桩吸水总量等于桩间土降低的水总量，可得出软土含水量的降低值。一般加固后土的含水量可下降30%以上。

3. 膨胀挤密——生石灰具有吸水膨胀作用，在压力50～100kPa时，膨胀量为20%～30%。膨胀的结果使桩周土挤密。

4. 发热脱水——1kg氧化钙在水化时可产生280千卡热量，桩身温度可达200～300℃。使土产生一定的气化脱水，从而导致土中含水量下降、孔隙比减小、土颗粒靠拢挤密，在所加固区的地下水位也有一定的下降，并促使某些化学反应形成，如水化硅酸钙的形成。

5. 离子交换——软土中钠离子与石灰中的钙离子发生置换，改善了桩间土的性质，并在石灰桩表层形成一个强度很高的硬层。

以上这些作用，使桩间土的强度提高、对饱和粉土和粉细砂还改善了其抗液化性能。

6. 置换作用——软土为强度较高的石灰桩所代替，从而增加了复合地基承载力，其复合地基承载力的大小，取决于桩身强度与置换率大小。

7. 排水固结——石灰桩渗透系数$k=10^{-3}\sim10^{-5}$cm/s，比黏性土大10～100倍。因此石灰桩桩身可成为排水通道，利于软土排水固结。

（三）适用范围

石灰桩法适用于处理饱和黏性土、淤泥、淤泥质土、素填土和杂填土等地基；用于地下水位以上的土层时，宜增加掺合料的含水量并减少生石灰用量，或采取土层浸水等措施。

石灰桩与灰土桩不同，可用于地下水位以下的土层，用于地下水位以上的土层时，如土中含水量过低，则生石灰水化反应不充分，桩身强度降低，甚至不能硬化。此时采取减少生石灰用量和增加掺合料含水量的办法，经实践证明是有效的。

石灰桩不适用于饱和粉土、砂土、硬塑及坚硬黏性土以及含大孤石或障碍物较多且不易清除的杂填土等地基。

二、设计

（一）桩身填料

1. 石灰桩的主要固化剂为生石灰，掺合料宜优先选用粉煤灰、火山灰、炉渣等工业废料。生石灰与掺合料的配合比宜根据地质情况确定。土质软弱时，生石灰与掺合料的体积比可选用1∶1，一般采用1∶2，对于淤泥、淤泥质土等软土可适当增加生石灰用量，桩顶附近生石灰用量不宜过大。当掺石膏和水泥时，掺加量为生石灰用量的3%～10%。

2. 块状生石灰其孔隙率为35%～39%，掺合料的掺入数量理论上至少应能充满生石灰块的孔隙，以降低造价，减少生石灰膨胀作用的内耗。

生石灰与粉煤灰、炉渣、火山灰等活性材料可以发生水化反应，生成不溶于水的水化物，同时使用工业废料也符合国家环保政策。

在淤泥中增加生石灰用量有利于淤泥的固结，桩顶附近减少生石灰用量可减少生石灰膨胀引起的地面隆起。

桩身材料加入少量的石膏或水泥可以提高桩身强度，在地下水渗透较严重的情况下或为提高桩顶强度时，可适量加入。

3. 确定桩身材料配合比时应考虑四种因素：一是对土的加固效果；二是桩身强度；三是施工难易；四是经济指标。桩身强度高是选取桩身材料配合比的重要指标，但桩身强度高不一定复合地基承载力也高，还要看土的加固效果，应根据工程具体情况加以综合分析确定。

常用的体积比为：生石灰∶掺合料为1∶2（甲）、1∶1（乙）和1.5∶1（丙）。或按粉煤灰或炉渣折合重量比约为，4∶6（甲）、6∶4（乙）和7∶3（丙）。

甲种适用于$f_{ak}>80$kPa的土；

乙种适用于$f_{ak}=60\sim80$kPa的土以及新填土的加固等；

丙种适用于$f_{ak}<60$kPa的淤泥，淤泥质土等饱和软土。

4. 石灰桩可就地取材，各地生石灰、掺和料及土质均有差异，在无经验的地区应进行材料配比试验。由于生石灰膨胀作用，其强度与侧限有关，因此配比试验宜在现场地基土中进行。

（二）处理深度

1. 地基处理的深度应根据岩土工程勘察资料及上部结构设计要求确定。应按现行国家标准《建筑地基基础设计规范》GB 50007验算下卧层承载力及地基的变形。

2. 石灰桩桩端宜选在承载力较高的土层中。在深厚的软弱地基中采用“悬浮桩”时，应减少上部结构重心与基础形心的偏心，必要时宜加强上部结构及基础的刚度。

3. 洛阳铲成孔桩长不宜超过6m；机械成孔管外投料时，桩长不宜超过8m；机动洛阳铲成孔或螺旋钻成孔及管内投料时可适当加长。

洛阳铲成孔桩长不宜超过6m，系指人工成孔，如用机动洛阳铲可适当加长。机械成孔管外投料时，如桩长过长，则不能保证成桩直径，特别在易缩孔的软土中，桩长只能控制在6m以内，不缩孔时，桩长可控制在8m以内。

（三）加固范围

石灰桩可仅布置在基础底面下，当基底土的承载力特征值小于70kPa时，宜在基础以外布置1～2排围护桩。

过去的习惯是将基础以外也布置数排石灰桩，这样会使造价剧增，试验表明在一般的软土中，围护桩对提高复合地基承载力的增益不大；在承载力很低的淤泥或淤泥质土中，基础外围增加1～2排围护桩有利于对淤泥的加固，可以提高地基的整体稳定性，同时围护桩可将土中大孔隙挤密能起止水作用，可提高内排桩的施工质量。

（四）桩径选择及布置

石灰桩成孔直径应根据设计要求及所选用的成孔方法确定，常用 $\phi=300\sim400$mm，可按等边三角形或矩形布桩，桩中心距可取 2～3 倍成孔直径。

试验表明，石灰桩宜采用细而密的布桩方式，这样可以充分发挥生石灰的膨胀挤密效应，但桩径过小则施工速度受影响。目前人工成孔的孔径以 ϕ300mm 为宜，机械成孔以 ϕ350mm 左右为宜。

成桩直径约为成孔直径的 1.05～1.20 倍，土软及石灰含量高时取高值。也可根据填料类别按表 5-38 确定。

不同掺合料的石灰桩桩径膨胀率 ε 的参考值　　表 5-38

纯石灰桩	粉煤灰：生石灰 2：8	粉煤灰：生石灰 3：7	火山灰：生石灰 2：8	火山灰：生石灰 3：7
1.1～1.23	1.07～1.18	1.05～1.16	1.05～1.16	1.03～1.12

注：桩径 $d=\varepsilon\cdot\phi$，ϕ 为成孔直径。

（五）复合地基承载力特征值

石灰桩复合地基承载力特征值应通过单桩或多桩复合地基载荷试验确定。初步设计时，也可按下列公式估算：

$$f_{spk}=m\cdot f_{pk}+(1-m)f_{sk} \tag{5-106}$$

或

$$f_{spk}=[1+m(n-1)]\cdot f_{sk} \tag{5-107}$$

式中　f_{spk}——石灰桩复合地基承载力特征值（kPa），不宜超过 160kPa，当土质较好并采取保证桩身强度的措施，经过试验后可以适当提高；

f_{pk}——桩体单位截面积承载力特征值（kPa）；宜通过单桩载荷试验确定，初步设计时可取 350～500kPa，土质软弱时取低值；或取 $f_{pk}\approx0.1p_s$，p_s 为桩身静力触探比贯入阻力值；

m——桩土面积置换率（应按石灰桩吸水膨胀后实际桩身直径计算确定）；

n——桩土应力比，一般为 2.5～5.0，可取 3.0～4.0，建筑物重要性高时取低值，反之取高值；

f_{sk}——处理后桩间土承载力特征值（kPa），取天然地基承载力特征值的 1.05～1.20 倍，土质软弱或置换率大时取高值；也可按下式计算：

$$f_{sk}=\left[\frac{(k-1)d^2}{A_e(1-m)}+1\right]\mu f_{ak} \tag{5-108}$$

式中　f_{ak}——天然地基土承载力特征值（kPa）；

k——桩边土强度提高系数取 1.4～1.6，软土取高值；

A_e——一根桩分担的处理地基面积（m^2）；

d——成桩直径（m）；

μ——成桩中挤压系数，排土成孔时 $\mu=1$，挤土成孔时 $\mu=1\sim1.3$（可挤密土取高值，饱和软土取 1）。

（六）处理后地基变形计算

1. 处理后地基变形应按现行的国家标准《建筑地基基础设计规范》GB 50007 有关规定进行计算。变形经验系数 ψ_s 可按地区沉降观测资料及经验确定。

石灰桩复合土层的压缩模量宜通过桩身及桩间土压缩试验确定，初步设计时可按下式估算：

$$E_{sp}=[1+m(n-1)]E_s \tag{5-109}$$

或

$$E_{sp}=m\cdot E_p+(1-m)E_s \tag{5-110}$$

式中 E_{sp}——复合土层的压缩模量（MPa）；

n——桩土应力比，可取 3～4，长桩取大值；

E_s——桩间土的压缩模量（MPa），可取天然土压缩模量的 1.1～1.3 倍，成孔对桩周土挤密效果好或置换率大时取高值；

E_p——桩体压缩模量（MPa），可用环刀取样，作室内压缩试验求得。

2. 石灰桩的掺合料为轻质的粉煤灰或炉渣，生石灰块的重度约 $10kN/m^3$，石灰桩身饱和后重度为 $13kN/m^3$，以轻质的石灰桩置换土，复合土层的自重减轻，特别是石灰桩复合地基的置换率较大，减载效应明显。复合土层自重减轻即是减少了桩底下卧层软土的附加应力，以附加应力的减少值反推上部荷载减少的对应值是一个可观的数值。这种减载效应对减少软土变形增益很大。同时考虑石灰的膨胀对桩底土的预压作用，石灰桩底下卧层的变形较常规计算减小，经过湖北、广东地区四十余个工程沉降实测结果的对比，变形较常规计算有明显减小。由于各地情况不同，统计数量有限，应以当地经验为主。

石灰桩身强度与桩间土强度有对应关系，桩身压缩模量也随桩间土模量的不同而变化，此大彼大，此小彼小，鉴于这种对应性质，复合地基桩土应力比的变化范围缩小，经大量测试，桩土应力比的范围为 2～5，大多为 3～4。

石灰桩桩身压缩模量可用环刀取样，作室内压缩试验求得。

3. 根据经验，石灰桩加固层沉降约为桩长的 0.5%～0.8%。

（七）计算石灰桩复合地基沉降及验算下卧层承载力时，可考虑加固层的减载效应。加固层土体重度 γ_{sp} 可按下式计算：

$$\gamma_{sp}=13\cdot m+(1-m)\cdot\gamma_s \tag{5-111}$$

式中 m——面积置换率；

γ_s——桩间土重度（kN/m^3）。

当 $m=25\%$，桩长 $l=5m$ 时，下卧土层附加应力可减少 8kPa。

（八）石灰桩属可压缩性桩，一般情况下桩顶可不设垫层。石灰桩身根据不同的掺合料有不同的渗透系数，其值为 10^{-3}～10^{-5}cm/s 量级，可作为竖向排水通道。

当地基需要排水通道时，可在桩顶以上设 200～300mm 厚的砂石垫层。

三、施工

（一）桩身材料配比及成桩试验

对重要工程或缺少经验的地区，施工前应进行桩身材料配合比、成桩工艺及复合地基承载力试验。桩身材料配合比试验应在现场地基土中进行。

石灰桩可就地取材，各地生石灰、掺合料及土质均有差异，因此在无经验的地区应进行材料配比试验。由于生石灰膨胀作用，其强度与侧限有关，条件允许时，配比试验宜在现场地基土中进行。

(二) 桩身填料要求

1. 石灰材料应选用新鲜生石灰块，有效氧化钙含量不宜低于70%，粒径不应大于70mm，含粉量（即消石灰）不宜超过15%。

生石灰块的膨胀率大于生石灰粉，同时生石灰粉易污染环境。为了使生石灰与掺合料反应充分，应将块状生石灰粉碎，其粒径30～50mm为佳，最大不宜超过70mm。

2. 掺合料应保持适当的含水量，使用粉煤灰或炉渣时含水量宜控制在30%左右。

掺合料含水量过少则不易夯实，过大时在地下水位以下易引起冲孔（放炮）。

石灰桩身密实度是质量控制的重要指标，由于周围土的约束力不同，配比也不同，桩身密实度的定量控制指标难以确定，桩身密实度的控制宜根据施工工艺的不同凭经验控制。无经验的地区应进行成桩工艺试验确定密实度的施工控制指标。可在成桩7～10d时用轻便触探（N_{10}）进行对比检测。

(三) 施工工艺

石灰桩施工可采用洛阳铲或机械成孔。机械成孔分为沉管和螺旋钻成孔。成桩时可采用人工夯实、机械夯实、沉管反插、螺旋反压等工艺。填料时必须分段压(夯)实，人工夯实时每段填料厚度不应大于400mm。管外投料或人工成孔填料时应采取措施减小地下水渗入孔内的速度，成孔后填料前应排除孔底积水。要求桩身填料干密度(ρ_d)不小于1～1.1t/m^3，填料充盈系数$\beta \geqslant 1.5 \sim 2.0\left(\beta=\frac{\text{实际填料量}}{\text{桩孔体积}}\right)$。具体要求如下：

1. 沉管法

采用沉管灌注桩机（振动或打入式），分为管外投料法和管内投料法。

(1) 管外投料法系采用特制活动钢桩尖，其构造如图5-46所示。将套管带桩尖振（打）入土中至设计标高，拔管时活动桩尖自动落下一定距离，使空气进入桩孔，避免产生负压塌孔。将套管拔出后分段填料，用套管反插使桩料密实。此种施工方法成桩深度不宜大于8m，桩径的控制较困难。

(2) 管内投料法适用于饱和软土区，其工艺流程类似沉管灌注桩，需使用预制桩尖或特制活动桩尖（天津地区采用），而且桩身材料中掺合料的含水量应很小，避免和生石灰反应膨胀堵管，或者采用纯生石灰块。

(3) 管内夯击法采用“建新桩”式的管内夯击工艺。在成孔前将管内填入一定数量的碎石，内击式锤将套管打至设计深度后，提管，冲击出管内碎石，分层投入石灰桩料，用内击锤分层夯实。内击锤重1～1.5t，成孔深度不大于10m。

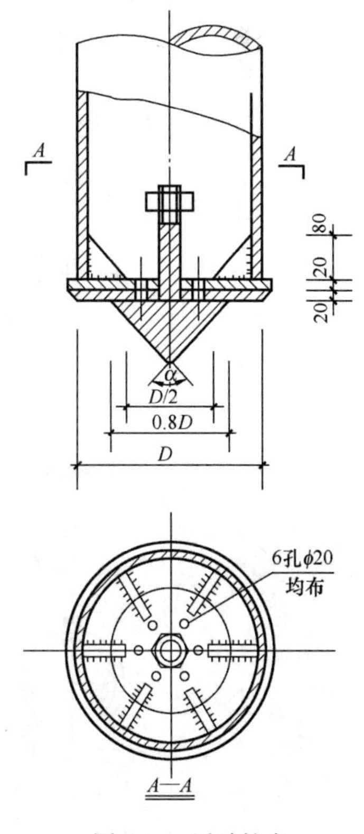

图5-46　活动桩尖

2. 长螺旋钻法

采用长螺旋钻机施工，螺旋钻杆钻至设计深度后提钻，除掉钻杆螺片之间的土，将钻杆再插入孔内，将拌合均匀的石灰桩料堆在孔口钻杆周围，反方向旋转钻杆，利用螺旋将孔口桩料输送入孔内，在反转过程中钻杆螺片将桩料压实。

利用螺旋钻机施工的石灰桩质量好，桩身材料密实度高，复合地基承载力可达200kPa以上，但在饱和软土或地下水渗透严重孔壁不能保持稳定时，不宜采用。

3. 人工洛阳铲成孔法

利用特制的洛阳铲，人工挖孔、投料夯实，是湖北省建筑科学研究设计院试验成功并广泛应用的一种施工方法。由于洛阳铲在切土、取土过程中对周围土体扰动很小，在软土甚至淤泥中均可保持孔壁稳定。

这种简易的施工方法避免了振动和噪声，能在极狭窄的场地和室内作业，大量节约能源，特别是造价很低，工期短，质量可靠，适用的范围较大。

人工洛阳铲挖孔法主要受到深度的限制，一般情况下桩长不宜超过6m，穿过地下水下的砂类土及塑性指数小于10的粉土则难以成孔。当在地下水位以下或穿过杂填土成孔时需要熟练的工人操作。

（1）施工方法具体要求

1）成孔

利用如图5-47所示两种洛阳铲人工成孔，孔径随意。当遇杂填土时，可用钢钎将杂物冲破，然后用洛阳铲取出。当孔内有水时，熟练的工人可在水下取土，并保证孔径的标准。

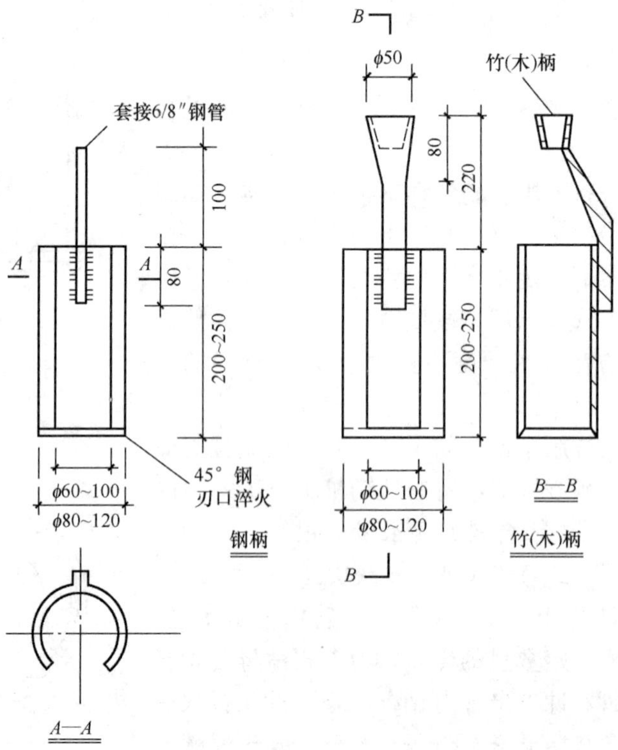

图5-47 洛阳铲构造

洛阳铲的尺寸可变，软土地区用直径大的，杂填土及硬土时用直径小的。

2）填料夯实

已成的桩孔经验收合格后，将生石灰和掺合料用斗车运至孔口分开堆放。准备工作就绪后，用小型污水泵（功率1.1kW，扬程8～10m）将孔内水排干。立即在铁板上按配合比拌合桩料，每次拌合的数量为0.3～0.4m桩长的用料量，拌匀后填入孔内，用如图5-48所示铁夯夯击密实。

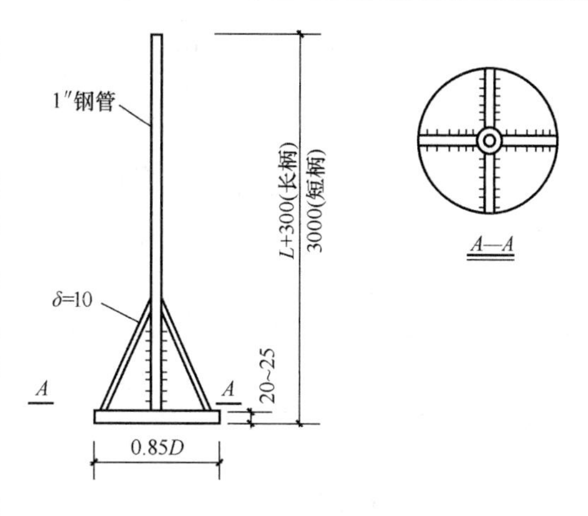

图5-48　铁夯详图（D：成孔直径）

夯实时，3人持夯，加力下击，夯重在30kg左右即可保证夯击质量。夯过重则使用不便。也可采用小型卷扬机吊锤或灰土桩夯实机夯实。

（2）工艺流程

定位→人工洛阳铲成孔→孔径孔深检查→孔内抽水→孔口拌合桩料→下料→夯实→再下料→再夯实……→封口填土→夯实。

（3）技术安全措施

1）在成孔过程中一般不宜抽排孔内水，以免塌孔；

2）每次人工夯击次数不少于10击，从夯击声音可判断是否夯实；

3）每次填料厚度不宜大于40cm；

4）孔底泥浆必须清除，可采用长柄勺挖出，浮泥厚度不得大于15cm，或夯填碎石挤密；

5）填料前孔内水必须抽干。遇有孔口或下部土层往孔内渗水时，应采取措施隔断水流，确保夯实质量；可采用小型软轴水泵或潜水泵排干孔内积水。

6）桩顶应高出基底标高10cm左右；

7）为保证桩孔的标准，用如图5-49所示的量孔器逐孔进行检查验收。量孔器柄上带有刻度，在检查孔径的同时，检查孔深。

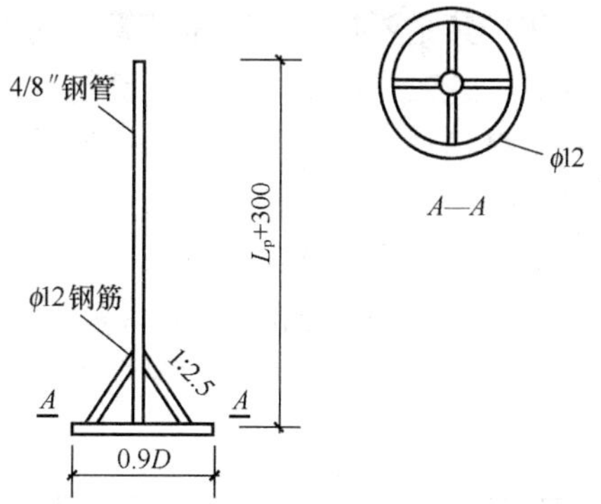

图5-49　量孔器详图

（四）施工注意事项

1. 作好封顶

石灰桩宜留500mm以上的孔口高度，并用含水量适当的黏性土封口，封口材料必须夯实，封口标高应略高于原地面。石灰桩桩顶施工标高应高出设计桩顶标高100mm以上。

2. 防止过量水浸泡桩身

施工前应作好场地排水设施，防止场地积水。

3. 防止环境污染

进入场地的生石灰应有防水、防雨、防风、防火措施，宜做到随用随进。混合料宜随拌随用，停滞时间不宜超过 30min。

4. 保证施工安全

石灰桩施工时应采取防止冲孔伤人的有效措施，确保施工人员的安全。石灰桩施工中的冲孔（放炮）现象应引起重视。其主要原因在于孔内进水或存水使生石灰与水迅速反应，其温度高达 200～300℃，空气遇热膨胀，不易夯实，桩体孔隙大，孔隙内空气在高温下迅速膨胀，将上部夯实的桩料冲出孔口。此时应采取减少掺和料含水量，排干孔内积水或降水，加强夯实等措施，确保安全。

5. 控制施工次序

施工顺序宜由外围或两侧向中间进行。在软土中宜间隔成桩。桩位偏差不宜大于 0.5d。

6. 作好施工管理

应建立完整的施工质量和施工安全管理制度，根据不同的施工工艺制定相应的技术保证措施。及时作好施工记录，监督成桩质量，进行施工阶段的质量检测等。

(五) 国外的施工方法

1. 施工工艺特点

日本的石灰桩施工工艺较先进，是由振入、打入套管的成孔方法发展为旋转下套管、管内投料，压缩空气送料冲压密实工艺的施工方法。主要特点如下：

(1) 机械化、自动化程度高。

(2) 施工文明，输送、储存材料系统密封，震动和噪声小。

(3) 加固深度大，桩长可达 35m。

(4) 有一套标准的配套设备，包括空压机、发电机、吊车等。但机械台班费昂贵。

(5) 一般采用纯生石灰块。

(6) 其主要技术特点是套管正转旋入时，底部桩尖活门封闭，至设计深度将材料投入管内后，送入压缩空气，反转套管上提时，桩底活门能自动开启。另一个特点是利用压缩空气将材料从套管送入桩孔内，不单是利用压缩空气施加给桩材压力，主要利用压缩空气从桩材的空隙中运动、以射流的原理将桩材及空气的混合体送入桩孔，由于射流的冲压，使桩体具有较大的密实度。

2. 工艺流程（如图 5-50 所示）

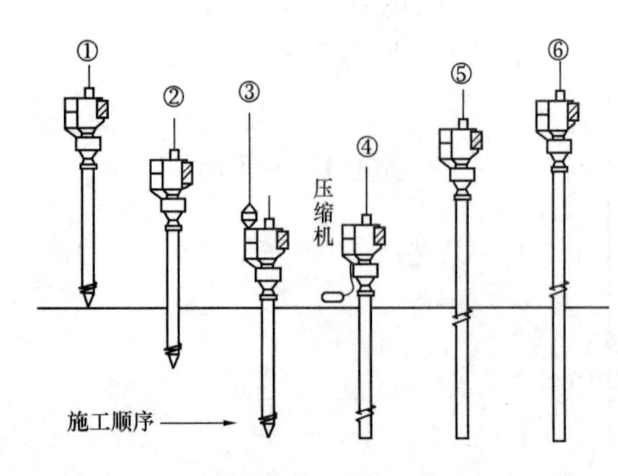

图 5-50　生石灰桩专用打桩机成桩施工顺序

(1) 把打桩机移到规定位置，将打桩机导向杆调整到垂直状态。

(2) 使套管边旋转、边向下贯入，直到设计深度。

(3) 套管达设计深度后，螺旋杆停止旋转，从套管顶部的加料斗投入生石灰。

(4) 投料完毕，关闭套管上端的气密阀，送入压缩空气，使套管内的空气压力达到规定值。

(5) 待套管内压力达到规定值，即启动打桩机，使套管边回转（向反方向转动)，边向上提升。同时调整套管内的空气压力。

(6) 拔出套管后，地面如有空洞，可用砂土将其填平。

3. 施工机械性能及其配套装置

日本的石灰桩机类型及性能见表 5-39。

生石灰桩专用打桩机的各项技术参数　　　　表 5-39

型　式		S型(单根)			D型(连打两根)	L型	M型
发动机型式输出功率		D-40H 80kW	D-60H 45kW	D-80H(特) (30+30)kW	60D(特) 22kW×2	SD 80H (30+30)kW	D-30H
转数(rpm)	50Hz	19	16	可变 15～50	15	16	16
	60Hz	23	19	可变 18～60	18	19	19
扭矩(t·m)	50Hz	1.6	2.7	可变 3.8～1.2	1.4	4.0	1.0
	60Hz	1.3	2.3	可变 3.2～1.0	1.2	3.6	
套管直径(mm)(生石灰桩桩径)		200～400	200～400	400	200～400	400	200～450
生石灰桩桩长(m)		＜15	＜27	＜23	＜15	＜35	＜7
生石灰打桩机动力头及配件自重(t)		4.7	6.0	8.5	6.0	8.0	1.8
配合使用的基本机械		27t级三点支撑履带式打桩机	35～50t级三点支撑履带式打桩机	50t级三点支撑履带式打桩机	35～50t级三点支撑履带式打桩机	50t级三点支撑履带式打桩机	0.7m³ 油压式铲运机
备注		通用	通用	转速可变	打桩间距可变	用于长桩	通用

注：1. 标准机种为 D-60H 型，套管直径为 400mm。采用这种机器能钻透 N 值为 15～20 左右，厚度约 2m 的硬夹层。

2. 其他施工方法：1991 年浙江宁波大学与冶金部宁波勘察研究院试制了震入套管式专用桩机，管内投料，配有材料的拌合装置及风动下料系统，已在小范围应用，但其桩头压实机构及桩材密实度的保证措施尚需改进。其工艺流程类似沉管灌注桩。

四、质量检验和工程验收

(一) 施工前

施工前应对石灰及掺和料质量、桩孔放样位置等进行检查。

(二) 施工中

施工中应检查孔深、孔径、石灰与混合料配比、混合料含水量、桩身填料量及夯填质量。

(三) 施工后

施工结束后应对桩身密实度、桩间土挤密效果及复合地基承载力进行检验。

1. 石灰桩施工检测宜在施工 7～10d 后进行；竣工验收检测宜在施工 28d 后进行。

石灰桩加固软土的机理分为物理加固和化学加固两个作用，物理作用（吸水、膨胀）的完成时间较短，一般情况下 7d 以内均可完成。此时桩身的直径和密度已定型，在夯实力和生石灰膨胀力作用下，7～10d 桩身已具有一定的强度。而石灰桩的化学作用则速度缓慢，桩身强度的增长可延续 3 年甚至 5 年。考虑到施工的需要，目前将一个月龄期的强度视为桩身设计强度，7～10d 龄期的强度约为设计强度的 60%左右。

龄期 7～10d 时，石灰桩身内部仍维持较高的温度（30～50℃），采用静力触探检测时应考虑温度对探头精度的影响。

2. 施工检测可采用静力触探、动力触探或标准贯入试验。检测部位为桩中心及桩间土，每两点为一组。检测组数不少于总桩数的 1.0%。

在取得载荷试验与静力触探检测对比经验的条件下，也可采用静力触探估算复合地基承载力。关于桩体强度的确定，可取 $0.1p_s$ 为桩体比例极限，这是经过桩体取样在试验机上作抗压试验求得比例极限与原位静力触探 p_s 值对比的结果。但仅适用于掺合料为粉煤灰、炉渣的情况。

地下水以下的桩底存在动水压力，夯实也不如桩的中上部，因此其桩身强度较低。桩的顶部由于覆盖压力有限，桩体强度也有所降低。因此石灰桩的桩体强度沿桩长变化，中部最高，顶部及底部稍差。

试验证明当底部桩身具有一定强度时，由于化学反应的结果，其后期强度可以提高，但当 7～10d 比贯入阻力很小（p_s 值小于 1MPa）时，其后期强度的提高有限。要求 7～10d 龄期桩身静力触探 p_s 平均值不小于 2MPa，N_{10} 平均值不应小于 20 击。

石灰桩桩身质量检验标准参见表 5-40。

石灰桩桩身质量标准　　表 5-40

天然地基承载力标准值 f_{ak}（kPa）	桩身 p_s 值（MPa）		
	不合格	合格	良
$f_{ak}<70$	<2.0	2.0～3.5	3.5 以上
$f_{ak}>70$	<2.5	2.5～4.0	4.0 以上

注：应在成桩后 7～10d 检测。

p_s 值不合格的桩，参考施工记录确定补桩范围，在施工结束前完成补桩，如用 N_{10} 轻便触探检验，以每 10 击相当于 $p_s=1$MPa 按上表换算。

3. 石灰桩地基竣工验收时，承载力检验应采用复合地基载荷试验。

4. 载荷试验数量宜为地基处理面积每 1000m^2 左右布置一个点，且每一单体工程不应少于 3 点。

（四）质量检验标准

石灰桩质量检验标准可参考表 5-41 进行。

石灰桩质量检验标准　　表 5-41

项目	序号	检查项目	允许偏差或允许值		检查方法
			单位	数值	
主控项目	1	地基承载力	设计要求		按规定的方法
	2	石灰及掺和料质量	设计要求		检查产品合格证，抽样送检
	3	桩长	mm	±200	测桩孔深或沉管长度
	4	桩身密实度	设计要求		静力或动力触探

续表

项目	序号	检查项目	允许偏差或允许值		检查方法
			单位	数值	
一般项目	1	桩位偏差	mm	施工 50，验收 0.5d	用钢尺量
	2	桩孔直径	mm	±20	用钢尺量
	3	垂直度	%	1.5	用经纬仪测桩管或垂球
	4	混合料含水量（与设计值比）	%	±2	抽样检验
	5	填料量	%	≥95	实际用量与计算用量比

五、工程实录

（一）生石灰砂桩地基加固

1. 工程概况

某医院由门诊楼、住院部等组成。建筑物平面呈 F 形，建筑总面积约 6500m^2，系2～4 层一般民用建筑。采用条形基础，要求加固后复合地基承载力达到 180～200kPa。

2. 工程地质资料

建筑场地位于六盘山西南约 25km 的山前平原上，场内土质情况见例表 1-1，地表下 4.5～5.5m 见夹砾黏土。地下水属潜水型，略具承压水性质，潜水位在 1.0m 左右。

场地土质情况　　例表 1-1

层次	土名	层厚（m）	土描述	承载力特征值（kPa）
1	杂填土	1.0～2.5	含大量生活垃圾，土质松散，强度低	
2	粉土	2.0～2.5	软塑～流塑状态，局部含有机质，土质不匀，强度差异大	110，局部 80
3	粉质黏土	0.5～1.0	可塑状态，强度高	>150
4	夹砾黏土	未钻透		>150
5	棕红色泥岩			

3. 设计计算

（1）设计方案

做了不同掺合材料的加固效果对比试验，分别采用纯生石灰，生石灰∶炉渣（6∶4）、生石灰∶煤矸石（6∶4）和生石灰∶砂（6∶4）作为桩身材料，载荷试验 p-s 曲线如例图 1-1 所示。可知生石灰炉渣桩效果最好，生石灰砂桩次之。由于工程砂取材容易、造价低，决定采用生石灰砂桩。

采用石灰砂桩复合地基，成孔直径 ϕ320mm，桩长 5m。要求处理后桩间土承载力从 80kPa 增加到 100kPa，单桩承载力为 40～51kN。在条形基础下以 2.5 根/m^2 的密度布桩，布桩方式为梅花形，总计打石灰砂桩 3300 根。

（2）复合地基承载力的确定

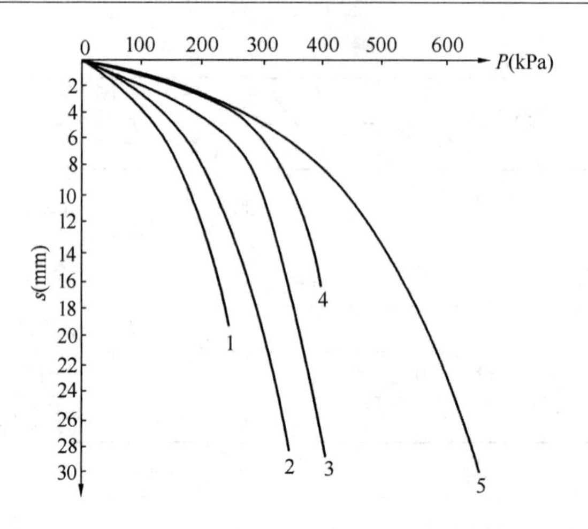

例图 1-1 不同掺合料桩与生石灰桩 $p \sim s$ 曲线对比图

1—桩间土；2—生石灰 100%；3—生石灰 60%，煤矸石 40%；

4—生石灰 60%，工程砂 40%；5—生石灰 60%，炉渣 40%

1）单桩载荷试验值

做方形压板试验 1 台，面积 $0.1m^2$，试验龄期 25d。从 $p\text{-}s$ 曲线上确定承载力特征值 R_a 为 52kN（如例图 1-2a 所示）。

由 25d 开挖检查膨胀后的石灰砂桩平均直径 $d=372mm$，则有：

$$\Sigma A_p = 2.5 \times \frac{\pi}{4} \times 0.372^2 = 0.272m^2 (\text{每 } 1m^2 \text{ 布桩 } h = 2.5)$$

$$A_s = 1 - 0.272 = 0.728m^2$$

$$f_{spk} = 52 \times 2.5 + 100 \times 0.728 = 203kPa$$

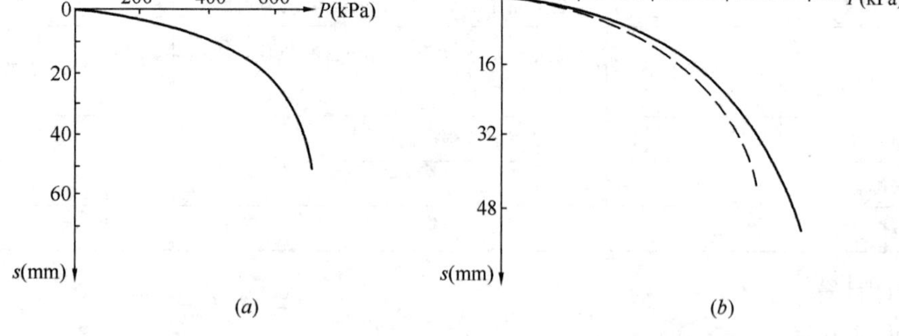

例图 1-2 静载荷试验 $p \sim s$ 曲线

（a）单桩，压板面积 $0.1m^2$；（b）单桩复合地基，压板面积 $0.5m^2$

2）单桩复合地基载荷试验值

圆形载荷板 2 台，面积 $0.5m^2$，试验深度 1.2m，龄期 25 天。取 $p\text{-}s$ 曲线上 s/b 等于 0.015 相对沉降量对应的荷载 $p_{0.015}$ 作为复合地基承载力（如例图 1-2b 所示），得到复合地基承载力 210kPa。

由上述可见，处理后复合地基能满足 180～200kPa 的设计要求。

4. 施工方法

（1）材料规格要求

桩身材料配合比：生石灰：中粗砂为6：4（体积比）。要求生石灰块活性氧化钙含量大于70％、含渣量小于10％、粒径不大于80mm。砂为干中、粗砂，含泥量不大于8％。封顶材料采用黏性素土。

（2）施工工艺

采用螺旋钻机成孔的无管成桩工艺。将加工好的生石灰块和工程砂按设计体积比拌匀，分层填入孔中，每次填料不超过50kg（或0.4m），用大于10kg的梨形锤夯击25次，落锤高度大于50cm。当石灰砂桩桩身达到设计要求高度后，上填1.0m厚黏性土夯实封顶。

本场地地下水具轻微承压性，造成钻孔中涌水快，成桩过程中常发生孔内爆炸，容易伤人，以及水量过多影响桩身密实度和坚硬程度，为解决上述问题，采用了抽水降低水头和排桩截流的辅助措施。

5. 质量检验

（1）桩间土加固效果检验

成桩25d后对桩间土做了轻便触探试验，探点数12个。N_{10}击数一般比天然地基提高2～3击。

（2）桩身质量检验

1）开挖检查

成桩后25d开挖桩身，发现桩体硬结很好，锹镐挖掘困难，整段桩身取出不破碎，放入水中不施加外力不崩解。桩身直径膨胀至35～38cm，个别达40cm。

2）单桩载荷试验

在成桩25d后进行。

（3）复合地基承载力检验

1）单桩复合地基载荷试验

在成桩25d后进行。

2）多桩复合地基载荷试验

在成桩后10个月进行，共3台。圆形压板，面积2.0m^2，板下约压4.8根桩。试验深度1.3m，其中2台压在杂填土上（1号、2号），1台压在素填土上（3号）。在p-s曲线上取s/b为0.015所对应的荷载为复合地基承载力特征值，则1号、2号、3号三台试验分别为235kPa、236kPa和220kPa，统计得到复合地基承载力f_{spk}为230kPa。

6. 技术经济效果

与当地常用的大开挖素土回填方案相比，缩短工期一个月，节约资金21万元。且由于石灰砂桩复合地基承载力（180～200kPa）大于回填土地基承载力（140kPa），条形基础宽度也相应减小，从而进一步降低造价。

（牛文连等，第二届全国岩土工程实录交流会(岩土工程实录)1992.）。

（二）某住宅楼采用二灰桩加固地基

1. 工程概况

某六层住宅楼位于汉口。建筑物体型复杂，荷载差异大，地基土又很不均匀，加上近邻原有一幢六层住宅的影响，估计会产生不均匀沉降并对建筑物造成危害。为此决定用二灰桩（石灰粉煤灰桩）处理，要求复合地基承载力达到160kPa，压缩模量大于8.0MPa。

2. 工程地质资料

建筑场地位于长江冲积一级阶地，地势平坦，地基土不十分均匀。各土层的情况见例表2-1。地下水属潜水型，静止水位1.1～1.3m。

场 地 土 质 情 况 **例表 2-1**

土层号	土层名	层厚（m）	土描述	含水量 w（%）	天然重度 γ（kN/m³）	孔隙比 e	饱和度 S_r（%）	塑性指数 I_P	液性指数 I_L	压缩模量 E_S（MPa）	静探比贯入阻力 p_s（kPa）	承载力特征值 f_{ak}（kPa）
1	人工填土	1.0～2.7	由建筑垃圾和生活垃圾组成，成分复杂，分布不匀，部分地段有0.6m厚淤泥									
2-1	黏土	0.7～1.5	黄褐色，可塑～软塑状，含少量铁质结核和植物根，中等偏高压缩性	34.8	18.4	1.01	94	18	0.76	4.7	1000	120
2-2	淤泥质粉质黏土	1.9～3.1	褐灰色，软～流塑状，含贝壳和云母片，局部夹粉土薄层，高压缩性	37.4	18.3	1.05	98	15	1.24	3.2	600	80
2-3	黏土		黄褐色，可塑状态，含高岭土条纹和氧化铁，夹软塑状粉土薄层	35	18.4	1.02	97	24	0.57	6.5	1500	160
2-4	黏土		褐灰色，软塑状态，含云母片，局部夹有薄层状可塑黏土，或流塑状淤泥质黏土及粉土								1100	
3-1	粉土		夹粉砂，稍密状态								3000	
3-2	粉砂		稍密状态								6000	

3. 设计计算

（1）设计方案

采用300mm直径二灰桩，桩长4.0～6.0m。紧靠原有建筑物的基础挑出部分荷载较大，因此该部分石灰桩加长到6.0m，桩端进入2-3黏土层。整幢建筑物布桩887根，桩中心距在550～800mm之间。设计置换率 m 为25%，荷载偏心处 m 达到30%。

（2）承载力计算

由复合地基承载力公式推得：

置换率
$$m=\frac{f_{sp,k}-f_{sk}}{f_{pk}-f_{sk}}=\frac{160-80}{400-80}=0.25$$

布桩数
$$\Sigma_n=\frac{m\cdot A}{A_p}=\frac{0.25\times 250}{0.0707}=884\ 根$$

式中 A 是基础范围面积；A_p 是一根石灰桩面积，此处未按膨胀直径计算，偏于安全。f_{pk}是桩身承载力值，采用武汉地区经验值，实际布桩数 887 根。

4. 施工方法

采用洛阳铲成孔，至设计深度后抽干孔中水，将生石灰与粉煤灰按 1∶1.5 体积比拌合均匀，分段填入孔内夯实。每段填料长度 30～50cm。桩顶 30cm 则用黏土夯实封顶。

施工次序遵循从外向内的原则，先施工外围桩。局部孔位水量太大难以抽干时，则先灌入少量水泥，再夯填生石灰粉煤灰混合料。

5. 质量检验

（1）桩身质量检验

采用静力触探试验，取桩身 10 个点，表明桩体强度较高。

（2）桩间土加固效果检验

取桩间土 10 个点做静力触探试验，表明桩间土承载力约提高 10%。

根据以上两种检验结果，推得复合地基承载力特征值 f_{spk} 为 161kPa，压缩模量 E_{sp} 为 8.2MPa。

6. 技术经济效果

住宅楼竣工后两个月，最大沉降 5.3cm，最小沉降 3.1cm，最大不均匀沉降值 2‰。预计最终沉降量控制在 10cm 以内。

与原设计采用 90 根 600mm 直径、长 16～18m 的钻孔灌注桩方案相比，节约 70%的造价，经济效益明显，并解决了场地狭窄原方案实施困难，并有泥水污染的问题。

（郑俊杰等，第四届全国地基处理学术讨论会论文集 1995.）

（三）某住宅楼采用纯生石灰加固地基[4]

1. 工程概况

某住宅为六层砖混结构，建筑物底面积 320m^2，采用钢筋混凝土条基。

2. 工程地质情况

建筑物场地地势平坦，属古河漫滩地貌。历史上为水塘，后期用杂填土及风化块石填平。填土底部塘泥含水最高达 81.9%（上部）～55.1%（下部）。以下老土为黄色软塑粉质黏土，f_{ak}=120kPa，层厚 2m 左右。再往下为深厚的淤泥质粉质黏土，f_{ak}=90kPa，孔深 20m 未钻穿。地质剖面图如例图 3-1 所示。

3. 石灰桩设计

设计要求石灰桩复合地基承载力特征值为 120kPa，满堂正方形布桩，桩距 100cm，桩管直径 ϕ325mm，桩长 3.5～4.0m，打入粉质黏土 0.5m 左右，总桩数 420 根。桩顶设 30cm 厚碎石垫层。经验算复合地基及下卧层符合强度及变形要求。

4. 石灰桩施工

采用管外投料法，利用振动桩锤击入 ϕ325mm 桩管，拔出桩管，投入桩料，然后反

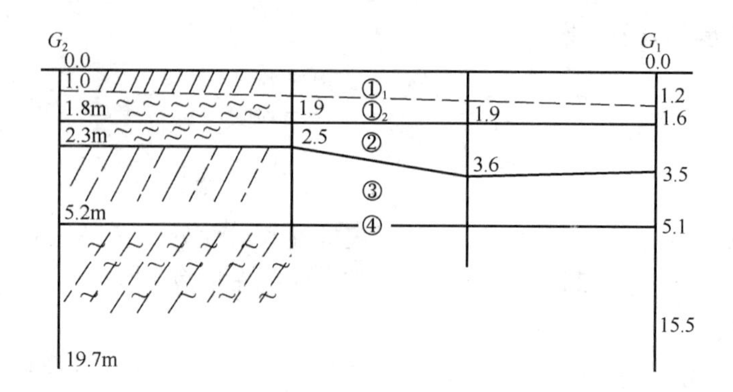

例图 3-1　地质剖面图

①1 杂填土；①2 塘泥；②淤泥；③粉质黏土；④淤泥质粉质黏土

插，如此反复 3～5 次，最后以土封口。桩身填料采用纯生石灰，每米桩体生石灰用量 100kg。

5. 加固效果

加固前后进行了土的物理力学性质测试，结果证明石灰桩对淤泥的加固效果显著。见例表 3-1。

加固前后物理力学指标　　　　**例表 3-1**

土层	加固前后	日期（年．月）	土样数	w（%）	γ（kN/m³）	e	S_r（%）	I_P	I_L	E_S（MPa）	p_S（MPa）
杂填土	前	1981.5									1.0
	后	1981.11									1.5
塘泥	前	1981.5	2	81.9	15.2	2.32	96.5	23.1	2.20	1.61	0.3
	后 上	1981.11	2	36.6	17.4	1.15	87.0				1.1
	后 下	1981.11	2	52.0	16.6	1.50	93.5	23.6	0.94	2.34	
淤泥	前	1981.7	3	55.1	16.2	1.62	93.5	23.6	1.21	1.87	0.3
	后	1981.11	2	30.3	18.9	0.89	90.4		0.66	4.0	1.0

纯生石灰桩体的物理力学性质测试见例表 3-2。

纯生石灰桩体物理力学性质　　　　**例表 3-2**

参数名称	γ（kN/m³）	w（%）	e	S_r（%）	E_p（MPa）	c（kPa）	φ
数值	14.8	65.4	1.56	95	9.95	89	30°06′

该建筑物建成后进行了长期的沉降观测，平均沉降量 9.8cm，最大沉降量 16cm。满足设计要求。

（四）某厂房采用生石灰桩加固地基[29]

1. 工程概况

上海某棉纺厂主厂房外包面积约 1 万 m²，系单层锯齿形排架结构。由于厂房面积较大，软土层深厚，对地基的不均匀沉降要求较严。

该地表层有一层厚约 2m 的粉质黏土硬壳层，厚薄不均匀，局部缺失较多，局部分布着已填埋的旧河道，硬壳层下是一层厚 26～29m 的淤泥质土，地基承载力特征值 70～90kPa，无法满足设计要求，再下为土质较好的灰绿色粉质黏土，典型的地质剖面如例图 4-1 所示。

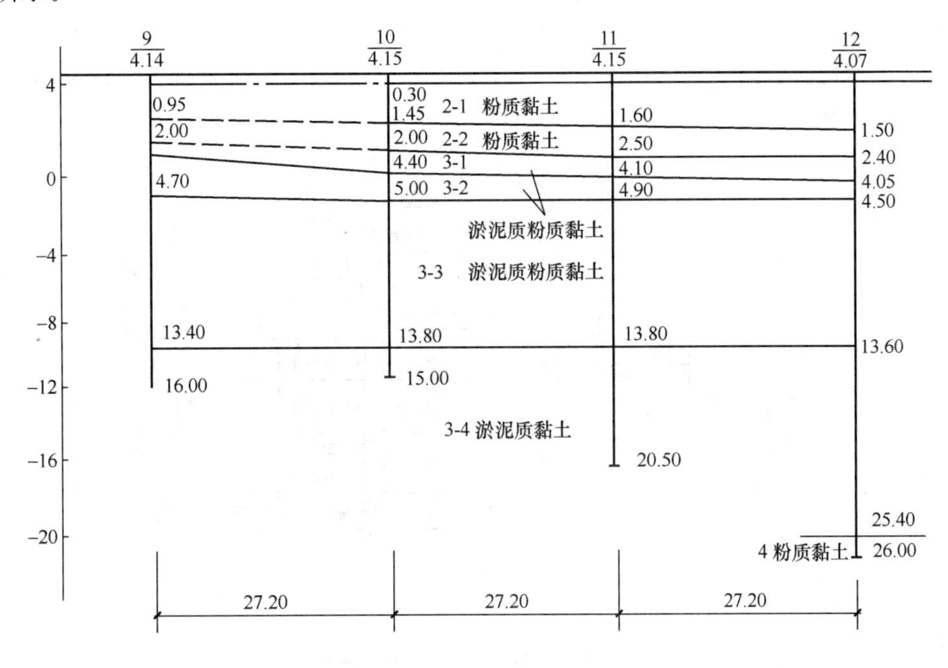

例图 4-1　地质剖面图

2. 地基处理方案选择

根据厂房特点和工程地质条件，设计中对地基处理方法作了多种方案的比较，详见例表 4-1。

各种地基处理方法技术经济指标的比较表　　**例表 4-1**

	地基处理方法	方法说明	处理费用（万元）	占土建投资（%）	工期（月）	优点	缺点
1	天然地基换填法	大面积填土 1.5m，旧河道采用砂垫层	19.1	5.4	4	节约建材	缺乏土源，工期长，沉降不均匀
2	混凝土灌注桩	桩径（d）长 16m，φ377mm 灌注桩	32.17	9.1	3	速度快，施工方便	造价高，水泥量大，桩身质量难保证
3	钢筋混凝土预制桩	长 27m，0.4m×0.4m 钢筋混凝土方桩	45.21	12.8	4	质量保证，沉降量少	三材用量大，工期长，造价高
4	石灰桩复合地基	长 6m，φ377mm 石灰桩复合地基	16.06	4.5	1.5	速度快，造价低、利用当地石灰	施工复杂，经验少

从上表比较可知，若采用天然地基方案，需几万立方米填土，上海地区缺乏土源，且工期长，沉降量可能较大。若采用桩基方案，虽技术上安全可靠，但有造价高、工期长、三材用量大等缺点。而石灰桩具有造价低、施工速度快、便于就地取材等优点，最后决定采用6～7m长的石灰桩复合地基方案。

3. 石灰桩设计

据上部结构荷载情况，采用4.2m×3.2m的独立基础，每一基础下设石灰桩20根，桩管直径ϕ377mm，桩中心距1.3m，如例图4-2所示。

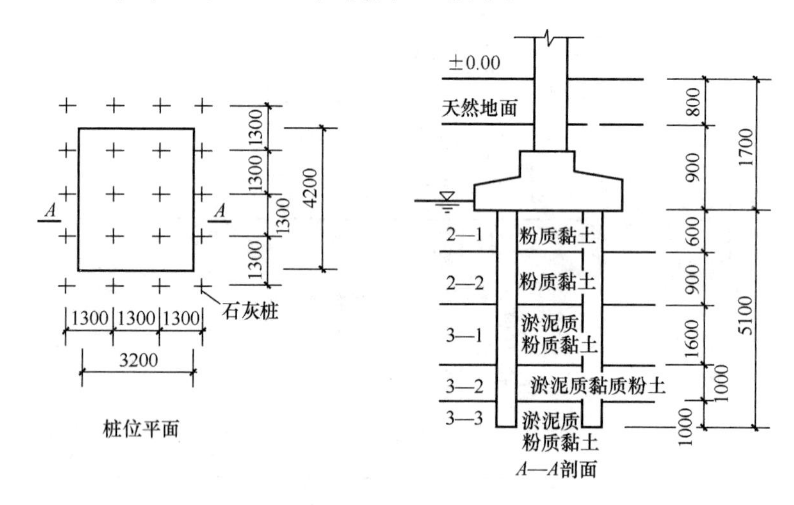

例图4-2 桩位平面和基础剖面图

4. 石灰桩施工

采用DZ-20Y型振动打桩机施工，施工顺序如例图4-3所示。另根据当地石灰的化学特征，在石灰中掺加适量水泥。

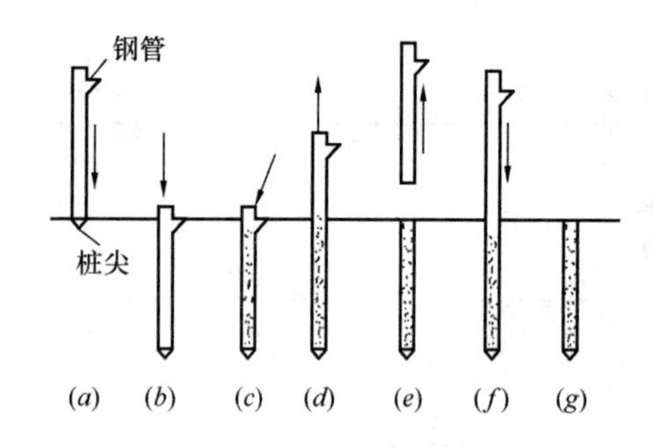

例图4-3 施工顺序图

(a) 就位；(b) 沉管；(c) 加料；(d) 拔管；(e) 成桩；(f) 桩顶压密；(g) 黏土塞封口

5. 加固效果检验

(1) 石灰桩外观尺寸检验

基槽开挖后，对所有石灰桩外形进行了检查，发现绝大部分石灰桩桩身完整，膨胀后的石灰桩直径达400～420mm，桩体均能直立。

(2) 轻便触探试验结果

对2-2层粉质黏土，石灰桩加固后，桩间土的锤击数$N_{10}=10\sim20$击，而该土层石灰桩桩身上的锤击数$N_{10}=17\sim104$击；对3-1层淤泥质粉质黏土，加固前的轻便触探击数$N_{10}=4.5\sim8$击，加固后提高到$N_{10}=14\sim17$击，该层土中石灰桩桩身上的轻便触探击数为$N_{10}=31\sim46$击。上述结果证明，石灰桩加固该场地软土是有效的，同时也说明石灰桩桩身强度要比桩间土高得多，能起到桩体作用。

(3) 土工试验结果

由例表4-2可见，石灰桩加固后土的物理力学性质均有所改善，但对于3-1层淤泥质粉质黏土的含水量减少不多。

石灰桩加固前后土的物理力学性质对比表　　例表 4-2

土层	加固前后	物理性质					力学性质			
		含水量 w (%)	重度 γ (kN/m^3)	孔隙比 e	塑性指数 I_P	液性指数 I_L	压缩系数 a_{1-2} (MPa^{-1})	压缩模量 E_S (MPa)	内摩擦角 ϕ (°)	内聚力 c (kPa)
2-2 层粉质黏土	加固前	36.6	18.8	0.992	13.7	0.97	0.37	5.26	15.0	12
	加固后	29.8	19.5	0.811	10.2	0.74	0.29	6.85	23.7	10
3-1 层淤泥质粉质黏土	加固前	38.4	18.5	1.038	12.1	1.20	0.56	3.54	5.0	7
	加固后	35.1	18.8	0.962	12.0	1.03	0.42	4.65	11.6	0

（4）载荷试验结果

为正确确定石灰桩对 3-1 层淤泥质粉质黏土的加固效果，直接在 3-1 层表面进行载荷板试验，试验坑深在 2.5m 处，采用堆重平台千斤顶加荷方案。在 $p\sim s$ 曲线上相对沉降 $s/b=0.02$ 所对应的荷载为复合地基承载力特征值。从例表 4-3 可见，按此规定取得的值均较高，主要原因可能是由于试坑较深，试坑宽度不可能达到荷载板宽度的三倍这一规定所致。但由天然地基与复合地基对比试验可见，复合地基承载力特征值比天然地基提高了 31.5%，并能满足上部结构对该层土承载力的要求。

各土层载荷试验结果表　　例表 4-3

土层编号	土层名称	载荷板尺寸 ($A\times B$) (m)	堆置深度 (m)	地基承载力 (kPa)	比较 (%)
3-1	天然地基（淤泥质粉质黏土）	1.30×1.30	2.3	130	100
3-1	石灰桩复合地基（淤泥质粉质黏土）	1.30×1.30	2.4	174	134
3-1	石灰桩复合地基（淤泥质粉质黏土）	1.30×1.30	2.5	168	129

（5）厂房沉降观测结果

主厂房共设 55 个沉降观测点，其中独立柱基 28 个，其余设在厂房四周外墙上。柱基沉降量为 34～52mm，平均沉降为 39.6mm。整个厂房沉降均匀，使用功能良好。沉降在竣工后一个月就基本稳定。特别是在长 82m，高 10m（长高比大于 8）的三层砖混结构的办公楼上，未产生任何墙体裂缝，证明该工程采用石灰桩复合地基方案是成功的。

第七节　灰土（土）挤密桩复合地基

一、概述

（一）工法简介

灰土（土）挤密桩法是利用横向挤压成孔设备成孔，使桩间土得以挤密，用灰土（素土）填入桩孔内分层夯实形成灰土（土）桩，并与桩间土组成复合地基的地基处理方法。

土桩及灰土桩是利用沉管、冲击、钻孔夯扩或爆扩等方法在地基中挤土成孔，然后向孔内夯填素土或灰土成桩。成孔时，桩孔部位的土被侧向挤出，从而使桩周土得以加密，所以也可称之为挤密桩法。土桩及灰土桩挤密地基，是由土桩或灰土桩与桩间挤密土共同组成复合地基。土桩及灰土桩法的特点是：就地取材、以土治土、原位处理、深层加密和费用较低。因此，在我国西北及华北等黄土地区已广泛应用。

土桩挤密法1934年首创于原苏联，主要用以消除黄土地基的湿陷性，至今仍为俄罗斯及东欧各国湿陷性黄土地基常用的处理方法之一。我国自20世纪50年代中期开始，在西北黄土地区开展土桩挤密法的试验应用，又在20世纪60年代中期试验成功了具有中国特点的灰土桩挤密法。自20世纪70年代初期以来，逐步在陕、甘、晋和豫西等省区推广应用灰土桩及土桩挤密法，取得了显著的技术经济效益。同时，各地区又结合当地条件，在桩孔填料、施工工艺和应用范围等方面均有所发展，如利用工业废料的粉煤灰掺石灰（二灰桩）、矿渣掺石灰（灰渣桩）及废砖渣桩等。目前，灰土桩挤密法已成功地用于60m以上高层建筑地基的处理，基底压力超过400kPa，处理深度有的已超过15m。如采用预钻孔夯扩成桩处理深度可达20m以上。

（二）加固机理

1. 挤密作用

成孔及填料过程中横向挤密作用，使桩间土增密，承载力提高（经检测约为挤密前的1.5～1.7倍）并可消除黄土湿陷。对于黄土地基挤密半径约为（1～1.5）d。

2. 桩体作用

灰土硬化形成具有水稳定性的桩体，其桩身强度及变形模量均比桩间土明显提高，因此荷载向桩上产生应力集中，并对桩间土产生侧向约束，使复合地基承载力提高，消除了持力层内产生大量压缩变形和湿陷变形的不利因素。

3. 垫层作用

土桩挤密地基由桩间土和分层夯填素土桩组成，桩体及桩间土均为被机械挤密重塑土，两者均属同类土料，物理力学指标无明显差异。因而，土挤密桩地基桩体作用不明显，可视为厚度较大的素土垫层。

（三）适用范围

1. 灰土挤密桩法和土挤密桩法适用于处理地下水位以上的湿陷性黄土、素填土、粉土、黏性土和杂填土等地基，可处理地基的厚度为3～15m。当以消除地基土的湿陷性为主要目的时，宜选用土挤密桩法。当以提高地基土的承载力或增强其水稳性为主要目的时，宜选用灰土挤密桩法。当地基土的含水量大于24%、饱和度大于65%时，应通过现场试验确定其适用性，当土中含有不可穿越的砂砾夹层时，不宜选用灰土挤密桩法或土挤密桩法。当地基土的含水量小于12%时，应对地基土进行增湿，再进行施工。

大量的试验研究资料和工程实践表明，灰土挤密桩和土挤密桩用于处理地下水位以上的湿陷性黄土、素填土、杂填土等地基，不论是消除土的湿陷性还是提高承载力都是有效的。但当土的含水量大于24%及其饱和度超过65%时，在成孔及拔管过程中，桩孔及其周围容易缩颈和隆起，挤密效果差，故上述方法不适用于处理地下水位以下及毛细饱和带的土层。

基底下3m以内的湿陷性黄土、素填土、杂填土，通常采用土（或灰土）垫层或强夯等方法处理。大于15m的土层，由于成孔设备限制，一般采用其他方法处理。《建筑地基处理技术规范》JGJ 79建议可处理地基的厚度为3～15m，基本上符合陕西、甘肃和山西等省的情况。

饱和度小于60%的湿陷性黄土，其承载力较高，湿陷性较强，处理地基常以消除湿陷性为主。而素填土、杂填土的湿陷性一般较小，但其压缩性高、承载力低，故处理地基常以降低压缩性、提高承载力为主。

灰土挤密桩和土挤密桩，在消除土的湿陷性和减小渗透性方面，其效果基本相同或差别不明显，但土挤密桩地基的承载力和水稳性不及灰土挤密桩，选用上述方法时，应根据工程要求和处理地基的目的确定。

2. 在工艺条件许可时，对于$w>24\%$，$S_r>65\%$的一般黏性土及粉土、杂填土等，当不考虑桩间土的挤密作用时，也可采用灰土桩法按复合地基进行设计。

二、设计

（一）设计依据和基本要求

设计土桩或灰土桩挤密地基时，应具有下列资料和条件：

1. 建筑场地的工程地质勘察资料。重点了解土的含水量、孔隙比和干密度等物理性质指标及其变异性，掌握场地黄土湿陷的类型、等级和湿陷性土层分布的深度。对杂填土和素填土，应查明其分布范围、成分及均匀性，必要时需作补充勘察，以确定人工填土的承载力和湿陷性。

2. 建筑结构的类型、用途及荷载。确定建筑物的等级及使用后地基浸水可能性的大小，以及基础的构造、尺寸和埋深，提供对地基承载力和沉降变形（包括压缩变形及湿陷量）的具体要求。

3. 场地的条件与环境。了解建筑场地范围内地面上下的障碍物，分析挤密桩施工对相邻建筑物可能造成的影响。

4. 当地的施工设备条件和工程经验。

依据上述资料及条件即可确定地基处理的主要目的和基本要求，并可初步确定采用何种桩孔填料和施工工艺。通常，地基处理的目的可分下列几种情况：

（1）一般湿陷性黄土场地。对单层或多层建筑物，以消除黄土地基的湿陷性为主要目的，基底压力一般不超过200kPa，地基的承载力易于满足，宜采用土桩挤密法；对高层建筑、重型厂房以及地基浸水可能性较大的重要建筑物，处理地基不仅是消除湿陷性，同时还必须提高地基的承载力和变形模量，则宜采用灰土桩挤密法。

（2）新近堆积黄土场地。除要求消除其湿陷性外，通常需以降低其压缩性和提高承载力为主要目的，可根据建筑类型及荷载大小选用土桩或灰土桩。

（3）杂填土或素填土场地。当填土厚度较大时，由于其均匀性差，压缩性较高，承载力偏低，通常仍具有湿陷性，处理时常以提高承载力和变形模量为主要目的，一般宜采用灰土桩挤密法。

5. 灰土桩复合地基施工后，应挖去上部扰动层，作300～600mm厚灰土或水泥土垫层；湿陷性黄土不宜采用透水材料作垫层。垫层压实系数不应低于0.95。

（二）设计要点

1. 处理范围

灰土挤密桩和土挤密桩处理地基的面积，应大于基础或建筑物底层平面的面积，并应符合下列规定：

（1）当采用局部处理时，超出基础底面的宽度（如图 5-51 中 C 所示）：对非自重湿陷性黄土、素填土和杂填土等地基，每边不应小于基底宽度的 0.25 倍，并不应小于 0.50m；对自重湿陷性黄土地基，每边不应小于基底宽度的 0.75 倍，并不应小于 1.00m。

（2）当采用整片处理时，超出建筑物外墙基础底面外缘的宽度，每边不宜小于基底下处理土层厚度的 1/2，并不应小于 2m。路基和堆场在荷载作用面外的处理宽度应大于 1/3 处理深度。

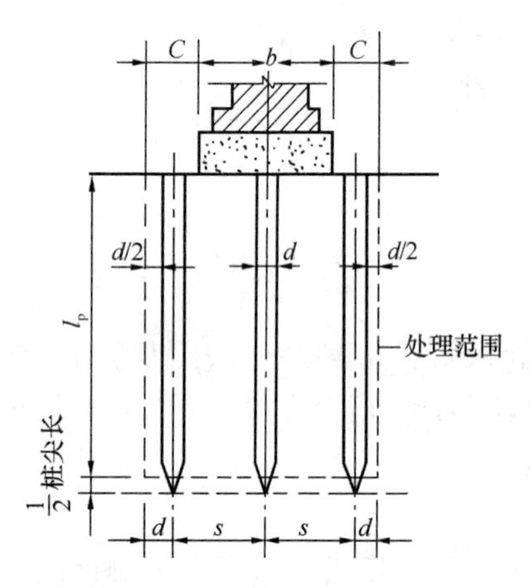

图 5-51　挤密地基处理范围示意图

局部处理地基的宽度超出基础底面边缘一定范围，主要在于改善应力扩散，增强地基的稳定性，防止基底下被处理的土层在基础荷载作用下受水浸湿时产生侧向挤出。

局部处理超出基础边缘的范围较小，通常只考虑消除拟处理土层的湿陷性，而未考虑防渗隔水作用。但只要处理宽度不小于本条规定，不论是非自重湿陷性黄土还是自重湿陷性黄土，采用灰土挤密桩或土挤密桩处理后，对防止侧向挤出、减小湿陷变形的效果都很明显。

整片处理的范围大，既可消除拟处理土层的湿陷性，又可防止水从侧向渗入未处理的下部土层引起湿陷，故整片处理兼有防渗隔水作用。

2. 处理深度

灰土挤密桩和土挤密桩处理地基的深度，应根据建筑场地的土质情况、工程要求和成孔及夯实设备等综合因素确定。对湿陷性黄土地基，应符合现行国家标准《湿陷性黄土地区建筑规范》GB 50025 的有关规定。

具体要求如下：

（1）当以消除地基土的湿陷性为主要目的时，在非自重湿陷性黄土场地，宜将附加应力与土的饱和自重应力之和大于湿陷起始压力的全部土层进行处理，或处理至地基压缩层的下限截止；在自重湿陷性黄土场地，宜处理至非湿陷性黄土层顶面止。

（2）当以降低土的压缩性、提高地基承载力为主要目的时，应按下卧层地基承载力及建筑物地基的变形允许值确定；对于黄土地基，宜对基底下压缩层范围内压缩系数 $a_{1\sim2}$ 大于 0.40MPa^{-1} 或压缩模量小于 6MPa 的土层进行处理。挤密孔的深度一般应大于压缩层厚度，且不应小于 4m。

（3）地基处理厚度通常为 3～15m，且不应小于 3m。

3. 桩径及桩位布置

（1）桩孔直径

桩孔直径宜为 300～600mm，并可根据所选用的成孔设备或成孔方法确定。对预钻孔夯扩成桩，直径可达 600mm 以上。

（2）桩位布置

宜采用等边三角形，可使桩间土挤密均匀，为方便施工也可采用正方形、矩形或梅花形（等腰三角形）布桩。

4. 桩孔间距

（1）桩孔宜按等边三角形布置，桩孔之间的中心距离，可为桩孔直径的2.0～4.0倍。对湿陷性黄土等可挤密土层或考虑桩间土挤密作用时，桩孔间距不宜大于桩孔直径的2.5倍，也可按下式估算：

$$s = 0.95d\sqrt{\frac{\overline{\eta}_c \rho_{dmax}}{\overline{\eta}_c \rho_{dmax} - \overline{\rho}_d}} = \alpha_s d \tag{5-112}$$

式中　s——桩孔之间的中心距离（m）；

d——桩孔直径（m）；

ρ_{dmax}——桩间土的最大干密度（t/m^3），应经试验确定，也可参考表5-42确定；

$\overline{\rho}_d$——地基处理前土的平均干密度（t/m^3），宜按基础下主要持力层（2～3b）内各土层干密度加权平均值计算；

$\overline{\eta}_c$——桩间土经成孔挤密后的平均挤密系数，对重要工程不宜小于0.93，对一般工程不应小于0.90，也可根据当地经验或试验确定；对湿陷性黄土地基最小挤密系数不应小于0.84～0.88；

α_s——桩距计算系数，可查表5-43。

桩间土 ρ_{dmax} 及 w_{op} 参考值　　**表5-42**

土类	ρ_{dmax}（t/m^3）	w_{op}（%）	土类	ρ_{dmax}（t/m^3）	w_{op}（%）
砂土	1.85	<13	粉质黏土	1.70～1.85	13～19
粉土	1.61～1.80	16～22	黏土	1.60～1.70	17～21

等边三角形布桩桩距计算系数 α_s 表　　**表5-43**

$\overline{\rho}_d$（t/m^3） / $\overline{\eta}_e \cdot \rho_{dmax}$（$t/m^3$）	1.2	1.25	1.30	1.35	1.40	1.45
1.45	2.29	2.56	2.95	3.61	5.11	
1.50	2.12	2.33	2.60	3.00	3.67	5.20
1.55	2.00	2.16	2.37	2.64	3.05	3.74
1.60	1.90	2.03	2.19	2.40	2.69	3.10
1.65	1.82	1.93	2.06	2.23	2.44	2.73

注：1. 正方形布桩表中 α_s 乘0.93；

2. 梅花形布桩表中 α_s 乘1.32。

（2）成桩后桩间土的平均挤密系数 $\overline{\eta}_c$，应按下式计算：

$$\overline{\eta}_c = \frac{\overline{\rho}_{d1}}{\rho_{dmax}} \tag{5-113}$$

式中　$\overline{\rho}_{d1}$——在成孔挤密深度内，桩间土的平均干密度（t/m^3），应通过现场取样测定，平均试样数不应少于6组（每组试样不应少于2件），一般要求 $\overline{\rho}_{d1} \geqslant$

$1.5t/m^3$。

（3）当桩长 $l_p>12m$ 时，可采用预钻孔填料夯扩成桩，由于预钻孔成桩挤密效果差，桩间距应按下式计算：

$$s=0.95\sqrt{\frac{\bar{\eta}_c\cdot\rho_{dmax}\cdot d^2-\bar{\rho}_d\cdot D^2}{\bar{\eta}_c\cdot\rho_{dmax}-\bar{\rho}_d}} \tag{5-114}$$

式中　D——预钻孔直径（m），不宜大于 0.3～0.4m。

（4）对于人工填土地基，如土的干密度变化较大，无法按式（5-112）计算桩间距时，可参考振冲桩有关方法进行，当采用等边三角形布桩时，也可按下式估算：

$$s=0.95d\sqrt{\frac{f_{pk}-f_{sk}}{f_{spk}-f_{sk}}} \tag{5-115}$$

上式主要用于灰土挤密桩地基，根据大量试验结果，30d 灰土无侧限抗压强度可达 1.0MPa 以上，因此灰土桩承载力特征值在缺乏试验资料时，可按 $f_{pk}=500kPa$ 计。

5. 桩孔内填料配制及夯实要求

（1）桩孔填料的选择与配制应按设计进行，同时应符合下列要求：

1）素土

土料应选用纯净的黄土或 $I_p<17$ 的一般黏性土或粉土，有机质含量不得超过5%，同时不得含有杂土、砖瓦和石块，冬季应剔除冻土块，土料粒径不宜大于 50mm。当用于拌制灰土时，应过 10～20mm 的筛，土块粒径不得大于 20mm。土料最好选用就近挖出的土料，以降低费用。砂质粉土、块状黏土及膨胀土不宜用作灰土土料。

2）石灰

应选用新鲜的消石灰粉，其颗粒直径不得大于 5mm。石灰的质量标准不应低于Ⅲ级，活性 CaO+MgO 含量（按干重计）不低于 60%，石灰储存时间不宜超过 3 个月。为防止填入桩孔内灰土吸水后产生膨胀，不宜使用生石灰与土拌合。

3）灰土

灰土的配合比应符合设计要求，常用的体积配合比（消石灰：土）为 2∶8 或 3∶7。配制灰土时应充分搅拌至颜色均匀，在拌合过程中通常均需洒水，使其含水量接近最优含水量，含水量偏差不大于 2%。用作填料的素土及灰土，事前均应通过室内击实试验求得其最大干密度 ρ_{dmax} 和最优含水量 w_{op}。为增加桩身强度，灰土中可掺加占石灰重 3%～5% 的水泥；也可以采用二灰（粉煤灰＋石灰）或水泥土等，水泥土体积配比宜为 1∶9 或 2∶8。灰土的软化系数约为 0.6～0.9，为增加水位下灰土水稳定性，在地下水位以下可掺加水泥，增加灰土稳定性。

4）对非湿陷性地基，也可以采用建筑垃圾、砂砾等作为填料。

（2）填料夯实要求

桩孔内的填料，应根据工程要求或处理地基的目的确定，桩体的夯实质量宜用平均压实系数 $\bar{\lambda}_c$ 控制。$\bar{\lambda}_c=\dfrac{\bar{\rho}_{d0}}{\rho_{dmax}}$，其中 $\bar{\rho}_{d0}$ 为填料夯实后的平均干密度。

当桩孔内用灰土或素土分层回填、分层夯实时，桩体填料的平均压实系数 $\bar{\lambda}_c$ 值均不应小于 0.97。其中最小压实系数不应小于 0.93。桩身填料 ρ_{dmax} 及 w_{op} 可参考表 5-44。

桩身填料 ρ_{dmax} 及 w_{op} 参考值 **表 5-44**

配合比（消石灰：土）	素土	15：85	2：8	25：75	3：7	35：65
w_{op}（%）	21	26	27	27	27	28.5
ρ_{dmax}（t/m^3）	1.64	1.44	1.41	1.40	1.31	1.26

6. 复合地基承载力特征值确定

(1) 灰土挤密桩和土挤密桩复合地基承载力特征值，应通过现场单桩或多桩复合地基载荷试验确定或通过单桩载荷试验结果和桩周土的承载力特征值根据经验确定。如加固目的是为了消除湿陷，还应进行浸水载荷试验；

(2) 初步设计当无试验资料时，可按当地经验确定或查表 5-45。未经试验确定的灰土挤密桩复合地基的承载力特征值，不宜大于处理前的 2.0 倍，并不宜大于 250kPa；对土挤密桩复合地基的承载力特征值，不宜大于处理前的 1.4 倍，并不宜大于 180kPa。

复合地基承载力和变形模量 **表 5-45**

桩孔填料	分项	f_{spk}（kPa）		E_{sp}（MPa）	
		黄土类土	杂填土	黄土类土	杂填土
素土	一般值	177～250	130～200	12.7～18.0	9.4～14.4
	平均值	215	148	15.0	10.5
灰土	一般值	245～300	190～250	29.4～36.0	21.0～29.0
	平均值	268	218	32.2	25.4

(3) 对灰土挤密桩法，当桩孔间距超过 3 倍的桩孔直径时，设计不宜计入桩间土的挤密影响，宜采用复合地基公式计算

$$f_{spk} = m \cdot f_{pk} + (1 - m) f_{sk} \tag{5-116}$$

或

$$f_{spk} = [1 + m(n - 1)] f_{sk} \tag{5-117}$$

式中 f_{pk}——桩体承载力特征值，初步设计时可取 $f_{pk}=500$kPa；

n——复合地基应力比，应经试验或地区经验确定。初步设计时可取 $n=4\sim8$，天然地基承载力低时取高值；

f_{sk}——处理后桩间土承载力特征值（kPa）。当桩间距 $s>3d$ 或桩间土挤密效果差，初步设计时可按加固前天然土层取值，或根据桩间土挤密情况按当地经验取值。

7. 变形计算

灰土挤密桩和土挤密桩复合地基的变形计算，应符合现行国家标准《建筑地基基础设计规范》GB 50007 的有关规定。

灰土挤密桩或土挤密桩复合地基的变形，包括桩和桩间土及其下卧未处理土层的变形。前者通过挤密后，桩间土的物理力学性质明显改善，即土的干密度增大、压缩性降低、承载力提高，湿陷性消除，故桩和桩间土（复合土层）的变形可不计算，但应计算下卧未处理土层的变形。

在应用中也可按桩长 3‰～6‰ 来估算复合土层变形。一般加固层变形约为 20～50mm。

对于重要工程当需计算加固土层变形时，复合土层压缩模量（E_{sp}）可采用载荷试验的变形模量值代替，或查表 5-45，初步设计时应按《建筑地基处理技术规范》JGJ 79 有关规定确定，也可按下式估算：

$$E_{sp}=m\cdot E_p+(1-m)E_s \tag{5-118}$$

式中 E_p——桩身压缩模量，可按灰土变形模量取值（$E_p\approx40\sim200$MPa）；

E_s——桩间土压缩模量（MPa），可按原地基土取值。

8. 褥垫层设置要求

桩顶标高以上应设置 300～600mm 厚的褥垫层。垫层材料可采用 2∶8 或 3∶7 灰土或水泥土等。其压实系数不应低于 0.95。

（三）设计流程

灰土（土）挤密桩设计流程如图 5-52 所示。

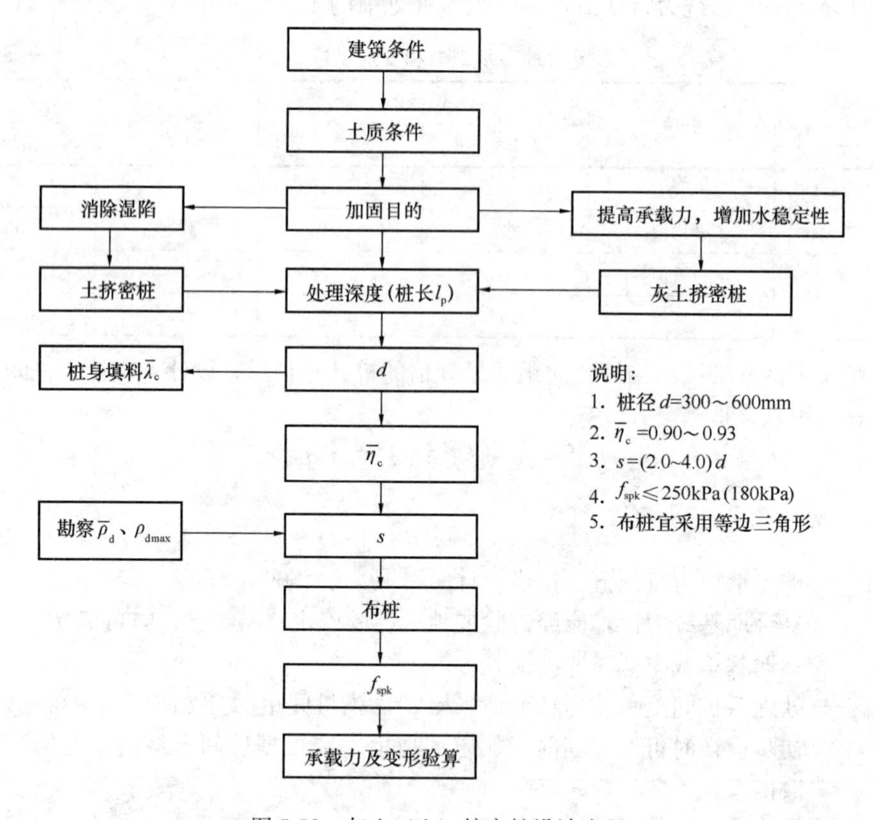

图 5-52 灰土（土）挤密桩设计流程

三、施工

（一）施工程序与准备工作

1. 施工程序

土桩及灰土桩施工工艺程序如图 5-53所示。

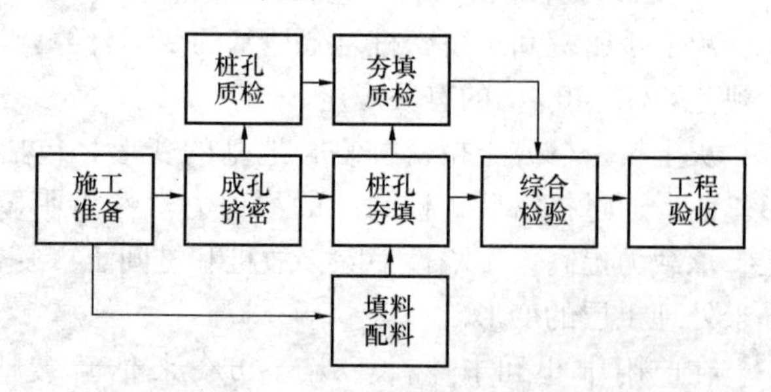

图 5-53 土桩及灰土桩施工工艺程序框图

2. 施工准备

（1）施工设备进场前，应切实了解

场地的工程地质条件和周围环境，如地基土的均匀性和含水量的变化情况，场地内外、地面上下有无影响施工的障碍物等。避免盲目进场后无法施工或施工难度很大。必要时，可先进行简易施工勘察，或向有关方面提出处理对策，为进场施工创造条件。

（2）编制好施工技术措施。主要内容包括：绘制施工桩位、编制施工进度、材料供应及施工计划和技术措施。

（3）场地达到三通一平后，应首先进行成孔挤密试验，若场地内的土质与含水量变化较大时，在不同地段成孔挤密试验不宜少于2组，并根据试验结果修改设计或提出切实可行的施工技术措施。

（4）预浸水湿润地基。当土的含水量低于12%～14%时，土呈坚硬状态，成孔施工困难，挤密效果也差。对此可采用人工定量预浸水的方法，使地基土的含水量接近其最优含水量。人工定量预浸水宜采用浅层水畦和深层浸水孔相结合的方式进行，浸水深孔用ϕ8cm洛阳铲打孔，孔深为预计湿润土层底深的3/4左右，间距1.0～2.0m，孔内填小石子或砂砾；水畦深0.3～0.5m，底面铺2～3cm小石子，并与深孔口相通。预浸水用量可按下式估算：

$$Q = v \cdot \bar{\rho}_{d}(w_{op} - \bar{w})k \tag{5-119}$$

式中　Q——计算加水量（m^3）；

v——拟加固土的总体积（m^3）；

$\bar{\rho}_d$——地基处理前土的平均干密度（t/m^3）；

w_{op}——土的最优含水量（%），通过室内击实试验求得；

$\bar{w}$——地基处理前土的平均含水量（%）；

k——损耗系数，可取1.05～1.10。

应于地基处理前4～6d，将需增湿的水通过一定数量和一定深度的渗水孔，均匀地浸入拟处理范围内的土层中。

当采用柱锤冲击成孔时，桩间土最低含水量限值应经现场试验确定。河北工业大学与沧州市机械施工有限公司合作，利用3t重柱锤冲击成孔，夯填2∶8灰土成桩，曾成功应用于Ⅱ级湿陷性黄土，施工时土层含水量w=6～8%左右。

（二）施工工艺

成孔挤密施工，可采用沉管、冲击、爆扩等方法。当采用预钻孔夯扩挤密时，应加强施工控制，并应确保夯扩直径达到设计要求。

灰土桩有多种施工工艺，各种施工工艺都是由成孔和夯实两部分工艺所组成。现将常用的施工方法简介如下。

1. 人工成孔和人工夯实

作为复合地基应用时，桩径d300～400mm，施工工艺同石灰桩人工挖孔法。大直径灰土井柱则用人工挖孔桩的办法成孔，采用人工分层夯实。

该工艺对桩间土挤密效果不明显。

2. 沉管法

利用各类沉管灌注桩机，打入或振入套管，桩管下特制活动桩尖的构造类同于石灰桩管外投料施工法的桩尖。套管打到设计深度后，拔出套管，分层投入灰土，利用套管反插或用偏心轮夹杆式夯实机及提升式夯实机分层夯实。

沉桩机的技术性能（如锤重、激振力等）应与桩管直径、长度、重量及土质的软硬条件相适应，锤重不宜小于桩管重量的2倍，桩孔越深，所需用的柴油锤重越大。常用柴油打桩机（锤）的技术性能及其适应条件列入表5-46中，可供参考。

柴油打桩机（锤）的技术性能及其适用条件　　表5-46

分类	型号	性能指标		适用条件	
		锤重（kN）	冲击能量（kN·m）	桩孔直径（cm）	最大孔深（m）
导杆式	D_1-6	6	9.3	30～35	5～6
	D_1-12	12	21.5	35～40	6～7
	D_1-18	18	37.8	40～50	6～8
	D_1-25	25	62.5	50～60	7～9
筒式	D_2-6	6	8.0	30～35	5～6
	D_2-12	12	30.0	40～45	6～8
	D_2-18	18	46.0	45～55	7～9
	D_2-25	25	62.5	50～60	8～10

注：1. 同一型号桩锤的适用条件还与土质有关，土质较松时，适用的桩径及深度可适当增大；
2. 经过改装的机架，大吨位桩孔深度可达15m上下。

桩孔填料的夯实机具目前尚无定型产品，多由施工单位自行设计加工而成，常用的夯实机有两种类型：

（1）偏心轮夹杆式夯实机如图5-54所示，通常是安装在翻斗车或小型拖拉机上行走定位。夯锤重一般为1.0kN左右，较少超过1.5kN，落距0.6～1.0m，一般每分钟夯击40～50次。其优点是构造简单，便于操作；缺点是仅依靠偏心轮摩擦力提升夯锤，因而锤重受到限制并普遍偏小，施工时必须严格控制一次填料的数量，否则夯实质量难以保证。由于它所带动的夯锤质量偏小，将逐步被淘汰。

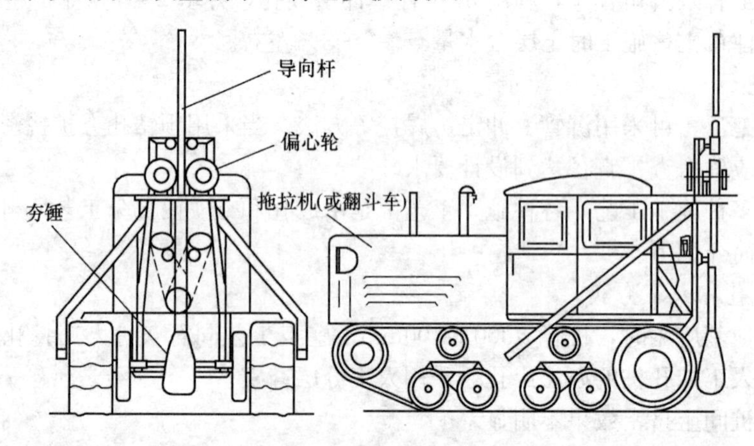

图5-54　偏心轮夹杆式夯实机

（2）卷扬机提升式夯实机如图5-55所示，有自行设计机架的，也有安装在翻斗车架上行走定位的。锤重0.15～0.3t，卷扬机的提升力不宜小于锤重的1.5倍。夯锤落距1～

2m。其优点是夯击能量较高，夯实效果较好并可一次填料较多；缺点是需人工操纵卷扬机，劳动强度大，需进一步改进和提高效率。

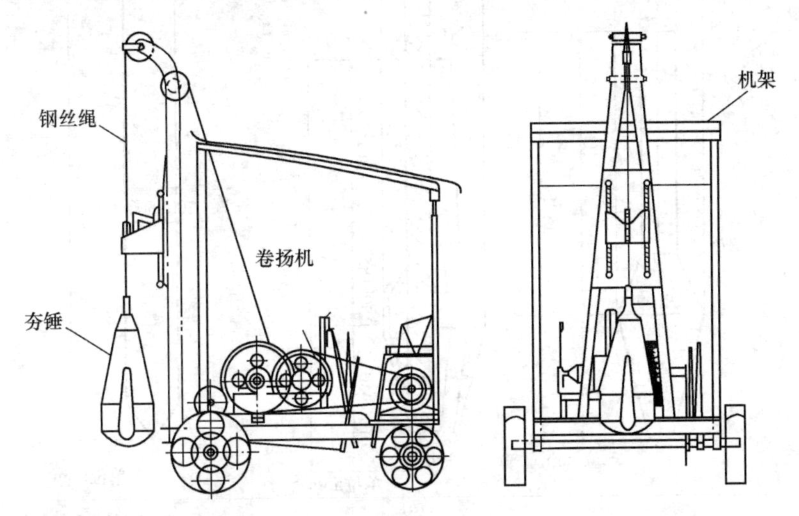

图 5-55 卷扬机提升式夯实机

3. 爆扩法成孔

利用人工成孔（洛阳铲或钢钎），将炸药及雷管或药管及雷管置于孔内，孔顶封土后引爆成孔。药眼直径 1.8～3.5cm，引爆后孔径可达 27～63cm。成孔后将灰土分层填入，用偏心轮夹杆式夯实机或提升式夯实机分层夯实。

该方法在居民区应慎用。

4. 冲击法成孔

冲击法成孔是利用冲击钻机或其他起重设备将 1.0t 以上的特制冲击重锤提升一定高度后自由下落，反复冲击在土中形成直径 0.4～0.6m 的桩孔，冲击法成孔的施工工艺程序如图 5-56 所示，主要工序为冲锤就位、冲击成孔和冲夯填孔。冲击法成孔的冲孔深度不受机架高度的限制，成孔深度可达 20m 以上，同时成孔与填孔机械相同，夯填质量高。特别适用于处理厚度大的湿陷性黄土。

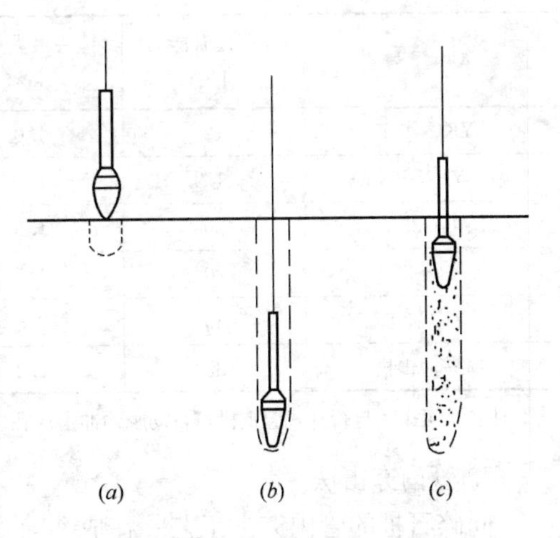

图 5-56 冲击法施工程序示意图
(*a*) 冲锤就位；(*b*) 冲击成孔；(*c*) 冲夯填孔

图 5-57 所示为国内外常用的冲击锤头型式，据资料介绍，采用抛物线旋转体的锥形锤头（如图 5-57*b* 所示），冲击成孔效率较高；国内通常采用长柱状冲锤（如图 5-57*c* 所示），并按各地应用经验称为"柱锤冲扩法"或"孔内夯扩法"，陕西地区习惯称作"孔内深层强夯法"（DDC 法），其工艺均大同小异。用于处理湿陷性黄土地基，冲击成孔法的首要目的是保证桩间土的挤密效果，消除地基土的湿陷性。

冲击成孔时地表宜配置内径略大于锤径、厚 10mm 以上、长 1.5m 以上钢管导向器。

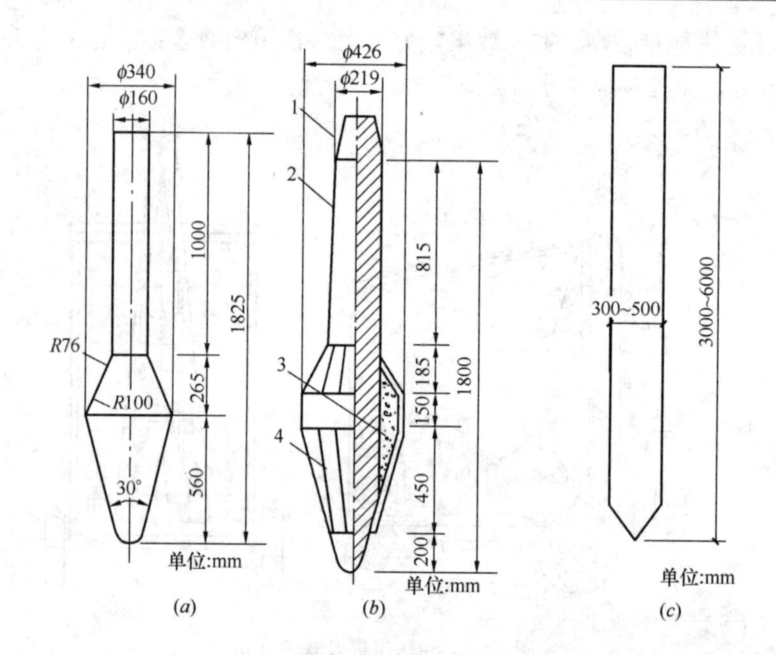

图 5-57 冲击成孔的锤头型式

(*a*) 常用冲击锤头；(*b*) 抛物线旋转体锥形插头；(*c*) 细长锤（柱锤）

1—连杆螺丝；2—锤杆；3—填充混凝土；4—外壳

常用冲击成孔机性能见表 5-47。

常用冲击成孔机性能 **表 5-47**

型　号	卷筒提升能力 (kN)	锤头最大重量 (t)	冲击桩孔直径 (cm)	冲击桩孔深度 (m)	行走方式
YKC-20-2	12	1.0	40～50	>10	胶带自行式
YKC-20	15	1.0	40～50	>10	轮胎式
CZ-22	20	1.5	45～65	>10	轮胎式
飞跃-22	20	1.5	45～55	>10	轮胎式
YKC-30	30	2.5	50～60	>15	轮胎式
简易冲击机	35	2.2	50～60	>15	走管移动

注：也可采用自行杆式起重机，自动脱钩冲击成孔。

5. 管内夯击法

同碎石桩的管内夯击工艺。在成孔前，管内填入一定数量的碎石，内击式锤将套管打至设计深度后提管，冲击管内碎石出套管，然后分层投入灰土，用内击锤分层夯实。内击锤重 1～1.5t，成孔深度不大于 10m。

6. 钻孔夯扩法

利用螺旋钻取土成孔，然后用柱锤分层填料夯扩成桩。该方法成孔深度大，可穿透硬土夹层，适用于狭窄场地及成孔深度较大（大于 12m）时，预钻孔直径不宜大于 0.3～0.4m，应在填料回填过程中进行孔内强夯挤密，挤密后成桩直径应达 0.6m 以上。另外该工艺施工振动及噪声较小，可在民居较集中地区采用。

7. 桩孔填料夯实要求

沉管法成孔，宜采用锤重 0.2t 以上的夯锤分层夯填桩孔，保证桩体压实系数达到设计要求：冲击法成孔，宜采用原成孔机具夯填桩孔；钻孔法成孔，应采用 1.0t 以上的夯锤夯填桩孔，通过夯填，不仅要保证桩体压实系数达到设计要求，而且还要保证夯实扩大后的桩径达到设计要求，夯锤直径宜小于桩孔直径 9～12cm，锤重愈大愈好，锤底截面静压力以不小于 30kPa 为宜。夯锤重心应位于下部，以便自由下落时平稳。夯锤形状最好呈梨形或纺锤形，弧形的锤底在夯击时有侧向挤压作用。

应依设计要求，现场土质和周围环境等因素选用施工工艺及设备，并应注意施工振动对周围建筑的影响。目前使用较多的是沉管或冲击成孔法。

（三）施工具体要求

1. 成孔和孔内回填夯实应符合下列要求：

（1）成孔和孔内回填夯实的施工顺序：当整片处理时，宜从里（或中间）向外间隔 1～2 孔进行，对大型工程，可采取分段施工；当局部处理时，宜从外向里间隔 1～2 孔进行；

（2）向孔内填料前，孔底应夯实，并应抽样检查桩孔的直径、深度和垂直度；

（3）桩孔的垂直度偏差不宜大于 1.0%；

（4）桩孔中心点的偏差不宜超过桩距设计值的 5%；

（5）成孔经检验合格后，应按设计要求，向孔内分层填入筛好的素土、灰土或其他填料，并应分层夯实至设计标高。桩孔完成后应及时夯填。桩身填料压实系数 λ_c 不应小于 0.97，其中压实系数最小值不应小于 0.93。

（6）为防止填入桩孔内的灰土吸水后产生膨胀，不宜使用生石灰与土拌合，而应采用消解后的石灰与黄土或其他黏性土拌合（JGJ 79—2012 规定也可采用生石灰粉）。石灰富含钙离子，与土混合后产生离子交换作用，在较短时间内便成为凝硬性材料，因此拌合后的灰土放置时间不可太长，并宜于当日使用完毕。

2. 施工过程中，应有专人监理成孔及回填夯实的质量，并应做好施工记录。如发现地基土质与勘察资料不符，应立即停止施工，待查明情况或采取有效措施处理后，方可继续施工。

3. 雨期或冬期施工，应采取防雨或防冻措施，防止灰土和土料受雨水淋湿或冻结。

4. 为保证桩顶成桩质量及对表层桩间土的挤密效果，桩顶设计标高以上宜预留一定厚度覆盖土层。覆盖土层厚度宜符合下列要求：

（1）沉管（锤击、振动）成孔，不宜小于 0.5～1.0m。

（2）冲击成孔及钻孔夯扩法，不宜小于 1.2～1.5m。

（3）铺设灰土垫层前，应按设计要求将桩顶设计标高以下的松动土层挖除或夯（压）密实。

四、质量检验和工程验收

（一）施工前

施工前应对土及灰土的质量、桩孔放样位置等做检查，桩孔放线偏差不应大于 20mm。

（二）施工中

施工中应对桩孔直径、桩孔深度、夯击次数、填料量、填料的含水量等做检查，每台班不宜少于1～2孔。

（三）施工后

1. 成桩后，应及时抽样检验灰土挤密桩或土挤密桩处理地基的质量。对一般工程，主要应检查施工记录、检测全部处理深度内桩体和桩间土的干密度，并将其分别换算为平均压实系数$\bar{\lambda}_c$和平均挤密系数$\bar{\eta}_c$。对重要工程，除检测上述内容外，还应测定全部处理深度内桩间土的压缩性和湿陷性。对预钻孔挤密地基，尚应重点检测桩体直径。

抽样检验的数量，桩身不应少于桩总数的1%且不得少于9根。桩间土检测探井不应少于总数的0.3%，且每个单体工程不少于3点。

2. 桩身密实度检验要求

桩体填料的干密度取样：自桩顶向下0.5m起，每1m不应少于2点（1组），即桩孔内距桩孔边缘50mm处1点，桩孔中心（即1/2）处1点，当桩长大于6m时，全部深度内的取样点不应少于12点（6组），当桩长不足6m时，全部深度内的取样点不应少于10点（5组）。

桩体填料的平均压实系数$\bar{\lambda}_c$，是根据桩孔全部深度内的平均干密度与室内击实试验求得填料（素土或灰土）在最优含水量状态下的最大干密度的比值，即

$$\bar{\lambda}_c = \frac{\bar{\rho}_{d0}}{\rho_{dmax}} \tag{5-120}$$

式中 $\bar{\rho}_{d0}$——桩孔全部深度内的填料（素土或灰土），经分层夯实的平均干密度（t/m^3）；

ρ_{dmax}——为桩孔内的填料（素土或灰土），通过击实试验求得最优含水量状态下的最大干密度（t/m^3）。

有对比试验时，也可用轻便触探或重型重力触探进行检验，灰土桩宜在24h内进行，土桩宜在72h内进行。

3. 桩间土挤密效果检验要求

自桩顶标高向下0.5m开始取样，取样点数：桩长小于6m不少于10点（5组）；桩长大于6m不少于12点（6组）。

检测点应位于桩孔外100mm处及1/2桩距处各一点，分层取样测定挤密后桩间土干密度ρ_{d1}并计算挤密系数$\bar{\eta}_c$，有对比试验时也可进行触探试验。对湿陷性黄土必要时尚应测定桩间土湿陷性。

4. 取样结束后，检测孔应及时分层回填夯实，压实系数不应小于0.93。

5. 灰土挤密桩和土挤密桩地基竣工验收时，承载力检验应采用复合地基载荷试验。检验数量不应少于桩总数的1.0%，且每项单体工程不应少于3点。检测时间应在成桩后14～28d后进行。

6. 对需消除湿陷的重要工程，尚应按国家标准《湿陷性黄土地区建筑规范》GB 50025的有关规定，进行现场浸水载荷试验。

（四）质量检验标准

土和灰土挤密桩地基质量检验标准见表5-48。

土和灰土挤密桩地基质量检验标准[4]　　　　表 5-48

项目	序号	检验项目	允许偏差或允许值	检验方法及说明
主控项目	1	桩间土挤密系数	设计要求及规范规定	现场取样检验
	2	桩体压实系数	设计要求及规范规定	现场取样检验。对灰土桩等必要时可加测试块浸水饱和状态下的无限抗压强度
	3	桩长	+500mm	测量桩管入土长度或测孔深
	4	地基承载力	设计要求	静载荷试验或浸水载荷试验
一般项目	1	桩位偏差	≤5%的桩距	现场用钢尺测量
	2	垂直度	≤1.5%	测桩管或桩孔垂直度
	3	桩径　沉管法	−20mm	用钢尺测量，负值指局部断面
		桩径　冲击法或钻孔夯扩法	−40mm	用钢尺测量，负值指局部断面
	4	土料有机质含量	≤5%	试验室焙烧法，纯净黄土可不测
	5	石灰粒径	≤5mm	筛分法，合格的袋装石灰粉可不测
	6	其他材料	设计要求	如水泥、粉煤灰等

注：桩径允许偏差负值是指个别断面。

五、工程实录

（一）灰土桩挤密法在湿陷性黄土地基中的应用

1. 工程概况

河南省洛阳市某厂拟建一幢培训大楼，该楼平面呈“L”形布局，地上十六层，地下一层（人防用），高度为 58.20m，建筑面积 12000m²。采用现浇钢筋混凝土剪力墙结构，柱距 7.0m，箱形基础，底板埋深－6.20m。室内地坪较自然地面高约 0.70m。建筑场地为非自重湿陷性黄土，为消除地基土的湿陷性，并提高其承载力，经分析比较后采用灰土桩挤密法处理地基，取得了满意的技术经济效益。

2. 工程地质条件

建筑场地位于黄河Ⅱ级阶地上，地势平坦，地基土层为典型的二元结构，上部为冲洪积成因的黄土状粉质黏土及粉土，自然地面下 11.0m 范围内地基土的结构强度较低，并具有湿陷性；下部卵石层埋深 22.5～23.0m。厚度大于 6.0m。地基土层分布稳定均匀，起伏较小。地下水稳定水位约 20.0m。各土层的主要物理力学性质指标列入例表 1-1 中。

地基土层主要物理力学性质指标　　　　例表 1-1

层　序	含水量 w (%)	天然密度 ρ (t/m³)	干密度 ρ_d (t/m³)	孔隙比 e	饱和度 S_r (%)	液限 w_L (%)	压缩系数 a_{1-2} (MPa⁻¹)	压缩模量 E_{s1-2} (MPa)	锥尖阻力(最大值) q_c (kPa)	静探头侧壁摩擦力(最大值) f_s (kPa)	湿陷系数 δ_s	层底埋深平均值 (m)
(2) 黄土状粉质黏土及粉土	24.2	1.57	1.28	1.120	76	27.5	0.52	4.5	1200	40	0.024	4.0

续表

层序	含水量 w (%)	天然密度 ρ (t/m^3)	干密度 ρ_d (t/m^3)	孔隙比 e	饱和度 S_r (%)	液限 w_L (%)	压缩系数 a_{1-2} (MPa^{-1})	压缩模量 E_{s1-2} (MPa)	锥尖阻力(最大值) q_c (kPa)	静探头侧壁摩擦力(最大值) f_s (kPa)	湿陷系数 δ_s	层底埋深平均值 (m)
(3) 黄土状粉质黏土及粉土	20.7	1.73	1.43	0.884	69	28.0	0.19	9.1	2600	100		5.0
(4) 黄土状粉质黏土及粉土	21.3	1.64	1.36	1.005	67	28.9	0.38	5.6	1800	70	0.046	10.7
(5) 黄土状粉质黏土	20.5	1.79	1.48	0.827	79	30.5	0.14	14.4	2600	110	0.0096	16.1
(6) 黄土状粉质黏土及粉土	23.9	1.91	1.54	0.774	86	34.8	0.12	13.8	3500	120		18.3
(7) 黄土状粉土	22.1	1.90	1.55	0.731	81	26.2	0.14	11.9	4000	140		19.8
(8) 黄土状粉质黏土	27.1	1.93	1.51	0.816	95	31.9	0.18	10.5				21.3
(9) 黄土状粉土	26.2	1.96	1.57	0.719	92	29.1	0.11	15.1				22.7

基础下的主要持力层为（4）、（5）两土层。其中，第（4）层黄土状粉质黏土及粉土呈湿、稍湿、可塑状态。该层土具湿陷性，湿陷等级为Ⅰ级（轻微）非自重湿陷性黄土，承载力特征值 f_{ak}=150kPa，不能满足建筑结构的要求，必须进行处理。

3. 设计计算

地基基础方案曾设想采用以卵石层为桩端持力层的大直径钻孔灌注桩基础、箱形基础加灌注桩基础（ϕ400mm，桩长 L=12.0m）和箱基与灰土桩人工复合地基三种方案。经技术经济分析比较后，决定采用第三种方案。

采用灰土桩挤密法整片处理地基，要求处理后复合地基承载力特征值需达到220kPa。设计桩径 d=0.40m，桩距计算值 s=0.90m，桩距系数 s/d=2.25，按等边三角形布桩，排距即三角形的高 t=0.78m，灰土桩的面积置换率 m=0.179。按面积加权平均法预计复合地基承载力特征值为230kPa。

按桩穿越全部湿陷性土层和下卧层承载力验算要求，同时参考施工机具条件与经验，确定桩长 l_p=7.40m。处理平面范围超出基础外缘不小于3.0m。灰土桩复合地基上作0.50m厚的3∶7灰土垫层。

桩孔填料采用体积比3∶7的灰土，夯填灰土的压实系数要求不小于0.95。

4. 施工方法

成孔采用锤击沉管法挤密成孔；由15t履带吊车带动2.5t导杆式柴油沉桩锤，桩架高16.0m。桩管为ϕ377mm无缝钢管制成，在桩头处加箍至ϕ440mm，长度为8.5m，桩尖带有活动桩尖，拔管时可透气。桩孔夯填采用夹杆式偏心轮夯实机，夯锤直径0.28m，锤重0.11t，落距0.80m，每分钟击夯次数约45击。

现场施工中应进行质量检查。对成孔的质量要求是：桩位误差不大于5cm；桩孔垂直度偏差小于2%；桩孔深度误差不大于10cm；每5个孔作一次成孔施工记录。夯填质量的要求是：回填用土及石灰均过筛，筛网直径分别为20mm和5mm，填料要求拌合均匀，含水量接近最优含水量，夯填灰土的压实系数$\lambda_c \geq 0.95$。

施工前，作了填料所用灰土的室内击实试验，求得其最大干密度（$\rho_{dmax}=1.51\sim1.54t/m^3$）和最优含水量（$w_{op}=22\%\sim19.5\%$）。同时在现场专门作了夯填试验，确定施工回填工艺参数为一锹三击，其夯击功能为628.6kJ/m^3，高于室内击实试验的标准击实功能。

根据场地情况，成孔采用隔排跳打方式进行，在整体上采用先外后内的施工顺序，即先打最外围的两排加长桩，再进行内部桩的施工。对个别桩孔垂直度偏差较大或桩孔缩径严重时，采用“复打”方式处理。施工后期由于“复打”缩孔现象较为严重，采用人工削孔并加大夯击能量方式进行处理。

桩孔夯填是施工的关键环节，土料加湿、灰土拌合及桩孔夯填均由专人负责，及时检查监督，每个桩孔回填夯实都必须做好记录

5. 质量检验

（1）桩身灰土质量检验

施工过程中及时取出桩身灰土原状试样，测试其干密度，并计算出压实系数，取样桩孔数为施工桩数的2%，试验结果说明，90%试样的干密度在1.45t/m^3以上，压实系数λ_c接近0.97，满足了设计要求。此外还作了桩身灰土的无侧限抗压强度（f_{cu}）试验，试验表明，桩身灰土$f_{cu}=500\sim1330$kPa，平均值为860kPa。

（2）桩间土挤密效果检验

在地基处理范围内控制性的布置了三个探井，开挖深度8.0m，每间隔1.0m取一件原状桩间土样，做土工的常规试验。桩间土挤密前后主要物理力学性质指标的变化情况如例表1-2所示。

桩间土挤密前后主要物理力学性质指标 **例表1-2**

层号	指标	w (%)	ρ (t/m^3)	ρ_d (t/m^3)	e	a_{1-2} (1/MPa)	E_{s1-2} (MPa)	δ_s
(4)	挤密前	21.30	1.64	1.363	1.005	0.385	5.6	0.0363
	挤密后	18.64	1.854	1.564	0.731	0.130	13.4	0.0016
	增减率（%）	−12.5	13.05	14.70	−27.2	−66.1	139.4	−95.6
(5)	挤密前	20.50	1.790	1.485	0.827	0.135	14.4	0.0096
	挤密后	19.26	1.937	1.624	0.670	0.122	14.9	0.0009
	增减率（%）	−6.07	8.21	9.30	−19.0	−9.6	3.4	−90.39

从表中可看出，地基土经灰土桩挤密后，干密度提高了9.4%～14.8%，其中，第（4）层土挤密后的干密度达到1.56t/m^3；土的孔隙以减少了19.0%～27.2%；压缩系数降低了9.9%～66.1%；地基土的湿陷性已全部消除。基底下第（4）层的物理力学性质改善特别明显，挤密效果符合设计要求。

（3）复合地基载荷试验

为确定灰土桩复合地基承载力，在现场进行了三台单桩复合地基载荷试验，根据载荷试验结果绘制的载荷压力（p）与沉降量（s）关系曲线，如例图 1-1 所示。

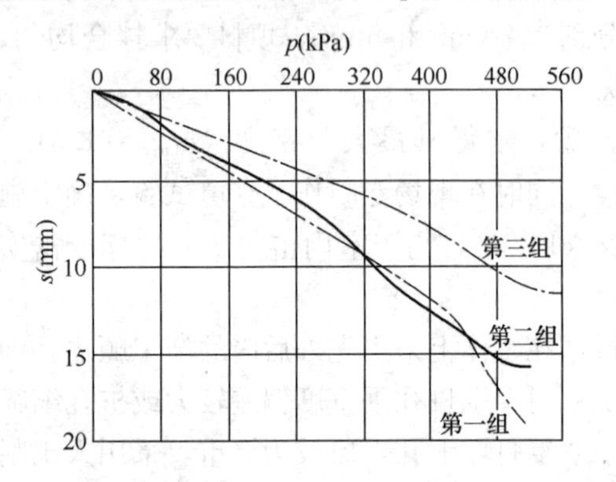

例图 1-1　单桩复合地基载荷试验 p-s 曲线

另根据桩体及桩间土的试验结果，取灰土桩体的承载力值 $f_{pk}=600$kPa，桩间挤密土的承载力 $f_{sk}=220$kPa，灰土桩的面积置换率 $m=0.179$，按面积加权平均原则计算复合地基承载力特征值 $f_{spk}=286$kPa，其结果与载荷试验结果基本一致，两者均大于设计要求的 220kPa。

6. 技术经济效果

该建筑属甲类高层建筑，位于湿陷性黄土地区。采用灰土桩挤密法整片处理地基，不仅消除了黄土的湿陷性，同时还使第（4）层土的承载力提高了 1.95 倍，满足了设计要求，地基处理是成功的。灰土桩法处理地基比桩基方案，费用可节约一半左右，且不用钢材和水泥，基本上是以土治土，就地取料。施工较为简便，且工期短。本工程能获得满意结果，与精心设计和精心组织施工密切相关，从而保证了工程质量，达到了预期的效果。

（方向明等，地基基础工程 1995（2）.）

（二）爆扩成孔灰土桩法处理某电厂湿陷性黄土地基

1. 工程概况

河南某电厂一期工程 2×1.2 万 kW 发电机组于 1991 年元月建成发电，建筑场地在 −4m 至 −8m 处有 4m 厚的湿陷性黄土，属Ⅰ级非自重湿陷性黄土场地，地基土的承载力特征值 $f_{ak}=140$kPa，不能满足工程的需要，采用 1.5t×20m 强夯法处理地基，获得成功。

二期工程扩建厂房距老厂房 4.5m，距 2 号发电机组仅 10.5m（如例图 2-1 所示）。要求在地基处理时，不能影响老厂房的安全和 2 号机组的正常运行发电。显然，强夯法振动影响大，不能继续采用。曾设想用混凝土灌注桩方案，但其费用比灰土挤密桩法高 2～3 倍，最后决定采用爆扩成孔灰土桩挤密法处理地基。经现场爆扩成孔试验及效果检验表明，爆扩成孔灰土桩可以满足预计目的：（1）消除了黄土地基的湿陷性；（2）地基承载力特征值达到了 180kPa，可满足上部结构的要求；（3）爆扩成孔的振动对老厂房和 2 号机组的安全和生产没有影响。在试桩获得成功后，共完成工程桩 5000 根，处理地基面积约为 5000m²。经对处理地基工程随机抽样检验。同样满足了工程要求。

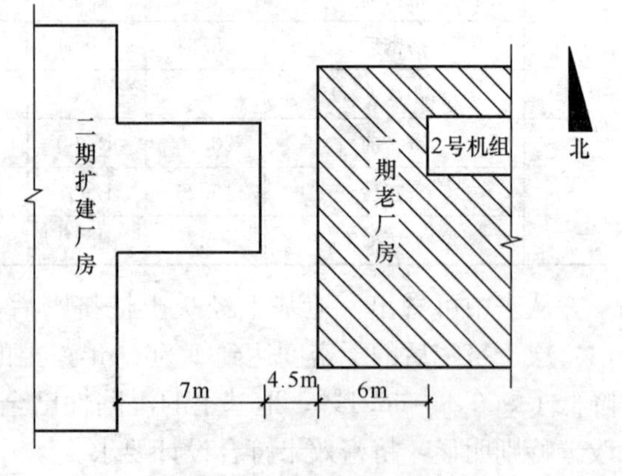

例图 2-1　场地位置示意图

2. 工程地质条件

厂址位于黄河堆积二级阶地上，地下水位埋深 16m。地层为第四系上更新统黄

土冲积层 Q_3^{2al}，表层为黄土，厚 12m 左右，承载力特征值 f_{ak}=130～150kPa，含湿陷土层。该层上部 0～4m 黄土无湿陷性；中部 4～8m 为非自重湿陷性黄土；下部 8～10m 黄土稍显湿陷性。黄土层下部钻孔揭露深度内为 8m 厚的黄色细砂和含砾中砂层，中等密实或密实，标贯锤击数 N=21 击，承载力特征值 f_{ak}=240kPa。建筑场地属Ⅰ级非自重湿陷性黄土场地。表层 12m 内黄土物理、力学指标详见例表 2-1。

地基土物理力学性质指标　　　　**例表 2-1**

地层序号	层底标高	试样组数	土的名称	含水量 w	密度 ρ	干密度 ρ_d	孔隙比 e	塑性指数 I_p	压缩系数 a_{1-2}	压缩模量 E_s	黏聚力 C	内摩擦角 φ	湿陷系数 δ_s	标贯击数 N	承载力特征值 f_{ak}
	m			%	g/cm³	g/cm³			MPa⁻¹	MPa	kPa	度	%	击	kPa
①	−2	2	浅黄色粉质黏土	20.7	1.954	1.60	0.690	10.0	0.27	6.00	26	18.2	0.12	3	130
②	−4	2	浅棕黄色粉质黏土	17.2	1.83	1.56	0.740	12.5	0.14	14.90	32	28.0	0.88	4.5	150
③	−6	4	浅黄色粉质黏土	13.6	1.57	1.38	0.96	10.0	0.25	8.35	17	25.0	3.39	4.6	150
④	−8	4	浅黄色粉土	16.0	1.54	1.33	1.036	9.1	0.30	9.30	26	25.0	2.68	3.9	140
⑤	−10	2	浅黄色粉质黏土	20.4	1.66	1.38	0.970	10.6	0.24	8.20	9	26.0	1.13	3.7	140

3. 设计计算

根据试桩结果设计的工程桩，如例图 2-2 所示。首先开挖到标高−2.5m；爆扩挤密成孔，灰土桩设计顶面自基础垫层底面（−4.1m）起，至桩底端−8.5m，超过湿陷性黄土层底面 0.5m，全部湿陷性土层得到挤密加固。桩身用 3∶7 灰土夯填，灰土的压实系数 $\lambda_c \geqslant 0.97$。

设计桩径 d=0.40m，桩距 s=1.20m，排距 t=1.00m，三角形布桩。试验结果表明，按设计桩距成孔后，桩间土的湿陷性已经消除，同时灰土桩复合地基承载力特征值 f_{spk}=188.3kPa，满足工程要求 180kPa。

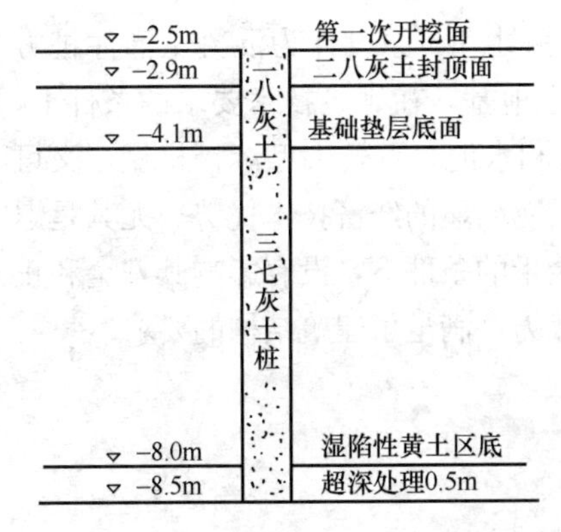

例图 2-2　爆扩成孔灰土桩剖面图

4. 施工方法

爆扩法成孔无需沉桩机械，工艺简便，适用于缺乏大型施工机械的地区。爆扩挤密成孔施工工艺分为药眼法和药管法，其工艺顺序如例图 2-3 所示。药眼法宜用于含水量较低的土层，在土中用钢钎打成小药眼，并在其中直接装填炸药后封孔（如例图 2-3 所示）。引爆后用圆铲修孔，桩孔径达到 400mm，清出孔底掉落的虚土。

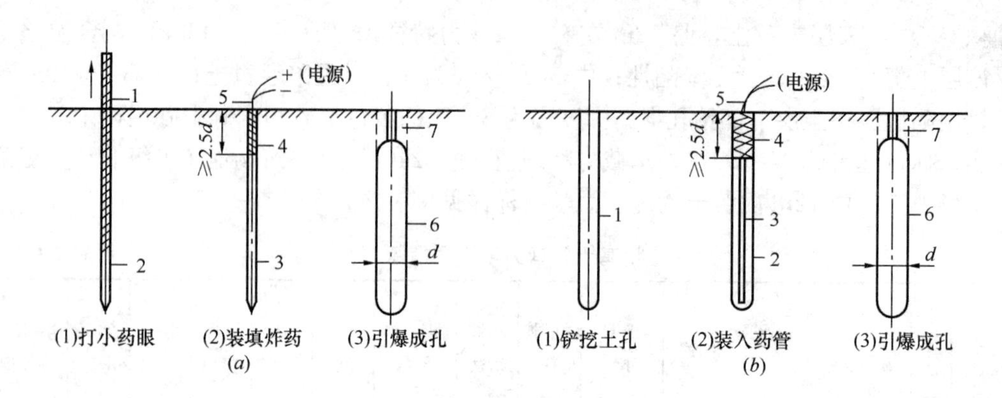

例图 2-3　爆扩法成孔施工工艺程序

（a）药眼法：1—钢钎；2—药眼；3—炸药；4—封土层；5—导线；6—桩孔；7—削土层

（b）药管法：1—土孔；2—填砂；3—炸药管；4—封土层；5—导线；6—桩孔；7—削土层

桩孔回填用 3∶7 灰土，每次虚填灰土深度不超过 0.70m，用橄榄型锤夯实。通过试验，锤重 0.10t，落距 2.50m，连夯 6 次，使夯实后灰土的压实系数不小于 0.97。

二期扩建工程共施工 5000 根爆扩成孔灰土挤密桩，采用爆扩成孔挤密灰土桩法处理地基的电厂主厂房和冷却塔，沉降观测结果表明，情况良好，效益显著。

爆扩成孔施工振动对相邻老厂房及发电机组影响的检测结果表明：发电机组最高振动值为 0.042mm，未超过允许合格值（0.06mm）。爆破成孔距一期工程主厂房的最近距离仅数米，主厂房未发生任何异常情况。由此可见，爆破成孔施工工艺是安全可行的。

5. 质量检验

施工结束后，采取随机抽样作了三组灰土桩挤密复合地基静载荷试验，根据《建筑地基处理技术规范》JGJ 79 的有关规定，取相对沉降量 $s/d=0.008$ 所对应的荷载作为复合地基承载力的特征值，其结果为 $f_{spk}=187.4\sim214.0$kPa，平均值可定为灰土桩复合地基承载力特征值 $f_{spk}=205$kPa。

经爆扩挤密灰土桩处理后，在桩间开挖探井分层取样，作土工常规试验和湿陷性试验。其中土的湿陷系数分别为 0.0004、0.0003 和 0.0023，均不超过 0.015，表明挤密后桩间土的湿陷性已经消除。

6. 技术经济效果

电厂二期扩建工程包括主厂房、冷却塔和烟囱的地基处理，原设计为混凝土灌注桩方案，预算造价 180 余万元，后改用爆扩成孔灰土桩法处理地基，在满足技术要求的条件下，费用仅为 40 万元，节约投资 140 余万元。同时无需钢材和水泥，不要大型沉桩机械，又可多点面施工，工期缩短。由此可见，灰土桩挤密法应用具有明显的经济技术优势。尤其是爆扩成孔的振动，在距老厂房和发电机组分别为数米和十余米的条件下，没有影响其安全和正常生产运行，消除了黄土地基的湿陷性，提高了地基承载力，满足了建筑结构的要求。

（吴伟功等，陕西建筑 1996（1）.）

（三）山西某医院住院楼灰土桩法处理地基

1. 工程概况

山西省某医院住院楼建筑面积 12000m²，分为十一层住院楼（高层）与三层手术楼

（低层）两部分，结构体系为钢筋混凝土框架结构，高层部分为筏板基础，埋深3.5m；低层部分采用柱下独立基础，埋深2.5m。根据《湿陷性黄土地区建筑规范》GB 50025（以下简称《黄土规范》），该建筑为乙类建筑。

该工程位于Ⅱ级自重湿陷性黄土场地，湿陷性土层厚度达16m，通过分析、设计与试验，采用了灰土桩挤密法处理地基。

2. 工程地质条件

建筑场地地质岩性为冲洪积堆积物，从上而下分别为：

（1）全新世（Q_4^2）湿陷性黄土：从表层土以下至层底深5m，具高压缩性，强湿陷性，结构疏松，强度低。

（2）全新世（Q_4^1）湿陷性黄土：层底深12m，可塑状态，具有中等压缩性。

（3）全新世（Q_4^1）湿陷性黄土：层底深16～17m，含大量姜结石，可塑状态，具中等压缩性，土的结构强度较好。

（4）粉质黏土层：至终孔深度25～30m，强度偏低，位于地下水位以下。

各土层的物理力学性质指标见例表3-1。按《黄土规范》规定，场地为Ⅱ级自重湿陷性黄土场地，（1）～（3）层土为湿陷性土，厚度16m。地下水位在自然地面下18.6m。

各土层的主要物理力学性质指标　　　　**例表3-1**

层号	土类	层底深 (m)	w (%)	ρ_d (g/cm³)	e	S_r (%)	w_L (%)	I_p	δ_s	$a_{1\text{-}2}$ (MPa⁻¹)	E_s (MPa)	f_{ak} (kPa)
(1)	黄土 Q_4^2	5.0	14.0	1.42	0.843	44.3	25.3	8.7	0.043	0.45	15.3	90
(2)	黄土 Q_4^1	12.0	18.0	1.45	0.789	68.7	27.2	10	0.040	0.17	25.4	165
(3)	黄土 Q_4^1	16.0～17.0	19.7	1.39	0.672	90.8	26.7	9.7	0.034	0.27	6.1	185
(4)	粉质黏土	25.0～30.0	23.0	1.51	0.710	97.7	28.8	11.1	—	0.24	5.8	145

3. 设计计算

（1）方案选择

由于场地条件限制，与原住院楼相距较近，强夯法设备难以运进场地，施工振动及噪音也太大，且影响工期；若采用大开挖换土回填，土方工程大，深开挖放坡受到条件限制，如再采取边坡支护措施，费用还需增大；采用桩基方案，没有较好的桩端持力层，其费用同样不低。经认真分析后，根据建筑类别、湿陷性土的特性及当地施工条件与经验，综合对比技术经济效果，决定采用2∶8灰土桩挤密法处理地基。

（2）灰土桩设计

1）桩长的确定

本工程地基处理的主要目的是要消除黄土的湿陷性，同时要提高地基的承载力，改善场地的动力特性。首先根据《黄土规范》的要求，在自重湿陷性黄土场地，对乙类建筑物消除部分湿陷量时，最小的处理厚度不应小于湿陷性土层厚度的2/3，并且应控制未处理土层的剩余湿陷量不大于20cm。住院楼基底下湿陷性土层厚度为12m，所以灰土桩长要达到8m，下余4m土层的剩余湿陷量经计算为7.8cm，小于20cm。另一方面对下卧层承载力进行验算，设计桩长8m也可满足要求。

2）确定桩距

选用桩孔直径 d=0.30m，要求桩间土挤密后的平均挤密系数$\bar{\eta}_c \geqslant 0.93$，按经验公式计算，地基土的最大干密度 $\rho_{dmax}=1.73g/cm^3$，挤密前处理土层的平均干密度$\bar{\rho}_d=1.45g/cm^3$。根据以上基本参数，并按正三角形布桩，可按下式计算出桩距 s 为：

$$s=0.95d\sqrt{\frac{\bar{\eta}_c \cdot \rho_{dmax}}{\bar{\eta}_c \cdot \rho_{dmax}-\bar{\rho}_d}}=0.95\times0.30\times\sqrt{\frac{0.93\times1.73}{0.93\times1.73-1.45}}=0.90m$$

按上述计算结果，桩距 s=0.90m，桩距系数 α=3.0。考虑土的干密度有一定的离散性，为切实合理确定出设计桩距，在现场进行了挤密效果试验。试验桩距分别为 $2d$（0.6m），$2.5d$（0.75m）和 $3.0d$（0.90m）。每一种桩距成孔挤密施工 19 根桩，然后开剖靠里的一组桩间挤密土，分层在三角形中心及桩边与中心点连线的三等分点位置处取出土样，测试桩间土干密度 ρ_d、压缩系数 a 及湿陷系数 δ_s。试验结果的平均值沿深度（H）的变化如例图 3-1 所示。

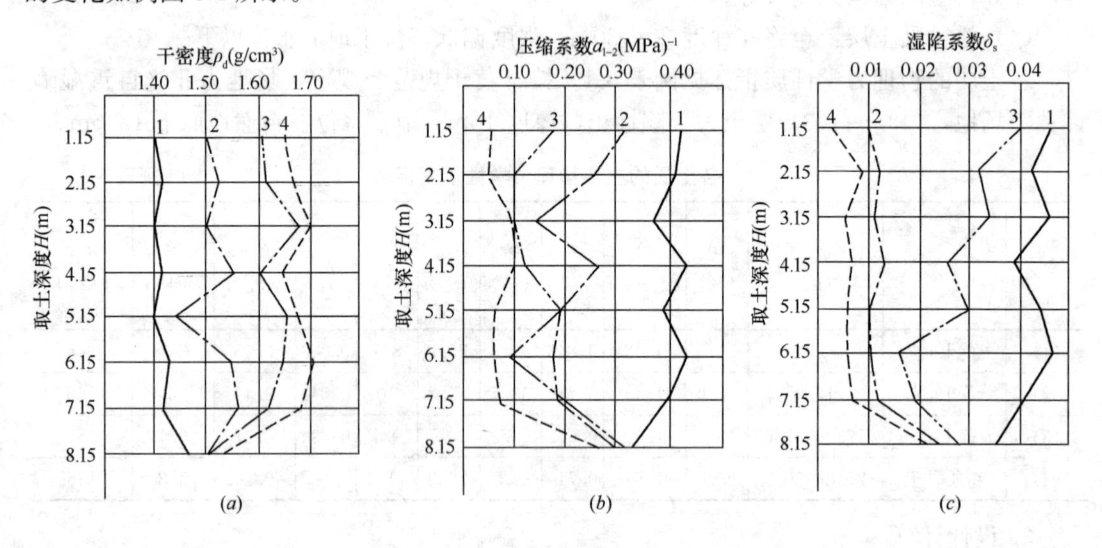

例图 3-1　不同桩距挤密效果比较

（a）ρ_d-H 关系曲线；（b）a_{1-2}-H 关系曲线；（c）δ_s-H 关系曲线

1—天然地基；2—桩距 $3d$；3—桩距 $2.5d$；4—桩距 $2d$

桩间土挤密后的挤密系数要求 $\eta_c \geqslant 0.93$，故桩间土的干密度要求$\bar{\rho}_d \geqslant 0.93\times1.73=1.61g/cm^3$；当湿陷系数 $\delta_s<0.015$ 时，表明土的湿陷性已经消失。从图 3-1 试验结果显示，当桩距系数（$\alpha=s/d$）为 2.5 或 2.0 时，均可满足以上条件。但桩距为 $2d$ 时施工困难，地面有隆起现象。综合考虑技术经济因素，设计桩距确定为 $2.5d$ 即 0.75m，按正三角形布桩

（3）处理范围的确定

根据《黄土规范》的规定，整片处理挤密地基的宽度，每边超出建筑物外墙基础边缘的尺寸宜大于处理厚度的一半。据此处理范围每边超出基础边缘各为 4.0m。它既有一定的防水效果，又可扩大应力扩散范围，保证处理地基的整体稳定性，在自重湿陷性场地尤为必要。

（4）复合地基承载力的确定

复合地基的承载力宜通过现场载荷试验确定，但因工期紧迫，事前无法进行试验。经对上部结构验算，基底压力设计值为200kPa。根据经验及有关规范规定，灰土桩挤密地基的承载力可按原天然地基承载力的2倍确定，同时不宜超过250kPa，因此本工程灰土桩挤密地基的承载力特征值可满足设计基底压力的要求。按经验公式估算，复合地基的承载力特征值为$f_{spk}\approx 210kPa$。

4. 施工方法

桩孔施工采用锤击沉管法成孔，其顺序先外排后内排，同排间隔一孔进行。同排相邻桩孔施工间隔时间如果太短，可能造成相互影响；如时间过长，第二轮桩孔施工难度较大。通过试验后认为，同排相邻桩孔间隔时间以18～24h较为合理。

整个场地内的含水量不太均匀，含水量偏小时，成孔速度较慢，并且打桩是从外向内施工，到最后施工时更加困难。经研究改进，增加了桩尖的强度，将活瓣桩尖改为整体钢板桩尖，在桩尖上设4个通气小孔，以保证拔管时能够通气、桩尖角度大于场地土的摩擦角，这样就减少了桩管与土的摩擦力与吸附力，施工速度大大提高。

桩孔夯填采用常用的偏心轮夹杆式夯实机，填料为体积比2∶8灰土，人工定量填进，夯实机连续夯击。对夯填施工进行了严格的控制和监督。

5. 质量检验

（1）探井取样检验及载荷试验

为检验桩间土的挤密效果、灰土桩的夯填质量及桩间土湿陷性的消除程度，在场地内进行探井取样，共挖探井7个孔，井深8.5m，每米深度取一组土样，每组4个样（包括灰土桩体一件，桩间土三件），做土工常规试验，包括湿陷性及干密度（桩体只做干密度）等试验。试验结果表明，工程试验指标均优于试桩的结果，满足设计的要求。

综合检测结果，桩间土的干密度增加了17%，孔隙比减少20%，压缩性明显改善，湿陷性完全消除。按物理力学性质指标，桩间土的承载力特征值可达到$f_{sk}=185kPa$，灰土桩体的承载力特征值$f_{pk}=330kPa$，设计桩的面积置换率$m=0.145$，由此计算出复合地基的承载力特征值为$f_{spk}=330\times 0.145+185(1-0.145)=206kPa$，满足设计要求的200kPa。另根据三台载荷试验结果，取$s/d=0.008$所对应的荷载为其承载力特征值，确定灰土桩复合地基的承载力特征值$f_{spk}=220kPa$，其结果更加切实合理。

（2）小应变动测法检验桩体质量

为检验灰土桩桩体的质量，随机抽取2%的灰土桩进行小应变动测，检测灰土桩的密实度、完整性及桩的质量。

本次检测采用弹性波反射法，当桩身存在不均匀波段，缩径、断桩等缺陷以及存在桩底介质突变界面时，波阻抗发生了变化，使得该行波发生反射，反射波的相位、强度以及出现时刻反映了桩身存在缺陷的性质、位置及缺陷程度，利用桩形定量分析软件自动分析，给出桩身质量、波速及近似的单桩承载力。抽检的120根其弹性波速均在510～650m/s之间，桩体基本完整密实。

（3）常时微振动测试

场地常时微振动是反映地基刚度与场地动力特性的主要参数。灰土桩挤密地基提高了地基的密实度与刚度，亦改变了场地的动力特性。通过常时微振动测试，可以确定地基刚度的提高程度和动力特性的改善情况。最后经测试计算得到场地的卓越周期在0.18～

0.22s 之间，比原来场地的卓越周期 0.3s 小得多。

6. 技术经济效果

住院楼地基的湿陷性土层厚度较大，属Ⅱ级自重湿陷性黄土场地，高低层相差悬殊，对地基处理要求较严。设计单位经过方案分析论证，并进行了精心设计和现场测试，确定了灰土桩合理的设计施工参数；在施工过程中，又结合场地条件采取有效措施，克服了硬土层成孔困难和高湿度地段缩孔等不利因素，加快了施工进度，保证了工程质量。施工结束后，对工程质量和处理效果进行系统检验，除常用的取样检验和载荷试验外，还做了小应变动测和常时微振动测试等。检验结果证明，灰土桩挤密地基消除湿陷性、地基承载力和动力特性等均满足设计要求，技术效果良好。

采用灰土桩挤密法处理住院楼地基，无需开挖和深基坑支护，原位挤密，就地取料，不用水泥和钢筋，地基处理费用可节约 50%，同时工期也缩短了近 1/3，经济效果显著。

（韩春林，杨锡慎，第三届全国黄土学术会议交流论文 1996.）

第八节　水泥土搅拌桩复合地基

一、概述

（一）工法简介

以水泥作为固化剂的主剂，通过特制的深层搅拌机械，将固化剂和地基土强制搅拌，使软土硬结成具有整体性、水稳定性和一定强度桩体的地基处理方法。水泥土搅拌法分为浆液搅拌法和粉体喷搅法。

浆液搅拌法是使用水泥浆作为固化剂的水泥土搅拌法，简称湿法。

粉体喷搅法是使用干水泥粉作为固化剂的水泥土搅拌法，简称干法。

水泥土搅拌法是适用于加固饱和黏性土和粉土等地基的一种方法。它是利用水泥等材料作为固化剂通过特制的搅拌机械，就地将软土和固化剂（浆液或粉体）强制搅拌，使软土硬结成具有整体性、水稳性和一定强度的水泥加固土，从而提高地基土强度和增大变形模量。根据固化剂掺入状态的不同．它可分为浆液搅拌和粉体喷射搅拌两种。前者是用浆液和地基土搅拌，后者是用粉体和地基土搅拌。

水泥浆搅拌法最早在美国研制成功，称为 Mixed-in-Place Pile（简称 MIP 法），国内 1977 年由冶金部建筑研究总院和交通部水运规划设计院进行了室内试验和机械研制工作，于 1978 年底制造出国内第一台 SJB-1 型双搅拌轴中心管输浆的搅拌机械。并由江阴市江阴振冲器厂成批生产（目前 SJB-2 型加固深度可达 18m）。1980 年初在上海宝钢三座卷管设备基础的软土地基加固工程中首次获得成功。1980 年初天津市机械施工公司与交通部一航局科研所利用日本进口螺旋钻孔机械进行改装，制成单搅拌轴和叶片输浆型搅拌机，1981 年在天津造纸厂蒸煮锅改造扩建工程中应用获得成功。

粉体喷射搅拌法最早由瑞典人 Kjeld Paus 于 1967 年提出了使用石灰搅拌桩加固 15m 深度范围内软土地基的设想，并于 1971 年瑞典 Linden-Alimat 公司在现场制成第一根用石灰粉和软土搅拌成桩，1974 年获得粉喷技术专利，生产出的专用机械，其桩径 500mm、加固深度 15m。我国由铁道部第四勘测设计院于 1983 年用 DPP-100 型汽车钻改装成国内第一台粉体喷射搅拌机，并使用石灰作为固化剂，应用于铁路涵洞加固。1986年开始使用水泥作为固化剂，应用于房屋建筑的软土地基加固。1987年铁四院和上海探矿机械厂制成GPP-5型步履式粉喷机，成桩直径500mm，加固深度12.5m。当前国内粉喷桩机的成桩直径一般在500～700mm，深度一般可达15m。

目前水泥土搅法在施工机具及施工工艺方面均发展很快，如：①三头及多头搅拌机已在工程中广泛应用，加固深度已达35m，大功率多头搅拌机可穿透中密粉土及粉细砂以及稍密中粗砂及砾砂；②介于深搅及高压旋喷的喷搅桩（JMP工法）；③钉形（扩顶）搅拌桩；④排水粉喷桩法（2D工法）及长桩——短桩工法（D-M工法）；⑤同心双向搅拌工艺等新技术；⑥河北工业大学与沧州市机械施工有限公司等单位开发的劲芯水泥土桩等。上述新工艺均已在工程中开始应用。

水泥土搅拌法加固软土技术具有其独特优点：

（1）最大限度地利用了原土；

（2）搅拌时无振动、无噪声和无污染（国产粉喷桩机有一定粉尘污染），可在密集建筑群中进行施工，对周围原有建筑物及地下沟管影响很小；

（3）根据上部结构的需要，可灵活地采用柱状、壁状、格栅状和块状等加固型式；

（4）与钢筋混凝土桩基相比，可节约钢材并降低造价。

但水泥土桩与混凝土桩相比，桩身水泥土质量受土质及施工因素影响较大。其最大隐患是断桩或局部桩身强度不足。如搅拌不均、喷浆不足、抱管上窜、水下养护强度不足、局部土质松软含水量大，或土中含有机质以及过于黏硬等均可造成局部隐患，这些隐患常会使水泥土桩失效。另外粉喷桩还存在深部成桩效果差，桩身存在极薄弱夹层、抗水平力差，当存在临空面时易引起边坡失稳，以及引起地面开裂、施工后粉喷桩会突然下沉等。这些问题曾造成工程界对粉喷桩技术及其处理效果产生怀疑，许多地区甚至限制使用粉喷桩。因此改善施工机械性能及施工工艺已成为当务之急。

（二）水泥土硬化机理

水泥土桩复合地基的功效，主要是水泥加固土的置换作用。水泥土硬化机理与混凝土硬化机理不同，混凝土的硬化主要是水泥在粗填充料中进行水解和水化反应，硬化速度快；而水泥土由于水泥掺量少且水泥的水解和水化反应是在具有一定活性细粒土中进行，所以水泥加固土强度增长比混凝土慢，其硬化机理为：

当水泥浆与软黏土拌和后，水泥颗粒表面的矿物很快与黏土中的水发生水解和水化反应，在颗粒间生成各种水化物。这些水化物有的继续硬化，形成水泥石骨料；有的则与周围具有一定活性的黏土颗粒发生反应，通过离子交换和团粒化作用使较小的土颗粒形成较大的土团粒。通过凝硬反应，逐渐生成不溶于水的稳定的结晶化合物，从而使水泥土的强度提高。水泥水化物中游离的氢氧化钙能吸收水中和空气中的二氧化碳，发生碳酸化反应，生成不溶于水的碳酸钙，这种碳酸化反应也能使水泥土增加强度。

土和水泥水化物之间的物理化学反应过程是比较缓慢的，水泥土硬化需要一定的时间。工程应用上常取龄期为90d的强度作为设计值。

（三）影响水泥土抗压强度的因素

影响水泥土的无侧限抗压强度的因素有：水泥掺入比、水泥强度等级、龄期、含水量、有机质含量、外掺剂、养护条件及土性等。下面根据试验结果来分析影响水泥土抗压强度的一些主要因素。

1. 水泥掺入比 α_w 对强度的影响

水泥土的强度随着水泥掺入比的增加而增大（如图 5-58 所示），当 $\alpha_w<5\%$时，由于水泥与土的反应过弱，水泥土固化程度低，强度离散性也较大，故在水泥土搅拌法的实际施工中，选用的水泥掺入比应大于 7%。当 $\alpha_w>20\%$后，f_{cu}增长减慢。当 $\alpha_w=10\sim15\%$时，$f_{cu}\approx1\sim2$MPa，实际工程中，因场地土质与施工条件的差异，掺入比增加与水泥土强度提高的百分比与室内试验结果是不完全一致的。一般水泥掺入比 α_w 宜采用12～20%。

2. 龄期对强度的影响

水泥土的强度随着龄期的增长而提高，一般在龄期超过 28d 后仍有明显增长，当龄期超过 3 个月后，水泥土的强度增长才减缓。90d 的水泥土强度为 28d 的 1.43～1.8 倍，180d 水泥土强度为 90d 的 1.25 倍，而 180d 后水泥土强度增长仍未终止。同样，据电子显微镜观察，水泥和土的硬凝反应约需 3 个月才能充分完成。因此水泥土选用 3 个月龄期强度作为水泥土的抗压强度较为适宜。

回归分析还发现在其他条件相同时，某个龄期（t）的无侧限抗压强度 f_{cut}和 28 天龄期的无侧限抗压强度 f_{cu28}的比值$\frac{f_{cut}}{f_{cu28}}$与龄期 t 的关系具有较好的归一化性质，且大致呈幂函数关系。其关系式如下：

$$\frac{f_{cut}}{f_{cu28}}=0.2414t^{0.4197} \tag{5-121}$$

上式中龄期的适用范围是 $t=$（7～90）天。当 $t=60$d 时，

$$f_{cu60}=(1.15\sim1.46)f_{cu28} \tag{5-122}$$

当 $t=90$d 时，

$$f_{cu90}=(1.43\sim1.80)f_{cu28} \tag{5-123}$$

水泥土掺入比、龄期与强度的关系曲线如图 5-59 所示。

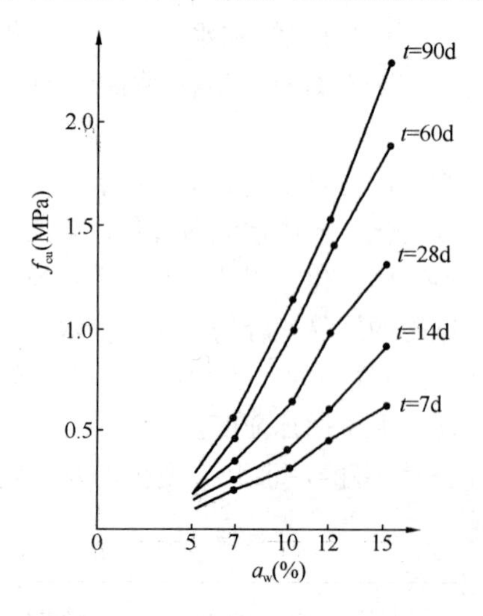

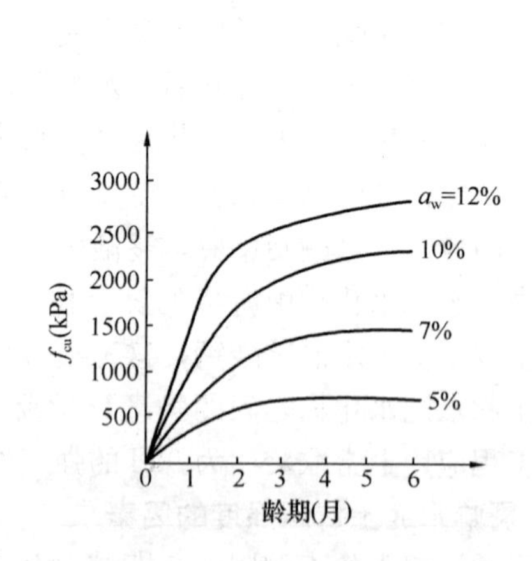

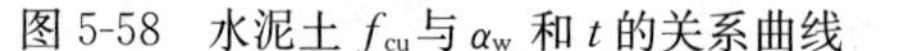
图 5-58 水泥土 f_{cu}与 α_w 和 t 的关系曲线

图 5-59 水泥土掺入比、龄期与强度的关系曲线

3. 水泥强度等级对水泥土强度的影响

水泥土的强度随水泥强度等级的提高而增加。水泥的强度等级提高 10MPa，水泥土强度 f_{cu} 约增加 20%～30%。如达到相同强度，水泥强度等级提高 10MPa 可降低水泥掺入比 2%～3%。上述增大规律因土质及水泥品种不同而有较大差别，特别是黏性土，情况较复杂。水泥种类应与土质相适应。

4. 土的性质影响

土质条件对水泥土搅拌桩桩身水泥土抗压强度影响主要有两个方面：①是对桩身搅拌均匀性影响；②是土体物理力学性质对水泥土强度增加的影响。土的颗粒级配、含水量、液限、黏土矿物成分、离子交换能力、可溶硅和铝的含量、孔隙水的 pH 值及有机质种类和含量、沉积环境等都会影响水泥土加固效果。

(1) 土的含水量、密度等物理力学性质指标与水泥土强度之间有很密切的相关关系。如随土中含水量的提高，水泥水化后产生的新物质的密度相应减小，因此当水泥掺入比相同时，水泥土强度随土中含水量的提高而降低。当土中含水量 w=50%～85%时，含水量每降低 10%，f_{cu}增加 30%。湿法施工土体最佳总含水量为 1.0～1.1 倍 w_L。

水泥土强度还与施工时水灰比有关，水灰比大水泥土强度降低。一般浆液搅拌法水灰比为 0.5～0.6。对对于型钢水泥土搅拌桩（墙），由于其水灰比较大（1.5～2.0），为保证水泥土强度，宜选用不低于 42.5 级水泥且掺量不少于 20%。

需要指出的是，采用粉喷桩加固软基时，并非土体含水量越低加固效果越好，如果土中含水量过低，水泥不能充分水化则水泥土强度会降低。试验表明干法施工，土体液性指数应大于 0.5。

(2) 试验及工程实践分析表明，土中有机质含量、pH 值与水泥土强度之间有很强的负相关关系。由于有机质使地基土具有较大的水溶性和塑性、较大的膨胀性和低渗透性，并使土具有酸性，这些性质将阻碍水泥的水化反应，减少水化物的生成量，导致水泥土强度降低。土中有机质含量越高、pH 值越低，对水泥土强度的负影响越大。同时，有机质对水泥土的影响还与有机质的成分有关。有机质成分不同，影响程度也不同（如图 5-60 所示）。

对于淤泥、有机质含量超过 5.0 或 pH 值低于 4 的酸性土，则加固效果较差。上述土层有可能不凝固或发生后期崩解，因此必须进行现场和室内试验确定其适用性。当土中有机质的主要成分——富里酸含量接近或大于 0.2%时，应慎用水泥土搅拌法（如图 5-61 所示）。当 pH<4 时，掺入水泥掺量 5%左右的石灰，通常 pH 值就会大于 12。

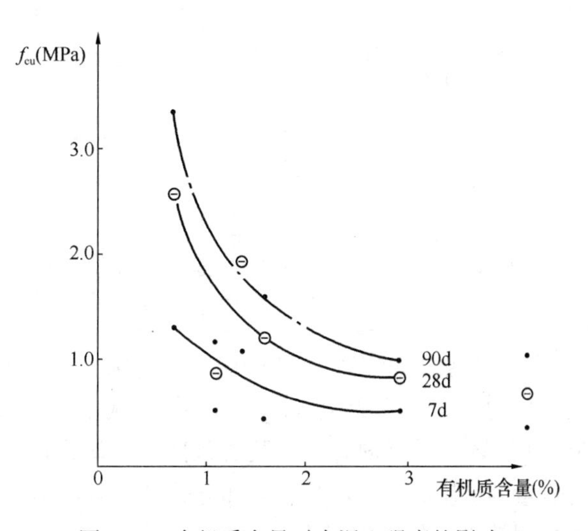

图 5-60　有机质含量对水泥土强度的影响

对高含水量或富含有机质的软黏土，应选用合适的水泥及外加剂。常用的外加剂有：石灰、粉煤灰、石膏、

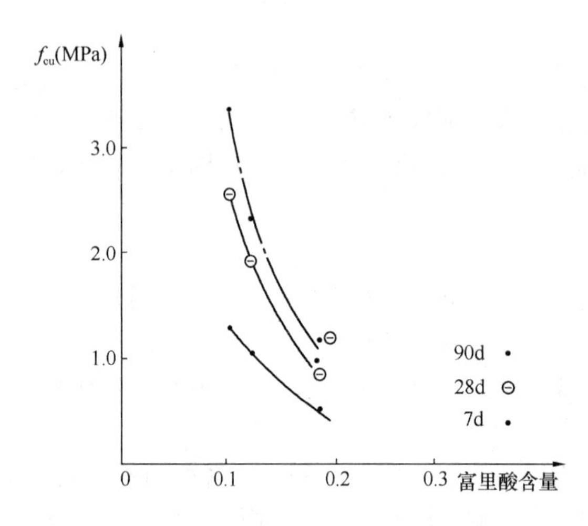

图 5-61　富里酸含量对水泥土强度的影响

减水剂等。

(3) 根据室内试验，一般认为用水泥作为固化剂，对含有高岭石、多水高岭石、蒙脱石等黏土矿物的软土加固效果好；而对于含有伊利石、氯化物和水铝石英矿物的黏性土加固效果差。

(4) 在海水渗入地区，地下水含有大量硫酸盐，会使水泥土产生结晶膨胀而降低水泥土强度。为此应选用抗硫酸水泥，但也有研究表明：若使用得当，也可利用这一膨胀势来增加地基处理效果。经有关单位试验研究，我国大部分沿海工程遇到的海水对水泥土的强度基本没有影响，一般可不考虑海水的侵蚀作用，必要时应通过试验确定。

(5) 土的颗粒级配对水泥土强度也有很大影响。如砂性土 f_{cu} 大于黏性土，最大水泥土强度在砂粒含量为 60％时取得，通常随着黏粒含量增加，加固相同的土体需要的固化剂用量也随之增大。

5. 外掺剂对强度的影响

不同的外掺剂对水泥土强度有着不同的影响。如木质素磺酸钙对水泥土强度的增长影响不大，主要起减水作用。石膏、三乙醇胺对水泥土强度有增强作用，而其增强效果对不同土和不同水泥掺入比又有所不同（见表 5-49），所以选择合适的外掺剂，可提高水泥土强度和节约水泥的用量。

外掺剂对水泥土强度的影响　　**表 5-49**

水泥掺入比 a_w（％）		10				10				10	
外掺剂及掺量（占水泥重量百分比）		石膏（2％）				三乙醇胺（0.05％）				氯化钙（2％）	
龄期		7	28	60	90	7	28	60	90	28	90
水泥土强度	无外掺剂 f_{cu}（MPa）	0.32	0.62	0.97	1.12	0.32	0.62	0.97	1.12	0.62	1.12
	有外掺剂 f'_{cu}（MPa）	0.37	0.74	1.07	1.12	0.46	0.90	1.15	1.29	0.75	1.05
$\frac{f'_{cu}}{f_{cu}}$		1.16	1.19	1.10	1.00	1.44	1.45	1.19	1.15	1.21	0.93

一般早强剂可选用三乙醇胺、氯化钙、碳酸钠或水玻璃等材料，其掺入量宜分别取水泥重量的 0.05％、2％、0.5％和 2％；减水剂可选用木质素磺酸钙，其掺入量宜取水泥重量的 0.2％；缓凝剂有石膏及磷石膏。石膏兼有缓凝和早强的双重作用，其掺入量宜取水泥重量的 2％。磷石膏对于大部分软黏土来说是一种经济有效的固化剂，尤其对于单用水泥加固效果不好的泥炭土、软黏土效果更佳，一般可节省水泥 11～37％。

掺加粉煤灰的水泥土，其强度一般都比不掺粉煤灰的有所增长，如图 5-62 所示。不同水泥掺入比的水泥土，当掺入与水泥等量的粉煤灰后，强度均比不掺粉煤灰的提高10%，故在加固软土时掺入粉煤灰，不仅可消耗工业废料，还可提高水泥土的强度。粉煤灰掺入量不宜超过土重的 12%～15%，否则对水泥土强度提高反而不利。

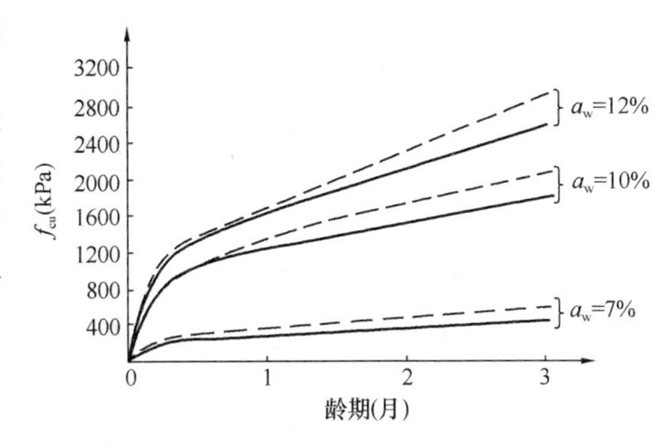

图 5-62 粉煤灰对水泥土强度的影响

注：实线为不掺粉煤灰的水泥土；虚线为掺粉煤灰的水泥土。

6. 养护方法

养护方法对水泥土的强度影响主要表现在养护环境的湿度和温度（见表 5-50）。

国内外试验资料都说明，养护方法对短龄期水泥土强度的影响很大，随着时间的增长，不同养护方法下的水泥土无侧限抗压强度趋于一致，说明养护方法对水泥土后期强度的影响较小。

养护环境对水泥土强度的影响（$\alpha_w=10\%$）　　**表 5-50**

龄期（d）	水泥土无侧限抗压强度（MPa）		
	标准水中养护	标准养护	自然水中养护
7	0.315	0.667	0.392
28	0.623	1.473	1.073
90	1.124	0.978	1.165

大量工程实践表明：水泥土桩存在早期强度低、碳化迟缓和强度随深度递减现象，即使增加水泥掺量也较难避免。但水泥土一旦暴露在空气中，强度增长很快，这种现象内在机理仍有待研究，但应在设计时引起注意。天津地区已有研究成果表明：水泥土在地下养护期要比地上长的多，有的甚至数年后开挖仍未充分硬化，对这个现象应引起充分重视。

7. 搅拌均匀称度

搅拌的均匀程度对水泥土强度的影响很大。I_p 越大，土体越黏，搅拌均匀的难度越大；对黏性土，w、I_L 过低，土质坚硬，也不易搅拌均匀。水泥和土之间强制搅拌越充分，土块被粉碎的越小，水泥分布到土中越均匀，则水泥土强度离散性越小，其宏观的桩体强度也越高。

在实际工程中往往由于局部桩段搅拌不均，造成该段桩身强度降低，甚至出现断桩，从而引发工程事故。因此在施工时应引起重视。根据统计，采用相同配合比，桩身 f_{cu} 约为室内试验 f_{cu} 的 1/3 到 1/5 左右。

（四）粉喷桩与浆喷桩的差异

1. 粉喷桩的特点

粉喷桩由于使用的固化剂为干燥雾状粉体，不再向地基土中注入附加水分，它能充分吸收软土中的水，对含水量高的软土加固效果尤为显著，粉体喷射搅拌法加固软土地基，具有如下的独特优点：

（1）最大限度地利用原土；

（2）搅拌时无振动、无噪声和无污染，对周围环境影响很小；

（3）根据设计需要，可灵活地采用柱状、壁状、格栅状和块状等平面布置加固形式；

（4）在一定的范围内根据需要，调整固化剂用量，灵活地得到固化土的强度；

（5）早期强度高，工后沉降小。

2. 粉喷桩与浆喷桩的差异

水泥搅拌桩的两种主要形式：粉喷桩与浆喷桩，尽管加固原理、室内试验方法、设计计算方法与顺序、施工质量检验等方面均相似，但工程实践表明，由于两者的固化剂形态不同，施工机械和施工控制不完全一致，使得二者出现差异，具体表现为：

（1）粉喷法在软土中能吸收较多的水分有利于地基土密度的提高，对含水量较高的黏土特别适用。浆喷法则要从浆液中带进较多的水分对地基加固不利。

（2）粉喷法初期强度高，对快速路堤填筑较有利，而浆喷法初期强度较低。

（3）粉喷法因为以粉体直接在土中进行搅拌不易搅拌均匀，而浆喷法以浆液注入土中容易搅拌均匀。

（4）试验证明水泥中加入一定量的石灰及其他物质对桩身的强度大有好处。但是在粉喷桩施工中加入另一种粉体比较困难，而浆喷法只要把这些添加剂定量倒入搅拌池合成浆液很容易掺入土中。不仅加粉体，还可以加液体（如水玻璃），而且更方便。

（5）因为浆液搅拌比较均匀，打到深部时挤压泵能自动调整压力，在一般情况下都能注浆液于软土中，所以浆喷桩下部桩的质量一般较粉喷桩好。

（6）粉喷桩较浆喷桩而言，输入到土中的加固剂数量要少一些，因此，粉喷桩的工程造价一般较浆喷桩低。

（7）粉喷桩较浆喷桩的施工机械简单，因此施工操作、移位等容易。

正因为这些差异性，设计时应根据实际情况进行选择。

（五）适用范围

1. 水泥土搅拌法分为浆液搅拌法（以下简称湿法）和粉体喷搅法（以下简称干法）。水泥土搅拌法适用于处理正常固结的淤泥与淤泥质土、粉土、饱和黄土、素填土、黏性土以及无流动地下水的松散～中密砂土等地基。当地基土的天然含水量小于30%（黄土含水量小于25%）时，由于不能保证水泥充分水化，不宜采用干法。冬期施工时，应注意负温对处理效果的影响。

2. 当软土的含水量大于40%或含水比（w/w_L）大于1时适宜用粉喷桩；当含水量低于40%或含水比小于1时适宜用浆喷桩。

3. 水泥土搅拌法用于处理泥炭土、有机质土、pH值小于4的酸性土、塑性指数I_P大于25的黏土（易在搅拌头上形成泥团，无法完成水泥土拌合）、地下水具有腐蚀性时以及无工程经验的地区，必须通过现场试验确定其适用性。

4. 有经验地区也可采用石灰固化剂。石灰固化剂一般适用于黏土颗粒含量大于20%，粉粒及黏粒含量之和大于35%，黏性土的塑性指数大于10，液性指数大于0.7，土的pH值为4～8，有机质含量小于11%，土的天然含水量大于30%的偏酸性的土质加固。

5. 含有大孤石或障碍物较多且不易清除的杂填土、硬塑及坚硬黏性土、密实砂土以及地下水渗流影响成桩质量的土层，和欠固结的淤泥、淤泥质土以及以生活垃圾为主的杂填土等不宜采用水泥土搅拌法。

二、设计

（一）设计前的勘察和试验工作

1. 确定处理方案前应搜集拟处理区域内详尽的岩土工程资料。尤其是填土层的厚度和组成及大块物料尺寸及含量；软土层的分布范围、分层情况；地下水位及其运动规律及pH值；土的含水量、塑性指数和有机质含量及欠固结软黏土的超固结比等。

对拟采用水泥土搅拌法的工程，除了常规的工程地质勘察要求外，尚应注意查明：

（1）填土层的组成：特别是大块物质（石块和树根等）的尺寸和含量。含大块石对水泥土搅拌法施工速度有很大的影响，所以必须清除大块石等再予施工。

（2）土的含水量：当水泥土配比相同时，其强度随土样的天然含水量的降低而增大。试验表明，当土的含水量在50％～85％范围内变化时，含水量每降低10％，水泥土强度可提高30％。

（3）有机质含量：有机质含量较高会阻碍水泥水化反应，影响水泥土的强度增长，故对有机质含量较高的明、暗浜填土及冲填土应予慎重考虑，许多设计单位往往采用在浜域内加大桩长的设计方案，从而得不到理想的效果。应从提高置换率和增加水泥掺入量角度，来保证浜域内的水泥土达到一定的桩身强度。

（4）地下水和土的腐蚀性。

（5）采用干法加固砂土应进行颗粒级配分析。特别注意土的黏粒含量及对加固料有害的土中离子种类及数最，如SO_4^{2-}、Cl^-等。

2. 设计前应进行拟处理土的室内配比试验。针对现场拟处理土层的性质，选择合适的固化剂、外掺剂及其掺量，为设计提供各种龄期、各种配比的强度参数。当土层软弱且变化较大时，应分层进行配比试验，或选择拟处理的最弱层软土进行试验并作为设计依据。

对竖向承载的水泥土强度宜取90d龄期试块的立方体抗压强度平均值；对承受水平荷载的水泥土强度宜取28d龄期试块的立方体抗压强度平均值。

目前工程实践中对此重视不够，很多工程设计仅仅依靠经验确定水泥掺量及水泥土强度，事故及浪费时有发生。笔者认为应重视这一工作，有条件的地方应建立不同土层不同水泥土强度f_{cu}的配比参考值。另外为了缩短检测时间并增加安全度，水泥土强度f_{cu}按28d取值似更合理。

3. 水泥土抗压强度试验详见本书附录H。

（二）设计要点

1. 平面布置

竖向承载搅拌桩的平面布置可根据上部结构特点及对地基承载力和变形的要求，采用柱状、壁状、格栅状或块状等加固型式。对于建筑工程以柱状加固形式最为常见。桩可只在基础平面范围内布置，独立基础下的桩数不宜少于4根。柱状加固可采用正方形、等边三角形等布桩型式。湿法搅拌可插入型钢形成排桩（墙）或置入钢筋混凝土芯桩形成劲芯水泥土桩。

（1）柱状：每隔一定距离打设一根水泥土桩，形成柱状加固型式，适用于单层工业厂房独立柱基础和多层房屋条形基础或筏片基础下的地基加固，它可充分发挥桩身强度与桩周侧阻力；当采用柱状加固时笔者建议：桩间距宜取 $s=(2\sim3)d$ 并不宜小于 $2d$ 以充分发挥桩侧阻力。

（2）壁状：将相邻桩体部分重叠搭接成为壁状加固型式，适用于深基坑开挖时的边坡加固以及建筑物长高比大、刚度小、对不均匀沉降比较敏感的多层房屋条形基础下的地基加固。

（3）格栅状：它是纵横两个方向的相邻桩体搭接而形成的加固型式。适用于对上部结构单位面积荷载大和对不均匀沉降要求控制严格的建（构）筑物的地基加固。

（4）长短桩相结合：当地质条件复杂，同一建筑物坐落在两类不同性质的地基土上或局部为沟坑时，可采用长短桩相结合的方案，借以调整和减小不均匀沉降量及加固局部软土。

水泥土桩的强度和刚度是介于柔性桩和刚性桩间的一种半刚性桩，它所形成的桩体在无侧限情况下可保持直立，在轴向力作用下又有一定的压缩性，但其承载性能又与刚性桩相似，因此在设计时可仅在上部结构基础范围内布桩。不必像柔性桩及散体材料桩一样需在基础外设置护桩。对于柔性基础应通过稳定验算确定布桩范围及要求。

实际布桩时，最外排桩中心距基础边缘距离不宜小于 $1d$，且不大于 $0.5s$。

2. 处理深度

（1）水泥土搅拌法的设计，主要是确定搅拌桩的置换率和长度。竖向承载搅拌桩的长度应根据上部结构对承载力和变形的要求确定，并宜穿透软弱土层到达承载力相对较高的土层；为提高抗滑稳定性而设置的搅拌桩，其桩长应超过危险滑弧以下 2m。

（2）限于目前的设备条件和工程经验，湿法的加固深度不宜大于 20m；干法不宜大于 15m。当湿法施工采用多头搅拌桩时，加固深度可达 35m。

（3）从提高承载力角度，增加置换率比增加桩长的效果更好。水泥土桩是介于刚性桩与柔性桩间具有一定压缩性的半刚性桩，桩身强度越高，其特性越接近刚性桩；反之则接近柔性桩。桩越长，则对桩身强度要求越高。但过高的桩身强度对复合地基承载力的提高及桩间土承载力的发挥是不利的。为了充分发挥桩间土的承载力和复合地基的潜力，应使土对桩的支承力与桩身强度所确定的单桩承载力接近。通常使后者略大于前者较为安全和经济。

（4）对某一地区的水泥土桩，其桩身承载力是有一定限制的，也就是说，水泥土桩从承载力角度，存在一有效桩长，单桩承载力在一定程度上并不随桩长的增加而增大。

（5）对软土地区，地基处理的任务主要是解决地基的变形问题，即地基是在满足强度的基础上以变形进行控制的，因此水泥土搅拌桩的桩长应通过变形计算来确定。对于变形来说，增加桩长，对减少沉降是有利的。实践证明，若水泥土搅拌桩能穿透软弱土层到达强度相对较高的持力层，则沉降量是较小的。在深厚淤泥及淤泥质土层中，宜避免采用“悬浮”桩型。若采用时应按实体深基础进行沉降及下卧层承载力验算。

3. 桩径

桩径应依设计要求及设备条件确定，当采用单头深层搅拌机时，桩径 d 不应小于 500mm，常用桩直径为 500～700mm。

4. 固化剂选择

（1）固化剂宜选用强度等级为 32.5 级及以上强度等级的水泥。当水泥土桩体强度要求大于1.0MPa时，宜选用42.5级及以上强度等级的水泥；当桩体强度小于1.0MPa时，可选用32.5级水泥。当需要水泥土有较高的早期强度时，宜采用普通硅酸盐水泥。水泥掺量块状加固时可用被加固湿土质量的7%～12%外，其余宜为12%～20%。湿法的水泥浆水灰比可选用0.5～0.6。外掺剂可根据工程需要和土质条件选用具有早强、缓凝、减水以及节省水泥等作用的材料，但应避免污染环境。外掺剂选用参见表5-51。

外掺剂选用表　　　　**表5-51**

名　称	作　用	掺　量	备　注
石膏	缓凝、早强	2%	1. 掺量为占水泥重量百分比； 2. 当地下水具有侵蚀性时，应选用特种水泥及相应的外掺剂； 3. 干法施工可掺加粉煤灰
三乙醇胺	早强	0.05%	
氯化钙		2%	
碳酸钠		0.5%	
水玻璃		2%	
木质素磺酸钙	减水	0.2%	
粉煤灰	提高强度	≤水泥重	

注：1. 由于软土的材料特性，水泥土水化硬化环境与混凝土不同，因此单独使用水泥并不是最理想的固化材料，利用工业废渣制备固化剂不仅可以降低成本，有利环境保护，而且在很多场合可以得到比单纯使用水泥更好的加固效果。
2. 利用工业废石膏和水泥复合加固软黏土，是近年新开发的极有前途的固化剂，一般加入水泥用量的20%的废石膏，可提高强度1.3～3.5倍，节约水泥20%～40%。
3. 目前根据拟加固土的物理、化学性质指标，以工业废渣为主有针对性的配置满足设计要求的专用固化剂的设计，已在多项工程中推广应用[10]。
4. 在水泥土中掺入纳米粒子，可有效改善水泥土宏观强度。

（2）竖向承载搅拌桩复合地基中的桩长超过10m时，可采用变掺量设计。在全桩水泥总掺量不变的前提下，桩身上部三分之一桩长范围内可适当增加水泥掺量及搅拌次数；桩身下部三分之一桩长范围内可适当减少水泥掺量。

设计者往往将水泥土桩理解为桩基，因此要求其像刚性桩那样，在桩长范围内强度一致，而且桩强度越高越好。这是违反复合地基基本假定的。桩身强度不宜太高，应使桩身有一定的变形量，这样才能促使桩间土强度的发挥。根据室内模型试验和水泥土桩的加固机理分析，其桩身轴向应力自上而下逐渐减小，其最大轴力位于桩顶3倍桩径范围内。因此，在水泥土桩设计中，为节省固化剂材料和提高施工效率，设计时可采用变掺量的施工工艺。工程实践证明，这种变强度的设计方法能获得良好的技术经济效果。

5. 褥垫层设置

竖向承载搅拌桩复合地基应在基础和桩之间设置褥垫层。刚性基础下褥垫层厚度可取200～300mm。其材料可选用中砂、粗砂、级配砂石等，最大粒径不宜大于20mm。柔性基础下褥垫层宜设置一层或多层水平加筋，垫层厚度不小于500mm。以往水泥土搅拌桩用于竖向荷载时，很多工程未设置褥垫层，考虑到褥垫层有利于发挥桩间土的作用，在有条件时仍以设置褥垫层为好。当桩身水泥土抗压强度较高而不至受力破坏时，为使桩侧阻力发挥也可不设褥垫层。

6. 复合地基承载力特征值

（1）竖向承载水泥土搅拌桩复合地基的承载力特征值应通过现场单桩或多桩复合地基荷载试验确定。

（2）初步设计时可按下式估算：

$$f_{spk} = m\frac{\lambda \cdot R_a}{A_p} + \beta(1-m)f_{sk} \tag{5-124}$$

式中 f_{spk}——复合地基承载力特征值（kPa），不宜大于 200kPa，一般采用 120～180kPa；

m——桩土面积置换率；

λ——单桩承载力发挥系数，可取 λ=0.85～1.0，设置褥垫层时取低值；

R_a——单桩竖向承载力特征值（kN）；

A_p——桩的截面积（m^2）；

f_{sk}——桩间土承载力特征值（kPa），可取天然地基承载力特征值。当桩间土为成层土时，笔者建议可按厚度加权平均或取桩顶 $3d$ 范围内土的承载力值；

β——桩间土承载力发挥系数。当加固土层为淤泥、淤泥质土、流塑状态黏性土时，取 β=0.1～0.4；其他土层可取 0.4～0.8。加固土层强度高或设褥垫层时取高值，桩端持力层强度高时取低值。

桩间土承载力发挥系数 β 是反映桩土共同作用的一个参数。如 β=1 时，则表示桩与土共同承受荷载，由此得出与散体材料桩复合地基相同的计算公式；如 β=0 时，则表示桩间土不承受荷载，由此得出与一般刚性桩基相似的计算公式。

通过对比水泥土和天然土的应力应变关系曲线、复合地基和天然地基的 p-s 曲线可以看出，在发生与水泥土极限应力值相对应的应变值时，或在发生与复合地基承载力设计值相对应的沉降值时，天然地基所提供的应力或承载力小于其极限应力或承载力值。考虑水泥土桩复合地基的变形协调，引入发挥系数 β，它的取值与桩间土和桩端土的性质，搅拌桩的桩身强度和承载力，养护龄期等因素有关。桩间土较好、桩端土较弱、桩身强度较低、养护龄期较短，则 β 值取高值；反之，则 β 值取低值。

确定 β 值还应根据建筑物对沉降要求有所不同。当建筑物对沉降要求控制较严时，即使桩端是软土，β 值也应取小值，这样较为安全；建筑物对沉降要求控制较低时，即使桩端为硬土，β 值也可取大值，这样较为经济。

《复合地基技术规程》GB/T 50783 规定：桩周土承载力发挥系数 β 应按地区经验取值，当桩端土未经修正的承载力特征值大于桩周土地基承载力特征值的平均值时，可取 0.1～0.4，差值大时取低值；当桩端土未经修正的承载力特征值小于或等于桩间土地基承载力特征值的平均值时，可取 0.50～0.95，差值大或设置褥垫层时取大值；对填土路堤和柔性面层堆场取 β=0.95。

7. 单桩竖向承载力特征值

（1）单桩竖向承载力特征值应通过现场载荷试验确定。

（2）初步设计时也可根据桩身水泥土抗压强度及土的抗力分别按式（5-125）及式（5-126）估算。应使由桩身材料强度确定的单桩承载力大于（或等于）由桩周土和桩端土的抗力所提供的单桩承载力：

$$R_a = \eta \cdot f_{cu} \cdot A_p \tag{5-125}$$

$$R_a = u_p \sum_{i=1}^{n} q_{si} \cdot l_{pi} + \alpha_p \cdot q_p \cdot A_P \tag{5-126}$$

式中　R_a——单桩承载力特征值（kN），d=500mm 时，R_a 不宜大于 150kN；

A_p——桩的截面积（m^2）；

u_p——桩的周长（m）；

n——桩长范围内所划分的土层数；

q_{si}——桩周第 i 层土侧阻力特征值（kPa），对淤泥可取 4～7kPa；对淤泥质土可取 6～12kPa；对软塑状态的黏性土可取 10～15kPa；对可塑状态的黏性土可以取 12～18kPa；对稍密砂土可取 15～20kPa，对中密砂土可取 20～25kPa；有工程经验时，也可按当地经验取值；

l_{pi}——桩长范围内第 i 层土的厚度（m）；

q_p——桩端地基土未经修正的承载力特征值（kPa），按照现行国家标准《建筑地基基础设计规范》GB 50007 有关规定确定；

α_p——桩端天然地基土的承载力折减系数，可取 0.4～0.6，承载力高或桩较长时取低值；

f_{cu}——与搅拌桩桩身水泥土配比相同的室内加固土试块（边长为 70.7mm 的立方体，也可采用边长为 50mm 的立方体）在标准养护条件下 90d 龄期的立方体抗压强度平均值（kPa）；f_{cu}经验取值范围见表 5-52；

η——桩身强度折减系数，干法可取 0.20～0.30；湿法可取 0.25～0.33。

加固土无侧限抗压强度 f_{cu}取值范围（kPa）　　表 5-52

土　性	水　泥	水泥-石灰	石　灰
淤　泥	20～300	20～200	20～200
有机质土	20～300	20～200	20～150
灵敏黏土	50～400	50～300	40～300
黏　土	100～1800	50～1600	50～1400
粉质黏土	100～1800	100～1600	50～1600
黏质粉土	100～2000	100～1800	100～1800
粉　土	100～1600	100～1800	100～800
砂　土	100～5000	100～1800	100～800

（3）公式中的桩身强度折减系数 η 是一个与工程经验以及拟建工程的性质密切相关的参数。工程经验包括对施工队伍素质、施工质量、室内强度试验与实际加固强度比值以及对实际工程加固效果等情况的掌握。拟建工程性质包括工程地质条件、上部结构对地基的要求以及工程的重要性等。设计时应综合分析后取值。

（4）桩端地基承载力折减系数 α_p 取值与施工时桩端施工质量及桩端土质等条件有关。当桩端为较硬土层且桩底施工质量好时取高值。如果桩底施工质量不好，或桩端为软土时取低值。为安全计对于深厚软弱土层（如淤泥、淤泥质土），可取 α_p=0。

（5）在应用式（5-126）计算单桩承载力时，应注意有效桩长（l_0）对单桩承载力的影响，当 $\sum_{i=1}^{n} l_{pi}$ 大于 l_0 时 $\sum_{i=1}^{n} l_{pi}$ 应取 l_0，此时桩端阻力可不计。l_0 的确定可参见有关文献。

8. 沉降计算

竖向承载搅拌桩复合地基的变形包括搅拌桩复合土层的平均压缩变形 s_1 与桩端下未加固土层的压缩变形 s_2：

（1）搅拌桩复合土层的压缩变形 s_1 可按下式计算：

$$s_1 = \frac{(p_z + p_{z1})l_p}{2E_{sp}} \tag{5-127}$$

$$E_{sp} = mE_p + (1-m)E_s \tag{5-128}$$

或取

$$E_{sp} = \frac{f_{spk}}{f_{ak}}E'_s \tag{5-129}$$

式中 p_z——搅拌桩复合土层顶面的附加压力值（kPa）；

p_{z1}——搅拌桩复合土层底面的附加压力值（kPa）；

E_{sp}——搅拌桩复合土层的压缩模量（MPa），一般为 15～25MPa；

E_p——搅拌桩的压缩模量，可取（100～200）f_{cu}（MPa）。对桩较短或桩身强度较低者可取低值，反之可取高值；

E_s——桩间土的压缩模量（MPa）；

f_{ak}——天然地基承载力特征值（kPa）；

E'_s——天然土层压缩模量（MPa）。

（2）桩端以下未加固土层的压缩变形 s_2 可按现行国家标准《建筑地基基础设计规范》GB 50007 的有关规定进行计算。

（3）式（5-127）～式（5-129）是半理论半经验的计算公式。

根据大量水泥土单桩复合地基载荷试验资料，得到了在工作荷载下水泥土桩复合地基的复合模量，一般为 15～25MPa，其大小受面积置换率、桩间土质和桩身质量等因素的影响。且根据理论分析和实测结果，复合地基的复合模量总是大于由桩的模量和桩间土的模量的面积加权之和。大量的水泥土桩设计计算及实测结果表明，群桩体的压缩变形量仅变化在 10～50mm。因此，对一般中小型工程，也可取 s_1＝10～30mm 以简化计算。

（4）这里特别指出，不论采用哪一种方法计算，其前提条件是水泥搅拌桩必须进入较好土层。对于深厚淤泥、淤泥质等软土中的搅拌桩，当桩未能穿透软土而呈“悬浮”状态时，计算结果明显偏小，处于不安全状态。其原因为软土与桩身模量相差数百倍以上，桩土难以共同工作，单桩将向下刺入，群桩则呈实体基础的受力状态，桩端附加应力增加，与分层总和法的计算程序相悖，多项工程曾发生沉降过大的事故，因此在深厚淤泥、淤泥质土的“悬浮桩”应按桩基实体基础的计算方法计算沉降。

9. 下卧层验算

（1）当搅拌桩处理范围以下存在软弱下卧层时，应按现行国家标准《建筑地基基础设计规范》GB 50007 的有关规定进行下卧层承载力验算。

（2）水泥土桩加固设计中往往以群桩型式出现，群桩中各桩与单桩的工作状态迥然不同。试验结果表明，双桩承载力小于两根单桩承载力之和；双桩沉降量大于单桩沉降量。可见，当桩距较小时，由于应力重叠产生群桩效应。因此，在设计时当水泥土桩的置换率较大（$m>20\%$），且非单行排列，而桩端下又存在较软弱的土层时，尚应将桩与桩间土视为一个假想的实体基础，用以验算软弱下卧层的地基承载力。具体计算方法详见本章第一节有关内容。

10. 水泥土搅拌桩形成水泥土加固体，用于基坑工程维护挡墙、被动加固区、防渗帷幕、大面积水稳定土等的设计、施工和检测等可参照本节内容。

（三）设计算例

1. 建筑条件

某六层砖混住宅，采用墙下钢筋混凝土条形基础，基础埋深自现地坪下1.4m，内横墙±0.00处荷载$F_k=200\text{kN/m}$。采用深层搅拌桩处理地基，要求处理后$f_{spk}\geqslant 140\text{kPa}$，桩身水泥土强度$f_{cu}\geqslant 1.8\text{MPa}$。

2. 土质条件

施工现场土质条件如图5-63所示。

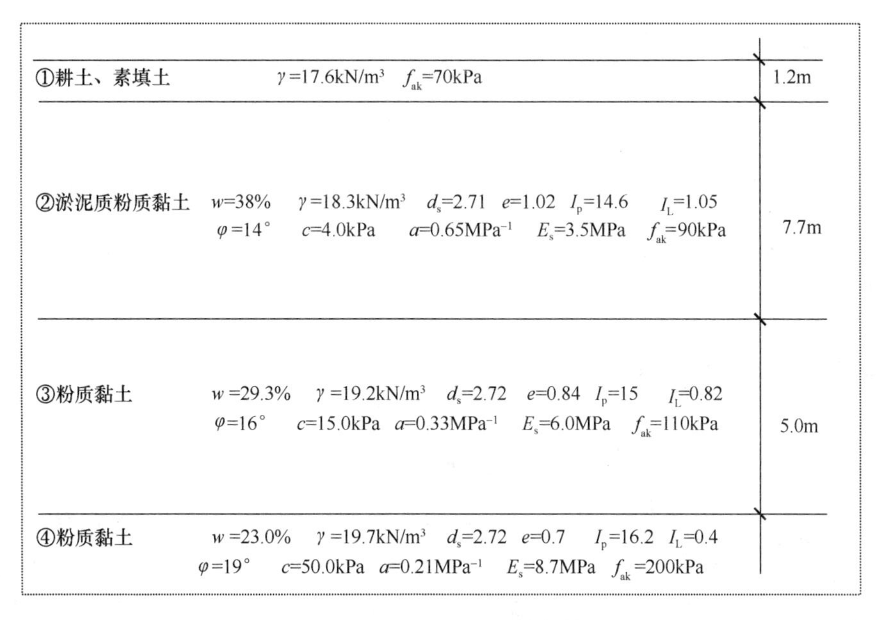

图5-63　施工现场土质条件

3. 设计计算

根据本书附录D刚性桩及半刚性桩复合地基通用设计流程进行设计。

（1）估算基础宽度b

1）利用$f_{spa}=f_{spk}+\eta_d\gamma_m(d-0.5)$计算复合地基承载力特征值$f_{spa}$

将基础底面以上土的加权平均重度：$\gamma_m=\dfrac{17.6\times1.2+18.3\times0.2}{1.4}=17.7\text{kN/m}^3$；

基础埋深承载力修正系数$\eta_d=1.0$，$f_{spk}\geqslant 140\text{kPa}$及基础埋深$d=1.4\text{m}$代入上式，得

$$f_{spa}=140+1.0\times17.7\times(1.4-0.5)=156\text{kPa}$$

2）利用$b \geqslant \frac{F_k}{f_{spa} - \gamma_G d}$计算确定基底宽度$b$，式中$\gamma_G$为基础及回填土的平均重度，可取20kN/m³。

将F_k=200kN/m，f_{sp} = 156kPa及γ_G=20kN/m³代入，得

$$b \geqslant \frac{F_k}{f_{spa} - \gamma_G d} = \frac{200}{156 - 20 \times 1.4} = 1.56\text{m}$$，取b=1.60m。

（2）确定桩径d、桩长l_p

参考本书附表B-2，取桩径d=500mm，桩长l_p=7.5m，桩端落在土层③上，f_{ak}=110kPa。

（3）确定单桩承载力特征值R_a

1）按桩身强度f_{cu}确定

根据$R_a = \eta f_{cu} A_p$确定。

查本书附表B-4，水泥土搅拌桩（湿法）$\eta = 0.25 \sim 0.33$，取η=0.30。依η=0.30，$f_{cu} \geqslant$1.8MPa查本书附表E-2，得R_a=106kN/根。

2）按桩端、桩侧摩阻力计算确定

①确定总桩侧阻力值R_s

土层②：I_L=1.05，淤泥质土，查本书附表B-3，q_s=6～12kPa，取为8kPa；

依$\bar{q} \approx$8kPa，l_p=7.5m，查本书附表E-3得R_s=94kN

②确定总桩端阻力值R_p

查本书附表B-5确定桩端阻力折减系数α_p=0.4。

依桩端阻力值q_p=110kPa，α_p=0.4查本书附表E-4得R_p=8.6kN/根

③确定R_a：

$$R_a = R_s + R_p = 94 + 8.6 = 102.6\text{kN}$$

∴按R_a=103kN进行设计。

（4）桩土面积置换率m计算

根据f_{spk}=140kPa，$f_{pk} = \frac{103}{0.196} = 526\text{kPa}$；

$\beta \cdot f_{sk}$=18kPa（桩间土承载力f_{ak}为90kPa，小于桩端土承载力110kPa，根据本书附表B-6取β=0.2），查本书附表E-6，m=0.23，按m=0.25布桩。

（5）桩位布置

依据m=0.25，基础宽度b=1.6m查本书附表E-7得桩距计算参数α_s=1.965，采用双排布桩，桩距$s = n \cdot \alpha_s \cdot d^2 = 2 \times 1.965 \times 0.5^2$=0.98m，实际取$s$=1.0m。

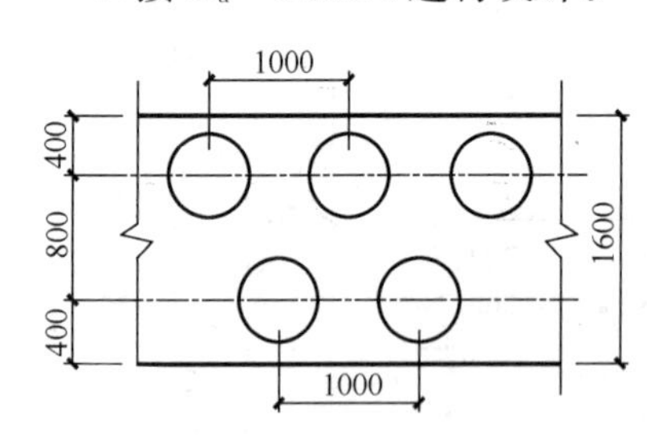

图5-64 桩位布置平面图
（单位：mm）

桩位布置如图5-64所示。

（6）下卧层验算及沉降计算（略）

三、施工

（一）施工设备

深层搅拌机械按固化剂的状态不同分为浆液深层搅拌桩机和粉体喷射深层搅拌桩机，

根据搅拌轴数分为单轴、双轴和多轴深层搅拌桩机。

1. 浆液深层搅拌机及配套设备

（1）深层搅拌设备

各种型号深层搅拌机技术参数及附属设备见表 5-53～表 5-58。

1）国产双轴深层搅拌机

国产双轴深层搅拌机技术参数见表 5-53，典型机械外形如图 5-65 所示。

国产双轴深层搅拌机技术参数　　　表 5-53

型号	SJB-Ⅰ	SJB-Ⅱ	T-600
电机功率	2×30kW	2×40kW	2×30kW
搅拌头直径	2×ϕ700	2×ϕ700	2×ϕ600
搅拌头数量	2	2	2
搅拌头转速	46r/min	46r/min	30～60r/min
额定扭矩	2×6.4kN·m	2×8.5kN·m	
搅拌头间距	514mm	514mm	600mm
一次加固面积	0.71m^2	0.71m^2	0.57m^2
最大加固深度	12m	18m	15m
喷浆方式	中心管喷浆	中心管喷浆	叶片喷浆
电机减速装置	二级行星齿轮减速	二级行星齿轮减速	摆线针轮减速

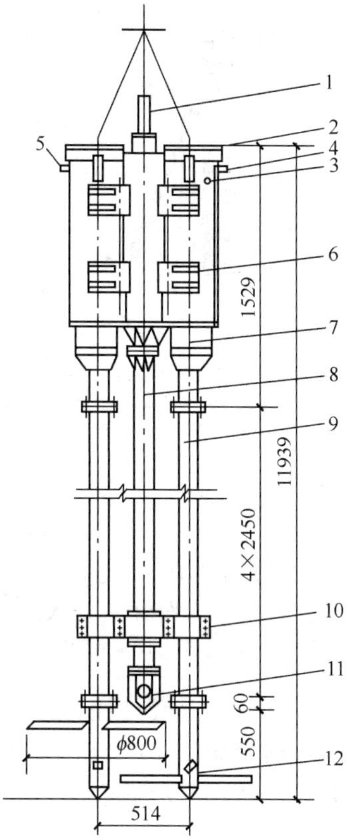

图 5-65　SJB 型深层搅拌主机

1—输浆管；2—外壳；3—电机；4—进水口；5—出水口；6—导向滑块；7—减速器；8—中心管；9—搅拌轴；10—横向系板；11—球阀；12—搅拌头

2）国产单轴深层搅拌机

国产单轴深层搅拌机技术参数见表 5-54，典型机械外形如图 5-66 所示。

国产单轴深层搅拌机技术参数　　　表 5-54

型号	DSJ22	DSJ30	DSJ37	DSJ-Ⅱ	DSJB-37D
钻机功率（kW）	22	30	37	30	37
一次加固面积（m^2）	0.2	0.28	0.5	0.2	0.384
最大加固深度（m）	15	15	15	22	18
最大钻杆扭矩（kN·m）	3.32	4.52	5.60	0.5	7.5
钻杆转速（r/min）	57	57	57	59	45
最小提速（m/min）	0.5	0.5	0.5	0.4	0.5
全机功率（kW）	33	41	46	41	46

注：除上表外，尚有 GZB-600、DJB-14D 等单轴深层搅拌机。

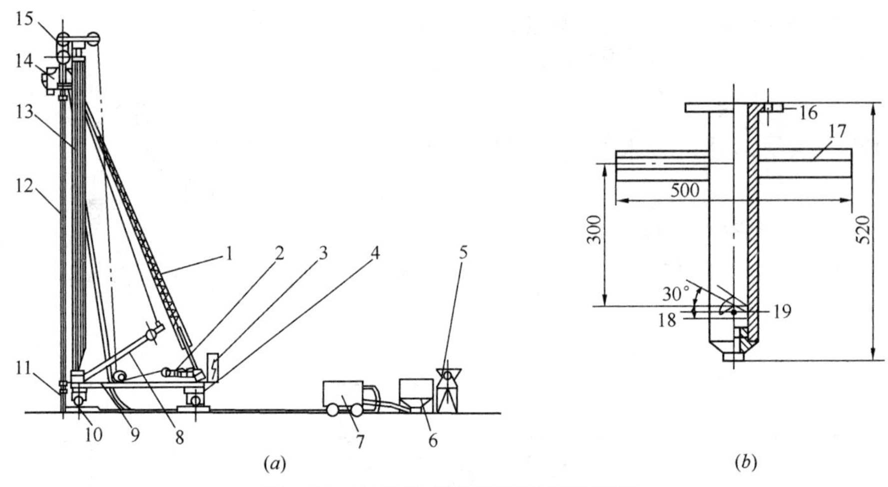

图 5-66 DSJ-Ⅱ型单轴深层搅拌机械

(a) DSJ-Ⅱ型单轴深层搅拌施工机械；(b) 搅拌头结构图

1—斜撑杆；2—卷扬系统；3—控制台；4—走管装置；5—灰浆搅拌机；6—储浆罐；7—灰浆泵；8—平衡杆；9—底座平台；10—枕木垫；11—搅拌头；12—钻杆；13—塔杆；14—动力头；15—活轮组；16—连接法兰盘；17—搅拌叶片；18—切削叶片；19—喷浆口

3) 国产三轴深层搅拌机

上海探矿机械厂为适应水泥土地下连续墙的施工需要，研制了三轴型的 ZKD 型深层搅拌机，技术参数见表 5-55，机械外形如图 5-67 所示。

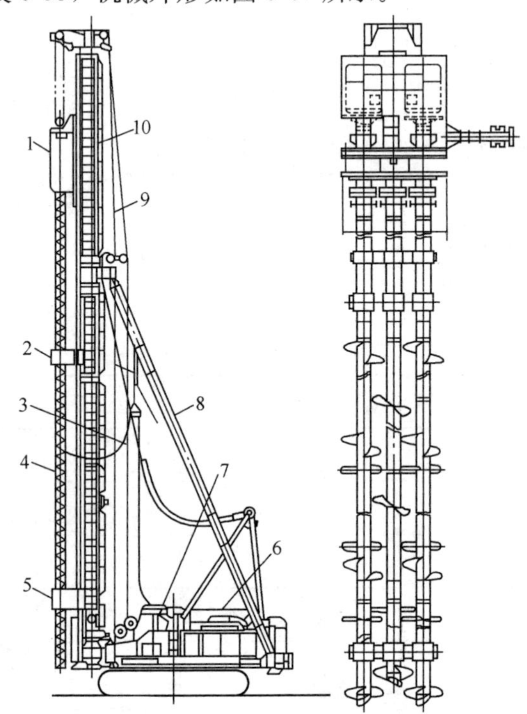

图 5-67 ZKD85-3 型深层三轴搅拌机（单轴直径 ϕ850mm，钻孔深 27m）

1—动力头；2—中间支承；3—注浆管电线；4—钻杆；5—下部支承；6—电气柜；7—操作盘；8—斜撑；9—钻机用钢丝绳；10—立柱

三轴型深层搅拌机技术参数 **表 5-55**

水泥浆喷深层搅拌机类型		ZKD65-3	ZDK85-3
深层搅拌机	搅拌轴数量（根）	3	3
	轴中心距（mm）	450	600
	搅拌叶片外径（mm）	650	850
	搅拌轴转速（r/min)	17.6	16.0
	电动功率（kW）	2×45	2×75
起吊设备	提升能力（kW）	250	
	提升高度（m）	30	
技术指标	一次加固面积（m^2）	0.87	1.50
	最大加固深度（m）	30	27

（2）灰浆泵

灰浆泵是湿法作业深层搅拌机械的重要配套设备，国内常用的深层搅拌灰浆泵有以下几种：

1）柱塞泵

代表性柱塞泵为 HB6-3 型灰浆泵，其技术规格见表 5-56。

HB6-3 型灰浆泵技术规格 **表 5-56**

输浆量（m^3/h）	3	电机功率（kW）	4
工作压力（MPa）	1.5	活塞往复次数（次/min）	150
垂直输浆距离（m）	40	排浆口内径（mm）	50
水平输浆距离（m）	150	最佳输浆稠度（cm）	8～12
电机转速（r/min)	1440		

2）挤压泵

UBJ-1.8 型挤压泵是利用机械式变换，输浆量为 0.3～1.8m^3/h。该泵主要技术参数见表 5-57 。

UBJ-1.8 型挤压式灰浆泵的技术参数 **表 5-57**

挤压胶管内径（mm）	最高垂直输浆距离（m）	最大水平输浆距离（m）	额定工作压力（MPa）
38	30	100	1.5
减速器变速位置	电机变换位置	挤压管挤压次数（次/min）	输浆量（m^3/h）
A	0	10	0.3
	1	24	0.4
	2	36	0.6
B	0	51	0.9
	1	69	1.2
	2	105	1.8

3）液压注浆泵

SYB-50/50Ⅰ型液压注浆泵属于变量泵，其压力和流量可变，最高压力可设定，该泵主要技术性能见表5-58。

SYB-50/50Ⅰ型注浆泵技术性能　　表5-58

柱塞直径（mm）	$\phi75$	$\phi95$
冲程（次/min）	50	50
流量（L/min）	35	50
压力（MPa）	0.5	0.32
外形尺寸（长mm×宽mm×高mm）	1340×370×900	
重量（kN）	2600	

国产水泥土搅拌机配备的泥浆泵工作压力一般小于2.0MPa，上海生产的三轴搅拌设备配备的泥浆泵额定压力为5.0MPa，其成桩质量较好。用于建筑物地基处理，在某些地层条件下，深层土的处理效果不好（例如深度大于10m），处理后地基变形较大，限制了水泥土搅拌桩在建筑工程地基处理中的应用。水泥土成桩质量对于设备能力来说，主要有三个因素决定：搅拌次数、喷浆压力、喷浆量。国产水泥土搅拌机的转速低，搅拌次数靠降低提升速度或复搅解决，而对于喷浆压力、喷浆量二个因素对成桩质量的影响有相关性，当喷浆压力一定时，喷浆量大的成桩质量好；当喷浆量一定时，喷浆压力大的成桩质量好。所以提高国产水泥土搅拌机配备能力，是保证水泥土搅拌桩成桩质量的重要条件。故应对建筑工程地基处理采用的水泥土搅拌机配备能力提出了最低要求。为了满足这个条件，水泥土搅拌机配备的泥浆泵工作压力不宜小于5.0MPa。

（3）搅拌头

搅拌头是深层搅拌机械的重要部件，它直接影响水泥浆和软黏土的拌合均匀程度，决定着地基加固的效果。在国外是技术专利。根据我国的技术经济条件，先后研制过笼形、三叶片式、两叶片式和带齿二叶片等几种搅拌头（如图5-68所示）。

2. 粉喷桩施工设备

（1）粉喷桩机施工特点

喷粉形式的深层搅拌机械是以水泥粉作为固化剂的主剂。水泥粉体搅拌技术是基于钻机钻孔时，回转转盘和加压机构通过钻杆向钻头施加作用力，钻头在轴压力和回转扭矩作用下切入土层并切碎土体到达设计深度后，然后反向旋转提升钻头，同时利用压缩空气输入水泥粉体，通过钻头的搅拌作用，使水泥粉和土体充分拌合，边提升钻头、边喷入水泥粉，边搅拌混合，直至钻头提出地面或设计标高完成一根搅拌桩的施工。

（2）粉喷桩机组成及技术性能

粉喷桩机由主机和配套机械组成。粉体搅拌机的主机是一台能完成钻进及搅拌的钻机。由于喷粉搅拌的施工特点，如成桩速度快，又要求不同的提升和旋转速度来满足不同的桩身强度要求，因此对钻机移位的灵活性和速度可变性又有较高的要求。

粉体搅拌机主机主要由步履底座、传动系统、加减压系统和液压系统、塔架、钻头等组成。

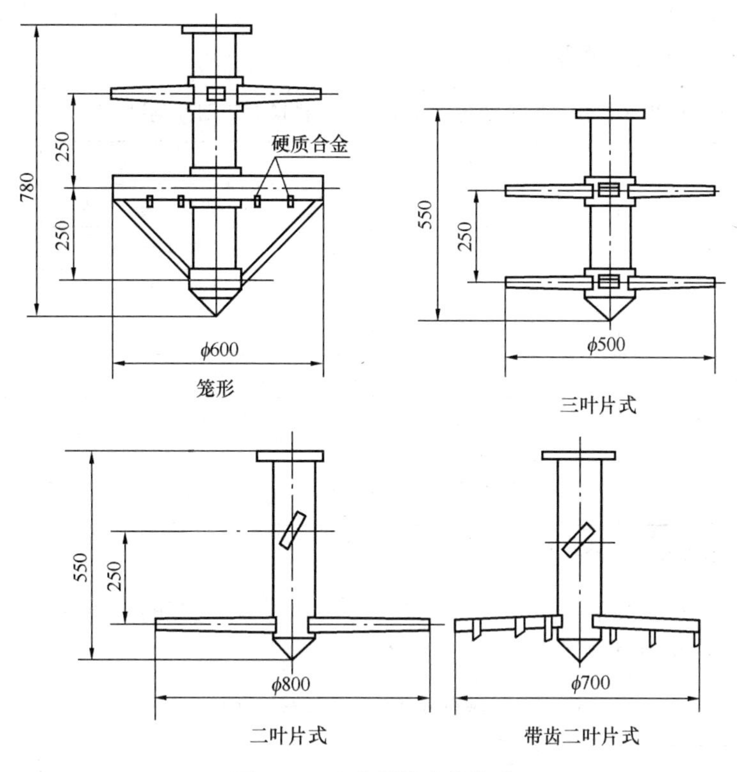

图 5-68　几种搅拌头的外形

粉喷桩机配套设备主要有：灰罐车、空气压缩机、粉体贮存及喷射装置等。如图 5-69 所示。

国内外粉喷桩机技术性能及构造见表 5-59～表 5-62 及如图 5-70 和图 5-71 所示。

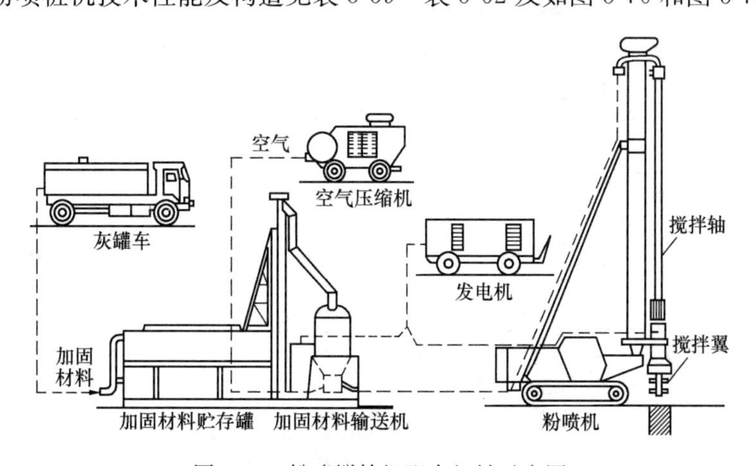

图 5-69　粉喷搅拌机配套机械示意图

1）国产粉喷桩机类型

我国的粉喷机以上海金泰工程机械有限公司（原上海探矿机械厂）及铁道部武汉工程机械研究所生产的 GPP 型和 PH 型为代表。

①GPP-5 粉体喷射搅拌机，是一种步履式移位的钻机，是铁道部第四勘测设计院于

1984 年利用 DPP-100 型汽车钻机改制的，由电动机、钻架、卷扬机、液压泵、转盘、主动钻杆、给进链条、变速箱等部件组成，技术性能见表 5-59。

GPP-5 型粉体喷射搅拌机技术参数（铁道部第四勘测设计院）　　表 5-59

粉喷搅拌机	搅拌轴规格（mm）	108×108（7500+5500）	YP-1 型粉体喷射机	储料量（kg）	2000
	搅拌翼外径（mm）	500		最大送粉压力（MPa）	0.5
	搅拌轴转速（$r \cdot min^{-1}$）	正（反）28，50，92		送粉管直径（mm）	50
	扭矩（kN·m）	4.9，8.6		最大送粉量（$kg \cdot min^{-1}$）	100
	电机功率（kW）	30		外形规格（m）	2.7×1.82×2.46
起吊设备	井架结构高度（m）	门型－3 级－14m	技术参数	一次加固面积（m^2）	0.196
	提升力（kN）	78.4		最大加固深度（m）	12.5
	提升速度（$m \cdot min^{-1}$）	0.48，0.8，1.47		总质量（t）	9.2
	接地压力（kPa）	34		移动方式	液压步履

注：除上表外尚有 YPP-5、YPP-7 型粉喷桩机。

②上海金泰工程机械有限公司（原上海探矿机械厂）生产的 GPP 型粉喷机性能见表 5-60，构造如图 5-70 所示。

GPP 型粉喷机性能表（上海探矿机械厂）　　表 5-60

项目名称		单位	GPP-5C	GPP-5E
地基加固深度		m	12.5、15、18	12.5、15、18
成桩直径		mm	500	500
钻机转速	正	r/min	15、25、44、70、108	15、25、44、70、108
	反	r/min	17、29、52、82、126	17、29、52、82、126
最大扭矩		kN·m	23.5	28
提升能力		kN	30	30
提升速度	正	m/min	0.29、0.39、0.68、1.08、1.66	
	反	m/min	0.27、0.45、0.80、1.27、1.96	
液压步履纵向单步行程		m	1.2	1.2
液压步履横向单步行程		m	0.5	0.5
接地比压		kPa	24	24
功率		kW	37	45
外形尺寸		m	6.25×5.21×14.55 6.25×5.21×17.05 6.25×5.12×20.55	6.25×5.21×14.55 6.25×5.21×17.05 6.25×5.12×20.55
整机重量		kg	11200	11400

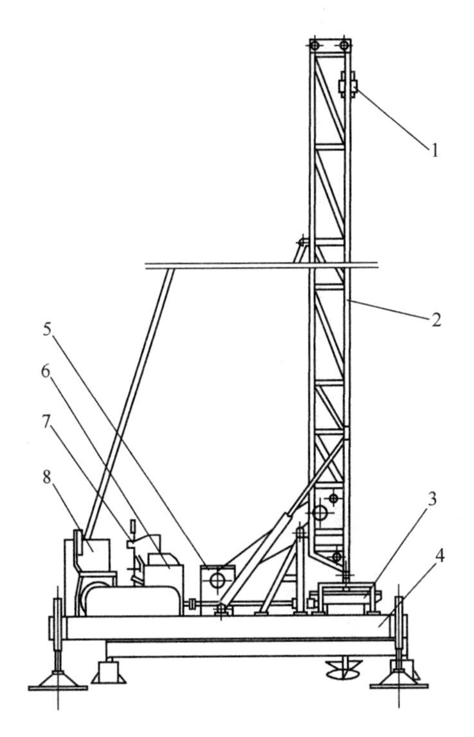

图 5-70　GPP19 型粉体搅拌机组成部分

1—水龙头及钻具；2—井架；3—转盘；4—步履底座；5—加减压系统；
6—变速箱及其操纵系统；7—液压操纵台；8—电气系统

③图 5-71 所示为铁道部武汉工程机械研究所生产的 PH-5A 型粉喷机，表 5-61 列出了该所投产的机型及主要技术参数。

PH 型粉喷机性能表（中铁工程机械研究设计院）　　表 5-61

<table>
<tr><th colspan="2">项目名称</th><th>单位</th><th>PH-5A</th><th>PH-5B</th><th>PH-5D</th><th>PH-7</th></tr>
<tr><td colspan="2">地基加固深度</td><td>m</td><td>14.5</td><td>18</td><td>18</td><td>20</td></tr>
<tr><td colspan="2">成桩直径</td><td>mm</td><td>500</td><td>500</td><td>500</td><td>500～700</td></tr>
<tr><td rowspan="2">钻机转速</td><td>正</td><td>r/min</td><td>15、25、44、70、108</td><td>15、25、44、70、108</td><td>7、12、21、34、52</td><td rowspan="2">17、40、61、90、134</td></tr>
<tr><td>反</td><td>r/min</td><td>17、29、52、82、126</td><td>17、29、52、82、126</td><td>8、14、25、40、62</td></tr>
<tr><td colspan="2">最大扭矩</td><td>kN·m</td><td>21</td><td>21</td><td>55</td><td>22</td></tr>
<tr><td rowspan="2">提升速度</td><td>正</td><td>m/min</td><td colspan="2">0.228、0.386、0.679、1.081、1.665</td><td>0.119～1.497</td><td rowspan="2">1.96、1.32、0.9、0.6、0.27</td></tr>
<tr><td>反</td><td>m/min</td><td colspan="2">0.268、0.455、0.800、1.272、1.960</td><td>0.137～1.761</td></tr>
<tr><td colspan="2">钻杆规格</td><td>mm</td><td>□125×125</td><td>□125×125</td><td>□125×125</td><td>□120×125</td></tr>
<tr><td colspan="2">纵向单步行程</td><td>m</td><td>1.2</td><td>1.2</td><td>1.2</td><td>1.2</td></tr>
<tr><td colspan="2">横向单步行程</td><td>m</td><td>0.5</td><td>0.5</td><td>0.5</td><td>0.5</td></tr>
<tr><td colspan="2">接地比压</td><td>MPa</td><td><0.0287</td><td><0.038</td><td><0.0385</td><td><0.0265</td></tr>
<tr><td colspan="2">灰罐容量</td><td>m^3</td><td>1.3</td><td>1.3</td><td>1.3</td><td>1.3</td></tr>
</table>

续表

项目名称	单位	PH-5A	PH-5B	PH-5D	PH-7
储气量	m^3	—	1		1
空压机排量	m^3/min	1.6	1.6	1.6	1.6
主电机功率	kW	37	37	45	45
发送器电机	kW	1.5	1.5		1.5
油泵电机	kW	4	4	7.5	4
空压电机	kW	13	13	13	13
整机重量	kg	9500	12000	14000	13000

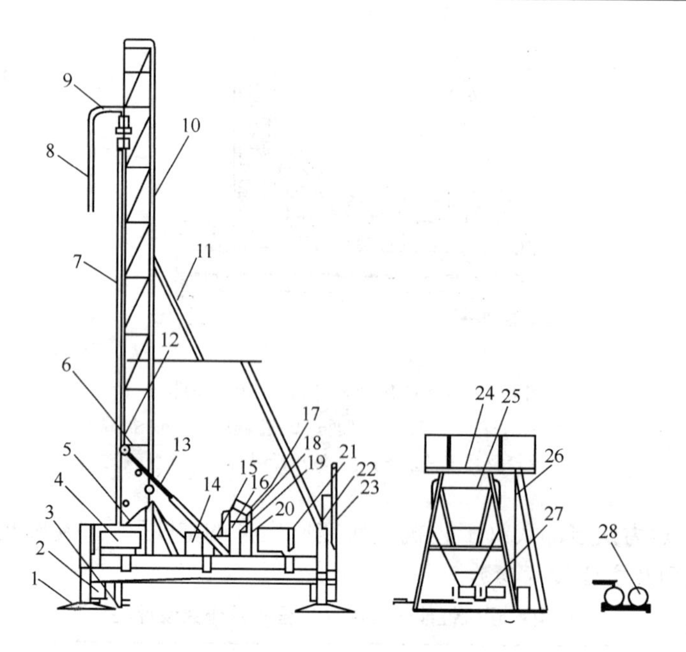

图 5-71　PH-5A 型粉喷机

1—支承底盘；2—滑枕；3—钻头；4—转盘；5—A 字门；6—立架；7—钻杆；8—高压软管；9—水龙头；10—单排链条；11—斜撑杆；12—深度计；13—立架支承油缸；14—蜗杆箱；15—液压油箱；16—变速箱；17—液压操纵台；18—主机操纵台；19—摩擦式离合器和手柄；20—牙嵌离合器手柄；21—主电机；22—主电气柜；23—立架倒下支承架；24—灰罐架；25—灰罐；26—升降机构；27—发生器送灰部分；28—空气压缩机

2）国外几种常见粉喷桩类型

日本粉喷桩机有 5 种类型，分单轴和双轴，最大施工深度已达 33m。国外几种常见粉喷桩机技术性能见表 5-62。

国外几种常见的喷粉桩机技术性能　　　　**表 5-62**

技术参数	单位	日本产 DJM1037 型	日本产 DJM1070 型	瑞典产 LPS-4 型
加固深度	m	10	15	10
成桩直径	mm	800	1000	500

续表

技术参数	单位	日本产 DJM1037 型	日本产 DJM1070 型	瑞典产 LPS-4 型
钻具转速	r/min	5～50	5～50	75
成桩速度		0～7	0～7	0～4
驱动方式		液压马达	液压马达	液压马达
行走方式		步履式	步履式	履带式
接地压力	kPa	22.6	23.5	62.0
主机重量	kN	90	220	100
外形尺寸	m	4.3×3.1×1.7	7.2×3.1×2.0	12.5×3.6×2.5

干法施工，日本生产的DJM粉体喷射搅拌机械，空气压缩机容量为10.5m^3/min，喷粉空压机工作压力一般为0.7MPa。我国自行生产的粉喷桩施工机械，空气压缩机容量较小，喷粉空压机工作压力均小于等于0.5MPa。为保证成桩质量，干法施工最大送粉压力不应小于0.5MPa。

我国的粉喷机比较轻便，整机重量10～15t，功率小，桩径多为500mm，最大施工深度22m。目前，上海探矿机械厂正在开发更深更大的粉喷机。这些粉喷机基本上都采取了步履式，移位灵活；都采用转盘式，重心低，较稳定；减速机用载重汽车的变速箱，产品定型，便于更换。但施工监控系统不完善，非联动操作，人为因素多，稍有不慎，即有搅拌不匀或断桩的可能。同时，系统的密封性不好，水泥粉的污染较严重。另外，机械的穿透能力较差，加上转盘式的限制，只能实现单轴搅拌。

（二）施工前准备工作

1. 水泥土搅拌法施工现场事先应予以平整，必须清除地上和地下的障碍物。遇有明浜、池塘及洼地时应抽水和清淤，回填黏性土料并予以压实，不得回填杂填土或生活垃圾。

国产水泥土搅拌机的搅拌头大都采用双层（或多层）十字杆形或叶片螺旋形。这类搅拌头切削和搅拌加固软土十分合适，但对块径大于100mm的石块、树根和生活垃圾等大块物料的切割能力较差，即使将搅拌头作了加强处理后已能穿过块石层，但施工效率较低，机械磨损严重。因此，施工时应予以挖除后再填素土为宜，增加的工程量不大，但施工效率却可大大提高。

2. 水泥土搅拌桩施工前应根据设计进行工艺性试桩，数量不得少于3根，多头搅拌不得少于3组。当桩周为成层土时，应对相对软弱土层增加搅拌次数或增加水泥掺量。

工艺性试桩的目的是：

（1）提供满足设计固化剂掺入量的各项操作参数。具体要求参见本书附录J。

（2）验证搅拌均匀程度及成桩直径。

（3）了解下钻及提升的阻力情况，并采取相应的措施。

3. 设备检查调试

（1）施工前应确定灰浆泵输浆量、灰浆经输浆管到达搅拌机喷浆口的时间和起吊设备提升速度等施工参数，并根据设计要求通过工艺性成桩试验确定施工工艺。

(2) 喷粉施工前应仔细检查搅拌机械、供粉泵、送气（粉）管路、接头和阀门的密封性、可靠性、送气（粉）管路的长度不宜大于 60m。

每个场地开工前的成桩工艺试验必不可少，由于制桩喷灰量与土性、孔深、气流量等多种因素有关，故应根据设计要求逐步调试，借以确定施工有关参数（如土层的可钻性、提升速度、叶轮泵转速等），以便正式施工时能顺利进行。施工经验表明送粉管路长度超过 60m 后，送粉阻力明显增大，送粉量也不易达到恒定。

搅拌头的直径应定期复核检查，其磨耗量不得大于 10mm。

（三）施工步骤

水泥土搅拌法施工步骤由于湿法和干法的施工设备不同而略有差异。其主要步骤为：

1. 搅拌机械就位、调平；施工中应保持搅拌机底盘水平和导向架垂直，搅拌桩的垂直偏差不得超过 1%；桩位放线定位偏差不得大于 20～50mm；

2. 预搅下沉至设计加固深度（一般正转下沉，松动土体）；

3. 边喷浆（粉）、边搅拌提升直至预定的停浆（灰）面（反转提升，下压土体）；

4. 重复搅拌下沉至设计加固深度；

5. 根据设计要求，喷浆（粉）或仅搅拌提升直至预定的停浆（灰）面；

6. 关闭搅拌机械。

在预（复）搅下沉时，也可采用喷浆（粉）的施工工艺，但必须确保最后一次喷浆后全桩长上下至少再重复搅拌一次。在预搅下沉时喷浆（湿法）常被采用，其优点是可以防止堵管，并可检查喷浆压力大小。另外带浆预搅下沉，土阻力小易于搅拌。

（四）施工具体要求

1. 竖向承载搅拌桩施工时，停浆（灰）面应高于桩顶设计标高 300～500mm。在开挖基坑时，应将搅拌桩顶端施工质量较差的桩段用人工挖除。

根据实际施工经验，搅拌法在施工到顶端 0.3～0.5m 范围时，因上覆土压力较小，搅拌质量较差。因此，其场地整平标高应比设计确定的桩顶标高再高出 0.3～0.5m，桩制作时仍施工到地面。待开挖基坑时，再将上部 0.3～0.5m 的桩身质量较差的桩段挖去。根据现场实践表明，当搅拌桩作为承重桩进行基坑开挖时，桩身水泥土已有一定的强度，若用机械开挖基坑，往往容易碰撞损坏桩顶，因此基底标高以上 0.3m～0.5m 宜采用人工开挖，以保护桩头质量。

2. 搅拌头翼片的枚数、宽度、与搅拌轴的垂直夹角、搅拌头的回转数、提升速度应相互匹配，干法施工，搅拌头每转一圈，钻头升降量以 10～15mm 为宜，以确保加固深度范围内土体的任何一点均能经过 20 次以上的搅拌。国产水泥土搅拌机的搅拌头大多采用双层（多层）十字杆形或叶片螺旋形，适用于切削和搅拌加固软土。施工时不应任意加工改造。

深层搅拌机施工时，搅拌次数越多，则拌和越为均匀，水泥土强度也越高，但施工效率就降低。试验证明，当加固范围内土体任一点的水泥土经过 20 次以上的拌合，基本上就能达到相对均匀。每遍搅拌次数由下式计算：

$$N = \frac{h \cdot \cos\beta \cdot \sum Z}{V} \cdot n \tag{5-130}$$

式中 h——搅拌叶片的宽度（m）；

β——搅拌叶片与搅拌轴的垂直夹角（°）；

$\sum Z$——搅拌叶片的总枚数；

n——搅拌头的回转数（rev/min）；

V——搅拌头的升降速度（m/min）。

3. 湿法

（1）所使用的水泥应过筛，制备好的浆液不得离析，泵送必须连续，注浆泵出口压力应保持在0.4～0.6MPa。拌制水泥浆液的罐数、水泥和外掺剂用量以及泵送浆液的时间等应有专人记录；喷浆量及搅拌深度必须采用经国家计量部门认证的监测仪器进行自动记录，严禁私自改制。实际水泥用量宜为（1.1～1.2）倍设计用量。

由于搅拌机械通常采用定量泵输送水泥浆，转速大多又是恒定的，因此灌入地基中的水泥量完全取决于搅拌机喷浆的提升速度和复喷次数，施工过程中不能随意变更，并应保证水泥浆能定量不间断供应。采用自动记录是为了最大程度的降低人为因素影响施工质量，目前市售的记录仪必须有国家计量部门的认证。严禁采用由施工单位自制的记录仪。

由于固化剂从灰浆泵到达搅拌机械的出浆口需通过较长的输浆管，必须考虑水泥浆到达桩端的泵送时间。一般可通过试成桩确定其输送时间。

（2）搅拌机喷浆提升的速度和次数必须符合施工工艺的要求，并应有专人记录。

搅拌桩施工记录是检查搅拌桩施工质量和判明事故原因的基本依据，因此对每一延米的施工情况均应如实及时记录，不得事后回忆补记。

施工中要随时检查自动计量装置的制桩记录，对每根桩的水泥用量、成桩过程（下沉、喷浆提升和复搅等时间）进行详细检查，质检员应根据制桩记录，对照标准施工工艺，对每根桩进行质量评定。

喷浆提升速度不宜大于0.5～1.0m/min，提升速度误差不宜大于100mm/min。喷浆提升速度可按本节公式附（5-12）确定。

（3）当水泥浆液到达出浆口后，应喷浆搅拌30s，在水泥浆与桩端土充分搅拌后，再开始提升搅拌头，以确保搅拌桩底与土体充分搅拌均匀，达到较高的强度。

（4）搅拌机预搅下沉时不宜冲水，当遇到硬土层下沉太慢时，方可适量冲水，但应考虑冲水对桩身强度的影响。

试验表明，当土层的含水量增加，水泥土的强度会降低。但考虑到搅拌桩设计中一般是按下部最软的土层来确定水泥掺量的，因此只要表层的硬土经加水搅拌后的强度不低于下部软土加固后的强度，也是能满足设计要求的。

（5）凡成桩过程中，由于电压过低或其他原因造成停机使成桩工艺中断时，应将搅拌机下沉至停浆点以下0.5m，等恢复供浆时再喷浆提升继续制桩；凡中途停止输浆3h以上者，将会使水泥浆在整个输浆管路中凝固，因此必须排清全部水泥浆，清洗管路。

（6）壁状加固时，相邻桩的施工时间间隔不宜超过12h（水泥土终凝时间约24h）。如间隔时间太长，与相邻桩无法搭接时，应采取局部补桩或注浆等补强措施。

（7）成桩过程中应抽查水泥浆比重，每台班不应少于4次，浆液应随拌随用，若因故超过2h应降低标号使用。

4. 干法

（1）水泥土搅拌法（干法）喷粉施工机械必须配置经国家计量部门确认的具有能瞬时检测并记录出粉量的粉体计量装置及搅拌深度自动记录仪。

由于干法喷粉搅拌是用可任意压缩的压缩空气输送水泥粉体的，因此送粉量不易严格控制，所以要认真操作粉体自动计量装置，严格控制固化剂的喷入量，满足设计要求。

（2）搅拌头每旋转一周，其提升高度不得超过16mm，提升速度不超过0.5m/min。

合格的粉喷桩机一般均已考虑提升速度与搅拌头转速的匹配，钻头均约每搅拌一圈提升15mm，从而保证成桩搅拌的均匀性。但每次搅拌时，桩体将出现极薄软弱结构面，这对承受水平剪力是不利的。一般可通过复搅的方法来提高桩体的均匀性，消除软弱结构面，提高桩体抗剪强度。搅拌头的形式应保证反向旋转提升时，对桩身土体有压密作用，防止使灰、土向地面翻升而降低桩体质量。

（3）当搅拌头到达设计桩底以上1.5m时，应立即开启喷粉机提前进行喷粉作业。当搅拌头提升至地面下500mm时，喷粉机应停止喷粉。喷粉至距地面1～2m时应减少压力，防止粉末飞扬。

固化剂从料罐到喷灰口有一定的时间延迟，严禁在没有喷粉的情况下进行钻机提升作业。当桩长大于10m，其底部喷粉阻力较大，应适当降低钻机提升速度以确保固化剂喷入量。

（4）成桩过程中因故停止喷粉，应将搅拌头下沉至停灰面以下1m处，待恢复喷粉时再喷粉搅拌提升。如此操作是为了防止断桩。

（5）需在地基土天然含水量小于30%土层中喷粉成桩时，应采用地面注水搅拌工艺。

如不及时在地面浇水，将使水泥土水化不完全，造成桩身强度降低，有条件时也可采用预先浸水增湿。

（6）干法施工一般采用正转钻进、反转喷粉提升、叶轮转速一般为5～25r/min，供料压差宜大于20kPa，空压机流量宜为1m^3/min。应经常清洗管路及喷灰口，以保证正常喷灰。当复搅困难时，应采用慢速搅拌，以保证搅拌均匀性。最大送粉压力不应小于0.5MPa。

（7）固化剂材料可掺入粉煤灰、干燥砂、矿石碎渣等。

（8）当设计喷粉量大于60kg/m时，需进行二次喷粉。

（9）若遇土体含水量很高，强度低的软弱土以及出现液化的粉土时，可在向下搅拌的同时喷粉，改善土的稠度，防止由于压缩空气脉动使粉土液化。

（五）施工中常见问题及处理

1. 湿法

水泥土搅拌桩施工（湿法）中常见问题及处理方法见表5-63。

水泥土搅拌桩湿法施工中常见问题和处理方法 **表5-63**

常见问题	发生原因	处理方法
预搅下沉困难，电流值高，电机跳闸	①电压偏低 ②土质硬，阻力太大 ③遇大石块、树根等障碍物	①调高电压 ②适量冲水或浆液 ③挖除障碍物

续表

常见问题	发生原因	处理方法
搅拌机下不到预定深度，但电流不高	土质黏性大，搅拌机自重不够	增加搅拌机自重或开动加压装置
喷浆未到设计桩顶面（或底部桩端）标高，集料斗浆液已排空	①投料不准确 ②灰浆泵磨损漏浆 ③灰浆泵输浆量偏大	①重新标定投料量 ②检修灰浆泵 ③重新标定灰浆输浆量
喷浆到设计位置集料斗中剩浆液过多	①拌浆加水过量 ②输浆管路部分阻塞	①重新标定拌浆用水量 ②清洗输浆管路
输浆管堵塞爆裂	①输浆管内有水泥结块 ②喷浆口球阀间隙太小	①拆洗输浆管 ②使喷浆口球阀间隙适当
搅拌钻头和混合土同步旋转、抱钻、冒浆	①浆液浓度过大 ②搅拌叶片角度不适宜 ③土质黏硬	①重新标定浆液水灰比 ②调整叶片角度或更换钻头 ③加水、加砂

2．干法

粉喷桩施工中常见问题及处理方法见表5-64。

粉喷桩施工中常见问题和处理方法　　表5-64

常见问题	发　生　原　因	处　理　方　法
卡钻	通过含水量过低或板结坚硬的土层，或局部遇到障碍物	应停止钻进，查清原因，并采取下列措施 ①实行慢速钻进； ②提出钻头，改进钻头； ③如位置较浅，可用其他方法疏松土层后再钻； ④如提升钻杆时卡钻，则应暂停喷粉。待正常后再复喷
喷粉不畅或堵塞	①输气管道连接部分密封不严，造成漏气或气源不足，气压降低； ②水泥吸潮结块或喷口黏结粉泥后变小； ③固化料中含有杂物和大颗粒； ④部分地层透气性不良	①检查空压机运行情况．调整气源压力和处理输气管的密封不严，确保正常输气，稳定供气压力； ②对受潮水泥过筛除块或改用合格水泥；提出钻头，清除喷口粉泥； ③清除固化料中的杂物和大颗粒，或改用符合要求的固化料； ④当喷粉不畅时，应操纵喷料阀门，由关到开，由开到关，反复多次
桩体疏松	①土层含水量偏低，固化剂与原状土的固结程度差； ②遇到松散杂填土层，造成粉体流失，使桩体达不到应有的含灰量： ③喷粉不足，使桩体达不到应有的含灰量	①对局部土层含水量过低，在确保质量前提下，可向土层适当注水；对大面积干燥土层应改用浆液搅拌法成桩； ②可二次钻进复喷一次粉料； ③检查输灰管路，提高喷灰数量

续表

常见问题	发 生 原 因	处 理 方 法
断桩	①水泥或石灰保管不善，受潮结块造成供灰中断； ②管道漏气或供气不足，形成喷灰量中断； ③钻头喷粉孔磨损，被土粒堵塞，造成喷灰中断； ④先提钻后喷灰或提钻速度过快，造成喷灰中断； ⑤贮灰罐中灰已用完，喷粉中断，仍搅拌制桩	①妥善保管灰料，防止受潮结块，或固化料用前过筛，确保合乎要求的灰料贮入灰罐； ②经常检查管道，确保输灰畅通； ③喷灰计量要准确，供气风压应满足输灰要求； ④提升钻杆前应先喷灰 1～2min 后再均匀提升搅拌； ⑤钻头或输灰管道堵塞，应立即停钻清理； ⑥对已断灰桩应将上部断桩打去后，以水泥砂浆补足桩长或在邻位补桩
空心桩	土壤含水量过低，使得固化料喷出后不能被土粒吸附，造成喷灰远射，四周桩体强度高，中部为土芯，形成空心桩	当土层含水量低于 20%时，宜采用喷浆搅拌成桩工艺，或喷粉搅拌钻孔时适当注水
桩体强度不均	①钻杆提升速度不匀，使得喷入土层中的灰量忽多忽少； ②输灰管道轻微堵塞，造成气压不稳，灰流量时高时低，使得喷灰不匀； ③遇局部松软土层漏灰，造成喷灰不匀； ④遇黏土搅拌不开，喷灰量难以控制，造成喷灰不匀； ⑤供气压力不稳或贮灰罐与喷射管间存在气压差，也会造成喷粉不匀	①控制提钻速度，确保均匀上升，均匀喷灰，均匀搅拌； ②经常检查计量称，使得喷灰量保持均匀一致； ③经常检查输灰管路的喷灰量和供气压力，确保平稳均匀送灰； ④遇松软土层或黏土层应调整输出转速，保证钻杆的适应性，使喷灰均匀； ⑤调整空压机的供气压力，确保供气压力的稳定
漏桩	①粉喷桩未编号，或施工中未按桩号逐根成桩，造成漏桩； ②对所有桩位确定后未作明显标记，或桩位标记被土淹埋，造成漏桩； ③未设专职人员标记桩位和桩号，造成漏桩	①应逐桩编号，成桩过程中应逐排逐号前进； ②桩位应作明显标记，并注意施工中不得损坏； ③应设专职人员作施工记录，认真记录施工桩号、桩长、喷灰量等技术数据，并关钻机移位时提前指导； ④对已漏桩应予补齐

四、质量检验和工程验收

（一）施工前

施工前应检查水泥及外掺剂的质量、桩位、搅拌机工作性能及各种计量设备完好程度（主要是水泥浆（粉）流量计及其他计量装置）。

（二）施工中

水泥土搅拌桩的质量控制应贯穿在施工的全过程，并应坚持全程的施工监理。施工过程中必须随时检查施工记录和计量记录，并对照规定的施工工艺对每根桩进行质量评定。检查重点是：水泥用量、桩长、搅拌头转数和提升（下沉）速度、喷浆压力、复搅次数和复搅深度、停浆处理方法及有无冒浆等不正常现象。

（三）施工后

1. 施工结束后，应检查桩体强度、桩体直径及地基承载力。
2. 进行强度检验时，对承重水泥土搅拌桩应取 90d 后的试件；对支护水泥土搅拌桩应取 28d 后的试件。为提高安全度及缩短检测时间，笔者建议：以 90d 作为最终强度评定龄期，以 28d 作为施工强度控制标准。

3. 水泥土搅拌桩的施工质量检验可采用以下方法：

（1）成桩 7d 后，采用浅部开挖桩头（深度宜超过停浆（灰）面下 0.5m），目测检查搅拌的均匀性，量测成桩直径。检查量为总桩数的 5%。本条措施属自检范围。各施工机组应对成桩质量随时检查，及时发现问题，及时处理。开挖检查仅仅是浅部桩头部位，目测其成桩大致情况。

（2）成桩后 3～7d 内，可用轻型动力触探（N_{10}）检查每米桩身的均匀性。检验数量为施工总桩数的 1%，且不少于 3 根。实际操作时，可边用小勺钻取水泥土，目力鉴别水泥土搅拌均匀性及水泥含量，边进行 N_{10} 检测，一般 $N_{10} \nless 30$ 击。

轻型动力触探（N_{10}）仅适用于成桩 3d 内的桩身均匀程度的检验。由于每次落锤能量较小，连续触探一般不大于 4m；但是如果采用从桩顶开始至桩底，每米桩身先钻孔 700mm 深度，然后触探 300mm，并记录锤击数的操作方法则触探深度可加大，触探杆宜用铝合金制造，可不考虑杆长的修正。

1991 年的《软土地基深层搅拌加固法技术规程》YBJ225-1991 曾给出 7d 龄期水泥土无侧限抗压强度 f_{cu7} 与 N_{10} 的相关关系，见表 5-65；也可以将此关系用曲线表示（如图 5-72 所示），图中虚线部分是曲线外推的结果。

轻便触探击数 N_{10} 与水泥土抗压强度值 f_{cu7} 关系　　表 5-65

N_{10}（击数/每贯入 30mm）	15	20～25	30～35	40
水泥土无侧限抗压强度 f_{cu7}	200	300	400	500

如果不同龄期水泥土抗压强度之间的相互关系为 $f_{cu90}:f_{cu28}:f_{cu7}=1.0:0.6:0.4$；则根据轻便触探的锤击数就可粗略地估计出龄期 28d 和 90d 的强度。尽管这种检测不十分完善，但它可以定性地判别水泥土桩的软硬程度。

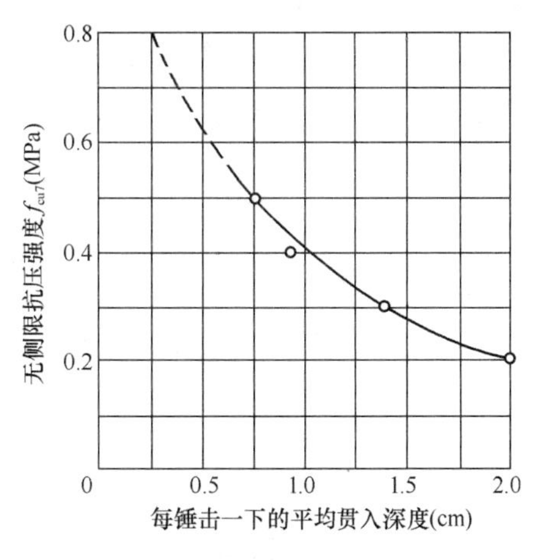

图 5-72　轻便触探的贯入深度（cm/击）与水泥土抗压强度的相关曲线

4. 竖向承载水泥土搅拌桩地基竣工验收时，承载力检验应采用复合地基载荷试验和单桩载荷试验。载荷试验必须在桩身强度满足试验荷载条件时，并宜在成桩 28d 后进行。检验数量为桩总数的 1.0%，其中每项单体工程复合地基载荷试验点不应少于 3 点（组）。其余可进行单桩载荷试验；对重要工程，对变形要求严格时宜进行多桩复合地基载荷试验。单桩载荷试验加载量宜为 2.5～3.0 倍单桩承载力特征值，桩顶应整平并作 200～300mm 厚混凝土桩帽。

应当注意的是，一般水泥土桩载荷试验均在 28d 后进行，而设计参数均以 90d 为标准，但其承载力对于龄期的换算关系与室内水泥土强度换算关系并不完全相同。根据经验及资料分析，一般认为 28d 推算到 90d 的单桩承载力可以乘 1.2～1.3 的系数，复合地基承载力可以乘 1.1 的系数，上述经验可供设计时参考。

5. 经触探和载荷试验检验后对桩身质量有怀疑时，应在成桩 28d 后，用双管单动取样器钻取芯样，制成试块，作抗压强度检验，进行桩身实际强度测定。为保证试块尺寸，钻孔直径不宜小于 108mm。考虑取芯扰动，f_{cu}验收标准应适当降低。

检验数量为施工总桩数的 0.5%，且不少于 6 根。

有对比经验时，也可采用软取芯、进行标准养护，进行抗压强度试验。

河北工业大学土工试验室曾进行过水泥土软取芯试验研究，即在水泥土终凝前，约为成桩后大约 1～2d 内，用一般取土钻机取水泥土样，将制备好的立方体或圆柱体试样放入标养室标养或模拟现场情况养护，然后测定 28d 及 90d 试样强度。与常规硬取芯比较，软取芯不仅方便易行、费用低，而且取样完整、扰动少，检测结果离散性低，且可及时发现设计及施工中问题。该方法可供参考。

6. 对相邻桩搭接要求严格的工程，应在成桩 15d 后，选取数根桩进行开挖，检查搭接情况。

7. 基槽开挖后，应检验桩位、桩数与桩顶质量，如不符合设计要求，应采取有效补强措施。

8. 有经验时，也可采用小应变动测法或电阻率法对桩身质量进行定性检查。

（四）质量检验标准

水泥土搅拌桩地基质量检验标准应符合表 5-66 的规定。

水泥土搅拌桩地基质量检验标准　　表 5-66

项	序	检查项目	允许偏差或允许值		检查方法
			单位	数值	
主控项目	1	水泥及外掺剂质量	设计要求		查产品合格证书或抽样送检
	2	水泥用量	参数指标		查看流量计
	3	桩体强度	设计要求		按规定办法
	4	地基承载力	设计要求		按规定办法
一般项目	1	机头提升速度	m/min	≤0.5	量机头上升距离及时间
	2	桩底标高	mm	±200	测机头深度
	3	桩顶标高	mm	+100/−50	水准仪（最上部 500mm 不计入）
	4	桩位偏差	mm	<50	用钢尺量
	5	桩径		<0.04d	用钢尺量，d 为桩径
	6	垂直度	%	≤1.5	经纬仪
	7	搭接	mm	>200	用钢尺量
	8	水灰比	设计要求		测浆液比重

注：表中桩位偏差<50mm 过于严格，作为竣工验收标准建议采用 100～200mm。

五、工程实录

（一）浆液搅拌法在民用住宅软土地基处理中的应用[3]

1. 工程概况

某住宅小区共兴建 7 栋楼高 9 层的商住楼。各商住楼占地面积为 923.8～1886.0m^2。

在综合比较安全性、造价及施工工期后，最终确定采用深层搅拌法（湿法）作为该小区商住楼的地基处理方法。

2. 工程地质条件

场区属冲积平原地貌，经人工填平后，地势较平坦，施工条件较好。该场区范围的典型地质情况由上及下分层简要描述如下（地表相对标高为±0.000）：

（1）杂填土（Q^{ml}）

层厚1.90～3.80m，以建筑垃圾和粉质黏土为主，平均含水量 w 为14.2%。

（2）耕植土（Q^{pd}）

深灰色，软塑～可塑，主要以粉质黏土和淤泥质粉质黏土为主，含少量植物根，层厚0.30～0.60m，平均含水量 w 为51.8%。

（3）冲积层（Q_4^{al}）

本层全区均有分布，冲积层主要以淤泥（淤泥质土）、粉土、粉质黏土（黏土）及砂组成。冲积层的层面埋深2.10～3.80m，层厚6.90～14.40m

①淤泥（淤泥质土）：全场区均有分布。深灰～灰黑色，流塑～软塑，滑腻，味臭，含少量有机质，局部夹粉土。一般层面埋深2.10～5.60m，层厚1.20～4.70m。主要物理力学指标为：w=66.0%，w_L=40.0%，w_p=28.0%，γ=15.8kN/m³，e=1.770，a_{1-2}=1.49MPa^{-1}，E_{s1-2}=1.90MPa，地基承载力特征值 f_{ak}=48kPa。

②粉土：局部分布，松散，饱和，黏性差。层面埋深5.00～12.3m，层厚1.10～7.10m。主要物理力学指标为：w=24.5%，w_L=20.0%，w_p=12.0%，γ=19.8kN/m³，e=0.663，a_{1-2}=0.23MPa^{-1}，E_{s1-2}=7.46MPa，地基承载力特征值 f_{ak}=111kPa。

③粉质黏土（黏土）：部分钻孔揭露，浅灰～棕黄色，软塑为主，黏性较大，局部夹粉土。层面埋深为5.00～11.9m，层厚1.20～6.50m。主要物理力学指标为：w=24.3%，w_L=25.0%，w_p=16.0%，γ=19.7kN/m³，e=0.683，a_{1-2}=0.29MPa$_{-1}$，E_{s1-2}=5.82MPa，地基承载力特征值 f_{ak}=125kPa。

④砂：大部分钻孔有揭露，以粉砂、细砂和中砂为主，局部夹少量粗砂或砾砂。深灰～灰白色，松散，饱和。层面埋深为3.10～8.30m，层厚1.10～8.90m。标贯击数为 N=4.5～6.7击，地基承载力特征值 f_{ak}=150kPa。

（4）残积层（Q^{el}）

整个场区均有分布，由含砾粉质黏土、含砾粉土及碎石土组成。层面埋深为14.0m以下。该场区地下水属硫酸盐类型，pH值为6.8，对混凝土具有弱结晶性侵蚀。

3. 设计

该小区共有7栋商住楼。由于各商住楼上部结构及所在位置的地质条件均有所不同，应分别进行设计。下面以其中一栋商住楼为例，说明其设计过程。

（1）工程基本概况

该楼占地面积为31.2m×35.0m，近似为方形。设计要求采用筏板基础，筏板基础底面尺寸为32.2m×36m，筏板基础底下采用深层搅拌法对地基进行加固处理，形成深层搅拌桩复合地基，使之满足上部结构物承载力和基础沉降的要求。

设计要求为：

复合地基承载力：f_{spk}>160.0kPa（龄期30d时）；

复合地基总沉降量：$s<120\text{mm}$。

（2）搅拌桩复合地基设计

1）承载力设计

桩长：根据该场区地质条件及类似工程的成功经验，该楼基础下的搅拌桩平均桩长确定为 $l_p=9.5\text{m}$，即桩长以穿过软弱土层进入下卧持力层（粉质黏土层）为准。桩径 $d=0.5\text{m}$；侧摩阻力：$q_s=10.0\text{kPa}$；单桩承载力：深层水泥搅拌桩的单桩承载力有两种确定方法，即由侧摩阻力所提供的承载力和由桩体强度所提供的承载力，取其中较小值作为单桩承载力。

由侧摩阻力所提供的单桩承载力为 $R_a=\pi\cdot d\cdot l_p\cdot q_s=149.2\text{kN}$，其中，桩端反力作为安全储备。

若水泥掺合量为 $\alpha_w=15\%$，对淤泥土，30d 龄期时搅拌桩的单轴抗压强度（无侧限）$f_{cu}>1.6\text{MPa}$，则由桩体强度所提供的承载力为：

$$R_a=\eta\cdot f_{cu}\cdot A_p=160\text{kN}$$

式中　η——f_{cu} 的折减系数，$\eta=0.3\sim0.5$，此处取 $\eta=0.5$（JGJ 79—2012 规定 $\eta=0.25$）；

A_p——桩体截面积，取 0.2m^2。

取单桩承载力特征值 $R_a=149.2\text{kN}$。

复合地基承载力：深层搅拌桩复合地基承载力为 f_{spk} 为：

$$f_{spk}=m\cdot\frac{R_a}{A_P}+\beta(1-m)\cdot f_{sk} \tag{例 1-1}$$

式中　m——桩的置换率；

f_{sk}——桩间土承载力，按地质报告，$f_{sk}=50\text{kPa}$；

β——折减系数，表示桩间土参与相互作用的程度，此处取 $\beta=0.8$。

由此可见，在桩长一定的情况下，复合地基承载力 f_{spk} 取决于置换率 m 的大小。在满足承载力要求的前提下，应变化置换率的大小，使之适应沉降平稳过渡的要求。

取 $m=0.20$，将有关参数代入式（例 1-1）中得 $f_{spk}=184.0\text{kPa}>160.0\text{kPa}$，即复合地基承载力满足基底分布压力的要求。

桩距：实际桩距应根据上部结构荷载的分布确定。平均桩距为 $s=(A_p/m)^{1/2}=1.0\text{m}$。

桩数：该楼筏板基础下复合地基中搅拌桩的桩数为 $n=m\cdot A/A_p=1073$（根）。

实际桩数和桩间距还应根据沉降差的要求进行适当的调整。

2）沉降校核

目前，深层搅拌桩复合地基的沉降计算方法有许多种，有常规法、简化法、修正手册法、荷载传递法等。施工实践证明，修正手册法和荷载传递法与实测值较为接近。前者计算较为简便，后者计算量较大。本设计中沉降计算采用修正手册法。

复合地基的总沉降 s 分为桩群体压缩变形 s_1，和桩端下卧层的沉降变形 s_2，$s=s_1+s_2$。

（a）桩群体压缩变形 s_1

$$s_1=\frac{p_z+p_{zl}}{2E_{sp}}l_p \tag{例 1-2}$$

式中 p_z——桩群体表面处平均附加压力（kPa）；

p_{zl}——桩端处土体的平均附加压力（kPa）；

E_{sp}——桩群体的复合压缩模量（kPa）。

桩群体的复合压缩模量 $E_{sp} = m \cdot E_p + (1-m)E_s$，式中 E_p 和 E_s 分别为搅拌桩桩体的压缩模量及桩间土的压缩模量。

对龄期为 90d 的搅拌桩，可取 $E_p = 100 \cdot f_{cu} = 1.6 \times 10^5$ kPa；根据地质报告，该场区加固区土体的平均压缩模量可取 $E_s = 4.5$MPa$=4.5 \times 10^3$kPa。因此 $E_{sp} = 34880$kPa。

将所算得的 p_z、p_{zl}、E_{sp} 等代入式（例 1-2）中求得桩群体压缩变形 $s_1 = 39.0$mm。

（b）桩端下卧层的沉降变形 s_2

根据筏板基础平面图，按分层总和法计算桩端下卧层的沉降变形 s_2。

经过计算分析，该基础中各处的 s_2 在 31.6～56.6mm 之间，s 平均为 44.1mm。因而，该基础的最大沉降量为 $s_{max} = 95.6$mm<120mm；平均沉降量为 $s_{平均} = 83.1$mm，且沉降差也符合设计要求。

3）下卧层承载力验算

对复合地基而言，当桩端下卧层土体为软土时，应对下卧层土体进行承载力校核。该工程中，桩端下卧层土体为可塑或硬塑状的粉质黏土或含砾质黏土，其承载力高达 220kPa。经过检验，搅拌桩复合地基底面处地基的承载力亦符合设计要求。

4. 施工

实际施工按正方形布桩，桩距 900～1200mm，施工总桩数为 1033 根。

搅拌桩施工过程中，对有关施工参数，如提升速度、喷浆速度、喷浆量、复搅次数等，严格按照施工组织设计进行施工。

（1）施工参数

选用施工机械：DSJ-2 型深层搅拌机，搅拌轴长 18m，搅拌叶片直径 500mm，动力头功率 37kW。

固化剂配方：使用 32.5 级普通硅酸盐水泥，水泥用量根据桩体强度 f_{cu} 在施工前进行现场配方试验确定。水泥掺合比 $\alpha_w = 12\% \sim 15\%$，其中桩体上部的水泥掺合比稍高。水灰比为 0.45～0.5。外掺剂及用量：石膏粉为水泥的 1.5%：木质素为水泥的 0.1%。

（2）施工前的场地准备工作

由于该场区表层杂填土中含有较多的石块、混凝土块及树根等障碍物，因此，为了保证施工的顺利进行，在施工前用挖土机对整个场区深度 1.0m 范围内的土进行了翻整，清出了绝大部分的障碍物。实践证明，这一措施是必要且有效的，有力地保证了后续施工工作的顺利进行。

（3）施工工艺

严格按施工规范进行施工操作，并且，为了保证桩体的成桩质量及强度，在桩体上部约 1/3 范围内进行了两次复喷。

5. 施工效果及检测

对搅拌桩施工效果的检测，采取了三方面的措施，即轻便触探、现场静载试验、沉降观测等。

在搅拌桩施工过程中，对部分成桩 3d 的搅拌桩进行了轻便触探试验。试验结果表明，龄期 3d 的搅拌桩的轻便触探击数 N_{10} 约是原状土的 2.3～4.2 倍。

搅拌桩施工完成 30d 以后，每栋楼均进行了 5 组现场静载试验：2 组单桩、2 组单桩复合地基（载荷板 1.0m×1.0m）、1 组 4 桩复合地基（载荷板 2.0m×2.0m）。单桩承载力 R_a＝150～276kN，单桩复合地基承载力 f_{spk}＝187～290kPa，四桩复合地基承载力 f_{spk}＝200～265kPa。

这 7 栋商住楼在砌筑过程中，对其沉降量均进行了观测，观测结果表明，竣工时平均沉降量 s＝24.11～87.6mm。

竣工后仍定期对该项目进行了沉降观测。从竣工后两年多的沉降观测结果可以看出，楼房竣工验收后沉降仍继续发展，但发展趋势越来越缓，最终趋于稳定。

（二）浆液搅拌法在工业厂房独立基础下软土地基加固中的应用[5]

1. 工程概况

天津织物厂位于天津市河北区，新建的后整理车间是单层门式刚架，局部为两层框架结构的厂房。门架跨度 12m，占地面积 918m²，建筑面积 1138m²。框架顶高 9.4m，柱距 6m，独立杯形基础。新建车间位于两座老厂房中间，与老厂房基础边仅相距 0.3m。老厂房内装有精密仪表，怕振动，地下人防通道横贯拟建场地；上、下管网纵横交叉，因此新建厂房地基处理难度较大，特别是拟建场地土质十分不均匀，如果地基产生不均匀沉降，对上部结构影响很大。原设计决定采用钢筋混凝土预制桩基础，但怕打桩振动影响，使老厂房的生产不能正常进行，故决定改用水泥土搅拌法加固地基。

2. 工程地质条件

拟建场地属于陆相、海相沉积土层，土层分布极不均匀。其土层的主要物理力学指标见例表 2-1。

土层主要物理力学指标 **例表 2-1**

钻孔编号	层次	土名	埋藏深度（m）	含水量 w（%）	天然重度 γ（N/m³）	空隙比 e	塑性指数 I_p	液性指数 I_L	压缩模量 E_s（MPa）	承载力特征值 f_{ak}（kPa）
1号	1	素填土	0.0～−2.5	27.6	18.6	0.85	12.0	0.8	3.9	74
	2	黏土	−2.5～−4.0	34.5	18.7	0.98	18.4	0.7	3.6	140
	3	粉质黏土	−4.0～−5.5	22.8	20.0	0.66	11.3	0.6	7.3	264
	4	黏质粉土	−5.5～−9.5	27.3	19.2	0.79	9.6	0.7	13.8	174
	5	粉质黏土	−9.5～−10.0	27.2	19.3	0.78	11.1	1.1	8.4	153
2号	1	杂填土	0.0～−1.5	—	—	—	—	—	—	
	2	素填土	−1.5～−2.0	39.3	17.4	1.20	19.4	0.9	2.9	93
	3	黏土	−2.0～−4.5	36.4	18.0	1.08	19.0	0.7	3.5	94
	4	黏质粉土	−4.5～−6.5	27.4	19.4	0.78	8.8	0.9	—	162
	5	粉质黏土	−6.5～−10.0	30.7	19.0	0.87	12.0	1.1	7.0	124

3. 设计计算

初步设计的后整理车间采用钢筋混凝土独立杯形基础。上部结构所产生的轴向荷载为

$N=610\text{kN}$，弯矩 $M=194\text{kN}\cdot\text{m}$ 及剪力 $Q=45\text{kN}$，设计要求加固后地基承载力 $f_{spk}=180\text{kPa}$。基础底面尺寸 3m×2.6m。

（1）单桩设计

搅拌桩桩径为 600mm，桩截面积 $A_p=0.283\text{m}^2$，桩周长度 $u_p=1.885\text{m}$，桩长 $l_p=8.5\text{m}$，桩间土平均摩阻力 $\bar{q}_s$ 取 15kPa，则单桩承载力（摩擦型桩）$R_a=\bar{q}_s\cdot u_p\cdot l_p=240\text{kN}$；根据水泥土室内配比试验，$f_{cu}=1600\text{kPa}$，则 $R_a=\eta\cdot f_{cu}\cdot A_p=150\text{kN}$，故设计单桩承载力按 $R_a=150\text{kN}$ 计算。

（2）置换率和总桩数的计算

$f_{sk}=80\text{kPa}$，$\beta=0.5$，$A=3\times2.6=7.8\text{m}^2$，$f_{spk}=180\text{kPa}$，则：

$$m=\frac{f_{spk}-\beta\cdot f_{sk}}{\dfrac{R_a}{A_p}-\beta\cdot f_{sk}}=0.286$$

$n=m\cdot A/A_p=7.72$ 根，设计取用 9 根。

（3）地基承载力验算

基础底面积的抵抗矩 W_G 为：

$$W_G=\frac{1}{6}ba^2=3.9\text{m}^3$$

式中，$b=2.6\text{m}$，$a=3.0\text{m}$。

基础底面的最大压应力 σ_{max} 及最小压应力 σ_{min}：

$$\sigma_{min}^{max}=\frac{N+G}{A}\pm\frac{M}{W_G}=^{173.3}_{39.6}\text{kPa}$$

$$\sigma_{max}=173.3\text{kPa}<1.2f_{spk}=216\text{kPa}$$

$$\sigma_{min}=39.6\text{kPa}>0$$

式中　$N=610\text{kN}$，$A=7.8\text{m}^2$，$M=194\text{kN}\cdot\text{m}$，$G=222.3\text{kN}$。

（4）按群桩作用进行地基强度验算

将独立杯形基础连同加面后的地基视为一个假想的实体基础，对下卧层地基的承载力进行验算，满足设计要求。

杯形基础下搅拌桩布置形式如例图 2-1 所示。

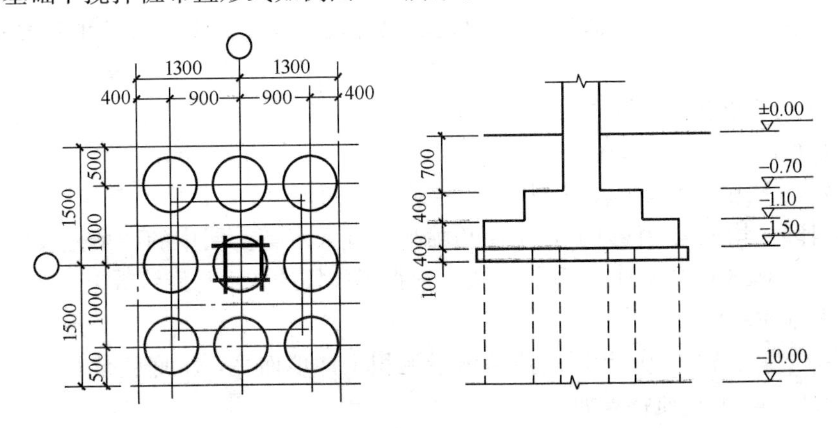

例图 2-1　桩位布置图

4. 施工方法

（1）机械设备

1）GZB-600 型深层搅拌机。

2）320H 型履带式打桩机。

3）PM-15 型水泥浆制备、泵送系统等。

（2）固化剂配方

1）水泥掺入比 12％，选用 425 号矿渣水泥。

2）外掺剂：

①MCⅠ早强剂，用量为水泥重量的 0.2％；②三乙醇胺，用量为水泥重量的 0.05％；③水灰比：0.5。

（3）喷浆提升搅拌速度

按搅拌工艺要求提升速度为 1m/min，但由于使用日本制造的 PM-15 型泵送装置系统，在满足泵送压力为 300～500kPa 时，其液压柱塞泵的流量为 94L/min。按总输浆量的要求，提升搅拌速度为 2m/min。

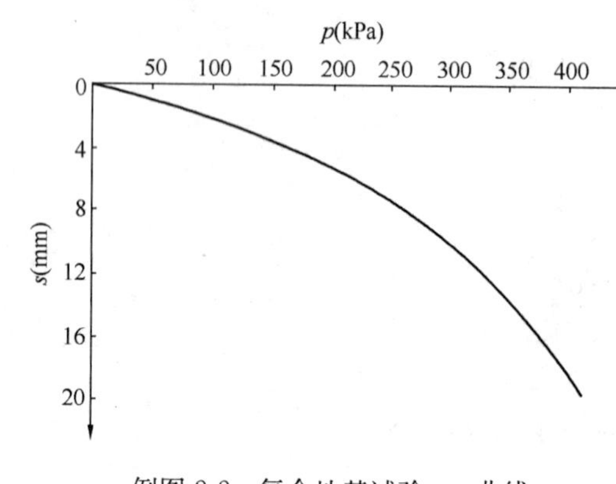

例图 2-2　复合地基试验 p-s 曲线

5. 质量检验

（1）水泥土无侧限抗压强度

当选用 425 号矿渣水泥，掺量为 12％时，室内试验一个月龄期强度为 200.3kPa，而现场取样确定的强度为 132.5kPa，其折减系数约为 0.66。

（2）载荷试验

为检验施工质量，按设计要求进行复合地基载荷试验。载荷板面积 2m^2（共压两根桩，相当于置换率为 28％）。试验结果如例图 2-2 所示。由图中可见，选用 180kPa 作为复合地基承载力仍是偏安全的。

6. 技术经济效果

根据天津市织物厂 2250 延米的搅拌桩施工数据表明，获得每 10kN 承载力所需费用，搅拌桩仅为预制桩的 54.5％。

（三）变桩长粉喷桩在复杂软弱地基加固中的应用

1. 工程概况

拟建 6～8 层民用住宅楼，其中 6 层砖混结构两座（D、E 座）、8 层框架结构 3 座（A、B、C 座），均拟采用浅基础，采用粉喷桩处理人工填土层中的冲填土及坑底淤泥等软土，共施工 3686 根粉喷桩，历时 32 天，取得了很好的技术与经济效果。

2. 工程地质条件

该场地原为大坑，1901 年以后用海河淤泥积土冲填而平，坑底变化较大，现地表平均高程为 3.80m。其地质特点如下：

（1）人工填土层，厚度为 3.3～8.6m，层底标高 0.47～4.61m，一般表层有厚 1.2m 左右的杂填土，其下的冲填土主要为：松散稍密状态的粉土，平均厚度 0.9m；软塑状态的粉质黏土，平均厚度 0.7m，地基承载力特征值为 80kPa；一般埋深 2.8m 以下为软塑状态的淤泥质土，及灰黑色流塑状态的坑底淤泥，含较多的腐殖物及有机质，厚度为 0.5～5.8m。

（2）上部陆相层的粉质黏土，受原坑的影响，大部分缺失或残存较薄，厚度在 0～3.20m 之间，可塑状态，土质尚均。地基承载力特征值为 120kPa。

（3）海相沉积层受坑的影响，其厚度与顶板起伏均较大，厚度为 7.2～9.5m，顶板标高为－2.13～－4.61m，由上部软可塑状态的粉质黏土（承载力特征值为 100kPa）、中部软塑状态的淤泥质土（承载力特征值为 90kPa）、底部软可塑状态的粉质黏土（承载力特征值为 110kPa）组成，本层土水平方向分布稳定，土质尚均。

各土层的物理力学性质见例表 3-1。

地基土主要物理力学性质指标统计　　例表 3-1

岩　性	埋深 (m)	厚度 (m)	w	γ (kN/m³)	e	I_p	I_L	E_s (MPa)	f_{ak} (kPa)	$\bar{q}_s$ (kPa)
冲填粉土	1.2～2.1	0.9	26.5	19.3	0.78			1.29	80	12
冲填粉质黏土	2.1～2.8	0.7	33.6	18.7	0.93	12.6	1.23	5.3	80	12
冲填淤泥质土	2.8～8.3	5.5	42.9	17.7	1.20	15.4	1.46	2.5	60	9
粉质黏土	2.8～5.8	3.0	29.4	19.3	0.80	11.7	1.03	5.6	120	20
粉质黏土	5.8～6.6	0.8	32.5	18.8	0.90	11.4	1.37	5.9	100	18
淤泥质粉质黏土	6.6～10.3	3.7	37.4	18.2	1.04	12.5	1.55	3.7	90	14
粉质黏土	10.3～12.3	2.0	31.5	18.9	0.87	11.2	1.39	5.6	110	20

场地地下潜水静止水位埋深为 1.0m。

对于上述工程地质条件，主要处理土层为人工填土层中的冲填土及其下坑底淤泥等软土，软土层底面深度 3.3～8.6m。

3. 设计计算

（1）单桩承载力特征值的确定

1）土对桩的支承力

粉喷桩桩径为 500mm，桩截面积为 0.196m²，桩周长为 1.57m，桩顶距现地表埋深约 1.80m 左右，各拟建建筑物根据其所处的地质单元、不同土层的分布厚度确定桩长 l_p 为 6～10m，R_a=99～189kN。

2）桩身强度所确定的承载力

A、B、D、E 四座建筑物地基的粉喷桩水泥掺入比取 20%，则水泥土强度为 2.0MPa，取强度折减系数 η=0.3，计算单桩承载力设计值为 117.6kN。

C 座建筑物地基的粉喷桩水泥掺入比取 18%，则水泥土强度为 1.8MPa，因 C 座建筑物工程地质条件简单，工程对地基沉降要求又不高，故取强度折减系数 η=0.4，计算单桩承载力设计值为 141.2kN。

按上述两种方法进行计算，对其结果进行对比，A、B、D、E 座建筑物地基粉喷桩桩长采用 7.0～9.0m，C 座建筑物地基粉喷桩桩长采用 7.0m 时，即可满足设计要求。A、B、D、E 座粉喷桩单桩承载力设计值取 117.6kN，C 座取 141.2kN。

（2）复合地基承载力计算

A、B座计算时，$f_{spk}=110kPa$，其他参数取$\beta=0$，$f_{sk}=60kPa$，得$m=18.3\%$。

C座计算时，$f_{spk}=110kPa$，其他参数取$\beta=0$，$f_{sk}=60kPa$，得$m=15.2\%$。

D、E座计算时，$f_{spk}=130kPa$，其他参数取$\beta=0.5$，$f_{sk}=50kPa$，得$m=18.3\%$。

为增加基础刚度，各建筑物均采用筏片基础。

各建筑物粉喷桩的桩长和置换率分布如例图3-1所示。

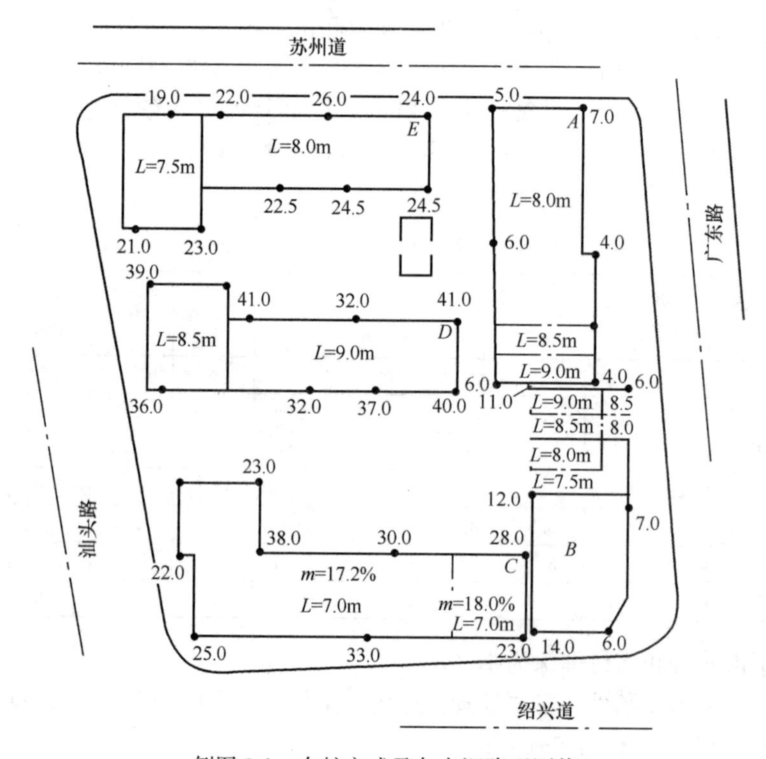

例图3-1 布桩方式及各点沉降观测值

（3）复合地基沉降计算

粉喷桩复合地基的沉降包括桩群体的压缩变形s_1和桩端下未加固土层的固结变形s_2。

1）桩群体的压缩变形s_1

各建筑物不同桩长的桩体压缩变形计算值见例表3-2和例表3-3。

A、B、C座不同桩长桩体压缩变形值 例表3-2

桩长（m）	7.0	7.5	8.0	8.5	9.0
s_1（cm）	0.84	0.87	0.899	0.921	0.943

D、E座不同桩长桩体压缩变形值表 例表3-3

桩长（m）	7.5	8.0	8.5	9.0
s_1（cm）	1.139	1.215	1.291	1.366

2）桩端下未加固土层的固结变形s_2

桩端下未加固土层的固结变形s_2按分层总和法计算，对A、B座不同桩长及C座相同桩长下土层的压缩变形计算结果相同，变形量为4.07～4.31cm；D、E座桩下土层的计算变形量为4.86～5.21cm。

3）总沉降量

根据以上计算结果，A、B、C座建筑物的总沉降童为4.91～5.25cm，D、E座建筑物的总沉降量为6.00～6.58cm。

4. 施工方法

粉喷桩桩体正式施工前进行了成桩工艺试验，以确定钻进、提升、喷灰量等施工技术参数及应采取的相应技术措施。采用425号矿渣水泥和变掺量的施工工艺，A、B、D、E四座建筑物地基的粉喷桩桩身5.0m以内水泥掺入比为20%即（70kg/m），C座建筑物地基的粉喷桩桩身5.0m以内水泥掺入比为18%（即65kg/m）。5.0m以下水泥掺入比均为15%（即55kg/m）。

由于地基土很不均匀，虽然采用了变桩长进行不均匀沉降的调节，但为了增加地基刚度，更有效地减小复合地基不均匀变形，实际施工置换率除C座取m=17.2%～18.0%以外，A、B、D、E座基本上采用m=19.6%（即按1.0m×1.0m正方形布桩）进行布桩，共布置了3686根粉喷桩，施工工期历时32天。各建筑物变桩长和置换率的布置方式详如例图3-1所示。

5. 质量检验

粉喷桩施工完毕后，随机抽取不小于28天龄期的35根桩进行静载荷试验，以确定加固效果。检测手段方法分以下几方面进行：

（1）直接观察

根据槽底已开挖出的桩位检查，实际施工的桩位均符合设计要求，各桩头直径≥500mm，水泥土搅拌较均匀，桩体坚硬。

（2）抽芯检验

对成桩28天龄期以后的28根桩体进行随机抽芯检测，抽检结果表明：各桩体搅拌都较均匀，喷灰量达到设计要求，桩体坚硬，但局部桩体抽芯取样进行抗压强度试验时，桩身强度自上而下很不均匀，其不均匀性主要出现在桩身5.0～8.0m范围内。分析其原因，主要是在桩体埋深范围内分布的土层岩性、物理力学性质及有机质含量有着一定的差异，故造成不同土质单元的桩体其桩身强度自上而下存在着一定的不均匀性。从18组水泥土试块及216组抽芯试块的室内无侧限抗压强度试验结果，可以明显地反映出造成桩体强度不均匀的原因，其试验结果见例表3-4。

水泥土试块与桩体抽芯试样无侧限抗压强度试验结果比较　　例表3-4

埋深（m）	岩性	是否含有机质	抽芯试样 f_{cu}（MPa）	水泥土试块 f_{cu}（MPa）
3～5	淤泥质土	含有机质	0.38～0.416	
		无有机质	0.4～0.66	1.14～1.32
	粉质黏土		1.1～1.2	1.74～1.86
5～8	淤泥质土	含有机质	0.23～0.35	0.6～0.62
		无有机质	0.5～0.77	
	粉质黏土		0.7～0.91	

从上表可以看出，均为淤泥质土，但含有机质部位的抗压强度明显降低，造成桩体强度不均，这不仅与地基土的岩性、物理力学性质、有机质含量、硫酸盐含量等有关，有时也与施工中施工队伍素质、施工质量等有关，桩体强度不均是一个复杂的问题。总之，该工程经抽芯检测，从直观上看施工质量是较为满意的，少数桩体强度不均，对工程影响较小。

（3）静载荷试验

对五座建筑物的粉喷桩共进行了35根单桩复合地基静载荷试验，荷载板面积为1.0m×1.0m方形压板，试验标高与基础底面设计标高相同。通过35根静载荷试验分析，取沉降10mm所对应的荷载作为复合地基承载力特征值，各建筑物复合地基试验结果基本上均满足设计要求。

（4）沉降观测

拟建C、D座主体已经竣工，A、E座施工5层，B座6层已封顶，根据现有观测资料，各建筑物地基沉降分别为：

A座4～7mm（3层封顶时的沉降值）；

B座6～14mm（4层封顶时的沉降值）；

C座22～38mm（竣工时的沉降值）；

D座32～41mm（竣工时的沉降值）；

E座19～24.5mm（5层封顶时的沉降值）。

已竣工的及尚在施工的各建筑物沉降均匀，竣工后的C、D座最大沉降尚未达到5cm。

拟建建筑物各观测点沉降观测值如例图3-1所示。

6. 技术经济效果

采用粉喷桩对该工程软弱地基进行加固处理，实践证明是有效而经济的。本工程在施工前，曾对采用换填地基及钻孔灌注桩处理地基进行过方案论证，采用换填地基因挖土回填处理须挖除4～8.6m深的冲填土，而基础埋置深度仅为1.8m，显然这一方案是不合适的。对于采用钻孔灌注桩进行处理是可以的，但经工程造价预算，其加固费用近210万元，而采用粉喷桩复合地基方案，加固费用仅135万元，施工周期仅32天，在经济造价、施工周期及对周围环境影响等方面，具有其他方案无可比拟的优越性。仅在造价上就比钻孔灌注桩节省80多万元，同时也解决了在市中心密集建筑群中进行工程建设对周围环境影响的难题。

（周玉明，周家宝，单福全，王炳君，复合地基理论与实践（龚晓南主编）1996.）

（四）石灰粉体喷射搅拌桩工程[5]

1. 工程概况

广东省云浮硫铁矿铁路专用线，设计为一孔4.5m盖板箱涵，附近铁路路堤填土高6.0m，地基承载力设计要求为200kPa，涵基位于流塑的淤泥质粉质黏土上，地基承载力特征值仅80kPa，且沉降量较大，采用石灰粉体喷射搅拌加固，总加固面积198m^2，加固土体1465m^3。喷射搅拌成桩321根，计2408m。

2. 工程地质条件

该场地上部为流塑状淤泥质粉质黏土，中部为泥炭夹朽木，下部为软塑状粉质黏土，埋深 11.2m，以下为硬塑状黏土，地下水水质属酸性，地基土分层如下：

①耕填土（粉质黏土）：埋深 0～1.0m，呈软塑状；

②黄褐至灰色粉砂：埋深 1.0～2.2m，饱和，中密；

③灰色淤泥质粉质黏土：埋深 2.2～7.2m，呈流塑状，局部夹有粉细砂，$f_{ak}=80kPa$；

④泥炭质、淤泥质粉质黏土：埋深 7.2～9.0m，灰黑至黑色，含 30%朽木；

⑤灰色淤泥质黏土：埋深 9.0～11.2m，呈软塑状；

⑥黄褐色黏土：埋深 11.2m 以下，呈硬塑。

3. 设计计算

（1）有关资料

箱涵基础宽度 $B=11.7$m、长度 $H=16.89$m，基础底面埋深 2.13m，桩长 7.37m，基础底面以上荷载总量 $P=21393.8$kN，设计要求地基承载力达到 200kPa，石灰桩无侧限抗压强度：7d 龄期为 454kPa；28d 为 785kPa；90d 为 1309kPa。

（2）布桩方案

在线路中线两侧各 3.5m 以内的范围里，每平方米设置两根石灰桩；在 3.5m 以外至涵基边缘之内，每平方米设置一根石灰桩，共布设 321 根，桩径 $d=0.5$m。

桩身自地面向下长 9.5m，基础底面以下桩长 7.37m，部分桩底距下部黏土尚有 1.7m 的淤泥质粉质黏土层未加固。单桩承载力 $R_a=90$kN。

（3）设计计算

$$\text{石灰土置换率：} m=\frac{nA_p}{A}=\frac{321\times\frac{\pi}{4}\times0.5^2}{11.7\times16.89}=0.32$$

加固后复合地基承载力：$f_{spk}=m\dfrac{R_a}{A_p}+\beta\cdot(1-m)\cdot f_{sk}=0.32\times450+1\times0.68\times80=198.4kPa\approx200kPa$（设计值），满足设计要求的地基承载力。沉降按分层总和法计算，计算值约为 23cm。

4. 施工方法

施工石灰粉体喷射搅拌使用 DPP-100 型机，石灰粉为当地刚出窑的粒径小于 0.5mm 的石灰粉，其氧化钙加氧化镁的总量在 85%以上，其中氧化钙为 83.3%，流性指数在 70%以上，并掺入 3%的半水石膏。

施工时搅拌轴转速采用 60r/min。提升速度控制在 0.6m/min。保证土体任一点经钻头的搅拌叶片搅拌 50 次，根据计算出的单位时间内粉体喷出量 q 值，按照调试结果，空压机风量选用为 0.5m/min，灰罐及管路压差为 20～50kPa，发送器电机转速为 20～40r/min。

5. 质量检验

（1）桩体外观检查

工程施工结束 7d，进行了基坑开挖，桩体外观整齐，表面呈螺旋状，石灰土搅拌均匀。在粉细砂地层内挖出的石灰土桩直径为 520mm，软土内石灰土桩径最小为 600mm，截面积增大约 44%，对周围土体起了明显的压密作用。

从现场钻取的桩间原状土试件（靠近桩体附近）的室内试验成果，与加固前的成果对比表明，土的强度也得到了较大的提高。加固前后土的物理指标见例表 4-1。

加固前后土的物理力学指标对比表 **例表 4-1**

项目 / 土样	c (kPa)	φ (°)	$f_{s,k}$ (kPa)	w (%)
加固前的原状土	8	7°41′	27	39.0
加固后的桩周土	27	13°23′	46	30.2

（2）石灰桩室内抗压强度试验

为了进一步深入了解石灰桩的强度，在现场原位桩体上截取 10cm×10cm×10cm 的立方试件，进行室内抗压强度试验。最终开裂强度为 900kPa，破坏强度为 1500kPa。试验结果见例表 4-2。

石灰桩试块强度试验结果 **例表 4-2**

试件号	试件面积 (cm^2)	极限荷载（N）		极限应力（kPa）		平均值（kPa）	
		开裂	破坏	开裂	破坏	开裂	破坏
1	104.0	15400	17350		1670		
2	104.0	8400	17600	810	1690	900	1550
3	102.0	10000	14300	980	1400		
4	110.3	10070	15750	910	1430		

（3）单桩载荷试验

载荷试验按 50mm 作为极限沉降量的标准，7d 龄期单根石灰土桩的极限荷载为 160kN，相当于极限应力 800kPa，与室内无侧限抗压强度很接近。

（4）基础的实测沉降

加固后 7 个月填土高 3.5m 时，实测累计沉降量为 14.5cm，小于加固后的计算沉降量，远小于未加固情况下的计算沉降量，加固效果理想。

第九节　高压喷射注浆法（旋喷桩复合地基）

一、概述

（一）工法简介

高压喷射注浆法是指用高压水泥浆通过钻杆由水平方向的喷嘴喷出，形成喷射流，以此切割土体并与土拌和形成水泥土加固体的地基处理方法。

高压喷射注浆法 20 世纪 60 年代后期创始于日本，它是利用钻机把带有喷嘴的注浆管钻进至土层的预定位置后，以高压设备使浆液或水成为 20～40MPa 的高压射流从喷嘴中喷射出来，冲击破坏土体，同时钻杆以一定速度渐渐向上提升，将浆液与土粒强制搅拌混合，浆液凝固后，在土中形成一个固结体。

我国于 1975 年首先在铁道部门进行了单管法的试验和应用，1977 年冶金部建筑研究总院在宝钢工程中首次应用三重管法喷射注浆获得成功，1986 年该院又开发成功高压喷射注浆的新工艺——干喷法，并取得国家专利。至今，我国在土建工程中广泛应用了高压喷射注浆法，处理深度已达 30m 以上。

高压喷射注浆法所形成的固结体形状与喷射流移动方向有关。一般分为旋转喷射（简称旋喷）、定向喷射（简称定喷）和摆动喷射（简称摆喷）三种型式（如图 5-73 所示）。

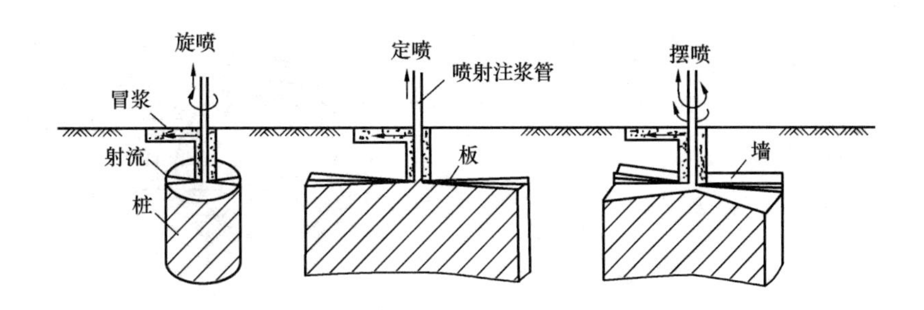

图 5-73　高压喷射注浆的三种型式

旋喷法施工时，喷嘴一面喷射一面旋转并提升，固结体呈圆柱状。主要用于加固地基，提高地基的承载力、改善土的变形性质；也可组成闭合的帷幕，用于截阻地下水流和治理流砂；也有用于场地狭窄处作围护结构。旋喷法施工后，在地基中形成的圆柱体，称为旋喷桩。

定喷法施工时，喷嘴一面喷射一面提升，喷射的方向固定不变，固结体形如板状或壁状。

摆喷法施工时喷嘴一面喷射一面提升，喷射的方向呈较小角度来回摆动，固结体形如较厚墙状。

定喷及摆喷两种方法通常用于基坑防渗、改善地基土的渗流性质和稳定边坡等工程。

高压喷射旋喷、定喷和摆喷等 3 种基本形式可通过下列三种基本工艺实现：

1. 单管法：喷射高压水泥浆液一种介质（如图 5-74 所示）；

2. 双管法：喷射高压水泥浆液和压缩空气二种介质（如图 5-75 所示）；

3. 三管法：喷射高压水流、压缩空气及水泥浆液等三种介质（如图 5-76 所示）。

由于上述 3 种喷射流的结构和喷射的介质不同，所以有效处理长度也不同，以三管法最长，可达 25m；双管法次之，单管法最短。实践表明，旋喷形式可采用单管法、双管法和三管法中的任何一种方法。定喷和摆喷注浆常用双管法和三管法。

旋喷法在砂性土与黏性土中形成的固结体横断面结构如图 5-77 所示。

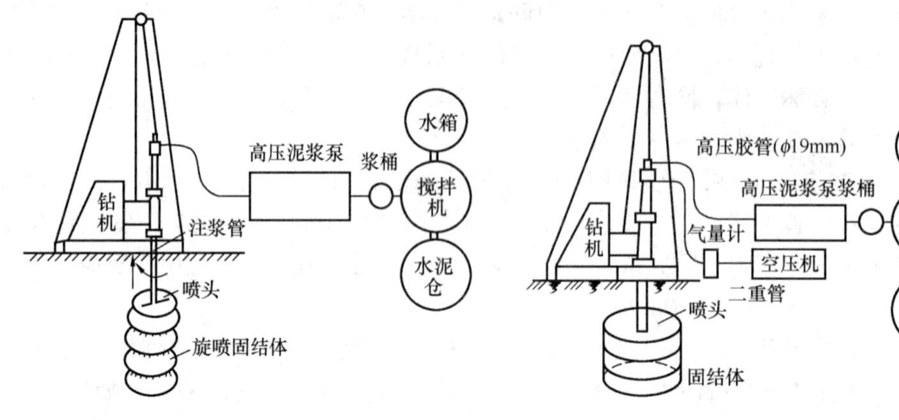

图 5-74　单管法高压喷射注浆示意图　　图 5-75　二重管法高压喷射注浆示意图

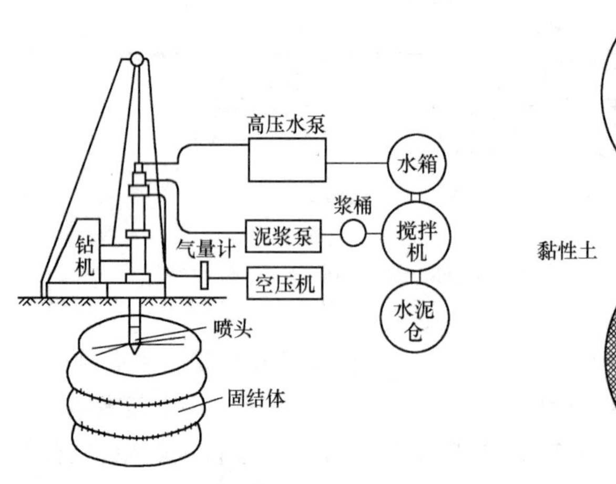

图 5-76　三重管法高压喷射注浆示意图

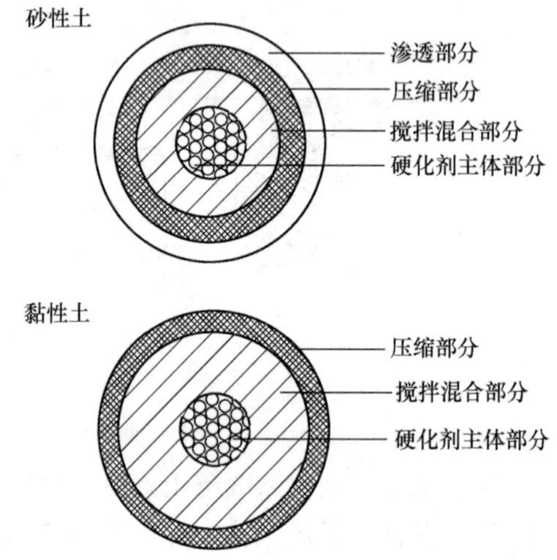

图 5-77　旋喷固结体横断面结构示意图

为增加桩身强度，旋喷桩成桩后也可投放碎石及钢筋笼形成旋喷加筋混凝土桩，施工应待旋喷后 1 小时内完成，桩顶下 4m 内应振实。也可在旋喷桩中置入钢筋混凝土芯桩，形成加筋旋喷桩。上述高压喷射注浆的水泥浆压力一般为 25～30MPa，水压力为 20～30MPa，随着地基加固深度不断加大，要求水泥加固体直径也越来越大，为了适应工程需要，我国已研制出大流量高压水泵（压力 70MPa，流量 100L/min）和超高压水泥浆泵（压力 50MPa，流量 80L/min）并开发出“超高压喷射注浆新技术”，地基处理深度可达 50m[10]。另外深层搅拌与高压旋喷相结合的深层喷射搅拌混合法（如 JACSMAN 工法及 DMSWM 工法等）使加固体直径及深度大大增加，桩径可达 2～4m，且加固体均匀强度高，泥浆排放量少。振孔高压喷射注浆技术的开发，简化了高压喷射注浆工序，提高功效、降低造价并扩大了高压喷射注浆法应用范围。

（二）高压喷射注浆水泥土固结体形成及硬化机理

应用高压喷射注浆法加固地基时，高压喷射流在地基中将土体切削破坏，一部分细小的土粒被喷射的水泥浆液所置换，随着冒浆被带上地面，其余的土粒与水泥浆液搅拌混合。在喷射动压，离心力和重力的综合作用下，在横断面上土粒按质量大小排列，形成浆液主体、搅拌混合、压密和渗透等部分（图 5-77）。土颗粒间被水泥浆填满，经过一定时间，通过土和水泥水化物的物理化学作用，形成强度较高渗透性较低的水泥土固结体。由高压喷射注浆法形成的水泥土固结体在空间是不均匀的，而且固结体的结构与被加固土的种类有关。在砂土、黏性土和黄土中形成的水泥土固结体性状并不完全相同。

由高压喷射注浆法和深层搅拌形成的水泥土在结构上不尽相同，但其硬化机理及影响因素基本上是一样的，最终形成具有一定强度、渗透性较低的水泥土固结体，在复合地基中除桩体作用外，喷射流对桩间土还具有压密及浆液渗入的改性作用。

（三）高压喷射注浆法的工艺特点

1. 适用范围较广

既可用于新建工程，又可用于既有建筑的托换工程。以及深基坑、地铁等的土层加固或防水。

2. 施工简便

施工时只需在土层中钻一个孔径为 50mm 或 300mm 的小孔，便可在土中喷射成直径为 0.4～4.0m 的固结体，因而施工时能贴近已有建筑物，成型灵活，既可在钻孔的全长形成柱型固结体，也可仅作其中一段。

3. 可控制固结体形状

在施工中可调整旋喷速度和提升速度、增减喷射压力或更换喷嘴孔径改变流量，使固结体形成工程设计所需要的形状。

4. 可垂直、倾斜和水平喷射

通常是在地面上进行垂直喷射注浆，但在隧道、矿山井巷工程、地下铁道等建设中，亦可采用倾斜和水平喷射注浆。

5. 耐久性较好

由于能得到稳定的加固效果并有较好的耐久性，所以可用于永久性工程。

6. 料源广阔

浆液以水泥为主体。在地下水流速快或含有腐蚀性元素、土的含水量大或固结体强度要求高的情况下，则可在水泥中掺入适量的外加剂，以达到速凝、高强、抗冻、耐蚀和浆液不沉淀等效果。

7. 设备简单

高压喷射注浆全套设备结构紧凑、体积小、机动性强，占地少，能在狭窄和低矮的空间施工。

8. 工法缺点

高压喷射注浆法施工受人为因素影响大，设计不确定因素多，质量检验待完善，所以工程经验对工程质量很重要。另外目前此工法水泥用量大，费用偏高。

（四）适用范围

1. 土质适用范围

高压喷射注浆法适用于处理淤泥、淤泥质土、流塑、软塑或可塑黏性土、粉土、砂土、黄土、素填土和碎石土等地基。

当土中含有较多的大粒径块石、大量植物根茎或有机质含量较高时，以及地下水流速过大和已涌水的工程，应根据现场试验结果确定其适用性。

由于高压喷射注浆使用的压力大，因而喷射流的能量大、速度快。当它连续和集中地作用在土体上，压应力和冲蚀等多种因素便在很小的区域内产生效应，对从粒径很小的细粒土到含有颗粒直径较大的卵石、碎石土，均有巨大的冲击和搅动作用，使注入的浆液和土拌合凝固为新的固结体。实践表明，本法对淤泥、淤泥质土、流塑或软塑黏性土、粉土、砂土、黄土、素填土和碎石土等地基都有良好的处理效果。

但对于 $N>10$ 的硬黏性土、$N>30\sim50$ 的砂土及含有较多的块石或大量植物根茎的地基，因喷射流可能受到阻挡或削弱，冲击破碎力急剧下降，切削范围小或影响处理效果。而对于含有过多有机质的土层，则其处理效果取决于固结体的化学稳定性。鉴于实际工程土的组成复杂、差异悬殊，使高压喷射注浆处理的效果差别较大，不能一概而论，故应根据现场试验结果确定其适用程度。对于湿陷性黄土地基，因当前试验资料和施工实例较少，亦应预先进行现场试验。

高压喷射注浆处理深度较大，我国建筑地基高压喷射注浆处理深度目前已达 30m 以上。

2. 工程应用范围

高压喷射注浆有强化地基和防漏的作用，适用于既有建筑和新建工程的地基处理、地铁工程、地下工程及堤坝的截水、基坑封底、被动区加固、基坑侧壁防止漏水或减小基坑位移等。对地下水流速过大或已涌水的防水工程，由于工艺、机具和瞬时凝结材料等方面的原因，应慎重使用，必要时应通过现场试验确定。

二、设计

（一）设计要点

1. 固化剂选择

（1）喷射注浆的主要材料为水泥，对于无特殊要求的工程宜采用强度等级为 42.5 级及以上普通硅酸盐水泥。根据需要，可在水泥浆中分别加入适量的外加剂和掺合料，以改善水泥浆液的性能，如早强剂、悬浮剂等。所用外加剂或掺合剂的数量，应根据工程和设计要求通过室内配比试验或现场试验确定。当有足够实践经验时，亦可按经验确定。

喷射注浆的材料还可选用化学浆液。因费用昂贵，只有少数工程应用。

（2）水泥浆液的水灰比应按工艺要求确定。

水泥浆液的水灰比越小，高压喷射注浆处理地基的强度越高。在施工中因注浆设备的原因，水灰比太小时，喷射有困难，故水灰比通常取 0.8～1.2，生产实践中常用 0.9。

由于生产、运输和保存等原因，有些水泥厂的水泥成分不够稳定，质量波动较大，可导致高压喷射水泥浆液凝固时间过长，固结强度降低。因此事先应对各批水泥进行检验，鉴定合格后才能使用。对拌制水泥浆的用水，只要符合混凝土拌合标准即可使用。

（3）浆液配制参考用表（见表 5-67 和表 5-68）

2. 旋喷桩直径及强度

（1）高压喷射注浆形成的加固体强度和范围，应通过现场试验确定。当无现场试验资

旋喷桩水泥用量表　　表 5-67

桩径（mm）	桩长（m）	强度为 32.5 普硅水泥单位用量	喷射施工方法		
			单管	二重管	三管
ϕ600	1	kg/m	200～250	200～250	—
ϕ800	1	kg/m	300～350	300～350	—
ϕ900	1	kg/m	350～400（新）	350～400	—
ϕ1000	1	kg/m	400～450（新）	400～450（新）	700～800
ϕ1200	1	kg/m	—	500～600（新）	800～900
ϕ1400	1	kg/m	—	700～800（新）	900～1000

注：1．“新”系指采用高压水泥浆泵，压力为 36～40MPa，流量 80～110L/min 的新单管法和二重管法。

2．水泥掺入比一般为 15～30%，建议一般土层为 15%，软土、松散砂土、粉土 20%，杂填土 25%～30%。

3．加固土体每 m^3 的水泥掺量不宜小于 300kg。

国内较常用的添有外加剂的旋喷射浆液配方表　　表 5-68

序　号	外加剂成分及掺量	浆液特性
1	氯化钙 2%～4%	促凝、早强、可灌性好
2	铝酸钠 2%	促凝、强度增长慢、稠度大
3	水玻璃 2%	初凝快、终凝时间长、成本低
4	三乙醇胺 0.03%～0.05%，食盐 0.5%～1.0%	有早强作用
5	三乙醇胺 0.03%～0.05%，食盐 0.5%～1.0%，氯化钙 2%～3%	促凝、早强、可喷性好
6	氯化钙（或水玻璃）2% “NNO” 0.5%	促凝、早强、强度高、浆液稳定性好
7	氯化钠 1% 亚硝酸钠 0.5% 三乙醇胺 0.03%～0.05%	防腐蚀、早强、后期强度高
8	粉煤灰 25%	调节强度、节约水泥
9	粉煤灰 25%，氯化钙 2%	促凝、早强、节约水泥
10	粉煤灰 25% 硫酸钠 1% 三乙醇胺 0.03%	促凝、早强、节约水泥
11	粉煤灰 25% 硫酸钠 1% 三乙醇胺 0.03%	早强、抗冻性好
12	矿渣 25%	提高固体强度、节约水泥
13	矿渣 25% 氯化钙 2%	促凝、早强、节约水泥

注：掺量为外加剂重量与水泥重量的百分比。

料时，亦可参照相似土质条件的工程经验。旋喷加固体性状可依设计要求采用柱状、壁状、条状或块状。

(2) 直径

高压喷射注浆形成的固结体尺寸主要取决于下列因素：

1) 土的类别及其密实程度；

2) 高压喷射注浆方法（注浆管的类型）。采用不同的注浆方式所形成的加固体尺寸有较大差别。在其他条件基本相同情况下，二重管旋喷所形成的旋喷桩直径是单管法的1.3～1.5倍，三重管是单管法的1.5～2.0倍。在黏土中复喷一次直径增大38%，在砂性土中可增大50%；

3) 喷射技术参数（包括喷射压力与流量，喷嘴直径与个数，压缩空气的压力、流量与喷嘴间隙，注浆管的提升速度与旋转速度）。

旋喷桩直径的确定是一个复杂的问题，尤其是深部的直径，无法用准确的方法确定。因此，除了浅层可以用开挖的方法确定之外，只能用半经验的方法加以判断确定。

根据国内外的施工经验，初步设计时其直径可参考表5-69选用。定喷及摆喷的有效长度约为旋喷桩直径的1.0～1.5倍。

对于大型的或重要的工程，应通过现场喷射试验后开挖或钻孔采样确定。

旋喷桩的设计直径（m）[1] **表5-69**

土质＼方法		单管法	双管法	三管法
黏性土	$0<N<5$	0.5～0.8	0.8～1.2	1.2～1.8
	$6<N<10$	0.4～0.7	0.7～1.1	1.0～1.6
	$11<N<20$	0.3～0.5	0.6～0.9	0.7～1.2
砂土	$0<N<10$	0.6～1.0	1.0～1.4	1.5～2.0
	$11<N<20$	0.5～0.9	0.9～1.3	1.2～1.8
	$21<N<30$	0.4～0.8	0.8～1.2	0.9～1.5

注：1. 表中N为标贯击数；

2. 当土层中粒径大于2mm的土粒在土层中的比例大于50%时，加固体尺寸将明显减少。

(3) 固结体强度

1) 固结体强度主要取决于下列因素：土质；喷射材料及水灰比；注浆管的类型和提升速度；单位时间的注浆量。

2) 固结体强度设计规定按28d或90d强度计算。试验证明，在黏性土中，由于水泥水化物与黏土矿物继续发生作用，故28d后的强度将会继续增长，这种强度的增长作为安全储备。

3) 注浆材料为水泥时，固结体抗压强度的初步设定可参考表5-70。

固结体抗压强度参考值　　表 5-70

土　质	固结体抗压强度（MPa）		
	单管法	二重管法	三重管法
砂类土	3～7	4～10	5～15
黏性土	1.5～5	1.5～5	1～5

注：由于旋喷桩水灰比比水泥土搅拌桩大，所以在水泥掺量相同时，其 f_{cu} 值比水泥搅拌桩低。

4）对于大型的或重要的工程，应通过室内试验或现场喷射试验后采样测试来确定固结体的强度和渗透性等性质。由于水灰比较大，室内成型较困难，宜现场试桩取样测定或现场人工拌合水泥土浆地模成型。

3. 桩位平面布置

竖向承载旋喷桩的平面布置可根据上部结构和基础特点确定。独立基础下的桩数一般不应少于 3～4 根。对新建工程可仅在基础平面内布置，一般采用柱状加固体。

4. 地基处理深度可根据工程地质情况及设计要求确定。对相对硬层埋藏较浅的土层应深达相对硬层；当相对硬层埋藏较深时，应按下卧层承载力及建筑物地基变形允许值确定。

5. 复合地基承载力特征值

1）竖向承载旋喷桩复合地基承载力特征值应通过现场复合地基载荷试验确定。

2）初步设计时，也可按式（5-131）估算：

$$f_{spk}=m\frac{\lambda\cdot R_a}{A_p}+\beta(1-m)f_{sk} \tag{5-131}$$

式中　f_{spk}——复合地基承载力特征值（kPa）；

m——桩土面积置换率（m=10～30%）；

λ——单桩承载力发挥系数，取 λ=1.0；

R_a——单桩竖向承载力特征值（kN）；

A_p——桩的截面积（m^2）；

f_{sk}——桩间土承载力特征值（kPa），可取天然地基承载力特征值；

β——桩间土承载力发挥系数。可根据试验或类似土质条件工程经验确定，当无试验资料或经验时，可取 0.1～0.5，承载力较低时取低值。

旋喷桩复合地基承载力通过现场载荷试验方法确定误差较小。由于通过公式计算在确定折减系数 β 和单桩承载力方面均可能有较大的变化幅度，因此只能用作估算。对于承载力较低时 β 取低值，是出于减小变形的考虑。

6. 单桩竖向承载力特征值

（1）单桩竖向承载力特征值可通过现场单桩载荷试验确定。

（2）也可按式（5-132）及式（5-133）估算，取其中较小值：

$$R_a=u_p\cdot\sum_{i=1}^{n}q_{si}\cdot l_{pi}+\alpha_p\cdot q_p\cdot A_P \tag{5-132}$$

$$R_a = \eta \cdot f_{cu} \cdot A_p \tag{5-133}$$

式中 n——桩长范围内所划分的土层数；

l_{pi}——桩周第 i 层土的厚度（m）；

q_{si}——桩周第 i 层土的侧阻力特征值（kPa），可按现行国家标准《建筑地基基础设计规范》GB 50007 有关规定或地区经验确定。无地区经验时，也可近似按钻孔灌注桩侧摩阻力取值（参见本书附表 F）；

α_p——桩端天然地基土承载力折减系数，可取 $\alpha_p=0.4\sim0.6$，承载力高取低值；

q_p——桩端地基土未经修正的承载力特征值（kPa），可按现行国家标准《建筑地基基础设计规范》GB 50007 有关规定或地区经验确定；

f_{cu}——与旋喷桩桩身水泥土配比相同的室内加固土试块（边长为 70.7mm 的立方体）在标准养护条件下 28d 龄期的立方体抗压强度平均值（kPa），当水灰比较大室内试验成型较困难时，也可按现场试验取样确定；

η——桩身强度折减系数，可取 0.25～0.33。

旋喷桩承载力及其他性质汇总表 **表 5-71**

固结体性质	高压喷射注浆法类别		
	单管法	二重管法	三重管法
单桩垂直极限荷载（kN）	500～600	1000～1200	2000
单桩水平极限荷载（kN）	30～40		
原地土质	砂土	黏性土	其他土
干重度（kN/m^3）	16～20	14～15	黄土 13～15
渗透系数（cm/s）	$1\times10^{-5}\sim1\times10^{-6}$	$1\times10^{-6}\sim1\times10^{-7}$	砂砾 $1\times10^{-6}\sim1\times10^{-7}$
黏聚力（MPa）	0.4～0.5	0.7～1.0	
内摩擦角（°）	30～40	20～30	
标准贯入击数 N 值（击）	30～50	20～30	
弹性波速（km/m）	P 波	2～3	1.5～2.0
	S 波	1.0～1.5	0.8～1.0

7. 桩长范围内复合土层以及下卧层地基变形值应按现行国家标准《建筑地基基础设计规范》GB 50007 有关规定计算，其中复合土层的压缩模量可根据地区经验确定。

8. 当旋喷桩处理范围以下存在软弱下卧层时，应按现行国家标准《建筑地基基础设计规范》GB 50007 的有关规定进行下卧层承载力验算。

9. 采用旋喷桩处理，宜在基础和桩顶之间设置 200～300mm 厚砂石垫层，其材料可选用中砂、粗砂、级配砂石等，最大粒径不宜大于 30mm。夯填度不应大于 0.9。

（二）水泥旋喷桩设计流程图

水泥旋喷桩设计流程图如图 5-78 所示。

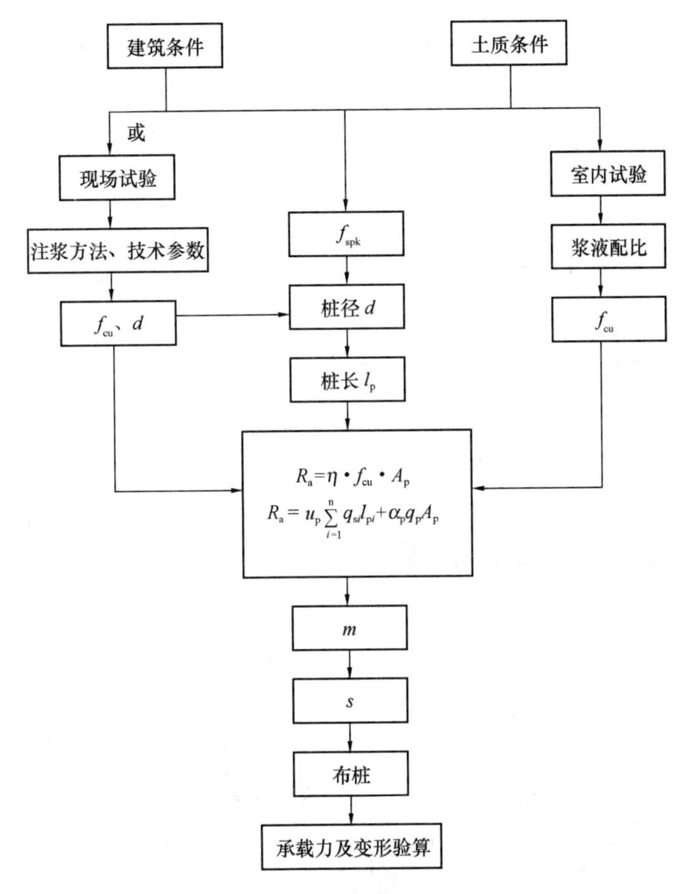

图 5-78　水泥旋喷桩设计流程图

三、施工

(一) 施工设备

高压喷射注浆施工的主要机具包括钻孔机械和喷射注浆设备两大类。对不同的喷射方式，所使用的施工机具类型和数量也不同。表 5-72 为国内高压喷射注浆法的主要施工机具一览表。国外一些公司生产的多功能钻机不仅可以施工锚杆、微型桩，还可进行高压喷射施工。如意大利 SOILMEC 公司的 SM 系列钻机，意大利 CASAGRANDE 公司的 C 系列钻机，美国 INGERSOIL-RAND 公司的 KR 系列钻机等。

各种高压喷射注浆法的主要施工机具一览表　　表 5-72

序号	机器设备名称	型号	规格	所用机具			
				单管法	二重管法	三重管法	多重管法
1	高压泥浆泵	SNS-H300 注浆车 Y-2 型液压泵	30MPa 20MPa	√	√		
2	高压水泵	3XB 型 3W6B 3W7B	35MPa 20MPa			√	√

续表

序号	机器设备名称	型号	规格	所用机具			
				单管法	二重管法	三重管法	多重管法
3	钻机	工程地质钻 震动钻		√	√	√	√
4	泥浆泵	BW-150 型	7MPa			√	√
5	真空泵						√
6	空压机		0.8MPa　$3m^3/min$		√	√	
7	泥浆搅拌机			√	√	√	√
8	单管			√			
9	二重管				√		
10	三重管					√	
11	多重管						√
12	超声波传感器						√
13	高压胶管		ϕ19～22mm	√	√	√	√

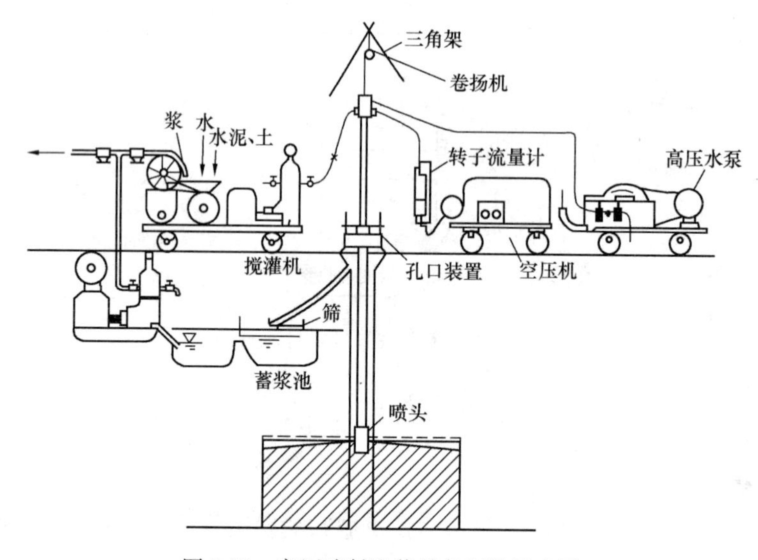

图 5-79　高压喷射注浆设备组装示意图

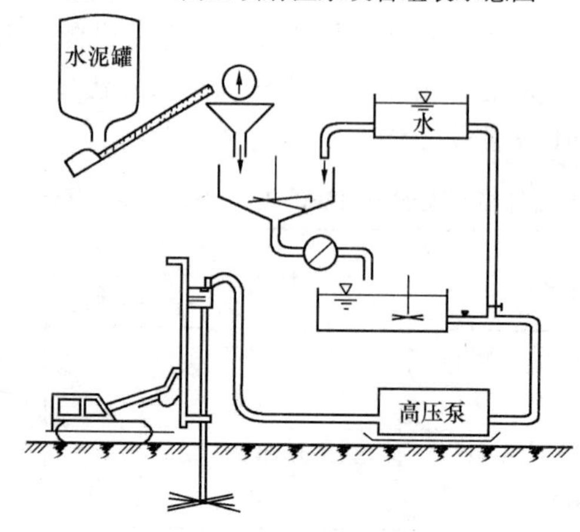

图 5-80　单管法施工示意图

喷射注浆法分类　　表 5-73

分类方法	单管法	二重管法	三重管法
喷射方法	浆液喷射	浆液、空气喷射	水、空气喷射、浆液注入
硬化剂	水泥浆	水泥浆	水泥浆
常用压力（MPa）	15.0～20.0	15.0～20.0	高压　低压 20.0～40.0　0.5～3.0
喷射量（L/min）	60～70	60～70	60～70 80～150
压缩空气（kPa）	不使用	500～700	500～700
旋转速度（rpm）	16～20	5～16	5～16
桩径（cm）	30～60	60～150	80～200
提升速度（cm/min）	15～25	7～20	5～20

（二）施工要点

1. 准备工作

（1）施工前，应对照设计图纸核实设计孔位处有无妨碍施工和影响安全的障碍物。如遇有上水管、下水管、电缆线、煤气管、人防工程、旧建筑基础和其他地下埋设物等障碍物影响施工时，则应与有关单位协商清除或搬移障碍物或更改设计孔位。

（2）施工前应检查注浆材料配比及高压喷射设备性能。

2. 施工步骤

高压喷射注浆的全过程为钻机就位、钻孔、置入注浆管、高压喷射注浆和拔出注浆管冲洗等基本工序。具体要求见图 5-81。

（1）钻机就位

钻机安放在设计的孔位上并应保持垂直，施工时旋喷管的允许倾斜度不得大于 1.0%。

（2）钻孔

单管旋喷常使用 76 型旋转振动钻机，钻进深度可达 30m 以上，适用于标准贯入击数小于 40 的砂土和黏性土层。当遇到比较坚硬的地层时宜用地质钻机钻孔。一般在二重管和三重管旋喷法施工中都采用地质钻机钻孔。钻孔的位置与设计位置的偏差不得大于 50mm。

（3）贯入喷射管

贯入喷射管是将喷管插入地层预定的深度。使用 76 型振动钻机钻孔时，插管与钻孔两道工序合二为一，即钻孔完成时插管作业同时完成。如使用地质钻机，钻孔完毕必须拔出岩芯管，并换上旋喷管插入到预定深度。在插管过程中，为防止泥砂堵塞喷嘴，可边射水、边插管，水压力一般不超过 1MPa。若压力过高，则易将孔壁射塌。

（4）喷射作业

当喷射注浆管贯入土中，喷嘴达到设计标高时，即可喷射注浆。在喷射注浆参数达到规定值后，随即分别按旋喷、定喷或摆喷的工艺要求，提升喷射管，由下而上喷射注浆。当注浆管不能一次提升完成而需分数次卸管时，卸管后喷射的搭接长度不得小于 100mm，以保证固结体的整体性。

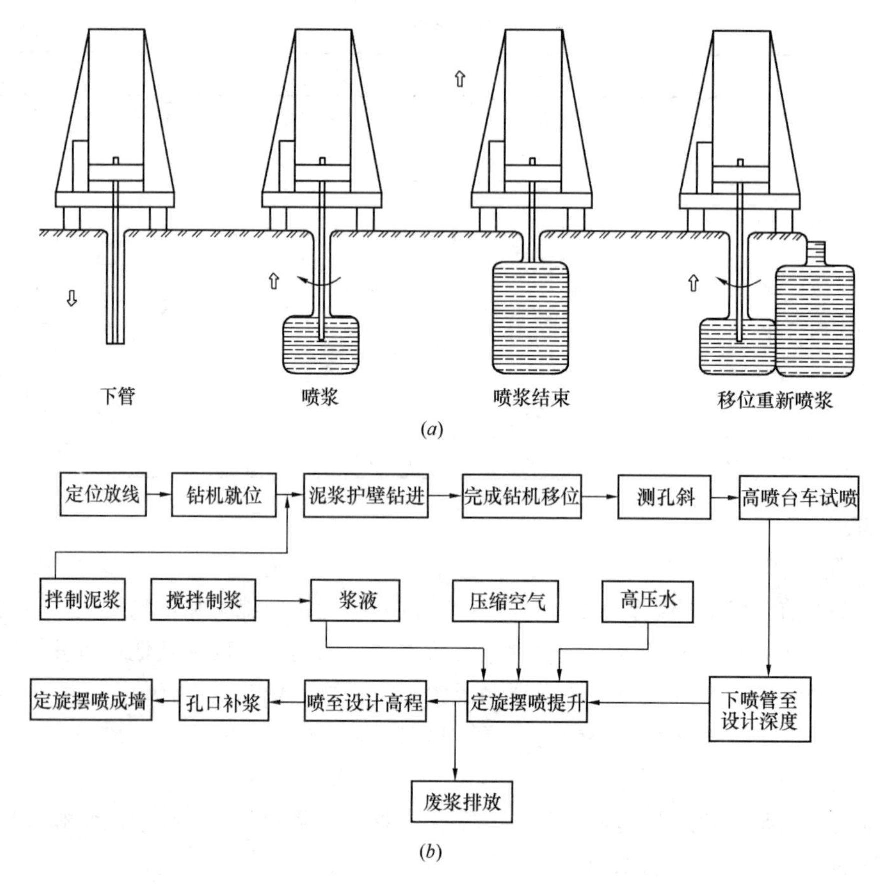

图 5-81　高压喷射注浆施工工序与工艺流程图

(*a*) 高压喷射注浆施工工序；(*b*) 高压喷射注浆施工工艺流程图

在不改变喷射参数的条件下，通过对同一标高的土层作重复喷射时，能加大有效加固范围和提高固结体强度。这是一种局部获得较大旋喷直径或定喷、摆喷范围的简易有效方法。复喷的方法根据工程要求决定。在实际工作中，旋喷桩通常在底部和顶部进行复喷，以增大承载力和确保加固体质量。

值班技术人员必须时刻注意检查浆液初凝时间、注浆流量、风量、压力、旋转提升速度等参数是否符合设计要求，并随时做好记录，绘制作业过程曲线。

(5) 拔管和冲洗

喷射施工完毕后，应把注浆管等机具设备冲洗干净，管内机内不得残存水泥浆。通常把浆液换成水，在地面上喷射，以便把泥浆泵、注浆管和软管内的浆液全部排除。

(6) 移动机具

将钻机等机具设备移到新孔位上。

3. 施工技术参数

(1) 高压喷射注浆的施工参数应根据土质条件、加固要求通过试验或根据工程经验确定，并在施工中严格加以控制。高压喷射注浆压力越大，地基处理效果越好，根据国内工程经验，单管法、双管法及三管法的高压水泥浆液流或高压力射流的压力宜大于 20MPa、流量大于 30L/min，气流的压力以空气压缩机最大压力为限，通常在 0.7MPa 左右，低压水泥浆的灌注压力通常在1.0～2.0MPa左右。提升速度可取0.1～0.2m/min，旋转速度宜取20r/min。常用的高压喷射注浆技术参数见表5-74。

通常采用的高压喷射注浆技术参数[1]　　　表5-74

旋喷施工方法			单管法	双管法	三管法
适用土质			砂土、黏性土、黄土、杂填土、小粒径砂砾		
浆液材料及配方			以水泥为主材，加入不同的外加剂后具有速凝、早强、抗腐蚀、防冻等特性，常用水灰比1∶1，也可适用化学材料		
旋喷施工参数	水	压力（MPa）	—	—	25
		流量（L/min）	—	—	80～120
		喷嘴孔径（mm）/个数	—	—	2～3/1～2
	空气	压力（MPa）	—	0.7	0.7
		流量（m^3/min）	—	1～2	1～2
		喷嘴间隙（mm）/个数	—	1～2/1～2	1～2/1～2
	浆液	压力（MPa）	25	25	25
		流量（L/min）	80～120	80～120	80～150
		喷嘴孔径（mm）/个数	2～3（2）	2～3/1～2	10～2/1～2
		灌浆管外径（mm）	ϕ42或ϕ45	ϕ42，ϕ50或ϕ75	ϕ75或ϕ90
		提升速度（cm/min）	15～25（20～25）	7～20（10～30）	5～20
		旋转速度（r/min）	16～20（约20）	5～16（10～30）	5～16（5～20）

注：括号内数据按本章参考文献［53］补充。

近年来旋喷注浆技术得到了很大的发展，利用超高压水泵（泵压大于50MPa）和超高压水泥浆泵（水泥浆压力大于35MPa），辅以低压空气，大大提高了旋喷桩的处理能力。在软土中的切割直径可超过2.0m，注浆体的强度可达5.0MPa，有效加固深度可达60m。所以对于重要的工程以及对变形要求严格的工程，应选择较强设备能力进行施工，以保证工程质量。

国外高压喷射技术典型施工参数　　　表5-75

技术参数＼喷射参数	单管法	二重管法	三重管法	技术参数＼喷射参数	单管法	二重管法	三重管法
注浆泵压力（MPa）	40～45	40～45	2～6	压缩空气压（MPa）	—	0.7～1.7	0.7～1.7
供浆量（L/min）	80～150	120～180	70～100	供气量（L/min）	—	8～10	8～10
高压水泵压力（MPa）	—	—	40～60	提升速度（cm/min）	20～30	16～25	4～7
供水量（L/min）	—	—	80～120	转数（r/min）	10～30	7～15	4～10

注：上表为意大利TREVI JET高技术的T1、T1/S和T2工法参数。

（2）注浆量计算

注浆量计算有两种方法，即体积法式（5-134）和喷量法式（5-135），取大者作为设计喷射浆量。

体积法：

$$Q=\frac{\pi D_e^2}{4}K_1h_1(1+\beta)+\frac{\pi D_0^2}{4}\quad K_2h_2 \tag{5-134}$$

喷量法：

$$Q=\frac{H}{V}q(1+\beta) \tag{5-135}$$

式中 Q——需要的喷浆量（m^3）；

D_e——旋喷固结体直径（m）；

D_0——注浆管直径（m）；

K_1——填充率，0.78～0.9；

h_1——旋喷长度（m）；

K_2——未旋喷范围土的填充率，0.5～0.75；

h_2——未旋喷长度（m）；

β——损失系数，0.1～0.2；

V——提升速度（m/min）；

H——喷射长度（m）；

q——单位喷浆量（m^3/min）。

根据计算所需的喷浆量和设计的水灰比，即可确定水泥的使用数量。

4. 施工注意事项

（1）喷射孔与高压注浆泵的距离不宜大于50m。高压泵通过高压橡胶软管输送高压浆液至钻机上的注浆管，进行喷射注浆。若钻机和高压水泵的距离过远，势必要增加高压橡胶软管的长度，使高压喷射流的沿程损失增大，造成实际喷射压力降低的后果。因此钻机与高压水泵的距离不宜过远，在大面积场地施工时，为了减少沿程损失，则应搬动高压泵保持与钻机的距离。浆液制备后宜在1h内喷射完毕，超过20h应停用。

（2）钻孔的位置与设计位置的偏差不得大于50mm。并且必须保持钻孔的垂直度。

（3）喷射注浆过程中出现下列异常情况时，需查明原因并采取相应措施：

1）流量不变而压力突然下降时，应检查各部件的泄漏情况，必要时拔出注浆管，检查密封性能。

2）出现不冒浆或断续冒浆时，若系土质松软则视为正常现象，可适当进行复喷；若系附近有空洞、通道，则应不提升注浆管继续注浆直至冒浆为止或拔出注浆管待浆液凝固后重新注浆。对于单管或双管法，正常冒浆量为注浆总量的10%～20%左右。

3）压力稍有下降时，可能系注浆管被击穿或有孔洞，使喷射能力降低、此时应拔出注浆管进行检查。

4）压力陡增超过最高限值、流量为零、停机后压力仍不变动时，则可能系喷嘴堵塞。应拔管疏通喷嘴。

（4）当高压喷射注浆完毕后，或在喷射注浆过程中因故中断，短时间（小于或等于浆液初凝时间）内不能继续喷浆时，均应立即拔出注浆管清洗备用，以防浆液凝固后拔不出管来。

（5）处理既有建筑地基时，为防止因浆液凝固收缩，产生加固地基与建筑基础不密贴或脱空现象，可采用速凝浆液、跳孔喷射、超高喷射（处理既有建筑地基时，旋喷处理地基的顶面超过建筑基础底面，其超高量大于收缩高度）、回灌冒浆或第二次注浆等措施。

（6）施工中应做好泥浆处理，及时将泥浆运出或在现场短期堆放后作土方运出。在城市施工中泥浆管理直接影响文明施工，必须在开工前做好规划，做到有计划的堆放或废浆及时排出现场，保持场地文明。

（7）施工中应严格按照施工参数和材料用量施工，并如实做好各项记录。应在专门的记录表格上做好自检，如实记录施工的各项参数和详细描述喷射注浆时的各种现象，以便判断加固效果并为质量检验提供资料。有条件时应采用高压喷射自动记录仪进行监控。

（8）施工时为防止窜孔可采用跳打，施工时桩孔间距不应小于1.5～2.0m。

（9）旋喷桩施工时由于静水压力影响，下部喷射效果减弱，旋喷桩直径减小，因此在施工时下部应增大喷射压力或增大喷射流量，防止出现上粗下细现象。

四、质量检验和工程验收

（一）施工前

施工前应检查水泥、外掺剂等的质量，桩位，压力表、流量表的精度和灵敏度，高压喷射设备的性能等。

（二）施工中

施工中应检查施工参数（压力、水泥浆量、提升速度、旋转速度等）及施工程序。

（三）施工后

1. 施工结束后，应检验桩体强度、平均直径、桩身中心位置、桩体质量及承载力等。桩体质量及承载力检验应在施工结束后28d进行。

2. 高压喷射注浆可根据工程要求和当地经验采用开挖检查、取芯（28d后或凝固前）、标准贯入试验、载荷试验或围井注水试验等方法进行检验，并结合工程测试、观测资料及实际效果综合评价加固效果。

应在严格控制施工参数的基础上，根据具体情况选定质量检验方法。开挖检查法虽简单易行，但只能在浅层进行，难以对整个固结体的质量作全面检查，钻孔取芯是检验单孔固结体质量的常用方法，选用时需以不破坏固结体和有代表性为前提，可以在28d后取芯或在未凝固前取软芯（软弱黏性土地基）。标准贯入和静力触探在有经验的情况下也可以应用。载荷试验是建筑地基处理后检验地基承载力的良好方法。压水试验通常在工程有防渗漏要求时采用。有对比经验时，也可以根据冒浆取样测定 f_{cu}。

建筑物的沉降观测及基坑开挖过程测试和观察是全面检查建筑地基处理质量的不可缺少的重要方法。

3. 检验点应布置在下列部位：

（1）有代表性的桩位；

（2）施工中出现异常情况的部位；

（3）地基情况复杂，可能对高压喷射注浆质量产生影响的部位。

检验点的数量为施工孔数的2.0%，并不应少于6点。质量检验宜在高压喷射注浆结束28d后进行。

4. 竖向承载旋喷桩地基竣工验收时，承载力检验应采用复合地基载荷试验和单桩载荷试验。单桩载荷试验时桩顶应加强（凿平铺高标号水泥砂浆或作混凝土桩帽）。

载荷试验必须在桩身强度满足试验条件时，并宜在成桩 28d 后进行。检验数量为桩总数的 1%，且每项单体工程复合地基载荷试验不应少于 3 点。

(四) 质量检验标准

高压喷射注浆地基质量检验标准应符合表 5-76 的规定。

高压喷射注浆地基质量检验标准[30]　　表 5-76

项	序	检查项目	允许偏差或允许值		检查方法
			单位	数值	
主控项目	1	水泥及外掺剂质量	符合出厂要求		查产品合格证书或抽样送检
	2	水泥用量	设计要求		查看流量表及水泥浆水灰比
	3	桩体强度或完整性检验	设计要求		按规定方法
	4	地基承载力	设计要求		按规定方法
一般项目	1	钻孔位置	mm	≤50	用钢尺量
	2	钻孔垂直度	%	≤1.0	经纬仪测钻杆或实测
	3	孔深	mm	±200	用钢尺量
	4	注浆压力	按设定参数指标		查看压力表
	5	桩体搭接	mm	>200	用钢尺量
	6	桩体直径	mm	≤50	开挖后用钢尺量
	7	桩身中心允许偏差		≤0.2d	开挖后桩顶下 500mm 处用钢尺量，d 为桩径

五、工程实录

(一) 威海卫大厦地基处理[29]

1. 工程概况

威海卫大厦位于山东省威海市，距海约 200m，是一座高 60m 的宾馆，地上 17 层，地下一层共 18 层，呈正三角形布置。底部为箱形基础，全部采用现浇剪力墙结构。占地面积 1100m^2，总重 241000kN。

由于地处威海滩涂，天然地基承载力仅为 110～130kPa，预计沉降达 700mm，超过设计规范允许值。经分析研究后采用高压旋喷注浆法进行地基加固。

2. 地质条件

大厦坐落在地质复杂、基岩埋藏很深的软土层上。土层大致可分为：

(1) 人工填土层：层厚 0.6～1.4m，松散不均，由粉质黏土、粗砂、碎石、砖瓦和炉渣组成。

(2) 新近海滨相沉积层：厚度约 10m（层底标高－0.15m～－10.5m），上部为中密砂、砂砾和碎石透水层，下部为中等压缩性黏土。

(3) 第四系冲积层：层底标高－11.5m～－16.9m，由粉质黏土、细砂及碎石组成，上部黏土的压缩性较高，呈软塑与可塑状。

（4）基岩：为片麻岩，深30m以上属全风化带，其间有一层夹白色高压缩性高岭土。风化层层面由西向东倾斜角6°。

地下水埋深较浅，为0.6～1.1m。pH值6.9，水力坡度3.0‰～3.5‰。

设计时对大厦地基的要求是：加固后地基承载力要达到250kPa；差异沉降≤0.5%；垂直荷载通过箱形基础均匀传至基底，不考虑弯矩；不考虑水平推力。

3. 设计计算

（1）设计要点

1）根据地质条件，对Ⅱ_{2-1}及Ⅱ_{2-2}粉质黏土层应提高地基承载力，其余土层的加固是为控制沉降量，达到规范规定不得大于200mm的沉降量要求；

2）桩距2m，满堂布桩；

3）箱形基础底至－7m的中砂层作为应力调整层，保持其天然状态不予加固。地基加固深度由－7～－24.5m；

4）由于－14～－24.5m天然地基的承载力已满足设计要求，加固目的单纯是控制沉降量，故该深度范围内适当可减少桩数。因此采用长短桩相结合的方式布桩；

5）建筑物边缘和承重量大的部位，适当增加长桩；

6）长桩要穿过压缩性大的黏土，短桩要穿过Ⅱ_{2-2}粉质黏土层；

7）作为复合地基，旋喷桩不与箱形基础直接联系；

8）加固范围大于建筑物基础的平面面积。

（2）计算参数

设计荷载强度　p＝250kPa；

旋喷桩直径　d＝0.8m；面积A_p＝0.5m^2；

旋喷桩长度　l_{p1}＝6.5～7.5m；l_{p2}＝18.5～19.5m；

旋喷桩单桩承载力为685kN；

旋喷桩桩数　n＝439（计算为421）；

旋喷桩面积置换率　m_1＝0.1444（长短桩部分）；m_2＝0.0822（长桩部分）；

复合地基压缩模量　E_{sp1}＝1577×10^{2}kPa（长短桩部分）；E_{sp2}＝642×10^{2}kPa（长桩部分）。

（3）复合地基沉降量计算

对旋喷桩复合地基的沉降量进行计算。可按桩长范围内复合土层以及下卧层地基变形值计算（如例图1-1所示）。计算得：$S_{sp1}+S_{sp2}+S_{s3}=0.24+0.814+0.6=1.62$cm。

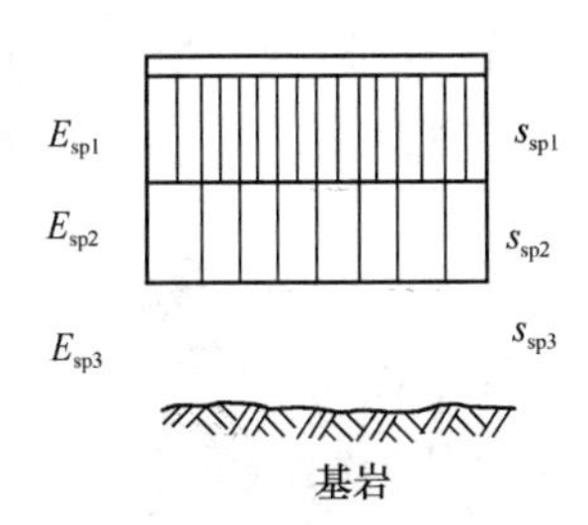

例图1-1　复合地基沉降计算示意图

旋喷复合地基的设计，曾因部分水泥质量不理想和少数旋喷桩有较大的凹陷，作了修改和补充，主要是取消了箱形基础底部的中砂层为应力调整层；对中砂加喷补强桩和增加了以保证旋喷质量为目的的中心桩、静压注浆。

4. 施工工艺

在第一阶段中，完成了部分长、短桩旋喷施工；在第二阶段完成了全部长、短桩旋喷、中心桩旋喷和静压注浆，并进行了部分质量检验工作；在第三阶段完成了260根补强桩和补强后的质量检验工作。

施工采用单管旋喷；

（1）机具：使用铁研TY-76型振动钻（打管、旋喷和提升用）和兰通SNC-H300型水泥车（产生20MPa高压水泥浆液射流），组建成3套单管旋喷机具进行施工，每套机具10人/台班。

（2）旋喷工艺及参数：按照设计桩径的要求和各类注浆的不同作用，对各种旋喷桩分别采用了不同工艺相应的参数。

对长桩采用“SJF”工艺，对短桩采用“JYD”，对中心桩采用“KTD”工艺；对补强桩采用“FHD”工艺。

为了提高各种旋喷桩的承载力，在每根桩的底部1m长的范围内，都采取了增加喷射持续时间的措施。

旋喷参数是：喷射压力：20MPa；喷射流量：100L/min；旋喷速度：20r/min；提升速度：0.2～0.8m/min；使用425号普通硅酸盐水泥；水泥浆相对密度1.5。

5. 质量检验

在施工初、中期和完工后，进行了数次多种方法的质量检验，主要情况如下：

（1）旁压试验结果表明，旋喷桩间土体受高压喷射作用的影响，而得到了一定程度的加固，其旁压模量和旁压极限压力均有所提高。

（2）浅层开挖出的旋喷桩径在0.6～0.8m间。

（3）钻探取芯和标准贯入试验是结合进行的。结果表明，旋喷桩是连续的和强度较高的桩体。在黏性土中旋喷桩的平均无侧限抗压强度为9.4MPa；砂性土中旋喷桩的无侧限平均抗压强度为14.79MPa。动力触探表明，局部桩头有空穴，需进行补强旋喷。

（4）在建筑物上设置了近50个测点，实际下沉量仅为8～13mm据此决定增加2层，将原设计地上15层改为17层。

威海卫大厦开创了旋喷法在我国用于高层地基处理的新局面。这也表明，旋喷桩是一种有效的软基处理方法。

（二）高压旋喷双液分喷法在地基加固中的应用

广州市花都区新世纪酒店高107m，地上主楼29层，裙楼3～5层，地下室1层，层高6m，总建筑面积59000m^2。本工程位于隐伏岩溶地区，地质构造复杂，经研究决定采用高压旋喷双液分喷法加固地基。1994年4月地基加固施工完成，经采用多种方法检测，完全达到预定的效果，1996年上部建筑结构顺利建成，至今基础稳定，未发现有任何异常现象。

1. 工程地质资料及水文地质条件

本工程位于隐伏岩溶地区，按成因类型可分为人工填土、冲积砂层以下为石灰岩。其中上部为第四系冲积层，主要由黏性土、砂层以及软土组成，总厚度为9～28m，变化较大。基底岩溶较为发育，岩石表面凹凸不平。相对高差变化较大（局部地段相邻仅1.8m距离，其岩面高差在17.20m），见洞率为19%。溶槽、溶沟及浅层溶洞分布较密集。

场地内无地表水体，地下水主要来源于第四系冲积层孔隙水与基岩岩溶裂隙水。

2. 地基基础设计方案选择

本工程为超高层建筑，基础坐落在地质构造极为复杂的岩溶地基场地上。若采用人工挖孔灌注桩基础，施工困难，且造价较高；若采用钻孔或冲孔灌注桩基础，难以保证质量；若采用筏板基础，则地基必须进行加固处理，且处理造价高。经分析研究认为宜采用高压旋喷桩复合地基，上部采用钢筋混凝土筏板基础较为稳妥可靠。

3. 主要技术指标与参数

主楼核心部位加固后的地基承载力为720kN/m²，高层区受力部位加固后的地基承载力为430kN/m²，北5层裙楼部位加固后的地基承载力为250kN/m²，南3层裙楼部位加固后的地基承载力为150kN/m²。

根据上述要求，结合场地水文、工程地质条件及建筑物上部荷载要求进行地基加固处理。采用群桩的形式布桩，形成桩土复合地基共同承担上部荷载。经分析，采用一般的高压单、双管及三管形成的桩难以达到要求，而采用高压旋喷双液分喷工艺形成的固结体（旋喷桩）可满足设计要求，旋喷桩端可置入高低不平的石灰岩面上，且能将石灰岩面上的溶沟、槽以及浅层溶洞充分填实，保证桩端稳定可靠，桩体抗压、抗剪强度高。

旋喷桩直径 d=800mm，抗压强度大于10MPa，单桩承载力800kN，桩端置入石灰岩内1m以上。桩顶标高为−6.000～−9.500m（即为开挖深度减0.5m）。

4. 施工工艺流程

（1）钻探成孔

用QP50-1型钻机成孔，采用ϕ130mm钻具开孔，并冲击到离桩顶标高0.50m处，下套管，用套管深度控制桩顶标高。然后改用回转钻进，进入完整基岩，并取岩芯检验。根据基岩的软硬程度和岩溶发育等情况确定桩底标高，一般要求进入完整基岩1m以上。

（2）高压喷水

将带有水喷头的钻具放入到孔底，在基岩面定喷3min后，再按规定的技术参数进行高压喷水作业，对于基岩上部的可塑至硬塑黏土层，则采用复喷的方式来保证桩体直径。

（3）中压喷浆

喷水结束后，将带有喷浆喷头的钻具下到孔底，在基岩面顶喷3min后再按喷浆程序施工。

（4）填补凹穴

中压喷浆结束后，浆液在凝固过程中的析水作用往往会导致桩顶出现槽穴，此时需测量凹槽深度，然后用带有一定压力的泥浆泵将胶管送至凹槽面填补浆液至桩顶标高。若初凝检测未达到设计标高，应继续填补至设计标高后，方可拔起套管。

5. 施工技术参数

高压旋喷注浆双液分喷法成桩施工有关技术参数见例表2-1。

成桩技术参数　　　　**例表2-1**

名　称	压力（MPa）	转速（r/min）	提速（m/min）	喷　嘴	
				数量（个）	直径（mm）
高压喷水	25～28	22	0.15～0.20	2	2
中压喷水	4～5	22	0.20～0.25	2	3.8

注：复喷地段为基岩上部黏土层，浆液浓度即水灰比为0.8∶1～1.2∶1。

6. 旋喷桩检测

旋喷桩施工完成后，对2653根旋喷桩分别进行了瑞利波法、小应变检测、静载荷试验和抽芯检测四种检测，检测结果均满足设计要求。

7. 沉降观测

本工程主体结构施工完成至工程全部竣工期间不间断地进行沉降观测，共布置8个观测点，基础累计沉降量为8～10mm。工程竣工后，按有关规定继续进行沉降观测。5年中观测共29次，基础累计沉降量为16～18mm，满足设计及规范要求。

在砂砾层内进行旋喷注浆施工中，曾遇孔内坍塌、卡钻等问题，采用孔内快速加杆法解决；桩与桩之间串浆问题采用跳跃施工法解决；底层内浆液大量漏失，采用增加水泥用量等方法解决，效果良好。

（肖高孝，曾和生，高压旋喷双液分喷法在地基加固中的应用，建筑技术，2002.）

第十节　夯实水泥土桩复合地基

一、概述

（一）工法简介及加固机理

由于场地条件的限制和住宅产业开发的需要，急需一种施工周期短、造价低、施工文明、质量容易控制的地基处理方法。中国建筑科学研究院地基所与河北省建筑科学研究院在北京、河北等地旧城区危改小区工程中开发了夯实水泥土桩地基处理新技术，经过大量室内、原位试验和工程实践，日趋完善。目前该项技术已在北京、河北等地广泛应用，产生了巨大的社会经济效益，节省了大量建设资金。

夯实水泥土桩法是指将水泥和土按设计比例拌合均匀，将干硬性水泥土在孔内夯实至设计要求的密实度而形成加固体，并与桩间土组成复合地基的地基处理方法。

夯实水泥土桩是将水泥和土搅和在孔内夯实成桩，夯实水泥土桩和搅拌水泥土桩的主要区别在于：

1. 搅拌水泥土桩桩体强度与现场的含水量、土的类型密切相关，搅拌后桩体密度增加很少，桩体强度主要取决于水泥的胶结作用，且由于土的分层性质，桩体强度沿深度是不均匀的，局部软弱夹层处的强度较低，影响荷载向深层传递。

夯实水泥土桩水泥和土在孔外拌合、均匀性好，场地土岩性变化对桩体强度影响不大，桩体强度以水泥的胶结作用为主，桩体密度的增加也是构成桩体强度的重要因素。夯实水泥土桩的现场强度和相同水泥掺量的室内试样强度，在夯实密度相同条件下是相同的。

2. 由于成桩是将孔外拌合均匀的水泥土混合料回填孔内并强力夯实，桩体强度与天然土体强度相比有一个很大的增量，这一增量既有水泥的胶结强度，又有水泥土密度增加产生的密实强度，而搅拌水泥土的密度比之天然土的密度增加有限。

3. 夯实水泥土桩在成孔及夯实成桩过程中，对桩间土有横向挤密作用，使桩间土密度和承载力增加，而水泥土搅拌桩桩间土变化不大。

基于以上的主要差异，相同水泥掺量的夯实水泥土桩的桩体强度为搅拌水泥土桩的2～10倍，由于桩体强度较高，可以将荷载通过桩体转至下卧较好土层。由夯实水泥土桩形成的复合地基均匀性好，复合地基承载力提高幅值较大。工程实践证明，夯实水泥土桩复合地基可以满足多层及小高层房屋地基的使用要求，同时具有施工速度快、无环境污染、造价低、质量容易控制等特点。夯实水泥土桩复合地基工法在工程实践中使用以来，立即被广大设计人员、建设单位等接受。据初步统计，每年在北京、河北等地的工程应用已达近千万平方米，使用情况良好。

夯实水泥土桩复合地基工法的技术发展主要体现在施工技术及施工设备自动化，保证桩体成桩质量等方面。早期该工法主要采用人工洛阳铲成孔，人工夯实成桩，质量控制难度大，质量监督人员劳动强度大；采用机械成孔、机械夯实后，不仅保证了桩体质量，工效也大大提高。

(二) 适用范围

夯实水泥土桩目前主要用于多层房屋地基处理，适用于处理地下水位以上的粉土、素填土、杂填土、粉细砂、黏性土等地基。目前，由于施工机械的限制，处理深度不宜超过6～15m。采用洛阳铲成孔时，处理深度宜小于6m。

夯实水泥土桩复合地基主要用于地下水位以上土层的处理，当有地下水时，对于渗透系数 $k<10^{-5}$cm/s 的黏性土也可采用；如果遇到浅层土有少量滞水，但可以疏干的情况，对孔底进行处理后，也可以采用该工艺。

二、设计

(一) 设计前的勘察及试验工作

1. 岩土工程勘察应查明土层的厚度和组成、地下水位、土的含水量、pH 值、有机质含量和地下水的腐蚀性等。用于湿陷性土时参考灰土挤密桩。

2. 夯实水泥土桩设计前应进行配比试验，针对现场地基土的性质，选择合适的水泥品种，为设计提供各种配比的强度参数。夯实水泥土桩体强度宜取 28d 龄期试块的立方体抗压强度平均值。

夯实水泥土强度主要由土的性质、水泥强度等级、水泥品种、龄期、养护条件等控制。因此特别规定夯实水泥土桩体强度应采用现场土料和施工采用的水泥品种、强度等级进行混合料配比设计。

3. 夯实水泥土强度配比试验应符合下列规定：

(1) 试验采用的击实试模和击锤如图 5-82 所示，尺寸应符合表 5-77 规定。

击实试验主要部件规格　　表 5-77

锤质量 (kg)	锤底直径 (mm)	落高 (mm)	击实试模 (mm)
4.5	51	457	150×150×150

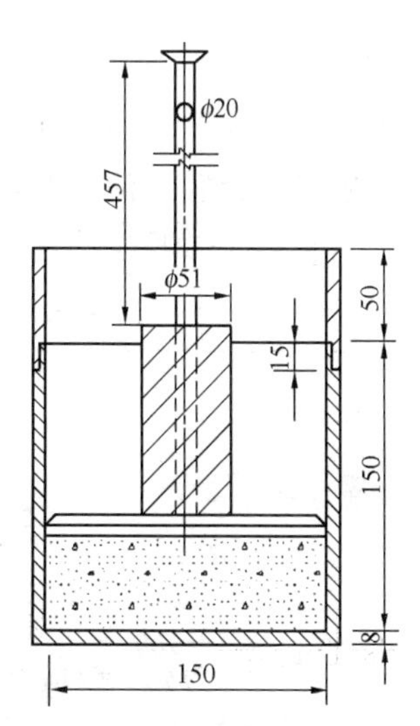

图 5-82　击实试验主要部件示意

(2) 试样的制备应符合现行国家标准《土工试验方法标准》GB/T 50123 的有关规定。

水泥和过筛土料应按土料最优含水量拌合均匀。

(3) 击实试验应按下列步骤进行：

在击实试模内壁均匀涂一薄层润滑油，称量一定量的试样，倒入试模内，分四层击实，每层击数由击实密度控制。每层高度相等，每层交界处的土面应刨毛。击实完成时，超出击实试模顶的试样用刮刀削平。称重并计算试样成型后的干密度。

（4）试块脱模时间为24h，脱模后必须在标准养护条件下养护28d，按标准试验方法作立方体强度试验。

为方便试验，笔者建议也可采用轻型击实仪进行试验。

（二）设计要点

1. 平面布置

夯实水泥土桩可只在基础范围内布置。桩距宜为2～4倍桩径且不宜大于5倍桩径，布桩方式可采用三角形、正方形或矩形。最外排桩中心距基础边缘距离不宜小于1倍桩身直径。当桩间土过于松软或有特殊要求时，可在基础外设置护桩。

2. 桩径

桩孔直径宜为300～600mm，可根据设计及所选用的成孔方法确定。人工洛阳铲成孔d=250～400mm；长螺旋钻机成孔d=300～400mm；

3. 桩长

（1）夯实水泥土桩处理地基的深度，应根据土质情况、工程要求和成孔设备等因素确定。当采用洛阳铲成孔工艺时，深度不宜超过6m，采用长螺旋钻成孔时，深度不宜超过15m，常用桩长为4～10m，不宜小于2.5m。

（2）桩长的确定：当相对硬层的埋藏深度不大时，应按相对硬层埋藏深度确定；当相对硬层埋藏深度较大时，应按建筑物地基的变形允许值确定。桩端下硬持力层厚度不宜小于1.0～2.0m，桩端进入持力层深度不宜小于0.5～2倍桩径。

4. 桩身填料

（1）桩孔内夯填的混合料配合比应按工程要求、土料性质及采用的水泥品种，由配合比试验确定，并应满足下式要求：

$$f_{cu} \geqslant \frac{R_a}{\eta \cdot A_p} \tag{5-136}$$

式中　η——桩身强度折减系数，η=0.25～0.33。

依工程经验水泥土配比（体积比）可按水泥∶土=1∶5～1∶8，有条件时宜用重量比。不同水泥强度等级与水泥土配合比的水泥土强度参考值见表5-78。

不同水泥强度等级与水泥土配合比的水泥土强度（MPa）　　表5-78

水泥土强度 / 水泥土配合比 / 水泥强度等级	1∶5	1∶6	1∶7	1∶8
矿渣32.5级	3.4	2.7	1.9	
矿渣42.5级	4.0	3.2	2.8	1.6

注：1. 配合比为水泥与土的体积比，土为粉土类土。

2. 龄期为28d，试块尺寸为10cm×10cm×10cm。

3. f_{cu}一般可达3～7MPa。

（2）水泥宜选用不低于32.5级的普通硅酸盐水泥，土料应就地取材，可选用黏性土、粉土、粉细砂、渣土；条件允许尽量利用原槽土以降低工程造价。

土料中有机质含量不得超过 5%，不得含有冻土或膨胀土，使用时应过 10～20mm 筛，混合料含水量应满足土料的最优含水量 w_{op}，其允许偏差不得大于±2%。土料与水泥应拌合均匀，水泥用量不得少于按配比试验确定的重量。

混合料含水量是决定桩体夯实密度的重要因素，在现场实施时应严格控制。用机械夯实时，因锤较重，夯实功大，宜采用土料最佳含水量 w_{op}－（1%～2%），人工夯实时宜采用土料最佳含水量 w_{op}＋（1%～2%）。一般混合料最佳含水量 w_{op} 比选用土料的 w_{op} 略大，施工时可按经验判断，即可握成团，二指轻弹即碎。

5. 褥垫层

在桩顶面应铺设 100～300mm 厚的褥垫层，垫层材料可采用中砂、粗砂或碎石等，最大粒径不宜大于 20mm。

垫层材料应级配良好，不含植物残体、垃圾等杂质。垫层铺设时应压（夯）密实，夯填度不得大于 0.9。采用的施工方法应严禁使基底土层扰动。

6. 复合地基承载力

夯实水泥土桩复合地基承载力特征值应按现场复合地基载荷试验确定，初步设计时也可按下式估算：

$$f_{spk} = m\frac{\lambda \cdot R_a}{A_p} + \beta(1-m)f_{sk} \tag{5-137}$$

式中　f_{spk}——复合地基承载力特征值（kPa）；

m——桩土面积置换率，常用 5%～15%；

R_a——单桩竖向承载力特征值，应该通过单桩载荷试验确定，初步设计时可按式（5-138）计算，并满足式（5-139）要求：

$$R_a = u_p\sum_{i=1}^{n} q_{si} \cdot l_{pi} + q_p \cdot A_P \tag{5-138}$$

$$f_{cu} \geqslant \frac{R_a}{\eta \cdot A_p} \tag{5-139}$$

A_p——桩的截面积（m^2）；

f_{sk}——桩间土承载力特征值（kPa），可取天然地基承载力特征值；

λ——单桩承载力发挥系数，可取 λ=1.0；

β——桩间土承载力发挥系数，可取 0.8～1.0，采用挤土成孔时可取 0.95～1.10；

f_{cu}——夯实水泥土试块（边长 150mm 立方体）标准养护 28d 立方体抗压强度平均值（kPa）；

q_{si}、q_p——桩周第 i 层土的侧阻力、桩端端阻力特征值（kPa）；可按勘察报告或本书附录 F 取值或按地区经验取值。

7. 变形计算

（1）地基处理后的变形计算应按现行国家标准《建筑地基基础设计规范》GB 50007 的有关规定执行。计算深度必须大于复合土层的深度。复合土层的压缩模量可按下式确定：

$$E_{sp} = \zeta \cdot E'_s \tag{5-140}$$

$$\zeta = \frac{f_{spk}}{f_{ak}} \tag{5-141}$$

式中 E'_s——桩间天然土层压缩模量（MPa）；

f_{ak}——天然地基承载力特征值（kPa）。

（2）夯实水泥土桩复合地基的沉降计算也可按《复合地基技术规范》GB/T 50783 有关规定进行计算，其中复合土层压缩模量宜按当地经验取值或采用现场载荷试验确定，也可按下式估算：

$$E_{sp} = m \cdot E_p + (1-m)E_s \tag{5-142}$$

三、施工

（一）成孔

夯实水泥土桩的施工，应按设计要求及土质情况选用成孔工艺。对于已固结、无湿陷性及非液化土以及当黏性土层含水量 $w>24\%$、$I_L>1$ 或 $w<14\%$，$I_L<0$ 宜用排土成孔法，地下水位以上有振密、挤密效应的土层宜用挤土成孔法；挤土成孔可选用沉管、冲击、机械旋压法挤扩成桩等方法。非挤土（排土）成孔可选用洛阳铲、螺旋钻等方法。有经验时也可以采用柱锤冲击成孔。应尽可能采用螺旋钻等机械成孔，以提高功效和保证成孔质量。

在旧城危改工程中，由于场地环境条件的限制，多采用人工洛阳铲、螺旋钻机成孔方法。

桩顶设计标高以上应预留 0.3m 以上覆盖土层。

（二）填料夯实

1. 填料要求

混合料应拌合均匀，人工拌合不少于 3 次，机械拌和时间不少于 2min。水泥土料拌后放置时间不应大于 2 小时，混合料成分和配合比及含水量应符合设计要求。拌合料含水量与最优含水量允许偏差为±2%，在现场可按“一攥成团，一捏即散”判定。

2. 夯实要求

（1）夯填桩孔时，宜选用机械夯实。分段夯填时，夯锤的落距和填料厚度应根据现场试验确定，混合料的压实系数 λ_c 不应小于 0.97，其 λ_{cmin} 不小于 0.93。填料前孔底应夯实。当采用 150kg 重锤、落距 0.7～1.0m 夯填时，每次填料厚度不宜大于 5～10cm，严禁超厚和突击填料。

目前工程上采用的夯实机械有吊锤式夯实机，夹板锤夯实机及 HS30 型钻机改装的夯实机，如出现坍孔时也可采用螺旋钻反压夯填。人工夯填可用于场地狭窄的中小型工程中，夯实机具及方法可参照石灰桩法。选用的夯锤直径应与成孔直径相适应，一般锤孔比（锤直径/成孔直径）可采用 0.7～0.8。夯锤质量不宜小于 120kg，宜用梨形或锤底为盘形夯锤。

（2）相同水泥掺量条件下，桩体密实度是决定桩体强度的主要因素，当 $\lambda_c \geq 0.93$ 时，桩体强度约为最大密度下桩体强度的 50%～60%。

实际施工时，桩体密实度也可按表5-79用最小干密度控制。

桩体不同配比下控制最小干密度 ρ_{dmin}（g/cm³）　　**表5-79**

土料种类 \ 水泥与土的体积比	1∶5	1∶6	1∶7	1∶8
粉细砂	1.72	1.71	1.71	1.67
粉土	1.69	1.69	1.69	1.69
粉质黏土	1.58	1.58	1.58	1.57

（三）施工顺序

整片处理宜从内向外施工；局部处理宜从外向内施工；软土宜间隔成桩。

（四）施工注意事项

1. 成孔施工应符合下列要求：

（1）桩孔放线偏差不应大于20mm；桩孔施工中心偏差不应超过桩径设计值的1/4，对条形基础不应超过桩径设计值的1/6；

（2）桩孔垂直度偏差不应大于1.0%～1.5%；

（3）桩孔直径不得小于设计桩径；

（4）桩孔深度不应小于设计深度。

2. 向孔内填料前孔底必须夯实，夯实击次不应少于3击，若孔底含水量高土层松软，可先填入少量砂石或干拌混凝土夯实。桩顶夯填高度应大于设计桩顶标高200～300mm，垫层施工时应将多余桩体凿除，桩顶面应水平。

各种成孔工艺均可能使孔底存在部分扰动和虚土，因此夯填混合料前应将孔底土夯实，有利于发挥桩端阻力，提高复合地基承载力。

为保证桩顶的桩体强度，现场施工时均要求桩体夯填高度大于桩顶设计标高200～300mm。

3. 施工过程中，应有专人监测成孔及回填夯实的质量，并作好施工记录。如发现地基土质与勘察资料不符时，应查明情况，采取有效处理措施。

夯实水泥土桩法处理地基的优点之一是在成孔时可以逐孔检验土层情况是否与勘察资料相符合，不符合时可及时调整设计，保证地基处理的质量。

4. 雨期或冬期施工时，应采取防雨、防冻措施，防止土料和水泥受雨水淋湿或冻结。

四、质量检验和工程验收

（一）施工前

检查桩身填料，水泥及夯实用土料的质量应符合设计要求。

（二）施工中

施工中应检查孔位、孔深、孔径、水泥和土的配比、混合料含水量及夯填质量等。

（三）施工后

1. 施工结束后，应对桩体质量及复合地基承载力做检验，褥垫层应检查其夯填度。

2. 对夯实水泥土桩的成桩质量，应及时进行抽样检验。抽样检验的数量不应少于总桩数的2%。且不少于6根。

对一般工程，可检查桩的干密度和施工记录。桩身填料压实系数$\lambda_c \geqslant 0.93$。干密度的检验方法可在24h内采用取土样测定或采用轻型动力触探击数N_{10}与现场试验确定的干密度进行对比，以判断桩身质量。成桩24h内轻型动力触探击数N_{10}不应小于40，用环刀取样测定的干密度ρ_{dmin}一般不小于1.6～1.7g/cm³，具体要求详见表5-79。

3. 夯实水泥土桩地基竣工验收时，承载力检验应采用单桩复合地基载荷试验和单桩载荷试验；对重要或大型工程，尚应进行多桩复合地基载荷试验。检测时间宜在成桩后15～28d后进行。

夯实水泥土桩地基检验数量应为总桩数的1%，且每个单体工程复合地基承载力载荷试验不应少于3点。

（四）质量检验标准

夯实水泥土桩的质量检验标准应符合表5-80的规定。

夯实水泥土桩复合地基质量检验标准 **表5-80**

项	序	检查项目	允许偏差或允许值		检查方法
			单位	数值	
主控项目	1	桩径	mm	−20	用钢尺量
	2	桩长	mm	+500	测桩孔深度
	3	桩体干密度	设计要求		现场取样检查
	4	地基承载力	设计要求		按规定的方法
一般项目	1	土料有机质含量	%	≤5	焙烧法
	2	含水量（与最优含水量比）	%	±2	烘干法
	3	土料粒径	mm	≤20	筛分法
	4	水泥质量	设计要求		查产品质量合格证书或抽样送检
	5	桩位偏差		满堂布桩≤0.40d 条基布桩≤0.25d	用钢尺量，d为桩径
	6	桩孔垂直度	%	≤1.5	用经纬仪测桩管
	7	褥垫层夯填度	≤0.9		用钢尺量

注：1. 夯填度指夯实后的褥垫层厚度与虚体厚度的比值。
2. 桩径允许偏差负值是指个别断面。

五、工程实录

（一）某住宅小区5号楼工程地基处理[52]

1. 工程概况

拟建5号住宅楼为6层砖混结构，条形基础。地基采用夯实水泥土桩复合地基进行处理。设计要求处理后的复合地基承载力特征值达到160kPa。

2. 岩土工程地质条件

各土层分布见工程地质剖面图（如例图1-1所示）和物理力学性质指标（见例表1-1）。

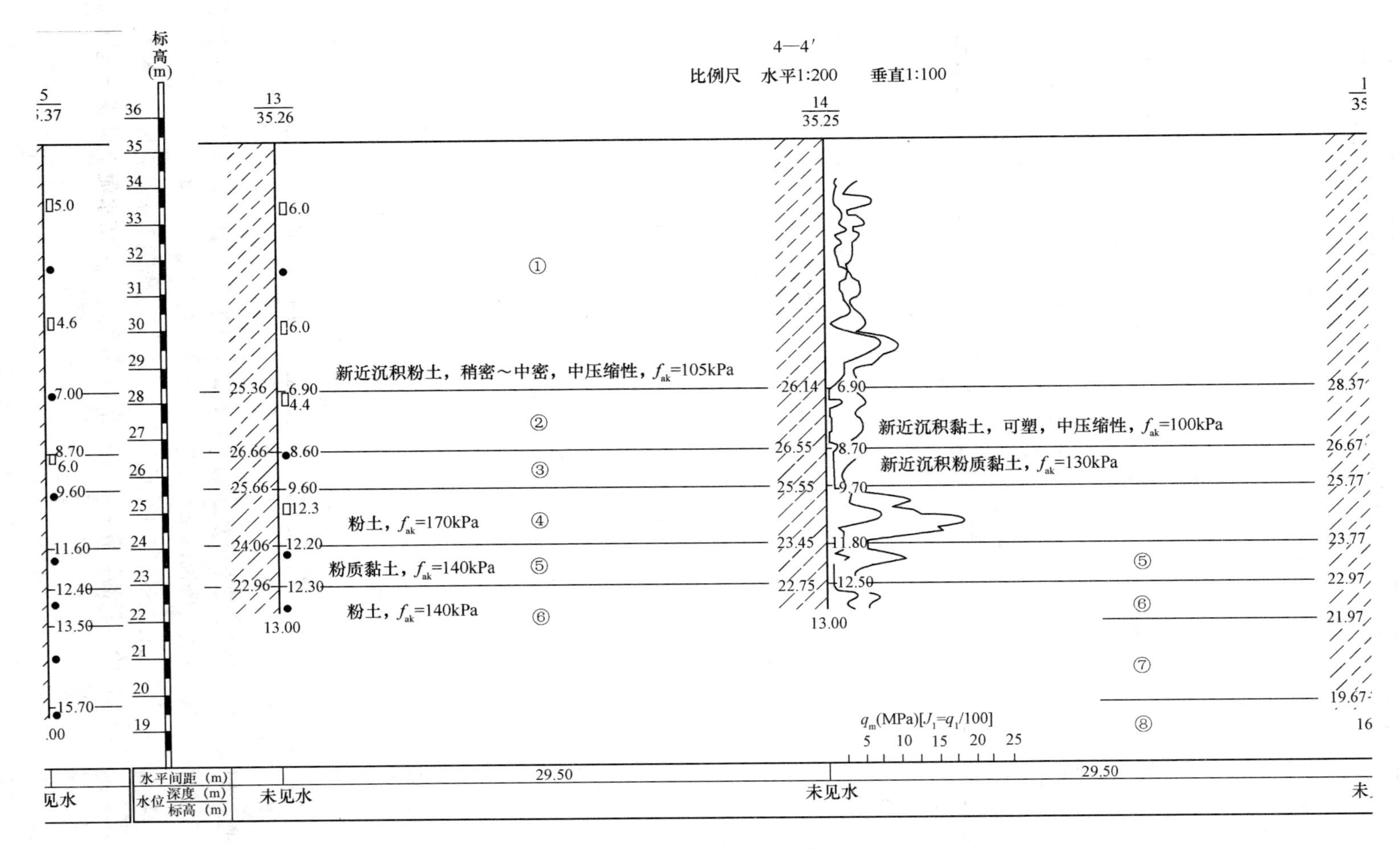

例图 1-1　工程地质剖面图

各层土物理力学性质指标 例表 1-1

层号	地层名称	平均厚度 (m)	含水量 w (%)	孔隙比 e	压缩系数 a_{1-2} (MPa)	压缩模量 $E_{s(1-2)}$ (kPa)	承载力 f_{ak} (kPa)	侧阻力特征值 q_s (kPa)	端阻力特征值 q_p (kPa)
①	新近沉积粉土	6.48	22.6	0.85	0.23	5.5	105	20	
②	新近沉积黏土	1.61	37.2	1.05	0.46	4.0	100	20	
③	新近沉积粉质黏土	1.01	27.1	0.79	0.32	5.5	130	17	
④	粉土	2.00	20.3	0.60	0.21	8.0	170	25	500
⑤	粉质黏土	0.96	29.9	0.78	0.29	5.5	140	15	
⑥	粉土	1.05	26.0	0.74	0.21	8.0	140	30	
⑦	粉质黏土	2.17	23.9	0.67	0.22	7.0	170		
⑧	粉土	3.90	19.9	0.58	0.18	8.5	180		
⑨	砂土		13.0			10.0	240		

3. 工程设计

(1) 承载力计算

基底标高为−2.35m，基础位于①层新近沉积粉土上，承载力特征值 $f_{ak}=105\text{kPa}$，桩身直径为 350mm，有效桩长为 5.5m，桩端座在④层粉土上。

1) 单桩竖向承载力特征值计算

$$R_a = u_p \sum_{i=1}^{n} q_{si} \cdot l_{pi} + \alpha_p \cdot q_p \cdot A_p$$
$$= 1.099 \times (2.2 \times 20 + 1.7 \times 20 + 1 \times 17 + 0.6 \times 25) + 0.0962 \times 500 \times 2/3$$
$$= 153\text{kN}$$

2) 承载力验算：

根据公式：$f_{spk} = m\dfrac{R_a}{A_p} + \beta(1-m)f_{sk}$

取 $m=9.3\%$，得 $f_{spk}=205\text{kPa}$，大于 160kPa，满足地基承载力的设计要求。

(2) 变形验算

对拟建建筑物进行地基沉降计算，其平均沉降量为 31.577mm。

(3) 单桩复合地基静载荷试验

1) 载荷试验所用承压板为 1.01m×1.01m，总加载量为 320kPa，加荷共分为 9 级。

2) 试验方法：采用慢速维持荷载法，以地锚作反力，用 100t 油压千斤顶加荷。根据有关标准规定，选取 3 点进行试验。

3) 试验结果：本次夯实水泥土桩复合地基静载试验为检验性试验，最大加载量为承载力设计值的两倍。试验结果如例图 1-2 所示。

根据曲线特征，按规范有关规定，3 个试验点在两倍荷载作用下未达到极限。经对夯实水泥桩复合地基静载试验资料的计算和综合分析，5 号住宅楼夯实水泥土桩复合地基承载力特征值 $f_{spk} \geq 160\text{kPa}$。

4. 施工工艺

(1) 主要施工设备

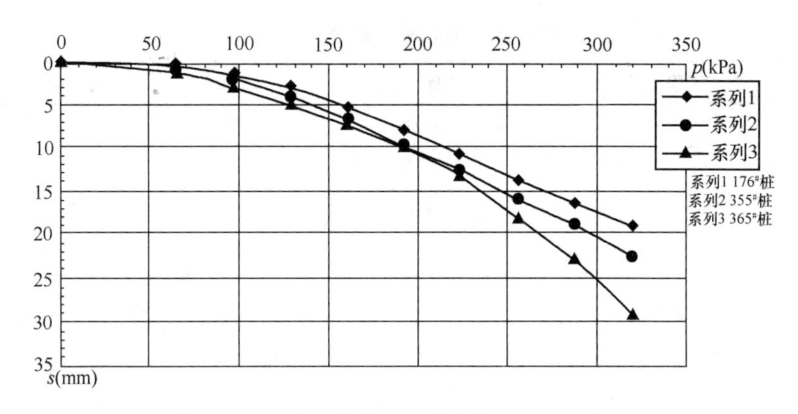

例图 1-2 单桩复合地基静载荷试验 p-s 曲线

长螺旋钻机（ϕ350）1 台；桩体夯实机 3 台；台称 2 台；配电箱 1 个。

（2）施工工艺

采用夯实水泥土桩工艺。该工艺的最大特点是能就地取材，成桩过程直观、质量容易控制，施工速度快。施工主要工序：布桩→钻机就位→钻孔→夯底→分层填料夯实成桩。

（3）现场条件

1）施工用电：380V，150kW。

2）施工用土：夯实水泥土桩用有机质含量不大于 5%的非冻土。

3）建筑物基础定位轴线及槽底标高已确定。

（二）北京大兴区某工程地基处理[52]

1. 工程及地质概况

北京大兴区某工程，根据岩土工程勘察报告，场地地基土层主要为：

①层：填土，主要为砂质粉土，结构松散，局部为杂填土，厚度为 0.4～1.0m。

②层：新近沉积粉质黏土，褐黄色，稍湿，稍密，土质较均，层厚为 1.4～2.5m，f_{ak}=120kPa。

③层：新近沉积粉质黏土，黄褐色，硬塑，土质不均，层厚为 0.3～1.0m，f_{ak}=130kPa。

④层：新近沉积粉细砂，褐黄色，稍湿，松散～稍密，砂质较纯，层厚为 2.0～3.5m，标贯击数为 8～13 击，f_{ak}=120kPa。

④$_{-1}$层：新近沉积粗砂，灰白色，稍湿，稍密，砂质纯，分选较差，呈透镜体状分布于④层上部，层厚为 0.3～0.6m，f_{ak}=140kPa。

⑤层：中粗砂，灰白色，稍湿，中密，砂质纯，分选较差，层厚为 3.0～4.8m，标贯击数为 20～29 击，f_{ak}=250kPa。

⑥层：粉质黏土，黄褐色，硬塑，土质较均，层厚为 2.0～3.7m，f_{ak}=160kPa。

勘察最大深度 20m 内未见地下水。

2. 地基处理方案

拟建建筑物为 6 层框架结构，独立基础，基础埋深－2.5m，持力层为③～④层。要求处理后地基承载力不小于 180kPa。

有几种处理方案可供选择，见例表 2-1

可供选择的几种地基处理方案　　例表 2-1

桩　　型	工程造价（元）	优　　点	缺　　点
振冲碎石桩	35 万	易控制质量	造价高，污染严重，噪音较大，工期长
中心压灌 CFG 桩	60 万	易控制质量	造价高，工期较长
强夯或重夯	10 万	造价低，施工方便，工期短	振动噪声大
夯实水泥土桩	20 万	造价低，施工方便，工期短	

根据设计要求、地基土层及环境情况，振冲及强夯法有扰民隐患，被甲方否决。CFG 桩造价高，拟采用夯实水泥土桩方案，并进行了现场试成孔、成桩，采取了一定的措施，经开挖 2.0m 检验，发现成桩质量较好，确定采用该方案。

3. 夯实水泥土桩设计

（1）桩体材料的确定：

将水泥和砂按 1∶7 的比例（体积比），并加适量的水，拌合均匀，呈潮湿状态，手抓成团，室内用标准击实试验制成试块，自然养护 7d，进行了无侧限抗压强度试验，$f_{cu}=1.8\sim2.2\text{MPa}$。试验结果表明水泥、砂加入适量水混合，夯实后，其强度较水泥加黏性土的混合料要高。

（2）根据地层及设备条件，桩径采用 400mm。

（3）单桩竖向承载力特征值的确定：

$$R_1=\eta\cdot f_{cu}\cdot A_p$$

$$R_2=u_p\sum_{i=1}^{n}q_{si}\cdot l_{pi}+q_p\cdot A_p$$

根据地层分布情况及桩的受力荷载传递特点，确定有效桩长为 4.0m。

f_{cu}取 3.0MPa，$R_1=126.5\text{kN}$；q_{si}取 40kPa，q_p 取 500kPa，则 $R_2=131\text{kN}$；

确定单桩竖向承载力 R_a 取 125.6kN，$f_{pk}=R_a/A_p=1000\text{kPa}$。

（4）面积置换率的确定：

$$f_{spk}=mf_{pk}+\beta(1-m)f_{sk}$$

其中，f_{spk}为 180kPa；f_{pk}取 1000kPa；f_{sk}取 120kPa；β 取 0. 9。计算得 $m=8.1\%$。

单桩负担面积 $A_e=A_p/m=1.55\text{m}^2$，根据基础尺寸，确定采用三角形布置，排距为 1.15m，桩距为 1.30m。

经上述计算，确定设计参数为：桩径为 400mm，施工桩长为 4.3m，有效桩长为 4.0m，单桩竖向承载力特征值为 125.6kN，面积置换率为 8.1%，桩呈三角形布置，排距为 1.15m，桩间距为 1.30m，共布桩 1678 根，混合料采用 1∶7 水泥砂（体积比），水泥采用 32.5 级普通硅酸盐水泥，土料采用桩孔土砂，桩顶铺设 15cm 厚中粗砂垫层，以调节桩土应力比。

4. 施工工艺

（1）成孔：成孔采用螺旋钻机，低转速钻进，并隔行隔排进行，上提钻头时，速度尽量放慢，以防孔壁塌陷。塌孔严重的部位为粗砂④$_{-1}$，根据其埋深较浅，厚度较小的特点，首先采用人工成孔至④$_{-1}$层顶面，然后加入适量水，使其含水量增加以增强孔壁的稳定性。成孔后，孔底虚土基本保持在 30～50cm，达到了预期的效果。

（2）拌料：混合料采用1∶7（体积比），配合时严格按比例进行，用搅拌机拌和，每盘加水15～18kg，拌和时间不低于60s，使混合料均匀。

（3）成桩：采用直径为300mm、长为0.8m、重160kg的锤进行夯击，落距控制在1.5～2.5m。首先夯击孔底3次，使虚土密实，然后分层填料夯实，每层控制在30～50cm，夯击2～3次。夯击时，使锤对正孔中心，起锤，落锤要稳、准，防止锤摆动触动孔壁。对塌孔严重的部位，应采取多填多夯，使混合料填满，并且有一定的密实度，同时要对塌孔的桩位、范围、深度等做好详细的记录。

（4）桩间土的处理：为保证桩间土的密实，在塌孔严重的桩位采取措施为：在桩与桩中间用人工成孔至中粗砂④$_{-1}$层顶面，用重锤将土分层夯实至基底。

5. 加固效果检测

（1）施工时，进行常规自检，桩体标贯击数为50～85击，说明桩体密实且较均匀。

（2）取桩体试块3组，14d无侧限抗压强度值分别为3.2MPa，3.7MPa，4.1MPa，随着养护时间的增长，估计f_{cu}值可超过5MPa，满足f_{cu}取值3.0MPa的要求。

（3）开挖了3根桩进行观测（3m），桩体固结程度较好，桩周土亦较密实，只有在个别桩中有2～3cm厚砂夹层，夹层进入桩体最大为8cm，一般均小于5cm。塌孔严重的部位形成强度较高的顶盖，且与桩间土结合较好。

（4）共进行了6根单桩复合地基载荷试验，压板面积1.25m×1.25m的方板，加荷载为设计值的2倍，560kN，分为10级，其中两根桩加至12级，672kN（如例图2-1所示）。采用慢速维持荷载法进行试验。

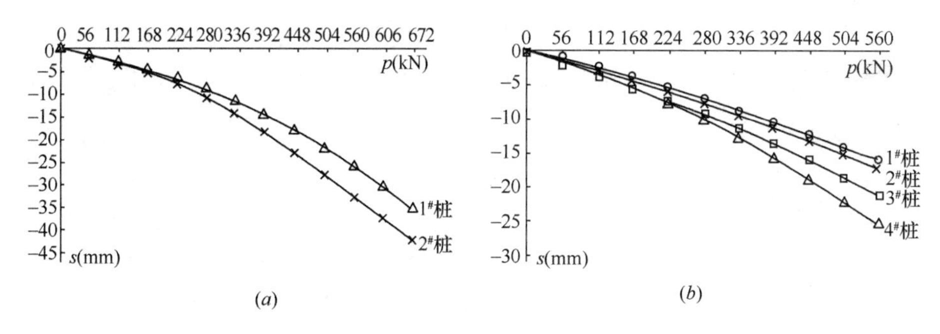

例图2-1　载荷试验p-s曲线

由例图2-1可以看出p-s曲线均匀无明显的拐点且陡降度平缓，未出现破坏荷载。当荷载为180kPa沉降量仅为几毫米。说明加固效果良好，还有潜力可挖。

(三) 夯实水泥土桩处理泥炭土[6]

某六层砖混结构住宅，筏板基础，设计要求复合地基承载力特征值不小于140kPa。拟建场地基底下2～3m范围为泥炭土，f_{ak}为50～70kPa，其下为$f_{ak}=180$kPa的砂土（见地质剖面例图3-1），因地基土承载力达不到设计要求，故采用夯实水泥土桩复合地基方案加固。设计夯实水泥土桩800根，桩长2.5～5.9m不等（桩距、桩长视桩端进入砂层的长度确定），桩径$d=350$mm，混合料配合比为水泥：土（质量比）=1∶6。施工采用人工洛阳铲成孔，人工夯实工艺，控制混合料压实系数不小于0.93。

成桩10天后做2台单桩复合地基试验，检验其处理后的复合地基承载力，确定加固后的复合地基承载力不小于160kPa，试验曲线如例图3-2所示。

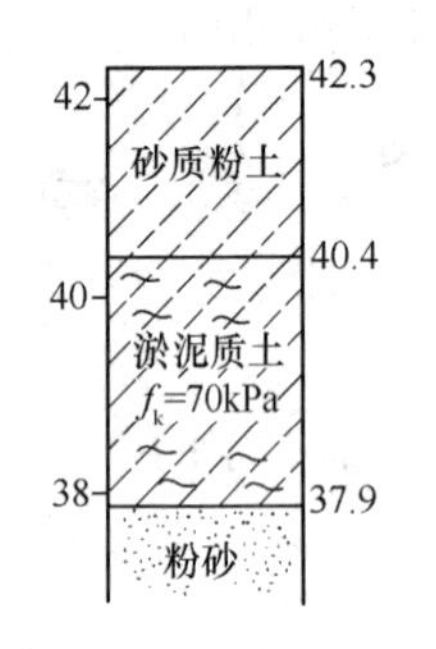

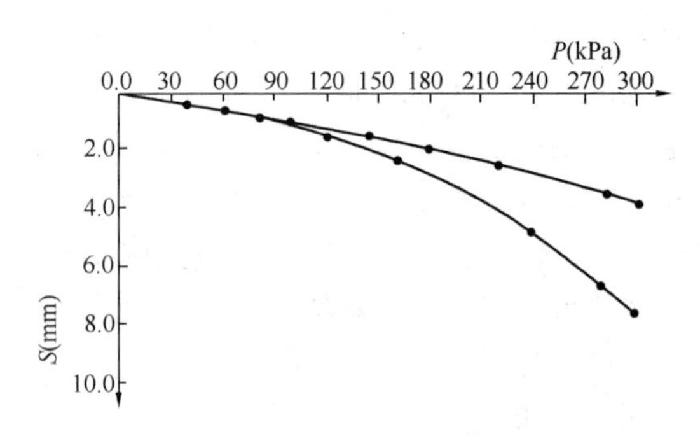

例图 3-1 地质剖面图

例图 3-2 单桩复合地基试验 p-s 曲线

(四) 夯实水泥土桩处理杂填土[6]

方庄东绿化区搬迁住宅 3 号、4 号楼位于北京市南二环南侧，方庄路东侧，建筑结构为 6 层砖混结构，条形基础，其中基础面积 1090m^2。设计要求处理后的复合地基承载力特征值 f_{spk}≥180kPa。

场地地层由人工堆积及第四纪沉积土组成，人工堆积杂填土及素填土厚度达 3.5～6.0m，典型土层剖面如例图 4-1 所示。

地基处理采用夯实水泥土桩复合地基方案，每栋楼设计夯实水泥土桩 1450 根，有效桩长 5.0m，桩径 d=350mm，桩端在②层粉质黏土层上。混合料配合比水泥(32.5 级矿渣水泥)：土(质量比)=1∶5。施工工艺采用螺旋钻机成孔，人工洛阳铲清孔，人工夯实施工方案，控制混合料压实系数不小于 0.93，有效施工工期 12 天/楼。

施工结束后 10 天，对两栋楼各作 2 台单桩复合地基承载力静载压板试验，确定处理后复合地基承载力 f_{spk}≥180kPa，试验曲线如例图 4-2 所示。人员入住后，使用情况良好。

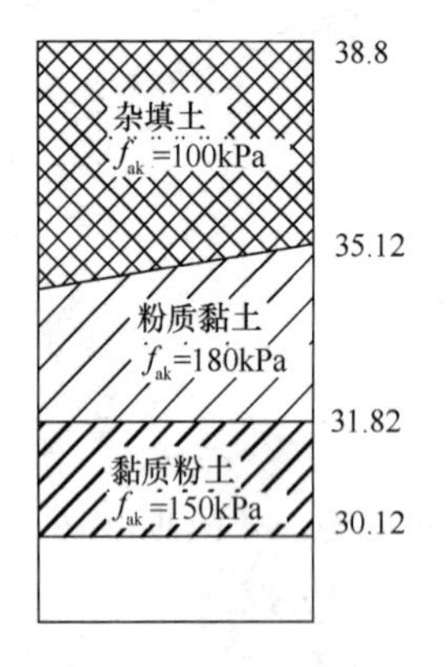

例图 4-1 地质剖面图

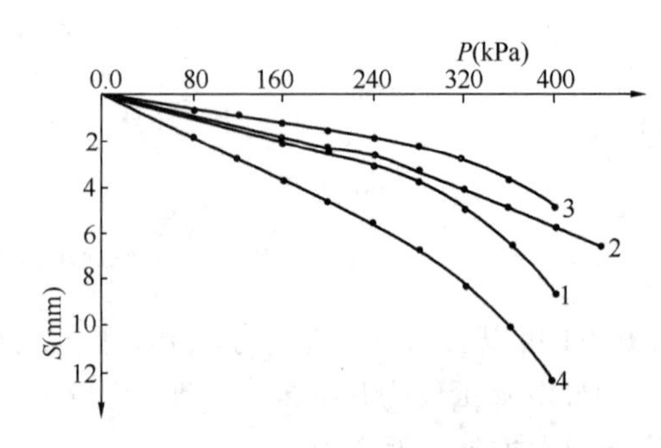

例图 4-2 单桩复合地基试验 p-s 曲线

第十一节 刚性桩复合地基

一、概述

(一) 工法简介

按照桩身材料不同，刚性桩复合地基中的桩体可分为素混凝土桩、钢筋混凝土桩、预应力管桩、大直径薄壁筒桩、水泥粉煤灰碎石桩、二灰混凝土桩、低标号混凝土桩、钢管桩、柱锤冲扩水泥砂石桩等。刚性桩复合地基具有承载力提高幅度大、地基变形小等特点，并具有较大的适用范围。

水泥粉煤灰碎石桩是在碎石桩基础上加以改进而发展起来的，它是由水泥、粉煤灰、碎石、石屑或砂加水拌和形成的高粘结强度桩（简称CFG桩），桩和桩间土、褥垫层一起形成复合地基。

该工法于1988年开始立项研究，1994年开始推广应用，目前不仅用于中小型工程地基处理而且在高层建筑中也多有应用。

碎石桩与CFG桩的对比见表5-81。

碎石桩与CFG桩的对比　　　　**表5-81**

对比值＼桩型	碎石桩	CFG桩
单桩承载力	桩的承载力主要靠桩顶以下有限长度范围内桩周土的侧向约束。当桩长大于有效桩长时，增加桩长对承载力的提高作用不大。以置换率10%计，桩承担荷载占总荷载的百分比为15%～30%	桩的承载力主要来自全桩长的摩阻力及桩端承载力，桩越长则承载力越高。以置换率10%计，桩承担的荷载占总荷载的百分比为40%～75%。
复合地基承载力	加固黏性土复合地基承载力的提高幅度较小，一般为0.5～1.0倍	承载力提高幅度有较大的可调性，可提高4倍或更高
变形	减少地基变形的幅度较小，总的变形量较大	增加桩长可有效地减小变形量，总的变形量小
三轴应力应变曲线	应力应变曲线不呈直线关系，增加围压，破坏主应力差增大	应力应变曲线为直线关系，围压对应力应变曲线没有多大影响
适用范围	多层建筑物	多层和高层建筑物

（二）适用范围

1. 刚性桩复合地基适用于处理黏性土、粉土、砂土、黄土和已自重固结的素填土等地基。对淤泥质土应按地区经验或通过现场试验确定其适用性。

2. 刚性桩复合地基不仅用于承载力较低的土，对承载力较高（如承载力 f_{ak} = 200kPa）但变形不能满足要求的地基，也可采用刚性桩复合地基以减少地基变形。

以往积累的工程实例，用刚性桩复合地基处理承载力较低的土层多用于多层住宅和工业厂房。比如南京浦镇车辆厂厂南生活区24幢6层住宅楼，原地基土承载力特征值为60kPa的淤泥质土，经采用CFG桩处理后复合地基承载力特征值达240kPa，基础形式为条基，建筑物最终沉降多在4cm左右。

对一般黏性土、粉土或砂土，桩端具有好的持力层，经采用刚性桩复合地基处理后也可作为高层或超高层建筑地基，如北京华亭嘉园35层住宅楼，天然地基承载力特征值为 f_{ak} =200kPa，采用水泥粉煤灰碎石桩处理后建筑物沉降3～4cm；对可液化地基，可采用碎石桩和混凝土桩多桩型复合地基，一般先施工碎石桩，然后在碎石桩中间打沉管混凝土桩，既可消除地基土的液化，又可获得很高的复合地基承载力。

3. 对于地基承载力特征值 $f_{ak} \leqslant 50kPa$，地基土灵敏度 $s_t \geqslant 4$ 的深厚淤泥和淤泥质土不宜采用刚性桩复合地基。

下面结合《建筑地基处理技术规范》JGJ 79 关于水泥粉煤灰碎石桩的有关规定，对刚性桩复合地基的设计、施工、检测等进行综述。

二、设计

（一）设计要点

1. 平面布置

（1）桩位布置

刚性桩可只在基础范围内布置，应根据荷载分布、基础形式、地基土质等，合理确定布桩参数。

1）对框架核心筒结构形式，核心筒部位布桩，宜减小桩距、增大桩长或加大桩径。

对框架核心筒结构形式，核心筒和外框柱宜采用不同布桩参数，核心筒部位荷载水平高，宜强化核心筒荷载影响部位布桩，相对弱化外框柱荷载影响部位布桩；通常核心筒外扩一个板厚范围，为防止筏板发生冲切破坏需足够的净反力，宜减小桩距或增大桩径，当桩端持力层较厚时最好加大桩长，提高复合地基承载力和复合土层模量；对设有沉降缝或抗震缝的建筑物，宜在沉降缝或抗震缝部位，采用减小桩距、增大桩长或加大桩径布桩，以防止建筑物发生较大相对变形。

2）对相邻柱荷载水平相差较大的独立基础，应按变形控制进行复合地基设计

对于独立基础地基处理，可按变形控制进行复合地基设计。比如，天然地基承载力 100kPa，设计要求经处理后复合地基承载力特征值不小于 300kPa。每个独立基础下的承载力相同，都是 300kPa。当两个相邻柱荷载水平相差较大的独立基础的复合地基承载力相等时，荷载水平高的基础面积大，影响深度深、基础沉降大；荷载水平低的基础面积小，影响深度浅，基础沉降小；柱间沉降差有可能不满足设计要求。故柱荷载水平差异较大时应按变形控制进行复合地基设计。由于刚性桩复合地基承载力提高幅度大，柱荷载水平高的宜采用较高承载力要求确定布桩参数；可以有效减小基础面积、降低造价，更重要的是基础间沉降差容易控制在规范限制之内。

3）筏板厚度与跨距之比小于 1/6 的筏板基础、梁的高跨比大于 1/6 以及板的厚跨比（筏板厚度与梁的中心距之比）小于 1/6 的梁板式基础，应主要在柱（平板式筏基）和梁（梁板式筏基）每边外扩 2.5 倍板厚的面积范围布桩。

国家标准《建筑地基基础设计规范》GB 50007 中对于地基反力计算，当满足下列条件时可按线性分布：

①当地基土比较均匀；

②上部结构刚度比较好；

③梁板式筏基梁的高跨比或平板式筏基板的厚跨比不小于 1/6；

④相邻柱荷载或柱间距的变化不超过 20%。

地基反力满足线性分布假定时，可在整个基础范围均匀布桩。

若筏板厚度与跨距之比小于1/6，梁板式基础，梁的高跨比大于1/6以及板的厚跨比小于1/6时，基底压力不满足线性分布假定，不宜采用均匀布桩，应主要在柱边（平板式筏基）和两边（梁板式筏基）外扩2.5倍板厚的面积范围布桩。

需要注意的是，此时设计的基底压力应按布桩区的面积重新计算。

4）荷载水平不高的墙下条形基础，可采用墙下单排布桩

与散体桩和半刚性桩（如水泥土搅拌桩）不同，刚性桩复合地基承载力提高幅度大，条形基础下复合地基设计，当荷载水平不高时，可采用墙下单排布桩。此时，刚性桩施工对桩位在垂直于轴线方向的偏差应严格控制，防止过大的基础偏心受力状态。

砌体承重结构首层门窗洞口下不宜布桩，对于可液化地基及饱和软黏土宜在基础外设1～2排砂石护桩。最外排桩中心至基础边缘距离不宜小于1倍桩径，且不大于0.5倍桩距。

（2）桩距

桩距应根据设计要求的复合地基承载力、土性、施工工艺等确定，采用非挤土成桩，桩距宜取3～5倍桩径。采用挤土成桩和墙下条形基础单排布桩时，桩距宜取3～6倍桩径。

设计的桩距首先要满足承载力和变形量的要求。从施工角度考虑，尽量选用较大的桩距，以防止新打桩对已打桩的不良影响。

就土的挤（振）密效果而言，可将土分为：

1）挤（振）密效果好的土，如松散粉细砂、粉土、人工填土等；

2）可挤（振）密土，如不太密实的粉质黏土；

3）不可挤（振）密土，如饱和软黏土或密实度很高的黏性土、砂土等。

施工工艺可分为两大类：

第一类是对桩间土产生扰动或挤密的施工工艺，如振动沉管打桩机成孔制桩，属挤土成桩工艺。

第二类是对桩间土不产生扰动或挤密的施工工艺，如长螺旋钻孔灌注成桩，属非挤土成桩工艺。

对挤土成桩工艺和不可挤密土宜采用较大的桩距。当桩长范围内有饱和粉土、粉细砂、淤泥、淤泥质土时，为防止发生窜孔、缩颈、断桩、减少新打桩对已打桩的不良影响，宜采用较大桩距。

在满足承载力和变形要求的前提下，可以通过调整桩长来调整桩距，桩越长，桩间距可以越大。

当采用挤土成桩工艺时，桩的中心距应符合表5-82规定。

桩的最小中心距 **表5-82**

土的类别	最小中心距	
	一般情况	排数超过2排，桩数超过9根的群桩情况
穿越深厚软土	$3.5d$	$4.0d$
其他土层	$3.0d$	$3.5d$

注：1. d——桩管外径；

2. 采用非挤土工艺成桩，桩中心距不宜小于 $3d$。桩长范围内有饱和粉土、粉细砂、淤泥、淤泥质土，采用长螺旋钻中心压灌成桩可能发生窜孔时，宜采用大桩距。

2. 桩径

桩径宜取 300～800mm，桩径过小，施工质量不容易控制；桩径过大，需加大褥垫层厚度才能保证桩土共同承担上部结构传来的荷载。具体要求应依设计及成桩工艺确定。干成孔、振动沉管以及长螺旋中心压灌成桩时，宜取 350～600mm；泥浆护壁钻孔成桩宜取 600～800mm；钢筋混凝土预制桩宜取 300～600mm。

3. 桩长

应选择承载力相对较高、压缩性较低的土层作为桩端持力层。

刚性桩具有较强的置换作用，其他参数相同，桩越长、桩的荷载分担比（桩承担的荷载占总荷载的百分比）越高。设计时须将桩端落在相对好的土层上，这样可以很好地发挥桩的端阻力，也可避免场地岩性变化可能造成建筑物沉降的不均匀。桩长应满足 $l_p/d \leqslant 40$。

《复合地基技术规程》GB/T 50783 规定：刚性桩复合地基中的混凝土桩应采用摩擦型桩。

4. 桩身类型及材料配比

各地因地制宜发展了多种刚性复合地基的桩体材料。有代表性的有以下几种：

（1）由中国建筑科学研究院地基所研发的水泥粉煤灰碎石桩（CFG 桩），其桩体材料多由水泥、粉煤灰、碎石（卵石）、石屑、砂、粉煤灰等组成，设计前应依设计要求及施工工艺进行混合料配比试验，并进行混合料试块抗压强度测定。不同成桩工艺对材料要求见表 5-83。

CFG 桩不同成桩工艺对材料要求　　表 5-83

成桩工艺＼桩体材料	水泥	碎石	卵石	石屑	砂	粉煤灰	坍落度	备注
振动沉管灌注	32.5 普硅	粒径 30～50mm		石屑率 $\lambda=0.25\sim0.33$；$\lambda=\frac{G_1}{G_1+G_2}$	可代替石屑	电厂收集的粗灰或Ⅱ～Ⅲ级细灰。可提高混合料可泵性。	30～50mm	缺少粉煤灰地区可以用砂代替粉煤灰
长螺旋钻管内泵压	32.5 普硅	粒径≤20mm	粒径≤25mm		宜用	≥Ⅲ级的粉煤灰（粒径 $d\geqslant0.045$mm 不大于 45%）	160～200mm	粗骨料宜用卵石或卵石碎石混合料，为改善拌和物泵送性尚应加泵送剂

注：G_1：单方混合料石屑用量（kg）；G_2：单方混合料碎石用量（kg）。

（2）浙江大学岩土工程研究所开发的二灰混凝土桩的桩体材料由水泥、石灰、粉煤灰、碎石、砂加水拌合而成。

（3）浙江省建筑科学研究院开发的低强度水泥砂石桩及河北建设勘察研究院有限公司

开发的低强度混凝土桩，其桩体材料由水泥、碎石和砂加水拌合而成。

（4）河北工业大学等单位开发的柱锤冲扩水泥粒料桩，桩身采用干硬性水泥粒料（碎石、砂、石屑或工业废渣等无机粒料加水泥和水拌合而成），用柱锤夯扩成桩。

目前刚性桩复合地基的桩体材料及施工工艺发展很快，但其受力和变形特性方面并无太大区别，目前国内应用较多的是素混凝土。采用刚性桩复合地基设计前应依设计及施工工艺要求进行材料配比试验，并进行混合料抗压强度测定。在软土地区，为防止断桩，必要时也可根据地区经验在桩顶一定范围内配置适量钢筋。

（5）除上述桩身材料外，尚有河海大学等单位开发的"现浇混凝土大直径管桩复合地基"；河北工业大学等单位开发的"混凝土芯水泥土组合桩复合地基"及天津地区20世纪90年代采用的"微型桩复合地基"（采用截面200mm×200mm，桩长≤10m的预制钢筋混凝土桩）等，上述方法虽设计施工方法各异，但均属刚性桩复合地基范畴。

5. 褥垫层

（1）桩顶和基础之间应设置褥垫层，褥垫层厚度宜取0.4～0.6倍桩径或取150～300mm，当承载力高、桩径大或桩距大时褥垫层厚度宜取高值。其施工宜采用静力压实法，夯填度不应大于0.90。

（2）褥垫层材料宜用中砂、粗砂、级配砂石或碎石等，碎石粒径宜为5～16mm，最大粒径不宜大于30mm。不宜采用卵石，由于卵石咬合力差，施工时扰动较大、褥垫厚度不容易保证均匀。

6. 复合地基承载力

（1）刚性桩复合地基承载力特征值，应通过现场复合地基载荷试验确定。

（2）初步设计时也可按下式估算：

$$f_{spk} = \lambda \cdot m \cdot \frac{R_a}{A_p} + \beta(1-m) f_{sk} \tag{5-143}$$

式中 f_{spk}——复合地基承载力特征值（kPa）；

λ——单桩承载力发挥系数，可取λ=0.8～0.9，垫层厚度大取小值。《复合地基技术规范》GB/T 50783规定λ=1.0；

m——面积置换率；

R_a——单桩竖向承载力特征值（kN）；

A_p——桩的截面积（m^2）；

β——桩间土承载力发挥系数，宜按地区经验取值，如无经验时可取0.9～1.0，天然地基承载力较高及褥垫层厚度大时取大值。《复合地基技术规范》GB/T 50783规定β=0.65～0.90；

f_{sk}——处理后桩间土承载力特征值（kPa），宜按当地经验取值，如无经验时，可取天然地基承载力特征值。

7. 单桩竖向承载力

单桩竖向承载力特征值R_a的取值，应符合下列规定：

（1）当采用单桩载荷试验时，应将单桩竖向极限承载力除以安全系数2；

（2）当无单桩载荷试验资料时，可按下式估算：

$$R_a = u_p \cdot \sum_{i=1}^{n} q_{si} \cdot l_{pi} + \alpha_p \cdot q_p \cdot A_P \tag{5-144}$$

式中 u_p——桩的周长（m）；

n——桩长范围内所划分的土层数；

α_p——桩端土承载力折减系数，应按现场载荷试验确定，初步设计时可取 $\alpha_p=1.0$；

q_{si}、q_p——桩周第 i 层土的侧阻力、桩端端阻力特征值（kPa），可按岩土工程勘察报告或按成桩工艺参照附录 F 确定；

l_{pi}——第 i 层土的厚度（m）。

（3）桩体试块抗压强度平均值应满足下式要求：

$$f_{cu} \geqslant \frac{R_a}{\eta \cdot A_p} \tag{5-145}$$

式中 f_{cu}——桩体混合料试块（边长 150mm 立方体）标准养护 28d 立方体抗压强度平均值（kPa）；常用 $f_{cu}=10\sim25$MPa；

η——桩身强度折减系数，$\eta=0.25$。《复合地基技术规范》GB/T 50783 规定 $\eta=0.33\sim0.36$，灌注桩或长桩时应用低值，预制桩应用高值。

8. 变形计算

（1）目前国内许多地区发生的建筑物倾斜、开裂等事故，由地基变形不均匀所致占了较大的比例。特别对于地基土岩性变化大，若只按承载力控制进行设计，将会出现变形过大或严重不均匀，影响建筑物正常使用。因此，刚性桩复合地基设计时应进行地基变形验算。

（2）地基处理后的变形计算应按现行国家标准《建筑地基基础设计规范》GB 50007 的有关规定执行。复合地基的分层与天然地基分层相同。

（3）大量工程实践表明当荷载接近或达到复合地基承载力时，各复合土层的压缩模量可按该层天然地基压缩模量的 ζ 倍计算：

$$E_{sp} = \zeta \cdot E_s \tag{5-146}$$

式中 E_s——桩间天然地基压缩模量（MPa）。

工程中应由现场试验测定的 f_{spk} 和桩间土承载力 f_{ak} 确定 ζ。若无试验资料时，初步设计可由地质报告提供的地基承载力特征值 f_{ak}，以及计算得到的满足设计要求的复合地基承载力特征值 f_{spk}，按下式计算：

$$\zeta = \frac{f_{spk}}{f_{ak}} \tag{5-147}$$

（4）变形计算经验系数 ψ_s 根据当地沉降观测资料及经验确定，也可采用表 5-84 数值。

变形计算经验系数 ψ_s **表 5-84**

$\overline{E}_s$(MPa)	4.0	7.0	15.0	20.0	35.0
ψ_s	1.0	0.7	0.4	0.25	0.2

注：$\overline{E}_s$ 为变形计算深度范围内压缩模量的当量值，应按下式计算：

$$\overline{E}_s = \frac{\Sigma A_i}{\Sigma \frac{A_i}{E_{si}}} \tag{5-148}$$

式中 A_i——第 i 层土附加应力系数沿土层厚度的积分值；

E_{si}——基础底面下第 i 层土的压缩模量值（MPa），桩长范围内的复合土层按复合土层的压缩模量取值。

(5) 地基变形计算深度应大于复合土层的厚度，并符合现行国家标准《建筑地基基础设计规范》GB 50007 中地基变形计算深度的有关规定，复合地基变形计算过程中，在复合土层范围内，压缩模量很高时，可能满足下式要求，若计算到此为止，就遗漏了桩端以下土层的变形量，因此，计算时计算深度必须大于复合土层厚度。

$$\Delta s_n' \leqslant 0.025\sum_{i=1}^{n}\Delta s_i' \tag{5-149}$$

(6) 刚性桩复合地基沉降尚可按《复合地基技术规范》GB/T 50783 有关规定计算。具体要求详见《复合地基技术规范》GB/T 50783 第 5.3.1 条～5.3.4 条及第 14.2.8 条、14.2.9 条有关规定。

9. 讨论

笔者认为，采用刚性桩复合地基，当桩身刚度及单桩承载力较大时，应考虑桩顶集中反力对基础受力的不利影响；在地震区的高层建筑，当采用刚性桩复合地基时，应考虑地震水平力对桩身强度的影响。在地震区不宜采用过薄的褥垫层设计。

(二) 设计算例

1. 建筑条件

某机加工车间，采用排架结构，独立基础，基底面积 2.4m×2.4m，柱距 6m，跨度 24m，基础埋深自现地面下 2.4m；基底平均压力 $p_k=330$kPa。

2. 土质条件

土质条件如图 5-83 所示。

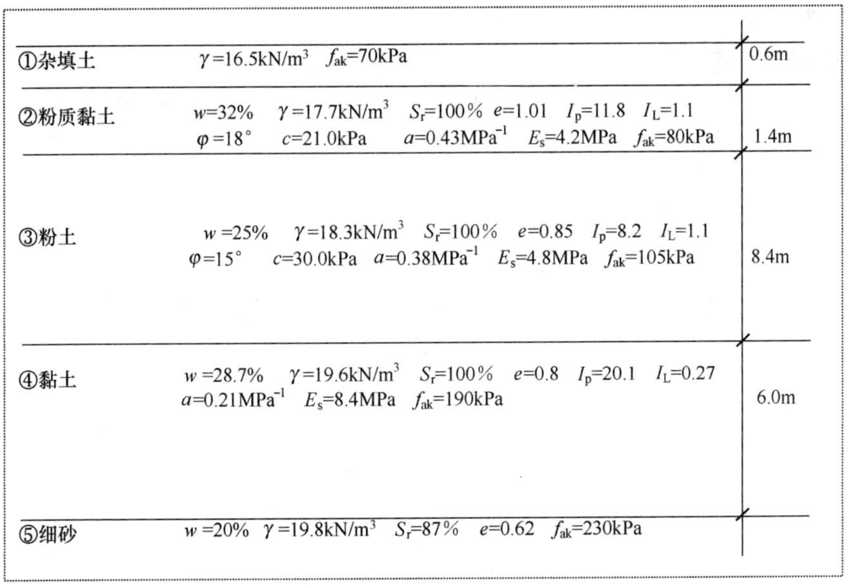

土层	参数	厚度
①杂填土	$\gamma=16.5$kN/m³　$f_{ak}=70$kPa	0.6m
②粉质黏土	$w=32\%$　$\gamma=17.7$kN/m³　$S_r=100\%$　$e=1.01$　$I_p=11.8$　$I_L=1.1$　$\varphi=18°$　$c=21.0$kPa　$a=0.43$MPa⁻¹　$E_s=4.2$MPa　$f_{ak}=80$kPa	1.4m
③粉土	$w=25\%$　$\gamma=18.3$kN/m³　$S_r=100\%$　$e=0.85$　$I_p=8.2$　$I_L=1.1$　$\varphi=15°$　$c=30.0$kPa　$a=0.38$MPa⁻¹　$E_s=4.8$MPa　$f_{ak}=105$kPa	8.4m
④黏土	$w=28.7\%$　$\gamma=19.6$kN/m³　$S_r=100\%$　$e=0.8$　$I_p=20.1$　$I_L=0.27$　$a=0.21$MPa⁻¹　$E_s=8.4$MPa　$f_{ak}=190$kPa	6.0m
⑤细砂	$w=20\%$　$\gamma=19.8$kN/m³　$S_r=87\%$　$e=0.62$　$f_{ak}=230$kPa	

图 5-83　现场土质条件

3. 设计计算

采用 CFG 桩，长螺旋管内泵压施工工艺。按本书附录 D 刚性桩、半刚性桩复合地基设计流程图进行设计。

（1）确定复合地基承载力特征值 f_{spk}

根据 $p_k \leqslant f_a$ 即 $f_{spa} = f_{spk} + \eta_d \gamma_m (d - 0.5) \geqslant p_k = 330\text{kPa}$ 计算

将基础底面以上土的加权平均重度 $\gamma_m = \dfrac{16.5 \times 0.6 + 17.7 \times 1.4 + 18.3 \times 0.4}{2.4} = 17.5\text{kN/m}^3$，基础埋深承载力修正系数 $\eta_d = 1.0$ 及基础埋深 $d = 2.4\text{m}$ 代入上式得：

$\therefore f_{spk} \geqslant p_k - 1.0 \times 17.5 \times 1.9 = 330 - 33.25 = 296.75\text{kPa}$，取 $f_{spk} \geqslant 300\text{kPa}$。

（2）确定桩径 d、桩长 l_p

根据本书附录 B，桩径取为 400mm，查附录 E，$\alpha_A = 0.64$，$\alpha_d = 0.8$，$A_p = 0.126\text{m}^2$，桩长 8m，桩端落在土层④上。

（3）确定单桩承载力特征值 R_a

1）根据桩身强度确定

设桩身强度 $f_{cu} = 13\text{MPa}$，查附录 B，$\eta = 0.25$；查附录 E 得 $R_a = 0.64 \times 637 = 408\text{kN}$。

2）根据桩的侧阻、端阻确定

计算公式：$R_a = R_s + R_p$；式中 $R_s = u_p \cdot \bar{q}_s \cdot l$；$R_p = \alpha \cdot A_p \cdot q_p$

①确定 R_s

查附表 F-1，土层③：$e = 0.85$，$q_s = 20 \sim 30\text{kPa}$，取为 25kPa；

依 $\bar{q}_s = 25\text{kPa}$，$l_p = 8\text{m}$ 查附录 E 得 $R_s = 0.8 \times 314 = 251\text{kN}$

②确定 R_p

查附录 F，桩端为黏性土，$I_L = 0.27$，$q_p = 750 \sim 850\text{kPa}$；

取 $q_p = 800\text{kPa}$，$\alpha = 1.0$ 查附录 E 得 $R_p = 0.64 \times 156.8 = 100\text{kN}$

③ $R_a = R_s + R_p = 251 + 100 = 351\text{kN}$

3）综合 1）、2）计算结果 $R_a = 351\text{kN}$。

（4）确定桩土面积置换率 m

依 $f_{spk} = 300\text{kPa}$，$f_{pk} = \dfrac{351}{0.126} = 2786\text{kPa}$，及 $\beta \cdot f_{sk} = 84\text{kPa}$（桩间土承载力 f_{ak} 为 105kPa，根据附录 B 取 $\beta = 0.8$）查附录表 E 得 $m = 0.08$。即每根柱基础下布桩面积不小于 $2.4^2 \times 0.08 = 0.461\text{m}^2$。故每根柱基础下设 4 根桩，布桩面积为 0.50m^2。

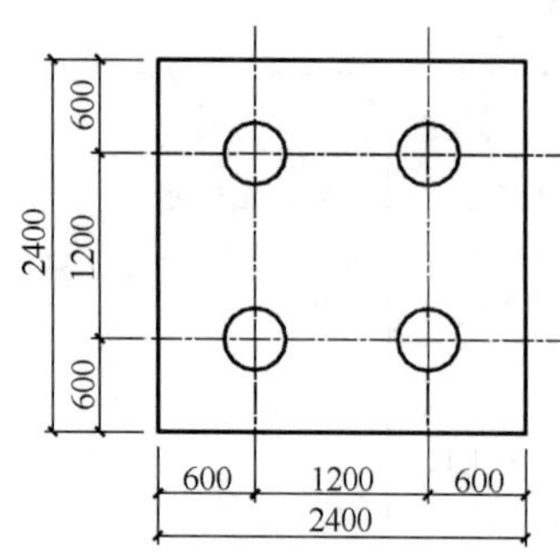

图 5-84　桩位布置平面图（单位：mm）

桩位布置如图 5-84 所示。

（5）下卧层验算及沉降计算（略）

三、施工

（一）施工工艺选择

刚性桩的施工，应根据设计要求和现场地基土的性质、地下水埋深、桩体材料、场地周边是否有居民、有无对振动反应敏感的设备等多种因素选用下列施工工艺：

1. 长螺旋钻孔干成孔灌注成桩，适用于地下水位以上的黏性土、粉土、素填土、中等密实以上的砂土，以及对噪声和泥浆污染要求严格的场地。

2. 长螺旋钻孔、管内泵压（中心压灌）混合料灌注成桩，适用于黏性土、粉土、砂土和素填土地基，以及对噪声或泥浆污染要求严格的场地；穿越卵石夹层时应通过试验确定适用性。

3. 振动沉管灌注成桩，适用于粉土、黏性土及素填土地基。当软土层较厚、布桩较密、周围环境对噪声和振动有严格要求时应慎用。

若地基土是松散的饱和粉细砂、粉土，以消除液化和提高地基承载力为目的，此时应选择振动沉管打桩机施工；振动沉管灌注成桩属挤土成桩工艺，对桩间土具有挤（振）密效应。但振动沉管灌注成桩工艺难以穿透厚的硬土层、砂层和卵石层等。在饱和黏性土中成桩，会造成地表隆起，挤断已打桩，且振动和噪声污染严重，在城市居民区施工受到限制。在夹有硬的黏性土时，可采用长螺旋钻机引孔，再用振动沉管打桩机制桩。

长螺旋钻孔灌注成桩适用于地下水位以上的黏性土、粉土、素填土、中等密实以上的砂土，属非挤土成桩工艺，该工艺具有穿透能力强，无振动、低噪音、无泥浆污染等特点，但要求桩长范围内无地下水，以保证成孔时不塌孔。

长螺旋钻孔、管内泵压混合料成桩工艺，是国内近几年来使用比较广泛的一种新工艺，属非挤土成桩工艺，具有穿透能力强、低噪音、无振动、无泥浆污染、施工效率高及质量容易控制等特点。

长螺旋钻孔灌注成桩和长螺旋钻成孔、管内泵压混合料成桩工艺，在城市居民区施工，对周围居民和环境的不良影响较小。

常用混凝土桩施工工艺比较见表 5-85。

常用混凝土桩施工工艺比较　　　　**表 5-85**

特点＼工艺	振动沉管混凝土桩施工工艺	长螺旋钻管内泵压混凝土桩施工工艺
工艺性质	非排土桩	排土桩
处理深度	≤30m	≤30m
常用桩径	360～420	400～420
对土层穿透能力	不易穿透粉土、砂土层	不易穿透厚度较厚、粒径很大的卵石层
对桩间土的影响	对松散土有挤密作用，对密实土有振松作用	对桩间土扰动影响较小
对相邻桩的影响	对相邻桩有挤断的可能	施工过程在粉土、砂土层有可能产生窜孔
对环境的影响	有较大的振动和噪声	无振动低噪声
处理建筑物的层数	多层～高层	多层～超高层

4. 除上述三种常用的混凝土桩施工工艺外，混凝土桩施工还可根据土质情况、设备条件采用以下工艺：

（1）泥浆护壁钻孔灌注成桩。适用于地下水位以下黏性土、粉土、砂土、人工填土、砾（碎）石土及风化岩层分布的地基。当桩长范围和桩端有承压水的土层时，应首选该成桩工艺，泥浆护壁钻孔灌注成桩可消除发生渗流的水力条件，保障成桩质量。

（2）人工或机械洛阳铲成孔灌注成桩。适用于处理深度不大，地下水位以上的黏性土、粉土和填土地基。

（3）柱锤冲孔夯填干硬混凝土成桩，适用于地下水位以上黏性土、粉土及素填土、湿陷性黄土等。

（4）ZFZ 工法：即用长螺旋钻正转成孔，反转填干硬性 CFG 混合料压实成桩。经检测采用该工艺施工，桩底压实无虚土，桩身填料密实，桩侧阻力大。

（5）锤击或静压预制桩，适用于该施工设备可穿越的土层以及对振动和噪声污染要求不严格的场地。

（二）施工前的准备工作

1. 施工前应具备下列资料和条件：

（1）建筑物场地工程地质勘察报告。

（2）刚性桩布桩图。图应注明桩位编号以及设计说明和施工说明。

（3）建筑场地邻近的高压电缆、电话线、地下管线、地下构筑物及障碍物等调查资料。

（4）建筑物场地的水准控制点和建筑物位置控制坐标等资料。

（5）具备“三通一平”条件。

2. 混凝土桩施工前的主要程序

当设备、材料和人员进场后，需按图 5-85 的程序进行一系列准备工作。在这些准备工作完成后进入混凝土桩施工阶段。

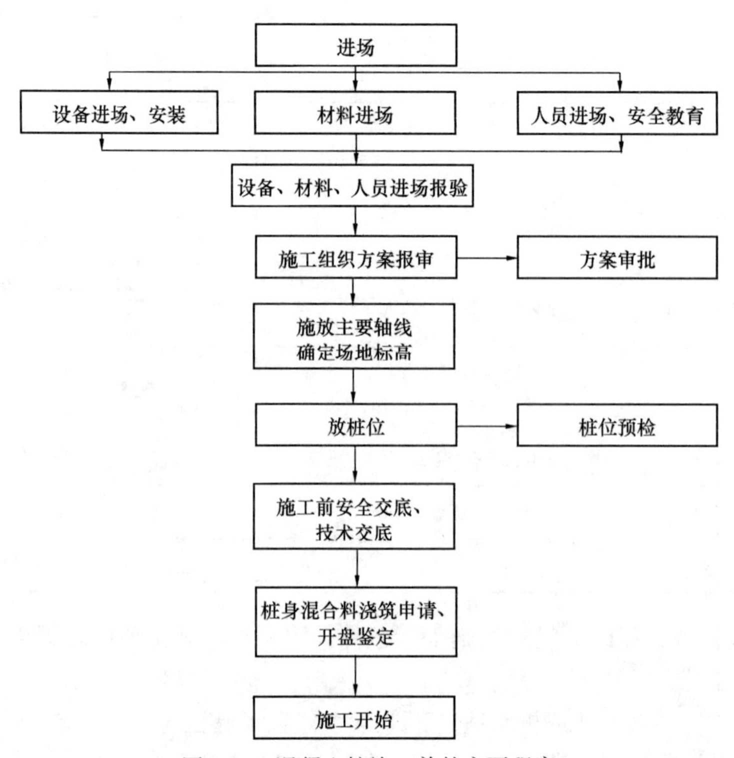

图 5-85　混凝土桩施工前的主要程序

(三)振动沉管施工工艺

1. 施工设备

图 5-86 所示是振动沉管机示意图。图 5-87 (a) 和 5-87 (b) 所示分别为打桩时用的钢筋混凝土预制桩尖和钢制活瓣桩尖。

国产振动沉管机，其设备类型分 DZ 和 DZKS 及 DZL 三种系列。其中 DZ 系列为普通锤头；DZKS 系列又名中空锤，除具有普通 DZ 系列的功能外，中间有 ϕ500mm 的通孔，可以配合柱锤或内夯管进行冲扩桩施工；DZJ 系列可通过液压遥控调整偏心力矩，可在运转条件下，实现偏心力矩的调整。振动打桩锤的具体参数可参见文献[15]。

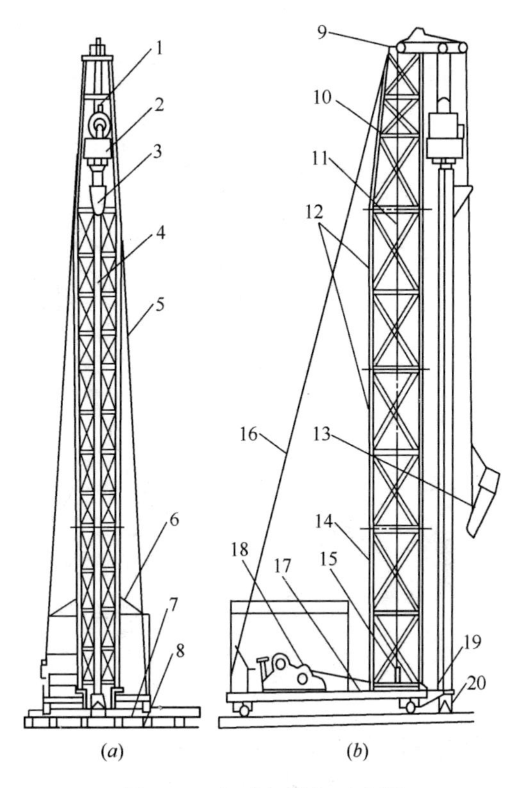

图 5-86 振动沉管机示意图

(a) 正面；(b) 侧面

1—滑轮组；2—振动锤；3—漏斗口；4—桩管；5—前拉索；6—遮栅；7—滚筒；8—枕木；9—架顶；10—架身顶段；11—钢丝绳；12—架身中段；13—吊斗；14—架身下段；15—导向滑轮；16—后拉索；17—架底；18—卷扬机；19—加压滑轮；20—活瓣桩尖

2. 施工步骤

(1) 就位

桩机就位，调整沉管与地面垂直，确保垂直度偏差不大于 1%。

(2) 沉管

启动马达，沉管到预定标高，停机。

(3) 投料

沉管过程中做好记录，每沉 1m 记录电流表上的电流一次。并对土层变化处予以说明。

停机后立即向管内投料，直到混合料与进料口齐平。混合料按设计配比经搅拌机加水拌和，拌和时间不得少于 1min，如粉煤灰用量较多，搅拌时间还要适当加长。加水量宜按坍落度 40～60mm 控制，CFG 桩按 30～50mm 控制，成桩后浮浆厚度以不超过 20cm 为宜。CFG 桩体配比中采用的粉煤灰可选用电厂收集的粗灰。

(4) 振动拔管

启动马达，留振 5～10s，开始拔管，拔管速率一般为 1.2～1.5m/min（拔管速度为线速度，不是平均速度），如遇淤泥或淤泥质土，拔管速率还应放慢。拔管过程中不允许反插。如上料不足，须在拔管过程中空中投料，以保证成桩后桩顶标高达到设计要求。施工时桩顶标高宜高出设计桩顶标高不少于 0.5m。

(5) 封顶

沉管拔出地面，确认成桩符合设计要求后，用粒状材料或湿黏性土封顶。然后移机进行下一根桩的施工。

3. 施工顺序

在设计桩的施打顺序时，主要考虑新打桩对已打桩的影响。

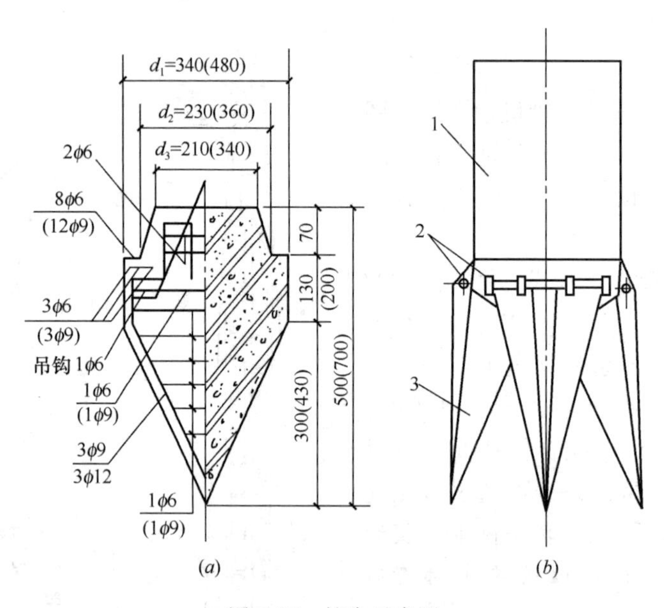

图 5-87　桩尖示意图

(a) 混凝土桩尖；(b) 活瓣桩尖

1—桩管；2—锁轴；3—活瓣

施打顺序大体可分为两种类型，一是连续施打，如图 5-88 (a) 所示；二是间隔跳打，可以隔一根桩，也可隔多个桩打。图 5-88 (b) 所示，先打 1、3、5……后打 2、4、6……

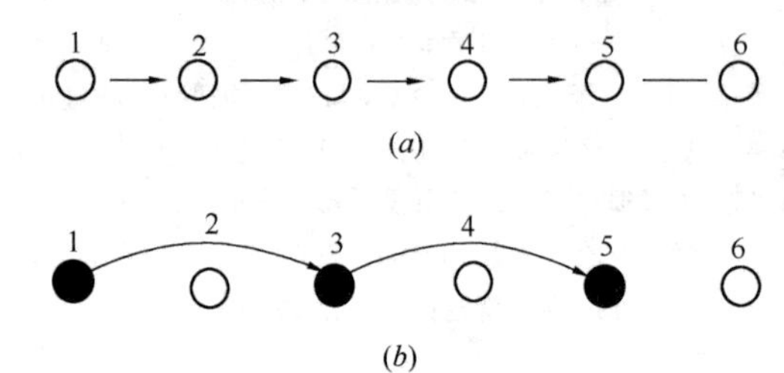

图 5-88　桩的施打顺序示意图

连续施打可能给桩造成的缺陷是桩被挤扁或缩颈。如果桩距不太小，混合料尚未初凝，连打一般较少会发生桩完全断开的情况。

隔桩跳打，先打桩的桩径较少发生缩小或缩颈现象。但土质较硬时，在已打桩中间补打新桩时，已打的桩可能发生被振裂或振断。一般新打桩与已打桩间隔时间不应小于 7d。

施打顺序与土性和桩距有关，在软土中，桩距较大，可采用隔桩跳打；在饱和的松散粉土中施工，如果桩距较小，不宜采用隔桩跳打方案。因为松散粉土振密效果较好，先打桩施工完后，土体密度会有明显增加，而且打的桩越多，土的密度越大，桩越难打。在补打新桩时，一是加大了沉管的难度，二是非常容易造成已打的桩成为断桩。

对满堂布桩，无论桩距大小，均不宜从四周转圈向内推进施工。因为这样限制了桩间土向外的侧向变形，容易造成大面积土体隆起，断桩的可能性增大。可采用从中心向外推进的方案，或从一边向另一边推进的方案。

对满堂布桩，无论如何设计施打顺序，总会遇到新打桩的振动对已结硬的已打桩的影响，桩距偏小或夹有比较坚硬的土层时，亦可采用螺旋钻机预引孔的措施，以减少沉、拔管时对桩的振动力。

（四）长螺旋钻孔中心压灌施工工艺

1. 施工设备

长螺旋钻管内泵压混凝土桩施工工艺是由长螺旋钻机、混凝土泵和强制式混凝土搅拌机组成的完整的施工体系（如图 5-89 所示）。其中长螺旋钻机是该工艺设备的核心部分，图 5-90 所示是螺旋钻机示意图。工程常用长螺旋钻机型号及参数参见表 5-86。施工前应根据设计桩长确定施工所采用的设备。选用的钻机钻杆顶部必须有排气装置，当桩端土为饱和粉土、砂土、卵石且水头较高时宜选用下开式钻头。

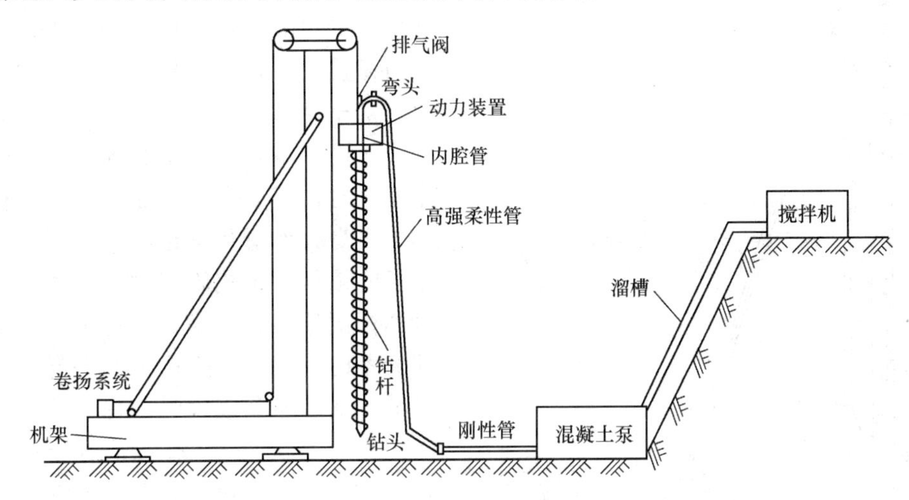

图 5-89　长螺旋钻管内泵压 CFG 桩施工工艺流程图

长螺旋桩机型号及参数　　**表 5-86**

产品型号	成孔直径（mm）	钻深（m）	主机功率（kW）	主机转速（r/min）
CFG12	300～600	12	22×2	21
CFG15	300～600	15	22×2	21
CFG18	400～800	18	37×2	21
CFG21	400～800	21	45×2	21
CFG25	400～800	25	55×2	21
CFG28	400～800	28	55×2	18

2. 施工步骤

（1）钻机就位

CFG 桩施工时，钻机就位后，应用钻机塔身的前后和左右的垂直标杆检查塔身导杆，校正位置，使钻杆垂直对准桩位中心，确保桩垂直度容许偏差不大于 1%。

（2）混合料搅拌

混合料搅拌要求按配合比进行配料，计量要求准确，上料顺序为：先装碎石或卵石，再加水泥、粉煤灰和外加剂，最后加砂，使水泥、粉煤灰和外加剂夹在砂、石之间，不易飞扬和粘附在筒壁上，也易于搅拌均匀。每盘料搅拌时间不应小于 60s。混合料坍落度宜控制在 160～200mm。在泵送前混凝土泵料斗、搅拌机搅拌筒应备好熟料。为增加混合料和易性和可泵性，CFG 桩宜掺加细度（0.045mm 方孔筛余百分比）不大于 45%的Ⅲ级或

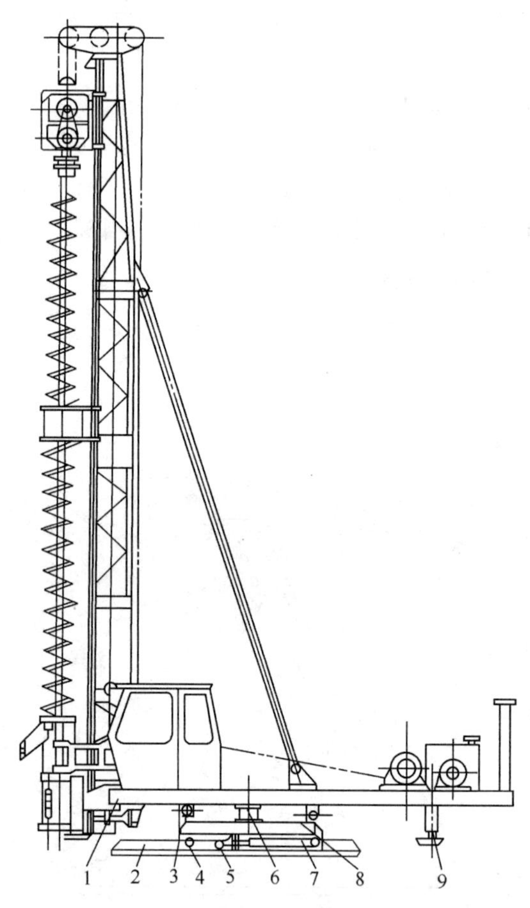

图 5-90 步履式长螺旋钻孔示意图

1—上盘；2—下盘；3—回转滚轮；4—行走滚轮；5—钢丝滑轮；6—回转中心轴；7—行走油缸；8—中盘；9—支腿

Ⅲ级以上等级的粉煤灰。每 m^3 混合料粉煤灰掺量宜为 70～90kg。

（3）钻进成孔

钻孔开始时，关闭钻头阀门，向下移动钻杆至钻头触及地面时，启动马达钻进。一般应先慢后快，这样既能减少钻杆摇晃，又容易检查钻孔的偏差，以便及时纠正。在成孔过程中，如发现钻杆摇晃或难钻时，应放慢进尺，否则较易导致桩孔偏斜、位移，甚至使钻杆、钻具损坏。钻进的深度取决于设计桩长，当钻头到达设计桩长预定标高时，于动力头底面停留位置相应的钻机塔身处作醒目标记，作为施工时控制桩长的依据。正式施工时，当动力头底面到达标记处桩长即满足设计要求。施工时还需考虑施工工作面的标高差异，作相应增减。基础埋深较大时，宜在基坑开挖后的工作面上施工，工作面应高出有效桩顶标高 300～500mm，工作面土较软时应采取相应施工措施（如铺碎石、垫钢板等），保证桩机正常施工。

在钻进过程中，当遇到砾石层或卵石层时，会发现进尺明显变慢、机架出现轻微晃动。可根据这些特征来判定钻杆进入砾石层或卵石层的深度。

（4）灌注及拔管

当刚性桩成孔到设计标高后，停止钻进，开始泵送混合料，当钻杆芯管充满混合料后开始拔管，严禁先提管后泵料或边旋转边送料边提升钻杆，以免孔壁残土混入桩体。混合料的泵送量应与拔管速度相匹配，成桩的提拔速度宜控制在 2～3m/min，成桩过程宜连续进行，应避免因后台供料慢而导致停机待料。若施工中因其他原因不能连续灌注，须根据勘察报告和已掌握的施工场地的土质情况，避开饱和砂土、粉土层，不得在这些土层内停机。灌注成桩完成后，用水泥袋盖好桩头，进行保护。施工中每根桩的投料量不得少于设计灌注量。

（5）移机

当上一根桩施工完毕后，钻机移位，进行下一根桩的施工。施工中由于成孔时排出的土较多，经常将临近的桩位覆盖，有时还会因钻机支撑时支撑脚压在桩位旁使原标定的桩位发生移动。因此，下一根桩施工时，还应根据轴线或周围桩的位置对需施工的桩位进行复核，保证桩位准确。

长螺旋钻管内泵压混凝土桩复合地基施工流程如图 5-91 所示。

（五）成桩施工注意事项

1. 施工前应按设计要求由试验室进行配合比试验，施工时按配合比配制混合料。

2. 正式施工前应进行成孔工艺试验，对振动沉管重点解决施工顺序。

3. 成桩过程中，抽样做混合料试块，每台机械一天应做一组（3 块）试块（边长为 150mm 的立方体），标准养护，测定其立方体抗压强度。

4. 控制好混合料坍落度

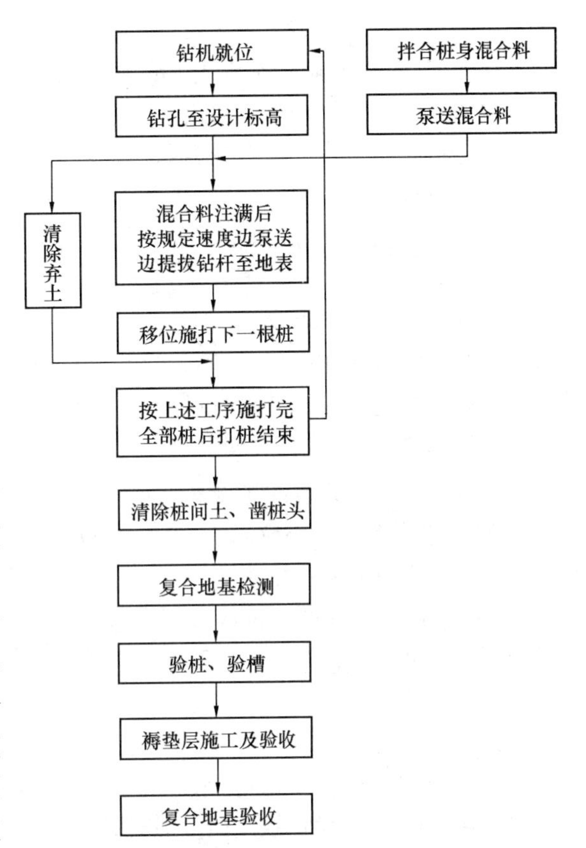

图 5-91　长螺旋钻管内泵压混凝土桩复合地基施工流程图

长螺旋钻孔、管内泵压 CFG 混合料成桩施工时每方混合料粉煤灰掺量宜为 70～90kg，坍落度应控制在 160～200mm，这主要是考虑保证施工中混合料的顺利输送。坍落度太大，易产生泌水、离析，泵压作用下，骨料与砂浆分离，导致堵管。坍落度太小，混合料流动性差，也容易造成堵管。振动沉管灌注成桩若混合料坍落度过大，桩顶浮浆过多，桩体强度会降低，经大量工程实践认为坍落度宜控制在 30～50mm。应抽样检查坍落度，每台班不少于 4 次。

5. 长螺旋钻孔、管内泵压混合料成桩施工，应准确掌握提拔钻杆时间，钻孔进入土层预定标高后，开始泵送混合料，管内空气从排气阀排出，待钻杆内管及输送软、硬管内混合料连续时提钻。若提钻时间较晚，在泵送压力下钻头处的水泥浆液被挤出，容易造成管路堵塞。应杜绝在泵送混合料前提拔钻杆，以免造成桩端处存在虚土或桩端混合料离析、端阻力减小。提拔钻杆中应连续泵料，特别是在饱和砂土、饱和粉土层中不得停泵待料，避免造成混合料离析、桩身缩径和断桩，目前施工多采用 2 台 0.5m^3 的强制式搅拌机，可满足施工要求。严禁先提管后泵料。桩长范围内有粉土、粉细砂和淤泥、淤泥质土，当桩距较小时，新打桩钻进时长螺旋叶片对已打桩周边剪切扰动，使饱和软土结构强度破坏，桩周土对已打桩侧向约束降低，处于流动状态的桩体侧向溢出，桩顶下沉，即发生所谓的“窜孔”。发生“窜孔”后，应将在施桩体钻至窜孔土部位后压灌混合料至已打桩混合料上升至桩顶止。当桩距较小时为防止“窜孔”，可采用隔行跳打。

6. 振动沉管灌注桩成桩施工应控制拔管速度，拔管速度太快易造成桩径偏小或缩颈断桩。在南京浦镇车辆厂工地做了三种拔管速度的试验，①拔管速度为 1.2m/min 时，成桩后开挖测桩径为 38cm（沉管为 ϕ377 管）②拔管速度为 2.5m/min，沉管拔出地面后，有大约 0.2m^3 的混合料被带到地表，开挖后测桩径为 36cm；③拔管速度为 0.8m/min 时，成桩后发现桩顶浮浆较多，经大量工程实践认为，拔管速率控制在 1.2～1.5m/min 是适宜的。如遇淤泥等饱和软土，拔管速度应放慢。

7. 施工中桩顶标高应高出设计桩顶标高，留有保护桩长，保护桩长的设置是基于以下几个因素：①成桩时桩顶不可能正好与设计标高完全一致，一般要高出桩顶设计标高一段长度；②桩顶一般由于混合料自重压力较小或由于浮浆的影响，靠桩顶一段桩体强度较差；③已打桩尚未结硬时，施打新桩可能导致已打桩受振动挤压。混合料上涌使桩径缩小。增大保护桩长即增加了自重压力，可提高抵抗周围土挤压的能力。桩顶超灌高度不宜小于 0.5～0.3m。

8. 冬期施工时混合料入孔温度不得低于 5℃，对桩头和桩间土应采取保温措施。并应采取措施避免混合料在初凝前遭到冻结。根据材料加热难易程度，一般优先加热拌和水，其次是砂和石。混合料温度不宜过高，以免造成混合料假凝无法正常泵送施工。泵头管线上应采取保温措施。施工完清除保护土层和桩头后，应立即对桩间土和桩头采用草帘等保温材料进行覆盖，防止桩间土冻胀而造成桩体拉断。

9. 施工垂直度偏差不应大于 1%；对满堂布桩基础，桩位偏差不应大于 0.4 倍桩径；对条形基础，桩位偏差不应大于 0.25 倍桩径，对单排布桩桩位偏差不应大于 60mm。

10. 泥浆护壁成孔灌注桩成桩和锤击、静压钢筋混凝土预制桩施工应符合《建筑桩基技术规范》JGJ94 的有关规定。对预应力管桩，静压时应设置桩帽或桩顶采用高标号混凝土灌注。

（六）清整桩头及褥垫层施工

1. 清土和截桩时，不得造成桩顶标高以下桩身断裂和扰动桩间土。

桩体强度达 70%设计强度时才可开挖。截桩头可用专用截桩器或距桩顶设计标高 200～300mm 处用 2～3 个钢钎，同时锤击切断，再用手锤剔至设计标高。

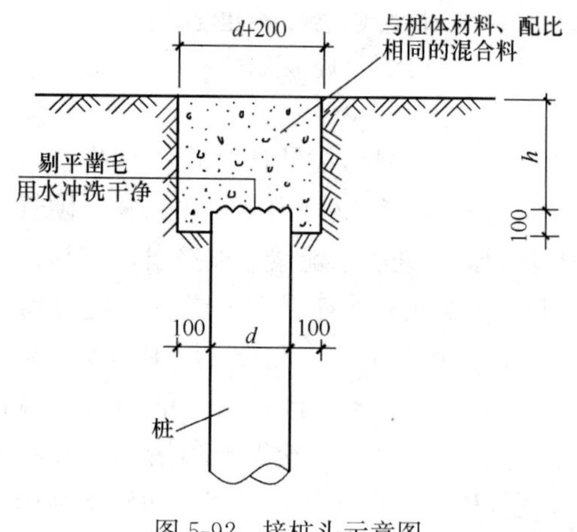

图 5-92　接桩头示意图

长螺旋钻成孔、管内泵压混合料成桩施工中存在钻孔弃土。对弃土和保护土层清运时如采用机械、人工联合清运，应避免机械设备超挖，并应预留至少 50cm 用人工清除，避免造成桩头断裂和扰动桩间土层。如果在基槽开挖和剔除桩头时造成桩体断至桩顶设计标高以下，则必须采取补救措施。假如断裂面距桩顶较近，可接桩至设计桩顶标高。方法如图 5-92 所示。注意在接桩头过程中保护好桩间土。

2. 褥垫层铺设宜采用静力压实法，当基础底面下桩间土的含水量较小时，也可采用动力夯实法，夯填度（夯实后的褥垫层厚度与虚铺厚度的比值）不得大于 0.9。

褥垫层材料多为粗砂、中砂、级配砂石或碎石，碎石粒径宜为 8～20mm，最大粒径不宜大于 30mm，不宜选用卵石，当基础底面桩间土含水量较大时，应进行试验确定是否采用动力夯实法，避免桩间土承载力降低。对较干的砂石材料，虚铺后可适当洒水再行碾压或夯实。

四、质量检验和工程验收

（一）施工前

水泥、粉煤灰、砂及碎石等原材料应符合设计要求。

（二）施工中

施工中应检查桩身混合料的配合比、坍落度和提拔钻杆速度（或提拔套管速度）、成孔深度、混合料灌入量等。

（三）施工后

1. 施工结束后，应对桩顶标高、桩位、桩体质量、地基承载力以及褥垫层的质量做检查。

2. 应抽取不少于总桩数的10%的桩进行低应变动力试验，检测桩身完整性。桩身质量评价参见表5-87。

桩身完整性分类表　　**表5-87**

桩身完整性类别	分　类　原　则
Ⅰ类桩	桩身完整
Ⅱ类桩	桩身有轻微缺陷，不会影响桩身结构承载力的正常发挥
Ⅲ类桩	桩身有明显缺陷，对桩身结构承载力有影响
Ⅳ类桩	桩身存在严重缺陷

3. 刚性桩复合地基竣工验收时，承载力检验应采用复合地基载荷试验和单桩静载试验。检验应在桩身强度满足试验荷载条件时，并宜在施工结束28d后进行。试验数量宜为总桩数的1%，且每个单体工程的复合地基载荷试验数量不应少于3点。

复合地基载荷试验是确定复合地基承载力、评定加固效果的重要依据。进行复合地基载荷试验时必须保证桩体强度，满足试验要求。进行单桩载荷试验时为防止试验中桩头被压碎，宜对桩头进行加固。在确定试验日期时，还应考虑施工过程中对桩间土的扰动，桩间土承载力和桩的侧阻、端阻的恢复都需要一定时间，一般在冬季检测时桩和桩间土强度增长较慢。

复合地基载荷试验所用载荷板的面积应与受检测桩所承担的处理面积相同。选择试验点时应本着随机分布的原则进行。

4. 有经验时也可采用单桩载荷试验，必要时进行桩间土载荷试验，按本章公式（5-143）确定，复合地基承载力。单桩载荷试验点不少于总桩数的0.5%且不少于3点。

（四）质量检验标准

水泥粉煤灰碎石桩复合地基的质量检验标准应符合表5-88的规定。

水泥粉煤灰碎石桩复合地基质量检验标准[30]　　**表5-88**

项	序	检查项目	允许偏差或允许值		检查方法
			单位	数值	
主控项目	1	原材料	设计要求		查产品合格证书或抽样送检
	2	桩径	mm	−20	用钢尺量或计算填料量
	3	桩身强度	设计要求		查28d试块强度
	4	地基承载力	设计要求		按规定的办法

续表

<table>
<tr><th rowspan="2">项</th><th rowspan="2">序</th><th rowspan="2">检查项目</th><th colspan="2">允许偏差或允许值</th><th rowspan="2">检查方法</th></tr>
<tr><th>单位</th><th>数值</th></tr>
<tr><td rowspan="5">一般项目</td><td>1</td><td>桩身完整性</td><td colspan="2">按桩基检测技术规范</td><td>按桩基检测技术规范</td></tr>
<tr><td>2</td><td>桩位偏差</td><td></td><td>满堂布桩≤0.40d
条基布桩≤0.25d</td><td>用钢尺量，d 为桩径</td></tr>
<tr><td>3</td><td>桩垂直度</td><td>%</td><td>≤1.5</td><td>用经纬仪测桩管</td></tr>
<tr><td>4</td><td>桩长</td><td>mm</td><td>+100</td><td>测桩管长度或垂球测孔深</td></tr>
<tr><td>5</td><td>褥垫层夯填度</td><td colspan="2">≤0.9</td><td>用钢尺量</td></tr>
</table>

注：1. 夯填度指夯实后的褥垫层厚度与虚铺厚度的比值。

2. 桩径允许偏差负值是指个别断面。

五、工程实录

（一）望京高校小区 1～4 号楼地基处理工程

1. 工程概况

小区内 1～4 号楼平面位置如例图 1-1 所示，每栋楼底板面积为 850m²。1～4 号楼地下 2 层、地上 25 层，结构型式为剪力墙结构，基础采用筏板基础，各楼座基础埋深见例表 1-1。

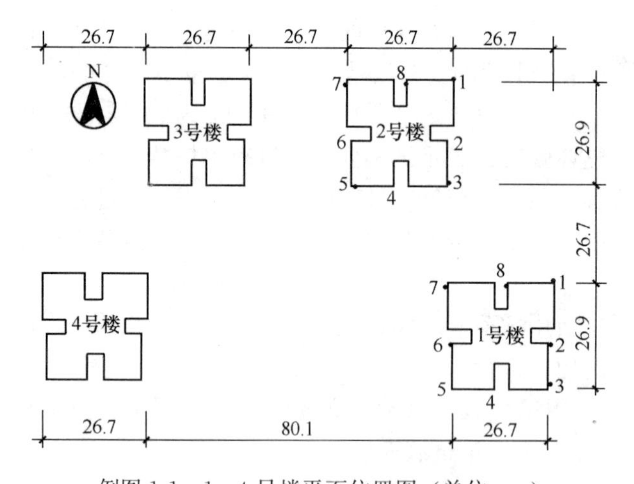

例图 1-1　1～4 号楼平面位置图（单位：m）

各楼座基础埋深　　例表 1-1

楼座号	±0.00（m）	基底标高（m）	基础埋深（m）
1	36.80	28.605	6.90
2	37.00	28.805	6.40
3	38.50	30.305	5.20
4	37.80	29.665	5.40

根据勘察报告，场地为第四纪沉积层，基础坐落在粉质黏土、重粉质黏土④层和黏质粉土、砂质粉土④$_{-1}$层，地基承载力特征值 f_{ak}=160kPa。基底以下各层土的物理力学指标见例表 1-2。

土的物理力学指标（平均值）　　**例表 1-2**

土的物理力学指标 土层编号	含水量 w (%)	天然重度 γ (kN/m^3)	孔隙比 e	液性指数 I_L	压缩模量 E_s（MPa）		标准贯入试验锤击数 N	重型动力触探锤击数 $N_{63.5}$	承载力特征值 f_{ak} (kPa)
					p_0～p_0+100	p_0～p_0+200			
④粉质黏土	25.4	20.0	0.72	0.51	6.1	7.1			160
④$_{-1}$黏质粉土	21.6	20.3	0.61	0.36	14.0	17.1			160
⑤粉质黏土	23.2	20.3	0.61	0.44	6.5	7.9			
⑤$_{-1}$黏质粉土	21.8	20.5	0.60	0.25	14.0	16.1			
⑥砂质粉土	23.2	20.2	0.64	0.42	23.6	26.7			
⑥$_{-1}$黏质粉土	20.8	20.6	0.58	0.27	11.4	12.8			
⑦细、粉砂					30.0～35.0		48		
⑧黏质粉土	20.6	20.4	0.59	0.19	22.0	24.3	23		
⑧$_{-1}$粉质黏土	32.7	18.9	0.92	0.63	12.6	13.3	35		
⑧$_{-2}$粉质黏土	23.1	20.1	0.66	0.35	12.9	14.0			
⑨细、中砂					50.0～55.0		101		
⑩卵石					80.0～100.0			56	

2. 方案选择

设计要求 1～4 号楼地基处理后承载力特征值达到 400kPa 以上，沉降控制在 10cm 以内。由于基础座落在第④层粉质黏土层，其地基承载力标准值为 160kPa，经计算天然地基变形为 175mm。天然地基承载力和变形均不能满足设计要求，需对地基进行处理。

勘察报告对地基处理提出两种方案：第一种是采用 25cm×25cm 预制方桩方案，桩端落在细、粉砂⑦层，桩长为 8～9m，单桩承载力特征值为 400kN；第二种方案是采用桩径 400mm 的空心管桩方案，桩端落在细、中砂⑨层或⑩层卵石层，桩长为 21～22.8m，单桩承载力特征值为 1300kN。采用预制方桩和空心管桩方案是望京地区解决地基承载力不足和变形过大常用的方案，从其应用情况来看，这两种方案存在如下缺陷：

（1）费用较高、工效较低。

（2）振动和噪音扰民

预制方桩和空心管桩施工时常采用杆式或筒式柴油打桩机，锤落距为 1.5m，会产生较大的振动和噪音污染。而 1～4 号楼东边和北边 30m 即为居民区，若采用这两种工艺施工会严重的扰民。

（3）施工质量不易保证

由于场地土质较硬，而这两种工艺为挤土成桩工艺或部分挤土成桩工艺，会产生地面隆起、挤桩、穿不透砂层或桩打不到设计深度等问题。

该地区还常用灌注桩方案，由于望京地区地下水位较高，灌注桩方案多采用泥浆护壁灌注桩，这种方案同样存在造价高、工效低以及泥浆污染等问题。

近年来随着地基处理技术的不断发展，复合地基技术特别是CFG桩复合地基技术，由于施工质量容易控制、施工周期短、没有泥浆和噪声污染、造价低廉等一些突出优点，已在北京市地基处理中广泛应用。经过方案对比，确定在望京高校小区1～4号楼采用CFG桩复合地基方案，施工采用长螺旋钻管内泵压CFG桩施工工艺。

3. CFG桩复合地基设计

（1）复合地基设计参数的确定

1）桩长 l_p

望京高校小区虽然第⑦层砂层是比较好的持力层，但其下存在强度较低的第⑧$_{-1}$层，设计时为了减少下卧层变形，将桩端落在第⑧层土上，桩长为15～16m。

2）桩径 d

采用长螺旋钻管内泵压CFG桩施工工艺，螺旋叶片直径为400mm或600rnm，目前采用的螺旋叶片直径以400mm的居多。设计桩径 $d=400$mm。

3）桩间距 s

在桩长、桩径确定后，首先需计算单桩承载力，然后根据天然地基承载力和设计要求的复合地基承载力求桩间距，桩间距一般要求在（3～5）d 范围内。如果桩间距太大或太小，可调整桩长使桩间距在合理范围。在桩径选定的情况下，桩长和桩间距是确定CFG桩复合地基承载力及估算加固区和下卧层变形量的重要参数。

1号楼 $l_p=16$m、$d=0.4$m时，计算的单桩承载力 R_a 为750kN，天然地基承载力特征值为 $f_{ak}=160$kPa，取 $\alpha_p=1.0$，$\beta=0.9$，计算不同桩间距时复合地基承载力特征值 f_{spk}，如例图1-2所示。从图中可以看出，当桩间距小于等于1.65m时，复合地基承载力均能满足设计要求，考虑施工过程中的诸多不确定因素，确定桩间距为1.5m。

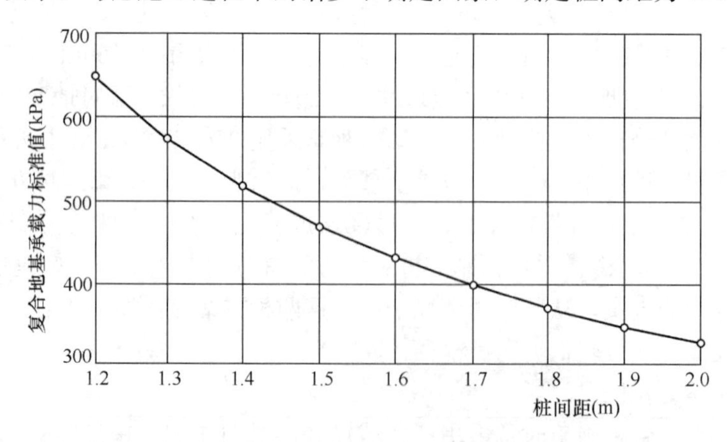

例图1-2　复合地基承载力和桩间距的关系

在桩长、桩径和桩间距初步确定后，也就是说在满足复合地基承载力要求后，需按验算这三个参数是否能满足复合地基变形要求。如果不能满足变形要求，则需调整桩长或桩间距。在变形满足设计要求后，可将桩长、桩径和桩间距确定下来，作为布桩的依据。

经计算，望京高校 1～4 号楼 CFG 桩复合地基沉降量为 65mm，满足设计要求。

4）桩体强度：

桩顶应力为 $\sigma_p = R_A / A_p$，桩体标号为 $f_{cu} \geqslant 3\sigma_p = 17.9$MPa。取 CFG 桩桩体强度等级为 C20。

5）褥垫层厚度：

本工程褥垫层厚度为 15cm，材料采用 5～10mm 的碎石。

（2）布桩

1～4 号楼理论布桩数 $n = \frac{A}{s^2} = \frac{850}{1.5 \times 1.5} = 378$ 根，实际布桩数要比理论布桩数多，一般来说多 6%左右。

综合上述分析，确定的 1～4 号楼设计参数见例表 1-3。

1～4 号楼 CFG 桩复合地基设计参数　　例表 1-3

楼座		有效桩长（m）	桩　径（mm）	桩间距（m）	桩　数（根）	褥垫层厚度（cm）	桩身强度等级
1		16.0	400	1.50	397	15	C20
2		15.0	400	1.40～1.50	402	15	C20
3	A	15.5	400	1.40～1.50	347	15	C20
	B	16.0	400	1.50	55	15	C20
4		16.0	400	1.40～1.50	397	15	C20

4. CFG 桩复合地基施工

（1）CFG 桩材料及配比

CFG 桩桩身混合料强度等级为 C20，其施工时配合比为水泥：砂：石：粉煤灰：外加剂＝300：711：1161：50：13.5（kg/m^3）。该工程材料采用 425 号普通硅酸盐水泥、细砂、粒径 5～10mm 碎石、Ⅱ级粉煤灰和泵送剂。混合料坍落度为 16～20cm。

（2）施工工艺

长螺旋钻管内泵压 CFG 桩施工工艺施工程序为：钻机就位→钻孔到预定标高→预先在搅拌机内按给定配比搅拌混合料→通过溜槽将搅拌好的混合料投入混凝土泵料斗中→启动混凝土泵将混合料通过输送管线泵入钻杆芯管→边泵送混合料边提钻直到成桩。

长螺旋钻管内泵压 CFG 桩工艺施工控制的关键因素如下：

1）混合料搅拌质量直接影响成桩的质量和施工速度。当混合料出现搅拌不均匀、离析、泌水等质量问题时容易产生堵管，而无法正常施工，这也是这种工艺的“自锁”现象。混合料搅拌要求采用 2 台 500L 强制式搅拌机，每盘料搅拌时间不少于 60s。

2）控制成桩提拔速度和保证连续提拔。在施工时钻机提拔速度宜控制在 2～3m/min，根据提拔速度确定混凝土泵的泵送量，施工中严禁出现超拔。

3）保证排气阀正常工作。在混合料连续输送过程中，成桩时若排气装置不能正常工作，将导致混合料存有气泡、桩体空心等情况发生。在施工过程中，要求每班经常检查排气阀，防止排气阀被水泥浆堵塞。

（3）施工速度

CFG 桩施工速度与地层情况、工人熟练程度、混合料搅拌质量及是否做到及时清运弃土等有关。长螺旋钻管内泵压 CFG 桩施工工艺是排土工艺，桩越长弃土越多，若不及时清运，移机和找桩位都受到影响，会大量增加施工辅助时间，影响施工进度。

长螺旋钻管内泵压 CFG 桩施工工艺宜采用 24h 连续施工。根据施工情况，可将施工时间分为：①钻进时间；②成桩时间；③移位时间；④非工作时间。前三部分为有效工作时间。后一部分为无效工作时间，包括：故障排除时间，如堵管、设备故障；非抗力因素影响，如下雨、停水停电等。从望京高校小区施工情况来看，每天每台设备可成桩 30 根，每栋楼打桩工期约为 13d。

5. CFG 桩检测与建筑物的沉降观测

CFG 桩施工完毕，试验桩养护 15 天后，由检测单位进行了静载荷试验检测，每个楼座做两台 CFG 单桩静载试验，检测结果见例表 1-4。从载荷试验情况来看，加荷到最大荷载 1000kN 时均没有达到极限荷载，CFG 桩在使用荷载作用下，单桩沉降量在 4.5mm 以内。

1～4 号楼 CFG 单桩静载载荷试验结果 **例表 1-4**

楼号	1		2		3		4	
桩号	293	326	63	71	281	334	204	301
单桩使用荷载 600kN 时对应的沉降值（mm）	3.34	3.54	4.41	3.32	2.52	2.03	1.40	1.98
试验最大加荷值 1000kN 对应的沉降值（mm）	10.12	10.28	19.58	11.24	7.36	5.81	4.10	5.12

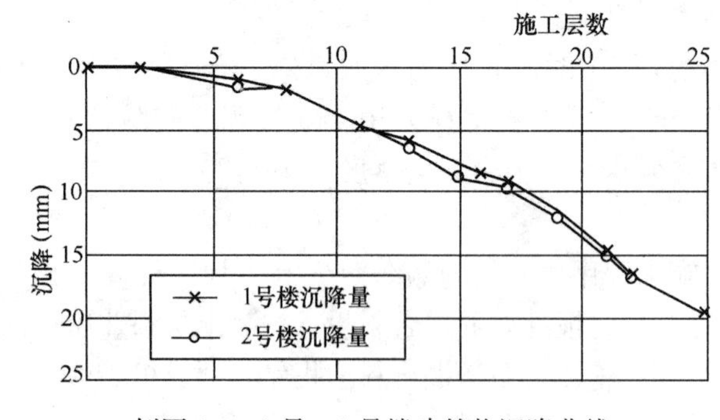

例图 1-3　1 号、2 号楼建筑物沉降曲线

在结构施工过程中，业主委托有关单位对 1 号、2 号楼进行了沉降观测（施工单位对 3 号、4 号楼进行了观测），从首层开始在每层结构完成后进行观测，每栋楼在四个角点和每边中点设置观测点（见例图 1-1），取 8 个点的平均值作为该层结构完工后的沉降值。1 层至结构封顶的层数—沉降曲线如例图 1-3 所示，沉降观测成果见例表 1-5。

1、2 号楼封顶时沉降量（mm） **例表 1-5**

楼号	观测日期	沉降观测点							
		1	2	3	4	5	6	7	8
1号	1998年11月5日	18.4	20.5	19.5	21.2	19.7	21.4	19.7	19.1
2号	1998年11月5日	19.4	21.7	18.8	20.2	17.9	20.4	19.8	21.1

从例图 1-3 可以看出，建筑物的沉降曲线是一典型的 Q-s 曲线，1 号楼封顶时最大的沉降量为 21.4mm，2 号楼为 21.7mm，3 号、4 号楼结构封顶时的沉降量均小于 21mm。根据北京地区经验，结构施工完毕后建筑物的沉降量约为最终沉降量的 60%～70%，预估 1～4 号楼最终沉降量将在 50mm 以内。

（张东刚，阎明礼等，CFG 桩复合地基在北京望京高校小区高层建筑中的应用，建筑科学 2000（1）.）

（二）CFG 桩加固淤泥质粉质黏土[29]

1. 工程概况

南京某多层住宅小区位于长江冲积漫滩上。征用前为水稻田，水位较高。各层土的含水量高、孔隙比较大，具有较高的压缩性。

①：黄褐色新填土，厚度为 0.7～1.2m，可塑；

②：粉质黏土，厚度约 1.0m，软塑，孔隙比 0.89，液性指数 0.86，地基承载力特征值为 90kPa；

③：淤泥质粉质黏土，厚度 13～18m，流塑，孔隙比为 1.04，液性指数为 1.48，承载力特征值为 60kPa。其间夹有三层流塑状态的黏质粉土透镜体，地基承载力由 100～135kPa 不等。

设计承载力要求不低于 160kPa，天然地基承载力不满足设计要求。

2. 设计方案

一期工程为十幢建筑物，原设计采用素混凝土桩处理，为节省造价，改用 CFG 桩复合地基处理，但为比较工程特性和节约造价情况，仍有一幢建筑物用素混凝土桩处理。各住宅楼的层数、平面布置、桩数和桩长均一致，其桩的布置如例图 2-1 所示。条基下采用双排桩、桩距为 1.1m 和 1.2m，桩径 400mm，有效桩长 15.5m。

3. 加固效果检验

在现场进行了一台大载荷板天然地基试验（试 1 载荷板尺寸为 3.6m×20m）、一台大载荷板 CFG 桩复合地基试验（试 2，如例图 2-2 所示），CFG 桩单桩（试 3）和素混凝土单桩（试 4）试验。其结果见例表 2-1。

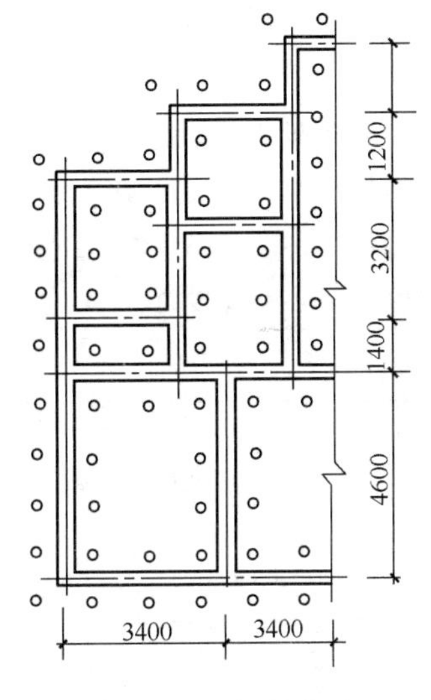

例图 2-1 桩的布置

载荷试验结果 **例表 2-1**

试验号	试 1	试 2	试 3	试 4
承载力	70kPa	320kPa	250kPa	250kPa

从表中可见，CFG 桩复合地基承载力远大于设计要求 160kPa，比天然地基提高了三倍多。从 p-s 曲线观测，CFG 桩和素混凝土桩的承载力特性基本一致。

根据实测资料分析（例图 2-3）可归纳如下两点：

（1）CFG 桩复合地基与素混凝土复合地基在上部结构荷载作用下的沉降基本相同。

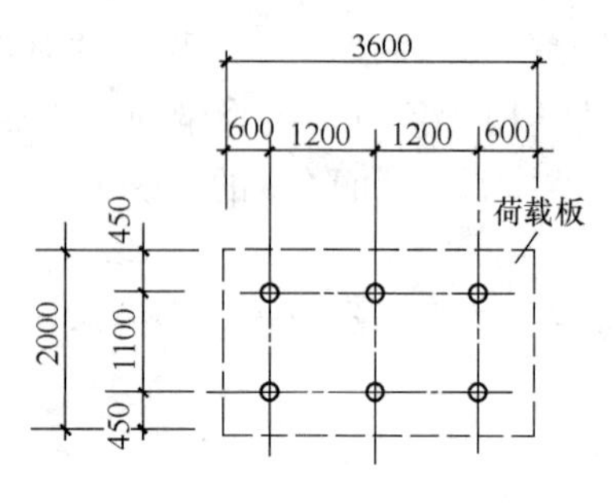

例图 2-2　CFG 桩复合地基载荷试验布置

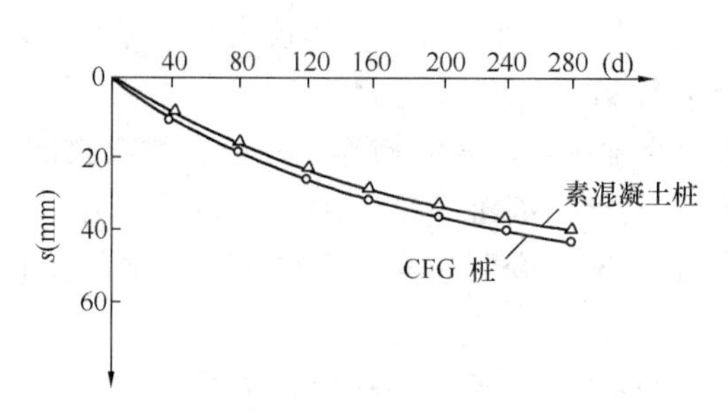

例图 2-3　沉降观测曲线

（2）CFG 桩加固后形成的复合地基，不仅获得较高的承载力，同时由于压缩模量增大而显著降低了荷载作用下的变形，使建筑物的沉降在短期趋向稳定。

4. 经济与社会效益

已建九幢建筑物的 CFG 桩复合地基处理费（直接费）比素混凝土桩复合地基处理费节约 32%，经济效益明显，且利用了“三废”，获得了很好的社会效益。

（三）二灰混凝土桩复合地基的工程应用[3]

1. 工程概况

精矿库是某矿业公司的重要建筑物，厂房采用桩基础，地面堆场采用二灰混凝土桩复合地基。

整个场地软弱土层较厚，下伏硬土层呈北高南低，地层层位变化较为复杂，又跨两种不同地貌单元，属复杂场地。天然地基承载力 100kPa 左右，远小于堆场所需承载力 200kPa，采用二灰混凝土桩复合地基处理可达到设计要求。土层分布及各土层物理力学性质见例表 3-1 所示。

各土层物理力学性质　　　　**例表 3-1**

地层编号	土的名称	含水量 w	重度 γ	孔隙比 e	液限 w_L	塑限 w_P	不排水 内摩擦角 φ	不排水 内聚力 c_u	桩周土摩阻力特征值 q_s	压缩模量 $E_{s(1-2)}$	承载力特征值 f_{ak}	地层描述
		%	kN/m³		%	%	°	kPa	MPa	MPa	kPa	
①	人工填土											主要是由冶炼废料、砾粒黑砂组成，强度较低，松散，厚度 3.6m
②	粉质黏土	27.3	19.6	0.76	33.9	20.2	1.40	39.6	30		180	黄褐色～绿灰色，含氧化铁，间夹粉土，可塑，厚度 2.54m
③	黏土	28.7	19.1	0.83	43.1	22.5	3.6	67.2	35	6.9	170	黄褐色～灰色，含氧化铁，可塑，厚度 1.46m
④	黏土	39.0	18.0	1.09	40.3	21.8	1.68	37.3	20	4.31	95	灰色～褐灰色，含少量腐殖质，软塑，厚度 1.80m

续表

地层编号	土的名称	含水量 w	重度 γ	孔隙比 e	液限 w_L	塑限 w_P	不排水		桩周土摩阻力特征值 q_s	压缩模量 $E_{s(1-2)}$	承载力特征值 f_{ak}	地层描述
							内摩擦角 φ	内聚力 c_u				
		%	kN/m³		%	%	°	kPa	MPa	MPa	kPa	
⑤	粉质黏土	32.8	18.7	0.92	33.7	19.5	1.97	32.3	22	5.5	115	灰色～褐灰色，含腐殖质及软化的灰白色钙质团块，间夹粉土，软塑，厚度11.54m
⑥	粉质黏土	27.8	19.2	0.78	32.6	18.3	5.69	53.3	28	7.84	190	灰色～绿灰色～黄褐色，可塑，厚度1.30m
⑦	粉质黏土	24.2	19.8	0.68	36.2	19.5		40	13.8	280		灰色～绿灰色～黄褐色，含氧化铁、灰白色高岭土及腐殖质，硬塑，厚度9.70m
⑧	卵碎石层								60	32	550	卵、碎石成分以石英为主，密实，厚度2.5m

2. 加固机理

二灰混凝土桩是指二灰混凝土经振动沉管灌注法形成的一种低强度混凝土桩。与普通混凝土桩相比，二灰混凝土桩的桩体材料强度较低，一般设计桩体强度在6～12MPa之间。

二灰混凝土桩与桩间土形成二灰混凝土桩复合地基，它属于柔性桩复合地基或刚性桩复合地基，视设计采用的桩土相对刚度确定。

二灰混凝土桩的承载力一方面取决于二灰混凝土的强度，一方面取决于桩侧摩阻力和桩端阻力。在设计中，可使两者提供的桩体承载力接近，以充分利用桩体材料。

二灰混凝土桩采用振动沉管灌注法施工。在成桩过程中，对桩间土有挤压作用。对于砂性地基和非饱和土地基，挤压作用对桩间土有振密挤密作用，桩间土土体强度提高、压缩性减少。对饱和软黏土地基，挤压作用使桩间土中产生超孔隙水压力，并对桩间土有扰动作用。初期桩间土强度可能会有所降低，随着时间发展，扰动对土体结构造成的破坏会得到恢复，超孔隙水压力消散，土体强度会有所提高。

二灰混凝土由水泥、粉煤灰、石灰、砂、石与水拌合，经过一系列物理化学反应形成。

3. 工程应用

精矿库平面长300m，宽33m。地面堆载要求200kN/m²。二灰混凝土桩复合地基设计计算如下所示。

二灰混凝土桩身采用10MPa二灰混凝土，其采用配比见例表3-2。

二灰混凝土配合比 例表 3-2

材料名称	水泥（32.5）	水	石灰	粉煤灰	砂	碎石
每 m^3 用量（kg）	145	190	25	120	660	1270

二灰混凝土桩采用振动沉管法施工，桩径 377mm，桩长取 15m。单桩承载力计算如下：

根据桩侧阻力和端承力计算，单桩承载力特征值 R_a＝339kN，根据桩身材料强度计算单桩承载力 R_a＝357kN，二者中取小值，单桩承载力取 339kN。

现采用正方形布桩，桩中心距初选 1.5m。其复合地基置换率 m＝0.0496，加固后桩间土承载力按 f_{sk}＝130kPa 计，复合地基承载力 f_{spk}＝262kPa 符合要求。

原精矿库地面堆场地基加固方案采用灌注桩方案，总造价估算为 560 万元，现采用二灰混凝土桩复合地基总造价为 300 万元，节省投资约 260 万元，取得了良好的经济效益。

第十二节　多桩型复合地基

一、概述

（一）定义

多桩型复合地基系由两种或两种以上不同材料或不同桩长的增强体所形成的复合地基。当桩长不同时，也可称为长短桩复合地基。

（二）适用范围

多桩型复合地基适用于地基土层内埋藏有湿陷性黄土、可液化土、膨胀土等特殊土，或浅层存在欠固结土（如新填土，新近沉积土层）和局部松软土层；或当采用常规单一增强体（或等长桩）进行处理不能满足地基承载力和变形要求或不经济时，宜采用多桩型复合地基进行处理。采用多桩型复合地基可以达到以下目的：①对不良土层进行改性处理：如消除液化、湿陷、自重固结等；②对桩间土进行补强，提高桩间土及复合地基承载力；③减少沉降和不均匀沉降；④改善主桩施工条件，如增加排水通道、消除孔隙水压等。

（三）类型

1. 多桩型复合地基的几种常用类型如图 5-93 所示。

2. 多桩型复合地基中的竖向增强体依其在复合地基中的作用可分为主桩及副桩。

（1）主桩

对复合地基承载力贡献较大，或用于控制复合土层的变形。主桩宜设计成长桩，多采用混凝土或钢筋混凝土刚性桩，也可以采用半刚性水泥土桩。

（2）副桩

常用砂石桩、石灰桩、灰土桩或水泥土桩，在长短桩复合地基中，副桩多采用短桩。副桩主要作用是：补强和对桩间不良土层（如可液化土、湿陷性黄土）进行改性处理或改善主桩的施工条件。

（3）应选择性质较好的粉土、砂土、碎石土、中或低压缩性黏性土等作为主桩（长桩）的桩端持力层。《复合地基技术规范》GB/T 50783 规定主桩不宜采用端承桩型。

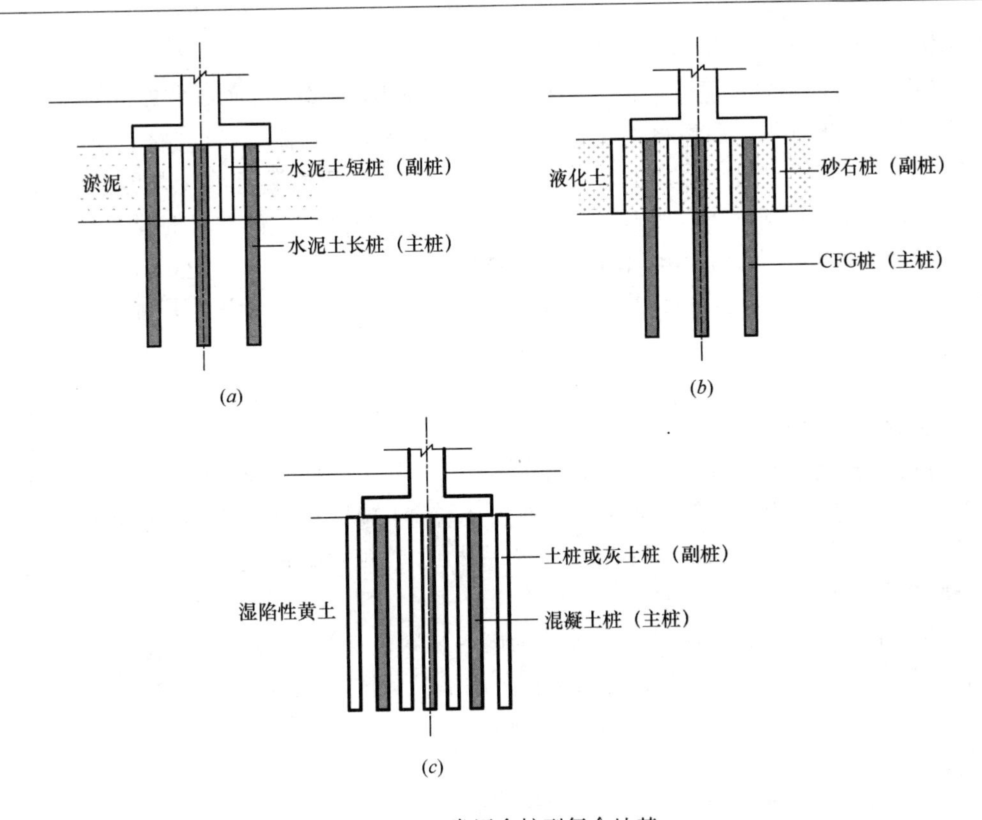

图 5-93　常用多桩型复合地基

(a) 长短桩复合地基；(b) 刚性桩—散体桩复合地基；(c) 刚性桩—柔性桩复合地基

(4) 主、副桩作用的划分是相对的，有些时候局部增设的刚性长桩仅为补强或减少地基变形，而副桩的作用更为重要。

(四) 设计原则

应根据土层情况、承载力及变形控制要求、经济性、环境条件等选择合适的桩型及施工工艺，进行多桩型复合地基的设计。具体要求如下：

1. 对复合地基承载力贡献较大或用于控制复合土层变形的长桩（主桩），应穿过软弱土层选择相对较好的土层作为桩端持力层；对处理欠固结土的增强体，其长度应穿越欠固结土层；对消除湿陷性土的增强体，其长度宜穿过湿陷性土层；对处理液化土的增强体，其长度宜穿过可液化土层。

2. 当地基中存在两个埋深不同的较好持力层，采用短桩不能满足承载力及变形要求，采用长桩又不经济时，可采用长桩与短桩的组合方案。

3. 对浅部存在软土或欠固结土，宜先采用预压、压实、夯实、挤密方法或低黏结强度桩复合地基或散体材料桩复合地基等处理浅层地基，而后采用桩身强度相对较高的长桩进行处理的方案。

4. 对湿陷性黄土应根据现行国家标准《湿陷性黄土地区建筑规范》GB 50025 的规定，选择压实、夯实或土桩、灰土桩等处理湿陷性，再采用桩身强度相对较高的长桩进行处理的方案。

5. 对可液化地基，可采用碎石桩等方法处理液化土层，再采用有黏结强度桩进行处理的方案。

6. 对浅层局部松软土层（如淤泥、杂填土）可采用局部挖除换填处理，也可以采用砂石或柔性短桩等处理，而后再用混凝土刚性长桩或水泥土半刚性长桩进行处理。

7. 对淤泥、淤泥质土等饱和松软土层，当采用预压法不能满足承载力及变形要求时，也可以采用石灰桩先进行补强加固，而后再采用水泥土或刚性桩进行处理。

8. 长桩不宜采用端承桩，否则不利于发挥桩间土及短桩作用，甚至造成长桩破坏。

9. 多桩型复合地基设计应注重概念设计及当地经验的积累，并适当增加安全度。

二、设计

（一）复合地基承载力

多桩型复合地基承载力特征值应采用多桩（含主桩及副桩）复合地基载荷试验确定，荷载板宜采用方形或矩形。其尺寸按实际桩数（主桩＋副桩）所承担的处理面积确定。

按照《建筑地基处理技术规范》JGJ 79—2012 的规定，可按下述方法（以下简称“规范法”）估算复合地基承载力。

1. 由具有黏结强度的两种桩（增强体为同一材料也可为不同材料）组合形成的多桩型复合地基（含长短桩复合地基、等长桩复合地基）承载力特征值：

$$f_{spk}=m_1\frac{\lambda_1\cdot R_{a1}}{A_{p1}}+m_2\frac{\lambda_2\cdot R_{a2}}{A_{p2}}+\beta(1-m_1-m_2)\cdot f_{sk} \tag{5-150}$$

式中 m_1、m_2——分别为桩 1、桩 2 的面积置换率；

λ_1、λ_2——分别为桩 1、桩 2 的单桩承载力发挥系数；应由单桩复合地基载荷试验按等变形准则或多桩型复合地基静载荷试验确定，有地区经验时也可按地区经验确定；

R_{a1}、R_{a2}——分别为桩 1、桩 2 的单桩承载力特征值（kN），应由静载荷试验确定，初步设计时可按《建筑地基处理技术规范》JGJ 79 有关公式估算；

A_{p1}、A_{p2}——分别为桩 1、桩 2 的截面面积（m^2）；

β——桩间土承载力发挥系数；无经验时可取 0.9～1.0；

f_{sk}——处理后复合地基桩间土承载力特征值（kPa）。

多桩型复合地基工作机理复杂，因此，其承载力特征值应通过现场复合地基竖向抗压载荷试验来确定。在初步设计时，按本式（5-150）计算复合地基承载力时需要参照当地工程经验，选取适当的 λ_1、λ_2 和 β。这三个系数的概念是，当复合地基加载至承载能力极限状态时，长桩、短桩及桩间土相对于其各自极限承载力的发挥程度，不能理解为工作荷载下三者的荷载分担比。

对于 λ_1、λ_2 和 β 取值的主要影响因素有基础刚度，长桩、短桩和桩间土三者间的模量比，长桩面积置换率和短桩面积置换率，长桩和短桩的长度，垫层厚度，场地土的分层及土的工程性质等。

当多桩型复合地基上的基础刚度较大时，一般情况下，β 小于 λ_2，λ_2 小于 λ_1。此时，长桩如采用刚性桩，其承载力一般能够完全发挥，λ_1 可近似取 1.00，λ_2 可取 0.70～0.95，β 可取 0.50～0.90。垫层较厚有利于发挥桩间土地基承载力和柔性短桩竖向抗压承载力，故垫层厚度较大时 λ_2 和 β 可取较高值。当刚性长桩面积置换率较小时，有利于发挥桩间土地基承载力和柔性短桩竖向抗压承载力，λ_2 和 β 可取较高值。长一短桩复合地基设计时应注重概念设计。

对填土路堤和柔性面层堆场下的长一短桩复合地基，一般情况下，β 大于 λ_2，λ_2 大于 λ_1。垫层刚度对桩的竖向抗压承载力发挥系数影响较大。若垫层能有效防止刚性桩过多刺入垫层，则 λ_2 可取较高值。

2. 由具有黏结强度的桩与散体材料桩组合形成的复合地基承载力特征值：

$$f_{spk}=m_1\frac{\lambda_1\cdot R_{a1}}{A_{p1}}+\beta[1-m_1+m_2(n-1)]f_{sk} \tag{5-151}$$

式中 β——仅由散体材料桩加固处理形成的复合地基承载力发挥系数，按《建筑地基处理技术规范》JGJ 79 有关规定确定；

m_1、λ_1、R_{a1}、A_{p1}——黏结材料桩有关设计参数；

m_2——散体材料桩的面积置换率；

n——仅由散体材料桩加固处理形成复合地基的桩土应力比，按《建筑地基处理技术规范》JGJ 79 有关规定确定；

f_{sk}——仅由散体材料桩加固处理后桩间土承载力特征值（kPa），可按地区经验确定。

3. 长短桩复合地基中短桩桩端下长桩复合地基承载力特征值 f'_{spk} 可按下式计算：

$$f'_{spk}=m_1\frac{\lambda_1\cdot R_{a1}}{A_{p1}}+\beta_{p1}(1-m_1)f_{sk} \tag{5-152}$$

式中 β_{p1}——短桩桩端下长桩桩间土承载力发挥系数；

m_1——长桩的面积置换率；

f_{sk}——短桩底仅由长桩加固处理后桩间土承载力特征值（kPa）。

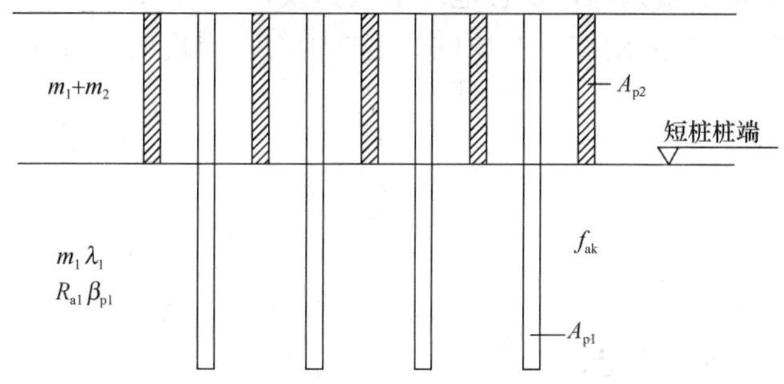

图 5-94 长短桩计算示意图

（二）单桩承载力

多桩型复合地基单桩承载力应由单桩静载荷试验确定；初步设计时也可按桩身填料类型（水泥土、混凝土等）按前述单一桩型单桩承载力有关公式估算。对灵敏度高的土层或可挤密土层，应考虑不同桩型施工造成的相互影响，并对单桩承载力计算值进行修正。

（三）多桩型复合地基沉降计算

1. 等长桩多桩型复合地基沉降

$$s=s_1+s_2$$

式中 s_1——复合土层的压缩变形；

s_2——桩端下卧土层的压缩变形。

2. 长短桩复合地基变形

$$s=s_1+s_2+s_3$$

式中 s_1——长短桩复合土层的压缩变形；

s_2——短桩端至长桩端复合土层的压缩变形；

s_3——长桩桩端下卧土层的压缩变形。

具体计算要求详见《建筑地基处理技术规范》JGJ 79—2012 或《复合地基技术规范》GB/T 50783 有关规定。

（四）下卧层验算

1. 当多桩型复合地基处理范围以下存在软弱下卧层时，应按现行国家标准《建筑地基基础设计规范》GB 50007 的有关规定，进行下卧层承载力验算。

2. 对于长短桩复合地基，当短桩桩端仍位于软弱土层时，应按下式验算短桩桩端的复合地基承载力：

$$p_z+p_{cz}\leqslant f_{az}$$

式中 p_z——短桩桩端平面处附加压力（kPa）；

p_{cz}——短桩桩端平面处土的自重压力（kPa）；

f_{az}——短桩桩端平面处经深度修正的短桩桩端复合地基承载力（kPa）。

（五）构造要求

多桩型复合地基的桩径、桩间距、桩位布置、桩长及褥垫层设置等依采用的主、副桩类型按《建筑地基处理技术规范》JGJ 79 及《复合地基技术规范》GB/T 50783 的有关规定确定。

桩的中心距应根据土质条件，复合地基承载力及沉降要求以及施工工艺等综合确定，宜取桩径的 3～6 倍，短桩或副桩宜在长桩或主桩中间及周边均匀布置。

三、施工要点

（一）基本要求

根据现场土质条件、环境、施工机械等以及所选用的桩体材料类型选择适宜的施工工艺，具体施工方法及有关要求详见《建筑地基处理技术规范》JGJ 79 及《复合地基技术规范》GB/T 50783 的有关规定。

（二）施工顺序

合理安排主桩（长桩）及副桩（短桩）施工顺序及间隔时间，防止后施工桩对先施工桩产生不利影响，如产生扰动造成先施工桩移位、断裂、承载力降低等。施工时应遵循下列原则：

1. 当采用挤土法成桩或散体材料桩宜先进行施工，如两种桩均为挤土桩时，宜先施工长桩，防止长桩施工使短桩上浮，影响桩阻力发挥；

2. 对可液化土，应先处理液化，再施工提高承载力的主桩；

3. 对湿陷性黄土，应先处理湿陷，再施工提高承载力的主桩；

4. 当场地土质条件不利主桩施工时，应先施工副桩，改善主桩施工条件。如现场土质松软不利设备进场，采用沉管灌注混凝土桩时易发生塌孔、缩颈时，可先施工石灰桩、砂石桩或采用短桩对表层软土处理，而后再施工沉管灌注混凝土长桩等；

5. 应采取措施减少后施工增强体对已施工增强体的质量和承载力的不利影响。如先施工桩为混凝土、水泥土桩等黏结强度桩，后施工桩采用挤土法成桩时，更应注意后施工桩施工的不利影响。

四、质量检验

1. 主、副桩的质量控制应贯穿施工全过程，应对每根桩进行质量评定。

2. 副桩及其加固土层的质量检测及评定，依副桩桩身材料类型及施工工艺按《建筑地基处理技术规范》JGJ 79 及《复合地基技术规范》GB/T 50783 有关规定进行（必要时宜在主桩施工前完成），检测数量不少于总桩数的 2%。

3. 主（长）桩采用混凝土刚性桩时，应进行单桩承载力检测，检测数量不少于 1%且不少于 3 根；并应抽取不少于总桩数 10%的桩进行低应变动力测试以检测桩身完整性并进行质量评定。

4. 多桩型复合地基的承载力检测应采用多桩型复合地基载荷试验，具体要求应符合《建筑地基处理技术规范》JGJ 79 及《复合地基技术规范》GB/T 50783 有关规定。当按相对变形（s/b）确定复合地基承载力特征值时，s/b 取值标准可按主（长）桩确定。每个单体工程检测数量不得少于 3 点。

5. 有经验时也可以分别进行主桩（长桩）单桩承载力试验及副桩（短桩）复合地基承载力试验，然后按经验或有关公式确定多桩型复合地基承载力。

6. 当副桩主要为对桩间土进行补强或为改善桩间土不良特性（如液化、湿陷、欠固结）时，宜先施工副桩并经检验合格后再进行主桩施工及最后检测验收。

五、多桩型复合地基承载力简化计算（复合桩间土法）

（一）设计原则及方法

对多桩型复合地基承载力计算，《建筑地基处理技术规范》JGJ 79—2012 及《复合地基技术规范》GB/T 50783—2012 均已有明确规定，如前述式（5-150）～式（5-152）所示。笔者认为由于目前理论研究及实测资料较少，加之多桩型复合地基类型很多，在具体计算时有关设计参数如 λ、β、f_{sk} 等将很难确定。另外在工程验收时，直接进行多桩型复合地基载荷试验也较困难，另外对于液化土层、湿陷性黄土等，其副桩在地基处理中的作用，不论是设计计算还是质量检测均未充分体现。为此笔者提出下述简化计算方法，供设计及检测时参考。

假设多桩型复合地基由主桩和经副桩加固处理后的桩间复合土层组成。副桩主要用于改善或消除地基土不良工程特性及增加主桩桩间土承载力。如采用土桩或灰土桩挤密处理消除黄土湿陷性；用砂石桩处理可液化土层；用水泥土桩或砂石桩等加固局部或浅层软土对桩间土进行补强等。

副桩的具体设计要求依加固目的按《建筑地基处理技术规范》JGJ 79 有关规定执行（取 $\lambda=1.0$，$\beta=1.0$）。

主桩在复合地基中发挥着主导作用，对提高承载力和减少沉降贡献较大。主桩多采用粘结性材料的刚性桩，如水泥粉煤灰碎石桩、混凝土灌注桩、预制钢筋混凝土桩、柱锤冲扩水泥粒料桩等。中小工程也可采用水泥土桩。设计时先采用副桩对桩间不良土层进行改性处理或对软弱土层进行补强，然后进行主桩复合地基（即多桩型复合地基）设计计算。在进行主桩复合地基承载力 f_{spk} 计算时，可将经副桩加固后的复合土层视为主桩复合地基的等效桩间土层。

1. 副桩复合土层承载力（f'_{spk}）

副桩复合地基设计应依加固处理目的，如消除液化、消除湿陷、补强等，按《建筑地基处理技术规范》JGJ 79—2012 有关规定进行。

副桩复合土层承载力特征值应采用单桩复合地基载荷试验确定，初步设计时可依桩体材料、施工方法及处理目的等按《建筑地基处理技术规范》JGJ 79 等有关规定进行估算，当桩体为黏结材料时，可按下式计算经副桩加固后的复合土层承载力特征值 f'_{spk}：

$$f'_{spk} = m' \frac{R'_a}{A'_p} + (1 - m') \cdot f'_{sk} \tag{5-153}$$

当副桩为散体材料桩时，副桩加固后的复合土层承载力特征值 f'_{spk} 可按下式计算：

$$f'_{spk} = [1 + m'(n - 1)] f'_{sk} \tag{5-154}$$

式中 m'——副桩的面积置换率；

R'_a——副桩单桩承载力特征值（kN），依单桩载荷试验或依桩身材料及施工方法按《建筑地基处理技术规范》JGJ 79 有关规定确定；

A'_p——副桩横截面积（m^2）；

n——仅由散体材料桩（副桩）加固处理形成复合地基的桩土应力比，应按当地经验或《建筑地基处理技术规范》JGJ 79—2012 有关规定确定；

f'_{sk}——经副桩加固后桩间土承载力特征值（kPa），可按天然地基承载力特征值 f_{ak} 取值。

经副桩加固后的复合土层，可视为主桩复合地基的等效桩间土层。

2. 主桩复合地基承载力（多桩型复合地基承载力）

主桩复合地基承载力特征值，即多桩型复合地基承载力特征值，宜采用多桩型（包含主桩及副桩）复合地基载荷试验确定，初步设计时可采用下式估算：

$$f_{spk} = m \frac{\lambda \cdot R_a}{A_p} + \beta(1 - m) \cdot f'_{spk} \tag{5-155}$$

式中 f_{spk}——主桩复合地基（多桩型复合地基）承载力特征值；

m——主桩面积置换率；

λ——主桩单桩承载力发挥系数，按当地经验或经试验确定，初步设计时可按主桩类型按《建筑地基处理技术规范》JGJ 79—2012 确定；

R_a——主桩单桩承载力特征值。应由单桩载荷试验或依桩身材料及施工方法按《建筑地基处理技术规范》JGJ 79 有关规定确定；依土的支承力确定 R_a 时，应按经改性处理后的土性指标确定；

A_p——主桩横截面积；

β——主桩桩间复合土层承载力发挥系数，应按当地经验或参照《建筑地基处理技术规范》JGJ 79—2012 有关规定确定，初步设计时也可取 β=0.5～0.9，副桩为散体材料桩取大值；

f'_{spk}——经副桩加固后复合土层承载力特征值，可采用单桩复合地基载荷试验确定，或按上述有关公式估算。

对于长、短桩复合地基，尚应计算短桩桩端截面以下复合地基承载力，在短桩桩端以下 f_{sk} 可采用原天然地基承载力特征值。

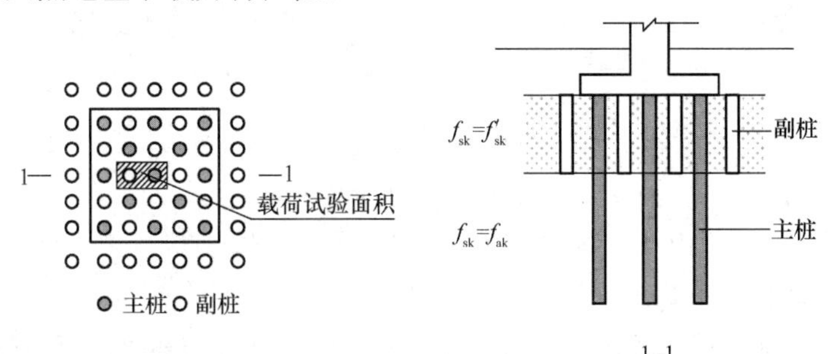

图 5-95　多桩型复合地基承载力计算示意图

3. 质量检验要求

多桩型复合地基检验宜分步进行，即首先根据副桩复合地基加固目的及要求进行副桩复合地基质量检验（如承载力、液化、湿陷等），然后根据副桩复合地基的检测结果调整主桩设计并进行施工，工程验收时宜进行多桩型复合地基载荷试验或根据主桩单桩载荷试验结果及副桩复合地基载荷试验结果，按上述公式确定。

（二）简化计算实例

1. 长短桩复合地基

某多层住宅，采用钢筋混凝土条形基础，基础埋深现地面下 1.4m，基础底面宽度 $b=2.0\text{m}$，采用水泥搅拌桩处理，要求处理后复合地基承载力特征值 $f_{spk}=140\text{kPa}$，土层剖面如图 5-96 所示。

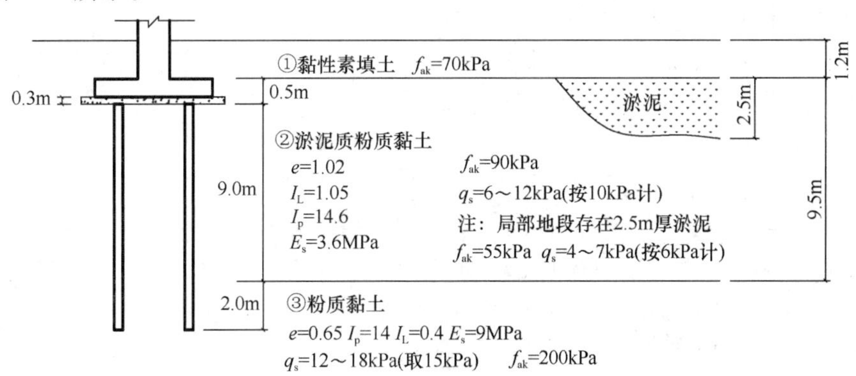

图 5-96　土层剖面示意图

（1）不考虑局部淤泥

取水泥搅拌桩桩径 $d=500\text{mm}$，桩长 $l_p=11\text{m}$，铺设 300mm 厚砂石垫层。则

1）水泥搅拌桩单桩承载力特征值 $R_a=u_p\cdot\sum q_{si}\cdot l_{pi}+\alpha_p\cdot q_p\cdot A_p=209\text{kN}(\alpha_p=0.5)$；

2）桩身强度 $f_{cu}\geqslant\dfrac{R_a}{A_p}\times4=4.26\text{MPa}$；

3）置换率 $m=\dfrac{f_{spk}-\beta\cdot f_{sk}}{f_{pk}-\beta\cdot f_{sk}}=0.1\ (\beta=0.4)$。

布桩如图 5-97（a）所示。

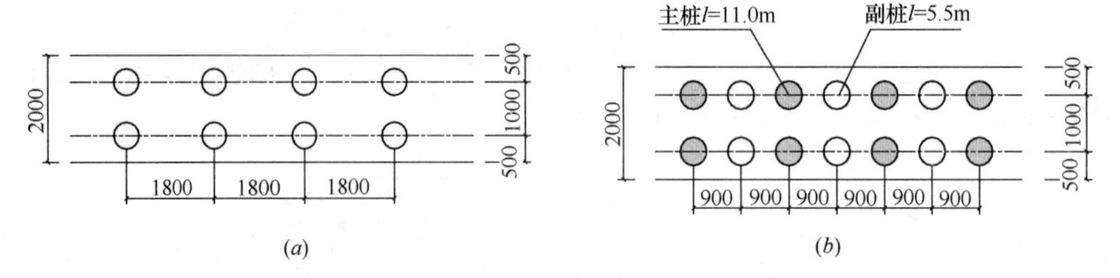

图 5-97 布桩示意图

（a）不考虑局部淤泥；（b）采用副桩处理局部淤泥

（2）局部淤泥地段补强处理

采用桩径 $d'=500\text{mm}$，桩长 $l'_{\text{p}}=5.5\text{m}$ 水泥搅拌短桩进行补强。要求处理后复合土层承载力 $f'_{\text{spk}}=90\text{kPa}$，即原桩间土承载力。实际布桩如图 5-97（$b$）所示，副桩桩土面积置换率 $m'=0.1$。则

1）副桩单桩承载力特征值

$$R'_{\text{a}}=u_{\text{p}}\cdot\sum q_{si}\cdot l_{pi}+\alpha_{\text{p}}\cdot q_{\text{p}}\cdot A'_{\text{p}}=82.7\text{kN}(\alpha_{\text{p}}=0.5);$$

2）经副桩加固后的复合土层承载力特征值

$$f'_{\text{spk}}=m'\frac{R'_{\text{a}}}{A'_{\text{p}}}+(1-m')\cdot f_{\text{sk}}=92\text{kPa}>90\text{kPa};$$

3）副桩桩身强度 $f_{\text{cu}}\geqslant\dfrac{R'_{\text{a}}}{A_{\text{p}}}\times 4=1.73\text{MPa}$。

在局部淤泥地段，除增设桩长 5.5m，$f_{\text{cu}}\geqslant 1.8\text{MPa}$ 短桩外，因土性变化，q_{s} 降低，主桩尚应适当加强或适当增强副桩。

2. 刚-柔性桩复合地基

某高层住宅采用筏板基础，地基土层①为Ⅱ级湿陷黄土；要求消除全部湿陷，处理后地基承载力不低于 380kPa，基础埋深现地面下 2.0m。

（1）土层概况

土层分布如图 5-98 所示。

①Ⅱ级湿陷性粉质黏土，$f_{\alpha\text{k}}=130\text{kPa}$；层厚 10.0m

$\bar{\rho}_{\text{d}}=1.40\text{t/m}^3$；$e=0.90$；$w=6\sim13\%$；$E_{\text{s}}=6\text{MPa}$；$\gamma=19\text{kN/m}^3$

$\rho_{\text{dmax}}=165\text{t/m}^3$；$q_{\text{s}}=30\text{kPa}$

②密实砂土：$f_{\text{ak}}=400\text{kPa}$；$E_{\text{s}}=20\text{MPa}$；$q_{\text{s}}=1000\text{kPa}$

图 5-98 现场土层分布

（2）地基处理方案

采用土桩作为副桩挤密消除黄土湿陷并提高土层①承载力，采用水泥粉煤灰碎石桩作为主桩满足承载力及沉降要求。

1）土桩设计计算

$d=400\text{mm}$，$l_{\text{p}}=8\text{m}$，$\rho_{\text{dmax}}=1.65\text{t/m}^3$，按正方形布桩，则：

①桩距（桩间土挤密系数 $\eta_c = 0.93$）

$$s = 0.88\sqrt{\frac{\bar{\eta}_c \cdot \rho_{dmax}}{\bar{\eta}_c \cdot \rho_{dmax} - \rho_d}} \cdot d = 1.2m;$$

②处理后复合土层承载力

$f'_{spk} \leqslant 1.4 f_{ak} = 1.4 \times 130 = 182kPa$，按 160kPa 计。

2）水泥粉煤灰碎石桩计算

$d = 400mm$，$s = 1.2m$，按正方形布桩。$A_p = 0.126m^2$；$m = 0.088$；桩长 $l_p = 8.0m$。则：

①单桩承载力特征值 $R_a = u_p \cdot q_s \cdot l_p + q_p \cdot A_p = 428kN$；

②复合地基承载力特征值

$$f_{spk} = m\frac{R_a}{A_p} + \beta(1-m) \cdot f'_{spk} = 416kPa > 380kPa（取 f'_{spk} = 160kPa, \beta = 0.8）。$$

③桩身强度 $f_{cu} = \frac{R_a}{A_p} \times 4 = 13.6MPa$（按 C20 计）

3）桩位布置如图 5-99 所示。

4）说明

①土桩采用柱锤冲孔分层夯填、CFG 桩采用螺旋钻成孔灌注；

②若采用柱锤冲孔分层夯填干硬混凝土，可酌情减少土挤密桩数量。

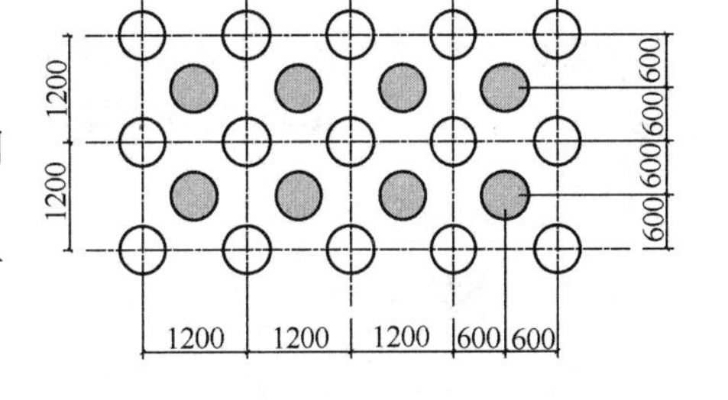

图 5-99　布桩示意图

（三）小结

笔者提出的简化设计计算方法，充分利用了现有规程及有关规定，简便易行，突出了副桩复合地基加固处理目的，防止盲目性。文中的工程实例系根据实际工程改写，经检测及多年应用完全达到设计要求。

六、工程实录

（一）某高层住宅多桩型复合地基[1]

1. 工程概况

某工程高层住宅 22 栋，地下车库与主楼地下室基本连通。2 号住宅楼为地下 2 层地上 33 层的剪力墙结构，裙房采用框架结构，筏型基础，主楼地基采用多桩型复合地基。

2. 地质情况

基底地基土层分层情况及设计参数如例表 1-1。

地基土层分布及参数　　**例表 1-1**

层号	类　别	层底深度（m）	平均厚度（m）	承载力特征值（kPa）	压缩模量（MPa）	压缩性评价
6	粉土	−9.3	2.1	180	13.3	中
7	粉质黏土	−10.9	1.5	120	4.6	高

续表

层号	类　别	层底深度（m）	平均厚度（m）	承载力特征值（kPa）	压缩模量（MPa）	压缩性评价
7-1	粉土	−11.9	1.2	120	7.1	中
8	粉土	−13.8	2.5	230	16.0	低
9	粉砂	−16.1	3.2	280	24.0	低
10	粉砂	−19.4	3.3	300	26.0	低
11	粉土	−24.0	4.5	280	20.0	低
12	细砂	−29.6	5.6	310	28.0	低
13	粉质黏土	−39.5	9.9	310	12.4	中
14	粉质黏土	−48.4	9.0	320	12.7	中
15	粉质黏土	−53.5	5.1	340	13.5	中
16	粉质黏土	−60.5	6.9	330	13.1	中
17	粉质黏土	−67.7	7.0	350	13.9	中

考虑到工程经济性及水泥粉煤灰碎石桩施工可能造成对周边建筑物的影响，采用多桩型长短桩复合地基。长桩选择第 12 层细砂为持力层，采用直径 400mm 的水泥粉煤灰碎石桩，混合料强度等级 C25，桩长 16.5m，设计单桩竖向受压承载力特征值为 $R_a=690\text{kN}$；短桩选择第 10 层粉砂为持力层，采用直径 500mm 泥浆护壁素混凝土钻孔灌注桩，桩身混凝土强度等级 C25，桩长 12m，设计单桩竖向承载力特征值为 $R_a=600\text{kN}$；采用正方形布桩，桩间距 1.25m，如例图 1-1 所示。处理后的复合地基承载力特征值 $f_{spk}\geqslant 480\text{kPa}$。

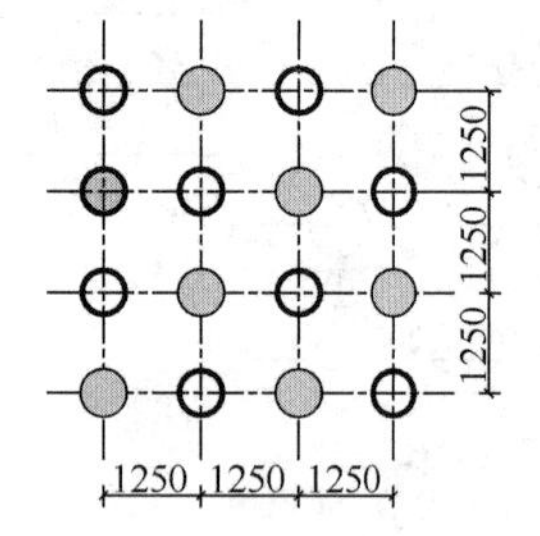

例图 1-1　多桩型复合地基平面布置

3. 复合地基承载力计算

（1）单桩承载力

水泥粉煤灰碎石桩、素混凝土灌注桩单桩承载力计算参数见例表 1-2。

水泥粉煤灰碎石桩钻孔灌注桩侧阻力和端阻力特征值一览表　　例表 1-2

层号	3	4	5	6	7	7-1	8	9	10	11	12	13
q_{sik}（kPa）	30	18	28	23	18	28	27	32	36	32	38	33
q_{pk}（kPa）									450	450	500	480

水泥粉煤灰碎石桩单桩承载力特征值计算结果 $R_{a1}=690\text{kN}$，钻孔灌注桩单桩承载力计算结果 $R_{a2}=600\text{kN}$。

（2）复合地基承载力

$$f_{spk}=m_1\frac{\lambda_1\cdot R_{a1}}{A_{p1}}+m_2\frac{\lambda_2\cdot R_{a2}}{A_{p2}}+\beta(1-m_1-m_2)f_{sk}$$

式中　$m_1=0.04$；$m_2=0.064$；$\lambda_1=\lambda_2=0.9$；$R_{a1}=690\text{kN}$；$R_{a2}=600\text{kN}$；$A_{p1}=0.1256$；$A_{p2}=0.20$；$\beta=1.0$；$f_{sk}=f_{ak}=180\text{kPa}$（按第 6 层粉土）。

复合地基承载力特征值计算结果为 $f_{spk}=536.17\text{kPa}$，复合地基承载力满足设计要求。

（3）复合地基承载力简化计算[37]

1）$f'_{spk}=m_2\dfrac{R_{a2}}{A_{p2}}+(1-m_2)\cdot f'_{sk}$

式中　$m_2=0.064$，$R_{a2}=600kN$，$A_{p2}=0.2m^2$，$f'_{sk}=f_{ak}=180kPa$，代入上式可得：$f'_{spk}=372kPa$。

2）$f_{spk}=m_1\dfrac{\lambda_1\cdot R_{a1}}{A_{p1}}+\beta(1-m_1)f'_{spk}$

式中 $m_1=0.04$，$\lambda_1=0.9$，$R_{a1}=690kN$，$A_{p1}=0.1256m^2$，$\beta=1.0$，$f'_{spk}=372kPa$，代入上式可得 $f_{spk}=550kPa$。

3）计算对比：

（550－536.2）/536.2＝3.5%（误差小于5%）。本例取 $\beta=1.0$，如取 $\beta=0.9$，则两者计算结果一致。

4. 复合地基变形计算

已知，复合地基承载力特征值 $f_{spk}=536.17kPa$，计算复合土层模量系数还需计算单独由水泥粉煤灰碎石桩（长桩）加固形成的复合地基承载力特征值。

$$f_{spk1}=0.04\times0.9\times690/0.1256+1.0\times(1-0.04)\times180=371kPa$$

复合土层上部由长、短桩与桩间土层组成，土层模量提高系数为：

$$\zeta_1=\frac{f_{spk}}{f_{ak}}=536.17/180=2.98$$

复合上层下部由长桩（CFG桩）与桩间土层组成，土层模量提高系数为：

$$\zeta_2=\frac{f_{spk1}}{f_{ak}}=371/180=2.07$$

复合地基沉降计算深度，按建筑地基基础设计规范方法确定，本工程计算深度：自然地面以下67.0m，计算参数见例表1-3。

复合地基沉降计算参数　　　**例表1-3**

计算层号	土类名称	层底标高（m）	层厚（m）	压缩模量（MPa）	计算压缩模量值（MPa）	模量提高系数（ζ）
6	粉土	－9.3	2.1	13.3	35.9	2.98
7	粉质黏土	－10.9	1.5	4.6	12.4	2.98
7-1	粉土	－11.9	1.2	7.1	19.2	2.98
8	粉土	－13.8	2.5	16.0	43.2	2.98
9	粉砂	－16.1	3.2	24.0	64.8	2.98
10	粉砂	－19.4	3.3	26.0	70.2	2.98
11	粉土	－24.0	4.5	20.0	54.0	2.07
12	细砂	－29.6	5.6	28.0	58.8	2.07
13	粉质黏土	－39.5	9.9	12.4	12.4	1.0
14	粉质黏土	－48.40	9.0	12.7	12.7	1.0
15	粉质黏土	－53.5	5.1	13.5	13.5	1.0
16	粉质黏土	－60.5	6.9	13.1	13.1	1.0
17	粉质黏土	－67.5	7.0	13.9	13.9	1.0

按本规范复合地基沉降计算方法的总沉降量值：s=185.54mm；取地区经验系数 ψ_s = 0.2；沉降量预测值：s=37.08mm

5. 复合地基承载力验算

(1) 四桩复合地基静载荷试验

采用2.5m×2.5m方形钢制承压板，压板下铺中砂找平层，试验结果见例表1-4。

四桩复合地基静载荷试验结果汇总表 **例表 1-4**

编　号	最大加载量(kPa)	对应沉降量(mm)	承载力特征值(kPa)	对应沉降量(mm)
第1组（f1）	960	28.12	480	8.15
第2组（f2）	960	18.54	480	6.35
第3组（f3）	960	27.75	480	9.46

(2) 单桩静载荷试验

采用堆载配重方法进行，结果见例表1-5。

单桩静载荷试验结果汇总表 **例表 1-5**

桩　型	编号	最大加载量(kN)	对应沉降量(mm)	极限承载力(kN)	特征值对应的沉降量(mm)
CFG桩	d1	1380	5.72	1380	5.05
	d2	1380	10.20	1380	2.45
	d3	1380	14.37	1380	3.70
素混凝土灌注桩	d1	1200	8.31	1200	3.05
	d5	1200	9.95	1200	2.41
	d6	1200	9.39	1200	3.28

三根水泥粉煤灰碎石桩的竖向极限承载力统计值为1380kN，单桩竖向承载力特征值为690kN。三根素混凝土灌注桩的单桩竖向极限承载力统计值为1200kN，单桩竖向承载力特征值为600kN。

例表1-4中复合地基试验承载力特征值对应的沉降量均较小，平均仅为8mm，远小于本规范按相对变形法对应的沉降量0.008×2000=16mm，表明复合地基承载力尚没有得到充分发挥。这一结果将导致沉降计算时，复合土层模量系数被低估，实测结果小于预测结果。

例表1-5中可知，单桩承载力达到承载力特征值2倍时，沉降量一般小于10mm，说明桩承载力尚有较大的富余，单桩承载力特征值并未得到准确体现，这与复合地基上述结果相对应。

6. 地基沉降量监测结果

例图1-2所示为采用分层沉降标监测方法测得的复合地基沉降结果，基准沉降标位于自然地面以下40m。由于结构封顶后停止降水，水位回升导致沉降标失灵，未能继续进行分层沉降监测。

“沉降—时间曲线”显示沉降发展平稳，结构主体封顶时的复合土层沉降量约为12～

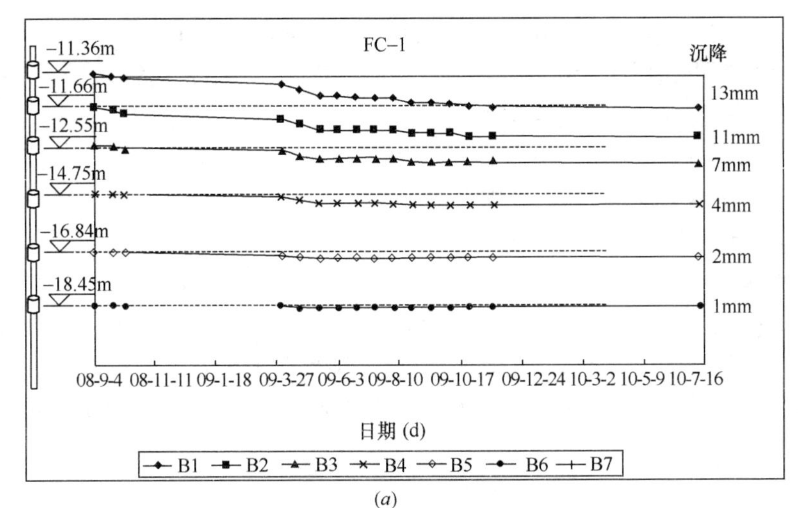

(*a*)

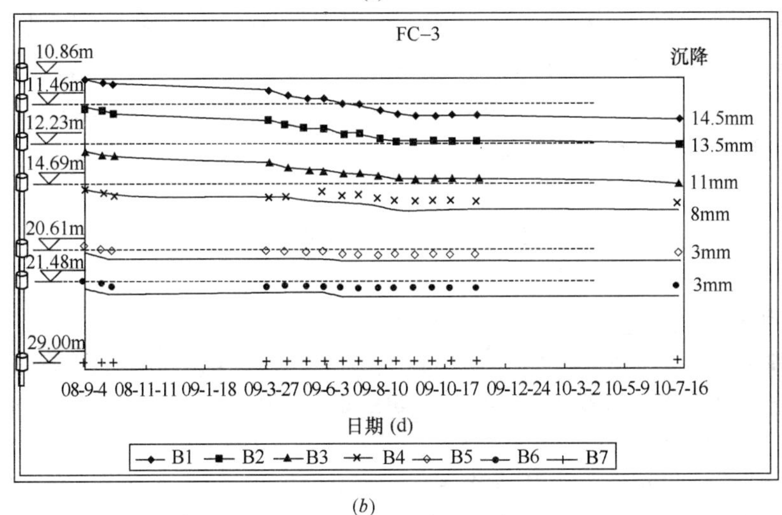

(*b*)

例图 1-2　分层沉降变形曲线

15mm，假定此时已完成最终沉降量的 50%～60%，按此结果推算最终沉降量应为 20～30mm，小于沉降量预测值 37.08mm。

(二) 某大厦地基处理工程

1. 工程概况

某大厦地面以上 15 层，地下室一层，总高 61.4m，要求地基承载力不小于 350kPa。表层天然地基承载力为 90kPa，不能满足地基承载力的要求，因此需要进行地基处理。

2. 工程地质条件

该场地地层由第四纪冲积物所构成，自然地表以下 12～14m 为全新纪（Q_4）地层，14～35m 为晚更新纪（Q_3）地层。地基土层由上而下可划分为五层。

第①层，Q_4^1 人工填土为主，局部素填土，层厚 2～6m，土的成分较杂，结构松散，均匀性差。

第②层，Q_4^1 粉土，层厚 8～10m，褐色～黄褐色，饱和，呈软塑～流塑状态，标贯击数 1～4.2 击，平均 2.4 击，属中高压缩性可液化土层，f_{ak}=90kPa。

第③层，Q_3 粉土，层厚 16～17m，褐黄色～褐灰色，饱和。标贯击数 8～16 击，平均 12 击，可塑～硬塑状态，属中等压缩性土。

第④层，Q_3 细砂，层厚 1.6m，呈中密状态。

第⑤层，Q_3 中砂，层厚 5m，呈中密状态。

水位在自然地坪下 5～6m。

3. 设计计算

原设计采用钻孔灌注桩，桩入土深 32.0m，实际桩长 26.0m，桩径 600mm，三根试桩桩长 31m，设计要求极限承载力 4250kN。试桩结果两根极限承载力为 1800kN，1 根为 1200kN，不能满足设计要求。后改用长短桩复合地基，长桩采用 CFG 桩，短桩采用二灰桩（生石灰掺粉煤灰）。

（1）设计要求

该建筑共 15 层，1～4 层为商业用房，4 层以上为功能用房，基础埋深现地面下 6.0m，基底持力土层为第②层粉土。要求处理后复合地基承载力由原天然地基承载力 90kPa 提高到不小于 350kPa，并消除第②层可能产生的液化。因距离现有建筑物较近，故要求施工过程中不能产生过大振动。

（2）设计计算

先通过二灰桩加固使地基承载力由 90kPa 增加至 150kPa，然后设置 CFG 桩使地基承载力满足不小于 350kPa 的要求。

1）二灰桩设计

二灰桩施工成孔直径 ϕ425mm，成桩直径 d=550mm。设计要求进入③层 0.50m，为降低造价减少空桩长度，开挖至－4m 后打桩成孔深 10.5～11.5m 之间，有效桩长为 8～9m。

二灰桩承载力 f_{pk} 取为 323kPa，考虑二灰桩施工对桩间土挤密作用，桩间土承载力 f_{sk} 取 1.2×90=108kPa，1.2 为桩间土承载力提高系数。由复合地基承载力计算公式求复合地基置换率 m 值，然后按 m 值求桩距。复合地基置换率表达式为

$$m=\frac{f_{spk}-f_{sk}}{f_{pk}-f_{sk}}$$

式中　m——复合地基置换率；

f_{pk}——二灰桩承载力，取 323kPa；

f_{spk}——设计要求二灰桩复合地基承载力，取 150kPa；

f_{sk}——二灰桩处理后桩间土承载力，取 90×1.2=108kPa。

代入数据，得 m=0.195。

根据式 $m=\frac{d^2}{d_e^2}$ 可求得一根直径为 d 的二灰桩的等效影响直径 d_e。于是可得等效直径为：

$$d_e=\sqrt{\frac{d^2}{m}}=\sqrt{\frac{550^2}{0.195}}=1245.5\text{mm}$$

本工程按等边三角形布桩，桩间距 $s=\frac{d_e}{1.05}=1186\text{mm}$，取 1200mm。

2）CFG 桩设计

采用 ZFZ 法施工 CFG 桩，成桩直径 450mm。XFZ 法是使用长螺旋钻机正转成孔、反转填料（干硬性 CFG 混合料）挤密成桩的一种施工方法。

桩长设计要求进入③层 1.5～2m，有效桩长取 10.5m。由下式求得 CFG 桩置换率 m：

$$f_{spk} = m\frac{R_a}{A_p} + f'_{sk}(1-m)$$

式中 f_{spk}——多桩型复合地基承载力特征值，取 350kPa；

f'_{sk}——二灰桩复合地基承载力特征值，取 150kPa；

R_a——CFG 桩单桩竖向承载力特征值（kN）；

A_p——CFG 桩的截面积。根据 ZFZ 施工经验，CFG 桩成桩直径不小于 450mm，$A_p=0.159m^2$。

CFG 桩的单桩承载力 R_a 用两种方法计算：一是按桩体强度，一是按桩的摩阻系数和端承力，从中取小值。该工程 CFG 桩桩体材料配比采用 C12 配合比。

按桩体强度计算：

$$R_a = \eta \cdot f_{cu} \cdot A_p$$

式中 f_{cu}——桩体无侧限抗压强度；

η——强度折算系数，取 0.3～0.33。

代入数据，得 $R_a=572$kN。按桩侧摩阻力和端承力计算 $R_a=495.9$kN。综合分析 CFG 桩承载力 R_a 取 490kN，$f_{pk}=3082$kPa。

由以上给定条件求 CFG 桩复合地基置换率 m 值：

$$m = \frac{f_{spk}-f'_{sk}}{f_{pk}-f'_{sk}} = \frac{350-150}{3082-150} = 0.068$$

由 CFG 桩复合地基置换率 m 值求出所需 CFG 桩桩数：

$$n = \frac{m \cdot A}{A_p}$$

式中 n——所需 CFG 桩桩数；

A_p——CFG 桩桩体横截面积；

A——处理基底面积。

代入数据，得 $n=428$ 根。

由于初次采用此种方案，用 ZFZ 法正式施工 CFG 桩也是首次，一为安全，二考虑与二灰桩配合 CFG 桩插在二灰桩桩间，故布桩数实际为 770 根。

4. 处理效果分析

（1）施工出土情况变化

ZFZ 施工法的特点之一是可以以出土情况判别地质状况。设置二灰桩时成孔困难，特别是钻至 6m 深时，土体呈流塑状，钻出的土呈稀泥状，而且严重塌陷。第一次钻孔直径 425mm；第二次再钻，塌陷范围达 600～1000mm；第三次再钻，塌陷范围达 3000mm，成孔后孔内水位距离操作面 0.8～1.2m。二灰桩处理后打 CFG 桩时，成孔深度 12.5～14m。出土呈可塑或硬塑状，孔壁光滑，大部分孔内无水。故 CFG 桩基本是在干作业下进行。少部分孔内有水，水位亦在距作业面 9m 以下。

（2）处理前后主要土层的物理力学性质对比

处理前对场地进行了详探，处理后对桩间土又进行了标贯、静探、取土样分析，处理前后测试结果见例表 2-1。由表可知，处理后桩间土含水量降低，密度增加，因而地基承载力提高。

地基处理前后二、三层粉土主要物理力学性质对比　　例表 2-1

层数	地基处理	含水量 w（%）	容重 γ (kN/m^3)	孔隙比 e	塑性指数 I_p	液性指数 I_L	压缩模量 E_s (MPa)	标量击数 $N_{63.5}$	承载力 f_{sk} (kPa)	液化指数 I_L	液化等级	比贯入阻力 p_s (MPa)
②	前	26.7	19.8	0.72	7.3	1.22		2.4	90	31.4	严重	0.96
	后	22.58	20.2	0.643	8.53	0.682	8.52	8.33	140	2.89	轻微	3
③	前	22.6	20	0.665	9.4	0.89		12	190			
	后	22.4	20.3	0.618	8.62	0.634	12.4	12.6	190			

（3）荷载试验结果

打完二灰桩和 CFG 桩后对复合地基做了载荷试验。承压板面积为 1.2m×2.08m＝2.49m^2，为 2 根 CFG 桩、2 根二灰桩所承担的处理面积。总荷载为设计要求复合地基承载力标准值的 2 倍，即 350kPa×2.49m^2×2＝1747.2kN，压重 2000kN。每级荷载施加 200kN。

试验结果的 p-s 曲线如例图 2-1 所示。

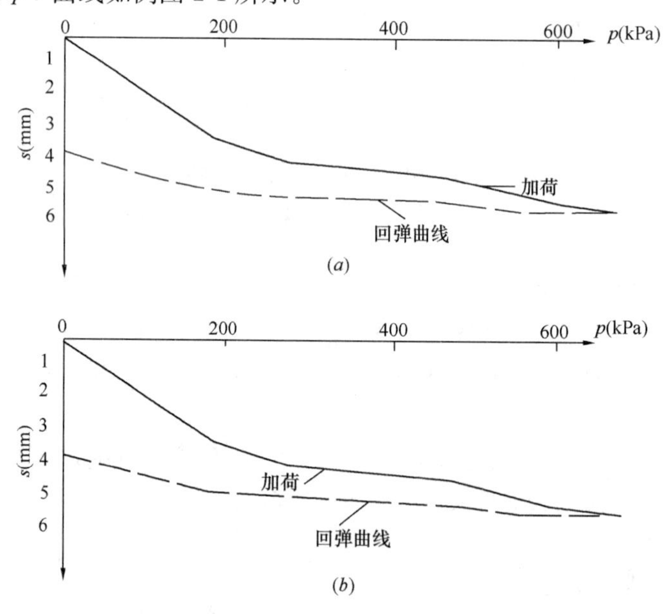

例图 2-1　载荷试验 p-s 曲线

（a）1 号；（b）2 号

试验结果分析：

1 号、2 号点分别加荷至 701.1kPa、705.1kPa 时累计沉降量分别为 5.17mm 和 4.87mm，承压板周围未出现破坏迹象，沉降量也未出现急剧增大现象。考虑试验平台的安全、稳定性停止加载。从例图 2-1 可见 p-s 曲线未出现极限点，如将最后一级荷载视为极限荷载，并取安全系数为 2 时，则 1 号、2 号点的承载力分别为 350.55kPa 和 352.55kPa。地基承载力满足要求。

设计要求消除土层液化。测试结果液化指数由 31.4 降至 2.89，液化等级由严重降至轻微，可以说基本达到了设计要求。由于随着时间的增长土体进一步固结，CFG 桩、二灰桩的桩体强度都将增加，故地震危害可以避免。

从施工过程和开挖后的观测结果看，用 ZFZ 施工 CFG 桩有如下特点：第一，干硬性混凝土经过长螺旋输送得到了充分搅拌和挤密，桩端无虚土，可提高桩端承载力；第二，由于挤密，干硬性混凝土骨料挤入桩间土，提高其摩阻系数；第三，原设计二灰桩桩间土承载力为 90kPa，相应摩阻系数取 40～50kPa，而实际 CFG 桩间土承载力 f_{sk} 为 140～190kPa，因此原设计偏于安全。

原设计的钢筋混凝土灌注桩造价为 272 万元，改为双灰桩＋CFG 桩形成的多桩型复合地基后工程费用为 86 万元，仅为原方案的 32%，取得了较好的经济效益。

（秦晋邦，二灰桩＋CFG 桩与桩间土形成三元复合地基，地基处理工程实例。中国水利水电出版社 2000.）

本章参考文献

[1] 建筑地基处理技术规范 JGJ 79—2012. 北京：中国建筑工业出版社，2013.

[2] 复合地基技术规范 GB/T 50783—2012. 北京：中国计划出版社，2013.

[3] 龚晓南. 复合地基设计和施工指南. 北京：人民交通出版社，2003.

[4] 龚晓南等. 地基处理手册(第三版). 北京：中国建筑工业出版社，2008.

[5] 叶书麟等. 地基处理工程实例应用手册. 北京：中国建筑工业出版社，1997.

[6] 龚晓南. 地基处理技术发展与展望. 北京：中国建筑工业出版社，2004.

[7] 龚晓南. 复合地基理论和工程应用. 北京：中国建筑工业出版社，2002.

[8] 龚晓南. 高速公路地基处理理论与实践. 北京：人民交通出版社，2005.

[9] 朱奎，徐日庆. 刚—柔性桩复合地基. 北京：化学工业出版社，2007.

[10] 周国钧等. 岩土工程治理新技术. 北京：中国建筑工业出版社，2010.

[11] 柱锤冲孔夯扩桩复合地基技术规程 DB13(J)10—97. 石家庄：河北省建设厅，1997.

[12] 何广讷. 振冲碎石桩复合地基. 北京：人民交通出版社，2001.

[13] 李相然，贺可强. 高压喷射注浆技术与应用. 北京：中国建材工业出版社，2007.

[14] 刘松玉. 粉喷桩复合地基理论与工程应用. 北京：中国建筑工业出版社，2006.

[15] 阎明礼，张东刚. CFG 桩复合地基技术及工程进展. 北京：水利水电出版社，2001.

[16] 河海大学. 交通土建软土地基工程手册. 北京：人民交通出版社，2001.

[17] 林宗元. 岩土工程治理手册. 北京：中国建筑工业出版社，2005.

[18] 江正荣. 地基与基础工程施工手册. 北京：中国建筑工业出版社，1997.

[19] 江正荣. 地基与基础工程施工禁忌手册. 北京：机械工业出版社，2006.

[20] 建筑抗震设计规范 GB 50011—2010. 北京：中国建筑工业出版社，2010.

[21] 湿陷性黄土地区建筑规范 GB 50025—2004. 北京：中国建筑工业出版社，2004.

[22] 地基处理理论与实践. 第七届全国地基处理学术讨论会论文集.

[23] 殷永高. 公路地基处理. 北京：人民交通出版社，2002.

[24] 滕延京. 建筑地基基础施工技术指南. 北京：中国建筑工业出版社，2003.

[25] 干振碎石桩复合地基技术规程 DB13(J)03—93. 石家庄：河北省建设厅，1993.
[26] 唐业清. 简明地基基础设计施工手册. 北京：中国建筑工业出版社，2003.
[27] 土壤固化剂 CJ/T 3073—1998. 北京：中华人民共和国建设部，1998.
[28] 公路软土地基路堤设计与施工技术规范 JTJ 017—96. 北京：人民交通出版社，1996.
[29] 叶书麟，叶观宝. 地基处理. 北京：中国建筑工业出版社，1997.
[30] 建筑地基基础工程施工质量验收规范 GB 50202—2002. 北京：中国建筑工业出版社，2002.
[31] 叶书麟，张永钧. 既有建筑地基基础加固工程实例应用手册. 北京：中国建筑工业出版社，2002.
[32] 岩土工程技术规范 DB 29—20—2000. 北京：中国建筑工业出版社，2000.
[33] 林宗元. 简明岩土工程监理手册. 北京：中国建筑工业出版社，2003.
[34] 建筑工程分项施工工艺表解速查系列手册：建筑地基基础工程. 北京：中国建材工业出版社，2004.
[35] 建筑桩基技术规范 JGJ 94—2008. 北京：中国建筑工业出版社，2008.
[36] 王恩远，刘熙媛. 柱锤冲扩桩法施工工艺研究. 地基处理，2008.
[37] 王恩远，吴迈. 多桩型复合地基的工程应用. 地基处理，2011.
[38] 王恩远，刘熙媛. 柱锤冲扩桩法加固机理研究. 建筑科学，2008.
[39] 王光明，王恩远等. 重锤冲孔夯扩置换三合土桩复合地基成果鉴定证书[2]. 沧州市机械施工有限公司，河北工业大学，1996.
[40] 王恩远，梁瑞琳等. 柱锤冲扩桩复合地基承载力及变形特性试验研究成果鉴定证书[2]. 河北工业大学，2002.
[41] 窦远明，王恩远等. 深层搅拌水泥土桩复合地基检测技术试验研究科研报告. 河北工业大学，1997.
[42] 王恩远，刘熙媛. 水泥土搅拌桩加固软弱地基的应用. 住宅科技，2009.
[43] 刚性芯夯实水泥土桩复合地基技术规程 DB 13(J)70—2007. 石家庄：河北省建设厅，2007.
[44] 混凝土芯水泥土组合桩复合地基技术规程 DB 13(J)50—2005. 石家庄：河北省建设厅，2007.
[45] 夯实水泥土桩复合地基技术规程 DB 13(J)14—98. 石家庄：河北省建设厅，1998.
[46] 水泥土桩复合地基技术规程 DB 13(J)39—2003. 石家庄：河北省建设厅，2003.
[47] 低强度混凝土桩复合地基技术规程 DB 13(J)32—2002. 石家庄：河北省建设厅，2002.
[48] 长螺旋钻孔泵压混凝土桩复合地基技术规程 DB 13(J)31—2001. 石家庄：河北省建设厅，2001.
[49] 柱锤冲扩水泥粒料桩复合地基技术规程 DB 13(J)/T115—2011. 石家庄：河北省住房和城乡建设厅，2011.
[50] 王晓谋，袁怀宇. 高等级公路软土地基陆地设计与施工技术. 北京：人民交通出版社，2001.
[51] 罗宇生. 湿陷性黄土地基处理. 北京：中国建筑工业出版社，2008.
[52] 张振栓，王占雷等. 夯实水泥土桩复合地基技术新进展. 北京：中国建材工业出版社，2007.
[53] 建筑地基处理技术规范理解与应用. 北京：中国建筑工业出版社，2013.
[54] 叶观宝，高彦斌. 振冲法和砂石桩法处理地基. 北京：机械工业出版社，2005.
[55] 徐至钧，全科政. 高压喷射注浆法处理地基. 北京：机械工业出版社，2004.

第六章　其他地基处理方法简介

第一节　土工合成材料

一、概述

（一）土工合成材料简介

1. 土工合成材料是近年来随着化学合成工业的发展而迅速发展起来的一种新型土工材料，主要由涤纶、尼龙、腈纶、丙纶等高分子化合物，根据工程的需要，加工成具有弹性、柔性、高抗拉强度、低伸长率、透水、隔水、反滤性、抗腐蚀性、抗老化性和耐久性的各种类型的产品。如各种土工格栅、土工格室、土工垫、土工网格、土工膜、土工织物、塑料排水带及其他土工复合材料等。由于这些材料的优异性能及广泛的适用性，受到工程界的重视，被迅速推广应用于河、海岸护坡、堤坝、公路、铁路、港口、堆场、建筑、矿山、电力等领域的岩土工程中，取得了良好的工程效果和经济效益。

2. 土工合成材料的划分如下

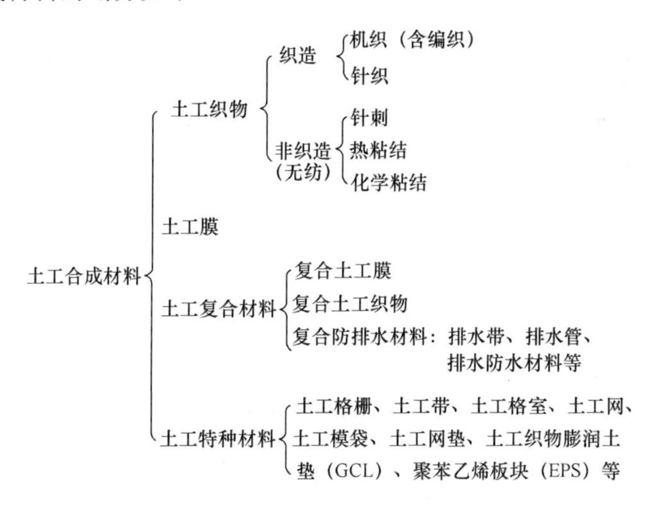

3. 土工合成材料的性能指标

土工合成材料的性能指标包括下列内容，并应按工程设计需要确定试验项目：

（1）物理性能：单位面积质量、厚度（及其与法向压力的关系）、材料比重、孔径等。

（2）力学性能：条带拉伸、握持拉伸、撕裂、顶破、CBR 顶破、刺破、直剪摩擦、拉拔摩擦、蠕变等。

（3）水力学性能：垂直渗透系数、平面渗透系数、淤堵、防水性等。

（4）耐久性能：抗紫外线能力、化学稳定性和生物稳定性等。

(二) 土工合成材料的工程应用

土工合成材料用于岩土工程中所起的作用，可以概括为反滤、排水、隔离、加筋、防渗和防护等作用。

1. 反滤作用

在土工建筑物中，为了防止流土（流砂）、管涌破坏，常需设置砂石料所组合的反滤层。而土工合成材料完全可以取代这种常规的砂石料反滤层，起到防止渗透破坏的反滤作用。编织的、机织的和无纺的土工织物都可以起到这种反滤作用。如土石坝黏土心墙或黏土斜墙的反滤层、块石护坡下面的反滤层以及土坡下游堆石棱体上游侧的反滤层等，均可用土工织物取代。

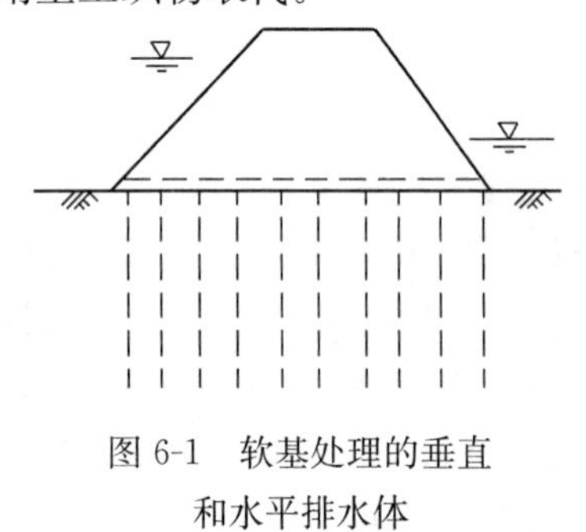

图 6-1　软基处理的垂直和水平排水体

2. 排水作用

某些具有一定厚度的土工合成材料有着良好的三维透水特性，利用这种特性，除了可以透水反滤外，还可使水经过土工织物的平面迅速地沿水平向排泄，且不会堵塞，构成水平排水层。此外，它还可与其他排水材料（如粗粒料、排水管、塑料排水带等）一起构成排水系统或深层排水井，如图 6-1 所示。

3. 隔离作用

土工合成材料设置在两种不同的土（材料）之间，或者设置在土与其他材料之间予以隔开，以免相互混杂失去各种材料和结构的完整性，或发生土粒流失现象。

4. 加筋作用

由于土工合成材料具有较高的抗拉强度，又具有较好的柔性，容许一定的变形而不破坏，当以适当的方式铺设在土中时，可以约束土的拉伸应变，减少土的变形，从而增加土的模量，改善土的受力状况，增加土的稳定性。如图 6-2 所示。

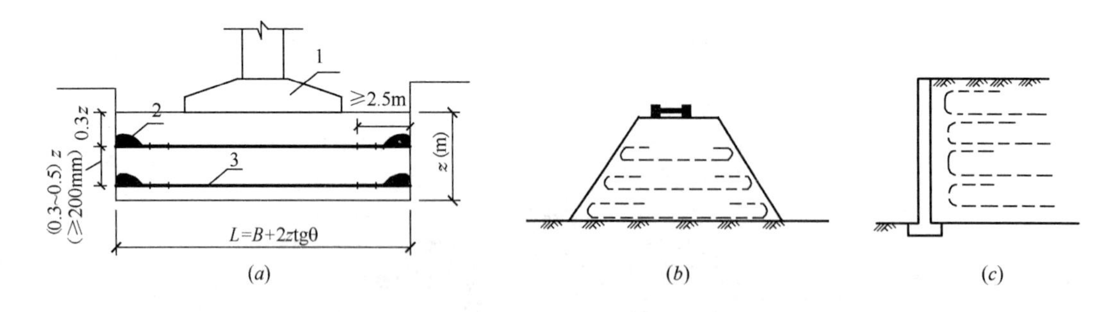

图 6-2　加筋作用应用

(a) 土工合成材料垫层（胞腔式固定方法）；(b) 路堤加筋；(c) 加筋土挡墙

1—基础；2—胞腔式砂石袋；3—筋带；z—加筋垫层厚度

用于换填垫层的土工合成材料，在垫层中主要起加筋作用，以提高地基土的抗拉和抗剪强度。防止垫层被拉断裂和剪切破坏、保持垫层的完整性、提高垫层的抗弯刚度。因此利用土工合成材料加筋的垫层有效地改变了天然地基的性状，增大了压力扩散角，降低了下卧天然地基表面的压力，约束了地基侧向变形，调整了地基不均匀变形，增大地基的稳定性并提高地基的承载力。由于土工合成材料的上述特点，将其用于软弱黏性土、泥炭、沼泽地区修建道路、堆场等取得了较好的成效，同时在部分建筑、构筑物的加筋垫层中应用，也得到了肯定的效果。根据理论分析、室内试验以及工程实测的结果证明，采用土工合成材料加筋垫层的作用机理为：

（1）扩散应力，加筋垫层刚度较大，增大了压力扩散角，有利于上部荷载扩散，降低垫层底面压力；

（2）调整不均匀沉降，由于加筋垫层的作用，加大了压缩层范围内地基的整体刚度，均化传递到下卧土层上的压力，有利于调整基础的不均匀沉降；

（3）增大地基稳定性，由于加筋垫层的约束，整体上限制了地基土的剪切、侧向挤出及隆起。

5. 防渗作用

土工膜和复合型土工合成材料，可以防止液体的渗漏、气体的挥发，保护环境或建筑物的安全。例如：土坝或水闸地基的垂直防渗墙，渠道防渗，水闸上游护坦及护坡防渗等。

6. 防护作用

土工合成材料对土体或水面，可以起防护作用。例如防止河岸或海岸被冲刷，防止土体的冻害，防止路面反射裂缝，防止水面蒸发或空气中的灰尘污染水面等。

二、土工合成材料换填垫层的设计、施工和质量检验

（一）材料选择

由分层铺设的土工合成材料与砂石填料构成加筋垫层（也称水平向增强体复合地基）。所用土工合成材料的品种与性能及填料的土类应根据工程特性和地基土条件，按照现行国家标准《土工合成材料应用技术规范》GB 50290 的要求，通过设计并进行现场试验后确定。

1. 作为加筋的土工合成材料应采用抗拉强度较高、受力时伸长率不大于4%～5%、耐久性好、抗腐蚀的土工格栅、土工格室、土工垫或土工织物等土工合成材料。

2. 垫层填料宜用碎石、角砾、砾砂、粗砂、中砂或粉质黏土等材料，且不宜含有氯化钙、碳酸钠、硫化物等化学物质。当工程要求垫层具有排水功能时，垫层材料应具有良好的透水性。

3. 土工合成材料加筋垫层一般用于 z/b 较小的薄垫层。使用加筋垫层，与同比条件下砂石垫层比较，可减小垫层厚度60%左右，降低工程造价，施工更方便。

（二）设计

1. 设计内容

加筋土垫层的设计应包括以下内容：

（1）确定加筋构造。

（2）验算加筋土垫层地基的承载力。

（3）稳定性验算。

（4）变形计算。

2. 垫层构造要求

（1）在软土上宜先铺砂垫层，再覆盖筋材。砂垫层厚度在陆上施工时不应小于

200mm，水下施工时不应小于500mm。垫层填料宜采用中、粗砂，含泥量不应大于5%。

（2）垫层厚度应满足地基变形及下卧层承载力要求。

（3）土工合成材料垫层，筋材布置尚应满足下述要求（图6-2*a*）：

加筋应设置在垫层的合适部位。一层加筋时，可设置在垫层中部；多层加筋时，首层筋材离基底距离宜取0.3倍垫层厚度，筋材层间距宜取（0.3～0.5）倍垫层厚度，且不小于200mm；加筋线密度（加筋带宽度与水平间距比值）宜为0.15～0.35。无经验时单层加筋取大值，多层加筋取小值。垫层的边缘应有足够的锚固长度或锚固措施。对土工加筋带端部，一般可采用胞腔式固定方法。

（4）加筋垫层所用土工合成材料应进行抗拉强度及抗拔力验算，并符合下列规定：

$$T_{p} \leqslant T_{a} \tag{6-1}$$

式中 T_p——土工合成材料相应于作用的标准组合时，单位宽度的最大拉力（kN/m）；

T_a——筋材允许延伸率下的抗拉强度（kN/m）。

$$T_{p} \leqslant T_{l} \tag{6-2}$$

式中 T_l——筋材抗拔力（kN/m）。

对于筋材抗拔力 T_l 可参照下式确定：

$$T_{l} = p_{z} \cdot f_{s}/m_{c} \tag{6-3}$$

式中 p_z——垫层底竖向附加应力（kPa）；

f_s——筋带似摩擦系数，由试验确定；

m_c——筋材综合影响系数，宜控制在3～8之间，一般取4～6。

3. 加筋垫层地基承载力验算

（1）土工合成材料加筋垫层承载力应通过现场载荷试验确定。

（2）下卧层承载力验算按本书第二章换填垫层的有关规定进行。加筋垫层的压力扩散角（θ）取值：一层加筋 $\theta=25°\sim30°$，一般取 $\theta=26°$；二层及二层以上加筋 $\theta=28°\sim38°$，一般取 $\theta=35°$。

4. 稳定性验算

稳定性验算应包括垫层筋材被切断及不被切断的地基稳定、沿筋材顶面滑动、沿薄软土层底面滑动以及筋材下薄层软土被挤出。

验算方法及稳定安全系数应符合国家现行有关地基设计标准、规范的规定。

实践可知，当加筋垫层抗深层滑动计算采用圆弧滑动法，得到的稳定安全系数往往提高较少，表明加筋效果并不显著，实际效果却很明显。这说明现有的稳定分析方法未能反映筋材所起的全部作用。分析认为，加筋所以发挥明显作用可能与下列因素有关：例如加筋后潜在滑动面可能往深处发展，地基土的侧向位移受到部分限制以及地基中应力分布发生了变化等，而这些有利因素在计算中却未能计入，可见现有分析方法有待改进。

我国铁路、公路系统目前在作圆弧滑动分析时，认为首先所加底筋应该是稳定的，即滑动圆弧不应该切断底筋，应将筋材及其上填土视为一整体，为此，潜在滑动面必然下移，稳定安全系数自然有所提高。此项考虑是否符合实际，应通过实践和积累资料来加以验证。

5．沉降计算

对水平向增强体复合地基沉降计算至今研究较少，尚无较成熟的计算方法，一般可采用有限元法，也可采用分层总和法或文克尔地基上弹性地基梁法。对一般中小型工程可忽略土工合成材料垫层变形，下卧层的变形量可按现行国家标准《建筑地基基础设计规范》GB 50007 的有关规定计算；作用在下卧层顶部附加应力可按压力扩散角法计算。

（三）施工要点

1．施工程序

（1）平整场地和开挖基槽，铺设并压实第一层填料；

（2）铺开土工合成材料卷材；

（3）在土工合成材料上卸砂石料；

（4）铺设和平整砂石料；

（5）压实：当土工合成材料为多层时，应分层铺设，分层压实。

2．施工要点

（1）地基土层表面应清理平整，要求表面平整不含异物。

（2）铺设土工合成材料时应先纵向后横向，注意均匀平整，且保持一定的松紧度，以使其在工作状态下受力均匀，并避免被块石、树根等刺穿、顶破，引起局部的应力集中。用于加筋垫层中的土工合成材料，因工作时要受到很大的拉应力，故其端头一定要埋设固定好，通常是在端部位置利用胞腔式砂石袋或挖地沟，将合成材料的端头埋入沟内上覆土压住固定，以防止其受力后被拔出。铺设土工合成材料时，应避免长时间曝晒或暴露，一般施工宜连续进行，暴晒时间不宜超过 8h，并注意掩盖，以免材质老化、降低强度及耐久性。

（3）土工合成材料，需接长时可采用搭接、缝合或黏结法。并应保证主要受力方向的连接强度不低于筋材的抗拉强度。

（4）填料应按先两侧后中间的顺序分层回填，并应控制施工速率。

（四）质量检验

1．施工前

施工前应对土工合成材料的物理性能（单位面积的质量、厚度、比重）、强度、延伸率以及土、砂石料等做检验。土工合成材料以 $100m^2$ 为一批，每批应抽查 5%。

2．施工中

施工过程中应检查清基、回填料铺设厚度及平整度、土工合成材料的铺设方向、接缝搭接长度或缝接状况、土工合成材料与结构的连接状况等。具体要求如下：

（1）土工合成材料质量应符合设计要求，外观无破损、无老化、无污染；

（2）土工合成材料要求张拉平整、无皱折、紧贴下承层，锚固端锚固牢固；

（3）土工合成材料搭接缝要交替错开，搭接强度应满足设计要求。

3．施工后

施工结束后，应进行承载力检验。具体要求按第二章换填垫层法有关要求进行，承压板面积不应小于 $1.0m^2$。

4. 土工合成材料地基质量检验标准应符合表 6-1 的规定。

土工合成材料地基质量检验标准[6] **表 6-1**

项	序	检查项目	允许偏差或允许值		检查方法
			单位	数值	
主控项目	1	土工合成材料强度	%	≤5	置于夹具上做拉伸试验（结果与设计标准相比）
	2	土工合成材料延伸率	%	≤3	置于夹具上做拉伸试验（结果与设计标准相比）
	3	地基承载力	设计要求		按规定方法
一般项目	1	土工合成材料搭接长度	mm	≥300	用钢尺量
	2	土石料有机质含量	%	≤5	焙烧法
	3	层面平整度	mm	≤20	用 2m 靠尺
	4	每层铺设厚度	mm	±25	水准仪

三、工程实录：加筋垫层处理油罐地基[9]

（一）工程概况

某石化公司炼油厂一容量 20000m^3 钢制浮顶式油罐，内径 40.50m，高 15.80m。设计要求环墙高 2.5m，罐底高程应高出现地面 4.0m，油罐充水后的基底压力为 288kPa。油罐地基土层如例表 1-1 所示，地基土中有一厚约 18m 的淤泥质黏土，其天然含水量 w=46%，孔隙比 e_0=1.32，重度 γ=17.5kN/m^3，固结系数 c_v=4.8×10^{-3}cm^2/s，c_h= 6×10^{-3}cm^2/s；在淤泥质黏土层以下为淤泥质黏土夹粉砂、细砂、碎石夹黏土等，基岩的埋深在 45m 以下。

油罐设计的基本要求：油罐的整体倾斜量 $\Delta s/D\leqslant(4\sim5)\times10^{-3}$。沿周边沉降差 $\Delta s/l\leqslant0.22\times10^{-2}$，中心与周边沉降差 $\Delta s\leqslant\left(\frac{1}{90}\sim\frac{1}{100}\right)D$，$D$ 为油罐的直径，l 为周边两点间距。

地 基 土 层 **例表 1-1**

土层号及名称	层厚（m）	岩 性 描 述
（1）表层土	0.30～0.50	含杂草芦苇根系，沉积的淤泥质土
（2）黏土	1.30～2.30	可塑～软塑，湿～很湿
（3）淤泥质黏土	12.00～18.00	灰色，流塑，下部略带褐色，土层中含有植物根茎和木质类腐殖物，含少量云母片，土层中存在着很多 1～2mm 厚的薄粉砂夹层，水平层发育，为“千层状”结构。该层厚度由西向东，即由 1 号罐往 5 号罐逐层加厚，其厚度递增率约为 2.30%
（4）淤泥质黏土与粉砂层	0.30～2.20	灰色，流塑，含少量腐殖物，水平层理发育，互层结构变化较大，“叠层状”与“千层状”结构都有出现
（5）细砂	6.10～11.50	饱和，稍密～中密，分选性良好，该层顶层埋深由西向东，1 号罐往 5 号罐渐增

续表

土层号及名称	层厚（m）	岩　性　描　述
（6）淤泥质粉质黏土与粉砂	16.20～28.30	流塑，稍密，饱和，水平层理发育，该层可分为两个亚层
（7）碎石土夹黏土	0.50～5.70	为侏罗纪下统象山组石英砂岩，表面 0.60～0.70m 厚强风化层，埋深 45～60m
（8）基岩		

（二）地基处理设计

由以上资料分析可知，采用天然地基是不可能满足工程要求的，经过对多种地基处理方案的比较分析后，选用土工织物加筋垫层和排水预压法联合处理方案，拟利用 4m 的填土，由两层碎石袋组成加筋垫层。

1. 加筋材料的选择

加筋的土工合成材料是加筋垫层中的主要构件，并承受较高的拉力。为了保证加筋垫层充分发挥作用，需要土工合成材料的强度以及其与界面材料间的摩擦性能均较好，为此选择了青岛麻纺厂的聚丙烯编织物，型号为 2000d 60×51，其抗拉强度为 50kN/m，延伸率为 38%，弹性模量为 97000kPa。

2. 加筋垫层的尺寸和布置

土工合成材料加筋垫层沿油罐基础水平方向布置，并按 60°交错铺设，以形成一均匀分布的整体垫层。碎石袋垫层与填土总厚度为 4m，第一层碎石袋层厚 0.9m，距基础底面为 1.10m，宽 50.50m，第二层碎石袋层厚 0.9m，宽 54.5m，两层间距为 1.0m。加筋垫层的布置图如例图 1-1 和例图 1-2 所示。

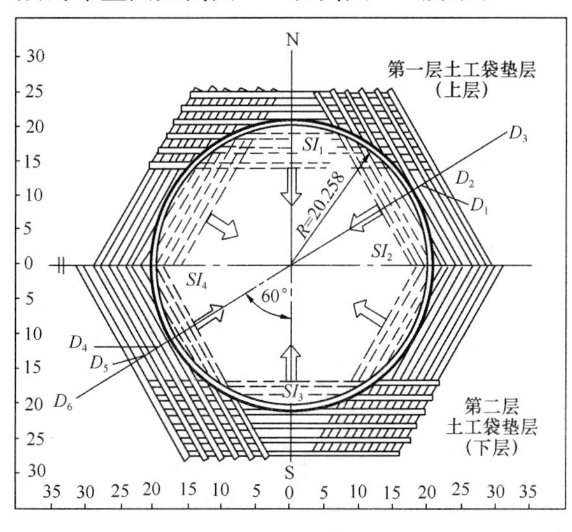

例图 1-1　土工织物垫层示意图

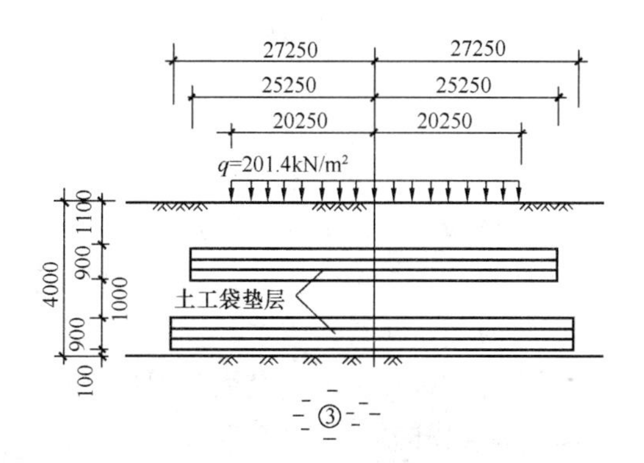

例图 1-2　加筋垫层设计图

3. 加筋垫层的验算

（1）为了使加筋垫层中的土工合成材料不被拉断和拔出，采用 J. Binquent 和 K. Lee（1975）提出的方法，分别计算最大拉力 T_p、容许抗拉强度 T_a 和抗拔力 T_l，得到：$T_p<T_a$ 及 $T_p<T_l$，抗拉安全系数 $F>1.5$。

(2) 对采用加筋垫层处理后的地基稳定性进行了分析，得到稳定安全系数为 1.27。

(3) 沉降分析：基础荷载通过加筋垫层后，产生应力扩散 ($\theta=37°$)。沉降差有所调整，基本满足设计要求。

(三) 加筋垫层的效果

1. 工程实践和观测结果证明：用土工织物加筋垫层和排水固结联合作用处理油罐软基，有效地调整了油罐基础及底板的不均匀沉降和提高地基的承载能力，满足油罐荷载对地基稳定和变形的要求，油罐充油运用两年沉降很小。

2. 土工织物加筋垫层改善了垫层下浅层地基的位移场，缩小了塑性开展区的范围，相应提高了地基的承载力。

3. 实测结果证明：加筋垫层的厚度对其作用效果的影响最为显著；复合模量及垫层材料和加筋材料的强度、模量和加筋层数等，也明显影响其作用效果；加筋层数和锚固措施影响各向异性因子的变化，也影响其作用效果。垫层的宽度在一定范围内影响其作用效果的变化，但不显著，超过基础宽度半倍时影响显著减弱。必须指出：若在基础下只布置一、二层土工织物，而不注意在构造上采取措施，形成具有一定厚度和整体性的垫层，其作用效果将很差，甚至无效。

按照油罐地基的条件和垫层材料，利用离心模型试验，分别模拟有、无土工织物垫层两种情况进行试验。试验结果表明，有土工织物的垫层比无土工织物垫层油罐中心和边缘沉降均减少 30%左右。这说明土工织物加筋是有效的。

第二节　注　浆　法

一、概述

(一) 工法简介

注浆加固技术分为高压旋喷注浆、锚固注浆及压力注浆三类，本节重点介绍压力注浆法。

压力注浆加固法是利用液压、气压或电化学原理，把某些能固化的浆液注入土体孔隙或岩石裂隙中，将原来松散的土粒或裂隙胶结成一个整体，能显著改善土的物理力学性能及水理性能的一种加固方法。

注浆法（亦称灌浆法）是由法国工程师 1802 年首创，随着水泥的发明，水泥注浆法广泛地应用于建筑工程中。1884 年出现了化学灌浆法，从此以后，灌浆材料及灌浆技术逐渐得到改进和发展，应用范围也逐渐扩大。

(二) 加固目的

工程中应用注浆法加固的主要目的如下：

1. 地基加固——提高地基土承载力和变形模量，减少地基变形和不均匀变形，消除黄土地基的湿陷性；

2. 托换纠偏——对已发生倾斜的既有建筑物进行纠偏处理；

3. 防渗堵漏——降低土的渗透性，减少渗流量，提高地基抗渗能力，截断渗透水流。

注浆加固技术的应用汇总见表 6-2。

注浆加固技术的应用[15]　　表 6-2

工程类别	应用场所	目的
建筑工程	1. 建筑物因地基土强度不足发生不均匀沉降； 2 在基桩侧面和桩端	1. 改善土的力学性质，对地基进行加固或纠偏处理； 2. 提高桩周摩擦力和桩端抗压强度，或处理桩底沉渣过厚引起的质量问题
坝基工程	1. 基础岩溶发育或受构造断裂破坏； 2. 帷幕压浆； 3. 重力坝灌浆	1. 提高岩土密实度、均匀性、弹性模量和承载力； 2. 切断渗流； 3. 提高坝基整体性、抗滑稳定性
地下工程	1. 在建筑物基础下面挖地下铁道、地下隧道、涵洞、管线路等； 2. 洞室围岩	1. 防止地面沉降过大，限制地下水活动及制止土体位移； 2. 提高洞室稳定性，防渗
其他	边坡、桥基、路基等	维护边坡稳定，桥墩防护、处理路基病害等

（三）适用范围及基本要求

1. 注浆加固法适用于砂土、粉土、黏性土、湿陷性黄土和人工填土等地基加固。根据加固目的可选用水泥浆液、硅化浆液、碱液等固化剂。一般用于防渗堵漏、提高地基土的强度和变形模量以及控制地层沉降等。如应用于房屋地基加固与纠偏；铁道公路路基加固、矿井堵漏、坝基防渗、隧道开挖等工程中。利用后灌浆法在桩侧及桩底注浆及表面压密注浆，可使桩基及复合地基承载力大大提高。

2. 注浆设计前宜进行室内浆液配比试验和现场注浆试验，以确定设计参数和检验施工方法及设备。也可参考当地类似工程的经验确定设计参数。由于地质条件的复杂性，针对注浆加固目的，在注浆加固设计前进行室内浆液配比试验和现场注浆试验十分必要。浆液配比的选择也应结合现场注浆试验，试验阶段可选择不同浆液配比。现场注浆试验包括注浆方案的可行性试验、注浆孔布置方式试验和注浆工艺试验三方面。可行性试验是当地基条件复杂，缺乏工程经验时进行的。一般为保证注浆效果，尚需通过试验寻求以较少的注浆量，最佳注浆方法和最优注浆参数，即在可行性试验基础上进行注浆孔布置方式试验和注浆工艺试验。只有在经验丰富的地区才可参考类似工程经验确定设计参数。

3. 单液硅化法和碱液法适用于处理地下水位以上渗透系数为 0.10～2.00m/d 的湿陷性黄土等地基。在自重湿陷性黄土场地，宜采用无压单液硅化注浆，当采用碱液法时，应通过试验确定其适用性。

4. 建筑物对地基承载力和变形要求较高时，注浆加固法宜与其他地基处理方法联合使用。在工程实践中，注浆加固地基的实例虽然很多，但大多数应用在坝基工程和地下开挖工程中，在建筑地基处理工程中注浆加固主要作为一种辅助措施和既有建筑物加固措施，当其他地基处理方法难以实施时才予以考虑。

5. 对于既有建筑地基基础加固以及地下工程施工超前预加固采用注浆加固时，可参照本节规定进行，并应符合《既有建筑地基基础加固技术规范》JGJ 123 的有关规定。

6. 注浆加固后的地基变形计算应按处理后的检验结果，按《建筑地基基础设计规范》GB 50007 的有关规定进行。

（四）注浆施工工艺分类

1. 按注浆浆液类别分为单液注浆和双液注浆，在有地下水流动情况下应采用双液注浆。

2. 按浆液在土中流动方式，可将注浆分为三类：

(1) 渗透注浆（溶液自渗）

浆液在很小的压力下，克服地下水压、土粒孔隙间的沿程阻力和本身流动的阻力，渗入土体的天然孔隙中。渗透注浆适用于渗透系数 $k>10^{-4}$cm/s 的砂性土及 $k=0.10\sim2.00$m/d、$w<20\%$、$S_r\leqslant60\%$的湿陷性黄土等地基。

(2) 劈裂注浆

当土的渗透系数 $k<10^{-4}$cm/s，就得采用劈裂注浆，在劈裂注浆中，注浆管出口的浆液对周围地层施加了附加压应力，使土体发生剪切裂缝，而浆液则沿裂缝面注入。

(3) 压密注浆

压密注浆是指通过钻孔在土中灌入极浓的浆液，在注浆点使土体压密，在注浆管端部附近形成“浆泡”，当浆泡的直径较小时，灌浆压力基本上沿钻孔的径向扩展。

劈裂及压密注浆均需在注浆中加压，因此也统称为压力注浆，注浆压力应依土质及溶液类别选择，施工时灌注溶液的压力值由小逐渐增大。

渗透、劈裂和压密一般都会在注浆过程中同时出现，只是以何种形式为主的差别，单一的流动方式是难以产生的。

二、注浆材料

注浆加固中所用的浆液是由主剂（原材料）、溶剂（水或其他溶剂）及各种外加剂混合而成。通常所指的灌浆材料是指浆液中所用的主剂。灌浆材料常分为粒状浆材和化学浆材，而按材料的不同特点又可分为不稳定浆材、稳定浆材、无机化学浆材及有机化学浆材四类，如下所示：

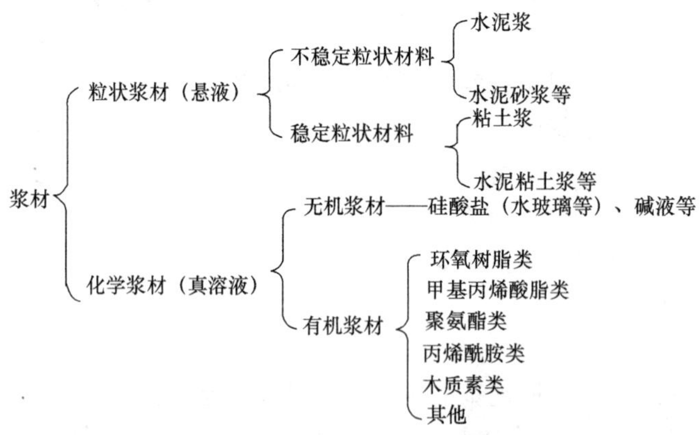

三、注浆加固机理

注浆法加固和改良土体主要有以下三种作用：

1. 化学胶结作用

不论是粒状浆材或化学浆材，都具有能产生胶结力的化学反应，把岩石或土粒黏结在一起从而使岩土的整体结构得到加强。

2. 惰性充填作用

填充在岩石裂隙及土体孔隙中的浆液凝固后，因具有不同程度的刚性和强度而能改变岩层及土体的性状，使岩土的变形受到约束，强度提高。

3. 离子交换作用

浆液在化学反应过程中，某些化学剂能与岩土中的元素进行离子交换，从而形成物理力学性质更好的物质。

四、注浆加固设计

（一）注浆材料及方案选择

应根据不同的加固对象和目的选择注浆材料及灌浆方法（表6-3）。

根据不同对象和目的选择灌浆方案　　表6-3

编号	灌浆对象	适用的灌浆原理	适用的灌浆方法	常用灌浆材料	
				防渗灌浆	加固灌浆
1	卵砾石	渗入性灌浆	袖阀管法最好，也可用自上而下分段钻灌法	黏土水泥浆或粉煤灰水泥浆	水泥浆或硅粉水泥浆
2	砂及粉细砂	渗入性灌浆、劈裂灌浆	同上	酸性水玻璃、丙凝、单液水泥系浆材	酸性水玻璃、单液水泥浆或硅粉水泥浆
3	黏性土	劈裂灌浆、压密灌浆	同上	水泥黏土浆或粉煤灰水泥浆	水泥浆、硅粉水泥浆、水玻璃水泥浆
4	岩层	渗入性灌浆、劈裂灌浆	小口径孔口封闭自上而下分段钻灌法	水泥浆或粉煤灰水泥浆	水泥浆或硅粉水泥浆
5	断层破碎带	渗入性灌浆、劈裂灌浆	同上	水泥浆或先灌水泥浆后灌化学浆	水泥浆或先灌水泥浆后灌改性环氧树脂或聚氨酯
6	混凝土内微裂缝	渗入性灌浆	同上	改性环氧树脂或聚氨酯浆材	改性环氧树脂浆材
7	动水封堵	采用水泥水玻璃等快凝材料，必要时在浆液中掺入砂等粗料，在流速很大的情况下，尚应采取特殊措施，例如在水中预填石块或级配砂石后再灌浆			
8	湿陷性黄土	渗入性灌浆、压密灌浆	同3	酸性水玻璃或碱液	酸性水玻璃或碱液

（二）水泥为主剂的浆液加固设计规定

水泥为主剂的浆液加固设计应符合下列规定：

1. 水泥为主剂的浆液主要包括水泥浆、水泥砂浆和水泥水玻璃浆。

对软弱地基土处理，可选用以水泥为主剂的浆液，也可选用水泥和水玻璃的双液型混合浆液，在有地下水流动的情况下，不应采用单液水泥浆液。

一般施工要求水泥浆的初凝时间既能满足浆液设计的扩散要求，又不至于被地下水冲走，对渗透系数大的地基还需尽可能缩短初、终凝时间。

地层中有较大裂隙、溶洞，耗浆量很大或有地下水活动时，宜采用水泥砂浆。

水泥水玻璃浆广泛用于地基、大坝、隧道、桥墩、矿井等建筑工程，其性能取决于水泥浆水灰比、水玻璃浓度和加入量、浆液养护时间。

2. 注浆孔间距宜根据试验结果确定，宜取 1.0～2.0m；

3. 浆液的初凝时间应根据地基土质条件和注浆的目的确定。在砂土地基中，浆液的初凝时间宜为 5～20min；在黏性土地基中，宜为 1～2h；

4. 注浆量和注浆有效范围应通过现场注浆试验确定，在黏性土地基中，浆液注入率宜为 15%～20%，注浆点上的覆盖土厚度应大于 2m；

5. 对劈裂注浆的注浆压力，在砂土中，宜选用 0.2～0.5MPa；在黏性土中，宜选用 0.2～0.3MPa。对压密注浆，当采用水泥砂浆浆液时，坍落度宜为 25～75mm，注浆压力为 1.0～7.0MPa。当采用水泥～水玻璃双液快凝浆液时，注浆压力不应大于 1.0MPa。

6. 对人工填土，应采用多次注浆，间隔时间按浆液的初凝时间根据试验结果确定，不应大于 4h。对填土地基，由于其各向异性，对注浆量和方向不好控制，应采用多次注浆施工，才能保证工程质量。

（三）硅化浆液注浆加固设计规定

硅化浆液注浆加固设计应符合下列规定：

1. 砂土、黏性土宜采用压力双液硅化注浆；渗透系数 k 为（1.0～2.0）m/d 的地下水位以上的湿陷性黄土可采用无压或压力单液硅化注浆；自重湿陷性黄土宜采用无压单液硅化注浆。

单液硅化法加固湿陷性黄土地基的灌注工艺有两种。一是压力灌注，二是溶液自渗（无压）。

压力灌注可用于加固自重湿陷性场地上拟建的设备基础和构筑物的地基，也可用于加固非自重湿陷性黄土场地上既有建筑物和设备基础的地基。

溶液自渗的灌注孔可用钻机或洛阳铲成孔，不需要用灌注管和加压等设备，成本相对较低，含水量不大于 20%、饱和度不大于 60%的地基土，采用溶液自渗较合适。

2. 防渗注浆加固用的水玻璃模数不宜小于 2.2。用于地基加固的水玻璃模数（二氧化硅与氧化钠百分率之比）宜为 2.5～3.3；不溶于水的杂质含量不应超过 2%。

3 双液硅化注浆用的氧化钙溶液中的杂质不得超过 0.06%，悬浮颗粒不得超过 1%，溶液的 pH 值不得小于 5.5。

4. 硅化注浆的加固半径应根据孔隙比、浆液黏度、凝固时间、灌浆速度、灌浆压力、灌浆量等通过试验确定。无试验资料时对粗砂、中砂、细砂、粉砂、黄土可按土的渗透系数参数表（表 6-4）确定。

硅化法注浆加固半径　　表 6-4

土的类型及加固方法	渗透系数（m/d）	加固半径（m）
粗砂、中砂、细砂 （双液硅化法）	2～10	0.3～0.4
	10～20	0.4～0.6
	20～50	0.6～0.8
	50～80	0.8～1.0

续表

土的类型及加固方法	渗透系数（m/d）	加固半径（m）
粉砂（单液硅化法）	0.3～0.5 0.5～1.0 1.0～2.0 2.0～5.0	0.3～0.4 0.4～0.6 0.6～0.8 0.8～1.0
黄土（单液硅化法）	0.1～0.3 0.3～0.5 0.5～1.0 1.0～2.0	0.3～0.4 0.4～0.6 0.6～0.8 0.8～1.0

5. 注浆孔的各排间距可取加固半径的1.5倍；注浆孔的间距可取加固半径的（1.5～1.7）倍，注浆孔超出基础底面宽度不得少于0.5m；分层注浆时，加固层的厚度可按注浆管带孔部分的长度上下各0.25倍加固半径计算；

6. 单液硅化法应由浓度10％～15％的硅酸钠（$Na_2O \cdot nSiO_2$）溶液，掺入2.5％氯化钠组成。加固湿陷性黄土的溶液用量，可按下式估算：

$$Q = V \cdot \bar{n} \cdot d_{N1} \cdot \alpha \cdot \rho_{w1} \tag{6-4}$$

式中　Q——硅酸钠溶液的用量（t），当溶液用量按体积计时 $Q = V \cdot \bar{n} \cdot \alpha$（$m^3$）；

V——拟加固湿陷性黄土的体积（m^3）；

$\bar{n}$——地基加固前，土的平均孔隙率；

d_{N1}——灌注时，硅酸钠溶液的相对密度（宜为1.13～1.15且不应小于1.10）；

α——溶液填充孔隙的系数，根据已加固的工程经验得出，可取0.60～0.80；

ρ_{w1}——4℃水的质量密度（$1t/m^3$）。

7. 当硅酸钠溶液的浓度大于加固湿陷性黄土所要求的浓度时，应将其加水稀释，加水量可按下式估算：

$$Q' = \frac{d_N - d_{N1}}{d_{N1} - 1.0} \cdot q \tag{6-5}$$

式中　Q'——稀释硅酸钠溶液的用水量（t）；

d_N——稀释前，硅酸钠溶液的相对密度；

q——拟稀释硅酸钠溶液的质量（t）。

从工厂购进的水玻璃溶液，其浓度通常大于加固湿陷性黄土所要求的浓度，比重多为1.45或大于1.45，注入土中时的浓度宜为10％～15％，相对密度为1.13～1.15，故需要按上式计算加水量，对浓度高的水玻璃溶液进行稀释。

8. 采用单液硅化法加固湿陷性黄土地基，灌注孔的布置应符合下列要求：

（1）灌注孔的间距：压力灌注宜为0.8～1.2m；溶液自渗宜为0.4～0.6m。

（2）加固拟建的设备基础和建（构）筑物的地基，应在基础底面下按等边三角形满堂布置，超出基础底面外缘的宽度，每边不得小于1m。

（3）加固既有建（构）筑物和设备基础的地基，应沿基础侧向布置，每侧不宜少于2排；加固既有建（构）筑物和设备基础的地基，不可能直接在基础底面下布置灌注孔，而只能在基础侧向（或周边）布置灌注孔。

(4) 当基础底面宽度大于3m时，除应在基础每侧布置2排灌注孔外，必要时，可在基础两侧布置斜向基础底面中心以下的灌注孔或在其台阶上布置穿透基础的灌注孔，以加固基础底面下的土层。是否需要布置斜向灌注孔，可根据工程具体情况确定。

（四）碱液注浆加固设计规定

碱液注浆加固设计应符合下列规定：

1. 碱液注浆加固适用于处理地下水位以上渗透系数为（0.1～0.2）m/d的湿陷性黄土地基，在自重湿陷性黄土场地采用时应通过试验确定其适应性。

为提高地基承载力在自重湿陷性黄土地区单独采用碱液注浆加固的较少，而且加固深度不足5m。

2. 当100g干土中可溶性和交换性钙镁离子含量大于100mg・eq时，可采用单液法，即只灌注氢氧化钠一种溶液加固；否则，应采用双液法，即需采用氢氧化钠与氯化钙溶液轮番灌注加固；

室内外试验表明，当100g干土中可溶性和交换性钙镁离子含量不少于10mg・eq时，灌入氢氧化钠溶液可得到较好的加固效果。

3. 碱液加固地基的深度应根据场地的湿陷类型、地基湿陷等级和湿陷性黄土厚度，并结合建筑物类别与湿陷事故的严重程度等综合因素确定。加固深度宜为2～5m。

(1) 对非自重湿陷性黄土地基，加固深度可为基础宽度的（1.5～2.0）倍；

(2) 对Ⅱ级自重湿陷性黄土地基，加固深度可为基础宽度的（2.0～3.0）倍。

碱液加固法适宜于浅层加固，加固深度不宜超过4～5m。当加固深度超过5m时，应与其他加固方法进行技术经济比较后，再行决定。

4. 碱液加固土层的厚度h，可按下式估算：

$$h=l+r \tag{6-6}$$

式中 l——灌注孔长度，从注液管底部到灌注孔底部的距离（m）；

r——有效加固半径（m）。

5. 碱液加固地基的半径r，宜通过现场试验确定。当碱液浓度和温度符合施工要求的规定时，有效加固半径与碱液灌注量之间，可按下式估算：

$$r=0.6\sqrt{\frac{V}{n\cdot l\times 10^{3}}} \tag{6-7}$$

式中 V——每孔碱液灌注量（L），试验前可根据加固要求达到的有效加固半径按式（6-7）进行估算；

n——拟加固土的天然孔隙率；

r——有效加固半径（m），当无试验条件或工程量较小时，可取0.4～0.5m。

加固体并不与灌注量成正比，因此存在一个较经济合理的加固半径。试验表明，这一合理半径一般为0.4～0.5m。

6. 当采用碱液加固既有建（构）筑物的地基时，灌注孔的平面布置，可沿条形基础两侧或单独基础周边各布置一排。当地基湿陷较严重时，孔距可取0.7～0.9m，当地基湿陷较轻时，孔距可适当加大至1.2～2.5m。

7. 每孔碱液灌注量可按下式估算：

$$V=\alpha \cdot \beta \cdot \pi \cdot r^{2}(l+r)n \tag{6-8}$$

式中　α——碱液填充系数，可取0.6～0.8；

β——工作条件系数，考虑碱液流失影响，可取1.1。

湿陷性黄土的饱和度一般在15%～77%范围内变化，多数在40%～50%左右。故溶液充填土的孔隙时不可能全部取代原有水分，因此充填系数取0.6～0.8。

五、注浆加固施工

（一）注浆设备

注浆用的主要设备是钻孔机械、注浆泵、浆液搅拌机等，对于双液注浆如水玻璃加水泥浆，还需要浆液混合器。钻孔机具及注浆泵型号参见表6-5，可根据工程需要及施工单位现有装备条件选用。

注浆设备参考表　　表6-5

设备种类	型　号	性　能	重量（kg）	备　注
钻探机	主轴旋转式D-2型	340给油式 旋转速度：160、300、600、1000r/min 功率：5.5kW 钻杆外径：40.5mm 轮周外径：41.0mm	500	钻孔用
注浆泵	卧式二连单管复动活塞式BGW型	容量：16～60L/min 最大压力：3.628MPa 功率：3.7kW	350	注浆用
水泥搅拌机	立式上下两槽式MVM5型	容量：上下槽各250L 叶片旋转数：160r/min 功率：2.2kW	340	不含有水泥时的化学浆液不用
化学浆液混合器	立式上下两槽式	容量：上下槽各220L 搅拌容量：20L 手动式搅拌	80	化学浆液的配制和混合
齿轮泵	KJ—6型齿轮旋转式	排出量：40L/min 排出压力：0.1MPa 功率：2.2kW	40	从化学浆液槽往混合器送入化学浆液
流量、压力仪表	附有自动记录仪 电磁式 浆液EP	流量计测定范围：40L/min 压力计：3MPa（布尔登管式） 记录仪双色（流量：蓝色；压力：红色）	120	

（二）注浆施工工艺流程

注浆施工工艺流程如下：

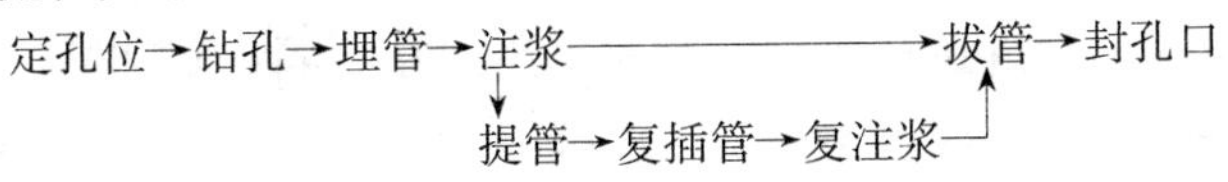

定孔位→钻孔→埋管→注浆————————→拔管→封孔口

注浆↓提管→复插管→复注浆→（返回）拔管

（三）注浆施工具体要求

1. 水泥为主剂的注浆施工应符合下列规定：

（1）施工场地应预先平整，并沿钻孔位置开挖沟槽和集水坑；

（2）注浆施工时，宜采用自动流量和压力记录仪，并应及时对资料进行整理分析；

（3）注浆孔的孔径宜为70～110mm，垂直度偏差应小于1%；

（4）花管注浆法施工可按下列步骤进行：

1）钻机与注浆设备就位；

2）钻孔或采用振动法将花管置入土层；

3）当采用钻孔法时，应从钻杆内注入封闭泥浆，然后插入孔径为50mm的金属花管；

4）待封闭泥浆凝固后，移动花管自下向上或自上向下进行注浆。

（5）压密注浆施工可按下列步骤进行：

1）钻机与注浆设备就位；

2）钻孔或采用振动法将金属注浆管压入土层；

3）当采用钻孔法时，应从钻杆内注入封闭泥浆，然后插入孔径为50mm的金属注浆管；

4）待封闭泥浆凝固后，捅去注浆管的活络堵头，然后提升注浆管自下向上或自上向下进行注浆。

（6）封闭泥浆7d立方体试块（边长为70.7mm）的抗压强度应为0.3～0.5MPa，浆液黏度应为80～90s；

（7）浆液宜用普通硅酸盐水泥。注浆时可掺用粉煤灰代替部分水泥，掺入量可为水泥重量的20%～50%。根据工程需要，可在浆液拌制时加入速凝剂、减水剂和防析水剂；

（8）注浆用水不得采用pH值小于4的酸性水和工业废水；

（9）水泥浆的水灰比可取0.6～2.0，常用的水灰比为1.0；

（10）注浆的流量可取7～10L/min，对充填型注浆，流量不宜大于20L/min；

（11）当用花管注浆和带有活堵头的金属管注浆时每次上拔或下钻高度宜为0.5 m；

（12）浆体应经过搅拌机充分搅拌均匀后才能开始压注，并应在注浆过程中不停缓慢搅拌，搅拌时间应小于浆液初凝时间。浆液在泵送前应经过筛网过滤；

（13）水温不得超过30～35℃；并不得将盛浆桶和注浆管路在注浆体静止状态暴露于阳光下，防止浆液凝固；日平均温度低于5℃或最低温度低于－3℃的条件下注浆时，应在施工现场采取措施，保证浆液不冻结；

（14）注浆顺序应按跳孔间隔注浆方式进行，并宜采用先外围后内部的注浆施工方法。当地下水流速较大时，应从水头高的一端开始注浆；

（15）对渗透系数相同的土层，首先应注浆封项，然后由下向上进行注浆，防止浆液上冒。如土层的渗透系数随深度而增大，则应自下向上注浆。对互层地层，首先应对渗透性或孔隙率大的地层进行注浆；

（16）当既有建筑地基进行注浆加固时，应对既有建筑及其邻近建筑、地下管线和地面的沉降、倾斜、位移和裂缝进行监测。并应采用多孔间隔注浆和缩短浆液凝固时间等措施，减少既有建筑基础因注浆而产生的附加沉降。

（17）施工事故及处理

1）冒浆：其原因有多种，主要有注浆压力大、注浆段位置埋深浅、有孔隙通道等，首先应查明原因，再采用控制性措施：如降低注浆压力，必要时采用自流式加压；提高浆液浓度或掺砂，加入速凝剂；限制注浆量，控制单位吸浆量不超过30～40L/min；堵塞冒浆部位，对严重冒浆部位先灌混凝土盖板，后注浆。

2）窜浆：主要由于横向裂隙发育或孔距小；可采用跳孔间隔注浆方式；适当延长相邻两序孔间施工时间间隔；如窜浆孔为待注孔，可同时并联注浆。

3）绕塞返浆：主要有注浆段孔壁不完整、橡胶塞压缩量不足、上段注浆时裂隙未封闭或注浆后待凝时间不够，水泥强度过低等原因。实际注浆过程中严格按要求尽量增加等待时间。

另外还有漏浆、地面抬升、埋塞等现象。

2. 硅化浆液注浆施工应符合下列规定：

（1）压力灌浆溶液的施工步骤应符合下列规定：

1）向土中打入灌注管和灌注溶液，应自基础底面标高起向下分层进行，达到设计深度后，将管拔出，清洗干净可继续使用；

2）加固既有建筑物地基时，在基础侧向应先施工外排，后施工内排；

3）灌注溶液的压力值由小逐渐增大，但最大压力不宜超过200kPa。

压力灌注溶液的施工步骤除配溶液等准备工作外，主要分为打灌注管和灌注溶液。通常自基础底面标高起向下分层进行，先施工第一加固层，完成后再施工第二加固层，在灌注溶液过程中，应注意观察溶液有无上冒（即冒出地面）现象，发现溶液上冒应立即停止灌注，分析原因，采取措施，堵塞溶液不出现上冒后，再继续灌注。

（2）溶液自渗的施工步骤，应符合下列要求：

1）在基础侧向，将设计布置的灌注孔分批或全部打（或钻）至设计深度；

2）将配好的硅酸钠溶液注满各灌注孔，溶液面宜高出基础底面标高0.50m，使溶液自行渗入土中；

3）在溶液自渗过程中，每隔2～3h，向孔内添加一次溶液，防止孔内溶液渗干。

溶液自渗的施工步骤除配溶液与压力灌注相同外，打灌注孔及灌注溶液与压力灌注有所不同，灌注孔直接钻（或打）至设计深度，不需分层施工。溶液自渗不需要灌注管及加压设备，硅酸钠溶液配好后，如不立即使用或停放一定时间后，溶液会产生沉淀现象，灌注时，应再将其搅拌均匀。

（3）计算溶液量全部注入土中后，所有注浆孔宜用2∶8灰土分层回填夯实。

3. 碱液注浆施工应符合下列规定：

（1）灌注孔可用洛阳铲、螺旋钻成孔或用带有尖端的钢管打入土中成孔，孔径为60～100mm，孔中填入粒径为20～40mm的石子，直到注液管下端标高处，再将内径20mm的注液管插入孔中，管底以上300mm高度内填入粒径为2～5mm的小石子，其上用2∶8灰土填入并夯实；

灌注孔直径的大小主要与溶液的渗透量有关。如土质疏松，由于溶液渗透快，则孔径宜小。如土的渗透性弱，而孔径较小，就将使溶液渗入缓慢，灌注时间延长，将使加固体早期强度偏低，影响加固效果。

（2）碱液可用固体烧碱或液体烧碱配制，加固 $1m^3$ 土需要 NaOH 量约为干土质量的 3%，即 35～45kg。碱液浓度不应低于 90g/L；双液加固时，氯化钙溶液的浓度为 50～80g/L；

固体烧碱质量一般均能满足加固要求，液体烧碱及氯化钙在使用前均应进行化学成分定量分析，以便确定稀释到设计浓度时所需的加水量。

碱液浓度对加固土强度有一定影响，当碱液浓度较低时加固强度增长不明显，较合理的碱液浓度宜为 90～100g/L。

（3）配溶液时，应先放水，而后徐徐放入碱块或浓碱液。溶液加碱量可按下列公式计算：

1）采用固体烧碱配制每立方米浓度为 M 的碱液时，每立方米水中的加碱量为：

$$G_s = \frac{1000M}{P} \tag{6-9}$$

式中 G_s——每 $1m^3$ 碱液中投入的固体烧碱量（kg）；

M——配置碱液的浓度（g/L），计算时将 g 化为 kg；

P——固体烧碱中，NaOH 含量的百分数（%）。

2）采用液体烧碱配制每立方米浓度为 M 的碱液时，投入的液体烧碱体积 V_1 为：

$$V_1 = \frac{1000M}{d_N \cdot N} \tag{6-10}$$

加水量 V_2 为：

$$V_2 = 1000\left(1 - \frac{M}{d_N \cdot N}\right) \tag{6-11}$$

式中 V_1——液体烧碱体积（L）；

V_2——加水的体积（L）；

d_N——液体烧碱的相对密度；

N——液体烧碱的质量分数（即质量百分浓度）。

（4）应在盛溶液桶中将碱液加热到 90℃以上才能进行灌注，灌注过程中桶内溶液温度应保持不低于 80℃；碱液灌注前加温主要是为了提高加固土体的早期强度。在常温下，加固强度增长很慢，温度愈高，强度愈大。因此，施工时应将溶液加热到沸腾。

（5）灌注碱液的速度，宜为 2～5L/min；碱液加固与硅化加固的施工工艺不同之处在于后者是加压灌注（一般情况下），而前者是无压自流灌注，因此一般渗透速度比硅化法慢。其平均灌注速度在 1～10L/min 之间，以 2～5L/min 速度效果最好。灌注速度超过 10L/min，意味着土中存在有孔洞或裂隙，造成溶液流失；当灌注速度小于 1L/min 时，意味着溶液灌不进，表明土的可灌性差。

（6）碱液加固施工，应合理安排灌注顺序和控制灌注速率。宜间隔 1～2 孔灌注，并分段施工，相邻两孔灌注的间隔时间不宜少于 3d。同时灌注的两孔间距不应小于 3m；在加固土强度形成以前，土体在基础荷载作用下由于浸湿软化将使基础产生一定的附加下沉，为减少施工中产生过大的附加下沉，应采取跳孔灌液并分段施工。

（7）当采用双液加固时，应先灌注氢氧化钠溶液，间隔 8～12h 后，再灌注氯化钙溶液，后者用量为前者的 1/4～1/2。

如要提高加固土强度，也可考虑用双液法。为避免 $CaCl_2$ 溶液在土中置换过多的碱液中的钠离子，规定两种溶液间隔灌注时间不应少于 8～12h，以便使先注入的碱液与被加固土体有较充分的反应时间。

六、注浆质量检验

（一）施工前

施工前应掌握有关技术文件（注浆点位置、浆液配比、注浆施工技术参数、检测要求等）。浆液组成材料的性能应符合设计要求，注浆设备应确保正常运转。

（二）施工中

施工中应经常抽查浆液的配比及主要性能指标，注浆的顺序、注浆过程中的压力控制等。

（三）施工后

1. 水泥为主剂的注浆加固质量检验应符合下列规定：

（1）注浆检验时间应在注浆结束 28d 后进行。可选用标准贯入、轻型动力触探、静力触探或面波等方法对加固地层均匀性进行检测；

（2）应在加固土的全部深度范围内每隔 1m 取样进行室内试验，测定其压缩性、强度或渗透性；

（3）注浆检验点可为注浆孔数的 2%～5%。当检验点合格率小于或等于 80%，或虽大于 80%但检验点的平均值达不到强度或防渗的设计要求时，应对不合格的注浆区实施重复注浆；

（4）对注浆加固效果的检验要针对不同地层条件设置相适应的检测方法，并注重注浆前后对比。对水泥为主剂的注浆加固的检测时间有明确的规定，土体强度有一个增长的过程，故验收工作应在施工完毕 28d 以后进行。对注浆加固效果的检验，加固地层的均匀性检测十分重要。

2. 硅化注浆加固质量检验应符合下列规定：

（1）硅酸钠溶液灌注完毕，应在 7～10d 后，对加固的地基土进行检验；

（2）应采用动力触探或其他原位测试检验加固地基的均匀性；

（3）必要时，尚应在加固土的全部深度内，每隔 1m 取土样进行室内试验，测定其压缩性和湿陷性；

（4）检验数量可为注浆孔数的 2%～5%。

3. 碱液加固质量检验应符合下列规定：

（1）碱液加固施工应作好施工记录，检查碱液浓度及每孔注入量是否符合设计要求；

（2）开挖或钻孔取样，对加固土体进行无侧限抗压强度试验和水稳性试验。取样部位应在加固土体中部，试块数不少于 3 个，28d 龄期的无侧限抗压强度平均值不得低于设计值的 90%。将试块浸泡在自来水中，无崩解。当需要查明加固土体的外形和整体性时，可对有代表性加固土体进行开挖，量测其有效加固半径和加固深度；

碱液加固后，土体强度有一个增长的过程，故验收工作应在施工完毕 28d 以后进行。

碱液加固工程质量的判定除以沉降观测为主要依据外，还应对加固土体的强度、有效加固半径和加固深度进行测定。有效加固半径和加固深度目前只能实地开挖测定。强度则可通过钻孔或开挖取样测定。由于碱液加固土的早期强度是不均匀的，一般应在有代表性的加固土体中部取样，试样的直径和高度均为50mm，试块数应不少于3个，取其强度平均值。考虑到后期强度还将继续增长，故允许加固土28d龄期的无侧限抗压强度的平均值可不低于设计值的90%。

如采用触探法检验加固质量，宜采用标准贯入试验；如采用轻便触探易导致钻杆损坏。

(3) 检验数量可为注浆孔数的2%～5%。

4. 注浆加固处理后地基的承载力应进行静载荷试验检验。静载荷试验应按《建筑地基处理技术规范》JGJ 79附录A的规定进行，检验数量对每个单体建筑不应少于3点。

5. 检验标准

注浆地基的质量检验标准应符合表6-6的规定。

注浆地基质量检验标准[6] **表6-6**

项	序	检查项目		允许偏差或允许值		检查方法
				单位	数值	
主控项目	1	原材料检验	水泥	设计要求		查产品合格证书或抽样送检
			注浆用砂：粒径 细度模数 含泥量及有机物含量	mm %	<2.5 <2.0 <3	试验室试验
			注浆用黏土：塑性指数 黏粒含量 含砂量 有机物含量	 % % %	>14 >25 <5 <3	试验室试验
			粉煤灰：细度 烧失量	不粗于同时使用的水泥 %	 <3	试验室试验
			水玻璃：模数	2.5～3.3		抽样送检
			其他化学浆液	设计要求		查产品合格证书或抽样送检
	2	注浆体强度		设计要求		取样检验
	3	地基承载力		设计要求		按规定方法
一般项目	1	各种注浆材料称量误差		%	<3	抽查
	2	注浆孔位		mm	±20	用钢尺量
	3	注浆孔深		mm	±100	量测注浆管长度
	4	注浆压力（与设计参数比）		%	±10	检查压力表读数

七、工程实录

（一）静压注浆加固地基

1. 工程概况

拟建建筑高9层，设置地下室一层，框架结构，采用天然地基，条形基础，基底压力p=450kPa，地下室开挖深度为4.2m（从地面±0.00起算）。由于拟建建筑物场地地基土层分布不均匀，土层承载力不能满足设计要求。因此，需进行地基加固处理。

2. 工程地质条件

（1）杂填土（Q^{ml}）：杂色，由粉质黏土、粉砂组成，含碎石和砖。结构松散，标贯试验N=4～6击，f_{ak}=140kPa，层厚1.5～2.8m。

（2）淤泥质土（Q^{al}）：灰黑色，上部含粉细砂，局部含腐殖质，流塑，标贯试验N=3～5击，f_{ak}≤105kPa，层厚1.2～2.8m。

（3）砂土层（Q^{al}）：灰白～黄色，主要由粉细砂和中砂组成，含较多黏性土和碎石、卵石。稍密，标贯试验平均值$N_{(中砂)}$=11.5击，f_{ak}=180kPa，$N_{(粉细砂)}$=13.8击，f_{ak}=170kPa，层厚变化较大。中砂最大厚度约4.6m，粉细砂最大厚度约3.2m。

（4）黏性土（Q^{al}）：灰白～花色，由粉质黏土和含砂黏土组成，夹少量粉土，可塑状态为主，局部软塑状态，标贯试验平均值N=7.5击，f_{ak}=200kPa。分布极不均匀。

（5）碎石土层（Q^{pl+dl}）：灰白色，含大量碎石，直径大者达8～10cm，呈亚圆状～次棱角状，其成分为次生石英岩（95%为石英质），碎石之间填充白色高岭石黏土，稍密～中密。该层在场区内均有分布，层面平均埋深6.3m，层厚1.2～13m不等，根据土工试验及标贯试验，其承载力特征值f_{ak}取400kPa。

综合以上工程地质情况，第（3）、（4）层为本次地基加固的主要土层。

3. 方案设计

（1）加固方案选择

可选用的地基加固方法为注浆法、深层搅拌法和旋喷法。由于拟建场地土层不均匀性，上部旧基础及杂填土多，使深层搅拌机无法施工。旋喷法加固软弱土，其效果也能使所形成的复合地基承载力达到设计要求，但旋喷法施工工期长，费用高，且现场环境也有所限制，所以，该法也不能满足实际要求。

鉴于以上情况，对该场地所要加固的土层进行了详细分析，提出静压注浆形成树根状微型桩注浆加固方案。该加固方法方便简捷，工效高，成本低。但要达到复合地基（水泥～土）承载力f_{spk}≥450kPa，技术难度较高，根据多年的施工经验及浆液充填率粗算，理论上该加固方案可满足设计要求，但安全度不高。为此，在原静压注浆加固基础上增加了树根状微型桩基的设计思想，以增加该加固工程的安全可靠度。

静压注浆形成树根状微型桩基加固软弱土层机理是：采用水泥～水玻璃浆材，利用压送设备，通过压力注浆胶管，在压力驱动下，将浆液充分注入所要加固的土体中，通过浆液在土体中劈裂、挤压和渗透等作用机理，使高浓度的水泥浆与土体有足够时间充分结合，形成具有较高强度的水泥土固结体和树枝状水泥网脉体。与一般静压注浆法相区别，其特点是将每个孔加固段的注浆花管（ϕ1.5in镀锌管）预留在土体中，水泥浆液通过花管扩散，使注浆花管与水泥土体及树根状水泥网脉紧密联结成一体。这种注浆管类似于微型桩基。由这种树根状微型桩基与水泥土固结体共同作用，以达到加固软弱地基的目的。

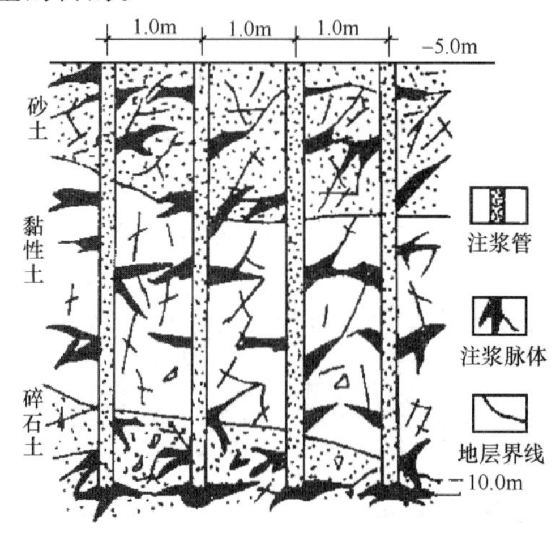

例图 1-1 注浆效果综合剖面图

(2) 加固方案设计

1) 地基加固部位

根据场地的工程地质条件及地下室底面标高－4.2m，要求注浆加固土体段埋深为5.0～10.0m段（从原地面起算），土层主要为砂土及黏性土，注浆孔深10.0m（例图1-1）。

该建筑采用条形基础，基础需加固范围：C轴11.0×3.3m，D轴19.0m×5.0m，E轴25.4m×4.4m，F轴70.0m×1.2m，即加固总面积为325.3m^2。

2) 注浆参数的确定

①注浆半径的确定

注浆扩散半径R是一个非常重要的参数。根据Magg（1938）推导的渗透公式，经过粗算及现场试验，确定R=1.0m，其有效加固半径r为0.5m。

②浆液配合比的确定

根据多年的现场施工经验，如果水灰比很小对注浆后的地基强度固然有利，但浆液在压力管道中的阻力就必然增大。对注浆泵要求较高，施工困难，同时也不利于浆液进一步扩散，影响注浆半径；如果水灰比太大，浆液体凝结硬化时收缩比较大，易形成新的孔隙。从上述两点可以得出，水灰比的确定是否合适，是注浆质量好坏的重要因素之一，也是降低注浆工程造价，缩短工期的关键。为此，做了许多对比试验，根据现场所加固土体的特性，选用水灰比（重量比）为水∶水泥=0.75∶1作为工程注浆配合比。同时，考虑到部分水泥浆段在稍密砂层较易扩散，需加水泥速凝剂（水玻璃40°Be′），其用量为水泥重量的20%。

③注浆压力

注浆压力与所加固土体上覆土层的压力、浆液黏度、注浆速度和注浆量等因素有关，注浆过程中压力是变化的。本工程采用初始压力20～40N/cm^2，稳压：80～100N/cm^2，稳压时间约30min。

④注浆孔布置

根据注浆有效加固半径r=0.5m，设计各注浆孔间距为1m。本工程共布置注浆孔436个。

⑤注浆量

所需浆量由以下公式推算：

$$Q=1000K\cdot V\cdot n$$

式中 Q——浆液总用量（L）；

V——土的体积（m^3）；

n——土的孔隙率；

K——经验系数（0.3～0.6）。

本工程共耗用水泥 242.5t，水玻璃（40°Be′）44t。

4. 施工方法

（1）放线（放点）

按加固区设计图要求，由兴建单位负责测放四个加固区的位置，并按注浆孔间距 1.0±0.1m 的要求确定注浆孔位置。

（2）钻机（或改进型成孔机）就位

按现场测放点位置，准确就位，并校正钻杆（或注浆管）的垂直度，按设计要求成孔到预定深度。

（3）埋管

将两条各为 5.0～5.5m 长的注浆管接驳后，插入已成的孔内，第一节（下段）注浆管为花管，底端稍收敛，第二节（上段）注浆管与下段通过螺旋扣紧紧密相连。

（4）冲孔

利用高压（2MPa）清水循环冲刷注浆管内的泥砂等杂质，直至管内回水变清。

（5）双液注浆

将高压注浆胶管与双头注浆管紧密相连，通过两台压送泵分别将水泥浆和水玻璃同时压入土体中。

（6）稳压控制

在一定的压力（0.8MPa）条件下，保持 20～30min，慢慢地将水泥浆压入土体中。

（7）拔管

注浆完毕以后，将上段注浆管与下段注浆管接口处旋转松开，然后将上段注浆管拔出地面，下段注浆管原位不动保留土体中。

（8）冲洗并移位

单孔注浆完毕以后，用压力水冲洗注浆胶管及注浆镀锌管，以防浆管堵塞，同时移位至另一孔。

5. 质量检验

（1）开挖检验

开挖检验是待浆液凝固具有一定强度后，即可开挖检查固结体形状及浆液渗透情况，该方法比较形象直观。

本注浆加固工程完成 3 个月以后，进行了基坑大开挖，开挖至－0.4m 时，就发现浆液呈脉状体在含黏性土粉、细砂层中伸展，当挖至地下室设计标高后，在加固区选择四个点检查，都出现开挖较困难，在水泥浆集中区，铁锹不易挖动，在－7.0m 处取上含黏性土粉细砂样块，可看出黑色水泥浆液已渗入粉细砂孔隙中，使粉细砂呈致密块状土，同时，可看到灰黑色水泥浆液呈脉状体挤压土体，脉状体宽 2～4cm，并呈不规则状延伸。

在注浆管周围可看到水泥及水泥土固结体紧密包裹着注浆管，并有树根状水泥脉与其相连，有效直径约 10cm，其作用实际上类似于微型工程桩。

（2）复合地基载荷试验

为了判定软弱地基土经注浆加固后其地基土承载力和压缩性指标，对该复合地基进行了原位载荷试验。在四个加固区各选择一个试验点，其四个点的试验结果 f_{spk} 均大于450kPa，满足设计要求。

（石汉生，静压注浆加固地基工程实录，岩土工程师 1995（4））

（二）PPC 灌浆法在复合地基中的应用[11]

在复合地基中应用灌浆技术（简称 PPC 工法）是北京大兴地基工程公司研发的软基加固方法，1995 年首次在北京芍药居的两座高楼（24 层）中应用成功，由于它具有工程造价低和加固效果好等优点，几年来陆续在北京、南京及天津等地区推广使用。

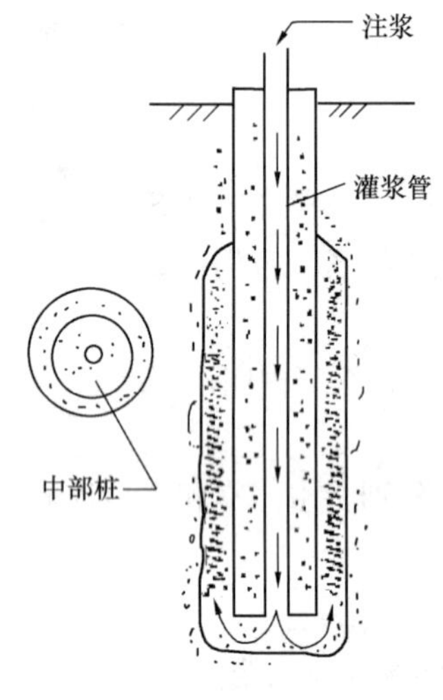

例图 2-1　预埋灌浆孔

1. PPC 工法的技术要点

主要靠下述几种措施，大大提高桩及桩土复合地基的承载力，降低地基的沉降变形。

（1）首先在地基内打钻孔灌注桩，桩经常采用 ϕ300～400mm，桩深通过计算确定（一般不超过 15m），桩体则用压力注浆形成。

（2）在注浆成桩之前，先在钻孔内埋设一根 ϕ60～70mm 铁管（见例图 2-1），在桩体具有一定强度后，通过此预埋管对桩底及桩侧进行水泥灌浆，强迫浆液进入桩底及桩侧土体中。

（3）最后通过预埋在基础底板内的 ϕ60mm 铁管，对表土层进行接触灌浆和压密灌浆。

2. 灌浆所起的作用

（1）桩体由浓稠水泥浆组成，强度较高，且桩体内含有铁管，刚性较大，故桩体属于微变形刚性桩。

（2）通过桩侧灌浆，可以大大改善桩体与其周围土体的结合状态。根据在深圳、北京和南京等地区的实践经验，桩侧灌浆使桩土摩擦力提高了 50%～80%。

（3）高强度桩体加上桩侧摩擦力的提高，为增加桩土应力比创造了条件，使桩在复合地基中的作用大大提高。

（4）表土压密灌浆能使地基土体的强度和密度增加，并加强基础底板与土层表面的结合，使复合地基一开始就处于有利的协调受力状态。

（5）具有重要意义的是，桩侧灌浆、桩底灌浆和表面压密灌浆等，能使复合地基范围内及其周边的土体得到不同程度的灌注，从而使复合地基的整体稳定性大大提高。

3. 工程实例

（1）北京芍药居工程

1995 年，拟建的建筑物为两栋 24 层住宅楼，地下室两层，现浇剪力墙结构，每栋楼的底面积为 870m^2，上部建筑的附加荷载为 380kPa，地层土质自上而下主要由人工杂土层、砂质黏土层、粉质黏土层和中细砂层等组成，这些土层承载力都不能满足设计荷载的要求，尤其是上部杂填土层厚度变化较大（2.8～13.2m），组成比较复杂（含石料、生活垃圾、腐殖质等），这些杂填土又不能全部挖除，对建筑物的安全稳定甚为不利，必须采取有效的加固措施。

原计划采用钻孔灌注桩进行加固，但造价太高且桩孔难于合理布置。经反复研究后，建设方选用了“PPC”方案，此方案的主要措施为：

1）桩的直径为300mm，深度15m，桩距1.6m。

2）用专门配制的水泥浆液充填桩孔，凝固后形成强度为C15～C20的无筋桩体。

3）通过一根预埋在桩孔中心的铁管（ϕ60mm），对桩底及桩侧进行压力灌浆，灌浆压力一般为1.5～2.0MPa。

4）最后还要通过预埋在混凝土底板内铁管（ϕ60mm）对表土（包括人工杂填土）进行压密灌浆及接触灌浆，一方面使表土的密度和强度增加，另外还能使底板与表土结合得更加紧密。

5）造桩所用浆液都要采用“四高”配方，即高流动性、高力学强度、高浓度以及高稳定性。

6）后灌浆桩孔及底板预埋灌浆孔的平面布置见例图2-2。

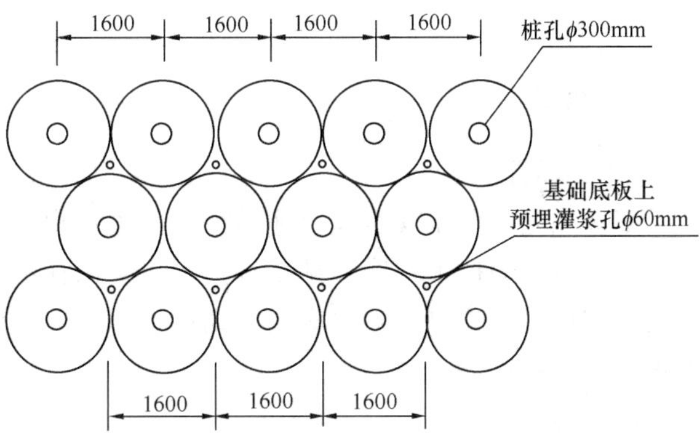

例图2-2　后灌浆桩孔及预埋灌浆孔平面布置

现场进行了两组复合地基静载试验，其中一个试点布置在含有人工垃圾的地区（1号地区），另一试点选择在基本上不含垃圾的部位（2号地区），最大试验荷载采用2200kN（稍大于2.2设计荷载），试验结果如图例2-3所示。结果表明，复合地基不但满足了设计荷载要求，而且还具有相当的潜力，与原设计的桩基方案相比，工程造价节约了40%～50%。

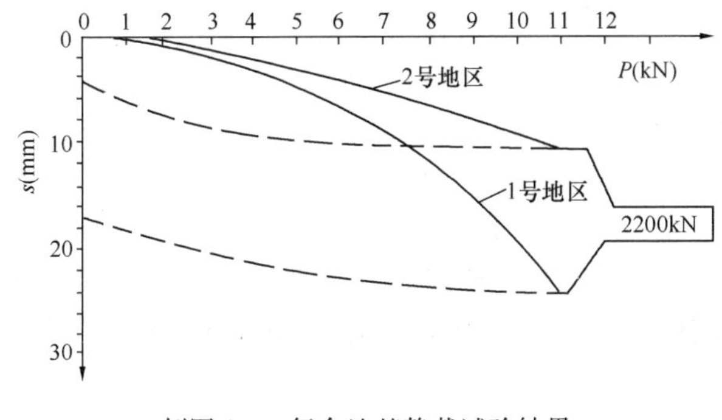

例图2-3　复合地基静载试验结果

此外，还在A、B两座楼各设6个沉降观察点，连续对建筑物进行了6个月的沉降观测，结果为：A座的实际沉降量变化在1.6～2.2cm，平均1.8cm；B座变化在1.2～2.1cm，平均1.7cm，8年之后，勘察、设计、施工等单位对这两高层住宅楼进行了实地考察，未发现任何异常情况。

（2）北京望京新城工程

本工程位于北京朝阳区望京小区，建筑物地上22层，地下两层，基础面积约950m^2，基底设计荷载为420kPa。基础底板坐落在厚为6～8m的弃土坑上，坑内杂填土主要由承载力很低的生活垃圾（含塑料袋、编织物、木片、灰渣、砖块和腐烂有机物等）和粉质黏土组成。经反复研讨后，地基加固方法采用了“PPC”工法，此工法的设计要点为：

1）桩径400mm，桩深16m，桩距1.45m。

2）灌浆后，桩侧阻力取30kPa，桩间土承载力取100kPa。

3）单桩承载力为720kN/根，桩数总共457根。

4）混凝土板压密灌浆孔距为2m，预埋管径50mm。

桩侧灌浆结束后，由甲方委托专门机构对各楼层进行了近200天的沉降观测，结果表明，封顶后一个月各观测点的最大沉降量仅为29.2mm，最小为14.88mm。在条件基本相同的情况下，采用其他工法的沉降量比“PPC”工法大很多。

第三节　微型桩加固

一、一般规定

（一）适用范围及分类

微型桩加固适用于既有建筑地基加固补强，也可用于新建建筑的地基处理。按桩型、施工工艺，可分为树根桩法、预制桩法、注浆钢管桩法等。

微型桩加固工程目前主要应用在场地狭小，大型设备不能施工的情况，对大量的改扩建工程具有其适用性。

（二）设计原则

1. 微型桩加固后的地基，当桩与承台整体连接时，可按桩基础设计；当桩与基础不整体连接时可按复合地基设计。按桩基设计时，桩顶与基础的连接应符合《建筑桩基技术规范》JGJ 94的有关规定；按复合地基设计时，应符合《建筑地基处理技术规范》JGJ 79规范有关规定，其中褥垫层厚度宜取100～150mm。

2. 微型桩加固后的承载力和变形计算一般情况采用桩基础的设计原则；由于微型桩断面尺寸小，在共同变形条件下地基土参与工作，在有充分试验依据条件下可按刚性桩复合地基进行设计。微型桩的桩身配筋率较高，桩身承载力应考虑筋材的作用；对注浆钢管桩、型钢微型桩等计算桩身承载力时，可以仅考虑筋材的作用。

3. 既有建筑地基基础采用微型桩加固补强，应符合现行国家行业标准《既有建筑地基基础加固技术规范》JGJ123的有关规定。

（三）防腐蚀要求

根据环境的腐蚀性、微型桩的类型、荷载类型（受拉或受压）、钢材的品种及设计使用年限，微型桩中钢构件或钢筋的防腐构造应符合耐久性设计的要求。钢构件或预制桩钢筋保护层厚度不应小于25mm；钢管砂浆保护层不应小于35mm；混凝土灌注桩钢筋保护层不应小于50mm。

（四）设计施工要求

软土地基条件下微型桩的设计施工应满足下列要求：

1. 应选择较好的土层作为桩端持力层，进入持力层深度不宜小于5倍的桩径或边长；

2. 当微型桩用于不排水抗剪强度小于10kPa的土层中时，应进行试验性施工；并应采用护筒或永久套管包裹水泥浆、砂浆或混凝土；

3. 应采取间隔施工、控制注浆压力和速度等措施，减小微型桩施工期间的地基附加变形，控制基础不均匀沉降及总沉降量；

4. 在成孔、注浆或压桩施工过程中应监测相邻建筑和边坡的变形。

对软土地基条件下施工做出上述规定，主要是为了保证成桩质量和在进行既有建筑地基加固工程的注浆过程中，对既有建筑的沉降控制及地基稳定性控制。

（五）质量验收原则

1. 微型桩的施工验收，应提供施工过程有关参数，原材料的力学性能检验报告，试件留置数量及制作养护方法、混凝土、砂浆等抗压强度试验报告，型钢、钢管、钢筋笼制作质量检查报告。施工完成后尚应进行桩顶标高、桩位偏差等检验。

2. 微型桩的桩位施工偏差对独立基础的边桩、条形基础桩沿垂直轴线方向不得大于1/6桩径，沿轴线方向不得大于1/4桩径，其他情况桩位施工偏差不得大于1/2桩径；桩身的垂直度偏差不得大于1%。

3. 桩身完整性检验宜采用低应变动力试验进行检测。检测桩数不得少于总桩数的10%，且不得少于10根，且每根柱下承台的抽检桩数不应少于1根。

4. 微型桩的竖向承载力检验应采用静载荷试验，检验桩数不得少于同条件下总桩数的1%，且不得少于3根。

5. 当微型桩按复合地基设计时，尚应进行复合地基静载荷试验，试验要求按《建筑地基处理技术规范》JGJ79－2012有关规定确定。

二、预制桩法及锚杆静压桩

（一）基本规定

1. 预制桩法适用于淤泥、淤泥质土、黏性土、粉土、砂土和人工填土等地基处理。

2. 预制桩桩体可采用边长为150～300mm的预制混凝土方桩、直径300mm的预应力混凝土管桩、断面尺寸为100～300mm的钢管桩、型钢等，施工除满足现行国家行业标准《建筑桩基技术规范》JGJ 94要求外，尚应符合下列要求：

（1）对型钢微型桩应保证压桩过程中计算桩体材料最大应力不超过材料抗压强度标准值的0.9倍；

（2）对预制混凝土方桩或预应力混凝土管桩，所用材料及预制过程（包括连接件）、压桩力、接桩、截桩等，应符合有关预制桩施工相关规范的要求；

（3）除用于减小桩身阻力的涂层外，桩身材料以及连接件的耐久性设计应符合有关标准的要求。

3. 预制桩的单桩竖向承载力或复合地基承载力应通过静载荷试验确定；无试验资料时，初步设计可按《建筑地基处理技术规范》JGJ 79—2012有关规定估算。

4. 本节预制桩包括预制混凝土方桩、预应力混凝土管桩、钢管桩、型钢等，施工方法包括静压法、打入法、植入法等，也包含了传统的锚杆静压法、坑式静压法。近年来的工程实践中，有许多采用静压桩形成复合地基应用于高层建筑的成功实例。鉴于静压桩施工质量容易保证，且经济性较好，静压微型桩复合地基加固方法得到了较快的推广应用。微型预制桩的施工质量应重点注意保证打桩、开挖过程中桩身不产生开裂、破坏和倾斜。对型钢、钢管作为桩身材料的微型桩，还应考虑其耐久性。

下面重点对锚杆静压桩的设计施工等进行介绍。

（二）锚杆静压桩

1. 工法简介

锚杆静压桩是锚杆和静力压桩二项技术巧妙结合而形成的一种桩基施工新工艺，是一项地基加固处理新技术。加固机理类同于打入桩及大型静力压桩，受力直接、清晰，但施工工艺既不同于打入桩，也不同于大型静力压桩，明显优越于打入桩及大型静力压桩。锚杆静压桩的施工工艺是先在新建的建（构）筑物基础上预留压桩的桩位孔，并预埋好锚杆，或在已建的建（构）筑物基础上开凿压桩孔和锚杆孔，用黏结剂埋好锚杆，然后安装压桩架，用锚杆作媒介，把压桩架与建筑物基础连为一体，并利用建（构）筑物自重作反力（必要时可加配重），用千斤顶将预制桩段逐段压入土中，当压桩力及压入深度达到设计要求后，将桩与基础浇注在一起，桩即可受力，从而达到提高地基承载力和控制沉降的目的。

2. 适用土层及工程对象

（1）锚杆静压桩法适用于淤泥、淤泥质土、黏性土、粉土和人工填土等地基土。

（2）工程对象

1）施工场地狭小的新建或改扩建工程；

2）既有建筑纠偏、增层、加荷的基础托换工程；

3）工期紧张的桩基或地基处理工程，可采用锚杆静压桩逆作法对地基进行处理。

3. 设计要点

（1）单桩竖向承载力

锚杆静压桩的单桩竖向承载力可通过单桩载荷试验确定；当无试验资料时，也可按现行国家标准《建筑地基基础设计规范》GB 50007 或《建筑地基处理技术规范》JGJ 79 的有关规定估算。

（2）桩位布置

桩位布置应靠近墙体或柱子。设计桩数应由上部结构荷载及单桩竖向承载力计算确定；必须控制压桩力不得大于该加固部分的结构自重。压桩孔宜为上小下大的正方棱台状，其孔口每边宜比桩截面边长大 50～100mm。条形基础及独立柱基桩位布置分别如图 6-3 和图 6-4 所示。

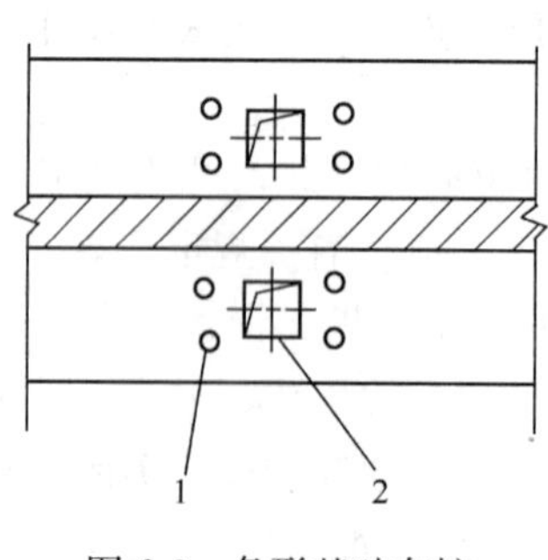

图 6-3 条形基础布桩

1—锚杆；2—压桩孔

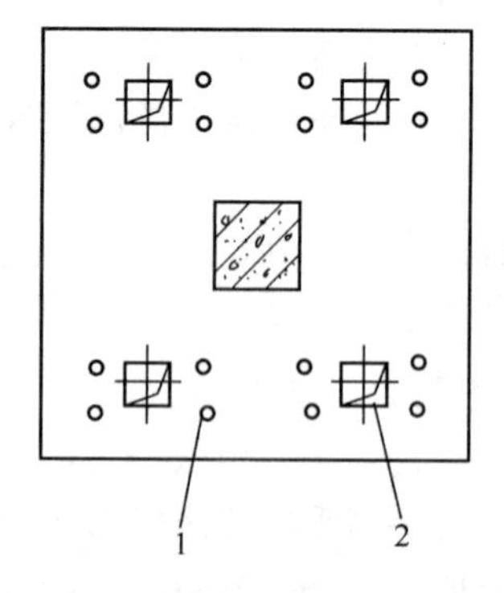

图 6-4 独立柱基布桩

1—锚杆；2—压桩孔

（3）桩身制作要求

桩身制作应符合下列要求：

1）桩身材料可采用钢筋混凝土或钢材；

2）对钢筋混凝土桩宜采用方形，其边长为 200～300mm；

3）每段桩节长度应根据施工净空高度及机具条件确定，宜为1.0～2.5m；

4）桩内主筋应按计算确定。当方桩截面边长为200mm时，配筋不宜少于4ϕ10；当边长为250mm时，配筋不宜少于4ϕ12；当边长为300mm时，配筋不宜少于4ϕ16；

5）桩身混凝土强度等级不应低于C30；

6）当桩身承受拉应力时，应采用焊接接头。其他情况可采用硫磺胶泥接头连接。

（4）锚杆构造与设计

锚杆可用光面直杆墩粗螺栓或焊箍螺栓，并应符合下列要求：

1）当压桩力小于400kN时，可采用M24锚杆；当压桩力为400～500kN时，可采用M27锚杆；

2）锚杆螺栓的锚固深度可采用10～12倍螺栓直径，并不应小于300mm，锚杆露出承台顶面长度应满足压桩机具要求，一般不应小于120mm；

3）锚杆螺栓在钻杆孔内的黏结剂可采用环氧砂浆或硫磺胶泥；

4）锚杆与压桩孔、周围结构及承台边缘的距离不应小于200mm。

（5）下卧层承载力及地基变形验算

大量工程实测表明：凡采用锚杆静压桩的工程，其桩尖进入坚硬持力层者，建筑物沉降量是比较小的，不会超过5cm，故一般情况下不需要进行这部分内容的验算。只有当持力层下不太深处还存在较厚的软土层时，才需验算下卧层强度及地基变形。下卧层强度及地基变形计算可参照行业标准《建筑桩基技术规范》JGJ 94中有关条款进行。当验算强度不能满足或当地基变形计算值超过规范规定的容许值时，则需适当改变原定的方案重新设计。

（6）承台设计

桩基承台设计可按现行的《钢筋混凝土结构设计规范》GB 50010进行抗冲切、抗剪切以及抗弯强度的验算，当不能满足要求时，适当加厚承台和增加配筋；在基础下部受力钢筋被压桩孔切断时，应在孔口边缘增加等量的加强筋，若压桩孔在基础边缘转角处，压桩力较大时，应设置受拉构造钢筋。

承台除应满足有关承载力要求外，尚应符合下列规定：

1）承台周边至边桩的净距不宜小于200mm；

2）承台厚度不宜小于350mm；

3）桩顶嵌入承台内长度应为50～100mm；当桩承受拉力或有特殊要求时，应在桩顶四角增设锚固筋，伸入承台内的锚固长度应满足钢筋锚固要求；

4）压桩孔内应采用C30微膨胀早强混凝土浇筑密实；

5）当原基础厚度小于350mm时，封桩孔应用2ϕ16钢筋交叉焊接于锚杆上，并应在浇筑压桩孔混凝土的同时，在桩孔顶面以上浇筑桩帽，厚度不得小于150mm。

4．施工流程

压桩及封桩施工流程图分别如图6-5和图6-6所示。预加反力封桩构造见图6-7。

5．质量检验

（1）施工前应对成品桩（锚杆静压成品桩一般均由工厂制造，运至现场堆放）做外观及强度检验，接桩用焊条或半成品硫磺胶泥应有产品合格证书，或送有关部门检验，压桩用压力表、锚杆规格及质量也应进行检查。硫磺胶泥半成品应每100kg做一组试件（3

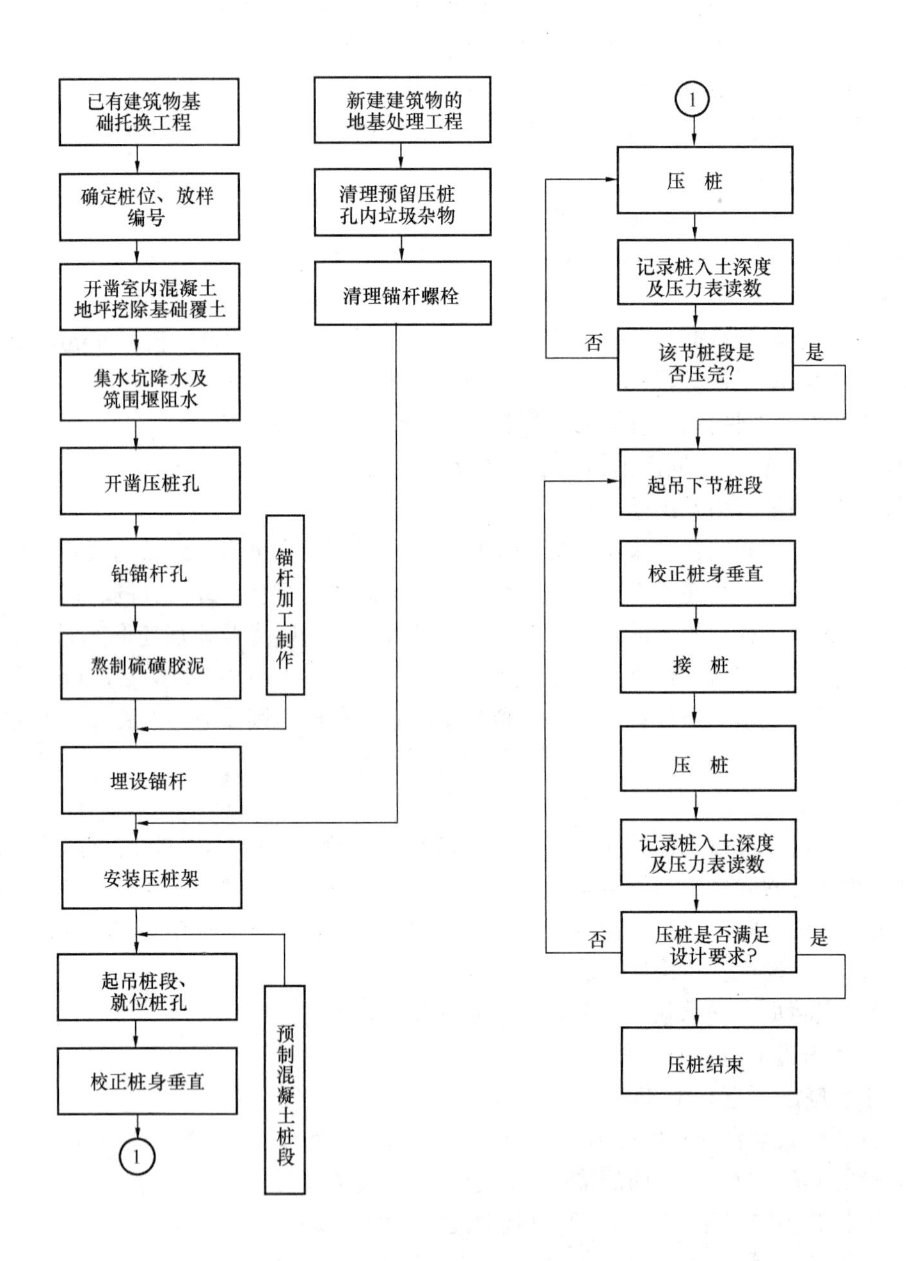

图 6-5　压桩施工流程框图

件)。

(2) 压桩过程中应检查压力、桩垂直度、接桩间歇时间、桩的连接质量及压入深度。重要工程应对电焊接桩的接头做10%的探伤检查。对承受反力的结构应加强观测。

(3) 施工结束后，应做桩的承载力及桩体质量检验。

(4) 锚杆静压桩质量检验标准应符合表 6-7 的规定。

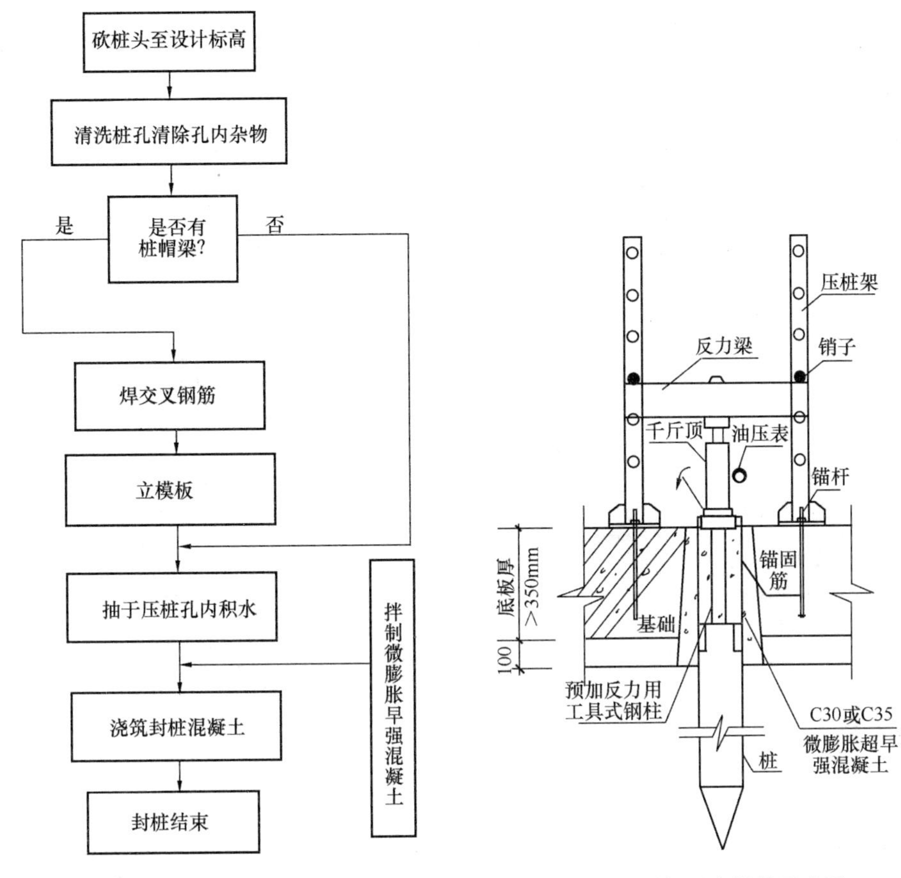

图 6-6　封桩施工流程图　　　　图 6-7　预加反力封桩示意图

锚杆静压桩质量检验标准[6]　　　　**表 6-7**

项	序	检查项目		允许偏差或允许值		检查方法
				单位	数值	
主控项目	1	桩体质量检验		按《基桩检测技术规范》		按《基桩检测技术规范》
	2	桩位偏差		按 GB 50202 表 5.1.3		用钢尺量
	3	承载力		按《基桩检测技术规范》		按《基桩检测技术规范》
一般项目	1	成品桩质量	外观	表面平整，颜色均匀，掉角深度<10mm，蜂窝面积小于总面积 0.5%		直观
			外形尺寸	见 GB 50202 表 5.4.5		见 GB 50202 表 5.4.5
			强度	满足设计要求		查产品合格证书或钻芯试压
	2	硫磺胶泥质量（半成品）		设计要求		查产品合格证书或抽样送检

续表

项	序	检查项目		允许偏差或允许值		检查方法
				单位	数值	
一般项目	3	接桩	电焊接桩：焊缝质量	见 GB 50202 表 5.5.4-2		见 GB 50202 表 5.5.4-2
			电焊结束后停歇时间	min	＞1.0	秒表测定
			硫磺胶泥接桩：胶泥浇注时间	min	＜2.0	秒表测定
			浇注后停歇时间	min	＞7.0	秒表测定
	4	电焊条质量		设计要求		查产品合格证
	5	压桩压力（设计有要求时）		%	±5	查压力表读数
	6	接桩时上下节平面偏差 接桩时节点弯曲矢高		mm	＜10 ＜1/1000l	用钢尺量 用钢尺量，l 为两节桩长
	7	桩顶标高		mm	±50	水准仪

三、树根桩

（一）概述

1. 工法简介

树根桩是一种小直径的钻孔灌注桩，其直径通常为 100～300mm，国外是在钢套管的导向下用旋转法钻进，在托换工程中使用时，往往要钻穿原有建筑物的基础进入地基土中直至设计标高，清孔后下放钢筋（钢筋数量从 1 根到数根，视桩径而定），同时放入注浆管，再用压力注入水泥浆、水泥砂浆或细石混凝土；边灌、边振、边拔管（升浆法）而成桩。亦可放入钢筋笼后再放碎石，然后注入水泥浆或水泥砂浆而成桩。上海等多数地区施工时都是不带套管的。根据设计需要，树根桩可以是垂直的或倾斜的；也可以是单根的或成排的；可以是端承桩，也可以是摩擦桩。

有的树长在山岭上和丛林中，虽经风雨摇撼和岁月沧桑，仍可数百年屹立不倒，这主要是根深蒂固，其根系在各个方向与土牢固地连结在一起，树根桩的加固设想由此而来，其桩基形状如“树根”而得名。英美各国将树根桩列入地基处理中的加筋法范畴。日本简称为 RRP 工法。

2. 适用范围

（1）树根桩常用于基础托换加固。当采用常规桩型施工方法困难或不经济时，树根桩也可用作承受垂直荷载支承桩，按桩或复合地基设计；也可用作侧向支护桩和抗渗堵漏墙。

（2）树根桩适用于各种不同的土质条件，如淤泥、淤泥质土、黏性土、粉土、砂土、碎石土及人工填土等。

（3）树根桩复合地基在特殊土地区建筑工程地基处理中也多有应用。

(二) 设计计算

1. 勘察要求

树根桩工程应按设计和施工的要求，事先进行地质勘探或在原有的勘察报告的基础上进行补勘和复测，以获得下列内容的原始资料。

(1) 查清现场土层分布。包括地下水位、地表下土体分层情况、各层土的物理力学指标及土层对水泥浆的可灌性等。

(2) 表层各类障碍物和地下管线分布。

(3) 周围的有源水和地下构筑物。

2. 设计要求

(1) 桩径、桩长及布桩型式

树根桩的直径宜为150～300mm，桩长不宜超过30m，桩的布置可采用直桩型或网状结构斜桩型。新建工程宜采用竖直桩型。

(2) 单桩竖向承载力确定

树根桩的单桩竖向承载力可通过单桩载荷试验确定；当无试验资料时，也可按现行国家标准《建筑地基基础设计规范》GB 50007或《建筑地基处理技术规范》JGJ 79有关规定估算。当采用水泥浆二次注浆工艺时，桩侧阻力可乘以1.2～1.4系数。

树根桩的单桩竖向承载力的确定，尚应考虑既有建筑的地基变形条件的限制和桩身材料的强度要求。并满足下列要求：

1) 托换加固考虑地基变形条件限制；

2) 新建工程也可按复合地基设计(桩土应力比 n 约为20～60)；

3) 单桩竖向承载力应满足下式要求：

$$R_a \leqslant 0.75 f_c \cdot \psi_c \cdot A_p \tag{6-12}$$

式中　R_a——单桩竖向承载力特征值(kN)；

f_c——混凝土轴心抗压强度设计值(kPa)；

ψ_c——工作条件系数，可取0.6～0.7；

A_p——桩身截面积(m^2)。

(3) 桩身配筋及构造要求

桩身混凝土强度等级应不小于C25，钢筋笼外径宜小于设计桩径40～60mm。主筋不宜少于3根。钢筋直径不应小于 $\phi12$，宜通长配筋。

(4) 托换工程基础强度验算

树根桩设计时，尚应对既有建筑的基础进行有关承载力的验算。当不满足上述要求时，应先对原基础进行加固或增设新的桩承台。

(5) 对因土体高渗透性和地下空洞(自然或人工形成的)可能导致的胶凝材料流失，和其他原因形成的桩孔的不稳定，及在施工和使用过程中出现的桩孔的变形与移位，造成微型桩的失稳与扭曲等问题，应采取土层加固等技术措施。

(三) 施工

1. 施工工具

树根桩施工的主要机具是钻机和注浆泵。

(1) 钻机：分干钻和湿钻二类。

（2）注浆泵：分泥浆泵和砂浆泵二种。砂浆泵用于对桩身强度要求较高的工程。

2. 灌注材料

树根桩采用的灌筑材料应符合以下要求：

（1）具有较好的和易性、可塑性、粘聚性、流动性、自密实性；桩身材料强度不应小于C25，灌注材料可采用水泥浆、水泥砂浆、细石混凝土或其他灌浆料，也可采用碎石或细石充填后再灌水泥浆或水泥砂浆；

（2）当采用管送或泵送混凝土或砂浆时，应选用圆形骨料。骨料的最大粒径不应大于纵筋净距的1/4、泵送管或水下浇筑管内径的1/6中的最小值，同时不应大于15mm；

（3）对水下浇筑混凝土料，水泥含量不应小于375kg/m^3，水灰比应小于0.6；

（4）水泥浆的配制应符合后述注浆钢管桩有关规定，水泥宜采用普通硅酸盐水泥，水灰比不宜大于0.55。

3. 施工要求

树根桩作为微型桩的一种，一般指具有钢筋笼作配筋，采用压力灌注混凝土、水泥浆、水泥砂浆，形成的直径小于300mm的小直径灌注桩，也可采用投石压浆方法形成的直径小于300mm的钢管混凝土灌注桩。灌注微型桩主要钻孔、灌注工艺见表6-8，图6-8。

微型桩钻孔施工方法 **表6-8**

钻孔方法	钢筋类型	灌注方法	桩身材料	灌注选项
1. 旋转/冲洗钻钻孔； 2. 冲击钻钻孔； 3. 凿或洛阳铲等工具挖孔； 4. 连续螺旋钻成孔	钢筋笼	1. 投石、灌浆； 2. 浇筑； 3. 压灌	1. 无砂混凝土； 2. 砂浆、混凝土； 3. 混凝土	1. 注浆管； 2. 套管； 3. 导管
	1. 微型桩管材（承重构件）； 2. 永久套管	1. 灌浆； 2. 浇筑混凝土	1. 水泥浆； 2. 砂浆或混凝土	1. 钢管； 2. 套管； 3. 钻孔过程中灌浆

注：当桩孔不稳定或有明显漏液或需通过套管进行浇注时采用套管成孔方法。

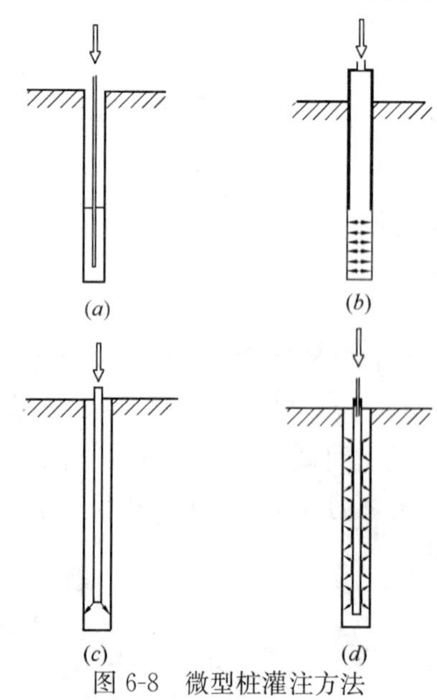

图6-8 微型桩灌注方法

(*a*) 注浆管注浆；(*b*) 利用套管注浆；(*c*) 注浆管作加筋材料；(*d*) 花管注浆

树根桩施工具体要求如下：

（1）桩位平面允许偏差±20mm；桩身垂直度偏差不应大于1%；

（2）土层中钻孔采用钻机成孔时，可采用天然泥浆护壁，必要时采用套管。

在软黏土中成孔一般都可采用清水护壁，只要熟练施工操作，亦可确保施工质量。对饱和软土地层钻进时，经常会遇到粉砂层（即流砂层），有时会出现缩孔和塌孔现象，因此应采用泥浆护壁。

在饱和软土层中，钻进时一般不用套管护孔，仅在孔口处设置一段1m以上套管，套管应高出地面10cm，以防钻具碰压坏孔口。对地表有较厚的杂填土或作为端承桩时，钻孔必须下套管。

钻孔到设计标高后必须清孔，控制供水压力的大小，直至孔口基本溢出清水为止。

（3）树根桩用钢筋笼宜整根吊放，当分节吊放时，节间钢筋搭接焊缝长度双面焊不得小于 5 倍钢筋直径；单面焊不得小于 10 倍钢筋直径，施工时应缩短吊放和焊接时间；钢筋笼应通过悬挂或支撑的方法确保其在灌浆或浇注混凝土时的位置和高度。当在斜桩中组装钢筋笼时，应采用可靠的支撑和定位方法；

（4）灌注施工时应采用间隔施工、间歇施工或增加速凝剂掺量等措施，以防止相邻桩孔移位和窜孔；

（5）当地下水流速较大可能导致水泥浆、砂浆或混凝土影响灌注质量时，应采用永久套管、护筒或其他保护措施；

（6）在风化或有裂隙发育的岩层中灌注水泥浆时，为避免水泥浆向周围岩体的大量流失，应进行桩孔测试和预灌浆；

（7）当通过水下浇注管或带孔钻杆或管状承重构件进行浇注混凝土或水泥砂浆时，水下浇注管或带孔钻杆的末端应埋入泥浆中。浇注过程应连续进行，直到顶端溢出浆体的黏稠度与注入浆体一致时为止；

（8）通过临时套管灌注水泥浆时，钢筋的放置应在临时套管拔出之前完成，套管拔出过程中应每隔 2 米施加灌浆压力。采用管材作为承重构件时，可通过其底部进行灌浆；

（9）当采用碎石或细石充填再注浆工艺时，钢筋笼和注浆管置入钻孔后，应立即投入用水冲清洗过的粒径为 5～25mm 的碎石，如果钻孔深度超过 20m 时，可分二次投入。碎石应计量投入孔口填料漏斗内，并轻摇钢筋笼促使石子下沉和密实，直至填满桩孔。填入量应不小于计算体积的 0.8～0.9 倍，在填灌过程中应始终利用注浆管注水清孔。一次注浆时，注浆压力宜为 0.3～1.0MPa，由孔底使浆液逐渐上升，直至浆液泛出孔口再停止注浆。第一次注浆浆液初凝时方可进行二次及多次注浆，二次注浆采用水泥浆压力宜为 2～4MPa，当不能施加设计指定的灌浆压力时，应等待至可以施加规定灌浆压力时进行。在灌浆过程结束时，灌浆管中应充满水泥浆并维持灌浆压力一定时间。拔除注浆管后应立即在桩顶填充碎石，并在 1～2m 范围内补充注浆。

（四）质量检验

树根桩属地下隐蔽工程，施工条件和周围环境都比较复杂，控制成桩过程中每道工序的质量是十分重要的。施工单位按设计的要求和现场条件制定施工大纲，经现场监理审查后监督执行。施工过程中应有现场验收施工记录，包括钢筋笼的制作、成孔和注浆等各项工序指标考核。桩位、桩数均应认真核查、复测，应预留试块测定桩身材料抗压强度或采用现场取样做试块的方法进行检验，按国家标准《混凝土结构设计规范》GB 50010 进行测试。

采用静载荷试验是检验桩基承载力和了解其沉降变形特性的可靠方法。各种动测法也常用于检验桩身质量，如查裂缝、缩颈、断桩等。动测法检测这类小直径桩效率高，但在判别时也要依赖于工程经验。

具体要求应符合有关标准的规定。

四、注浆钢管桩

注浆钢管桩是在静压钢管桩技术基础上发展起来的一种新的加固方法，近年来注浆钢管桩法常用于新建工程的桩基或复合地基施工质量事故的处理，具有施工灵活、质量可靠的特点。基坑工程中，注浆钢管桩大量应用于复合土钉的超前支护，本节内容可作为其设计施工的参考。

（一）适用范围

注浆钢管桩法适用于淤泥质土、黏性土、粉土、砂土和人工填土等地基处理。

（二）单桩承载力计算

注浆钢管桩单桩承载力的设计计算，可按现行国家及行业有关技术标准的规定执行，当采用二次注浆工艺时，桩侧摩阻力特征值取值可乘以 1.3 的系数。

二次注浆对桩侧阻力的提高系数除与桩侧土体类型、注浆材料、注浆量和注浆压力、方式等密切相关外，尚与桩直径有关。一般来说，相同压力形成的桩周压密区厚度相等，小直径桩侧阻力增加幅度大于同材料相对直径较大的桩，因此，注浆钢管桩侧阻力增加系数与树根桩的规定有所不同，提高系数 1.3 为最小值，具体取值可根据试验结果或经验确定。

（三）施工要点

1. 钢管桩可采用静压、植入等方法施工。施工方法包含了传统的锚杆静压法、坑式静压法，对新建工程，注浆钢管桩一般采用钻机或洛阳铲成孔，然后植入钢管再封孔注浆的工艺，采用封孔注浆施工时，应具有足够的封孔长度，保证注浆压力的形成。

2. 水泥浆的制备应符合下列要求：

（1）水泥浆的配合比应采用经认证的计量装置计量，保证材料掺量符合设计要求；

（2）选用的搅拌机应能够保证搅拌水泥浆的均匀性；在搅拌槽和注浆泵之间应设置存储池，并应进行搅拌以防止浆液离析和凝固。

3. 水泥浆灌注应符合下列要求：

（1）应尽可能缩短桩孔成孔和灌注水泥浆之间的时间间隔；

（2）注浆时应避免空气和钻孔液的影响，以保证灌注充分，并应采取可靠方法保证桩长范围内完全灌满水泥浆；

（3）注浆泵和注浆系统应与选定的灌注方法相适应，注浆泵与注浆孔口距离不宜大于 30m，以减小灌浆管路系统阻力，应尽可能地靠近灌浆点来测量灌浆压力，以保证实际的灌浆压力；

（4）当采用桩身钢管进行注浆时可通过其底部进行一次或多次灌浆，也可以将桩身钢管加工成花管进行多次灌浆；

（5）采用花管灌浆时，可以通过花管进行全长段多次灌浆，也可通过花管及阀门进行分段灌浆，或通过互相交错的后注浆管进行分步灌浆。

4. 注浆钢管桩钢管的连接应采用套管焊接，焊接强度与质量应满足现行有关标准的要求。

第四节　桩网复合地基[2]

一、一般规定

（一）构造

桩网复合地基由刚性桩、桩帽、加筋层、垫层和填土层构成（图 6-9），可用于填土路堤、柔性面层堆场和机场跑道等地基处理与加固。

(二) 适用范围

桩网复合地基适用于处理黏性土、粉土、砂土、淤泥、淤泥质土地基，也可用于处理新近填土、湿陷性土液化土和欠固结淤泥等地基。

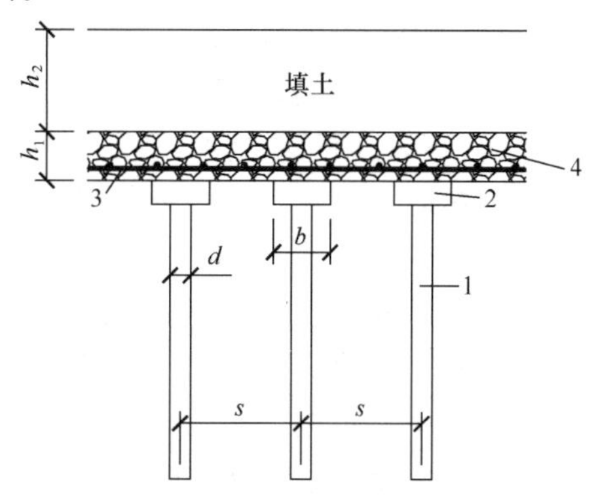

图 6-9　桩网复合地基构造图

1—刚性桩；2—桩帽；3—加筋；4—垫层

(三) 勘察

设计前应先通过勘察查明岩土层的分布和基本性质，各岩土层桩侧摩阻力和桩端承载力，判断土层的欠固结、自重固结和湿陷性等特性。

(四) 桩型选择

当持力层较浅时，桩网复合地基中的桩选用端承型桩；持力层较深时，宜选用摩擦型桩。桩型可采用预制桩、就地灌注素混凝土桩、套管灌注桩等，应根据施工可行性、经济性等因素综合比选确定桩型。

二、设计

(一) 一般规定

应根据地质条件、设计荷载和试桩结果，综合分析确定桩网复合地基的桩间距、桩帽尺寸、加筋层的性能、垫层及填土层厚度。

1. 桩的截面尺寸

桩的截面尺寸宜取 200～500mm，加固土层厚、软土性质差时取较大值。

2. 桩间距

宜按正方形布桩，桩间距应根据设计荷载、单桩承载力计算确定，方案设计时可取桩径或边长的 5～8 倍。

正方形布桩时，桩间距满足下式要求：

$$S=\sqrt{\frac{R_a-Q_n^g}{p_k}} \tag{6-13}$$

式中　R_a——试桩确定的单桩竖向承载力特征值（kN）；

Q_n^g——桩侧负摩阻力引起的下拉荷载（kN）；

p_k——相应于荷载效应标准组合时，作用在复合地基上的平均压力值，包括上部荷载及填土压力（kPa）。

3. 当正方形布桩时，可采用正方形桩帽；桩帽上边缘设 20mm 宽的 45°倒角。

桩帽采用钢筋混凝土，强度等级不小于 C25，桩帽的尺寸和强度应满足以下要求：

（1）桩帽面积与单桩处理面积之比宜取 15%～25%；

（2）桩帽以上填土高度，根据垫层厚度、土拱计算高度确定；

（3）在荷载基本组合条件下，桩帽的截面承载力能够满足抗弯和抗冲剪强度要求；

（4）钢筋净保护层 50mm。

4. 采用正方形布桩，正方形桩帽时，桩帽之间的土拱高度可按下式计算：

$$h=0.707(S-b)c\tan\phi \tag{6-14}$$

式中 h——土拱高度（m）；

S——桩间距（m）；

b——桩帽边长或直径（m）；

ϕ——填土的摩擦角，黏性土取综合摩擦角（°）。

5. 桩帽以上的最小填土设计高度应按下式计算确定：

$$h_2 = 1.2(h - h_1) \tag{6-15}$$

式中 h_2——垫层之上最小填土设计厚度（m）；

h——土拱高度（m），由式（6-14）计算确定；

h_1——垫层厚度（m）。

6. 加筋层设置在桩帽顶部，加筋的经纬方向分别平行于布桩的纵横向铺设，应选用双向抗拉强度相同、低蠕变性、耐老化型的土工格栅类材料。

7. 垫层铺设在加筋体之上，应选用碎石或卵砾石，最小粒径应大于加筋体的孔径，最大粒径小于 50mm；垫层厚度（h_1）宜取 200～300mm。

8. 垫层之上的填土材料可选用碎石、无黏性土、砂质土等，不得采用塑性指数大于 17 的黏土、垃圾土、混有有机质或淤泥的土类；压实标准和要求满足相应规范的要求。

9. 加筋体性能要求详见《复合地基技术规范》GB/T 50783—2012 有关规定。

（二）单桩承载力

1. 单桩承载力应通过试桩确定，在方案设计和初步设计阶段，单桩的竖向承载力特征值可按下式计算。

$$R_a = u_p \cdot \sum_{i=1}^{n} q_{si} \cdot l_{pi} + q_p \cdot A_P \tag{6-16}$$

式中 u_p——桩的周长（m）；

n——桩长范围内所划分的土层数；

q_{si}、q_p——桩周第 i 层土的侧阻力、桩端端阻力特征值（kPa）；

l_{pi}——第 i 层土的厚度（m）。

2. 桩穿过松散填土层、欠固结软土层、自重湿陷性土层时，设计计算应考虑桩侧负摩阻力的影响。

（1）对端承桩，应按下式验算单桩承载力：

$$R_a \geqslant A_e \cdot p_k + Q_n^g \tag{6-17}$$

式中 A_e——单桩承担的地基处理面积（m^2）。

（2）对于摩擦型桩，取中性点以上 $q_{si}=0$，按下式验算单桩承载力：

$$R_a \geqslant A_e \cdot p_k \tag{6-18}$$

（三）复合地基承载力

桩网复合地基承载力特征值可通过复合地基载荷试验，或根据单桩载荷试验和桩间土地基载荷试验，并结合工程实践经验综合确定。当处理松散填土层、欠固结软土层、自重湿陷性土等有明显后续沉降的地基时，应根据单桩载荷试验结果，考虑负摩擦影响，确定复合地基承载力特征值。

$$f_{spk} = \lambda \cdot m \cdot \frac{R_a}{A_p} + \beta(1 - m) f_{sk} \tag{6-19}$$

式中　f_{spk}——复合地基承载力特征值（kPa）；

λ——单桩承载力发挥系数，取 $\lambda=1.0$；

m——面积置换率；

R_a——单桩竖向承载力特征值（kN）；

A_p——桩的截面积（m^2）；

β——桩间土承载力发挥系数，宜按地区经验取值。当加固桩属于端承桩型时，公式中的桩间地基承载力发挥度系数 β 取 0.1～0.4；当加固桩属于摩擦型桩时，β 可取 0.5～0.9。当处理对象为松散填土层、欠固结软土层、自重湿陷性土等有明显后续沉降的地基时，β 取 0。

f_{sk}——处理后桩间土承载力特征值（kPa），宜按当地经验取值，如无经验时，可取天然地基承载力特征值。

（四）沉降计算

桩网复合地基的沉降（s）由加固区复合土层压缩变形量（s_1）、加固区下卧土层压缩变形量（s_2），以及桩帽以上垫层和土层的压缩量变形量（s_3）组成，宜按下式计算：

$$s = s_1 + s_2 + s_3 \tag{6-20}$$

1. 加固区复合土层压缩变形量 s_1，按《复合地基技术规范》GB/T 50783—2012 有关规定计算，当采用刚性桩时 s_1 可忽略不计。

2. 加固区下卧土层压缩变形量（s_2），按 GB/T 50783 规定计算，需考虑桩侧负摩阻力时，桩底土层沉降计算荷载计入下拉荷载 Q_n^g 。

3. 当桩土共同作用形成复合地基时，桩帽以上垫层和填土层的变形在施工期完成，在计算工后沉降时可忽略不计。

4. 当处理松散填土层、欠固结软土层、自重湿陷性土等有明显后续沉降的地基时，桩帽以上的垫层和土层的压缩量变形量（s_3），可按下式计算：

$$s_3 = \frac{\Delta(S-b)(S+2b)}{2S^2} \tag{6-21}$$

式中　Δ——加筋体的下垂高度（m），可取 $\Delta=0.1S$（最大不宜超过 0.2m）；

S——桩间距（m）；

b——桩帽边长或直径（m）。

三、施工

（一）施工勘察

在地层变化复杂的场地，宜按 20～30m 间距进行施工勘察，可采用双桥静力触探试验，进一步查明地层分布，以及桩的侧摩阻系数和桩端承载力设计参数。

（二）施工方法

1. 预制桩可选用打入法或静压法沉桩，就地灌注桩可选用沉管灌注、长螺旋钻孔灌注、长螺旋压浆灌注、钻孔灌注等施工方法。桩施工执行国家现行有关规范的要求和规定。

2. 根据地质资料和试桩结果确定持力层位置和设计桩长，成孔就地灌注桩施工应按根据揭示的地层和工艺试桩结果综合判断控制施工桩长；饱和黏土地层预制桩沉桩施工时，应以设计桩长控制为主，工艺试桩确定的收锤标准或压桩力控制为辅的方法控制施工桩长。

（三）施工顺序

饱和软土地层挤土桩施工应选择合适的施工顺序，减少挤土效应，加强对相邻已施工桩及施工场地周围环境的监测。

（四）加筋层施工

加筋层的施工应满足以下规定和要求：

1. 材料的运输、储存和铺设应尽量避免阳光曝晒；

2. 应尽量选用较大幅宽的加筋材料，两幅拼接时接头强度不小于原有强度的70%；接头宜布置在桩帽上，重叠宽度不得小于30cm；

3. 铺设时要求地面平整，不得有尖锐物体；

4. 加筋材料铺设平整，用编织袋装砂（土）压住；

5. 加筋材料的经纬向与布桩的纵横方向相同。

（五）桩帽施工

桩帽宜现浇，预制时，要有对中措施；桩帽之间采用砂土、石屑等回填。

（六）垫层及填土施工

1. 加筋体之上铺设的垫层应选用较高强度的碎石、卵砾石填料，不得混有泥土和石屑，碎石最小粒径大于加筋材料孔径尺寸，要求铺设平整。铺设厚度小于30cm时，可不作碾压，30cm以上时分层静压压实。

2. 垫层以上填土应分层压实，压实度应达到设计要求。

四、质量检验

（一）桩的质量检测要求：

1. 就地灌注桩应在成桩28d龄期后进行质量检验，预制桩宜在施工7d后检验；

2. 挖出所有桩头检验桩数，随机选取5%的桩检验桩位、桩距和桩径；

3. 随机选取总桩数的10%进行低应变试验，检测桩身完整性和桩长；

4. 随机选取总桩数的0.2%，且每个单体工程不少于3根桩进行静载试验；

5. 对灌注桩的质量存疑时，进行抽芯检验，检查完整性、桩长和混凝土的强度；

6. 桩的质量标准应符合下述要求：

（1）桩位和桩距偏差小于5cm，桩径偏差小于5%；

（2）低应变检测Ⅱ类或好于Ⅱ类桩应超过被检测数的70%；

（3）桩长偏差不大于20cm；

（4）静载试验单桩极限承载力应不小于设计值的2倍；

（5）抽芯试验的抗压强度不小于设计混凝土强度等级的70%。

（二）加筋材料的检测与检验应包括下列内容：

加筋材料的检测与检验的主要物理力学指标：

1. 各向抗拉强度，以及抗拉强度设计值对应的材料应变率；

2. 材料的单位面积重量，幅宽、厚度、孔径尺寸等；

3. 抗老化性能，GB/T 16422.2光照老化试验，不小于原有强度的70%。GB/T 16422.2光照老化法：氙弧灯光照辐射强度55W/m^2，照射150小时，测试加筋材料的拉伸强度保持率。

4. 对于一些新材料，在不了解性能的情况下，还应测试在拉力等于70%设计抗拉强度条件下的蠕变性能。

五、工程实录：某机场跑道采用高压旋喷异径桩加固深层软土[14]

跑道范围内拟建场地原始地面低洼，需填方才能成为跑道路面，填土高度为10～14m。该地段原始地面以下埋藏着厚7.0～19.0m的湖积有机质黏土和泥炭土，由于填方后压实填土附加荷载的作用，跑道产生过大沉降，并呈现持续下沉的趋势。同时跑道西侧填土边坡开裂，边坡前缘天然地面明显隆起，形成滑坡。这些现象表明，填土形成的荷载已超过软土层的承载力。

为保障跑道的安全，采用高压旋喷技术对厚填土以下的软土层进行加固处理。其中，采用桩帽托起填土荷载，减小软土层顶面的接触压力是一种新的构思，是利用高压旋喷可以较方便形成异径技术的设计方法。

1. 工程及地质概况

拟建填方跑道形成后，发现跑道南端120m长度范围内持续下沉，累计沉降达18cm，并以每月1.4～3.0cm继续下沉。跑道路堤的边坡开裂，边坡前缘天然地面隆起，形成滑坡。该地段填方高度10.0～14.0m，主要由红褐色黏土分层压实而成，压实填土呈硬塑至坚硬状态，密实，标贯击数平均为12击，孔隙比$e=0.60$，天然状态重度$\gamma=20.8kN/m^3$，压缩系数$\alpha_{1\text{-}2}$为$0.18MPa^{-1}$，压缩模量$E_s=11.8MPa$。地基承载力特征值为$f_{ak}=200kPa$，根据上述土的物理力学性质指标，可以认为填土的填筑质量良好。显然跑道道面下沉以及跑道西侧路堤边坡的滑移不是压实填土自身的变形引起，经勘察，跑道道面下沉及路堤边坡滑移与天然地层有关。场地内天然地层自上而下为：

（1）湖积黏土（硬壳层）：灰黄色、硬塑状态，层厚0.90～2.40m，标贯击数为10击，$e_0=1.04$，$\alpha_{1\text{-}2}=0.55$，$E_s=4.1MPa$，$f_{ak}=160kPa$，中等强度和中等压缩性土。

（2）湖积有机质黏土和泥炭土：灰色、黑色，可塑至软塑状态，层厚7.00～19.00m。标贯击数为2～4击，$e_0=1.24$～2.31，$\alpha_{1\text{-}2}=0.92$～2.43，$E_s=1.5$～$3.01MPa$，$f_{ak}=80$～$100kPa$，为低强度高压缩的土层。

（3）湖积粉土：蓝灰、灰黄色，硬塑，层厚大于23.00m，标贯击数为10击，$e_0=0.88$，$\alpha_{1\text{-}2}=0.29$，$E_s=7.3MPa$，$f_{ak}=210kPa$，属较好的下卧层。

由于天然地层中存在厚度较大的软土层，软土层的压缩变形和局部剪切破坏是造成跑道下沉和路堤边坡滑移的直接原因。为控制深层软土的破坏加剧，保证跑道的正常使用，甲方和设计单位要求对该地段进行地基加固处理。

2. 地基处理方案的选择及设计

（1）地基处理的基本要求

1）该地段压实填土厚10.00～14.00m，填方量15万m^3，已经经过严格的分层碾压，检查结果，压实效果良好。若按20元/m^3计，施工费约300万元，无论从工期和技术经济观点衡量，清除压实填土层，再进行地基加固，然后再恢复填土，这是一种少慢差费的办法。因此，无论采用哪种处理办法都不能破坏10.00～14.00m厚压实填土的结构。

2）跑道道面过量沉降和路道西侧边坡的滑移变形表明，压实填土的附加荷载超过了软土层的承载能力。因此，地基处理的目标主要是提高软土层的强度和抗变形能力。

3）离机场计划通航时间仅有半年，为确保机场按期通航，地基处理后的变形要在短期内得到有效控制。

（2）地基处理的基本思路及处理技术

减小传至软土层表面的附加压力，可以防止软土层中局部剪切破坏区的扩展，同时也可减小软土层的附加沉降。为达到上述目的，采用高压旋喷的定喷技术，形成上大下小的异径桩，即在填土的底部形成直径为 2.0m，软土层和下卧持力层中直径为 1.5m 的异径桩，桩的上端部分位于硬壳层中，其长度很短，一般为 1.5m，远远小于下部 1.5m 桩径部分的桩长，此段成为桩帽，以桩帽直接托换一部分填土荷载，减小软土层表面的接触力。由桩帽承担的荷载通过旋喷桩直接传递到下部粉土层中去。

通过软土层的桩身部分，与软土层形成复合地基，可以起到加固软土层的作用，从而提高软土层的强度和改善其抗压缩变形的能力。

本工程采用高压旋喷加固软土，处理深度达 30 多米，比采用深搅加固的加固深度要大得多，而且桩体的形状可随工程的需要进行设计，本工程采用桩帽设计方法收到较明显的效果。

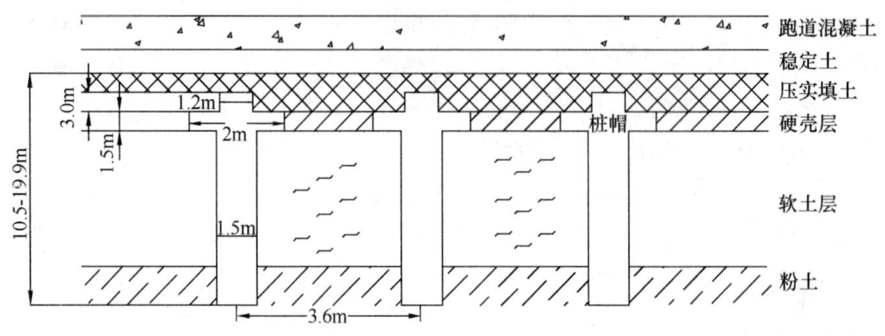

例图 3-1　旋喷桩设计示意图

（3）设计的依据

1）经处理后软土层的复合地基的承载力为 265kPa。

2）经处理后的地基变形允许值为 40mm。

（4）方案设计

高压旋喷处理软基的技术，对提高地基强度的效果较好，但不足之处是经处理后的地基变形稳定时间较长。为确保处理后的地基变形在较短的时间内得到有效的控制，方案上大胆地构思了旋喷桩桩帽的设计，同时要求浆液中加入早强剂。

取桩径 d=1.5m，桩帽直径 2.0m，桩距 s=3.6m（例图 3-1），桩身水泥土强度 f_{cu}=4MPa，经计算单桩承载力 R_a=2472～3766kN，f_{spk}=265kPa，满足设计要求。

经变形验算：s_1=30.27mm，s_2=33.06mm，$s=s_1+s_2$=63.33mm。故要求跑道施工时，预留 60mm 的沉降量。

3. 高压旋喷桩的施工

（1）施工要求

施工前，应由试验确定施工参数，以指导工程施工。

经旋喷桩设计计算，应在处理地段共布置 581 根桩，旋喷孔深度 18.6～29.9m。在加固软土层及持力层和桩帽形成异径桩桩长 10.5～19.9m。桩端旋喷入持力层粉土层深度 1.5～2.5m。旋喷桩间距 s=3.6m，按正方形布置。

压实填土中引孔部分用水泥浆回填。

（2）高压旋喷桩施工参数的确定

工程桩施工前，在场地内进行了三次试桩，根据试桩结果，确定工程桩的施工参数如下：

1）水、浆液、空气参数如例表 3-1 所示。

水、浆液、空气施工参数　　**例表 3-1**

指标 / 名称	压力/MPa	流量/（L/min）
水	25～26	70
浆液	1.5	72～90
空气	0.5～0.7	50～55（m/h）

2）浆液水灰比：1.4∶1。

3）速凝剂：食盐 1%，三乙醇胺 0.03%，氯化钙 3%。

4）旋喷机转速：10r/min。

5）提升速度：8cm/min。

（3）施工工艺流程

施工工艺流程如例图 3-2 所示。

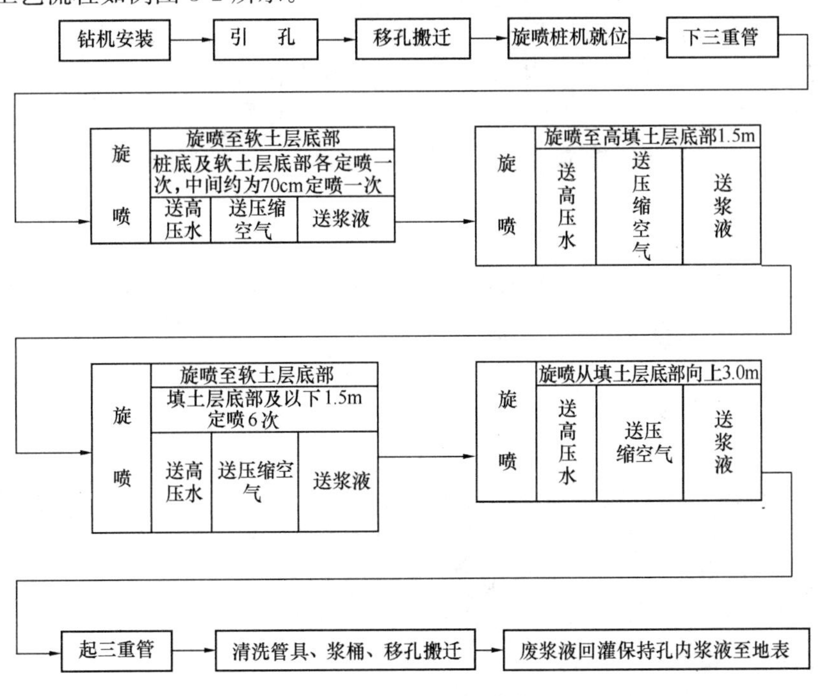

例图 3-2　施工工艺流程图

（4）技术要求

1）钻孔垂直度小于1.5%，桩位偏差5cm，软土层中孔径大于等于130mm。压密填土层中采用孔底部反循环钻进，软土层泥浆护壁钻进，泥浆密度为1.10～1.15g/cm^3。

2）高压旋喷桩注浆参数由于经三次试桩的充分尝试，因此工程桩严格按上述确定的参数施工。

3）注浆材料及造浆

①材料：硅酸盐水泥强度等级32.5，其指标如下：初凝时间为1～3h，终凝时间为3h；抗折强度：3d/1.8MPa，7d/4.6MPa，28d/6.4MPa；抗压强度：3d/1.8MPa，7d/2.7MPa，28d/4.25MPa。

②制浆：按水灰比：1.4∶1在搅拌桶内制浆，每次搅拌时间为10～15min，由于喷嘴孔小，应严禁杂物进入搅拌桶。为保证质量，搅拌中定时测定浆液密度，测凝固时间和终凝时间及力学强度。如发现水泥质量达不到要求，必须立即更换水泥。

③施工顺序：旋喷桩成桩初期强度较低，为防止施工时对临近桩体的破坏，在施工顺序上要采取跳排施工的方法。后期施工的桩排要加速凝剂。

④沉降观测：施工期间要进行沉降观测，观测点的布置应与长期观测点综合布设。如发现过大的沉降量要停工查找原因，待原因分析清楚后再继续施工。

4. 效果及应用前景

（1）效果

高压旋喷桩于1995年4月7日完成，经抽芯检查，施工质量良好，如原淤泥质土地段，天然重度γ由原来的17.7kN/m^{3}增大到21.2kN/m^3，30d的平均强度为2.4MPa，复合地基强度提高，沉降明显得到控制。处理后估计沉降量为20mm，机场跑道于1995年5月形成混凝土跑道，1995年6月9日丽江机场已按期通航，尤其经历了1996年2月丽江大地震，处理段完好稳定，对抗震救灾起到了重要作用。

（2）应用前景

高压旋喷注浆地基处理技术可以形成异径桩，采用异径桩对软弱夹层进行托换和加固，效果明显，实施方便，是一种值得推荐的设计和施工方法。

第五节　基槽检验和地基的局部处理

一、基槽检验

由于工程地质勘察报告是根据为数有限的勘探孔资料整编而成的，因此不可能完全反映出地基土层的情况。另外人工地基质量检验点也是有限的，也不可能完全反映地基加固效果。所以在基槽开挖并清理完毕后，在基础结构施工之前，应组织设计和施工人员共同进行基槽检验。必要时还应邀请勘察部门和检测单位的有关人员参加。

工程实践证明，认真细致地进行基槽检验对于保证工程质量、防止在建筑物建成后发生质量事故是十分重要的。

天然地基和人工加固地基的基槽检验步骤和方法如下。

（一）首先要根据坐标网或周围已有的地形、地物，核对施工位置与勘察范围是否相符，凡是发现有位置移动时，必须在重新搞清地质情况后，才能继续进行施工。另外尚应核对建筑物的方向，尤其是在采用标准图纸时更应加以注意。

（二）核对槽底标高和基槽尺寸是否符合设计要求，对于超挖部分应进行处理。

（三）检验槽底持力层及软弱下卧层土质及加固效果是否与勘察报告和检测报告相符，及时发现地基勘察及检测中未发现的问题，如局部的坟、坑、井、沟道及过软过硬的土层等。

（四）对人工加固地基尚应检验处理范围是否与设计相符，对复合地基应检查桩径、桩数、桩位、桩顶标高是否与设计相符，另外尚应检查桩间土及桩顶施工质量。

（五）检查时，一般用目测鉴别结构未遭破坏的原状土。冬季施工时进行验槽，应注意持力层土层是否已经受冻，因为冰冻后的土质变硬，不易区分土的软硬，所以冬季施工，基槽应及时覆盖，防止受冻破坏原状土结构而降低地基的承载力。另外在验槽时，基槽内不得有积水，雨季施工应加强排水措施，及时排除槽内雨水。如槽底在地下水位以下，但相差不多时，可先挖至地下水位，用浅的探坑，结合钎探来进行验槽，以避免水下验槽的困难或过多地扰动原状土结构。

当持力层土质比较软弱或不均匀，以及有软弱下卧层存在时（可以初步从勘察报告中了解或在施工过程中发现），应利用钎探检查基底持力层土质（或桩间土）的密实度及均匀性、检查弱下卧层的范围及其厚度。

（六）钎探的标准方法可采用本书第八章所述的轻便触探。在无上述轻便触探设备时，也可用 12 磅大锤来代替 10kg 的穿心锤，用直径 20mm 的钢筋代替尖锥头，记录每打入 30cm 的锤击数，但使用时应注意落距尽量均匀（约 50cm）。钎探的间距和深度可参考表 6-9，必要时局部地段可加深加密。

基槽钎探间距及深度　　表 6-9

槽宽（m）	排列方式	图示	间 距（m）	钎探深度（m）
小于 0.8	中心一排		1.0～2.0	1.2
0.8～2.0	双排错开		1.0～2.0	1.5
大于 2.0	梅花形		1.0～2.0	2.0
柱 基	梅花形		1.0～2.0	≥1.6

注：对于较软弱的新近沉积黏性土和人工杂填土地基，钎探孔间距应不大于 1.5m。

（七）基槽检验结果应作好详细记录，并在工程结束后作为工程档案移交给建设单位。

二、地基土的现场鉴别和描述

基槽检验时，应首先用目测和简易工具，对地基土或桩间土进行鉴别和描述，以便与勘察和检测结果比较。土的现场鉴别和描述的项目一般为：名称、颜色、湿度、密度、软硬状态（黏性土）、含有物等。见表 6-10 到表 6-17。

（一）土的分类名称

碎石土和砂类土的现场鉴别　　表 6-10

土类	土名＼鉴别方法	颗粒粗细	干时状态	湿时状态	湿时用手拍击
碎石土	卵石（碎石）	大于蚕豆大小颗粒的重量超过一半（颗粒形状带棱角时称碎石）	颗粒完全分散	无粘着感	表面无变化
	砾石（角砾）	大于绿豆大小颗粒的重量超过一半（颗粒形状带棱角时称角砾）	颗粒完全分散	无粘着感	表面无变化
砂土	砾砂	大于绿豆大小颗粒的重量占四分之一以上	颗粒完全分散	无粘着感	表面无变化
	粗砂	大于小米大小颗粒的重量超过一半	颗粒完全分散	无粘着感	表面无变化
	中砂	大于砂糖大小颗粒的重量超过一半	颗粒基本分散，可能有局部胶结，一碰即散	无粘着感	表面无变化
	细砂	颗粒粗细类似粗玉米粉	颗粒基本分散，可能有局部胶结，一碰即散	偶有轻微粘着感	接近饱和时表面有水印
	粉砂	颗粒粗细类似细白糖	颗粒部分分散，部分胶结，稍加压力即散	偶有轻微粘着感	接近饱和时表面有明显翻浆现象

粉土和黏性土的现场鉴别　　表 6-11

土的名称	湿润时用刀切	湿土用手捻摸时的感觉	土的状态		湿土搓条情况
			干土	湿土	
黏土	切面光滑，有粘刀阻力	有滑腻感，感觉不到有砂粒，水分较大，很粘手	土块坚硬，用锤才能打碎	易粘着物体，干燥后不易剥去	塑性大，能搓成直径小于0.5mm的长条（长度不短于手掌），手持一端不易断裂
粉质黏土	稍有光滑面，切面平整	稍有滑腻感，有黏滞感，感觉到有少量砂粘	土块用力可压碎	能粘着物体，干燥后较易剥去	有塑性，能搓成直径为2～3mm的土条

续表

土的名称	湿润时用刀切	湿土用手捻摸时的感觉	土的状态		湿土搓条情况
			干土	湿土	
粉土	无光滑面，切面稍粗糙	有轻微黏滞感或无黏滞感，感觉到砂粒较多、粗糙	土块用手捏或抛扔时易碎	不易粘着物体，干燥后一碰就掉	塑性小，能搓成直径为2～3mm的短条
砂土	无光滑面，切面粗糙	无黏滞感，感觉到全是砂粒、粗糙	松散	不能粘着物体	无塑性，不能搓成土条

新近沉积黏性土的鉴别　　**表6-12**

沉积环境	颜色	结构性	含有物质
河漫滩和山前洪积、冲积扇（锥）的表层； 古河道： 已堵塞的湖、塘、沟、谷； 河道泛滥区	颜色较深而暗，呈褐、暗黄或灰色，含有机质较多时带灰黑色	结构性差，用手扰动原状土时极易变软，塑性较低的土还有振动水析现象	在完整的剖面中无原生的粒状结核体，但可能含有圆形及亚圆形的钙质结核体（如礓结石）或贝壳等，在城镇附近可能含有少量碎砖、瓦片、陶瓷、钢币及朽木等人类活动的遗物

人工填土、淤泥、黄土、泥炭的现场鉴别方法　　**表6-13**

土的名称	观察颜色	夹杂物质	形状（构造）	浸入水中的现象	湿土搓条情况	干燥后强度
人工填土	无固定颜色	砖瓦碎块、垃圾、炉灰等	夹杂物显露于外，构造无规律	大部分变为稀软淤泥，其余部分为碎瓦、炉渣，在水中单独出现	一般能搓成3mm的土条，但易断，遇有杂质甚多时，就不能搓条	干燥后部分杂质脱落，故无定形，稍微施加压力即行破碎
淤泥	灰黑色，有臭味	池沼中有半腐朽的细小动植物遗体，如草根、小螺壳等	夹杂物经仔细观察可以发觉，构造常呈层状，但有时不明显	外观无显著变化，在水面出现气泡	一般淤泥质土接近于粉土，故能搓成3mm的土条（长至少30mm），容易断裂	干燥后体积显著收缩，强度不大，锤击时呈粉末状，用手指能捻碎
黄土	黄褐两色的混合色	有白色粉末出现在纹理之中	夹杂物质常清晰显见，构造上有垂直大孔（肉眼可见）	即行崩散而分成散的颗粒集团，在水面上出现很多白色液体	搓条情况与正常的粉质黏土类似	一般黄土相当于粉质黏土，干燥后的强度很高，手指不易捻碎
泥炭（腐殖土）	深灰或黑色	有半腐朽的动植物遗体，其含量超过60%	夹杂物有时可见，构造无规律	极易崩碎，变为稀软淤泥，其余部分为植物根、动物残体渣滓悬浮于水中	一般能搓成1～3mm的土条，但残渣甚多时，仅能搓成3mm以上的土条	干燥后大量收缩，部分杂质脱落，故有时无定形

（二）颜色

土的颜色取决于存在土中的以下三类化学物质：

1. 腐殖质——它使土具有灰色或黑色。

2. 氧化铁——它使土呈红色、棕色或黄色。

3. 二氧化硅、碳酸钙、高岭土以及氢氧化铝——它们使土呈白色。

在同一种土中，同时含有上述两种或三种物质时，土就具有不同的颜色。因此，土的颜色是其物质构成和成因类别的外观特征。土的颜色还随湿度而变化，湿度大颜色深、湿度小则颜色浅。在描述时主色写在后，从色写在前，如黄褐色，则以褐色为主，黄色为辅。对有腥臭和特殊气味的土应加以注明。

（三）湿度

土的湿度取决于土的含水量及其饱和度，野外感性鉴定参考表6-14、表6-15。

粉土和黏性土潮湿程度的野外鉴别 **表6-14**

土的潮湿程度	鉴 别 方 法
稍 湿 的	经过扰动的土不易捏成团，易碎成粉末。放在手中不湿手，但感觉冷而且觉得是湿土
湿 的	经过扰动的土能捏成各种形状。放在手中会湿手，在土面上滴水能慢慢渗入土中
饱 和 的	滴水不能渗入土中，可以看出孔隙中的水发亮

砂类土湿度野外鉴别 **表6-15**

湿度	稍湿的	湿 的	饱 和 的
鉴定方法	呈松散状，手摸时感到潮	可以勉强成团	孔隙中的水可自然渗出

（四）密实度和黏性土的稠度状态

碎石土和砂土的密实度，可根据颗粒排列特征、挖掘难易程度以及触探击数等综合判定。见表6-16、6-17。

碎石类土密实度的野外鉴别 **表6-16**

密实度	骨架颗粒含量和排列	可 挖 性	可 钻 性
密实	骨架颗粒含量大于总重的70%，呈交错排列，连续接触	锹镐挖掘困难，用撬棍方能松动，井壁一般较稳定	钻进极困难，冲击钻探时，钻杆、吊锤跳动剧烈，孔壁较稳定
中密	骨架颗粒含量等于总重的60%～70%，呈交错排列，大部分接触	锹镐可挖掘，井壁有掉块现象，从井壁取出大颗粒处，能保持颗粒凹面形状	钻进较困难，冲击钻探时，钻杆、吊锤跳动不剧烈，孔壁有坍塌现象
稍密	骨架颗粒含量等于总重的55%～60%，排列混乱，大部分不接触	锹可以挖掘，井壁易坍塌，从井壁取出大颗粒后，砂土立即坍落	钻进较容易，冲击钻探时，钻杆稍有跳动，孔壁易坍塌
松散	骨架颗粒含量小于总重的55%，排列十分混乱，绝大部分不接触	锹易挖掘，井壁极易坍塌	钻进很容易，冲击钻探时，钻杆无跳动，孔壁极易坍塌

注：1. 骨架颗粒系指与碎石土分类相对应粒径的颗粒；
2. 碎石土的密实度应按表列各项要求综合确定；
3. 引自《建筑地基基础设计规范》GB 50007。

黏性土天然稠度野外鉴定　　表 6-17

天然稠度状态	圆锥仪下沉深度（mm）	鉴别方法
坚硬	<2	人工挖掘时很费力，几乎挖不动，取出的土样用手捏不动，加力不能使土变形，只能碎裂
硬塑	2～3	人工挖掘时较费力，取出的土样用手指捏时要用较大的力才略有变形。并即碎散
可塑	3～7	取出的土样，手指用力不大就能按入土中。土可捏成各种形状
软塑	7～10	可以把土捏成各种形状，手指按入土中毫不费力，取出的土还能成形
流塑	>10	挖掘很容易，取出的土已不能成形，放在手中也不宜成块

对于黏性土，密实度往往与稠度状态相适应。一般情况下，密实土多为可塑、硬塑或坚硬状态，中密土多为软塑或可塑状态。因此，在描述黏性土时，也可用很硬、硬、中硬、较硬、很软等来概括表示黏性土的密度和稠度两种状态。

（五）含有物

凡土中含有但不属于土的基本组成部分的一切物质和物体，称为含有物。含有物按其性质可分成新生体和外来体两种。新生体是在成土过程中生成的化合物（如礓石、氧化铁），外来体不是成土过程中的产物，而是裹携来的物质。所以含有物是说明土的成因和土的组成的一个主要因素，因此也需要详细描述。

1. 礓石——为碳酸钙结核体，按其特点可分为新生礓石和外来礓石。
2. 氧化铁——为氧化铁、锰的析出体，在土中呈色体、斑纹、结核集聚。
3. 云母——这里指的主要是云母碎片。
4. 砖、瓦、灰块——直径大于 5cm 者称为砖头，小于 0.5cm 者为砖渣。
5. 贝壳——分为蝶壳、蚌壳、蜗牛壳。
6. 植物根——可分为树根、苇根、草根等。腐烂者按有机质描述。
7. 有机质——可分为腐殖物（已被分解或未完全被分解的有形物质）和腐殖斑点（含于土中的团状或块状有机物）。
8. 其他——应如实描述，如含卵石、骨头、瓷片、炉渣等。

三、地基的局部处理

（一）基本要求

在验槽过程中，往往发现基槽内有松土坑、旧河道、井、孤石、管道及地下人防工程等局部过软或过硬的情况，必须认真研究，进行局部地基处理或修改基础设计后才能继续进行施工。遇到这类问题，处理的原则是使处理后的地基比较均匀一致，防止在局部地段产生过大或过小沉降。处理的一般方法如下：

1. 将局部松软或过硬土层挖去，用适当材料（土、灰土、砂石等）回填，使其压缩性与整个建筑物地基一致。
2. 挖去后基础局部加深。
3. 采用桩基础或墩柱，将荷载传至下部较硬土层。
4. 加大基础底面积，减少基础底面压力。
5. 改变基础结构，采用过梁、挑梁跨越局部地段。

6. 增设基础内或上部结构的圈梁或配筋带，加强上部结构抵抗不均匀沉降的能力。

在实际工程中，以上这些措施可以联系实际、综合运用，并不断积累经验。以下介绍几种常见的地基局部处理措施。

（二）松土坑的处理

这类局部问题的特点是土质太松软，应使之变硬或换成硬土。

1. 将坑中松软虚土挖除至坑底及四壁均见天然土为止，然后采用与坑边的天然土压缩性相近的土料（如灰土、级配砂石等）分层夯填。冬季施工时，不得使用受冻土料，因不易夯实且开冻后回填土强度会大量降低，造成不均匀沉降。

2. 当坑的范围太大，或因其他条件限制，基槽不能开挖的太宽，槽壁挖不到天然土仍为松软土质时，则应将该范围内的基槽适当加宽，加宽的范围应视回填材料而定，当采用砂石回填时，基槽每边应按 $h:L=1:1$ 的坡度放宽，当用灰土回填时，按 $h:L=2:1$ 的坡度放宽。

3. 如坑在基槽内所占范围较大（长度在 5m 以上）且坑底土质与一般槽底天然土质相同时，也可将基础落深，做 1：2 踏步与两端相接，踏步多少根据坑深而定，但每步高不大于 50cm，长不小于 100cm。

4. 在单独柱基下如松土坑的深度大于槽宽或坑的面积大于槽底面积的 1/3 时，需将基础适当落深，落深后尚应考虑相邻基础的高差，对于条形基础也应注意落深后的高低差（如纵墙基础与横墙基础之间），一般高差不应大于相邻基础的净距。

5. 凡基础底面下坑深大于槽宽或大于 1.5m 时，槽底加以处理后，还应考虑适当加强基础和上部结构的刚度，以抵抗由于可能产生的不均匀沉降而引起的附加应力。如增设圈梁、墙或基础内配置加筋带等。

松土坑处理的具体要求见表 6-18。

松土坑处理方法 **表 6-18**

松土坑情况	示意图	处理方法
松土坑在基槽中范围较小时	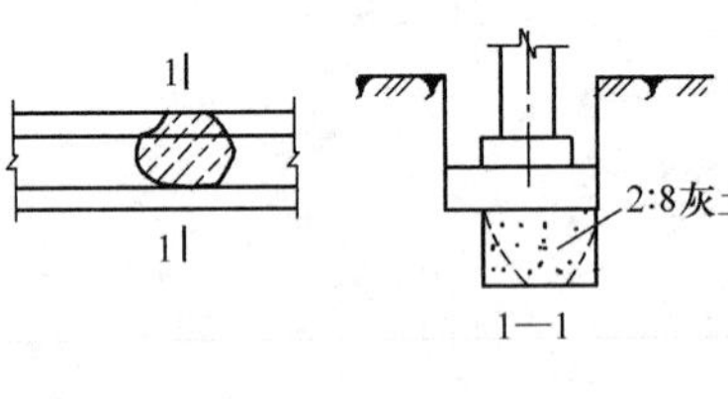 1｜ 1｜ 2:8灰土 1—1	将坑中松软土挖除，使坑底及四壁均见天然土为止，回填与天然土压缩性相近的材料。当天然土为砂土时，用砂或级配砂石回填；当天然土为较密实的黏性土，用 3：7 灰土分层回填夯实；天然土为中密可塑的黏性土或新近沉积黏性土，可用 1：9 或 2：8 灰土分层回填夯实，每层厚度不大于 20cm
松土坑在基槽中范围较大，且超过基槽边沿时	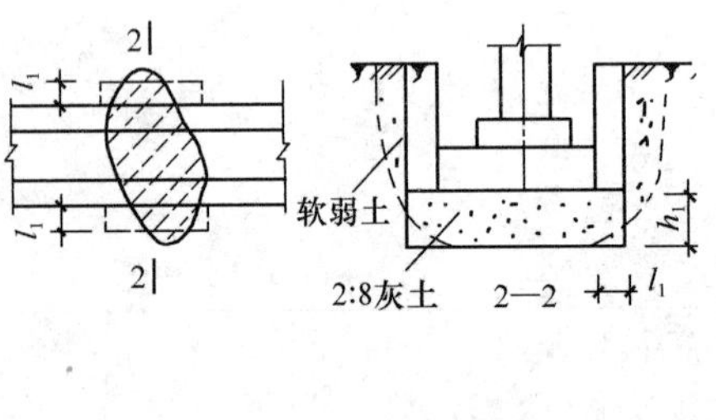 2｜ l_1 l_1 2｜ 软弱土 h_1 2:8灰土 2—2 l_1	因条件限制，槽壁挖不到天然土层时，则应将该范围内的基槽适当加宽，加宽部分的宽度可按下述条件确定：当用砂土或砂石回填时，基槽每边均应按 $l_1:h_1=1:1$ 坡度放宽；用 1：9 或 2：8 灰土回填时，基槽每边应按 $b:h=0.5:1$ 坡度放宽；用 3：7 灰土回填时，如坑的长度≤2m，基槽可不放宽，但灰土与槽壁接触处应夯实

续表

松土坑情况	示　意　图	处 理 方 法
松土坑范围较大，且长度超过5m时		如坑底土质与一般槽底土质相同，可将此部分基础加深，做1：2踏步与两端相接，每步高不大于50cm，长度不小于100cm，如深度较大，用灰土分层回填夯实至坑（槽）底一平
松土坑较深，且大于槽宽或1.5m时		按以上要求处理挖到老土，槽底处理完毕后，还应适当考虑加强上部结构的强度，方法是在灰土基础上1～2皮砖处（或混凝土基础内）、防潮层下1～2皮砖处及首层顶板处，加配4ϕ8～12钢筋跨过该松土坑两端各1m，以防产生过大的局部不均匀沉降
松土坑地下水位较高时		当地下水位较高，坑内无法夯实时，可将坑（槽）中软弱的松土挖去后，再用砂土、砂石或混凝土代替灰土回填

（三）砖井或土井的处理

这类问题的特点是井内土质松软且较深而井的砖圈又较硬。

1. 若砖井在基槽中间，井内填土已较密实，则应将井的砖圈拆除至槽底以下1.0m，在此拆除范围内，用与槽底天然土压缩性相近的材料（如砂石、灰土等）分层填实至基槽底平。如井的直径大于1.5m时，尚应考虑加强上部结构的刚度。

2. 若井在基础的转角处，除采用上述拆除回填办法进行处理外，尚应对基础进行加强处理。采用的措施视具体情况而定，一般可能有两种情况：

（1）当井位于基础的转角处，而基础压在井上的部分不多，并且在井上部分所损失的承压面积，可由其余基槽承担而不引起过多的沉降时，可采用在基础中设置挑梁的办法进行加强处理。

（2）当井位于转角处，而基础压在井上的面积较大，采用挑梁的办法较困难或不经济时，则可将基础向外沿墙长方向延伸出去，使延伸部分落在天然土层上，其面积应等于井圈范围内原有基础面积。另外尚应视其跨度及荷重大小，分别采用钢筋混凝土梁或配筋带的办法，再对上部结构进行加强。

3. 当在单独柱基下有井，且挖除处理有困难时，可采用向井内打桩的办法进行处理；也可采用将基础适当放大或与相邻基础连在一起做成联合基础，然后再适当加强上部结构的刚度。

4. 如井已回填但不密实，可将井内松土挖除至槽底以下等于槽宽的两倍，砖圈也拆除至槽底以下1.0m，然后用大块石将下面软土挤紧，再按上述有关方法之一进行回填处理。

若井内不能夯填密实时，则可在井的砖圈上面加钢筋混凝土盖封口，上部再进行回填处理，具体要求见表6-19。

砖井、土井处理方法 表 6-19

井的部位	示 意 图	处 理 方 法
砖井、土井在室外，距基础边缘5m以内	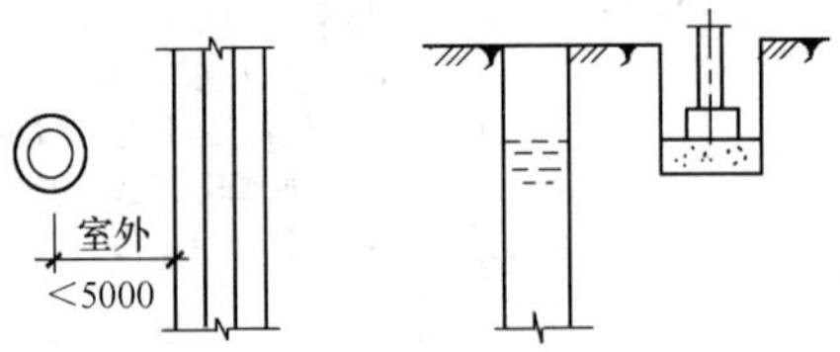	先用素土分层夯实，回填到室外地坪以下1.5m处，将井壁四周砖圈拆除或松软部分挖去，然后用素土分层回填并夯实
砖井、土井在室内基础附近	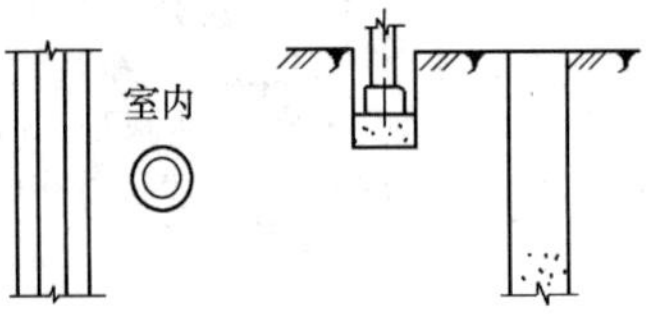	将水位降低到最低可能限度，用中、粗砂及块石、卵石或碎砖等回填到地下水位以上50cm。砖井应将四周砖圈拆至坑（槽）底以下1m或更多些，然后再用素土分层回填并夯实
砖井、土井在基础下或条形基础3B或柱基2B范围内	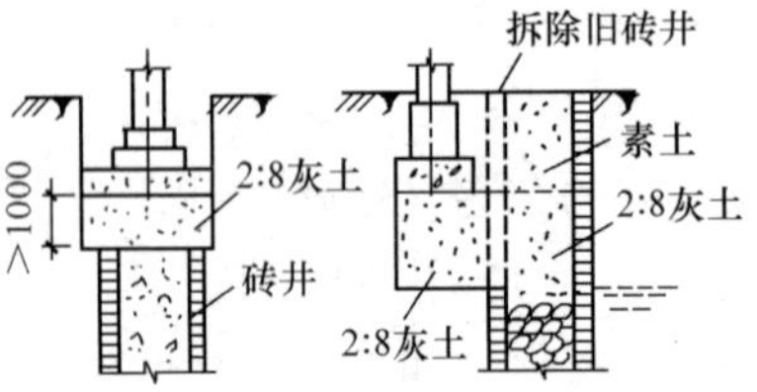	先用素土分层回填夯实，至基础底下2m处，将井壁四周松软部分挖去，有砖井圈时，将井圈拆至槽底以下1～1.5m。当井内有水，应用中、粗砂及块石、卵石或碎砖回填至水位以上50cm，然后再按上述方法处理；当井内已填有土，但不密实，且挖除困难时，可在部分拆除后的砖石井圈上加钢筋混凝土盖封口，上面用素土或2∶8灰土分层回填、夯实至槽底
砖井、土井在房屋转角处，且基础部分或全部压在井上	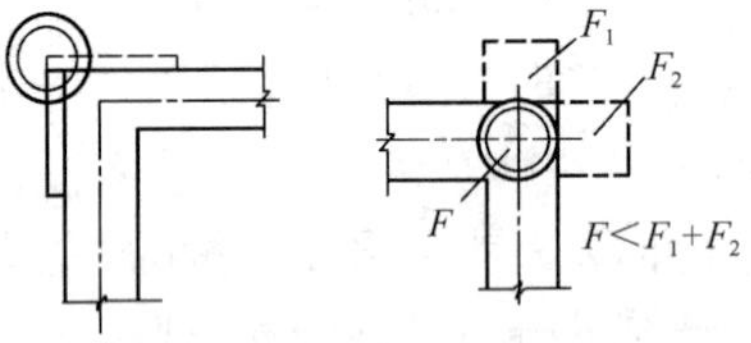	除用以上办法回填处理外，还应对基础加固处理。当基础压在井上部分较少，可采用从基础中挑钢筋混凝土梁的办法处理。当基础压在井上部分较多，用挑梁的方法较困难或不经济时，则可将基础沿墙长方向向外延长出去，使延长部分落在天然土上，落在天然土上基础总面积应等于或稍大于井圈范围内原有基础的面积，并在墙内配筋或用钢筋混凝土梁来加强
井已淤填，但不密实		可用大块石将下面软土挤密，再用上述办法回填处理。若井内不能夯填密实时，则可在井圈上加钢筋混凝土盖封口，上部再用素土或2∶8灰土回填处理

（四）局部硬土、管道及障碍物处理

1. 局部范围内的硬土

这类问题的特点是土质太硬，应使之变软一些，或换成稍软一些的土。

（1）当部分柱基或条形墙基的局部槽底，有较其他柱基或墙基槽底过于坚硬的土质时，例如基岩、孤石、压实路面、老房基等，因易使建筑物产生较大不均匀沉降，也应加以处理。可视具体情况，将基岩或硬土全部挖除或挖掉一部分以后，再用与一般土层压缩性相近的材料（如灰土、砂石等）分层夯填，其厚度应根据设计计算确定。

（2）大石块、老灰土、旧墙基、砖窑底、化粪池、老树根等在基槽内的部分，均需挖除。视具体情况回填或加大基础埋深。

2. 管道

（1）如在槽底以上有上下水的管道时，则应采取防止漏水的措施，以免浸湿地基造成不均匀沉陷，当地基为填土或湿陷性较大的土层时，尤应注意这个问题。

（2）管道穿过基础或基础墙时，必须在基础或基础墙上管道周围特别是上部留出足够尺寸的空隙，使建筑物发生沉降后不致引起管道的变形或损坏。

（3）如管道位于槽底以下时，最好拆迁。当拆迁有困难时，可将这部分基础局部落深，使管道穿过基础墙；或采用妥善的避免管道被基础压坏的防护措施。

其他还有废弃的地下人防工程、旧采掘巷道、废弃的化粪池、滤井等各种废弃物，均应结合工程情况，妥善处理。具体要求见表 6-20。

局部硬土、管道及障碍物处理方法　　表 6-20

地基情况	示　意　图	处 理 方 法
基础附近下部有人防通道或基础深于邻近建筑物基础	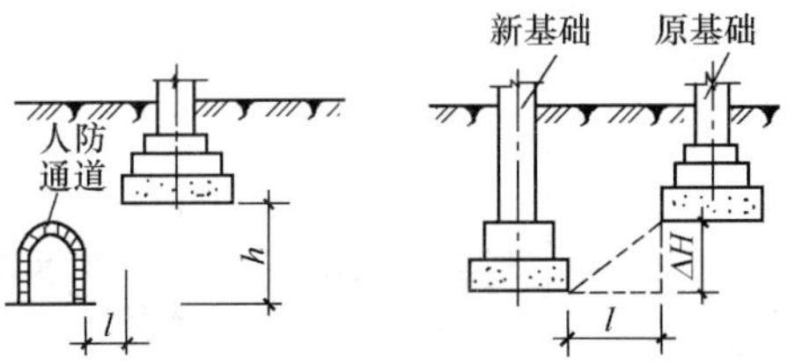 人防通道　新基础　原基础　h　l　ΔH	1. 当基础下有人防通道横跨时，除人防通道的上部非夯实土层应分层夯实外，还应对基础采取相应的跨越措施，如钢筋混凝土地梁、托底加固等。当人防通道与基础方向平行时（左图），$h/l \leqslant 1$ 时，一般可不作处理；当 $h/l > 1$ 时，则应将基础落深，直至满足 $h/l \leqslant 1$ 的要求 2. 当所挖的基槽（坑）深于邻近建筑物基础时，为了使邻近建筑物基础不受影响，一般应满足下列条件：$\Delta H/l \leqslant 0.5 \sim 1$
基础下局部遇障碍物或旧污土	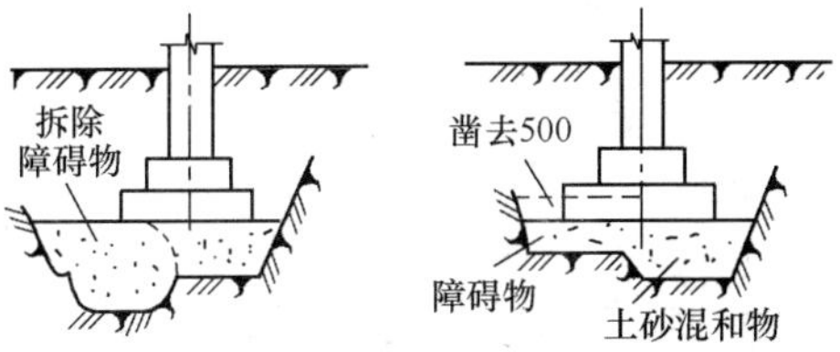 拆除障碍物　凿去500　障碍物　土砂混和物	1. 当基底下有旧墙基、老灰土、化粪池、树根、砖窑底、路基、基岩、孤石等，应尽可能挖除或拆掉，使至天然土层，然后分层回填与基底天然土压缩性相近的材料或 3∶7 灰土，并分层夯实 2. 如硬物挖除困难，可在其上设置钢筋混凝土过梁跨越，并与硬物间保留一定空隙，或在硬物上部设置一层软性褥垫（砂或土砂混合物）以调整沉降
基础上或基础下遇管道	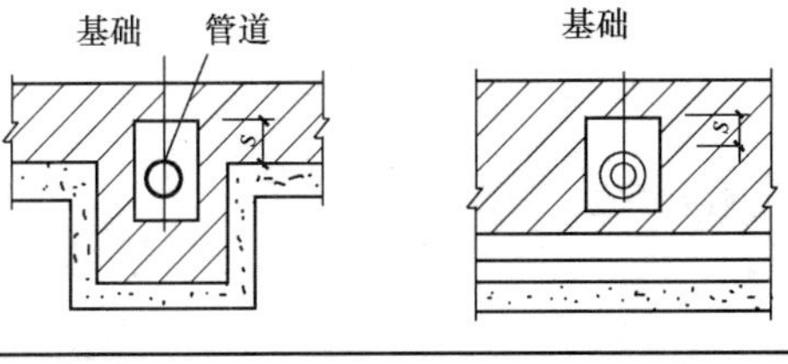 基础　管道　基础　s	如在槽底以上或以下埋有上、下水管道时，可采取在管道上加做一道钢筋混凝土过梁；支承过梁的墙、柱，应与管道隔开一定距离，其过梁底与管道顶面至少留有 10cm 以上的空隙，以防房屋沉降，压坏水管

续表

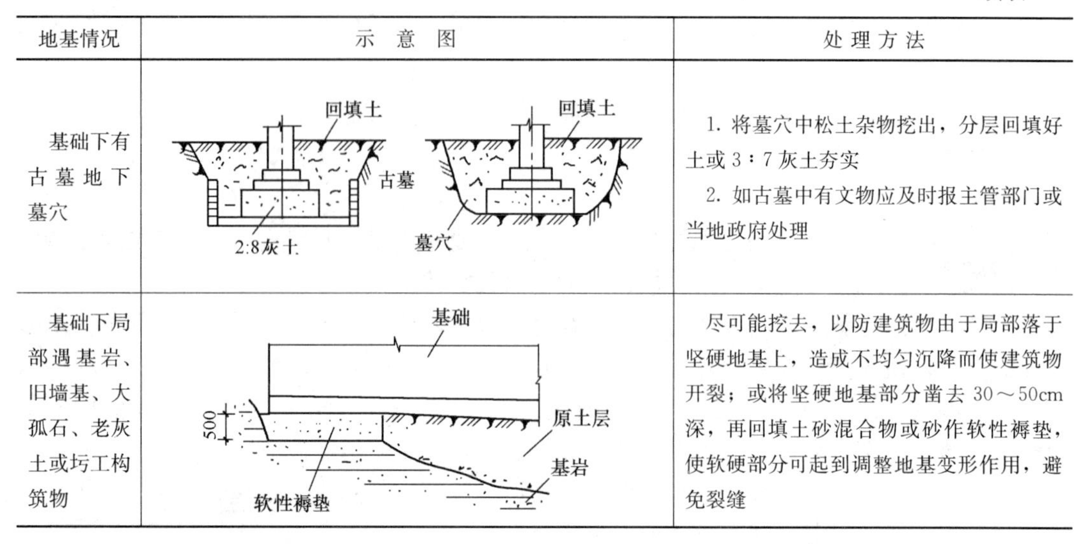

地基情况	示意图	处理方法
基础下有古墓地下墓穴	回填土 古墓 2:8灰土 回填土 墓穴	1. 将墓穴中松土杂物挖出，分层回填好土或3∶7灰土夯实 2. 如古墓中有文物应及时报主管部门或当地政府处理
基础下局部遇基岩、旧墙基、大孤石、老灰土或圬工构筑物	基础 500 原土层 基岩 软性褥垫	尽可能挖去，以防建筑物由于局部落于坚硬地基上，造成不均匀沉降而使建筑物开裂；或将坚硬地基部分凿去30～50cm深，再回填土砂混合物或砂作软性褥垫，使软硬部分可起到调整地基变形作用，避免裂缝

（五）局部软硬地基和高差地基处理

局部软硬地基及高差地基的处理方法见表6-21。

局部软硬地基及高差地基的处理　　表6-21

地基情况	示意图	处理措施方法
基础一部分落于基岩或硬土层上，一部分落于软弱土层上	基础 地梁 现浇混凝土短桩 基岩 软土层 基础 地梁 基岩 混凝土支承墙或墩	在软土层上采用现场钻孔灌注桩至基岩；或在软土部位作混凝土或砌块石支承墙（或支墩）至基岩；或将基础以下基岩凿去30～50cm深，填以中粗砂或土砂混合物作软性褥垫，使之能调整岩土交界部位地基的相对变形，避免应力集中出现裂缝；或采取加强基础和上部结构的刚度，来克服软硬地基的不均匀变形
基础落于厚度不一的软土层上，下部有倾斜较大的岩层	基础 扩大头灌注桩 基岩 原土层 基础 基岩 砂卵石垫层 原土层	有软土层采用现场钻孔钢筋混凝土短桩直至基岩；或在基础底板下作砂石垫层处理，使应力扩散，减低地基变形

续表

地基情况	示　意　图	处理措施方法
基础一部分落于厚土层上，一部分落于回填土地基上	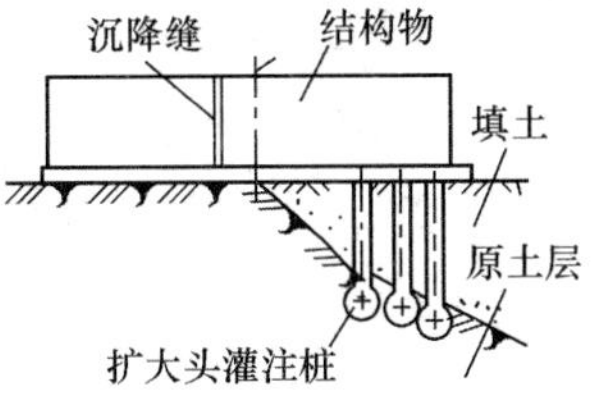 沉降缝 结构物 填土 原土层 扩大头灌注桩	在填土部位用现场钻孔灌注桩或钻孔爆扩桩直至原土层，使该部位上部荷载直接传至原土层，以避免地基的不均匀沉陷。上部结构设沉降缝断开
基础落于高差较大的倾斜岩层上，部分基础落于基岩上，部分基础悬空	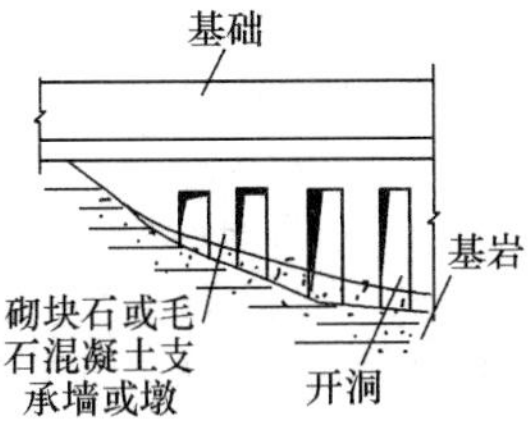 基础 基岩 砌块石或毛石混凝土支承墙或墩 开洞	在较低部分基岩上作低强度等级混凝土，或砌块石支承墙（或墩），中间用素土分层回填夯实，或将较高部分基岩凿去，使基础底板落于同一标高上，或在较低部分基础上用较低强度等级混凝土或毛石混凝土作填充造型
基础底板标高较高，下部为厚度不一的土层及倾斜较大的岩层	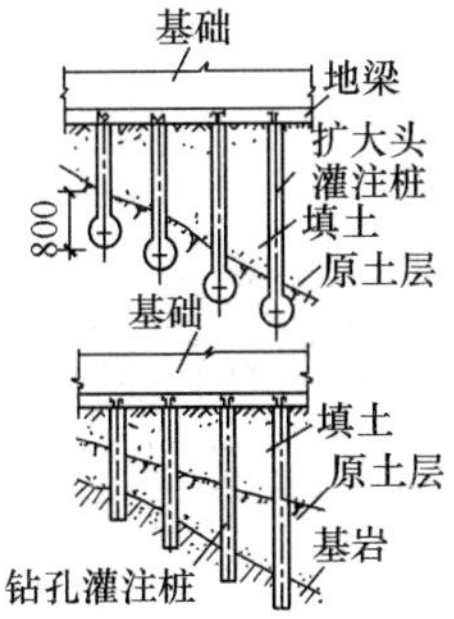 基础 地梁 扩大头灌注桩 800 填土 原土层 基础 填土 原土层 基岩 钻孔灌注桩	采用扩大头桩或灌注桩至原土层或基岩，基础底板与原土层间分层填土夯实；或清除原土软弱部分后作卵石垫层，分层回填夯实至基础底部或采用深基础

（六）流砂地基处理

1. 流砂现象

当基坑（槽）开挖深于地下水位 0.5m 以下，采用坑内抽水时，坑（槽）底下面的土产生流动状态随地下水一起涌进坑内，边挖、边冒，无法挖深的现象称为“流砂”。

2. 形成原因、条件

当坑外水位高于坑内抽水后的水位，坑外水压向坑内流动的动水压等于或大于颗粒的浸水密度，使土粒悬浮失去稳定变成流动状态，随水从坑底或两侧涌入坑内。如施工时采取强挖，抽水愈深，动水压就愈大，流砂就愈严重。

易产生流砂的条件是：(1) 地下水动水压力的水力坡度较大；(2) 土层中有较厚的粉砂、细砂土；(3) 土的含水量大于 30%以上或孔隙率大于 43%；(4) 土的颗粒组成中，黏土粒含量小于 10%，粉砂粒含量大于 75%；(5) 砂土的渗透系数很小，排水性能很差；(6) 砂土中含有较多的片状矿物，如云母、绿泥石等。

3. 处理方法

主要是“减小或平衡动水压力”或“使动水压力向下”，使坑底土粒稳定，不受水压干扰。

常用处理措施方法有：（1）安排在全年最低水位季节施工，使基坑内动水压减小；（2）采取水下挖土（不抽水或少抽水），使坑内水压与坑外地下水压相平衡或缩小水头差；（3）采用井点降水，使水位降至基坑底 0.5m 以下，使动水压力的方向朝下，坑底土面保持无水状态；（4）沿基坑外围四周打板桩，深入坑底下面一定深度，增加地下水从坑外流入坑内的渗流路线和渗水量，减小动水压力；（5）往坑底抛大石块，增加土的压重和减小动水压力，同时组织快速施工；（6）当基坑面积较小也可采取在四周设钢板护筒，随着挖土不断加深，直到穿过流砂层。

（七）橡皮土地基处理

1. 现象

当地基为黏性土且含水量很大，趋于饱和时，夯（拍）打后，地基土变成踩上去有一种颤动感觉的土，称为“橡皮土”。

2. 形成原因

在含水量很大的黏土、粉质黏土、淤泥质土、腐殖土等原状土上进行夯（压）实或回填土，或采用这类土进行回填工程时，由于原状土被扰动，颗粒之间的毛细孔遭到破坏，水分不易渗透和散发，当气温较高时，对其进行夯击或碾压，特别是用光面碾（夯锤）滚压（或夯实），表面形成硬壳，更加阻止了水分的渗透和散发，形成软塑状的橡皮土。埋藏深的土，水分散发慢，往往长时间不易消失。

3. 处理方法

（1）暂停一段时间施工，使“橡皮土”含水量逐渐降低；或将土层翻起进行晾槽；（2）如地基已成“橡皮土”，可采取在上面铺一层碎石或碎砖后进行夯击，将表土层挤紧；（3）橡皮土较严重，可将土层翻起并粉碎均匀，掺加石灰粉以吸收水分，同时改变原土结构成为灰土，使之具有一定强度和水稳性；（4）当为荷载大的房屋地基，采取打石桩，将毛石（块度为 20～30cm）依次打入土中，或垂直打入 MU10 机砖，纵距 26cm，横距 30cm，直至打不下去为止（图 6-10），最后在上面满铺厚 50mm 的碎石后再夯实；（5）采取换土，挖去“橡皮土”，重新填好土或级配砂石夯实。

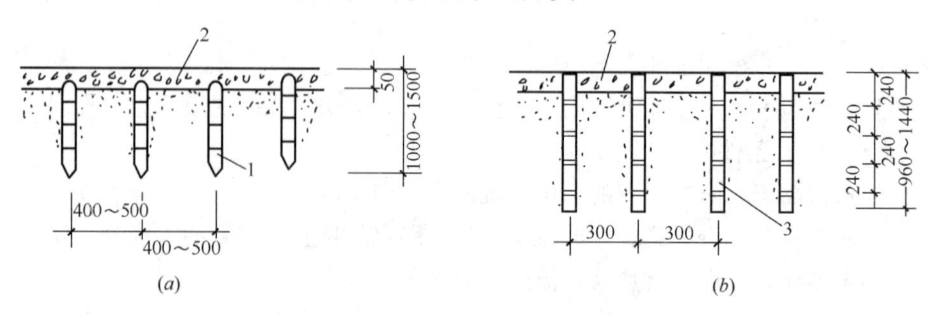

图 6-10　橡皮土打石桩、机砖处理

（a）打石桩；（b）机砖挤实桩

1—毛石或条石；2—表面碎石夯实；3—MU10 砖纵距 260mm、横距 300mm 梅花形布置

（八）人工加固地基的隐患处理

1. 加固土层或复合地基桩间土局部松软，可挖除换填使其与周围土层一致，对复合地基尚应重新核算单桩承载力。

2. 复合地基桩头松软或桩顶标高低于设计标高，可剔除并用与桩身相近材料补齐。

3. 桩数不足，桩位偏差过大。可补桩或采用其他补强措施。

本 章 参 考 文 献

[1] 建筑地基处理技术规范 JGJ 79—2012. 北京：中国建筑工业出版社，2013.
[2] 复合地基技术规范 GB/T 50783—2012. 北京：中国计划出版社，2013.
[3] 河海大学. 交通土建软土地基工程手册. 北京：人民交通出版社，2001.
[4] 土工合成材料应用技术规范 GB 50290—98. 北京：中国计划出版社，1998.
[5] 王钊. 土工合成材料. 北京：机械工业出版社，2005.
[6] 建筑地基基础工程施工质量验收规范 GB 50202—2002. 北京：中国建筑工业出版社，2002.
[7] 既有建筑地基基础加固技术规范 JGJ 123—2012. 北京：中国建筑工业出版社，2012.
[8] 叶书麟，张永钧. 既有建筑地基基础加固工程实例应用手册. 北京：中国建筑工业出版社，2002.
[9] 叶书麟等. 地基处理工程实例应用手册. 北京：中国建筑工业出版社，1997.
[10] 龚晓南. 地基处理技术发展与展望. 北京：中国建筑工业出版社，2004.
[11] 龚晓南. 地基处理手册(第三版). 北京：中国建筑工业出版社，2008.
[12] 地基处理技术规范 DG/TJ 08—40—2010. 上海：上海市城乡建设和交通委员会，2010.
[13] 唐业清等. 土力学基础工程. 北京：中国铁道出版社，1989.
[14] 徐至钧，全政科. 高压喷射注浆法处理地基. 北京：机械工业出版社，2004.
[15] 滕延京，建筑地基处理技术规范理解与应用. 北京：中国建筑工业出版社，2013.

第七章　地基处理新技术

第一节　劲芯水泥土桩复合地基

一、概述

（一）工法简介

1. 桩身构造

劲芯水泥土桩技术（Stiffened Deep Mixing pile method，简称 SDM 工法）是在水泥土桩基础上发展起来的一种用于加固软弱土地基和深基坑支护工程的新工法。是在水泥土桩成桩后，在水泥土桩体内沉入或制作高强度、高模量的劲性芯桩形成的劲芯与水泥土共同工作，承受荷载的一种新桩型。

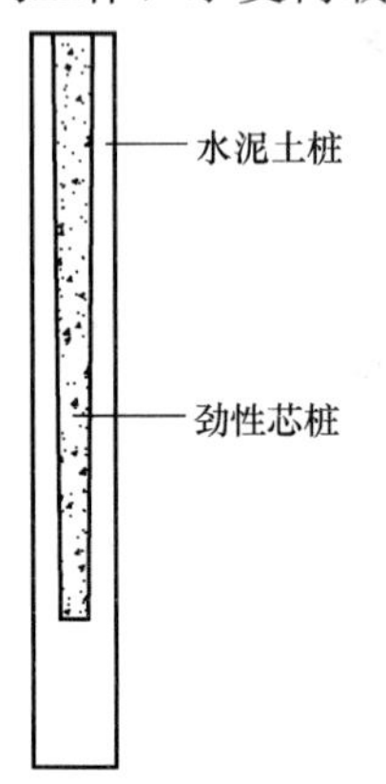

图 7-1　劲芯水泥土桩简图

劲芯水泥土桩的组成与传统匀质桩型不同，是由刚性芯桩外包水泥土组成，如图 7-1 所示。芯桩强度高，对桩身抗压有利，外包水泥土价廉，与土的接触面积大，对桩周侧阻力增加有利。桩体上部的荷载传给芯桩，芯桩通过水泥土与芯桩之间的粘结力传给水泥土，然后再传给地基土，这样从芯桩到土体通过水泥土的过渡形成了强、中、弱的渐变过程，形成一种中间强度高四周强度低的合理的桩身结构，充分发挥了芯桩和水泥土桩体的性能，提高了承载力，降低了造价。

2. 研发概况

国内研制开发劲芯水泥土桩始于 1993 年，河北省沧州市机械施工有限公司和河北工业大学在沧州进行了一组新桩型的试验，即在水泥土桩体内插入预制钢筋混凝土空心电线杆形成“组合桩”，并进行静载试验。水泥土桩径 500mm，桩长 8m；线杆长 4.5m，外径 300mm、内径 150mm。同时制作同规格水泥土桩进行对比。试验表明，“组合桩”平均极限承载力达到 450kN，而水泥土搅拌桩只有 160kN。“组合桩”由于在桩顶下 2m 处电线杆被压碎而破坏。基于试验的理想结果和分析论证，沧州市机械施工有限公司将这种桩型申报专利，命名为“旋喷复合桩工法”。成为国内劲芯水泥土桩的雏形。

1998 年开始，河北工业大学、沧州市机械施工有限公司、天津大学等单位组成的课题组对劲芯水泥土桩进行了系统的开发研究，通过原型试验、室内试验、模型试验、理论分析和有限元模拟，完成了劲芯水泥土桩的成桩工艺、承载机理和变形的研究，研究成果通过了有关部门鉴定，研究水平居国内领先地位。天津市和和河北省先后颁布了劲芯水泥土桩工法的地方工程建设标准《劲性搅拌桩技术规程》（DB29-102—2004）和《混凝土芯水泥土组合桩复合地基技术规程》（DB13（J）50—2005）。同时申报了“水泥土加强组合桩工法”、“沉管灌注复合桩工法”等多项专利。

理论试验研究和工程实践证明，组合桩型与单一材料桩相比，具有明显的优势，因此在劲芯水泥土桩研发成功的基础上，河北工业大学、沧州市机械施工有限公司等单位开始进行了劲芯石灰土桩工法的研究开发，并申报了“石灰土复合桩工法”的专利。石灰土复合桩工法是一种用以加固深厚软土地基的地基加固工法，其特点是先在待加固松软土层中掺入生石灰粉体形成石灰土桩体，然后向尚未固化的石灰土桩体内或桩体间置入预制钢筋砼芯桩，形成石灰土复合桩基或劲芯石灰土桩复合地基。该工法综合了现有钢筋砼桩工法及石灰粉体喷射搅拌工法的优点，弥补其缺点，具有工程造价较低，地基承载力提高，特别适用于淤泥、淤泥质土等松软、欠固结土层的加固，该工法目前正在研发中。

国内其他地区和单位也相继开展了劲芯水泥土桩的试验研究和开发应用。1998 年 7 月，上海现代建筑设计集团等单位在上海地区开发应用“钢筋砼芯水泥土复合桩”，并先后在上海和江苏多项工程中应用，取得了良好的效果；2001 年，中国建筑科学研究院进行了“水下干作业复合灌注桩”试验研究；2001 年 8 月，昆明理工大学等单位在昆明谷堆村进行了“加芯搅拌桩”的试验研究；2003 年 6 月，河北省建筑科学研究院等单位进行了“刚性芯复合桩”的静载试验研究并投入工程应用。虽然各地对这种组合桩型称谓不同，但其实质相同，都是在水泥土桩的基础上沉入或制作劲性芯桩形成的组合桩型，均属于劲芯水泥土桩；另一方面在桩的构造和施工工艺上又各具特色，丰富和发展了劲芯水泥土桩技术。

劲芯水泥土桩除了在地基处理及桩基工程中广泛应用外，在支护工程中也有良好的应用前景。而插入型钢作为芯桩又可以取出重新利用的 SMW 工法，已经在基坑围护结构工程中广泛使用。

SMW 工法，是 Soil Mixing Wall 的缩写，是在深层搅拌工法和地下连续墙的基础上发展起来的一种新型的深基坑支护技术，其特点是利用水泥土的特性，在地下深处注入水泥系固化剂，经机械搅拌，将软土与固化剂拌和成致密的水泥土地下连续墙，并在墙体内插入受力钢材构成复合材料共同抵抗侧向压力并起到止水作用。工程实践表明，该工法利用了水泥土的抗压性、抗渗性和钢材的抗弯性，具有止水性好、刚度高、构造简单、施工速度快、占地少、无泥浆污染、型钢可回收重复使用、成本较低等优点。

在基坑工程中，经常采用水泥土桩作为止水帷幕而利用钢筋混凝土灌注排桩作为支护结构。如果采用劲芯水泥土桩，则可以起到止水和支护的双重作用，占用施工场地小，而且可以减少施工过程，降低工程造价，目前已经在基坑工程中应用，应用前景较好。

3. 劲芯水泥土桩类型

目前，劲芯水泥土桩应用及开发研究发展很快，其工法名称及施工、设计计算方法虽不尽相同，但其结构组成从本质上是一样的，即在水泥土桩基础上沉入或制作刚性芯桩形成的组合结构，承载机理基本相同。如河北省的“水泥土组合桩”、“刚性芯复合桩”，天津地区的“劲性搅拌桩”、“高喷插芯组合桩”，上海、江苏等地区的“加芯水泥土复合桩”，云南省的“加芯搅拌桩”等。笔者综合国内外研究及应用成果，将这种新的组合桩型统一命名为“劲芯水泥土桩”。

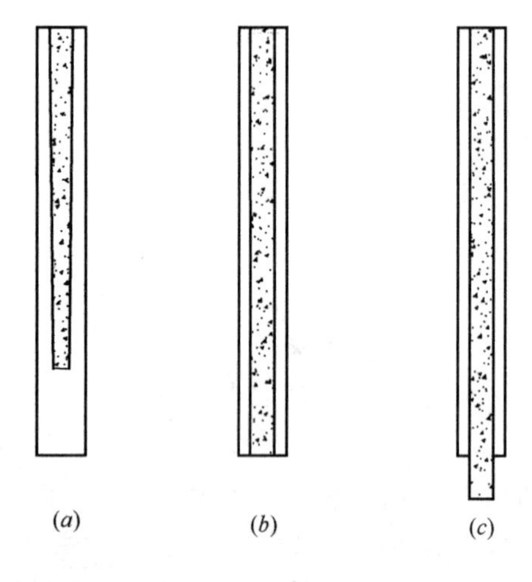

图 7-2　劲性芯桩长度示意图

(a) 短芯；(b) 等长芯；(c) 长芯

劲芯水泥土桩的桩身构造和施工工艺有多种形式。水泥土桩的成桩方法，除了常用的深层搅拌、粉喷和高压旋喷外，还可采用沉管灌注预拌塑性水泥土或预成孔后填入夯实干硬性水泥土的工艺，如河北工业大学已申报专利的“柱锤冲扩劲芯水泥土桩”技术。劲性芯桩可以采用砼、钢筋砼、钢管、型钢等多种材料；芯桩长度可以根据材料特性和工程需要采用短芯（图 7-2 (a)）、等长芯（图 7-2 (b)）和长芯（图 7-2 (c)）；沿深度方向芯桩可以采用等截面（图 7-2 (b)、(c)）或变截面（图 7-2 (a)）；芯桩截面可以是方形，圆形，圆环，也可以采用组合截面，如图 7-3 所示，图中阴影部分表示劲性芯桩。为了增加芯桩和水泥土之间摩阻力还可以在芯桩侧表面增加刻痕、凹凸等。目前工程上采用较多的是短芯、变截面钢筋混凝土预制芯桩。劲芯水泥土桩的构造类别和施工工艺汇总于图 7-4。

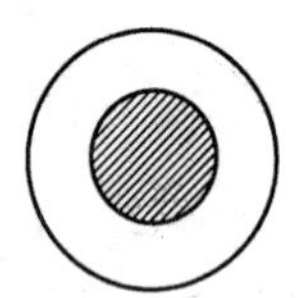
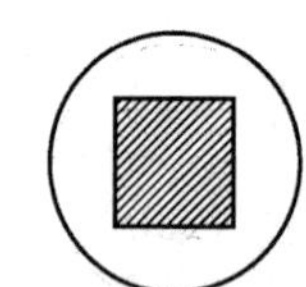
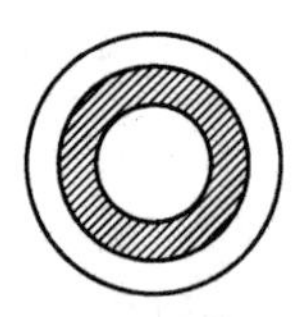

图 7-3　劲性芯桩截面示意图

(二) 技术特点

与其他既有桩型相比，劲芯水泥土桩具有以下优点：

1. 适用范围广

劲芯水泥土桩是在水泥土桩基础上开发的，适用于多高层建筑工程和公路工程。只要适用水泥土桩（水泥土搅拌桩、粉喷桩、高压旋喷桩等）的地层都可以采用劲芯水泥土桩。

2. 承载力高，可调性强

劲芯水泥土桩综合了水泥土搅拌桩和预制混凝土桩的优点，使竖向荷载通过桩芯较均匀地传递给水泥土，再由水泥土利用较大的摩阻面积传递给承载力较小的软土地层，既发挥并利用桩芯强度，又达到了提高地基承载力的目的。劲性芯桩的材料、芯桩长度可以根据工程需要灵活选择。经过合理设计，单桩承载力特征值可以达到 500～2000kN，复合地基承载力特征值可以达到 200kPa 以上。

3. 施工速度快、设备简单

劲芯水泥土桩利用了水泥土桩的施工机械和施工方法，可以在原来的水泥土搅拌桩机设备上加一套静压设备，或采用水泥土桩成桩设备和压桩设备或灌注桩设备轮流作业，即可完成成桩过程，有施工速度快、设备简单的优点。

4. 噪声低、无污染

劲芯水泥土桩克服了打入桩的噪声和挤土问题以及钻孔灌注桩泥浆污染问题。

5. 质量稳定，安全度高

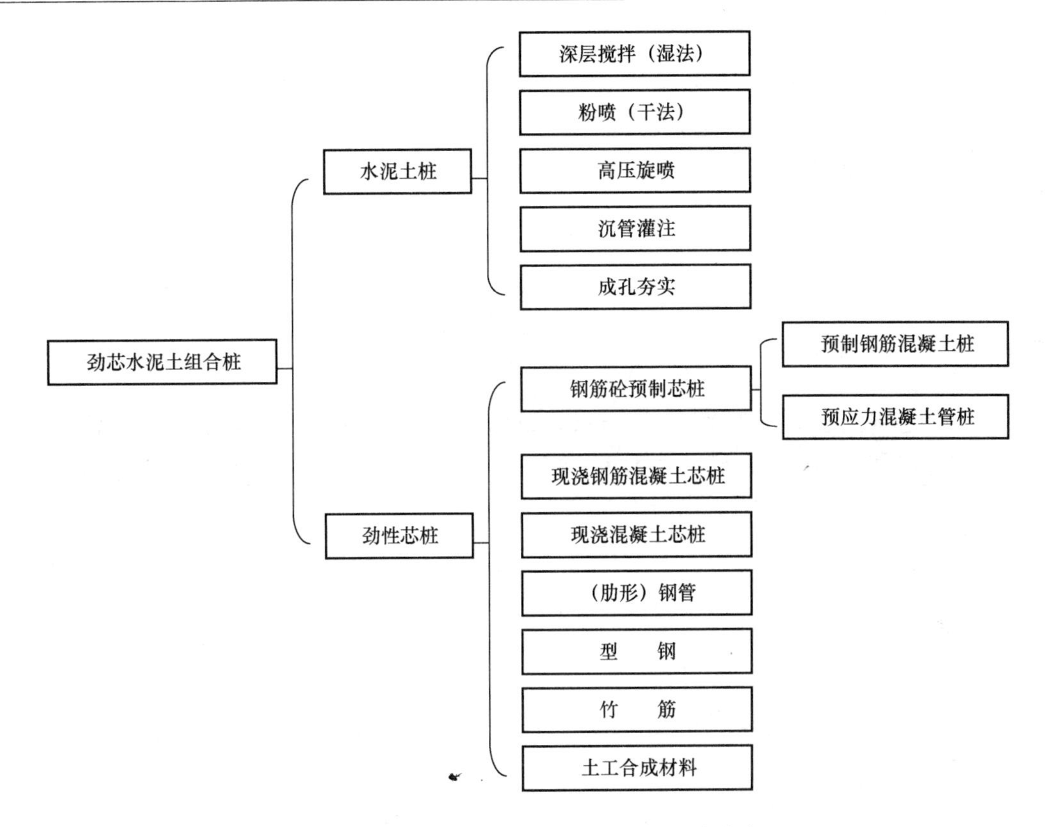

图 7-4　劲芯水泥土桩的构造及施工工艺分类

由于劲芯的置入，克服了水泥搅拌桩搅拌不均、质量不稳定的问题，甚或由于土质或施工造成水泥土桩局部松软断桩，也可通过劲芯将荷载向下传递，从而防止了事故的发生。

6. 经济效益显著

劲芯水泥土桩的经济性十分明显，费用较预制桩节约 30%～50%，较钻孔灌注桩节约 40%～50%，有可观的社会经济效益。

（三）适用范围

劲芯水泥土桩复合地基适用于淤泥、淤泥质土、黏性土、粉土、素填土等地基。对欠固结土层、杂填土、有机质土及塑性指数较高的黏土或地下水具有腐蚀性时，应通过试验确定其适用性。

杂填土往往含有较多大块物料，使搅拌作业无法进行，生活垃圾为主的杂填土含有大量有机物，影响水泥水化反映，因此应慎用。

塑性指数较高的黏土，如 $I_p>25$ 时，容易在搅拌头叶片上形成泥团，无法完成水泥土的拌合，因此必须进行工艺试验判定拌合的可行性，对局部高 I_p 黏土夹层应采取必要措施加强拌合（如采用正、反转重复搅拌、实施搅拌作业时加水或加粉煤灰、砂等）。

在滨海地区的盐渍土也应慎用。

当地基土的天然含水量小于 30%时，由于不能保证水泥充分水化，故不宜采用干法。

二、设计

劲芯水泥土桩既可作为桩基础，又可作为复合地基的竖向增强体。目前，劲芯水泥土桩复合地基设计计算已日臻成熟，经有关主管部门批准已经颁布了相应的地方标准，如天津市工程建设标准《劲性搅拌桩技术规程》DB 29-102—2004、河北省工程建设标准《混凝土芯水泥土组合桩复合地基技术规程》DB13（J）50—2005 等。本节主要介绍劲芯水泥土桩复合地基的研究应用情况和 DB13（J）50—2005 的相关规定。

（一）基本要求

劲芯水泥土桩复合地基适用于淤泥、淤泥质土、黏性土、粉土、素填土等地基。对欠固结土层、杂填土、有机质土及塑性指数较高的黏土或地下水具有腐蚀性时，应通过试验确定其适用性。

1. 工程勘察与室内外试验

采用劲芯水泥土桩处理地基，应具有建筑场地岩土工程勘察资料，并对地基处理的目的、处理范围和处理后要达到的技术指标有明确要求。设计前应进行拟处理土层的室内水泥土配比试验，选择合适的固化剂、外掺剂及其掺量，为设计施工提供相应龄期的水泥土强度及其工程特性参数。水泥土强度宜取 28d 龄期立方体试块抗压强度，其 28d 抗压强度不宜小于 0.8～1.0MPa。

施工前宜按建筑物地基基础设计等级和场地复杂程度，在有代表性的场地上进行成桩试验或试验性施工，并进行必要的测试，以检验设计、施工参数和处理效果，如达不到设计要求时，应查找原因采取措施或修改设计及施工方案。

2. 设计要点及设计流程

（1）设计要点

劲芯水泥土桩复合地基的设计，主要是确定组合桩的单桩及复合地基承载力、面积置换率、加固深度、芯桩类型和几何尺寸及选择水泥土搅拌桩固化剂、外掺剂的种类及掺入比等。

1）固化剂

固化剂可选用水泥或其他有效的固化材料，水泥固化剂宜选用强度等级为 32.5 级及以上的普通硅酸盐水泥。水泥掺量宜为被加固湿土重的 12%～20%。湿法施工水泥浆水灰比可选用 0.5～1.0。外掺剂可根据工程需要和地质条件选用具有早强、缓凝及节省水泥等性质的材料，但应避免污染环境。对含水量高、有机质含量多的土层，也可采用专用土壤固化剂作为固化材料。

2）布桩

桩位平面布置可根据上部结构特点和基础形式采用三角形或方形布置，对条形基础可采用单排或双排布置；桩可只布置在基础平面范围内；桩距宜为 2～4 倍桩径，当在饱和软黏土中成桩时，桩距宜适当加大。

劲芯水泥土桩的桩长应根据土质及上部结构对承载力及变形的要求确定，原则上宜穿透软弱土层到达较硬土层。

3）芯桩构造要求

①芯桩直径（边长）与水泥土搅拌桩直径之比（α_d）不应小于 0.30；芯桩外包水泥土厚不应小于 120mm；芯桩下水泥土桩长不宜大于 1.5m。芯桩长细比不应大于 80。

芯桩尺寸和长度不仅应满足桩身强度及承载力要求，尚应保证芯桩与水泥土桩的协同工作，根据水泥土与混凝土芯桩粘结力试验，其粘结力约为 $0.2f_{cu}$，据此推算其芯径比 α_d 应大于 0.3 才可保证芯桩与水泥土之间不发生滑移，从而保证水泥土与芯桩共同受力。为增加混凝土芯与水泥土结合力，混凝土芯也可作成结节状或外壁加肋或槽。当缺乏工程经验时，宜进行芯桩摩阻力验算，要求芯桩桩周总侧向摩阻力大于或等于水泥土桩周总侧向摩阻力。

另据试验对比及有限元分析，芯桩过短不仅满足不了桩身强度要求，而且也不利于荷载的有效传递，因此芯桩底面以下纯水泥土桩段不宜过长。经分析对比建议芯长比 α_l（芯桩长度与水泥搅拌桩长度之比）应大于 0.80～0.90。当水泥土搅拌桩长度较大或芯桩下水泥土强度较低时取大值。目前工程中芯桩下纯水泥土桩长多为 1.0～2.0m。当桩端持力层为坚硬土层或埋藏较深时，芯桩也常通长或超长设置（$\alpha_l \geqslant 1$）。

②预制钢筋砼芯桩宜采用楔形，桩身截面尺寸不宜小于 220mm（顶）～120mm（底），等截面预制芯桩直径（边长）不宜小于 200mm；桩身配筋按吊运条件计算确定，主筋直径不宜小于 8mm；混凝土强度等级不宜低于 C25；桩身接头不宜超过二个。

预制芯桩可采用楔形（双面或单面）或柱形，截面可采用方形、矩形、多边形，有条件时也可以采用预应力混凝土管桩。实践表明楔形芯桩不仅便于压入，垂直度也较易控制，故应优先选用。

③现浇芯桩可采用素混凝土或钢筋混凝土，直径不宜小于 300mm，桩身混凝土强度等级不宜低于 C15；当采用现浇钢筋砼芯桩时，可按构造配筋，根据芯桩直径大小配置 4～6 根直径不小于 8mm 的纵筋，纵筋长度不宜小于 3～4m。

现浇芯桩加配构造钢筋，主要为防止挤土、开槽等偶然因素造成断桩，当土质较好且有施工经验时也可以不设。当 $\alpha_l > 1$ 时纵筋宜通长设置。

4）水泥土桩

湿法施工水泥土桩长不宜大于 20m；干法不宜大于 15m。水泥土搅拌桩的桩径不应小于 500mm。

5）褥垫层设置

桩顶和基础之间应设置褥垫层，褥垫层厚度可取 200～300mm，其材料可选用中粗砂、石屑或级配砂石，最大粒径不宜大于 20mm。垫层平面尺寸每边超过基础边缘不应小于 300mm。对公路路堤等柔性基础，宜设置土工格栅加筋垫层或灰土等刚度较大垫层。

6）当劲芯水泥土桩按桩基设计时，应符合《建筑桩基技术规范》JGJ 94 有关规定。

（2）设计流程

设计流程见图 7-5。

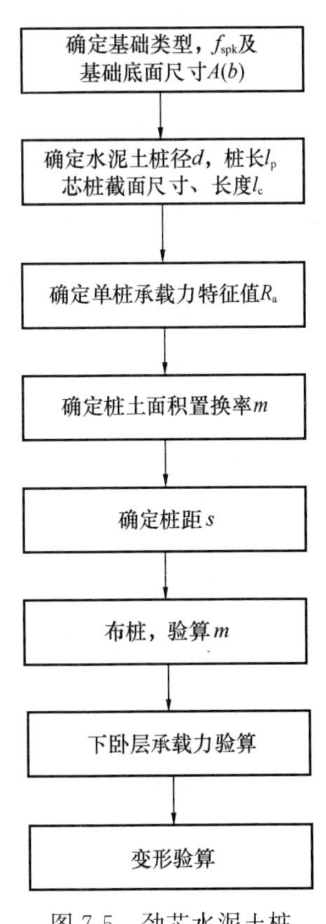

图 7-5　劲芯水泥土桩复合地基设计流程

（二）复合地基承载力计算

1. 复合地基承载力特征值 f_{spk}

劲芯水泥土桩复合地基承载力特征值 f_{spk}，应通过现场复合地基载荷试验确定。试验按《建筑地基处理技术规范》JGJ 79 执行，当按相对变形值确定复合地基承载力特征值时，可取 s/d 或 s/b 等于 0.006～0.008 所对应的压力。

初步设计时也可按下式进行估算：

$$f_{spk} = m\frac{R_a}{A_p} + \beta(1-m)f_{sk} \tag{7-1}$$

式中 f_{spk}——复合地基承载力特征值（kPa）；

m——面积置换率；

R_a——单桩竖向承载力特征值（kN）；

A_p——劲芯水泥土桩截面积，按水泥土搅拌桩桩径计算（m^2）；

β——桩间土承载力折减系数，可视土质情况取 0.4～0.8；

f_{sk}——加固后桩间土承载力特征值（kPa），宜按当地经验取值，或取天然地基承载力特征值。

2. 单桩竖向承载力特征值 R_a

单桩竖向承载力特征值，应通过现场载荷试验确定。试验按《建筑地基基础设计规范》GB 50007 及《建筑地基处理技术规范》JGJ 79 有关规定执行。

当 $\alpha_l \leqslant 1.0$ 时，初步设计也可按下式进行估算

$$R_a = u_p \sum_{i=1}^{n} q_{si} l_{pi} + \alpha_p q_p A_p \tag{7-2}$$

式中 u_p——桩身周长，按水泥土搅拌桩桩径计算（m）；

n——桩长范围内所划分的土层数；

q_{si}——桩周第 i 层土的侧阻力特征值（kPa），宜按当地经验取值，无当地经验时，可参考 DB13（J）50—2005 确定；

l_{pi}——桩穿越第 i 层土厚度（m）；

α_p——桩端阻力折减系数，依芯桩尺寸及桩端土质情况取 $\alpha_p = 0.3 \sim 0.7$；

q_p——桩端阻力特征值（kPa），宜按当地经验取值，无当地经验时，可参考 DB13(J)50—2005 确定。

对重要工程及土质条件复杂场地，应采用单桩载荷试验确定单桩承载力 R_a，当土质条件简单且有成熟经验的地区也可采用经验公式估算。

根据现场静载试验的统计结果，劲芯水泥土桩的极限承载力实测值，与同比条件下水下钻孔灌注桩极限承载力计算值相近，经分析对比水泥土组合桩侧摩阻力，高于同比条件下水下钻孔灌注桩侧摩阻力，而其桩端阻力比水下钻孔灌注桩略小；与同比条件下水泥土搅拌桩相比，不论是侧摩阻力，还是桩端阻力，均有明显的提高。因此，劲芯水泥土桩可按水泥土搅拌桩外围尺寸，参照水下钻孔灌注桩有关参数进行承载力估算。当 $\alpha_l > 1$ 时，底部芯桩侧阻力按芯桩成桩工艺确定。

考虑到劲芯水泥土桩组合桩底为水泥土或部分为水泥土，其桩端阻力比灌注桩有所降低，因此乘以折减系数 α_p。α_p 值应依芯径比 α_d 及芯长比 α_l 大小及桩端下土质确定，当 α_d 较大且芯桩通长设置时 α_p 可取大值，当桩端为纯水泥土时 α_p 应取低值。芯桩超长设置（$\alpha_l > 1$）时取 $\alpha_p = 1.0$，其桩端阻力按芯桩截面积及相应成桩工艺确定。

3. 桩身强度验算

（1）等截面通长芯桩

$$R_a \leqslant \eta_c f_c A_c \tag{7-3}$$

式中 R_a——按式（7-2）计算的单桩竖向承载力特征值（kN）；

η_c——芯桩混凝土强度折减系数，预制芯桩取 $\eta_c = 0.9 \sim 1.0$、现浇芯桩取 $\eta_c = 0.7 \sim 0.8$；

f_c——混凝土轴心抗压强度设计值（kPa），应符合现行国家标准《混凝土结构设计规范》GB 50010 的规定；

A_c——芯桩截面积。

（2）变截面芯桩或短芯

单桩竖向承载力可按下式验算：

$$R_a - Q_{si} \leqslant \eta_c A_{ci} f_c + \eta f_{cu}(A_p - A_{ci}) \tag{7-4}$$

式中　A_{ci}——计算截面处芯桩截面积（m^2）；

η——桩身水泥土强度折减系数，桩顶处取 $\eta=0$；其他截面可取 $\eta=0.3\sim0.5$；

Q_{si}——计算截面以上桩周总侧阻力特征值（kN）；

f_{cu}——与桩身水泥土配比相同的室内水泥土试块（边长为 70.7mm 立方体），在标准养护条件下 28d 龄期的立方体抗压强度平均值（kPa）。

因受桩侧阻力影响，桩身轴力沿深度递减，因此劲芯水泥土桩可按变强度进行设计，桩身实际受力可考虑桩侧阻力有利影响。

实际设计时，应选代表性断面进行桩身强度验算。

4. 下卧层承载力验算

当劲芯水泥土桩处理深度以下存在软弱下卧层时，应按现行国家标准《建筑地基基础设计规范》GB 50007 的有关规定进行下卧层承载力验算。

（三）变形计算

地基处理后的变形计算应按现行国家标准《建筑地基基础设计规范》GB 50007 的有关规定进行。其中复合土层的压缩模量可按下式确定：

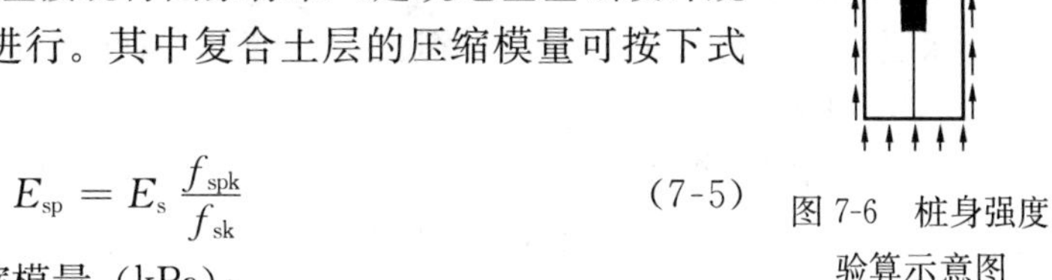

$$E_{sp} = E_s \frac{f_{spk}}{f_{sk}} \tag{7-5}$$

图 7-6　桩身强度验算示意图

式中　E_{sp}——复合土层压缩模量（kPa）；

E_s——桩间土压缩模量（kPa），可按天然地基取值。

变形计算经验系数 ψ_s 应根据当地沉降观测资料经统计分析后确定，无实测资料时可按《建筑地基处理技术规范》JGJ 79 确定。

劲芯水泥土桩复合地基变形允许值，依上部结构类型及土质情况，按现行国家标准《建筑地基基础设计规范》GB 50007 的有关规定确定，或按当地经验取值。

三、施工

劲芯水泥土桩的施工包括水泥土桩施工和芯桩成桩两个主要过程。水泥土桩的形式主要有水泥搅拌桩（包括干法和湿法）及高压旋喷桩两类；芯桩主要有预制桩和灌注桩两类。目前工程上常用的劲芯水泥土桩是水泥土搅拌桩（湿法）与预制钢筋砼芯桩的组合。下面结合 DB13(J)50—2005 对劲芯水泥土桩复合地基施工及质量检验进行介绍。

（一）施工准备

施工前应具备下列文件资料：

1. 建筑场地岩土工程勘察资料；

2. 基础平面布置图及基础底面标高；

3. 劲芯水泥土桩桩位平面布置图及技术要求；

4. 试成桩资料或工艺试验资料；

5. 施工组织设计及进度计划。

施工前应平整场地并清除地上和地下障碍物，当表层土松软时应碾压夯实。当表层杂填土含有大块物料较多时，可在施工前进行翻槽并清除大块物料，然后分层回填碾压，当地下水位较高时尚应作好排水工作。

场地整平后应测量场地整平标高，桩顶设计标高以上宜预留 0.5m 以上土层。桩位放线定位前应按幢号设置建筑物轴线定位点和水准基点，并采取妥善措施加以保护。建筑物轴线定位点和水准基点，应由上部建筑承建单位施放，并经甲方或监理验收。

根据桩位平面布置图在施工现场布置桩位，桩位放线偏差不应大于 20mm，桩位确定后应填写放线记录，经有关部门验线后方可施工。桩位点应设有不易被破坏的明显标记，并应经常复核桩位位置以减少偏差、避免漏桩。

（二）施工机具

劲芯水泥土桩施工机械由水泥土搅拌桩机和压桩机械或钻孔灌注桩机等组成。有条件时应优先采用专用劲芯水泥土桩机。劲芯水泥土桩机为沧州市机械施工有限公司等研制的专利产品，为实施劲芯水泥土桩作业而研制，整机为液压步履式，可完成深层搅拌、静力压桩、振动沉管、柱锤夯扩等多种作业。

湿法施工深层搅拌水泥土桩机采用单头搅拌桩机，其配套装置为灰浆集料筒、注浆泵、水泥浆拌合机，拌浆池等。

1. 深层搅拌水泥土桩机应配置深度计量、升降速度调节和显示、垂直度指示和调整装置、转速及电流显示仪表等。

2. 灰浆集料筒和拌浆池可预先制作或在现场砌筑，其贮浆量不宜小于每根桩注浆体积的 50%，并宜在集料筒内设置反映灰浆体积的刻度或标尺。

3. 注浆泵应采用可调式灰浆泵，并应配置流量、泵压等记录装置。

压桩机可采用自行式微型静力压桩机，其设备自重及压桩力应和芯桩贯入阻力相匹配，并应配置垂直度调整和压桩力记录装置。

当芯桩采用钻孔灌注成型时，水泥土搅拌也可采用粉体喷搅法（干法），干法施工适用于干作业成孔现浇芯桩或淤泥、淤泥质土等饱和松软土层，其施工设备应符合《建筑地基处理技术规范》JGJ 79 的有关规定。钻孔灌注桩机可采用振动沉管灌注桩机、长螺旋钻孔灌注桩机或机动洛阳铲成孔灌注桩机等。

（三）施工作业

1. 施工步骤：

（1）搅拌桩机就位、调平；

（2）搅拌、喷浆（喷粉）；

（3）静力压入预制钢筋砼芯桩或制作现浇混凝土（钢筋混凝土）芯桩；

（4）移位，重复上述步骤进行下一根桩施工。

2. 水泥土桩施工

（1）深层搅拌施工（湿法）

深层搅拌施工及质量控制按现行行业标准《建筑地基处理技术规范》JGJ 79 水泥土搅拌法有关要求执行。根据组合桩特点尚应作好以下几点：

1）水泥浆应搅拌均匀，防止发生离析，宜用浆液比重计测定浆液配比及搅拌均匀程度，注入贮浆筒时应过滤。水泥浆宜在搅拌桩施工前一小时内搅拌。

2）严格按照试成桩或工艺试验确定的有关工艺标准进行施工；施工前应对有关设备参数重新进行标定，如注浆泵单位时间输送量（m^3/min）、搅拌机升降速度（m/min）等；开工前应进行施工技术交底。

3）宜采用提升喷浆，喷浆提升速度、遍数应和注浆泵单位时间输送量（m^3/min）相匹配，喷浆提升速度不宜超过 1.0m/min 并宜采用定值；搅拌升降速度不宜大于 2m/min；工作电流不应大于额定值；停浆面应高出桩顶设计标高 200～300mm。

在预（复）搅下沉时，也可以采用喷浆的施工工艺，但必须确保最后一次喷浆后，桩长上下至少再重复搅拌一次。

4）芯桩底部至组合桩底应充分搅拌，必要时可增加喷浆量和搅拌次数，搅拌桩底座浆不少于 30 秒。

5）施工时应防止冒浆和同心钻，在塑性指数较高的黏土中施工时，宜增加搅拌次数。

6）施工中应作好施工记录，重点是每根桩水泥用量、水灰比、每延米喷浆量（喷浆遍数、时间）及搅拌深度等，喷浆量及搅拌深度必须采用经国家计量部门认证的监测仪器进行自动记录。

7）施工中应保持搅拌桩机底盘的水平和导向架的垂直，搅拌桩的垂直度偏差不应大于 1%；桩位施工偏差不应大于 50mm；成桩直径和桩长不应小于设计值。

（2）粉体喷搅法（干法）

粉体喷搅法（干法）施工应符合《建筑地基处理技术规范》JGJ 79 的有关规定。

3. 芯桩施工

（1）预制钢筋砼芯桩制作及沉桩

1）预制钢筋砼芯桩制作要求及质量控制

①预制钢筋砼芯桩宜在工厂制作，以保证质量和便于规模生产，目前预制钢筋砼芯桩已形成系列，不仅方便设计选用，也为工厂成批生产创造了条件。当施工现场有条件时也可在现场预制。芯桩施工质量应符合《建筑地基基础工程施工质量验收规范》GB 50202 的有关要求。

②预制芯桩在使用前，必须严格检查其外观质量，并检查出厂合格证。

③多节预制钢筋砼芯桩单节长度应根据设备条件、制作场地、运输装卸能力和经济指标等各项因素综合确定，单节长度不宜大于 9m。

2）沉桩施工要求

目前预制芯桩多采用静压法施工，条件允许时也可以采用锤击法施工。

①沉桩前应将搅拌桩位附近泥浆清理干净，直至可准确地分辨出搅拌桩轮廓，经核对确认桩中心位置无误后方可沉桩。芯桩与搅拌桩中心施工偏差不应超过 20～40mm，桩长较大时取小值。

②静力压入砼芯桩时间间隔应经现场试验确定，当预制芯桩下沉困难时也可启动振锤。沉桩间隔时间与土质、含水量、水泥浆水灰比、水泥浆掺入量、搅拌均匀程度、芯桩

断面形式、尺寸及长度、以及压桩力大小等有关，因此应经现场试验确定。为减少压桩阻力宜在水泥土搅拌桩完成后 30min 内进行；压桩过程中应连续贯入，尽量减少接桩停顿时间，振锤作为辅助下沉措施，在居民区应慎用。

③为确保桩身垂直度，在沉桩前应复查压桩机导向架垂直度。芯桩开始沉入水泥土后，由专人沿两个方向核对桩身垂直度，确认桩身垂直后方可继续沉桩，芯桩插入时垂直度偏差不应超过 0.5%。

芯桩桩顶标高应严格控制，施工时应逐桩进行桩顶标高测量。当桩顶标高低于设计标高时，应于开槽后用与搅拌桩直径相同的高标号细石混凝土补至设计标高；当芯桩顶高出设计标高小于 300mm 时，可于开槽后剔除，严禁使用大锤硬砸，宜采用锯桩机进行截桩或用人工剔凿沟槽后截桩，防止因剔凿芯桩而损坏桩身水泥土，当桩顶水泥土松散或损坏时应剔除并用细石混凝土补齐或增设混凝土桩帽。当芯桩顶高出设计标高大于 300mm 或因沉桩间隔时间过长、桩身偏斜等造成无法继续下沉时，应与设计商定进行补桩或采取其他补救措施。

④芯桩沉入施工地面以下后，用送桩器将芯桩压至预定深度，芯桩桩顶标高施工偏差不应大于±50mm。

⑤沉桩工序完毕后应填写施工记录，沉桩施工中出现的问题应注明。

⑥接桩时可采用预埋钢板焊接，应尽量减少焊接时间，并应保证接桩后桩身的垂直度。接桩时其入土部分桩段的桩头宜高出地面 0.5～1.0m。

（2）现浇混凝土或钢筋砼芯桩制作

1）现浇芯桩施工要求及质量控制按《建筑桩基技术规范》的有关规定执行。现浇芯桩可采用振动沉管或干作业钻孔灌注（如螺旋钻孔、机动洛阳铲成孔等）成桩，其施工工艺的关键是如何保证沉管或钻具顺利下沉且不发生坍孔或缩颈的质量事故，其他与一般混凝土灌注桩施工要求基本相同，因此可按《建筑桩基技术规范》有关规定执行。为保证桩顶质量，凿除浮浆及劣质桩头后，必须保证暴露的桩顶混凝土达到强度设计值。一般宜超灌 0.3m。

2）芯桩采用沉管灌注时，沉管宜在水泥土初凝后进行，拔管速度宜控制在 0.6～1.2m/min，混凝土充盈系数应大于 1.0。沉管过早易发生缩颈，过晚易造成沉管下沉困难或水泥土胀裂，具体要求应依水泥土性状及施工方法由现场试验确定。

3）芯桩采用干作业成孔灌注时，应待桩身水泥土终凝后，水泥土达到一定强度不致坍孔缩颈时方可进行。成孔后应将孔底虚土夯实，并防止杂土落入孔内。

4）制作现浇芯桩前，应重新校核桩位，芯桩中心与搅拌桩中心偏差不应大于 20～40mm。

5）成桩过程中，抽样作混凝土试块，每台班作一组（3 块）试块，测定其立方体抗压强度。

6）现浇芯桩桩顶应振捣密实，桩顶标高偏差不应超过±50mm。

四、检验验收

（一）成桩质量检查

劲芯水泥土桩质量检查主要包括：水泥土搅拌桩施工、预制芯桩制作及沉桩（或现浇芯桩施工）3 个（或 2 个）工序过程的质量检查。

1. 水泥土搅拌桩施工质量检验

施工过程中应随时检查施工记录，并对照预定的施工工艺对每根桩进行质量评定。对不合格的桩应根据具体情况采取补强或加强邻桩等措施。对每根桩施工情况进行如实记录、检查，是确保成桩质量的关键，因此必须认真作好。

水泥土搅拌桩检查的重点是：水泥强度等级及用量、桩位、桩长、搅拌头转数和升降速度、复搅次数和复搅深度、喷浆数量及时间、停浆处理方法等。

对重要工程或因土质复杂造成水泥土搅拌桩成桩质量可靠性较低的工程，可在压桩前或制作现浇芯桩前，用工程钻机取软芯，鉴别水泥掺量和搅拌均匀程度，必要时可制作试块测定水泥土立方体抗压强度。检测数量根据具体情况由设计确定，但不宜少于 3 根。由于劲芯水泥土桩的构造特点，待成桩后检查或钻取水泥土芯样困难较大，因此宜在压桩前取软芯，如因取芯延误时间造成压桩困难时，可复搅后再沉桩。如采用干作业成孔灌注砼芯桩，水泥土桩质量检验可结合成孔钻取水泥土进行。

2. 芯桩质量检验

预制钢筋砼芯桩质量检查按照《建筑桩基技术规范》JGJ 94 有关规定执行，对于批量生产的预制钢筋砼芯桩尚应出具产品质量合格证。当预制芯桩为工厂批量生产的定型产品时，可简化预制芯桩的质检手续。

预制钢筋砼芯桩的沉桩质量检查主要包括：芯桩与搅拌桩中心偏差、桩身垂直度、沉桩深度及桩顶标高、接桩质量等。

现浇混凝土或钢筋砼芯桩质量检查，可根据其施工方法参照《建筑地基基础工程施工质量验收规范》GB 50202 的有关规定执行。现浇芯桩完整性检查可采用动测法，检测方法及数量可参照《建筑基桩检测技术规范》JGJ 106 的有关规定执行或依当地经验由设计会同各方协商确定，每一单体工程抽检数量不宜少于 10 根。

3. 成桩后质量检验

基槽开挖后应检查桩位、桩径、桩数、芯桩中心偏差、桩顶标高及质量；当浅层土质复杂时，尚应检查槽底土质情况。如不符合设计要求应采取有效的补救措施。复合地基承载力不仅取决于桩身质量，与桩间土性状及承载力也密切相关，因此当地质条件复杂时除应对竖向增强体进行检测外，尚应对桩间土进行检测，检测方法可采用轻便动力触探结合验槽进行。

（二）承载力检测

劲芯水泥土桩复合地基竣工验收，应采用单桩或多桩复合地基或单桩载荷试验检验其承载力，检测数量应取施工总桩数的 1%，每个单体工程不应少于 3 点。当桩间表层土松软或不考虑桩间土受力时，也可仅进行单桩载荷试验。进行单桩载荷试验时，桩顶应整平加强，可作 200mm 厚与桩径（d）相同的混凝土桩帽。

载荷试验宜在成桩 28d 后进行，若提前检测应采取有效措施，可加入早强剂，以缩短养护时间，待水泥土及现浇混凝土强度满足试验加载条件时方可进行。

（三）工程验收

劲芯水泥土桩复合地基工程验收应在基坑开挖后，由建设单位会同施工、设计、监理等部门共同进行，组合桩质量及承载力满足设计要求后，尚应对桩位、桩径、桩顶标高等进行检查，验收合格后方可进行褥垫层和基础施工。质量检验及验收标准详见表 7-1。

劲芯水泥土桩复合地基质量检验标准[8] **表 7-1**

项	序	检查项目		允许偏差或允许值		检查方法
				单位	数值	
主控项目	1	水泥土搅拌桩	(1) 水泥及外掺剂质量	设计要求		查产品合格证或抽样送检
			(2) 水泥用量	设计要求		查施工记录
			(3) 桩体施工质量及强度	设计要求		取芯，测立方体抗压强度
	2	预制钢筋混凝土芯桩	(1) 桩身强度及质量		设计要求	查出厂合格证，现场抽检
			(2) 桩顶标高	mm	±50	水准仪测
			(3) 与搅拌桩中心偏差	mm	50	用钢尺量
	3	现浇芯桩	(1) 混凝土强度		设计要求	抽样送检
			(2) 桩身完整性		设计要求	参照《建筑基桩检测技术规范》(JGJ 106)
			(3) 与搅拌桩中心偏差	mm	50	用钢尺量
			(4) 孔深	mm	+200	用重锤测或测套管长度
	4	单桩或复合地基承载力		设计要求		载荷试验
一般项目	1	垂直度	(1) 水泥土搅拌桩	%	≤1.0	经纬仪或吊垂球检查导向架
			(2) 芯桩	%	≤0.5～1.0	经纬仪或吊垂球（沉管测套管）。桩长时取小值
	2	桩位偏差	(1) 条基布桩		0.25d	用钢尺量，d 为搅拌桩径
			(2) 满堂布桩		0.40d	用钢尺量，d 为搅拌桩径
	3	水泥土搅拌桩	(1) 桩底标高	mm	±200	测机头深度
			(2) 桩顶标高	mm	±100	水准仪（最上部 300mm～500mm 不计入）
			(3) 桩径		≤0.04d	用钢尺量，d 为搅拌桩桩径
	4	静压钢筋混凝土芯桩	(1) 成品桩质量（外观、外形尺寸）	参照《建筑地基基础工程施工质量验收规范》GB 50202		
			(2) 电焊接桩质量（焊条、焊缝、节点偏差）	参照《建筑地基基础工程施工质量验收规范》GB 50202		
	5	现浇混凝土（钢筋混凝土）芯桩	(1) 桩径	mm	−20	钢尺量
			(2) 混凝土坍落度	mm	70～110	坍落度仪，素混凝土取低值
			(3) 混凝土充盈系数		>1	检查每根桩实际灌注量
			(4) 桩顶标高	mm	±50	水准仪，需扣除桩顶浮浆层及劣质桩体

工程验收应包括下列资料：

1. 桩位施工图、图纸会审纪要、设计变更、材料检验报告等；
2. 经审定的施工组织设计或施工方案及执行中的变更情况；
3. 桩位测量放线图及工程桩位复核签证单；
4. 预制芯桩验收及质量合格证；
5. 成桩质量及芯桩完整性检测报告；
6. 单桩或复合地基检测报告；
7. 竣工图和竣工报告。

五、工程实录

（一）天津市某大厦地基处理工程

1. 工程概况与地质条件

天津市某大厦，六层框架结构，局部七层，施工场地地基土从上而下分布如下：

①人工填土：黑灰色，以煤灰为主，夹炉灰、石子及少量黏性土，厚度 2.0m；

②黏土、粉质黏土：黄褐色，可塑～软塑，属中压缩性土，厚度 5.4m，孔隙比 $e=0.84$，液性指数 $I_L=0.63$，地基承载力特征值 $f_{ak}=90kPa$，压缩模量 $E_s=6.32MPa$，桩侧阻力特征值 $q_s=20kPa$；

③粉质黏土：灰褐色，软塑～流塑，属中压缩性土，厚度 6.0m，孔隙比 $e=0.83$，液性指数 $I_L=0.90$，地基承载力特征值 $f_{ak}=100kPa$，压缩模量 $E_s=7.06MPa$，桩侧阻力特征值 $q_s=16kPa$；

④粉土：灰褐色，中密，属中压缩性土，厚度 2.9m，孔隙比 $e=0.67$，压缩模量 $E_s=10.24MPa$，桩侧阻力特征值 $q_s=16kPa$，桩端阻力特征值 $q_p=350kPa$；

⑤粉质黏土：黄褐色，可塑，属中高压缩性土，厚度 3.4m，孔隙比 $e=0.75$，液性指数 $I_L=0.64$，压缩模量 $E_s=5.32MPa$。

2. 设计计算

大厦建筑面积 $8000m^2$，采用柱下独立基础，基础埋深现地面下 2.0m，钢筋砼芯水泥土桩加固地基，要求复合地基承载力特征值不小于 250kPa。

水泥土搅拌桩直径 500mm，桩长 12m；钢筋混凝土预制芯桩截面尺寸顶部为 220×220mm，底部为 120mm×120mm，桩长 9m，混凝土强度等级 C25，$f_c=11.9MPa$；水泥土搅拌桩水泥掺入比上部 7m 为 15%，$f_{cu}=1.5MPa$，下部 5m 为 20%，$f_{cu}=2.0MPa$。水灰比按设计要求不大于 1.20，搅拌桩施工要求六搅三喷。桩顶与基础之间设置 300mm 厚土石屑垫层。

（1）单桩承载力特征值 R_a 的计算

1）R_a 计算

根据各土层土性指标，计算 R_a，式中 q_{si}、q_p 参考 DB13(J)50—2005 附录 C 取值。

$$R_a = u_p\sum_{i=1}^{n} q_{si}l_{pi} + \alpha_p q_p A_p = 1.57\times(20\times5.0+16\times7)+0.5\times350\times0.19625 = 367kN$$

故按 $R_a=350kN$ 设计。

2）桩身强度验算

利用式（7-4）验算桩身强度

$$R_a - Q_{si} \leqslant \eta_c A_{ci} f_c + \eta f_{cu}(A_p - A_{ci})$$

①桩顶截面砼强度

$$\eta_c A_{ci} f_c = 0.9 \times 0.22^2 \times 11900 = 518\text{kN} > 350\text{kN}$$

故桩顶截面砼强度满足设计要求。

②芯桩中截面砼强度（桩顶下 4.5m 深处）

$$R_a - Q_{si} = 350 - 1.57 \times 20 \times 4.5 = 209\text{kN}$$

$$\eta_c A_{ci} f_c + \eta f_{cu}(A_p - A_{ci}) = 0.9 \times 0.17^2 \times 11900 + 0.3 \times 1500 \times (0.19625 - 0.17^2)$$
$$= 385\text{kN} > 209\text{kN}$$

满足设计要求。

③芯桩底端下水泥土强度（桩顶下 9.0m 深度）

$$R_a - Q_{si} = 350 - 1.57 \times (20 \times 4.5 + 16 \times 4.5) = 96\text{kN}$$

$$\eta f_{cu}(A_p - A_{ci}) = 0.3 \times 2000 \times 0.19625 = 118\text{kN} > 96\text{kN}$$

满足设计要求。

（2）布桩

求 m，基底土层为②黏土、粉质黏土，β 取 0.4，f_{sk}=90kPa，则

$$m = \frac{f_{spk} - \beta \cdot f_{sk}}{\dfrac{R_a}{A_P} - \beta \cdot f_{sk}} = \frac{250 - 0.4 \times 90}{\dfrac{350}{0.196} - 0.4 \times 90} = 0.122$$

实际工程按桩距 1000mm 布置如例图 1-1 所示，置换率 $m = \dfrac{9 \times 0.196}{3.4 \times 3.4} = 0.152 >$ 0.122，满足设计要求。

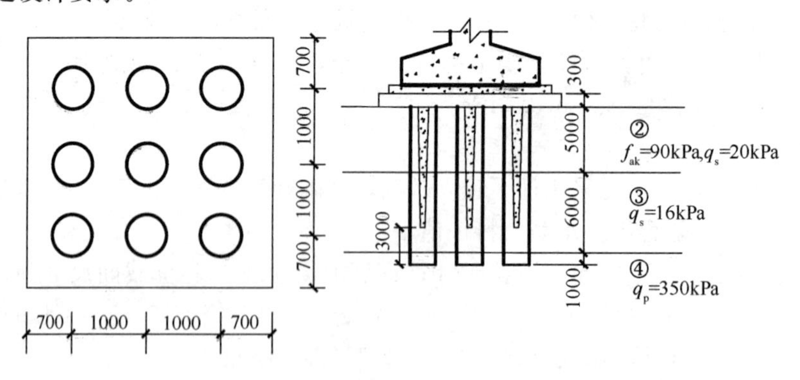

例图 1-1　布桩示意图

3. 检测结果

组合桩施工结束后，随机抽取 6 根桩进行单桩竖向静载试验。各点试验 $Q \sim s$ 曲线见例图 1-2。试验结果表明，6 根试桩单桩竖向极限承载力基本值均不小于 700kN，而且 6 根试桩最终沉降在 7.46～11.95mm 之间，残余变形在 2.47～4.62mm 之间，单桩竖向承载力特征值达到 350kN，满足设计要求。

（二）河北省辛集市 6 层住宅楼地基处理

河北省辛集市某开发公司开发六层住宅楼，楼长 96.0m，宽 13.0m，砖混结构，条形

基础，设计要求地基承载力特征值 200kPa。场地土层由上而下分布：

①粉质黏土与粉土交互层：粉质黏土为褐黄色，可塑；粉土为浅黄色，稍湿，稍密；该层为中高压缩性土，层底埋深 6.0～6.3m；

②粉砂：黄色，饱和，稍密，为中压缩性土，层底埋深 7.3～8.0m；

③黏土：上部褐黄色，下部灰褐色，可塑，为中压缩性土，层底埋深 10.5～11.2m；

④粉砂夹粉土：土黄色，饱和，稍密～中密，为中压缩性土，层底埋深 12.5～13.0m。

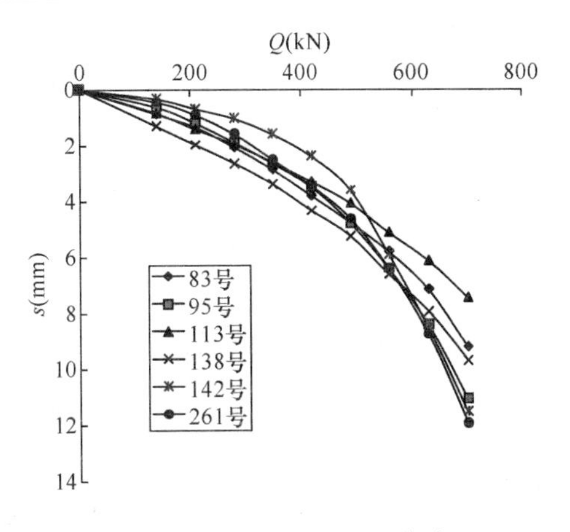

例图 1-2　试验桩 Q～s 曲线

该工程采用劲芯水泥土桩，利用深层搅拌法形成粉喷桩，待粉喷桩达到一定强度后，利用长螺旋钻机成孔，灌注砼从而形成劲芯水泥土桩。粉喷桩桩径 600mm，桩长 8.5m，布桩 650 根，处理后复合地基承载力特征值 f_{spk}不小于 200kPa。灌注砼芯桩桩径 300mm，桩长 4.0m，砼强度等级 C25。

劲芯水泥土桩成桩 15d 后，进行单桩复合地基静载试验，在加压至 400kPa 时，仍未出现破坏迹象，说明该地基处理能够满足设计要求。该工程现已竣工投入使用，沉降均匀，未发现任何问题。

(三) 劲芯水泥土桩在基坑支护工程中的应用

1. 工程概况

南京大学港龙园高层公寓由两栋 28 层住宅楼、一栋 9 层住宅楼和一 2 层地下车库组成。28 层住宅楼设一层地下室，设计拟采用剪力墙结构，桩基础。基坑平均深度为 6.5m。

2. 水文地质条件

该场地属长江漫滩地貌单元，场地地形较平坦，基坑支护影响范围内土层依次分布着杂填土、淤泥质素填土、素填土、淤泥质粉质黏土、粉质黏土夹粉土、淤泥质粉质黏土～粉质黏土。地下水埋深为 0.00～1.30m。

3. 劲芯水泥土桩的结构

在该基坑支护工程中，设计混凝土芯水泥土搅拌桩由水泥土搅拌桩外芯（直径 700mm）和混凝土预制方桩内芯（边长 300mm）两部分构成，搅拌桩长 12m，混凝土预制方桩长 11m，结构如例图 3-1、例图 3-2 所示，总平面图见例图 3-3。

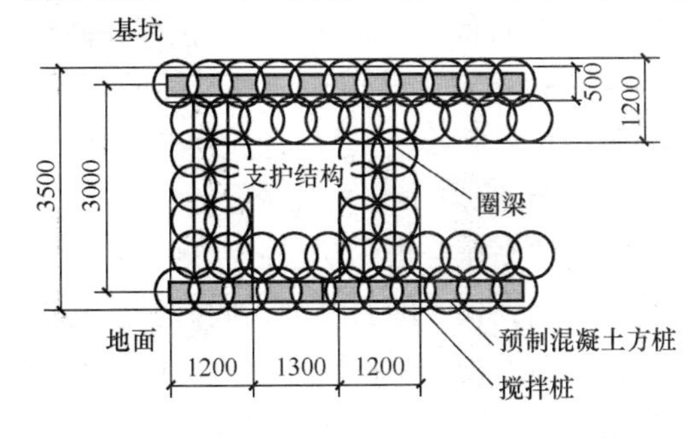

例图 3-1　支护结构平面图

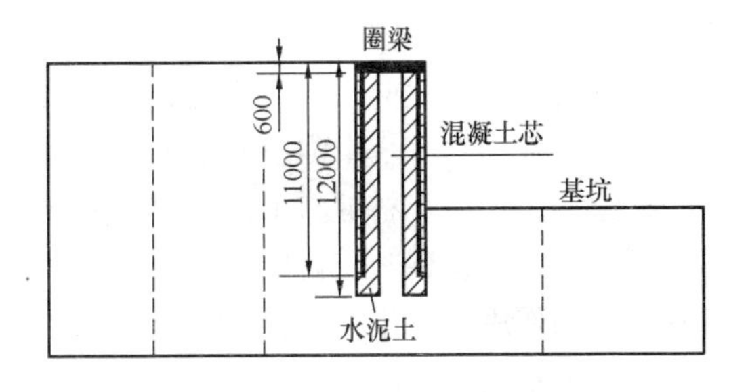

例图 3-2　支护结构剖面图

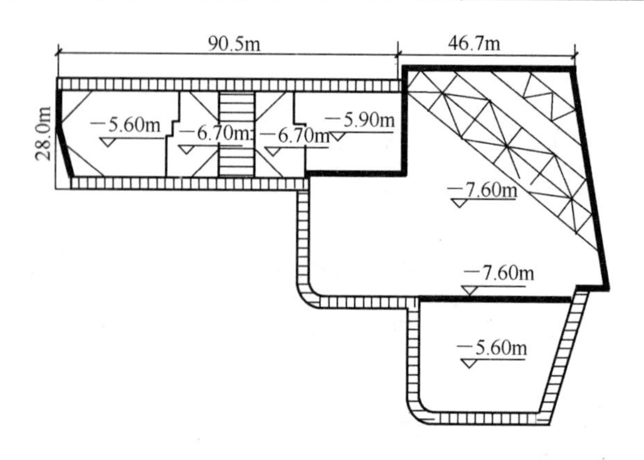

例图 3-3　基坑平面总图

4. 监测结果

基坑于 2003 年 12 月破土开挖，至 2004 年 3 月开挖完成，根据现场布置的土体深层位移监测情况，土体位移量小，控制在允许的范围内，且基坑止水效果十分理想。

第二节　柱锤冲扩水泥粒料桩复合地基

一、概述

（一）工法简介

1. 技术特点

柱锤冲扩水泥粒料桩是采用柱锤冲扩工艺分层夯填干硬性水泥混合料而形成的高粘结性竖向增强体。柱锤冲扩水泥粒料桩和周围地基土共同承担荷载，成为柱锤冲扩水泥粒料桩复合地基。水泥混合料是指采用无机粒料（如碎石、砂、石屑、矿渣、渣土等）按一定级配加入少量水泥（或粉煤灰）和水形成的干硬性混合材料。

柱锤冲扩水泥粒料桩是河北工业大学和沧州机施公司在 CFG 桩及传统柱锤冲扩桩基础上研发的一种地基处理新工艺。与传统的柱锤冲扩桩及 CFG 桩相比，柱锤冲扩水泥粒料桩具有如下特点：

（1）桩身强度高、造价低

干硬性水泥砂石料是最常用的桩身混合材料，由水泥、砂子、石子和水按适当的比例配合成的干硬性拌合物。砂石在混凝土中起骨架作用，水泥和水形成水泥浆，包裹在砂粒表面并填充砂粒间的空隙而形成水泥砂浆，水泥砂浆又包裹石子并填充于石子间的空隙。水泥在桩身填料硬化前，水泥浆起润滑作用，水泥浆硬化后起胶结作用，把砂石骨料胶结为一整体，成为具有一定强度的干硬性混凝土。

柱锤冲扩水泥粒料桩施工过程中，由于采用高能量的高压夯击和动态冲、砸、挤压的强力压实和挤密作用，使得成桩后的干硬性水泥砂石料达到较大的密实度。同时，桩身填料在水泥的作用下发生一系列的水解水化反应及硬凝反应，包括水泥和砂子、石子的胶结、水泥的水化硬化。经过这些反应过程，干硬性水泥砂石料的强度逐渐提高，最后达到其最大强度。

在水泥掺量相同时，干硬性水泥砂石料的强度明显高于塑性混凝土，因而可以节约水泥，降低材料成本。

（2）承载力高

①柱锤冲孔及填料夯实过程中的侧向挤密和镶嵌作用，使桩间土的密实程度增加，承载能力提高，同时桩与土之间侧摩阻力也有明显的提高；

②在孔内深层强力夯实作用下，孔底下土体被充分压实，桩端承载力明显提高；

③若桩端为承载力较低的软弱土层，可以通过对桩端进行填料夯实形成扩底或人造桩端持力层。这是CFG桩等其他工法所无法实现的。

（3）施工工艺灵活，可应用于不同地质条件

柱锤重量大，夯击落距可调，可以穿透并处理各种土层；采用跟管冲扩施工工艺，可以在含水饱和软土层不降水施工，从而缩短工期，降低造价；

（4）对不良地基和特殊地基的改善作用

由于对桩间土的较好的挤密效果，可以有效地处理欠固结、液化和湿陷性黄土等地层。

（5）就地取材，有利环保

桩体材料来源广泛，可就地取材，利用工业废渣，大大降低材料成本并减少环境污染。

2. 干硬性水泥砂石料工程特性[22,23]

（1）试验内容

主要以干硬性水泥砂石料为研究对象，对干硬性水泥砂石料的强度、密度、配合比、夯击能等各种工程特性进行了深入细致的室内试验研究。首先，对骨料及水泥砂石混合料进行了室内重型击实试验研究，得出了不同水泥掺入比条件下干硬性水泥砂石料达到最佳密实状态时的配合比参数；其次，对干硬性水泥砂石料的强度特性进行了室内试验研究，分析了不同水泥掺入比、不同养护龄期、不同养护条件、不同击实功及不同含水率条件下干硬性水泥砂石料的强度变化规律；最后，比较了干硬性水泥砂石料与普通浇筑混凝土的物理力学特性，总结了干硬性水泥砂石料的工程特性，从而为柱锤冲扩桩法采用干硬性水泥砂石料作为桩身填料的工程应用提供了技术支持。

（2）试验结果

1）通过室内重型击实试验得出了干硬性水泥砂石料在不同水泥掺入比下的最佳配合比参数，见表7-2。

配合比参数总结　　　　**表7-2**

α_c（水泥掺入比）	0.05	0.10	0.15	0.20	0.25
α_s（砂率）	0.30	0.30	0.30	0.30	0.30
α_w（水灰比）	0.92	0.53	0.40	0.34	0.30
w_{op}（%）	4.36	4.83	5.25	5.63	5.93
ρ_{dmax}（kg/m^3）	2357	2438	2463	2417	2358

干硬性水泥砂石料在以最佳配合比配制并击实成型时的质量密度可达2459～2592kg/m^3（见图7-7），平均值为2526kg/m^3；干密度可达2350～2463kg/m^3（见图7-8），平均值为2407kg/m^3。

配合比参数中，水泥掺入比 α_c（x）和最优含水率 w_{op}（y）之间存在良好的线性相关关系，其回归方程为：$y=7.88x+4.018$（$R^2=0.993$），见图 7-9。

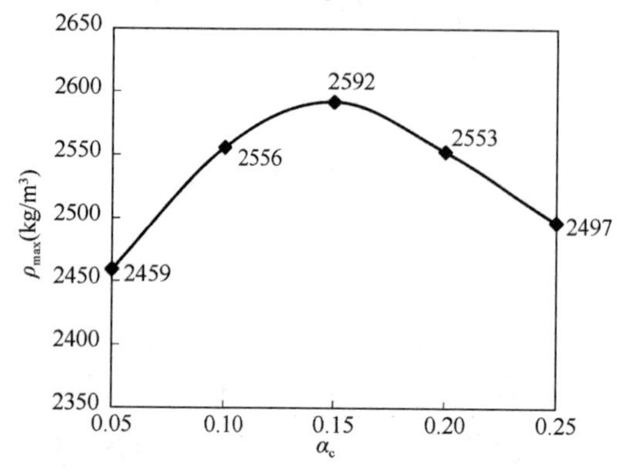

图 7-7　水泥掺入比与最大质量密度关系曲线

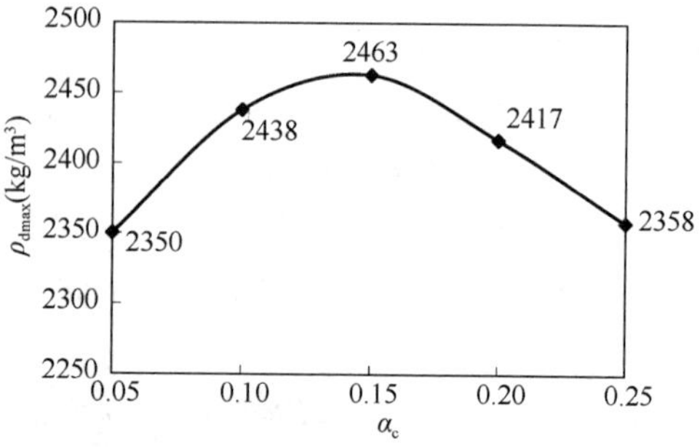

图 7-8　水泥掺入比与最大干密度关系曲线图

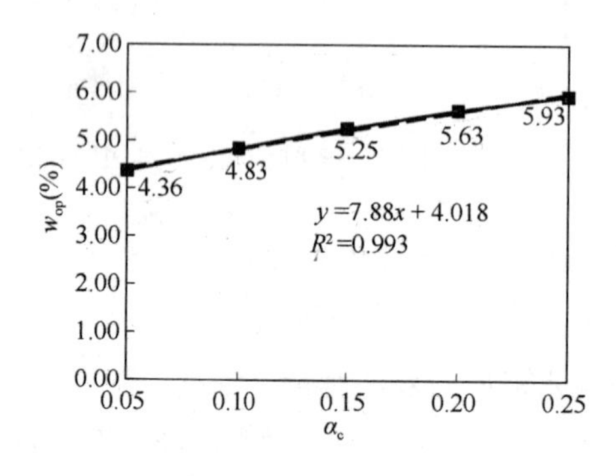

图 7-9　水泥掺入比与最优含水率关系曲线

2）干硬性水泥砂石料达最佳密实状态时的配合比为：$\alpha_c=0.15$、$\alpha_s=0.30$、$w_{op}=5.25\%$，即在所有水泥掺入比中，以 $\alpha_c=0.15$ 为最佳水泥掺入比。干硬性水泥砂石料在此配合比下配制并击实成型时的质量密度可达 2561kg/m³。此时，水泥砂石料的流动性差，而粘聚性、保水性却比较好，属于干硬性混凝土。

3）试验中，干硬性水泥砂石料的拌制采用混合料中骨料的含水率 w_G 作为加水量控制参数。由于击实过程中有水分的损失，干硬性水泥砂石料试件的配制含水率应高于设计含水率。实际施工时配制含水率可参考下表 7-3，并根据实际情况做适当调整。

干硬性水泥砂石料试件配制含水率和设计含水率总结　　表 7-3

α_c	0.05	0.10	0.15	0.20	0.25
$w_{设}$/%	4.36	4.83	5.25	5.63	5.93
$w_{G配}$ %	6.0	6.4	7.4	8.0	8.4
$w_{G配}$/%	5.7	5.8	6.4	6.7	6.7
α_w	0.92	0.53	0.40	0.34	0.30

注：设计含水率 $w_{设}$ 为相应水泥掺入比下混合料的最优含水率。

4）干硬性水泥砂石料的强度随着水泥掺入比的增大而增大，具体见下表 7-4。

干硬性水泥砂石料试件在不同水泥掺入比下的抗压强度　　表 7-4

水泥掺入比 α_c	0.05	0.10	0.15	0.20	0.25
试件抗压强度 f_{cu}（MPa）	11.2	23.1	29.2	35.2	40.0

当干硬性水泥砂石料以最佳配合比配制时，水泥掺入比与强度之间存在着良好的线性

相关关系，其回归公式可分段表示为：当 α_c 由 0.05 增大到 0.10 时，水泥掺入比（x）与强度（y）的线性回归方程为 $y=238x-0.7$（$R^2=1$）；当 α_c 由 0.10 增大到 0.25 时，水泥掺入比（x）与强度（y）的线性回归方程为 $y=113.4x+12.03$（$R^2=0.997$）。见图 7-10。

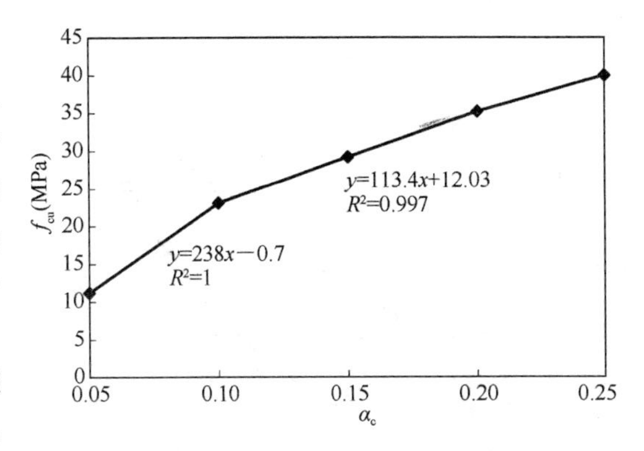

图 7-10　水泥掺入比与抗压强度关系曲线图

随着水泥剂量的增加，干硬性水泥砂石料的物理—力学性质将显著的改善。可将最佳水泥掺入比 $\alpha_c=0.15$ 作为水泥经济用量控制指标。另外，水泥掺入比不能太小，实际施工时，干硬性水泥砂石料的水泥掺入比应大于 0.05。

5）当配制不同强度的干硬性水泥砂石料时，配合比参数可具体参照下表 7-5 选取。

干硬性水泥砂石料配合比　　　　表 7-5

f_{cu}(MPa)	水泥掺入比	最优含水率/%	水灰比	最优砂率
20	0.09	4.73	0.57	0.30
25	0.11	4.88	0.49	0.30
30	0.16	5.28	0.38	0.30
35	0.20	5.59	0.34	0.30
40	0.25	5.99	0.30	0.30

6）干硬性水泥砂石料不论是标养、水中养护还是饱和土中养护，其无侧限抗压强度均在 14d 内发展较快，14d 后增长很少，强度增长主要发生在 14d 龄期内。同时，干硬性水泥砂石料在标养、水中养护或饱和土中养护时，强度均能得到较充分的发展。

7）干硬性水泥砂石料在成型后的 24h 内是养护的最关键时期。实际工程施工时，干硬性水泥砂石料在成桩后，桩头必须在施工完成后立即加以覆盖，并尽可能洒水保湿养护以避免桩头失水而造成桩的承载力下降。

8）室内试验中，干硬性水泥砂石料试件的最小击实功可取为：$Q=655\text{kN}\cdot\text{m/m}^3$。以最小击实功击实成型的干硬性水泥砂石料试件已基本达到较好的密实状态，其抗压强度也得到了充分的发展。实际施工时，干硬性水泥砂石料的单位体积夯击能的确定还需考虑成桩直径、地基土质条件等因素的影响，应具体条件具体分析。但不论何种条件，夯击能应 $\geqslant 655\text{kN}\cdot\text{m/m}^3$。

9）含水量对干硬性水泥砂石料的强度有很大的影响。试验表明，在水泥完全水化的前提下，随着含水量的增大，干硬性水泥砂石料的无侧限抗压强度显著减小。干硬性水泥砂石料的含水量应综合考虑干硬性水泥砂石料的密实性及工作性的要求，不同的水泥掺入比时应取该水泥掺入比下对应的最优含水量。

10）干硬性水泥砂石料的工作性包括密实性、可塑性、稳定性，其流动性能可不予考虑。主要工作性能为密实性，可用干密度（ρ_d）来反应密实性。

11）在达到相同强度时，干硬性水泥砂石料的用水量、用水泥量、水灰比均比普通浇

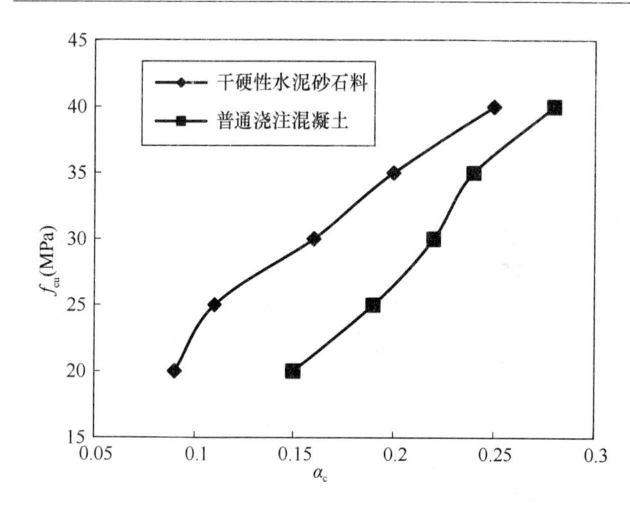

图 7-11 水泥掺入比与抗压强度关系曲线

注混凝土的要少。在水泥掺入比相同的情况下，干硬性水泥砂石料无侧限抗压强度明显高于普通浇筑混凝土（图 7-11）。因此，相对浇注混凝土来说，干硬性水泥砂石料的经济效益更为突出。

（二）适用范围

柱锤冲扩水泥粒料桩法适用于处理黏性土、粉土、砂土、素填土、杂填土、湿陷性黄土等地基。对欠固结土、淤泥及淤泥质土及含有较多大直径硬质物料的土层，应根据地区经验或通过现场试验确定其适用性。

柱锤冲扩水泥粒料桩是由干硬性水泥粒料经柱锤强力夯实（或灌注素混凝土）后形成的粘结性增强体，桩、桩间土和褥垫层一起构成复合地基。

柱锤冲扩水泥粒料桩复合地基具有承载力提高幅度大，地基变形小等特点，并具有较大的适用范围。就土性而言，因为柱锤单位面积冲击能量大，且可依不同土层采用不同的施工方法，因此适用于各种可进行冲扩施工的土层；对含有较多大直径粒料（如卵石、碎砖、混凝土块、沥青路面）的土层，因可能发生成孔困难，所以应进行成桩工艺试验。对淤泥、淤泥质土及地下水位以下流塑状态软黏土，因易发生缩颈、断桩，因此应经现场试验确定其适用性。对灵敏度大于 4 的深厚淤泥和淤泥质土及含大孤石、大块建筑垃圾或障碍物较多且不易清除的杂填土，不宜采用柱锤冲扩水泥粒料桩法进行加固处理。

柱锤冲扩水泥粒料桩用于湿陷性黄土地区，既能消除黄土湿陷性又能极大提高地基承载力。

下面结合河北省工程建设标准《柱锤冲扩水泥粒料桩复合地基技术规程》DB13(J)/T 115—2011 简介该工法的设计、施工及检测要求。

二、设计

（一）一般规定

1. 采用水泥粒料桩法处理地基，应具有施工场地的岩土工程详细勘察报告，并对地基处理的目的、处理范围和处理后要达到的技术指标有明确要求。

2. 设计前应进行水泥粒料配合比试验，为设计提供室内击实（或浇注）试样在标准养护条件下，28d 龄期的抗压强度平均值及有关工艺参数、工作性等。

材料配合比计算可参考表 7-6 进行。

干硬性水泥粒料配合比计算用表　　表 7-6

名　称	单　位	计算公式	备　注
骨料重量 m_{gs}	(t/m^3)	$m_{gs}=m_g+m_s$	m_g：碎石（粗骨料）重　m_s：砂子（细骨料）重

续表

名　　称	单　　位	计算公式	备　　注
砂率 α_s		$\alpha_s = m_s/m_{gs}$	砂石粒料：α_s =0.3～0.4
水泥掺入比 α_c		$\alpha_c = m_c/m_{gs}$	α_c =0.08～0.30　m_c：水泥重（t/m^3）
水灰比 α_w		$\alpha_w = m_w/m_c$	$\alpha_w \not< 0.20 \sim 0.30$　m_w：水重（t/m^3）
水骨比 w_g	%	$w_g = m_w/m_{gs}$	
含水量 w	%	$w = m_w/(m_{gs}+m_c)$	
质量密度 ρ	（t/m^3）	$\rho = m_{gs}+m_c+m_w$	水泥砂石粒料 ρ =2.4～2.5t/m³

单位体积用料量计算（t/m^3）（设 $m_{gs}=1$）：

配合比 $m_{gs}:m_c:m_w$（骨料：水泥：水）$=1:\alpha_c:w_g=1:\alpha_c:\alpha_w\cdot\alpha_c$

$m_s=\alpha_s\cdot m_{gs}$；$m_c=\alpha_c\cdot m_{gs}$；$m_w=\alpha_w\cdot m_c=\alpha_w\cdot\alpha_c\cdot m_{gs}=w_g\cdot m_{gs}$

$$m_{gs}=\frac{\rho}{1+\alpha_c(1+\alpha_w)}=\frac{\rho}{1+\alpha_c+\omega_g}$$

干硬性水泥粒料抗压强度试验应满足以下要求：

（1）本试验方法适用于测定干硬性水泥粒料试件的无侧限抗压强度，试验前宜按 GB/T 50123 重型击实试验确定水泥粒料的最佳含水量（w_{op}）和最大干密度（ρ_{dmax}）。

（2）材料：

1）骨料采用工程桩用原状骨料，经风干或烘干，过 40mm 筛备用。

2）水泥采用工程上的同品种、同生产厂家、同强度等级、已经通过检验认定的合格水泥。

（3）试料拌制

1）按设计配比取骨料加水拌合均匀，加水量按水泥粒料最优含水量计算确定，且应保证水灰比（α_w）不小于 0.20～0.30。

2）加水拌匀后骨料宜放在密闭容器或塑料袋中浸润 1～2h。

3）取出浸润后骨料，按设计配合比加入水泥拌匀，并应在 1h 内制成试样。

（4）试样制作

1）按预定干密度（$\rho_d=\lambda_c\cdot\rho_{dmax}$）制作试样，试样成型可采用动力夯实法制备，可取 $\lambda_c=0.90\sim0.95$。对级配砂石水泥粒料也可取 ρ=2400～2500kg/m³。

2）动力夯实法（锤击法）可按《土工试验方法标准》GB/T 50123 有关规定进行，采用重型击实，分三层装样夯实，每层击数按预定干密度 ρ_d（或质量密度 ρ）控制且不少于 30 击/层。试模直径×试模高＝152mm×116mm。

（5）试件养护

1）试件成型后立即用塑料薄膜覆盖，防止水分蒸发，静置数小时后脱模，称重计算试样质量密度和干密度，并将试样顶面和底面用水泥砂浆彻底抹平。

2）脱模后应立即放到标养室（温度 20±2℃，湿度 95%）养护 28d。

（6）抗压强度试验

1）从标养室取出试样，自然静置 4h，按标准试验方法进行抗压强度试验。

2）记录和计算试块破坏强度，试件数不应少于 3 件，当 3 个试件破坏强度极差小于平均值的30%时，可取其平均值作为水泥粒料抗压强度平均值。

3. 在正式设计施工前，应按建筑物地基基础设计等级和场地的复杂程度，在有代表性的场地上进行成桩试验，并进行必要的测试，以检验设计、施工参数和处理效果。如达不到设计要求时，应查找原因并采取措施或修改设计及施工方案

4. 水泥粒料的骨料可采用级配砂石（砂率 α_s 可取0.3～0.4）或石屑等硬质材料，最大粒径不宜大于40mm，含泥量不应大于5%。当采用石屑时，粒径小于2mm部分不宜大于50%。固化剂可选用水泥及其他有效固化材料，水泥宜选用强度等级为32.5MPa及以上的普通硅酸盐水泥或矿渣硅酸盐水泥，水泥掺量宜为骨料质量的8%～30%（即取 α_c =0.08～0.30），加水量宜按水泥粒料的最优含水量确定，水灰比 α_w 不宜小于0.20～0.30，桩身填料压实系数 λ_c 不宜小于0.90～0.95。

填料配比应依据桩身强度要求经室内击实（或浇注）试样抗压强度试验确定。当桩身填料采用素混凝土时，桩身混凝土抗压强度（f_{cu}）不应小于15MPa。

当桩身填料采用其他无机粒料时，其填料配比和抗压强度试验可参照上述规定执行，但其抗压强度 f_{cu} 必须经试验确定。

5. 桩长应根据土质及上部结构对承载力及变形的要求确定，应选择承载力及压缩模量相对较高土层作为桩端持力层。桩长不宜大于20m，也不宜小于4m。桩径可依设计要求及设备条件确定，桩径（d）宜取400～600mm。

6. 桩位平面布置可根据上部结构特点和基础形式采用三角形或方形布置，对条形基础可采用单排或双排布置；桩可只布置在基础平面范围内；桩距宜取3～6倍桩径（d），当在饱和软黏土中成桩时，桩距宜适当加大。边桩中心距基础外边距离不宜小于1倍桩身直径。

7. 桩顶和基础之间应设置褥垫层，褥垫层厚度可取200～300mm，其材料可选用级配砂石或石屑、中粗砂等，最大粒径不宜大于20mm。当用于公路路堤软土地基处理时，应设置加筋砂石垫层，垫层厚度不宜小于300mm。

（二）承载力计算

1. 复合地基承载力

柱锤冲扩水泥粒料桩复合地基承载力特征值，应通过现场复合地基载荷试验确定。初步设计时也可按下式进行估算：

$$f_{spk} = m \cdot \frac{R_a}{A_p} + \beta(1-m)f_{sk} \tag{7-6}$$

式中 f_{spk}——复合地基承载力特征值（kPa）；

m——面积置换率；

R_a——单桩竖向承载力特征值（kN）；

A_p——桩的截面积（m^2）；

β——桩间土承载力发挥系数，可视土质情况取0.80～0.95；

f_{sk}——加固后桩间土承载力特征值（kPa），宜按当地经验取值，或取天然地基承载力特征值。

2. 单桩竖向承载力特征值

单桩竖向承载力特征值，应通过现场静载荷试验确定。

初步设计时也可按下式进行估算：

$$R_a = u_p \cdot \sum_{i=1}^{n} q_{si} \cdot l_{pi} + \alpha_p \cdot q_p \cdot A_p \tag{7-7}$$

式中　u_p——桩身周长（m）；

q_{si}——桩侧第 i 层土的侧阻力特征值，可按《建筑桩基技术规范》JGJ 94 有关规定或地区经验选用（kPa）；

l_{pi}——桩穿越第 i 层土厚度（m）；

q_p——桩端阻力特征值，可按《建筑桩基技术规范》JGJ 94 有关规定或地区经验选用（kPa）；

α_p——桩端阻力修正系数，可取 1.0～1.2。

3. 桩身水泥粒料（混凝土）抗压强度应满足下式要求

$$f_{cu} \geqslant 3\frac{R_a}{A_p} \tag{7-8}$$

式中　f_{cu}——与桩身水泥粒料（混凝土）配合比相同的室内击实（或浇注）试样在标准养护条件下，28d 龄期抗压强度平均值（kPa），试验方法详见文献[9]附录 A。

4. 当柱锤冲扩水泥粒料桩处理深度以下存在软弱下卧层时，应按国家标准《建筑地基基础设计规范》GB 50007 的有关规定进行下卧层承载力验算。

（三）变形计算

1. 地基处理后的变形计算应按国家标准《建筑地基基础设计规范》GB 50007 的有关规定进行，其中复合土层的压缩模量按下式确定。

$$E_{sp} = E_s \cdot \left(\frac{f_{spk}}{f_{sk}}\right) \tag{7-9}$$

式中　E_{sp}——复合土层压缩模量（kPa）；

E_s——桩间土压缩模量（kPa），可按天然地基或当地经验确定。

2. 柱锤冲扩水泥粒料桩复合地基变形允许值，按国家标准《建筑地基基础设计规范》GB 50007 的有关规定或地区经验确定。

三、施工

（一）施工准备

1. 施工前，施工单位应具备下列文件资料：

（1）岩土工程详细勘察资料；

（2）基础平面布置图及基础底面标高；

（3）柱锤冲扩水泥粒料桩桩位平面布置图及技术要求；

（4）桩身填料配合比试验资料；

（5）成桩试验资料；

（6）施工组织设计或施工方案。

2. 施工前应整平场地并清除地上和地下障碍物，当表层土松软时应碾压夯实。场地整平后应测量场地整平标高，桩项设计标高以上应预留 0.5m 以上土层。

3. 桩位放线定位前应设置建筑物轴线定位点和水准基点，并采取妥善措施加以保护。

4. 根据桩位平面布置图在施工现场布置桩位，桩位确定后应填写放线记录，经有关部门验线后方可施工。

5. 桩位点应设有不易被破坏的明显标记，并应经常复核桩位位置以减少偏差、避免漏桩。

（二）施工机械

1. 设备类型及选用：

根据桩端持力层埋深及设计桩长，可分别采用以下两种设备：

①多功能冲扩桩机：由桩架、柱锤、护筒、液压步履、卷扬机等组成，适用于桩长在15m以内的桩体施工；

②振动沉管冲扩桩机：由沉管拔管设备、中空双电机振锤、柱锤、沉管、卷扬机等组成，适用于桩长在20m以内的桩体施工。

此外，还应配有水泥粒料搅拌机、运输起吊设备等。

2. 专用设备制作要求：

①护筒采用钢管制作，其外径及长度依设计要求确定，常用钢管外径为ϕ325mm、ϕ377mm、ϕ406mm、ϕ426mm、ϕ477mm，在护筒上应开加料口，加焊提筒吊耳，护筒上应设明显的深度标记；

②柱锤采用钢材制作或用钢管为外壳内浇铸铁制成，常用锤质量2～10t，锤直径应比护筒（沉管）内径小50～100mm（护筒长度较大时取大值）。锤底形状可采用平底、凹底、锥形等形状。柱锤规格型号详见第五章柱锤冲扩桩法。

（三）施工作业

1. 柱锤冲扩水泥粒料桩施工工艺流程：

桩机就位→成孔→孔底填料夯实→分层填料夯实（或灌注混凝土）形成柱锤冲扩桩体→桩机移位。

2. 成孔方法

成孔方法依土质、设备、桩长、环境等要求分别选用：柱锤冲击成孔、跟管成孔、螺旋钻成孔等方法。

冲击成孔适用于地下水位以上且冲孔时不坍孔土层，可采用多功能冲扩桩机进行；对易坍孔土层或地下水位较浅时应采用跟管成孔；当遇较硬土层可采用螺旋钻成孔。

跟管成孔应根据土质情况和桩长要求，分别采用柱锤冲孔静压沉管、振动沉管等进行施工。

（1）柱锤冲孔静压沉管

适用于15m以内桩长施工，可采用多功能冲扩桩机进行。

1）桩机就位，将护筒及柱锤置于桩点；

2）柱锤冲击成孔，边冲孔边压护筒至设计标高，管底标高依设计要求确定。对地下水位以下土层，冲孔时应防止孔内进水。

（2）振动沉管

适用于20m以内桩长施工，采用振动沉管冲扩桩机进行。

1）桩机就位。将预制钢筋混凝土桩尖置于桩点凹坑中。

2）振动沉管。管底标高依设计要求确定，填料夯扩前应将预制桩尖夯入土中，土质较硬振动沉管困难时，也可采用边柱锤冲孔边振动沉管，或局部用螺旋钻引孔。

3. 成孔施工应符合下列要求：

（1）成孔中心与设计桩位施工偏差不应大于 50mm；

（2）成孔深度不应小于设计深度；

（3）成孔垂直度偏差不宜大于 1%；

（4）孔内（管内）无积水。

4. 桩体施工

（1）桩身填料前，孔底应夯实。为增加桩底土层密实度可夯填碎砖、碎石等挤密，必要时也可夯填干硬混凝土实施扩底。

（2）水泥粒料应按设计配合比，采用机械拌制，骨料、水泥、水加入量应严格控制，并应在 1 小时内填入桩孔夯实。

（3）分次投入干硬性水泥粒料，用柱锤冲扩成桩。成桩直径、桩长、填料夯实工艺、填料配合比、填料量及桩身密实度等应符合设计要求。

（4）要求夯填（或灌注）至桩顶设计标高以上 0.3～0.5m。

（5）夯填桩身水泥粒料（或灌注素混凝土）时，应按要求制作击实（或浇注）试样，并测定其抗压强度。

5. 成桩顺序

（1）对密集桩群，一般采用横移退打，自中间向两个方向或向四周对称施工；

（2）当一侧毗邻建筑物时，由毗邻建筑物向另一个方向施打；

（3）为防止成孔及填料冲扩对邻桩的不利影响，可采用隔行跳打，并在施工中作好观测工作，如发现邻桩位移及桩顶上浮较大时，应调整设计施工参数。

当桩端持力层埋深发生变化时，应注意防止冲扩施工对邻桩的不利影响。

6. 成孔及填料冲扩过程中，应注意施工安全。防止柱锤侧倾及冲击伤人。停止作业时不得将柱锤悬挂在空中。施工中，操作人员应随时检查提升钢丝绳的磨损及连接情况，不合要求的应及时更换或紧固，防止断绳掉锤。

7. 施工中应作好施工记录。

8. 成桩过程中应采取有效措施，减少振动及噪音对周边环境的不利影响。

四、检验

（一）成桩质量检查

1. 柱锤冲扩水泥粒料桩的成桩质量检查主要包括成孔、孔底夯实及桩身填料夯实（或灌筑）三个工序过程的质量检查。

2. 成孔过程中的检查项目主要包括：孔位、孔口标高、成孔深度、成孔垂直度等。

夯填水泥粒料（或灌筑素混凝土）前，应按有关要求对成孔质量及孔底密实度进行检查并记录。孔底密实度按最后贯入度及骨料（碎砖、砂石等）填量控制。

3. 水泥粒料成分、配合比、水泥粒料击实（或浇注）试样的抗压强度必须符合设计要求。

4. 桩身填料夯实：应对分层填料量、分层成桩厚度、总填料量、夯击能量（锤质量、落距、击次）、桩身密实度及完整性等进行检查并记录。

5. 成桩质量验收应符合《建筑地基基础施工质量验收规范》GB 50202 的规定。桩身完整性检查可采用动测法，检测方法及数量可按《建筑基桩检测技术规范》JGJ 106 的有关规定执行。每一单体工程抽检数量不应少于总桩数的 10%且不少于 10 根。

6. 基槽开挖后应检查桩位、桩径、桩数、桩顶标高及质量；当浅层土质复杂时，尚应检查槽底土质情况。如不符合设计要求应采取有效的补救措施。

（二）承载力检测

柱锤冲扩水泥粒料桩复合地基竣工验收应采用复合地基载荷试验检验其承载力，检测数量应取施工总桩数的 1%，每个单体工程不应少于 3 点。

载荷试验宜在成桩 28d 后进行，若提前检测应采取有效措施，待水泥粒料（或素混凝土）抗压强度满足试验加载条件时方可进行。

（三）工程验收

1. 柱锤冲扩水泥粒料桩复合地基工程验收应在基坑开挖后，由建设单位会同勘察、设计、施工、监理等部门共同进行，成桩质量及承载力满足设计要求后，尚应对桩位、桩径、桩顶标高等进行检查，成桩验收合格后方可进行褥垫层和基础施工。

2. 柱锤冲扩水泥粒料桩复合地基工程验收应包括下列资料：

（1）岩土工程勘察报告、桩位施工图、图纸会审记要、设计变更、材料检验报告等；

（2）经审定的施工组织设计或施工方案及执行中的变更情况；

（3）桩位测量放线图及工程桩位复核签证单；

（4）桩身填料现场击实（或浇注）试样抗压强度试验；

（5）成桩质量及桩身完整性检测报告；

（6）单桩或复合地基承载力检测报告；

（7）竣工图和竣工报告。

3. 质量检验及验收标准详见表 7-7。

柱锤冲扩水泥粒料桩复合地基质量检验标准[9]　　表 7-7

项目	序号	检查项目	允许偏差或允许值		检查方法
			单位	数值	
主控项目	1	原材料	设计要求		查产品合格证或抽样送检
	2	填料配合比及数量	设计要求		施工记录、抽样检验
	3	桩身强度	设计要求		查 28d 击实（或浇注）试样强度
	4	单桩或复合地基承载力	设计要求		载荷试验
一般项目	1	桩身完整性	按《建筑基桩检测技术规范》		按《建筑基桩检测技术规范》JGJ 106
	2	桩位偏差		满堂布桩≤0.4d 条基布桩≤0.25d（单排布桩≤60mm）	用钢尺量，d 为桩径
	3	桩垂直度	%	≤1.0	用经纬仪测桩管或用垂球测桩孔倾斜度
	4	桩径	mm	−50	用钢尺量或按填料量反算
	5	桩长	mm	±200	测桩管入土深或用垂球测孔深

五、工程实录

（一）矾山磷矿地基处理工程

1. 场地地质条件及设计要求

进行勘探、试桩时，基槽已开挖，基底以下主要分布土层如下：

②黄土状粉土：黄褐色，大孔，稍密～中密状态，稍湿，较均匀，含云母及少量角砾；可见少量植物根茎，无光泽，干强度中等，韧性差，夹砂类土薄层。层厚15.5m左右，分布稳定，具湿陷性，含水量6.05%，孔隙比0.856，E_s=22MPa，地基承载力特征值 f_{ak}=160kPa。

③层碎石：灰褐色，密实状，均匀，成分多为沉积岩碎块组成，棱角状，碎石粒径3～6cm，含量约60%，骨架充填砂，级配差，含块石，勘探揭露厚度约10m，E_s=25MPa，地基承载力特征值 f_{ak}=300kPa。

第②层黄土状粉土具有中等湿陷性，湿陷土层最大厚度15.5m，单孔最大平均湿陷系数0.031；相对湿陷量为388mm，湿陷起始压力平均值106kPa，根据《湿陷性黄土地区建筑规范》GB 50025，该场地应按Ⅱ级非自重湿陷性场地进行设计施工。

加固后复合地基承载力不小于280kPa。根据湿陷性黄土地区建筑规范》GB 50025，本工程为乙类建筑，应按规范有关规定处理地基湿陷性。

根据设计要求，所采用地基处理方法不仅要消除桩间土湿陷性，还要具有较高的承载力。经过专家论证，决定采用柱锤冲扩水泥粒料桩技术进行地基处理，实现“一桩两用”，即一方面利用柱锤冲扩的挤密效果消除桩间土的湿陷性，另一方面利用其刚性桩的特点提高复合地基承载力。

2. 成桩试验

为了获取设计施工有关参数，正式施工前进行了成桩试验，对加固后桩间土湿陷性、单桩及复合地基承载力进行了检测。

设计桩长12m及8m两种，桩径450mm。桩身水泥砂石混合料 $f_{cu}\geqslant$15MPa，骨料采用级配砂石，采用普硅32.5水泥，砂率 α_s=0.33，水泥掺入比 α_c=0.1，水灰比 α_w=0.3。要求桩身填料密度 ρ 不小于2500kg/m^3。

试桩数量7根，8m长桩1根（6号），12m长桩6根，采用正三角形布桩，桩间距1.35m，排距1.15m，试桩在拟处理区域外围进行，桩位布置见例图1-1。

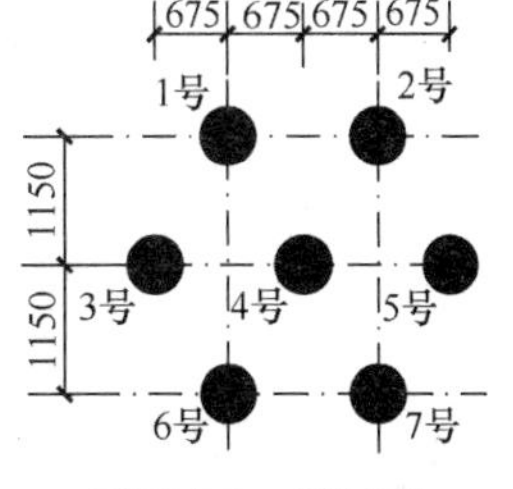

例图1-1　试桩桩位示意图

采用冲击成孔，落距$\nless$5.0m。由于处理土层含水量低，在每次落锤冲击前，应将锤表面洒水湿润，以减小冲击阻力并改善桩周土的含水量。

水泥砂石混合料采用机械搅拌，每台班第一盘搅拌前应浇水湿润搅拌机内壁及搅拌叶片。每盘料搅拌时间不小于2min。

每次填料体积0.1m^3（虚方），约200kg。柱锤落距3m，夯击2～3次，成桩厚度0.5m，成桩直径 $d\nless$450mm。

本工程地被加固土层含水量低（平均为6.05%，最高9.2%，最低4.4%），土质呈坚硬状态，若采用其他挤密工艺，必须进行增湿处理。而试成桩试验标明，由于柱锤冲扩工艺锤重、落距大、冲击能量大，在不进行增湿处理的情况下顺利成孔，且施工过程中地面隆起轻微，表明桩间土挤密效果较好。

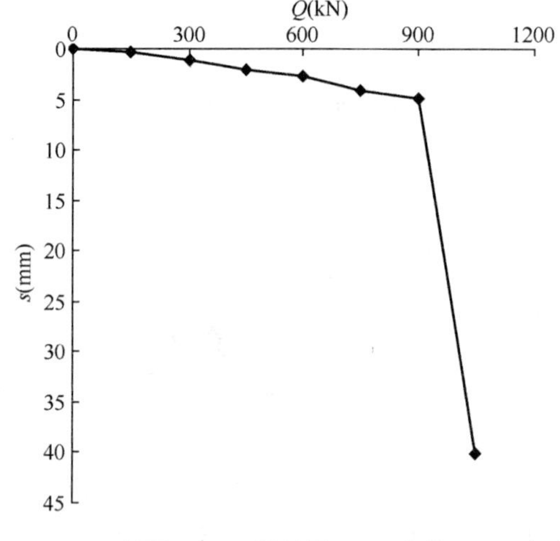

例图 1-2　2 号单桩 $Q\sim s$ 曲线

根据《建筑地基处理技术规范》JGJ 79 的规定，采用挤密工艺处理湿陷性黄土，“当土的含水量低于 12%时，宜对拟处理范围内的土层进行增湿”。本工程采用柱锤冲扩工艺，突破了规范限制，为处理含水量低、土质坚硬的湿陷性黄土地基提供了一个新的有效方法。

3. 试桩检测结果

（1）试桩检测结果

进行单桩静载试验三根：2 号、3 号、6 号，采用慢速维持荷载法。单桩复合地基静载试验 1 根：4 号，压板面积为 1.55m^2。单桩及单桩复合地基试验数据列于例表 1-1。试验曲线见例图 1-2 到例图 1-8。分析可知，12m 长 2 号、3 号单桩极限承载力为 900kN，8m 长单桩极限承载力为 1050kN。4 号单桩复合地基承载力特征值不小于 871kPa。从 6 号单桩的 $s\sim\lg t$ 曲线（例图 1-7）来看，施加最后一级荷载后桩顶沉降急剧增大，呈现脆性破坏的特点，分析原因，由于桩头强度不足而压碎的可能性较大。

单桩及单桩复合地基静载试验结果汇总　　**例表 1-1**

荷载（kN）	沉降 s（mm）			荷载（kPa）	4 号（复合地基）	
	2 号（单桩）	3 号（单桩）	6 号（单桩）		沉降 s	s/b
0	0	0	0	0	0	0
150	0.31	0.37	0.55	97	0.34	0.0002
300	1.13	1.05	0.79	194	0.83	0.0007
450	1.99	2.16	1.2	290	1.74	0.0014
600	2.75	4.63	1.47	387	2.37	0.0019
750	4.09	8.54	2.62	484	3.55	0.0028
900	4.86	16.67	4.25	581	4.65	0.0037
1050	40.08	55.86	6.01	677	6.06	0.0048
1200			42.16	774	7.47	0.0060
				871	8.46	0.0068

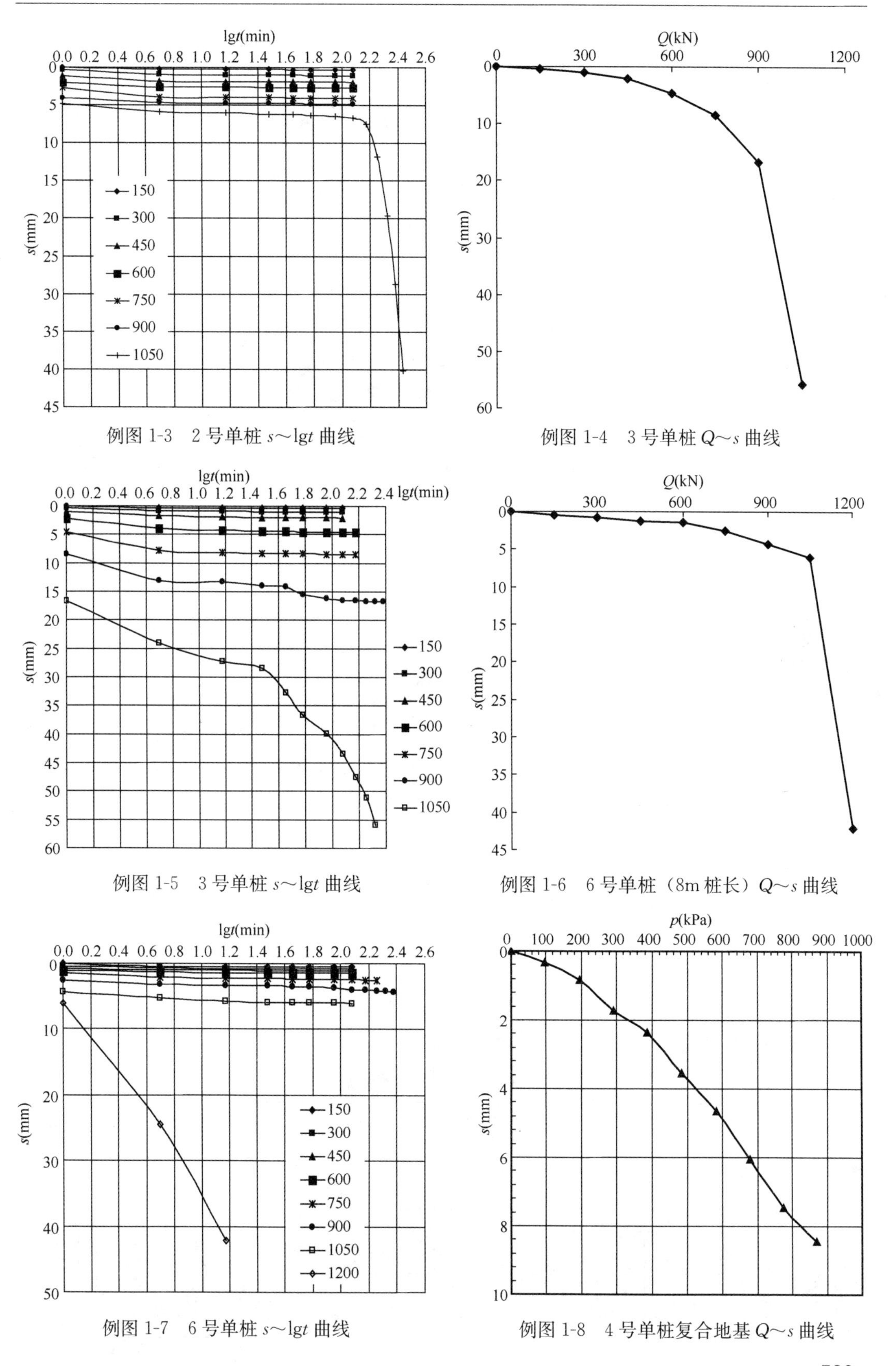

例图 1-3　2 号单桩 $s \sim \lg t$ 曲线

例图 1-4　3 号单桩 $Q \sim s$ 曲线

例图 1-5　3 号单桩 $s \sim \lg t$ 曲线

例图 1-6　6 号单桩（8m 桩长）$Q \sim s$ 曲线

例图 1-7　6 号单桩 $s \sim \lg t$ 曲线

例图 1-8　4 号单桩复合地基 $Q \sim s$ 曲线

（2）桩间土检测结果

桩间土处理前后物理力学指标对比见例表1-2。

桩间土处理前后物理力学指标对比表　　例表1-2

力学指标	含水量（%）	天然密度（g/cm^3）	干密度（g/cm^3）	孔隙比	压缩系数（MPa^{-1}）	压缩模量（MPa）	湿陷系数	f_{ak}（kPa）
处理前	6.05	1.51	1.43	0.856	0.085	22.1	0.031	160
处理后	5.5	1.71	1.61	0.659	0.09	19.7	0.006	200
改善幅度	−8.5%	13%	13%	−23%	5.9%	−10%	−80%	25%

试验结果表明采用柱锤冲扩水泥粒料桩处理后桩间土的物理力学指标均有不同程度的提高，湿陷性基本消除，孔隙比减小；干密度增大，桩间土的挤密效果显著，由于检测工作在试桩完成后3天就开始进行，桩间土的结构强度尚未恢复，桩间土压缩性指标没有提高，甚至有所降低，属正常情况。随时间的推移，桩间土的结构强度会逐渐恢复。

4. 试桩小结

根据试桩检测结果，采用柱锤冲扩水泥粒料桩工艺，复合地基承载力和桩间土湿陷性、压缩模量处理结果均达到设计要求，处理深度（12m）满足规范要求，可以参照试桩结果进行工程桩设计和施工。

5. 设计、施工参数

（1）桩位布置

依成桩试验结果，取桩径 $d=450$mm，桩长 $l=12.0$m，$R_a=450$kN，按 $m=0.1$ 布桩。布桩平面如例图1-9所示。

（2）桩身填料配合比

桩身填料配合比参照试桩确定，主要参数：桩身水泥砂石混合料 $f_{cu}\geqslant 15$MPa，骨料采用级配砂石，采用普硅32.5水泥，砂率 $\alpha_s=0.33$，水泥掺入比 $\alpha_c=0.1$，水灰比 $\alpha_w=0.3$。要求桩身填料密度 ρ 不小于 $2500kg/m^3$。

（3）桩身填料夯实要求

每次填料体积 $0.1m^3$（虚方），约200kg。柱锤重量3.5t，落距3m，每次填料夯击2～3次，成桩厚度0.5m，成桩直径 d 不小于450mm。

6. 工程桩检测结果

（1）承载力检测结果

例表1-3列出了8根工程桩复合地基承载力检测结果。例图1-10为对应 $Q\sim s$ 曲线。根据例表1-3和例图1-10综合判定，复合地基承载力特征值 f_{spk} 大于280kPa，满足设计要求。

复合地基静载试验结果汇总　　例表1-3

荷载（kPa）	沉降量（mm）									$\bar{s}/b$
	93号	122号	572号	718号	114号	630号	208号	620号	平均值 $\bar{s}$	
0	0	0	0	0	0	0	0	0	0	0
104.8	0.43	0.6	0.46	0.33	0.38	0.58	0.61	0.42	0.48	0.0004
209.6	1.07	1.37	1.05	0.88	0.93	1.2	1.37	1.21	1.14	0.0009
314.4	2.16	2.21	2.15	2.27	2.14	2.02	2.99	1.82	2.22	0.0018
419.2	3.34	3.08	3.38	3.71	3.71	2.94	4.2	3.34	3.46	0.0028
524	4.69	4.54	4.94	5.19	4.85	4.67	5.57	5.68	5.02	0.0040
628.8	6.12	6.36	6.32	6.98	6.11	6.4	6.85	8.25	6.67	0.0053
733.6	7.65	8.23	7.96	9.29	7.55	8.29	8.58	10.59	8.52	0.0068
838.4	10.65	10.38	9.98	11.66	9.72	10.4	10.34	12.68	10.73	0.0086

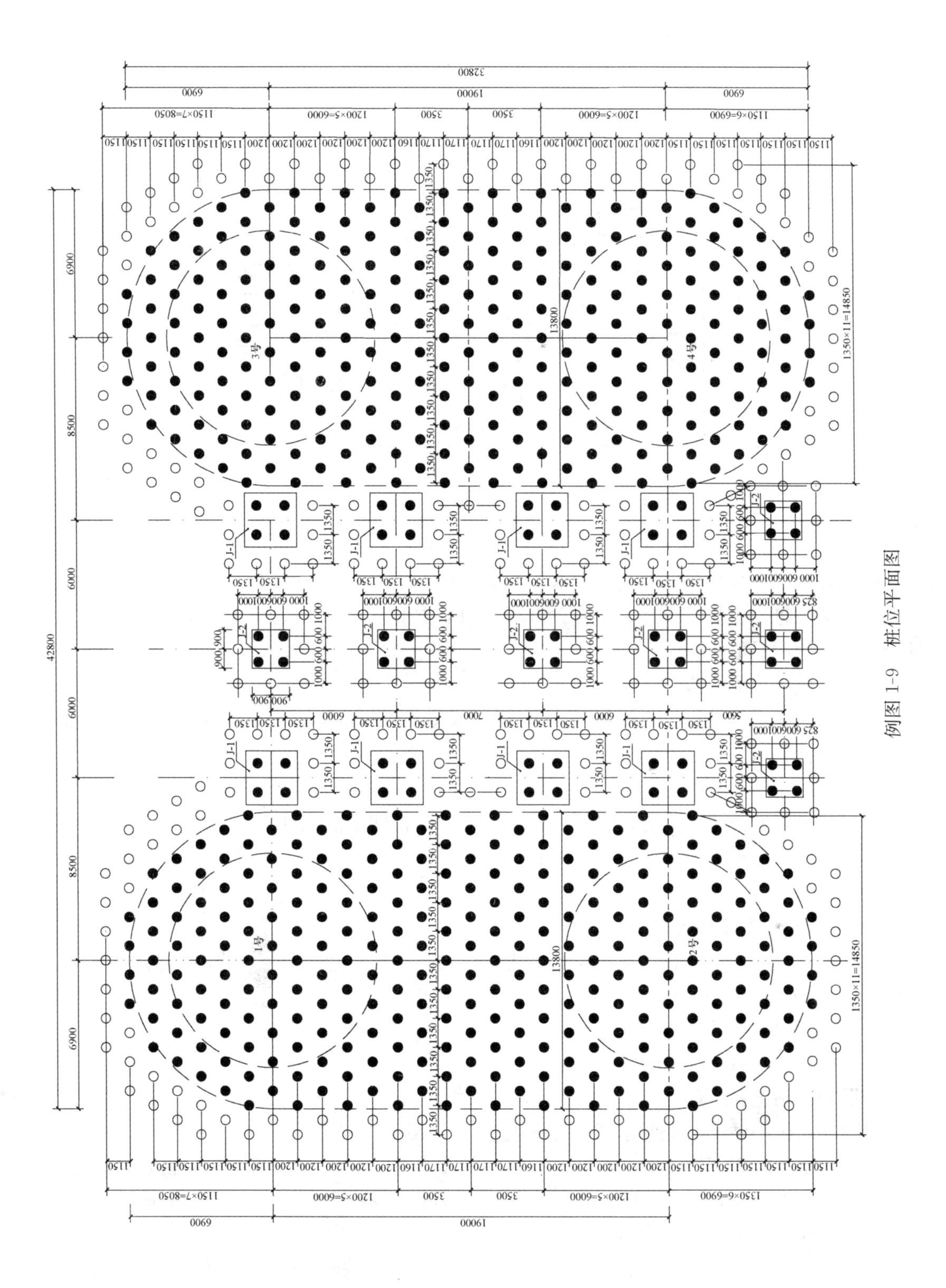

32800
6900
19000
6900
1150×7=8050
1200×5=6000
3500
3500
1200×5=6000
1150×6=6900
1350×11=14850
13800
42800
8500
6000
6000
8500
6900
1号
2号
3号
4号
J-1
J-2
7000
6000

例图 1-9　桩位平面图

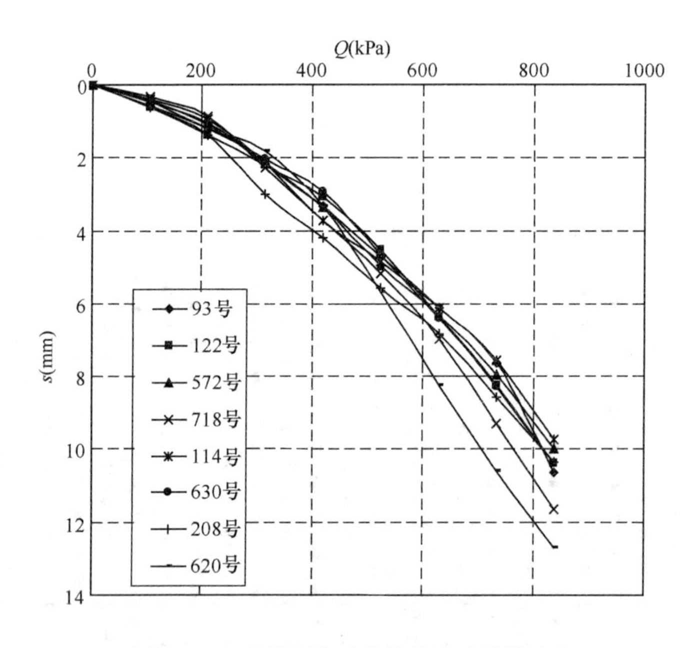

例图 1-10　单桩复合地基静载试验结果汇总

（2）桩身完整性检测结果

随机抽取 123 根桩进行小应变试验，检验柱锤冲扩水泥粒料桩桩身完整性。检验结果表明，除 3 根桩由于局部缩径被判定为Ⅱ类桩外，其他 120 根桩均为Ⅰ类桩，桩身完整，部分桩存在较明显的扩径。

（3）湿陷性检测结果

检测结果表明，柱锤冲扩水泥粒料桩处理深度（12m）范围内桩间土湿陷性完全消除，达到设计要求。

7. 应用总结

本工程采用冲击成孔、分层填料工艺顺利成桩，桩间土湿陷性消除，地基承载力明显提高。工程应用结果表明柱锤冲扩水泥粒料桩是处理含水量低、土质坚硬湿陷性黄土地基的有效方法。

（二）张家口一中科技楼地基处理工程

张家口市第一中学新校区科技实验楼为一栋地下一层、地上五层的框架结构楼，建筑面积 13198.87m^2，柱下独立基础。

1. 场地地质条件及设计要求

工程场地土层自上而下分为 4 层：

①层粉质黏土：层底埋深 1.2～1.8m，黑褐～褐色，硬塑～坚硬状态，含云母、砂粒，属中、高压缩性土，地基承载力特征值 f_{ak}=90kPa。

②层粉土：层底埋深 4.2～5.7m，褐黄～黄褐色，稍湿～湿，稍密～中密，含云母、砂粒，向下含砂量渐大，局部含砾砂，属中、高压缩性土，地基承载力特征值 f_{ak}=110kPa；该层有砾砂夹层，定为②$_1$。

②$_1$ 层砾砂：浅黄色，稍湿，稍密～中密，石英长石颗粒为主，级配良好，不纯、混土，局部为圆砾，地基承载力特征值 f_{ak}=170kPa。

③层圆砾：层底埋深7.0m，浅黄～黄白色，稍湿，中密～密实，石英长石颗粒为主，混土，级配较好，含卵石10%～30%，一般粒径不大于10cm，地基承载力特征值f_{ak}=240kPa。

$③_1$层粉土：黄褐色，稍湿～湿，中密。含砂粒及砾石，属中～高压缩性土，地基承载力特征值f_{ak}=100kPa。

$③_2$层粉质黏土：褐色～黄褐色，可塑状态，局部软塑，属中～高压缩性土，地基承载力特征值f_{ak}=150kPa。

④层卵石：浅黄色～杂色，中密～密实，稍湿，含量50%～70%，一般粒径为30～150mm，级配较好，地基承载力特征值f_{ak}=400kPa。

试验表明①层粉质黏土、②层粉土、$③_1$层粉土具有湿陷性，基底埋深3.5m，场地属非自重湿陷性场地，地基湿陷等级为Ⅰ级，湿陷程度为轻微～强烈，一般为中等。

设计要求：复合地基承载力特征值不小于200kPa，复合地基压缩模量不小于18MPa，完全消除地基土的湿陷性，处理深度应大于4.0m且穿越$③_2$层粉质黏土，处理范围为基础边加宽0.25b（b为基础宽度），且不小于500mm。

2. 设计、施工参数

（1）设计参数

根据本场地地质条件及基础埋深情况，结合设计要求，本工程采用柱锤冲击扩底水泥粒料桩复合地基方案，并在独立基础外增设一排素土挤密桩。先施工素土桩，后施工水泥粒料桩。为调节桩土应力比，在桩顶铺设30cm厚碎石褥垫层。桩身剖面见例图2-1。设计单桩承载力特征值R_a不小于1000kN，桩土面积置换率m=0.081，复合地基承载力特征值不小于200kPa。

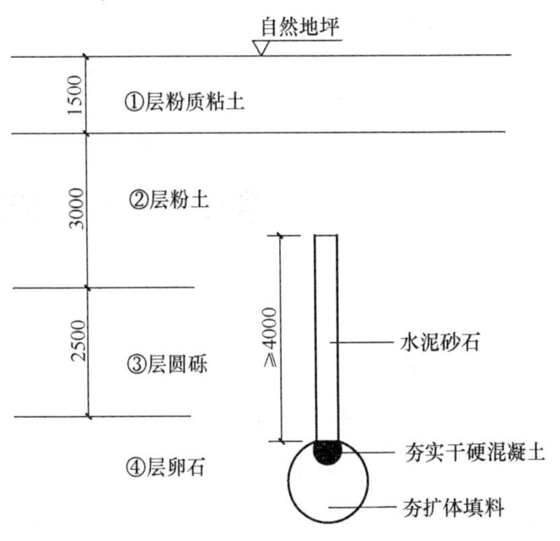

例图2-1　柱锤冲击扩底水泥粒料桩剖面图

柱锤冲击扩底水泥粒料桩桩径450mm，桩长不小于4.0m且桩身应穿越$③_2$层粉质黏土。采用正方形布桩，桩间距1.4m，总桩数679根。桩身水泥砂石混合料强度f_{cu}不小于15MPa。骨料采用级配砂石，采用普硅32.5水泥，砂率α_s=0.33，水泥掺入比α_c=0.1，水灰比α_w=0.3。要求桩身填料密度ρ不小于2500kg/m^3。

桩端扩底要求：扩底夯填材料采用砖块或碎石并夯填0.2m^{3}干硬混凝土。

（2）施工设备及参数

施工设备为多功能冲扩桩机，柱锤重量3.5t。扩底部分填料对应于3.0m柱锤落距的三击贯入度≤15cm。桩身施工参数同矾山磷矿地基处理工程。

3. 检测结果

（1）承载力检测结果

单桩复合地基静载试验结果列于例表2-1，对应的Q～s曲线见例图2-2。

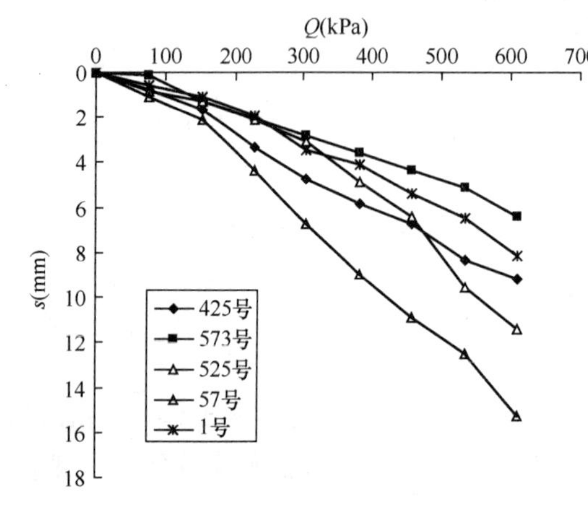

例图 2-2　单桩复合地基 $Q\sim s$ 曲线

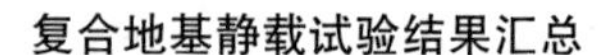

复合地基静载试验结果汇总

例表 2-1

荷载（kPa）	沉降（mm）				
	425 号	573 号	525 号	57 号	1 号
0	0	0	0	0	0
76	0.8	0.14	0.82	1.12	0.58
152	1.68	1.27	1.3	2.12	1.12
228	3.36	2.08	2.14	4.36	1.9
305	4.76	2.83	3.05	6.75	3.49
381	5.85	3.58	4.86	8.98	4.13
457	6.75	4.36	6.42	10.9	5.37
533	8.32	5.13	9.53	12.48	6.49
610	9.16	6.39	11.4	15.25	8.16

按承载力最低的 57 号桩试验结果推算，桩土复合地基承载力特征值不小于 200kPa，满足设计要求。

（2）桩间土湿陷性检测结果

经检测，①层粉质黏土、②层粉土、$③_1$ 层粉土的湿陷系数均小于 0.015，平均为 0.003，湿陷性完全消除，满足设计要求。

第三节　柱锤夯实扩底灌注桩

一、概述

（一）工法简介

柱锤夯实扩底灌注桩是河北工业大学和沧州市机械施工有限公司等单位自主研发的桩基新技术。该技术利用柱锤冲击成孔，或利用柱锤边冲孔边压护筒至桩底设计标高，然后在桩底夯填碎砖、砂石等粗骨料，对桩端持力层进行改性处理或形成人工持力层，然后在持力层上夯填干硬混凝土形成扩大端。

本工法是柱锤冲扩桩法地基处理技术在桩基工程中的具体应用，与同比条件下混凝土灌注桩及目前国内通用的扩底桩，如人工挖孔扩底桩、钻扩桩、内夯沉管灌注桩、爆扩桩等相比，具有应用范围广、施工简便、承载力提高幅度大等优点。

本工法自 1995 年开始研究，并先后通过河北省及天津市的鉴定、认证。2001 年编制沧州市机械施工有限公司企业标准《柱锤夯扩灌注桩技术规程》CQB 2001—1。经过十余年的工程实践与理论研究，该工法已日臻完善，工程应用日益广泛。2012 年颁布实施河北省工程建设标准《柱锤夯实扩底灌注桩技术规程》DB13(J)/T 141—2012。

（二）加固机理

1. 柱锤冲击成孔的夯实挤密效应

柱锤冲击成孔对桩间土层的作用可以看作是重复性短脉冲冲击荷载，柱锤单位面积夯击能可达 600～5000kN·m/m^2，相当于一般强夯单位面积夯击能的 10～20 倍，用柱锤冲击成孔时，冲击压力远远大于土的极限承载力，从而使土层产生冲切破坏。柱锤向土中侵彻过程中，孔侧土受冲切挤压，锤底土受夯击冲压，对桩间及锤底土均起到夯实挤密效应。柱锤冲孔时，地基土受力情况如图 7-12 所示。图中 q_s 为冲孔时柱锤作用在孔壁上的侵彻切应力；p_x 为冲孔时侧向挤压力；p_d 是柱锤冲孔引起的锤底冲击压力。在冲孔侧向挤压力 p_x 作用下，柱锤冲扩挤压成孔，桩孔位置原有土体被强制侧向挤压，使桩周一定范围内的土层密实度提高，不仅可提高桩侧阻力 q_s 而且可对桩间土进行改性处理，如消除黄土湿陷性及砂土液化等。

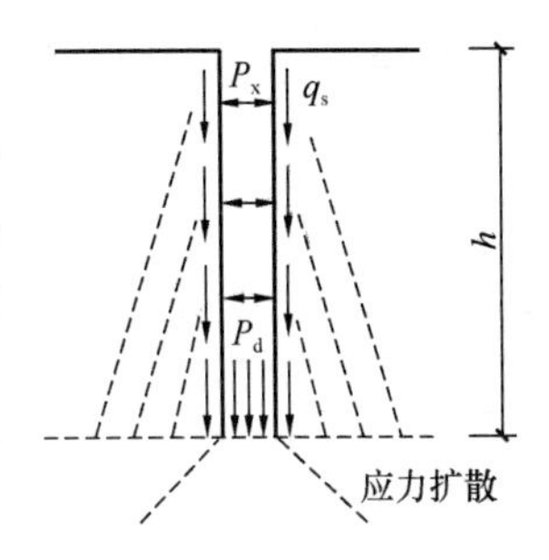

图 7-12　柱锤冲孔时地基土受力示意图

成孔侧向挤密效果与桩间土性质有关，对于非饱和的黏性土、松散粉土、砂土、湿陷性黄土及人工填土，冲孔挤密效果较好，其挤密后桩间土孔隙比 e_1 可按下式估算：

$$e_1 = e_0 - \frac{\alpha^2 d^2 (1 + e_0)}{s^2} \tag{7-10}$$

式中　e_0——桩间土天然孔隙比；

d——桩身直径；

s——桩间距；

α——布桩系数：正方形布桩 $\alpha = 0.89$，等边三角形布桩 $\alpha = 0.95$。

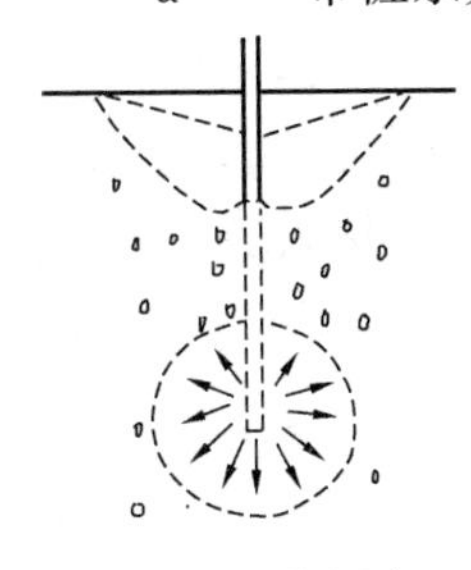
图 7-13　柱锤在不同深度冲扩时的土体变形模式

柱锤冲击成孔对锤底土的夯实挤密效应与强夯不同，强夯是在地表对土层进行夯实，夯实效果与深度直接相关，夯实挤密效果随深度增加逐渐减弱。而柱锤冲击对孔底土的夯实，是在地表一定深度以下对土层进行强力夯击，其夯实挤密效果不仅与土性有关，而且与成孔深度有关，柱锤在不同深度冲扩时，其土体变形模式是不同的，如图 7-13 所示。

在地表浅层处，冲击成孔时土体以剪切变形为主；随着深度增加，土的侧向约束应力及上覆压力增大，土体以压缩变形为主。在压缩机理作用下，柱锤对孔底及其周围的土体进行夯实挤密。对同一种土，冲孔深度越大，夯实挤密效果越好，压实范围也越大。

2. 孔底填料夯实的加固机理

孔底填料夯实是本工法特点之一，通过填料夯实不仅可挤密桩底土层而且还可对桩底土层进行改性处理。孔底填料夯实的加固机理主要是：夯填骨料的嵌入置换和夯实挤密以及排水固结和胶结作用等。

桩底填料可采用碎砖、级配砂石、矿渣、石屑等硬质骨料；当桩底土质松软、含水量较大时也可掺加生石灰、水泥等，起到吸水和固化桩底土层作用。通过骨料嵌入置换使桩底土层成分改变，密实度提高，形成复合持力层。对于下部土层而言，填入的骨料可起到弹性褥垫及排水垫层的作用，有利于下部土层的夯实挤密及排水固结。在基桩承载时，复合持力层尚有扩散应力的作用。

孔内深层强力夯实与地表夯实不同，桩底以下土层的夯实挤密要靠填入的骨料来进行填充，因此填入骨料多少直接影响并反映着桩底下土层挤密效果，但如果填料过多地面发生隆起时，夯实效果将大大降低并将影响邻桩成桩质量及桩的承载力。现场试验证明：桩底填料夯实挤密土加固范围及效果与土的类别、性状、填料类别、数量、夯击能量及桩底土层埋藏深度等有关。当柱锤质量为3～4t，落距5～7m，填料为碎砖、碎石等硬质骨料时，对一般可挤密土体，其加固土体积V约为5～10m^3，加固土层厚度约为2～4m。加固土体积V可按下式估算：

$$V=\frac{(1+e_0)\cdot(1+e_1)}{e_0-e_1}(V_A+V_C) \tag{7-11}$$

式中 e_0——桩底土的天然孔隙比；

e_1——挤密后桩端土的孔隙比（$e_{1min}\geqslant 0.40$）；

V_A——填入骨料的固体体积；

V_C——夯扩体（干硬混凝土）体积。

由上式可见，桩底填料夯实挤密土范围及挤密效果，不仅与骨料及干硬混凝土填入量（V_A+V_C）有关，而且与土的性状，特别是原始孔隙比e_0有关，骨料及干硬混凝土填入量（V_A+V_C）越大，夯实挤密范围V越大；如果天然土层较密实（e_0较小），在填料量（V_A+V_C）相同情况下，达到同样密实度e_1时，加固土体积V越大。在桩端下夯实挤密范围内，土体的实际挤密效果是不同的，离夯扩体越近，骨料（砖、砂石）含量越高，土体也越密实；离夯扩体较远处，夯实挤密效果将逐渐减弱，因此当前准确测定挤密后桩端土孔隙比e_1尚存在一定困难。

桩底土的加固范围及挤密效果与桩的端承力直接相关，是影响单桩承载力的重要因素。因此采用柱锤夯实扩底灌注桩时应严格控制孔底填料量及填料夯实后土层的密实度。施工时土层填料夯实后的密实度可用柱锤冲击时的最后贯入度s_g及骨料填入量V_A判定，最后贯入度s_g越小，骨料填入量V_A越大，土越密实，桩端阻力特征值q_{pa}越高。最后贯入度s_g及骨料填入量V_A应依单桩承载力R_a的设计要求及所选用的柱锤质量、落距等经现场试验确定，当柱锤质量为3～4t，落距为6～7m，可取s_g＝30～100mm。在实际施工时应按最后贯入度s_g及填料量V_A双控。桩底扩大端主要承担并扩散桩顶压力，其承载面积与干硬混凝土填入量密切相关，因此其填入量V_C及强度等级必须符合设计要求。

（三）适用范围

柱锤夯实扩底灌注桩是混凝土扩底灌注桩中的一种新桩型，与一般通用的扩底桩不同的是，不仅桩端扩底，而且通过桩底填料夯实挤密桩端持力层从而提高桩端阻力，或在原持力层上通过填料夯实形成人造持力层从而减少桩的入土深度。由于柱锤夯击能量大，在成孔及孔底填料夯实过程中对桩间土层及桩底持力层加固挤密效果明显，从而提高桩侧阻力及桩端阻力，使单桩承载力大幅提高。

柱锤夯实扩底灌注桩适用于穿越黏性土、粉土、淤泥质土、砂土、湿陷性黄土及填土，而其下部具有较好桩端持力层且其埋深不超过20m的情况。对于存在深厚淤泥等软弱土层，易出现缩颈、断桩、移位等事故，因此，不宜采用夯实扩底桩基。如需采用时，应制定质量保证措施，并经工艺试验成功后方可实施。当杂填土等含有大块物料时会造成成孔困难，所以应慎用。

在湿陷性黄土地区及液化土层中采用夯实扩底桩时，夯实扩底桩必须穿透湿陷性黄土及液化土层。

柱锤夯实扩底灌注桩应选择承载力较高、压缩性较低的土层作为桩端持力层。如中密～密实砂土、碎石土、粉土，可塑～硬塑黏性土等。夯扩体应全部或部分进入持力层（图7-14a）。遇到下述情况时：（1）持力层埋藏较深；（2）持力层厚度较薄而其下部又有软弱下卧层；（3）持力层不适宜填料夯实及施工夯扩体，如土质过硬或填料夯实挤密时会发生涌土、冒水等，也可在选定的持力层以上填料夯实并施工夯扩体，但必须确保夯扩体坐落在持力层上（图7-14b）或经填料夯实挤密的人工持力层上（图7-14c）：

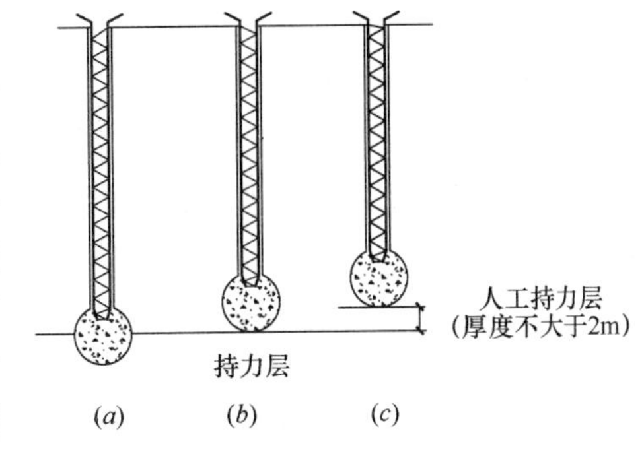

图7-14　持力层选择与人工持力层

下面结合《柱锤夯实扩底灌注桩技术规程》DB13(J)/T 141—2012有关规定，介绍柱锤夯实扩底灌注桩的设计、施工及检测要求。

二、设计

（一）一般规定

1. 基本资料

（1）夯实扩底桩基设计应具备的基本资料除应符合《建筑桩基技术规范》JGJ94的有关规定外，尚应符合以下要求：

1）对地质条件复杂的场地，应按照端承桩要求加密布置勘探点；

2）应对桩端持力层顶面埋深、坡度、厚度及工程特性作出详细评价；必要时应在施工前用静力触探、标准贯入或动力触探进行补充勘察；

3）当夯实扩底桩穿越杂填土时，应对杂填土中可能影响成孔施工的大块物料成分、尺寸、分布等进行准确描述。

4）调查周围环境和建筑物以及边坡对防振、防噪声的要求。

（2）甲、乙级建筑的夯实扩底桩基或地质条件复杂又缺乏经验时，应在设计、施工前进行成桩试验，并收集附近类似夯实扩底桩基的工程经验资料。

2. 桩端持力层选择

（1）夯实扩底桩适用于穿越黏性土、粉土、湿陷性黄土、淤泥质土、砂土及填土，而其下部具有较好桩端持力层的情况。

（2）夯实扩底桩桩端持力层选择应满足以下要求：

1）应选择承载力较高、压缩性较低的土层作为桩端持力层；

2）桩端持力层承载力特征值f_{ak}不应小于110kPa，压缩模量E_s不宜小于5MPa；

3）淤泥、淤泥质土、流塑黏性土及液化土层、湿陷性黄土不得作为桩端持力层；

4）当存在软弱下卧层时，夯扩体以下硬持力层厚度不宜小于4.0d及2.0D中较大值。

（3）选用夯实扩底桩时，必须考虑夯扩施工中产生的振动、噪声及挤土对周围环境的影响。

3. 桩的布置和构造

(1) 夯实扩底桩的中心距不应小于 $3.5d$ 及 $2.0D$ 中的较大值；当穿越饱和软土或采用大面积桩群时，桩的最小中心距应适当加大。

(2) 桩身直径应按设计要求及设备条件确定，常用直径 d 宜为 400～600mm。

(3) 桩身长度应根据所选择的桩端持力层埋深确定，当持力层埋深变化时，桩长应适当调整。桩长不宜大于 20m，也不宜小于 3m。湿陷性黄土地区尚应符合《湿陷性黄土地区建筑规范》GB 50025 的有关规定；对可液化土层应符合《建筑抗震设计规范》GB 50011 的有关规定。

(4) 夯实扩底桩桩身构造参见图 7-15。

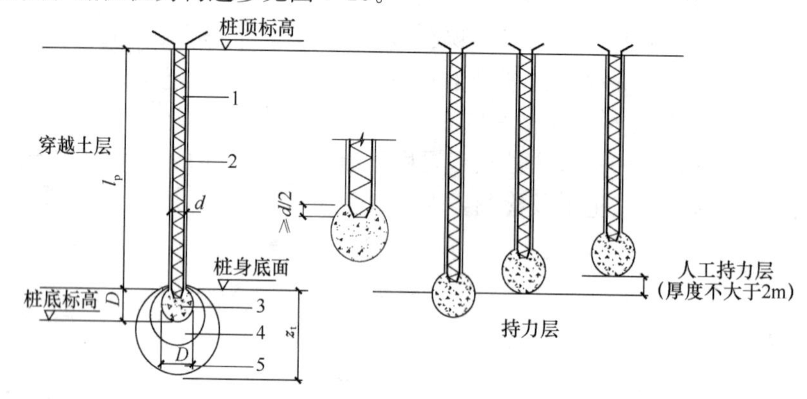

图 7-15 夯实扩底桩桩身构造示意图

1—桩身；2—钢筋笼；3—干硬混凝土夯扩体；4—复合土体（填充料及挤密土）；5—挤密土体；l_p—桩身长度；d—桩身直径；D—夯扩体等代直径；z_t—加固土层厚度（近似等于 3～4m）

桩身构造应满足下列要求：

1）桩身混凝土强度等级不应低于 C25；

2）桩身应通长配筋，配筋要求应按《建筑桩基技术规范》JGJ 94 有关灌注桩的配筋要求确定；钢筋笼应深入干硬混凝土夯扩体，其深度不应小于 $0.5d$；

3）主筋的混凝土保护层厚度不应小于 35mm，水下灌注桩的主筋混凝土保护层厚度不得小于 50mm；

4）有施工经验时，桩身也可采用预制桩。当桩身采用混凝土预制桩或预应力混凝土空心桩时，其桩身构造应符合《建筑桩基技术规范》JGJ 94 有关规定。

(5) 夯扩体下挤密土体填充料填量应根据设计要求及土质条件经现场试验或当地经验确定。当填充料采用碎砖时，其填入总量不宜多于 $1.0m^3$。被加固土层密实程度及填充料填量应按最后贯入度（s_g）控制，最后贯入度应按单桩承载力设计要求及所选用的锤质量及落距等经现场试验确定，当锤质量为 3～4t，落距为 6～7m 时，常取 $s_g=30\sim90$mm/击。实际施工时，用最后三击贯入度平均值确定。

(6) 夯扩体干硬混凝土强度等级不得低于桩身混凝土强度等级，其配合比应经试验确定，其填入总量依夯扩体直径设计值经计算确定。

(7) 有地区经验时，柱锤夯实扩底灌注桩也可按复合地基进行设计。当按复合地基设计时桩身可不配钢筋，其设计计算方法可参照本章“柱锤冲扩水泥粒料桩复合地基”进行。

（8）夯实扩底桩耐久性要求，应符合《建筑桩基技术规范》JGJ 94 的有关规定。

（二）承载力及变形计算

1. 设计原则

（1）所有夯实扩底桩基均应进行竖向承载力计算，确定单桩竖向承载力特征值时，不考虑桩群、土、承台的相互作用效应，即取承台效应系数 $\eta_c=0$。

（2）对抗震设防区的桩基应进行抗震承载力验算。

（3）下列夯实扩底桩基尚应进行水平承载力验算：

1）《建筑抗震设计规范》GB 50011 规定需作抗震承载力验算的桩基；

2）主要承受水平荷载的桩基。

（4）当桩端持力层以下存在软弱下卧层时，应进行下卧层承载力验算。

（5）下列建筑的夯实扩底桩基应进行沉降验算：

1）设计等级为甲级的夯实扩底桩基；

2）体型复杂、荷载不均匀或夯扩体以下存在软弱下卧层的设计等级为乙级的夯实扩底桩基；

3）地质条件复杂、对沉降有严格要求的夯实扩底桩基。

（6）采用夯实扩底桩基的甲、乙级建筑，应进行沉降观测。

（7）对位于坡地、岸边的夯实扩底桩或桩端下为倾斜基岩时，应进行整体稳定性验算。

2. 单桩竖向承载力计算

（1）单桩竖向承载力应按下列要求计算：

1）荷载效应标准组合：

轴心竖向力作用下

$$N_k \leqslant R_a \tag{7-12}$$

$$N_k = \frac{F_k + G_k}{n} \tag{7-13}$$

偏心竖向力作用下，除满足式（7-12）外，尚应满足下列公式要求：

$$N_{kmax} \leqslant 1.2R_a \tag{7-14}$$

$$N_{kmax} = \frac{F_k + G_k}{n} + \frac{M_{xk} y_{max}}{\Sigma y_i^2} + \frac{M_{yk} x_{max}}{\Sigma x_i^2} \tag{7-15}$$

式中　F_k——作用于桩基承台顶面竖向力（kN）；

G_k——桩基承台和承台上土自重标准值（kN），对稳定地下水位以下部分应扣除水的浮力；

n——桩基中的桩数；

N_k——单桩竖向力平均值（kN）；

N_{kmax}——单桩最大竖向力（kN）；

R_a——单桩竖向承载力特征值（kN）；

M_{xk}、M_{yk}——作用于承台底面绕通过群桩形心的 x、y 主轴的力矩（kN·m）；

x_i、y_i——第 i 根夯实扩底桩至 y、x 轴的距离（m）；

x_{max}、y_{max}——单桩至 y、x 轴的最大距离（m）。

2）地震作用效应和荷载效应标准组合：

轴心竖向力作用下

$$N_{Ek} \leqslant 1.25R_a \tag{7-16}$$

偏心竖向力作用下，除应满足式（7-16）外，尚应满足下式要求：

$$N_{Ekmax} \leqslant 1.5R_a \tag{7-17}$$

式中 N_{Ek}——地震效应和荷载效应标准组合下，夯实扩底桩平均竖向力（kN）；

N_{Ekmax}——地震效应和荷载效应标准组合下，夯实扩底桩最大竖向力（kN）。

（2）为设计提供依据时单桩竖向承载力特征值应通过现场静载试验确定，在同一条件下试桩数量不宜少于3根，试验应按《建筑基桩检测技术规范》JGJ 106执行。

当根据静载试验确定单桩竖向极限承载力标准值时，单桩的竖向承载力特征值为：

$$R_a = Q_{uk}/K \tag{7-18}$$

式中 Q_{uk}——单桩竖向极限承载力标准值（kN）；

K——安全系数，取 $K=2$。

初步设计时单桩竖向承载力特征值可采用下列经验公式估算：

$$R_a = u_p \Sigma q_{si} \cdot l_{pi} + \alpha_p \cdot q_p \cdot A_D \tag{7-19}$$

式中 u_p——桩身周长（m）；

q_{si}——桩侧第 i 层土的侧阻力特征值（kPa）。应根据成孔方法按当地经验选用，无当地经验时可参考表7-8确定，夯扩体以上 $2.5d$ 长度范围内不计侧阻力；

l_{pi}——桩穿越第 i 层土的厚度（m）；

α_p——桩端阻力特征值修正系数，可取 $\alpha_p=1.1\sim1.5$；

q_p——填料夯实挤密前桩端阻力特征值（kPa）。宜按当地经验选用，无当地经验时可参考表7-9确定；

A_D——夯扩体水平投影面积（m^2）。

图7-16 现场夯扩体开挖试验

现场夯扩体开挖试验表明，由于硬性混凝土夯实而成的夯扩体外观近似球体（图7-16），故夯扩体水平投影面积 A_D 可近似按下式计算：

$$A_D = \alpha_D \cdot \frac{\pi D^2}{4} \tag{7-20}$$

$$D = \left(\frac{6V_H}{\pi}\right)^{\frac{1}{3}} \tag{7-21}$$

式中　D——夯扩体等代直径（m），其计算值不宜大于 2.5d；

V_H——夯扩体填充干硬混凝土总体积（m^3）；

α_D——夯扩体水平投影面积修正系数，可取 α_D=0.8～1.0。

桩周土侧阻力特征值 q_{si}（kPa）[10]　　　　**表 7-8**

土的名称	土的状态		q_{sia}
填土	—		7～11
淤泥	—		4～6
淤泥质土	—		7～11
黏性土	流塑	$I_L>1$	8～14
	软塑	$0.75<I_L\leqslant1$	14～20
	可塑	$0.50<I_L\leqslant0.75$	20～26
	硬可塑	$0.25<I_L\leqslant0.50$	26～31
	硬塑	$0<I_L\leqslant0.25$	31～36
	坚硬	$I_L\leqslant0$	36～40
粉土	稍密	$e>0.9$	8～16
	中密	$0.75\leqslant e\leqslant0.9$	16～25
	密实	$e<0.75$	25～33
粉细砂	稍密	$10<N\leqslant15$	8～16
	中密	$15<N\leqslant30$	16～25
	密实	$N>30$	25～33
中砂	中密	$15<N\leqslant30$	21～29
	密实	$N>30$	29～37
粗砂	中密	$15<N\leqslant30$	29～37
	密实	$N>30$	37～46
砾砂	稍密	$5<N_{63.5}\leqslant15$	23～46
	中密～密实	$N_{63.5}>15$	46～55

注：1. 对于尚未完成自重固结的填土和以生活垃圾为主的杂填土，不计侧阻力。

2. N 为标准贯入击数；$N_{63.5}$为重型圆锥动力触探击数。

3. 桩长 $l\leqslant5$m 时，q_{si}应折减，可乘 0.7～0.8 系数。

桩端阻力特征值 q_p（kPa）[10]　　　　**表 7-9**

土的名称	土的状态		q_{pa}
黏性土	可塑	$0.25<I_L\leqslant0.75$	500～1100
	硬塑	$0<I_L\leqslant0.25$	1100～1500
粉土	中密	$0.75\leqslant e\leqslant0.9$	600～800
	密实	$e<0.75$	800～1100
粉砂	中密	$15<N\leqslant30$	500～700
	密实	$N>30$	700～1000
细砂	中密	$15<N\leqslant30$	800～1000
	密实	$N>30$	1000～1200

续表

土的名称	土的状态		q pa
中砂	中密	15<N≤30	1200～1600
	密实	N>30	1600～2000
粗砂	中密	15<N≤30	1400～2000
	密实	N>30	2000～2500
砾砂	中密	15<N≤30	1600～2200
	密实	N>30	2200～3000
角砾、圆砾	中密	15<N≤30	2000～2800
	密实	N>30	2800～3500
碎石、卵石	中密	15<N≤30	2200～3000
	密实	N>30	3000～4000

注：1. 当 D>1.0m，q_p 应按表列值乘 $\sqrt{1/D}$以采用。

2. 对于黏性土、粉土、粉砂、细砂、中砂、粗砂，当桩长 l_p>10m 时，q_p 应按表列值乘以 $\sqrt{l_p/10}$ 采用。

（3）桩身混凝土强度应满足承载力要求。桩身混凝土强度应按下式验算：

$$N \leqslant \psi_c \cdot f_c \cdot A_p \tag{7-22}$$

式中 N——荷载效应基本组合下，桩顶轴向压力设计值（kN）；

ψ_c——成桩工艺系数，取 ψ_c=0.60～0.80（水下灌注桩、桩长较大或桩穿越软弱土层时用低值）；

f_c——混凝土轴心抗压强度设计值（kPa），按现行国家标准《混凝土结构设计规范》GB 50010 取值；

A_p——桩身截面面积（m^2）。

3. 软弱下卧层承载力及群桩承载力验算

（1）当桩端持力层以下存在软弱下卧层时，对于桩中心距 $s \leqslant 6d$ 的群桩基础，应按下列规定验算软弱下卧层承载力。

$$\sigma_z + \gamma_m \cdot z \leqslant f_{az} \tag{7-23}$$

$$\sigma_z = \frac{F_k - 2(L_0 + B_0) \cdot \Sigma q_{si} \cdot l_{pi}}{(L_D + 2t \cdot \tan\theta) \cdot (B_D + 2t \cdot \tan\theta)} \tag{7-24}$$

式中 σ_z——作用于软弱下卧层顶面的附加应力（kPa），见图 7-17；

γ_m——软弱下卧层顶面以上各土层重度按土层厚度计算的加权平均值，地下水位以下采用浮重度（kN/m^3）；

z——设计地面至软弱下卧层顶面的距离（m）；

f_{az}——软弱下卧层顶面处经深度修正的地基承载力特征值（kPa）；

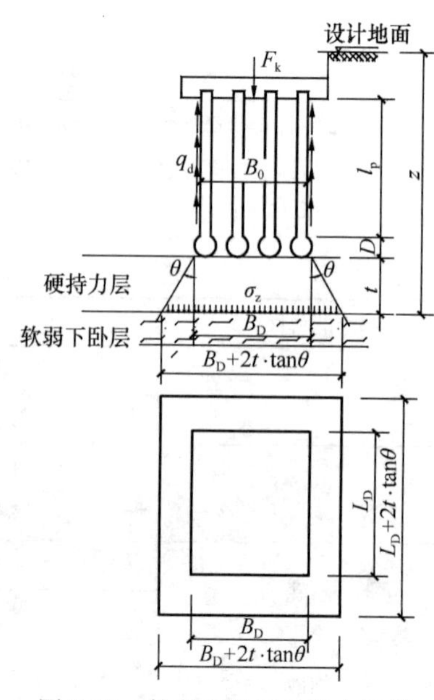

图 7-17 软弱下卧层承载力验算

L_0、B_0——夯实扩底桩基础桩身外缘水平投影面积的长边、短边长度（m），见图7-17；

L_D、B_D——夯实扩底桩基础夯扩体外缘水平投影面积的长边、短边长度（m），见图7-17；

θ——桩端硬持力层的压力扩散角（°），按表7-10确定；

t——夯扩体底面至软弱下卧层顶面的土层厚度（m），见图7-17；

q_{si}——桩侧第 i 层土侧阻力特征值（kPa）。

夯扩体下硬持力层压力扩散角 θ　　　　**表7-10**

E_{s1}/E_{s2}	$t=0.25B_D$	$t\geqslant 0.50B_D$
1	4°	12°
3	6°	23°
5	10°	25°
10	20°	30°

注：1. E_{s1}、E_{s2} 为硬持力层、软弱下卧层的压缩模量；

2. 当 $t<0.25B_D$ 时取 $\theta=0$，必要时通过试验确定。介于 $0.25B_D$ 和 $0.5B_D$ 之间可内插取值；

3. 桩端硬持力层压缩模量应按挤密后土层及原硬持力层性状综合分析后确定。

（2）对于桩中心距 $s\leqslant 6d$，桩数 $n\geqslant 9$ 根的群桩基础，宜按实体深基础进行桩端土层承载力验算，实体深基础底面尺寸按夯扩体外围水平投影面积计，桩端土承载力依桩端土夯实挤密情况按当地经验确定。

4. 桩基沉降计算

（1）需要计算沉降的建筑物，其桩基沉降变形计算值不应大于桩基沉降变形允许值。建筑物桩基变形容许值应按《建筑桩基技术规范》JGJ 94 确定。

（2）对于桩中心距小于或等于6倍桩身直径的桩基，其最终沉降量计算可采用《建筑桩基技术规范》JGJ 94 推荐的等效作用分层总和法计算。有经验时也可按假想实体深基础用分层总和法计算，具体要求如下：

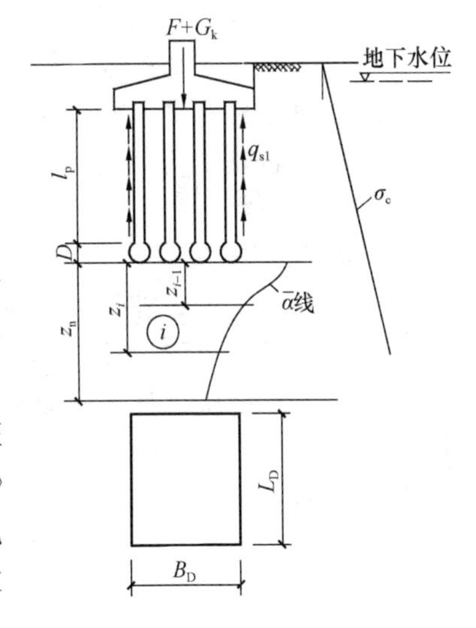

图7-18　桩基沉降计算示意图

1）桩基沉降计算深度 z_n 自夯扩体底面算起，计算至附加应力等于土的自重应力的20%处。计算模式如图7-18所示。

2）计算公式

$$s=\psi_s\sum_{i=1}^{n}\frac{p_0}{E_{si}}(z_i\bar{\alpha}_i-z_{i-1}\bar{\alpha}_{i-1})\tag{7-25}$$

式中　s——桩基最终沉降量（mm）；

ψ_s——桩基沉降计算经验系数，可按当地经验取值；

n——地基变形计算深度范围内所划分的土层数；

E_{si}——地基第 i 层土的压缩模量，按实际压力范围取值（MPa）；

z_i、z_{i-1}——分别为夯扩体底面至第 i 层和第 $i-1$ 层底面的距离（m）；

$\overline{\alpha}_i$、$\overline{\alpha}_{i-1}$——分别为第 i 层和第 $i-1$ 层底面范围内平均附加应力系数，可按《建筑桩基技术规范》JGJ 94 确定，即按假想实体深基础底面尺寸 B_D、L_D 及计算点至夯扩体底面垂直距离 z 查表；

p_0——夯扩体底面准永久组合的附加应力（kPa）。

对于矩形承台夯实扩底桩基础，p_0 可近似按式（7-26）进行计算：

$$p_0 = \frac{(F_k + G_K) - 2(L_0 + B_0) \cdot \Sigma q_{si} \cdot l_{pi}}{L_D \cdot B_D} \tag{7-26}$$

式中 F——相应于正常使用极限状态下，荷载效应准永久组合时作用于承台顶竖向力（kN）。

5. 桩基水平承载力计算

（1）《建筑抗震设计规范》GB 50011 规定需作抗震承载力验算的桩基应按《建筑桩基技术规范》JGJ94 进行桩基水平承载力验算。

（2）对主要承受水平荷载的桩基，不宜采用夯实扩底桩基。

（3）一般建筑和水平荷载较小的建筑，单桩水平承载力应满足下式要求：

$$H_{ik} \leqslant R_h \cdot \alpha_h \tag{7-27}$$

$$H_{ik} = H_k/n \tag{7-28}$$

式中 H_{ik}——在荷载效应标准组合下，作用于第 i 根夯实扩底桩桩顶水平力（kN）；

H_k——相应于荷载效应标准组合时，作用于承台底面水平力（kN）；

R_h——单桩水平承载力特征值（kN）；

n——桩基中的桩数；

α_h——调整系数，应按《建筑桩基技术规范》JGJ 94 确定。

（4）单桩的水平承载力特征值应按下列规定确定：

1）对于甲级、乙级桩基工程的单桩水平承载力特征值，应通过单桩静力水平荷载试验确定，试验方法及承载力取值可按《建筑基桩检测技术规范》JGJ 106 执行；

2）当夯实扩底桩桩身全截面配筋率不小于 0.65％时，可根据静载试验结果，取地面处水平位移 10mm（对于水平位移敏感的建筑取水平位移 6mm）所对应荷载的 75％为单桩水平承载力特征值；

3）对于桩身配筋率小于 0.65％的夯实扩底桩，可取单桩水平静载荷试验的临界值的 75％为水平承载力特征值；

4）当缺少单桩水平静载荷试验资料时，可按《建筑桩基技术规范》JGJ 94 有关规定进行单桩水平承载力特征值估算。

6. 承台计算

（1）承台构造和计算应按《建筑桩基技术规范》JGJ 94 的有关规定执行。

（2）对于砌体承重墙下的条形承台梁尚应符合下列规定：

1）承台梁内力可按《建筑桩基技术规范》JGJ 94 倒置弹性地基梁计算；

2）承台梁高按 1/5 桩中心距计，并不宜小于 400mm；

（3）承台梁纵筋可上下对称配置，每侧钢筋不宜小于 4ϕ14，箍筋不宜小于 ϕ6@250mm。

三、施工

1. 沉管（护筒）及夯扩机具设备

(1) 根据桩端持力层埋深及设计桩长，夯实扩底桩施工可采用以下两种设备：

1) 步履式夯扩桩机：适用于桩长在 15m 以内，由桩架、柱锤、护筒、卷扬机、液压步履等组成；

2) 振动沉管夯扩桩机：适用于桩长在 20m 以内，由沉管拔管设备、中空双电机振锤、柱锤、沉管、卷扬机等组成。

此外，还应配有混凝土搅拌机、运输起吊设备及钢筋加工、混凝土振捣等设备。

(2) 专用设备制作应符合下列要求：

1) 护筒采用钢管制作，其外径及长度依设计要求确定，常用钢管外径为 ϕ377、ϕ426、ϕ477，在护筒上部应开加料口，加焊提筒吊耳，护筒上应设明显的深度标记；

2) 柱锤采用钢材制作或采用铸铁实心锤，常用锤质量 2～5t，锤直径应比护筒内径小 40～70mm，护筒长度较大时取大值。柱锤底面形状可采用平底、截锥形或半球形。

2. 施工准备

(1) 夯实扩底桩施工准备可按《建筑桩基技术规范》JGJ 94 灌注桩施工的有关要求执行。

(2) 根据夯实扩底桩特点尚应满足以下要求：

1) 当地质条件复杂，持力层埋深或性状变化较大时，应具备补充勘察资料；

2) 当穿越土层为杂填土或其他含有较多大块物料的土层时，应对大块物料成分、粒径、数量及分布进行分析，并对成孔可行性进行试验论证；

3) 当持力层为位于地下水位以下的粉土或粉细砂层或位于承压水层时，应对其透水性及夯扩作业可行性进行试验论证；

4) 对甲、乙级建筑的夯实扩底桩基及缺乏经验时应进行成桩试验，提供夯扩参数及单桩承载力等试验资料。

3. 现场施工

(1) 夯实扩底桩施工工艺流程为：

沉管（护筒）→桩底夯实或填料夯实→夯填干硬混凝土形成夯扩体→放钢筋笼→灌筑桩身混凝土→承台施工。具体施工工艺流程详见图 7-19。

(2) 沉管（护筒）施工应符合以下要求：

根据土质情况和桩长要求，可采用柱锤冲孔静压沉管或振动沉管。桩位放线允许偏差 20mm。

1) 柱锤冲孔、静压沉管

适用于桩长小于 15m，可采用步履式夯扩桩机进行。

①桩机就位，将护筒及柱锤置于桩点；

②柱锤冲击成孔，边冲孔边压护筒至设计标高，管底标高依设计要求及终孔时柱锤贯入度确定。

2) 振动沉管

①桩机就位，将预制桩尖置于桩点凹坑中；

②振动沉管。管底标高依设计要求及终孔时密实电流确定，密实电流值根据试桩或当地经验确定。填料夯扩前应将预制桩尖夯入土中。

(3) 孔底（填料）夯实施工应符合以下要求：

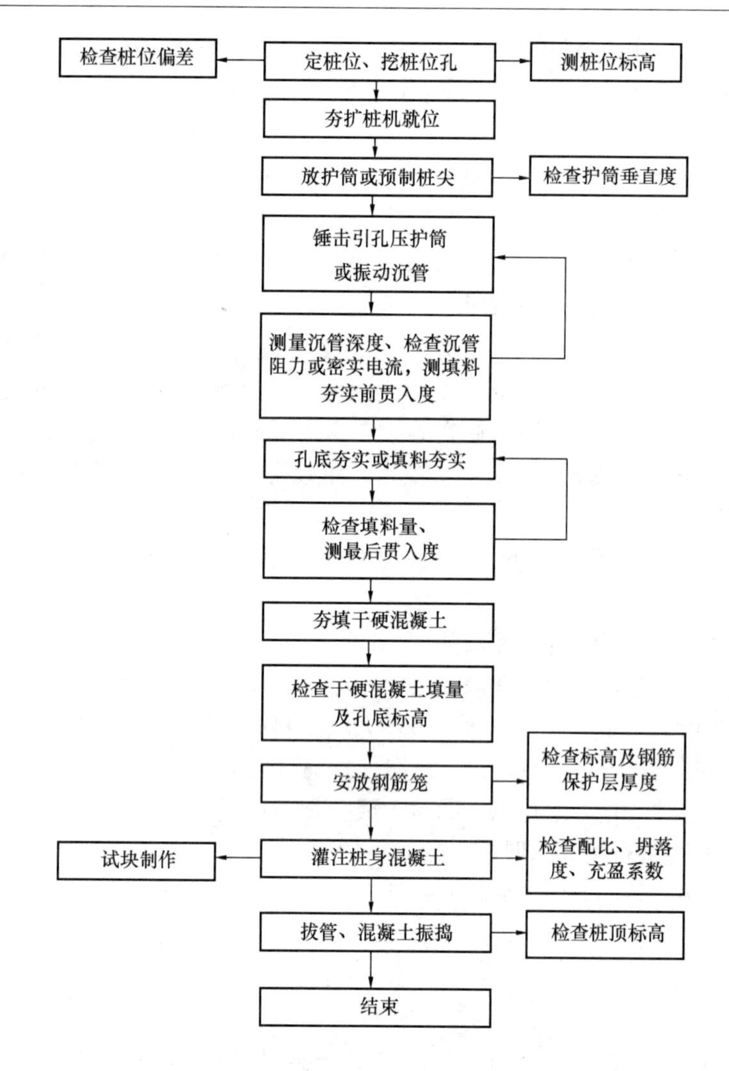

图 7-19　夯实扩底桩施工工艺流程

将护筒（沉管）沉至桩底设计标高后，测定终孔贯入度，分次投入碎砖或砂石等填充料，用柱锤冲扩夯击挤密桩端土层，具体施工要求如下：

1）填料应采用碎砖等稳定性较好的材料，其分次填料量、夯击次数、柱锤质量及落距等应经试成桩或当地经验确定，每次填料均需击出护筒，否则送空夯冲击，在填料夯扩过程中，应防止地面发生过大隆起。

2）总填料量满足设计要求后，进行最后贯入度检验，最后贯入度必须满足设计要求；当最后三击贯入度呈递减趋势，可取其平均值作为最后贯入度的检测值。

3）孔底填料夯实时邻桩桩顶竖向上浮量不宜大于 20～50mm；邻桩混凝土已达终凝时取小值。

（4）夯扩体施工应符合以下要求：

1）填充料填量及最后贯入度满足设计要求后方可进行夯扩体施工。

2）干硬混凝土填料量及配合比应满足设计要求，其分次填料量、柱锤质量及落距、夯击次数应经试成桩或当地经验确定，终锤时要求柱锤下端击出护筒 300mm。

3）有经验时也可采用低塑性混凝土，利用柱锤冲击反插形成扩大端。

4）夯填干硬混凝土形成夯扩体时，应防止泥水混入夯扩体中。

（5）钢筋笼的安放及混凝土的灌注应符合下列要求：

1）夯扩体施工结束后，应尽快安放钢筋笼并灌注桩身混凝土，尽量减少间隔时间，放置钢筋笼及灌注混凝土之前应检查管内有无进泥进水。

2）钢筋笼制作及安放，可按《建筑桩基技术规范》JGJ 94 有关规定执行。

3）混凝土的配合比按设计要求的强度等级，通过试验确定，混凝土的坍落度宜取100～140mm，第一盘混凝土坍落度可适当加大。

4）配制混凝土的粗骨料可选用卵石或碎石，其最大粒径不宜大于 40mm，并不得大于钢筋最小净距的 1/3。

5）桩身混凝土灌注的施工方法应根据土质情况、设备条件及设计要求分别选用单打法、复打法、反插法。当采用步履式夯扩桩机时，宜采用单打法。

6）当采用步履式夯扩桩机时，应先在管内灌混凝土，然后拔管，拔管时柱锤可施加于混凝土顶面，拔管速度要均匀。对一般土层以 1m/min 为宜；在软弱土层中和软硬土层交接处以及桩端处宜适当放慢，护筒拔出后用插入式振捣器将混凝土振实，当桩长较大或分段配置钢筋笼时，桩身混凝土宜分段灌注。桩长较大时应在护筒上端加振锤边振边拔。

7）当采用振动沉管夯扩桩机时，其施工方法及要求可按《建筑桩基技术规范》JGJ 94 有关规定执行，拔管时可将柱锤施加于混凝土顶面。

8）桩身混凝土灌注充盈系数不得小于 1.0，成桩后的桩身混凝土顶面标高应不低于设计标高 300～500mm，桩长较大时取大值。

9）灌注桩身混凝土时，需按要求制作试块，同一配比混凝土试块每台班不得少于 1 组，每组 3 件。

（6）夯实扩底桩成孔施工允许偏差应符合以下要求：

1）成孔直径：－20mm；

2）垂直度：1%；

3）成孔桩位允许偏差：50mm。

（7）成桩顺序及有关防护措施应符合以下要求：

1）对密集桩群，一般采用横移退打，自中间向两个方向或向四周对称施打；

2）当一侧毗邻建筑物时，由毗邻建筑物向另外一方向施打；

3）当桩端持力层埋深发生变化时，应注意防止夯扩施工对邻桩的不利影响；

4）为防止沉管及填料夯扩对邻桩的不利影响，可采用隔行跳打，并在施工中作好观测工作，如发现邻桩位移及桩顶上浮时，应调整设计施工参数（如调整桩距、减少孔底夯实填料量，增加桩长等）；

5）为减小成桩挤土及振动效应对邻近建筑物、地下管线等的影响，施打大面积密集桩群时，可采用下列辅助措施：

①限制打桩速率；

②开挖地面防震沟；

③设置隔离墙。

（8）承台施工可按《建筑桩基技术规范》JGJ 94 有关规定执行。当开挖基坑时，应至少留 500mm 厚土层人工开挖，挖土及截桩头时必须确保基坑内桩体不受损坏。

（9）夯实扩底桩施工应作好施工记录。施工中常见问题及处理措施详见表 7-11。

施工中常见问题及处理　　　　表 7-11

序号	常见问题	发生原因	解决措施
1	沉管（护筒）时管内进水	1　地下水位高、土透水性强 2　预制桩尖偏移	降水或填料冲击、强行止水，加强改善预制桩尖
2	孔底填料夯实及夯扩体施工时发生冒水、涌土，造成夯扩失效	1　地下水位高或为承压水 2　土质松软、振动液化 3　填充料分次填量与夯击能量不匹配 4　持力层选择不当	1　降低地下水位 2　添加水泥或干硬混凝土、生石灰等 3　增加分次填料量、减小锤落距 4　调整桩底标高
3	填料夯扩困难	1　持力层土质坚硬或进入持力层过深 2　夯击能量小、分次填料量大 3　可夯性差	1　调整进入持力层深度 2　采用提管夯扩工艺 3　减少分次填料量、增大夯击能量或不填料
4	沉管及孔底夯实，地面隆起过大	1　土质松软 2　桩间距小 3　桩短 4　填充料填料量过大 5　最后贯入度（s_g）设计值过小	1　降水或调整施工顺序、降低成桩速度 2　调整桩间距 3　加大桩长 4　限制填料总量 5　修正（s_g）设计值
5	钢筋笼错位、回窜或低于设计标高	1　钢筋笼焊接质量不好 2　钢筋笼未固定 3　坍落度大、碎石粒径大 4　箍筋间距小、钢筋笼放偏、保护层小 5　沉管变形、倾斜 6　钢筋预留长度不够	加焊、固定、钢筋笼对中、锤加压
6	桩身缩径、断桩、底部脱空	1　桩间距小 2　土质松软 3　拔管过快 4　夯扩影响 5　混凝土和易性差 6　地面堆重、行车	1　调整桩距 2　调整夯扩参数及成桩顺序 3　控制拔管速度 4　纵筋伸入干硬混凝土夯扩体并灌注密实 5　调整坍落度及配比
7	桩身底部混凝土发生离析	1　混凝土坍落度小 2　桩及钢筋笼长度大	1　加大桩底混凝土坍落度或底部加灌水泥砂浆或细石混凝土 2　桩长较大桩身混凝土宜分段灌注、柱锤加压，边压边拔
8	灌注桩身混凝土前桩底进水和泥砂	1　地下水涌水量大、水压大 2　混凝土灌注间隔时间过长 3　管底与干硬混凝土夯扩体顶面间隙过大	1　抽水清淤 2　尽快灌注桩身混凝土 3　控制终锤时沉管底部与夯扩体间隙或加灌水泥砂浆
9	夯扩施工卡锤或上拔护筒（沉管）困难	1　锤径偏大 2　锤未出护筒 3　填料不当 4　土黏性大抱管	1　减小锤径或采用变径柱锤 2　调整填料粒径、成分 3　填料前锤出护筒或采用上提护筒施工 4　振动拔管 5　提高设备压、拔能力
10	柱锤冲击沉管困难	1　过硬夹层或障碍物 2　成孔过深、管摩阻力大	1　螺旋钻引孔 2　加大锤重、改用尖锥形柱锤 3　提高设备压、拔能力 4　翻槽清障、回填压实

四、检验

1. 成桩质量检查

（1）夯实扩底桩的成桩质量检查主要包括成孔、孔底填料夯实及夯扩体形成、钢筋笼制作及安放、混凝土的拌制及灌注等四个工序过程的质量检查。

（2）成孔过程中的检查项目主要包括沉管（护筒）终孔时的贯入阻力（贯入度）或密实电流以及管底标高、桩架垂直度等。

（3）孔底填料夯实及夯扩体施工应对填充料成分、分次填料量、填充料总填料量、夯击能量（锤质量、落距、击次）、最后贯入度、干硬混凝土填量及配合比等进行检查并记录。

（4）钢筋笼的制作及安放应对钢筋规格、焊条品种、焊接质量、主筋和箍筋的制作偏差、钢筋保护层厚度、钢筋笼长度及固定措施等进行检查。

（5）混凝土拌制应对原材料质量与计量、混凝土配合比、坍落度、混凝土强度等级等进行检查。

（6）在灌注混凝土前，应严格按照有关施工质量要求对已成孔中心位置、孔深、垂直度、钢筋笼安放的实际位置以及孔底有无泥水涌入等进行检查，并填写相应的质量检查记录。

（7）混凝土灌注及振捣应重点对混凝土填入量、充盈系数、施工桩顶标高以及拔管和振捣时间等进行检查并记录。

2. 单桩完整性及承载力检测

为确保单桩竖向承载力特征值达到设计要求，应根据工程重要性、地质条件、设计要求及工程施工情况进行单桩完整性及承载力的检测。

对甲、乙级建筑夯实扩底桩基和地质条件复杂或成桩质量可靠性较低的夯实扩底桩基工程，应进行桩身完整性检测，检测方法及数量应按《建筑基桩检测技术规范》JGJ 106的有关规定执行。

对采用夯实扩底桩基的工程，应采用静载荷试验对工程桩的单桩竖向承载力进行检测，检测方法应按《建筑基桩检测技术规范》JGJ 106 的有关规定执行，检测数量不少于总桩数的1%，每一单体建筑不应少于 3 根。

3. 基桩及承台质量评定和工程验收

基桩质量评定应按《建筑桩基技术规范》JGJ 94 有关规定执行。

（1）夯实扩底桩质量主控项目包括下列内容：

1）原材料和混凝土强度等级、桩身质量及完整性必须符合设计要求和施工规范规定。

2）桩底填料夯实最后贯入度及填料量应满足设计要求。

3）夯扩体干硬混凝土填量及配合比必须满足设计要求。

4）桩身混凝土充盈系数不得小于 1.0，桩长应符合设计规定。

5）单桩承载力必须满足设计要求。

（2）夯实扩底桩的一般项目和检验方法应符合表 7-12 的规定。

检查数量：应按《建筑地基基础工程施工质量验收规范》GB 50202 有关规定确定。

夯实扩底桩允许偏差[10] **表 7-12**

项次	项目		允许偏差（mm）	检查方法
1	钢筋笼	主筋间距	±10	尺量检查
2		主筋保护层	±10	
3		箍筋间距	±20	
4		钢筋笼直径	±10	
5		钢筋笼长度	±50	
6	桩位偏差（mm）	1～3根、单排桩基沿垂直于中心线方向、群桩基础中的边桩	70	拉线和尺量检查
		条形桩基沿中心线方向和群桩基础的中间桩	150	
7	桩径偏差		−20	尺量检查
8	垂直度偏差		1%	吊线和尺量检查
9	钢筋笼安装深度		±50	尺量检查
10	桩顶标高		±50	水准仪检查

桩基验收应在基坑开挖后，由建设单位会同施工、设计、勘察、监理等部门共同进行，基桩质量及承载力满足设计要求后，尚应对桩位、桩径、桩顶标高等进行抽查。基桩验收合格后方可进行承台施工。

夯实扩底桩验收应包括下列资料：

1）工程地质勘察报告、桩基施工图、图纸会审纪要、设计变更、材料检验报告等；

2）经审定的施工组织设计或施工方案及执行中的变更情况；

3）桩位测量放线图及工程桩位复核签证单；

4）成桩原始记录及质量检查报告；

5）单桩完整性及承载力检测报告；

6）基桩竣工平面图及桩顶标高实测图。

承台工程验收应包括下列资料：

1）承台钢筋、混凝土的施工与检查记录；

2）桩顶与承台的锚筋、边桩离承台边缘的距离，承台钢筋保护层记录；

3）承台尺寸及外观描述。

五、工程实录

（一）天津梅江小区高层住宅工程

1. 工程概况及地质情况

天津市梅江小区12号住宅楼，框架结构，主体结构10层，场地土质情况见例表1-1。

场地土质情况 **例表 1-1**

土层编号	岩性	层底标高	土质特征	极限侧阻力标准值 q_{sik}（kPa）	极限端阻力标准值 q_{pk}（kPa）
2	淤泥	−1.40	黑色，含大量有机质，呈流塑状态，属高压缩性土，土质极软，工程性质极差，f_{ak}=60kPa	10	
3	粉质黏土夹粉土	−10.40	粉质黏土：灰色，有层理，含蚌壳，软塑状态，属中压缩性土；粉土：灰色，有层理，含蚌壳，稍密状态，属中压缩性土，f_{ak}=110kPa	32	

续表

土层编号	岩性	层底标高	土质特征	极限侧阻力标准值 q_{sik}（kPa）	极限端阻力标准值 q_{pk}（kPa）
4	粉质黏土	－11.40	浅灰色，无层理，含有机质，软可塑状态，属中压缩性土，f_{ak}＝140kPa	30	
5	粉质黏土	－15.00	灰黄色，无层理，含铁质，可塑状态，属中压缩性土，f_{ak}＝180kPa	40	2400

2. 设计计算

根据上部荷载和土质情况，采用柱锤夯实扩底灌注桩（以下称扩底桩）基础。桩长14.85m，桩径450mm，桩顶标高1.260m，桩端标高－13.540m。桩端夯填碎砖作为填充料，最后三击贯入度平均值应小于30mm。填充料夯填量满足设计要求后进行夯扩体施工，夯扩体材料采用C25干硬混凝土，夯填量为0.4m^3。

利用式（7-19）、式（7-20）计算单桩承载力R_a。

式中：$V_H=0.4\text{m}^3$，$D=\left(\frac{6V_H}{\pi}\right)^{\frac{1}{3}}=0.91\text{m}$，$A_D=\alpha_D\cdot\frac{\pi}{4}D^2=0.8\times0.656=0.53\text{m}^2$，则

$$\begin{aligned}R_a&=u_p\sum q_{si}\cdot l_{pi}+\alpha_p\cdot q_p\cdot A_D\\&=0.45\times3.14\times(5\times2.66+16\times9+15\times1+20\times1.14)+1.3\times1200\times0.53\\&=1103\text{kN}\end{aligned}$$

实际设计取单桩承载力特征值1100kN。

3. 施工工艺

该工程由《柱锤夯实扩底灌注桩技术规程》CQB 2001-1主编单位之一——沧州市机械施工有限公司施工。扩底桩采用振动沉管夯扩桩机施工，采用中空振锤，柱锤重量2.0t。沉管过程采用预制桩尖封底，沉管至设计标高后，利用柱锤将桩尖击出管外20cm，然后夯填碎砖，每次填砖量5～20块。当实测的最后三击贯入度呈递减趋势，且其平均值小于30mm，即$s_g\leqslant30$mm时，夯填0.4m^{3}干硬混凝土。量测三击贯入度的夯击能为210kN·m，即控制柱锤落距10.5m。根据现场统计，每根桩碎砖填量约为200～300块。

桩身施工过程同常规沉管灌注桩，此处不再赘述。

4. 承载力检测结果

12号楼共施工扩底桩203根，施工结束后，随机抽取3根桩进行单桩竖向静载试验，试验曲线见例图1-1。在

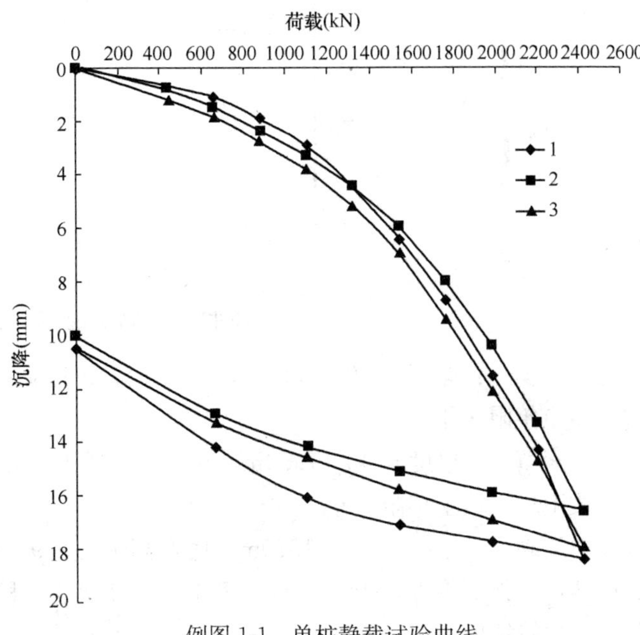

例图1-1　单桩静载试验曲线

2200kN 荷载作用下，三根试桩的累计沉降分别为 14.32mm、13.40mm 和 14.71mm，结合其 $s \sim \lg t$ 试验曲线综合判断，三根桩的极限荷载均大于 2200kN，满足设计要求。

(二) 柱锤夯实扩底灌注桩在深厚填土地基处理中的应用

1. 工程概况及地质情况

某卫生院门诊楼为 3 层框架结构。拟建场地原为砖厂，因取土形成取土坑，经填垫至现地坪。据了解，填土年限 3 年。工程场地典型剖面见例图 2-1，主要分布土层如下：

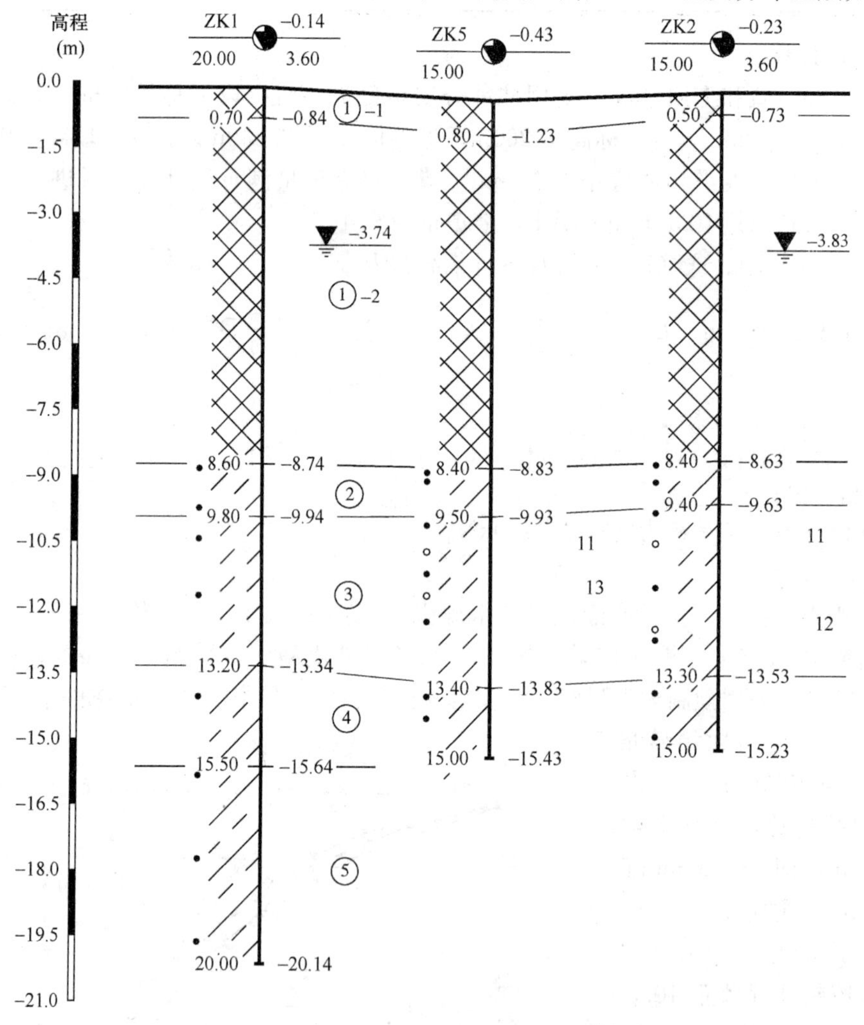

例图 2-1 地质剖面图

①$_{-1}$素填土：厚度 0.50～2.00m，黄色，以粉土为主，含少量红砖块和碎砖渣，土质不均。填土年限 3 年。

①$_{-2}$素填土：厚度 6.40～7.90m，灰色，以粉土和黏性土为主，含少量红砖块和碎砖渣，土质不均。填土年限 3 年。

②粉质黏土：厚度 1.00～1.20m，底标高为－9.94～－9.63m，灰、灰黑色，软塑，局部可塑，干强度中等，中等～高压缩性，中等韧性，稍有光泽，含螺壳，夹粉土薄层，地基承载力特征值 $f_{ak}=95$kPa。

③粉土：厚度 3.40～3.90m，底标高为－13.83～－13.34m，灰色，中密～密实，湿，干强度低，低韧性，摇振反应中等，无光泽，夹粉质黏土薄层，土质不均，地基承载力特征值 f_{ak}＝120kPa。

④粉质黏土：厚度 2.20～2.30m，底标高为－15.78～－15.64m，灰色，软塑，干强度中等，中等～高压缩性，中等韧性，稍有光泽，夹粉土薄层，地基承载力特征值 f_{ak}＝100kPa。

⑤粉质黏土：揭露最大厚度 4.50m，灰色，可塑，干强度中等，中等～高压缩性，中等韧性，稍有光泽，夹粉土薄层。该层场地均有分布，该层未钻穿。

2. 方案比选

该场地内填土填垫年限较短，厚度较大，填垫厚度 8.40～8.60m，填垫成分为粉土和黏性土，含有少量砖块和碎砖渣，由于未经压实，工程性质差。根据地质条件及当地施工经验，可采用换填垫层、强夯法或桩基础方案。换填垫层法存在工程量大、造价高的问题；由于场地限制且工期较紧，无法采取强夯方案，最后确定采用桩基础方案。根据当地工程经验，可采用灌注桩。但由于地表以下约 9m 范围内为未完成固结沉降的填土，需要考虑负摩阻的不利影响。经过计算，采用直径 500mm 的灌注桩，桩长达到 18m 才能满足承载力要求要求，其单桩承载力特征值为 450kN。同时，若采用桩基础，需要设置零层板以满足建筑物首层的使用要求。

根据地质条件和工程特点，采用柱锤冲扩成套技术对该工程进行处理。具体处理方法如下：

（1）首先采用柱锤冲扩素土桩对基底范围进行满堂处理，以挤密地基土，提高地基土的承载力，同时可消除后续施工桩基础的负摩阻，提高单桩承载力。

（2）柱下采用柱锤夯实扩底灌注桩（以下简称扩底桩）基础。

采用上述处理方法的原因是：

（1）土层③粉土层顶位于自然地坪下 9.4～9.8m 深度，中密～密实状态，地基承载力特征值 f_{ak}＝120kPa，可作为扩底桩的持力层。

（2）扩底桩柱锤冲孔，再次挤密地基土，有效消除负摩阻的不利影响。

（3）同一套柱锤冲扩设备，可先后完成素土桩和扩底桩的施工，提高机械利用率，降低使用费用。

经过对不同方案的技术经济比较，最终确定采用柱锤冲扩素土桩＋扩底桩方案。

3. 设计计算

扩底桩桩长 9.0m，夯扩体完全进入土层③粉土层；桩径 410mm。桩端夯扩体干硬混凝土填量不小于 0.4m^3。

单桩承载力根据式 7-19、式 7-20 及表 7-8、表 7-9 估算，考虑桩侧填土的侧阻力较低，仅考虑夯扩体的端承力，即：$R_a \approx q_p \cdot A_D \cdot \alpha_p = 800 \times 0.656 \times 0.85 = 446\text{kN}$。

柱锤冲扩素土桩桩长 8.5m，成孔直径 400mm，成桩直径 500mm，桩距 1500～2000mm，三角形布桩。桩基承台以外满堂布桩。

扩底桩及素土桩桩位图见例图 2-2。

本工程由《柱锤夯实扩底灌注桩技术规程》DB13(J)/T 141—2012 的编制单位之一——沧州市机械施工有限公司施工。施工采用多功能冲扩桩机，锤重 3.5t。先施工素土

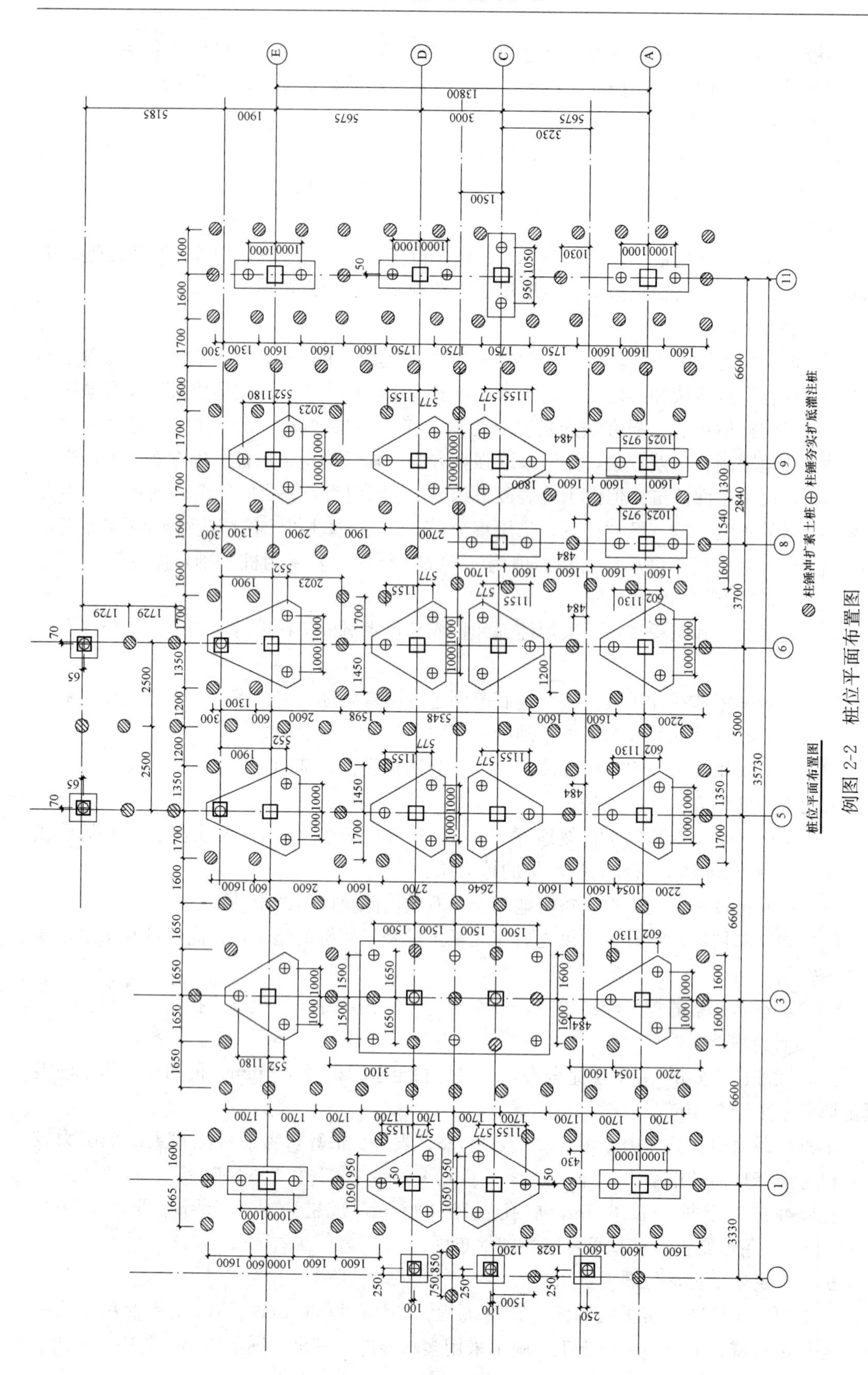

例图 2-2　桩位平面布置图

桩，再施工扩底桩。素土桩与扩底桩施工均采用柱锤冲孔、静压沉管成孔。扩底桩桩端填充料采用碎砖，其填量按最后贯入度 $s_g \leqslant 70$mm/击控制，s_g 根据最后三击贯入度平均值确定。

4. 承载力检测

施工结束后选取 3 根扩底桩进行单桩静载试验，3 根桩的 $Q \sim s$ 曲线见例图 2-3，$s \sim \lg t$ 曲线见例图 2-4。根据 $Q \sim s$ 曲线及 $s \sim \lg t$ 曲线综合判断，在 $Q=$ 900kN 荷载下，三根桩均未达到极限状态，即单桩极限承载力均不小于 900kN，满足设计要求。

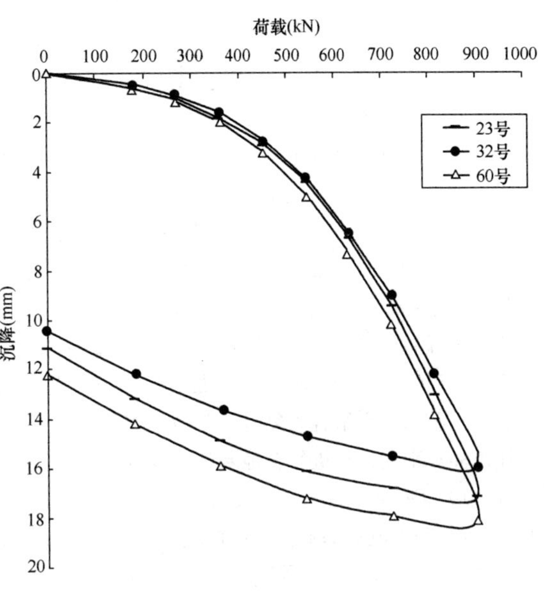

例图 2-3　单桩 $Q \sim s$ 曲线

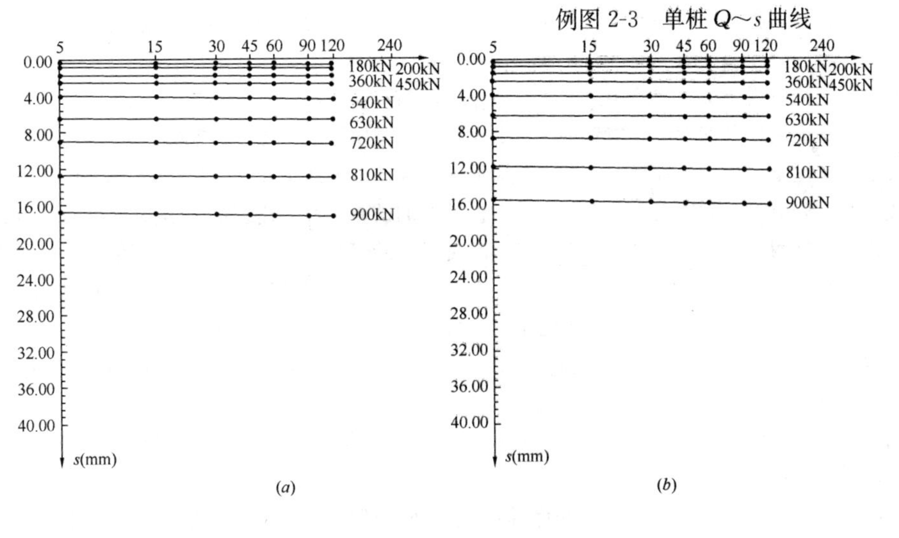

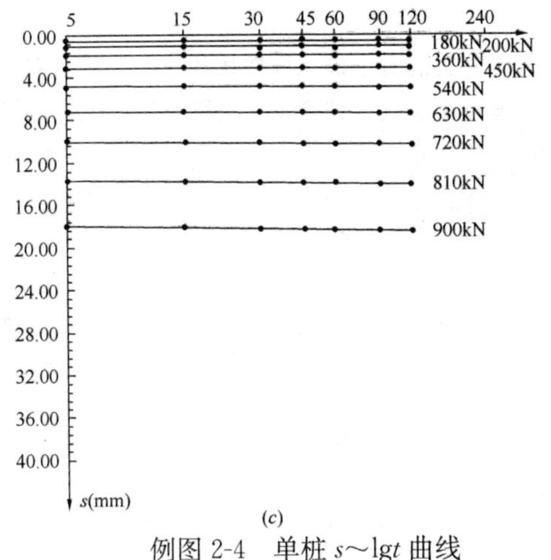

例图 2-4　单桩 $s \sim \lg t$ 曲线

(a) 23 号桩；(b) 32 号桩；(c) 60 号桩

本章参考文献

[1] 建筑地基基础设计规范 GB 50007—2011. 北京：中国建筑工业出版社，2011.
[2] 建筑地基处理技术规范 JGJ 79—2012. 北京：中国建筑工业出版社，2013.
[3] 复合地基技术规范 GB/T 50783—2012. 北京：中国计划出版社，2013.
[4] 岩土工程勘察规范 GB 50021—2001(2009 版). 北京：中国计划出版社，2009.
[5] 建筑地基基础工程施工质量验收规范 GB 50202—2002. 北京：中国建筑工业出版社，2002.
[6] 建筑工程基桩检测技术规范 JGJ/T 106—2003. 北京：中国建筑工业出版社，2003.
[7] 建筑工程施工质量验收统一标准 GB 50300—2001. 北京：中国建筑工业出版社，2002.
[8] 混凝土芯水泥土组合桩复合地基技术规程 DB13(J)50—2005. 石家庄：河北省建设厅，2005.
[9] 柱锤冲扩水泥粒料桩复合地基技术规程 DB13(J)/T 118—2011. 石家庄：河北省建设厅，2011.
[10] 柱锤夯实扩底灌注桩技术规程 DB13(J)/T 141—2012. 石家庄：河北省建设厅，2012.
[11] 祝龙根等．地基基础测试新技术．北京：机械工业出版社，1999.
[12] 杨伟量．地基基础工程监理指南．上海：上海科技出版社，1999.
[13] 卫明．建筑工程施工强制性条文实施指南．北京：中国建筑工业出版社，2004.
[14] 刘松玉．公路地基处理．南京：东南大学出版社，2000.
[15] 林宗元．简明岩土工程监理手册．北京：中国建筑工业出版社，2003.
[16] 唐业清．简明地基基础设计施工手册．北京：中国建筑工业出版社，2003.
[17] 吴迈．水泥土组合桩单桩竖向承载力试验研究．天津：河北工业大学硕士论文，2001.
[18] 凌光容，安海玉，谢岱宗，王恩远．劲性搅拌桩的试验研究．建筑结构学报，2001，22(2).
[19] 吴迈，窦远明，王恩远．水泥土组合桩荷载传递试验研究．岩土工程学报，2004，26(3).
[20] 吴迈，赵欣，王恩远，窦远明．水泥土组合桩承载力研究及设计方法．工业建筑，2004，34(7).
[21] 吴迈，赵欣，窦远明，王恩远．水泥土组合桩室内试验研究．工业建筑，2004，34(11).
[22] 李岩峰．柱锤冲扩夯实混凝土桩桩身填料工程特性试验研究．天津：河北工业大学硕士论文，2008.
[23] 刘熙媛，李岩峰，朱铁军，王恩远．柱锤冲扩夯实混凝土桩桩身填料工程特性试验研究．混凝土，2009(9).
[24] 王恩远，吴迈，杨彬．柱锤夯实扩底灌注桩承载机理及单桩承载力研究．工业建筑，2012，42(9).
[25] 吴迈，赵欣，王恩远等．柱锤夯实混凝土桩承载性状及施工工艺研究．工业建筑，2010，40(8).
[26] 吴迈，赵欣，王恩远等．柱锤夯实混凝土桩施工工艺研究与工程应用．施工技术，2010，39(11).

第八章　地基处理检验与监测

第一节　概　　述

一、目的意义

地基处理已广泛应用于工程实践中，但目前还难以在设计时进行精密计算和准确预测；另外由于地基处理是一项隐蔽工程，施工时必须重视施工质量监测和质量检验，及时发现问题和采取必要的措施，因此，现场检测就成为地基处理的重要环节。

现场检测的目的是：

1. 为工程设计提供依据；
2. 作为施工的控制、监测和指导；
3. 作为竣工验收的依据；
4. 为理论研究提供资料。

二、现场检测的内容

1. 检验复合地基及加固土层、桩身以及桩间土的承载力；
2. 检验施工的有效加固深度或桩长，以及加固范围和均匀性；
3. 检验加固土层或桩间土的密实度、强度、压缩性；
4. 检验加固体强度或密实度；
5. 检验加固后土层或桩间土的稳定性（如液化、湿陷等）；
6. 监测施工过程中土体孔隙水应力及位移变化。

三、地基处理检验与监测的基本要求

（一）检验

1. 地基处理工程的验收检验应在分析工程的岩土工程勘察报告、地基基础设计及地基处理设计资料，了解施工工艺和施工中出现的异常情况等后，根据地基处理的目的，制定检验方案，选择检验方法。同时，对检验方法的适用性以及该方法对地基处理的处理效果评价的局限性应有足够认识。当采用一种检验方法的检测结果具有不确定性时，应采用其他检验方法进行验证。并应符合先简后繁、先粗后细、先面后点的原则。

处理后地基的检验内容和检验方法选择可参见表 8-1。

2. 检验数量应根据场地复杂程度、建筑物的重要性以及地基处理施工技术的可靠性确定，满足处理地基的评价要求。在满足《建筑地基处理技术规范》JGJ 79 规定的各种处理地基的检验数量，检验结果不满足设计要求时，应分析原因，提出处理措施。对重要的部位，必要时应增加检验数量。扩大抽检数量宜按不满足设计要求的检测点数加倍抽检。

处理后地基的检验内容和检验方法选择　　表 8-1

检测内容		承载力			处理后地基的施工质量和均匀性							复合地基增强体或微型桩的成桩质量						
处理地基类型 \ 检测方法		复合地基静载荷试验	增强体单桩静载荷试验	处理后地基或桩间土承载力静载荷试验	干密度	轻型动力触探	标准贯入	动力触探	静力触探	土工试验	十字板剪切试验	桩身强度或干密度	静力触探	标准贯入	动力触探	低应变试验	钻芯法	探井取样法
换填垫层				√	√	△	△	△	△									
预压地基				√					√	√	√							
压实地基				√	√		△	△	△									
强夯地基				√			√	√		√								
强夯置换地基				√			△	√	△	√								
复合地基	振冲碎石桩	√		○			√	√	△					√	√			
复合地基	沉管砂石桩	√		○			√	√	△					√	√			
复合地基	水泥搅拌桩	√	√	○		○	△		△			√		△	√		○	
复合地基	旋喷桩	√	√	○			△	△	△			√		△	√		○	
复合地基	灰土挤密桩	√		○	√		△	△		√		√		△	△			○
复合地基	土挤密桩	√		○	√		△	△		√		√		△	△			○
复合地基	石灰桩	√		○		√	△	△	√				√	√	√			
复合地基	夯实水泥土桩	√	√	○		○	○	○	○	○		√	△				○	
复合地基	水泥粉煤灰碎石桩（刚性桩）	√	√	○			○	○	○	○		√				√	○	
复合地基	柱锤冲扩桩	√		○			√	√		△				√	√	○		
复合地基	多桩型	√	√	○	√		√	√	△	√		√		√	√	√	○	
注浆加固				√		√	√	√	√	√								
微型桩加固			√	○			○	○	○			√				√	○	

注：1. 处理后地基的施工质量包括预压地基的抗剪强度、夯实地基的夯后土质量、强夯置换地基墩体着底情况、消除液化或消除湿陷性的处理效果、复合地基桩间土处理后的工程性质等；

2. 处理后地基的施工质量和均匀性检验应涵盖整个地基处理面积和处理深度；

3. √为应测项目，是指该检验项目应该进行检验；

△为可选测项目，是指该检验项目为应测项目在大面积检验使用的补充，应在对比试验结果基础上使用；

○为该检验内容仅在其需要时进行的检验项目；

4. 消除液化或消除湿陷性的处理效果、复合地基桩间土处理后的工程性质等检验仅在存在这种情况时进行；

5. 应测项目、可选测项目以及需要时进行的检验项目中两种或多种检验方法检验内容相同时，可根据地区经验选择其中一种方法。

不同基础形式，对检验数量和检验位置的要求应有不同。每个独立基础、条形基础应有检验点；满堂基础一般应均匀布置检验点。对检验结果的评价也应视不同基础部位，以及其不满足设计要求时的后果给予不同的评价。

3. 验收检验的抽检位置应按下列要求综合确定：

（1）抽检点宜随机、均匀和有代表性分布；

（2）设计认为的重要部位；

（3）局部岩土特性复杂可能影响施工质量的部位；

（4）施工出现异常情况的部位。

4. 工程验收承载力检验时，静载荷试验最大加载量不应小于设计要求的承载力特征值的2倍，这是处理工程承载力设计的最小安全度要求。

5. 换填垫层和压实地基的静载荷试验的压板面积不宜小于1.0m^2；强夯地基或强夯置换地基静载荷试验的压板面积不宜小于2.0m^2。

静载荷试验的压板面积对处理地基检验的深度有一定影响，上述要求是对换填垫层和压实地基、强夯地基或强夯置换地基静载荷试验的压板面积的最低要求。工程应用时应根据具体情况确定。

6. 地基处理质量检验休止时间

对地基处理效果的检验，应在地基处理施工结束后经一定时间的休止恢复后再进行检验，因为地基加固后有一个时效作用，地基的强度和模量的提高往往需要有一定的时间，随着时间的延长，其强度和模量在不断的增长。因此，地基处理施工应尽量提早安排，以确保地基的稳定性和安全度。地基处理后的休止时间详见表8-2。

地基处理质量检验休止时间 **表8-2**

地基处理方法	休止时间	地基处理方法	休止时间
强夯	碎石土、砂土7～14d 粉土、黏性土14～28d	水泥土搅拌法	载荷试验28d 桩身检测3～7d
强夯置换	28d	高压喷射注浆法	28d
振冲法	粉质黏土21～28d 粉土14～21d 砂土、杂填土7d	石灰桩	施工检测7～10d 竣工验收28d
砂石桩法	饱和黏性土28d 粉土14d 砂土、杂填土7d	灰土（土）挤密桩	桩身取样24～72h内 载荷试验14～28d
水泥粉煤灰碎石桩	28d	柱锤冲扩桩	施工检测7～14d 载荷试验14～28d
夯实水泥土桩	桩的干密度检测24h内 载荷试验28d	预压地基	卸荷后3～5d
注浆地基	28d，施工检测7～10d		

（二）监测

1. 地基处理工程监测是指在地基处理施工阶段，采用一定的仪器和设备对加固区及周边环境变形、应力场、地下水位以及主要施工管理参数等实施的监控工作。概括起来，地基处理施工监测的目的主要为：

（1）施工安全性控制

如强夯置换或堆载预压地基在施工荷载连续作用下，特别是饱和软土地基，存在地基失稳的风险。因此在施工过程中应监测土体变形及应力变化，保证施工过程的安全性。

（2）施工质量控制

采用真空预压法、降水预压法等处理软弱地基时，为了控制和保证工程质量，需要对一些关键施工参数进行监控，比如膜下真空管内的真空压力、地下水位等。

（3）监控施工对周边环境的影响

地基处理施工会对周边环境造成一定影响，如地基加固影响范围内既有建（构）筑物倾斜与开裂、地下管线变形、施工振动与噪声污染等。必要时须采取针对性的监控措施，特别是在加固区周边有重要建（构）筑物或市政管线密集的情况下，并根据监测结果调整施工工况与进度以减小周边环境带来的不良影响。

（4）地基加固效果的评价

地基处理施工监测可获得加固过程中地基沉降、孔隙水压力等参数的变化情况，一方面可以实时了解和控制地基处理的施工过程；另一方面作为评价地基处理效果的指标。比如根据预压地基的沉降观测成果可推算地基最终沉降，进而可以获得实时的地基平均固结度和残余沉降，判断地基是否达到卸载标准和评价地基处理的效果；根据桩身触探试验可判定桩身密实程度等。

2. 堆载预压工程，在加载过程中应进行竖向变形量、水平位移及孔隙水压力等项目的监测。真空预压应进行膜下真空度、地下水位、地面变形、深层竖向变形、孔隙水压力等监测。真空预压加固区周边有建筑物时，还应进行深层侧向位移和地表边桩位移监测。

对堆载预压工程，当荷载较大时，应严格控制堆载速率，防止地基发生整体剪切破坏或产生过大塑性变形。工程上一般通过竖向变形、边桩位移及孔隙水压力等观测资料按一定标准进行控制。控制值的大小与地基土的性能、工程的类型和加荷的方式有关。

应当指出，按照控制指标进行现场观测来判定地基稳定性是综合性的工作，地基稳定性取决于多种因素，如地基土的性质、地基处理方法、荷载大小以及加荷速率等。软土地基的失稳通常从局部剪切破坏发展到整体剪切破坏，期间需要有数天时间。因此，应对竖向变形、边桩位移、孔隙水压力等观测资料进行综合分析，研究它们的发展趋势，这是十分重要的。

3. 强夯施工应进行夯击次数、夯沉量、隆起量、孔隙水压力等项目的监测；强夯置换施工尚应进行置换深度的监测。

强夯施工的振动对周围建筑物的影响程度与土质条件、夯击能量和建筑物的特性等因素有关。为此，在强夯时有时需要沿不同距离测试地表面的水平振动加速度，绘成加速度与距离的关系曲线。工程中应通过检测的建筑物反应加速度以及对建筑物的振动反应及对人的适应能力，综合确定安全距离。

根据国内目前的强夯所采用的能量级，强夯振动引起建筑物损伤影响距离一般为 10～15m，但对人的适应能力则不然，因人而异，与地质条件密切相关。影响范围内的建（构）筑物采取防振或隔振措施，通常在夯区周围设置隔振沟（指一般在建筑物邻近开挖深度约 3m 的隔振沟）。

4. 当夯实、挤密、旋喷桩、水泥粉煤灰碎石桩、柱锤冲扩桩、注浆等方法施工可能对周边环境及建筑物产生不良影响时，应对施工过程的振动、孔隙水压力、噪音、地下管线、建筑物变形进行监测。

在软土地基中采用夯实、挤密桩、旋喷桩、水泥粉煤灰碎石桩、柱锤冲扩桩、注浆等方法进行施工时，会产生挤土效应，对周边建筑物或地下管线产生影响，应按要求进行监测。

在渗透性弱，强度低的饱和软黏土地基中，挤土效应会使周围地基土体受到明显的挤压并产生较高的超静孔隙水压力，使桩周土体的侧向挤出、向上隆起现象比较明显，对临近的建（构）筑物、地下管线等将产生十分有害的影响。为了保护周围建筑物和地下管线安全，应在施工期间有针对性地采取监测措施，并有效合理地控制施工进度和施工顺序，使施工带来的种种不利影响减小到最低程度。

挤土效应中孔隙水压力增长是引起土体位移的主要原因。通过孔隙水压力监测可掌握场地地质条件下孔隙水压力增长及消散的规律，为调整施工速率、设置释放孔、设置隔离措施、开挖地面防震沟、设置袋装砂井和塑料排水板等提供施工参数。

施工时的振动对周围建筑物的影响程度与土质条件、需保护的建筑物、地下设施、管线等的特性有关。振动强度主要有三个参数：位移、速度、加速度，而在评价施工振动的危害性时，建议以速度为主，结合位移和加速度值参照现行国家标准《爆破安全规程》GB 6722 进行综合分析比较，然后做出判断。通过监测不同距离的振动速度和振动主频，根据建筑（构）物类型来判断施工振动对建（构）筑物是否安全。

5. 大面积填土、填海等地基处理工程，应对地面变形进行长期监测；施工过程中还应对土体位移、孔隙水压力等进行监测。

6. 地基处理工程施工对周边环境有影响时，应进行邻近建（构）筑物竖向及水平位移监测、邻近地下管线监测以及邻近地面变形监测，具体要求如下：

（1）邻近建（构）筑物竖向及水平位移监测点应布置在基础类型、埋深和荷载有明显不同处及沉降缝、伸缩缝、新老建（构）筑物连接处的两侧、建（构）筑物的角点、中点；圆形、多边形的建（构）筑物宜沿纵横轴线对称布置；工业厂房监测点宜布置在独立柱基上。倾斜监测点宜布置在建（构）筑物角点或伸缩缝两侧承重柱（墙）上；

（2）邻近地下管线监测点宜布置在上水、煤气管道、窨井、阀门、抽气孔以及检查井等管线设备处、地下电缆接头处、管线端点、转弯处；影响范围内有多条管线时，宜根据管线年份、类型、材质、管径等情况，综合确定监测点，且宜在内侧和外侧的管线上布置监测点；地铁、输水管等重要市政设施、管线监测点布置方案应征求有关管理部门的意见；当无法在地下管线上布置直接监测点时，管线上地表监测点的布置间距宜为 15～25m；

（3）邻近地表地面变形监测点宜按剖面布置，剖面间距宜为 30～50m；每条剖面线上的监测点宜由内向外先密后疏布置，且不宜少于 5 个。

7. 处理地基上的建筑物应在施工期间及使用期间进行沉降观测，直至沉降达到稳定标准为止。

沉降观测终止时间应符合设计要求，或按《工程测量规范》GB 50026 和《建筑变形测量规范》JGJ 8 的有关规定执行。

本条为《建筑地基基础设计规范》GB 50007—2011 及《建筑地基处理技术规范》JGJ 79—2012 的强制性条文。沉降观测应从施工开始，整个施工期间和使用期间内均应进行沉降观测，并以实测资料作为建筑物地基基础工程质量检查依据之一，建筑物施工期的观测次数和日期，应根据施工进度确定，建筑物竣工后的第一年内，每隔 2～3 个月观测一次，以后可延长至 4～6 个月，直至沉降稳定为止。以往对此重视不够，今后应加强这一工作。

四、常用检测方法分类

地基处理工程常用检测方法分类见图 8-1。

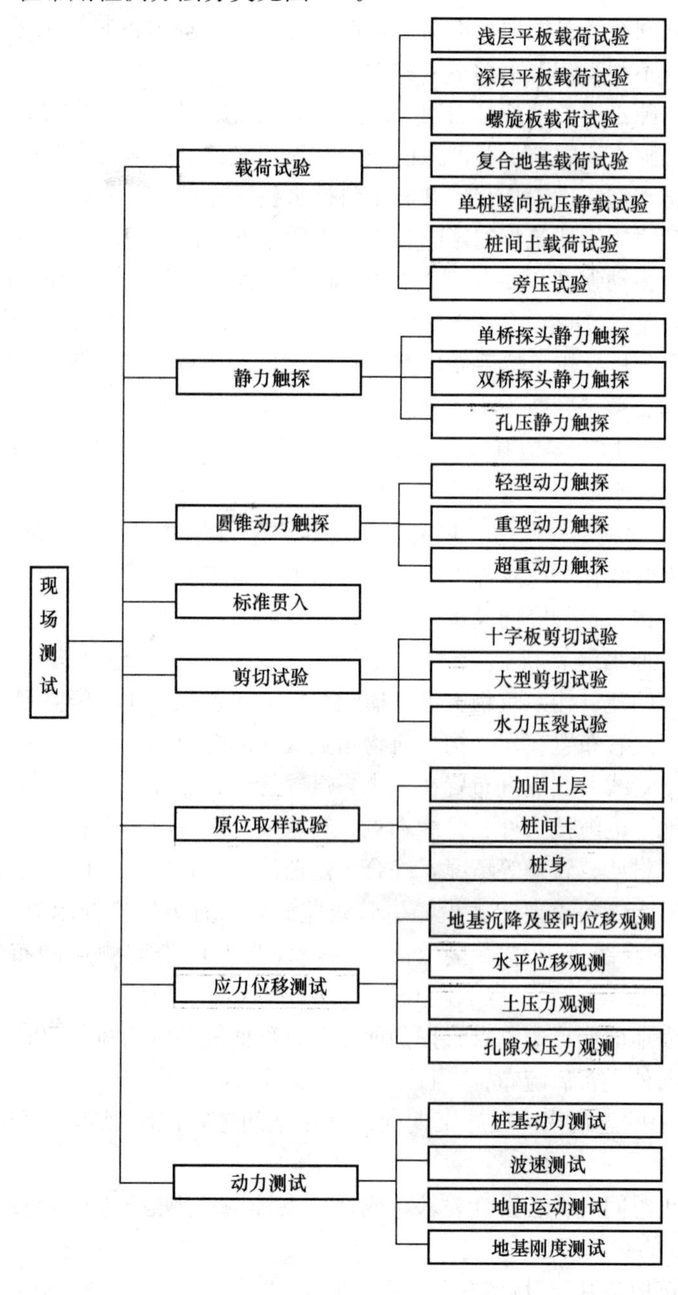

图 8-1　地基处理工程常用检测方法

第二节　载　荷　试　验

一、概述

1. 试验原理

载荷试验是在一定尺寸的载荷板上逐级施加静力荷载，观测各级荷载作用下的沉降，根据荷载～沉降关系曲线（*p-s* 曲线）确定加固后地基承载力，计算地基土的变形模量，研究地基土的变形特性的一种现场原位测试方法。

2. 分类

载荷试验可分为浅层平板载荷试验、深层平板载荷试验和螺旋板载荷试验等。

（1）浅层平板载荷试验适用于浅层地基土；

（2）深层平板载荷试验适用于埋深不小于 3m 和地下水位以上地基土；

（3）螺旋板载荷试验适用于深层地基土和地下水位以下地基土。

3. 试验装置

试验装置如图 8-2、图 8-3 所示。

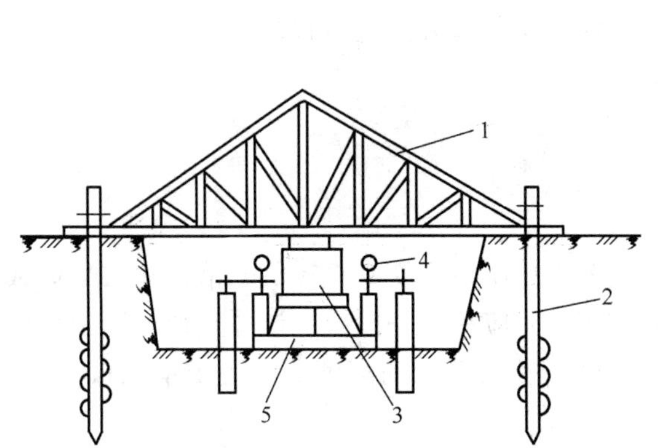

图 8-2　平板载荷试验示意图

1—桁架；2—地锚；3—千斤顶；4—百分表；5—承压板

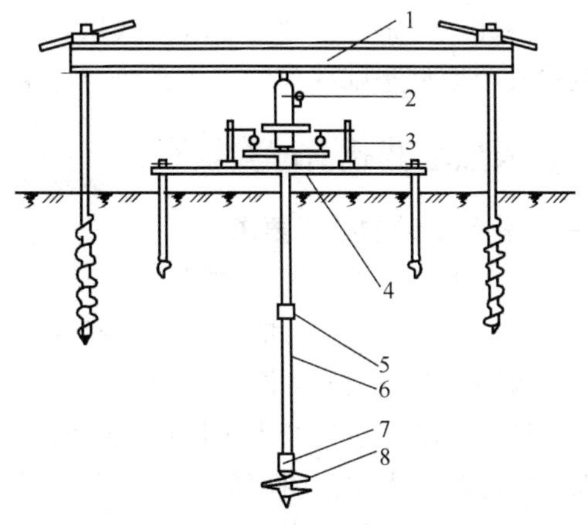

图 8-3　YDL 型螺旋板载荷试验装置

1—反力装置；2—油压千斤顶；3—百分表及磁性支座；4—百分表横梁；5—传力杆接头；6—传力杆；7—测力传感器；8—螺旋承压板

载荷试验设备由承压板、加荷系统、反力系统、观测系统四部分组成。

（1）承压板应具有足够刚度，可由钢板、钢筋混凝土、螺旋承压板等制成。

（2）加荷系统是指通过承压板对地基土施加额定荷载的装置。常见的加荷系统有重物加荷系统；油压千斤顶加荷系统；重物机械、液压放大加载装置及电控稳压式加荷装置。

（3）反力系统：除了重物加荷装置外，其他加荷装置均需要设置反力配套系统，其中最常用的为地锚式反力系统，除此之外还有锚杆式、撑壁式、平洞式以及组合拉锚内支撑式等。

（4）观测系统：测定地基土沉降及承压板周围地面变形的观测系统由观测支架和测量仪表两部分组成，测量仪表有机械式和电子式两种。

对深层平板载荷试验，可用立柱与地面加荷装置连接，也可利用井壁护圈作为反力（壁撑式），加荷时应直接测读承压板的沉降。

4. 试验须知

载荷试验相当于基础受荷时的模型试验，比较直观。普遍认为成果比较可靠，故在地基处理效果检验中作为强制性标准被广泛采用，但也有它的局限性，必须予以注意，如：

（1）试验用的承压板的尺寸，比实际基础的尺寸要小得多，从刚性压板边缘开展的塑性区，容易互相连接而导致破坏，故用载荷试验求出的极限承载力一般比实际基础偏小；

（2）载荷试验的加荷速率一般比实际基础快得多，这种差异引起的后果，对于固结排水缓慢的软黏土尤为突出；

（3）刚性承压板下土中的应力状态极为复杂，根据这种试验成果计算土的变形模量只能是近似的；

（4）浅层平板载荷试验成果所反映的，是承压板下大约 1.5～2.0 倍承压板直径深度范围内地基土的性状，要测试深层地基土的性状可以采用深层平板载荷试验或螺旋板载荷试验，但在技术上难度较大；

（5）人工处理地基往往是一种不均匀地基或某种复合地基，承压板尺寸较小时成果缺乏代表性，难以据此推算不均匀地基或复合地基的性状。

因此，为了检验地基处理的效果，有时要做大型平板载荷试验，或多桩复合地基载荷试验甚至原型基础载荷试验，必要时应采用其他原位测试方法进行校准。

二、天然地基载荷试验要点

（一）载荷试验的技术要求

1. 试坑（井）尺寸及要求

浅层平板载荷试验的试坑宽度或直径不应小于承压板宽度或直径的三倍；深层平板载荷试验的试井截面应为圆形，直径取 0.8～1.2m，并应有防护措施；试井直径应等于承压板直径；当试井直径大于承压板直径时，紧靠承压板周围土的高度不应小于承压板直径，以尽量保持半无限体内部的受力状态，避免试验时土的挤出。

试坑或试井底的岩土应尽可能平整并避免扰动，保持其原状结构和天然湿度，并在承压板下铺设不超过 20mm 的砂垫层找平，保证承压板与土之间有良好的接触；尽快安装试验设备；螺旋板头入土时，应按每转一圈下入一个螺距进行操作，减少对土的扰动；

2. 承压板尺寸

平板载荷试验宜采用圆形刚性承压板，符合轴对称的弹性理论解。应根据地基土的软硬选用合适的尺寸：承压板的尺寸，国外采用的标准承压板直径为 0.305m。根据国内的实际经验，土的浅层平板载荷试验承压板面积不应小于 $0.25m^2$，对软土和粒径较大的填土不应小于 $0.5m^2$。地基土的深层平板载荷试验承压板面积宜选用 $0.5m^2$ 或采用直径为 0.8m 的刚性板，当采用混凝土板时，其高度不宜小于 300mm，可直接在外径为 800mm 的钢环或钢筋混凝土管柱内浇筑。

3. 加荷方法

常规方法以沉降相对稳定法（即一般所谓的慢速法）为准；如试验目的是检验地基承载力，加荷方法可以考虑采用沉降非稳定法（快速法）或等沉降速率法，但必须有对比的经验，在这方面应注意积累经验，以加快试验周期；如试验目的是确定土的变形特性，则快速加荷的结果只反映不排水条件的变形特性，不反映排水条件的固结变形特性。

综上所述，载荷试验加荷方式应采用分级维持荷载沉降相对稳定法（常规慢速法）；有地区经验时，可采用分级加荷沉降非稳定法（快速法）或等沉降速率法；加荷等级宜取10～12级，并不应少于8级，荷载量测精度不应低于最大荷载的±1%；

4. 沉降观测

（1）承压板的沉降可采用百分表或电测位移计量测，其精度不应低于±0.01mm；

（2）对慢速法，每级荷载施加后，间隔5min、5min、10min、10min、15min、15min测读一次沉降，以后间隔30min测读一次沉降。当连读两小时内，每小时沉降量小于等于0.1mm时，可认为沉降已达相对稳定标准，可施加下一级荷载（当采用快速法时，每级加荷时间为1h）。

5. 终止加荷条件

一般情况下，载荷试验应做到破坏，获得完整的 p-s 曲线，以便确定承载力特征值；只有试验目的为检验性质时，加荷至设计要求的二倍时即可终止。

规范规定，当出现下列情况之一时，可终止试验：

（1）承压板周边的土出现明显侧向挤出，周边地基土出现明显隆起或径向裂缝持续发展（发生整体剪切破坏）；

（2）本级荷载的沉降量大于前级荷载沉降量的5倍，荷载与沉降曲线出现明显陡降（发生塑性或刺入破坏）；

（3）在某级荷载下24h沉降速率不能达到相对稳定标准（发生塑性或刺入破坏）；

（4）总沉降量与承压板直径（或宽度）之比超过0.06（超过限制变形的正常使用极限状态）。

（二）载荷试验成果分析及应用

应绘制荷载（p）与沉降（s）曲线，必要时绘制各级荷载下沉降（s）与时间（t）或时间对数（$\lg t$）曲线。

1. 根据 p-s 曲线拐点，必要时结合 $s \sim \lg t$ 曲线特征，确定比例界限压力和极限压力。

2. 当 p-s 呈缓变曲线时，可取对应于某一相对沉降值（即 s/d，d 为承压板直径）的压力评定地基土承载力。

3. 根据《建筑地基基础设计规范》GB 50007有关要求，地基土承载力特征值确定应符合下列规定：

（1）当 p-s 曲线上有比例界限时，取该比例界限所对应的荷载值；

（2）当极限荷载小于对应比例界限的荷载值的2倍时，取极限荷载的一半；

（3）当不能按上述二款要求确定时，可取 $s/b=0.01 \sim 0.015$ 所对应的荷载，但其值不应大于最大加载量的一半；

（4）同一土层或每个单体工程参加统计的试验点不应少于三点，当试验实测值的极差不超过其平均值的30%时，取此平均值作为该土层的地基承载力特征值 f_{ak}。

4. 土的变形模量应根据 p-s 曲线的初始直线段，按均质各向同性半无限弹性介质的弹性理论计算。

（1）用浅层平板载荷试验成果计算土的变形模量的公式，是人们熟知的，其假设条件是

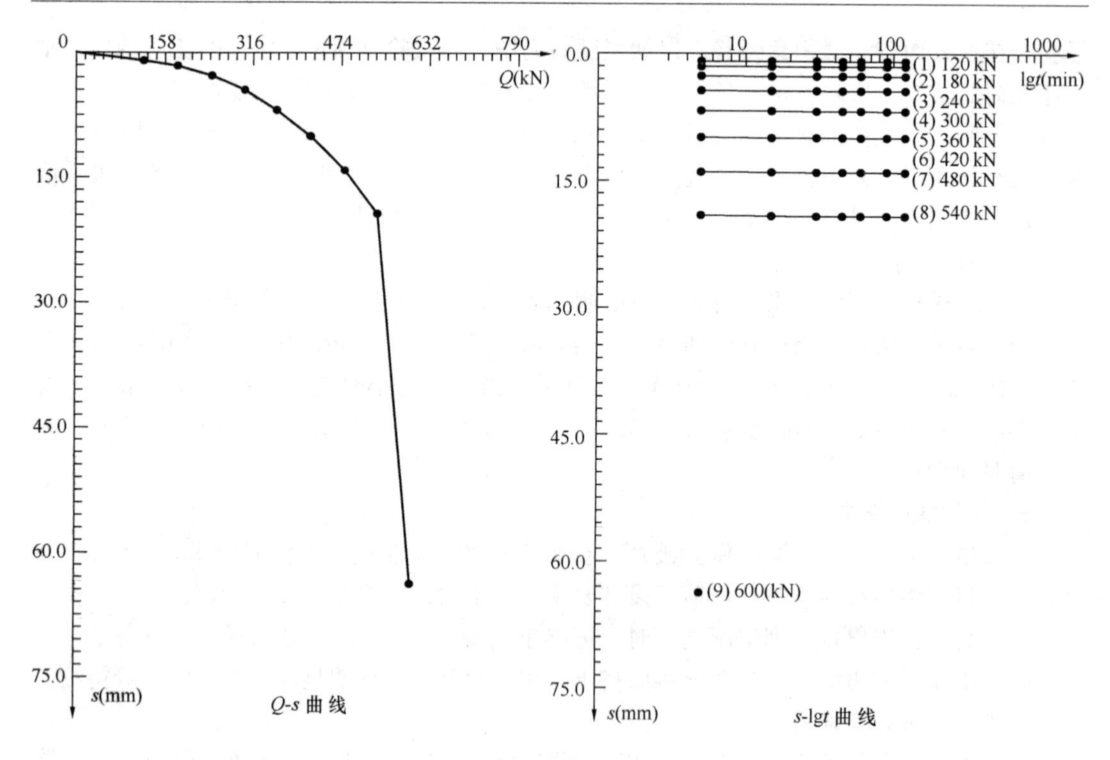

图 8-4　静载荷试验曲线

荷载在弹性半无限空间的表面。浅层平板载荷试验的变形模量 E_0（MPa），可按下式计算：

$$E_0 = I_0(1-\mu^2)\frac{p \cdot d}{s} \tag{8-1}$$

式中　I_0——刚性承压板的形状系数，圆形承压板取 0.785；方形承压板取 0.886；

μ——土的泊松比（碎石土取 0.27，砂土取 0.30，粉土取 0.35，粉质黏土取 0.38，黏土取 0.42)；

d——承压板直径或边长（m）；

p——p-s 曲线线性段的压力（kPa）；

s——与 p 对应的沉降（mm）。

（2）深层平板载荷试验和螺旋板载荷试验的变形模量 E_0（MPa），可按下式计算：

$$E_0 = \omega\frac{p \cdot d}{s} \tag{8-2}$$

式中　ω——与试验深度和土类有关的系数，可按表 8-3 选用。

深层载荷试验计算系数 ω　　**表 8-3**

土类 / d/z	碎石土	砂土	粉土	粉质黏土	黏土
0.30	0.477	0.489	0.491	0.515	0.524
0.25	0.469	0.480	0.482	0.506	0.514
0.20	0.460	0.471	0.474	0.497	0.505
0.15	0.444	0.454	0.457	0.479	0.487
0.10	0.435	0.446	0.448	0.470	0.478
0.05	0.427	0.437	0.439	0.461	0.468
0.01	0.418	0.429	0.431	0.452	0.459

注：d/z 为承压板直径和承压板底面深度之比。

深层平板载荷试验荷载作用在半无限体内部，不宜采用荷载作用在半无限体表面的弹性理论公式，式（8-2）是在 Mindlin 解的基础上推算出来的，适用于地基内部垂直均布荷载作用下变形模量的计算。

三、均质及分层加固地基载荷试验要点

1. 本试验要点适用于确定换填垫层、预压地基、压实地基、夯实地基、注浆加固等处理后地基承压板应力主要影响范围内土层的承载力和变形参数。

2. 平板静载荷试验采用的压板面积应按需检验土层性质确定，且不应小于 1.0m^2，对夯实地基，不宜小于 2m^2。

3. 试验基坑宽度不应小于承压板宽度或直径的三倍。应保持试验土层的原状结构和天然湿度。宜在拟试压表面用粗砂或中砂层找平，其厚度不超过 20mm。基准梁及加荷平台支点（或锚桩）宜设在基坑以外，且与承压板边的净距不应小于 2m。

4. 加荷分级不应少于 8～10 级。最大加载量不应小于设计要求的 2 倍。

5. 每级加载后，按间隔 10min、10min、10min、15min、15min，以后为每隔半小时测读一次沉降量，当在连续两小时内，每小时的沉降量小于 0.1mm 时，则认为已趋稳定，可加下一级荷载。

6. 当出现下列情况之一时，即可终止加载，当满足前三种情况之一时，其对应的前一级荷载定为极限荷载：

（1）承压板周围的土明显地侧向挤出；

（2）沉降 s 急骤增大，压力～沉降曲线出现陡降段；

（3）在某一级荷载下，24h 内沉降速率不能达到稳定；

（4）承压板的累计沉降量已大于其宽度或直径的 6%。

7. 承载力特征值的确定应符合下列规定：

（1）当压力～沉降曲线上有比例界限时，取该比例界限所对应的荷载值；

（2）当极限荷载小于对应比例界限的荷载值的 2 倍时，取极限荷载值的一半；

（3）当不能按上述二款要求确定时，可取 $s/b=0.01$ 所对应的荷载，但其值不应大于最大加载量的一半。承压板的宽度或直径大于 2m 时，按 2m 计算。

8. 同一土层参加统计的试验点不应少于三点，各试验实测值的极差不超过其平均值的 30%时，取该平均值作为该处理地基的承载力特征值。当极差超过平均值的 30%时，应分析离差过大的原因，必要时增加试验数量并结合工程具体情况确定处理后地基的承载力特征值。

四、桩体复合地基载荷试验要点

1. 本试验要点适用于单桩复合地基静载荷试验和多桩复合地基静载荷试验。

2. 复合地基静载荷试验用于测定承压板下应力主要影响范围内复合土层的承载力。复合地基静载荷试验承压板应具有足够刚度。单桩复合地基静载荷试验的承压板可用圆形或方形，面积为一根桩承担的处理面积；多桩复合地基静载荷试验的承压板可用方形或矩形，其尺寸按实际桩数所承担的处理面积确定。单桩复合地基静载荷试验桩的中心（或形心）应与承压板中心保持一致，并与荷载作用点相重合。

3. 试验应在桩顶设计标高处进行。承压板底面以下宜铺设粗砂或中砂垫层，垫层厚度可取 100～150mm（桩身强度高时取大值）。如采用设计的垫层厚度进行试验，试验承压板的宽度对独立基础和条形基础应采用基础的设计宽度，对大型基础试验有困难时应考虑承压板尺寸和垫层厚度对试验结果的影响。

4. 试验标高处的试坑宽度和长度不应小于承压板尺寸的 3 倍。基准梁及加荷平台支点（或锚桩）宜设在试坑以外，且与承压板边的净距不应小于 2m。

5. 试验前应采取试坑内的防水和排水措施，防止试验场地地基土含水量变化或地基土扰动，影响试验结果。

6. 加载等级可分为 8～12 级。最大加载压力不应小于设计要求承载力特征值的 2 倍。测试前为校核试验系统整体工作性能，预压荷载不得大于总加载量的 5%。

7. 每加一级荷载前后均应各读记承压板沉降量一次，以后每半个小时读记一次。当一小时内沉降量小于 0.1mm 时，即可加下一级荷载。

8. 当出现下列现象之一时可终止试验：

（1）沉降急剧增大，土被挤出或承压板周围出现明显的隆起；

（2）承压板的累计沉降量已大于其宽度或直径的 6%；

（3）当达不到极限荷载，而最大加载压力已大于设计要求压力值的 2 倍。

9. 卸载级数可为加载级数的一半，等量进行，每卸一级，间隔半小时，读记回弹量，待卸完全部荷载后间隔三小时读记总回弹量。

10. 复合地基承载力特征值的确定：

（1）当压力～沉降曲线上极限荷载能确定，而其值不小于对应比例界限的 2 倍时，可取比例界限；当其值小于对应比例界限的 2 倍时，可取极限荷载的一半；

（2）当压力～沉降曲线是平缓的光滑曲线时，可按相对变形值确定：

1）对沉管砂石桩、振冲碎石桩和柱锤冲扩桩复合地基，可取 s/b 或 s/d 等于 0.01 所对应的压力（s 为静载荷试验承压板的沉降量；b 和 d 分别为承压板宽度和直径）；

2）对灰土挤密桩复合地基，可取 s/b 或 s/d 等于 0.008 所对应的压力；

3）对水泥粉煤灰碎石桩或夯实水泥土桩复合地基，对以卵石、圆砾、密实粗中砂为主的地基，可取 s/b 或 s/d 等于 0.008 所对应的压力；对以黏性土、粉土为主的地基，可取 s/b 或 s/d 等于 0.01 所对应的压力；

4）对水泥土搅拌桩或旋喷桩复合地基，可取 s/b 或 s/d 等于 0.006～0.008 所对应的压力，桩身强度大于 1.0MPa 且桩身质量均匀时可取高值；

5）对有经验的地区，可按当地经验确定相对变形值，但原地基土为高压缩性土层时相对变形值的最大值不应大于 0.015；

6）复合地基荷载试验，当采用承压板边长或直径大于 2m 的大承压板进行试验时，b 或 d 按 2m 计；

7）按相对变形值确定的承载力特征值不应大于最大加载压力的一半。

11. 试验点的数量不应少于 3 点，当满足其极差不超过平均值的 30%时，可取其平均值为复合地基承载力特征值。当极差超过平均值的 30%时，应分析离差过大的原因，必要时应增加试验数量，并结合工程具体情况确定复合地基承载力特征值。工程验收时应视建筑物结构、基础形式综合评价，对于桩数少于 5 根的独立基础或桩数少于 3 排的条形基础，应取最低值。

12. 笔者建议

（1）复合地基载荷试验承压板面积应尽量与实际桩数所承担的处理面积相符，如因故有出入时（多数情况面积偏小，使桩土面积置换率（m）比设计值偏大，因此偏于不安全），应对检测结果进行修正。当压板面积 $A_{试} < A_{计}$（试验桩数应承担的面积）时，可按下式取值：

$$f_{spk} = \frac{A_{试}}{A_{计}} f_{spk试} + \left(1 - \frac{A_{试}}{A_{计}}\right) \beta \cdot f_{sk} \quad (8\text{-}3)$$

式中　$f_{spk试}$——复合地基承载力实测值（kPa）。

（2）根据《建筑工程施工质量验收统一标准》GB 50300 的规定：主控项目不允许有不符合要求的检测结果。因此对于重要工程要求 $f_{spki} \geqslant [f_{spk}]$；对于一般工程要求 $f_{spkmin} \geqslant 0.90[f_{spk}]$，式中 $[f_{spk}]$ 为复合地基承载力设计值；f_{spki} 及 f_{spkmin} 分别为复合地基承载力检测值及最小检测值。

上述建议仅供参考。

五、复合地基竖向增强体载荷试验要点

1. 本试验要点适用于复合地基增强体单桩竖向抗压静载荷试验。（笔者认为，本试验要点主要适用于黏结材料竖向增强体，如水泥土桩，CFG 桩等）

2. 试验应采用慢速维持荷载法。

3. 试验提供的反力装置可采用锚桩法或堆载法。当采用堆载法加载时应符合以下要求：

（1）堆载支点施加于地基的压应力不宜超过地基承载力特征值；

（2）堆载的支墩位置以不对试桩和基准桩的测试产生较大影响确定，无法避开时应采取有效措施；

（3）堆载量大时，宜利用桩（可利用工程桩）作为堆载支点；

（4）试验反力装置的承重能力应满足试验加载要求。

4. 堆载支点以及试桩、锚桩、基准桩之间的中心距离应符合现行国家标准《建筑地基基础设计规范》GB 50007 的要求。

5. 试压前应对桩头进行加固处理，水泥粉煤灰碎石桩等强度较高的桩，桩顶宜设置带水平钢筋网片的混凝土桩帽或采用刚护筒桩帽，混凝土宜提高强度等级和采用早强剂。桩帽高度不宜小于 1 倍桩的直径。

6. 桩帽下复合地基增强体单桩的桩顶标高及地基土标高应与设计标高一致，加固桩头前应凿成平面。

7. 百分表架设位置宜在桩顶标高位置。

8. 开始试验的时间、加载分级、测读沉降量的时间、稳定标准及卸载观测等应符合现行国家标准《建筑地基基础设计规范》GB 50007 的有关规定。

9. 符合下列条件之一时可终止加载：

（1）当荷载～沉降（$Q \sim s$）曲线上有可判定极限承载力的陡降段，且桩顶总沉降量超过 40mm；

（2）当第 n 级荷载的沉降增量（Δs_n）与第 $n+1$ 级荷载的沉降增量（Δs_{n+1}）满足 $\frac{\Delta s_{n+1}}{\Delta s_n} \geqslant 2$，且经 24h 沉降尚未稳定；

（3）桩身破坏，桩顶变形急剧增大；

（4）当桩长超过 25m，$Q \sim s$ 曲线呈缓变形时，桩顶总沉降量大于 60～80mm；

（5）验收检验时，最大加载量不应小于设计单桩承载力特征值的 2 倍。

10. 单桩竖向抗压极限承载力应按下列方法确定：

（1）作荷载～沉降（$Q \sim s$）曲线和其他辅助分析所需的曲线；

（2）曲线陡降段明显时，取相应于陡降段起点的荷载值；

（3）当满足 $\frac{\Delta s_{n+1}}{\Delta s_n} \geqslant 2$，且经 24h 沉降尚未稳定时，取前一级荷载值；

（4）$Q \sim s$ 曲线呈缓变形时，取桩顶总沉降量 s 为 40mm 所对应的荷载值；

（5）按上述方法判断有困难时，可结合其他辅助分析方法综合判定；

（6）参加统计的桩，当满足其极差不超过平均值的 30%时，可取其平均值为单桩极限承载力。当极差超过平均值的 30%时，应分析离差过大的原因，并结合工程具体情况确定单桩极限承载力。工程验收时应视建筑物结构、基础形式综合评价，对于桩数少于 5 根的独立基础或桩数少于 3 排的条形基础，应取最低值。

11. 将单桩极限承载力除以安全系数 2，为单桩承载力特征值。

六、复合地基桩间土载荷试验基本要求

桩间土静载试验压板可用圆形或方形，压板面积宜为 0.25～0.50m^2，压板直径（或边长）≤0.8 倍桩间净距，不得压在桩上。试验要求及桩间土承载力特征值取值可参考《建筑地基基础设计规范》GB 50007 浅层平板载荷试验有关要求执行。当按相对变形 s/b 确定桩间土承载力特征值时，笔者建议 s/b 取值宜根据复合地基类型按相应复合地基 s/b 限值确定，或按等变形原则确定。

根据《湿陷性黄土地区建筑规范》GB 50025 规定，对土（或灰土）挤密桩复合地基，桩间土承载力特征值可取 s/d 或 $s/b=0.010$ 所对应的压力。

七、复合地基载荷试验的新方法——修正快压法[14]

（一）修正快压法试验要点

修正快压法由笔者 1996 年提出并被编入河北省工程建设标准《柱锤冲孔夯扩桩复合地基技术规程》(DB13(J)10—97)中。随后在河北省及天津市等地的散体材料桩复合地基及深层搅拌桩复合地基的检测中被广泛应用。

该方法的试验要点及具体要求是：每级荷载均要求加压 1h，并测读其相应的沉降量；当加压至设计荷载（与设计要求的复合地基承载力特征值 f_{spk} 对应的荷载）时，尚应压至规范规定的相对稳定标准；以后各级荷载仍加压 1h，直至破坏或规范规定的卸荷（终止试验）标准。

在绘制荷载试验曲线时，用设计荷载（f_{spk}）作用下测读的稳定沉降量（s）与其 1h 对应沉降量（s'）之比作为修正系数，对其他各级荷载的 1h 沉降量进行修正。即：

$$s_i = ks'_i \tag{8-4}$$

$$k = s/s' \tag{8-5}$$

式中：s_i——第 i 级荷载经修正后的累计沉降量（mm）；

s'_i——第 i 级荷载 1h 累计沉降量（mm）；

k——修正系数；

s——设计荷载（f_{spk}）对应的稳定沉降量（mm）；

s'——设计荷载（f_{spk}）对应的 1h 累计沉降量（mm）。

试验结果与修正后曲线如图 8-5 所示。

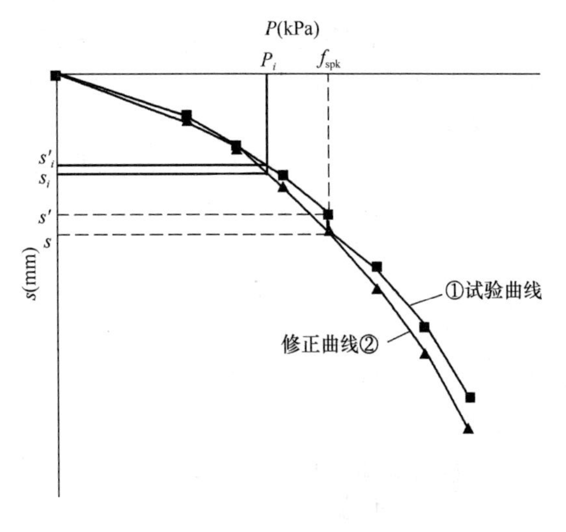

图 8-5　修正快压法载荷试验曲线

（二）修正快压法的理论依据

1. 桩基与天然地基载荷试验均有快压法规定

对于复合地基，实际上是介于天然地基和桩基之间的一种地基加固形式，因此从技术上推断，复合地基载荷试验除可采用常规慢压法之外，采用快压法应该是可行的。

2. 常规慢压法的沉降稳定标准是相对的，远未达到实际建筑物的沉降稳定标准

所谓的慢速维持荷载法，其沉降远未稳定。达到相对稳定值时的沉降速率不仅远远大于建筑物沉降稳定的下沉速率，而且也远大于建筑物竣工时的沉降速率，因此，常规慢压法沉降远未达到稳定，其稳定标准不仅是相对的，而且也带有明显的经验性。

3. 桩体复合地基载荷试验曲线类型及复合地基承载力特征值（f_{spk}）的确定

（1）曲线类型

大致划分为两种：①完整的 p-s 曲线，如图 8-6 所示；②平缓的光滑曲线，如图 8-7 所示。

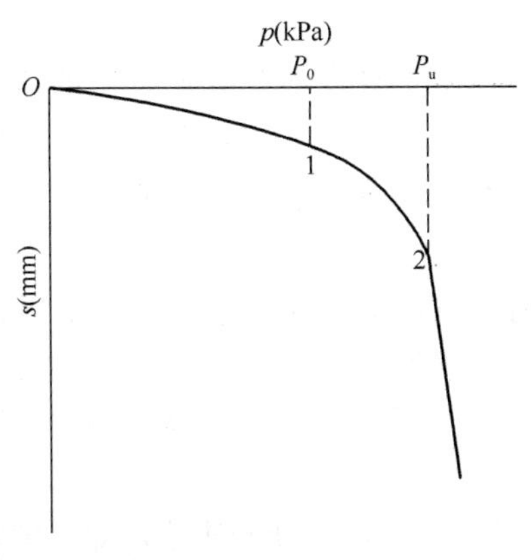

图 8-6　完整的 p-s 曲线

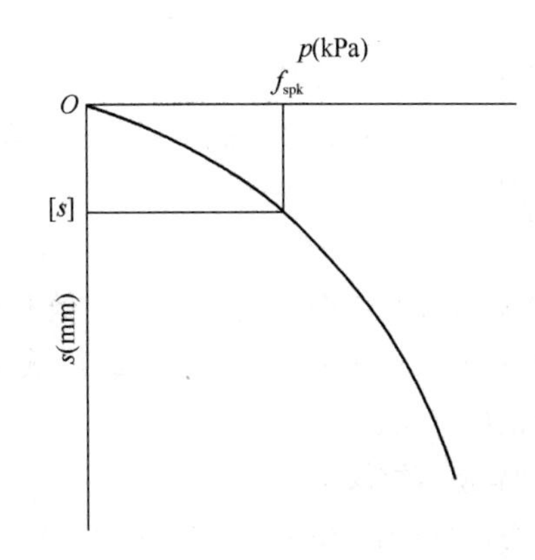

图 8-7　平缓光滑的 p-s 曲线

（2）复合地基承载力特征值的确定

根据《建筑地基处理技术规范》JGJ 79 的有关规定：

①当压力—沉降曲线上极限荷载 P_u 能确定，而其值不小于对应比例界限荷载 P_0 的 2 倍时，可取比例界限荷载；当其值小于对应比例界限荷载 P_0 的 2 倍时，可取极限荷载的一半，如图 8-6 所示；

②当压力—沉降曲线是平缓光滑曲线时，可按相对变形［s］确定复合地基承载力特征值 f_{spk}，如图 8-7 所示。

根据实际工程试验结果的统计，大多数情况下复合地基的 p-s 曲线如图 8-7 所示，即 f_{spk}是受相对变形［s］控制的（特别是软土地基），因此，作为竣工验收时的质量检测，只要能控制住设计要求的复合地基承载力特征值 f_{spk}所对应的变形 s 不超过规范规定的允许变形［s］，就可以保证工程安全。

4. 载荷试验变形与荷载大小及加压历时的关系

（1）随着加压历时 t 的增大，土体沉降 s 逐渐增加，直至稳定；而荷载 P 越大，沉降 s 也越大，直至土体破坏。

（2）土体在荷载历时 1h 时对应的沉降量约为其相对稳定下沉量的 80%～90%。

（3）土体在线性变形阶段（即在达到比例界限荷载或 f_{spk}以前）基本上属于加工硬化模型。由此可以推断对应于复合地基承载力特征值 f_{spk}作用下的沉降量，采用不同的加荷方式其沉降值也是不同的。即 $s_{修快}>s_{慢}>s_{快}$。修正快压法不仅省时而且是偏于安全的。

（4）当复合地基载荷试验曲线为完整的 p-s 曲线时，采用修正快压法（甚或快压法）也是可行的。因为根据大量的载荷试验观测结果可知，虽然当复合地基达到整体强度破坏时（即达到极限荷载 P_u）与加荷历时有关，但关系并不大。因为修正快压法要求每级荷载至少加压 1h，由此可充分反映地基强度的破坏过程。

（三）修正快压法试验对比

为了解修正快压法与常规慢压法的关系，作者曾于 1996～1997 年先后结合实际工程对深层搅拌桩复合地基的载荷试验进行了常规慢压法和修正快压法的试验对比，部分试验结果如图 8-8 所示。根据对比试验的结果，修正快压法承载力实测值比常规慢压法略低，其比值大约为 0.93～0.96，即修正快压法是偏于安全的。

（四）结论

1. 修正快压法是在快压法的基础上提出的一种用于复合地基载荷试验的新方法，与常规慢压法对比，至少可提高工效 2～3 倍，可确保每天完成一个试验点位；与快压法对比，可确保工程安全，特别是对于以变形［s］作为复合地基承载力特征值控制标准的情况下。

2. 根据笔者的调查，为了提高工效和设备利用率，很多检测单位实际上也在自觉或不自觉地采用了这一方法。例如：载荷试验前几级荷载采用快压法，接近 f_{spk}时再采用慢压，并修正成光滑曲线。尽管这样做不够规范，但也经受住了实际工程的检验。

3. 具体应用建议

①当为设计提供依据而进行复合地基载荷试验时应采用常规慢压法，即《建筑地基处理技术规范》JGJ 79 规定的方法，当有地区经验时，也可采用修正快压法；

②当作为工程验收而进行复合地基载荷试验时，可采用修正快压法，特别是以变形作为控制标准时，不仅工效高而且偏于安全；

③作为天然地基或人工加固的均质地基（如堆载预压加固地基、强夯加固地基）以及

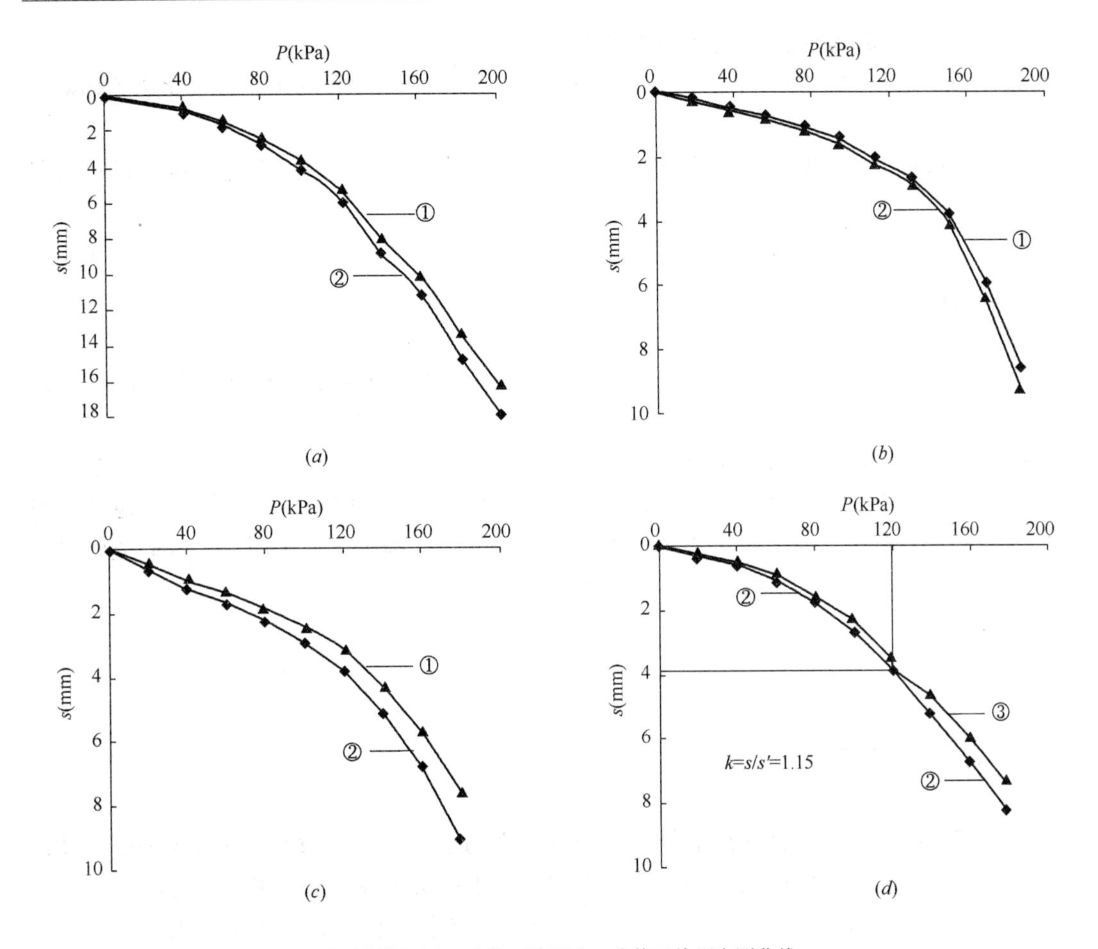

①常规慢压法；②修正快压法；③修正快压实测曲线

图 8-8　深层搅拌桩复合地基载荷试验

（a）天津市红桥区教育中心（拟合曲线）；（b）河北工业大学廊坊分院（拟合曲线）

（c）天津市继电器厂（拟合曲线）；（d）天津市继电器厂 1 号桩修正快压法

换填垫层等，也可采用修正快压法，并注意在实践中积累经验，当地基承载力检测值受允许变形［s］控制时，采用修正快压法可能比快压法有更大安全度。

八、《复合地基技术规范》GB/T 50783 关于复合地基载荷试验有关规定

1. 进行复合地基平板载荷试验前，应采用合适的检测方法对复合地基竖向增强体施工质量进行检验，必要时对桩间土进行检测。

2. 宜按照预估的极限承载力且不小于设计承载力特征值的 2.75 倍确定最大加载压力，加载分级不少于 8 级。正式试验前宜按照最大试验荷载的 5%～10%预压，卸载调零后再正式试验。

3. 每级加载后，按间隔（10、10、10、15、15）min，以后每级 30min 测读一次沉降，当连续 2h 的沉降速率不大于 0.1mm/h 时，可加下一级荷载。承载板尺寸较大时，加载压力大于地基承载力特征值后可根据经验适当放大相对稳定标准。

4. 出现以下情况之一时，可终止加载，地基极限荷载取对应荷载前面一级荷载。

（1）承压板周围隆起或产生破坏性裂缝；

（2）在某级荷载下的沉降量大于前级沉降的 2 倍，并经 24h 沉降速率未能达到相对稳定标准；

（3）本级荷载的沉降量大于前级荷载沉降量的 5 倍，p-s 曲线出现陡降段，且总沉降量不小于承压板边长（直径）的 4%；

（4）当地基极限荷载不能按上述方法确定，当沉降 s 与压板宽度 b 之比 $s/b \geqslant 10\%$ 或最大加载量已达 f_{spk} 的 2.75 倍时或达到设计要求时也可终止加载。

5. 上述情况下，其承载力特征值可按以下方法之一确定：

（1）取比例界限对应的荷载，必要时结合 s-lg$t$ 曲线特征确定，且不应大于极限荷载的一半；

（2）无比例界限时，极限荷载除以 2～3 的安全系数；

（3）当 p-s 曲线是缓变曲线且不能确定极限荷载时，可采用相对变形值确定地基承载力特征值，相对变形值可根据增强体类型、地区或行业经验确定。按照相对变形值确定的承载力特征值不应大于最大加载压力的一半。

第三节 静 力 触 探

一、基本原理

静力触探的基本原理就是用准静力（相对于动力触探而言，没有或很少有冲击荷载）将一个内部装有传感器的探头以匀速压入土中。由于地层中各层土的强度不同，探头在贯入过程中所受到的阻力也就不同，传感器将这种大小不同的阻力通过电信号输入到记录仪记录下来，再通过贯入阻力与土的工程地质性质之间的相关关系，来实现取得土层剖面、提供土层承载力、判别场地土液化、选择桩端持力层、预估单桩承载力等目的。静力触探既是一种原位测试手段，同时又是一种勘探手段，它和常规的钻探→取样→室内试验等勘察程序相比，具有快速、准确、经济、节省人力等优点。特别是对于地层变化较大的复杂场地以及不易取得原状土样的饱和砂土、高灵敏度的软黏土地层和桩基工程的勘察，静力触探更有其独特的优越性。

二、适用范围

静力触探试验适用于软土、一般黏性土、粉土、砂土和含少量碎石的土以及预压地基和复合地基松软桩间土等的检测。静力触探可根据工程需要采用单桥探头、双桥探头或带孔隙水压力量测的单、双桥探头，可测定比贯入阻力（p_s）、锥尖阻力（q_c）、侧壁摩阻力（f_s）和贯入时的孔隙水压力（u）。

三、试验设备

静力触探的主要设备有探头、压力装置、反力装置和测试仪器等四个部分。

1. 探头

目前国产探头规格已基本上定型标准化，分单桥和双桥探头两种。此外还有能同时量测孔压的两用或三用探头，它们是通过在单桥或双桥探头上增加能量测孔隙水压力的装置来实现的。

1）单桥探头在锥尖上部带有一定长度的侧壁摩擦筒，其侧壁摩擦筒面积与锥底面积之比为 6∶4，它所测定的是锥尖与侧阻的综合值，如图 8-9 所示。常用单桥探头的规格如表 8-4。

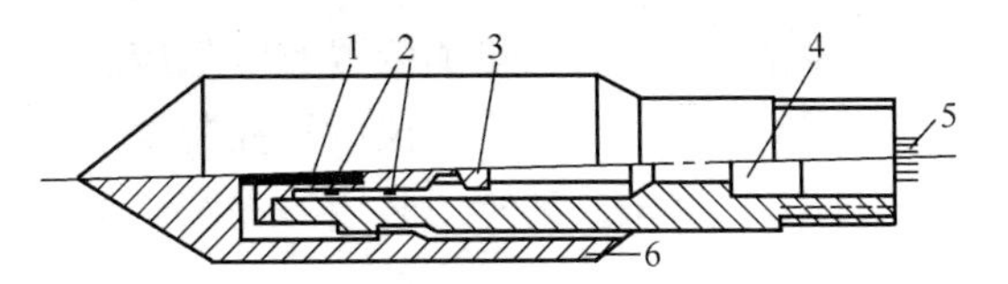

图 8-9　单桥探头结构示意图

1—顶柱；2—电阻应变片；3—传感器；4—密封垫圈套；5—四芯电缆；6—外套筒

单桥探头的型号和规格　　**表 8-4**

型　号	锥底直径（mm）	锥底面积（cm^2）	有效侧壁长度（mm）	锥角（°）
Ⅰ-1	35.7	10	57	60
Ⅰ-2	43.7	15	70	60

2）双桥探头是将锥尖与侧壁摩擦筒分离，可分别测定单位面积上的锥尖阻力和侧摩阻力，如图 8-10 所示。常用双桥探头的规格见表 8-5。

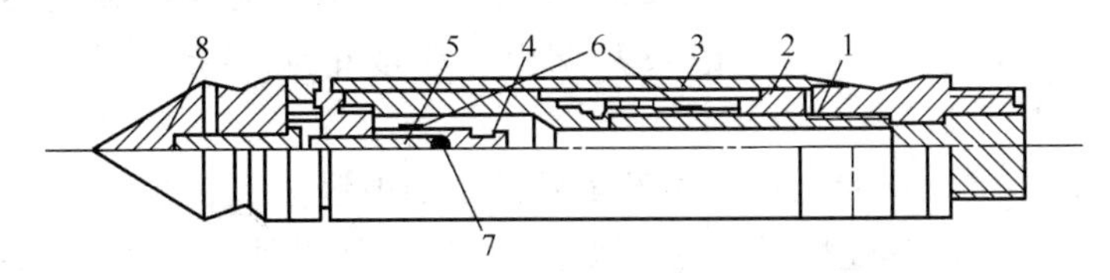

图 8-10　双桥探头结构示意图

1—传力杆；2—摩擦传感器；3—摩擦筒；4—锥尖传感器；5—顶柱；6—电阻应变片；7—钢珠；8—锥尖头

双桥探头的型号和规格　　**表 8-5**

型　号	锥底直径（mm）	锥底面积（cm^2）	摩擦筒表面积（cm^2）	摩擦筒有效长度（mm）	锥角（°）
Ⅱ-1	35.7	10	200	179	60
Ⅱ-2	43.7	15	300	219	60

2. 加压装置

将探头压入地层中的加压装置有很多，国内常用的有三种：液压传动式、手摇链条式和电动丝杆式。目前液压传动式应用较多，如图 8-11 所示。

3. 反力装置

为了防止在探头贯入过程中地层阻力的作用使触探架被抬起，常需要采用反力装置对触探架进行保护。反力装置主要有两种类型，一是以地锚下入土中，锚杆上部与触探架底座用螺栓固紧连成一体，以地锚的抗拔力抵消探头贯入地层中的阻力，确保静力触探仪正常贯入；一是以重物加压，常见的是以触探车自重作反力，当贯入总阻力较大时，触探车配备电动下锚装置予以辅助，一般单个地锚抗拔力为 10～30kN。浅层和软弱地层下锚 2～4 个，深层和硬层下锚 4～8 个。

4. 量测装置

探头贯入地层时变形柱（锥尖及侧壁阻力传感器）产生的变形由电测仪器测试。常用

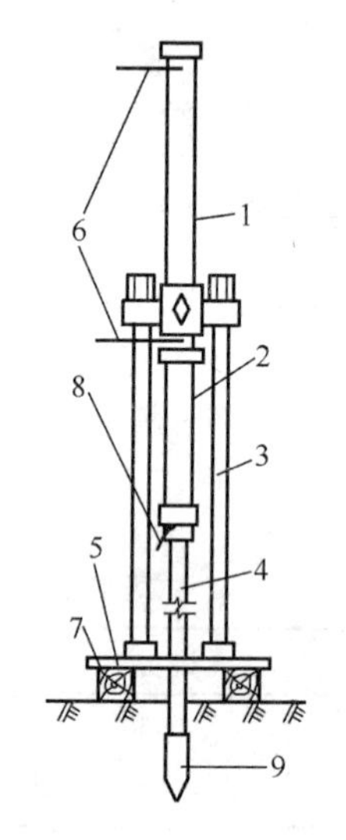

图 8-11　液压传动式静力触探加压装置
1—活塞杆；2—液压缸；3—支架；4—触探杆；5—底座；6—高压油管；7—垫木；8—电缆线；9—探头

的量测装置有电阻应变仪、数字测力仪、自动记录仪等，其中，自动记录仪设置控制绘图走纸速度与贯入深度同步的装置，能确保自动绘图曲线的深度变化按比例绘制。

四、试验要求

测试时宜按下面的操作顺序进行：

1. 先将探头贯入土中 15～20cm，然后提升 5cm 左右，待仪表无明显温漂后，记录初读数或将仪器调零后再正式贯入，使用自动记录仪时应选择适中的供桥电压。

2. 以 20±5mm/s 的速度匀速贯入，每隔 0.1～0.25m 测记一次仪器读数。

3. 贯入过程中，一般每隔 2m 或贯入读数变化较大时，提升探杆 5cm 左右，测定探头不受力时仪器读数（即零读数），终孔时也应测记读数（在孔压静探试验过程中不得上提探头）。

4. 一般每隔 2～4m 核对一次贯入实际深度和记录深度，若深度有误差应予以记录并调整，深度记录误差不应大于触探深度的 ±1%。

5. 贯入过程中发生异常，如地锚拔起、探杆打滑或影响正常贯入的其他情况，应予以记录注明并加以处理，当触探深度超过 30m，应防止孔斜或断杆。

6. 当贯入到预定深度或出现下列情况之一时，可终止试验：

1）触探机的负荷达到额定荷载的 120%时；

2）探头贯入阻力达到额定荷载的 120%时；

3）探杆螺纹部分的应力超过容许强度时；

4）反力装置失效时。

7. 终孔后将探头拔出地面，应记录归零读数，与触探的零读数相比，如不符合要求，应检查原因或重新试验。

8. 触探过程中遇到薄的坚硬层时，可以用钻探穿透坚硬层或用动力触探击穿坚硬层，也可抽出单桥探头内的顶柱试穿透坚硬层。

五、试验成果分析及应用

1. 绘制各种贯入曲线：单桥和双桥探头应绘制 $p_s \sim z$ 曲线、$q_c \sim z$ 曲线、$f_s \sim z$ 曲线、$R_f \sim z$ 曲线；孔压探头尚应绘制 $u_i \sim z$ 曲线、$q_t \sim z$ 曲线、$f_t \sim z$ 等曲线：

式中　p_s——比贯入阻力（单桥探头贯入阻力与探头锥底面积比值）(kPa)；

q_c——锥尖阻力（双桥探头锥尖总阻力与锥底面积比值）(kPa)；

f_s——侧壁摩阻力（双桥探头总摩阻力与摩擦筒表面积比值）(kPa)；

R_f——摩阻比（$R_f = f_s / q_c$）；

u_i——孔压探头贯入土中量测的孔隙水压力（即初始孔压）；

q_t——真锥头阻力（经孔压修正）；

f_t——真侧壁摩阻力（经孔压修正）。

2. 根据贯入曲线的线型特征，计算各土层静力触探有关试验数据的平均值，或对数据进行统计分析，提供静力触探数据的空间变化规律。

3. 根据静力触探资料，利用地区经验，可进行力学分层和判定土类，估算土的塑性状态或密实度、强度、压缩性、地基承载力、单桩承载力、沉桩阻力，进行液化判别等。根据孔压消散曲线可估算土的固结系数和渗透系数。

国内不少单位在长期的实践过程中建立起了许多经验性的对比关系（表 8-6）。

国内有关单位建议的 E_s 与 p_s 关系表　　**表 8-6**

单　位	经验关系	适用范围 p_s（MPa）	土　类
原铁道部一院	$E_s=1.16p_s+3.45$	$0.5\leqslant p_s<6$	新近沉积土（$I_p>10$）
	$E_s=1.34p_s+3.40$	$0.5\leqslant p_s<10$	黏性土及新近沉积土（$I_p\leqslant10$）
	$E_s=3.66p_s-2.00$	$0.5\leqslant p_s<6.5$	新黄土
原铁道部四院	$E_s=4.13p_s^{0.687}$	$p_s\leqslant1.3$	黏性土和软土
	$E_s=2.14p_s+2.17$	$p_s>1.3$	
同济大学	$E_s=3.11p_s+1.14$		上海黏性土

原铁道部《静力触探技术规则》提出估算砂土 E_S 的经验值见表 8-7。

p_s 与 E_s 的对比关系　　**表 8-7**

p_s（kPa）	500	800	1000	1500	2000	3000	4000	5000
E_s（MPa）	2.6～5.0	3.5～5.6	4.5～6.0	5.5～7.5	6.0～9.2	9.0～11.5	11.5～13.0	13.0～15.0

4. 检验水泥土桩的施工质量

用静力触探检验水泥土桩等桩身施工质量时，应在成桩后 7d 以内进行。对于粉喷桩，由于施工工艺的原因，触探点位置应位于桩径方向 1/4 处。桩身质量较好的 p_s 曲线和桩身质量不均匀桩 p_s 曲线如图 8-12 所示。

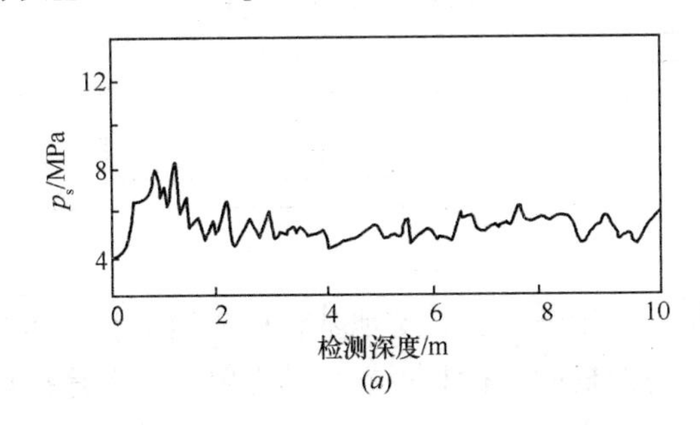

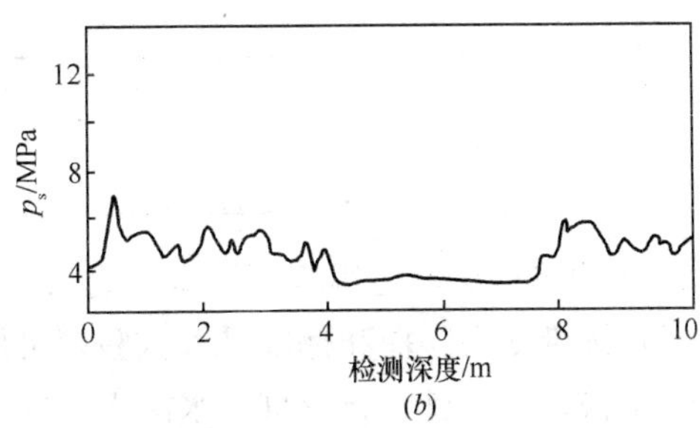

图 8-12　桩身质量不同时的静力触探曲线

（a）桩身质量较好时的 p_s 曲线；（b）搅拌不均匀时的 p_s 曲线

成桩 3d 时，桩身水泥土的比贯入阻力 p_s 值和水泥土无侧限抗压强度 f_{cu} 之间的关系可按式 8-6 估算：

$$f_{cu}\approx0.1p_s \tag{8-6}$$

第四节　动　力　触　探

一、概述

1. 动力触探类型

动力触探是利用一定能量的落锤，将与探杆相联接的一定规格的探头打入土中，根据探头贯入土中的难易程度来探测土的工程性质的一种现场测试方法。

国际上动力触探品种繁多，苏联、波兰、德国、瑞典等国已有自己的标准，国际标准化的工作正在推进，但困难重重。我国目前通行的规格见表 8-8。标准贯入试验实质上也是一种动力触探，将在下节作专门介绍，本节只介绍连续贯入的圆锥形探头的动力触探。

动力触探的类型和规格　　**表 8-8**

类型	锤的质量(kg)	锤质量允许误差(kg)	落距(cm)	落距允许误差(cm)	探头直径(mm)	探头面积(cm^2)	锥角(°)	指标	探杆直径(mm)
轻型	10	±0.2kg	50	±2cm	40	12.6	60	贯入 30cm 的锤击数 N_{10}	25
重型	63.5	±0.5kg	76	±2cm	74	43	60	贯入 10cm 的锤击数 $N_{63.5}$	42
超重型	120	±1.0kg	100	±2cm	74	43	60	贯入 10cm 的锤击数 N_{120}	50～60

注：轻型动力触探适用于深度≤4m 土层

对于天然地基，不同类型动力触探的适用范围见表 8-9。

不同类型动力触探适用土层范围　　**表 8-9**

	黏性土			砂类土				碎石土			
	软	中	硬	松散	稍密	中密	密实	松散	稍密	中密	密实
轻型	—	—	—	—	—	—					
重型			—	—	—	—	—	—	—		
超重型							—	—	—	—	—

2. 动力触探试验适用范围及基本要求

（1）圆锥动力触探和标准贯入试验，可用于换填垫层、夯实地基、压实地基及散体材料桩、土桩、灰土桩、石灰桩、水泥土桩等桩身及桩间土检验；重型动力触探、超重型动力触探可以评价强夯置换墩着底情况；

（2）触探杆应顺直，每节触探杆相对弯曲宜小于 0.5%；

（3）试验时，应采用自由落锤，避免锤击偏心和晃动，触探孔倾斜度不应大于 2%，每贯入 1m，应将触探杆转动一圈半；

（4）采用触探试验结果评价复合地基竖向增强体的施工质量时，宜对单个增强体的试验结果进行统计评价；评价竖向增强体及桩间土体加固效果时，应对触探试验结果按照单位工程进行统计；

需要进行深度修正时，修正后再统计。

3. 动力触探影响因素

动力触探设备简单，效率较高，故应用较广，但影响因素也较多，是较为粗略的定性方法，因此，动力触探当前面临的问题，除标准化外，就是定量化。一些学者和工程师正致力于实测动贯入阻力的研究。影响成果的主要因素有：

（1）探杆侧壁摩阻的影响

探杆侧壁摩阻的影响比较复杂而且最为重要，它和土的性质、探杆外形与刚度，以及探杆与探头的直径差、触探孔的垂直度、触探深度等有关，因此，动力触探要有一个深度界限。小于这个界限时，可不考虑探杆侧壁摩阻的影响，大于这个界限时，需适当修正或配合钻孔，分段贯入。

（2）探杆杆长影响

指触探锤击能量通过探杆的传递和消耗，目前有进行修正和不进行修正两种不同意见。

（3）地下水的影响

一般认为，对于相同密度的砂土，饱和时贯入阻力要降低。但粒径不同、密度不同时，影响程度也不同，规律是颗粒越细、密度越松，影响越明显。但由于饱和土的力学性质也要降低，故在建立动力触探指标和土的容许承载力的关系时，有时可不考虑地下水的影响。

（4）临界深度和成层条件的影响

（5）人为因素的影响

包括落锤方式、落锤控制精度、读数精度、探杆平直度、探杆连接刚度等。

（6）应用试验成果时是否修正应根据建立统计关系时的具体情况确定。

二、试验要点

1. 试验设备参见图 8-13。

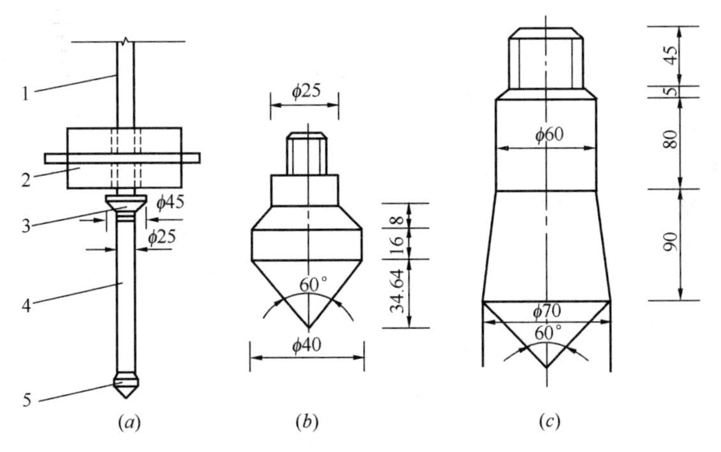

图 8-13　动力触探设备结构（mm）

(a) 轻型动力触探；(b) 轻型动力触探探头；(c) 重型动力触探探头

1—导杆；2—重锤；3—锤座；4—探杆；5—探头

动力触探试验设备主要部件为：

（1）落锤；

（2）探头；

（3）触探杆、锤座和导向杆；

（4）自动落锤装置（轻型触探无）。

重型动力触探一般采用工程钻机进行，轻型动力触探可人工操作。

2. 试验基本要求

圆锥动力触探试验技术要求应符合下列规定：

（1）采用自动落锤装置；

（2）触探杆最大偏斜度不应超过2%，锤击贯入应连续进行；同时防止锤击偏心、探杆倾斜和侧向晃动，保持探杆垂直度；锤击速率每分钟宜为15～30击；

（3）每贯入1m，宜将探杆转动一圈半；当贯入深度超过10m，每贯入20cm宜转动探杆一次；

（4）对轻型动力触探，当N_{10}＞100或贯入15cm锤击数超过50时，可停止试验；对重型动力触探，当连续三次$N_{63.5}$＞50时，可停止试验或改用超重型动力触探。

三、试验成果分析应用

1. 圆锥动力触探试验成果分析应包括下列内容：

（1）单孔连续圆锥动力触探试验应绘制锤击数与贯入深度关系曲线；

（2）计算单孔分层贯入指标平均值时，应剔除过软过硬异常值、超前和滞后影响范围内的异常值；

（3）根据各孔分层的贯入指标平均值，用厚度加权平均法计算场地分层贯入指标平均值和变异系数。

2. 动力触探在地基处理方面的应用

（1）查明土层在水平方向和垂直方向上的均匀程度；

（2）划分土层，探测硬层的埋深；

（3）检查压实填土的质量；

（4）评价地基处理前后的承载力和变形性质；

（5）检验水泥土桩的质量。

轻便动力触探试验亦是检验水泥土桩质量的行之有效的方法。在成桩7d内，用轻便触探器中附带的钻头，在搅拌桩身中钻孔，取出水泥土桩芯，观察其颜色是否一致，是否存在水泥浆富集的“结核”或未被搅匀的土团。水泥土无侧限抗压强度与轻便触探击数N_{10}之间有以下关系（表8-10）：

水泥土无侧限抗压强度 f_{cu} 与 N_{10} 的关系　　表8-10

N_{10}/（击/30cm）	15	20～25	30～35	＞40
f_{cu}（kPa）	200	300	400	500

（6）检验桩身及加固土层密实度

对散体材料桩，如砂石桩、振冲桩、柱锤冲扩三合土桩以及灰土或土挤密桩等可通过连续动力触探判定桩身密实程度及桩长，经对比试验也可作为判定桩身承载力的依据；现场动力触探也是检查加固后土层或桩间土加固效果及密实程度的常用手段。如碎石桩桩身密实程度与 $N_{63.5}$ 有如下关系（表 8-11）：

碎石桩密实程度判别标准　　表 8-11

贯入 10cm 锤击数	>15	10～15	7～10	5～7	<5
密实程度	很密实	密实	较密实	不够密实	松散

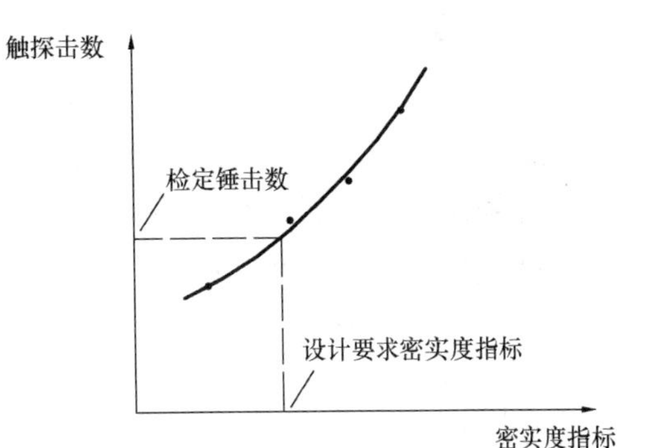

图 8-14　触探击数-密实度指标关系图
（触探击数：N_{10}，$N_{63.5}$，N 等；
密实度指标：ρ_d，η_c，λ_c 等）

用动力触探或贯入试验判定桩或土的密实度，可经过对比试验进行，具体方法如图 8-14 所示。

第五节　标　准　贯　入

一、概述

标准贯入试验是动力触探的一种，它是利用一定的锤击能量（锤质量 63.5±0.5kg，落距 76±2cm），将一定规格的对开管式贯入器打入钻孔孔底的土中，根据打入土中的贯入阻力的大小，判别土层的变化情况和土的工程性质。贯入阻力的大小用贯入器贯入土中 30cm 的锤击数 N 来表示。

标准贯入试验一般结合钻探进行。标准贯入试验具有设备简单、操作方便、土层适用性广等优点。利用贯入器中的扰动土样，可直接对土进行鉴别描述。

二、试验设备

标准贯入试验设备主要由贯入器、贯入探杆和穿心锤三部分组成（图 8-15）。

标准贯入试验的设备应符合表 8-12 的规定。

标准贯入试验设备规格　　表 8-12

落　锤		锤的质量（kg）	63.5
		落距（cm）	76
贯入器	对开管	长度（mm）	>500
		外径（mm）	51
		内径（mm）	35
	管靴	长度（mm）	50～76
		刃口角度（°）	18～20
		刃口单刃厚度（mm）	2.5
钻杆		直径（mm）	42
		相对弯曲	<1/1000

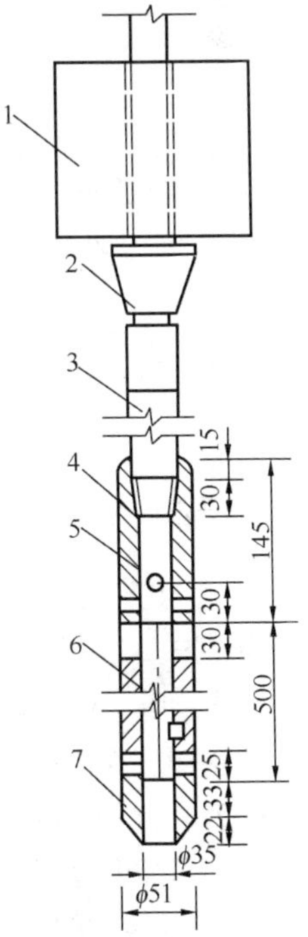

图 8-15　标准贯入试验设备
1—穿心锤；2—锤垫；3—探杆；4—贯入器头；5—出水孔；6—贯入器身；7—贯入器靴

三、试验要点

标准贯入试验应采用自动脱钩的落锤法，并设法减小导向杆
与锤间的摩阻力，以保持锤击能量的恒定。标准贯入试验所用钻杆应定期检查，钻杆相对弯曲应小于1/1000，接头应牢固，否则受锤击后钻杆会产生侧向晃动，影响测试精度。

标准贯入试验的现场工作一般按照以下步骤进行：

1. 钻探成孔

为了保证标准贯入试验的钻孔质量，要求采用回转钻进，当钻进至试验标高以上15cm处时，应停止钻进，仔细清除孔内残土到试验标高。为保持孔壁稳定，必要时可用泥浆或套管护壁。

2. 贯入准备

贯入前，先要检查探杆与贯入器接头，以保证它们之间的连接不松脱，然后将标准贯入器放入钻孔内，避免锤击时的偏心和侧向晃动，保持导向杆、探杆和贯入器的垂直度，以保证穿心锤中心施力，贯入器垂直打入，锤击速率应小于30击/min。

3. 贯入

先将贯入器打入土中15cm。然后再将贯入器继续贯入，记录每打入10cm的锤击数，累计打入30cm的锤击数即为标贯击数N。当土层较硬时，若累计击数已达50击，而贯入度未达30cm时应终止试验，记录实际贯入度以及累计锤击数n。按下式计算贯入30cm时的锤击数N：

$$N = 30\frac{n}{\Delta s} \tag{8-7}$$

式中　Δs——对应锤击数n的贯入度（cm）。

4. 土样描述和试验

拔出贯入器，取出贯入器中的土样，进行鉴别描述或进行土工试验。

重复上述步骤，进行下一深度试验。标准贯入试验可在钻孔全深度范围内等间距进行，间距为1.0m或2.0m，也可根据需要仅在砂土、粉土等欲试验的土层范围内等间距进行。

四、试验成果分析及应用

1. 标准贯入试验成果N可直接标在工程地质剖面图上，也可绘制单孔标准贯入击数N与深度关系曲线或直方图。统计分层标贯击数平均值时，应剔除异常值。

2. 标准贯入试验适用于砂土、粉土和一般黏性土，不适用于软塑～流塑软土。标准贯入试验锤击数N值，可对砂土、粉土、黏性土的物理状态、土的强度、变形参数、地基承载力、砂土和粉土的液化，成桩的可能性等做出评价。标准贯入试验在地基处理检测中的应用范围详见表8-1。应用N值时是否修正和如何修正，应根据建立统计关系时的具体情况确定。

3. 当用标准贯入试验锤击数（N）估算水泥土桩桩体强度（f_{cu}）时，可近似按下式确定：

$$f_{cu} = \frac{1}{80}N \tag{8-8}$$

式中　f_{cu}——桩体无侧限抗压强度（MPa）。

第六节　十字板剪切试验

一、概述

十字板剪切试验可用于测定饱和软黏性土及淤泥和淤泥质土（$\varphi\approx0$）的不排水抗剪强度和灵敏度以及预压地基的现场检测。

十字板剪切试验是一种原位测定饱和软黏土抗剪强度的方法，它所测得的抗剪强度值，相当于天然土层试验深度处，在上覆压力作用下的固结不排水抗剪强度，在理论上它相当于室内三轴不排水剪总强度或无侧限抗压强度的一半。

十字板剪切试验是将具有一定高与直径之比的十字板插入土层中，通过钻杆对十字板头施加扭矩使其等速旋转，根据土的抵抗扭矩求算地基土抗剪强度 c_u。十字板剪切试验可以很好模拟地基排水条件和天然受力状态，对试验土层扰动性小、测试精度高。

二、试验设备

十字板剪力仪主要由十字板头、传力系统、施力装置和测力装置等组成。按照力的传递方式十字板可分为机械式和电测式两类。机械式十字板力的传递和计量均依靠机械的能力，常有离合式、牙嵌式和轻便式，需配备钻孔设备，成孔后下放十字板进行试验。机械式十字板剪力仪的构造如图 8-16 所示。电测式十字板是用传感器将土抗剪破坏时力矩大小转变成电信号，并用仪器量测出来，常用的为轻便式十字板、静力触探两用，不用钻孔

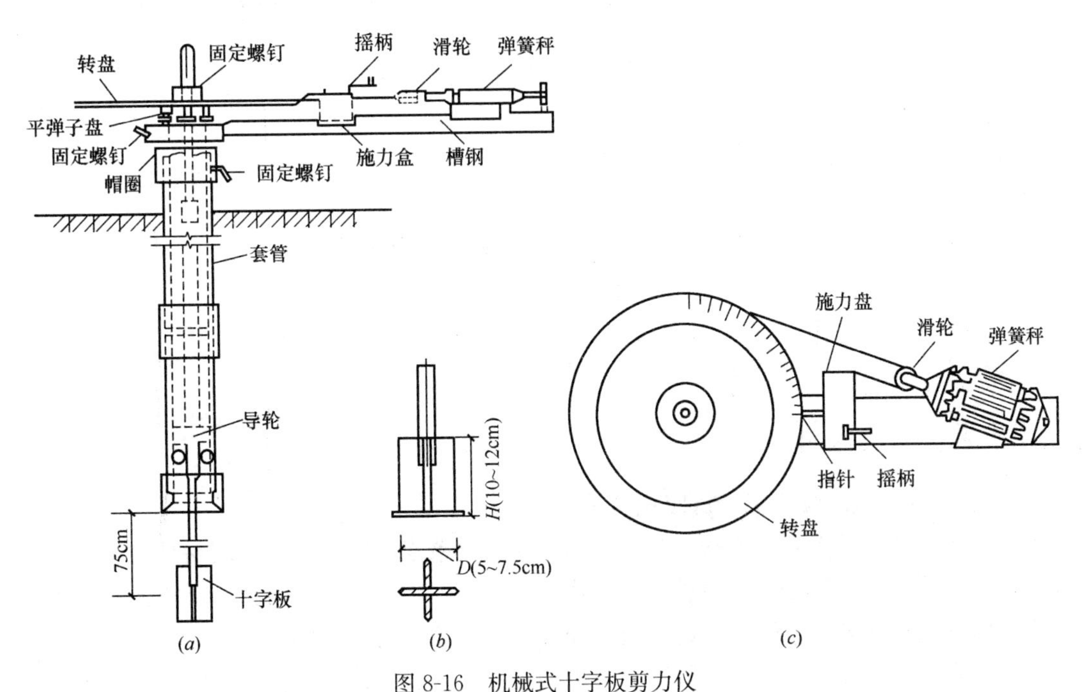

图 8-16　机械式十字板剪力仪

（a）剖面图；（b）十字板；（c）扭力设备

设备。试验时直接将十字板头以静力压入土层中，测试完后，再将十字板压入下一层土继续试验，实现连续贯入，可比机械式十字板测试效率提高5倍以上。电测式十字板剪力仪的构造如图8-17所示。

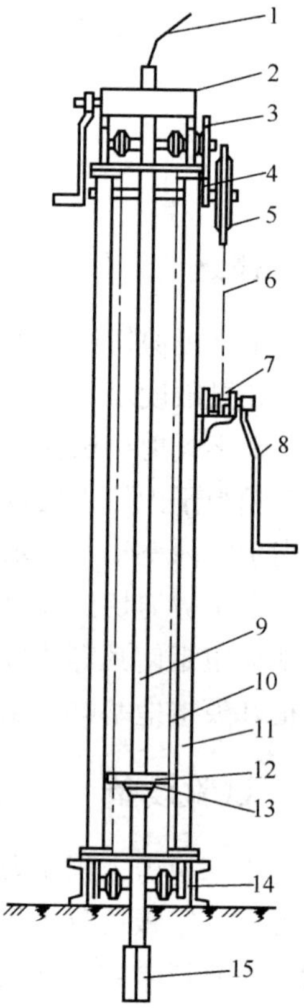

目前国际上通用的矩形十字板头采用直径 D 与高度 H 的比例为1∶2，国内常用十字板板头规格如表8-13所列。

轻便式十字板剪力仪适合于中、小工程应用，携带方便、操作简单。十字板头规格一般为50mm×100mm、75mm×150mm，板厚均为2mm。

国内常见十字板头规格 **表8-13**

板宽/mm	板高/mm	板厚/mm	刃角（°）	轴杆尺寸/mm	
				直径	长度
50	100	2	60	13	50
75	150	3	60	16	50

图8-17 电测式十字板剪切仪的构造

1—电缆；2—施加扭力装置；3—大齿轮；4—小齿轮；5—大链条；6、10—链条；7—小链条；8—摇把；9—探杆；11—支架立杆；12—山形板；13—垫压板；14—槽钢；15—十字板头

三、试验基本要求

十字板剪切试验点的布置，对均质土竖向间距可为1m，对非均质或夹薄层粉细砂的软黏性土，宜先作静力触探，结合土层变化，选择软黏土进行试验。

十字板剪切试验的主要技术要求应符合下列规定：

1. 十字板板头形状宜为矩形，径高比1∶2，板厚宜为2～3mm；

2. 十字板头插入钻孔底的深度不应小于钻孔或套管直径的3～5倍；

3. 十字板插入至试验深度后，至少应静止2～3min，方可开始试验；

4. 扭转剪切速率宜采用（1°～2°）/10s，并应在测得峰值强度后继续测记1min；

5. 在峰值强度或稳定值测试完后，顺扭转方向连续转动6圈后，测定重塑土的不排水抗剪强度。

四、成果分析及应用

1. 十字板剪切试验成果分析应包括下列内容：

（1）计算各试验点土的不排水抗剪峰值强度、残余强度、重塑土强度和灵敏度；

（2）绘制单孔十字板剪切试验土的不排水抗剪峰值强度、残余强度、重塑土强度和灵敏度随深度的变化曲线，需要时绘制抗剪强度与扭转角度的关系曲线；

（3）根据土层条件和地区经验，对实测的十字板不排水抗剪强度进行修正。

Daccal等建议用塑性指数确定修正系数 μ（如图8-18所示）。图中曲线2适用于液性

指数大于1.1的土，曲线1适用于其他软黏土。

（4）一般饱和软黏土的不排水抗剪强度随深度成线性增长，对同一层土，可运用统计的方法进计统计分析，统计中应剔除个别异常点。

2. 十字板剪切试验成果可按地区经验确定地基承载力、单桩承载力，计算边坡稳定，判定软黏性土的固结历史。

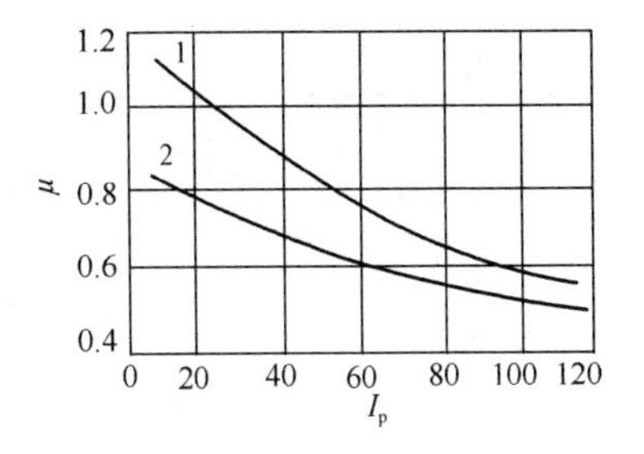

图8-18　修正系数μ

3. 检验地基加固效果

（1）在对软土地基进行预压加固处理时，可用十字板剪切试验探测加固过程中强度变化，用于控制施工速率和检验加固效果。此时应在3～10min内将土剪损，单项工程十字板剪切试验孔不少于2个，试验点间距为1.0～1.5m，软弱薄夹层应有试验点，每层土的试验点不少于3～5个。对于饱和软土地基可取$f_{ak}=2c_u+\gamma\cdot d$。

（2）对于振冲加固饱和软黏性土的中小型工程，可用桩间土十字板抗剪强度来计算复合地基承载力的特征值。

$$f_{spk}=3[1+m(n-1)]c_u \tag{8-9}$$

式中　f_{spk}——复合地基承载力的特征值；

c_u——修正后十字板抗剪强度；

n——桩土应力比，无实测资料时取2～4，原状土强度高时取低值，反之取高值；

m——面积置换率。

第七节　现场原位取样试验

一、基本要求

现场原位取样试验是评价地基加固效果的重要手段，《建筑地基处理技术规范》JGJ 79对现场原位取样规定如下：

现场取样试验汇总　　**表8-14**

序号	加固方法	试验指标	取样方法	测试目的	备　注
1	换填垫层法及分层压实地基	压实系数：$\lambda_c=\frac{\rho_d}{\rho_{dmax}}$	1. 环刀取样测ρ、w； 2. 灌砂法； 3. 灌水法	评价垫层密实度及承载力	1. $\rho_d=\frac{\rho}{1+w}$； 2. 灌砂法、灌水法详见《土工试验方法标准》GB/T 50123
2	预压法	有关物理和力学性质指标	钻探取样	评价预压后土层压缩性、强度、承载力	取样方法详见《岩土工程勘察规范》GB 50021
3	强夯法	有关物理和力学性质指标	钻探取样	评价强夯加固地基压缩性及承载力	取样方法详见《岩土工程勘察规范》GB 50021

续表

序号	加固方法	试验指标	取样方法	测试目的	备　注
4	夯实水泥土桩法	桩身水泥土压实系数 $\lambda_c = \frac{\rho_d}{\rho_{dmax}}$	1. 长柄环刀取样； 2. 钻芯取样； 3. 探井取样	评价夯实水泥土密实度、强度	成桩后 24h 内进行
5	水泥土搅拌法	桩身水泥土立方体抗压强度 f_{cu}	双管单动取样器钻芯取样	评价桩身强度、桩长	1. 成桩 28d 后进行； 2. 有经验时也可取软芯
6	高压喷射注浆法	桩身水泥土立方体抗压强度 f_{cu}	1. 双管单动取样器钻芯取样； 2. 软取芯	评价桩身强度、桩长	1. 成桩 28d 后进行； 2. 水泥土初凝前后进行
7	灰土挤密桩和土挤密桩法	1. 桩身压实系数 λ_c； 2. 桩间土挤密系数 $\eta_c = \frac{\rho_d}{\rho_{dmax}}$	1. 长柄环刀取样； 2. 钻芯取样	评价桩身及桩间土密实度	对重要工程尚应取样测定桩间土压缩性或湿陷性
8	混凝土刚性桩	桩身混凝土立方体抗压强度 f_{cu}	双管单动取样器钻芯取样	评价桩身强度、桩长	成桩 28d 后

注：1. 取样位置、数量及有关技术要求详见《建筑地基处理技术规范》JGJ 79。

2. 经对比试验也可用触探试验代替取样试验以简化试验工作。

二、钻芯取样要求

（一）双管单动取样法

1. 应采用双管单动钻具，并配备相应的孔口管、扩孔器、卡簧、扶正器及可捞取松软渣样的钻具。混凝土桩应采用金刚石钻头，水泥土桩可采用硬质合金钻头。钻头外径不宜小于 101mm，混凝土芯样直径不宜小于 80mm。

2. 钻芯孔垂直度偏差应不大于 0.5%，应使用扶正器等确保钻芯孔的垂直度。

3. 水泥土桩钻芯孔宜位于桩半径中心附近，应采用低转速，采用较小的钻头压力。

4. 对桩底持力层的钻探深度应满足设计要求，且不宜小于 3 倍桩径。

5. 每回次进尺宜控制在 1.2m 内。

6. 抗压芯样试件每孔不应少于 6 个，抗压芯样应采用保鲜袋等进行密封，避免晾晒。

（二）水泥土桩软取芯方法

河北工业大学土工试验室用工程钻机，在水泥土初凝后至终凝前（大约成桩 1～2d 左右）钻取水泥土芯样，用以判定桩身水泥土搅拌均匀程度及桩长。将钻取的水泥土芯制成试样放入标养室养护并测定其抗压强度，与常规双管单动取样法比较，该方法简便易行，取样成功率高，并可及时发现施工中质量问题，可供检测时参考。

第八节　地基处理工程监测项目及仪具

一、监测项目

地基处理的监测指标较多，相应的监测方法较为丰富。总结起来，地基处理施工过程中的监测主要包括以下几类：①加固区与周边环境的变形；②地基应力；③地下水位、真空压力、振动速度等特殊性监测项目。目前，常见的地基处理监测项目如表 8-15 所示。

不同处理方法关注的施工参数和监测指标的侧重点不同，因此监测方法应根据施工工法、现场条件和工程实际需要灵活选用。

常用监测项目一览表　　表 8-15

分类	监测项目	监测设备与元件	监测成果及其应用	适用范围
变形监测	地面变形	水准仪、水准尺、沉降板	获得变形-时间曲线、变形速率-时间曲线，计算地基平均固结度、推算地基最终变形和工后沉降，评价地基加固效果等	预压地基、夯实地基等
	深层变形	分层沉降管、磁环、分层沉降计	获得地基变形随深度的变化规律，评估深部土体的加固效果	预压地基等
	边桩	经纬仪、舰牌、边桩	监控地表土体，如路堤坡脚的水平位移，监控堆载过程中地基稳定性	堆载预压地基等
	测斜	测斜管、测斜仪	监控深部土体或灌注桩的深层水平位移	预压地基等
	建（构）筑物、管线等变形	水准仪、经纬仪、全站仪等	监控建（构）筑物、管线等沉降、水平位移、倾斜等，评价施工对周边环境的影响	预压地基法、夯实地基等
应力监测	土压力	土压力盒、频率仪	监控施工过程中地基土或结构构件表面的压力变化，如可确定桩土应力比	复合地基、预压地基等
	孔隙水压力	孔隙水压力计、频率仪	监控施工过程中超孔压的变化，可计算测量点处的固结度以及地基平均固结度	预压地基、强夯地基等
	刚性桩桩身内力	钢筋计、混凝土应变计、频率仪等	获得刚性桩桩身的应力或应变，并计算轴力和弯矩，对刚性桩的安全性进行监测	多桩型、微型桩加固等
其他监测	地下水位	水位管、水位计	观察施工过程中地下水位变化情况	降水预压法、真空预压法等
	真空压力	真空表	真空预压法中，获得膜下和真空管内真空压力分布，以确定密封系统是否存在漏气现象	真空预压法
	振动速度	速度传感器等	监控强夯、冲击碾压等动力处理方法施工对周边的影响	强夯法、冲击碾压法等

二、常用监测仪具

在测试工作中，量测仪具的功能和质量极为重要，往往是测试成果优劣的决定性因素。按原理，量测仪具分为电测式和非电测式两大类。

1. 非电测式

非电测式量测仪具包括机械式和液压式，它的特点是性能可靠，使用简便，对环境适应性强；缺点是一般灵敏度较低，不便于遥测和测试记录的自动化，机械式量测仪具还不能进行结构内部和岩土内部应力、变形的量测。

常用的机械式量测仪具有：百分表、千分表、挠度计、测力计、水准式倾角计、手持式应变计等。

液压式量测仪具是利用液体的不可压缩性和流动性来传递压力和变形，常用的有压力枕（扁千斤顶）、液压式压力盒等。

2. 电测式

电测式量测仪具的特点是元件轻而小，量程大，灵敏度高，便于量测结构内部和岩土内部的应力应变，便于遥测和测试记录的自动化。电测式量测仪具发展很快，有取代非电测式量测仪具的趋势。但有对环境的适应性差、精度低、长期稳定性不好的缺点。

电测式量测仪具一般由传感器、放大器、记录器组成，种类很多。按原理，常用的有电阻应变式、差动电阻式、滑动电阻式、差动变压器式、振弦式等。利用这些原理做成的量测仪具如电测百分表、电测位移计、电测应力计、电测应变计、电测钢筋计、振弦式土压力盒和埋入式应变计等等。

随着电子、激光、微电脑等新技术的应用，电测技术正迅速向多功能、微型化、高灵敏度、高稳定性以及控制、数据采集和处理的高度自动化的方向发展。

有关测试仪器构造要求及测试方法可参考有关文献资料。

本 章 参 考 文 献

［1］ 建筑地基基础设计规范 GB 50007—2011. 北京：中国建筑工业出版社，2011.
［2］ 建筑地基处理技术规范 JGJ 79—2012. 北京：中国建筑工业出版社，2013.
［3］ 复合地基技术规范 GB/T 50783—2012. 北京：中国计划出版社，2013.
［4］ 岩土工程勘察规范 GB 50021—2001(2009 版). 北京：中国计划出版社，2009.
［5］ 建筑地基基础工程施工质量验收规范 GB 50202—2002. 北京：中国建筑工业出版社，2002.
［6］ 建筑工程基桩检测技术规范 JGJ/T 106—2003. 北京：中国建筑工业出版社，2003.
［7］ 祝龙根等．地基基础测试新技术．北京：中国机械工业出版社，1999.
［8］ 建筑工程施工质量验收统一标准 GB 50300—2001. 北京：中国建筑工业出版社，2002.
［9］ 杨伟量．地基基础工程监理指南．上海：上海科技出版社，1999.
［10］ 卫明．建筑工程施工强制性条文实施指南．北京：中国建筑工业出版社，2004.
［11］ 刘松玉．公路地基处理．南京：东南大学出版社，2000.
［12］ 林宗元．简明岩土工程监理手册．北京：中国建筑工业出版社，2003.
［13］ 唐业清．简明地基基础设计施工手册．北京：中国建筑工业出版社，2003.
［14］ 王恩远，刘熙媛．复合地基载荷试验的新方法——修正快压法．工程勘察，2008(11).

附录

附录 A 复合地基常用计算公式

复合地基常用计算公式 附表 A-1

序号	项目	计 算 公 式	备 注
1	复合地基承载力	$f_{spk}=(\lambda\cdot f_{pk}\cdot A_{P}+\beta\cdot f_{sk}\cdot A_{s})/A_{e}$	f_{ak}：桩间天然土承载力特征值 f_{spk}：复合地基承载力特征值 f_{pk}：桩体单位面积承载力特征值 f_{sk}：桩间土承载力特征值 A_{p}：桩的截面积 A_{s}：桩间土面积（A_{e} 范围内） A_{e}：复合地基面积（一根桩分担的地基处理面积） n：桩土应力比 m：面积置换率 E_{sp}：复合地基压缩模量 E_{p}：桩身压缩模量 E_{s}：桩间土压缩模量 E'_{s}：天然土压缩模量 β：桩间土承载力发挥系数，散体材料桩取 $\beta=1.0$ λ：桩身承载力发挥系数
		$f_{spk}=\lambda\cdot m\cdot f_{pk}+\beta\cdot(1-m)f_{sk}$	
		$f_{spk}=[1+m(n-1)]\cdot f_{sk}$	
2	复合土层压缩模量	$E_{sp}=(E_{p}\cdot A_{p}+E_{s}\cdot A_{s})/A_{e}$	
		$E_{sp}=mE_{p}+(1-m)E_{s}$	
		$E_{sp}=[1+m(n-1)]E_{s}$	
		$E_{sp}=\dfrac{f_{spk}}{f_{sk}}\cdot E_{s}$；$E_{sp}=\dfrac{f_{spk}}{f_{ak}}\cdot E'_{s}$	
3	桩土应力比	$n=\sigma_{p}/\sigma_{s}$	σ_{p}：桩身应力 σ_{s}：桩间土应力
		$n=E_{p}/E_{s}$	
		$n=\dfrac{f_{spk}-(1-m)\cdot f_{sk}}{m\cdot f_{sk}}$	
		$n=\dfrac{E_{sp}-(1-m)\cdot E_{s}}{m\cdot E_{s}}$	
4	面积置换率	$m=\dfrac{A_{p}}{A_{e}}=\dfrac{d^{2}}{d_{e}^{2}}$	d_{e}：一根桩分担的处理地基面积的等效圆直径 d：桩直径
		$m=\dfrac{(f_{spk}-\beta\cdot f_{sk})}{(\lambda\cdot f_{pk}-\beta\cdot f_{sk})}$	
		$m=\dfrac{f_{spk}-f_{sk}}{(n-1)\cdot f_{sk}}$	
5	桩间距	等边三角形 $s=(d^{2}/m)^{1/2}/1.05$	s：桩间距
		正方形 $s=(d^{2}/m)^{1/2}/1.13$	
		矩形 $s_{1}\cdot s_{2}=\dfrac{d^{2}}{1.28m}$	
		等边三角形 $s=0.95\xi d\sqrt{\dfrac{1+e_{0}}{e_{0}-e_{1}}}$	e_{0}：处理前砂土的孔隙比 e_{1}：挤密后砂土孔隙比 ξ：修正系数（1～1.2）
		正方形 $s=0.89\xi d\sqrt{\dfrac{1+e_{0}}{e_{0}-e_{1}}}$	
		等边三角形 $s=0.95d\sqrt{\dfrac{\overline{\eta}_{c}\rho_{dmax}}{\overline{\eta}_{c}\rho_{dmax}-\overline{\rho}_{d}}}$	ρ_{dmax}：桩间土的最大干密度 $\overline{\rho}_{d}$：地基处理前土的平均干密度 $\overline{\eta}_{c}$：桩间土平均挤密系数

续表

序号	项目	计 算 公 式	备 注
6	刚性及半刚性桩单桩竖向承载力	① $R_a = u_p \sum_{i=1}^{n} q_{si} \cdot l_{pi} + \alpha_p \cdot q_p \cdot A_P$ $= u_p \cdot \bar{q}_s \cdot l_p + \alpha_p \cdot q_p \cdot A_p$ ② $R_a = \eta \cdot f_{cu} \cdot A_P$	R_a：单桩竖向承载力特征值 u_p：桩身周长 q_{si}：桩周第 i 层土侧阻力特征值 α_p：桩端土承载力折减系数 q_p：桩端阻力特征值，桩端地基土承载力特征值 A_p：桩的截面积 l_{pi}：第 i 层土的厚度 $\bar{q}_s$：桩长范围内桩周土侧阻力特征值平均值，$\bar{q}_s = \frac{\sum_{i=1}^{n} q_{si} \cdot l_{pi}}{l_p}$ l_p：桩长 η：桩身强度折减系数 f_{cu}：桩身立方体抗压强度平均值

附录B　通用计算参数汇总

散体材料及柔性桩复合地基常用桩径（d）、桩长（l_p）、桩距（s）值表　　附表B-1

<table>
<tr><th colspan="2">桩型</th><th colspan="2">桩径 d（mm）</th><th colspan="2">桩长 l_p(m)</th><th colspan="2">桩距 s（m）</th></tr>
<tr><td rowspan="2">振冲桩</td><td>30kW振冲器</td><td rowspan="2">按填料量计算</td><td>700～1000</td><td colspan="2">4～8</td><td colspan="2">1.3～2.0或（1.8～2.5）</td></tr>
<tr><td>75kW振冲器</td><td>800～1500</td><td colspan="2">4～20</td><td colspan="2">1.5～3.0或（2.5～3.5）</td></tr>
<tr><td colspan="2" rowspan="2">砂石桩</td><td colspan="2" rowspan="2">300～800</td><td colspan="2" rowspan="2">4～25</td><td colspan="2">≤3d（黏性土）</td></tr>
<tr><td colspan="2">≤4.5d（粉土、砂土）</td></tr>
<tr><td colspan="2">柱锤冲扩桩</td><td colspan="2">500～800</td><td colspan="2">6～10</td><td colspan="2">1.5～2.5；（2～3）d</td></tr>
<tr><td colspan="2">土桩</td><td colspan="2">300～600</td><td colspan="2">3～15</td><td colspan="2">（2～2.5）d 且 ≤4d</td></tr>
<tr><td colspan="2" rowspan="2">强夯置换墩</td><td colspan="2" rowspan="2">夯锤直径的1.1～1.2倍</td><td colspan="2" rowspan="2">≤10</td><td>满堂布置</td><td>夯锤直径的2～3倍</td></tr>
<tr><td>独立基础或条形基础</td><td>夯锤直径的1.5～2倍</td></tr>
<tr><td colspan="2" rowspan="3">石灰桩</td><td colspan="2" rowspan="3">$d=$（1.1～1.2）d_0
d_0=300～400
d_0：成孔直径</td><td>洛阳铲</td><td><6</td><td colspan="2" rowspan="3">（2～3）d_0</td></tr>
<tr><td>机械成孔，管外投料</td><td><8</td></tr>
<tr><td>螺旋钻成孔，管内投料</td><td>适当加长</td></tr>
<tr><td colspan="2">灰土桩</td><td colspan="2">300～600</td><td colspan="2">3～15</td><td colspan="2">（2～2.5）d；≤4d</td></tr>
</table>

刚性、半刚性桩复合地基常用桩径（d）、桩长（l_p）、桩距（s）值表　　附表B-2

<table>
<tr><th colspan="2">桩　　型</th><th>桩径 d（mm）</th><th>桩长 l_p（m）</th><th>桩距 s（m）</th></tr>
<tr><td colspan="2">旋喷桩</td><td>400～2000</td><td>—</td><td>—</td></tr>
<tr><td rowspan="2">水泥土搅拌桩</td><td>湿法</td><td rowspan="2">500～700</td><td>≤20</td><td rowspan="2">（2～3）d^*</td></tr>
<tr><td>干法</td><td>≤15</td></tr>
<tr><td colspan="2">夯实水泥土桩</td><td>300～600</td><td>3～15；使用洛阳铲≤6</td><td>（2～4）d</td></tr>
<tr><td colspan="2">水泥粉煤灰碎石桩</td><td>300～800</td><td>4～25</td><td>（3～5）d；条形基础（3～6）d</td></tr>
</table>

*　柱状布桩时，笔者建议值。

桩侧阻力特征值 q_s 值　　附表B-3

<table>
<tr><th rowspan="2">桩　　类</th><th colspan="6">q_s 值（kPa）</th></tr>
<tr><th>淤泥</th><th>淤泥质土</th><th>软黏土</th><th>可塑黏土</th><th>稍密砂土</th><th>中密砂土</th></tr>
<tr><td>水泥土搅拌桩</td><td>4～7</td><td>6～12</td><td>10～15</td><td>12～18</td><td>15～20</td><td>20～25</td></tr>
<tr><td>旋喷桩</td><td colspan="6">参考《建筑地基基础设计规范》GB 50007或《建筑桩基技术规范》JGJ 94，取泥浆护壁钻孔灌注桩极限侧阻力（q_{sik}）除以 $K=2.0$ 确定，具体数值参见附录F</td></tr>
<tr><td>夯实水泥土桩</td><td colspan="6">参考《建筑地基基础设计规范》GB 50007或《建筑桩基技术规范》JGJ 94，取干作业钻孔灌注桩极限侧阻力（q_{sik}）除以 $K=2.0$ 确定，具体数值参见附录F</td></tr>
<tr><td>刚性桩</td><td colspan="6">依施工方法参考《建筑地基基础设计规范》GB 50007或《建筑桩基技术规范》JGJ 94，取极限侧阻力（q_{sik}）除以 $K=2.0$ 确定，具体数值参见附录F</td></tr>
</table>

桩身强度折减系数 η 值表　　附表 B-4

桩型		η 值
水泥土搅拌桩	干法	0.2～0.3
	湿法	0.25～0.33
旋喷桩		0.25～0.33
夯实水泥土桩		0.25～0.33
刚性桩		0.25～0.33

注：JGJ 79—2012 规定：η=0.25。

桩端阻力或桩端地基土承载力特征值折减系数 α_p 表　　附表 B-5

桩型	α_p 值
水泥土搅拌桩	0.4～0.6
旋喷桩	0.4～0.6 或当地经验
夯实水泥土桩	1.0
刚性桩	1.0

桩间土承载力发挥系数 β 值表　　附表 B-6

桩型		β 值	备注
水泥土搅拌桩	淤泥、淤泥质土、流塑软土	0.1～0.4	桩间土承载力高或设褥垫层时取高值
	其他土层	0.4～0.8	桩间土承载力高或设褥垫层时取高值
旋喷桩		0～0.5	f_{ak}较低时取低值或当地经验
夯实水泥土桩		0.9～1.0	
刚性桩		0.9～1.0	f_{ak}高取大值

桩土应力比 n 值表　　附表 B-7

复合地基类型	规范推荐值	经验值
振冲桩	1.5～4	2～6
砂石桩	2～4	
石灰桩	3～4	3～10
灰土桩	4～8	6～12
强夯置换墩	—	3～6
柱锤冲扩桩	2～4	2～6
水泥土桩	—	5～16
混凝土及钢筋混凝土桩	—	20～100
低强度混凝土桩（f_{cu}=8～15MPa）		14～20
CFG 桩	—	10～40
夯实水泥土桩	—	5～13

附录C 散体材料桩及柔性桩复合地基设计流程图

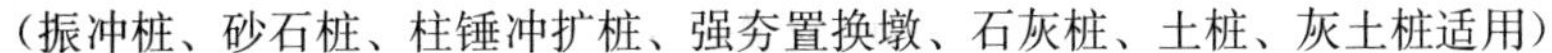

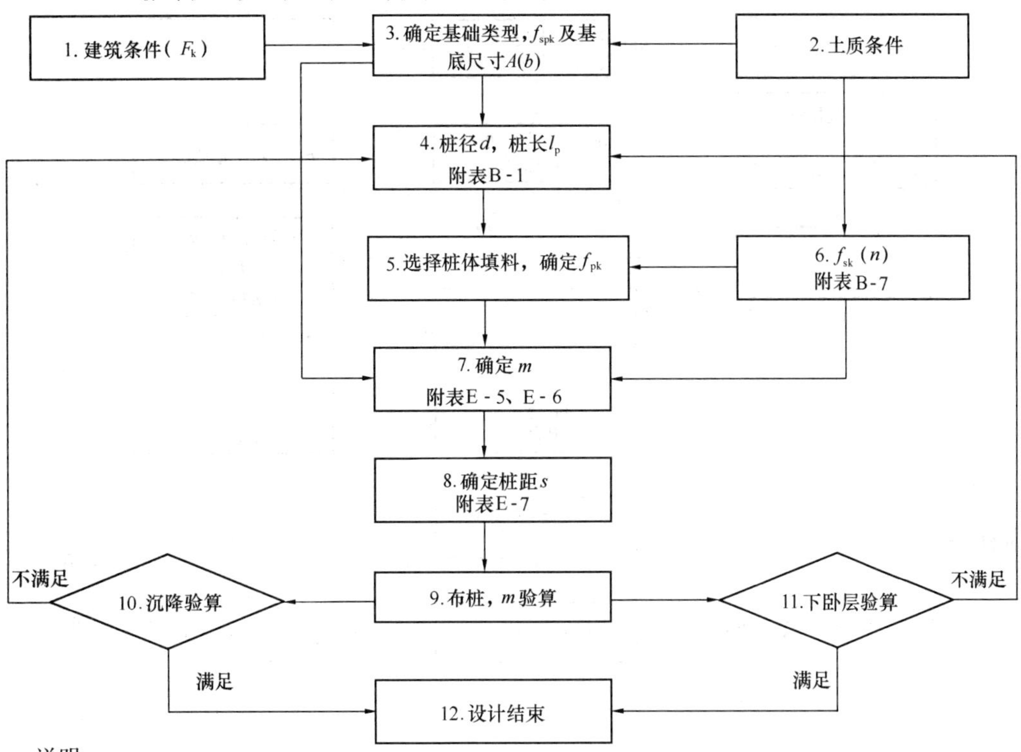

说明：

1. 建筑条件：建筑物结构布置、荷载大小及建筑物的变形要求等；
2. 土质条件：软弱土层厚度、承载力及不良工程特性等；
3. $f_{spk}=p_k-\eta_d\cdot\gamma_m\cdot(d-0.5)$；基底压力：$p_k=\dfrac{F_k+G_k}{A}=f_{spa}$；$A=\dfrac{F_k}{f_{spa}-\gamma_G\cdot d}$；
4. 桩径 d 参考附表 B-1 根据成桩设备及设计要求确定；桩长 l_p 参考附表 B-1 结合土质条件确定；
5. 桩身承载力特征值 f_{pk}按《建筑地基处理技术规范》JGJ 79 有关规定确定；
6. f_{sk}宜按当地经验取值，如无经验时，可取天然地基承载力特征值 f_{ak}；
7. $m=\dfrac{f_{spk}-\beta\cdot f_{sk}}{\lambda\cdot f_{pk}-\beta\cdot f_{sk}}$ 或 $m=\dfrac{f_{spk}-f_{sk}}{(n-1)f_{sk}}$；
8. 桩距 s 确定：（式中：$d_e=\sqrt{\dfrac{d^2}{m}}$）；

（1）等边三角形布桩：$s=0.95d\sqrt{\dfrac{1}{m}}=d_e/1.05$ （2）正方形布桩：$s=0.89d\sqrt{\dfrac{1}{m}}=d_e/1.13$

（3）长方形布桩：$\sqrt{s_1\cdot s_2}=0.89d_e$ （4）条形基础：$s=\dfrac{\Sigma n\cdot A_p}{b\cdot m}$（$\Sigma n$ 为桩距 s 内布桩数）

9. $m=\dfrac{\Sigma n\cdot A_p}{A}$，$\Sigma n$ 为基础底面 A 范围内布桩数；A 为基底面积（单独基础可取整个基础计算；条形基础可按轴线或开间计算）。

10～11. 下卧层及沉降验算详见前述内容。

附录D 刚性桩、半刚性桩复合地基设计流程图

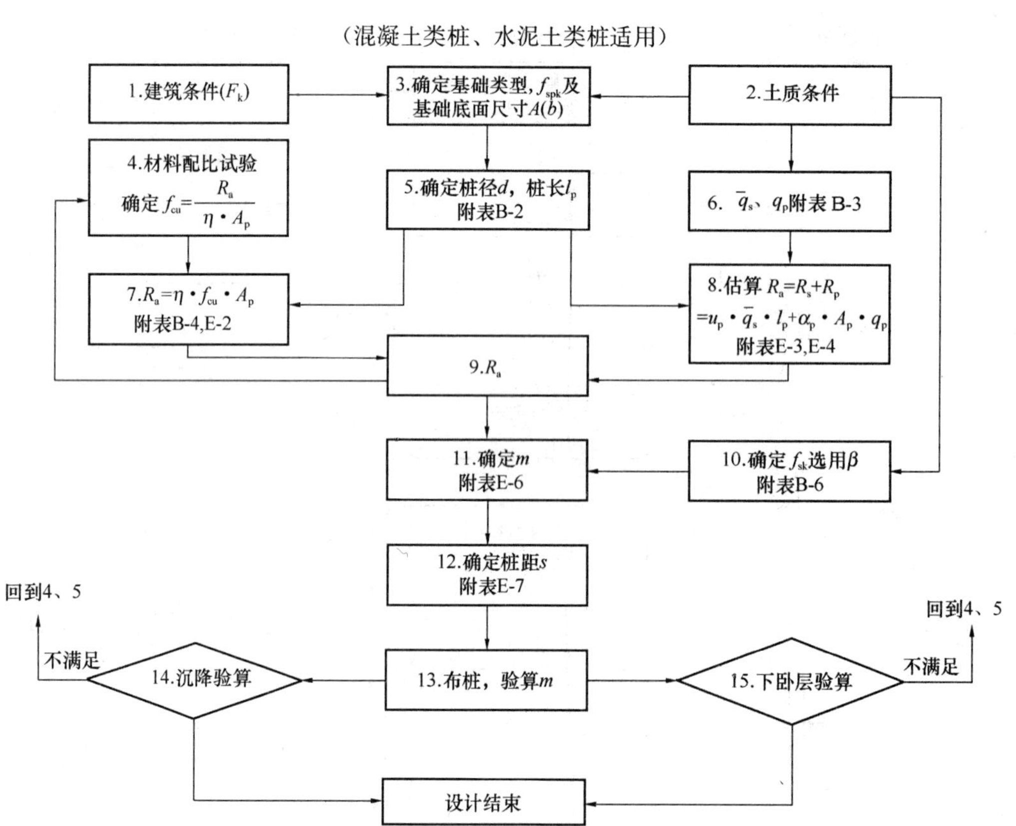

说明：

1～3. 按附录C有关要求；

4. 按设计要求 $f_{cu} \geqslant \frac{R_a}{\eta \cdot A_p}$；

5. 桩径 d，桩长 l_p 参考附表 B-2 并结合成桩设备，土质条件确定；

6. $\bar{q}_s$、q_p 值参考附表 B-3 或《建筑地基基础设计规范》GB 50007 及《建筑桩基技术规范》JGJ 94 确定；

7. η 值参考附表 B-4 选取；

8. α_p 值参考附表 B-5 选取；

9. R_a 依桩身强度及土支承力分别确定；

10. f_{sk}宜按当地经验取值，如无经验时，可取天然地基承载力特征值 f_{ak}；β 值参考附表 B-6 选取；

11. $m=\dfrac{f_{spk}-\beta \cdot f_{sk}}{\lambda \dfrac{R_a}{A_p}-\beta \cdot f_{sk}}$；

12、13. 详见附录C；

14、15. 下卧层及沉降验算详见前述内容。

附录E　复合地基简化计算通用图表

桩体几何参数汇总表　　附表 E-1

桩径 d (mm)	桩周长 u_p (m)	桩截面 A_p (m^2)	桩面比 α_A	桩径比 α_d	桩径 d (mm)	桩周长 u_p (m)	桩截面 A_p (m^2)	桩面比 α_A	桩径比 α_d
300	0.94	0.07	0.36	0.60	920	2.89	0.66	3.39	1.84
320	1.00	0.08	0.41	0.64	940	2.95	0.69	3.54	1.88
340	1.07	0.09	0.46	0.68	960	3.01	0.72	3.69	1.92
360	1.13	0.10	0.52	0.72	980	3.08	0.75	3.85	1.96
380	1.19	0.11	0.58	0.76	1000	3.14	0.79	4.00	2.00
400	1.26	0.13	0.64	0.80	1020	3.20	0.82	4.17	2.04
420	1.32	0.14	0.71	0.84	1040	3.27	0.85	4.33	2.08
440	1.38	0.15	0.78	0.88	1060	3.33	0.88	4.50	2.12
460	1.44	0.17	0.85	0.92	1080	3.39	0.92	4.67	2.16
480	1.51	0.18	0.92	0.96	1100	3.45	0.95	4.85	2.20
500	1.57	0.20	1.00	1.00	1120	3.52	0.98	5.02	2.24
520	1.63	0.21	1.08	1.04	1140	3.58	1.02	5.21	2.28
540	1.70	0.23	1.17	1.08	1160	3.64	1.06	5.39	2.32
560	1.76	0.25	1.26	1.12	1180	3.71	1.09	5.58	2.36
580	1.82	0.26	1.35	1.16	1200	3.77	1.13	5.77	2.40
600	1.88	0.28	1.44	1.20	1220	3.83	1.17	5.96	2.44
620	1.95	0.30	1.54	1.24	1240	3.89	1.21	6.16	2.48
640	2.01	0.32	1.64	1.28	1260	3.96	1.25	6.36	2.52
660	2.07	0.34	1.74	1.32	1280	4.02	1.29	6.56	2.56
680	2.14	0.36	1.85	1.36	1300	4.08	1.33	6.77	2.60
700	2.20	0.38	1.96	1.40	1320	4.14	1.37	6.98	2.64
720	2.26	0.41	2.08	1.44	1340	4.21	1.41	7.19	2.68
740	2.32	0.43	2.19	1.48	1360	4.27	1.45	7.41	2.72
760	2.39	0.45	2.31	1.52	1380	4.33	1.49	7.63	2.76
780	2.45	0.48	2.44	1.56	1400	4.40	1.54	7.85	2.80
800	2.51	0.50	2.56	1.60	1420	4.46	1.58	8.08	2.84
820	2.57	0.53	2.69	1.64	1440	4.52	1.63	8.30	2.88
840	2.64	0.55	2.83	1.68	1460	4.58	1.67	8.54	2.92
860	2.70	0.58	2.96	1.72	1480	4.65	1.72	8.77	2.96
880	2.76	0.61	3.10	1.76	1500	4.71	1.77	9.00	3.00
900	2.83	0.64	3.24	1.80	1520	4.77	1.81	9.25	3.04
备注	$A_p=\pi d^2/4$，$u_p=\pi\cdot d$　$A_{p50}=\pi\cdot 0.5^2/4=0.196m^2$　$u_{p50}=\pi\cdot 0.5=1.57m$　$\alpha_A=A_p/A_{p50}$　$\alpha_d=u_p/u_{p50}=\frac{d}{d_{50}}$								

刚性桩及半刚性桩依桩身立方体抗压强度 f_{cu} 确定 R_a 表 附表 E-2

（f_{cu}～R_a 表）（kN/根）

f_{cu}(MPa) \ η	0.20	0.25	0.30	0.33	f_{cu}(MPa) \ η	0.20	0.25	0.30	0.33
0.6	24	29	35	39	8.0	314	392	470	517
0.8	31	39	47	52	9.0	353	441	529	582
1.0	39	49	59	65	10.0	392	490	588	647
1.2	47	59	71	78	12.0	470	588	706	776
1.4	55	69	82	91	14.0	549	686	823	906
1.6	63	78	94	103	16.0	627	784	941	1035
1.8	71	88	106	116	18.0	706	882	1058	1164
2.0	78	98	118	129	20.0	784	980	1176	1294
3.0	118	147	176	194	22.0	862	1078	1294	1423
4.0	157	196	235	259	24.0	941	1176	1411	1552
5.0	196	245	294	323	26.0	1019	1274	1529	1682
6.0	235	294	353	388	28.0	1098	1372	1646	1811
7.0	274	343	412	453	30.0	1176	1470	1764	1940
备注	1. $R_a=\eta \cdot f_{cu} \cdot A_p$；2. 表值 A_p 取 $d=500$mm；3. 当 $d\neq500$mm 取本表数值乘以 α_A（附表 E-1）。								

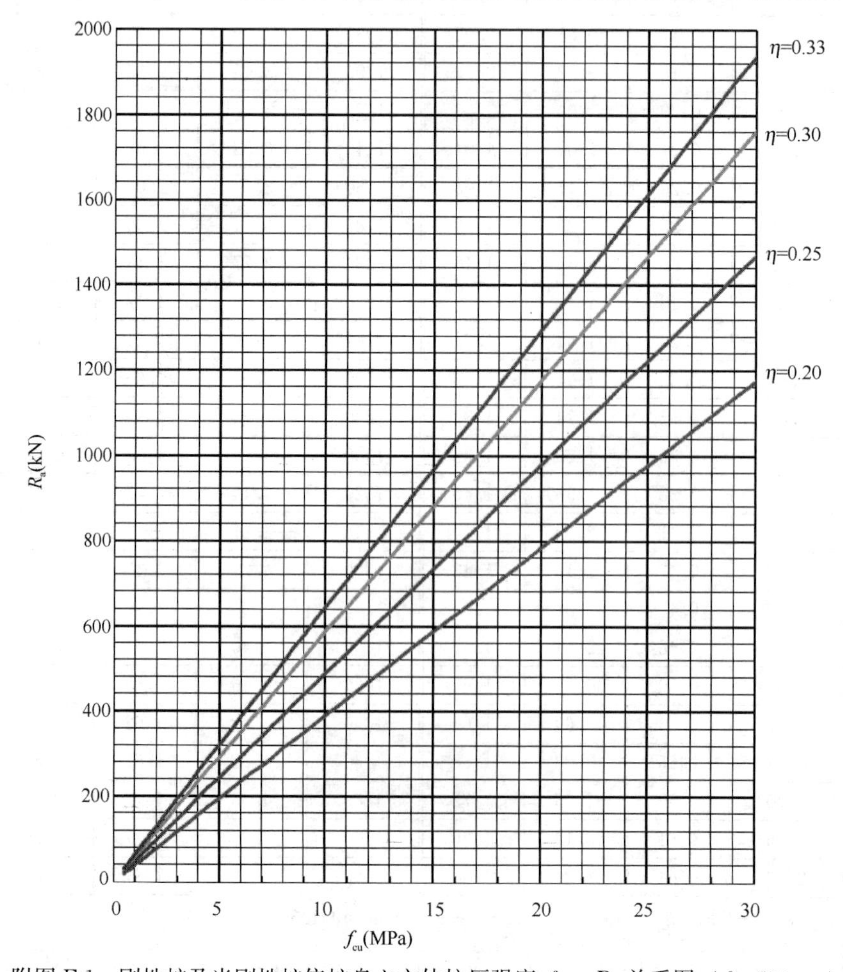

附图 E-1　刚性桩及半刚性桩依桩身立方体抗压强度 f_{cu}～R_a 关系图（$d=500$mm）

刚性桩及半刚性桩 R_s 表　　　　**附表 E-3**

（$\overline{q_s} \sim R_s$ 表）（kN/根）

$\overline{q}_s$（kPa） \ l_p（m）	4	5	6	7	8	9	10	11	12	13	14	15	16	17	18	19	20
6	38	47	57	66	75	85	94	104	113	122	132	141	151	160	170	179	188
10	63	79	94	110	126	141	157	173	188	204	220	236	251	267	283	298	314
14	88	110	132	154	176	198	220	242	264	286	308	330	352	374	396	418	440
18	113	141	170	198	226	254	283	311	339	367	396	424	452	480	509	537	565
22	138	173	207	242	276	311	345	380	414	449	484	518	553	587	622	656	691
26	163	204	245	286	327	367	408	449	490	531	571	612	653	694	735	776	816
30	188	236	283	330	377	424	471	518	565	612	659	707	754	801	848	895	942
34	214	267	320	374	427	480	534	587	641	694	747	801	854	907	961	1014	1068
38	239	298	358	418	477	537	597	656	716	776	835	895	955	1014	1074	1134	1193
42	264	330	396	462	528	593	659	725	791	857	923	989	1055	1121	1187	1253	1319
46	289	361	433	506	578	650	722	794	867	939	1011	1083	1156	1228	1300	1372	1444
50	314	393	471	550	628	707	785	864	942	1021	1099	1178	1256	1335	1413	1492	1570
54	339	424	509	593	678	763	848	933	1017	1102	1187	1272	1356	1441	1526	1611	1696
58	364	455	546	637	728	820	911	1002	1093	1184	1275	1366	1457	1548	1639	1730	1821
62	389	487	584	681	779	876	973	1071	1168	1265	1363	1460	1557	1655	1752	1849	1947
66	414	518	622	725	829	933	1036	1140	1243	1347	1451	1554	1658	1762	1865	1969	2072
70	440	550	659	769	879	989	1099	1209	1319	1429	1539	1649	1758	1868	1978	2088	2198

备注

1. $\overline{q}_s = \dfrac{\Sigma q_{si} \cdot l_{pi}}{l_p}$；
2. $R_s = \overline{q}_s \cdot u_p \cdot l_p$，$R_a = R_s + R_p$；
3. 表值按 $d=500$mm 计，$d \neq 500$mm 取本表数值乘以 α_d（附表 E-1）。

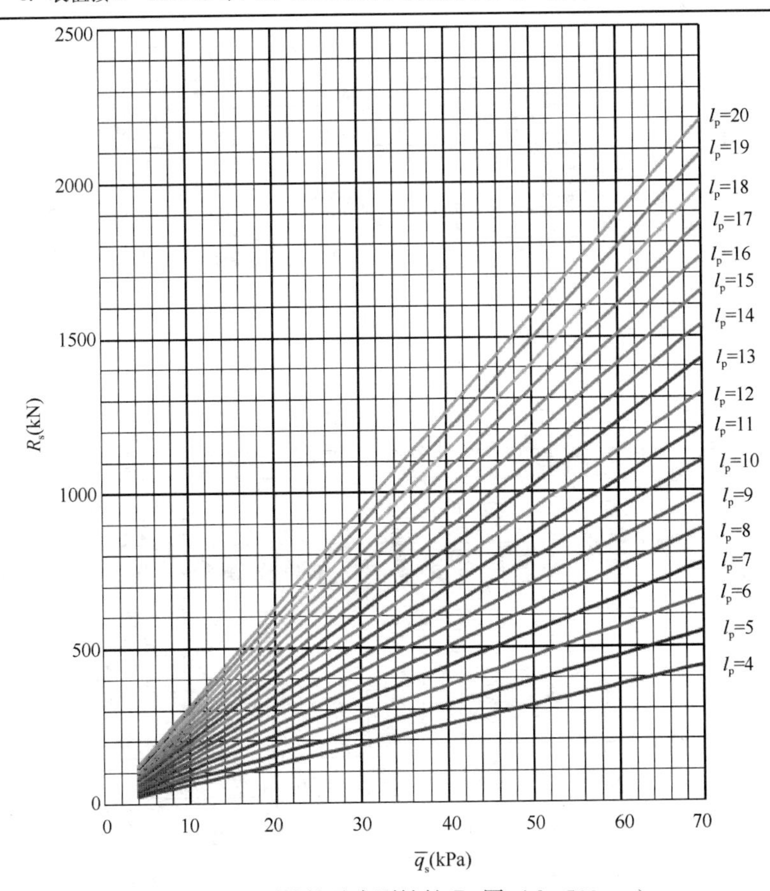

附图 E-2　刚性桩及半刚性桩 R_s 图（$d=500$mm）

刚性桩及半刚性桩 R_p 表 **附表 E-4**

（$q_p \sim R_p$ 表）(kN/根)

q_p (kPa) \ α_p	0.4	0.5	0.6	0.8	1.0
100	7.8	9.8	11.8	15.7	19.6
140	11.0	13.7	16.5	22.0	27.4
180	14.1	17.6	21.2	28.2	35.3
220	17.2	21.6	25.9	34.5	43.1
260	20.4	25.5	30.6	40.8	51.0
300	23.5	29.4	35.3	47.0	58.8
340	26.7	33.3	40.0	53.3	66.6
380	29.8	37.2	44.7	59.6	74.5
500	39.2	49.0	58.8	78.4	98.0
700	54.9	68.6	82.3	109.8	137.2
900	70.6	88.2	105.8	141.1	176.4
1100	86.2	107.8	129.4	172.5	215.6
1300	101.9	127.4	152.9	203.8	254.8
1500	117.6	147.0	176.4	235.2	294.0
1700	133.3	166.6	199.9	266.6	333.2
1900	149.0	186.2	223.4	297.9	372.4
2100	164.6	205.8	247.0	329.3	411.6
2300	180.3	225.4	270.5	360.6	450.8
2500	196.0	245.0	294.0	392.0	490.0
备注	1. $R_p = \alpha_p \cdot q_p \cdot A_p$； 2. 表值按 d=500mm 计，$d \neq$500mm 取本表数值乘以 α_A（附表 E-1）。				

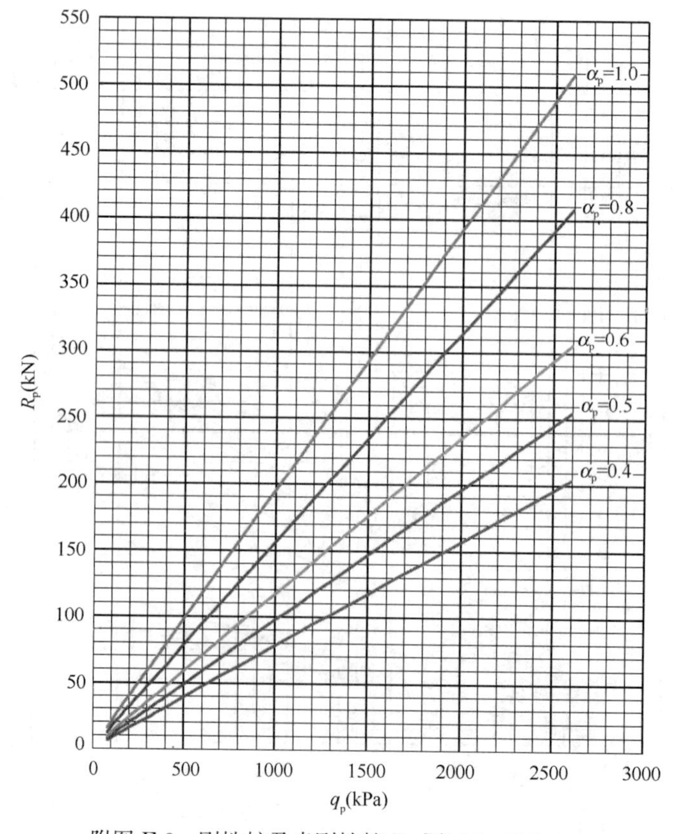

附图 E-3 刚性桩及半刚性桩 R_p 图（d=500mm）

散体材料桩 $f_{spk}-n-f_{sk}-m$ 表　　附表 E-5

f_{spk} (kPa)	n	f_{sk} (kPa)										
		40	50	60	70	80	90	100	110	120	140	160
100	2	—	—	0.67	0.43	0.25	0.11	—	—	—	—	—
	3	0.75	0.50	0.33	0.21	0.13	0.06	—	—	—	—	—
	4	0.50	0.33	0.22	0.14	0.08	0.04	—	—	—	—	—
110	2	—	—	0.83	0.57	0.38	0.22	0.10	—	—	—	—
	3	0.88	0.60	0.42	0.29	0.19	0.11	0.05	—	—	—	—
	4	0.58	0.40	0.28	0.19	0.13	0.07	0.03	—	—	—	—
120	2	—	—	—	0.71	0.50	0.33	0.20	0.09	—	—	—
	3	—	0.70	0.50	0.36	0.25	0.17	0.10	0.05	—	—	—
	4	0.67	0.47	0.33	0.24	0.17	0.11	0.07	0.03	—	—	—
130	2	—	—	—	0.86	0.63	0.44	0.30	0.18	0.08	—	—
	3	—	0.80	0.58	0.43	0.31	0.22	0.15	0.09	0.04	—	—
	4	0.75	0.53	0.39	0.29	0.21	0.15	0.10	0.06	0.03	—	—
140	2	—	—	—	—	0.75	0.56	0.40	0.27	0.17	—	—
	3	—	0.90	0.67	0.50	0.38	0.28	0.20	0.14	0.08	—	—
	4	0.83	0.60	0.44	0.33	0.25	0.19	0.13	0.09	0.06	—	—
150	2	—	—	—	—	0.88	0.67	0.50	0.36	0.25	0.07	—
	3	—	—	0.75	0.57	0.44	0.33	0.25	0.18	0.13	0.04	—
	4	0.92	0.67	0.50	0.38	0.29	0.22	0.17	0.12	0.08	0.02	—
160	2	—	—	—	—	—	0.78	0.60	0.45	0.33	0.14	—
	3	—	—	0.83	0.64	0.50	0.39	0.30	0.23	0.17	0.07	—
	4	—	0.73	0.56	0.43	0.33	0.26	0.20	0.15	0.11	0.05	—
170	2	—	—	—	—	—	0.89	0.70	0.55	0.42	0.21	—
	3	—	—	0.92	0.71	0.56	0.44	0.35	0.27	0.21	0.11	0.03
	4	—	0.80	0.61	0.48	0.38	0.30	0.23	0.18	0.14	0.07	0.02
180	2	—	—	—	—	—	—	0.80	0.64	0.50	0.29	0.13
	3	—	—	—	0.79	0.63	0.50	0.40	0.32	0.25	0.14	0.06
	4	—	0.87	0.67	0.52	0.42	0.33	0.27	0.21	0.17	0.10	0.04
190	2	—	—	—	—	—	—	0.90	0.73	0.58	0.36	0.19
	3	—	—	—	0.86	0.69	0.56	0.45	0.36	0.29	0.18	0.09
	4	—	0.93	0.72	0.57	0.46	0.37	0.30	0.24	0.19	0.12	0.06
200	2	—	—	—	—	—	—	—	0.82	0.67	0.43	0.25
	3	—	—	—	0.93	0.75	0.61	0.50	0.41	0.33	0.21	0.13
	4	—	—	0.78	0.62	0.50	0.41	0.33	0.27	0.22	0.14	0.08
250	2	—	—	—	—	—	—	—	—	—	0.79	0.56
	3	—	—	—	—	—	0.89	0.75	0.64	0.54	0.39	0.28
	4	—	—	—	0.86	0.71	0.59	0.50	0.42	0.36	0.26	0.19
300	2	—	—	—	—	—	—	—	—	—	—	0.88
	3	—	—	—	—	—	—	—	0.86	0.75	0.57	0.44
	4	—	—	—	—	0.92	0.78	0.67	0.58	0.50	0.38	0.29

说明：1. n：桩土应力比，原土强度低取大值，原土强度高取小值；

2. 表值 $m=\frac{f_{spk}-f_{sk}}{(n-1)f_{sk}}$；

3. 本表适用于中小型工程。

黏结材料桩 $f_{spk}-\beta \cdot f_{sk}-\lambda \cdot f_{pk}-m$ 表 **附表 E-6**

f_{spk} (kPa)	$\beta \cdot f_{sk}$ (kPa)	$\lambda \cdot f_{pk}$ (kPa)													
		200	300	400	600	800	1000	1400	1800	2200	2600	3000	4000	5000	6000
100	20	0.44	0.29	0.21	0.14	0.10	0.08	0.06	0.04	0.04	0.03	0.03	0.02	0.02	0.01
	40	0.38	0.23	0.17	0.11	0.08	0.06	0.04	0.03	0.03	0.02	0.02	0.02	0.01	0.01
	60	0.29	0.17	0.12	0.07	0.05	0.04	0.03	0.02	0.02	0.02	0.01	0.01	0.01	0.01
	80	0.17	0.09	0.06	0.04	0.03	0.02	0.02	0.01	0.01	0.01	0.01	0.01	0.00	0.00
	90	0.09	0.05	0.03	0.02	0.01	0.01	0.01	0.01	0.00	0.00	0.00	0.00	0.00	0.00
120	20	0.56	0.36	0.26	0.17	0.13	0.1	0.07	0.06	0.05	0.04	0.03	0.03	0.02	0.02
	40	0.5	0.31	0.22	0.14	0.11	0.08	0.06	0.05	0.04	0.03	0.03	0.02	0.02	0.01
	60	0.43	0.25	0.18	0.11	0.08	0.06	0.04	0.03	0.03	0.02	0.02	0.02	0.01	0.01
	80	0.33	0.18	0.13	0.08	0.06	0.04	0.03	0.02	0.02	0.02	0.01	0.01	0.01	0.01
	100	0.2	0.1	0.07	0.04	0.03	0.02	0.02	0.01	0.01	0.01	0.01	0.01	0.00	0.00
140	20	0.67	0.43	0.32	0.21	0.15	0.12	0.09	0.07	0.06	0.05	0.04	0.03	0.02	0.02
	40	0.63	0.38	0.28	0.18	0.13	0.1	0.07	0.06	0.05	0.04	0.03	0.03	0.02	0.02
	60	0.57	0.33	0.24	0.15	0.11	0.09	0.06	0.05	0.04	0.03	0.03	0.02	0.02	0.01
	80	0.5	0.27	0.19	0.12	0.08	0.07	0.05	0.03	0.03	0.02	0.02	0.02	0.01	0.01
	100	0.4	0.2	0.13	0.08	0.06	0.04	0.03	0.02	0.02	0.02	0.01	0.01	0.01	0.01
	120	0.25	0.11	0.07	0.04	0.03	0.02	0.02	0.01	0.01	0.01	0.01	0.01	0.00	0.00
160	20	0.78	0.50	0.37	0.24	0.18	0.14	0.10	0.08	0.06	0.05	0.05	0.04	0.03	0.02
	40	0.75	0.46	0.33	0.21	0.16	0.13	0.09	0.07	0.06	0.05	0.04	0.03	0.02	0.02
	60	0.71	0.42	0.29	0.19	0.14	0.11	0.07	0.06	0.05	0.04	0.03	0.03	0.02	0.02
	80	0.67	0.36	0.25	0.15	0.11	0.09	0.06	0.05	0.04	0.03	0.03	0.02	0.02	0.01
	100	0.60	0.30	0.20	0.12	0.09	0.07	0.05	0.04	0.03	0.02	0.02	0.02	0.01	0.01
	120	0.50	0.22	0.14	0.08	0.06	0.05	0.03	0.02	0.02	0.02	0.01	0.01	0.01	0.01
	140	0.33	0.13	0.08	0.04	0.03	0.02	0.02	0.01	0.01	0.01	0.01	0.01	0.00	0.00
180	20	0.89	0.57	0.42	0.28	0.21	0.16	0.12	0.09	0.07	0.06	0.05	0.04	0.03	0.03
	40	0.88	0.54	0.39	0.25	0.18	0.15	0.10	0.08	0.06	0.05	0.05	0.04	0.03	0.02
	60	0.86	0.50	0.35	0.22	0.16	0.13	0.09	0.07	0.06	0.05	0.04	0.03	0.02	0.02
	80	0.83	0.45	0.31	0.19	0.14	0.11	0.08	0.06	0.05	0.04	0.03	0.03	0.02	0.02
	100	0.80	0.40	0.27	0.16	0.11	0.09	0.06	0.05	0.04	0.03	0.03	0.02	0.02	0.01
	120	0.75	0.33	0.21	0.13	0.09	0.07	0.05	0.04	0.03	0.02	0.02	0.02	0.01	0.01
	150	0.60	0.20	0.12	0.07	0.05	0.04	0.02	0.02	0.01	0.01	0.01	0.01	0.01	0.01

续表

f_{spk} (kPa)	$\beta \cdot f_{sk}$ (kPa)	$\lambda \cdot f_{pk}$ (kPa)												
		200	300	400	600	800	1000	1400	1800	2200	2600	3000	4000	5000	6000
240	40	—	0.77	0.56	0.36	0.26	0.21	0.15	0.11	0.09	0.08	0.07	0.05	0.04	0.03
	60	—	0.75	0.53	0.33	0.24	0.19	0.13	0.10	0.08	0.07	0.06	0.05	0.04	0.03
	80	—	0.73	0.50	0.31	0.22	0.17	0.12	0.09	0.08	0.06	0.05	0.04	0.03	0.03
	100	—	0.70	0.47	0.28	0.20	0.16	0.11	0.08	0.07	0.06	0.05	0.04	0.03	0.02
	120	—	0.67	0.43	0.25	0.18	0.14	0.09	0.07	0.06	0.05	0.04	0.03	0.02	0.02
	140	—	0.63	0.38	0.22	0.15	0.12	0.08	0.06	0.05	0.04	0.03	0.03	0.02	0.02
	160	—	0.57	0.33	0.18	0.13	0.10	0.06	0.05	0.04	0.03	0.03	0.02	0.02	0.01
	180	—	0.50	0.27	0.14	0.10	0.07	0.05	0.04	0.03	0.02	0.02	0.02	0.01	0.01
280	40	—	0.92	0.67	0.43	0.32	0.25	0.18	0.14	0.11	0.09	0.08	0.06	0.05	0.04
	60	—	0.92	0.65	0.41	0.30	0.23	0.16	0.13	0.10	0.09	0.07	0.06	0.04	0.04
	80	—	0.91	0.63	0.38	0.28	0.22	0.15	0.12	0.09	0.08	0.07	0.05	0.04	0.03
	100	—	0.90	0.60	0.36	0.26	0.20	0.14	0.11	0.09	0.07	0.06	0.05	0.04	0.03
	120	—	0.89	0.57	0.33	0.24	0.18	0.13	0.10	0.08	0.06	0.06	0.04	0.03	0.03
	140	—	0.88	0.54	0.30	0.21	0.16	0.11	0.08	0.07	0.06	0.05	0.04	0.03	0.02
	160	—	0.86	0.50	0.27	0.19	0.14	0.10	0.07	0.06	0.05	0.04	0.03	0.02	0.02
	180	—	0.83	0.45	0.24	0.16	0.12	0.08	0.06	0.05	0.04	0.04	0.03	0.02	0.02
320	40	—	—	0.78	0.50	0.37	0.29	0.21	0.16	0.13	0.11	0.09	0.07	0.06	0.05
	60	—	—	0.76	0.48	0.35	0.28	0.19	0.15	0.12	0.10	0.09	0.07	0.05	0.04
	80	—	—	0.75	0.46	0.33	0.26	0.18	0.14	0.11	0.10	0.08	0.06	0.05	0.04
	120	—	—	0.71	0.42	0.29	0.23	0.16	0.12	0.10	0.08	0.07	0.05	0.04	0.03
	140	—	—	0.69	0.39	0.27	0.21	0.14	0.11	0.09	0.07	0.06	0.05	0.04	0.03
	160	—	—	0.67	0.36	0.25	0.19	0.13	0.10	0.08	0.07	0.06	0.04	0.03	0.03
	180	—	—	0.64	0.33	0.23	0.17	0.11	0.09	0.07	0.06	0.05	0.04	0.03	0.02
	220	—	—	0.56	0.26	0.17	0.13	0.08	0.06	0.05	0.04	0.04	0.03	0.02	0.02
360	60	—	—	0.88	0.56	0.41	0.32	0.22	0.17	0.14	0.12	0.10	0.08	0.06	0.05
	80	—	—	0.88	0.54	0.39	0.30	0.21	0.16	0.13	0.11	0.10	0.07	0.06	0.05
	120	—	—	0.86	0.50	0.35	0.27	0.19	0.14	0.12	0.10	0.08	0.06	0.05	0.04
	140	—	—	0.85	0.48	0.33	0.26	0.17	0.13	0.11	0.09	0.08	0.06	0.05	0.04
	160	—	—	0.83	0.45	0.31	0.24	0.16	0.12	0.10	0.08	0.07	0.05	0.04	0.03
	180	—	—	0.82	0.43	0.29	0.22	0.15	0.11	0.09	0.07	0.06	0.05	0.04	0.03
	220	—	—	0.78	0.37	0.24	0.18	0.12	0.09	0.07	0.06	0.05	0.04	0.03	0.02
400	60	—	—	—	0.63	0.46	0.36	0.25	0.20	0.16	0.13	0.12	0.09	0.07	0.06
	80	—	—	—	0.62	0.44	0.35	0.24	0.19	0.15	0.13	0.11	0.08	0.07	0.05
	120	—	—	—	0.58	0.41	0.32	0.22	0.17	0.13	0.11	0.10	0.07	0.06	0.05
	140	—	—	—	0.57	0.39	0.30	0.21	0.16	0.13	0.11	0.09	0.07	0.05	0.04
	160	—	—	—	0.55	0.38	0.29	0.19	0.15	0.12	0.10	0.08	0.06	0.05	0.04
	180	—	—	—	0.52	0.35	0.27	0.18	0.14	0.11	0.09	0.08	0.06	0.05	0.04
	220	—	—	—	0.47	0.31	0.23	0.15	0.11	0.09	0.08	0.06	0.05	0.04	0.03

说明：1. 表中 $m=\dfrac{f_{spk}-\beta \cdot f_{sk}}{\lambda \cdot f_{pk}-\beta \cdot f_{sk}}$；

2. 刚性桩及半刚性桩 $f_{pk}=\dfrac{R_a}{A_p}$。

桩距计算参数 α_s 表 **附表 E-7**

m	满堂布桩		条形基础 b											备注
%	正方形	等边三角形	1.0	1.2	1.4	1.6	1.8	2.0	2.2	2.4	2.6	2.8	3.0	
8	3.15	3.36	9.81	8.18	7.01	6.13	5.45	4.91	4.46	4.09	3.77	3.50	3.27	1. 对于满堂布桩，桩距 s 计算公式： （1）正方形、等边三角形： $s=\alpha_s d$； （2）等腰三角形布桩，桩距 $s=1.4\alpha_s\cdot d$ 式中 α_s 为正方形计算参数。 2. 条形基础布桩，桩距 s 计算公式： （1）单排布桩： $s=\alpha_s\cdot d^2$ （2）n 排布桩： $s=n\cdot\alpha_s\cdot d^2$
10	2.81	3.00	7.85	6.54	5.61	4.91	4.36	3.93	3.57	3.27	3.02	2.80	2.62	
12	2.57	2.74	6.54	5.45	4.67	4.09	3.63	3.27	2.97	2.73	2.52	2.34	2.18	
14	2.38	2.54	5.61	4.67	4.01	3.50	3.12	2.80	2.55	2.34	2.16	2.00	1.87	
16	2.23	2.38	4.91	4.09	3.50	3.07	2.73	2.45	2.23	2.04	1.89	1.75	1.64	
18	2.10	2.24	4.36	3.63	3.12	2.73	2.42	2.18	1.98	1.82	1.68	1.56	1.45	
20	1.99	2.12	3.93	3.27	2.80	2.45	2.18	1.96	1.78	1.64	1.51	1.40	1.31	
22	1.90	2.03	3.57	2.97	2.55	2.23	1.98	1.78	1.62	1.49	1.37	1.27	1.19	
24	1.82	1.94	3.27	2.73	2.34	2.04	1.82	1.64	1.49	1.36	1.26	1.17	1.09	
26	1.75	1.86	3.02	2.52	2.16	1.89	1.68	1.51	1.37	1.26	1.16	1.08	1.01	
28	1.68	1.80	2.80	2.34	2.00	1.75	1.56	1.40	1.27	1.17	1.08	1.00	0.93	
30	1.62	1.73	2.62	2.18	1.87	1.64	1.45	1.31	1.19	1.09	1.01	0.93	0.87	
32	1.57	1.68	2.45	2.04	1.75	1.53	1.36	1.23	1.12	1.02	0.94	0.88	0.82	
34	1.53	1.63	2.31	1.92	1.65	1.44	1.28	1.15	1.05	0.96	0.89	0.82	0.77	
36	1.48	1.58	2.18	1.82	1.56	1.36	1.21	1.09	0.99	0.91	0.84	0.78	0.73	
38	1.44	1.54	2.07	1.72	1.48	1.29	1.15	1.03	0.94	0.86	0.79	0.74	0.69	
40	1.41	1.50	1.96	1.64	1.40	1.23	1.09	0.98	0.89	0.82	0.75	0.70	0.65	
42	1.37	1.47	1.87	1.56	1.34	1.17	1.04	0.93	0.85	0.78	0.72	0.67	0.62	
44	1.34	1.43	1.78	1.49	1.27	1.12	0.99	0.89	0.81	0.74	0.69	0.64	0.59	
46	1.31	1.40	1.71	1.42	1.22	1.07	0.95	0.85	0.78	0.71	0.66	0.61	0.57	
48	1.28	1.37	1.64	1.36	1.17	1.02	0.91	0.82	0.74	0.68	0.63	0.58	0.55	
50	1.26	1.34	1.57	1.31	1.12	0.98	0.87	0.79	0.71	0.65	0.60	0.56	0.52	

附：布桩形式简图

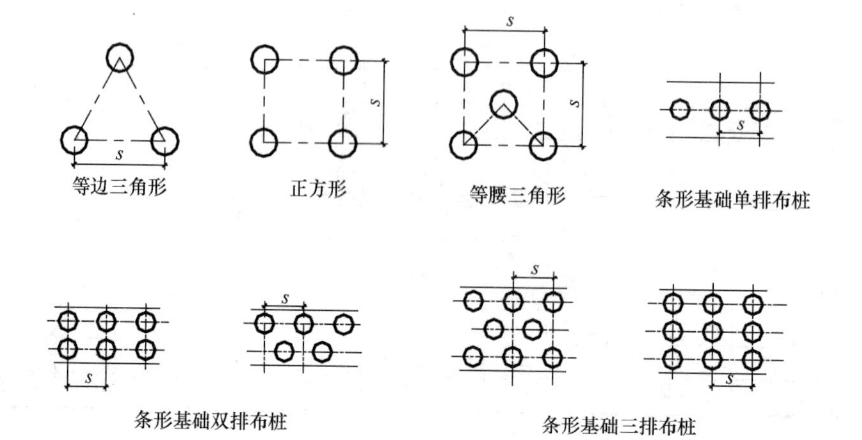

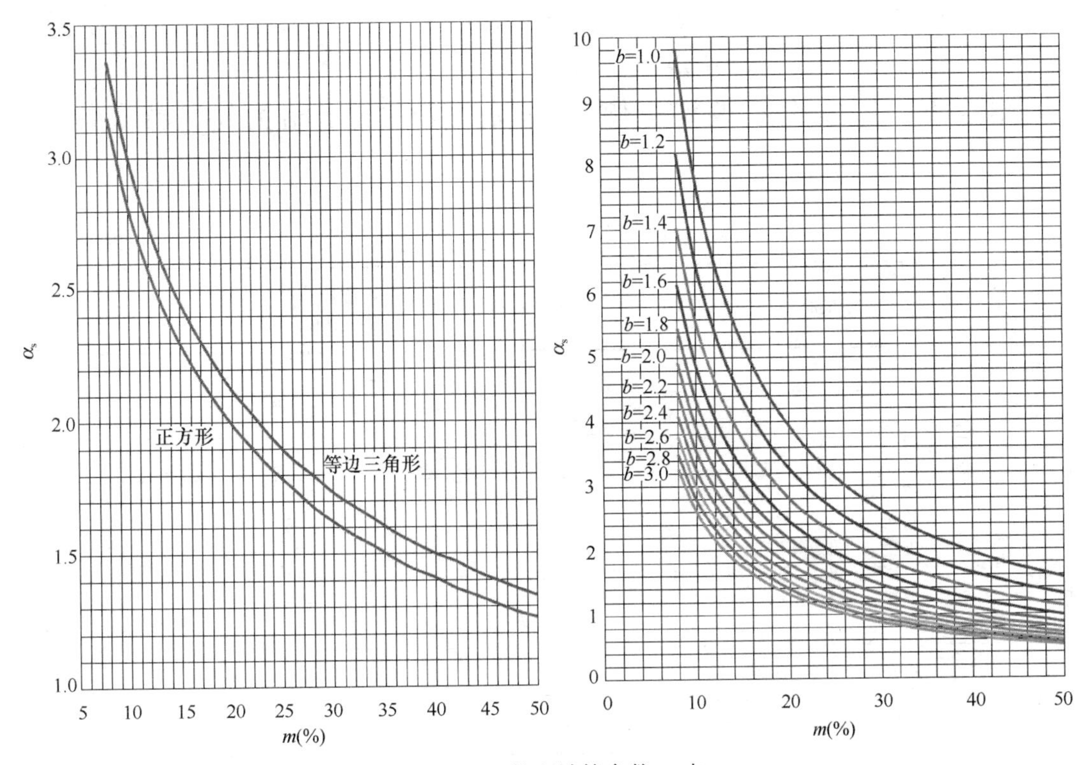

附图 E-4 桩距计算参数 α_s 表

（a）满堂布桩；（b）条形基础

附录F 混凝土刚性桩桩侧阻力(q_s)及桩端土阻力(q_p)参考值

桩侧阻力(q_s)参考值(kPa) 附表F-1

土的名称	土的状态		①振动沉管成桩	②长螺旋钻孔灌注成桩/洛阳铲成孔灌注成桩	③泥浆护壁钻孔灌注成桩
填土	—		7～11	10～14	10～14
淤泥	—		4～6	6～9	6～9
淤泥质土	—		7～11	10～14	10～14
黏性土	流塑	$I_L>1$	8～14	10～19	10～19
	软塑	$0.75<I_L\leqslant1$	14～20	19～26	19～26
	可塑	$0.50<I_L\leqslant0.75$	20～26	26～33	26～34
	硬可塑	$0.25<I_L\leqslant0.50$	26～31	33～41	34～42
	硬塑	$0<I_L\leqslant0.25$	31～36	41～47	42～48
	坚硬	$I_L\leqslant0$	36～40	47～52	48～51
粉土	稍密	$e>0.9$	8～16	12～21	12～21
	中密	$0.75\leqslant e\leqslant0.9$	16～25	21～31	21～31
	密实	$e<0.75$	25～33	31～41	31～41
粉细砂	稍密	$10<N\leqslant15$	8～16	11～23	11～23
	中密	$15<N\leqslant30$	16～25	23～32	23～32
	密实	$N>30$	25～33	32～43	32～43
中砂	中密	$15<N\leqslant30$	21～29	26～36	26～36
	密实	$N>30$	29～37	36～47	36～47
粗砂	中密	$15<N\leqslant30$	29～37	38～49	34～47
	密实	$N>30$	37～46	49～60	47～58
砾砂	稍密	$5<N_{63.5}\leqslant15$	—	30～50	25～45
	中密(密实)	$N_{63.5}>15$	46～55	56～65	58～65

注:夯实水泥土桩 q_s 值可按表中②栏取值,旋喷桩 q_s 值可按表中③栏取值。

振动沉管混凝土桩 桩端土阻力 q_p 参考值(kPa) 附表F-2

土的名称	土的状态		桩入土深度(m)			
			5	10	15	20
黏性土	软塑	$0.75<I_L\leqslant1$	200～300	300～375	375～500	500～700
	可塑	$0.50<I_L\leqslant0.75$	335～550	600～750	750～900	900～1000
	硬可塑	$0.25<I_L\leqslant0.50$	650～1100	1150～1350	1350～1500	1500～1750
	硬塑	$0<I_L\leqslant0.25$	1250～1450	1750～1950	2000～2250	2100～2500
粉土	中密	$0.75\leqslant e\leqslant0.9$	600～800	800～900	900～1050	1050～1300
	密实	$e<0.75$	900～1100	1100～1250	1250～1500	1500～1750
粉砂	稍密	$10<N\leqslant15$	400～650	650～900	900～1000	1000～1200
	中密、密实	$N>15$	650～850	900～1200	1200～1400	1400～1800
细砂	中密、密实	$N>15$	900～1100	1500～1700	1750～1950	2000～2450
中砂			1400～1600	2200～2500	2600～2750	2750～3500
粗砂			2250～2500	3350～3600	3850～4100	4200～4500
砾砂	中密、密实	$N>15$	2500～4200			

长螺旋钻孔灌注/洛阳铲成孔灌注混凝土桩　桩端土阻力 q_p 参考值（kPa）　**附表 F-3**

土的名称	土的状态		桩长（m）		
			$5\leqslant l<10$	$10\leqslant l<15$	$15\leqslant l$
黏性土	软塑	$0.75<I_L\leqslant 1$	100～200	200～350	350～475
	可塑	$0.50<I_L\leqslant 0.75$	250～350	400～550	500～800
	硬可塑	$0.25<I_L\leqslant 0.50$	425～550	750～850	850～950
	硬塑	$0<I_L\leqslant 0.25$	800～900	1100～1200	1300～1400
粉土	中密	$0.75\leqslant e\leqslant 0.9$	400～600	600～700	700～800
	密实	$e<0.75$	600～850	700～950	800～1050
粉砂	稍密	$10<N\leqslant 15$	250～475	650～800	750～850
	中密、密实	$N>15$	450～500	850～950	850～950
细砂	中密、密实	$N>15$	600～800	1000～1200	1200～1350
中砂			900～1200	1400～1900	1800～2200
粗砂			1450～1800	2000～2300	2300～2600
砾砂	中密、密实	$N>15$	1750～2500		

注：夯实水泥土桩 q_p 值可参考本表选用。

泥浆护壁钻孔灌注混凝土桩　桩端土阻力 q_p 参考值（kPa）　**附表 F-4**

土的名称	土的状态		桩长（m）			
			$5\leqslant l<10$	$10\leqslant l<15$	$15\leqslant l<30$	$30\leqslant l$
黏性土	软塑	$0.75<I_L\leqslant 1$	75～125	125～150	150～225	150～225
	可塑	$0.50<I_L\leqslant 0.75$	175～225	225～300	300～375	375～400
	硬可塑	$0.25<I_L\leqslant 0.50$	400～450	450～500	500～600	600～700
	硬塑	$0<I_L\leqslant 0.25$	550～600	600～700	700～800	800～900
粉土	中密	$0.75\leqslant e\leqslant 0.9$	150～250	250～325	325～375	375～425
	密实	$e<0.75$	325～450	375～475	450～550	550～600
粉砂	稍密	$10<N\leqslant 15$	175～250	225～300	300～350	325～375
	中密、密实	$N>15$	300～375	375～450	450～550	550～600
细砂	中密、密实	$N>15$	325～425	450～600	600～750	750～900
中砂			425～525	550～750	750～950	950～1050
粗砂			750～900	1050～1200	1200～1300	1300～1400
砾砂	中密、密实	N>15	700～1000		1000～1600	

附录G　水泥土搅拌桩抽芯检测试验要点

1. 抽芯检测目的：对达到设计需要龄期时（一般为28d或90d）的水泥土搅拌桩桩身质量，如抗压强度、含灰量、坚硬程度与搅拌均匀性等进行评价。

2. 抽芯检测应采用DP-100型工程汽车钻或适宜的小型钻机。钻孔芯位置应在桩直径的1/4处。

3. 抽芯检测的数量应为总桩数的1%以上，且每个拟建物场地不得少于6根。一般应按比例随机抽取，且基本均匀分布。对怀疑有问题的桩和结构设计为关键部位的桩，应重点抽取。

4. 钻进前应准确测量桩顶标高，检查与测量取芯钻具。钻进过程中应确保取芯孔的垂直度，其误差应小于1%。钻进压力、转速、给水均应适中。提钻、下钻应慢速均匀。

5. 钻孔直径不应小于108mm，取芯直径不应小于100mm。每个回次进尺不应大于1.0m，总取芯率不应小于80%。每米深度留取有代表性的芯样一个，芯样应有效密封，防止水分散失，及时送试验室进行抗压强度试验。取芯现场应对全孔进行详细描述。

6. 钻进到桩底时应超过桩长，取出100～200mm的原状土，以便与桩身水泥土对比。同时应准确测量桩底标高。

7. 室内试验芯样应为立方体，试样尺寸应为70.7mm×70.7mm×70.7mm，按一定的应变速率连续均匀加荷，直至试样达到破坏，计算出水泥土试样的立方体抗压强度。试验方法与抗压强度计算可参见本书附录H。

8. 水泥土搅拌桩龄期达到设计需要的28d或90d的抽芯检测结果，应描述每500mm段的芯样状况和每1000mm段提供一个抗压强度值，并按以下标准进行桩身质量评定：

Ⅰ类：合格。含灰量正常或较多，水泥土搅拌均匀，芯样坚硬，桩长与抗压强度达到或超过设计值；

Ⅱ类：基本合格。含灰量正常，水泥土搅拌基本均匀，芯样较硬，桩长符合设计要求，抗压强度不低于设计值的90%；

Ⅲ类：不合格。含灰量少，水泥土搅拌不均匀，芯样松软，桩长低于设计桩长，抗压强度低于设计值的90%。

对水泥土抗压强度的判定，应考虑现场抽芯设备、芯样的搬运和整形过程中对试块损坏的因素。

9. 对抽芯检测不合格的桩应在其附近加倍进行抽芯检测，以判断是否为个别现象，如仍出现不合格桩，则应查清范围，采取必要的补救措施。

上述试验要点摘录自天津市工程建设标准《岩土工程技术规范》DB 29—20，夯实水泥土桩、旋喷桩也可参考执行。

附录H　室内水泥土抗压强度试验要点

一、试验目的

测定水泥土立方体的抗压强度，以确定和校核水泥土配合比，为水泥土搅拌法设计和施工提供参数。

二、材料选用

1. 土料：应是工程现场所要加固的土。土样从现场采取运至实验室，进行风干。碾碎和过孔径5mm筛子备用；有经验时也可采用烘干土样或天然土样。

2. 水泥：应是工程现场拟使用的水泥。水泥不应超过出厂期三个月。试验前应重新测定水泥强度等级，当满足出厂强度等级时才可使用。

3. 水：采用一般的自来水。

三、试件制备

1. 试模：采用70.7mm×70.7mm×70.7mm（或50mm×50mm×50mm）立方体试模，试模应具有足够的刚度并便于拆装。试模内表面应光滑、平整。相邻面应保持垂直。

2. 试件配方

水泥掺入量可按下式确定：

$$m_{c}=\frac{1+w_{1}}{1+w_{0}}\alpha_{w}\cdot m_{0} \tag{附 H-1}$$

$$m_{w}=\left(\frac{w_{1}-w_{0}}{1+w_{1}}+\alpha_{c}\cdot\alpha_{w}\right)\frac{1+w_{1}}{1+w_{0}}m_{0} \tag{附 H-2}$$

式中　m_0——风干土质量（kg）；

m_c——水泥质量（kg）；

m_w——水质量（kg）；

w_1——土的天然含水量（%）；

w_0——风干土的含水量（%）；

α_w——水泥掺入比；

α_c——水灰比（干法施工$\alpha_c=0$）。

3. 捣实方法：试件可在振动台上捣实。振动台频率应为3000±200次/分钟，空载振幅应为0.5±0.1mm，负载振幅应为0.35±0.05mm。

在没有振动台条件时，也可采用人工捣实。捣棒应采用钢质材料制成，直径10mm，长度350mm，一端应为圆头形。

四、试件制作成型和养护

1. 在制作试件前，将试模组装牢固并清刷干净，在内壁涂一层脱模剂。

2. 测试风干的含水量，并根据配比分别称量风干土、水泥和水。

3. 将风干土和水泥放在搅拌锅内用搅拌铲人工拌合均匀。然后将水一次性地或分次地均匀喷洒在水泥土上，进行搅拌直至均匀。

4. 采用振动台成型时，可先在试模内装入一半水泥土拌和料，在振动台上振动 1 分钟，再装入其余水泥土料，并稍有富余，再在振动台上振动 1 分钟。振动时应防止试模在振动台上跳动。

采用人工插捣成型时，水泥土拌和料应分为两层装入试模。每层装料厚度应大致相等。每层插捣时按顺时针方向从边缘向中心均匀进行，同时将试模进行左右前后摇动，直至面上没有气泡出现为止。插捣时捣棒必须保持垂直，不得倾斜，并用抹刀沿试模内壁插入数下，防止产生麻面。捣律应每层插捣 25 次。插捣底层时，捣棒应达到试模底面，插捣上层时，捣棒应插入下层约 1cm。

5. 振捣或插捣完毕后，刮除试模顶部多余的水泥土，并抹平表面，盖上塑料布防止水分蒸发，并编号放入标准养护室。

6. 试件成型后，根据水泥土的强度决定拆模时间，一般 3 天后可拆模，拆模后称量每一试块重量，然后将试块浸入水中标准养护或将试块放在湿度不小于 90%的养护室内养护，养护室温度应控制在 20℃±2℃内。

五、试验

1. 压力设备：采用的压力试验机，其示值的相对误差不应大于 2%，量程应能使试件的预估破坏荷载不小于全量程的 20%，也不大于全量程的 80%。

2. 试验步骤

（1）试件从养护室取出后，应将试件表面擦干称其重量并及时进行试验；

（2）把试件放在试验机下压板的中心。试件的承压面应与成型时的顶面垂直。开动试验机，当上压板与试件接近时，调整球座，使其接触均匀；

（3）以 10～15N/s 的速度连续而均匀地加荷。当试件接近破坏而开始迅速变形时，应停止调整试验机油门，直至试件破坏，并记录破坏荷载。

六、试验结果计算

1. 水泥土抗压强度按下式计算

$$f_{cu} = P/A \qquad \text{(附 H-3)}$$

式中 f_{cu}——试验龄期时水泥土抗压强度（MPa）；

P——破坏荷载（N）；

A——试件的承压面积（mm^2）。

2. 取 3 个试件测试值的算术平均值作为该组试件的抗压强度值。当单个试件的测试值与平均值之差超过平均值±15%时，该试件测试值应予以剔除，按余下两个试件的测试值计算平均值。剔除后如一组试件不足两个，则该组试验结果无效须重做。

备注：（1）对于粉喷桩室内试验，应采用天然含水量扰动土或风干土过 5mm 筛，加水至天然含水量并放置 24h 再成型标养。

（2）对淤泥、淤泥质土等饱和软黏土，也可采用天然含水量土样直接拌制成型标养。

附录J　水泥土搅拌桩（湿法）成桩工艺试验程序图

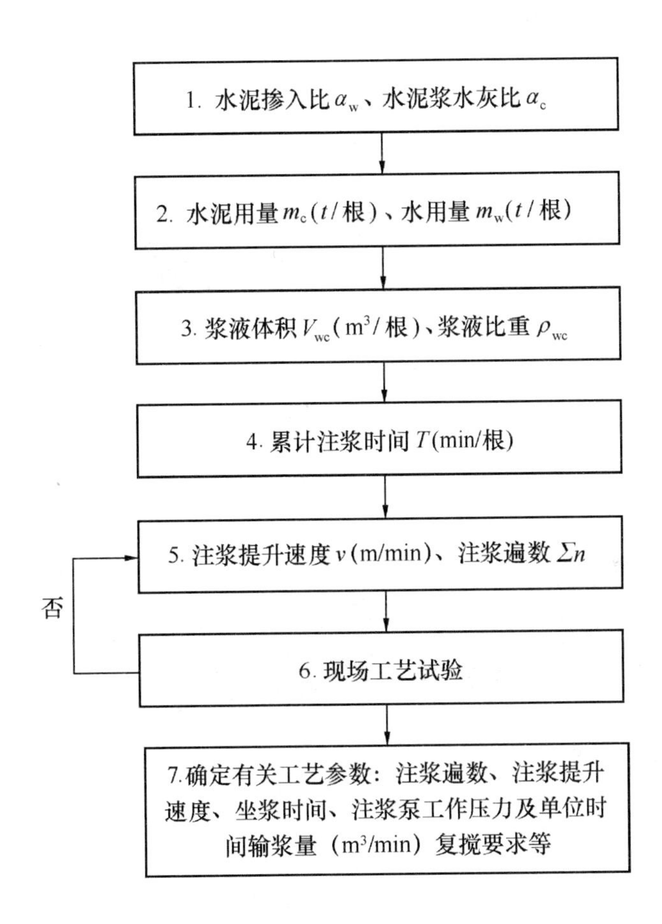

注：

1. 湿法施工

$$\alpha_w = \frac{m_c}{m} \tag{附 J-1}$$

$$m = A_p \cdot l_p \cdot \rho \tag{附 J-2}$$

$$\alpha_c = \frac{m_w}{m_c} \tag{附 J-3}$$

$$m_c = \alpha_w \cdot m = \alpha_w \cdot A_p \cdot l_p \cdot \rho \tag{附 J-4}$$

$$m_w = \alpha_c \cdot m_c = \alpha_w \cdot m \cdot \alpha_c = \alpha_w \cdot A_p \cdot l_p \cdot \rho \cdot \alpha_c \tag{附 J-5}$$

$$V_{wc} = \frac{m_c}{\rho_c} + \frac{m_w}{\rho_w} \tag{附 J-6}$$

$$\rho_{wc} = (m_c + m_w)/V_{wc} \tag{附 J-7}$$

$$T = V_{wc}/q \tag{附 J-8}$$

当α_w为定值时，

$$v=\frac{l_p}{T}\cdot\sum n=\frac{\rho_{wc}\cdot q}{A_p\cdot\rho\cdot\alpha_w(1+\alpha_c)}\cdot\sum n \tag{附 J-9}$$

要求　$v\leqslant 0.5\sim 1.0$m/min。

式中　m——桩身原土质量（t/根）；

ρ——天然土质量密度（t/m³）；

ρ_c——水泥密度，3.11t/m³；

ρ_w——水的密度，1t/m³；

ρ_{wc}——浆液比重；

T——注浆总时间（min）；

$\sum n$——注浆遍数；

q——注浆泵单位时间输浆量（m³/min），宜设为定值；

l_p——桩长（m）。

2. 粉喷桩（干法）施工

$$\alpha_w'=\frac{m_c}{m_d} \tag{附 J-10}$$

$$m_d=A_p\cdot l_p\cdot\rho_d \tag{附 J-11}$$

$$\alpha_c=0 \tag{附 J-12}$$

$$m_w=0 \tag{附 J-13}$$

$$T=m_c/q' \tag{附 J-14}$$

$$m_c=\alpha_w'\cdot A_p\cdot l_p\cdot\rho_d \tag{附 J-15}$$

$$v=\frac{l_p}{T}\cdot\sum n=\frac{q'}{A_p\cdot\rho_d\cdot\alpha_w'}\cdot\sum n \tag{附 J-16}$$

式中　α_w'——水泥掺入比；

m_d——干土重（t/根）；

ρ_d——干土质量密度（t/m³）；

m_w——水重（t/根）；

m_c——水泥用量（t/根）；

q'——单位时间喷粉重量（t/min）。

作 者 简 介

王恩远，教授，1955年初中毕业入中技校习土建，1960年毕业于天津建筑工程学院工民建专业，毕业后留校任教至1999年从河北工业大学退休。

终身从教，桃李万千。退休前主要从事《土力学地基基础》教学，兼结构设计、土工试验、岩土工程勘察等。退休后专门从事地基处理研发及咨询工作。

迄今已完成地基处理等科研11项；申报地基处理发明专利5项；主持或参与岩土工程勘察、地基处理、结构设计等工程400余项；发表论文40余篇；主编或参编专著5部。

曾参加中华人民共和国行业标准《建筑地基处理技术规范》JGJ 79—2002及天津市工程建设标准《劲性搅拌桩技术规程》DB 29—102—2004的编写；主编河北省工程建设标准《柱锤冲孔夯扩桩复合地基规程》DB13（J）10—97、《混凝土芯水泥土组合桩复合地基技术规程》DB13(J)50—2005、《柱锤冲扩水泥粒料桩复合地基技术规程》DB13(J)/T 115—2011及《柱锤夯实扩底灌注桩技术规程》DB13(J)/T141—2012等多部。

苦习岩土数十载，古稀方悟知无涯。

王恩远　2013秋于河北工业大学